计算机科学丛书

基于低维模型的高维数据分析

原理、计算和应用

[美] 约翰·莱特（John Wright）
马毅 著

李春光 袁晓军 高盛华 译
马毅 审校

High-Dimensional Data Analysis with Low-Dimensional Models

Principles, Computation, and Applications

机械工业出版社
CHINA MACHINE PRESS

图书在版编目（CIP）数据

基于低维模型的高维数据分析 ：原理、计算和应用 / (美) 约翰 · 莱特 (John Wright)，马毅著；李春光，袁晓军，高盛华译. —北京：机械工业出版社，2024.6
（计算机科学丛书）
书名原文：High-Dimensional Data Analysis with Low-Dimensional Models: Principles, Computation, and Applications
ISBN 978-7-111-75793-1

Ⅰ. ①基…　Ⅱ. ①约…　②马…　③李…　④袁…　⑤高…
Ⅲ. ①数据处理　Ⅳ. ①TP274

中国国家版本馆 CIP 数据核字（2024）第 094768 号

机械工业出版社（北京市百万庄大街 22 号　邮政编码 100037）
策划编辑：曲　熠　　责任编辑：曲　熠
责任校对：郑　雪　张　薇　　责任印制：张　博
北京联兴盛业印刷股份有限公司印刷
2024 年 8 月第 1 版第 1 次印刷
185mm×260mm · 41 印张 · 914 千字
标准书号：ISBN 978-7-111-75793-1
定价：199.00 元

电话服务
客服电话：010-88361066
010-88379833
010-68326294
封底无防伪标均为盗版

网络服务
机　工　官　网：www.cmpbook.com
机　工　官　博：weibo.com/cmp1952
金　　书　　网：www.golden-book.com
机工教育服务网：www.cmpedu.com

本书献给

Mary、Isabella 和明姝 (John Wright)

谨以此书纪念我的父亲和母亲 (马毅)

译 者 序

在过去的二十年中, 人们目睹了高维数据中低维结构研究的爆炸性发展: 高维空间中的低维结构可以被正确且有效恢复的理论条件已被认识清楚, 稀疏与低秩模型以及其扩展模型的几何和统计性质已被充分理解, 可以大规模实现且具有精确复杂度刻画的高效算法已被设计出来. 这些研究进展在显著提升图像处理、计算机视觉、科学成像以及生物信息学等诸多应用领域技术水平的同时, 也从根本上改变了数据科学的实践.

本书的两位作者正是上述研究进展的历史见证者和有力推动者. 在这个背景下, 一本系统地介绍从高维数据中感知、处理、分析和学习低维结构的基本数学原理和高效计算方法的著作应运而生. 这本书系统地归拢了建模高维数据中低维结构的数学原理, 梳理了处理高维数据模型的可扩展高效计算方法, 还阐明了如何结合领域具体知识或者考虑其他非理想因素来正确建模并成功解决真实世界中的应用问题. 全书的主体内容包括基本原理、计算方法和真实应用三个部分:

- 基本原理部分包括第 2~7 章, 围绕稀疏性和低秩性两个主题来探讨建模高维数据中低维结构的数据模型, 介绍稀疏、低秩以及一般低维模型的基本性质和基本理论结果;
- 计算方法部分包括第 8~9 章, 介绍解决大规模优化问题 (包括凸优化和非凸优化问题) 的有效算法, 阐明针对大规模高维数据如何系统地提升算法效率和降低整体计算复杂度;
- 真实应用部分包括第 10~16 章, 深入探讨如何适当地定制或者扩展本书所介绍的理想化模型和高效优化算法来解决真实世界中的应用问题. 特别是, 第 16 章构建了本书所介绍的具有严格理论保证的数据模型和当下热门的深度学习模型之间的本质联系.

此外, 本书末尾还提供了非常有用的五个数学附录, 内容涵盖线性代数与矩阵分析、凸集与凸函数、最优性条件与最优化方法以及高维统计分析. 熟练掌握这些数学基础知识对于学习和理解这本书的主体内容很有帮助.

全书主体部分的翻译工作由电子科技大学袁晓军教授、北京邮电大学李春光副教授和上海科技大学高盛华教授合作完成. 其中, 袁晓军教授负责翻译第 1~7 章; 高盛华教授负责翻译第 10~16 章; 李春光副教授负责翻译第 8~9 章以及附录 A~E, 提供全书专业术语的统一翻译, 并完成全书翻译稿的校对和定稿.

在全书翻译过程中, 作者马毅教授在百忙之中定期通过线上会议的形式对翻译工作给出总体指导, 帮助译者解决翻译过程中所遇到的各种疑难问题, 同时还完成了推荐序、前言和致谢部分的翻译工作, 并对全书中文译稿进行了修改与润色. 粤港澳大湾区数字经济研

究院 (IDEA) 齐宪标博士审阅了第 8~9 章以及附录的翻译初稿, 提出了许多修改意见. 南开大学人工智能学院李欢博士对全书若干优化理论专业术语的中文译法给出了中肯建议. 天津大学智能与计算学部郭晓杰教授审阅了第 10~16 章译稿, 提出了许多细致且专业的修改意见. 华为杭州研究所宋朝兵博士对第 9 章的部分译文给出了细致且专业的修改意见. 北京邮电大学人工智能学院郭亨博士对第 14 章的部分译文给出了细致的修改意见. 此外, 三位译者组内的博士研究生孟祥涵、何为、蒋浩、何卓航、于劲鹏、赵子伯、王若宇、严新豪、钟子明在整个翻译工作的不同阶段分别阅读了部分中文译稿, 提供了许多修改意见.

斗转星移, 寒暑几易. 这本书的翻译工作从启动到付梓出版历时将近两年半. 在此期间, 整个翻译工作得到了机械工业出版社姚蕾编辑和曲熠编辑的大力支持和热心帮助, 张昱蕾编辑对译稿进行了全面的检查和细心的加工, 在此一并表示感谢! 在翻译过程中, 译者力求尽可能地忠实于原文, 但同时也对少量数学符号的使用进行了修订, 对原著进行了全面勘误以及局部更新. 译者衷心希望这本书的翻译能够为国内从事数据科学相关研究的工作者和学者, 特别是从事高维数据分析相关研究工作的学者、科技人员和研究生提供一本全面、系统和权威的教科书和参考书.

由于语言上的差异和囿于自身学识水平, 有些学术术语或者概念在翻译过程中难免产生一些偏差甚至歧义, 恳请广大读者不吝批评指正.

李春光
北京邮电大学
2024 年 6 月

这本书不由得让我回想起十几年前这门学科早期发展时的一段激动人心的时光. 为了让我们的读者感受一下这段幸福的时光, 大家可以想象一下一系列频繁发起的只有 30~40 人参加的小型前沿学术研讨会. 尽管这些研讨会规模很小, 而且几乎都是自发性质的, 但它们汇集了一群充满活力和激情的研究人员. 他们来自不同的学科, 包括数学、计算机科学、工程以及生命科学. 多么荣幸能够与 Terence Tao (陶哲轩) 和 Roman Vershynin 这样的数学家共处一室, 来学习高维几何! 多么荣幸能够与 David Donoho、Joel Tropp、Thomas Ströhmer、Michael Elad 和 Freddy Bruckstein 这样的应用数学家和工程师共处一室, 来学习算法的威力! 多么荣幸能够与 Andrea Montanari 这样的统计物理学家共处一室, 来学习大规模随机系统中的相变理论! 多么荣幸能够从 Stephen Wright 和 Stanley Osher 这样的计算数学家那里学习解决大规模优化问题的快速数值方法! 多么荣幸能够从 David Brady、Richard Baraniuk 和 Kevin Kelly (著名的单像素相机发明者) 那里学习压缩光学系统, 能够从 Dennis Healy、Yonina Eldar 和 Azita Emami Neyestanak 那里学习压缩模数转换和宽带频谱感知, 能够从马毅、John Wright 和 René Vidal 那里学习计算机视觉的突破, 能够从 Michael Lustig 和 Leon Axel 那里学习磁共振成像中的超速扫描方法! 研讨会把所有这些人 (以及这里因篇幅有限而不能一一列出名字的许多人) 聚集在一起. 这些人带着不同的观点和兴趣, 激发出精彩绝伦的讨论. 在洋溢着对科学探索的激情氛围里, 进展与成果很快随之而来.

马毅和 John Wright 是这些研讨会的常客, 他们的这本书神奇地抓住了这段时光的精神以及随之产生的丰富成果的精髓. 这本书向读者展示了: 各种真实世界的应用, 包括医学和科学成像、计算机视觉、宽带频谱感知等; 驱动这些领域的发展中所使用的求解方法的数学思想; 实现这些求解方法所需要的优化算法思想. 让我用一个例子对此进行说明. 一方面, 这是一本我们可以学习磁共振 (MR) 成像原理的书, 其中利用一整章介绍了磁共振扫描如何通过磁场来激发原子核. 这些原子核具有一个磁性自旋, 它们会对这种激发产生反应, 而核磁共振仪记录下来的正是这种反应. 与其他成像方式 (例如计算机断层成像) 类似, 一般都存在一个明确的数学变换, 将我们所希望推断的目标结构与我们所收集的观测数据联系起来. 在核磁共振的情况下, 该数学变换可以通过傅里叶变换来近似. 另一方面, 在这本书中, 我们可以学习到: 高维球面的大部分质量不仅集中在一条赤道周围 (这已足够令人惊讶), 而且还集中在任何赤道周围; 两个相同的高维立方体, 如果其中一个立方体相对于另一个立方体的朝向是随机的, 那么它们之间的交集本质上是一个球体. 这些均是高维空间中引人入胜的几何和统计现象, 但它们之间存在什么联系吗? 当然存在! 而解释这些神奇现象以及它们在数据分析中的用处正是这本书最精彩之处. 简而言之, 这些来自概率论、高维几何和凸分析的思想和工具, 可以严格清晰地对于一系列重要的应用问题解释什么样的算法是切实有效的. 回到我们的磁共振成像问题, 我们将学习如何利用有关稀疏性的数学模型, 从看起来极其稀少的观测数据中恢复出精细的身体组织图像. 这样的壮举使我们今天扫描病人的速度得以提高十倍以上.

这本书通过三个相辅相成的部分——基本原理、计算方法和真实应用——提出一个科学愿景, 即通过有洞察力的数学分析来建立数据的数学模型、开发处理数据的算法, 并最终得以在实际应用中大大提升解法的实效性. 上面所提到的在人类健康医疗成像方面的例子只是其中之一.

这本书的第一部分 (基本原理) 围绕稀疏性和低秩性两个主题探讨数据模型. 稀疏性所考虑的主要思想是, 当一个 n 维向量信号的大部分元素的数值为零或者几乎为零时, 它所表达的信息可以用远少于 n 个数值来有效地表示. 低秩性所考虑的主要思想是, 当一个数据矩阵的列"聚集"在一个较低维度的线性子空间附近时, 这样的数据也支持更简洁、更有效的表示. 基于这些性质, 我们就可以知道如何使用这些数据模型来设计数据处理算法. 例如, 找到欠定线性方程组的解. 这里的一个重要思想是, 如何将这类困难问题的求解转化为一个很好求解的凸优化问题. 除此之外, 第 7 章还介绍了非凸优化方法, 用于在信号表现出更强的稀疏性或者具有非线性结构时从数据中学习有效的特征结构. 总而言之, 作者通过他们丰富的实践经验, 传递对这些问题的真知灼见, 并清楚地解释为什么书中所提出的方法能够有效, 而其他方法无效.

这本书的第二部分 (计算方法) 回顾解决大规模优化问题 (包括凸优化和非凸优化问题) 的有效方法. 也就是说, 这些问题涉及可能达到百万以上的决策变量以及相同数量级的约束. 这是一个在过去十五年中已经取得巨大进展的领域. 这本书通过系统介绍最关键的优化思想以及对大量相关文献的整理, 为读者进入这个领域提供一个非常合理的切入点.

这本书的第三部分 (真实应用) 是对这些方法的实际应用的深入探讨. 除了上文中已经提到的科学成像中的挑战, 我们将看到介绍宽带无线通信的章节. 在那里, 我们可以了解来自稀疏信号处理和压缩感知的思想如何让无线电通信的认知算法高效地识别可使用的频谱. 我们还可以看到关于计算机视觉关键问题的三章内容. 这是这本书作者做出过巨大贡献的领域——他们为这些领域开发了强大的计算工具, 带来了重大的进步, 并开辟了新的视角. 关于这些应用的探讨开始于作者曾做出过杰出贡献的一个问题——利用来自稀疏模型与压缩感知的思想, 在存在严重遮挡和图像损毁的情况下实现鲁棒人脸识别. (这让我回想起了当初 *Wired* 杂志专门有一篇关于这项激动人心的工作的文章.) 书中随后的章节将介绍从一系列二维图像中推断三维结构的方法, 以及从单张图像中识别结构化纹理的方法, 后者的解决通常是恢复一个场景中多个物体的外观、姿态和形状的起点. 最后, 作者在写这本书的时候, 深度学习正风靡一时. 这本书利用最后一章, 建立起书中所介绍的具有严格数学理论的数据模型与深度学习之间的本质联系. 这自然引出一个价值上亿的问题: 这些崭新的思路能否对深度学习产生实质影响或者改进它的实践?

哪些人会喜欢这本书呢? 首先, 最主要的读者是数学、应用数学、统计学、计算机科学、电子工程以及相关学科的学生. 这些学生通过阅读这本书能够学到很多东西, 因为它远不止介绍某个工具或是对如何通过简单的调试改动而将其应用到不同任务的说明. 从这本书中, 他们将学到严谨的数学思维, 系统地学习数学模型的性质以及如何把它们应用到实际数据与问题, 并学习解决这些问题的高效计算方法. 这本书还提供了核心算法的计算机代码——学生可以直接验证书中所介绍的方法, 以及精心设计的习题——这使得这本书成为一本适合高年级本科和研究生的完美教科书. 这本书的广度和深度也使它成为所有对数据科学的数学基础感兴趣者的必备参考书. 我也相信, 应用数学以及科学界的广大读者也会喜欢这本书. 这本书会让他们体会到数学推理的力量以及它可以带来的全方位的积极影响.

Emmanuel Candès
加利福尼亚州, 斯坦福

"即将到来的这个世纪无疑是数据的世纪. 基于一些重要的目的和有些盲目的信念, 我们的社会在收集和处理各种数据上投入巨大, 达到了在不久以前还难以想象的规模."

——David Donoho, *High-Dimensional Data Analysis: The Curses and Blessings of Dimensionality*, 2000

大数据的时代

在过去的二十年里, 我们的世界已经进入了"大数据"的时代. 信息技术行业正面临着每天处理和分析海量数据的挑战与机遇. 数据的数量和维度已经达到了前所未有的规模, 并且还在以前所未有的速度增长.

例如, 在技术方面, 普通数码相机的分辨率在过去的十年左右已经增长了近十倍. 每天有超过 3 亿张照片被传到 Facebook 上[㊀], 每分钟有 300 小时的视频被发布到 YouTube 上, 每天有近 2000 万条娱乐短视频被制作并发布到 TikTok 上.

在商业方面, 在繁忙的一天里, 阿里巴巴网站需要接收超过 1500 万种产品的超过 8 亿个订单, 处理超过 10 亿次付款, 并递送超过 3000 万个包裹. 亚马逊全球的运营规模应该与之相当, 甚至更大. 而这些数字还在增长, 并且增长迅猛!

在科学研究方面, 超分辨率显微成像技术在过去的几十年里有了巨大的进步[㊁], 其中一些技术现在已经能够大量产生分辨率达到亚原子级别的图像. 高通量基因测序技术能够一次对数亿个 DNA 分子片段进行测序[㊂], 并且可以在短短几个小时内对长度超过 30 亿个碱基和包含 20 000 个蛋白质编码基因的整个人类基因组进行测序.

信息获取、处理和分析的范式转变

过去, 科学家或工程师在实验和工作中获取数据时, 能够仔细地控制获取数据的设备和过程. 由于设备昂贵而且采集数据过程耗时严重, 他们通常仅为特定的任务收集必要的数据或者信号. 除了一些不可控的噪声之外, 收集的数据或信号大部分是与任务密切相关的, 不包含太多冗余或无关的信息. 因此, 经典的信号处理或者数据分析通常在所谓的"经典前提"下操作:

㊀ 几乎所有的照片都要经过几条图像处理流水线, 用于人脸检测、人脸识别以及物体分类, 以便进行内容筛选.

㊁ 例如, 2014 年, Eric Betzig、Stefan W. Hell 和 William E. Moerner 被授予诺贝尔化学奖, 以表彰他们开发了跨过传统光学显微镜 0.2 微米极限的超分辨率荧光显微镜.

㊂ 2002 年, Sydney Brenner、John Sulston 和 Robert Horvitz 被授予诺贝尔生理学或医学奖, 以表彰他们对人类基因组计划的开创性工作和贡献.

经典前提: **数据** $\approx$ **信息**.

在这种经典的范式中, 数据分析在实践中主要需要处理的问题是去除噪声或者压缩数据, 以便存储或者传输.

前面我们提到, 像互联网、智能手机、高通量成像和基因测序这样的技术已经从根本上改变了数据获取和分析的本质. 我们正在从一个"数据匮乏"的时代进入一个"数据富集"的时代. 正如吉姆·格雷 (Jim Gray, 图灵奖获得者) 曾经预言的: "科学突破将越来越多地依靠能够帮助研究人员处理和探索海量数据集的先进计算能力." 现在这被称为科学发现的"第四范式".

然而, 数据富集并不一定意味着"信息富集", 至少从原始数据提取出有用的相关信息不会是免费的. 与过去不同, 如今大量的数据被收集时, 事先并没有任何特定的目的或者任务. 无论是在所获取的数据的数量上还是在质量上, 科学家或者工程师通常不再能够直接控制数据的获取. 因此, 当把这些数据用于解决任何特定的新任务时, 相关的信息都可能被大量不相关或者冗余的数据所干扰甚至被淹没.

为了帮助大家直观地理解为什么会这样, 让我们首先以人脸识别这个问题为例. 图 1 显示了两位小姐妹的两张图像. 大家应该不会有异议, 通过眼睛来观察, 这两张图像几乎同样好地传递了两人的身份信息, 即使第二张图像的像素其实只有第一张图像的 1/100. 换句话说, 如果我们将两张图像各自看作一个向量, 它们的像素值是这个向量的元素, 那么对应右边低分辨率图像的向量的维数只有原始图像的 1/100. 通过这个例子我们可以明显看到, 人的身份信息应该依赖维数比原始高分辨率图像低得多的特征统计量[⊖]. 因此, 在类似于这样的现代数据分析的场景下, 我们有了一个新的前提:

新的前提 I: **数据** $\gg$ **信息**.

a)

b)

图 1 两张 Mary 与 Isabella 的图片: 图 a 的分辨率是 2 500×2 500 像素; 而图 b 的分辨率降到 250×250 像素, 其像素只有图 a 中原始图像的 1/100

⊖ 事实上, 进一步来讲, 即使右边这样分辨率的图像仍然是高度冗余的. 研究表明, 人们甚至可以从分辨率低至 7×10 左右像素的图像中识别出自己所熟悉的面孔 [Sinha et al., 2006]. 最近大脑神经科学方面的研究表明, 大脑有可能仅使用下颞 (IT) 皮质中的 200 个左右细胞就可以编码和解码任何面孔 [Chang et al., 2017]. 现代的人脸识别系统也仅仅提取几百个特征来进行可靠的人脸验证.

而对于目标检测任务而言, 例如检测图像中的人脸或者监控视频中的行人, 我们所面对的问题不再是数据冗余, 而是如何在存在大量与目标任务不相关的数据的情况下找到相关信息. 例如从图 2 中检测和识别出我们所熟悉的人. 首先, 与人脸相关的图像像素仅占据所有图像像素 (这张图像共有 1000 万像素) 的非常小的一部分, 而大量的像素属于周围环境中完全不相关的物体. 此外, 我们感兴趣的对象, 例如本书的两位作者, 只是图中许多人脸中的两个. 现在想象一下, 我们将这样的任务扩展到数十亿张图像或者数百万个用手机或监控摄像头所捕获的视频. 类似的"检测"和"识别"任务也出现在基因研究中: 在近 20 000 个基因以及它们可以编码的数百万个蛋白质中, 科学家常常需要识别出哪一个 (或者少数几个) 基因与某些遗传性疾病有关联. 因此在这样的场景下, 我们又有了第二个新的前提:

图 2 从集体照中检测和识别人脸 (例如本书的两位作者). 这是 2016 年 BIRS 在墨西哥的 Casa Matemática Oaxaca (CMO) 举办的"应用调和分析、海量数据集、机器学习和信号处理"研讨会的集体合照

电子商务、在线购物和社交网络的爆炸式增长创造了大量的用户喜好或者偏好数据. 大型互联网公司通常拥有数十亿人的记录, 涉及数百万个商业产品、社交媒体以及其他更多内容. 一般来讲, 这些关于用户偏好的数据, 无论多么庞大, 都是不完整的. 例如, 在图 3 所示的电影评分数据中, 没有人看完并评论过所有的电影, 也没有任何一部电影被所有的人看过并评论过. 然而, 像 Netflix 这样的公司需要从这些不完整的数据中推测所有用户的偏好, 以便向用户发送最相关的推荐或者广告. 在信息文献检索领域, 这个问题被称为协同过滤 (collaborative filtering). 绝大多数互联网公司的业务[㊀]依赖于有效且高效地解决这样的问题. 之所以可以从如此高度不完整的数据中得到完整的信息, 最根本的原因在

㊀ 大多数互联网公司从广告中赚钱, 包括但不限于谷歌、百度、Facebook、字节跳动、亚马逊、阿里巴巴、Netflix 等.

于用户的偏好并不是随机的, 因而这种数据是有结构的. 例如, 许多人对电影有相似的品位、许多电影的风格相似等. 这样的用户偏好数据列表的行和列具有很强的相关性. 因此, 相对于这种列表数据的巨大维度, 列表数据的内在维度 (或者作为矩阵的秩) 实际上是非常低的. 因此, 对于具有类似低维结构的大规模 (不完整) 数据集, 我们又有了第三个新的前提:

$$\text{新的前提 III:}\quad \textbf{不完整的数据} \approx \textbf{完整的信息}.$$

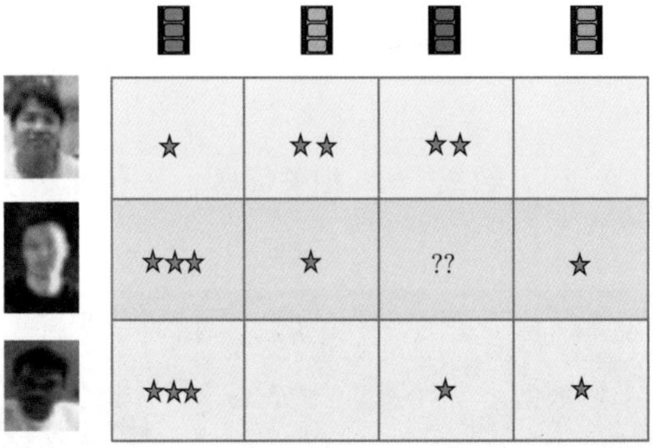

★	★★	★★	
★★★	★	??	★
★★★		★	★

图 3　协同过滤用户偏好数据的一个例子: 如何猜测用户对一部电影的评分? 即使他从来没有看过这部电影

正如上面的例子所表明的, 在如今的大数据时代, 我们经常面临的问题是从有高度冗余、大量不相关、看起来不完整、部分受到损坏的[⊖]数据中提取或者恢复某些特定信息. 这样的信息无一例外地被编码为高维数据的某些低维结构, 并且可能仅依赖于 (大规模) 数据中的一个很小的 (或稀疏的) 子集. 这与在经典前提下的数据处理问题非常不同. 这也正是现代数据科学和工程在其数学原理和计算范式上正在经历着一个根本性转变的原因. 为了给这种新的数据分析建立一个坚实的理论基础, 我们需要发展一套新的数学框架来描述在何种条件下这些低维结构信息可以被正确且有效地获取和提取. 同样重要的是, 我们需要开发能够从如此海量的高维数据中, 以前所未有的效率在任意的规模下, 精确地检索出这些信息的有效算法.

本书的目的

在过去的二十年中, 对高维空间中低维结构的研究已经有了爆炸性的发展. 在很大程度上, 最有代表性的低维模型 (例如稀疏模型与低秩模型及其扩展) 的几何和统计性质现在已经被充分理解. 人们已经彻底弄清楚了在何种条件下这些结构可以从 (最少量的采样) 数据中被有效且高效地恢复出来. 针对从高维数据中提取这些低维结构的问题, 人们已经开发出一套完整的高效且可大规模实现的算法. 而且这些算法的适用条件、数据复杂性和计算复杂性也已经被彻底和精确地刻画清楚. 这些新的理论结果和算法已经彻底改变了数据科学和信号处理的实践, 并且已经对数据采集、数据传输和信息处理产生了重大影响. 它们

⊖ 比如由于疏忽、错误信息、谣言或者恶意篡改.

显著提升了许多应用领域的技术水平, 例如科学成像㊀、图像处理㊁、计算机视觉㊂、生物信息学㊃、信息检索㊄以及机器学习㊅. 正如我们将从本书所展示的应用中看到的, 有些进展甚至打破了对这些问题的传统认知.

作为这些有着历史意义的发展的见证者, 我们认为现在时机已经成熟, 应该对这一新的知识体系进行全面整理, 并在统一的理论和计算框架下把这些丰富的成果有机组织起来. 当然, 关于压缩感知和稀疏/低维建模的数学/统计原理, 已经有许多优秀的专著, 例如 [Elad, 2010a; Fan et al., 2020; Foucart et al., 2013; Hastie et al., 2015; Van De Geer, 2016; Wainwright, 2019b]. 然而, 本书的目标是针对基于低维模型的高维数据分析, 通过高效的计算方法建立起基本原理与真实应用之间的桥梁:

$$\text{新的框架: } \textbf{基本原理} \xleftrightarrow{\textbf{计算方法}} \textbf{真实应用}.$$

因此, 本书不仅建立了建模低维结构和理解它们能够被恢复的理论极限的数学原理, 而且展示了如何利用经典的和最新的优化方法系统地开发有效性与可扩展性具有严格理论保证的算法.

此外, 本书包含一系列在科学和工程技术中的丰富应用, 旨在进一步指导读者结合各个具体领域的具体知识或者其他非理想因素 (例如非线性), 正确地应用这些新的原理和方法来对真实世界的数据进行建模, 并成功解决这些真实世界的问题.

尽管本书中所介绍和展示的应用不可避免地受到作者的专业领域和自身实践偏好的影响, 但这些应用都经过精心选择, 以向读者传达我们在这个历程里所学到的各种不同的经验教训 (往往是通过付出不小的代价换来的). 我们相信这些经验教训对理论学者和工程实践者都具有重要价值.

目标读者

从各方面来讲, 本书中涵盖的知识体系对数据科学领域的年轻研究人员和学生具有巨大的学习价值. 本书给出了严格的数学推导, 希望读者能够获得的关于高维几何和高维统计的新知识和新见解, 远远超出他们能够从经典信号处理和数据分析中所获得的知识体系. 这些新知识和新见解适用于一系列广泛的、有用的低维结构和模型 (包括现代的深度神经网络), 并且可以引导他们为重要的科学和工程问题开发全新的算法.

因此, 本书旨在作为一门课程的教科书, 介绍从高维数据中感知、处理、分析和学习低维结构的基本数学和计算原理. 本书的*核心目标读者*是电子工程和计算机科学 (EECS) 的低年级研究生, 特别是*数据科学、信号处理、优化算法、机器学习* 以及相关应用领域的研

㊀ 医学和显微镜图像的压缩采样和恢复等.

㊁ 自然图像的降噪、超分辨率、补绘等.

㊂ 规则纹理合成、相机校准和三维重建等.

㊃ 用于基因–蛋白质关系的微阵列数据分析.

㊄ 用户偏好、文档和多媒体数据等的协作过滤.

㊅ 特别是用于解释、理解和改进深度网络.

究生. 本书可以为学生提供关于高维几何、统计和优化的概念和方法的系统而严格的训练. 通过一系列丰富多样的应用与 (编程) 练习, 本书还指导学生如何正确地使用这些概念和方法, 以对真实世界的数据进行建模, 并解决来自真实世界的工程和科学问题.

本书的编写对教师和学生都很友好. 书中提供了大量的插图、示例、习题和程序. 学生可以从中获得关于书中所涵盖的概念和方法的实践经验. 本书中的材料是基于作者以及他们的同事在过去的十年中, 在伊利诺伊大学厄巴纳–香槟分校、哥伦比亚大学、上海科技大学、清华大学和加州大学伯克利分校开设的几门为期一学期的研究生课程或者暑期课程. 所需要的主要先修课程是大学水平的线性代数、优化方法和统计学. 为了让更多读者能够更方便地理解本书, 我们努力使本书的内容尽可能完整和自成一体: 我们在附录中系统地介绍了本书正文中用到的线性代数、优化方法和高维统计知识. 对于 EECS 的学生来说, 如果学习过信号处理、矩阵分析、优化方法或者机器学习方面的预备课程, 将会更好地理解本书. 从我们的经验来看, 不仅低年级研究生, 许多高年级本科生都能够毫无困难地选修这门课程并阅读这本书.

本书的组织结构

本书的主体由三个相互关联的部分组成: *基本原理、计算方法和真实应用*. 本书还包含了五个关于相关数学背景知识的附录.

- *第一部分: 基本原理* (第 2~7 章). 这部分系统地介绍稀疏、低秩和一般低维模型的基本性质和理论结果, 主要刻画求解恢复这些低维结构的逆问题的条件 (包括所需样本/数据的数量), 以保证这些逆问题的正确解能够被高效算法高精确度地求解.
- *第二部分: 计算方法* (第 8~9 章). 为开发出适合求解低维结构的高效实用算法, 这部分系统地介绍相关凸优化和非凸优化方法. 这些方法能够为提高算法效率和降低总体计算复杂度提供正确且有效的思路, 从而使开发的优化算法具有最优收敛速度, 并且能够扩展到海量和高维数据.
- *第三部分: 真实应用* (第 10~16 章). 这部分通过实例演示书中前两部分所介绍的原理和计算方法如何显著地改进多种现实世界中高维数据处理与分析问题的解决方案. 这些应用也指导读者通过纳入特定应用中额外的领域知识 (先验知识或约束条件), 正确地定制和扩展本书所介绍的理想模型和算法, 以解决实际问题.
- *附录* A~E 所介绍的内容是为了使本书基本上自成一体, 涵盖了本书正文中所用到的线性代数、优化方法和高维统计中的基本概念和结果.

本书的章节和附录的总体结构以及它们之间的逻辑依赖关系如图 4 所示.

如何使用本书进行教学或学习

本书包含了足够讲授两个学期的系列课程所需的材料. 我们有意将本书中的材料以模块化的方式组织起来, 这样可以方便教师根据自己的需求进行选择和重组, 以支持不同类型的课程. 下面是几个例子.

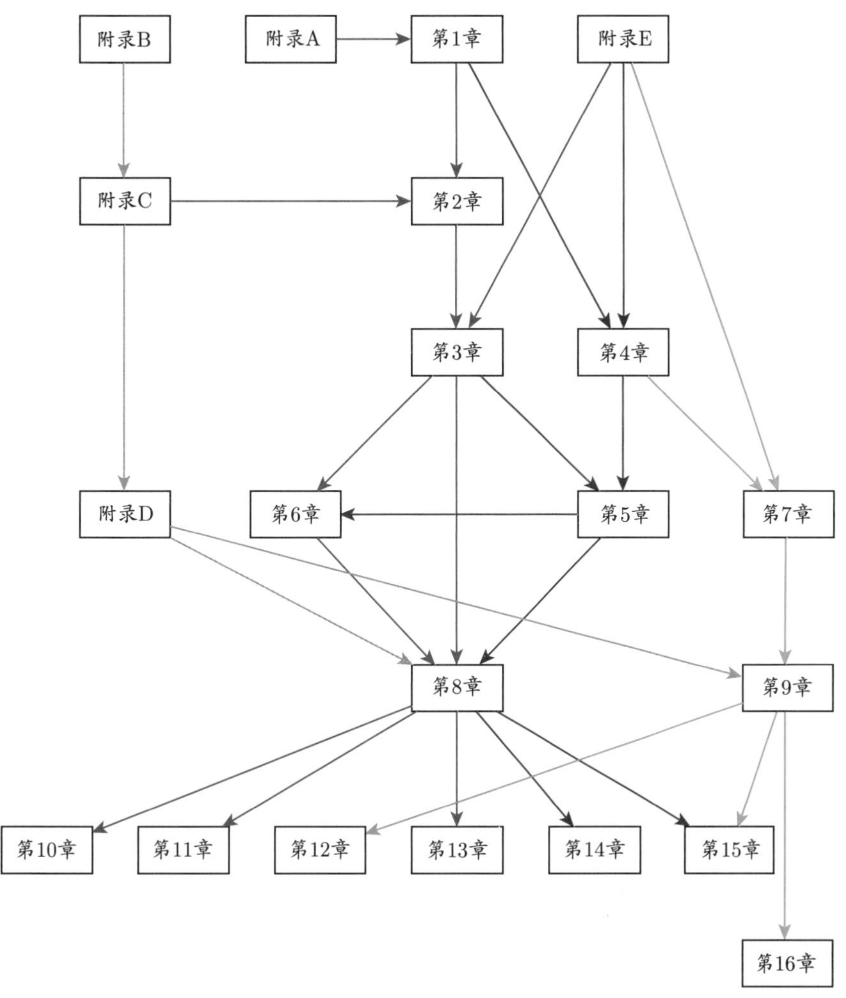

图 4　本书的组织结构以及各章和附录之间的依赖关系. 红色路径: 通过凸优化实现稀疏恢复. 蓝色路径: 通过凸优化实现低秩矩阵恢复. 绿色路径: 对低维模型的非凸处理. 橙色路径: 优化算法的发展

- 面向高年级本科生和低年级研究生开设的“稀疏模型与计算方法”: 第 1 章 (绪论), 第 2 章和第 3 章 (理论), 第 8 章 (凸优化), 第 10 章、第 11 章和第 13 章 (应用), 再加上一些附录. 这对于开设一门为期 8~10 周的课程 (或者暑期课程) 来说是非常理想的. 这实际上是图 4 中所显示的红色路径.
- 面向低年级研究生开设的“低维模型与计算方法”: 第 1 章 (绪论), 第 2~5 章 (理论), 第 8 章 (凸优化), 第 10 章、第 11 章和第 13~15 章 (应用), 再加上一些附录. 这对于开设一门为期一学期 (16 周) 的课程是非常理想的. 这实际上是图 4 中所显示的红色路径和蓝色路径.
- 面向从事相关研究的高年级研究生开设的“高维数据分析进阶课程”: 以前面内容设置的课程作为先修课程, 更深入地阐述数学原理, 包括第 6 章关于一般低维模型的凸优化方法和第 7 章的非凸优化方法, 在第 8 章和第 9 章中更深入阐述的相关的凸优化和非凸优化算法, 以及第 12 章、第 15 章和第 16 章中关于非线性和非凸优化问题的几个应用. 这实际上是图 4 中所显示的绿色路径和橙色路径. 此外, 教师还可以选择介绍最新文献中的一些新发展, 例如更一般的低维模型族、更高级的优化方法, 以及深度网络 (针对学习低维子流形) 的扩展, 例如第 16 章结语中所建议的前沿方向.

当然, 本书可以作为现有 (研究生水平) 信号处理或者图像处理课程的补充教材, 因为它提供了更先进的新模型、新方法和新应用. 本书也可以作为传统的优化算法课程的补充教材, 因为第 8 章和第 9 章提供了对一阶优化算法更加完整和现代的介绍. 对于传统的机器学习或者统计数据分析课程, 本书对经典的回归分析、主成分分析和深度学习进行了更深入、更广泛的扩展, 可以作为额外的参考. 对于更理论的高维统计和高维概率课程, 本书可以作为辅助教材, 因为它提供了大量的有启发性和激励性的实际算法和应用.

将来, 我们非常希望能够从有经验的教师和研究人员那里收集到关于他们在讲授或者学习本书时总结出的好的经验与方法. 我们将持续分享这些经验、建议以及新的材料 (示例、习题、插图等) 在本书的网站:

https://book-wright-mq.github.io

马毅, 加利福尼亚州, 伯克利

John Wright, 纽约州, 纽约

致 谢

当斯坦福大学的 David Donoho 教授于 2005 年访问伊利诺伊大学时, 他首次向马毅介绍了稀疏表示这一领域. 在共进晚餐时, 马毅与 Donoho 讨论了自己当时的研究兴趣, 特别是广义主成分分析 (GPCA). 这是一个旨在从高维混合数据中学习混合低维子空间的问题. David 评论说, 在最一般的情况下广义主成分分析是一个极具挑战的问题. 他建议从更简单的稀疏模型开始, 也就是先假设数据位于一族特殊的正交子空间上[㊀]. 此后不久, 马毅开始系统地学习稀疏表示, 特别是 2006 年他在微软亚洲研究院的休假期间与 Harry Shum 博士的团队, 以及后来 2007 年与伯克利 Shankar Sastry 教授的团队一起开展了这方面的学习和研究. 当时, Emmanuel Candès 和 Terence Tao 在压缩感知、稀疏误差校正和低秩矩阵恢复方面的一系列开创性工作对他产生了深远的影响和启发.

从那时起, 我们有幸在这一激动人心的新领域与许多优秀的同事密切合作. 他们是 Emmanuel Candès、Michael Elad、Guillermo Sapiro、Mario Figueiredo、René Vidal、Robert Fossum、Harm Derksen、Thomas Huang、Xiaodong Li、Shankar Sastry、Jitendra Malik、Carlos Fernandez、Julien Mairal、Yuxin Chen、Zhihui Zhu、Daniel Spielman、Peter Kinget、Abhay Pasupathy、Daniel Esposito、Szabolcs Marka 和 Zsuzsa Marka. 我们还要感谢许多在微软研究院和其他地方访问或工作过的同事: Harry Shum、Baining Guo、Weiying Ma、Zhouchen Lin、Yasuyuki Matsushita、Zhuowen Tu、David Wipf、Jian Sun、Kaiming He、Shuicheng Yan、Lei Zhang、Liangshen Zhuang、Weisheng Dong、Xiaojie Guo、Xiaoqin Zhang、Kui Jia、Tsung-Han Chan、Zinan Zeng、Guangcan Liu、Jingyi Yu、Shenghua Gao 和 Xiaojun Yuan. 与他们的合作拓宽了我们的知识面, 丰富了我们在这一领域的经验. 本书中的许多结果借鉴了这些年与他们卓有成效的合作成果.

特别感谢我们以前的学生 Allen Yang、Chaobing Song、Qing Qu 和 Yuqian Zhang, 他们在某些章节的内容上给予了直接的帮助. Allen 在本书的早期规划阶段 (可追溯到 2013 年初) 提供了很大的帮助. 他起草了关于 MRI 和鲁棒人脸识别应用章节的早期版本. Chaobing 帮助我们将早期优化章节的草稿转变为一套完整、统一的优化算法设计框架, 并系统地阐述如何让经典的优化方法与现代可扩展计算的需求密切联系起来. 还要感谢我们的一些同事, 他们慷慨地为本书提供了诸多辅助材料, 他们是 Bruno Olshausen、Michael Lustig、Julien Mairal、Yuxin Chen、Sam Buchanan 和 Tingran Wang.

感谢许多我们以前的和现在的学生, 他们的研究为本书中介绍的许多成果做出了贡献. 他们中的许多人还在不同的阶段热心地帮助校对了本书的初稿, 或者帮助编写了习题, 或

㊀ 在本书的最后一章 (第 16 章), 我们将会看到稀疏模型和广义主成分分析之间的一个意想不到的本质联系, 通过的是一个意想不到的第三方——*深度学习*. 在 [Vidal et al., 2016] 的第 6 章中, 为研究 GPCA 所开发的概念 (例如用于子空间聚类的有损编码方法) 将在理解深度网络时起到至关重要的作用.

者为基于本书早期初稿所开设的课程充当了助教. 他们是 Allen Yang、Arvind Ganesh、Andrew Wagner、Shankar Rao、Zihan Zhou、Hossein Mobahi、Jianchao Yang、Kerui Min、Zhengdong Zhang、Yigang Peng、Xiao Liang、Xin Zhang、Yuexiang Zhai、Haozhi Qi、Yaodong Yu、Christina Baek、Zhengyuan Zhou、Chaobing Song、Chong You、Yuqian Zhang、Qing Qu、Han-Wen Kuo、Yenson Lau、Robert Colgan、Dar Gilboa、Sam Buchanan、Tingran Wang、Jingkai Yan 和 Mariam Avagyan.

最后, 我们要感谢美国国家自然科学基金会、美国海军研究办公室、清华–伯克利深圳学院、西蒙斯基金会、索尼研究院、HTC 和威盛科技公司多年来慷慨的资助.

马毅, 加利福尼亚州, 伯克利

John Wright, 纽约州, 纽约

$\mathbb{R}$	实数
$\mathbb{C}$	复数
$\mathrm{i}=\sqrt{-1}$	单位虚数, 即方程 $x^2+1=0$ 的一个解
$\mathbb{R}^n, \mathbb{C}^n$	n 维实空间或复空间
$\mathbb{R}^{m\times n}, \mathbb{C}^{m\times n}$	$m\times n$ 维实矩阵或复矩阵构成的空间
$\mathbb{S}^{n-1}$	$\mathbb{R}^n$ 中的单位球
$\mathbb{G}$	一般 (矩阵) 群
$[k]$	集合 $\{1,\cdots,k\}$
I	下标的子集, 通常用于表示稀疏向量的支撑
Ω	矩阵中元素的下标子集
S	子空间
$\mathsf{O}(n)$	正交 (矩阵) 群
$\mathsf{GL}(n)$	一般线性群
$\mathsf{SL}(n)$	特殊线性群
$\mathsf{SP}(n)$	带符号置换 (矩阵) 群
a,b,c,x,y,A,B,C	标量
$C_1,C_2,\cdots$	大的常数
$c_1,c_2,\cdots$	小的常数
$\boldsymbol{x},\boldsymbol{y}$	向量, 本书指列向量
$\operatorname{supp}(\boldsymbol{x})$	对于 $\boldsymbol{x}\in\mathbb{R}^n$, 表示 $\boldsymbol{x}$ 的支撑, 即 $\boldsymbol{x}$ 的非零元素下标的集合, $\operatorname{supp}(\boldsymbol{x})\subseteq[n]$
$\operatorname{sign}(\boldsymbol{x})$	对于向量 $\boldsymbol{x}\in\mathbb{R}^n$, 表示 $\boldsymbol{x}$ 的符号, 其中 $\operatorname{sign}(\boldsymbol{x})\subseteq\{-1,0,1\}^n$
$\boldsymbol{X},\boldsymbol{Y}$	矩阵
$\boldsymbol{L},\boldsymbol{S}$	低秩矩阵, 稀疏矩阵
$\boldsymbol{A}\succeq\boldsymbol{B}$	半正定序, 即 $\boldsymbol{A}-\boldsymbol{B}$ 为半正定矩阵
$\boldsymbol{A}\succ\boldsymbol{B}$	严格半正定序, 即 $\boldsymbol{A}-\boldsymbol{B}$ 为正定矩阵
$\mathcal{S}_+^n$	$n\times n$ 的对称半正定矩阵构成的锥
$\boldsymbol{e}_1,\ldots,\boldsymbol{e}_n$	向量空间 $\mathbb{R}^n$ 的标准基向量
$\boldsymbol{E}_{i,j}$	矩阵空间 $\mathbb{R}^{m\times n}$ 的标准基向量

$\mathbf{0}$	零向量, 或者零矩阵 (根据上下文确定)
$\mathbf{1}$	全 1 构成的向量或矩阵 (根据上下文确定)
$\boldsymbol{I}$	单位矩阵
$\mathcal{I}$	恒等算子
$\boldsymbol{a}^*$, $\boldsymbol{A}^*$	向量 $\boldsymbol{a}$ 或矩阵 $\boldsymbol{A}$ 的 (共轭) 转置
$\boldsymbol{A}^{-1}$	非奇异矩阵 $\boldsymbol{A}$ 的逆
$\boldsymbol{A}^{\dagger}$	任意矩阵 $\boldsymbol{A}$ 的伪逆
$\mathrm{null}\,(\boldsymbol{A})$	矩阵 $\boldsymbol{A}$ 的零空间
$\mathrm{range}(\boldsymbol{A})$	矩阵 $\boldsymbol{A}$ 的 (列空间) 值域
$\mathrm{range}(\boldsymbol{A}^*)$	矩阵 $\boldsymbol{A}$ 的行空间值域
$\boldsymbol{X}_{i,j}$	矩阵 $\boldsymbol{X}$ 的第 (i,j) 元素; 其中, 在可能情况下, i 用于第一下标, j 用于第二下标
$\boldsymbol{X}_{I,J}$	对于 $\boldsymbol{X} \in \mathbb{R}^{m\times n}$, 表示矩阵 $\boldsymbol{X}$ 的由下标集合 I 和 J 索引的子矩阵, 其中 $I \subseteq [m]$, $J \subseteq [n]$
$\boldsymbol{X}_{*,J}$	由 J 索引的列向量构成的子矩阵
$\boldsymbol{X}_{I,*}$	由 I 索引的行向量构成的子矩阵
$\boldsymbol{P}_I$	向量到由 I 索引的坐标所构成的子空间的投影 (矩阵)
$\boldsymbol{A} = \boldsymbol{U}\boldsymbol{\Sigma}\boldsymbol{V}^*$	矩阵 $\boldsymbol{A}$ 的奇异值分解 (倾向于使用紧凑形式); 如果 $\boldsymbol{A} \in \mathbb{R}^{m\times n}$ 且 $\mathrm{rank}\,(\boldsymbol{A}) = r$, 那么 $\boldsymbol{U} \in \mathbb{R}^{m\times r}$, $\boldsymbol{\Sigma} \in \mathbb{R}^{r\times r}$, $\boldsymbol{V} \in \mathbb{R}^{n\times r}$
$\boldsymbol{B} = \boldsymbol{U}\boldsymbol{\Lambda}\boldsymbol{U}^*$	对称矩阵 $\boldsymbol{B} \in \mathbb{R}^{m\times m}$ 的特征值分解, 其中 $\boldsymbol{\Lambda}$ 是对角矩阵, $\boldsymbol{U} \in \mathbb{R}^{m\times m}$ 满足 $\boldsymbol{U}^*\boldsymbol{U} = \boldsymbol{I}$
$\sigma_1(\boldsymbol{A})$	矩阵 $\boldsymbol{A}$ 的最大奇异值
$\lambda_{\min}(\boldsymbol{B})$	矩阵 $\boldsymbol{B}$ 的最小特征值
$\lambda_{\max}(\boldsymbol{B})$	矩阵 $\boldsymbol{B}$ 的最大特征值
$[\boldsymbol{x}]_k$	$\boldsymbol{x}$ 的最佳 k-稀疏近似
$\mathrm{soft}(\cdot, \tau)$	定义在标量、向量或矩阵的逐元素软阈值化算子, 阈值为 $\tau \geqslant 0$
$\mathcal{S}_\tau(\cdot)$	逐元素软阈值化算子的缩写, 阈值为 τ
$\mathcal{D}_\tau(\boldsymbol{A})$	定义在矩阵 $\boldsymbol{A}$ 上的奇异值阈值化算子, 阈值为 τ
$\boldsymbol{a} \circledast \boldsymbol{x}$	两个信号 $\boldsymbol{a}$ 和 $\boldsymbol{x}$ 的卷积; 当两者均长度有限时, 可以表达为循环卷积或截断形式, 由上下文决定
$\Vert\boldsymbol{x}\Vert_p$	作用于向量 $\boldsymbol{x}$ 时, 表示向量的 ℓ^p 范数
$\Vert\boldsymbol{X}\Vert_2$	作用于矩阵 $\boldsymbol{X}$ 时, 表示矩阵的谱范数, 即矩阵 $\boldsymbol{X}$ 的最大奇异值 $\sigma_1(\boldsymbol{X})$, 也是由 ℓ^2 范数所诱导的算子范数
$\Vert\boldsymbol{X}\Vert_F$	矩阵 $\boldsymbol{X}$ 的 Frobenius 范数, 简称矩阵 $\boldsymbol{X}$ 的 F 范数

$\|\boldsymbol{X}\|_*$	矩阵 $\boldsymbol{X}$ 的核范数
$\|\mathcal{A}\|_{\mathbb{V}\to\mathbb{W}}$	$\mathcal{A}$ 的算子范数, 其中 $\mathcal{A}$ 为定义在赋范空间 $\mathbb{V}$ 到赋范空间 $\mathbb{W}$ 上的算子
$\|\boldsymbol{X}\|_{\ell^1\to\ell^p}$	$\ell^1\to\ell^p$ 的算子范数, 即 $\max_j\|\boldsymbol{X}\boldsymbol{e}_j\|_p$
$\|\boldsymbol{X}\|_{\ell^2\to\ell^\infty}$	$\ell^2\to\ell^\infty$ 的算子范数, 即 $\max_i\|\boldsymbol{e}_i^*\boldsymbol{X}\|_2$
$\|\cdot\|_\diamond^*$	$\|\cdot\|_\diamond$ 的对偶范数
$\|\boldsymbol{X}\|_{\ell^1\to\ell^2}^*$	$\ell^1\to\ell^2$ 算子范数的对偶范数, 即 $\sum_j\|\boldsymbol{X}\boldsymbol{e}_j\|_2$
$O(n)$	表示由 $C\cdot n$ 定义的上界, 其中 C 为常数
$\Omega(n)$	表示由 $C\cdot n$ 定义的下界, 其中 C 为常数
$\Theta(n)$	表示其下界由 $c\cdot n$ 定义, 上界由 $C\cdot n$ 定义, 其中 c 和 C 为常数且 $C>c$
$o(n)$	表示始终小于 n
$\partial f(\boldsymbol{x})$	函数 $f(\cdot)$ 在 $\boldsymbol{x}$ 处的次微分
$\nabla f(\boldsymbol{x})$	可微函数 $f(\cdot)$ 在 $\boldsymbol{x}$ 处的梯度
$\nabla^2 f(\boldsymbol{x})$	二次可微函数 $f(\cdot)$ 在 $\boldsymbol{x}$ 处的 Hessian 矩阵
$\mathcal{A},\mathcal{B},\mathcal{P}$	一般线性映射; 作用在其定义域内的元素上, 用方括号标识, 比如 $\mathcal{A}[\boldsymbol{X}]$
$\mathcal{P}_{\mathsf{S}}$	投影到向量空间的某个子空间 S 的正交规范投影算子
$\mathcal{P}_\Omega$	投影到由 Ω 索引的坐标子空间的矩阵投影算子
$\min\quad(\boldsymbol{x}+1)^2$	无约束最小化
$\max\quad-(\boldsymbol{x}+1)^2$	无约束最大化
$\min f(\boldsymbol{x})$ s.t. $h(\boldsymbol{x})\leqslant 0$	约束最小化
$\boldsymbol{x}_{\text{true}}$, $\boldsymbol{X}_{\text{true}}$	真值解
$\boldsymbol{x}_o$, $\boldsymbol{X}_o$	任意算法的真值解的简记
$\boldsymbol{x}_0,\boldsymbol{x}_k,\boldsymbol{x}_{k+1}$	算法的初始点, 算法在第 k 次和第 $k+1$ 次迭代的估计点
$\{\boldsymbol{x}_i\}$	优化过程中的 (向量) 迭代序列或者统计中的一组样本
$\boldsymbol{X}_0,\boldsymbol{X}_k,\boldsymbol{X}_{k+1}$	算法的初始点, 算法在第 k 次和第 $k+1$ 次迭代的估计点
$\{\boldsymbol{X}_i\}$	优化过程中的 (矩阵) 迭代序列或统计中的一组样本
$\hat{\boldsymbol{x}}$, $\hat{\boldsymbol{X}}$	(对于估计问题或者优化问题) 所估计的近似解
$\boldsymbol{x}_\star$, $\boldsymbol{X}_\star$	迭代算法的收敛解
$\arg\min\quad f(\boldsymbol{x})$	目标函数 $f(\cdot)$ 的极小值点集合
$\boldsymbol{x}_\star=\arg\min\quad f(\boldsymbol{x})$	用于简记目标函数 $f(\cdot)$ 的唯一极小值点
$\mathbb{P}[X>t]$	$X>t$ 的概率
$\mathbb{P}[X>t\mid Y=2]$	在 $Y=2$ 条件下, $X>t$ 的条件概率
$\mathbb{E}[\cdot]$	期望
$\mathbb{E}[\cdot\mid\cdot]$	条件期望

$\mathbb{1}_{x \leqslant 3}$	事件指示器
$\boldsymbol{e}$, $\boldsymbol{E}$	过失误差向量, 过失误差矩阵
$\boldsymbol{z}$, $\boldsymbol{Z}$	噪声向量, 噪声矩阵
$\mathcal{N}(\boldsymbol{\mu}, \boldsymbol{\Sigma})$	以 $\boldsymbol{\mu}$ 和 $\boldsymbol{\Sigma}$ 为均值和协方差的高斯分布 (或者正态分布)
$\mathrm{Ber}(\rho)$	服从参数 $\rho \in [0,1]$ 的 Bernoulli 分布

目　　录

第二部分 计算方法

第三部分 真实应用

附录

绪 论

"如无必要, 勿增实体."
——William of Ockham, Law of Parsimony

1.1 最普遍的任务: 寻找低维结构

在高维空间中识别信号或数据的低维结构是数据处理最基本的问题之一. 在漫长的历史中, 这个问题涉及众多工程和数学领域, 例如系统理论、模式识别、信号处理、机器学习和统计学等.

1.1.1 系统辨识和时序数据

现实世界中信号或数据的低维特性通常来自数据生成的内在物理机制. 许多真实信号或数据是通过观察受某种生成机制控制的物理过程获得的. 例如, 我们通过操纵磁场来产生磁共振 (MR) 图像㊀, 而磁场遵循麦克斯韦方程组. 再比如, 任何机械系统 (比如汽车和多足机器人) 的运动都遵循牛顿运动定律.

在数学上, 这种运动系统通常可以通过一组微分方程来建模㊁. 这在系统理论中也被称为状态空间模型 [Callier et al., 1991; Sastry, 1999]:

$$\begin{cases} \dot{\boldsymbol{x}}(t) = f(\boldsymbol{x}(t), \boldsymbol{u}(t)), \\ \boldsymbol{y}(t) = g(\boldsymbol{x}(t), \boldsymbol{u}(t)), \end{cases} \tag{1.1.1}$$

其中 $\boldsymbol{x} \in \mathbb{R}^n$ 为状态, $\boldsymbol{u} \in \mathbb{R}^{n_i}$ 为输入, $\boldsymbol{y} \in \mathbb{R}^{n_o}$ 为 (观测) 输出. 受这种动力学模型的约束, 以时间 t 为自变量的输出 $\boldsymbol{y}(t)$ 和状态 $\boldsymbol{x}(t)$ 是不能自由变化的, 它们被限制在各自函数空间中的某些低维子流形上.

为了更清楚地看到这一点, 让我们考虑一个简化的 (离散) 线性时不变动力学模型 [Callier et al., 1991; Oppenheim et al., 1999]㊂:

㊀ 我们将在第 10 章详细研究这个问题.

㊁ 这里简单地考虑常微分方程, 但我们的讨论同样适用于基于偏微分方程的数据和信号.

㊂ 在许多应用中, 线性时不变模型可以被视为轻度非线性或者缓慢时变的真实动力系统的良好近似. 或者对于许多类型的非线性系统来说, 可以通过反馈线性化 [Sastry, 1999] 或者光滑非线性 Koopman 算子 [Koopman, 1931; Lusch et al., 2018] 转换为线性动力系统.

$$\begin{cases} \boldsymbol{x}(t+1) = \boldsymbol{A}\boldsymbol{x}(t) + \boldsymbol{B}\boldsymbol{u}(t), \\ \boldsymbol{y}(t) \quad\;\; = \boldsymbol{C}\boldsymbol{x}(t) + \boldsymbol{D}\boldsymbol{u}(t). \end{cases} \tag{1.1.2}$$

根据系统辨识理论 [Van Overschee et al., 1996], 观测输出 $\{\boldsymbol{y}(t)\}_{t=1}^{\infty}$ 和输入 $\{\boldsymbol{u}(t)\}_{t=1}^{\infty}$ 通过一个维度不超过 $n = \dim(\boldsymbol{x})$ 的子空间关联在一起. 为了更准确地进行描述, 我们先定义两个 Hankel 矩阵:

$$\boldsymbol{Y} \doteq \begin{bmatrix} \boldsymbol{y}(1) & \boldsymbol{y}(2) & \cdots & \boldsymbol{y}(N) \\ \boldsymbol{y}(2) & \boldsymbol{y}(3) & \cdots & \boldsymbol{y}(N+1) \\ \vdots & \vdots & & \vdots \\ \boldsymbol{y}(N) & \boldsymbol{y}(N+1) & \cdots & \boldsymbol{y}(2N-1) \end{bmatrix} \in \mathbb{R}^{n_o N \times N}, \tag{1.1.3}$$

$$\boldsymbol{U} \doteq \begin{bmatrix} \boldsymbol{u}(1) & \boldsymbol{u}(2) & \cdots & \boldsymbol{u}(N) \\ \boldsymbol{u}(2) & \boldsymbol{u}(3) & \cdots & \boldsymbol{u}(N+1) \\ \vdots & \vdots & & \vdots \\ \boldsymbol{u}(N) & \boldsymbol{u}(N+1) & \cdots & \boldsymbol{u}(2N-1) \end{bmatrix} \in \mathbb{R}^{n_i N \times N}. \tag{1.1.4}$$

根据式(1.1.2), 矩阵 $\boldsymbol{Y}$ 和 $\boldsymbol{U}$ 的关系为:

$$\boldsymbol{Y} = \boldsymbol{G}\boldsymbol{X} + \boldsymbol{H}\boldsymbol{U}, \tag{1.1.5}$$

其中

$$\boldsymbol{X} = [\boldsymbol{x}(1), \boldsymbol{x}(2), \cdots, \boldsymbol{x}(N)] \quad \in \mathbb{R}^{n \times N},$$

矩阵 $\boldsymbol{G}$ 和 $\boldsymbol{H}$ 分别由形式为 $\boldsymbol{C}\boldsymbol{A}^i$ 和 $\boldsymbol{C}\boldsymbol{A}^i\boldsymbol{B}$ 的块所构成, 其中 $i = 1, \cdots, N$. 令 $\boldsymbol{U}^\perp$ 表示 $\boldsymbol{U}$ 的正交补㊀, 那么我们有:

$$\boldsymbol{Y}\boldsymbol{U}^\perp = \boldsymbol{G}\boldsymbol{X}\boldsymbol{U}^\perp. \tag{1.1.6}$$

由此, 我们可以得到下述事实.

事实 1.1 (线性系统辨识) *无论测量序列长度 N 多大, 如上所定义的输入–输出矩阵 $\boldsymbol{Y}\boldsymbol{U}^\perp$ 的秩总是小于等于状态空间的维度 n, 即*

$$\operatorname{rank}(\boldsymbol{Y}\boldsymbol{U}^\perp) \leqslant n. \tag{1.1.7}$$

换句话说, 矩阵 $\boldsymbol{Y}\boldsymbol{U}^\perp$ 的列向量张成全空间 $\mathbb{R}^{n_o N}$ 中的 n 维子空间. 由系统辨识理论可知 [Liu et al., 2009; Liu et al., 2010; Van Overschee et al., 1996], 恢复一个与输入和输出相关的 n 维子空间是识别系统 (未知) 参数 $(\boldsymbol{A}, \boldsymbol{B}, \boldsymbol{C}, \boldsymbol{D})$ 的关键, 而这些参数随后可以通过对矩阵 $\boldsymbol{Y}\boldsymbol{U}^\perp$ 进行奇异值分解㊁计算出来. 实际上, 系统辨识是启发研究针对低秩模型的凸方法的最初问题之一 [Fazel et al., 2001], 我们将在第 4 章仔细研究.

㊀ 即 $\boldsymbol{U}^\perp$ 的列张成 $\boldsymbol{U}$ 的零空间. 参见附录 A.

㊁ 更多关于奇异值分解的细节, 参见附录 A 中的 A.8 节.

例 1.1 (循环神经网络) 值得注意的是, 在现代深度神经网络 (DNN) 的实践中, 式 (1.1.2) 这种状态空间模型[1]的变种已被广泛采用, 也被称为循环神经网络 (RNN). 一个典型的 RNN 模型是所谓的 Jordan 形式 [Jordan, 1997]:

$$\begin{cases} \boldsymbol{x}(t+1) = \sigma_{\boldsymbol{x}}\big(\boldsymbol{A}\boldsymbol{x}(t) + \boldsymbol{B}\boldsymbol{u}(t) + \boldsymbol{b}\big), \\ \boldsymbol{y}(t) \qquad\ = \sigma_{\boldsymbol{y}}\big(\boldsymbol{C}\boldsymbol{x}(t) + \boldsymbol{d}\big), \end{cases} \tag{1.1.8}$$

其中 $\sigma_{\boldsymbol{x}}$ 和 $\sigma_{\boldsymbol{y}}$ 是某种非线性激活函数[2]. 经验表明, RNN 及其许多变种对于语音信号、视频和自然语言等序列数据的建模非常有效. 这种模型的内在低维性是获取数据序列的结构或顺序的关键. 本书提出的基本概念、准则和方法有助于获得对这些深度模型的原理性理解, 我们将在第 16 章看到这一点.

1.1.2 人造世界中的模式和秩序

当然, 还有许多其他因素导致现实世界数据中普遍存在低维结构. 这些结构不一定涉及描述自然规律的动态系统或序列结构. 低维结构的另一个重要来源是人类的影响: 几乎所有人造物都是按照简单的编码、规则和程序构造的, 这样既经济又美观. 这些结构通常在视觉上表现为纹理和装饰中的重复图案, 字母和字符的对称性, 人造物和建筑物中平行、正交和规则的形状等. 图 1.1 展示了几个实例, 更多实例将在第 15 章中给出.

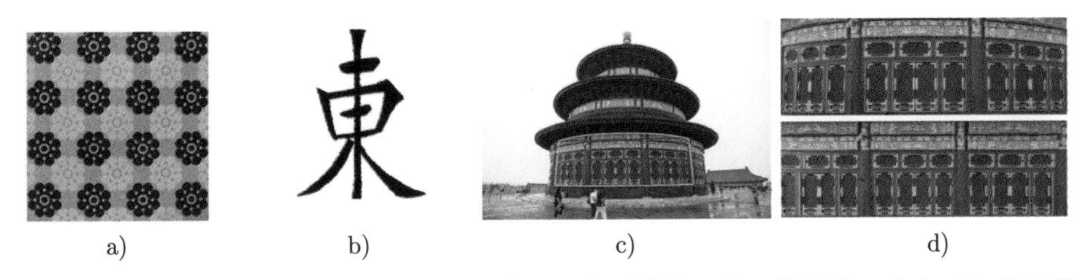

图 1.1 图 a ~ 图 d 分别是: 规则图案的纹理图像、近似对称的汉字二值图像、北京天坛的图像, 以及其柱体表面的规则结构图案

如果我们要对这种结构进行数学建模, 那么低维模型是一个很自然的选择. 例如, 考虑图 1.1 a 中的规则纹理. 我们可以将这个二维图像数组的像素看作一个矩阵 $\boldsymbol{M}$ 中的元素, 比如一个包含 $n \times n$ 个元素的像素矩阵. 显然, 这个矩阵的列 (或者行) 向量 (被看作 $\mathbb{R}^n$ 中的向量 $\boldsymbol{v}_i$) 是高度线性相关的. 它们实际上只张成一个非常低维的子空间 S, 如图 1.2 所示. 其维数 d 远小于 n, 即

$$\operatorname{rank}(\boldsymbol{M}) = d \ll n. \tag{1.1.9}$$

注意到, 这与我们在系统辨识问题(1.1.6)中所看到的低秩条件相同. 在第 15 章的应用中, 我们将看到这种自然的低秩规则纹理如何使我们能够高效、准确和鲁棒地恢复隐含在这些

[1] 通常在状态空间模型中引入额外的非线性激活.

[2] 经常选择的激活函数包括 sigmoid 函数$\sigma(x) = \frac{\mathrm{e}^x}{\mathrm{e}^x+1}$ 或者修正线性单元 (ReLU) 函数 $\sigma(x) = \max\{0, x\}$.

图像中的几何信息——这揭示了我们能够准确感知天坛的三维几何形状以及仅从单张图像就能够恢复完全校正的二维纹理 (如图 1.1 c 和图 1.1 d 所示) 的原因.

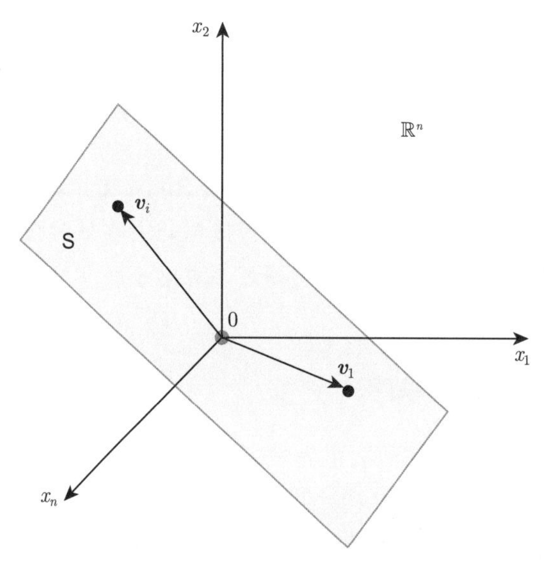

图 1.2　$n \times n$ 低秩矩阵的列向量 $\boldsymbol{v}_i \in \mathbb{R}^n$ 张成低维子空间 $\mathsf{S} \subset \mathbb{R}^n$

事实上, 即使对于任何一般的三维场景 (比如从多个位置拍摄照片), 三维空间中的同一点、线、面或者 (对称) 物体的多个二维图像都是高度相关的. 这使得某种确定的测量矩阵 $\boldsymbol{M}$ (也被称为*多视图矩阵*) 成为低秩的 [Ma et al., 2004]. 事实上, 值得注意的是, 无论视图数量或矩阵大小如何, 这些矩阵的秩总是

$$\operatorname{rank}(\boldsymbol{M}) = 1 \text{ 或 } 2. \tag{1.1.10}$$

从一个固定位置拍摄的同一场景在不同光照条件下的多张图像, 若被看作一个矩阵的多个列向量, 也满足类似的低秩条件: $\operatorname{rank}(\boldsymbol{M}) = 3$. 我们将在第 14 章仔细研究这类条件的应用.

一般来说, 我们并不能期望人类社会中的所有数据都同样规则有序. 然而, 正如第 4 章、第 5 章以及第 14~16 章的大量例子所展示的, 许多来自社会、商业、财务活动或者社交网络的数据确实表现出非常好的结构, 可以通过低维模型进行很好的近似. 通过本书中建立的基本原理和算法, 我们能够利用真实数据中的这种低维结构, 从最小数量 (甚至不完全或者不完美) 的观测中高效准确地恢复这些结构信息.

1.1.3　高效数据采集和处理

在经典信号处理中, 数据的固有低维特性主要用于高效采样、存储和传输 [Oppenheim et al., 1999; Prandoni et al., 2008]. 在诸如通信之类的应用中, 一个通常合理的假设是我们所感兴趣的信号主要由有限的频率分量组成㊀. 更确切地说, 将信号 $x(t)$ 看作时间 t 的函

㊀　因为模拟和数字信息通常是通过调制谐振电路产生的周期信号来承载的, 我们将在第 11 章中详细介绍.

数, 其傅里叶变换[1]为:

$$\hat{x}(\omega) \doteq \int_{-\infty}^{\infty} x(t)\exp(-\mathrm{i}\omega t)\mathrm{d}t. \tag{1.1.11}$$

通常, 对于某些 $\Omega > 0$, 当 $|\omega| \geqslant \Omega$ 时, $\hat{x}(\omega)$ 为零. 令 $\mathcal{B}_1(\Omega)$ 为带限函数集, 其傅里叶变换在频谱 $[-\Omega, \Omega]$ 之外为零, 即

$$\mathcal{B}_1(\Omega) \doteq \left\{x(t) \in L^1(\mathbb{R}) \mid \hat{x}(\omega) = 0,\ \ \forall\, |\omega| > \Omega\right\}, \tag{1.1.12}$$

如图 1.3 所示, 其中 $L^1(\mathbb{R})$ 表示实数域 $\mathbb{R}$ 上的绝对可积函数的集合[2].

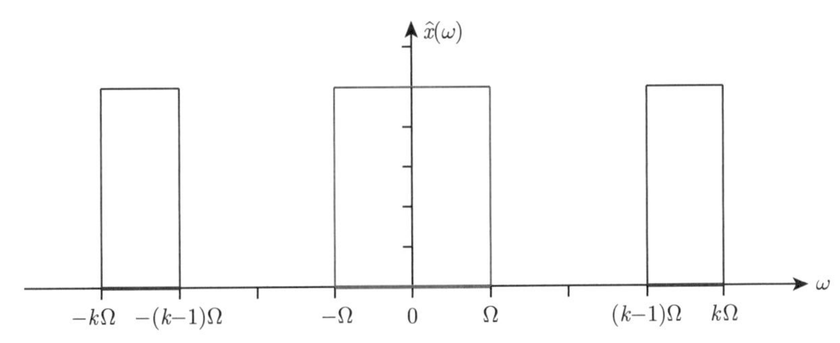

图 1.3 仅在红色区域上存在频谱支撑的函数称为带限函数. 它们与在两个蓝色区域上存在频谱支撑的函数具有相同大小的频域支撑

换言之, $\mathcal{B}_1(\Omega)$ 中的所有函数都有一个最高截止频率 $f_{\max} = \Omega/2\pi$. 注意到, $\mathcal{B}_1(\Omega)$ 构成了函数空间中的一个子空间, 就像低秩矩阵的列向量所张成的空间是向量空间中的一个子空间一样. 这种结构使我们能用其离散样本有效地表示此类函数. 更精确地说, 给定 $\hat{x}(\omega)$, 信号 $x(t)$ 可以通过傅里叶逆变换来表示:

$$x(t) = \frac{1}{2\pi}\int_{-\infty}^{\infty} \hat{x}(\omega)\exp(\mathrm{i}\omega t)\mathrm{d}\omega = \frac{1}{2\pi}\int_{-\Omega}^{\Omega} \hat{x}(\omega)\exp(\mathrm{i}\omega t)\mathrm{d}\omega. \tag{1.1.13}$$

因此, 如果我们将 $\hat{x}(\omega)$ 看作周期为 2Ω 的频域周期函数, 那么它将完全由其所有傅里叶系数确定:

$$x\left(\frac{n\pi}{\Omega}\right) \doteq \frac{1}{2\pi}\int_{-\Omega}^{\Omega} \hat{x}(\omega)\exp\left(\mathrm{i}\omega\frac{n\pi}{\Omega}\right)\mathrm{d}\omega, \quad n = 0, \pm 1, \pm 2, \cdots. \tag{1.1.14}$$

注意到, 式(1.1.14)左侧是函数 $x(t)$ 以 $T = \pi/\Omega$ 为周期采样的值, 或者等效于采样频率为

$$f = \frac{1}{T} = 2 \cdot \frac{\Omega}{2\pi}. \tag{1.1.15}$$

由此我们可以得到如下事实.

[1] 参见附录 A, 式 (A.7.13) 是傅里叶变换的离散形式, 它可以应用于离散信号或者向量.

[2] 对于函数 $x(t)$, 绝对可积是指 $\int_{-\infty}^{\infty} |x(t)|\mathrm{d}t < \infty$.——译者注

事实 1.2 (Nyquist-Shannon 采样定理) *为了完美恢复带限信号 $x(t)$, 信号需要以最高频率 $f_{\max} = \Omega/2\pi$ 的两倍速率被采样.*

这就是著名的 Nyquist-Shannon 采样定理 [Oppenheim et al., 1999]. 采样后的 (离散的) 信号可以根据其额外的统计性质进一步进行数字化和压缩. 对于图像来说, 这类采样和后续的压缩是由一些非常成熟和常用的方案来完成的, 例如用于视频的 JPEG 或 MPEG 方案. 这些压缩后的数据用于存储和传输, 之后再根据各种应用需求进行解码. 图 1.4 a 展示了经典信号采集和处理流程.

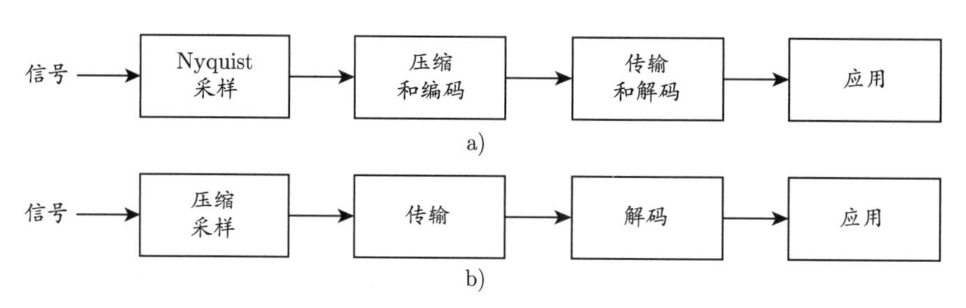

图 1.4 经典信号采集和处理流程 (图 a) 与本书将介绍的压缩感知范式 (图 b) 的比较

然而, 对于同时包含低频和高频分量的信号, 以 Nyquist 速率进行采样有时可能需要相当大的代价. 例如, 如图 1.3 所示, 对于仅在红色区域存在频谱支撑的信号, 其最大截止频率为 $\Omega/2\pi$; 然而, 对于仅在蓝色区域存在频谱支撑的信号, 其最大频率为 $k \cdot \Omega/2\pi$. 因此, 当 k 非常大时 (这正是现代宽带无线通信中会遇到的情况, 参见第 11 章), 实现 Nyquist 采样方案的成本将相当高. 举一个重要的例子, 近年来, 为了捕捉自然图像中的锐利边缘或边界[⊖], 数码相机中成像传感器的像素数量急剧增加. 这种*暴力*的感知测量方案显然是相当浪费的, 因为锐利边缘只占图像的很小一部分, 而所有相对平滑区域都要以相同速率采样! 在医学成像中, 考虑到患者的舒适度和安全性, 甚至不允许这样粗暴地增加采样密度 [Lustig et al., 2007].

在本书中我们将看到, 信号恢复所真正需要的样本数量应该与其频谱支撑的总宽度成正比, 而与其频谱位置无关! 如图 1.3 所举的例子, 两种类型的信号都具有相同的 2Ω 有效带宽, 原则上可以用相同的采样率正确恢复信号. 因此, 要获取在蓝色区域存在频谱支撑的信号, 采样率可以显著低于 Nyquist 采样率 [Mishali et al., 2010; Tropp, 2010]. 也因为如此, [Donoho, 2006a; Candès, 2006] 提出了*压缩感知* (compressive sensing) 的概念. 我们将在第 11 章明确地看到, 这种新的采样方案是如何在现代宽带无线通信的背景下具体实现的.

在本书中, 我们将从基本原理出发, 系统研究和建立设计此类压缩采样方案的理论基础, 并研究正确高效地从此类样本中恢复完整信号的算法. 一般来说, 通过这种压缩采样的信号样本已经足够紧凑, 可以直接用于存储和传输, 并且原始信号可以在最终使用时从这些样本中被完整地恢复出来. 图 1.4 b 展示了这种新的数据采集与处理范式. 除了宽带通信之

⊖ 锐利边缘可以用一个阶跃函数来表示, 它不是带限的!

外, 我们还将看到在这种范式下其他一些引人注目的应用. 例如, 这种新范式彻底改变了医学成像领域 [Lustig et al., 2007], 我们将在第 2 章和第 10 章进一步阐述.

1.1.4 用图模型解释数据

在现代数据科学的实践中, 我们经常处理的数据不一定是由任何明确的物理过程或者人为规则所生成的. 数据的生成机制可能被隐藏起来, 或者难以从某些基本原理推导出来, 例如客户评级、网络文档、自然语言和基因表达等数据. 尽管如此, 这样的数据绝不是无结构的, 数据之间通常存在很强的统计相关性、依赖性/独立性以及丰富的因果关系.

为了对这些关联结构进行建模, 我们可以将观测数据视为一组随机变量 $\boldsymbol{x}_o \in \mathbb{R}^{n_o}$ 的样本, 这些样本是在给定另一组隐 (或潜在) 变量 $\boldsymbol{x}_h \in \mathbb{R}^{n_h}$ 之后按一定条件概率分布生成的. 数据的结构完全由随机向量 $\boldsymbol{x} = (\boldsymbol{x}_o, \boldsymbol{x}_h) \in \mathbb{R}^n$ 的联合分布描述, 其中 $n = n_o + n_h$. 现在考虑 $\boldsymbol{x}$ 中的 n 个随机变量 $\{x_i\}_{i=1}^n$. 为简单起见, 我们假设 $\{x_i\}_{i=1}^n$ 服从零均值高斯分布㊀, 即 $\boldsymbol{x} \sim \mathcal{N}(\mathbf{0}, \boldsymbol{\Sigma})$, 其中协方差矩阵为 $\boldsymbol{\Sigma} \in \mathbb{R}^{n \times n}$. 令

$$\boldsymbol{\Theta} \equiv \boldsymbol{\Sigma}^{-1} \in \mathbb{R}^{n \times n}$$

是协方差矩阵 $\boldsymbol{\Sigma}$ 的逆. 根据统计学基础知识, 我们有以下熟知的事实.

事实 1.3 (图模型中的条件独立) *给定所有其他变量 $\{x_k \mid k \neq i, j\}$, 任意两个变量 x_i 和 x_j 是条件独立的, 当且仅当 $\boldsymbol{\Theta}$ 的第 (i, j) 项满足 $\theta_{ij} = 0$.*

在机器学习中, $\boldsymbol{x} = \{x_i\}_{i=1}^n$ 中的随机变量之间的这种依赖关系通常用图模型 [Jordan, 2003; Pearl, 2000; Wainwright et al., 2008] 来描述. 让我们考虑一个图 $\mathcal{G} = (V, E)$, 其中顶点集 V 由所有随机变量 $V = \{x_i\}_{i=1}^n$ 组成, 边集 $E = \{e_{ij}\}$ 表示随机变量对 (x_i, x_j) 之间的依赖关系 (当且仅当它们是条件相关的). 如图 1.5 的例子所示. 事实上, 1.1.1 节中的状态空间模型(1.1.1)可以被看作这种隐变量图模型的一个特例㊁.

在统计学习中, 一个基本且具有挑战性的问题是如何从观测变量 $\boldsymbol{x}_o$ 的边缘统计推断出 $\boldsymbol{x}$ 的联合分布, 即使隐变量的数量及其与观测变量的关系是未知的. 在所有变量是联合高斯的最基本情况下, 我们可以将 $\boldsymbol{x} = (\boldsymbol{x}_o, \boldsymbol{x}_h)$ 的协方差矩阵 $\boldsymbol{\Sigma}$ 划分为:

$$\boldsymbol{\Sigma} = \begin{bmatrix} \boldsymbol{\Sigma}_o & \boldsymbol{\Sigma}_{o,h} \\ \boldsymbol{\Sigma}_{o,h}^* & \boldsymbol{\Sigma}_h \end{bmatrix} \equiv \begin{bmatrix} \boldsymbol{\Theta}_o & \boldsymbol{\Theta}_{o,h} \\ \boldsymbol{\Theta}_{o,h}^* & \boldsymbol{\Theta}_h \end{bmatrix}^{-1} \in \mathbb{R}^{n \times n}. \tag{1.1.16}$$

注意到, 在上述协方差矩阵中, 只有观测数据的协方差矩阵 $\boldsymbol{\Sigma}_o$ 能够从 (统计) 数据中获得. 利用线性代数的知识, 我们可以证明 $\boldsymbol{\Sigma}_o$ 的形式为:

$$\boldsymbol{\Sigma}_o^{-1} = \boldsymbol{\Theta}_o - \boldsymbol{\Theta}_{o,h} \boldsymbol{\Theta}_h^{-1} \boldsymbol{\Theta}_{o,h}^* \in \mathbb{R}^{n_o \times n_o}. \tag{1.1.17}$$

㊀ 在实践中, 高斯分布可以用来近似任何依赖二阶统计量的分布.

㊁ 输入 $\boldsymbol{u}$ 和输出 $\boldsymbol{y}$ 是观测值, (随机初始化的) 状态 $\boldsymbol{x}$ 是隐变量.

在表达式(1.1.17)中, 如果图 $\mathcal{G}$ 是稀疏的, 那么第一项 $\boldsymbol{\Theta}_o$ 将是稀疏的, 而第二项 $\boldsymbol{\Theta}_{o,h}\boldsymbol{\Theta}_h^{-1}\boldsymbol{\Theta}_{o,h}^*$ 的秩小于隐变量的数量, 通常相对较小. 对于图 1.5 所示的例子, 只有两个隐藏节点, 因此第二项的秩最多为 2, 第一项的 $\boldsymbol{\Sigma}_o$ 与图 1.5b 所示 $\boldsymbol{\Theta}$ 左上角的 6×6 的子矩阵具有相同形式. 已有研究表明, 通常只有当图模型 $\mathcal{G}$ 足够稀疏时, 正确识别图模型结构的问题才是可计算的 [Chandrasekaran et al., 2012a]. 树和多层深度网络等常用模型正是此类图模型的代表性示例.

在这种情况下, 观测变量 $\boldsymbol{x}_o$ 的协方差矩阵 $\boldsymbol{\Sigma}_o$ 总是具有以下可分解结构:

$$\boldsymbol{\Sigma}_o^{-1} = \boldsymbol{S} + \boldsymbol{L} \quad \in \mathbb{R}^{n_o \times n_o}, \tag{1.1.18}$$

其中 $\boldsymbol{S}$ 是稀疏矩阵, $\boldsymbol{L}$ 是低秩矩阵. $\boldsymbol{L}$ 的秩与图中 (独立) 隐变量的数量相关, $\operatorname{rank}(\boldsymbol{L}) = \dim(\boldsymbol{x}_h)$; 稀疏矩阵 $\boldsymbol{S}$ 则与观测变量的条件相关性有关——如果两个观测变量 x_i 和 x_j 是条件独立的, 那么 $\boldsymbol{S}$ 的元素 s_{ij} 为零.

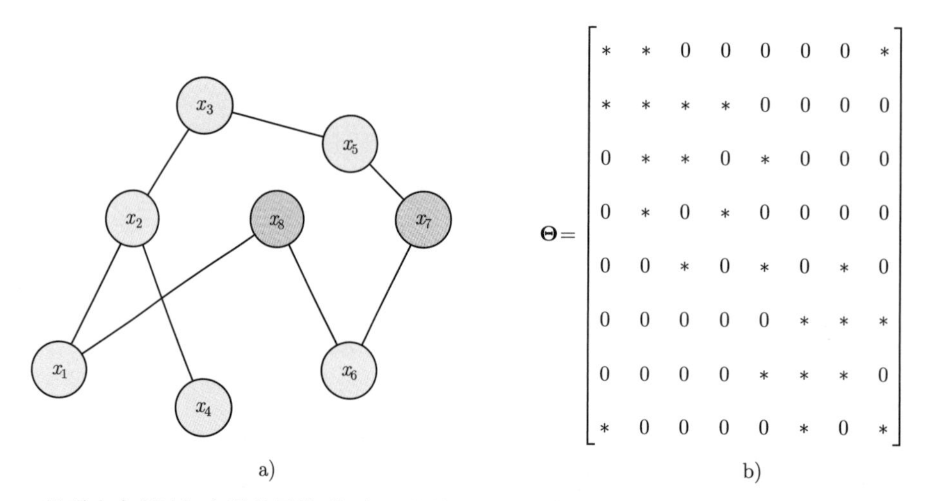

图 1.5　一组联合高斯随机变量的图模型. 如果依赖图是稀疏连接的, 那么协方差矩阵的逆 $\boldsymbol{\Theta}$ 通常是稀疏的. 假设灰色节点表示观测变量 $\boldsymbol{x}_o = [x_1, x_2, \cdots, x_6]^*$, 蓝色的 $\boldsymbol{x}_h = [x_7, x_8]^*$ 为隐变量

因此, 在很大程度上, 推断完整图模型 $\mathcal{G}$ 或者在高斯情况下推断协方差矩阵 $\boldsymbol{\Sigma}$ 的问题, 可以简化为将矩阵 $\boldsymbol{\Sigma}_o^{-1}$ 分解为低秩矩阵 $\boldsymbol{L}$ 和稀疏矩阵 $\boldsymbol{S}$ 的问题. 虽然这个分解问题(1.1.18)通常是 NP 困难[㊀]的 (参见第 5 章), 但当 $\boldsymbol{L}$ 和 $\boldsymbol{S}$ 都足够低维时, 这个问题实际上变得可计算, 并且可以通过本书后面所介绍的优化方法被高效地解决.

1.2　简史

由于低维结构的普遍性和重要性, 在科学、工程、统计和计算机等学科中, 研究、理解和利用这些结构有着悠久而丰富的历史.

㊀ 在复杂度理论中研究得很好的“植入团”问题 [Brennan et al., 2020; Gamarnik et al., 2019] 是这个问题的一个特例, 我们将在第 5 章讨论.

1.2.1 神经科学: 稀疏编码

经过数百万年的进化, 人类和其他动物的大脑 (尤其是视觉皮层) 已经很好地适应了它们的生存环境. 灵长类动物的视觉系统能够利用自然图像的统计信息, 并以极高的效率实现高度准确的视觉感知与预测. 这种现象长期以来在神经科学中被广泛观察和研究. 早在 1972 年, 视觉神经科学家 Horace Barlow 就提出了以下自然视觉法则 [Barlow, 1972]:

> "…… 高级感觉中枢处理信息的总方向或目标是通过尽可能少的神经元活动来尽可能完整地表示输入."

1987 年, David Field 提供了支持这一猜想的第一个科学证据, 他验证了视觉皮层中简单细胞的定向感受野非常适合只用一小部分激活单元来编码自然图像 [Field, 1987]. 他的研究结果证实了 Barlow 的法则, 即生物视觉系统的目标是以最小的冗余来表示自然环境中的信息.

1996 年后期, Bruno Olshausen 和 David Field 在他们的开创性工作 [Olshausen et al., 1997] 中进一步假设, 在生物视觉系统中, 视觉感官输入的数据, 如果被看成一个向量 $\boldsymbol{y} \in \mathbb{R}^m$, 那么它可以用一组基本模式 (或特征). $\boldsymbol{a}_i \in \mathbb{R}^m$ 的线性组合来表示, 即

$$\boldsymbol{y} = \sum_{i=1}^{n} x_i \boldsymbol{a}_i + \boldsymbol{\varepsilon} \quad \in \mathbb{R}^m, \tag{1.2.1}$$

其中 $\boldsymbol{x} = [x_1, x_2, \cdots, x_n]^* \in \mathbb{R}^n$ 是稀疏系数[㊀], $\boldsymbol{\varepsilon} \in \mathbb{R}^m$ 表示微小的模型误差. 所有模式的集合 $\boldsymbol{A} = [\boldsymbol{a}_1, \boldsymbol{a}_2, \cdots, \boldsymbol{a}_n] \in \mathbb{R}^{m \times n}$ 称为字典, 它是从输入的统计信息中学习到的. 当要适应从自然图像中提取的大量图像块集合时, 字典会收敛到一组不同尺度 (或空间频率) 的局部定向带通函数, 这与在视觉皮层中发现的感受野非常相似 (见图 1.6). 这种学习到的字典使视觉系统能够在视觉处理初期将感官信息重新变换为稀疏编码 $\boldsymbol{x}$. 后来对各种动物 (例如小鼠、大鼠、兔子、猫、猴子) 和人脑进行的研究, 为自然界视觉系统对输入进行稀疏编码提供了进一步的证据 [Olshausen et al., 2004]. 约翰斯·霍普金斯大学 Reza Shadmehr 小组近期对猴子小脑神经元的研究 [Herzfeld et al., 2015, 2018] 进一步表明, 相同的稀疏编码字典也被用于感知动作控制输出和预测误差, 从而组织整个生物视觉系统的闭环学习网络.

稀疏编码成为生物视觉系统的核心原则, 这向工程师传达了两个令人鼓舞的信息: 首先, 看似复杂的感知真实世界的数据 (例如自然图像), 确实具有良好的内在结构, 从而支持紧凑和高效的表示 [Olshausen et al., 1996a]; 其次, 这些结构和表示已经被自然界有效地学习到了 [Ganguli et al., 2012; Lake et al., 2018; Olshausen et al., 1997]. 对于数学家和计算机科学家来说, 第二点似乎有点令人惊讶. 因为它与一个已知的事实相矛盾, 即对于一个给定信号 $\boldsymbol{y} \in \mathbb{R}^m$, 如果它由一个已知但过完备 (即 $m < n$) 的字典 $\boldsymbol{A}$ 所生成, 即

$$\boldsymbol{y} = \boldsymbol{A}\boldsymbol{x} \quad \in \mathbb{R}^m \tag{1.2.2}$$

㊀ 即大多数 x_i 都是零.

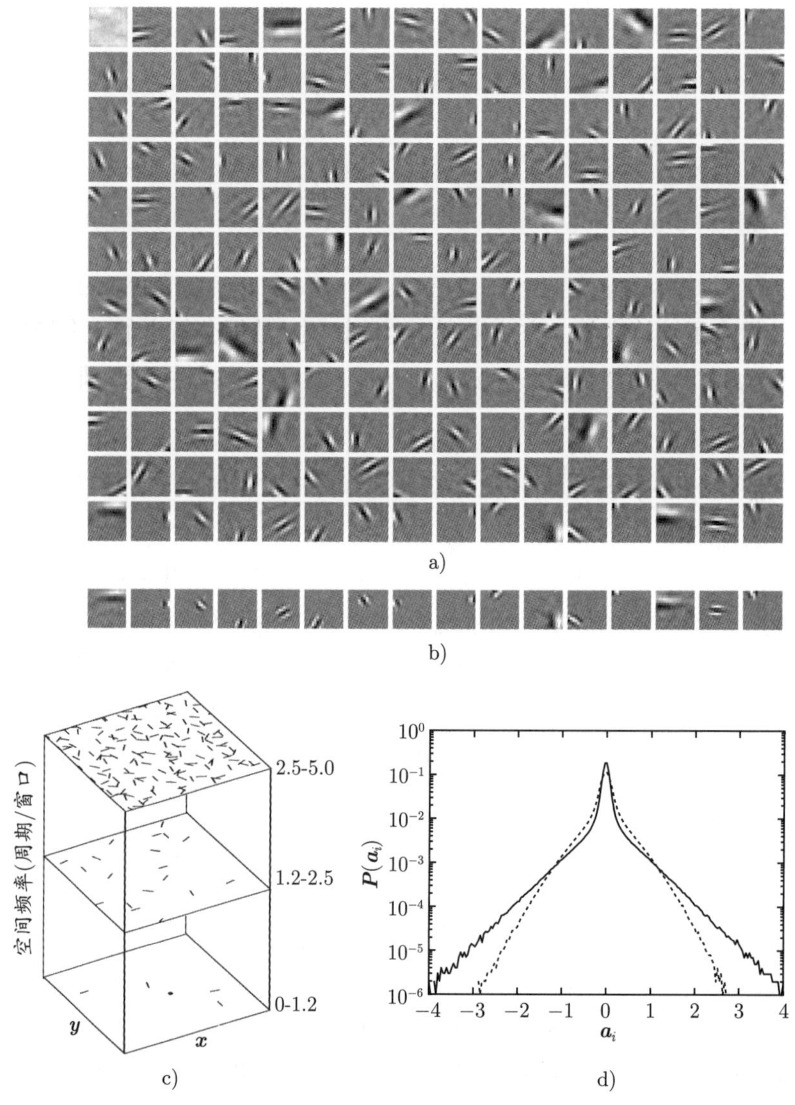

图 1.6 a) 对从自然场景中提取的 16×16 图像块进行 192 个基函数训练的结果 [Olshausen et al., 1996b]. b) 对应于图 a 中最后一行基函数的感受野. c) 学到的基函数在空间、方向和尺度上的分布. d) 对学到的基函数 (实线) 和随机初始条件下 (虚线) 的所有参数平均后的活跃度直方图 (图片经 Bruno Olshausen 许可转载)

那么要寻找到其稀疏编码 $\boldsymbol{x} \in \mathbb{R}^n$ 通常是一个 NP 困难问题 (参见定理 2.2). 因此, 求解稀疏编码在计算上可能会令人望而却步, 但是大自然似乎毫不费力地就学会了这一点. 在很大程度上, 本书中的研究通过刻画稀疏编码能够被高效求解的条件 (见第 3 章) 而有效地调和了这一看似矛盾的问题. 此外, 我们将在本书后续章节 (见第 7 章) 看到, 即使字典 $\boldsymbol{A}$ 事先不知道并且需要学习得到 (正如在生物视觉中一样), 当给定充分的观测样本 $\boldsymbol{Y} = [\boldsymbol{y}_1, \boldsymbol{y}_2, \cdots, \boldsymbol{y}_N]$ 时, 其中

$$\boldsymbol{Y} = \boldsymbol{A}\boldsymbol{X} \quad \in \mathbb{R}^{m \times N}, \tag{1.2.3}$$

字典 $\boldsymbol{A}$ 和相关联的稀疏编码 $\boldsymbol{X} = [\boldsymbol{x}_1, \boldsymbol{x}_2, \cdots, \boldsymbol{x}_N]$ 都可以在相当宽泛的条件下被正确且高效地学习到! 最后, 在第 16 章末尾, 我们将看到本书中的数学和计算原理如何为稀疏编码 (甚至在自然界中) 的必要性提供证据, 以及如何为那些神经科学或者认知科学中所观察到的现象背后的计算机制提供令人信服的数学依据.

1.2.2　信号处理: 稀疏纠错

长期以来, 数学家和统计学家一直在研究稀疏信号和数据的性质. 纵观历史, 众多前人早已探索过并提出了计算高效的方法来利用这些性质. 数据分析中的一个经典问题是将观测 $y \in \mathbb{R}$ 建模为一组已知变量 $\boldsymbol{a}^* = [a_1, a_2, \cdots, a_n] \in \mathbb{R}^n$ 的线性函数, 即

$$y = f(\boldsymbol{a}) = \boldsymbol{a}^* \boldsymbol{x} = a_1 x_1 + a_2 x_2 + \cdots + a_n x_n, \tag{1.2.4}$$

其中 $\boldsymbol{x} = [x_1, x_2, \cdots, x_n]^* \in \mathbb{R}^n$ 是一组待定的未知参数. 给定 m 个如下形式的观测值:

$$y_i = \boldsymbol{a}_i^* \boldsymbol{x} + \varepsilon_i, \quad i = 1, 2, \cdots, m, \tag{1.2.5}$$

其中 ε_i 是有可能产生的测量噪声或误差. 我们可以将 y_i 排列成 (列) 向量 $\boldsymbol{y} \in \mathbb{R}^m$ 的元素, 并将 $\boldsymbol{a}_i^* \in \mathbb{R}^n$ 排列成矩阵 $\boldsymbol{A} \in \mathbb{R}^{m \times n}$ 的行向量. 那么, 我们的目标就是找到一组参数 $\boldsymbol{x} \in \mathbb{R}^n$, 使得 $\boldsymbol{A}\boldsymbol{x}$ 与给定的观测值 $\boldsymbol{y} \in \mathbb{R}^m$ 很好地吻合. 在经典问题中, 通常是测量值个数大于未知数个数, 即 $m \geqslant n$. 因此, 由于测量误差的存在, 可能没有精确满足方程 $\boldsymbol{y} = \boldsymbol{A}\boldsymbol{x}$ 的解.

最小绝对偏差与最小二乘

早在 1750 年, 法国数学家 Roger Joseph Boscovich 就提出求解使 $\boldsymbol{y}$ 与 $\boldsymbol{A}\boldsymbol{x}$ 之间的绝对偏差最小的 $\boldsymbol{x}$ [Boscovichca, 1750], 即

$$\min_{\boldsymbol{x}} \|\boldsymbol{y} - \boldsymbol{A}\boldsymbol{x}\|_1 := \sum_{i=1}^{m} |y_i - \boldsymbol{a}_i^* \boldsymbol{x}|, \tag{1.2.6}$$

其中 $\|\cdot\|_1$ 是向量的 ℓ^1 范数, 它表示向量中所有元素的绝对值之和. 这也被称为*最小绝对偏差* (least absolute deviations) *法*. 根据历史记载 [Plackett, 1972], 这项工作对拉普拉斯分布的概念 [Laplace, 1774] 产生了重大影响, 参见习题 1.5. 在 Boscovich 和拉普拉斯之后的时期, 主要在 19 世纪初期, *最小二乘* (least squares) *法*分别由 Legendre 在 1805 年 [Legendre, 1805] 和高斯在 1809 年 [Gauss, 1809] 独立提出:

$$\min_{\boldsymbol{x}} \|\boldsymbol{y} - \boldsymbol{A}\boldsymbol{x}\|_2^2 := \sum_{i=1}^{m} (y_i - \boldsymbol{a}_i^* \boldsymbol{x})^2. \tag{1.2.7}$$

当这些测量误差 ε_i 是独立同分布高斯噪声时, 最小二乘法 (或最小化误差的 ℓ^2 范数) 在统计上是最优的㊀. 此外, 最小值点 $\boldsymbol{x}_\star$ 存在*闭式解* (我们将其作为习题留给读者), 因此这对

㊀ 高斯在这个工作 [Gauss, 1809] 上超越了 Legendre, 他建立了最小二乘法和统计数据之间的联系, 并说明了高斯分布 (也称为正态分布) 对误差的最优性. 参见习题 1.5.

计算机时代之前的工程实践者非常具有吸引力.

在 Boscovich 和高斯时代, 人们直观地知道, 如果测量样本包含数量上较少但幅度上较大的误差, 那么最小绝对偏差法(1.2.6)会比最小二乘法更为鲁棒, 如图 1.7 所示. 然而, 在很长时间里没有人能够精确刻画 ℓ^1 最小化在什么条件下能够给出正确的解. 并且, 与最小二乘法不同的是, ℓ^1 最小化没有闭式解㊀. 因此, 最小二乘法在接下来的近三个世纪里主导着数据分析. 尽管如此, 正如本书将要展示的, 现代高效的优化方法极大地缓解了 ℓ^1 最小化缺乏闭式解所带来的困难. 借助计算机, 即使面对规模非常大的问题, 求解 ℓ^1 最小化也不再是瓶颈 (见第 8 章). 计算的进步为基于数值求解方法的强势回归 (例如 ℓ^1 最小化) 铺平了道路. 剩下的问题是 ℓ^1 最小化何时能够被有效求解以及为什么能够被求解.

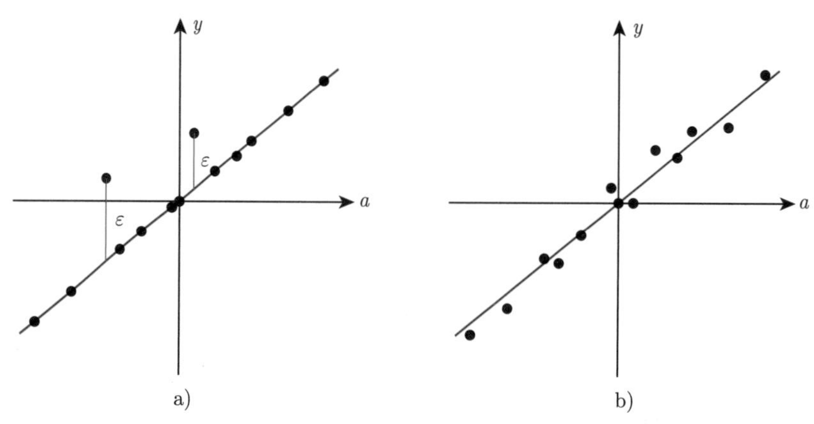

图 1.7　少量存在的大幅度误差与几乎在所有数据点上都存在的小幅度噪声的数据拟合情况对比. 最小绝对偏差 (即最小化 ε 的 ℓ^1 范数) 更适合图 a 中的情况, 而最小二乘法更适合图 b 中的情况

Logan 现象

ℓ^1 最小化纠错的理论分析最早起源于 Benjamin Logan㊁在 20 世纪 60 年代的工作. 他毕业于哥伦比亚大学电气工程系, 在他的博士论文中发现了以下有趣的结果:

> “假设我们观察到一个信号 y, 它由一个带限信号 x_o 叠加了一个时域稀疏的误差 e_o. 如果 x_o 的带宽与 e_o 的支撑的大小之积小于 $\pi/2$, 那么正确的带限信号可以通过 ℓ^1 最小化来恢复, 无论误差的幅度有多大, 或者误差的支撑位置在哪里.”

这种现象被称为 Logan 现象. 为了更正式地表述这个结果, 令 $\mathcal{B}_1(\Omega)$ 表示一组带限函数, 正如之前在式(1.1.12) 中所定义的, 其傅里叶变换在 $[-\Omega,\Omega]$ 之外为零. Logan 定理的正式表述如下.

事实 1.4 (Logan 定理)　假设 $y(t)=x_o(t)+e_o(t)$, 其中 $x_o(t)\in\mathcal{B}_1(\Omega)$, $\|e_o(t)\|_1=\int_t |e_o(t)|\mathrm{d}t<+\infty$ 且 $\mathrm{supp}(e_o(t))\subseteq T$. 如果

㊀ 当时也没有计算机!

㊁ 他是贝尔实验室的调和分析学家和信号处理研究员, 也是著名的蓝草小提琴手.

$$|T| \times \Omega < \frac{\pi}{2}, \tag{1.2.8}$$

那么概念上 $x_o(t)$ 是下述优化问题的唯一解

$$\begin{array}{ll} \min & \|x(t) - y(t)\|_1 \\ \text{s.t.} & x(t) \in \mathcal{B}_1(\Omega). \end{array} \tag{1.2.9}$$

这里, $|T|$ 应该被解释为 T 的长度 (如果 T 是一个区间), 或者是 T 的 Lebesgue 测度 (如果 T 是一个更一般的集合). 这个结果说明, 无论误差 $e_o(t)$ 的数值幅度有多大, 只要足够稀疏, 都可以通过 ℓ^1 最小化而被正确修正. 图 1.8 说明了这一结果的含义. 它分别突出了 $x_o(t)$ 和 $e_o(t)$ 在时空谱中大小相同的三个不同区域 (红色、蓝色和绿色). 如果每个区域的面积小于 $\pi/2$, 那么在这些区域的 $x_o(t)$ 和 $e_o(t)$ 就可以通过 ℓ^1 最小化来被正确地分离开.

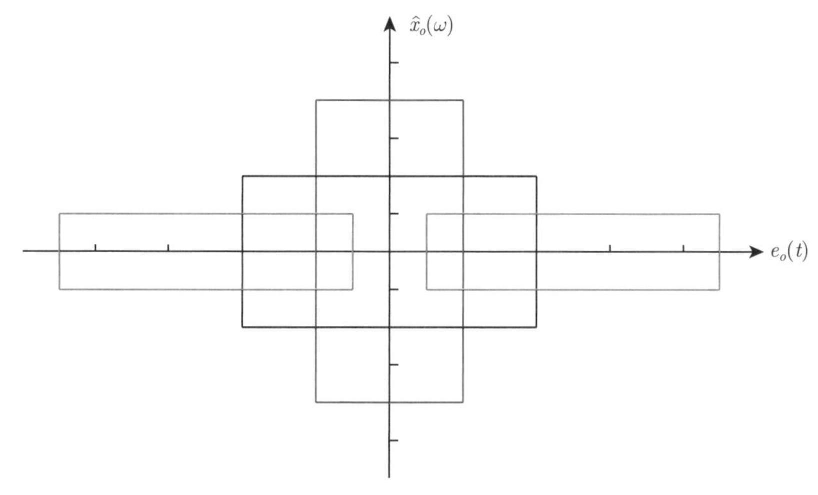

图 1.8 Logan 现象图解: 横轴展示了误差 e_o 在时间 t 中的支撑, 纵轴展示了信号 x_o 傅里叶变换 $\hat{x}_o$ 在频谱 ω 中的支撑. 根据 Logan 的说法, 这三个彩色区域利用 ℓ^1 最小化, 具有相同的可分离性

Logan 当时关注的应用是音频信号处理, 其中带限信号 $x_o(t)$ 是感兴趣的目标, 而误差 $e_o(t)$ 是要被去除的噪声. 虽然 Logan 的结果针对连续时间信号, 但我们将在 2.3.4 节给出一个具体的例子来说明它如何同样适用于离散信号. 在这一点上, 敏锐的读者可能已经意识到, Logan 的问题与我们在学习图模型时遇到的分解问题(1.1.18)在概念上有很多相似性.

Logan 的结果在 20 世纪 60 年代中期就已经得到. 然而, 直到几十年后, ℓ^1 最小化的现代理论才开始形成. 在这期间, 许多计算学科的工程实践者已经在积极地使用 ℓ^1 最小化和相关技术, 以对有误差的数据进行鲁棒的统计修正. 特别是自 20 世纪 70 年代以来在地球科学领域的应用 [Claerbout et al., 1973; Santosa et al., 1986] 以及 20 世纪 80 年代在鲁棒统计方面的工作 [Hampel et al., 1986; Huber, 1981]. 在许多情况下, 人们观察到的一些有趣现象, 都验证了 Logan 的结果: ℓ^1 最小化通常能够准确地恢复足够稀疏的解, 或者准确地纠正足够稀疏的误差. 从 21 世纪初开始, 一系列理论突破使人们对 ℓ^1 最小化在什么条件下能够成功纠错获得了日益清晰和准确的刻画 (例如, [Candès et al., 2005; Wright et al., 2010a]). 本书将会系统而详细地介绍和推导这些条件.

1.2.3 经典统计: 稀疏回归分析

统计数据建模中的一个经典问题是, 给定一个随机变量, 比如 $y \in \mathbb{R}$, 我们要研究它如何依赖于一组预测随机变量 (也称为预测变量或者特征), 比如 $\boldsymbol{a} = [a_1, a_2, \cdots, a_n]^* \in \mathbb{R}^n$, 这也称为*回归分析* [Hastie et al., 2009]. 最常用的形式是线性回归, 即我们尝试把 y 表示为 (部分或者所有) 变量的线性叠加:

$$y = \boldsymbol{a}^*\boldsymbol{x} + \varepsilon = a_1x_1 + a_2x_2 + \cdots + a_nx_n + \varepsilon, \tag{1.2.10}$$

其中 ε 是一个误差项. 我们要最小化 ε 的方差, 即

$$\min_{\boldsymbol{x}} \mathbb{E}\big[(y - \boldsymbol{a}^*\boldsymbol{x})^2\big]. \tag{1.2.11}$$

在实际中, 上述问题变成从多个 (比如 m 个) 样本 $\boldsymbol{y} = [y_1, y_2, \cdots, y_m]^*$ 中寻找系数向量 $\boldsymbol{x} = [x_1, x_2, \cdots, x_n]^* \in \mathbb{R}^n$, 即

$$\boldsymbol{y} = \boldsymbol{A}\boldsymbol{x} + \boldsymbol{\varepsilon} \quad \in \mathbb{R}^m, \tag{1.2.12}$$

其中 $\boldsymbol{A} \in \mathbb{R}^{m\times n}$ 的行向量是预测变量所对应的样本. 前面讨论过的由 Legendre 和高斯所提出的最小二乘法

$$\min_{\boldsymbol{x}} \|\boldsymbol{y} - \boldsymbol{A}\boldsymbol{x}\|_2^2 \tag{1.2.13}$$

可以说是最早且最常用的回归形式, 其中所有变量 $a_1, a_2, \cdots, a_n$ 都用于预测 y. 示例见图 1.9 a. 如果变量的数量 n 很小, 并且它们已经被选择为相互独立的变量, 那么这样做通常是合理的. 感兴趣的读者可以参考最近的专著 [Boyd et al., 2018; Fan et al., 2020], 其中将更广泛地阐述这个话题.

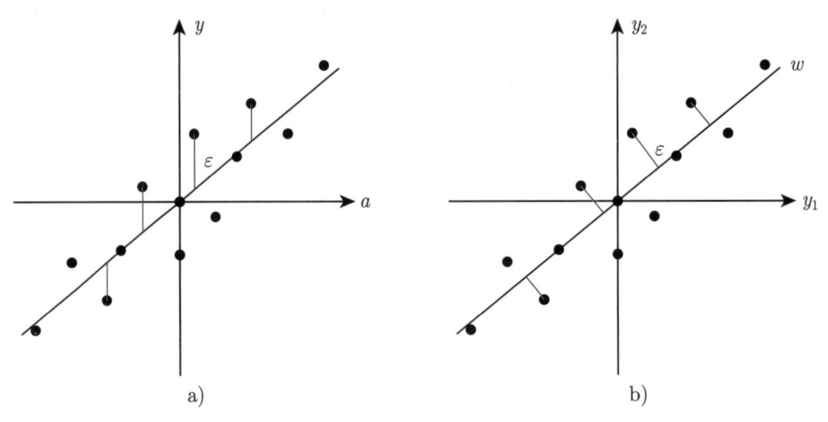

图 1.9 图 a 为线性回归图解, 图 b 为主成分分析图解. 线性回归最小化预测变量 y 的误差 ε 的最小二乘, 主成分分析 (PCA) 最小化与待估低维主成分 w 之间距离 ε 的最小二乘

最佳子集选择

在许多数据分析场景中, 变量的数量 n 可能非常大. 许多变量可能与预测无关, 或者变量之间可能存在巨大冗余[㊀]. 通常情况下, 预测变量的数量甚至可能大于可用样本的数量, 即 $n > m$[㊁]. 因此, 除了用 $\boldsymbol{A}\boldsymbol{x}$ 拟合预测变量 $\boldsymbol{y}$ 之外, 我们通常更倾向于找到一个能够最佳拟合 $\boldsymbol{y}$ 的最相关变量的子集, 即所谓的*变量选择*. 换言之, 我们希望系数向量 $\boldsymbol{x}$ 是一个稀疏向量, 只有少数几个非零项, 比如 $k \leqslant \min\{m, n\}$. 选择 $\boldsymbol{x}$ 的一个相对自然的建议是使用最小二乘度量, 即

$$\min_{\boldsymbol{x}} \|\boldsymbol{y} - \boldsymbol{A}\boldsymbol{x}\|_2^2 \quad \text{s.t.} \quad \|\boldsymbol{x}\|_0 \leqslant k, \tag{1.2.14}$$

其中 $\|\boldsymbol{x}\|_0$ 表示 ℓ^0 范数——向量 $\boldsymbol{x}$ 的非零元素个数. 这被称为回归分析中的*最佳子集选择问题*, 最初由 Hocking 和 Leslie [Hocking et al., 1967] 以及 Beale 等人 [Beale et al., 1967] 在 1967 年提出. 这种选择相关变量的最小子集的概念, 与 Rissanen 在 1978 年所提出的更一般的*最小描述长度准则* [Rissanen, 1978] 相关. 该准则认为, 在各种模型之间进行选择时, 应该倾向于选取编码效率最高的模型 [Hansen et al., 2001].

虽然这似乎是合理的做法, 但直接解决上述子集选择问题在计算上是相当棘手的: 当 k 和 m 变得非常大时, 所有可能支撑的数量 $\binom{m}{k}$ 随 k 和 m 呈指数增长. 事实上, 我们很快就会在下一章看到, 这个问题通常是 NP 困难的. 因此, 在历史上, 人们已经提出了若干种通过计算上比较可行的手段来解决变量选择问题的其他方法.

逐步回归

1966 年, Efroymson [Efroymson, 1966] 提出了一种用于变量选择的贪婪前向 (或后向) *逐步回归*方法: 从一个空索引集 $I_0 = \varnothing$ 开始, 每一步向索引集 I_k 添加一个变量的索引, 其中, 在所有的剩余变量中该变量能够得到最小平方误差. 更准确地说, 令 $\mathcal{P}_I$ 为子矩阵 $\boldsymbol{A}_I$ 值域的正交投影, 其中 $\boldsymbol{A}_I$ 由 I 所索引的 $\boldsymbol{A}$ 的列向量组成, 每一步的贪婪选择由下式给出:

$$i_k = \arg\min_{i \notin I_k} \|\boldsymbol{y} - \mathcal{P}_{I_k \cup \{i\}}(\boldsymbol{y})\|_2^2, \tag{1.2.15}$$

然后相应地更新索引集:

$$I_{k+1} = I_k \cup \{i_k\}. \tag{1.2.16}$$

这种前向逐步选择方案, 与最近提出的用于解决稀疏编码问题的贪婪算法 (例如我们将在第 8 章中看到的*正交匹配追踪方法*) 非常相似. 本书中所介绍的工具将使我们能够搞清楚在哪些条件下, 这种贪婪方法能够成功找到最优子集.

㊀ 自然视觉当然就是这种情况: 为了检测或者识别图像中的物体, 可能的预测器个数可以与像素数量具有相同的大小. 因此, 为了找到能够帮助检测的信息量最大的特征, 字典学习和稀疏编码至关重要.

㊁ 在超定情况下, 最小二乘问题(1.2.13)不再有唯一解. 解决此问题的经典方法是通过引入额外的 Tikhonov 正则化项 $\lambda\|\boldsymbol{x}\|_2^2$, 从而得到所谓的*岭回归* (ridge regression) 问题: $\min_{\boldsymbol{x}} \|\boldsymbol{y} - \boldsymbol{A}\boldsymbol{x}\|_2^2 + \lambda\|\boldsymbol{x}\|_2^2$. 我们将此作为习题留给读者, 参见习题 1.8.

LASSO 回归

注意到, 解决子集选择问题(1.2.14)的主要困难在于 ℓ^0 范数约束 $\|\boldsymbol{x}\|_0 \leqslant k$. 它使问题具有组合性, 因此难以通过传统的优化方法进行优化㊀. 1996 年, Tibshirani 提出了使用 ℓ^1 范数把上述约束松弛为 $\|\boldsymbol{x}\|_1 \leqslant k$. 这就得出了所谓的 LASSO *回归* [Tibshirani, 1996]:

$$\min_{\boldsymbol{x}} \|\boldsymbol{y}-\boldsymbol{A}\boldsymbol{x}\|_2^2 \quad \text{s.t.} \quad \|\boldsymbol{x}\|_1 \leqslant k. \tag{1.2.17}$$

1998 年, [Chen et al., 1998] 中提出了一个类似的模型, 称为*基追踪* (basis pursuit), 它求解下述问题:

$$\min_{\boldsymbol{x}} \|\boldsymbol{x}\|_1 \quad \text{s.t.} \quad \boldsymbol{y}=\boldsymbol{A}\boldsymbol{x}. \tag{1.2.18}$$

通过凸对偶㊁, 问题 (1.2.17) 等价于如下无约束优化问题㊂:

$$\min_{\boldsymbol{x}} \|\boldsymbol{y}-\boldsymbol{A}\boldsymbol{x}\|_2^2+\lambda\|\boldsymbol{x}\|_1, \tag{1.2.19}$$

其中 $\lambda>0$ 为调节参数㊃. 与贪心逐步回归(1.2.15)相比, LASSO 和基追踪的全局特性引出了许多有利的性质. 可以说, 它们已成为自最小二乘法以来最常用的回归方法. 在第 3 章中, 我们将开发必要的理论工具, 从而充分理解 ℓ^1 范数最小化的性质. 当我们使用上述方法或者其变体恢复稀疏系数时, 这些工具将有助于刻画成功恢复正确解的精确条件. 在第 8 章中, 我们将进一步研究当问题规模很大时可以求解这些优化问题的高效算法.

1.2.4　数据分析: 主成分分析

在许多应用中, 我们所获得的观测可以被看作取自多元随机向量 $\boldsymbol{y}=[y_1,y_2,\cdots,y_m]^* \in \mathbb{R}^m$ 的样本. 由于维数 m 可能非常高, 并且这些变量 $y_1,y_2,\cdots,y_m$ 之间经常存在冗余, 因此, 在统计或者数据分析中, 一个核心问题是识别这些变量之间可能存在的强相关性, 并消除冗余.

从统计的角度来看

主成分分析 (PCA) 是实现此目的的经典工具. 它由 Pearson 在 1901 年 [Pearson, 1901] 首次提出, 后来由 Hotelling 在 1933 年 [Hotelling, 1933] 独立提出, 其主要思想是将高维随机向量 $\boldsymbol{y}$ 投影到由一系列相互正交的向量 $\{\boldsymbol{u}_i \in \mathbb{R}^m\}_{i=1}^d$ 表示的较少的几个方向上, 使得在这些方向上投影的方差能够最大化, 即

$$\boldsymbol{u}_i=\arg\max_{\boldsymbol{u}\in\mathbb{R}^m} \operatorname{Var}(\boldsymbol{u}^*\boldsymbol{y}) \quad \text{s.t.} \quad \boldsymbol{u}^*\boldsymbol{u}=1,\ \boldsymbol{u}\perp\boldsymbol{u}_j, \forall j<i. \tag{1.2.20}$$

㊀ 最近, 通过混合整数规划 [Bertsimas et al., 2016] 在提高变量选择问题(1.2.14)的计算效率方面取得了一些令人激动的进展.

㊁ 所谓凸对偶, 也就是应用拉格朗日对偶技术到凸优化问题.——译者注

㊂ 原书这里表述有误, 问题 (1.2.17) 等价于问题 (1.2.19), 相关讨论参见 3.5.1 节; 但不等价于问题 (1.2.18). 因为问题 (1.2.19) 本质上是一个去噪基追踪问题, 而式 (1.2.18) 是一个基追踪问题. 8.1 节的问题回顾部分有两者区别的阐述.——译者注

㊃ 相比之下, 经典*岭回归* (ridge regression) 考虑了对 $\boldsymbol{x}$ 施加 ℓ^2 范数正则化, 即 $\min_{\boldsymbol{x}} \|\boldsymbol{y}-\boldsymbol{A}\boldsymbol{x}\|_2^2+\lambda\|\boldsymbol{x}\|_2^2$, 参见习题 1.8.

那么向量 $\boldsymbol{u}_i \in \mathbb{R}^m, i = 1, \cdots, d$, 被称为 $\boldsymbol{y}$ 的主方向, 投影 $w_i = \boldsymbol{u}_i^* \boldsymbol{y}$ 被称为 $\boldsymbol{y}$ 的主成分. 通过构造, w_i 是各自不相关的, 它们表示 $\boldsymbol{y}$ 中的变量在哪几个方向上相关性最大.

或者等价地, 对于适当选择的 d, 原始高维随机向量 $\boldsymbol{y}$ 由 $d < m$ 个主成分最佳近似为

$$\boldsymbol{y} = \boldsymbol{u}_1 w_1 + \boldsymbol{u}_2 w_2 + \cdots + \boldsymbol{u}_d w_d + \boldsymbol{\varepsilon} \doteq \boldsymbol{U}\boldsymbol{w} + \boldsymbol{\varepsilon}, \tag{1.2.21}$$

其中正确的 $\boldsymbol{U} = [\boldsymbol{u}_1, \boldsymbol{u}_2, \cdots, \boldsymbol{u}_d] \in \mathbb{R}^{m \times d}$ 和 $\boldsymbol{w} = [w_1, w_2, \cdots, w_d]^* \in \mathbb{R}^d$ 应该使残差 $\boldsymbol{\varepsilon} \in \mathbb{R}^m$ 的方差最小化, 即

$$\min_{\boldsymbol{U}, \boldsymbol{w}} \mathbb{E}\big[\|\boldsymbol{y} - \boldsymbol{U}\boldsymbol{w}\|_2^2\big]. \tag{1.2.22}$$

注意到, 线性回归(1.2.10)和 PCA 都是相应于某个低维线性模型最小化拟合误差的方差. 然而, 在回归问题中, 有一维数据 y 是特殊的, 所有其他的变量 $a_1, a_2, \cdots, a_n$ 被用于预测它. 而在 PCA 中, 所有维度 $y_1, y_2, \cdots, y_n$ 被同等对待, 主成分揭示了它们共同形成的 (低维) 结构㊀. 图 1.9 说明了回归分析和主成分分析之间的关系和差异.

下面我们介绍统计中的一个经典结果, 它阐述如何求解 PCA.

事实 1.5 (主成分分析) 对于一个零均值随机向量 $\boldsymbol{y} \in \mathbb{R}^m$, 它的前 d 个主方向 $\{\boldsymbol{u}_i \in \mathbb{R}^m\}_{i=1}^d$ 是协方差矩阵 $\boldsymbol{\Sigma}_{\boldsymbol{y}} = \mathbb{E}[\boldsymbol{y}\boldsymbol{y}^*] \in \mathbb{R}^{m \times m}$ 与最大的 d 个特征值 $\{\lambda_i\}_{i=1}^d$ 相对应的 d 个正交特征向量, 而 $\lambda_i = \mathrm{Var}(\boldsymbol{u}_i^* \boldsymbol{y})$, 其中 $i = 1, 2, \cdots, d$.

为了从 $\boldsymbol{y}$ 的样本中估计主方向 $\boldsymbol{U}$, 我们可以先将样本堆叠为一个矩阵 $\boldsymbol{Y} \doteq [\boldsymbol{y}_1, \boldsymbol{y}_2, \cdots, \boldsymbol{y}_n] \in \mathbb{R}^{m \times n}$. 而 $\boldsymbol{y}$ 的协方差矩阵可以通过样本协方差矩阵 $\hat{\boldsymbol{\Sigma}}_{\boldsymbol{y}} \doteq \frac{1}{n}\boldsymbol{Y}\boldsymbol{Y}^* \in \mathbb{R}^{m \times m}$ 来估计. 因此, 如果

$$\boldsymbol{Y} = \boldsymbol{U}\boldsymbol{\Sigma}\boldsymbol{V}^* \tag{1.2.23}$$

是 $\boldsymbol{Y}$ 的奇异值分解 (SVD), 那么估计的 $\boldsymbol{y}$ 的主方向恰好是其前 d 个奇异向量——$\boldsymbol{U}$ 的前 d 列㊁. 关于 SVD 的更详细介绍, 可以参考附录 A.

从低秩近似的角度来看

矩阵的奇异值分解最初是由 Eckart 和 Young 在 1936 年的数值线性代数文献 [Eckart et al., 1936] 中提出的, 独立于 PCA㊂. 奇异值分解的基本思想是用若干个秩 1 矩阵的线性叠加来近似一个矩阵 (通常用双线性外积形式表示), 即

$$\boldsymbol{Y} = \sigma_1 \boldsymbol{u}_1 \boldsymbol{v}_1^* + \sigma_2 \boldsymbol{u}_2 \boldsymbol{v}_2^* + \cdots + \sigma_d \boldsymbol{u}_d \boldsymbol{v}_d^* + \boldsymbol{E}, \tag{1.2.24}$$

其中 $\boldsymbol{E}$ 是微小的误差或者残差矩阵. 事实上用双线性形式近似矩阵的起源, 最早可以追溯到 19 世纪 70 年代早期 Beltrami [Beltrami, 1873] 和 Jordan [Jordan, 1874] 的工作中.

为了理解 SVD 和 PCA 之间的联系, 我们考虑用一个低秩矩阵 $\boldsymbol{X} \in \mathbb{R}^{m \times n}$(秩小于 d)

㊀ 在机器学习方法的分类中, (线性) 回归分析是一个有监督学习问题, 而主成分分析是一个无监督学习问题.

㊁ 与前 d 个最大奇异值相对应.——译者注

㊂ 所以, SVD 也被称为 Eckart–Young 分解 [Hubert et al., 2000].

来近似一个给定的 (采样数据) 矩阵 $\boldsymbol{Y} \in \mathbb{R}^{m\times n}$ 的问题:

$$\min_{\boldsymbol{X}} \|\boldsymbol{Y}-\boldsymbol{X}\|_F^2 \quad \text{s.t.} \quad \operatorname{rank}(\boldsymbol{X}) \leqslant d. \tag{1.2.25}$$

事实 1.6 (低秩近似) 令 $\boldsymbol{Y}=\boldsymbol{U}\boldsymbol{\Sigma}\boldsymbol{V}^*$ 为矩阵 $\boldsymbol{Y}\in\mathbb{R}^{m\times n}$ 的 SVD. 上述低秩矩阵近似问题(1.2.25)的最优解由下式给出:

$$\boldsymbol{X}_\star = \boldsymbol{U}_d\boldsymbol{\Sigma}_d\boldsymbol{V}_d^*, \tag{1.2.26}$$

其中 $\boldsymbol{U}_d\in\mathbb{R}^{m\times d}$, $\boldsymbol{\Sigma}_d\in\mathbb{R}^{d\times d}$ 和 $\boldsymbol{V}_d\in\mathbb{R}^{n\times d}$ 分别是 $\boldsymbol{U}$, $\boldsymbol{\Sigma}$ 和 $\boldsymbol{V}$ 的子矩阵, 与前 d 个最大奇异值相对应.

虽然主成分最初是从统计的角度被定义的 [Hotelling, 1933; Pearson, 1901], Householder 和 Young 在 1938 年的工作 [Householder et al., 1938] 以及 Gabriel 在 1978 年的工作 [Gabriel, 1978] 分别证明了上述基于 SVD 的解在高斯噪声的情况下给出了正确模型参数的渐近无偏估计. 在 Jolliffe 于 1986 年出版的经典著作 [Jolliffe, 1986] 中, 可以找到关于 PCA 统计特性的系统而完整的描述. 将 PCA 推广到多个低维子空间的模型, 可以在 Vidal、Ma 和 Sastry 的著作 [Vidal et al., 2016] 中找到.

正如事实 1.6 所述, 通过最小二乘拟合(1.2.25)的低秩近似是一种很特殊的情况, 我们碰巧可以得到一个简单且可计算的解. 一般的情况并非如此, 因为秩最小化问题通常是 NP 困难的. 在第 4 章和第 5 章中, 我们将研究范围更广的秩最小化问题, 并刻画高效求解这些问题的条件.

1.3 当代

正如前几节所述, 研究高维数据中的低维结构在科学、数学和工程问题中无处不在. 在历史的不同时期, 许多重要的低维结构模型在各个领域都得到了长期的研究. 许多好的想法早已被提出, 并且许多高效的计算方法也已经被发明用来识别和利用这些低维结构.

1.3.1 从高维灾难到高维福音

在传统数据分析研究中[⊖], 由于计算资源有限, 通常只能针对维度适中的问题, 集中在允许有闭式解的问题或者有适用于“手动计算”的数值算法的问题上 (例如 PCA). 因此, 那些依赖于大量数值运算但在问题表述形式或者理念上更优越的方法很少被研究, 并经常被忽视或遗忘. 如上一节所示, 对于稀疏纠错或者稀疏回归, 最小化 ℓ^1 范数在概念上是更好的问题表述. 然而, 直到出现了高效的优化方法和强大的计算机, 它的显著优势才被充分展示出来. 计算能力已经帮助揭示了 ℓ^1 最小化的很多惊人特性和实验现象, 尤其是当维数变得足够高时. 这些实验现象激励了后续对与之相关的数学和算法的严格理论分析, 形成了本书中较为完整和全面的理论. 这使得高维空间中稀疏模型和其他低维模型的许多有益的

⊖ 特别是旨在完成可实现算法或者实用方案的研究.

几何和统计特性在近年得以重新被理解. 因此 Donoho 在 2000 年称其为数据科学的"*高维度福音*" [Donoho, 2000].

更广泛地说, 对于传统数据分析, 统计方法和优化方法通常应用于相对较低维数的数据或者相对较小规模的问题. 尽管高维空间中低维结构的许多深刻 (和有用) 的几何和统计特性, 早已被数学家所发现和熟知 [Matousek, 2002], 但计算领域长期对这些特性一无所知, 它们直到最近才被数据分析的实践所发现和重视. 在 21 世纪初, 由于互联网和社交网络的兴起 (以及许多其他技术进步), 数据科学进入了一个*新时代*. 解决更大规模问题和使用更高维数据进行计算的需求呈爆炸式增长. 为了满足这种需求, 强大的计算平台和软件工具被开发出来, 用以解决大规模优化问题. 如今, 数据科学家和工程师充分接触到高维数据的坏的与好的特性. 因此, 了解高维数据的这些特性, 对于工程实践者和研究人员在未来开发更高效、更可靠的数据分析算法和系统至关重要.

随着我们进入*大数据计算*的新时代, 许多经典的结果和方法变得越来越不适合现代数据科学, 尤其是*缺乏对数据复杂度和计算复杂度的精确刻画*. 正如之前对相关领域的历史回顾所显示的, 许多理论结果为解决我们感兴趣的问题提供了深入的理解和正确的方向. 然而, 许多经典结果并不能直接转化为计算上易于实现的算法或者问题的解. 许多统计和信息论的概念和分析都依赖于一些理想化的条件, 例如所感兴趣的数据分布是一般化的. 当数据分布因有特殊 (低维) 结构而变得退化或者当外围空间维数很高时, 这些概念[㊀]通常会变得*没有定义或者不可计算*. 另外, 大多数传统的保证正确性的理论本质上往往是*渐近的*. 直接使用这种方法通常会导致算法的最差样本复杂度或计算复杂度在空间或时间上 (随着问题维度) 呈指数增长, 因而在处理高维问题时是不切实际的. 工程实践者经常发现现有的模型和理论不能指导他们得到有效的解法, 甚至与他们的现实数据和问题毫不相关, 因此他们往往求助于暴力的、启发式的, 有时甚至是*随意的*方法[㊁].

因此, 为了给现代数据科学的实践提供真正相关的工程原理和方法, 我们需要建立一个新的理论平台, 它可以严格而准确地刻画所提出的方法在解决高维空间中低维结构问题时在什么条件下是正确且有效的.

- 这种理论应该揭示许多看似不可计算的高维问题却可以被高效求解而不会遭受维数灾难的根本原因. 也就是说, *由于数据的内在维数很低, 因此解的维数相对于外围状态空间而言也非常低*.
- 这种理论框架还应该能够指导我们得出在非渐近条件下高效和可扩展的求解算法. 也就是说, *精准刻画为达到一定的准确度或者成功概率, 求解所需要的数据复杂度*[㊂]*和计算复杂度*[㊃].

㊀ 包括一些最基本的量, 例如最大似然、熵和互信息 [Cover et al., 1991].

㊁ 近年来, 由于深度学习的流行推动了经验方法的成功, 理论与实践之间的差距显著扩大, 我们将在第 16 章尝试解决这一问题.

㊂ 比如样本数或者测量数, 随机的或者设计的.

㊃ 比如对要优化的目标函数的梯度的计算次数.

只有从计算的角度, 我们才能真正弥合高维数据分析和学习中理论与实践之间的鸿沟, 这也是本书的主要目的. 在很大程度上, 本书第一部分的主要任务是准确刻画正确求解数据中低维结构所需的数据复杂度, 第二部分精确描述所需的计算复杂度, 第三部分则是处理真实数据和应用时还需要面对的其他非理想因素, 例如非线性等.

1.3.2 压缩感知、误差纠正和深度学习

压缩感知

在 20 世纪 90 年代后期, 回归方法, 比如 LASSO 或者基追踪

$$\min_{\boldsymbol{x}} \|\boldsymbol{x}\|_1 \quad \text{s.t.} \quad \boldsymbol{y} = \boldsymbol{A}\boldsymbol{x}, \tag{1.3.1}$$

已经在统计学中的稀疏变量选择问题中得到了广泛应用. 尽管求解欠定线性方程组 $\boldsymbol{y} = \boldsymbol{A}\boldsymbol{x}, \boldsymbol{A} \in \mathbb{R}^{m\times n}(m < n)$ 的最稀疏解通常是 NP 困难的, 但不计其数的经验证据表明, 在相当广泛的条件下, 正确的解可以高效地得到: 对于随机选择的矩阵 $\boldsymbol{A}$, 上述 ℓ^1 最小化能够恢复稀疏向量 $\boldsymbol{x}$ 的支撑大小可以与维数 n 成正比! 2006 年, David Donoho [Donoho, 2006a] 以及 Emmanuel Candès、Justin Romberg 和陶哲轩 [Candès et al., 2006] 最终证明了这一结果.

简而言之, 这些结果表明, 对于 n 维空间 $\mathbb{R}^n$ 中的 k-稀疏信号 $\boldsymbol{x}$, 我们只需要进行大约 $O(k)$ 的一般线性测量即可获得其所有信息. 此外, 通过最小化 $\boldsymbol{x}$ 的 ℓ^1 范数 (参见第 3 章), 我们可以正确而高效地恢复该信号. 这一结果的一个含义是, 如果 $\boldsymbol{x}$ 是一个具有高带宽但在其频谱域中仍然稀疏的信号 (如图 1.3 所示), 我们可以用远低于 Nyquist 采样率的速率对其进行采样和恢复 [Mishali et al., 2010; Tropp, 2010]. 这就是*压缩感知* (compressed sensing) [Donoho, 2006b] 或者*压缩采样* (compressive sampling) [Candès, 2006] 的概念. 我们将在第 11 章中给出这些新结果在宽带无线通信中的实际应用.

误差纠正

正如我们在上一节中所看到的, 在历史上 ℓ^1 最小化问题

$$\min_{\boldsymbol{x}} \|\boldsymbol{y} - \boldsymbol{A}\boldsymbol{x}\|_1 \tag{1.3.2}$$

是由 Boscovich 和后来的 Logan 提出来的, 用于纠正信号 $\boldsymbol{y} = \boldsymbol{A}\boldsymbol{x} + \boldsymbol{e}$ 中的 (稀疏) 误差 $\boldsymbol{e}$. 稀疏信号恢复和稀疏纠错之间的联系再次出现在 Candès 和陶哲轩 2005 年发表的开创性论文《线性规划译码》*(Decoding by Linear Programming)* 中 [Candès et al., 2005]. 该论文推导出了稀疏纠错问题能够被正确求解的更一般条件. 他们的工作激发了许多引人注目的应用, 包括由本书作者提出的鲁棒人脸识别 [Wright et al., 2009a]. 我们将在第 2 章和第 13 章中给出更详细的介绍.

此后, ℓ^1 最小化恢复稀疏信号或纠正稀疏误差的条件迅速得到改进, 并扩展到更广泛的结构和场景中. 例如, 稀疏向量的压缩感知和纠错结果很快被推广到低秩矩阵 [Candès et al., 2011; Recht et al., 2010] (将在第 4~5 章中研究) 和更广泛的低维结构族 (见第 6 章). 总体来说, 这些成果已经开始重塑现代数据科学的基础, 尤其是在高维数据分析领域. 我们将在本书中对此进行系统介绍.

深度学习

上述模型有一些理想化. 它假设测量 (输出) $\boldsymbol{y}$ 和数据的低维结构 $\boldsymbol{x}$ 之间是线性的, 而且这个线性关系是已知的. 在许多真实的问题和数据中, 从 $\boldsymbol{x}$ 到 $\boldsymbol{y}$ 的映射可能是*非线性的*或者*未知的*, 甚至数据 $\boldsymbol{x}$ 的低维结构本身也可能是*非线性的*. 在这种情况下, 我们可以选择通过*复合一系列简单的映射*来逐步近似这种未知的非线性映射, 例如:

$$\begin{cases} \boldsymbol{z}_{\ell+1} &= \phi(\boldsymbol{A}^{\ell}\boldsymbol{z}_{\ell}), \quad \boldsymbol{z}_0 = \boldsymbol{x}, \quad \ell = 0, 1, \cdots, L-1, \\ \boldsymbol{y} &= \phi(\boldsymbol{C}\boldsymbol{z}_L), \end{cases} \tag{1.3.3}$$

其中 $\boldsymbol{A}^{\ell}, \boldsymbol{C}$ 是表示线性映射的 (未知) 矩阵, 而 $\phi(\cdot)$ 是某种简单的函数, 通常是*促进稀疏性*的非线性激活函数. 式(1.1.8)中的 RNN 就是这样一个例子. 这种类型的模型也被广泛称为*人工神经网络*. 人工神经网络模型自 20 世纪 40~50 年代 [McCulloch et al., 1943; Rosenblatt, 1958] 被提出以来, 在模式识别、函数近似和统计推理等方面的各种问题上得到了广泛研究. 关于这一经典主题的系统介绍参见 [Anthony et al., 1999].

由于有了大量训练数据以及在高性能计算方面的进步, 2012 年 Krizhevsky、Sutskever 和 Hinton [Krizhevsky et al., 2012] 的开创性工作揭示了此类看似复杂的模型可以被高效学习, 并且为大规模高维 (例如视觉) 数据提供有用表达特征. 这使得在过去的十年里, 深度神经网络在计算机视觉、语音识别和自然语言处理等各种应用中取得了巨大成功 [Goodfellow et al., 2016; LeCun et al., 2015]. 尽管在技术实践上取得了爆炸性的进步, 但深度神经网络的实践一直受到缺乏可解释性以及如何对所学习到的 “*黑盒*” 模型进行理解的困扰, 因此缺乏严格的性能保证.

在本书第 16 章的最后, 我们将看到深度网络的作用以及它们的设计原则和关键性质, 均可以从学习高维数据的判别性低维表达特征这一观点出发被清楚地解释和严格地论证. 深度网络甚至可以从第一性原理中推演出来, 成为完全的 “*白盒*” 模型. 因此, 本书所涵盖的概念、原理和方法也可以为未来对深度学习或者机器学习进行更深入的研究提供严格的理论基础.

1.3.3 高维几何和非渐近统计

为了充分理解为什么关于低维结构的信息可以通过几乎极少数量的 (线性或者非线性的) 测量编码, 以及这些信息为什么可以通过凸优化和非凸优化等易于处理的方法准确有效地恢复, 我们必须借助高维几何和非渐近统计中的基本数学概念和工具. 这些工具能够为我们刻画所提出方法有望奏效的精确条件.

高维几何和统计充满了反直觉的现象. 我们在熟悉的低维 (比如二维或三维) 空间中所形成的几何直觉, 对于理解在高维空间中产生的现象完全没有用处㊀. 实际上我们的直觉可能往往与事实完全相反! 尽管高维空间的许多看似自相矛盾的性质早已为某些领域的数学家和理论物理学家所知, 但直到不久前, 工程师和实践者对它们还很陌生㊁. 本书旨在介绍一些与现代数据科学和工程最相关的性质. 作为绪论, 我们将给出两个高维现象的例子. 正如稍后所示, 它们与解释 ℓ^1 最小化的神奇效果有很大关系.

球面上的测度集中

图 1.10 a 展示了 $\mathbb{R}^n$ 中球面 $\mathbb{S}^{n-1}$ 上大圆周围的一条 ε 带. 这里的大圆是 $x_n = 0$ 的赤道. 假如我们想让这一条 ε 带覆盖球面 $\mathbb{S}^{n-1}$ 表面积的大部分, 比如表面积的 99%, 即

$$\text{Area}\{\boldsymbol{x} \in \mathbb{S}^{n-1} : -\varepsilon \leqslant x_n \leqslant \varepsilon\} = 0.99 \cdot \text{Area}(\mathbb{S}^{n-1}). \tag{1.3.4}$$

源于低维球面的直觉和经验告诉我们 ε 应该很大 (接近 1). 然而, 简单的计算表明, 随着维数 n 的增加, ε 以 $n^{-1/2}$ 的数量级减小. 也就是说, 满足要求的 ε 带的宽度 2ε 可以随着 n 变大而变得任意小. 因此, 高维球面几乎所有表面积都集中在赤道附近, 如图 1.10 a 所示. 更令人惊讶的是, 绝大部分表面积还集中在任何一个大圆周围的一条 ε 带上! 定理 3.3 将对这个现象给出严格陈述. 这一事实有许多奇怪的含义, 我们鼓励读者自己做一些思维实验. 我们在这里只指出其中一个含义, 它与我们以后的研究有关: 如果在高维球面上随机采样一个点, 比如 $\boldsymbol{v} \in \mathbb{S}^{n-1}$, 那么很可能这个向量将非常接近任何一个赤道. 也就是说, $\boldsymbol{v}$ 与每个标准基向量 (极点) $\boldsymbol{e}_i \in \mathbb{R}^n$ 的内积将是:

$$\langle \boldsymbol{v}, \boldsymbol{e}_i \rangle \approx 0, \quad i = 1, 2, \cdots, n. \tag{1.3.5}$$

换言之, 向量 $\boldsymbol{v}$ 将同时与所有基向量 $\boldsymbol{e}_i$ 几乎正交, 或者, 用本书后面的术语来说, $\boldsymbol{v}$ 与所有基向量 $\boldsymbol{e}_i$ 高度不相干 [Matousek, 2002].

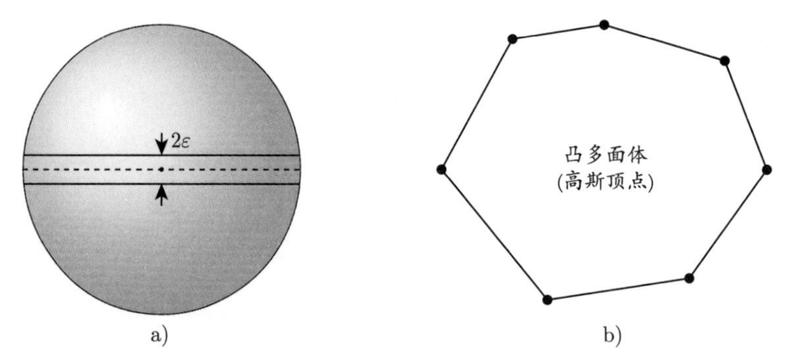

图 1.10　两个反直觉的高维现象的例子. a) 高维球面几乎所有的表面积都集中在其赤道 (实际上是任何大圆) 周围的一条 ε 带中. b) 高维高斯分布的随机样本张成一个高度邻接的凸多面体, 然而, 这是任何二维多面体无法展示的

㊀ 虽然大多数人对自己的几何直觉相当自负, 但请注意, 爱因斯坦也需要正确思考四维空间和时间!

㊁ 对于有数学背景的读者, 我们推荐分别由 Wainwright 和 Vershynin 编写的优秀教科书 [Wainwright, 2019a] 和 [Vershynin, 2018], 它们系统地阐述了高维非渐近统计和高维概率.

高斯样本形成邻接多面体

考虑一个 m 维高斯随机向量 $\boldsymbol{a} \in \mathbb{R}^m$, 其元素独立同分布且服从高斯分布 $\mathcal{N}(0, 1/m)$. 现在选取随机向量 $\boldsymbol{a}$ 的 $n = 5 \times m$ 个独立同分布样本, 并构成一个矩阵 $\boldsymbol{A} = [\boldsymbol{a}_1, \boldsymbol{a}_2, \cdots, \boldsymbol{a}_n] \in \mathbb{R}^{m \times n}$. 这些样本是 $\mathbb{R}^m$ 中 n 个随机样本点的一个集合. 当 m 很大时, 假设 $m = 1\ 000$, 那么我们就有 $n = 5\ 000$ 个点. 来自低维空间 (比如二维或三维) 的经验告诉我们, 对于低维高斯分布, 许多样本点将 "*集中在中心*", 因为那里的概率密度最高. 然而, 正如我们稍后将看到的, 这 5 000 个随机样本点很可能张成一个凸多面体, 每个样本点都是它的一个顶点, 如图 1.10 b 所示. 多面体内部根本没有点! 如果这还不够奇怪的话, 我们还可以尝试用线段连接每一对顶点, 结果没有一条线段会落在凸多面体的内部, 而是每条线段都构成凸多面体的一条边! 实际上, 对于一定大小的 k, 任意 k 个顶点也是如此. 这些顶点将张成多面体的一个 k *维面*. 这样的多面体被称为 k-*邻接多面体* [Donoho et al., 2009, 2010]. 邻接多面体在低维空间中是罕见的㊀, 但在高维空间中却相当普遍. 它们也很容易构建 (比如通过随机采样). 正如后面的第 3 章和第 6 章中所示, 正是高维多面体的这种性质允许 ℓ^1 最小化(1.3.1)可以从 m 个随机测量 $\boldsymbol{A}\boldsymbol{x}$ 中恢复任意 k-稀疏的向量 $\boldsymbol{x}$, 而 m 并不需要比 k 大太多.

1.3.4 可扩展优化: 凸与非凸

自 21 世纪初以来的理论进展为现代数据科学的实践者开辟出了令人振奋的新前景. 这些理论为实践提供了理论上的保证, 即以前被认为在计算上难以高效解决 (NP 困难) 的一系列非常重要的问题, 现在可以在相当广泛的条件下变得*可计算*. 理论研究还提供了所需的数学工具用于刻画这种情况发生的精确条件, 从而为工程实践者提供非常中肯的指导, 阐明这些方法在什么条件下能够正确地解决问题.

但是还有最后一个困难: 仅仅因为一个问题变得可计算 (比如简化为易于处理的凸优化), 并不意味着现有的解或者算法已经是*可实用*的——也就是对现实世界中的高维数据和大规模问题足够高效.

一阶算法的回归

凸优化是一个经典领域, 已有大量文献对它进行了很好的介绍, 例如 Boyd 和 Vandenberghe 的教科书 [Boyd et al., 2004]. 对于中小型规模的问题, 20 世纪 80 年代后期开发的*内点法*等算法 [Megiddo, 1989; Monteiro et al., 1989a,b; Wright, 1987] 已被证明是非常有效的, 并且一度成为凸优化的黄金标准. 然而, 这种算法依赖于目标函数的二阶信息, 就像经典的牛顿法一样. 当问题的维数变得非常大时 (比如优化变量的数量达到数百万或者数十亿㊁), 二阶导数 (即 Hessian 矩阵) 的计算和存储成本将很快变得不切实际.

㊀ 只有 $\mathbb{R}^2$ 中的三角形和 $\mathbb{R}^3$ 中的四面体才是.

㊁ 除了解决稀疏编码问题外, 用于训练深度神经网络的现代优化方法也是如此, 这些网络通常有数百万或者数十亿个参数需要调整. 例如, OpenAI 用于自然语言处理的最新模型 GPT-3 总共有 1750 亿个参数需要优化 [Brown et al., 2020], Google 的 Switch Transformers 模型有 1.6 万亿个参数需要调整 [Fedus et al., 2021].

这迫使人们转而使用一阶优化方法来解决高维大规模问题. 为了得到更好的可扩展性, 对优化算法的研究转向于对算法的计算复杂度进行更细致的刻画, 即使在一阶方法中也是如此 [Nemirovski, 2007; Nesterov, 2003]. 也是因为这一点, Nesterov 在 1983 年所开发的加速技术 [Nesterov, 1983] 引起了新的关注. 事实上, 近年来差不多所有有助于提高收敛速度和降低计算成本的想法几乎都被不遗余力地仔细重新审视和进一步完善了一遍. 因此, 在这个关心大规模可扩展算法的背景下, 我们认为有必要对相关的优化方法进行重新梳理. 为此, 我们在第 8 章和第 9 章分别针对凸优化情况和非凸优化情况的可扩展算法进行了全新和完整的介绍.

非凸表述和非凸优化的回归

当我们面对一类新的具有挑战性的问题时, 最自然的一种想法是尝试将它们转化为我们已经知道有好的解法的问题. 稀疏和低秩恢复问题就是这种情况. 幸运的是, 在许多情况下, 它们确实可以被转化为能够有效求解的凸优化问题.

然而, 首先, 利用凸优化来解决 NP 困难问题有其理论局限性 (我们将在 6.3 节详细说明), 并且在高维数据分析中遇到的许多问题都不存在与之相对应的有意义的凸松弛 (我们将在第 7 章中研究).

其次, 为了构建基本概念和核心原理, 本书所考虑的模型 (例如稀疏或低秩) 是比较理想化的. 这些模型通常假设低维数据结构是*分段线性*的. 正如在第 12 章、第 15 章和第 16 章的应用中所示, 现实世界的数据通常具有*非线性*的低维结构. 因此, 如果我们想正确地成功应用本书中的原理, 在数据建模和分析过程中就往往需要学习和去除这种非线性变换. 而这些非线性变换通常会使所对应的优化问题成为非凸的.

最后, 在实践中, 由于计算资源限制或物理实现上的制约, 我们经常被迫采用非凸建模方式. 比如考虑恢复一个低秩矩阵 $\boldsymbol{X} \in \mathbb{R}^{n\times n}$ 的例子. 当维度 n 变得非常高时, 我们可能无法按原样存储矩阵. 因此, 为了实现更好的可扩展性, 我们需要把矩阵表示为两个未知低秩矩阵的乘积:

$$\boldsymbol{X} = \boldsymbol{U}\boldsymbol{V}^*, \quad \boldsymbol{U} \in \mathbb{R}^{n\times r}, \quad \boldsymbol{V} \in \mathbb{R}^{n\times r}, \tag{1.3.6}$$

其中, $r \ll n$. 在这种情况下, 我们不得不直接面对这种表示方式所带来的非线性特性和所对应的优化问题的非凸性 [Chi et al., 2019].

有趣的是, 这些看似迫不得已的选择竟然会带来意外惊喜 [Sun et al.. 2015]. 众所周知, 与凸优化不同, 一般非凸问题很难保证全局最优性或算法效率. 然而, 正如将在第 7 章讨论的, 我们在高维数据分析中所遇到的许多问题类型, 往往具有自然的*对称结构*. 例如, 利用式(1.3.6)中的两个因子来表示低秩矩阵 $\boldsymbol{X}$, 对于正交群 $\mathsf{O}(r)$ 中的任意一个正交矩阵 $\boldsymbol{R} \in \mathbb{R}^{r\times r}$ 而言, 存在一类等价的解: $\boldsymbol{U}\boldsymbol{V}^* = \boldsymbol{U}\boldsymbol{R}\boldsymbol{R}^*\boldsymbol{V}^*$. 由于这个原因, 相对应的非凸目标函数具有极好的局部和全局几何性质. 这些性质使它们能够被极其*简单且高效*的算法所优化, 比如梯度下降法及其变种, 详细内容见第 9 章. 在非常温和的条件下, 这些算法实际上可以高效且准确地收敛到*全局最优解* [Ma et al., 2018; Sun et al., 2015]——这是一类十分非典型的非凸优化问题!

虽然对这类高维非凸优化问题的研究仍然是一个比较活跃的领域, 但用于解决这类问题的可扩展优化算法已经被开发出来很长时间, 这些算法的计算复杂度最近也得到了精确刻画. 因此, 在第 9 章中, 我们将对可扩展的非凸优化方法以及它们的收敛速率和计算复杂度上的保证给出相当完整、系统的综述. 这些算法不仅对恢复低维结构的问题有用, 而且对许多现代大规模机器学习问题 (比如构造和训练深度神经网络) 同样至关重要, 我们将在第 16 章中详细阐述.

1.3.5 一场完美的风暴

根据维基百科的解释: “*完美风暴是由多个罕见因素意外组合而酿成的一次重大灾难事件.*” 那么, 过去几十年在数据科学和技术领域发生的事情可以被准确地描述为“完美风暴”, 只不过这是一场好的风暴. 多个因素的意外组合几乎同时推进并促成了数据科学和技术的*一场革命*: 海量的高维数据、丰富的科学或技术应用以及强大的计算和数据平台 (比如云技术), 为高维几何和高维统计的基础理论知识通过可扩展优化算法得以高效地实现和利用提供了一个理想平台. 如图 1.11 所示, 正是由于这些因素的汇合, 真正将我们带入一个充满科学新发现和工程奇迹的崭新时代.

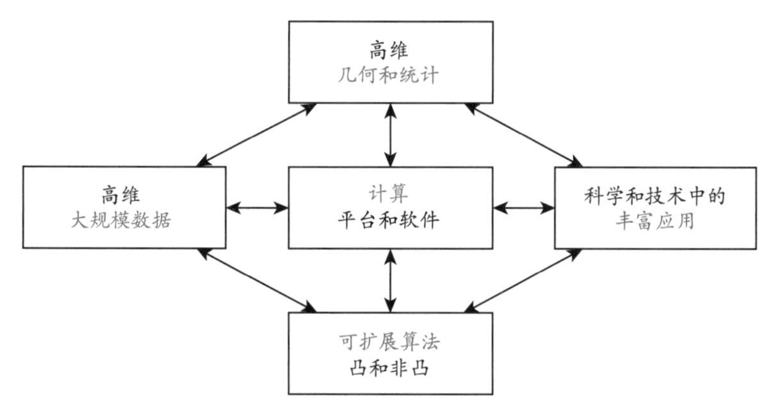

图 1.11 导致一场革命性的知识和技术进步的*完美风暴*: 海量数据、强大的计算平台、高维几何和统计、可扩展的优化算法以及科学和技术中的广泛丰富应用的交汇融合

1.4 习题

习题 1.1 (Nyquist-Shannon 采样定理) 证明事实 1.2.

习题 1.2 (高斯变量的条件独立) 对于由三个联合高斯分布的变量组成的随机向量$\boldsymbol{x} = [x_1, x_2, x_3]^*$, 其中 x_1 和 x_2 在给定 x_3 下是条件独立的. 证明事实 1.3.

习题 1.3 给定联合高斯随机向量 $\boldsymbol{x} = (\boldsymbol{x}_o, \boldsymbol{x}_h)$, 证明可观测部分 $\boldsymbol{x}_o$ 的协方差矩阵结

构为式(1.1.17).

习题 1.4　推导最小二乘法(1.2.7)的闭式解.

习题 1.5 (拉普拉斯和高斯噪声的最大似然估计)　回想一下, 拉普拉斯分布 $\mathcal{L}(\mu, b)$ 的概率密度函数为

$$p(x) = \frac{1}{2b}\exp\Big(-\frac{|x-\mu|}{b}\Big),$$

高斯 (或者正态) 分布 $\mathcal{N}(\mu, \sigma)$ 的概率密度函数为

$$p(x) = \frac{1}{\sqrt{2\pi}\sigma}\exp\Big(-\frac{(x-\mu)^2}{2\sigma^2}\Big).$$

给定测量模型 $\boldsymbol{y} = \boldsymbol{A}\boldsymbol{x} + \boldsymbol{\varepsilon}$, 考虑以下两种类型的噪声:

(1) $\boldsymbol{\varepsilon} = [\varepsilon_1, \varepsilon_2, \cdots, \varepsilon_m]^*$ 的元素是独立同分布的零均值拉普拉斯分布.

(2) $\boldsymbol{\varepsilon} = [\varepsilon_1, \varepsilon_2, \cdots, \varepsilon_m]^*$ 的元素是独立同分布的零均值高斯分布.

请推导在这两个噪声模型下 $\boldsymbol{x}$ 的对数最大似然估计, 并分别讨论它们与 ℓ^1 最小化和 ℓ^2 最小化的关系.

习题 1.6　在 $d = 1$ 情况下, 证明事实 1.5, 即随机向量 $\boldsymbol{y}$ 的主方向是与其协方差矩阵 $\boldsymbol{\Sigma}_{\boldsymbol{y}}$ 最大特征值相关联的特征向量. 此外, 证明附录 A 中的定理 A.14.

习题 1.7　证明事实 1.6.

习题 1.8 (岭回归)　为求解线性方程组 $\boldsymbol{y} = \boldsymbol{A}\boldsymbol{x}$, 特别是当方程组不适定 (比如欠定) 或者带有 (高斯) 噪声 $\boldsymbol{y} = \boldsymbol{A}\boldsymbol{x} + \boldsymbol{\varepsilon}$ 时, 估计 $\boldsymbol{x}$ 的一种常用方法是考虑所谓的*岭回归* (ridge regression), 即

$$\min_{\boldsymbol{x}} \|\boldsymbol{y} - \boldsymbol{A}\boldsymbol{x}\|_2^2 + \lambda\|\boldsymbol{x}\|_2^2, \tag{1.4.1}$$

其中 $\lambda > 0$[㊀]. 这也称为 Tikhonov *正则化*[㊁].

(1) 假设矩阵 $\boldsymbol{A}^*\boldsymbol{A} + \lambda\boldsymbol{I}$ 是可逆的, 证明上述优化问题的最优解 $\boldsymbol{x}_\star$ 为:

$$\boldsymbol{x}_\star = (\boldsymbol{A}^*\boldsymbol{A} + \lambda\boldsymbol{I})^{-1}\boldsymbol{A}^*\boldsymbol{y}. \tag{1.4.2}$$

(2) 讨论矩阵 $\boldsymbol{A}$ 和 λ 需要满足的条件, 以保证矩阵 $\boldsymbol{A}^*\boldsymbol{A} + \lambda\boldsymbol{I}$ 是可逆的.

岭回归可以说是经典统计文献 [Hastie et al., 2009] 中被研究和使用得最广泛的回归形式. 这种形式的回归与信号处理中的 Wiener 滤波器等重要方法有关, 具有许多好的特性. 读者可以参考 [Fan et al., 2020] 来更详细地研究岭回归及其变种.

㊀ 这可以看作附录 A 中定理 A.11 所考虑的约束优化问题的拉格朗日表述.

㊁ 严格来说, Tikhonov 正则化可以考虑对于某个恰当选取的正定矩阵 $\boldsymbol{\Lambda}$ 的更一般的正则化形式 $\|\boldsymbol{\Lambda}\boldsymbol{x}\|_2^2$.

第一部分

基本原理

第 2 章

High-Dimensional Data Analysis with Low-Dimensional Models: Principles, Computation, and Applications

稀疏信号模型

> “我们通过数学分析得到的对事物的理解和洞察，原则上有时也可以通过计算的方法来获得——但是缺少足够洞察力的盲目计算可能会非常低效，以至于完全不可行.”
>
> ——Roger Penrose, *Shadows of the Mind*

本书的主要内容是关于如何对信号、图像以及数据中的*简单结构*进行建模和利用. 在本章中, 我们将朝着这个方向迈出第一步. 我们将研究被称为*稀疏模型*的一类模型, 其中我们感兴趣的信号是由一个大的“*字典*”中所选取出来的几个基信号 (也称为“*原子*”) 线性叠加而成. 这种基本模型具有数量惊人的应用, 同时它还能够帮助我们揭示建模与计算之间的一些基本权衡. 这些基本的权衡将在本书中反复出现.

2.1 稀疏信号建模的应用

为什么我们需要信号模型? 我们先给出一个非常实用的答案. 现代信号处理和数据分析中出现的许多问题本质上是*不适定的* (ill–posed). 通常, 我们需要求解的未知量数量远远超过观测值的数量. 在这种情况下, 先验知识对于正确求解问题是绝对必要的.

为了从数学上描述这一现象, 我们先考虑一个简单的方程:

$$\underbrace{\boldsymbol{y}}_{\text{观测}} = \boldsymbol{A}\underbrace{\boldsymbol{x}}_{\text{未知}}. \tag{2.1.1}$$

这里, $\boldsymbol{y} \in \mathbb{R}^m$ 是我们的观测, 而 $\boldsymbol{x} \in \mathbb{R}^n$ 是未知的. 矩阵 $\boldsymbol{A} \in \mathbb{R}^{m \times n}$ 表示数据生成的过程: 观测数据 $\boldsymbol{y}$ 是未知 (或隐藏) 信号 $\boldsymbol{x}$ 的线性函数. 这看似是一种简单的模型, 但我们将会看到这类模型其实非常强大, 足以承载大量的实际应用.

从观测 $\boldsymbol{y}$ 中恢复未知的 $\boldsymbol{x}$ 可能看起来很简单: 我们只需要解一个线性方程组! 然而, 在许多实际应用中却会出现一个巨大的挑战: 观测值的数量 m 可能比待恢复信号中的元素数量 n 要小得多. 根据线性代数的结果[1], 我们知道, 当 $m < n$ 时, 这样一个欠定方程组 $\boldsymbol{y} = \boldsymbol{A}\boldsymbol{x}$ 不一定有解, 但如果它有解, 那么解空间至少有 $n - m$ 维. 因此, 这样的问题要么

[1] 附录 A 详细回顾了线性代数和矩阵分析. 特别是 A.6 节回顾了线性方程组的解的存在性和唯一性, 我们在这里用它来启发我们对稀疏近似的研究.

没有解, 要么有无穷多个解. 而这其中只有一个解是我们希望恢复和得到的! 为了能够求解这样的问题, 我们需要利用所求目标解的一些附加性质.

稀疏性就是这样一种性质, 它对我们求解欠定方程组的能力具有很大影响. 如果向量 $\boldsymbol{x} \in \mathbb{R}^n$ 中只有少数元素非零, 那么该向量被视为是*稀疏的*. 图 2.1 b 展示了这种向量的一个例子. 我们在实际应用中遇到的几乎所有类型的高维信号或数据, 都会自然而然地拥有某种形式的稀疏性. 下面, 我们用几个有代表性的例子来加以说明.

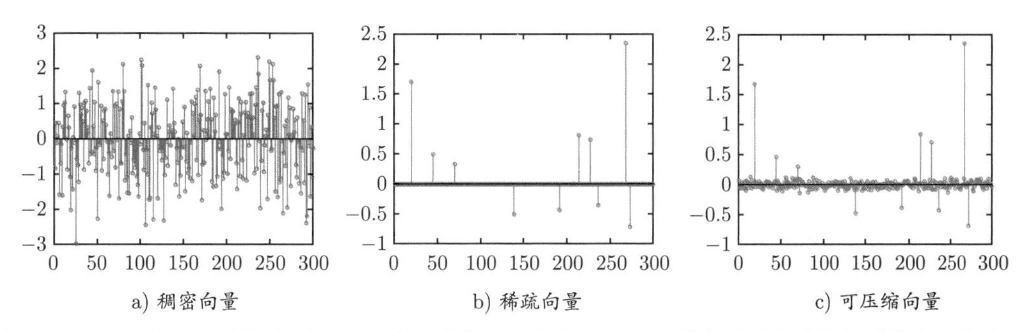

图 2.1 **稠密向量 vs. 稀疏向量.** a) 一个一般的稠密向量 $\boldsymbol{x} \in \mathbb{R}^n$, 其各元素分别独立采样于标准正态分布. b) 一个稀疏向量, 其中只有少数元素非零. c) 一个可压缩向量, 其中只有少数元素较突出

2.1.1 医学影像中的实例

图 2.2 展示了一幅大脑的*磁共振* (MR) 图像. 这是一幅数字图像 $\mathbf{I} \in \mathbb{R}^{N\times N}$. 对于 $\boldsymbol{v} \in \mathbb{R}^2$, 每个像素 $\mathbf{I}(\boldsymbol{v})$ 对应于大脑中给定空间位置的质子密度. 这基本上表征了水在大脑中的分布, 可以揭示出许多对疾病诊断和监测非常重要的生理结构. 若将磁共振成像 (MRI) 问题描绘得形象一些, 我们的目标就是要在不打开大脑的情况下估计出图像 $\mathbf{I}$. 如果我们将患者置于一个强大的、在时空中动态变化的磁场中, 那这的确是可能实现的. 磁场使质子振荡, 其频率由位置和能量状态决定. 每个质子本质上都充当自己的无线电发射器, 并且当它们被聚集在一起时, 会产生一个我们可以测量的信号.

我们将在第 10 章中对 MRI 物理模型进行更详细的推导. 正如我们将看到的, 能够直接观测到的物理信号只是图像 $\mathbf{I}$ 的二维傅里叶变换的样本, 它具有如下形式:

$$y = \int_{\boldsymbol{v}} \mathbf{I}(\boldsymbol{v}) \exp(-\mathrm{i}\, 2\pi\, \boldsymbol{u}^* \boldsymbol{v})\, \mathrm{d}\boldsymbol{v}, \tag{2.1.2}$$

其中, $\mathrm{i} = \sqrt{-1}$ 是单位虚数, $(\cdot)^*$ 表示向量的 (复共轭) 转置. 二维频率向量 $\boldsymbol{u}^* = [u_1, u_2] \in \mathbb{R}^2$ 取决于我们施加的磁场如何随空间变化. 令 $\mathcal{F}$ 表示二维傅里叶变换, 那么上面的表达式可以被转化为

$$y = \mathcal{F}[\mathbf{I}](\boldsymbol{u}). \tag{2.1.3}$$

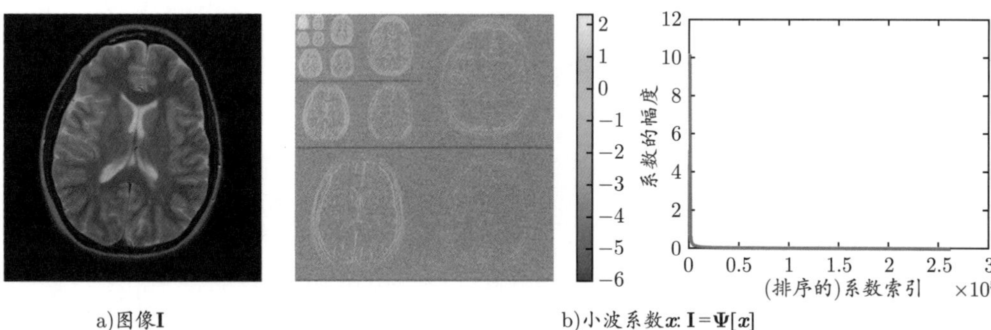

a)图像I　b)小波系数$\boldsymbol{x}$: $\mathbf{I}=\boldsymbol{\Psi}[\boldsymbol{x}]$

图 2.2　磁共振图像. a) 人类大脑图像. b) 小波分解 $\mathbf{I}=\sum_i \boldsymbol{\psi}_i x_i$ 的系数图像, 并按降序排列它们的幅度. 大的小波系数集中在图像的边缘, 对应于平滑区域的小波系数则要小得多. 小波系数是高度可压缩的, 它们的幅度迅速衰减 (图片经 Michael Lustig [Lustig, 2013] 许可转载)

通过改变外加磁场, 我们可以改变 $\boldsymbol{u}$, 从而可以收集 m 个对应于不同外加磁场的傅里叶变换样本, 它们被 $\mathsf{U}=\{\boldsymbol{u}_1,\cdots,\boldsymbol{u}_m\}$ 所参数化. 我们可以将所有观测值组成一个向量 $\boldsymbol{y}\in\mathbb{C}^m$, 即

$$\boldsymbol{y}=\begin{bmatrix} y_1 \\ \vdots \\ y_m \end{bmatrix}=\begin{bmatrix} \mathcal{F}[\mathbf{I}](\boldsymbol{u}_1) \\ \vdots \\ \mathcal{F}[\mathbf{I}](\boldsymbol{u}_m) \end{bmatrix}\doteq\mathcal{F}_{\mathsf{U}}[\mathbf{I}]. \tag{2.1.4}$$

这里 $\mathcal{F}_{\mathsf{U}}$ 只是一个算子, 它表示获得图像 $\mathbf{I}$ 的对应于集合 U 的傅里叶变换样本. 如果你把傅里叶变换想象成通过矩阵乘法来实现, 那么 $\mathcal{F}_{\mathsf{U}}$ 就是我们丢弃所有未被集合 U 索引到的 $\mathcal{F}$ 的行向量所得到的矩阵.

积分(2.1.2)以及算子 $\mathcal{F}_{\mathsf{U}}$ 的一个非常基本的性质是, 它对输入是*线性的*. 这意味着对于任何一对输入 $\mathbf{I}$ 和 $\mathbf{J}$ 以及复标量 α 和 β, 我们有:

$$\mathcal{F}_{\mathsf{U}}[\alpha\mathbf{I}+\beta\mathbf{J}]=\alpha\mathcal{F}_{\mathsf{U}}[\mathbf{I}]+\beta\mathcal{F}_{\mathsf{U}}[\mathbf{J}]. \tag{2.1.5}$$

因为 $\mathcal{F}_{\mathsf{U}}$ 是一个线性算子, 所以利用观测方程(2.1.4)从 $\boldsymbol{y}$ 中寻找图像 $\mathbf{I}$ 的问题“*只*”是求解一个大型的线性方程组.

但是, 这里存在一个很大的陷阱. 在这个方程组中, 未知数的个数 n 通常要比观测的数量 m 多得多 (这里 $n=N^2$). 在 MRI 中这也是必然的, 因为简单地测量所有的 N^2 个傅里叶系数通常太耗费时间和能量. 在*动态* MRI 中, 情况更是如此, 由于被成像的对象随着时间的推移而迅速变化, 所以采集样本需要具有时效性. 因此, 通常来说, 我们需要 m 尽可能小——当然要比 n 小得多, 但又需要能够保证准确重建图像 $\mathbf{I}$.

这就给我们留下了一个看似不可能解决的问题: 我们有 n 个未知数和 $m\ll n$ 个方程. 除非我们能够对图像 $\mathbf{I}$ 的结构做一些额外的假设, 否则恢复 $\mathbf{I}$ 这个问题就是一个不适定的问题. 幸运的是, 现实的信号并不是完全没有结构的[⊖]. 图 2.2 b 表示图像 $\mathbf{I}$ 的一种*小波变*

⊖ 事实上, 我们可以通过随机采样 (比如从标准高斯分布 $\mathcal{N}(0,1)$) 来构造 $\mathbb{R}^{N\times N}$ 中的一个“一般”的元素 $\mathbf{I}_{一般}$. 这样所得到的 $\mathbf{I}_{一般}$ 很有可能看起来像噪声. 图 2.2中的目标磁共振图像看起来肯定不像噪声!

换. 小波变换将 $\mathbf{I}$ 表示为一组 (小波) 基函数 $\boldsymbol{\Psi} = \{\boldsymbol{\psi}_1, \cdots, \boldsymbol{\psi}_{N^2}\}$ 的线性叠加, 即

$$\underbrace{\mathbf{I}}_{\text{图像}} = \sum_{i=1}^{N^2} \underbrace{\boldsymbol{\psi}_i}_{\text{第 } i \text{ 个基信号}} \times \underbrace{x_i}_{\text{第 } i \text{ 个系数}}, \tag{2.1.6}$$

这里, $x_1, \cdots, x_{N^2} \in \mathbb{R}$ 是图像 $\mathbf{I}$ 对应于基 $\boldsymbol{\Psi}$ 的系数. 图 2.2 b 中的元素是 N^2 个小波系数 x_i 的幅度值 $|x_i|$. 很重要的一点是, 其中的许多系数都非常小. 如果令 $J = \{i_1, \cdots, i_k\}$ 表示前 k 个幅度最大系数的下标集合, 那么我们可以把图像 $\mathbf{I}$ 近似表达为:

$$\underbrace{\mathbf{I}}_{\text{目标图像}} \approx \underbrace{\tilde{\mathbf{I}}_k = \sum_{i \in J} \boldsymbol{\psi}_i x_i}_{k \text{ 个基函数的叠加}}. \tag{2.1.7}$$

图 2.3 展示了重建的图像和重建误差 $\mathbf{I} - \tilde{\mathbf{I}}_k$. 很显然, 即使我们只保留了系数中相对较少的一部分, 我们仍然可以获得对图像的精确近似, 所剩下的大部分是噪声. 这表明系数序列 $\boldsymbol{x}$ 是可压缩的——它非常接近于一个稀疏向量.

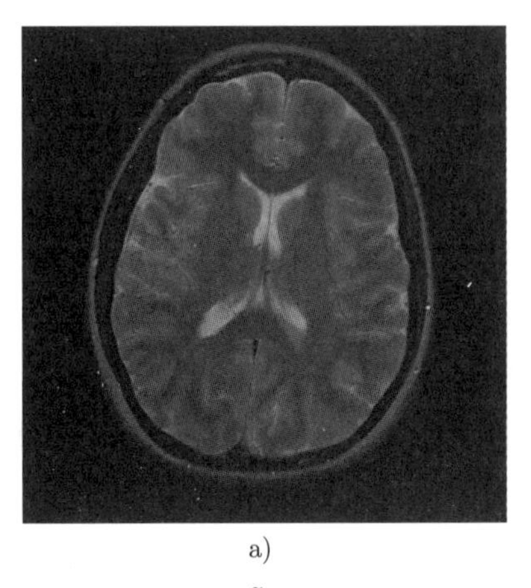

a)

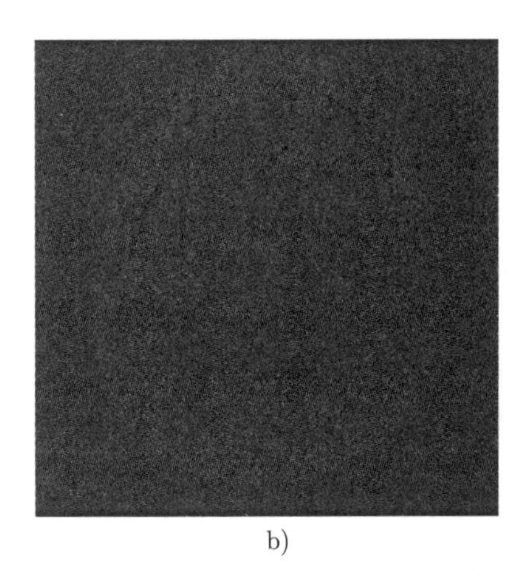

b)

图 2.3 对图像 $\mathbf{I}$ 的小波近似 $\tilde{\mathbf{I}}$ 及近似误差. a) 使用最大的 7% 小波系数对图 2.2中的图像进行近似. b) 近似误差 $|\mathbf{I} - \tilde{\mathbf{I}}|$. 该误差主要包含噪声, 表明图像的大部分重要结构是在小波近似 $\tilde{\mathbf{I}}$ 中的

为了恢复 $\mathbf{I}$, 我们可以首先尝试使用如下观测方程恢复稀疏系数向量 $\boldsymbol{x}$:

$$\begin{aligned}
\underbrace{\boldsymbol{y}}_{\text{观测到的傅里叶系数}} &= \mathcal{F}_{\mathsf{U}}[\mathbf{I}], \\
&= \mathcal{F}_{\mathsf{U}}\Big[\boldsymbol{\psi}_1 x_1 + \cdots + \boldsymbol{\psi}_{N^2} x_{N^2}\Big], \\
&= \mathcal{F}_{\mathsf{U}}[\boldsymbol{\psi}_1]\, x_1 + \cdots + \mathcal{F}_{\mathsf{U}}[\boldsymbol{\psi}_{N^2}]\, x_{N^2}, \\
&= \underbrace{\Big[\mathcal{F}_{\mathsf{U}}[\boldsymbol{\psi}_1] \mid \cdots \mid \mathcal{F}_{\mathsf{U}}[\boldsymbol{\psi}_{N^2}]\Big]}_{\text{矩阵 } \boldsymbol{A} \in \mathbb{R}^{m \times N^2},\ m \ll N^2.} \boldsymbol{x}, \\
&= \boldsymbol{A}\boldsymbol{x}.
\end{aligned} \tag{2.1.8}$$

在这些操作之后, 我们得到一个方程组 $\boldsymbol{y} = \boldsymbol{A}\boldsymbol{x}$. 向量 $\boldsymbol{x}$ 包含目标图像 $\mathbf{I}$ 的小波系数. 矩阵 $\boldsymbol{A}$ 的第 i 列包含第 i 个基信号 $\boldsymbol{\psi}_i$ 在子集 U 中的傅里叶系数. 要重建图像 $\mathbf{I}$, 我们可以寻找

这个方程组的解 $\hat{\boldsymbol{x}}$, 然后令

$$\hat{\mathbf{I}} = \sum_{i=1}^{N^2} \boldsymbol{\psi}_i \hat{x}_i. \tag{2.1.9}$$

因为 $\boldsymbol{x}$ 有 N^2 个元素, 但我们只有 $m \ll N^2$ 个观测值, 所以方程组 $\boldsymbol{y} = \boldsymbol{A}\boldsymbol{x}$ 是欠定的. 然而, 由于 $\mathbf{I}$ 的小波系数是 (近似) 稀疏的 (比如说, 只有前 k 个最大的系数是重要的, 而其他系数可以忽略不计), 因此我们预期该方程组的解 $\boldsymbol{x}$ 是稀疏的. 为了重建 $\mathbf{I}$, 我们需要寻找一个欠定方程组的稀疏解! 在第 10 章中, 我们将说明如何在更真实的条件下将这种 "压缩采样" 方案应用于真实的 MRI 图像.

2.1.2 图像处理中的实例

在上一个例子中, 我们使用了这样一个事实, 即图像 $\mathbf{I}$ 在由基元 $\boldsymbol{\psi}_1, \cdots, \boldsymbol{\psi}_{N^2}$ 所构成的 "字典" 中具有近似的稀疏表示:

$$\mathbf{I} \approx \sum_{i \in J} \boldsymbol{\psi}_i x_i = \underbrace{\boldsymbol{\Psi}}_{N^2 \times N^2 \text{ 矩阵}} \underbrace{\boldsymbol{x}}_{\text{稀疏向量}}, \tag{2.1.10}$$

其中, $x_i = 0, i \notin J$ 且 $k = |J| \ll N^2$. 这种形式的表达式在有损数据压缩中扮演核心角色. JPEG [Wallace, 1991] 和 JPEG 2000 [Taubman et al., 2001] 等图像压缩标准利用了稀疏近似 (分别为离散余弦变换 (DCT) [Ahmed et al., 1974] 和小波变换 [Vetterli et al., 1995]). 一般来说, 表示越稀疏, 输入图像就可以被压缩得越多. 然而, 图像的稀疏表示*并不只*对压缩有用, 它们可以用于解决许多与图像重建相关的逆问题. 在这些逆问题中, 我们试图从含噪的、损坏的或者不完整的观测中重建图像 $\mathbf{I}$. 在上一节中, 我们已经看到了一个利用小波域中的稀疏性来重建 MR 图像的例子. 为了方便所有的这些任务, 我们可以通过使用更通用的字典 $\boldsymbol{A}$ 替换 $\boldsymbol{\Psi}$ 来寻找 $\mathbf{I}$ 的尽可能稀疏的表示形式. 例如, 我们可以考虑使用*过完备* (overcomplete) *字典* $\boldsymbol{A} \in \mathbb{R}^{m \times n}$, 其中 $n > m$, 它可以由几个正交基 (例如 DCT 和小波) 共同组成. 其中的基本思想是, 每个单独的表示都可以很好地捕捉特定类型的信号——比如适用于平滑信号的 DCT 和适用于具有尖锐边缘信号的小波. 它们放在一起则可以表示更广泛类型的信号.

一个更大胆的想法是直接从数据中学习字典 $\boldsymbol{A}$, 而不是人为地设计. 从概念上讲, 这会产生一个更具挑战性的问题, 被称为*字典学习*. 我们将在后面的第 7 章中加以研究. 这种方法倾向于在表示图像 $\mathbf{I}$ 时做到稀疏性与精确性之间更好的折中, 并且对于其他大量问题 (包括去噪、修复和超分辨率) 也非常有用. 这些问题都涉及从不完整或损坏的观测中重建图像 $\mathbf{I}$. 每一个这样的问题都会产生一个欠定线性方程组, 其目标是利用目标信号 $\mathbf{I}$ 在某些字典 $\boldsymbol{A}$ 中具有稀疏表示形式这一先验知识来使问题变得良定. 来自 [Mairal et al., 2008] 的图 2.4 展示了彩色图像去噪问题的一个示例. 我们观察到一个有噪声的图像, 即

$$\mathbf{I}_{\text{noisy}} = \underbrace{\mathbf{I}_{\text{clean}}}_{\text{目标图像}} + \underbrace{\boldsymbol{z}}_{\text{噪声}}. \tag{2.1.11}$$

如果把 $\mathbf{I}_{\text{clean}}$ 分解成一组图像分块 $\boldsymbol{y}_{1_{\text{clean}}}, \cdots, \boldsymbol{y}_{p_{\text{clean}}}$, 我们可以假设[㊀]干净图像的分块 $\boldsymbol{y}_{i_{\text{clean}}}$ 在某个字典 $\boldsymbol{A}$ 中具有一个精确的稀疏近似, 即

$$\boldsymbol{y}_{i_{\text{clean}}} \approx \underbrace{\boldsymbol{A}}_{\text{图像分块的字典}} \times \underbrace{\boldsymbol{x}_i}_{\text{稀疏系数向量}}. \tag{2.1.12}$$

实际上, 在去噪过程中, 我们并没有观察到 $\boldsymbol{y}_{i_{\text{clean}}}$. 相反, 我们观察到的是有噪声的分块 $\boldsymbol{y}_i$, 即

$$\boldsymbol{y}_i = \boldsymbol{y}_{i_{\text{clean}}} + \boldsymbol{z}_i = \boldsymbol{A}\boldsymbol{x}_i + \boldsymbol{z}_i, \quad i = 1, \cdots, p.$$

基于这些分块 $\boldsymbol{y}_1, \cdots, \boldsymbol{y}_p$, 我们需要学习字典 $\hat{\boldsymbol{A}}$, 使得

$$\underbrace{\boldsymbol{y}_i}_{\text{第 } i \text{ 个图像分块}} \approx \underbrace{\hat{\boldsymbol{A}}}_{\text{学到的字典}} \times \underbrace{\hat{\boldsymbol{x}}_i}_{\text{稀疏系数向量}} = \underbrace{\hat{\boldsymbol{y}}_i}_{\text{去噪后的分块}}.$$

字典 $\hat{\boldsymbol{A}}$ 和稀疏系数 $\hat{\boldsymbol{x}}_i$ 可以通过求解一个非凸优化问题来学习, 该问题尝试在系数 $\hat{\boldsymbol{x}}_1, \cdots, \hat{\boldsymbol{x}}_p$ 的稀疏性和近似 $\boldsymbol{y}_i \approx \hat{\boldsymbol{A}}\hat{\boldsymbol{x}}_i$ 的精确性之间取得最佳平衡. 更多技术细节将在第 7 章中给出. 我们将 $\hat{\boldsymbol{y}}_i = \hat{\boldsymbol{A}}\hat{\boldsymbol{x}}_i$ 作为 $\boldsymbol{y}_{i_{\text{clean}}}$ 的估计值.

a)

b)

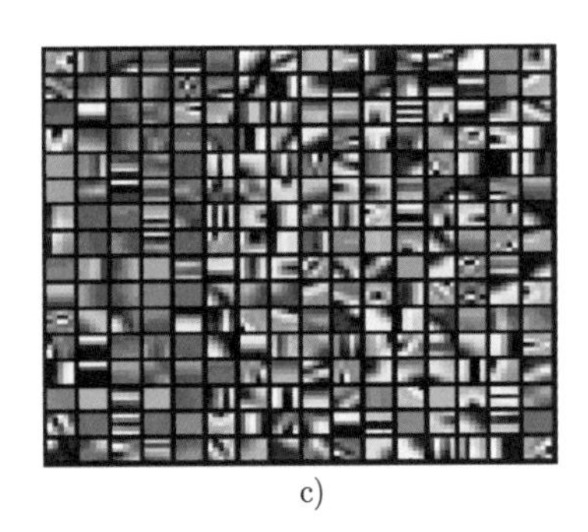
c)

图 2.4 利用稀疏近似进行图像去噪. a) 有噪声的输入图像. 这个图像被划分为分块 $\boldsymbol{y}_1, \cdots, \boldsymbol{y}_p$. 通过学习得到一个字典 $\boldsymbol{A} = [\boldsymbol{a}_1 \mid \cdots \mid \boldsymbol{a}_n]$ 使得每一个输入的分块可以被近似为 $\boldsymbol{y}_i \approx \boldsymbol{A}\boldsymbol{x}_i$, 其中 $\boldsymbol{x}_i$ 是稀疏系数. b) 去噪图像, 它是根据近似 $\hat{\boldsymbol{y}}_i = \boldsymbol{A}\boldsymbol{x}_i$ 重建得到的. c) 字典 $\boldsymbol{A}$ 中的分块 $\boldsymbol{a}_1, \cdots, \boldsymbol{a}_n$. (图片来自 [Mairal et al., 2008; Wright et al., 2010b]. 经 Julien Mairal 许可转载图片)

图 2.4 a 显示了有噪声的输入图像, 图 2.4 b 显示了由 $\hat{\boldsymbol{y}}_1, \cdots, \hat{\boldsymbol{y}}_p$ 构建的去噪图像. 图 2.4 c 显示了从有噪声的图像分块中学到的字典 $\hat{\boldsymbol{A}}$. 尽管存在这样的稀疏字典是一个相对简单的前提假设, 并且这样的字典也没有捕获图像所有的全局几何结构, 但它在许多图像处理任务上的性能却令人惊讶, 包括图像超分辨率 [Yang et al., 2010a] 和图像恢复 [Mairal et al., 2008]. 我们将在第 7 章和第 9 章中详细讨论字典学习的建模和计算. 目前我们需要注意到的关键一点是, 从含噪声的图像分块去重建干净图像的问题再次将我们引到了一个欠定线性方程组 $\boldsymbol{y}_i \approx \boldsymbol{A}\boldsymbol{x}_i$.

㊀ 当然, 这个假设需要验证! 参见本章的脚注和参考资料. 在后面的章节中, 当我们介绍为真实图像学习稀疏化字典的方法时, 我们还将提供大量示例.

2.1.3 人脸识别的实例

当我们希望从不可靠的测量进行可靠推断时, 也会自然而然地利用到稀疏性. 例如, 由于传感器错误或者恶意篡改, 观测向量 $\boldsymbol{y} \in \mathbb{R}^m$ 的几个元素可能被严重损坏, 即

$$\underbrace{\boldsymbol{y}}_{\text{观测}} = \underbrace{\boldsymbol{y}_o}_{\text{干净的数据}} + \underbrace{\boldsymbol{e}}_{\text{稀疏误差}}. \tag{2.1.13}$$

我们用一个自动人脸识别的例子来更具体地说明这一点. 想象一下, 我们有一个由多个个体的人脸图像组成的数据库. 对于每个个体 i, 我们收集灰度训练图像 $\mathbf{I}_{i,1}, \cdots, \mathbf{I}_{i,n_i} \in \mathbb{R}^{W \times H}$, 并将它们向量化, 构成一个基矩阵 $\boldsymbol{B}_i \in \mathbb{R}^{m \times n_i}$, 其中 $m = W \times H$. 我们进一步将这些基矩阵拼接成一个大的训练"字典":

$$\boldsymbol{B} = \underbrace{[\boldsymbol{B}_1 \mid \boldsymbol{B}_2 \mid \cdots \mid \boldsymbol{B}_n]}_{\text{所有的训练图像}} \in \mathbb{R}^{m \times n}, \quad n = \sum_i n_i. \tag{2.1.14}$$

假设我们的系统获得一个新的图像 $\boldsymbol{y} \in \mathbb{R}^m$, 它是在一些新的光照条件下拍摄得到的, 并且可能被遮挡, 参见图 2.5. 现在, 我们可以假设输入 $\boldsymbol{y}$ 与训练图像是对齐的 (即人脸出现在训练图像和测试图像中的同一位置)[㊀]. 来自 [Basri et al., 2003] 的一个漂亮的物理事实表明, 在一般情况下, 在不同光照条件下拍摄的"形状比较规范的"物体的图像非常接近于高维图像空间 $\mathbb{R}^m$ 中的低维线性子空间[㊁]. 这表明, 如果看到了足够多的训练示例, 我们可以把输入样本 $\boldsymbol{y}$ 近似为来自同一类别的训练样本的线性组合, 即

$$\underbrace{\boldsymbol{y}}_{\text{观察到的图像}} \approx \underbrace{\boldsymbol{B}_{i_\star} \boldsymbol{x}_{i_\star}}_{\text{第 } i_\star \text{ 类中训练图像的线性组合}}. \tag{2.1.15}$$

不幸的是, 在实践中这个公式至少会因为两个原因而难以成立: 首先, 我们无法提前知道 $i_\star$ 的真实身份; 其次, 遮挡等有害因素会导致部分图像像素 (被遮挡的像素) 严重违反上述近似公式. 对于第一个问题, 我们仍然可以使用字典 $\boldsymbol{B}$ 的全部元素的线性组合来表达 $\boldsymbol{y}$, 即 $\boldsymbol{y} \approx \boldsymbol{B}\boldsymbol{x}$. 为了解决遮挡问题, 我们需要引入一个附加项 $\boldsymbol{e}$, 即

$$\boldsymbol{y} = \boldsymbol{B}\boldsymbol{x} + \boldsymbol{e}. \tag{2.1.16}$$

由于因遮挡所造成的误差 $\boldsymbol{e}$ 数值很大, 因此不能简单地忽略或者使用专为小噪声设计的技术来处理这种误差 $\boldsymbol{e}$. 不幸的是, 这意味着方程组是欠定的: 我们有 m 个方程, 但是却有 $m+n$ 个未知量 $\bar{\boldsymbol{x}} = (\boldsymbol{x}, \boldsymbol{e})$. 若令 $\boldsymbol{A} = [\boldsymbol{B} \mid \boldsymbol{I}]$, 其中 $\boldsymbol{I}$ 表示单位矩阵, 我们又得到一个非常大的欠定方程组:

$$\boldsymbol{y} = \boldsymbol{A}\bar{\boldsymbol{x}}. \tag{2.1.17}$$

㊀ 放宽这一假设对于构建能够处理无约束输入图像的人脸识别系统至关重要. 我们将在第 13 章中讨论如何放宽这一假设.

㊁ 我们将在第 14 章中根据一个简化的物理模型对这一事实给出更详细的解释.

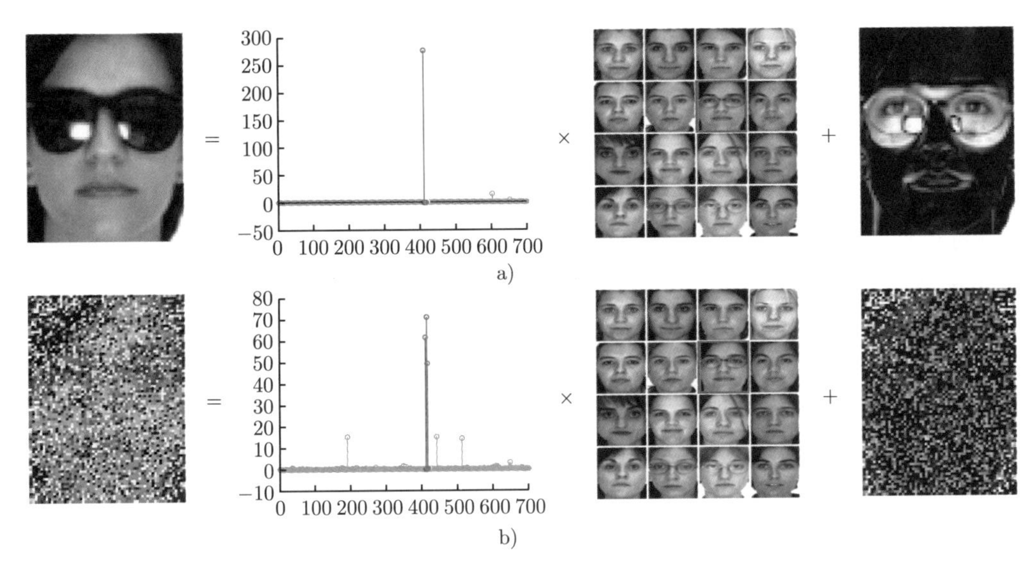

图 2.5 基于稀疏表示的人脸识别. a) 输入的人脸图像 $\boldsymbol{y}$ 戴着墨镜. b) 输入人脸图像 $\boldsymbol{y}$ 有任意 50% 像素遭到损坏. 每个测试图像 $\boldsymbol{y}$ 被近似为训练图像的稀疏组合 $\boldsymbol{Bx}$, 加上由于遮挡而产生的稀疏误差 $\boldsymbol{e}$. 在本例中, 红色系数对应于正确个体的图像 (结果和数据来自 [Wright et al., 2009a])

如果没有关于 $\bar{\boldsymbol{x}}$ 的先验信息, 我们就不可能从这个观测中恢复它. 幸运的是, $\boldsymbol{x}$ 和 $\boldsymbol{e}$ 都是非常结构化的. $\boldsymbol{x}$ 的非零值应该只集中在真实个体 $i_\star$ 的图像上, 因此它应该是一个稀疏向量. 误差 $\boldsymbol{e}$ 的非零值应该只集中在那些被遮挡或者被损坏的像素上, 因此它也应该是稀疏的㊀.

图 2.5 展示了给定输入图像 $\boldsymbol{y}$ 的这个方程组的稀疏解的两个示例. 请注意, 所估计的 $\hat{\boldsymbol{x}}$ 中的非零系数集中在正确个体 (红色) 的图像上, 并且误差确实对应于物理遮挡. 到目前为止, 我们所描述的问题设置有些理想化——我们将在本书的应用部分讨论关于这个问题更具体的建模和系统构建, 请参阅第 13 章. 就这里所要达到的目的而言, 我们只需要理解, 如果我们能够通过某种方式获得上述方程的一个稀疏解 $(\boldsymbol{x}, \boldsymbol{e})$, 那么在存在光照变化、遮挡和损坏等干扰因素的情况下, 我们也可以正确地识别这样的人脸图像.

2.2 稀疏解的恢复

正如上面的例子中所示, 我们往往假设知道真实的信号 $\boldsymbol{x}_o$ 是稀疏的. 那么这种信息到底有多强大呢? 它真能够使不适定问题 (比如 MR 图像采集或者遮挡人脸识别) 变得良定吗? 为了回答这些问题, 我们需要一个关于稀疏性的严谨描述. 在接下来的两个小节中, 我们首先介绍向量范数, 它推广了长度的概念. 然后我们引入 “ℓ^0 范数”, 它统计一个向量中的非零项个数, 是向量稠密 (或者稀疏) 程度的一个基本度量.

㊀ 当然, 我们的目标是纠正尽可能多的误差. 高维空间所带来的惊喜之一就是, 我们确实可以使用简单而高效的算法纠正大部分误差. 准确描述我们可以纠正多少误差 (以及在我们的方法失效之前, 向量 $\bar{\boldsymbol{x}}$ 可以有多稠密) 将是本书的主要理论主旨. 在第 13 章中, 我们将给出一个更精确的描述, 阐明线性方程组中能够纠正的误差可以有多少. 这些误差类似于鲁棒人脸识别问题中出现的遮挡或损坏的像素.

2.2.1 线性空间上的范数

线性空间 $\mathbb{V}$ 由一组元素 (向量)、域 (比如实数 $\mathbb{R}$ 或者复数 $\mathbb{C}$(标量)) 和所定义的运算 (即向量之间的加法和向量与标量相乘) 组成, 它们的运算方式符合我们在 $\mathbb{R}^3$ 中向量运算的直觉. 附录 A 回顾了线性空间的正式定义, 并给出了多个示例. 在上述应用实例中, 我们所感兴趣的信号由实数或者复数组成——例如, 在 MR 成像中, 目标图像 $\mathbf{I}$ 是 $\mathbb{R}^{N\times N}$ 中的一个元素. 我们可以将 $\mathbb{R}^{N\times N}$ 视为标量域 $\mathbb{R}$ 上的一个线性空间, 写作 $\mathbb{V}=(\mathbb{R}^{N\times N},\mathbb{R})$. 在我们后面将遇到的其他例子中, 所感兴趣的信号也往往存在于一个线性空间中.

线性空间 $\mathbb{V}$ 上的范数给出了一种测量向量长度的方法, 它在许多方面符合我们对 $\mathbb{R}^3$ 中长度的直觉. 范数的正式定义如下.

定义 2.1 (范数) 定义在实数域 $\mathbb{R}$ 的线性空间 $\mathbb{V}$ 上的范数是一个函数 $\|\cdot\|:\mathbb{V}\to\mathbb{R}$, 满足如下性质:

(1) 非负齐次性. 对于所有向量 $\boldsymbol{x}\in\mathbb{V}$ 和标量 $\alpha\in\mathbb{R}$, 有 $\|\alpha\boldsymbol{x}\|=|\alpha|\|\boldsymbol{x}\|$.

(2) 正定性. $\|\boldsymbol{x}\|\geqslant 0$, $\|\boldsymbol{x}\|=0$ 当且仅当 $\boldsymbol{x}=\mathbf{0}$.

(3) 次可加性. 对于所有 $\boldsymbol{x},\boldsymbol{y}\in\mathbb{V}$, 范数 $\|\cdot\|$ 满足三角不等式 $\|\boldsymbol{x}+\boldsymbol{y}\|\leqslant\|\boldsymbol{x}\|+\|\boldsymbol{y}\|$.

就我们的目的而言, 最重要的范数族是 ℓ^p 范数 (读作 “ell p 范数”). 我们将使用这一族中的范数来推导实用算法、寻找线性方程组的稀疏解, 并研究它们的性质. 如果我们取 $\mathbb{V}=(\mathbb{R}^n,\mathbb{R})$ 和 $p\in(0,\infty)$, 我们可以定义函数:

$$\|\boldsymbol{x}\|_p \doteq \left(\sum_i |x_i|^p\right)^{1/p}. \tag{2.2.1}$$

对于任何 $p\geqslant 1$, 上面所定义的函数 $\|\boldsymbol{x}\|_p$ 是一个范数[㊀]. 最常见的例子是 ℓ^2 范数或“欧几里得范数”, 即

$$\|\boldsymbol{x}\|_2=\sqrt{\sum_i |x_i|^2}=\sqrt{\boldsymbol{x}^*\boldsymbol{x}},$$

这与我们通常测量长度的方法一致.

另外两种情况几乎同等重要: $p=1$ 和 $p\to\infty$. 在式(2.2.1)中令 $p=1$, 我们得到:

$$\|\boldsymbol{x}\|_1=\sum_i |x_i|, \tag{2.2.2}$$

它将在本书中扮演非常重要的角色[㊁].

最后, 随着 p 变大, 式(2.2.1)中的表达式将会使大的 $|x_i|$ 更加突出. 随着 $p\to\infty$, 我们

㊀ 我们把证明对于 $0<p<1$, $\|\boldsymbol{x}\|_p$ 不是严格意义上满足定义 2.1的范数的任务, 作为一个习题留给读者.

㊁ 任何在曼哈顿旅行过的人都应该对 ℓ^1 和 ℓ^2 之间的区别有一个很好的理解——事实上, ℓ^1 范数有时被称为曼哈顿范数! 这个例子说明了简单但非常重要的一点——范数的正确选择在很大程度上取决于问题的性质和设计目标. 除非你能够一下子跳过高楼, 否则使用 ℓ^2 范数测量距离会低估到达目的地所需的行程.

有 $\|\boldsymbol{x}\|_p \to \max_i |x_i|$. 通过定义

$$\|\boldsymbol{x}\|_\infty = \max_i |x_i|, \tag{2.2.3}$$

可以使我们能够将 ℓ^p 范数的定义扩展到 $p=\infty$.

为了便于了解各种 ℓ^p 范数之间的区别, 我们可以可视化它们各自定义的单位球 B_p, 它们由范数最大为 1 的所有向量 $\boldsymbol{x}$ 组成㊀, 即

$$\mathsf{B}_p \doteq \left\{\boldsymbol{x} \mid \|\boldsymbol{x}\|_p \leqslant 1\right\}. \tag{2.2.4}$$

ℓ^2 球是 (实心) 球体, ℓ^∞ 球是立方体, ℓ^1 球是钻石状, 也被称为对轴多面体 (cross polytope), 参见图 2.6㊁.

请注意, 当 $p \leqslant p'$ 时, 我们有 $\mathsf{B}_p \subseteq \mathsf{B}_{p'}$. 这是因为当 $p \leqslant p'$ 时, 对于所有 $\boldsymbol{x}$, $\|\boldsymbol{x}\|_p \geqslant \|\boldsymbol{x}\|_{p'}$ 成立.

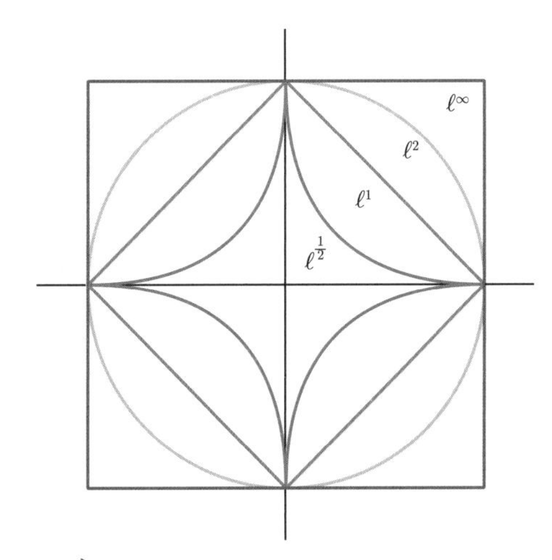

图 2.6 ℓ^p 球 $\mathsf{B}_p = \left\{\boldsymbol{x} \mid \|\boldsymbol{x}\|_p \leqslant 1\right\}$, 其中 $0 < p \leqslant \infty$. 对于 $p \geqslant 1$, B_p 是凸集, $\|\cdot\|_p$ 是范数. 对于 $p < 1$, 从严格定义上来讲, $\|\cdot\|_p$ 不是范数

评注 2.1 这种包含关系在更高的维度上变得更加引人注目. 在 $\mathbb{R}^n$ 中, $\mathrm{vol}(\mathsf{B}_\infty) = 2^n$, 而 $\mathrm{vol}(\mathsf{B}_1) = 2^n/n!$ (参见 [Matousek, 2002]). 因此, 在 $n=2$ 时, $\mathrm{vol}(\mathsf{B}_1) = (1/2) \times \mathrm{vol}(\mathsf{B}_\infty)$, 而在 $n = 1\,000$ 维时, $\mathrm{vol}(\mathsf{B}_1) \approx 10^{-2\,568} \times \mathrm{vol}(\mathsf{B}_\infty)$——这简直是 $\mathrm{vol}(\mathsf{B}_\infty)$ 微不足道的一部分!

评注 2.2 这似乎与因为它们为空间定义了相同的拓扑 (参见附录 A), 所以“在有限维中, 所有范数都基本等价”的数学事实相反. 严格来讲, 这个事实讲述的是在有限维向量空间 $\mathbb{V}$ 中, 例如 $\mathbb{R}^n$, 对于任何一对范数 $\|\cdot\|_\diamond$ 和 $\|\cdot\|_\square$, 存在常数 $0 < \alpha, \beta < \infty$ 使得对于每个 $\boldsymbol{x} \in \mathbb{V}$, 我们有:

$$\alpha \|\boldsymbol{x}\|_\square \leqslant \|\boldsymbol{x}\|_\diamond \leqslant \beta \|\boldsymbol{x}\|_\square. \tag{2.2.5}$$

㊀ 对于半径为 ε 的球, 按照 ℓ^p 范数, 我们将其表示为 $\mathsf{B}_p(\varepsilon)$ 或 $\varepsilon \cdot \mathsf{B}_p = \left\{\boldsymbol{x} \mid \|\boldsymbol{x}\|_p \leqslant \varepsilon\right\}$.

㊁ 要理解这一点, 你可以运行程序 `Chapter_2_Illustrate_Lp_Balls.m`. 所有参考代码都可以在本书网站上访问.

因此, 范数 $\|\cdot\|_\square$ 和 $\|\cdot\|_\diamond$ 的大小一般是可比较的. 然而, 正如评注 2.1中的例子所示, 在高维空间中, 各种 ℓ^p 范数的单位球可能会非常不同, 因此, α 和 β 可能相差很远. 在涉及高维信号的应用中, 选择不同的范数可能会导致截然不同的解.

2.2.2 ℓ^0 范数

有了范数的概念, 我们准备对稀疏性概念给出一个正式的定义. 为此, 我们引入一个名为 "ℓ^0 范数"(读作 "ell 零范数") 的函数, 它其实只是向量 $\boldsymbol{x}$ 中非零元素的个数:

$$\|\boldsymbol{x}\|_0 = \#\{i \mid \boldsymbol{x}(i) \neq 0\}. \tag{2.2.6}$$

粗略地说, 只要 $\|\boldsymbol{x}\|_0$ 很小, $\boldsymbol{x}$ 就是稀疏的.

按照定义 2.1, ℓ^0 范数严格意义上来讲其实并不是一个范数, 因为对于 $\alpha \neq 0$, $\|\alpha\boldsymbol{x}\|_0 = \|\boldsymbol{x}\|_0$, 它不具有非负齐次性. 然而, 它的确具有另外两个性质. 尤其是 $\|\cdot\|_0$ 是次可加的, 即

$$\forall \boldsymbol{x},\, \boldsymbol{x}', \qquad \|\boldsymbol{x}+\boldsymbol{x}'\|_0 \leqslant \|\boldsymbol{x}\|_0 + \|\boldsymbol{x}'\|_0. \tag{2.2.7}$$

这很容易验证, 因为 $\boldsymbol{x}+\boldsymbol{x}'$ 非零项的集合是包含在 $\boldsymbol{x}$ 非零项的集合和 $\boldsymbol{x}'$ 非零项的集合的并集中的.

尽管按定义 2.1 来说, ℓ^0 范数不是严格意义上的范数, 但它与 ℓ^p 范数相关, 可以被视为 p 从大到小的 "延拓". 要理解这一点, 请注意对于每一个 $\boldsymbol{x} \in \mathbb{R}^n$:

$$\lim_{p\searrow 0} \|\boldsymbol{x}\|_p^p = \sum_{i=1}^{n} \lim_{p\searrow 0} |\boldsymbol{x}(i)|^p = \sum_{i=1}^{n} \mathbb{1}_{\boldsymbol{x}(i)\neq 0} = \|\boldsymbol{x}\|_0. \tag{2.2.8}$$

从这个意义上讲, ℓ^0 范数可以被认为是从 ℓ^p 范数生成的, 方法是将 p (无限地) 变小. 根据图 2.6 所示, 这可以理解为: 在 $\mathbb{R}^2$ 中, 稀疏向量对应于坐标轴. 随着 p 趋于 0, ℓ^p 范数的单位球将更加集中在坐标轴周围, 即在稀疏向量周围.

ℓ^0 和 ℓ^p 范数之间的几何关系有助于推导算法以及理解为什么较小的 p 倾向于稀疏解. 尽管如此, 符号 $\|\boldsymbol{x}\|_0$ 有一个非常简单的含义: 它统计 $\boldsymbol{x}$ 中非零元素的个数. 在上面讨论的所有应用中, 我们的目标是恢复具有较小的 $\|\boldsymbol{x}_{\text{true}}\|_0$ 的向量 $\boldsymbol{x}_{\text{true}}$. 在本书中, 我们经常用 $\boldsymbol{x}_o$ 作为 $\boldsymbol{x}_{\text{true}}$ 的缩写.

2.2.3 最稀疏的解: 最小化 ℓ^0 范数

假设我们观察到 $\boldsymbol{y} \in \mathbb{R}^m$, 其中 $\boldsymbol{y} = \boldsymbol{A}\boldsymbol{x}_o$, 我们的目标是恢复 $\boldsymbol{x}_o$. 如果我们知道 $\boldsymbol{x}_o$ 是稀疏的, 那么通过选择满足方程 $\boldsymbol{y} = \boldsymbol{A}\boldsymbol{x}$ 的最稀疏向量 $\boldsymbol{x}$ 来构成一个估计 $\hat{\boldsymbol{x}}$ 似乎是合理的. 也就是说, 我们选择可以生成观测结果的最稀疏的 $\boldsymbol{x}$. 这可以写成一个优化问题:

$$\begin{aligned} \min \quad & \|\boldsymbol{x}\|_0 \\ \text{s.t.} \quad & \boldsymbol{A}\boldsymbol{x} = \boldsymbol{y}. \end{aligned} \tag{2.2.9}$$

我们如何用数值方法来求解这个问题呢? 我们先定义

$$\operatorname{supp}(\boldsymbol{x}) = \{i \mid \boldsymbol{x}(i) \neq 0\} \subset \{1, \cdots, n\} \tag{2.2.10}$$

为向量 $\boldsymbol{x}$ 的*支撑*——这个集合包含非零元素的索引. ℓ^0 最小化问题(2.2.9)要求我们寻找与观测值 $\boldsymbol{y}$ 一致的 (即满足 $\boldsymbol{A}\boldsymbol{x} = \boldsymbol{y}$) 具有最小支撑的向量 $\boldsymbol{x}$. 寻找这样一个 $\boldsymbol{x}$ 的一种方法是简单地尝试每个可能的索引子集 $I \subseteq \{1, \cdots, n\}$ 作为候选支撑. 对于每个这样的集合 I, 我们可以形成一个方程组

$$\boldsymbol{A}_I \boldsymbol{x}_I = \boldsymbol{y}, \tag{2.2.11}$$

其中 $\boldsymbol{A}_I \in \mathbb{R}^{m \times |I|}$ 是只保留那些由 I 索引的 $\boldsymbol{A}$ 的列向量所构成的列子矩阵, 对于 $\boldsymbol{x}_I \in \mathbb{R}^{|I|}$ 也是类似的. 我们可以尝试求解式(2.2.11)得到 $\boldsymbol{x}_I$. 如果存在这样的 $\boldsymbol{x}_I$, 我们可以通过将 $\boldsymbol{x}$ 的剩余元素置零来获得 $\boldsymbol{A}\boldsymbol{x} = \boldsymbol{y}$ 的解. 这个穷举搜索过程的正式描述见算法 2.1.

算法 2.1　通过穷举搜索最小化 ℓ^0

1: **输入.** 矩阵$\boldsymbol{A} \in \mathbb{R}^{m \times n}$ 和向量$\boldsymbol{y} \in \mathbb{R}^m$
2: **for** $k = 0, 1, 2, \cdots, n$
3: 　**for** 每个大小为 k 的 $I \subseteq \{1, \cdots, n\}$
4: 　　**if** 方程组$\boldsymbol{A}_I \boldsymbol{z} = \boldsymbol{y}$ 有解为 $\boldsymbol{z}$
5: 　　　令 $\boldsymbol{x}_I = \boldsymbol{z}$, $\boldsymbol{x}_{I^c} = \boldsymbol{0}$
6: 　　　**return** $\boldsymbol{x}$
7: 　　**end if**
8: 　**end for**
9: **end for**

例2.1　让我们使用本书网站上的程序代码 `Chapter_2_L0_recovery.m` 以及 `Chapter_2_L0_transition.m` 来测试算法的数值实验结果. 这些示例生成随机欠定线性方程组 $\boldsymbol{y} = \boldsymbol{A}\boldsymbol{x}$, 其中 $\boldsymbol{y} = \boldsymbol{A}\boldsymbol{x}_o$, 而 $\boldsymbol{x}_o$ 是稀疏的. 算法 2.1 (`minimize_L0.m`) 被用来恢复向量 $\hat{\boldsymbol{x}}$, 并在机器精度的意义下检查 $\hat{\boldsymbol{x}}$ 是否等于 $\boldsymbol{x}_o$. 我们固定方程组参数的大小 (m, n), 只改变稀疏度 $k = 0, 1, \cdots$, 并进行多次随机试验之后得到图 2.7. 实验结果表明, 只要 k 不太大, 该算法几乎总是成功的.

这种现象有什么数学解释吗? 要理解 ℓ^0 最小化成功的原因, 首先值得考虑的是它何时会失败. 假设存在一个非零的 k-稀疏向量 $\boldsymbol{x}_o \in \operatorname{null}(\boldsymbol{A})$, 那么

$$\boldsymbol{A}\boldsymbol{x}_o \;=\; \boldsymbol{0} \;=\; \boldsymbol{A}\boldsymbol{0}. \tag{2.2.12}$$

因此, 对于这个 $\boldsymbol{x}_o \neq \boldsymbol{0}$, 在求解 $\boldsymbol{y} = \boldsymbol{A}\boldsymbol{x}_o = \boldsymbol{0}$ 时, ℓ^0 最小化结果只是 $\hat{\boldsymbol{x}} = \boldsymbol{0}$, 而真正的 $\boldsymbol{x}_o$ 不会被恢复出来. 简而言之, 如果 $\boldsymbol{A}$ 的零空间包含稀疏向量 (除了 $\boldsymbol{0}$ 外), 那么 ℓ^0 最小化可能无法恢复所期望的稀疏向量 $\boldsymbol{x}_o$.

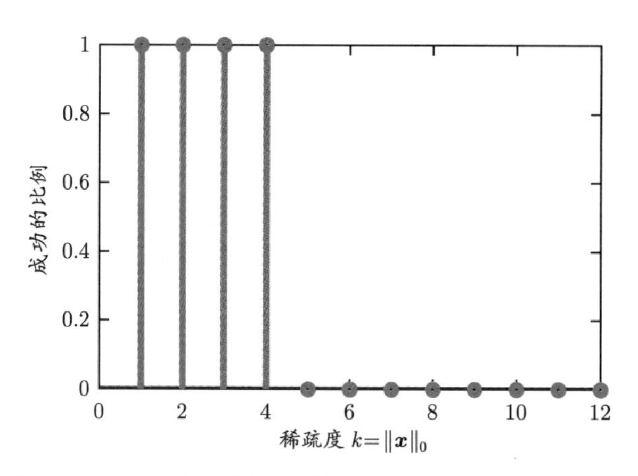

图 2.7 ℓ^0 恢复中的相变. 100 次试验中正确恢复的比例作为目标解 $\boldsymbol{x}_o$ 的稀疏度的函数. 该方程组的大小为 5×12. 在这个实验中, ℓ^0 最小化成功地恢复了所有具有 $k \leqslant 4$ 个非零元素的 $\boldsymbol{x}_o$

事实上, 相反的表述也是正确的: 当 $\boldsymbol{A}$ 的零空间不包含稀疏向量时 (除了 $\mathbf{0}$ 外), ℓ^0 最小化可以恢复任何足够稀疏的向量 $\boldsymbol{x}_o$. 为了简单地陈述论点, 让我们假设 $\|\boldsymbol{x}_o\|_0 \leqslant k$, 并假定:

($\star$) 唯一使得 $\|\boldsymbol{\delta}\|_0 \leqslant 2k$ 的 $\boldsymbol{\delta} \in \operatorname{null}(\boldsymbol{A})$ 是 $\boldsymbol{\delta} = \mathbf{0}$.

令 $\hat{\boldsymbol{x}}$ 表示 ℓ^0 最小化问题的解, 那么 $\|\hat{\boldsymbol{x}}\|_0 \leqslant \|\boldsymbol{x}_o\|_0 \leqslant k$. 如果我们定义估计误差

$$\boldsymbol{\delta} = \hat{\boldsymbol{x}} - \boldsymbol{x}_o, \tag{2.2.13}$$

那么

$$\|\boldsymbol{\delta}\|_0 = \|\hat{\boldsymbol{x}} - \boldsymbol{x}_o\|_0 \leqslant \|\hat{\boldsymbol{x}}\|_0 + \|\boldsymbol{x}_o\|_0 \leqslant 2k. \tag{2.2.14}$$

因此, $\boldsymbol{\delta}$ 是一个稀疏向量. 并且,

$$\boldsymbol{A}\boldsymbol{\delta} = \boldsymbol{A}(\hat{\boldsymbol{x}} - \boldsymbol{x}_o) = \boldsymbol{A}\hat{\boldsymbol{x}} - \boldsymbol{A}\boldsymbol{x}_o = \boldsymbol{y} - \boldsymbol{y} = \mathbf{0}. \tag{2.2.15}$$

所以, $\boldsymbol{\delta}$ 是一个在 $\boldsymbol{A}$ 的零空间中的稀疏向量. 性质 ($\star$) 表示 null($\boldsymbol{A}$) 中唯一的稀疏向量是 $\mathbf{0}$. 因此, 如果 ($\star$) 成立, 那么 $\boldsymbol{\delta} = \mathbf{0}$, 从而 $\hat{\boldsymbol{x}} = \boldsymbol{x}_o$. 此时, ℓ^0 最小化的确可以恢复 $\boldsymbol{x}_o$.

性质 ($\star$) 是矩阵 $\boldsymbol{A}$ 的性质. 上述推理表明这样一个信息: 能够用于恢复稀疏向量 $\boldsymbol{x}_o$ 的“好”的矩阵 $\boldsymbol{A}$, 是其零空间中没有稀疏向量的矩阵 $\boldsymbol{A}$. 因此, 我们可以从 $\boldsymbol{A}$ 的列向量的角度更简便地重新描述 ($\star$): 当且仅当 $\boldsymbol{A}$ 中任意 $2k$ 列所构成的向量组线性独立时, 性质 ($\star$) 成立.

定义 2.2 (Kruskal 秩 [Kruskal, 1977]) 矩阵 $\boldsymbol{A}$ 的 Kruskal 秩, 写为 krank($\boldsymbol{A}$), 是使得 $\boldsymbol{A}$ 的任意 r 列子集线性独立的最大 r.

根据上述推理, 如果 $\|\boldsymbol{x}_o\|_0$ 最多是 krank($\boldsymbol{A}$) 的一半, 那么 ℓ^0 最小化能够恢复 $\boldsymbol{x}_o$.

定理 2.1 (ℓ^0 恢复) 假设 $\boldsymbol{y}=\boldsymbol{A}\boldsymbol{x}_o$, 其中

$$\|\boldsymbol{x}_o\|_0 \leqslant \frac{1}{2}\operatorname{krank}(\boldsymbol{A}). \tag{2.2.16}$$

那么, $\boldsymbol{x}_o$ 是 ℓ^0 最小化问题

$$\begin{aligned} \min \quad & \|\boldsymbol{x}\|_0 \\ \text{s.t.} \quad & \boldsymbol{A}\boldsymbol{x}=\boldsymbol{y} \end{aligned} \tag{2.2.17}$$

的唯一最优解.

请注意, 定理 2.1 与图 2.7 中的结果一致㊀. 定理 2.1 预测, 只要 $\boldsymbol{x}_o$ 足够稀疏, 它就能够通过 ℓ^0 最小化成功恢复. 可行的稀疏度大小取决于矩阵 $\boldsymbol{A}$ 的 Kruskal 秩. 不难看出, 我们有

$$0 \leqslant \operatorname{krank}(\boldsymbol{A}) \leqslant \operatorname{rank}(\boldsymbol{A}). \tag{2.2.18}$$

对于 "一般的" 矩阵 $\boldsymbol{A}$, Kruskal 秩相当大.

命题 2.1 令 $\boldsymbol{A}\in\mathbb{R}^{m\times n}$, $n\geqslant m$, 其中 A_{ij} 是独立同高斯分布 $\mathcal{N}(0,1)$ 的随机变量. 那么以概率 1, 有 $\operatorname{krank}(\boldsymbol{A})=m$.

证明. 习题 2.7 可以引导感兴趣的读者完成证明. □

根据直觉, 要使 $\operatorname{krank}(\boldsymbol{A})<m$, 必须存在 $\boldsymbol{A}$ 的一些 m 列子集是线性相关的, 即存在一些子集 $\boldsymbol{a}_{i_1},\boldsymbol{a}_{i_2},\cdots,\boldsymbol{a}_{i_m}$ 位于维度为 $m-1$ 的线性子空间上. 对于高斯随机矩阵 $\boldsymbol{A}$, 发生这种情况的概率为零. 许多其他随机矩阵也是如此㊁. 我们可以将其解释为, 在一般情况下, 知道目标 $\boldsymbol{x}_o$ 稀疏会将不适定问题转化为良定问题. 这个 ℓ^0 最小化问题所恢复的向量 $\boldsymbol{x}_o$ 的非零元素个数可以与 $m/2$ 一样大. 这种稀疏程度远远超出了大多数应用所需的范围.

2.2.4 ℓ^0 最小化的计算复杂度

上一节中的理论结果显示了稀疏性的力量: 知道目标解 $\boldsymbol{x}_o$ 是稀疏的 (甚至不用非常稀疏), 就可以使恢复 $\boldsymbol{x}_o$ 的问题变成良定的. 不幸的是, 算法 2.1在实践中并不是很有用. 它在最坏情况下的运行时间大约为 $O(n^k)$, 其中 $k=\|\boldsymbol{x}_o\|_0$ 是我们所希望恢复的非零元素的个数. 例如, 在编写本书时, 要在标准笔记本电脑上解决一个 $m=50$, $n=200$ 和 $k=10$ 的问题, 算法 2.1需要大约 140 个世纪. 然而, 按照目前大多数应用场景的标准, 这还算是一个规模非常小的问题!

穷举搜索所有可能的支撑 I 似乎不是解决 ℓ^0 最小化问题(2.2.9)的一种特别聪明的策略. 然而, 目前还没有明显更好的算法可以高效地解决这类问题. 这是因为我们不够聪明,

---

㊀ 实际上, 图 2.7 中的结果略好于定理 2.1 的预测结果——$\boldsymbol{A}$ 的 Kruskal 秩以概率 1 为 m, 因此定理表明, 当 $k\leqslant m/2=2$ 时, ℓ^0 最小化能够成功. 然而, 在实验中, 当 $k\leqslant 4$ 时算法总能够成功恢复. 习题 2.8 要求你通过证明定理 2.1 的变体来解释这种差异.

㊁ 例如, 当 $\boldsymbol{A}$ 服从任何绝对连续的概率分布时, $\operatorname{krank}(\boldsymbol{A})=m$ 的概率逼近 1.

还没有找到正确 (高效) 的算法呢? 或者是这类问题的本质导致根本不存在高效的算法呢? 为了更严谨地回答这个问题, 我们需要借用复杂度理论的一些工具和结果.

复杂度分类和 NP 困难

如果你没有关于复杂度理论的任何背景知识, 你可以简单地考虑如下情况. 问题类 P 由可以在问题规模的多项式时间内找到正确解的问题组成. 而问题类 NP 由另一些问题组成, 如果给我们一个描述最优解的 "*证明*", 我们可以在多项式时间内检查一个解是否正确. 也就是说, 对 P 包含的问题*找到*正确答案是 "*容易的*", 而对 NP 包含的问题验证正确答案是容易的. 任何曾经为解一个问题而挣扎好几天, 而在同事或老师指出正确答案后发现如此简单的人, 就可以充分理解找到正确答案的难度和验证正确答案的难度之间的区别!

结果表明, 在这些 NP 困难问题中, 存在一些 "NP *完全* (complete)" 问题, 其中*每一个* NP 问题都可以在多项式时间内化归成另一个 NP 完全问题. 因此, 有效地解决这些问题中的一个将使你能够有效地解决 NP 完全中的所有问题! 值得注意的是, 这类问题确实存在, 而且规模相当大, 包括一些著名的例子, 比如旅行商问题和多路割 (multiway cut) 问题.

为了理解我们称一个问题为 "NP *困难*" 的含义, 我们必须理解关于上述 P 和 NP 定义的一个技术性细节: 它们只涉及*决策*问题, 也就是其目标只是产生一个是或否的答案. 例如, 旅行商问题的决策版本会关心: 当 "*旅行距离不超过 $d_\star$ 时, 是否可以访问给定图 (城市) 中的所有节点?*", ℓ^0 问题的决策问题版本会问: "*方程组 $\boldsymbol{y} = \boldsymbol{A}\boldsymbol{x}$ 是否存在最多包含 k 个非零元素的解?*"

而在实际中, 我们通常更关心*优化问题*而不是*决策问题*——我们不仅想知道解决方案是否存在, 还想知道找到它的求解方法! 严格地说, 优化问题不是 "NP *完全*" 所涵盖的——在其正式定义中, 我们只考虑决策问题. 然而, 如果一个优化问题的有效解决方案可以用来有效解决或者验证 NP 完全问题, 我们可以称之为NP *困难*. 例如, 旅行商问题的优化问题版本可以要求: "*找到经过给定图中所有节点的最短路径*". 如果可以有效地解决这个优化问题, 那么显然也可以有效地解决对应的决策问题, 只需检查找到的最优路径的长度是否至多为 $d_\star$.

NP 完全问题被认为不太可能被有效解决——所谓有效解决是指在标准 (模型) 计算机上, 解决问题的时间正比于问题规模的多项式阶数[㊀]. 这类问题包括众所周知的困难例子, 例如旅行商问题. 充分理解复杂度理论的数学内容需要对计算进行形式化建模 (图灵机、对于不同类型问题的复杂度理论等), 这已经超出了本书的范围. 感兴趣的读者可以参考 [Garey et al., 1990] 一书以深入了解这一重要领域.

ℓ^0 最小化的 NP 困难度

在这里, 我们感兴趣的是 ℓ^0 最小化问题(2.2.9)是否 (在复杂度上) 等价于某些已知的 NP 困难问题. 事实上, 我们可以证明如下定理.

㊀ 这被称为 "P vs. NP" 问题, 是数学和理论计算中最著名的未知问题之一. Clay 数学研究所向任何能够提供 $P = NP$ 或者$P \neq NP$ 严格证明的人提供 100 万美元的奖励.

定理 2.2 (ℓ^0 最小化的复杂度) ℓ^0 最小化问题(2.2.9)是 NP 困难的.

证明. 证明一个问题类的复杂度通常需要通过把它化归为一类复杂度已知的问题来实现. 如果我们能够有效地解决所感兴趣的这一类问题, 那么将使我们也能够有效地解决其他一些已知求解很困难的问题. 对于 ℓ^0 最小化问题, 我们通过揭示 ℓ^0 最小化可以用于解决某些 (已知求解很困难的) 集合覆盖问题来实现这一点.

考虑以下问题:

> 精确 3-集覆盖 (E3C). 给定一个集合 $\mathsf{S} = \{1, \cdots, m\}$ 和一组子集 $\mathcal{C} = \{\mathsf{U}_1, \cdots, \mathsf{U}_n\}$, 其中 $\mathsf{U}_j \subseteq \mathsf{S}$, 每一个子集 U_j 的大小都为 $|\mathsf{U}_j| = 3$, 那么是否存在一组子集 $\mathcal{C}' \subseteq \mathcal{C}$ 能够正好覆盖 S 呢? 所谓 "正好覆盖S" 是指 $\forall i \in \mathsf{S}$, 只有一个 $\mathsf{U}_j \in \mathcal{C}'$, 且 $i \in \mathsf{U}_j$.

已知该问题是 NP 完全问题 [Garey et al., 1979; Karp, 1972]. 为了将其化归到 ℓ^0 最小化, 假设我们得到了一个 E3C 实例, 即构造一个 $m \times n$ 的矩阵 $\boldsymbol{A} \in \{0,1\}^{m \times n}$, 如果 $i \in \mathsf{U}_j$, 那么 $A_{ij} = 1$, 否则 $A_{ij} = 0$. 令 $\boldsymbol{y} = \mathbf{1} \in \mathbb{R}^m$(即所有分量均由 1 构成的 m 维向量). 图 2.8 展示了这种结构. 我们证明如下论断.

> 论断: 方程组 $\boldsymbol{Ax} = \boldsymbol{y}$ 存在一个解 $\boldsymbol{x}_o$, 其中 $\|\boldsymbol{x}_o\|_0 \leqslant m/3$, 当且仅当存在精确 3-集覆盖.

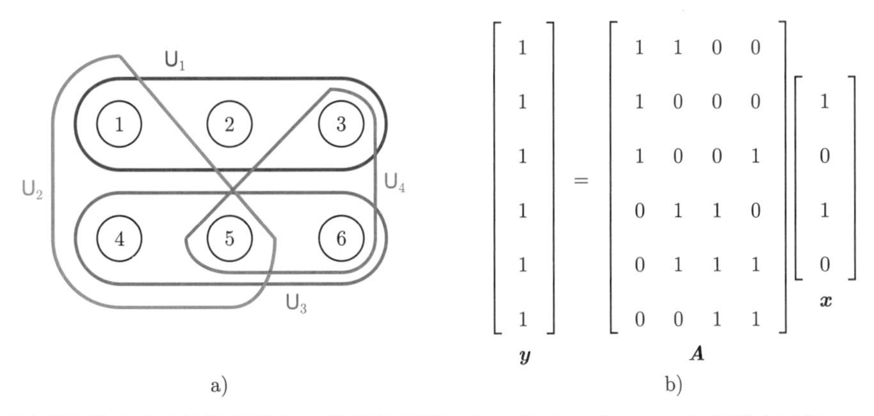

$$\begin{bmatrix}1\\1\\1\\1\\1\\1\end{bmatrix} = \begin{bmatrix}1&1&0&0\\1&0&0&0\\1&0&0&1\\0&1&1&0\\0&1&1&1\\0&0&1&1\end{bmatrix}\begin{bmatrix}1\\0\\1\\0\end{bmatrix}$$

图 2.8 可以看作稀疏表示问题的精确 3-集覆盖问题. a) 全集 $\mathsf{S} = \{1, \cdots, 6\}$ 和四个子集 $\mathsf{U}_1, \cdots, \mathsf{U}_4 \subseteq \mathsf{S}$. $\{\mathsf{U}_1, \mathsf{U}_3\}$ 是一个精确 3-集覆盖. b) 相同的问题当作线性方程组来看. $\boldsymbol{A}$ 的列对应于集合 $\mathsf{U}_1, \mathsf{U}_2, \mathsf{U}_3, \mathsf{U}_4$. 精确 3-集覆盖 $\{\mathsf{U}_1, \mathsf{U}_3\}$ 对应于方程组 $\boldsymbol{Ax} = \boldsymbol{y}$ 只有 $m/3 = 2$ 个非零元素的解 $\boldsymbol{x}$

($\Leftarrow$) 假设存在一个精确 3-集覆盖 $\mathcal{C}'$. 显然, $|\mathcal{C}'| = m/3$. 令

$$x_j = \begin{cases} 1 & \mathsf{U}_j \in \mathcal{C}' \\ 0 & \text{其他}, \end{cases}$$

那么 $\|\boldsymbol{x}\|_0 = m/3$, 且 $\boldsymbol{y} = \boldsymbol{Ax}$.

$(\Rightarrow)$ 令 $\boldsymbol{x}_o$ 为 $\boldsymbol{y}=\boldsymbol{A}\boldsymbol{x}$ 的最多有 $m/3$ 个非零元素的解. 令 $\mathcal{C}'=\{\mathsf{U}_j \mid \boldsymbol{x}_o(j)\neq 0\}$. 我们称 $\mathcal{C}'$ 为所需的覆盖. 设 $I=\operatorname{supp}(\boldsymbol{x}_o)$, 由于 $\boldsymbol{A}$ 的每列正好有 3 个非零元素, 而 $\boldsymbol{A}_I$ 最多有 $m/3$ 列, 因此矩阵 $\boldsymbol{A}_I$ 最多有 m 个非零元素. 由于 $\boldsymbol{A}_I\boldsymbol{x}_{oI}=\boldsymbol{y}$, 所以 $\boldsymbol{A}_I$ 的每一行至少有一个非零元素. 因此, $\boldsymbol{A}_I$ 每行恰好有一个非零元素, 集合 $\mathcal{C}'$ 给出了一个精确覆盖. □

事实上, 真实情况甚至比定理 2.2 里的情况更糟糕: 即使我们只要求 $\boldsymbol{A}\boldsymbol{x}\approx\boldsymbol{y}$, ℓ^0 最小化问题仍然是 NP 困难的. 要找到一个非零元素个数在尽可能小的常数因子范围内的解 (即 $\|\boldsymbol{x}\|_0\leqslant c\|\boldsymbol{x}_o\|_0$) 也是 NP 困难的! 请参阅 2.5 节注记部分的更多讨论. 根据我们目前对复杂度理论的理解, 任何人都极不可能找到一种有效的算法, 来求解对于所有可能输入 $(\boldsymbol{A},\boldsymbol{y})$ 的 ℓ^0 最小化问题及其变体.

2.3 对稀疏恢复问题进行松弛

对于 ℓ^0 最小化问题, 目前从理论上看来情况是相当黯淡的, 但这并没有阻止工程师们寻找有效的启发式方法来找到线性方程组的稀疏解㊀. 因此, 应该还有一些乐观的可能性:

> “虽然最坏的稀疏恢复问题可能无法有效解决, 但也许我们感兴趣的特定实例 (或者一小类实例) 并没有那么困难.”

这种乐观有时会以相当惊人的方式得到回报. 在接下来的几章中, 我们将会看到, 许多对于工程实践很重要的稀疏恢复问题是可以被有效解决的. 我们的第一步是为 ℓ^0 范数找到一个合适的替代, 这个替代仍然支持稀疏性, 但是可以被有效优化.

2.3.1 凸函数

如果我们的目标是进行有效优化, 那么自然而然会想到的一类目标函数可能就是凸函数. 光滑凸函数通常为“碗状”, 如图 2.9 a 所示. 实际上, 光滑函数 $f(x):\mathbb{R}\to\mathbb{R}$ 是凸函数的一个充要条件是它具有非负曲率, 即在每个点 x 上它的二阶导数 $\dfrac{\mathrm{d}^2 f}{\mathrm{d}x^2}(x)\geqslant 0$㊁.

迭代优化方法寻求目标函数 $f(\boldsymbol{x}):\mathbb{R}^n\to\mathbb{R}$ 的极小值点, 是从某个初始点 $\boldsymbol{x}_0$ 开始㊂, 然后根据目标函数在点 $\boldsymbol{x}_0$ 附近的局部形状生成一个新的点 $\boldsymbol{x}_1$. 对于光滑函数 $f(\boldsymbol{x})$, 其负梯度 $-\nabla f(\boldsymbol{x})$ 定义了目标函数下降最快的方向. 选择 $\boldsymbol{x}_1$ 的通常策略就是沿着这一下降方向移动, 即

$$\boldsymbol{x}_1=\boldsymbol{x}_0-t\nabla f(\boldsymbol{x}_0), \tag{2.3.1}$$

其中, $t>0$ 是步长. 继续以这种方式产生点 $\boldsymbol{x}_2,\boldsymbol{x}_3,\boldsymbol{x}_4,\cdots$, 我们就得到了*梯度下降方法*㊃. 这是用于最小化光滑函数 $f(\boldsymbol{x})$ 的一种自然而直观的算法. 对于图 2.9 a 中的函数 f, 假设

㊀ 正如它没有阻止大自然学习和利用稀疏编码.

㊁ 对于多变量函数 $f(\boldsymbol{x}):\mathbb{R}^n\to\mathbb{R}$, 我们需要 Hessian 矩阵是半正定的: $\nabla^2 f(\boldsymbol{x})\succeq\mathbf{0}$.

㊂ 在本书中, 我们将使用 $\boldsymbol{x}_0$ 表示迭代算法的初始点, 使其不会与所需的真实值 $\boldsymbol{x}_o$ 相混淆.

㊃ 梯度下降, 也被称为最速下降, 由 Cauchy 于 1847 年 [Cauchy, 1847] 首次提出. 附录 C 给出了优化算法的更详细说明, 包括梯度下降.

我们适当地选择步长 t, 那么迭代 $\boldsymbol{x}_0, \boldsymbol{x}_1, \cdots$ 将收敛到全局极小值点 $\boldsymbol{x}_\star$. 对于图 2.9b 的非凸函数, 上述策略只能收敛到局部极小值点[㊀].

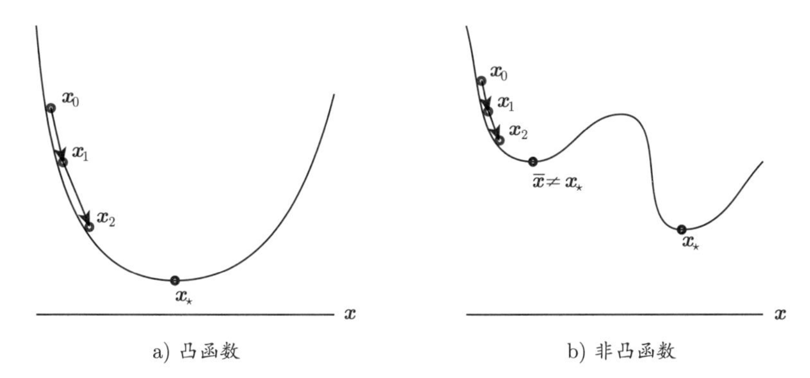

a) 凸函数　　b) 非凸函数

图 2.9　凸函数和非凸函数. a) 凸函数. 梯度下降之类的局部下降方法, 通过产生一系列点 $\boldsymbol{x}_0, \boldsymbol{x}_1, \cdots$ 逐渐逼近全局最小值点 $\boldsymbol{x}_\star$. b) 非凸函数. 对于这个特定的函数, 根据初始点 $\boldsymbol{x}_0$, 局部下降法可能会产生次优的局部最小值点 $\bar{\boldsymbol{x}}$. 由于凸优化的优良性质, 在本书的第一部分, 我们寻求用于恢复稀疏 (和其他结构化) 信号的凸优化表述

凸函数 (例如图 2.9 a 所示) 具有每个局部极小值点都是全局极小值点的性质[㊁]. 此外, 实践中出现的许多凸函数可以使用梯度下降的变体进行有效优化. 实际上, 在第 8 章中, 我们将看到在计算稀疏信号 (及其推广) 时遇到的特定凸函数可以被有效优化, 即使是在大规模和高维的情况下.

我们在附录 C 中更正式地回顾了凸函数的性质. 在这里, 我们简要提醒读者凸函数的一般定义[㊂].

定义 2.3 ($\mathbb{R}^n$ 上的凸函数)　连续函数 $f: \mathbb{R}^n \to \mathbb{R}$ 是凸的, 如果对于每一对点 $\boldsymbol{x}, \boldsymbol{x}' \in \mathbb{R}^n$ 以及 $\alpha \in [0,1]$ 满足

$$f\Big(\alpha \boldsymbol{x} + (1-\alpha)\boldsymbol{x}'\Big) \leqslant \alpha f(\boldsymbol{x}) + (1-\alpha) f(\boldsymbol{x}'). \tag{2.3.2}$$

对于这个不等式我们可以给出如下可视化. 考虑函数 f 图象上的两个点 $(\boldsymbol{x}, f(\boldsymbol{x}))$ 和 $(\boldsymbol{x}', f(\boldsymbol{x}'))$. 如果我们连接这两个点, 那么该线段位于 f 的图象上方. 图 2.10 用一个例子展示了这个不等式.

㊀ 关于收敛性和复杂度的更精确条件, 对于凸问题和非凸问题, 将分别在第 8 章和第 9 章中给出.

㊁ 值得注意的是, 对于许多将在稍后讨论的问题 (例如 MRI、频谱感知、面部识别), 解的全局最优性和正确性非常重要——我们需要恢复*真实*的信号, 构建能够可靠地做到这一点的算法是非常重要的. 在我们的 ℓ^0 最小化模拟示例中, 我们称解 $\hat{\boldsymbol{x}}$ 正确, 因为它与生成观测 $\boldsymbol{y}$ 的真实 $\boldsymbol{x}_o$ 一致. 这与其他一些优化的应用 (例如, 在金融领域) 形成对比, 其中目标函数衡量的是解的优劣 (例如投资的预期回报率, 对应于赚取/损失的美元), 那么找到更好一些的局部最优解也是有意义的, 甚至是可取的!

㊂ 从表面上看, 这个定义似乎比简单地要求二阶导数非负要复杂得多. 原因是我们需要处理不光滑的凸函数. 定义 2.3中给出的一般条件也可以处理这种不光滑情况.

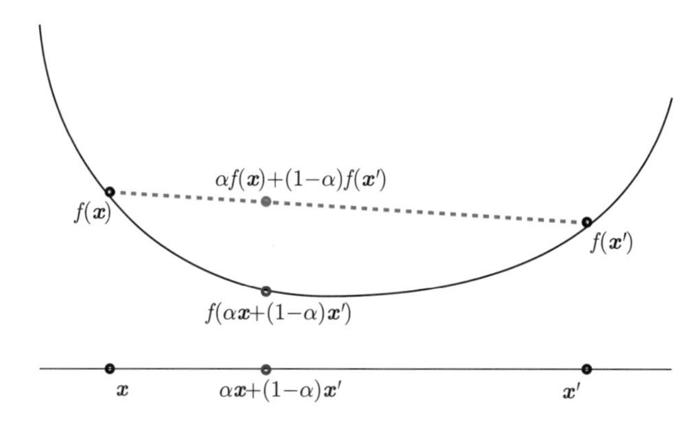

图 2.10　凸性的定义. 凸函数 $f:\mathbb{R}^n\to\mathbb{R}$ 是对于所有 $\alpha\in[0,1]$ 和 $\boldsymbol{x},\boldsymbol{x}'\in\mathbb{R}^n$ 都满足不等式 $f(\alpha\boldsymbol{x}+(1-\alpha)\boldsymbol{x}')\leqslant\alpha f(\boldsymbol{x})+(1-\alpha)f(\boldsymbol{x}')$ 的函数. 在几何上, 这意味着如果我们在 f 的图象上取两个点 $(\boldsymbol{x},f(\boldsymbol{x}))$ 和 $(\boldsymbol{x}',f(\boldsymbol{x}'))$, 然后画一条线段连接它们, 那么函数的图象落在这条线段下方

考虑一组点 $\boldsymbol{x}_1,\cdots,\boldsymbol{x}_k$, 其凸组合是形如 $\sum_{i=1}^k\lambda_i\boldsymbol{x}_i$ 的表达式, 其中组合系数 $\lambda_i\geqslant 0$ 且 $\sum_{i=1}^k\lambda_i=1$. 例如, 对于 $\alpha\in[0,1]$, 表达式 $\boldsymbol{z}=\alpha\boldsymbol{x}+(1-\alpha)\boldsymbol{x}'$ 是点 $\boldsymbol{x}$ 和 $\boldsymbol{x}'$ 的凸组合. 定义(2.3.2)表明在点 $\boldsymbol{z}$ 处, 函数 f 的值不大于点 $\boldsymbol{x}$ 和 $\boldsymbol{x}'$ 的函数值的凸组合 $\alpha f(\boldsymbol{x})+(1-\alpha)f(\boldsymbol{x}')$.

凸函数的这一性质可以继续推广并给出重要的 Jensen 不等式, 它表明凸函数 f 在点的凸组合处的值不大于其函数值的相应凸组合.

命题 2.2 (Jensen 不等式)　令 $f:\mathbb{R}^n\to\mathbb{R}$ 为一个凸函数. 对于任意 k、任意一组点 $\boldsymbol{x}_1,\cdots,\boldsymbol{x}_k\in\mathbb{R}^n$ 以及任意满足 $\sum_{i=1}^k\lambda_i=1$ 的非负标量 $\lambda_1,\cdots,\lambda_k$, 我们有:

$$f\left(\sum_{i=1}^k\lambda_i\boldsymbol{x}_i\right)\leqslant\sum_{i=1}^k\lambda_i f\left(\boldsymbol{x}_i\right).\tag{2.3.3}$$

2.3.2　ℓ^0 范数的凸替代: ℓ^1 范数

考虑到凸函数的良好性质, 让我们尝试为 ℓ^0 范数找到一个凸的“替代”. 在一维情况下, x 是标量, $\|x\|_0=\mathbb{1}_{x\neq 0}$ 只是非零 x 的一个指示函数. 从图 2.11 可以清楚地看出, 如果我们将注意力限制在区间 $x\in[-1,1]$, 那么在这个区间上不超过 $\|\cdot\|_0$ 的最大凸函数就是绝对值 $|x|$. 使用凸分析的语言来说, $|x|$ 是集合 $[-1,1]$ 上函数 $\|x\|_0$ 的凸包络 (convex envelope). 这意味着 $|x|$ 是对于每个 $x\in[-1,1]$ 都满足 $f(x)\leqslant\|x\|_0$ 的最大凸函数 f, 即它是该集合上 $\|x\|_0$ 的最大的凸下界估计. 因此, 在一维情况下, 我们可以将 x 的绝对值视为 $\|x\|_0$ 的似乎合理的替代.

对于高维情况 (即 $\boldsymbol{x}\in\mathbb{R}^n$), $\boldsymbol{x}$ 的 ℓ^0 范数被定义为[㊀]

$$\|\boldsymbol{x}\|_0=\sum_{i=1}^n\mathbb{1}_{\boldsymbol{x}(i)\neq 0}.\tag{2.3.4}$$

㊀ 在本书中, 我们使用 $\boldsymbol{x}(i)$ 表示向量 $\boldsymbol{x}$ 的第 i 个元素. 此外, 我们经常使用缩写 $x_i=\boldsymbol{x}(i)\in\mathbb{R}$.

将上述推理应用于 $\boldsymbol{x}$ 的每个分量 $\boldsymbol{x}(i)$, 那么我们得到 $\boldsymbol{x}$ 的 ℓ^1 范数

$$\|\boldsymbol{x}\|_1 = \sum_{i=1}^{n} |\boldsymbol{x}(i)|. \tag{2.3.5}$$

与标量情况一样, 在一组合适的向量 $\boldsymbol{x}$ 上, 函数 $\|\cdot\|_1$ 是 $\|\cdot\|_0$ 的最紧凸下界估计.

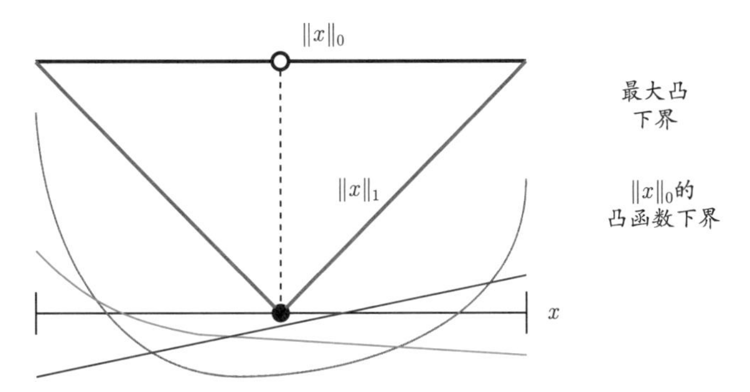

图 2.11　ℓ^0 范数的凸替代. 黑色线条是我们绘制的标量 x 的 ℓ^0 范数在区间 $x \in [-1,1]$ 上的图象. 这个函数在 $x = 0$ 处取值为 0, 在其他任何地方取值为 +1. 紫色、绿色和蓝色线条是我们绘制的在 $[-1,1]$ 上 $\|x\|_0$ 各种下界估计的凸函数示例 $f(x)$, 它们都满足对于所有 $x \in [-1,1]$, $f(x) \leqslant \|x\|_0$. 红色线条是我们绘制的函数 $f(x) = |x|$. 这是在 $[-1,1]$ 上给出 $\|x\|_0$ 的下界估计的最大凸函数. 我们将 $|x|$ 称为 $[-1,1]$ 上 $\|x\|_0$ 的凸包络

定理 2.3　对于元素最大为 1 的向量集合 $\mathsf{B}_\infty = \{\boldsymbol{x} \mid \|\boldsymbol{x}\|_\infty \leqslant 1\}$, 函数 $\|\cdot\|_1$ 是 $\|\cdot\|_0$ 的凸包络.

证明. 令 f 为在 B_∞ 上满足 $f(\cdot) \leqslant \|\cdot\|_0$ 的凸函数. 我们要证明在 B_∞ 上 $f(\cdot) \leqslant \|\cdot\|_1$ 也成立. 考虑超立方体 $\mathsf{C} = [0,1]^n$. 它的顶点是向量 $\boldsymbol{\sigma} \in \{0,1\}^n$. 任何 $\boldsymbol{x} \in \mathsf{C}$ 都可以写成这些顶点的凸组合:

$$\boldsymbol{x} = \sum_i \lambda_i \boldsymbol{\sigma}_i. \tag{2.3.6}$$

因为 $f(\cdot) \leqslant \|\cdot\|_0$, 所以 $f(\boldsymbol{\sigma}_i) \leqslant \|\boldsymbol{\sigma}_i\|_0 = \|\boldsymbol{\sigma}_i\|_1$. 由于 f 是凸的, 我们有

$$\begin{aligned} f(\boldsymbol{x}) = f\left(\sum\nolimits_i \lambda_i \boldsymbol{\sigma}_i\right) &\leqslant \sum_i \lambda_i f(\boldsymbol{\sigma}_i) && [\text{Jensen 不等式}] \\ \leqslant \sum_i \lambda_i \|\boldsymbol{\sigma}_i\|_0 &= \sum_i \lambda_i \|\boldsymbol{\sigma}_i\|_1 && [\boldsymbol{\sigma}_i \text{ 是二值的}] \\ = \|\boldsymbol{x}\|_1 . \end{aligned} \tag{2.3.7}$$

因此, 在 B_∞ 与非负象限的交点上 $f(\cdot) \leqslant \|\cdot\|_1$. 对每个象限重复这一论证, 我们得到在 B_∞ 上 $f(\cdot) \leqslant \|\cdot\|_1$, 因此 $\|\cdot\|_1$ 是 $\|\cdot\|_0$ 在 B_∞ 上的凸包络. □

因此, 至少在凸包络的意义上, ℓ^1 范数可以很好地代替 ℓ^0 范数. 将式(2.2.9)中的 ℓ^0 范数替换为 ℓ^1 范数, 我们得到一个凸的 ℓ^1 最小化问题:

$$\begin{aligned} \min \quad & \|\boldsymbol{x}\|_1 \\ \text{s.t.} \quad & \boldsymbol{A}\boldsymbol{x} = \boldsymbol{y}. \end{aligned} \tag{2.3.8}$$

与 ℓ^0 问题相反, 这个问题不是 NP 困难的, 可以有效地求解.

2.3.3 ℓ^1 最小化的简单测试

定理 2.3 是考虑使用 ℓ^1 最小化(2.3.8)用于恢复稀疏解的原始动机——在某种意义上, ℓ^1 范数是 ℓ^0 范数的标准凸替代. 尽管如此, 我们还是要小心一点. 定理 2.3 根本没有说明式(2.3.8)的*正确性*, 即式(2.3.8)的解是否真的是所要求解的稀疏向量 $\boldsymbol{x}_o$.

要深入理解这个问题, 最简单的方法就是做一个实验. 为此, 我们需要通过数值计算求解问题(2.3.8), 并观察它的效果如何. 我们如何求解优化问题(2.3.8)呢? 附录 D 简单介绍了一些可以帮助我们求解此类问题的通用优化技术. 具体来说, 由于目标函数是凸函数, 图 2.12 a 中凸函数的几何形状表明, 我们仅使用有关目标函数的局部梯度信息就能够做得很好. 事实上, 如果我们的目标函数是可微的, 那么很自然地会使用经典的*梯度下降*方法来求解以下形式的问题:

$$\min \quad f(\boldsymbol{x}). \tag{2.3.9}$$

该算法从某个初始点 $\boldsymbol{x}_0$ 开始, 然后通过向 $f(\cdot)$ 下降最快方向迭代移动, 即

$$\boldsymbol{x}_{k+1} = \boldsymbol{x}_k - t_k \nabla f(\boldsymbol{x}_k), \tag{2.3.10}$$

从而产生一系列迭代点 $(\boldsymbol{x}_0, \boldsymbol{x}_1, \cdots, \boldsymbol{x}_k, \cdots)$, 其中 $t_k \geqslant 0$ 是合理选择的步长.

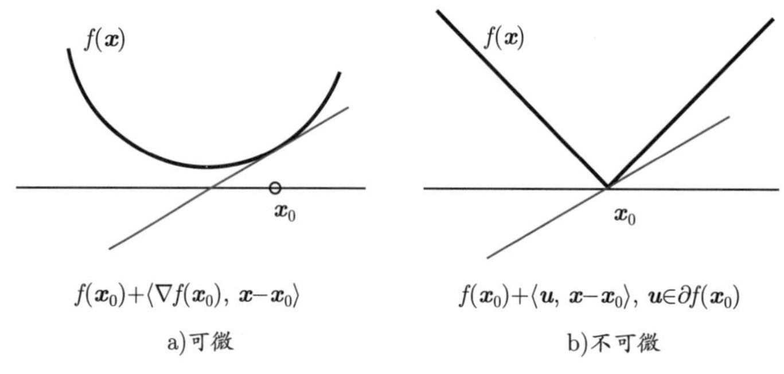

图 2.12 凸函数的次梯度. a) 对于一个可微凸函数 f, 在任何点 $\boldsymbol{x}_0$ 处的其最佳线性近似是函数 f 的全局下界. b) 对于不可微函数 f, 如果 $\boldsymbol{u}$ 定义一个在 $\boldsymbol{x}_0$ 处取值为 $f(\boldsymbol{x}_0)$ 的线性函数, 并且它构成 f 的全局下界, 那么我们称 $\boldsymbol{u}$ 是 f 在 $\boldsymbol{x}_0$ 处的次梯度, 并写作 $\boldsymbol{u} \in \partial f(\boldsymbol{x}_0)$

在这里, 阻碍我们直接将梯度下降迭代(2.3.10)应用于 ℓ^1 最小化问题(2.3.8)的主要困难有下述两个.

- 非平凡约束. 与一般无约束优化问题(2.3.9)不同, 在问题(2.3.8)中, 我们只对满足约束 $\boldsymbol{A}\boldsymbol{x} = \boldsymbol{y}$ 的 $\boldsymbol{x}$ 感兴趣.
- 目标函数不可微. 问题(2.3.8)中的目标函数是不可微的, 因此在某些点处梯度 $\nabla f(\boldsymbol{x})$ 并不存在. 图 2.12 b 展示了这一点, 即函数在 $\boldsymbol{x}_0$ 点处是尖的. 由于在 $\boldsymbol{x}_0$ 处是稀疏的, 它正是我们最感兴趣的点之一.

约束

处理第一个问题的一种方法是用投影梯度下降来代替梯度下降. 该算法针对如下形式的一般问题:

$$\begin{aligned} \min \quad & f(\boldsymbol{x}) \\ \text{s.t.} \quad & \boldsymbol{x} \in \mathsf{C}, \end{aligned} \tag{2.3.11}$$

其中 C 是某种约束集. 该算法与梯度下降法完全相同, 只是在每次迭代时, 它将结果 $\boldsymbol{x}_k - t_k \nabla f(\boldsymbol{x}_k)$ 投影到集合 C 上. 点 $\boldsymbol{z}$ 在集合 C 上的投影就是 C 中离 $\boldsymbol{z}$ 最近的点:

$$\mathcal{P}_{\mathsf{C}}[\boldsymbol{z}] = \arg\min_{\boldsymbol{x} \in \mathsf{C}} \frac{1}{2} \|\boldsymbol{z} - \boldsymbol{x}\|_2^2 \equiv h(\boldsymbol{x}). \tag{2.3.12}$$

对于一般的集合 C, 投影可能不存在, 或者可能不唯一 (请思考这在什么情况下会发生). 然而, 对于闭凸集, 投影存在且唯一, 并且具有大量良好的性质. 如果 $\boldsymbol{A}$ 是行满秩的, 那么点 $\boldsymbol{z}$ 到凸集 $\mathsf{C} = \{\boldsymbol{x} \mid \boldsymbol{A}\boldsymbol{x} = \boldsymbol{y}\}$ 上的投影具有一种特别简单的形式:

$$\mathcal{P}_{\{\boldsymbol{x} \mid \boldsymbol{A}\boldsymbol{x} = \boldsymbol{y}\}}[\boldsymbol{z}] = \boldsymbol{z} - \boldsymbol{A}^* \left(\boldsymbol{A}\boldsymbol{A}^*\right)^{-1} [\boldsymbol{A}\boldsymbol{z} - \boldsymbol{y}]. \tag{2.3.13}$$

图 2.13 把点 $\boldsymbol{z}$ 到这个特定约束集 C 的投影进行了可视化. 式(2.3.13)可以通过考虑投影 $\hat{\boldsymbol{x}} = \mathcal{P}_{\mathsf{C}}[\boldsymbol{z}]$ 的如下两个性质推导出来.

- 可行性. $\hat{\boldsymbol{x}} \in \mathsf{C}$, 即 $\boldsymbol{A}\hat{\boldsymbol{x}} = \boldsymbol{y}$.
- 残差是正交的. $\boldsymbol{z} - \hat{\boldsymbol{x}} \perp \text{null}(\boldsymbol{A})$. 由于 $\boldsymbol{z} - \hat{\boldsymbol{x}} = -\nabla h(\hat{\boldsymbol{x}})$, 这个条件可以表述为:

$$-\nabla h(\hat{\boldsymbol{x}}) \text{ 在 } \hat{\boldsymbol{x}} \text{ 处与 C 正交.}$$

习题 2.11 可以引导感兴趣的读者完成此式的推导. 对于目标函数 f 可微的一般问题(2.3.11), 投影梯度算法只是简单地重复迭代

$$\boldsymbol{x}_{k+1} = \mathcal{P}_{\mathsf{C}}\left[\boldsymbol{x}_k - t_k \nabla f(\boldsymbol{x}_k)\right]. \tag{2.3.14}$$

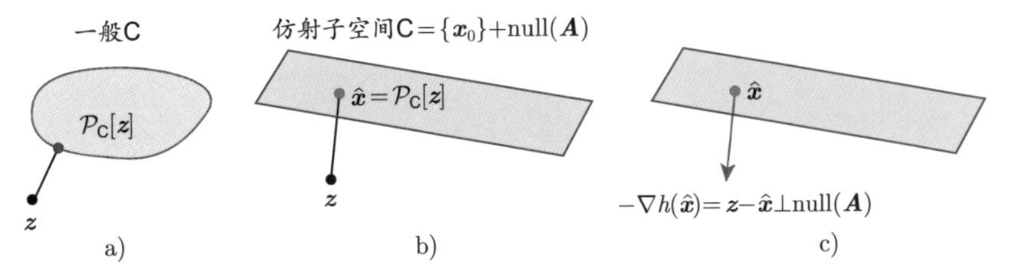

图 2.13 到凸集上的投影. a) 到一般凸集上的投影. b) 到仿射子空间上的投影. c) 到仿射子空间上的投影可以用梯度 $\nabla h(\hat{\boldsymbol{x}})$ 与 $\text{null}(\boldsymbol{A})$ 正交的点 $\hat{\boldsymbol{x}}$ 加以刻画

不可微

不可微的问题稍微复杂一些. 为了正确处理它, 我们需要将导数的概念推广到不可微的函数. 为此, 我们从几何中汲取灵感. 考虑图 2.12 a. 它展示一个凸的可微函数 $f(\boldsymbol{x})$, 以及一个在点 $\boldsymbol{x}_0$ 处的线性近似 $\hat{f}(\boldsymbol{x})$:

$$\hat{f}(\boldsymbol{x}) = f(\boldsymbol{x}_0) + \langle \nabla f(\boldsymbol{x}_0), \boldsymbol{x} - \boldsymbol{x}_0 \rangle . \tag{2.3.15}$$

这里的关注重点是函数 f 的图象完全位于其线性近似 $\hat{f}$ 的图象上方, 即

$$f(\boldsymbol{x}) \geqslant f(\boldsymbol{x}_0) + \langle \nabla f(\boldsymbol{x}_0), \boldsymbol{x} - \boldsymbol{x}_0 \rangle , \quad \forall\, \boldsymbol{x} \in \mathbb{R}^n. \tag{2.3.16}$$

只要使用微积分和凸性的定义, 我们就不难证明这个性质对于每一个凸的可微函数和每个点 $\boldsymbol{x}_0$ 都成立.

这种几何关系为推广梯度概念到非光滑函数打开了大门. 对于 $f(\boldsymbol{x}) = \|\boldsymbol{x}\|_1$ 这样的非光滑函数, 在非光滑点 $\boldsymbol{x}_0$ 的梯度是不存在的, 但是我们仍然可以为 $f(\boldsymbol{x})$ 构造一个线性的下界估计

$$\hat{f}(\boldsymbol{x}) = f(\boldsymbol{x}_0) + \langle \boldsymbol{u}, \boldsymbol{x} - \boldsymbol{x}_0 \rangle , \tag{2.3.17}$$

如图 2.12 b. 在这里, $\boldsymbol{u}$ 代替了前面表达式中的 $\nabla f(\boldsymbol{x}_0)$, 它扮演 “*斜率*” 的角色. 如果 $\boldsymbol{u}$ 所定义的线性近似确实构成 f 的下界估计, 即它在所有点 $\boldsymbol{x}$ 处都是 $f(\boldsymbol{x})$ 的下界:

$$f(\boldsymbol{x}) \geqslant f(\boldsymbol{x}_0) + \langle \boldsymbol{u}, \boldsymbol{x} - \boldsymbol{x}_0 \rangle , \quad \forall\, \boldsymbol{x}, \tag{2.3.18}$$

那么我们称 $\boldsymbol{u}$ 是 f 在点 $\boldsymbol{x}_0$ 处的*次梯度* (subgradient).

让我们考虑一下感兴趣的函数——ℓ^1 范数. 对于 $\boldsymbol{x} \in \mathbb{R}$ (即一维情况), $\|\boldsymbol{x}\|_1 = |x|$ 只是绝对值. 对于 $x < 0$, $|x|$ 函数图象的斜率为 -1, 而对于 $x > 0$, 其斜率是 $+1$. 如果我们取 $\boldsymbol{x}_0 \neq 0$, 那么满足上述定义的唯一 u 就是 $u = \mathrm{sign}(x)$.

然而, 函数 $|x|$ 在 0 处是 “尖的”(即不可微的), 所以会发生一些不同的情况: 在 $x_0 = 0$ 处, 每个 $u \in [-1, 1]$ 定义一个对函数 f 进行下界估计的线性近似. 实际上, 每个 $u \in [-1, 1]$ 都是一个次梯度. 因此, 在不可微点, f 可能存在多个次梯度. 我们称 f 在点 $\boldsymbol{x}_0$ 处的所有次梯度的集合为 f 在 $\boldsymbol{x}_0$ 处的*次微分* (subdifferential), 并用 $\partial f(\boldsymbol{x}_0)$ 来表示. 正式地, 我们给出次微分的定义如下.

定义 2.4 (次梯度和次微分) *令 $f : \mathbb{R}^n \to \mathbb{R}$ 为一个凸函数. f 在 $\boldsymbol{x}_0$ 处的一个次梯度是满足如下条件的任何 $\boldsymbol{u} \in \mathbb{R}^n$:*

$$f(\boldsymbol{x}) \geqslant f(\boldsymbol{x}_0) + \langle \boldsymbol{u}, \boldsymbol{x} - \boldsymbol{x}_0 \rangle , \quad \forall\, \boldsymbol{x}. \tag{2.3.19}$$

f 在 $\boldsymbol{x}_0$ 处的次微分是 f 在 $\boldsymbol{x}_0$ 处的所有次梯度的集合, 即

$$\partial f(\boldsymbol{x}_0) = \{\boldsymbol{u} \mid \forall\, \boldsymbol{x} \in \mathbb{R}^n,\ f(\boldsymbol{x}) \geqslant f(\boldsymbol{x}_0) + \langle \boldsymbol{u}, \boldsymbol{x} - \boldsymbol{x}_0 \rangle\} . \tag{2.3.20}$$

考虑到这些定义，我们可以想象在非光滑情况下，梯度算法的合适替代可能是次梯度方法，它（以某种方式）选择 $\boldsymbol{g}_k \in \partial f(\boldsymbol{x}_k)$，然后朝着 $-\boldsymbol{g}_k$ 的方向前进，即 $\boldsymbol{x}_{k+1} = \boldsymbol{x}_k - t_k \boldsymbol{g}_k$，其中 $t_k \geqslant 0$. 考虑到需要向可行集 C 投影，我们可以得出投影次梯度 (projected subgradient) 方法[㊀]:

$$\boldsymbol{x}_{k+1} = \mathcal{P}_{\mathsf{C}}[\boldsymbol{x}_k - t_k \boldsymbol{g}_k], \quad \boldsymbol{g}_k \in \partial f(\boldsymbol{x}_k). \tag{2.3.21}$$

为了应用投影次梯度方法，我们需要 ℓ^1 范数的次微分表达式. 图 2.14 可视化了这一点. 在一维情况中，$\|\boldsymbol{x}\|_1 = |x|$，这个函数在点 $x = 0$ 之外可微. 对于 $x > 0$，$\partial|\cdot|(x) = \{1\}$，而对于 $x < 0$，$\partial|\cdot|(x) = \{-1\}$. 在 $x = 0$ 时，$|x|$ 不可微，并且存在多个可能的线性下界. 图 2.14 可视化了其中的三个下界. 不难看出，$x = 0$ 处的下界可以有从 -1 到 1 的任何斜率，因此 $x = 0$ 处 $|x|$ 的次微分为:

$$\partial|\cdot|(x) = [-1, 1].$$

下面的引理将这一观察扩展到更高维的情况，即 $\boldsymbol{x} \in \mathbb{R}^n$.

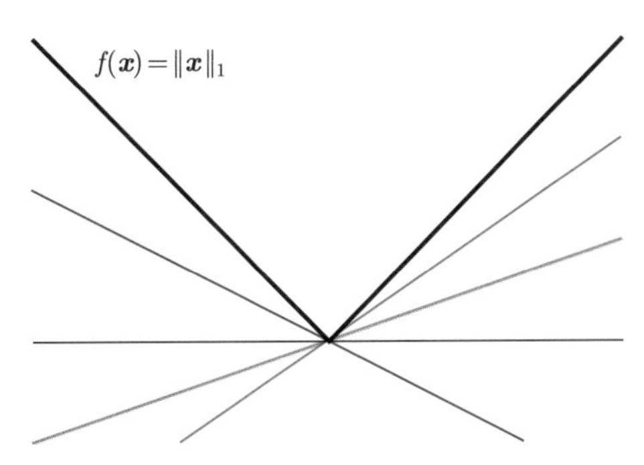

图 2.14　ℓ^1 范数的次微分. 对于黑色线条，$f(\boldsymbol{x}) = \|\boldsymbol{x}\|_1$. 对于蓝色、紫色和红色线条，它们分别是三个在 $\boldsymbol{x}_0 = \boldsymbol{0}$ 处的形式为 $g(\boldsymbol{x}) = f(\boldsymbol{x}_0) + \langle \boldsymbol{u}, \boldsymbol{x} - \boldsymbol{x}_0 \rangle$ 的线性下界，斜率分别为 $\boldsymbol{u} = -\frac{1}{2}$，$\frac{1}{3}$ 和 $\frac{2}{3}$. 注意到，任何斜率 $\boldsymbol{u} \in [-1, 1]$ 都定义了 $f(\boldsymbol{x})$ 在 $\boldsymbol{x}_0 = \boldsymbol{0}$ 处的一个线性下界，所以 $\partial|\cdot|(0) = [-1, 1]$. 对于 $\boldsymbol{x}_0 > 0$，唯一的线性下界斜率为 $\boldsymbol{u} = 1$；对于 $\boldsymbol{x}_0 < 0$，唯一的线性下界斜率为 $\boldsymbol{u} = -1$. 因此，对于 $\boldsymbol{x} < 0$，$\partial|\cdot|(\boldsymbol{x}) = \{-1\}$，而对于 $\boldsymbol{x} > 0$，$\partial|\cdot|(\boldsymbol{x}) = \{1\}$. 引理 2.1正式地证明了这一点，并扩展到高维的 $\boldsymbol{x} \in \mathbb{R}^n$

引理 2.1 ($\|\cdot\|_1$ 的次微分)　令 $\boldsymbol{x} \in \mathbb{R}^n$，$I = \operatorname{supp}(\boldsymbol{x})$，

$$\partial \|\cdot\|_1 (\boldsymbol{x}) = \{\boldsymbol{v} \in \mathbb{R}^n \mid \boldsymbol{P}_I \boldsymbol{v} = \operatorname{sign}(\boldsymbol{x}),\ \|\boldsymbol{v}\|_\infty \leqslant 1\}. \tag{2.3.22}$$

这里 $\boldsymbol{P}_I \in \mathbb{R}^{n \times n}$ 是到 I 索引的坐标的正交投影，其中

$$[\boldsymbol{P}_I \boldsymbol{v}](j) = \begin{cases} \boldsymbol{v}(j) & j \in I \\ 0 & j \notin I. \end{cases} \tag{2.3.23}$$

㊀ 投影次梯度方法由 Naum Shor [Shor, 1985] 和 Boris Polyak 等在 20 世纪 60 年代首次提出.

证明. 次微分 $\partial\|\cdot\|_1(\boldsymbol{x})$ 是由对于每个 $\boldsymbol{x}$ 和 $\boldsymbol{x}'$ 满足

$$\sum_{i=1}^{n}|\boldsymbol{x}'(i)| \geqslant \sum_{i=1}^{n}|\boldsymbol{x}(i)|+\boldsymbol{v}(i)\left(\boldsymbol{x}'(i)-\boldsymbol{x}(i)\right) \tag{2.3.24}$$

的所有向量 $\boldsymbol{v}\in\mathbb{R}^n$ 组成. 一个充分条件是对于每个索引 i 和每个标量 z, 都有

$$|z| \geqslant |\boldsymbol{x}(i)|+\boldsymbol{v}(i)(z-\boldsymbol{x}(i)). \tag{2.3.25}$$

在式(2.3.24)中取 $\boldsymbol{x}'=\boldsymbol{x}+(z-\boldsymbol{x}(i))\boldsymbol{e}_i$ 表明式(2.3.25)也是一个必要条件. 如果 $\boldsymbol{x}(i)=0$, 那么式(2.3.25)变为 $|z|\geqslant\boldsymbol{v}(i)z$, 它对所有 z 成立当且仅当 $|\boldsymbol{v}(i)|\leqslant 1$. 如果 $\boldsymbol{x}(i)\neq 0$, 那么当且仅当 $\boldsymbol{v}(i)=\operatorname{sign}(\boldsymbol{x}(i))$ 时, 不等式才成立. 因此, $\boldsymbol{v}\in\partial\|\cdot\|_1$ 当且仅当对于所有 $i\in I$, $\boldsymbol{v}(i)=\operatorname{sign}(\boldsymbol{x}(i))$, 且对于所有 i, $|\boldsymbol{v}(i)|\leqslant 1$. 这个结论总结为式(2.3.22). □

投影次梯度法交替进行次梯度步骤和正交投影, 其中次梯度步骤沿 $-\operatorname{sign}(\boldsymbol{x})$ 方向移动, 正交投影根据式(2.3.13)投影到可行集 $\{\boldsymbol{x}\mid \boldsymbol{A}\boldsymbol{x}=\boldsymbol{y}\}$. 至此, 我们获得了一个非常简单的算法来解决 ℓ^1 最小化问题(2.3.8). 我们将其总结为算法 2.2.

算法 2.2 投影次梯度用于 ℓ^1 最小化

1: **输入.** 矩阵 $\boldsymbol{A}\in\mathbb{R}^{m\times n}$ 和向量 $\boldsymbol{y}\in\mathbb{R}^m$
2: 计算 $\boldsymbol{\Gamma}\leftarrow\boldsymbol{I}-\boldsymbol{A}^*(\boldsymbol{A}\boldsymbol{A}^*)^{-1}\boldsymbol{A}$ 和 $\tilde{\boldsymbol{x}}\leftarrow\boldsymbol{A}^{\dagger}\boldsymbol{y}=\boldsymbol{A}^*(\boldsymbol{A}\boldsymbol{A}^*)^{-1}\boldsymbol{y}$
3: $\boldsymbol{x}_0\leftarrow\boldsymbol{0}$
4: $t\leftarrow 0$
5: **迭代多次**
6: $\quad t\leftarrow t+1$
7: $\quad \boldsymbol{x}_t\leftarrow\tilde{\boldsymbol{x}}+\boldsymbol{\Gamma}\left(\boldsymbol{x}_{t-1}-\frac{1}{t}\operatorname{sign}(\boldsymbol{x}_{t-1})\right)$
8: **结束循环**

评注 2.3 (投影次梯度方法和更好的替代方案) 从很多方面来看, 投影次梯度方法是解决 ℓ^1 最小化问题的一个很糟糕方法. 虽然它是正确的, 但与我们将在后面的章节中所描述的利用问题特定结构的其他方法相比, 它的收敛速度非常慢. 算法 2.2的主要优点是简单直观, 并且通过描述它来引入次梯度和投影算子两个重要概念[㊀]. ℓ^1 最小化的投影次梯度法只需几行 MATLAB 代码即可实现. 在第 8 章中, 我们将系统地开发一些更高级的优化方法, 这些方法可以充分利用这一类问题中的特殊结构, 以获得更好的计算效率和可扩展性.

要了解 (通过投影次梯度方法实现的) ℓ^1 最小化的性能如何, 请运行本书网站的代码 `Chapter_2_L1_recovery.m`. 你可能会看到一个有趣的现象! 尽管该方法并非总是成功, 但只要目标解 $\boldsymbol{x}_o$ 足够稀疏, 它的确会成功! 图 2.15更系统地展示了这一点. 在图中, 我们生成大小为 200×400 的随机矩阵 $\boldsymbol{A}$ 和包含 k 个非零元素的随机向量 $\boldsymbol{x}_o$. 我们从 1 到 200

㊀ 另外, 我们希望你了解到至少有一种非常简单的算法, 并可以通过编写程序来实现 ℓ^1 最小化. 我们的经验是, 这有助于更具体地思考优化问题及其应用, 而不是将其作为抽象的数学理解.

不等选取 k. 对于每个 k, 我们运行 50 次实验, 并绘制 ℓ^1 最小化 (在机器数值精度的意义下) 正确恢复 $\boldsymbol{x}_o$ 的比例. 请注意, 的确只要 $\boldsymbol{x}_o$ 足够稀疏, ℓ^1 最小化就会成功恢复.

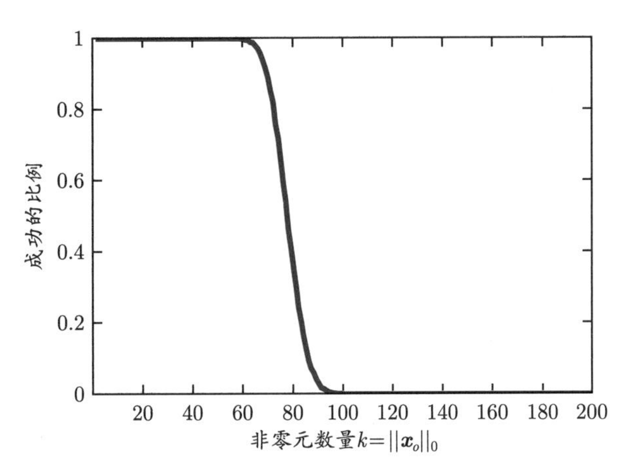

图 2.15 ℓ^1 最小化中的相变. 我们考虑从测量值 $\boldsymbol{y}=\boldsymbol{A}\boldsymbol{x}_o$ 中恢复稀疏向量 $\boldsymbol{x}_o$ 的问题, 其中 $\boldsymbol{A}\in\mathbb{R}^{100\times 200}$ 是一个高斯矩阵. 非零元素的个数 $k=\|\boldsymbol{x}_o\|_0$ 在 $k=0,1,\cdots,200$ 范围内改变, 并且对每个 k 值进行了超过 50 次的独立实验, 我们绘制出 ℓ^1 最小化成功恢复 $\boldsymbol{x}_o$ 的比例. 请注意, 随着 k 的增加, 这种成功概率表现出从 1(保证成功) 到 0(保证失败) 的 (相当急剧的) 转变. 此外请注意, 对于结构足够好的问题 (即 k 较小), ℓ^1 最小化总是能够成功恢复

2.3.4 基于 Logan 现象的稀疏纠错

在绪论一章的 1.2.2 节, 我们讨论了 Logan 的工作, 他证明了 ℓ^1 最小化可以用于消除带限信号中的稀疏误差. 为了将他的内容与我们的问题更紧密地联系起来, 这里考虑结果的离散模拟. 考虑有限维信号 $\boldsymbol{y}\in\mathbb{C}^n$. 令 $\boldsymbol{F}\in\mathbb{C}^{n\times n}$ 为 $\mathbb{C}^n$ 中的离散傅里叶变换 (DFT) 基 (见附录 A 中的式 (A.7.13). 也就是说, 我们有:

$$F_{kl}=\frac{1}{\sqrt{n}}\exp\left(2\pi\mathrm{i}\frac{kl}{n}\right),\quad k=0,\cdots,n-1,\ l=0,\cdots,n-1. \tag{2.3.26}$$

令 $\boldsymbol{f}_0,\cdots,\boldsymbol{f}_{(n-1)}$ 表示 DFT 矩阵的列, 即

$$\boldsymbol{F}=\left[\boldsymbol{f}_0\mid\cdots\mid\boldsymbol{f}_{(n-1)}\right]\quad\in\mathbb{C}^{n\times n}. \tag{2.3.27}$$

取这个基的 d 个最低频率元素及其共轭[㊀], 组成一个子矩阵 $\boldsymbol{B}\in\mathbb{C}^{n\times(d+1)}$, 即

$$\boldsymbol{B}=\left[\boldsymbol{f}_{-\frac{d-1}{2}}\mid\cdots\mid\boldsymbol{f}_{\frac{d-1}{2}}\right]\quad\in\mathbb{C}^{n\times(d+1)}, \tag{2.3.28}$$

其中, 我们使用 $\boldsymbol{f}_{-i}$ 表示 $\boldsymbol{f}_i$ 的共轭. 假设 $\boldsymbol{x}_o=\boldsymbol{B}\boldsymbol{w}_o\in\mathrm{col}(\boldsymbol{B})$, 并且

$$\boldsymbol{y}=\boldsymbol{x}_o+\boldsymbol{e}_o, \tag{2.3.29}$$

㊀ 我们使用共轭基对来表达真实信号. 可以将 $\boldsymbol{B}$ 的范围视为之前在 Logan 定理 1.4中引入的带限函数 $\mathcal{B}_1(\Omega)$ 的离散版本.

其中 $\|\boldsymbol{e}_o\|_0 \leqslant k$. 我们的任务是恢复 $\boldsymbol{x}_o$(相当于移除 $\boldsymbol{e}_o$). Logan 定理所涉及的问题的离散近似是求解[⊖]

$$\begin{array}{ll} \min & \|\boldsymbol{y}-\boldsymbol{x}\|_1 \\ \text{s.t.} & \boldsymbol{x} \in \operatorname{col}(\boldsymbol{B}). \end{array} \tag{2.3.30}$$

这个问题实际上与目前所讨论的稀疏信号恢复问题等价. 要理解这一点, 令 $\boldsymbol{A}$ 是一个矩阵, 其行向量张成 $\boldsymbol{B}$ 的左零空间, 即 $\operatorname{rank}(\boldsymbol{A}) = n-d$, 并且 $\boldsymbol{AB}=\mathbf{0}$. 那么 $\boldsymbol{A}\boldsymbol{x}_o=\mathbf{0}$, 我们的观测方程(2.3.29)等价于

$$\bar{\boldsymbol{y}} = \boldsymbol{A}\boldsymbol{e}_o, \tag{2.3.31}$$

其中 $\bar{\boldsymbol{y}} = \boldsymbol{A}\boldsymbol{y}$. 由此, 不难论证优化问题(2.3.30)在某种意义上等价于

$$\begin{array}{ll} \min & \|\boldsymbol{e}\|_1 \\ \text{s.t.} & \boldsymbol{A}\boldsymbol{e} = \bar{\boldsymbol{y}}, \end{array} \tag{2.3.32}$$

即 $\boldsymbol{e}_\star$ 是式(2.3.32)的最优解当且仅当 $\boldsymbol{y}-\boldsymbol{e}_\star \in \operatorname{col}(\boldsymbol{B})$ 是式(2.3.30)的最优解. 图 2.16展示了 Logan 现象的这种离散近似的一个例子. 为了重现此结果, 你可以运行本书网站上的`E6886_Lecture2_Demo_Logan.m`.

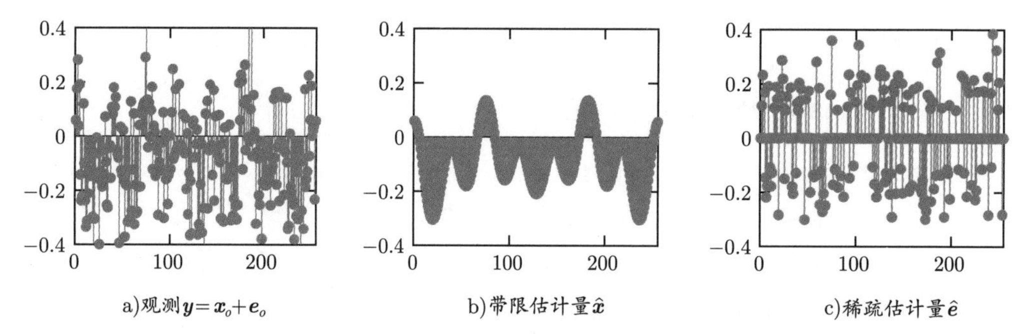

图 2.16 Logan 现象. a) 一个带限信号 $\boldsymbol{x}_o$ 和一个稀疏误差 $\boldsymbol{e}_o$ 的叠加 $\boldsymbol{y}=\boldsymbol{x}_o+\boldsymbol{e}_o$. b) 通过 ℓ^1 最小化估计 $\hat{\boldsymbol{x}}$. c) 通过 ℓ^1 最小化估计 $\hat{\boldsymbol{e}}$. 两种估计都准确到相对误差在 10^{-6} 以内

迄今为止我们已经看到了稀疏性是如何出现在很多应用问题中的, 与 ℓ^1 最小化相关的现象确实引人入胜. 在接下来的章节中, 我们将首先从数学的角度来研究它, 了解这些现象为什么会发生以及它的局限性是什么; 然后我们将在之后的章节中研究它对实际应用的影响.

2.4 总结

让我们简要回顾一下本章中所学到的内容. 在许多现代数据分析和信号处理应用中, 我们需要求解非常大的欠定线性方程组:

$$\boldsymbol{y} = \boldsymbol{A}\boldsymbol{x},$$

⊖ 对于复向量, ℓ^1 范数就是实部和虚部绝对值的和. 或者等价地, 我们将 $\mathbb{C}^n$ 中的复向量当作 $\mathbb{R}^{2n}$ 中的实向量.

其中 $\boldsymbol{A} \in \mathbb{R}^{m \times n}, m < n$. 这样的问题本质上是不适定的, 即它们有无限多个解.

稀疏解的唯一性

为了使这类问题良定, 或者使解唯一, 我们需要利用所期望恢复的解的其他性质. 在许多实际应用中经常出现的一个重要性质就是稀疏性 (或者可压缩性). 这是一种很强的先验条件: 尽管信号本身位于一个非常高维的空间中, 但是它们只有几个固有的自由度 (它们可以表示为来自合理选择的字典中的几个原子的线性叠加). 正如定理 2.1所述, 在相当一般的条件下, 对 $\boldsymbol{x}$ 施加稀疏性约束确实可以使优化问题

$$\min \|\boldsymbol{x}\|_0 \quad \text{s.t.} \quad \boldsymbol{y} = \boldsymbol{A}\boldsymbol{x}$$

变得良定. 也就是说, 只要目标解 $\boldsymbol{x}_o$ 相对于 $\boldsymbol{A}$ 的 Kruskal 秩足够稀疏, 那么 $\boldsymbol{y} = \boldsymbol{A}\boldsymbol{x}$ 的最稀疏解就是唯一且正确的解.

通过凸松弛的稀疏解的易处理性

然而, 在计算上找到线性方程组的最稀疏解通常是不可行的 (即 NP 困难, 定理 2.2). 为了降低计算难度, 我们对 ℓ^0 最小化问题进行松弛, 并将 $\boldsymbol{x}$ 的 ℓ^0 范数替换为其凸包络, 即 ℓ^1 范数:

$$\min \|\boldsymbol{x}\|_1 \quad \text{s.t.} \quad \boldsymbol{y} = \boldsymbol{A}\boldsymbol{x}.$$

投影次梯度下降

为了求解 ℓ^1 最小化问题, 我们介绍了一个非常基本的次梯度下降算法 (算法 2.2). 从算法的结果中我们观察到一个惊人的现象, 即 ℓ^1 最小化可以在相当广泛的条件下有效地恢复稀疏解. 第 3 章中, 我们将在仔细描述 ℓ^1 最小化给出正确的稀疏解的确切条件之后, 解释为什么会出现这种现象.

2.5 注记

应用简介

稀疏表示早期应用在信号处理中, 例如医学成像 [Lustig et al., 2007]、地震信号 [Herrmann et al., 2008] 和图像处理 [Mairal et al., 2008; Yang et al., 2008]. 本章描述的三个应用阐释了稀疏建模和稀疏恢复的各个方面. Lustig 等人的工作 [Lustig et al., 2007, 2008] 描述了稀疏表示在医学成像中的应用. 在 2.1.2节中的去噪工作归功于 Mairal 等人 [Mairal et al., 2008]. 在 2.1.3节中的人脸识别工作由 [Wright et al., 2009a] 给出. 本章的讨论仅仅触及这些问题的表面. 我们将在第 10 章中重新讨论医学成像, 在第 13 章中重新讨论人脸识别. 请参阅这些章节及其参考资料, 以了解有关这些问题的更广泛背景和相关工作. 这些只是稀疏方法大量应用中的一小部分, 其中只有一少部分将在本书的第三部分中 (例如第 11~16 章) 进行重点介绍.

ℓ^0 最小化的 NP 困难度及相关问题

关于 ℓ^0 最小化问题的困难度的定理 2.2 归功于 Natarajan [Natarajan, 1995], 另见 [Davis et al., 1997]. Amaldi 和 Kann [Amaldi et al., 1995, 1998] 以及 Arora、Babai、Stern 和 Sweedyk [Arora et al., 1993] 的工作证明了 ℓ^0 最小化问题的近似也是 NP 困难的. 划定稀疏近似的易处理和难处理实例之间的界限仍然是一个活跃的研究课题, 参见 [Zhang et al., 2014b; Foster et al., 2015] 等以了解更多最新进展. 许多与稀疏近似密切相关的问题都有困难度结果. 这些结果也对稀疏纠错工作有一定影响. 围绕数值分析中的矩阵稀疏化问题也有困难度分析的结果, 它试图将给定的矩阵 $\boldsymbol{A}$ 替换为稀疏矩阵 $\hat{\boldsymbol{A}}$, 使得 $\mathrm{range}(\boldsymbol{A}) \approx \mathrm{range}(\hat{\boldsymbol{A}})$. 读者可以参考 [McCormick, 1983; Coleman et al., 1986; Gottlieb et al., 2016] 来进一步了解关于这一问题和相关问题的困难度讨论. 基于类似于经典复杂度理论的化归技术, Brennan 和 Bresler [Brennan et al., 2020] 的最新工作系统地研究了稀疏线性回归、稀疏 PCA, 以及许多我们将在后面章节研究的与矩阵和张量相关问题的统计复杂度和计算复杂度之间的差距.

2.6 习题

习题 2.1 (ℓ^p 范数的凸性)　证明

$$\|\boldsymbol{x}\|_p = \Big(\sum_i |x_i|^p\Big)^{1/p} \tag{2.6.1}$$

当 $p \geqslant 1$ 时是凸的, $0 < p < 1$ 时是非凸的.

习题 2.2　证明对于 $0 < p < 1$, $\|\boldsymbol{x}\|_p$ 不是定义 2.1意义上的范数.

习题 2.3 (ℓ^p 范数之间的关系)　证明 $p < q$ 时,

$$\|\boldsymbol{x}\|_p \geqslant \|\boldsymbol{x}\|_q \tag{2.6.2}$$

对于所有 $\boldsymbol{x}$ 成立. $\boldsymbol{x}$ 为何值时不等式取等号 (即 $\|\boldsymbol{x}\|_p = \|\boldsymbol{x}\|_q$) 呢?

习题 2.4 (计算 Kruskal 秩)　编写一个 MATLAB 函数, 将矩阵 $\boldsymbol{A} \in \mathbb{R}^{m\times n}$ 作为输入, 并输出 Kruskal 秩 $\mathrm{krank}(\boldsymbol{A})$. 目前没有可以有效计算 Kruskal 秩的方法. 如果你的代码花费 n 的指数阶时间, 那是正常的. 通过 `A = randn(4, 8)`生成一个 4×8 的高斯矩阵 $\boldsymbol{A}$, 并计算其 Kruskal 秩, 证实定理 2.1的结论.

习题 2.5 (具有低 Kruskal 秩的结构化矩阵)　考虑一个由下式产生的 4×8 的复矩阵

$$\boldsymbol{A} = [\,\boldsymbol{I} \mid \boldsymbol{F}\,], \tag{2.6.3}$$

其中 $\boldsymbol{I}$ 是 4×4 的单位矩阵, $\boldsymbol{F}$ 是 4×4 的离散傅里叶变换 (DFT) 矩阵. 在 MATLAB 中, `A = [ eye(4), dftmtx(4) ]`. 使用来自习题 2.4的代码或手动计算, 确定 $\boldsymbol{A}$ 的 Kruskal

秩. 你应该会发现它小于 4. 这种现象的一般版本也见于 Dirac 梳状函数, 它在时间和频率上都是稀疏的.

习题 2.6 (Spark) ℓ^0 最小化的唯一性结果有时使用矩阵的 spark 来描述, 它是矩阵 $\boldsymbol{A}$ 的零空间的最稀疏非零向量的非零元素个数, 即

$$\operatorname{spark}(\boldsymbol{A}) \quad = \quad \min_{\boldsymbol{d} \neq \mathbf{0},\ \boldsymbol{A}\boldsymbol{d}=\mathbf{0}} \|\boldsymbol{d}\|_0.$$

那么, $\operatorname{spark}(\boldsymbol{A})$ 和 $\operatorname{krank}(\boldsymbol{A})$ 之间是什么关系呢?

习题 2.7 (随机矩阵的 Kruskal 秩) 在本习题中, 我们证明对于一个各元素 $\sim_{\text{i.i.d.}} \mathcal{N}(0,1)$ 的 $m \times n$ 矩阵 $\boldsymbol{A}$, $\operatorname{krank}(\boldsymbol{A}) = m$ 概率为 1.

(1) 请证明对于任意的$m \times n$ 矩阵 $\boldsymbol{A}$, $\operatorname{krank}(\boldsymbol{A}) \leqslant m$.

(2) 设 $\boldsymbol{A}$ 是以 $\boldsymbol{a}_i \in \mathbb{R}^m$ 为列向量的矩阵, $\boldsymbol{A} = [\boldsymbol{a}_1 \mid \cdots \mid \boldsymbol{a}_n]$. 令 span 表示向量集合张成的线性空间. 请证明:

$$\mathbb{P}\left[\boldsymbol{a}_m \in \operatorname{span}(\boldsymbol{a}_1, \cdots, \boldsymbol{a}_{m-1})\right] = 0. \tag{2.6.4}$$

(3) 试证明 $\operatorname{krank}(\boldsymbol{A}) < m$ 当且仅当存在一组索引 $i_1, \cdots, i_m$ 使得

$$\boldsymbol{a}_{i_m} \in \operatorname{span}(\boldsymbol{a}_{i_1}, \cdots, \boldsymbol{a}_{i_{m-1}}). \tag{2.6.5}$$

(4) 试证明 $\operatorname{krank}(\boldsymbol{A}) = m$ 概率为 1. 注意到有

$$\begin{aligned}
&\mathbb{P}\left[\exists i_1, \cdots, i_m \ :\ \boldsymbol{a}_{i_m} \in \operatorname{span}(\boldsymbol{a}_{i_1}, \cdots, \boldsymbol{a}_{i_{m-1}})\right] \\
&\quad \leqslant \quad \sum_{i_1, \cdots, i_m} \mathbb{P}\left[\boldsymbol{a}_{i_m} \in \operatorname{span}(\boldsymbol{a}_{i_1}, \cdots, \boldsymbol{a}_{i_{m-1}})\right] \\
&\quad \leqslant \quad m^n \times \underbrace{\mathbb{P}\left[\boldsymbol{a}_m \in \operatorname{span}(\boldsymbol{a}_1, \cdots, \boldsymbol{a}_{m-1})\right]}_{=0} \\
&\quad = \ 0.
\end{aligned}$$

习题 2.8 (ℓ^0 最小化以及典型例子) 我们证明了在 $\operatorname{krank}(\boldsymbol{A})/2$ 处的 ℓ^0 最小化中存在最坏情况的相变. 这意味着 ℓ^0 最小化可以恢复每一个满足 $\|\boldsymbol{x}_o\|_0 < \operatorname{krank}(\boldsymbol{A})/2$ 的 $\boldsymbol{x}_o$. 我们还知道, 对于高斯矩阵 $\boldsymbol{A} \in \mathbb{R}^{m \times n}$, $\operatorname{krank}(\boldsymbol{A}) = m$ 概率为 1.

请使用提供的 ℓ^0 最小化代码 (或者自己编写), 执行以下操作: 生成 5×12 的高斯矩阵 `A = randn(5, 12)`. $\operatorname{rank}(\boldsymbol{A})$ 是多少? 通过 `xo = zeros(12, 1); xo(1:4) = randn(4, 1)` 生成一个具有 4 个非零元素的稀疏向量 $\boldsymbol{x}_o$. 现在, 令 `y = A xo`. 求解 ℓ^0 最小化问题, 找到满足 $\boldsymbol{A}\boldsymbol{x} = \boldsymbol{y}$ 的最稀疏向量 $\boldsymbol{x}$. 它和 $\boldsymbol{x}_o$ 一样吗? 检查 `norm(x - xo)` 是否很小, 其中 `x` 是你的代码产生的解.

请注意, 基于 ℓ^0 的最坏情况理论预测, 我们只能恢复最多具有 2 个非零元素的向量. 但是我们观察到 ℓ^0 最小化问题成功恢复了包含 4 个非零元素的向量. 这是典型的实际性能优于最坏情况的示例.

请解释一下这个现象. 论证如果 $\boldsymbol{x}_o$ 是某个大小小于 m 的支撑 I 上的固定向量, 那么存在大小小于 m 且满足 $\boldsymbol{A}\boldsymbol{x}_o \in \operatorname{range}(\boldsymbol{A}_{I'})$ 的子集 $I' \neq I$ 的概率为零.

你的论点是否意味着基于 krank 的最坏情况理论还可以改进? 为什么是或者为什么不是?

习题 2.9 (次微分) 计算以下函数的次微分:

(1) $f(\boldsymbol{x}) = \|\boldsymbol{x}\|_\infty$ 的次微分, 其中 $\boldsymbol{x} \in \mathbb{R}^n$.

(2) $f(\boldsymbol{X}) = \sum_{j=1}^n \|\boldsymbol{X}\boldsymbol{e}_j\|_2$ 的次微分, 其中矩阵 $\boldsymbol{X} \in \mathbb{R}^{n\times n}$.

(3) $f(\boldsymbol{x}) = \|\boldsymbol{X}\|_*$ 的次微分, 其中矩阵 $\boldsymbol{X} \in \mathbb{R}^{n\times n}$.

习题 2.10 (梯度下降的隐式偏倚) 考虑求解一个欠定线性方程组 $\boldsymbol{y} = \boldsymbol{A}\boldsymbol{x}$, 其中 $\boldsymbol{A} \in \mathbb{R}^{m\times n}$ 且 $m < n$. 当然, 解不是唯一的. 尽管如此, 让我们使用最简单的梯度下降算法, 即

$$\boldsymbol{x}_{k+1} = \boldsymbol{x}_k - \alpha \nabla f(\boldsymbol{x}_k)$$

通过最小化平方误差来求解, 即

$$\min_{\boldsymbol{x}} f(\boldsymbol{x}) \doteq \|\boldsymbol{y} - \boldsymbol{A}\boldsymbol{x}\|_2^2.$$

证明如果我们将 $\boldsymbol{x}_0$ 初始化为原点, 那么当上述梯度下降算法收敛时, 它必须收敛到具有最小 ℓ^2 范数的解 $\boldsymbol{x}_\star$. 也就是说, 它收敛到如下问题的最优解

$$\min_{\boldsymbol{x}} \|\boldsymbol{x}\|_2^2 \quad \text{s.t.} \quad \boldsymbol{y} = \boldsymbol{A}\boldsymbol{x}.$$

这是在训练深度神经网络的实践中被广泛使用的现象. 尽管由于过参数化 (over-parameterized), 最小化代价函数的参数可能不是唯一的, 但是通过选择具有合适初始化的优化算法 (这里从原点开始梯度下降) 会为优化路径引入隐式偏倚 (implicit bias) 并收敛到所需要的解.

习题 2.11 (到仿射子空间的投影) 在推导求解 ℓ^1 最小化问题的投影次梯度方法时, 我们使用了一个事实, 即对于一个仿射子空间

$$\mathsf{C} = \{\boldsymbol{x} \mid \boldsymbol{A}\boldsymbol{x} = \boldsymbol{y}\}, \tag{2.6.6}$$

其中 $\boldsymbol{A}$ 是一个行满秩矩阵, $\boldsymbol{y} \in \operatorname{range}(\boldsymbol{A})$, 那么到 C 上的欧几里得投影由下式给出

$$\mathcal{P}_{\mathsf{C}}[\boldsymbol{z}] = \arg\min_{\boldsymbol{A}\boldsymbol{x}=\boldsymbol{y}} \|\boldsymbol{x} - \boldsymbol{z}\|_2^2 \tag{2.6.7}$$

$$= \boldsymbol{z} - \boldsymbol{A}^* (\boldsymbol{A}\boldsymbol{A}^*)^{-1} [\boldsymbol{A}\boldsymbol{z} - \boldsymbol{y}]. \tag{2.6.8}$$

证明这个公式是正确的. 你可以使用 $\mathcal{P}_{\mathsf{C}}[\boldsymbol{z}]$ 的以下几何描述: $\boldsymbol{x} = \mathcal{P}_{\mathsf{C}}[\boldsymbol{z}]$ 当且仅当 (i) $\boldsymbol{A}\boldsymbol{x} = \boldsymbol{y}$; (ii) 对于任何满足 $\boldsymbol{A}\tilde{\boldsymbol{x}} = \boldsymbol{y}$ 的 $\tilde{\boldsymbol{x}}$, 我们有

$$\langle \boldsymbol{z} - \boldsymbol{x}, \tilde{\boldsymbol{x}} - \boldsymbol{x} \rangle \leqslant 0. \tag{2.6.9}$$

习题 2.12 投影梯度下降法旨在求解

$$\min f(\boldsymbol{x}) \quad \text{s.t.} \quad \boldsymbol{x} \in \mathsf{C}.$$

请分别举出下列两者情况的例子, 其中到集合 C 上的投影:

(1) 不存在;

(2) 不唯一.

(提示: 这个问题*没有唯一解*, 你可以通过画图或者给出数学公式的方式来回答, 发挥你的创造力!)

习题 2.13 (稀疏纠错) 在编码理论和统计中, 我们经常会遇到如下情况, 我们有一个观测向量 $\boldsymbol{z}$, *除了一些已被损坏的元素, 它应该被表示为* $\boldsymbol{Bx}$. 因此, 我们可以把被损坏的观测表达为

$$\underset{\text{观测}}{\boldsymbol{z}} = \underset{\text{编码后的消息}}{\boldsymbol{Bx}} + \underset{\text{稀疏污染}}{\boldsymbol{e}}, \tag{2.6.10}$$

其中 $\boldsymbol{z} \in \mathbb{R}^n$ 是观测向量, $\boldsymbol{x} \in \mathbb{R}^r$ 是我们感兴趣的信号; $\boldsymbol{B} \in \mathbb{R}^{n \times r}(n > r)$ 是一个秩 r 的列满秩 (高) 矩阵, $\boldsymbol{e} \in \mathbb{R}^n$ 表示任何对信号的污染. 在许多应用中, 观测结果可能会受到较大幅度的污染, 但只影响少数观测结果, 即 $\boldsymbol{e}$ 是稀疏向量. 令 $\boldsymbol{A} \in \mathbb{R}^{(n-r) \times n}$ 是一个矩阵, 其行向量张成 $\boldsymbol{B}$ 的左零空间, 即 $\operatorname{rank}(\boldsymbol{A}) = n - r$, $\boldsymbol{AB} = \boldsymbol{0}$. 请证明对于任意 k, 式(2.6.10)存在一个 $\|\boldsymbol{e}\|_0 = k$ 的解 $(\boldsymbol{x}, \boldsymbol{e})$ 当且仅当*欠定方程组*

$$\boldsymbol{Ae} = \boldsymbol{Az} \tag{2.6.11}$$

存在一个 $\|\boldsymbol{e}\|_0 = k$ 的解 $\boldsymbol{e}$. 请证明优化问题

$$\min_{\boldsymbol{x}} \|\boldsymbol{Bx} - \boldsymbol{z}\|_1 \tag{2.6.12}$$

和

$$\min_{\boldsymbol{e}} \|\boldsymbol{e}\|_1 \quad \text{s.t.} \quad \boldsymbol{Ae} = \boldsymbol{Az} \tag{2.6.13}$$

是等价的. 也就是说, 对于问题(2.6.12)的每个解 $\hat{\boldsymbol{x}}$, $\hat{\boldsymbol{e}} = \boldsymbol{B}\hat{\boldsymbol{x}} - \boldsymbol{z}$ 是问题(2.6.13)的解; 同时对于问题(2.6.13)的每一个解 $\hat{\boldsymbol{e}}$, 都有一个问题(2.6.12)的解 $\hat{\boldsymbol{x}}$, 使得 $\hat{\boldsymbol{e}} = \boldsymbol{B}\hat{\boldsymbol{x}} - \boldsymbol{z}$.

有时人们会观察到"*稀疏表示和稀疏纠错是等价的*". 这在什么意义上是正确的呢?

习题 2.14 (ℓ^1 vs. ℓ^∞ 最小化) 我们已经研究了恢复稀疏 $\boldsymbol{x}_o$ 的 ℓ^1 最小化问题

$$\min \|\boldsymbol{x}\|_1 \quad \text{s.t.} \quad \boldsymbol{Ax} = \boldsymbol{y} \tag{2.6.14}$$

我们可以通过将 $\|\cdot\|_1$ 替换为 $\|\cdot\|_p$ 来得到其他凸优化问题, 其中 $p \in (1, \infty]$. 对于什么样的 $\boldsymbol{x}_o$ 你会期望 ℓ^∞ 最小化优于 ℓ^1 最小化 (即更准确地恢复 $\boldsymbol{x}_o$) 呢?

习题 2.15 (人脸和线性子空间)　从本书网站下载`face_intro_demo.zip`. 运行 `load_eyb_recognition`, 将不同光照下的图像集合加载到内存中. 训练图像 (在不同光照下) 将被存储在`A_train`中, 个体的标签在`label_train`中. 通过选择与个体 1 对应的`A_train`的列来形成矩阵`B`. 我们将使用*奇异值分解* (SVD) 来研究`B`的列与线性子空间的近似程度.

使用`sigma = svd(B)`计算`B`的*奇异值*. 那么, 需要多少个奇异值才能捕获矩阵`B` 不小于 95%的能量? 也就是说, 需要 r 多大才能确保

$$\sum_{i=1}^{r} \sigma_i^2 > 0.95 \times \sum_{i=1}^{n} \sigma_i^2 \ ? \tag{2.6.15}$$

对于 99%的能量呢? 对多个个体的训练图像重复此计算.

稀疏信号恢复的凸方法

"代数就是写下来的几何，几何就是画出来的代数."
——Sophie Germain

在第 2 章中，我们看到了许多问题的目标是为欠定线性方程组 $\boldsymbol{y} = \boldsymbol{A}\boldsymbol{x}$ 找到一个稀疏解. 这个问题通常是 NP 困难的. 然而，我们也观察到某些结构良好的实例可以被有效地求解: 在实验中，当 $\boldsymbol{y} = \boldsymbol{A}\boldsymbol{x}_o$ 且 $\boldsymbol{x}_o$ 足够稀疏时，ℓ^1 最小化问题

$$\begin{aligned} \min \quad & \|\boldsymbol{x}\|_1 \\ \text{s.t.} \quad & \boldsymbol{A}\boldsymbol{x} = \boldsymbol{y}, \end{aligned} \tag{3.0.1}$$

准确地恢复了 $\boldsymbol{x}_o$，其中 $\boldsymbol{x}_o$ 是这个优化问题的唯一最优解.

第 2 章中的实验结果令人鼓舞，也使人惊讶. 在本章中，我们将从数学上研究这种现象，并尝试精确地描述式(3.0.1)的结果. 我们的动机很简单，就是想知道第 2 章中的结果只是一些幸运的例子，还是一种普遍预期. 如果是后一种情况，我们是否可以用它来构建可靠的系统.

3.1 为什么 ℓ^1 最小化能够成功? 几何直观

在深入研究 ℓ^1 最小化问题(3.0.1)正确恢复稀疏信号的正式证明之前，我们先画两张直观的几何图象来看看为什么会这样.

系数空间几何解释

我们首先在系数向量 $\boldsymbol{x}$ 的空间 $\mathbb{R}^n$ 中将该问题可视化. 在问题(3.0.1)中，满足约束 $\boldsymbol{A}\boldsymbol{x} = \boldsymbol{y}$ 的向量 $\boldsymbol{x}$ 的集合是一个仿射子空间[⊖]:

$$\mathsf{S} = \{\boldsymbol{x} \mid \boldsymbol{A}\boldsymbol{x} = \boldsymbol{y}\} = \{\boldsymbol{x}_o\} + \operatorname{null}(\boldsymbol{A}). \tag{3.1.1}$$

图 3.1对集合 S 给出了可视化结果. ℓ^1 最小化问题(3.0.1)直观上就是从集合 S 的所有点中挑选出具有最小 ℓ^1 范数的一个 (或者多个) 点. 这可以按照如下方法进行可视化. 考虑半

⊖ 在式(3.1.1)中，集合的加法 $\{\boldsymbol{x}_o\} + \operatorname{null}(\boldsymbol{A})$ 是 Minkowski 意义上的，即对于集合 S 和 T，$\mathsf{S} + \mathsf{T} = \{\boldsymbol{s} + \boldsymbol{t} \mid \boldsymbol{s} \in \mathsf{S}, \boldsymbol{t} \in \mathsf{T}\}$.

径为 1 的 ℓ^1 球:

$$\mathsf{B}_1 = \{\boldsymbol{x} \mid \|\boldsymbol{x}\|_1 \leqslant 1\} \subset \mathbb{R}^n. \tag{3.1.2}$$

这个 ℓ^1 球包含所有使式(3.0.1)的目标函数值不超过 1 的向量 $\boldsymbol{x}$. 将它通过 $t \geqslant 0$ 放缩, 那么可以生成目标函数值最大为 t 的向量 $\boldsymbol{x}$ 的集合, 即

$$t \cdot \mathsf{B}_1 = \{\boldsymbol{x} \mid \|\boldsymbol{x}\|_1 \leqslant t\} \subset \mathbb{R}^n. \tag{3.1.3}$$

如果我们首先通过设置 $t = 0$ 将 B_1 缩小到零, 然后通过增加 t 来慢慢放大它, 那么当 $t \cdot \mathsf{B}_1$ 首次接触到仿射子空间 S 时, 即可得到 ℓ^1 最小值点. 这个接触点就是式(3.0.1)的解, 见图 3.2. 从 ℓ^1 球的几何形状来看, 这些接触点倾向于落在 B_1 的顶点或者边上, 它们恰好对应于稀疏向量.

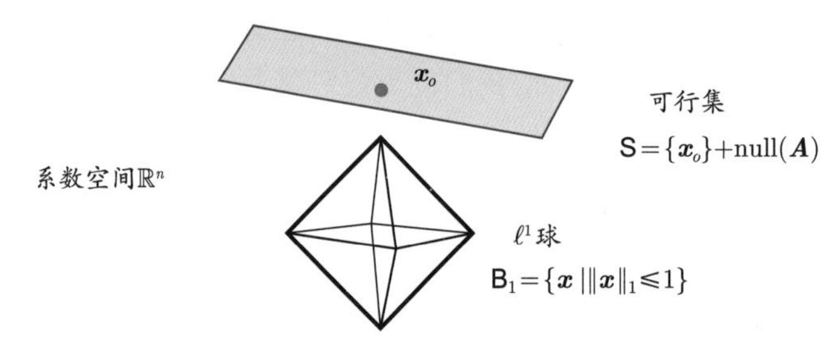

图 3.1 系数空间几何解释. 方程 $\boldsymbol{Ax} = \boldsymbol{y}$ 的所有解 $\boldsymbol{x}$ 的集合是系数空间 $\mathbb{R}^n$ 的仿射子空间 S, ℓ^1 球 B_1 由式(3.0.1)的目标函数不超过 1 的所有系数向量 $\boldsymbol{x}$ 组成

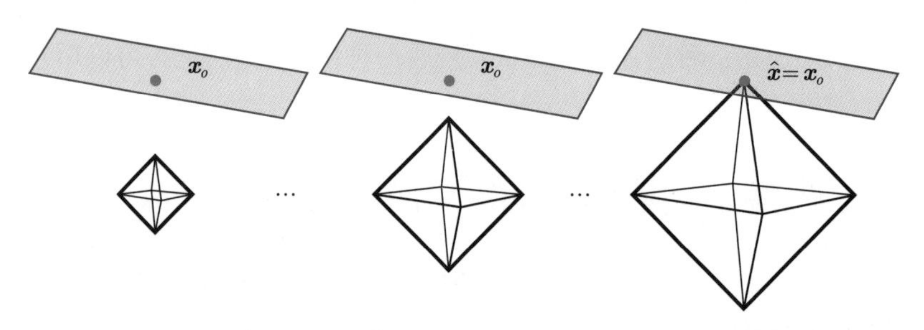

图 3.2 系数空间几何解释中的 ℓ^1 最小化. ℓ^1 最小化可以按如下方式进行可视化, 我们先将 ℓ^1 球压缩到零, 然后慢慢放大, 直到它第一次接触到可行集 S. 它第一次接触 S 的点 (或者多个点) 就是 ℓ^1 最小值点 $\hat{\boldsymbol{x}}$

观测空间几何解释

我们还可以在观测向量 $\boldsymbol{y}$ 的空间 $\mathbb{R}^m$ 中可视化 ℓ^1 最小化. 此时的几何解释稍微复杂一些, 但事实证明它非常有用. 这个 $m \times n$ 的矩阵 $\boldsymbol{A}$ 将 n 维向量 $\boldsymbol{x}$ 映射成 $m \ll n$ 维向量 $\boldsymbol{y}$. 让我们考虑一下矩阵 $\boldsymbol{A}$ 如何作用于 ℓ^1 球 $\mathsf{B}_1 \subset \mathbb{R}^n$. 用 $\boldsymbol{A}$ 乘以每个向量 $\boldsymbol{x} \in \mathsf{B}_1$, 将得到一个低维集合 $\mathsf{P} = \boldsymbol{A}(\mathsf{B}_1)$, 我们在图 3.3(下) 将其可视化. 低维集合 P 是一个凸多面体 (convex polytope). P 的每个顶点 $\boldsymbol{v}$ 是 B_1 中的某个顶点 $\boldsymbol{\nu} = \pm\boldsymbol{e}_i$ 的映射 $\boldsymbol{A\nu}$. 更一般地, P 的每个 k 维面都是 B_1 的某个面的映射.

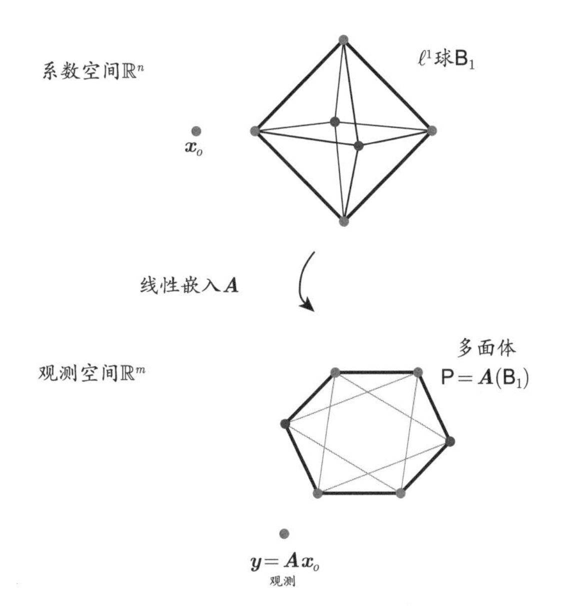

图 3.3　观测空间几何解释. ℓ^1 球是系数空间 $\mathbb{R}^n$ 中的凸多面体 B_1. 线性映射 $\boldsymbol{A}$ 将其投影到观测空间 $\mathbb{R}^m$ 中的低维集合 $\mathsf{P}=\boldsymbol{A}(\mathsf{B}_1)$. P 的顶点 $\boldsymbol{v}_i$ 是 B_1 的投影 $\boldsymbol{A}\boldsymbol{\nu}_j$ 的子集

多面体 P 是由具有 $\boldsymbol{A}\boldsymbol{x}'$ 形式的所有点 $\boldsymbol{y}'$ 组成的, 其中 $\boldsymbol{x}'$ 的目标函数值 $\|\boldsymbol{x}'\|_1 \leqslant 1$. ℓ^1 最小化对应于将 B_1 压缩到原点, 然后慢慢放大它, 直到它第一次接触到点 $\boldsymbol{y}$. 接触点是 ℓ^1 最小值点的映射 $\boldsymbol{A}\hat{\boldsymbol{x}}$, 参见图 3.4.

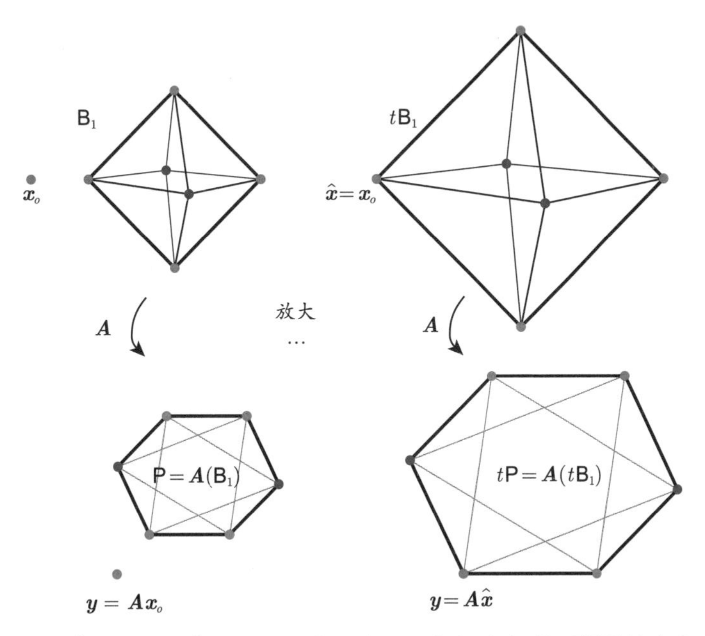

图 3.4　观测空间中的 ℓ^1 最小化. ℓ^1 最小化对应于将 B_1 缩小到零, 然后慢慢放大它. 随着 B_1 的扩张, $\mathsf{P}=\boldsymbol{A}(\mathsf{B}_1)$ 也在扩张. ℓ^1 最小化问题的最优值是第一个使得 $t\mathsf{P}=\boldsymbol{A}(t\mathsf{B}_1)$ 接触到观测向量 $\boldsymbol{y}$ 的标量 t. 第一个接触 $\boldsymbol{y}$ 的点是 ℓ^1 最小值点 $\hat{\boldsymbol{x}}$ 的映射 $\boldsymbol{A}\hat{\boldsymbol{x}}$. 这意味着 ℓ^1 最小化能够恢复 $\boldsymbol{x}_o$ 当且仅当 $\boldsymbol{A}\boldsymbol{x}_o/\|\boldsymbol{x}_o\|_1$ 位于 P 的边界上

因此, 只要 $\boldsymbol{A}\boldsymbol{x}_o$ 在 $\mathsf{P} = \boldsymbol{A}(\mathsf{B}_1)$ 外部, ℓ^1 最小化就能够正确恢复 $\boldsymbol{x}_o$. 例如, 在图 3.3 中, B_1 的所有顶点都映射到 $\boldsymbol{A}(\mathsf{B}_1)$ 的外部, 因此 ℓ^1 最小化能恢复任何 1-稀疏的 $\boldsymbol{x}_o$. 然而, 如果 B_1 的某些边 (1 维面) 被映射到了 $\boldsymbol{A}(\mathsf{B}_1)$ 的内部, 那么 ℓ^1 最小化并不能恢复这些 $\boldsymbol{x}_o$.

基于上述几何解释, ℓ^1 最小化的效果如此之好可能会让人非常惊讶. 然而正如我们将在本章的其余部分看到的那样, 在一些非常有用的场景中, 由于 "维度福音", 高维空间与低维空间有很大不同. 特别是, 如果我们处于 m 维空间并且 n 与 m 成正比, 那么不仅 B_1 的所有顶点都会映射到 $\boldsymbol{A}(\mathsf{B}_1)$ 的外部, 所有一维面和所有二维面也是如此, 以此类推, 一直到 k 维面, 其中 k 与 m 成正比.

3.2 关于不相干矩阵的第一正确性结果

有了可靠的经验证据和一些几何直观解释, 我们的下一个任务是给出这种现象的一些严格解释和深刻理解.

3.2.1 矩阵的相干性

到底是什么决定了 ℓ^1 最小化能否恢复目标的稀疏解 $\boldsymbol{x}_o$ 呢? 我们关于 ℓ^0 最小化的讨论引出两个关键因素: 目标 $\boldsymbol{x}_o$ 的结构化程度 (即有多少非零元素) 以及映射 $\boldsymbol{A}$ 的良定程度 (通过 Kruskal 秩测量). 此外, 这两个因素之间存在权衡, $\boldsymbol{A}$ 越好, 我们能够恢复的 $\boldsymbol{x}_o$ 越稠密.

事实上, 这种定性权衡也适用于可计算的算法, 例如 ℓ^1 松弛. 然而, 我们需要对 $\boldsymbol{A}$ 的 "良定" 有一个稍强的概念, 以保证可计算的松弛能够成功. 我们给出第一个概念, 用于测量矩阵 $\boldsymbol{A}$ 的列向量在高维空间 $\mathbb{R}^m$ 中有多 "分散".

定义 3.1 (互相干性) 对于具有非零列向量的矩阵

$$\boldsymbol{A} = \Big[\boldsymbol{a}_1 \mid \boldsymbol{a}_2 \mid \cdots \mid \boldsymbol{a}_n\Big] \quad \in \mathbb{R}^{m\times n},$$

其互相干性 (mutual coherence) 记作 $\mu(\boldsymbol{A})$, 定义为两个不同的归一化列向量之间的最大内积绝对值:

$$\mu(\boldsymbol{A}) = \max_{i\neq j}\left|\left\langle \frac{\boldsymbol{a}_i}{\|\boldsymbol{a}_i\|_2}, \frac{\boldsymbol{a}_j}{\|\boldsymbol{a}_j\|_2}\right\rangle\right|. \tag{3.2.1}$$

由于互相干性仅取决于列向量的方向, 为简单起见, 我们通常假设列向量被归一化为单位长度. 因此, 互相干性在 $[0,1]$ 之间取值. 如果 $\boldsymbol{A}$ 的列向量是正交的, 那么 $\mu(\boldsymbol{A})$ 为 0. 如果 $n > m$, 那么 $\boldsymbol{A}$ 的列向量不可能是正交的. $\mu(\boldsymbol{A})$ 反映了列向量之间在最差的意义下与相互正交的接近程度. $\mu(\boldsymbol{A})$ 较小的矩阵具有更分散的列向量. 我们将会看到, 这样的矩阵往往更有助于稀疏恢复, 因为 ℓ^1 最小化能够成功恢复更稠密的 $\boldsymbol{x}_o$. 图 3.5展示了 $\boldsymbol{A} \in \mathbb{R}^{2\times n}$ 的两个示例, 可视化了 $\boldsymbol{A}$ 的列向量并给出了其相干性.

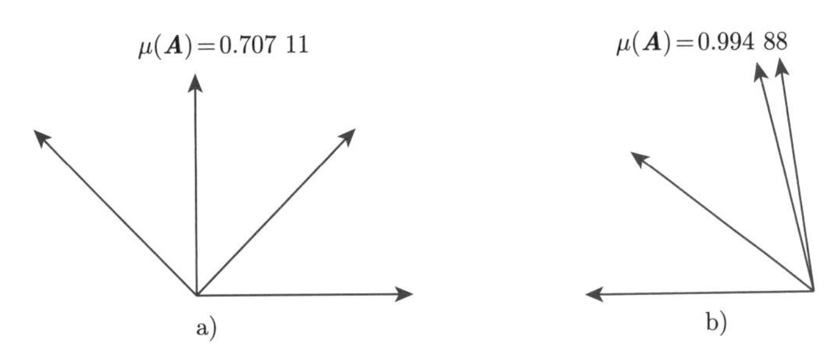

图 3.5 两种排列情况下矩阵 $\boldsymbol{A}$ 的列向量的互相干性对比. a) $\mathbb{S}^2$ 上分散得很好的向量: $\mu(\boldsymbol{A}) \approx 0.707$. 这是二维情况中 4 个向量可实现的最小 μ. 在更高维的情况中, 互相干性可以小得多. 例如, 一个随机的 $m \times 2m$ 维矩阵的相干性为 $\sqrt{\log m/m}$ 阶, 随着 m 的增加, 它减少到零. b) $\mu(\boldsymbol{A}) \approx 0.995$. 互相干性取决于最接近的一对 $\boldsymbol{a}_i$ 和 $\boldsymbol{a}_j$, 因此在本例中它非常大

为什么小的 $\mu(\boldsymbol{A})$ 对稀疏恢复会有帮助呢? 一种直觉如下: 假设 $\boldsymbol{y} = \boldsymbol{A}\boldsymbol{x}_o$, 其中 $\boldsymbol{x}_o$ 是稀疏的, I 是 $\boldsymbol{x}_o$ 的支撑, 那么 $\boldsymbol{y} = \sum_{i \in I} \boldsymbol{a}_i \boldsymbol{x}_o(i)$. 直观地说, 如果不同的列向量彼此不太相似, 那么应该更容易“猜测”到哪些列向量 $\boldsymbol{a}_i$ 参与了这个线性组合.

为了更规范地将互相干性与稀疏恢复联系起来, 我们将证明, 只要 $\mu(\boldsymbol{A})$ 很小, Kruskal 秩 $\operatorname{krank}(\boldsymbol{A})$ 就很大. 回想一下, $\operatorname{krank}(\boldsymbol{A}) \geqslant k$ 当且仅当 $\boldsymbol{A}$ 的任意 k 列构成的子集都是线性独立的, 即任意由 k 个列向量构成的子矩阵 $\boldsymbol{A}_I$ 具有列满秩. 事实上, 如果相干性 $\mu(\boldsymbol{A})$ 很小, 那么 $\boldsymbol{A}$ 的列子矩阵不仅是列满秩的, 它们甚至是*条件良态的* (well-conditioned), 即矩阵 $\boldsymbol{A}$ 的最小奇异值 $\sigma_{\min}$ 跟矩阵 $\boldsymbol{A}$ 的最大奇异值 $\sigma_{\max}$ 相差不多. 要理解这一点, 令 $I \subset [n]$ 且 $k = |I|$. 将 $\boldsymbol{A}_I^* \boldsymbol{A}_I$ 的对角线和非对角线元素写为:

$$\boldsymbol{A}_I^* \boldsymbol{A}_I = \boldsymbol{I} + \boldsymbol{\Delta}. \tag{3.2.2}$$

由于 $\|\boldsymbol{\Delta}\|_2 \leqslant \|\boldsymbol{\Delta}\|_F < k\|\boldsymbol{\Delta}\|_\infty \leqslant k\mu(\boldsymbol{A})$ ㊀, 我们有

$$1 - k\mu(\boldsymbol{A}) \ < \ \sigma_{\min}(\boldsymbol{A}_I^* \boldsymbol{A}_I) \ \leqslant \ \sigma_{\max}(\boldsymbol{A}_I^* \boldsymbol{A}_I) \ < \ 1 + k\mu(\boldsymbol{A}). \tag{3.2.3}$$

特别是, 如果 $k\mu(\boldsymbol{A}) \leqslant 1$, 那么 $\boldsymbol{A}_I$ 列满秩. 将此观察结果与我们之前对 Kruskal 秩的讨论相结合, 我们得到如下命题.

命题 3.1 (相干性控制着 Kruskal 秩) 对于任意矩阵 $\boldsymbol{A} \in \mathbb{R}^{m \times n}$,

$$\operatorname{krank}(\boldsymbol{A}) \ \geqslant \ \frac{1}{\mu(\boldsymbol{A})}. \tag{3.2.4}$$

特别地, 如果 $\boldsymbol{y} = \boldsymbol{A}\boldsymbol{x}_o$ 并且

$$\|\boldsymbol{x}_o\|_0 \ \leqslant \ \frac{1}{2\mu(\boldsymbol{A})}, \tag{3.2.5}$$

㊀ 第一个不等式是因为算子范数总是受到 Frobenius 范数的限制: $\|\boldsymbol{\Delta}\|_2 = \max_i \sigma_i(\boldsymbol{\Delta})$ 和 $\|\boldsymbol{\Delta}\|_F = \sqrt{\sum_i \sigma_i^2(\boldsymbol{\Delta})}$. 第二个不等式是因为 $\|\boldsymbol{\Delta}\|_F^2 = \sum_{ij} |\boldsymbol{\Delta}_{ij}|^2$. $\boldsymbol{\Delta}$ 的对角线元素为零, 因此在这种情况下, $\|\boldsymbol{\Delta}\|_F^2 = \sum_{i \neq j} |\boldsymbol{\Delta}_{ij}|^2 \leqslant k(k-1)\|\boldsymbol{\Delta}\|_\infty^2$, 其中 $\|\boldsymbol{\Delta}\|_\infty = \max\limits_{ij} |\boldsymbol{\Delta}_{ij}|$.

那么 $\boldsymbol{x}_o$ 是如下 ℓ^0 最小化问题的唯一最优解:

$$\begin{aligned} \min \quad & \|\boldsymbol{x}\|_0 \\ \text{s.t.} \quad & \boldsymbol{A}\boldsymbol{x} = \boldsymbol{y}. \end{aligned} \tag{3.2.6}$$

因此, 只要 $\mu(\boldsymbol{A})$ 足够小, ℓ^0 最小化将恢复唯一的 $\boldsymbol{x}_o$.

3.2.2 ℓ^1 最小化的正确性

先前的结果表明, 如果 $\mu(\boldsymbol{A})$ 很小, 那么 ℓ^0 最小化可以恢复足够稀疏的 $\boldsymbol{x}_o$. 下一个结果将表明, 在相同的假设下, 如果 $\mu(\boldsymbol{A})$ 很小, 那么可计算的ℓ^1 最小化也能够恢复 $\boldsymbol{x}_o$. 这意味着通过使用有效的算法, 稀疏解能够可靠地获得. 我们有如下结果.

定理 3.1 (ℓ^1 最小化成功的不相干条件) 令 $\boldsymbol{A}$ 是列向量具有单位 ℓ^2 范数的矩阵, $\mu(\boldsymbol{A})$ 表示 $\boldsymbol{A}$ 的互相干性. 假设 $\boldsymbol{y} = \boldsymbol{A}\boldsymbol{x}_o$, 且

$$\|\boldsymbol{x}_o\|_0 \leqslant \frac{1}{2\mu(\boldsymbol{A})}. \tag{3.2.7}$$

那么 $\boldsymbol{x}_o$ 是如下问题的唯一最优解:

$$\begin{aligned} \min \quad & \|\boldsymbol{x}\|_1 \\ \text{s.t.} \quad & \boldsymbol{y} = \boldsymbol{A}\boldsymbol{x}. \end{aligned} \tag{3.2.8}$$

评注 3.1 定理 3.1的条件还可以进行一些改进, 使得恢复的 $\boldsymbol{x}_o$ 满足

$$\|\boldsymbol{x}_o\|_0 \leqslant \frac{1}{2}\left(1 + \frac{1}{\mu(\boldsymbol{A})}\right). \tag{3.2.9}$$

这种形式的最佳可能解释是: 存在 $\boldsymbol{A}$ 和 $\boldsymbol{x}_o$ 的示例, 其中 $\|\boldsymbol{x}_o\|_0 > \frac{1}{2}\left(1 + \frac{1}{\mu(\boldsymbol{A})}\right)$, 此时 ℓ^1 最小化不能恢复 $\boldsymbol{x}_o$. 尽管如此, 在本章后面将会看到, 对于某类具有实际重要性的矩阵 $\boldsymbol{A}$, 我们可能有更好的保证, 这对感知、纠错和许多相关问题具有重要意义.

ℓ^1 恢复的证明思路

在开始对定理 3.1进行严格证明之前, 首先概述一下我们的方法. 回顾第 2 章, 对于任意 $\boldsymbol{v} \in \partial \|\cdot\|_1 (\boldsymbol{x}_o)$ 和 $\boldsymbol{x}' \in \mathbb{R}^n$, 次梯度不等式

$$\|\boldsymbol{x}'\|_1 \geqslant \|\boldsymbol{x}_o\|_1 + \langle \boldsymbol{v}, \boldsymbol{x}' - \boldsymbol{x}_o \rangle \tag{3.2.10}$$

限定了 $\|\boldsymbol{x}'\|_1$ 的下界. 请注意, 如果 $\boldsymbol{x}'$ 对于式 (3.2.8)是可行的, 那么 $\boldsymbol{y} = \boldsymbol{A}\boldsymbol{x}'$ 且 $\boldsymbol{A}(\boldsymbol{x}' - \boldsymbol{x}_o) = \boldsymbol{0}$. 因此, 对于任意 $\boldsymbol{\lambda} \in \mathbb{R}^m$,

$$\langle \boldsymbol{A}^* \boldsymbol{\lambda}, \boldsymbol{x}' - \boldsymbol{x}_o \rangle = \langle \boldsymbol{\lambda}, \boldsymbol{A}(\boldsymbol{x}' - \boldsymbol{x}_o) \rangle = 0. \tag{3.2.11}$$

因此, 如果我们能够产生一个 $\boldsymbol{\lambda}$, 使得 $\boldsymbol{A}^*\boldsymbol{\lambda} \in \partial\|\cdot\|_1(\boldsymbol{x}_o)$, 然后把它代入式(3.2.10), 那么对于每一个 $\boldsymbol{x}' \in \mathbb{R}^n$, 我们必然有:

$$\|\boldsymbol{x}'\|_1 \geqslant \|\boldsymbol{x}_o\|_1 . \tag{3.2.12}$$

这意味着 $\boldsymbol{x}_o$ 是一个最优解. 图 3.6以几何方式可视化了这种构造.

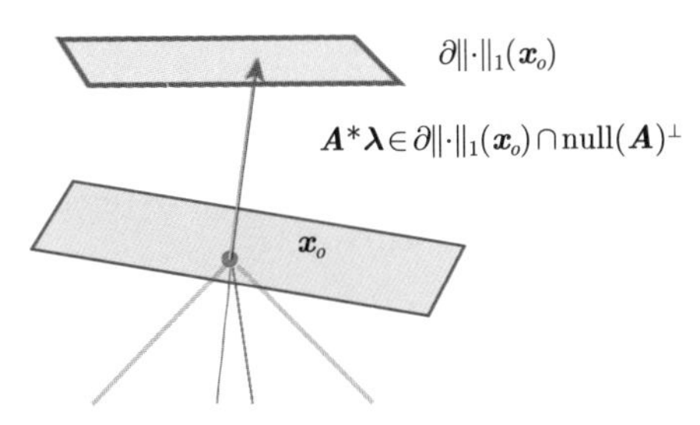

图 3.6　ℓ^1 恢复成功条件证明的几何解释. 通过验证存在一个 $\boldsymbol{\lambda}$, 使得$\boldsymbol{A}^*\boldsymbol{\lambda}$ 属于次微分$\partial\|\cdot\|_1(\boldsymbol{x}_o)$, 那么我们就能够证明 $\boldsymbol{x}_o$ 是 ℓ^1 最小化问题的最优解. 这里, 目标函数的次梯度与null($\boldsymbol{A}$) 正交. 这推广了投影到仿射子空间的条件 (见图 2.13), 其中近似误差的梯度正交于 null($\boldsymbol{A}$).

令 I 表示 $\boldsymbol{x}_o$ 的支撑, $\boldsymbol{\sigma} = \mathrm{sign}(\boldsymbol{x}_{oI}) \in \{\pm 1\}^k$. 回想一下, 次微分 $\partial\|\cdot\|_1(\boldsymbol{x}_o)$ 由向量 $\boldsymbol{v}$ 组成, 使得

$$\boldsymbol{v}_I = \boldsymbol{\sigma}, \tag{3.2.13}$$

$$\|\boldsymbol{v}_{I^c}\|_\infty \leqslant 1. \tag{3.2.14}$$

因此, 条件 $\boldsymbol{A}^*\boldsymbol{\lambda} \in \partial\|\cdot\|_1(\boldsymbol{x}_o)$ 对向量 $\boldsymbol{A}^*\boldsymbol{\lambda}$ 有以下两个要求:

$$\boldsymbol{A}_I^*\boldsymbol{\lambda} = \boldsymbol{\sigma}, \tag{3.2.15}$$

$$\|\boldsymbol{A}_{I^c}^*\boldsymbol{\lambda}\|_\infty \leqslant 1. \tag{3.2.16}$$

第一个条件是 k 个等式的线性方程组, 在 $\boldsymbol{\lambda}$ 中有 m 个未知量. 第二个是 $n-k$ 个不等式约束. 方程组(3.2.15)是欠定的, 我们的方法将是为这个欠定方程组寻找最简单的可行解

$$\hat{\boldsymbol{\lambda}}_{\ell^2} = \boldsymbol{A}_I(\boldsymbol{A}_I^*\boldsymbol{A}_I)^{-1}\boldsymbol{\sigma}. \tag{3.2.17}$$

可以验证, 这个假定的解自动满足等式约束(3.2.15). 此外, $\hat{\boldsymbol{\lambda}}_{\ell^2}$ 是 $\boldsymbol{A}_I$ 的列向量的叠加. 因为 $\mu(\boldsymbol{A})$ 很小, $\boldsymbol{A}_{I^c}$ 的列向量几乎与 $\boldsymbol{A}_I$ 的列向量正交, 所以 $\|\boldsymbol{A}_{I^c}^*\boldsymbol{\lambda}\|_\infty$ 也很小.

下面, 我们把上述讨论严格化. 细节会比上面的概述稍微复杂一些, 因为我们希望证明 $\boldsymbol{x}_o$ 不仅是一个最优解, 而且是唯一最优解. 我们将看到, 如果可以确保 $\boldsymbol{A}_I$ 具有列满秩并且 $\|\boldsymbol{A}_{I^c}^*\boldsymbol{\lambda}\|_\infty$ 严格小于 1, 那么上述结论成立.

定理 3.1的证明. 令 $I = \mathrm{supp}(\boldsymbol{x}_o)$, $\boldsymbol{\sigma} = \mathrm{sign}(\boldsymbol{x}_{oI}) \in \{\pm 1\}^k$. 注意, $\sigma_{\min}(\boldsymbol{A}_I^*\boldsymbol{A}_I) > 1 - k\mu(\boldsymbol{A})$. 因此, 在我们的假设下, $\boldsymbol{A}_I$ 列满秩. 假设存在 $\boldsymbol{\lambda}$ 使得

$$\boldsymbol{A}_I^*\boldsymbol{\lambda} = \boldsymbol{\sigma}, \tag{3.2.18}$$

$$\|\boldsymbol{A}_{I^c}^*\boldsymbol{\lambda}\|_\infty < 1. \tag{3.2.19}$$

考虑任何可行的 $\boldsymbol{x}'$, 即满足 $\boldsymbol{A}\boldsymbol{x}' = \boldsymbol{y}$. 令 $\boldsymbol{v} \in \mathbb{R}^n$ 是一个向量, 使得 $\boldsymbol{v}_I = \boldsymbol{\sigma}$, 并且 $\boldsymbol{v}_{I^c} = \mathrm{sign}([\boldsymbol{x}' - \boldsymbol{x}_o]_{I^c})$. 注意 $\boldsymbol{v} \in \partial\|\cdot\|_1(\boldsymbol{x}_o)$, 根据次梯度不等式, 我们得到:

$$\|\boldsymbol{x}'\|_1 \geqslant \|\boldsymbol{x}_o\|_1 + \langle \boldsymbol{v}, \boldsymbol{x}' - \boldsymbol{x}_o \rangle. \tag{3.2.20}$$

由于 $\boldsymbol{x}' - \boldsymbol{x}_o \in \mathrm{null}(\boldsymbol{A})$, 我们有 $\langle \boldsymbol{A}^*\boldsymbol{\lambda}, \boldsymbol{x}' - \boldsymbol{x}_o \rangle = 0$, 那么上面的方程意味着

$$\begin{aligned}
\|\boldsymbol{x}'\|_1 &\geqslant \|\boldsymbol{x}_o\|_1 + \langle \boldsymbol{v}, \boldsymbol{x}' - \boldsymbol{x}_o \rangle \\
&= \|\boldsymbol{x}_o\|_1 + \langle \boldsymbol{v} - \boldsymbol{A}^*\boldsymbol{\lambda}, \boldsymbol{x}' - \boldsymbol{x}_o \rangle \\
&= \|\boldsymbol{x}_o\|_1 + \langle \boldsymbol{v}_{I^c} - \boldsymbol{A}_{I^c}^*\boldsymbol{\lambda}, [\boldsymbol{x}' - \boldsymbol{x}_o]_{I^c} \rangle \\
&\geqslant \|\boldsymbol{x}_o\|_1 + \|[\boldsymbol{x}' - \boldsymbol{x}_o]_{I^c}\|_1 - \|\boldsymbol{A}_{I^c}^*\boldsymbol{\lambda}\|_\infty \|[\boldsymbol{x}' - \boldsymbol{x}_o]_{I^c}\|_1 \\
&= \|\boldsymbol{x}_o\|_1 + (1 - \|\boldsymbol{A}_{I^c}^*\boldsymbol{\lambda}\|_\infty) \|[\boldsymbol{x}' - \boldsymbol{x}_o]_{I^c}\|_1.
\end{aligned} \tag{3.2.21}$$

由于 $\|\boldsymbol{A}_{I^c}^*\boldsymbol{\lambda}\|_\infty < 1$, 所以要么 $\|\boldsymbol{x}'\|_1 > \|\boldsymbol{x}_o\|_1$, 要么 $\|[\boldsymbol{x}' - \boldsymbol{x}_o]_{I^c}\|_1 = 0$. 在后一种情况下, 这意味着 $\mathrm{supp}(\boldsymbol{x}') \subseteq I$ 且 $\boldsymbol{x}_I' - \boldsymbol{x}_{oI} \in \mathrm{null}(\boldsymbol{A}_I)$. 由于 $\boldsymbol{A}_I$ 具有列满秩, 这意味着 $\boldsymbol{x}_I' = \boldsymbol{x}_{oI}$, 因此 $\boldsymbol{x}' = \boldsymbol{x}$.

因此, 如果我们可以构造一个满足式(3.2.18)~ 式(3.2.19)的 $\boldsymbol{\lambda}$, 那么任何替代可行解 $\boldsymbol{x}'$ 都有比 $\boldsymbol{x}_o$ 更大的 ℓ^1 范数. 让我们试着产生这样一个 $\boldsymbol{\lambda}$. 上面的第一个公式(3.2.18)是一个欠定线性方程组, 有 k 个方程和 $m > k$ 个未知量的 $\boldsymbol{\lambda}$. 让我们写下这个方程组的一个特解:

$$\hat{\boldsymbol{\lambda}}_{\ell^2} = \boldsymbol{A}_I(\boldsymbol{A}_I^*\boldsymbol{A}_I)^{-1}\boldsymbol{\sigma}. \tag{3.2.22}$$

通过构造, 我们可以有 $\boldsymbol{A}_I^*\hat{\boldsymbol{\lambda}}_{\ell^2} = \boldsymbol{\sigma}$. 我们只需通过计算下式验证式(3.2.19):

$$\|\boldsymbol{A}_{I^c}^*\hat{\boldsymbol{\lambda}}_{\ell^2}\|_\infty = \|\boldsymbol{A}_{I^c}^*\boldsymbol{A}_I(\boldsymbol{A}_I^*\boldsymbol{A}_I)^{-1}\boldsymbol{\sigma}\|_\infty. \tag{3.2.23}$$

考虑这个向量的单个元素, 即对于某个 $j \in I^c$, 它的形式为

$$|\boldsymbol{a}_j^*\boldsymbol{A}_I(\boldsymbol{A}_I^*\boldsymbol{A}_I)^{-1}\boldsymbol{\sigma}| \leqslant \underbrace{\|\boldsymbol{A}_I^*\boldsymbol{a}_j\|_2}_{\leqslant\sqrt{k}\mu} \underbrace{\|(\boldsymbol{A}_I^*\boldsymbol{A}_I)^{-1}\|_2}_{<\frac{1}{1-k\mu(\boldsymbol{A})}} \underbrace{\|\boldsymbol{\sigma}\|_2}_{=\sqrt{k}} \tag{3.2.24}$$

$$< \frac{k\mu(\boldsymbol{A})}{1 - k\mu(\boldsymbol{A})} \tag{3.2.25}$$

$$\leqslant \underbrace{1}_{\text{考虑到 } k\mu(\boldsymbol{A}) \leqslant 1/2}. \tag{3.2.26}$$

在式(3.2.25)中, 对于任意可逆的 $\boldsymbol{M}$, $\|\boldsymbol{M}^{-1}\|_2 = 1/\sigma_{\min}(\boldsymbol{M})$, 并且之前有计算结果 $\sigma_{\min}(\boldsymbol{A}_I^*\boldsymbol{A}_I) \geqslant 1 - k\mu(\boldsymbol{A})$, 我们可以据此来约束 $\|(\boldsymbol{A}_I^*\boldsymbol{A}_I)^{-1}\|_2$. 上述计算表明, 在我们的假设下, 条件(3.2.19)得到验证. □

3.2.3　构造一个不相干矩阵

在定理 3.1中, 我们已经证明如果 $\|\boldsymbol{x}_o\|_0 \leqslant 1/2\mu(\boldsymbol{A})$, $\boldsymbol{x}_o$ 可以通过 ℓ_1 最小化正确恢复. 该结论的许多扩展和变体是已知的. 根据这个结果, 具有较小相干性的矩阵可以有更好的界.

从历史上看, 这种性质的结果首先在特殊的 $\boldsymbol{A}$ 上得到了证明, 它由两个正交基的级联组成:

$$\boldsymbol{A} = [\boldsymbol{\Phi} \mid \boldsymbol{\Psi}], \tag{3.2.27}$$

其中 $\boldsymbol{\Phi} = [\boldsymbol{\phi}_1 \mid \cdots \mid \boldsymbol{\phi}_n] \in \mathsf{O}(n)$, $\boldsymbol{\Psi} = [\boldsymbol{\psi}_1 \mid \cdots \mid \boldsymbol{\psi}_n] \in \mathsf{O}(n)$, $\mathsf{O}(n)$ 表示正交 (矩阵) 群. 例如, $\boldsymbol{\Phi}$ 可以是经典的傅里叶变换基, 而 $\boldsymbol{\Psi}$ 是某种小波变换基. 在这种情况下, 可以根据交叉相干性 (cross-coherence)

$$\max_{i,j} \left|\langle \boldsymbol{\phi}_i, \boldsymbol{\psi}_j \rangle\right| \tag{3.2.28}$$

来证明更锐利的界.

另一种非常有趣的情况是, 当矩阵 $\boldsymbol{A}$ 的形式为 $\boldsymbol{A} = \boldsymbol{\Phi}_I^* \boldsymbol{\Psi}$, 其中 $I \subset [n]$, $\boldsymbol{\Phi}_I \in \mathbb{R}^{n \times |I|}$ 是一组正交基的子矩阵. 例如, 在前一章的 MRI 问题中, $\boldsymbol{\Phi}$ 对应于傅里叶变换, 而 $\boldsymbol{\Psi}$ 是稀疏化基 (例如小波基).

事实证明, 不相干性是几乎所有矩阵的通用性质. 因此, 构建具有较小 $\mu(\boldsymbol{A})$ 的矩阵 $\boldsymbol{A}$ 的最简单方法就是选用随机矩阵. 以下定理使这一点变得精确.

定理 3.2　*令矩阵 $\boldsymbol{A} = [\boldsymbol{a}_1 \mid \cdots \mid \boldsymbol{a}_n]$, 其列向量按球面 $\mathbb{S}^{m-1}$ 上的均匀分布独立选取, 即 $\boldsymbol{a}_i \sim \mathrm{uni}(\mathbb{S}^{m-1})$. 那么, 以至少为 3/4 的概率*

$$\mu(\boldsymbol{A}) \leqslant C\sqrt{\frac{\log n}{m}}, \tag{3.2.29}$$

其中 $C > 0$ 是一个数值常数.

这个结果本质上只是一个计算. 我们所需要的主要工具是下述结论, 它观察到球体上的 Lipschitz 函数急剧地集中在其中位数 (median) 附近.

定理 3.3 (球面测度集中)　*令 $\boldsymbol{u}$ 服从球面 $\mathbb{S}^{m-1}$ 上的均匀分布, 即 $\boldsymbol{u} \sim \mathrm{uni}(\mathbb{S}^{m-1})$. 令 $f : \mathbb{S}^{m-1} \to \mathbb{R}$ 为 1-Lipschitz 函数, 即*

$$\forall \boldsymbol{u}, \boldsymbol{u}', \quad |f(\boldsymbol{u}) - f(\boldsymbol{u}')| \leqslant 1 \cdot \|\boldsymbol{u} - \boldsymbol{u}'\|_2, \tag{3.2.30}$$

并令 $\mathrm{med}(f)$ 表示随机变量 $Z = f(\boldsymbol{u})$ 的任何中位数. 那么,

$$\mathbb{P}[\, f(\boldsymbol{u}) > \mathrm{med}(f) + t\,] \leqslant 2\exp\left(-\frac{mt^2}{2}\right), \tag{3.2.31}$$

$$\mathbb{P}[\, f(\boldsymbol{u}) < \mathrm{med}(f) - t\,] \leqslant 2\exp\left(-\frac{mt^2}{2}\right). \tag{3.2.32}$$

这个结果是图 1.10 所示的关于球体的反直觉示例背后的确切原因. 我们在附录 E 中给出了关于测度集中的一些基本事实及其证明. 有关测度集中的更详细介绍, 读者可以参考 [Ledoux, 2001; Matousek, 2002]. 现在, 我们将把这个结果视为已知, 并用它来证明我们的定理 3.2.

定理 3.2 的证明. 对于任意固定的 $\boldsymbol{v} \in \mathbb{S}^{m-1}$, 我们有

$$||\boldsymbol{v}^*\boldsymbol{a}| - |\boldsymbol{v}^*\boldsymbol{a}'|| \leqslant |\boldsymbol{v}^*(\boldsymbol{a} - \boldsymbol{a}')| \leqslant \|\boldsymbol{a} - \boldsymbol{a}'\|_2. \tag{3.2.33}$$

因此, 函数 $f(\boldsymbol{a}) = |\boldsymbol{v}^*\boldsymbol{a}|$ 是 1-Lipschitz 函数. 快速计算一下可知, 对于 $\boldsymbol{a} \sim \text{uni}(\mathbb{S}^{m-1})$, 其中 $\text{uni}(\cdot)$ 表示均匀分布, 我们有

$$\mathbb{E}[(\boldsymbol{v}^*\boldsymbol{a})^2] = \frac{1}{m}. \tag{3.2.34}$$

由于 x^2 是凸的, $\mathbb{E}\left[|\boldsymbol{v}^*\boldsymbol{a}|\right]^2 \leqslant \mathbb{E}\left[(\boldsymbol{v}^*\boldsymbol{a})^2\right]$. 所以, 我们有 $\mathbb{E}\left[|\boldsymbol{v}^*\boldsymbol{a}|\right] \leqslant \frac{1}{\sqrt{m}}$.

将马尔可夫不等式 $\mathbb{P}\left[X \geqslant a\right] \leqslant \frac{\mathbb{E}\left[X\right]}{a}$ 应用于 f, 其中 $a = \text{med}(f)$ 那么 f 的任意中位数满足

$$\text{med}(f) \leqslant 2\mathbb{E}[f] \leqslant \frac{2}{\sqrt{m}}. \tag{3.2.35}$$

最后, 应用定理 3.3的测度集中, 我们有

$$\mathbb{P}\left[|\boldsymbol{v}^*\boldsymbol{a}| > \frac{2+t}{\sqrt{m}}\right] \leqslant 2\exp\left(-\frac{t^2}{2}\right). \tag{3.2.36}$$

由于这对于每个固定的 $\boldsymbol{v} \in \mathbb{S}^{m-1}$ 都成立, 因此如果 $\boldsymbol{v}$ 是均匀分布在 $\mathbb{S}^{m-1}$ 上的独立随机向量, 结论也成立. 因此, 我们有

$$\mathbb{P}\left[|\boldsymbol{a}_i^*\boldsymbol{a}_j| > \frac{2+t}{\sqrt{m}}\right] \leqslant 2\exp\left(-\frac{t^2}{2}\right). \tag{3.2.37}$$

对所有 $n(n-1)/2$ 对不同的 $(\boldsymbol{a}_i, \boldsymbol{a}_j)$ 的失败概率求和, 我们可以得到所有失败事件的概率的 (联合) 上界:

$$\mathbb{P}\left[\exists\,(i,j)\ :\ |\boldsymbol{a}_i^*\boldsymbol{a}_j| > \frac{2+t}{\sqrt{m}}\right] \leqslant n(n-1)\exp\left(-\frac{t^2}{2}\right). \tag{3.2.38}$$

令 $t = 2\sqrt{\log 2n}$, 那么上述概率小于 $1/4$. 我们完成了证明. □

关于定理 3.2有几点值得注意. 首先, 成功概率 $3/4$ 并没有什么特别之处. 通过 t 的稍微不同的选择 (影响常数 C), 可以使成功概率任意接近 1. 其次, $\mathbb{S}^{m-1}$ 上的均匀分布没有什么特别之处, 许多分布都会产生类似的结果, 但均匀分布特别便于分析.

图 3.7根据定理 3.2采样所得到的矩阵 $\boldsymbol{A}$ 的平均互相干性, 绘制了对于 n 和 $m = n/8$ 的各种取值. 观察结果似乎与定理的预测一致: 观察到的平均互相干性非常接近 $1.75\sqrt{\log n/m}$.

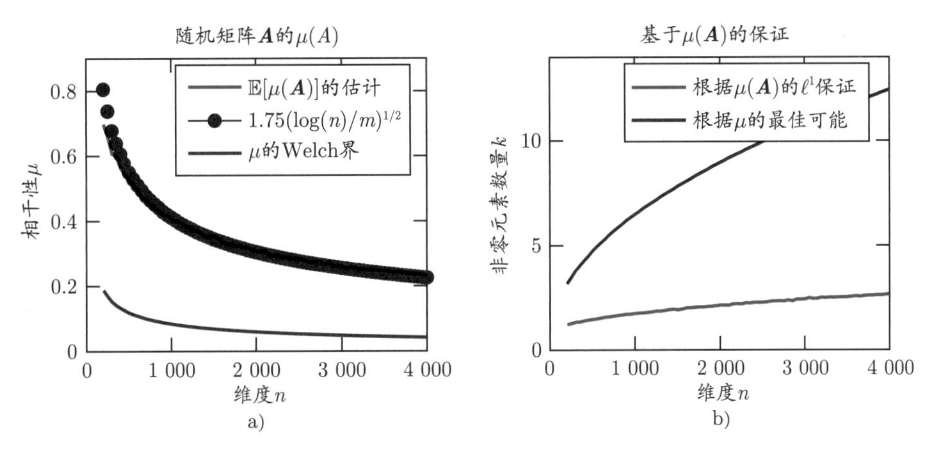

图 3.7 相干性如何随维数衰减. a) 50 次试验的平均互相干性, 其中 $\boldsymbol{A}$ 的列向量 $\boldsymbol{a}_i \sim_{\text{i.i.d.}} \text{uni}(\mathbb{S}^{m-1})$, n 和 $m = n/8$ 取各种不同的值. 供参考的黑色曲线为 $1.75\sqrt{\log n/m}$. 蓝色曲线是 $m \times n$ 矩阵最小可达互相干性的 Welch 下界 $\mu_{\min}$(参见定理 3.4). b) 红色曲线是我们使用观察的 $\mu(\boldsymbol{A})$ 和定理 3.1可以保证重建的平均非零元素数量 k. 对于大小为 $m \times n$ 的任意矩阵 $\boldsymbol{A}$, 蓝色曲线使用定理 3.1和 Welch 界约束了非零元素的最多可能数量

3.2.4 不相干性的局限性

定理 3.1给出了矩阵 $\boldsymbol{A}$ 的良定程度和 $\boldsymbol{x}_o$ 的稀疏性之间的定量权衡. 它断言, 当 $\boldsymbol{x}_o$ 足够稀疏时 (即 $\|\boldsymbol{x}_o\|_0 \leqslant 1/2\mu(\boldsymbol{A})$), $\boldsymbol{x}_o$ 是 ℓ^1 最小化问题的唯一最优解. 这给出了 ℓ^1 最小化正确恢复的充分条件.

但是, 这个结果有多紧呢? 根据定理 3.2, 一个随机矩阵 $\boldsymbol{A} \in \mathbb{R}^{m\times n}$ 的相干性上界将有很高概率被限制为 $\mu(\boldsymbol{A}) \leqslant C\sqrt{\log n/m}$. 因此, 对于"一般的"矩阵 $\boldsymbol{A}$, 上述正确恢复的保证意味着有 $O(\sqrt{m/\log n})$ 个非零元素的 $\boldsymbol{x}_o$ 能够被正确恢复. 如果我们反过来, 将矩阵乘法 $\boldsymbol{x} \mapsto \boldsymbol{A}\boldsymbol{x}$ 视为一个采样过程, 那么对于适当分布的随机矩阵 $\boldsymbol{A}$, 我们可以通过

$$m \geqslant C' k^2 \log n \tag{3.2.39}$$

个观测来成功恢复 k-稀疏的 $\boldsymbol{x}_o$. 当 k 很小时, 这比简单地对 $\boldsymbol{x}$ 的所有 n 个元素进行采样要好得多. 另一方面, 需要 $m = \Omega(k^2)$ 个观测似乎有点太高了——要确定一个 k-稀疏的 $\boldsymbol{x}$, 我们只需要确定它的 k 个非零元素, 但是这个理论需要 k^2 个观测.

人们可能会很自然地猜测, 将 $\boldsymbol{A}$ 选为随机矩阵是一个糟糕的选择, 也许一些精巧的确定性构造可以通过使 $\mu(\boldsymbol{A})$ 变得更小来产生更好的性能保证. 相干性 $\mu(\boldsymbol{A})$ 可以有多小呢? 我们已经注意到, 如果 $\boldsymbol{A}$ 是列向量正交的方阵, 那么 $\mu(\boldsymbol{A}) = 0$. 但是, 如果我们固定 m 但允许列数 n 增长, 我们将需要把越来越多的向量 $\boldsymbol{a}_j$ 堆积到紧集 $\mathbb{S}^{m-1}$ 上. 随着我们增加 n, 可实现的最小相干性 μ 也随之增大.

事实证明, 无论怎么做, 我们都无法构造一个相干性显著地小于随机矩阵相干性的矩阵: 随机矩阵 $\boldsymbol{A}$ 的相干性与最优结果只相差一个对数因子 $C\log n$. 以下定理明确了这一点.

定理 3.4 (Welch界)　对任意矩阵 $\boldsymbol{A}=[\boldsymbol{a}_1\mid\cdots\mid\boldsymbol{a}_n]\in\mathbb{R}^{m\times n}$, $m\leqslant n$, 假设这些列向量 $\boldsymbol{a}_i$ 有单位 ℓ^2 范数. 那么

$$\mu(\boldsymbol{A}) \;=\; \max_{i\neq j}|\langle\boldsymbol{a}_i,\boldsymbol{a}_j\rangle| \;\geqslant\; \sqrt{\frac{n-m}{m(n-1)}}. \tag{3.2.40}$$

证明. 令 $\boldsymbol{G}=\boldsymbol{A}^*\boldsymbol{A}\in\mathbb{R}^{n\times n}$, 并用 $\lambda_1\geqslant\ldots\geqslant\lambda_m\geqslant 0$ 表示它的非零特征值[⊖]. 注意到

$$\sum_{i=1}^{m}\lambda_i(\boldsymbol{G})=\operatorname{trace}(\boldsymbol{G})=\sum_{i=1}^{n}\|\boldsymbol{a}_i\|_2^2=n. \tag{3.2.41}$$

利用这一点, 我们可以得到

$$\frac{n^2}{m}\leqslant\frac{n^2}{m}+\sum_{i=1}^{m}\left(\lambda_i(\boldsymbol{G})-\frac{n}{m}\right)^2 \tag{3.2.42}$$

$$=\frac{n^2}{m}+\sum_{i=1}^{m}\left\{\lambda_i^2(\boldsymbol{G})+\frac{n^2}{m^2}-2\frac{n}{m}\lambda_i(\boldsymbol{G})\right\} \tag{3.2.43}$$

$$=\sum_{i=1}^{m}\lambda_i^2(\boldsymbol{G}) \;=\; \|\boldsymbol{G}\|_F^2 \tag{3.2.44}$$

$$=\sum_{i,j}|\boldsymbol{a}_i^*\boldsymbol{a}_j|^2 \;=\; n+\sum_{i\neq j}|\boldsymbol{a}_i^*\boldsymbol{a}_j|^2 \tag{3.2.45}$$

$$\leqslant n+n(n-1)\left(\max_{i\neq j}|\boldsymbol{a}_i^*\boldsymbol{a}_j|\right)^2. \tag{3.2.46}$$

化简之后, 即可得证.

在上面的不等式序列中, 我们在式(3.2.44)使用了这样一个结论, 对于任意对称矩阵 $\boldsymbol{G}$, $\|\boldsymbol{G}\|_F^2=\sum_i\lambda_i(\boldsymbol{G})^2$, 该结论来自特征值分解 $\boldsymbol{G}=\boldsymbol{V}\boldsymbol{\Lambda}\boldsymbol{V}^*$, 以及对于任意矩阵 $\boldsymbol{M}$ 和适当大小的正交矩阵 $\boldsymbol{P}$ 和 $\boldsymbol{Q}$, $\|\boldsymbol{M}\|_F=\|\boldsymbol{PMQ}\|_F$. □

这里要注意的重点是, 如果我们取 n 与 m 成正比, 即对于某个 $\beta>1$, $n=\beta m$, 那么对于任意大小为 $m\times n$ 的矩阵 $\boldsymbol{A}$,

$$\mu(\boldsymbol{A}) \;\geqslant\; \Omega\left(\frac{1}{\sqrt{m}}\right). \tag{3.2.47}$$

因此, 在最好的情况下, 定理 3.1保证我们可以恢复大约 $\sqrt{m}$ 个非零元素的 $\boldsymbol{x}_o$. 或者等价地, 无论我们选择的 $\boldsymbol{A}$ 有多好, 为保证成功恢复一个 k-稀疏向量, 定理 3.1将会要求有

$$m\geqslant C''k^2 \tag{3.2.48}$$

个观测, 它仅比先前的相对于随机选择的矩阵 $\boldsymbol{A}$ 的界(3.2.39)少了一个对数因子 $\log n$.

⊖ 因为 $\operatorname{rank}(\boldsymbol{G})\leqslant m$, 它最多有 m 个非零特征值.

这种情况到底是反映了 ℓ^1 松弛的基本局限性，还是我们的分析太松呢？事实证明，对于一般矩阵，情况似乎比式(3.2.39)～式(3.2.48)中提出的界要好得多. 同样，得到这个结论的最简单方法是做一个实验. 我们可以尝试解决行列比恒定 (例如 $m = n/2$) 而 n 不断变大的问题. 令 $k = \|\boldsymbol{x}_o\|_0$ 与 m 成正比——例如，$k = m/4$ (一种远比 $k \sim \sqrt{m}$ 更好的缩放比例). 现在，尝试不同的行列比 $m = \alpha n$ 和稀疏比 $k = \beta m$. 我们将此作为习题留给读者. 你可能会注意到一些有趣的事情:

> *在按比例增长的条件下，即 $m \propto n$, $k \propto m$, 只要比例常数 n/m 和 k/m 足够小，ℓ^1 最小化的恢复成功率非常高.*

这是一个非常重要的观察，因为它意味着:

- **更多纠错**. 我们可以使用有效的算法来纠正恒定比例的错误.
- **更好的压缩采样**. 我们可以使用与信号的内在 "信息内容" (非零元素数量) 成比例的数量的测量来感知稀疏向量.

然而，为了有一个可以解释这种观察的理论，我们需要一个比 (相对粗略的) 相干性或者不相干性更精细的测度来判断矩阵 $\boldsymbol{A}$ 的好坏. 此外，我们还需要升级我们的理论工具.

3.3 更强的正确性结果

3.3.1 受限等距性质

在上一节中，我们看到了 ℓ^1 最小化问题

$$\begin{aligned} \min \quad & \|\boldsymbol{x}\|_1 \\ \text{s.t.} \quad & \boldsymbol{A}\boldsymbol{x} = \boldsymbol{y} \end{aligned} \tag{3.3.1}$$

从观测 $\boldsymbol{y} = \boldsymbol{A}\boldsymbol{x}_o$ 中正确地恢复稀疏 $\boldsymbol{x}_o$, 其前提是下述两个条件得到满足:

- $\boldsymbol{x}_o$ 是结构化的，即 $k = \|\boldsymbol{x}_o\|_0 \ll n$.
- $\boldsymbol{A}$ 是 "良定" 的，即它的相干性 $\mu(\boldsymbol{A})$ 很小.

不相干性所提供的直觉非常具有定性的启发性，但是它并没有为我们在实验中看到的良好结果提供定量解释. 我们怎样才能加强这个条件呢？假设 $\boldsymbol{A}$ 的列向量有单位 ℓ^2 范数. 那么很容易计算出对于由任意两个列向量所构成的子矩阵 $\boldsymbol{A}_I = [\boldsymbol{a}_i \mid \boldsymbol{a}_j] \in \mathbb{R}^{m \times 2}$,

$$\boldsymbol{A}_I^* \boldsymbol{A}_I = \begin{bmatrix} 1 & \boldsymbol{a}_i^* \boldsymbol{a}_j \\ \boldsymbol{a}_j^* \boldsymbol{a}_i & 1 \end{bmatrix}. \tag{3.3.2}$$

习题 3.6 让读者证明，由于 $|\boldsymbol{a}_i^* \boldsymbol{a}_j| \leqslant \mu(\boldsymbol{A})$, 这个矩阵是条件良态的 (即条件数较小):

$$1 - \mu(\boldsymbol{A}) \leqslant \sigma_{\min}(\boldsymbol{A}_I^* \boldsymbol{A}_I) \leqslant \sigma_{\max}(\boldsymbol{A}_I^* \boldsymbol{A}_I) \leqslant 1 + \mu(\boldsymbol{A}). \tag{3.3.3}$$

对于每一个两列子矩阵 $\boldsymbol{A}_I$, 这个性质都成立. 因此, $\boldsymbol{A}$ 的列向量良好分散的性质意味着$\boldsymbol{A}$ 的列子矩阵是条件良态的.

我们可以通过使集合 I 大于 2 来拓展这两个性质. 实际上, 我们可以要求 $\boldsymbol{A}$ 的所有 k-列子矩阵都是条件良态的: 对于每个大小为 k 的集合 $I \subset \{1, \cdots, n\}$, $|I| \leqslant k$, 我们有

$$1 - k\mu(\boldsymbol{A}) \leqslant \sigma_{\min}(\boldsymbol{A}_I^* \boldsymbol{A}_I) \leqslant \sigma_{\max}(\boldsymbol{A}_I^* \boldsymbol{A}_I) \leqslant 1 + k\mu(\boldsymbol{A}). \tag{3.3.4}$$

这控制了 Kruskal 秩: 如果 $1 - k\mu(\boldsymbol{A}) > 0$, 那么 $\text{krank}(\boldsymbol{A}) \geqslant k$. 这意味着具有较小 μ 的不相干矩阵往往具有较大的 Kruskal 秩. 因此, 根据定理 2.1, 任意足够稀疏的 $\boldsymbol{x}_o$ 都是观测方程 $\boldsymbol{A}\boldsymbol{x} = \boldsymbol{y}$ 的最稀疏解.

在式(3.3.4)中, 我们看到相干性 $\mu(\boldsymbol{A})$ 控制列子矩阵 $\boldsymbol{A}_I$ 的条件数——如果 $\mu(\boldsymbol{A})$ 很小, 那么每一个仅由 $\boldsymbol{A}$ 的少数几列张成的子矩阵都是条件良态的, 即

$$1 - \delta \leqslant \sigma_{\min}(\boldsymbol{A}_I^* \boldsymbol{A}_I) \leqslant \sigma_{\max}(\boldsymbol{A}_I^* \boldsymbol{A}_I) \leqslant 1 + \delta, \tag{3.3.5}$$

其中 δ 很小. 事实证明, 这在证明定理 3.1时至关重要. 实际上, 我们将看到对于某些结构良好的矩阵 $\boldsymbol{A}$ (包括随机矩阵), 式(3.3.5)中的界在 δ 远小于式(3.3.4)中仅使用相干性预测的结果时成立[㊀]. 它也适用于 $k = |I|$, 即使它比仅从相干性预测的结果大得多. 我们将看到, 通过不同但略复杂一些的讨论, 这会为 ℓ^0 和 ℓ^1 最小化性能提供更严格的保证.

式(3.3.5)中的界在大小为 k 的集合 I 上一致成立, 当且仅当

$$\text{对于任意 } k\text{-稀疏的}\boldsymbol{x}, \quad (1-\delta)\|\boldsymbol{x}\|_2^2 \leqslant \|\boldsymbol{A}\boldsymbol{x}\|_2^2 \leqslant (1+\delta)\|\boldsymbol{x}\|_2^2. \tag{3.3.6}$$

也就是说, 映射 $\boldsymbol{x} \mapsto \boldsymbol{A}\boldsymbol{x}$ 近似地保持稀疏向量 $\boldsymbol{x}$ 的范数. 非正式地, 我们称这样的映射为受限等距的 (restricted isometry), 如果我们将注意力限制在稀疏向量 $\boldsymbol{x}$ 上, 这 (几乎) 就是一个等距映射[㊁].

定义 3.2 (受限等距性质 [Candès et al., 2005]) 矩阵 $\boldsymbol{A}$ 如果满足

$$\text{对于任意 } k\text{-稀疏的}\boldsymbol{x}, \quad (1-\delta)\|\boldsymbol{x}\|_2^2 \leqslant \|\boldsymbol{A}\boldsymbol{x}\|_2^2 \leqslant (1+\delta)\|\boldsymbol{x}\|_2^2, \tag{3.3.7}$$

那么称矩阵 $\boldsymbol{A}$ 满足k 阶且常数为 $\delta \in [0, 1)$ 的受限等距性质 (RIP). 使上述不等式成立的最小值 δ, 被称为k 阶受限等距常数, 记为 $\delta_k(\boldsymbol{A})$.

只要 $\delta_k(\boldsymbol{A}) < 1$, 那么 $\boldsymbol{A}$ 中每个由 k 列所构成子矩阵都是列满秩的. 这意味着在 RIP 条件下 ℓ^0 恢复有望成功. 正式地, 关于 ℓ^0 恢复的 RIP 条件, 我们有下述定理.

㊀ 例如, 如果 $\boldsymbol{A}_I$ 是一个大型的 $m \times k$ 矩阵, 其中 $k < m$, $\boldsymbol{A}_I$ 的元素独立且服从 $\mathcal{N}(0, 1/m)$ 分布, 那么 $\sigma_{\min}(\boldsymbol{A}_I^* \boldsymbol{A}_I) \approx (\sqrt{1} - \sqrt{k/m})^2 \geqslant 1 - 2\sqrt{k/m}$, 并且 $\sigma_{\max}(\boldsymbol{A}_I^* \boldsymbol{A}_I) \approx (\sqrt{1} + \sqrt{k/m})^2 \leqslant 1 + 3\sqrt{k/m}$. 你可以用数值实验检查这些值. 利用高斯过程相关工具可以把上述的界严格化.

㊁ 等距映射是保持每个向量的范数的映射.

定理 3.5 (RIP 条件下的 ℓ^0 恢复 [Candès, 2008; Candès et al., 2006]**)** 假设 $\boldsymbol{y} = \boldsymbol{A}\boldsymbol{x}_o$, 其中 $k = \|\boldsymbol{x}_o\|_0$. 如果 $\delta_{2k}(\boldsymbol{A}) < 1$, 那么 $\boldsymbol{x}_o$ 是优化问题

$$\begin{aligned} \min \quad & \|\boldsymbol{x}\|_0 \\ \text{s.t.} \quad & \boldsymbol{A}\boldsymbol{x} = \boldsymbol{y} \end{aligned} \tag{3.3.8}$$

的唯一最优解.

证明. 反证法. 假设存在可行解 $\boldsymbol{x}' \neq \boldsymbol{x}_o$ 且 $\|\boldsymbol{x}'\|_0 \leqslant k$. 那么 $\boldsymbol{x}_o - \boldsymbol{x}' \in \text{null}(\boldsymbol{A})$ 并且 $\|\boldsymbol{x}_o - \boldsymbol{x}'\|_0 \leqslant 2k$. 这意味着 $\delta_{2k}(\boldsymbol{A}) \geqslant 1$, 与我们的假设相矛盾. □

因此, 假如 $2k$ 阶的 RIP 常数远小于 1, ℓ^0 最小化能成功恢复 $\boldsymbol{x}_o$. 如果我们收紧到 $\delta_{2k}(\boldsymbol{A}) < \sqrt{2} - 1$, 那么 ℓ^1 最小化也会成功恢复.

定理 3.6 (RIP 条件下的 ℓ^1 恢复) 假设 $\boldsymbol{y} = \boldsymbol{A}\boldsymbol{x}_o$, 其中 $k = \|\boldsymbol{x}_o\|_0$. 如果 $\delta_{2k}(\boldsymbol{A}) < \sqrt{2} - 1$, 那么 $\boldsymbol{x}_o$ 是下式的唯一最优解:

$$\begin{aligned} \min \quad & \|\boldsymbol{x}\|_1 \\ \text{s.t.} \quad & \boldsymbol{A}\boldsymbol{x} = \boldsymbol{y}. \end{aligned} \tag{3.3.9}$$

这个结果的意义在于对于 "一般的" 矩阵 $\boldsymbol{A}$, 即使 k 几乎与 m 成正比, 条件 $\delta_{2k}(\boldsymbol{A}) < \sqrt{2}-1$ 也成立.

定理 3.7 (高斯矩阵的 RIP [Baraniuk et al., 2008; Candès et al., 2006]**)** 存在一个数值常数 $C > 0$, 如果 $\boldsymbol{A} \in \mathbb{R}^{m \times n}$ 是一个随机高斯矩阵, 即 $\boldsymbol{A}$ 的各个元素为独立且服从高斯分布 $\mathcal{N}(0, 1/m)$. 那么, 当

$$m \geqslant Ck\log(n/k)/\delta^2 \tag{3.3.10}$$

时, 能够以很高概率得到 $\delta_k(\boldsymbol{A}) < \delta$.

这意味着从大约 $m \geqslant Ck\log(n/k)$ 个随机测量中恢复 k-稀疏的 $\boldsymbol{x}$ 是可能的. 这比我们之前估计的 $m \sim k^2$ 有了实质性改进. 特别地, 它允许 (k, m, n) 按比例缩放 [Candès et al., 2005; Donoho, 2006a]. 这种改进已经激发了各种应用领域中大量关于高效感知和采样方案的研究工作.

3.3.2 受限强凸性条件

我们已经在没有证明的情况下陈述了上述两个定理. 我们将分几个阶段证明定理 3.6. 在本小节中, 我们将介绍感知矩阵 $\boldsymbol{A}$ 的两个中间性质, 它们本身就非常有用. 在下一小节中, 我们将通过证明当 $\delta_{2k}(\boldsymbol{A}) < \sqrt{2} - 1$ 时, 这些中间性质将被满足, 从而证明定理 3.6, 继而证明 ℓ^1 最小化恢复成功.

如上所述, 假设 $\boldsymbol{y} = \boldsymbol{A}\boldsymbol{x}_o$, 其中 $\|\boldsymbol{x}_o\|_0 \leqslant k$. 我们希望在一定条件下, $\boldsymbol{x}_o$ 是 ℓ^1 最小化问题

$$\begin{aligned} \min \quad & \|\boldsymbol{x}\|_1 \\ \text{s.t.} \quad & \boldsymbol{A}\boldsymbol{x} = \boldsymbol{y} \end{aligned} \tag{3.3.11}$$

的唯一最优解. 令 $\boldsymbol{x}'$ 为任意可行解, 即满足 $\boldsymbol{A}\boldsymbol{x}' = \boldsymbol{y}$ 的任意点. 由于 $\boldsymbol{A}\boldsymbol{x}_o = \boldsymbol{y}$, 因此, 二者之差 $\boldsymbol{h} = \boldsymbol{x}' - \boldsymbol{x}_o \in \operatorname{null}(\boldsymbol{A})$.

令 I 表示 $\boldsymbol{x}_o$ 的支撑, I^c 表示它的补集. 那么

$$\|\boldsymbol{x}'\|_1 = \|\boldsymbol{x}_o + \boldsymbol{h}\|_1 \tag{3.3.12}$$

$$\geqslant \|\boldsymbol{x}_o\|_1 - \|\boldsymbol{h}_I\|_1 + \|\boldsymbol{h}_{I^c}\|_1. \tag{3.3.13}$$

因此, 如果 $\|\boldsymbol{h}_{I^c}\|_1 > \|\boldsymbol{h}_I\|_1$, 那么 $\boldsymbol{x}'$ 一定具有比 $\boldsymbol{x}_o$ 更大的目标函数值, 所以 $\boldsymbol{x}'$ 不是最优的. 相反, 如果 $\boldsymbol{A}$ 的零空间不包含满足 $\|\boldsymbol{h}_I\|_1 \geqslant \|\boldsymbol{h}_{I^c}\|_1$ 的向量 $\boldsymbol{h} \neq \boldsymbol{0}$, 那么 $\boldsymbol{x}_o$ 必定是式(3.3.11)的唯一最优解.

此时, 思考几个问题对我们的理解会非常有帮助. 如果这不是真的将会怎么样? 如果上述问题的最优解 (比如 $\hat{\boldsymbol{x}}_{\ell^1}$) 并不是 $\boldsymbol{x}_o$, 会发生什么? 在什么条件下, 它们的差值 $\boldsymbol{h} \doteq \hat{\boldsymbol{x}}_{\ell^1} - \boldsymbol{x}_o$ 不为零? 回想一下, I 是 $\boldsymbol{x}_o$ 的支撑, I^c 是它的补集.

由于 $\hat{\boldsymbol{x}}_{\ell^1}$ 是上述问题的最优解, 我们一定有

$$\begin{aligned} 0 &\geqslant \|\hat{\boldsymbol{x}}_{\ell^1}\|_1 - \|\boldsymbol{x}_o\|_1 \\ &= \|\boldsymbol{x}_o + \boldsymbol{h}\|_1 - \|\boldsymbol{x}_o\|_1 \\ &\geqslant \|\boldsymbol{x}_o\|_1 - \|\boldsymbol{h}_I\|_1 + \|\boldsymbol{h}_{I^c}\|_1 - \|\boldsymbol{x}_o\|_1 \\ &= -\|\boldsymbol{h}_I\|_1 + \|\boldsymbol{h}_{I^c}\|_1. \end{aligned} \tag{3.3.14}$$

也就是说, 我们有

$$\|\boldsymbol{h}_{I^c}\|_1 \leqslant \|\boldsymbol{h}_I\|_1. \tag{3.3.15}$$

同时, 由于 $\boldsymbol{y} = \boldsymbol{A}\boldsymbol{x}_o = \boldsymbol{A}\hat{\boldsymbol{x}}_{\ell^1}$, 我们也有

$$\boldsymbol{A}\boldsymbol{h} = \boldsymbol{0}. \tag{3.3.16}$$

换句话说, 为了让 ℓ^1 最小化问题有一个比原始稀疏解 $\boldsymbol{x}_o$ 更好的解 $\hat{\boldsymbol{x}}_{\ell^1}$, 我们必须使式(3.3.15)和式(3.3.16)同时成立. 因此, 为了证明 $\boldsymbol{x}_o$ 是 ℓ^1 最小化的唯一最优解, 我们只需要证明对于任何这样的 $\boldsymbol{h}$, 这些条件不可能都成立.

零空间性质

上述讨论表明, $\boldsymbol{A}$ 的零空间对于理解何时可以恢复 $\boldsymbol{x}_o$ 非常重要. 之前的 ℓ^0 恢复结果都是通过证明零空间不包含稀疏向量来得出的. 对于每个非零 $\boldsymbol{h} \in \operatorname{null}(\boldsymbol{A})$, $\|\boldsymbol{h}_I\|_1 < \|\boldsymbol{h}_{I^c}\|_1$

成立这个条件, 可以被解释为零空间不包含任何集中在 (小) 坐标集 I 上的向量. 这足以使 ℓ^1 最小化恢复具有支撑 I 的 $\boldsymbol{x}_o$. 如果想保证任意k-稀疏 $\boldsymbol{x}_o$ 的恢复, 我们可以要求对于每个有 k 个坐标的集合 I 和每个零空间中的非零向量 $\boldsymbol{h}$, 有 $\|\boldsymbol{h}_I\|_1 < \|\boldsymbol{h}_{I^c}\|_1$.

定义 3.3 (零空间性质)　如果对于每个 $\boldsymbol{h} \in \operatorname{null}(\boldsymbol{A}) \setminus \{\mathbf{0}\}$ 和每个大小至多为 k 的集合 I, 都有

$$\|\boldsymbol{h}_I\|_1 < \|\boldsymbol{h}_{I^c}\|_1 \tag{3.3.17}$$

成立, 那么称矩阵 $\boldsymbol{A}$ 满足 k 阶零空间性质.

这可以解释为零空间不包含任何接近稀疏的向量, 其中稀疏性是通过 ℓ^1 范数度量的. 如果 $\boldsymbol{A}$ 满足零空间性质, 那么 ℓ^1 最小化可以成功恢复任何 k-稀疏 $\boldsymbol{x}_o$.

引理 3.1　假设 $\boldsymbol{A}$ 满足 k 阶零空间性质. 那么, 对于任意 $\boldsymbol{y} = \boldsymbol{A}\boldsymbol{x}_o$, 其中 $\|\boldsymbol{x}_o\|_0 \leqslant k$, $\boldsymbol{x}_o$ 是 ℓ^1 最小化问题

$$\begin{array}{ll} \min & \|\boldsymbol{x}\|_1 \\ \text{s.t.} & \boldsymbol{A}\boldsymbol{x} = \boldsymbol{y} \end{array} \tag{3.3.18}$$

的唯一最优解.

证明. 反证法. 令 $\boldsymbol{y} = \boldsymbol{A}\boldsymbol{x}_o$, $\|\boldsymbol{x}_o\|_0 \leqslant k$, 且 $I = \operatorname{supp}(\boldsymbol{x}_o)$. 令 $\hat{\boldsymbol{x}}_{\ell^1}$ 为最优解, 那么 $\boldsymbol{h} = \hat{\boldsymbol{x}}_{\ell^1} - \boldsymbol{x}_o \in \operatorname{null}(\boldsymbol{A})$. 如果 $\boldsymbol{h} \neq \mathbf{0}$, 那么 $\|\hat{\boldsymbol{x}}_{\ell^1}\|_1 = \|\boldsymbol{x}_o + \boldsymbol{h}\|_1 \geqslant \|\boldsymbol{x}_o\|_1 - \|\boldsymbol{h}_I\|_1 + \|\boldsymbol{h}_{I^c}\|_1 > \|\boldsymbol{x}_o\|_1$, 这与 $\hat{\boldsymbol{x}}_{\ell^1}$ 的最优性相矛盾. □

从 3.2.2 节中所介绍的 ℓ^1 最小化的系数空间几何解释出发, 零空间条件断言, 当 $\operatorname{null}(\boldsymbol{A})$ 被平移到 ℓ^1 球 B_1 边界上的任何一个 k-稀疏点 $\boldsymbol{x}_o$ 时, 平移 $\boldsymbol{x}_o + \operatorname{null}(\boldsymbol{A})$ 与 B_1 的内部不会相交. 图 3.8给出了零空间条件的可视化, 其中 $n = 3$ 且 $\operatorname{null}(\boldsymbol{A})$ 是一维的. 在文献中, 零空间性质已被用于为 ℓ^1 最小化的成功稀疏恢复建立各种充分条件. 事实上, 定理 3.6可以通过验证矩阵 $\boldsymbol{A}$ 上的 RIP 条件蕴含零空间性质来证明.

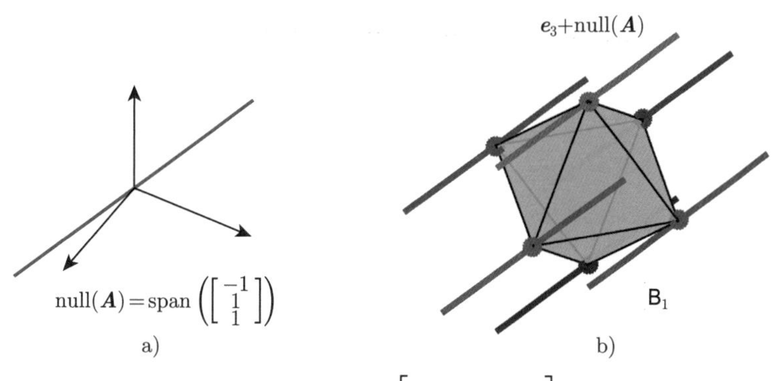

图 3.8　在三维空间可视化零空间性质. a) 感知矩阵 $\begin{bmatrix} 1 & 1 & 0 \\ 0 & 1 & -1 \end{bmatrix}$ 的零空间由 $[-1,1,1]^*$ 张成. 该矩阵满足 $k=1$ 阶零空间性质. b) 在几何上, 这意味着任何到 ℓ^1 球 B_1 的顶点的平移 $\pm\boldsymbol{e}_j + \operatorname{null}(\boldsymbol{A})$ 与 B_1 仅在顶点 $\pm\boldsymbol{e}_j$ 相交

受限强凸性条件

等效地, 我们可以通过考虑降低目标函数值的扰动 $\boldsymbol{h}$ 来研究 ℓ^1 最小化的成功. 根据条件(3.3.15), 它们必须满足

$$\|\boldsymbol{h}_{I^c}\|_1 \leqslant \|\boldsymbol{h}_I\|_1 . \tag{3.3.19}$$

为了确保原始 k-稀疏 $\boldsymbol{x}_o$ 是唯一最优解, 我们可以要求对于任意满足式(3.3.19)的非零扰动 $\boldsymbol{h}$, $\boldsymbol{A}\boldsymbol{h} \neq \boldsymbol{0}$, 即

$$\|\boldsymbol{A}\boldsymbol{h}\|_2^2 > 0. \tag{3.3.20}$$

由于集合 $\mathsf{S} = \bigcup_I \{\boldsymbol{h} : \|\boldsymbol{h}_{I^c}\|_1 \leqslant \|\boldsymbol{h}_I\|_1, \|\boldsymbol{h}\|_2^2 = 1\}$ 是紧的, $\|\boldsymbol{A}\boldsymbol{h}\|_2^2$ 必须达到其最小值 $\mu > 0$. 因此, 上述条件等价于, 对于某个 $\mu > 0$:

$$\|\boldsymbol{A}\boldsymbol{h}\|_2^2 \geqslant \mu\|\boldsymbol{h}\|_2^2, \quad \forall \boldsymbol{h} \ \ \|\boldsymbol{h}_{I^c}\|_1 \leqslant \|\boldsymbol{h}_I\|_1. \tag{3.3.21}$$

如果我们考虑二次型损失函数 $L(\boldsymbol{x}) = \dfrac{1}{2}\|\boldsymbol{y} - \boldsymbol{A}\boldsymbol{x}\|_2^2$, 在 $\boldsymbol{h}$ 方向的二阶导数为 $\boldsymbol{h}^* \nabla^2 L(\boldsymbol{x})\boldsymbol{h} = \|\boldsymbol{A}\boldsymbol{h}\|_2^2 > 0$. 上述条件可以解释为, 当被限制在满足式(3.3.19)的方向 $\boldsymbol{h}$ 时, 函数 $L(\boldsymbol{x})$ 是强凸的, 图 3.9给出了这一解释的可视化. 我们称之为 (一致) 受限强凸性.

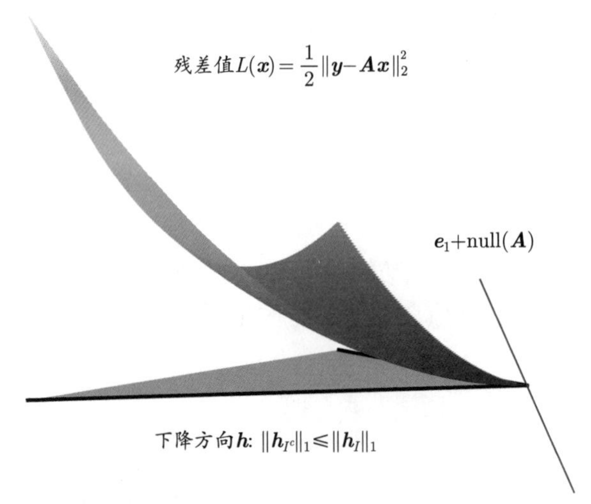

图 3.9　受限强凸性意味着损失函数 $L(\boldsymbol{x})$ 沿着满足 $\|\boldsymbol{h}_{I^c}\|_1 \leqslant \|\boldsymbol{h}_I\|_1$ 的潜在下降方向 $\boldsymbol{h}$ 表现出正曲率. 这里 $\boldsymbol{x}_o = \boldsymbol{e}_1$. 红色线段: 满足 $\boldsymbol{A}\boldsymbol{x} = \boldsymbol{y}$ 的 $\boldsymbol{x}$ 的可行集. 在 RSC 条件下, 任何 ℓ^1 范数小于 $\|\boldsymbol{x}_o\|_1$ 的点 $\boldsymbol{x}$ 处, 损失函数都是严格正的

定义 3.4 (受限强凸性)　我们称矩阵 $\boldsymbol{A}$ 满足以 $\mu > 0$ 和 $\alpha \geqslant 1$ 为参数的 k 阶受限强凸性 (Restricted Strong Convexity, RSC) 条件, 如果对于每个大小最多为 k 的集合 I 和所有满足 $\|\boldsymbol{h}_{I^c}\|_1 \leqslant \alpha\|\boldsymbol{h}_I\|_1$ 的非零 $\boldsymbol{h}$, 都有

$$\|\boldsymbol{A}\boldsymbol{h}\|_2^2 \geqslant \mu\|\boldsymbol{h}\|_2^2. \tag{3.3.22}$$

在这个定义中, 我们推广了条件(3.3.19)以考虑 $\|\boldsymbol{h}_{I^c}\|_1 \leqslant \alpha \|\boldsymbol{h}_I\|_1$. 当我们研究从含噪声的测量中进行稀疏恢复时, 这种推广将在后面发挥关键作用. 现在, 我们注意到对于无噪声测量 $\boldsymbol{y} = \boldsymbol{A}\boldsymbol{x}_o$, 受限强凸性确实意味着 ℓ^1 最小化恢复成功.

引理 3.2 假设对于某个 $\mu > 0$, $\boldsymbol{A}$ 满足以 $\mu > 0$ 和 $\alpha \geqslant 1$ 为常数的 k 阶受限强凸性条件. 那么, 对于任何稀疏度不超过 k 的可行解 $\boldsymbol{x}_o$, $\|\boldsymbol{x}_o\|_0 \leqslant k$ 且 $\boldsymbol{y} = \boldsymbol{A}\boldsymbol{x}_o$, 则 $\boldsymbol{x}_o$ 是 ℓ^1 最小化问题

$$\begin{aligned} \min \quad & \|\boldsymbol{x}\|_1 \\ \text{s.t.} \quad & \boldsymbol{A}\boldsymbol{x} = \boldsymbol{y} \end{aligned} \tag{3.3.23}$$

的唯一最优解.

证明. 可以通过验证受限强凸性蕴含零空间性质来证明这一结果, 我们将其作为习题留给读者. □

3.3.3 RIP 条件下 ℓ^1 最小化的正确性

在本节中, 我们将证明定理 3.6. 在 3.2.2 节中, 我们沿着一条相当简单的路径证明了定理 3.1: 首先写下一个最优性条件, 然后巧妙地构造一个对偶证书 (dual certificate). 这种方法可以用来证明定理 3.6 [Candès et al., 2005] 的变体. 然而, 现在的问题比以前更加精巧.

在这里, 为了证明定理 3.6, 我们将采用稍微不同的路径, 利用上一节中介绍的 "好" 的感知矩阵 $\boldsymbol{A}$ 的性质. 正如我们在之前所讨论的, 为了证明 RIP 意味着正确恢复, 只要证明 RIP 意味着受限强凸性 (RSC) 条件就足够了. 我们这里的证明与 [Candès, 2008; Candès et al., 2006] 中的接近㊀. 这里, 我们将使用受限等距常数的以下性质.

引理 3.3 如果 $\boldsymbol{x}$ 和 $\boldsymbol{z}$ 是具有不相交支撑的向量, 并且 $|\text{supp}(\boldsymbol{x})| + |\text{supp}(\boldsymbol{z})| \leqslant k$, 那么

$$|\langle \boldsymbol{A}\boldsymbol{x}, \boldsymbol{A}\boldsymbol{z}\rangle| \leqslant \delta_k(\boldsymbol{A}) \|\boldsymbol{x}\|_2 \|\boldsymbol{z}\|_2 . \tag{3.3.24}$$

证明. 由于式(3.3.24)对于缩放 $\boldsymbol{x}$ 和 $\boldsymbol{z}$ 是不变的, 所以我们假设 $\|\boldsymbol{x}\|_2 = \|\boldsymbol{z}\|_2 = 1$ 并不会失去一般性. 请注意

$$\|\boldsymbol{p}+\boldsymbol{q}\|_2^2 = \|\boldsymbol{p}\|_2^2 + \|\boldsymbol{q}\|_2^2 + 2\langle \boldsymbol{p}, \boldsymbol{q}\rangle , \tag{3.3.25}$$

$$\|\boldsymbol{p}-\boldsymbol{q}\|_2^2 = \|\boldsymbol{p}\|_2^2 + \|\boldsymbol{q}\|_2^2 - 2\langle \boldsymbol{p}, \boldsymbol{q}\rangle . \tag{3.3.26}$$

因此,

$$|\langle \boldsymbol{A}\boldsymbol{x}, \boldsymbol{A}\boldsymbol{z}\rangle| = \frac{1}{4}\left|\|\boldsymbol{A}\boldsymbol{x}+\boldsymbol{A}\boldsymbol{z}\|_2^2 - \|\boldsymbol{A}\boldsymbol{x}-\boldsymbol{A}\boldsymbol{z}\|_2^2\right| \tag{3.3.27}$$

$$\leqslant \frac{1}{4}\left|(1+\delta_k)\|\boldsymbol{x}+\boldsymbol{z}\|_2^2 - (1-\delta_k)\|\boldsymbol{x}-\boldsymbol{z}\|_2^2\right|. \tag{3.3.28}$$

㊀ 我们已经修改了验证 RIP 蕴含 RSC 的零空间性质的原始证明.

由于 $\boldsymbol{x}$ 和 $\boldsymbol{z}$ 有不相交的支撑, 所以 $\|\boldsymbol{x}+\boldsymbol{z}\|_2^2=\|\boldsymbol{x}-\boldsymbol{z}\|_2^2=2$. 结果得证. □

现在, 我们已经准备好开始证明以下定理.

定理 3.8 (RIP 蕴含 RSC) *如果矩阵 $\boldsymbol{A}$ 满足 RIP 且 $\delta_{2k}(\boldsymbol{A})<\dfrac{1}{1+\alpha\sqrt{2}}$, 那么 $\boldsymbol{A}$ 满足以 α 为常数的 k 阶 RSC 条件.*

证明. 令 I 是大小为 k 的任意集合, 并令 $\boldsymbol{h}\in\mathbb{R}^n$ 为任意满足如下限制的向量:

$$\|\boldsymbol{h}_{I^c}\|_1\leqslant\alpha\cdot\|\boldsymbol{h}_I\|_1. \tag{3.3.29}$$

我们构造不相交的子集 $J_1,J_2,J_3,\cdots\subseteq I^c$ 如下:

J_1 索引 $\boldsymbol{h}_{I^c}$ 的最大 (幅度值) k 个元素.

J_2 索引 $\boldsymbol{h}_{(I\bigcup J_1)^c}$ 的最大 (幅度值) k 个元素.

J_3 索引 $\boldsymbol{h}_{(I\bigcup J_1\bigcup J_2)^c}$ 的最大 (幅度值) k 个元素.

$$\vdots$$

请注意, 因为 J_i 索引的每个元素至少与 J_{i+1} 索引的每个元素一样大, 所以 J_i 索引的元素平均大小至少与 J_{i+1} 索引的最大元素相当, 因此有:

$$\forall\, i\geqslant 1,\qquad \left\|\boldsymbol{h}_{J_{i+1}}\right\|_\infty\ \leqslant\ \frac{\|\boldsymbol{h}_{J_i}\|_1}{k}. \tag{3.3.30}$$

我们还注意到, 对于任何满足 $\|\boldsymbol{z}\|_0\leqslant k$ 的向量 $\boldsymbol{z}$, 都有 $\|\boldsymbol{z}\|_1\leqslant\sqrt{k}\,\|\boldsymbol{z}\|_2$ 和 $\|\boldsymbol{z}\|_2\leqslant\sqrt{k}\,\|\boldsymbol{z}\|_\infty$.

利用 $2k$-稀疏向量 $\boldsymbol{h}_{I\bigcup J_1}$ 的 RIP 以及

$$\boldsymbol{A}\boldsymbol{h}_I+\boldsymbol{A}\boldsymbol{h}_{J_1}=\boldsymbol{A}\boldsymbol{h}-\boldsymbol{A}\boldsymbol{h}_{J_2}-\boldsymbol{A}\boldsymbol{h}_{J_3}-\cdots, \tag{3.3.31}$$

我们有

$$\begin{aligned}
&(1-\delta_{2k})\|\boldsymbol{h}_{I\cup J_1}\|_2^2\ \leqslant\ \|\boldsymbol{A}\boldsymbol{h}_{I\cup J_1}\|_2^2\\
&=\langle\boldsymbol{A}\boldsymbol{h}_I+\boldsymbol{A}\boldsymbol{h}_{J_1},-\boldsymbol{A}\boldsymbol{h}_{J_2}-\boldsymbol{A}\boldsymbol{h}_{J_3}-\cdots\rangle+\langle\boldsymbol{A}\boldsymbol{h}_I+\boldsymbol{A}\boldsymbol{h}_{J_1},\boldsymbol{A}\boldsymbol{h}\rangle\\
&\leqslant\sum_{j=2}^{\infty}\left(\left|\left\langle\boldsymbol{A}\boldsymbol{h}_I,\boldsymbol{A}\boldsymbol{h}_{J_j}\right\rangle\right|+\left|\left\langle\boldsymbol{A}\boldsymbol{h}_{J_1},\boldsymbol{A}\boldsymbol{h}_{J_j}\right\rangle\right|\right)+\|\boldsymbol{A}\boldsymbol{h}_{I\bigcup J_1}\|_2\|\boldsymbol{A}\boldsymbol{h}\|_2\\
&\leqslant\delta_{2k}(\|\boldsymbol{h}_I\|_2+\|\boldsymbol{h}_{J_1}\|_2)\sum_{j=2}^{\infty}\left\|\boldsymbol{h}_{J_j}\right\|_2+(1+\delta_{2k})^{1/2}\|\boldsymbol{h}_{I\bigcup J_1}\|_2\|\boldsymbol{A}\boldsymbol{h}\|_2\\
&\leqslant\delta_{2k}\sqrt{2}\left\|\boldsymbol{h}_{I\bigcup J_1}\right\|_2\sum_{j=2}^{\infty}\left\|\boldsymbol{h}_{J_j}\right\|_2+(1+\delta_{2k})^{1/2}\|\boldsymbol{h}_{I\bigcup J_1}\|_2\|\boldsymbol{A}\boldsymbol{h}\|_2\\
&\leqslant\delta_{2k}\sqrt{2}\left\|\boldsymbol{h}_{I\bigcup J_1}\right\|_2\sum_{j=2}^{\infty}\left\|\boldsymbol{h}_{J_j}\right\|_\infty\sqrt{k}+(1+\delta_{2k})^{1/2}\|\boldsymbol{h}_{I\bigcup J_1}\|_2\|\boldsymbol{A}\boldsymbol{h}\|_2
\end{aligned}$$

$$\leqslant \delta_{2k}\sqrt{2}\left\|\boldsymbol{h}_{I\bigcup J_1}\right\|_2 \sum_{j=1}^{\infty}\left\|\boldsymbol{h}_{J_j}\right\|_1/\sqrt{k} + (1+\delta_{2k})^{1/2}\|\boldsymbol{h}_{I\bigcup J_1}\|_2\|\boldsymbol{A}\boldsymbol{h}\|_2$$

$$= \delta_{2k}\sqrt{2}\left\|\boldsymbol{h}_{I\bigcup J_1}\right\|_2\|\boldsymbol{h}_{I^c}\|_1/\sqrt{k} + (1+\delta_{2k})^{1/2}\|\boldsymbol{h}_{I\bigcup J_1}\|_2\|\boldsymbol{A}\boldsymbol{h}\|_2. \tag{3.3.32}$$

除以 $\left\|\boldsymbol{h}_{I\bigcup J_1}\right\|_2$ 后, 我们有

$$(1-\delta_{2k})\left\|\boldsymbol{h}_{I\bigcup J_1}\right\|_2 \leqslant \delta_{2k}\sqrt{2}\|\boldsymbol{h}_{I^c}\|_1/\sqrt{k} + (1+\delta_{2k})^{1/2}\|\boldsymbol{A}\boldsymbol{h}\|_2. \tag{3.3.33}$$

由于 $\boldsymbol{h}$ 满足锥限制条件(3.3.29), 因此我们有

$$\|\boldsymbol{h}_{I^c}\|_1 \leqslant \alpha\|\boldsymbol{h}_I\|_1 \leqslant \alpha\sqrt{k}\|\boldsymbol{h}_I\|_2 \leqslant \alpha\sqrt{k}\|\boldsymbol{h}_{I\bigcup J_1}\|_2. \tag{3.3.34}$$

将其代入前面的不等式(3.3.33), 我们得到

$$(1-\delta_{2k})\left\|\boldsymbol{h}_{I\bigcup J_1}\right\|_2 \leqslant \alpha\delta_{2k}\sqrt{2}\left\|\boldsymbol{h}_{I\bigcup J_1}\right\|_2 + (1+\delta_{2k})^{1/2}\|\boldsymbol{A}\boldsymbol{h}\|_2. \tag{3.3.35}$$

这给出了

$$\|\boldsymbol{A}\boldsymbol{h}\|_2 \geqslant \frac{1-\delta_{2k}(1+\alpha\sqrt{2})}{(1+\delta_{2k})^{1/2}}\left\|\boldsymbol{h}_{I\bigcup J_1}\right\|_2. \tag{3.3.36}$$

由于 $\boldsymbol{h}_{(I\bigcup J_1)^c}$ 的第 i 个元素不大于 $\boldsymbol{h}_{I^c}$ 的前 i 个元素的平均值, 我们有

$$|\boldsymbol{h}_{(I\bigcup J_1)^c}|_{(i)} \leqslant \|\boldsymbol{h}_{I^c}\|_1/i. \tag{3.3.37}$$

结合锥限制条件(3.3.29), 我们有

$$\|\boldsymbol{h}_{(I\bigcup J_1)^c}\|_2^2 \leqslant \|\boldsymbol{h}_{I^c}\|_1^2\sum_{i=k+1}^{\infty}\frac{1}{i^2} \tag{3.3.38}$$

$$\leqslant \frac{\|\boldsymbol{h}_{I^c}\|_1^2}{k} \leqslant \frac{\alpha^2\|\boldsymbol{h}_I\|_1^2}{k} \tag{3.3.39}$$

$$\leqslant \alpha^2\|\boldsymbol{h}_I\|_2^2 \leqslant \alpha^2\|\boldsymbol{h}_{I\bigcup J_1}\|_2^2. \tag{3.3.40}$$

因此, 我们有

$$\|\boldsymbol{h}\|_2^2 = \|\boldsymbol{h}_{I\bigcup J_1}\|_2^2 + \|\boldsymbol{h}_{(I\bigcup J_1)^c}\|_2^2 \leqslant (1+\alpha^2)\|\boldsymbol{h}_{I\bigcup J_1}\|_2^2. \tag{3.3.41}$$

将式(3.3.41)与 $\|\boldsymbol{A}\boldsymbol{h}\|_2$ 的条件(3.3.36)相结合, 我们得到

$$\|\boldsymbol{A}\boldsymbol{h}\|_2 \geqslant \frac{1-\delta_{2k}(1+\alpha\sqrt{2})}{(1+\delta_{2k})^{1/2}\sqrt{1+\alpha^2}}\|\boldsymbol{h}\|_2. \tag{3.3.42}$$

可见, 只要 $\delta_{2k} < \dfrac{1}{1+\alpha\sqrt{2}}$, 那么矩阵 $\boldsymbol{A}$ 就满足以 μ 和 α 为常数的 k 阶 RSC 条件, 其中常数 μ 为

$$\mu = \frac{\left(1-\delta_{2k}(1+\alpha\sqrt{2})\right)^2}{(1+\delta_{2k})(1+\alpha^2)}. \tag{3.3.43}$$

定理得证. □

定理 3.6就变成了这个定理在 $\alpha = 1$ 情况下的推论. 因为对于定理 3.6中的 ℓ^1 最小化, 我们需要考虑的限制集是 $\|\boldsymbol{h}_{I^c}\|_1 \leqslant \|\boldsymbol{h}_I\|_1$, 同时它给出 RIP 常数 $\delta_{2k} = \dfrac{1}{1+\sqrt{2}} = \sqrt{2} - 1$.

3.4 具有受限等距性质的矩阵

RIP 提供了一个有用的工具来分析随机矩阵 $\boldsymbol{A}$ 的稀疏恢复性能. 下面, 我们将证明概率性的结果, 定理 3.7断言: 当 $m > Ck\log(n/k)$ 时, 高斯随机矩阵 $\boldsymbol{A}$ 满足 RIP. 我们将大量使用下面这个简单不等式.

引理 3.4 令 $\boldsymbol{g} = [g_1, \cdots, g_m]^* \in \mathbb{R}^m$ 为一个 m 维随机向量, 其各元素是独立同高斯分布 $\mathcal{N}(0, 1/m)$. 那么, 对于任意 $t \in [0,1]$,

$$\mathbb{P}\left[\left|\|\boldsymbol{g}\|_2^2 - 1\right| > t\right] \leqslant 2\exp\left(-\frac{t^2 m}{8}\right). \tag{3.4.1}$$

这个结果可以通过 Cramer-Chernoff 指数矩方法获得, 与 Hoeffding 不等式的证明过程类似. 更多信息参见附录 E.

3.4.1 Johnson-Lindenstrauss 引理

在证明定理 3.7之前, 我们将首先介绍并证明一个更简单的结果, 作为我们将采用的基本方法的说明, 并且它本身就非常有用.

引理 3.5 (Johnson-Lindenstrauss 引理) 令 $\boldsymbol{v}_1, \cdots, \boldsymbol{v}_n \in \mathbb{R}^D$, $\boldsymbol{A} \in \mathbb{R}^{m\times D}$ 是一个随机矩阵, 其各个元素独立且服从高斯分布, 即 $a_{ij} \sim \mathcal{N}(0, 1/m)$. 那么对于任意 $\varepsilon \in (0,1)$, 以至少为 $1 - 1/n^2$ 的概率, 我们有:

$$\forall i \neq j, \quad (1-\varepsilon)\|\boldsymbol{v}_i - \boldsymbol{v}_j\|_2^2 \leqslant \|\boldsymbol{A}\boldsymbol{v}_i - \boldsymbol{A}\boldsymbol{v}_j\|_2^2 \leqslant (1+\varepsilon)\|\boldsymbol{v}_i - \boldsymbol{v}_j\|_2^2, \tag{3.4.2}$$

其中 $m > 32\dfrac{\log n}{\varepsilon^2}$.

这一结果可以被认为是: 我们有高维空间 $\mathbb{R}^D$ 中很大的一组向量 $\boldsymbol{v}_1, \cdots, \boldsymbol{v}_n$, 希望将它们嵌入到低维空间 $\mathbb{R}^m$ 中 $(m \ll D)$, 使得成对向量之间的距离能够得到保持 (见图 3.10). 这非常有用, 例如, 如果将这些向量视为数据库中的样本点, 我们希望能够查询数据库以找到接近给定输入 $\boldsymbol{q}$ 的点——一个好的嵌入将减少实现这一点的存储和计算需求. 如果你仔细考虑, 应该很清楚我们可以实现到 $m = n$ 维空间中的完美 (保持范数) 嵌入, 只需将每个点投影到这 n 个点 $\boldsymbol{v}_i$ 所张成的空间上.

Johnsen-Lindenstrauss (JL) 引理令人惊讶的是, 如果我们允许存在一些松弛 ε, 那么可以使用低得多的嵌入维数——它仅仅是点的数量的对数量级, 完全独立于数据维数 D. 因此, 受到这一结果启发的方法在搜索问题中具有重要应用也不足为奇. 有趣的是, 通过一些额外的聪明想法, 我们有可能得到仅需要跟数据集规模呈次线性 (sublinear) 关系搜索时间的寻找近似最近邻的算法.

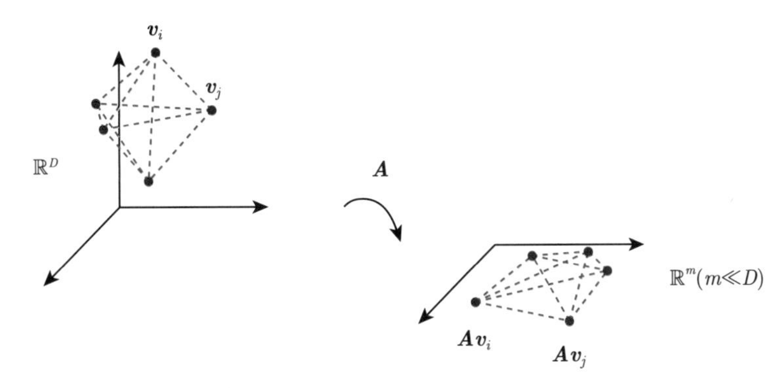

图 3.10 JL 引理. 给定高维空间 $\mathbb{R}^D$ 中的一组点 $\boldsymbol{v}_1,\cdots,\boldsymbol{v}_n$ 的集合, 到 $m\sim\log n$ 维空间的随机映射以很高概率近似保持所有点对之间的距离

证明. 设 $\boldsymbol{g}_{ij}=\boldsymbol{A}\dfrac{\boldsymbol{v}_i-\boldsymbol{v}_j}{\|\boldsymbol{v}_i-\boldsymbol{v}_j\|_2}$. 请注意, 对于任意 $\boldsymbol{v}_i\neq\boldsymbol{v}_j$, $\boldsymbol{g}_{ij}$ 为一个独立同分布的高斯向量, 其各个元素服从 $\mathcal{N}(0,1/m)$. 应用引理 3.4, 对于每个 $i\neq j$, 我们有

$$\mathbb{P}\left[\left|\|\boldsymbol{g}_{ij}\|_2^2-1\right|>t\right]\leqslant 2\exp\left(-t^2m/8\right). \tag{3.4.3}$$

对所有 $i\neq j$ 的失败概率求和, 然后将 $t=\varepsilon$ 和 $m\geqslant 32\log n/\varepsilon^2$ 代入, 我们得到

$$\begin{aligned}\mathbb{P}\left[\exists\,(i,j):\left|\|\boldsymbol{g}_{ij}\|_2^2-1\right|>t\right]&\leqslant\frac{n(n-1)}{2}\times 2\exp\left(-t^2m/8\right)\\&\leqslant n^{-2}.\end{aligned} \tag{3.4.4}$$

当 $\left|\|\boldsymbol{g}_{ij}\|_2^2-1\right|\leqslant\varepsilon$, 我们有

$$(1-\varepsilon)\|\boldsymbol{v}_i-\boldsymbol{v}_j\|_2^2\leqslant\|\boldsymbol{A}\boldsymbol{v}_i-\boldsymbol{A}\boldsymbol{v}_j\|_2^2\leqslant(1+\varepsilon)\|\boldsymbol{v}_i-\boldsymbol{v}_j\|_2^2. \tag{3.4.5}$$

□

因此, 引理 3.5中的结果遵循一个相当简单的模式:

- 离散化. 论证如果 $\boldsymbol{A}$ 保持某些有限向量集 (这里是 $\{\boldsymbol{v}_i-\boldsymbol{v}_j\mid i\neq j\}$) 的范数, 那么所需性质成立.
- 尾界. 为 $\boldsymbol{A}$ 未能保持单个向量的范数的概率构造一个上界 (这里是引理 3.4).
- 联合界. 对所有有限集的失败概率求和. 选择足够大的嵌入维数 m 以使总错误概率很小.

例 3.1 **(p-稳定分布** [Datar et al., 2004]**)** 从上面的定理我们可知, 一个随机高斯矩阵具有保持向量之间 ℓ^2 距离的性质. 事实证明, 对于 $p\in(0,2]$, 存在所谓的 p-稳定分布, 使得从p-稳定分布中抽取的随机矩阵将保持向量之间的 ℓ^p 距离. 例如, 柯西分布 $p(x)=\dfrac{1}{\pi}\cdot\dfrac{1}{1+x^2}$ 是 1-稳定分布, 柯西随机矩阵保持 ℓ^1 距离. 我们将这个证明留作习题.

快速最近邻方法

距离保持 (随机) 投影这一性质, 是为最近邻搜索开发更有效的代码和方案的基础. 上面的 JL 引理适用于 $\mathbb{R}^D$ 中任意分布的一组点. 事实证明, 在许多实际应用中 (例如图像搜索 [Li et al., 2016a; Min et al., 2010]), 数据点在空间中呈现合理分布或者具有某些附加性质. 在这种情况下, 近似最近邻搜索可以提高内存和计算效率——只需要 $O(\log n)$ 个二进制比特, 而不是 $O(\log n)$ 个实数. 因为它与之前研究的不相干性有关, 所以我们在下面介绍这样一个性质作为例子.

定义 3.5 (弱可分性) 我们称 $\mathbb{R}^D$ 中的一组点 $\mathcal{X} = \{\boldsymbol{x}_1, \cdots, \boldsymbol{x}_n\}$ 是 (Δ, ℓ)-弱可分的, 如果对于任意查询点 $\boldsymbol{q} \in \mathbb{R}^D$, 我们有

$$|\{i \mid \angle(\boldsymbol{q}, \boldsymbol{x}_i) \leqslant \Delta\}| = O(n^{\ell}), \tag{3.4.6}$$

其中, 通常希望 $\ell \in [0, 1)$ 是一个小的常数.

尽管上述定义是根据任意 $\boldsymbol{q} \in \mathbb{R}^D$ 定义的, 但以下引理表明在数据集 $\mathcal{X}$ 内检查此条件就足够了.

引理 3.6 如果存在一个小的常数 $\ell \in [0, 1)$, 使得对每一个 $\boldsymbol{x}_j \in \mathcal{X}$,

$$|\{i \mid \angle(\boldsymbol{x}_j, \boldsymbol{x}_i) \leqslant 2\Delta\}| = O(n^{\ell}), \tag{3.4.7}$$

那么 $\mathcal{X}$ 是 (Δ, ℓ)-弱可分的.

证明. 我们将证明留给读者作为习题 (参见习题 3.14). □

请注意, $\boldsymbol{x}_i$ 的弱可分性类似于假设这些数据点 (被视为向量) 是弱不相干的, 即成对点之间的大多数角度都很大.

例 3.2 (高效 c-近似最近邻搜索 [Min et al., 2010]) 给定 $\mathbb{R}^D$ 中的一组数据点 $\mathcal{X} = \{\boldsymbol{x}_1, \cdots, \boldsymbol{x}_n\}$ 和一个常数 $c > 1$, 那么 c-近似最近邻 (c-NN) 问题是: 对于任何查询点 $\boldsymbol{q} \in \mathbb{R}^D$, 寻找 $\boldsymbol{x}_\star$ 使得

$$\|\boldsymbol{q} - \boldsymbol{x}_\star\|_2 \leqslant c \cdot \min_{\boldsymbol{x} \in \mathcal{X}} \|\boldsymbol{q} - \boldsymbol{x}\|_2.$$

事实证明, 对于任意 (Δ, ℓ)-弱可分集合 $\mathcal{X}$, 由算法 3.1所生成的随机二值编码, 以概率为 $1 - \delta$, c-NN 问题可以用 m 个比特解决, 其中 m 的量级为

$$m = O(\log n).$$

对于任意查询点 $\boldsymbol{q}$, 我们可以首先使用与算法 3.1中相同的投影计算其二值编码, $\boldsymbol{y}_{\boldsymbol{q}} = \sigma(\boldsymbol{R}\boldsymbol{q})$, 其中 $\sigma(\cdot)$ 是二值化阈值函数: $x > 0$ 时, $\sigma(x) = 1$; 否则 $\sigma(x) = 0$. 然后我们通过计算 $\boldsymbol{y}_{\boldsymbol{q}}$ 到数据集的二值编码的 Hamming 距离最短去寻找 $\mathcal{X}$ 中一个包含 $O(n^{\ell})$ 个点的子集 $\tilde{\mathcal{X}}_{\boldsymbol{q}}$. 可以证明:

$$\boldsymbol{x}_\star = \arg\min_{\boldsymbol{x} \in \tilde{\mathcal{X}}_{\boldsymbol{q}}} \|\boldsymbol{q} - \boldsymbol{x}\|_2$$

给出 c-NN 问题的正确解. 我们将这个简单方案的正确性和效率的证明留给读者, 参见习题 3.15.

算法 3.1 紧凑编码用于快速最近邻搜索

1: **问题**. 为高维数据点的高效最近邻搜索生成紧凑的二值编码
2: **输入**. $\boldsymbol{x}_1, \cdots, \boldsymbol{x}_n \in \mathbb{R}^D$ 和 $m = O(\log n)$
3: 生成高斯随机矩阵 $\boldsymbol{R} \in \mathbb{R}^{m \times D}$, 其各个元素为独立同高斯分布 $\mathcal{N}\left(0, \dfrac{1}{m}\right)$
4: **for** $i = 1, \cdots, n$ **do**
5: 　计算 $\boldsymbol{R}\boldsymbol{x}_i$
6: 　设 $\boldsymbol{y}_i = \sigma(\boldsymbol{R}\boldsymbol{x}_i)$, 其中 $\sigma(\cdot)$ 是逐元素的二值化阈值函数
7: **end for**
8: **输出.** $\boldsymbol{y}_1, \cdots, \boldsymbol{y}_n \in \{0,1\}^m$

3.4.2 高斯随机矩阵的 RIP

为了证明定理 3.7, 我们遵循与 JL 引理完全相同的模式. 然而, 我们需要在离散化阶段考虑稍微复杂一些, 因为与关于 n 个向量 (或者 $n(n-1)/2$ 个向量对) 的 JL 引理不同, RIP 是一个关于所有稀疏向量的无限向量族的陈述.

离散化

令

$$\boldsymbol{\Sigma}_k = \{\boldsymbol{x} \mid \|\boldsymbol{x}\|_0 \leqslant k,\ \|\boldsymbol{x}\|_2 = 1\}. \tag{3.4.8}$$

注意 $\delta_k(\boldsymbol{A}) \leqslant \delta$ 当且仅当

$$\sup_{\boldsymbol{x} \in \boldsymbol{\Sigma}_k} \left| \|\boldsymbol{A}\boldsymbol{x}\|_2^2 - 1 \right| \leqslant \delta. \tag{3.4.9}$$

这等价于

$$\sup_{\boldsymbol{x} \in \boldsymbol{\Sigma}_k} |\langle \boldsymbol{A}^*\boldsymbol{A}\boldsymbol{x}, \boldsymbol{x}\rangle - 1| \leqslant \delta. \tag{3.4.10}$$

引理 3.7 (离散化) 假设我们有一个集合 $\bar{\mathsf{N}} \subseteq \boldsymbol{\Sigma}_k$ 具有以下性质: 对于所有 $\boldsymbol{x} \in \boldsymbol{\Sigma}_k$, 存在 $\bar{\boldsymbol{x}} \in \bar{\mathsf{N}}$ 使得

- $|\operatorname{supp}(\bar{\boldsymbol{x}}) \bigcup \operatorname{supp}(\boldsymbol{x})| \leqslant k$.
- $\|\boldsymbol{x} - \bar{\boldsymbol{x}}\|_2 \leqslant \varepsilon$.

设

$$\delta_{\bar{\mathsf{N}}} = \max_{\bar{\boldsymbol{x}} \in \bar{\mathsf{N}}} \left| \|\boldsymbol{A}\bar{\boldsymbol{x}}\|_2^2 - 1 \right|. \tag{3.4.11}$$

那么

$$\delta_k(\boldsymbol{A}) \leqslant \frac{\delta_{\bar{\mathsf{N}}} + 2\varepsilon}{1 - 2\varepsilon}. \tag{3.4.12}$$

因此, 如果假设 ε 很小, 我们将计算限制在有限集 $\bar{\mathsf{N}}$ 上, 那么它与连续情况的区别就不会很大 (见图 3.11). 这个结果的证明使用了这样一个事实, 如果 $\boldsymbol{x}$ 和 $\boldsymbol{z}$ 是 k-稀疏向量, 那么

$$\langle \boldsymbol{A}\boldsymbol{x}, \boldsymbol{A}\boldsymbol{z}\rangle \leqslant \sqrt{\|\boldsymbol{A}\boldsymbol{x}\|_2^2\,\|\boldsymbol{A}\boldsymbol{z}\|_2^2} \leqslant (1+\delta_k(\boldsymbol{A}))\,\|\boldsymbol{x}\|_2\,\|\boldsymbol{z}\|_2\,. \tag{3.4.13}$$

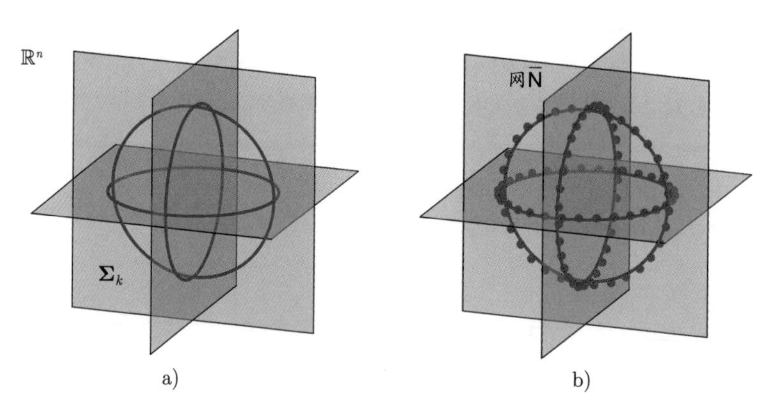

图 3.11 单位范数稀疏向量集合 $\boldsymbol{\Sigma}_k$. a) 可视化 $k=2$, $n=3$ 时的单位范数稀疏向量集合 $\boldsymbol{\Sigma}_k = \{\boldsymbol{x} \mid \|\boldsymbol{x}\|_0 \leqslant k, \|\boldsymbol{x}\|_2 = 1\}$. b) 该集合的一个 ε-网 $\bar{\mathsf{N}}$

证明. 取任意 $\boldsymbol{x} \in \boldsymbol{\Sigma}_k$ 并选择 $\bar{\boldsymbol{x}} \in \bar{\mathsf{N}}$ 使得 $\|\boldsymbol{x}-\bar{\boldsymbol{x}}\|_0 \leqslant k$ 且 $\|\boldsymbol{x}-\bar{\boldsymbol{x}}\|_2 \leqslant \varepsilon$. 我们有

$$\left|\|\boldsymbol{A}\boldsymbol{x}\|_2^2 - 1\right| = |\langle \boldsymbol{A}\boldsymbol{x}, \boldsymbol{A}\boldsymbol{x}\rangle - 1| \tag{3.4.14}$$

$$= |\langle \boldsymbol{A}\boldsymbol{x}, \boldsymbol{A}\boldsymbol{x}\rangle - \langle \boldsymbol{A}\bar{\boldsymbol{x}}, \boldsymbol{A}\bar{\boldsymbol{x}}\rangle + \langle \boldsymbol{A}\bar{\boldsymbol{x}}, \boldsymbol{A}\bar{\boldsymbol{x}}\rangle - 1| \tag{3.4.15}$$

$$\leqslant |\langle \boldsymbol{A}\boldsymbol{x}, \boldsymbol{A}\boldsymbol{x}\rangle - \langle \boldsymbol{A}\bar{\boldsymbol{x}}, \boldsymbol{A}\bar{\boldsymbol{x}}\rangle| + \delta_{\bar{\mathsf{N}}} \tag{3.4.16}$$

$$= |\langle \boldsymbol{A}\boldsymbol{x}, \boldsymbol{A}(\boldsymbol{x}-\bar{\boldsymbol{x}})\rangle - \langle \boldsymbol{A}\bar{\boldsymbol{x}}, \boldsymbol{A}(\bar{\boldsymbol{x}}-\boldsymbol{x})\rangle| + \delta_{\bar{\mathsf{N}}} \tag{3.4.17}$$

$$\leqslant 2\,(1+\delta_k(\boldsymbol{A}))\,\varepsilon + \delta_{\bar{\mathsf{N}}}. \tag{3.4.18}$$

由于这个不等式适用于所有 $\boldsymbol{x} \in \boldsymbol{\Sigma}_k$, 我们得到

$$\delta_k(\boldsymbol{A}) \leqslant 2\,(1+\delta_k(\boldsymbol{A}))\,\varepsilon + \delta_{\bar{\mathsf{N}}}, \tag{3.4.19}$$

目标不等式由此得证. □

下一个任务是构建一个集合 $\bar{\mathsf{N}}$, 它具有我们所需的良好性质. 我们称集合 N 为给定集合 S 的一个 ε-网, 如果

$$\forall \boldsymbol{x} \in \mathsf{S}, \quad \exists \bar{\boldsymbol{x}} \in \mathsf{N} \quad \text{s.t.} \quad \|\boldsymbol{x}-\bar{\boldsymbol{x}}\|_2 \leqslant \varepsilon. \tag{3.4.20}$$

令

$$\mathsf{B}(\boldsymbol{x}, r) = \left\{\boldsymbol{z} \in \mathbb{R}^d \mid \|\boldsymbol{z}-\boldsymbol{x}\|_2 \leqslant r\right\} \tag{3.4.21}$$

表示 $\mathbb{R}^d$ 中以 $\boldsymbol{x}$ 为中心, 半径为 r 的 ℓ^2 球. 下面的巧妙论证表明, 对于 ℓ^2 球 $\mathsf{B}(\mathbf{0},1)$, 存在一个最大为 $(3/\varepsilon)^d$ 的 ε-网. 它使用了一个事实: 如果集合 $\mathsf{S} \subset \mathbb{R}^d$ 是一个集合, 并且

$$\alpha\mathsf{S} = \{\alpha\boldsymbol{s} \mid \boldsymbol{s} \in \mathsf{S}\} \tag{3.4.22}$$

表示它的 α 倍缩放, 那么

$$\mathrm{vol}(\alpha \mathsf{S}) \leqslant \alpha^d \mathrm{vol}(\mathsf{S}). \tag{3.4.23}$$

图 3.12展示了对这一事实的可视化.

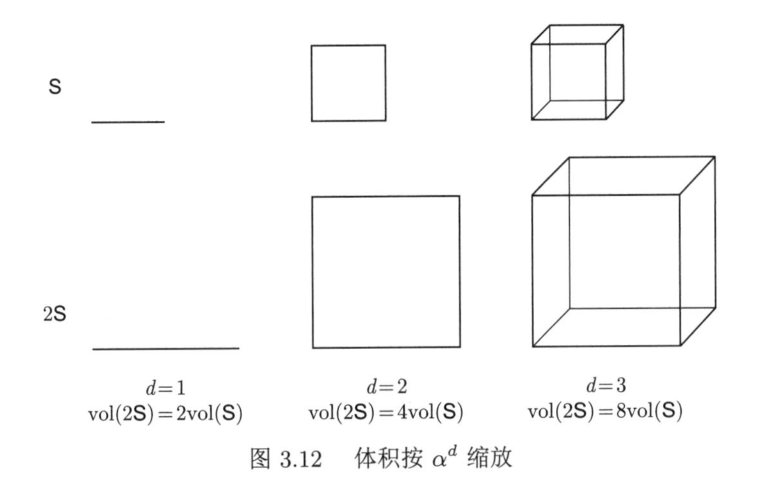

图 3.12 体积按 α^d 缩放

引理 3.8 (单位球的 ε-网) 对于 ℓ^2 单位球 $\mathsf{B}(0,1) \subset \mathbb{R}^d$, 存在一个最大为 $(3/\varepsilon)^d$ 的 ε-网.

证明. 一个集合 M 被称为 ε-分隔的, 如果 M 中的每对不同点之间的距离至少为 ε. 令 $\mathsf{N} \subset \mathsf{B}(\mathbf{0},1)$ 是一个*极大*ε-分隔的集合. 在这里, "*极大*" 意味着它不被包含在任何更大的 ε-分隔集合中.

我们称集合 N 为 $\mathsf{B}(\mathbf{0},1)$ 的一个 ε-网. 事实上, 如果它不是一个 ε-网, 那么将存在某个点 $\boldsymbol{x} \in \mathsf{B}(\mathbf{0},1)$ 到 N 的每个元素的距离大于 ε. 把 $\boldsymbol{x}$ 添加到 N 中, 那么我们得到一个更大的 ε-分隔集合. 这与 N 的极大性相矛盾.

由于 N 是 ε-分隔的, 对于任何一对不同的元素 $\boldsymbol{x} \neq \boldsymbol{x}' \in \mathsf{N}$, 球 $\mathsf{B}(\boldsymbol{x},\varepsilon/2)$ 和 $\mathsf{B}(\boldsymbol{x}',\varepsilon/2)$ 是不相交的. 此外, 这些球的并集包含在 $\mathsf{B}(\mathbf{0},1+\varepsilon/2)$ 中. 因此,

$$|\mathsf{N}|\,\mathrm{vol}(\mathsf{B}(\mathbf{0},\varepsilon/2)) \leqslant \mathrm{vol}(\mathsf{B}(\mathbf{0},1+\varepsilon/2)). \tag{3.4.24}$$

进一步有,

$$|\mathsf{N}| \leqslant \frac{\mathrm{vol}(\mathsf{B}(\mathbf{0},1+\varepsilon/2))}{\mathrm{vol}(\mathsf{B}(\mathbf{0},\varepsilon/2))} \tag{3.4.25}$$

$$= \left(\frac{1+\varepsilon/2}{\varepsilon/2}\right)^d = (1+2/\varepsilon)^d \tag{3.4.26}$$

$$\leqslant (3/\varepsilon)^d, \tag{3.4.27}$$

得证. 图 3.13 展示了 ε-网的体积计算过程. □

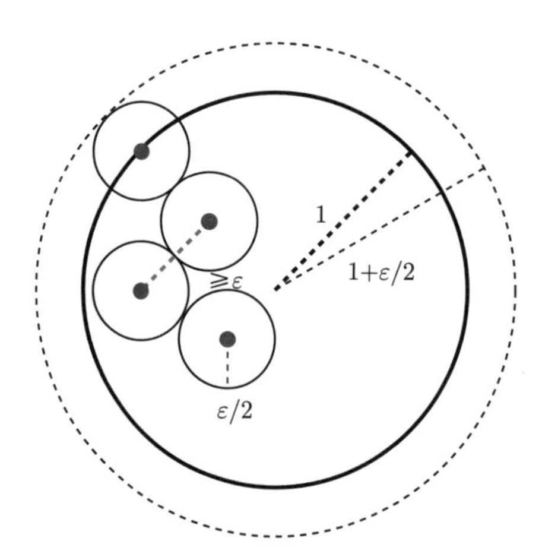

图 3.13 ε-网的体积计算. 对于一个 ε-分隔的集合, 每个点 $\boldsymbol{x}$ 周围的半径为 $\varepsilon/2$ 的 $\mathsf{B}(\boldsymbol{x},\varepsilon/2)$ 球之间内部不相交. 这些半径为 $\varepsilon/2$ 的 $\mathsf{B}(\boldsymbol{x},\varepsilon/2)$ 球的并集包含在半径为 $(1+\varepsilon/2)$ 的 $\mathsf{B}(\mathbf{0},1+\varepsilon/2)$ 球中

为了构造我们的目标集 $\bar{\mathsf{N}}$, 我们简单地逐一考虑每个大小为 $|I|=k$ 的支撑 I. 这将出现 $\binom{n}{k}$ 种情况. 对于每种情况, 我们使用前面的引理, 给支撑包含在 I 中的这些向量的 ℓ^2 范数最大为 1 的单位球构建一个 ε-网. 每一个 ε-网最大为 $(3/\varepsilon)^k$. 最后我们得到如下引理.

引理 3.9 对于满足引理 3.7中要求的两个性质的 $\boldsymbol{\Sigma}_k$, 存在一个 ε-网 $\bar{\mathsf{N}}$, 其中

$$\left|\bar{\mathsf{N}}\right| \leqslant \exp\Big(k\log(3/\varepsilon)+k\log(n/k)+k\Big). \tag{3.4.28}$$

证明. 构造方式遵循上述讨论. 使用 Stirling 公式[⊖], 我们可以估计

$$\left|\bar{\mathsf{N}}\right| \leqslant (3/\varepsilon)^k\binom{n}{k} \tag{3.4.29}$$

$$\leqslant (3/\varepsilon)^k\left(\frac{n\mathrm{e}}{k}\right)^k, \tag{3.4.30}$$

如预期一样. □

联合界

定理 3.7 的证明. 对于每个 $\boldsymbol{x}\in\bar{\mathsf{N}}$, $\boldsymbol{A}\boldsymbol{x}$ 是一个随机向量, 且其元素独立且服从高斯分布 $\mathcal{N}(0,1/m)$, 我们有

$$\mathbb{P}\left[\left|\|\boldsymbol{A}\boldsymbol{x}\|_2^2-1\right|>t\right] \leqslant 2\exp(-mt^2/8). \tag{3.4.31}$$

因此, 对 $\bar{\mathsf{N}}$ 的所有元素求和, 我们有

$$\mathbb{P}\left[\delta_{\bar{\mathsf{N}}}>t\right]\leqslant 2\left|\bar{\mathsf{N}}\right|\exp\left(-mt^2/8\right) \tag{3.4.32}$$

⊖ Stirling 公式给出阶乘的上下界: $\sqrt{2\pi k}\left(\frac{k}{\mathrm{e}}\right)^k\leqslant k!\leqslant \mathrm{e}\sqrt{k}\left(\frac{k}{\mathrm{e}}\right)^k$.

$$\leqslant 2\exp\left(-\frac{mt^2}{8}+k\log\left(\frac{n}{k}\right)+k\left(\log\left(\frac{3}{\varepsilon}\right)+1\right)\right). \tag{3.4.33}$$

在 $\delta_{\bar{\mathsf{N}}}>t$ 的补集上, 我们有

$$\delta_k(\boldsymbol{A})<\frac{2\varepsilon+t}{1-2\varepsilon}. \tag{3.4.34}$$

令 $\varepsilon=\delta/8$, $t=\delta/4$, 并确保对于足够大的数值常数 C, $m\geqslant Ck\log(n/k)/\delta^2$, 我们即可得到所证结果. □

在上面的推导中, 特别是从式(3.4.33)中, 我们看到 m 有更紧一些的界, 形式为

$$m\geqslant 128k\log(n/k)/\delta^2+(\log(24/\delta)+1)k/\delta^2\doteq C_1k\log(n/k)+C_2k.$$

然而, 对于较小的 δ, 常数 C_1 和 C_2 可能会相当大. 虽然这个界的形式在定性上是正确的, 但它不能准确反映 ℓ^1 最小化何时起作用. 在 [Rudelson et al., 2008] 中, m 的更严格的界如下:

$$m\geqslant 8k\log(n/k)+12k.$$

这是通过高斯矩阵的 RIP 给出的最著名的下界之一. 然而, 正如我们之后会看到的, 使用更先进的工具, 最终我们将能够为高斯矩阵推导出一个精确的条件, 该条件刻画数值实验中所观察到的 ℓ^1 最小化的"相变"行为.

3.4.3 非高斯矩阵的 RIP

在许多感兴趣的应用中, 矩阵 $\boldsymbol{A}$ 不能被假设是独立同高斯分布的. 令人惊讶的是, 为高斯模型所开发的理论通常可以预测其他模型中 ℓ^1 最小化的表现. 但我们仍然希望有一个精确的理解 (和相应的数学保证) 来描述当模型不是那么均匀时会发生什么.

酉矩阵的随机子矩阵

一个经常出现的模型假设为, 我们通过随机采样正交矩阵 (在实数情况下) 或者酉矩阵 (在复数情况下) 的一些行向量来生成 $\boldsymbol{A}$. 实际上, 我们已经在对 MRI 应用的简要讨论中看到了这样的模型. 在那里, 我们通过 $\boldsymbol{F\Psi}$ 的行子矩阵生成 $\boldsymbol{A}$, 其中 $\boldsymbol{F}$ 是 DFT 矩阵, $\boldsymbol{\Psi}$ 的列向量由 $\mathbb{C}^{n\times n}$ 的正交小波基构成. 由于 $\boldsymbol{F}$ 和 $\boldsymbol{\Psi}$ 均为酉矩阵, 所以它们的乘积也是酉矩阵. 在 [Candès et al., 2006] 中, 已经证明对于给定的 k-稀疏向量 $\boldsymbol{x}\in\mathbb{R}^n$, 如果 $\boldsymbol{A}$ 是由随机选取酉矩阵的 $m=O\big(k\log(n)\big)$ 个行向量构成, 那么将以很高概率, ℓ^1 最小化 $\min\|\boldsymbol{x}\|_1\ \mathrm{s.t.}\ \boldsymbol{y}=\boldsymbol{A}\boldsymbol{x}$ 能够恢复稀疏向量. 然而, 这个结果并不意味着对于相同的矩阵 $\boldsymbol{A}$, 求解 ℓ^1 最小化问题可以成功恢复所有 k-稀疏向量[㊀].

根据 [Rudelson et al., 2008], 下述定理表明, 如果我们从酉矩阵中随机抽取一个行子矩阵, 只要选择了足够多的行向量, 那么它也以高概率具有 RIP. 我们知道, 对于满足 RIP 条件的矩阵, 可以保证所关联的 ℓ^1 最小化问题对于所有 k-稀疏向量都能成功恢复.

㊀ 要理解其中的差异, 可以回忆一下 JL 引理, 但是这里的任务不是仅仅证明给定任意一对点, 以很高概率存在一个近似保持距离的投影. 我们需要使用联合界来证明存在一个投影, 使得以很高概率同时近似保留所有点对之间的距离.

定理 3.9 令 $\boldsymbol{U} \in \mathbb{C}^{n\times n}$ 是酉矩阵 (即 $\boldsymbol{U}^*\boldsymbol{U} = \boldsymbol{I}$), Ω 是来自 $\{1,\cdots,n\}$ 的 m 个元素的随机子集. 假设

$$\|\boldsymbol{U}\|_\infty \leqslant \zeta/\sqrt{n}. \tag{3.4.35}$$

如果

$$m \geqslant \frac{C\zeta^2}{\delta^2} k \log^4 n, \tag{3.4.36}$$

那么, $\boldsymbol{A} = \sqrt{\frac{n}{m}}\boldsymbol{U}_{\Omega,*}$ 以高概率满足 k 阶 RIP, 且常数 $\delta_k(\boldsymbol{A}) \leqslant \delta$, 其中 $\boldsymbol{U}_{\Omega,*}$ 表示由 Ω 索引的 $\boldsymbol{U}$ 的行向量构成的子矩阵.

为简单起见, 这里我们给出这个定理的证明, 感兴趣的读者可以参考 [Rudelson et al., 2008].

在我们的讨论中, 这个结果有两点非常突出. 首先是对 $\|\boldsymbol{U}\|_\infty$ 的依赖. 值得注意的是, 对于任何酉矩阵 $\boldsymbol{U}$, $\|\boldsymbol{U}\|_\infty \geqslant 1/\sqrt{n}$. 因此, 参数 ζ 衡量我们相对于这个最优界损失了多少. 在某些情况下, 这个界显然是可以达到的——DFT 矩阵 $\boldsymbol{F}$ 有 $\|\boldsymbol{F}\|_\infty = 1/\sqrt{n}$, 可以直接从附录 A 中的定义 (A.7.13) 得到. 如果我们想要稍微解释一下结果, $\boldsymbol{U}$ 应该具有一致有界元素这样一个想法可以得到关于采样的一个非常好的直觉. 也就是说, 如果我们希望重构一个在某个基 $\boldsymbol{\Psi}$ 上稀疏的元素, 并且可以取任意想要的线性样本 $\langle \boldsymbol{f}_i, \boldsymbol{y}\rangle$, 那么应该在稀疏基上尽可能取不相干的样本, 即

$$|\langle \boldsymbol{f}_i, \boldsymbol{\psi}_j\rangle| \tag{3.4.37}$$

要一致地小. 这与我们来自信号处理的通常直觉形成对比, 后者可能表明某种匹配滤波器在这里才是最好的. 其挑战在于, 实际上 $\boldsymbol{x}$ 的潜在支撑模式数量呈指数级增长, 因此要匹配的信号数量也呈指数级增长. 相反, 如果我们让每个 (不相干的) 测量收集所有基元素的信息, 那么我们可以使用有效的计算来决定 $\boldsymbol{\Psi}$ 的哪些元素是有用的.

第二点是测量数量, 在形式上 $k\log^4(n)$ 类似于我们在高斯情形中的 $k\log(n/k)$. 我们目前推测这里只需 $k\log n$ 个测量就足够了. 目前如何证明这一点是一个悬而未决的问题, 它被认为是困难的, 并且已知与概率和泛函分析中的许多有趣问题相关联. 实际上, 在 [Rudelson et al., 2008] 中给出了一个更精确的表达式: $m = O\big(k\log n\log^2 k\log(k\log n)\big)$. 这个界与推测的最优界相比, 对 n 相差一个 $\log\log n$ 因子, 对 k 相差一个 $\log^3 k$ 因子.

随机卷积

在工程实践中经常出现的另一种模型涉及对输入信号 $\boldsymbol{x}$ 与某个滤波器 $\boldsymbol{r}$ 的卷积进行采样. 正式地, 我们可以想象

$$\boldsymbol{y} = \mathcal{P}_\Omega[\boldsymbol{r} * \boldsymbol{x}] = \boldsymbol{A}\boldsymbol{x}, \tag{3.4.38}$$

其中 $\boldsymbol{x} \in \mathbb{C}^n$, $\boldsymbol{r} \in \mathbb{C}^n$, $\Omega \subseteq [n]$ 是我们的采样位置集合. 这里 $*$ 表示循环卷积:

$$(\boldsymbol{r} * \boldsymbol{x})_i = \sum_{j=0}^{n-1} x_j r_{i+n-j \bmod n}. \tag{3.4.39}$$

这引出了在信号 $\boldsymbol{x}$ 上高度结构化的线性算子, 因为我们可以将卷积以循环形式表示为

$$\boldsymbol{r} * \boldsymbol{x} = \begin{bmatrix} r_0 & r_{n-1} & \cdots & r_2 & r_1 \\ r_1 & r_0 & r_{n-1} & & r_2 \\ \vdots & r_1 & r_0 & \ddots & \vdots \\ r_{n-2} & & \ddots & \ddots & r_{n-1} \\ r_{n-1} & r_{n-2} & \cdots & r_1 & r_0 \end{bmatrix} \boldsymbol{x} \doteq \boldsymbol{R}\boldsymbol{x}. \tag{3.4.40}$$

这样的矩阵 $\boldsymbol{R}$ 被称为*循环矩阵*. 可以查看附录 A 以了解此类矩阵的更多优良性质. 特别是, 任何循环矩阵都可以通过离散傅里叶变换对角化: 对于某个对角矩阵 $\boldsymbol{D}$, $\boldsymbol{R} = \boldsymbol{F}\boldsymbol{D}\boldsymbol{F}^*$(参见附录 A 中定理 A.16). 在这里, 我们可以将采样矩阵 $\boldsymbol{A}$ 视为循环矩阵 $\boldsymbol{R}$ 的行子集, 即 $\boldsymbol{A} = \boldsymbol{R}_{\Omega,*}$.

滤波器 $\boldsymbol{r}$ 也可以有很多形式. 例如, 它可以像一个随机 Rademacher 向量一样简单, 即一个各元素相互独立的随机向量, 其中 $\mathbb{P}(r_i = \pm 1) = 1/2$, 或者它可以是各个元素独立且服从具有零均值、方差为 1 的亚高斯分布的随机向量. $\boldsymbol{r}$ 具体的随机性并不重要.

对于这个模型, [Krahmer et al., 2014] 的工作表明, 以下陈述基本上是正确的.

定理 3.10 *令 $\Omega \subseteq \{1, \cdots, n\}$ 为任意固定子集, 且 $|\Omega| = m$. 那么, 如果*

$$m \geqslant \frac{Ck \log^2(k) \log^2(n)}{\delta^2}, \tag{3.4.41}$$

那么由 $\boldsymbol{R}_{\Omega,*}$ 构造的矩阵 $\boldsymbol{A}$ 以高概率满足 k 阶 RIP, 且 $\delta_k(\boldsymbol{A}) \leqslant \delta$.

请注意, 上述结果在以下意义上是相当强大的: 首先, 它指出即使对于高度结构化的采样矩阵 (循环矩阵和上一节研究的随机高斯矩阵), 我们所需的样本数也只会损失较小的因子 $\log^2 k \log n$; 其次, 它断言 $\boldsymbol{R}$ 的行的任何子集构成的子矩阵都以高概率满足 RIP, 而不仅仅是一个随机子集; 最后, RIP 确保了任何 k-稀疏向量 $\boldsymbol{x}$ 的一致可恢复性, 而不仅仅是固定的 k-稀疏向量. 在 [Rauhut, 2009] 中已经证明, 如果放宽一致可恢复性要求, 而仅仅考虑固定的 k-稀疏向量, 那么它可以通过 ℓ^1 最小化从具有 $m \geqslant Ck \log^2(n)$ 个测量值的部分随机循环矩阵恢复. 这个界略好于上述定理中给出的界, 但是它并非对所有的 k-稀疏向量都如此.

3.5 含噪观测或者近似稀疏性

到目前为止, 我们的模型非常理想化. 我们假设目标 $\boldsymbol{x}_o$ 是完全稀疏的, 并且测量中没有噪声, 所以 $\boldsymbol{y} = \boldsymbol{A}\boldsymbol{x}_o$. 在许多实际应用中, 这些假设显然不成立. 在实践中, 观测 $\boldsymbol{y}$ 通常

会受到一些较小幅度的噪声 $\boldsymbol{z}$ 干扰, 即

$$\boldsymbol{y} = \boldsymbol{A}\boldsymbol{x}_o + \boldsymbol{z}, \quad \|\boldsymbol{z}\|_2 \leqslant \varepsilon. \tag{3.5.1}$$

在其他实际场景中, 真实信号 $\boldsymbol{x}_o$ 可能不是完全稀疏的, 而只是近似稀疏的.

这引发了两个自然而然的疑问. 首先, 从实用角度看, 是否可以修改我们的方法使其在含噪声或者不完美的稀疏信号下保持稳定? 其次, 我们应该期待它们的表现如何呢? 我们在前几节中介绍的条件和保证是否仍然有意义呢?

为了清楚地说明我们的假设和目标, 我们可以考虑以下三种情况 (或者它们的某种组合).

- **确定性 (最坏情况) 噪声**. $\boldsymbol{z}$ 是有界的: $\|\boldsymbol{z}\|_2 \leqslant \varepsilon$, 其中 ε 是已知的.
- **随机噪声**. $\boldsymbol{z}$的元素 $\sim_{\text{i.i.d.}} \mathcal{N}\left(0, \dfrac{\sigma^2}{m}\right)$. 请注意, 在这个随机模型下, 典型的噪声向量 $\boldsymbol{z}$ 的范数为 $\|\boldsymbol{z}\|_2 \approx \sigma$[⊖]. 高斯噪声是一个非常自然的假设, 这里获得的结果也可以扩展到其他噪声模型.
- **非精确的稀疏性**. $\boldsymbol{x}_o$ 不是完全稀疏的. 从技术上讲, 这不是噪声, 而是违反了我们的信号稀疏建模假设. 在这种情况下, 假设 $\boldsymbol{x}_o$ 接近k-稀疏向量可能是有意义的. 我们可以通过让 $[\boldsymbol{x}_o]_k$ 表示对 $\boldsymbol{x}_o$ 的最佳 k-项近似来建模, 即

$$[\boldsymbol{x}_o]_k \in \arg\min_{\|\boldsymbol{z}\|_0 \leqslant k} \|\boldsymbol{x}_o - \boldsymbol{z}\|_2^2. \tag{3.5.2}$$

  这只是保留了 $\boldsymbol{x}_o$ 的 k 个幅度最大元素. 如果 $\|\boldsymbol{x}_o - [\boldsymbol{x}_o]_k\|_2$ 很小, 那么称 $\boldsymbol{x}_o$ 是 "近似稀疏的".

在所有这些场景中, 我们可能仍希望在某种意义上 "恢复"$\boldsymbol{x}_o$ 的稀疏估计 $\hat{\boldsymbol{x}}$. 这里 (可能) 有三个问题需要考虑.

- **估计**. $\|\hat{\boldsymbol{x}} - \boldsymbol{x}_o\|_2$ 是否足够小?
- **预测**. 是否满足 $\boldsymbol{A}\hat{\boldsymbol{x}} \approx \boldsymbol{A}\boldsymbol{x}_o$?
- **支撑恢复**. 是否满足 $\text{supp}(\hat{\boldsymbol{x}}) = \text{supp}(\boldsymbol{x}_o)$?

对于工程实践, 我们经常关心估计这个信号 $\boldsymbol{x}_o$ (用于感知问题) 或者恢复其支撑 $\text{supp}(\boldsymbol{x}_o)$ (用于识别问题). 尽管如此, 统计学家有时也关心预测误差 $\boldsymbol{A}(\hat{\boldsymbol{x}} - \boldsymbol{x}_o)$.

在下面的小节中, 我们将分别在确定性噪声、随机噪声, 以及确定性噪声与非精确稀疏性三种情况下讨论稳定估计的结果. 支撑恢复的结果在 3.6节和注记部分简要讨论.

3.5.1　稀疏信号的稳定恢复

在理想感知模型中, 观测方程 $\boldsymbol{y} = \boldsymbol{A}\boldsymbol{x}_o$ 对于稀疏信号 $\boldsymbol{x}_o$ 完全成立. 在本小节中, 我们考虑一个更实际的情况, 其中观测 $\boldsymbol{y}$ 受到一定量的噪声干扰. 为简单起见, 仍然假设信号

⊖ 我们特意将正态分布的方差缩放 $1/m$, 使得 σ 可以直接对比确定性噪声情形下的 ε.

$\boldsymbol{x}_o$ 是完全稀疏的. 我们可以将噪声建模为一个加性误差 $\boldsymbol{z}$, 并假设它的模值很小[㊀]:

$$\boldsymbol{y} = \boldsymbol{A}\boldsymbol{x}_o + \boldsymbol{z}, \quad \|\boldsymbol{z}\|_2 \leqslant \varepsilon. \tag{3.5.3}$$

为了从上述观测中恢复稀疏解, 我们可以将 ℓ^1 最小化扩展到这个新设定, 并求解

$$\begin{aligned} \min \quad & \|\boldsymbol{x}\|_1 \\ \text{s.t.} \quad & \|\boldsymbol{y} - \boldsymbol{A}\boldsymbol{x}\|_2 \leqslant \varepsilon. \end{aligned} \tag{3.5.4}$$

换句话说, 这个问题要求我们 (尝试) 找到与观察到的噪声水平一致的最稀疏的 $\boldsymbol{x}$. 几乎同样广为人知的是这个问题的拉格朗日松弛, 它引入了一个惩罚参数 $\lambda \geqslant 0$, 并求解无约束优化问题[㊁]

$$\min \ \lambda \|\boldsymbol{x}\|_1 + \frac{1}{2}\|\boldsymbol{y} - \boldsymbol{A}\boldsymbol{x}\|_2^2. \tag{3.5.5}$$

优化问题(3.5.4)被广泛称为*去噪基追踪* (Basis Pursuit Denoising, BPDN) [Chen et al., 2001], 而问题(3.5.5)被广泛称为*最小绝对收缩和选择算子* (Least Absolute Shrinkage and Selection Operator, LASSO) [Tibshirani, 1996]. 这两个问题是完全等价的, 因为存在一个对应关系 $\lambda \leftrightarrow \varepsilon$, 使得如果 $\boldsymbol{x}$ 是以 λ 为参数的 LASSO 问题的解, 那么存在一个 ε 使得 $\boldsymbol{x}$ 也是以 ε 为参数的 BPDN 问题的解; 反之, 只要 $\boldsymbol{x}$ 是以 ε 为参数的 BPDN 的解, 就存在一个对应的 λ, 使得 $\boldsymbol{x}$ 也是以 λ 作为参数的 LASSO 问题的解. 因此, 从理论上讲, 这两个问题完全等价.

在另一方面, 从实用的角度来看, 它们可能有很大的不同, 因为这种对应关系 $\lambda \leftrightarrow \varepsilon$ 取决于问题数据 $(\boldsymbol{y}, \boldsymbol{A})$, 并不知道其明确形式. 在某些情况下, 调整参数 λ 可能比调整 ε 更容易, 反之亦然. 特别是, 在噪声范数已知或者可以估计的情况下, BPDN 公式可能更有吸引力, 因为它的参数可以设置为噪声水平[㊂]. 正则化参数 λ(或者 ε) 的最优选择在实践中是一个非常棘手的问题. 一般来说, 我们要么使用通用统计规则 (例如交叉验证), 要么诉诸理论分析去理解哪种缩放因子合适.

尽管它们在概念上是等价的, 但这些问题可能需要非常不同的优化技术. 在第 8 章中, 我们将更详细地讨论如何解决这两个问题 (以及许多相关问题).

确定性噪声

为了考虑测量噪声, 我们可以简单地求解优化问题(3.5.4)或者优化问题 (3.5.5). 两者都是凸优化问题. 任何全局极小值点都会给出一个估计 $\hat{\boldsymbol{x}}$. 与前两节不同, 在噪声下我们不能期望 $\hat{\boldsymbol{x}} = \boldsymbol{x}_o$ 严格成立. 但是, 我们可以希望, 如果噪声水平 ε 很小, 估计误差 $\|\hat{\boldsymbol{x}} - \boldsymbol{x}_o\|_2$ 也很小.

㊀ 这类似于传统信号处理问题中的设置, 我们通常假设信噪比 (SNR) 很大.

㊁ 我们可以将其与第 1 章习题 1.8 使用 ℓ^2 范数约束 $\boldsymbol{x}$ 的岭回归问题进行比较.

㊂ 从历史上看, 统计学家更喜欢 LASSO, 而工程师更喜欢 BPDN, 虽然令人困惑, 但在原始论文中, LASSO 和 BPDN 的名称并不是用来指代这些问题, 而是不同的等价问题.

我们预期能够做得多好呢? 想象一下, 我们以某种方式已经知道 $\boldsymbol{x}_o$ 的支撑 I. 在这种情况下, 通过设置

$$\begin{cases} \hat{\boldsymbol{x}}'(I) = (\boldsymbol{A}_I^* \boldsymbol{A}_I)^{-1} \boldsymbol{A}_I^* \boldsymbol{y}, \\ \hat{\boldsymbol{x}}'(I^c) = \mathbf{0}, \end{cases} \tag{3.5.6}$$

我们可以构造另一个估计 $\hat{\boldsymbol{x}}'$, 这只是一个被限制在集合 I 上的最小二乘估计. 不难证明, 它是最优的, 因为它相对于支撑 I 上的所有 $\boldsymbol{x}_o$ 和范数最多为 ε 的 $\boldsymbol{z}$ 是在最小化最坏误差 $\|\hat{\boldsymbol{x}} - \boldsymbol{x}_o\|_2$. 这个 "Oracle" 估计器产生一个估计 $\hat{\boldsymbol{x}}'$, 它满足

$$\left\|\hat{\boldsymbol{x}}' - \boldsymbol{x}_o\right\|_2 \leqslant \frac{\varepsilon}{\sigma_{\min}(\boldsymbol{A}_I)}, \tag{3.5.7}$$

并且这个界是紧的.

因此, 一般来说, 我们能够希望的最好结果是

$$\|\hat{\boldsymbol{x}} - \boldsymbol{x}_o\|_2 \sim c\varepsilon,$$

其中 $c = \sigma_{\min}(\boldsymbol{A}_I)^{-1}$. 如上所述, 如果我们将自己限制在高效算法上, 这通常是不可能做到的. 但是, 我们是否能够希望在与上述相同的假设下, 实现

$$\|\hat{\boldsymbol{x}} - \boldsymbol{x}_o\|_2 \leqslant C\varepsilon? \tag{3.5.8}$$

也就是说, 所得到的解至少是*稳定的*: 估计 $\boldsymbol{x}$ 的误差与扰动的幅度 ε 成正比, 即使这个常数可能不像我们知道 $\boldsymbol{x}_o$ 的正确支撑时那么小.

为此, 我们给出如下定理, 它与 [Candès et al., 2006] 中的结果相似[⊖].

定理 3.11 (基于 BPDN 的稳定稀疏恢复)　*假设 $\boldsymbol{y} = \boldsymbol{A}\boldsymbol{x}_o + \boldsymbol{z}$, 其中 $\|\boldsymbol{z}\|_2 \leqslant \varepsilon$, 令 $k = \|\boldsymbol{x}_o\|_0$. 如果 $\delta_{2k}(\boldsymbol{A}) < \sqrt{2} - 1$, 那么优化问题*

$$\begin{aligned} \min \quad & \|\boldsymbol{x}\|_1 \\ \text{s.t.} \quad & \|\boldsymbol{y} - \boldsymbol{A}\boldsymbol{x}\|_2 \leqslant \varepsilon \end{aligned} \tag{3.5.9}$$

的任意解 $\hat{\boldsymbol{x}}$ 满足

$$\|\hat{\boldsymbol{x}} - \boldsymbol{x}_o\|_2 \leqslant C\varepsilon, \tag{3.5.10}$$

这里 C 是一个常数, 仅取决于 $\delta_{2k}(\boldsymbol{A})$ (而不是噪声水平 ε).

证明. 因为 $\|\boldsymbol{y} - \boldsymbol{A}\boldsymbol{x}_o\|_2 = \|\boldsymbol{z}\|_2 \leqslant \varepsilon$, 由于 $\hat{\boldsymbol{x}}$ 也是可行解, 所以我们也有 $\|\boldsymbol{y} - \boldsymbol{A}\hat{\boldsymbol{x}}\|_2 \leqslant \varepsilon$. 使用三角不等式,

$$\begin{aligned} \|\boldsymbol{A}(\hat{\boldsymbol{x}} - \boldsymbol{x}_o)\|_2 &= \|(\boldsymbol{y} - \boldsymbol{A}\hat{\boldsymbol{x}}) - (\boldsymbol{y} - \boldsymbol{A}\boldsymbol{x}_o)\|_2 \\ &\leqslant \|\boldsymbol{y} - \boldsymbol{A}\hat{\boldsymbol{x}}\|_2 + \|\boldsymbol{y} - \boldsymbol{A}\boldsymbol{x}_o\|_2 \end{aligned}$$

⊖ 在 [Candès et al., 2006] 中所给出 RIP 常数的条件是 $\delta_{4k}(\boldsymbol{A}) < 1/4$, 比这里的更严格.

$$\leqslant 2\varepsilon.$$

设 $\boldsymbol{h}=\hat{\boldsymbol{x}}-\boldsymbol{x}_o$, 我们有 $\|\boldsymbol{A}\boldsymbol{h}\|_2\leqslant 2\varepsilon$. 从几何上看, 这意味着扰动 $\boldsymbol{h}$ 必须接近 $\boldsymbol{A}$ 的零空间.

因为 $\boldsymbol{x}_o$ 对于优化问题是可行解, $\hat{\boldsymbol{x}}$ 是最优解, 所以 $\hat{\boldsymbol{x}}$ 必须具有比 $\boldsymbol{x}_o$ 更低的目标函数值, 即

$$\|\hat{\boldsymbol{x}}\|_1 \ \leqslant\ \|\boldsymbol{x}_o\|_1 . \tag{3.5.11}$$

令 I 表示 $\boldsymbol{x}_o$ 的支撑, 那么我们有

$$\begin{aligned}\|\boldsymbol{x}_o\|_1 &\geqslant \|\boldsymbol{x}_o+\boldsymbol{h}\|_1\\ &\geqslant \|\boldsymbol{x}_o\|_1-\|\boldsymbol{h}_I\|_1+\|\boldsymbol{h}_{I^c}\|_1 ,\end{aligned}$$

因此, 得到

$$\|\boldsymbol{h}_{I^c}\|_1 \ \leqslant\ \|\boldsymbol{h}_I\|_1 . \tag{3.5.12}$$

在几何上, 这意味着 $\hat{\boldsymbol{x}}$ 存在于一个半径为 $\|\boldsymbol{x}_o\|_1$, 以原点为中心的 ℓ^1 球中. 在局部, 这个集合看起来像一个凸锥 (ℓ^1 范数的"下降锥"), 因此约束 $\|\boldsymbol{h}_{I^c}\|_1\leqslant\|\boldsymbol{h}_I\|_1$ 也被称为"锥约束". 它描述了能够降低目标函数值的从 $\boldsymbol{x}_o$ 到 $\hat{\boldsymbol{x}}$ 的所有可能扰动的集合. 图 3.14给出了针对扰动 $\boldsymbol{h}$ 的两个约束背后的几何直观.

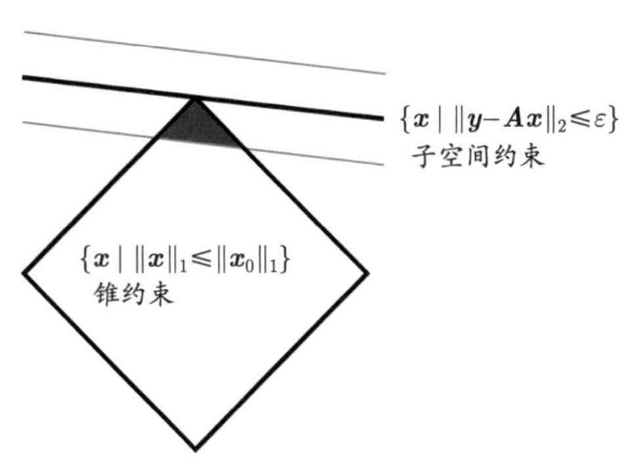

图 3.14 定理 3.11证明的几何直观

注意矩阵 $\boldsymbol{A}$ 满足 RIP. 根据定理 3.8, 我们知道, 如果 $\delta_{2k}<\sqrt{2}-1$, 那么 $\boldsymbol{A}$ 满足以 $\alpha=1$ 为常数的受限强凸性 (上面 $\boldsymbol{h}$ 上的限制条件(3.5.12)正是这种情况). 因此, 对于某个 $\mu>0$, 我们有

$$\|\boldsymbol{A}\boldsymbol{h}\|_2^2\geqslant\mu\|\boldsymbol{h}\|_2^2. \tag{3.5.13}$$

将其与 $\|\boldsymbol{A}\boldsymbol{h}\|_2\leqslant 2\varepsilon$ 结合, 我们得到

$$\|\hat{\boldsymbol{x}}-\boldsymbol{x}_o\|_2=\|\boldsymbol{h}\|_2\leqslant\frac{2}{\sqrt{\mu}}\varepsilon. \tag{3.5.14}$$

令 $C=2/\sqrt{\mu}$ 即完成证明. □

注意到, 在上述证明中, 如果 μ 非常小, 那么常数 C 可能会相当大. 根据定理 3.8的证明, 我们知道

$$\sqrt{\mu}=\frac{1-\delta_{2k}(1+\sqrt{2})}{\sqrt{2(1+\delta_{2k})}}.$$

如果 δ_{2k} 接近 $\sqrt{2}-1$, 那么 μ 变小. 因此, 如果我们不希望上述定理中的常数 C 太大, 我们需要确保 δ_{2k} 明显小于 $\sqrt{2}-1$. 然而, 无论 δ_{2k} 有多小, 我们总是有 $\sqrt{\mu}<1/\sqrt{2}$. 因此, 根据这个证明, 定理中常数 C 的最小值是 $2\sqrt{2}$.

随机噪声

我们已经证明, 对于观测 $\boldsymbol{y}=\boldsymbol{A}\boldsymbol{x}_o+\boldsymbol{z}$ 中的任何加性噪声 $\boldsymbol{z}$, 我们可以估计 $\boldsymbol{x}_o$, 其误差大小由 $C\|\boldsymbol{z}\|_2$ 所控制, C 为某个常数. 根据我们在定理之前的讨论, 这个误差范围已经接近可能的最好情况.

对于随机噪声, 我们可能希望如果 $m\gg k$, 那么 $\boldsymbol{z}$ 的大部分能量会“错过” k 维子空间 $\operatorname{range}(\boldsymbol{A}_I)$. 如果是这样, 那么所估计的 $\hat{\boldsymbol{x}}$ 的准确性会随着 m 的增长而提高. 更准确地说, 误差界 $C\|\boldsymbol{z}\|_2$ 中的系数 C 随着 m 的增加而减小. 事实表明, 的确是这样. 为简单起见, 我们在此介绍一个随机矩阵 $\boldsymbol{A}$ 的定理[㊀]. 更准确地说, 我们假设测量模型:

$$\boldsymbol{y}=\boldsymbol{A}\boldsymbol{x}_o+\boldsymbol{z}, \tag{3.5.15}$$

其中 $\boldsymbol{y}\in\mathbb{R}^m$, $\boldsymbol{x}_o$ 是 k-稀疏的, 且矩阵 $\boldsymbol{A}$ 的元素 $A_{ij}\sim_{\text{i.i.d.}}\mathcal{N}\left(0,\dfrac{1}{m}\right)$, 噪声 $\boldsymbol{z}$ 的分量 $z_i\sim_{\text{i.i.d.}}\mathcal{N}\left(0,\dfrac{\sigma^2}{m}\right)$. 请注意, 在确定性情况的研究中, 我们假设测量矩阵 $\boldsymbol{A}$ 满足 RIP 条件. 因此, $\boldsymbol{A}$ 的列向量通常被归一化. 这里方差中的比例因子 $1/m$ 是为了确保 $\boldsymbol{A}$ 的列向量基本上长度为 1, 噪声向量长度为 σ, 以使得这里的模型和结果可以直接与确定性情况下的结果进行比较[㊁].

正如我们之前讨论过的, 我们可以从有噪声的测量中找到 $\boldsymbol{x}_o$ 的估计值 $\hat{\boldsymbol{x}}$, 它在稀疏性和最小化误差之间取得平衡. 特别是, 我们想通过求解如下 LASSO 问题来寻找 $\hat{\boldsymbol{x}}$:

$$\hat{\boldsymbol{x}}=\arg\min_{\boldsymbol{x}}\frac{1}{2}\|\boldsymbol{y}-\boldsymbol{A}\boldsymbol{x}\|_2^2+\lambda_m\|\boldsymbol{x}\|_1. \tag{3.5.16}$$

为了方便起见, 我们令 $I=\operatorname{supp}(\boldsymbol{x}_o)$, I^c 表示它的补集, 并且 $\boldsymbol{h}=\hat{\boldsymbol{x}}-\boldsymbol{x}_o\in\mathbb{R}^n$ 是估计和真值之间的差. 我们还定义 $L(\boldsymbol{x})=\dfrac{1}{2}\|\boldsymbol{y}-\boldsymbol{A}\boldsymbol{x}\|_2^2$. 注意 $\boldsymbol{\nabla}L(\boldsymbol{x})=-\boldsymbol{A}^*(\boldsymbol{y}-\boldsymbol{A}\boldsymbol{x})$. 特别地, 根据式(3.5.15), $\nabla L(\boldsymbol{x}_o)=-\boldsymbol{A}^*(\boldsymbol{y}-\boldsymbol{A}\boldsymbol{x}_o)=-\boldsymbol{A}^*\boldsymbol{z}$.

我们想知道对于给定的 λ_m, 这个差异 $\|\boldsymbol{h}\|_2=\|\hat{\boldsymbol{x}}-\boldsymbol{x}_o\|_2$ 可以有多小. 首先我们证明, 对于恰当选择的 λ_m, 这个差向量 $\boldsymbol{h}$ 是高度*受限的*, 因为对于某个常数 α, $\|\boldsymbol{h}_{I^c}\|_1\leqslant\alpha\|\boldsymbol{h}_I\|_1$, 即 $\boldsymbol{x}_o$ 的支撑 I 之外的误差由 I 上的误差所控制[㊂]. 更准确地说, 我们有以下引理.

㊀ 对满足 RIP 的矩阵 $\boldsymbol{A}$ 也有类似的结果.

㊁ 方差 σ 代替了定理 3.11中 ε 的角色.

㊂ 注意在式(3.5.12)中导出了对 $\boldsymbol{h}$ 的类似限制. 那里的常数是 $\alpha=1$, 我们很快就会看到, 这里的常数需要设为 3.

引理 3.10 对于优化问题(3.5.16), 如果我们选择正则化参数 $\lambda_m \geqslant c \cdot 2\sigma\sqrt{\frac{\log n}{m}}$, 那么以高概率, $\boldsymbol{h} = \hat{\boldsymbol{x}} - \boldsymbol{x}_o$ 满足锥条件:

$$\|\boldsymbol{h}_{I^c}\|_1 \leqslant \frac{c+1}{c-1} \cdot \|\boldsymbol{h}_I\|_1, \tag{3.5.17}$$

其中 I 是稀疏解 $\boldsymbol{x}_o$ 的支撑.

证明. 注意 $\hat{\boldsymbol{x}}$ 和 $\boldsymbol{x}_o$ 之间的差 $\boldsymbol{h}$ 与式(3.5.16)中目标函数的值之间的差有关. 由于 $\hat{\boldsymbol{x}}$ 最小化目标函数, 我们有:

$$\begin{aligned}
0 &\geqslant L(\hat{\boldsymbol{x}}) + \lambda_m\|\hat{\boldsymbol{x}}\|_1 - L(\boldsymbol{x}_o) - \lambda_m\|\boldsymbol{x}_o\|_1 \\
&\geqslant \langle \nabla L(\boldsymbol{x}_o), \hat{\boldsymbol{x}} - \boldsymbol{x}_o \rangle + \lambda_m(\|\hat{\boldsymbol{x}}\|_1 - \|\boldsymbol{x}_o\|_1) \\
&\geqslant -\left| \langle \boldsymbol{A}^*\boldsymbol{z}, \boldsymbol{h} \rangle \right| + \lambda_m(\|\hat{\boldsymbol{x}}\|_1 - \|\boldsymbol{x}_o\|_1) \\
&\geqslant -\|\boldsymbol{A}^*\boldsymbol{z}\|_\infty \|\boldsymbol{h}\|_1 + \lambda_m(\|\hat{\boldsymbol{x}}\|_1 - \|\boldsymbol{x}_o\|_1),
\end{aligned} \tag{3.5.18}$$

在第二个不等式中, 我们使用了 $L(\boldsymbol{x})$ 是凸函数这一事实. 最后一个不等式中的两项如何相互作用还有待观察. 显然, 我们需要对 $\|\boldsymbol{A}^*\boldsymbol{z}\|_\infty$ 的值有一个很好的了解. 这里, 我们需要求助于高维统计中有关测度集中的结果.

请注意, $\boldsymbol{A}$ 的列向量 $\boldsymbol{a}_i$ 通常都有 $\|\boldsymbol{a}_i\|_2 \approx 1$. 因此, 我们在这里假设 $\boldsymbol{A}$ 的列向量已被 ℓ^2 范数归一化. 因此, $\boldsymbol{a}_i^*\boldsymbol{z}$ 是方差为 σ^2/m 的高斯随机变量. 我们有

$$\mathbb{P}\left[|\boldsymbol{a}_i^*\boldsymbol{z}| \geqslant t\right] \leqslant 2\exp\left(-\frac{mt^2}{2\sigma^2}\right). \tag{3.5.19}$$

通过对 n 列使用联合界, 我们有

$$\mathbb{P}\left[\|\boldsymbol{A}^*\boldsymbol{z}\|_\infty \geqslant t\right] \leqslant 2\exp\left(-\frac{mt^2}{2\sigma^2} + \log n\right). \tag{3.5.20}$$

正如我们所见, 只要我们选择 t^2 为 $C\frac{\sigma^2 \log n}{m}$ 阶, 其中常数 C 足够大, 那么指数项将是负的, 且 $\|\boldsymbol{A}^*\boldsymbol{z}\|_\infty \geqslant t$ 的概率很低. 特别是, 我们可以选择 $t^2 = 4\frac{\sigma^2 \log n}{m}$, 那么以至少 $1 - cn^{-1}$ 的高概率, 得到

$$\|\boldsymbol{A}^*\boldsymbol{z}\|_\infty \leqslant 2\sigma\sqrt{\frac{\log n}{m}}.$$

因此, 要使式(3.5.18)中的两项在尺度上具有可比性, 很自然会选择尺度 $\sigma\sqrt{\frac{\log n}{m}}$ 的 λ_m. 特别是, 对于某个 $c > 0$, 我们选择 $\lambda_m \geqslant c \cdot 2\sigma\sqrt{\frac{\log n}{m}}$. 然后根据式(3.5.18)的最后一个不等式, 我们有

$$0 \geqslant -\|\boldsymbol{A}^*\boldsymbol{z}\|_\infty \|\boldsymbol{h}\|_1 + \lambda_m(\|\hat{\boldsymbol{x}}\|_1 - \|\boldsymbol{x}_o\|_1)$$

$$
\begin{aligned}
&\geqslant -\frac{\lambda_m}{c}\|\boldsymbol{h}\|_1 + \lambda_m(\|\hat{\boldsymbol{x}}\|_1 - \|\boldsymbol{x}_o\|_1) \\
&\geqslant -\frac{\lambda_m}{c}\|\boldsymbol{h}_I\|_1 - \frac{\lambda_m}{c}\|\boldsymbol{h}_{I^c}\|_1 + \lambda_m\|\boldsymbol{h}_{I^c}\|_1 - \lambda_m\|\boldsymbol{h}_I\|_1 \\
&= \lambda_m\left(\left(1-\frac{1}{c}\right)\|\boldsymbol{h}_{I^c}\|_1 - \left(1+\frac{1}{c}\right)\|\boldsymbol{h}_I\|_1\right).
\end{aligned}
\tag{3.5.21}
$$

在倒数第二个不等式中, 我们使用了 $\boldsymbol{x}_o$ 在 I^c 上为零的事实以及 $\|\hat{\boldsymbol{x}}_I\|_1 - \|\boldsymbol{x}_{oI}\|_1 \geqslant -\|\boldsymbol{h}_I\|_1$. 因此, 我们有

$$
\|\boldsymbol{h}_{I^c}\|_1 \leqslant \frac{c+1}{c-1}\cdot\|\boldsymbol{h}_I\|_1. \tag{3.5.22}
$$

请注意, 如果我们选择较大的 c, 那么 $\dfrac{c+1}{c-1}$ 可以任意接近 1. □

正如我们在确定性情况下所讨论的, 由于 $\|\boldsymbol{A}(\hat{\boldsymbol{x}}-\boldsymbol{x}_o)\|_2 \leqslant \|\boldsymbol{y}-\boldsymbol{A}\hat{\boldsymbol{x}}\|_2 + \|\boldsymbol{y}-\boldsymbol{A}\boldsymbol{x}_o\|_2$, 这表明 $\|\boldsymbol{A}\boldsymbol{h}\|_2$ 通常非常小, 并且其规模为 $C\sigma$. 如果范数 $\|\boldsymbol{A}\boldsymbol{h}\|_2$ 是范数 $\|\boldsymbol{h}\|_2$ 的上界, 那么这个估计是稳定的. 当然, 这不可能对于任何 $\boldsymbol{h}\in\mathbb{R}^n$ 都成立, 因为矩阵 $\boldsymbol{A}$ 通常严重欠定, 并且对于 $\boldsymbol{A}$ 的零空间中的任何 $\boldsymbol{h}$, 范数 $\|\boldsymbol{A}\boldsymbol{h}\|$ 为零, 但范数 $\|\boldsymbol{h}\|$ 可以任意大.

然而, 由于上述引理, 我们可以希望对于满足锥限制 $\|\boldsymbol{h}_{I^c}\|_1 \leqslant \alpha\|\boldsymbol{h}_I\|_1\left(\text{对于 } \alpha = \dfrac{c+1}{c-1}\right)$的 $\boldsymbol{h}$, $\|\boldsymbol{A}\boldsymbol{h}\|_2$ 控制了 $\|\boldsymbol{h}\|_2$. 由于定理 3.7, 我们知道作为随机高斯矩阵的 $\boldsymbol{A}$ 以高概率满足 RIP. 那么定理 3.8保证当 $\boldsymbol{h}$ 被限制在这样一个锥时, $\|\boldsymbol{A}\boldsymbol{h}\|_2$ 控制了范数 $\|\boldsymbol{h}\|_2$. 这引出以下定理[㊀].

定理 3.12 (基于 LASSO 的稳定稀疏恢复) *假设 $\boldsymbol{A}$ 的分量 $A_{ij}\sim_{\text{i.i.d.}}\mathcal{N}\left(0,\dfrac{1}{m}\right)$, 并且 $\boldsymbol{y}=\boldsymbol{A}\boldsymbol{x}_o+\boldsymbol{z}$, 其中 $\boldsymbol{x}_o$ 为 k-稀疏的, $\boldsymbol{z}$ 的分量 $z_i\sim_{\text{i.i.d.}}\mathcal{N}\left(0,\dfrac{\sigma^2}{m}\right)$. 考虑求解如下 LASSO 问题:*

$$
\min\ \frac{1}{2}\|\boldsymbol{y}-\boldsymbol{A}\boldsymbol{x}\|_2^2 + \lambda_m\|\boldsymbol{x}\|_1, \tag{3.5.23}
$$

其中, 正则化参数 $\lambda_m = c\cdot 2\sigma\sqrt{\dfrac{\log n}{m}}$, 且 c 足够大. 那么以高概率,

$$
\|\hat{\boldsymbol{x}}-\boldsymbol{x}_o\|_2 \leqslant C'\sigma\sqrt{\frac{k\log n}{m}}. \tag{3.5.24}
$$

通常, 我们对 $m\geqslant k\log n$ 这个区间感兴趣, 因为这时测量矩阵 $\boldsymbol{A}$ 满足 RIP(根据定理 3.7). 上述定理表明, 在这种情况下, 我们实际上在随机噪声下做得比在确定性噪声下好得多: 随机情况下, 估计误差可以由噪声范数 σ 通过一个递减因子[㊁]放缩得到; 而在确定性情况下, 误差由噪声范数 ε 通过一个常数因子放缩得到 (参见定理 3.11进行比较).

㊀ 这个结果及其证明基本上遵照 [Candès et al., 2007] 和 [Bickel et al., 2009].

㊁ $\sqrt{\dfrac{k\log n}{m}}$ 可以选择为任意小.

证明. 根据 $L(\boldsymbol{x}) = \frac{1}{2}\|\boldsymbol{y} - \boldsymbol{A}\boldsymbol{x}\|_2^2$, 我们有

$$L(\hat{\boldsymbol{x}}) = L(\boldsymbol{x}_o) + \langle \nabla L(\boldsymbol{x}_o), \hat{\boldsymbol{x}} - \boldsymbol{x}_o \rangle + \frac{1}{2}\|\boldsymbol{A}(\hat{\boldsymbol{x}} - \boldsymbol{x}_o)\|_2^2.$$

现在, 我们使用这个等式来获得比使用式(3.5.18)更好的目标函数值在 $\hat{\boldsymbol{x}}$ 和 $\boldsymbol{x}_o$ 之间差异的估计:

$$\begin{aligned} 0 &\geqslant L(\hat{\boldsymbol{x}}) + \lambda_m\|\hat{\boldsymbol{x}}\|_1 - L(\boldsymbol{x}_o) - \lambda_m\|\boldsymbol{x}_o\|_1 \\ &\geqslant \frac{1}{2}\|\boldsymbol{A}(\hat{\boldsymbol{x}} - \boldsymbol{x}_o)\|_2^2 + \langle \nabla L(\boldsymbol{x}_o), \hat{\boldsymbol{x}} - \boldsymbol{x}_o \rangle + \lambda_m(\|\hat{\boldsymbol{x}}\|_1 - \|\boldsymbol{x}_o\|_1) \\ &\geqslant \frac{1}{2}\|\boldsymbol{A}\boldsymbol{h}\|_2^2 + \lambda_m\left(\left(1 - \frac{1}{c}\right)\|\boldsymbol{h}_{I^c}\|_1 - \left(1 + \frac{1}{c}\right)\|\boldsymbol{h}_I\|_1\right). \end{aligned} \tag{3.5.25}$$

这里的最后一个不等式, 除了 $\frac{1}{2}\|\boldsymbol{A}(\hat{\boldsymbol{x}}-\boldsymbol{x}_o)\|_2^2 = \frac{1}{2}\|\boldsymbol{A}\boldsymbol{h}\|_2^2$ 之外, 其他两项的推导与式(3.5.18)和式(3.5.21)的推导完全相同.

显然, 从最后一个不等式我们可以得到

$$\frac{1}{2}\|\boldsymbol{A}\boldsymbol{h}\|_2^2 \leqslant \lambda_m\left(1 + \frac{1}{c}\right)\|\boldsymbol{h}_I\|_1.$$

根据定理 3.7和定理 3.8, 随机高斯矩阵 $\boldsymbol{A}$ 以高概率满足受限强凸性, 所以我们有: 对于某个常数 μ, $\|\boldsymbol{A}\boldsymbol{h}\|_2^2 \geqslant \mu\|\boldsymbol{h}\|_2^2$㊀. 同样, 由 ℓ^1 范数和 ℓ^2 范数之间的关系, 我们有 $\|\boldsymbol{h}_I\|_1 \leqslant \sqrt{k}\|\boldsymbol{h}_I\|_2 \leqslant \sqrt{k}\|\boldsymbol{h}\|_2$. 最后, 选择 $\lambda_m = c \cdot 2\sigma\sqrt{\frac{\log n}{m}}$, 那么, 对于某个常数 $C' = \frac{4(c+1)}{\mu} \in \mathbb{R}_+$, 上述不等式可以推出:

$$\frac{\mu}{2}\|\boldsymbol{h}\|_2^2 \leqslant 2(c+1)\sigma\sqrt{\frac{k\log n}{m}}\|\boldsymbol{h}\|_2,$$

即

$$\|\boldsymbol{h}\|_2 \leqslant C'\sigma\sqrt{\frac{k\log n}{m}}.$$

□

上述定理中给出的误差界实际上几乎是最优的, 因为它接近于穷举所有可能的估计器可以达到的最佳误差.

定理 3.13 ([Candès et al., 2013a]) 假设我们观测到 $\boldsymbol{y} = \boldsymbol{A}\boldsymbol{x} + \boldsymbol{z}$. 设

$$M^\star(\boldsymbol{A}) = \inf_{\hat{\boldsymbol{x}}} \sup_{\|\boldsymbol{x}\|_0 \leqslant k} \mathbb{E}\,\|\hat{\boldsymbol{x}}(\boldsymbol{y}) - \boldsymbol{x}\|_2^2, \tag{3.5.26}$$

那么, 对于满足 $\forall\, i$, $\|\boldsymbol{e}_i^*\boldsymbol{A}\|_2 \leqslant \sqrt{n}$ 的任意矩阵 $\boldsymbol{A}$, 我们有

$$M^\star(\boldsymbol{A}) \;\geqslant\; C\sigma^2\frac{k\log(n/k)}{m}. \tag{3.5.27}$$

㊀ 注意 μ 取决于 RIP 常数 $\delta_{2k}(\boldsymbol{A})$ 和锥限制常数 $C = \frac{c+1}{c-1}$.

这个定理的证明超出了本书的范围. 我们推荐感兴趣的读者参考原始论文中的证明. 根据定理 3.12, 通过 LASSO 达到的误差界 $\|\hat{\boldsymbol{x}}-\boldsymbol{x}_o\|_2^2 \sim O\left(\sigma^2\dfrac{k\log n}{m}\right)$, 与上述最佳可实现界只差 $O\left(\sigma^2\dfrac{k\log k}{m}\right)$. 当 $m \gg k$ 时, 这种差异可以忽略不计.

3.5.2 非精确稀疏信号的恢复

在上述所有分析中, 我们假设在观测模型 $\boldsymbol{y}=\boldsymbol{A}\boldsymbol{x}_o+\boldsymbol{z}$ 中, $\boldsymbol{x}_o$ 是完美的 k-稀疏信号. 然而, 在许多情况下, $\boldsymbol{x}_o$ 可能不那么稀疏, 甚至其所有元素都可能是非零的. 那么, 很自然会产生一个问题: 对于接近于 k-稀疏的信号 $\boldsymbol{x}_o$, 我们还能期待在某种意义上的良好恢复性能吗?

令 $[\boldsymbol{x}_o]_k$ 为近似 $\boldsymbol{x}_o$ 的最佳 k-稀疏信号. 那么, 我们可以将观测模型重写为:

$$\boldsymbol{y}=\boldsymbol{A}[\boldsymbol{x}_o]_k+\boldsymbol{A}(\boldsymbol{x}_o-[\boldsymbol{x}_o]_k)+\boldsymbol{z}.$$

严格来说, $\boldsymbol{w}=\boldsymbol{A}(\boldsymbol{x}_o-[\boldsymbol{x}_o]_k)$ 不是噪声, 它是我们的理想稀疏信号假设的偏差. 不过, 我们可以将其视为在观测中引入的确定性误差. 因此, 如果 $\boldsymbol{w}$ 的范数很小, 那么我们可以期望得到一个估计值 $\hat{\boldsymbol{x}}$, 它与 $\boldsymbol{x}_o$ 的误差跟这个范数成正比.

以下是关于非精确稀疏估计的典型结果, 它也允许确定性噪声[⊖].

定理 3.14 ([Candès et al., 2006]) 令 $\boldsymbol{y}=\boldsymbol{A}\boldsymbol{x}_o+\boldsymbol{z}$, 其中 $\|\boldsymbol{z}\|_2\leqslant\varepsilon$. 令 $\hat{\boldsymbol{x}}$ 为如下去噪基追踪问题的解:

$$\begin{aligned}\min\quad & \|\boldsymbol{x}\|_1 \\ \text{s.t.}\quad & \|\boldsymbol{y}-\boldsymbol{A}\boldsymbol{x}\|_2\leqslant\varepsilon.\end{aligned}\tag{3.5.28}$$

那么, 对于使得 $\delta_{2k}(\boldsymbol{A})<\sqrt{2}-1$ 的任意 k, 我们有:

$$\|\hat{\boldsymbol{x}}-\boldsymbol{x}_o\|_2 \leqslant C\frac{\|\boldsymbol{x}_o-[\boldsymbol{x}_o]_k\|_1}{\sqrt{k}}+C'\varepsilon,\tag{3.5.29}$$

其中, 常量 C 和 C' 仅依赖于 $\delta_{2k}(\boldsymbol{A})$.

我们应该如何理解这个结果呢? 一种解读方式是, 如果我们在一个无噪声稀疏恢复成功的区间中工作 (即 $\delta_{2k}(\boldsymbol{A})<\sqrt{2}-1$), 那么即使违反了建模假设 (由于引入了噪声和非精确稀疏性), 我们仍然可以*稳定地*估计 $\boldsymbol{x}_o$. 此外, 我们估计的误差与我们假设被违反的程度成正比, 并且与噪声水平成正比. 当原始信号 $\boldsymbol{x}_o$ 确实是 k-稀疏的时, 我们有 $\boldsymbol{x}_o-[\boldsymbol{x}_o]_k=\boldsymbol{0}$, 并且上述结果简化为确定性噪声情况, 即定理 3.11.

证明. 首先, 我们定义 $\boldsymbol{h}=\hat{\boldsymbol{x}}-\boldsymbol{x}_o$, 并将 $[\boldsymbol{x}_o]_k$ 的支撑表示为 I. 因此, 我们有 $[\boldsymbol{x}_o]_k=\boldsymbol{x}_{oI}$, 并且 $\|\boldsymbol{y}-\boldsymbol{A}\boldsymbol{x}_o\|_2=\|\boldsymbol{z}\|_2\leqslant\varepsilon$. 由于 $\hat{\boldsymbol{x}}$ 是可行解, 我们也有 $\|\boldsymbol{y}-\boldsymbol{A}\hat{\boldsymbol{x}}\|_2\leqslant\varepsilon$. 使用三角

⊖ 事实上, 类似的陈述也适用于随机噪声. 它的证明需要对定理 3.12稍做修改. 我们将细节留给读者作为习题.

不等式, 我们有

$$\|\boldsymbol{A}\boldsymbol{h}\|_2 = \|\boldsymbol{A}(\hat{\boldsymbol{x}} - \boldsymbol{x}_o)\|_2 \leqslant 2\varepsilon.$$

因此, 在非精确稀疏情况下, 预测误差 $\|\boldsymbol{A}\boldsymbol{h}\|_2$ 再次受到噪声水平的界定.

由于 $\hat{\boldsymbol{x}}$ 最小化目标函数, 我们有

$$\begin{aligned}0 &\leqslant \|\boldsymbol{x}_o\|_1 - \|\hat{\boldsymbol{x}}\|_1 \\ &= \|\boldsymbol{x}_o\|_1 - \|\boldsymbol{x}_{oI} + \boldsymbol{h}_I\|_1 - \|\boldsymbol{x}_{oI^c} + \boldsymbol{h}_{I^c}\|_1 \\ &\leqslant \|\boldsymbol{x}_o\|_1 - \|\boldsymbol{x}_{oI}\|_1 + \|\boldsymbol{h}_I\|_1 + \|\boldsymbol{x}_{oI^c}\|_1 - \|\boldsymbol{h}_{I^c}\|_1 .\end{aligned}$$

因此,

$$\|\boldsymbol{h}_{I^c}\|_1 \leqslant \|\boldsymbol{h}_I\|_1 + 2\|\boldsymbol{x}_{oI^c}\|_1, \tag{3.5.30}$$

其中 $\boldsymbol{x}_{oI^c} = \boldsymbol{x}_o - \boldsymbol{x}_{oI}$. 可见, 在非精确稀疏情况下, 可行的扰动 $\boldsymbol{h}$ 不再像在精确稀疏情况下那样满足锥条件 (参见定理 3.11). 因此, 为了得到这个定理的结果, 在估计 $\|\boldsymbol{A}\boldsymbol{h}\|_2$ 和 $\|\boldsymbol{h}\|_2$ 的界时, 我们需要修改定理 3.8的证明以适应额外的项 $2\|\boldsymbol{x}_{oI^c}\|_1$.

这里的证明基本上与定理 3.8的证明步骤相同. 唯一的区别是, 我们曾经应用锥条件 $\|\boldsymbol{h}_{I^c}\|_1 \leqslant \alpha\|\boldsymbol{h}_I\|_1$ 之处, 现在需要替换为新条件(3.5.30). 因此, 代替式(3.3.34), 新条件(3.5.30)意味着

$$\|\boldsymbol{h}_{I^c}\|_1 \leqslant \sqrt{k}\|\boldsymbol{h}_I\|_2 + 2\|\boldsymbol{x}_{oI^c}\|_1 \leqslant \sqrt{k}\left\|\boldsymbol{h}_{I\cup J_1}\right\|_2 + 2\|\boldsymbol{x}_{oI^c}\|_1 . \tag{3.5.31}$$

将其代入式(3.3.33)以构造 $\|\boldsymbol{A}\boldsymbol{h}\|_2$ 的界, 我们得到

$$(1-\delta_{2k})\left\|\boldsymbol{h}_{I\cup J_1}\right\|_2 \leqslant \sqrt{2}\delta_{2k}\left\|\boldsymbol{h}_{I\cup J_1}\right\|_2 + 2\sqrt{2}\delta_{2k}\frac{\|\boldsymbol{x}_{oI^c}\|_1}{\sqrt{k}} + (1+\delta_{2k})^{1/2}\|\boldsymbol{A}\boldsymbol{h}\|_2 . \tag{3.5.32}$$

这给出了

$$\|\boldsymbol{A}\boldsymbol{h}\|_2 \geqslant \frac{1-(1+\sqrt{2})\delta_{2k}}{(1+\delta_{2k})^{1/2}}\left\|\boldsymbol{h}_{I\cup J_1}\right\|_2 - \frac{2\sqrt{2}\delta_{2k}}{(1+\delta_{2k})^{1/2}}\frac{\|\boldsymbol{x}_{oI^c}\|_1}{\sqrt{k}}. \tag{3.5.33}$$

现在要为 $\|\boldsymbol{h}\|_2$ 构造一个界. 注意到, 我们在不等式(3.3.40)中应用了锥条件, 而在这里我们需要使用新条件(3.5.30)去替换锥条件, 因此我们有:

$$\|\boldsymbol{h}_{(I\cup J_1)^c}\|_2 \leqslant \frac{\|\boldsymbol{h}_{I^c}\|_1}{\sqrt{k}} \leqslant \frac{\|\boldsymbol{h}_I\|_1 + 2\|\boldsymbol{x}_{oI^c}\|_1}{\sqrt{k}} \tag{3.5.34}$$

$$\leqslant \|\boldsymbol{h}_I\|_2 + 2\frac{\|\boldsymbol{x}_{oI^c}\|_1}{\sqrt{k}} \tag{3.5.35}$$

$$\leqslant \|\boldsymbol{h}_{I\cup J_1}\|_2 + 2\frac{\|\boldsymbol{x}_{oI^c}\|_1}{\sqrt{k}}. \tag{3.5.36}$$

这给出了

$$\|\boldsymbol{h}\|_2 \leqslant \|\boldsymbol{h}_{I\cup J_1}\|_2 + \|\boldsymbol{h}_{(I\cup J_1)^c}\|_2 \leqslant 2\|\boldsymbol{h}_{I\cup J_1}\|_2 + 2\frac{\|\boldsymbol{x}_{oI^c}\|_1}{\sqrt{k}}. \tag{3.5.37}$$

结合式(3.5.33)和 $\|\boldsymbol{A}\boldsymbol{h}\|_2 \leqslant 2\varepsilon$ 的事实, 我们得到

$$\|\boldsymbol{h}\|_2 \leqslant \left(\frac{2+2(\sqrt{2}-1)\delta_{2k}}{1-(1+\sqrt{2})\delta_{2k}}\right)\frac{\|\boldsymbol{x}_{oI^c}\|_1}{\sqrt{k}} + \left(\frac{4(1+\delta_{2k})^{1/2}}{1-(1+\sqrt{2})\delta_{2k}}\right)\varepsilon. \tag{3.5.38}$$

注意到, $\boldsymbol{x}_{oI^c} = \boldsymbol{x}_o - [\boldsymbol{x}_o]_k$, 因此, 只要 $1-(1+\sqrt{2})\delta_{2k} > 0$ 或者等价地 $\delta_{2k} < \sqrt{2}-1$, 那么定理得证. □

注意, 从上面的证明中, 我们知道定理 3.14 中的两个常数可以选择为:

$$C = \frac{2-2(\sqrt{2}-1)\delta_{2k}}{1-(1+\sqrt{2})\delta_{2k}} \quad \text{和} \quad C' = \frac{4(1+\delta_{2k})}{1-(1+\sqrt{2})\delta_{2k}}. \tag{3.5.39}$$

如果 δ_{2k} 非常小 (比如接近零), 那么 C 接近 2, C' 接近 4. 根据这个证明, 这些常数给出了误差 $\|\hat{\boldsymbol{x}} - \boldsymbol{x}_o\|_2$ 的最小可能界.

3.6 稀疏恢复中的相变

在前文中, 我们证明了稀疏向量 $\boldsymbol{x}_o$ 可以从线性观测 $\boldsymbol{y} = \boldsymbol{A}\boldsymbol{x}_o + \boldsymbol{z}$ 中被准确估计. 令人惊讶的是, 在无噪声情况下 ($\boldsymbol{z} = \boldsymbol{0}$), k-稀疏向量可以从略多于 k 的测量值中被准确恢复——准确地说, 需要 $m \geqslant Ck\log(n/k)$ 个测量值, 其中 C 是一个常数. 得到此结果的关键技术工具是受限等距性质 (RIP). 使用 RIP 以及相关性质能够使证明变得简单, 且给出正确的增长阶数, 即 $m \sim k\log(n/k)$, 但未能给出常数 C 的精确估计.

对于某些应用, 知道常数 C 可能很重要. 在采样和重建中, 常数 C 可以准确地告诉我们需要获取多少样本才能准确估计稀疏信号. 在纠错中, 常数 C 准确地告诉我们系统可以容忍多少误差.

换句话说, 我们希望获得维数 n、测量次数 m, 以及可以恢复的非零元素个数 k 之间的精确关系. 我们希望这些关系尽可能清晰和明确. 为了直观地了解预期的结果, 我们再次求助于数值模拟. 具体地, 我们固定 n, 考虑不同程度的稀疏度 k 和测量次数 m. 对于每一对 (k, m), 我们使用无噪声高斯测量 $\boldsymbol{y} = \boldsymbol{A}\boldsymbol{x}_o$ 随机生成一组 ℓ^1 最小化问题, 然后提问: "这些问题中的参数比值为多少时, ℓ^1 最小化能够正确地恢复 $\boldsymbol{x}_o$?"

图 3.15将结果绘制为二维图像. 这里, 横轴是采样比 $\delta = m/n$. 这个范围从左边的 0 (一个很矮很宽的 $\boldsymbol{A}$) 到右边的 1 (一个几乎正方形的 $\boldsymbol{A}$). 纵轴是非零元素的比例 $\eta = k/n$. 同样, 这个范围从底部的 0 (非常稀疏的问题) 到顶部的 1 (更稠密的问题). 对于每一对参数 (η, δ), 我们生成 200 个随机问题. 图中像素的亮度代表 ℓ^1 最小化问题成功恢复的比例. 图 3.15a~d 绘制了对应于 $n = 50, 100, 200, 400$ 的结果.

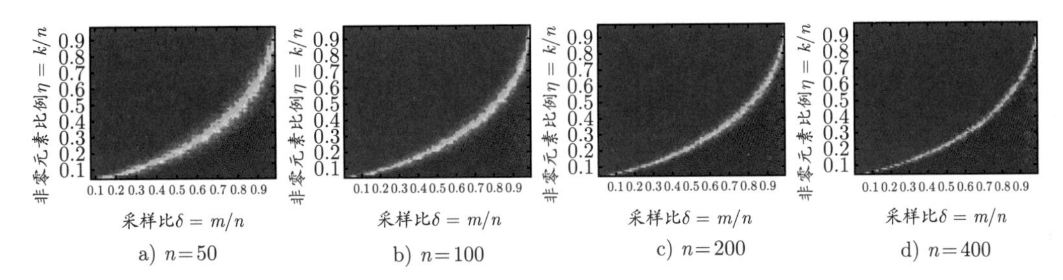

a) $n=50$　b) $n=100$　c) $n=200$　d) $n=400$

图 3.15 高斯矩阵稀疏恢复中的相变. 每个图绘制了在一组随机生成的问题使用 ℓ^1 最小化恢复的正确率. 纵轴表示目标向量 $\boldsymbol{x}_o$ 中非零元素的比例 $\eta = k/n$, 下端对应于非常稀疏的向量, 而顶端对应于完全稠密的向量. 横轴代表采样比 $\delta = m/n$, 左端对应于采样严重不足的问题 ($m \ll n$), 而右端对应于几乎完全观测到的问题. 对于每一对参数 (η, δ), 我们生成 200 个随机问题, 使用 CVX 求解这些问题. 如果恢复的向量准确到相对误差小于等于 10^{-6}, 我们就认定为恢复成功. 这里出现了几个显著特征: 首先, 存在一个简单区间 (见右下角), 其中 ℓ^1 最小化总是能够成功恢复. 其次, 存在一个困难区间 (见左上角), 其中 ℓ^1 最小化总是恢复失败. 最后, 随着 n 的增加, 在成功和失败之间的这种转变将越来越急剧 (即转变的边界越来越清晰)

图 3.15 传递了几个重要的信息. 首先, 正如所预期的, 当 m 很大而 k 很小时 (每个图的右下角), ℓ^1 最小化总是能够恢复成功. 相反, 当 m 很小而 k 很大时 (每个图的左上角), ℓ^1 最小化总是恢复失败. 此外, 随着 n 的增长, 成功和失败之间的过渡变得越来越急剧. 换句话说, 对于高维问题, ℓ^1 最小化的结果竟然可以预测出来: 它要么几乎总是成功, 要么几乎总是失败. 划分成功和失败之间清晰边界的线被称为*相变* (phase transition).

3.6.1 关于相变的主要结论

在本节中, 我们要陈述一个精确划定相变位置的结果. 也就是, 我们将证明, 当采样比 $\delta = m/n$ 超过稀疏度 $\eta = k/n$ 的某个函数 $\psi(\eta)$ 时, 会发生从失败到成功的急剧转变. 这个结果将比我们上面使用不相干性和 RIP 的结果更清晰, 因为它确定了成功所需的精确测量次数 $m^\star = \psi(k/n)n$. 为了获得如此清晰的结果, 我们需要对问题设定做两处修改. 首先, 我们将对矩阵 $\boldsymbol{A}$ 做出更强的假设. 其次, 我们将弱化性能保证的目标.

随机的 $\boldsymbol{A}$ vs. 确定性的 $\boldsymbol{A}$

到目前为止, 我们专注于矩阵 $\boldsymbol{A}$ 的确定性性质, 例如 (内在) 相干性和 RIP. 这些性质不依赖于矩阵 $\boldsymbol{A}$ 的任何随机模型, 尽管对于随机矩阵 $\boldsymbol{A}$ 它们最容易验证. 获得对相变位置的精确估计需要更复杂的概率工具, 本质上要求 $\boldsymbol{A}$ 是一个随机矩阵. 我们将在假设 $A_{ij} \sim_{\text{i.i.d.}} \mathcal{N}(0, 1/m)$ 下 (即针对 $\boldsymbol{A}$ 是标准高斯随机矩阵), 来简要介绍这个理论. 我们还将简要描述实验和理论结果, 这些结果表明我们将获得的针对高斯矩阵 $\boldsymbol{A}$ 的结果是"*通用的*", 因为它们精确地描述了面向相当广泛的一类矩阵 $\boldsymbol{A}$ 的 ℓ^1 最小化情况. 不过, 所有当前已知的足以精确刻画相变的理论均要求 $\boldsymbol{A}$ 是一个随机矩阵.

恢复一个特定的稀疏 $\boldsymbol{x}_o$ vs. 恢复所有的稀疏 $\boldsymbol{x}_o$

不相干性和 RIP 使人们能够证明“针对所有的”稀疏 $\boldsymbol{x}_o$ 的结果 (即对于给定的矩阵 $\boldsymbol{A}$), 求解 ℓ^1 最小化问题可以从 $\boldsymbol{y} = \boldsymbol{A}\boldsymbol{x}_o$ 中正确恢复每一个稀疏 $\boldsymbol{x}_o$. 关于相变的最好而且最一般的已知结果适用于稍微弱一些问题: 对于给定的固定$\boldsymbol{x}_o$, ℓ^1 最小化以高概率利用随机矩阵 $\boldsymbol{A}$ 从测量 $\boldsymbol{y} = \boldsymbol{A}\boldsymbol{x}_o$ 中恢复特定的 $\boldsymbol{x}_o$.

各种各样的教学工具被引入 ℓ^1 最小化的相变分析问题中[⊖]. 从历史上看, 这种 (相变) 现象已经被不同的作者通过不同的方法进行了刻画. 在接下来的两节中, 我们简要描述两种具有代表性的方法, 它们大致对应于 3.1节中的两个几何直观解释: ℓ^1 最小化在系数向量 $\boldsymbol{x}$ 的空间 $\mathbb{R}^n$ 和在观测向量 $\boldsymbol{y}$ 的空间 $\mathbb{R}^m$ 中的表现. 我们把针对广泛的一类低维模型的更一般且更严格的相变理论放到第 6 章.

3.6.2 通过系数空间几何看相变

假设 $\boldsymbol{y} = \boldsymbol{A}\boldsymbol{x}_o$. 请回想一下我们在 3.1节中所介绍的图 3.16a 中的几何解释. 在那里, 我们论证了 $\boldsymbol{x}_o$ 是 ℓ^1 最小化问题的唯一最优解, 当且仅当可行解 $\boldsymbol{x}$ 的仿射子空间

$$\boldsymbol{x}_o + \operatorname{null}(\boldsymbol{A}) \tag{3.6.1}$$

与缩放的 ℓ^1 球

$$\|\boldsymbol{x}_o\|_1 \cdot \mathsf{B}_1 = \{\boldsymbol{x} \mid \|\boldsymbol{x}\|_1 \leqslant \|\boldsymbol{x}_o\|_1\} \tag{3.6.2}$$

仅相交于 $\boldsymbol{x}_o$.

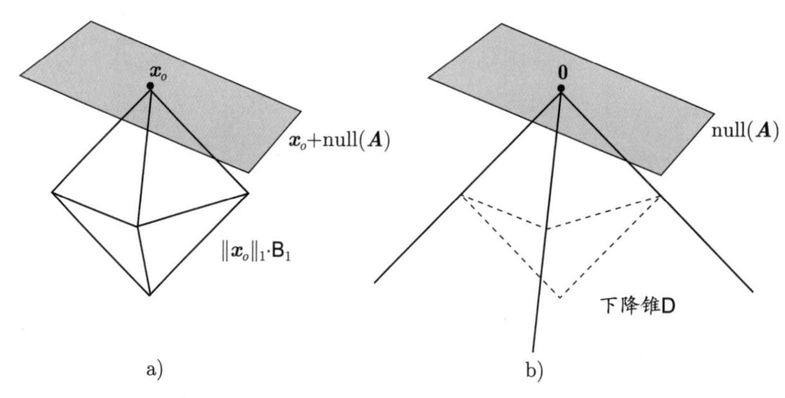

图 3.16 锥和系数空间几何. ℓ^1 最小化唯一地正确恢复 $\boldsymbol{x}_o$ 当且仅当下降锥 D 与 null($\boldsymbol{A}$) 的交集为 $\{\mathbf{0}\}$

同样的几何也可以利用下降锥 (descent cone) 来更清晰地表达, 其中下降锥定义如下:

$$\mathsf{D} = \{\boldsymbol{v} \mid \|\boldsymbol{x}_o + t\boldsymbol{v}\|_1 \leqslant \|\boldsymbol{x}_o\|_1 \text{ 对于某些 } t > 0\}. \tag{3.6.3}$$

D 是方向向量 $\boldsymbol{v}$ 的集合, 其中 $\boldsymbol{x}_o$ 在 $\boldsymbol{v}$ 方向上的较小 (但非零) 扰动不会增加目标函数 $\|\cdot\|_1$ 的值. 图 3.16b 给出了下降锥 D 的可视化.

⊖ 我们将在第 6 章中看到, 恢复更广泛的低维结构族中存在相变现象.

注意到, 当且仅当 $\boldsymbol{v} \in \operatorname{null}(\boldsymbol{A})$ 时, 扰动 $\boldsymbol{x}_o + t\boldsymbol{v}$ 在 $t \neq 0$ 时是可行的. 不增加目标函数值的可行扰动位于下降锥 D 与 $\boldsymbol{A}$ 的零空间的交集, 即 $\mathsf{D} \cap \operatorname{null}(\boldsymbol{A})$. 由于 D 是一个凸锥, $\operatorname{null}(\boldsymbol{A})$ 是一个子空间, 因此 D 和 $\operatorname{null}(\boldsymbol{A})$ 总是相交在 $\boldsymbol{0}$. 不难看出, $\boldsymbol{x}_o$ 是 ℓ^1 最小化问题的唯一最优解, 当且仅当 $\boldsymbol{0}$ 是 $\operatorname{null}(\boldsymbol{A})$ 和 D 唯一交点.

引理 3.11 假设 $\boldsymbol{y} = \boldsymbol{A}\boldsymbol{x}_o$. 那么, $\boldsymbol{x}_o$ 是 ℓ^1 最小化问题

$$\begin{aligned} \min \quad & \|\boldsymbol{x}\|_1 \\ \text{s.t.} \quad & \boldsymbol{A}\boldsymbol{x} = \boldsymbol{y} \end{aligned} \tag{3.6.4}$$

的唯一最优解, 当且仅当 $\mathsf{D} \cap \operatorname{null}(\boldsymbol{A}) = \{\boldsymbol{0}\}$.

证明. 首先, 假设 $\mathsf{D} \cap \operatorname{null}(\boldsymbol{A}) = \{\boldsymbol{0}\}$. 考虑任意可行解 $\boldsymbol{x}'$, 那么 $\boldsymbol{x}' - \boldsymbol{x}_o \in \operatorname{null}(\boldsymbol{A}) \setminus \{\boldsymbol{0}\}$. 由于 $\mathsf{D} \cap \operatorname{null}(\boldsymbol{A}) = \{\boldsymbol{0}\}$, 所以 $\boldsymbol{x}' - \boldsymbol{x}_o \notin \mathsf{D}$. 因此 $\|\boldsymbol{x}'\|_1 > \|\boldsymbol{x}_o\|_1$, $\boldsymbol{x}'$ 不是最优解. 由于这一结果适用于任意可行解 $\boldsymbol{x}'$, 所以 $\boldsymbol{x}_o$ 是唯一最优解.

反过来, 假设 $\boldsymbol{x}_o$ 不是唯一最优解. 那么, 存在 $\boldsymbol{x}' \neq \boldsymbol{x}_o$ 且 $\|\boldsymbol{x}'\|_1 \leqslant \|\boldsymbol{x}_o\|_1$. 因此 $\boldsymbol{x}' - \boldsymbol{x}_o \in \mathsf{D}$. 根据 $\boldsymbol{x}'$ 和 $\boldsymbol{x}_o$ 的可行性, 可知 $\boldsymbol{x}' - \boldsymbol{x}_o \in \operatorname{null}(\boldsymbol{A})$, 所以 $\mathsf{D} \cap \operatorname{null}(\boldsymbol{A}) \ni \boldsymbol{x}' - \boldsymbol{x}_o \neq \boldsymbol{0}$. 这与 $\mathsf{D} \cap \operatorname{null}(\boldsymbol{A}) = \{\boldsymbol{0}\}$ 相矛盾. □

因此, 要研究 ℓ^1 最小化是否成功, 我们可以等价地研究子空间 $\operatorname{null}(\boldsymbol{A})$ 是否与下降锥 D 存在非平凡交集. 因为 $\boldsymbol{A}$ 是一个随机矩阵, 所以 $\operatorname{null}(\boldsymbol{A})$ 是一个随机子空间, 其维数是 $n - m$. 如果 $\boldsymbol{A}$ 是一个高斯随机矩阵, 那么 $\operatorname{null}(\boldsymbol{A})$ 在维数为 $n - m$ 的子空间集合 $\mathsf{S} \subset \mathbb{R}^n$ 上的均匀分布㊀. 显然, 随机子空间 $\operatorname{null}(\boldsymbol{A})$ 与下降锥 D 相交的概率取决于 D 的性质. 直观上, 如果下降锥 D 在某种意义上是 "大" 的, 那么我们预期产生相交的可能性更大.

在第 6 章中, 我们将 "维数" 的概念推广到所有闭凸锥, 并证明该维数精确地刻画了凸锥与子空间 (或者另一个凸锥) 相交的可能性. 事实上, 同样的技术能够应用于广泛的一类促进稀疏性或者低维结构的范数. 特别是, 我们将证明 ℓ^1 最小化的正确恢复概率在

$$m^\star = \psi\left(\frac{k}{n}\right) n \tag{3.6.5}$$

处将经历一个急剧相变. 这里 $\psi : [0,1] \to [0,1]$ 是一个函数, 它以非零元素的比例 $\eta = k/n$ 作为输入, 输出为测量次数与外空间维数的比值 $m^\star/n$. 相变的精确位置 ψ 由如下表达式给出:

$$\psi(\eta) = \min_{t \geqslant 0} \left\{ \eta(1 + t^2) + (1 - \eta)\sqrt{\frac{2}{\pi}} \int_t^\infty (s - t)^2 \exp\left(-\frac{s^2}{2}\right) \mathrm{d}s \right\}. \tag{3.6.6}$$

函数 ψ 看起来有些复杂, 在第 6 章中, 我们将演示它是如何从 ℓ^1 最小化的几何中自然产生的. 虽然在这个公式中并没有针对 t 的最小化问题的闭式解, 但我们可以通过数值计算得

㊀ 更准确地说, $\operatorname{null}(\boldsymbol{A})$ 服从 Grassmannian 流形 $\mathsf{G}_{n,n-m}$ 上的 Haar 均匀测度分布, Grassmannian 流形 $\mathsf{G}_{n,n-m}$ 是 $\mathbb{R}^n$ 中的 $(n - m)$ 维子空间的集合.

出. 图 3.17将这条曲线 (红色) 叠加在实验得到的经验成功比例 (灰度) 上. 显然, 这一理论预测与我们之前的实验非常吻合: 当 m/n 超过 $\psi(k/n)$ 时, 成功的经验性比例从 0 迅速转变为 1[㊀].

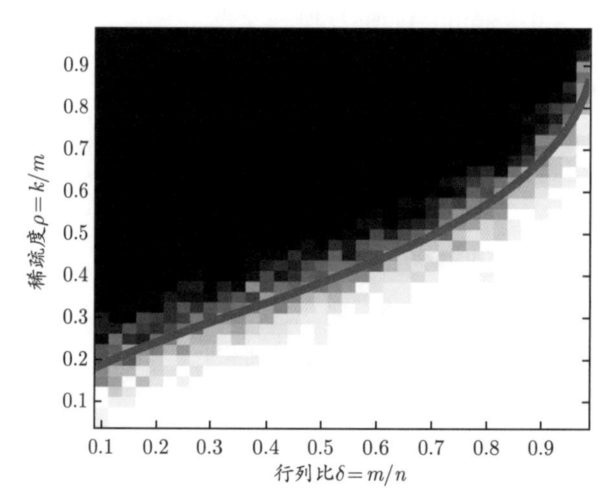

图 3.17　相变理论与实验之间的一致性. 对于不同的稀疏度 $\rho = k/m$ 和行列比 $\delta = m/n$, 根据式(3.6.5)和式(3.6.6)所预测的理论相变, 叠加在 200 次实验的成功率统计上

事实上, 我们可以更进一步: 除了证明 $\psi(t)$ 决定了极有可能成功和极有可能失败之间的过渡点之外, 对于有限的 n, 我们还可以给出成功 (低于相变) 和失败 (高于相变) 的概率下限, 以量化成功与失败之间过渡的急剧程度. 以下定理可以精确描述这一现象.

定理 3.15　令 $\boldsymbol{x}_o \in \mathbb{R}^n$ 是 k-稀疏的, 并假设 $\boldsymbol{y} = \boldsymbol{A}\boldsymbol{x}_o \in \mathbb{R}^m$, 其中 $\boldsymbol{A} \in \mathbb{R}^{m\times n}$ 且 $A_{ij} \sim_{\text{i.i.d.}} \mathcal{N}(0, 1/m)$. 令 $m^\star = \psi(k/n)n$, 其中 ψ 由式(3.6.6)定义, 那么

$$\mathbb{P}\left[\ell^1 \text{ 能够恢复 } \boldsymbol{x}_o\right] \geqslant 1 - C\exp\left(-c\frac{(m-m^\star)^2}{n}\right), \qquad m > m^\star + C''\sqrt{n},$$

$$\mathbb{P}\left[\ell^1 \text{ 不能恢复 } \boldsymbol{x}_o\right] \geqslant 1 - C'\exp\left(-c'\frac{(m^\star-m)^2}{n}\right), \quad m < m^\star - C''\sqrt{n},$$

其中 C, c, c', C', C'' 是正的数值常数.

同样, 我们将证明留到第 6 章. 在那里, 我们将在更一般的条件下研究相变. 这个结果[㊁]意味着在 $m^\star$ 个测量值处确实发生了急剧转变: 当 $m/n > m^\star/n + C''/\sqrt{n}$ 时, 失败概率以一个小常数为界 (可以通过选择 C'' 足够大而任意小). 反之, 当 $m/n < m^\star/n - C''/\sqrt{n}$ 时, 成功概率也以一个小常数为界. 因此, 在图 3.15中所观察到的过渡区域的宽度为 $O(1/\sqrt{n})$——特别是, 当 $n \to \infty$ 时, 它将消失.

㊀ 图 3.17展示了与图 3.15相同的相变, 但参数化方式不同, 其纵轴为 $\rho = k/m$, 横轴为 $\delta = m/n$.

㊁ 英文原书中这一定理的表述有误, 遗漏了一个间隔项 $\pm C''\sqrt{n}$ 部分. 此外, 这些常数可以给出具体数值 $C = C' = 4, c = c' = 1/8, C'' = 4\sqrt{\log 2}$.

3.6.3　通过观测空间几何看相变

从历史上看，相变位置的第一个精确估计是借助 ℓ^1 最小化的“观测空间”几何给出的，我们在图 3.4中给出了复现. 在图 3.4中，ℓ^1 最小化被可视化为两个凸多面体的关系，即 ℓ^1 单位球

$$\mathsf{B}_1 \doteq \{\boldsymbol{x} \mid \|\boldsymbol{x}\|_1 \leqslant 1\} \tag{3.6.7}$$

和它到 $\mathbb{R}^m$ 的投影

$$\mathsf{P} \doteq \boldsymbol{A}(\mathsf{B}_1) = \{\boldsymbol{A}\boldsymbol{x} \mid \|\boldsymbol{x}\|_1 \leqslant 1\}. \tag{3.6.8}$$

也就是说，ℓ^1 最小化唯一地恢复任意具有支撑 I 和符号 $\boldsymbol{\sigma}$ 的 $\boldsymbol{x}_o$，当且仅当

$$\mathsf{F} \doteq \operatorname{conv}(\{\sigma_i \boldsymbol{a}_i \mid i \in I\}) \tag{3.6.9}$$

形成多面体 P 的一个面，其中 $\boldsymbol{A} = [\boldsymbol{a}_1, \cdots, \boldsymbol{a}_n] \in \mathbb{R}^{m\times n}$. 相反，如果 F 与 P 的内部相交，那么 ℓ^1 最小化无法恢复支撑为 I 和符号为 $\boldsymbol{\sigma}$ 的 $\boldsymbol{x}_o$.

第一个界定相变位置的结果源自随机几何中的精彩结论，它给出了随机投影多面体 $\mathsf{P} = \boldsymbol{A}(\mathsf{Q})$ 的 k 维面期望数目的精确公式. 这个期望依赖于多面体 Q 的“大小”的两个概念：内角 (internal angle) 和外角 (external angle).

定义 3.6 (内角)　多面体 G 的面 F 的内角 $\beta(\mathsf{F},\mathsf{G})$ 是 $\operatorname{span}(\mathsf{G}-\boldsymbol{x})$ 中 $\mathsf{G}-\boldsymbol{x}$ 所占据的比例，其中 $\operatorname{span}(\cdot)$ 表示线性张成，$\boldsymbol{x}$ 是 $\operatorname{relint}(\mathsf{F})$ 中的任意点，$\operatorname{relint}(\cdot)$ 表示相对内部.

图 3.18中给出了内角的几个可视化示例. 简单来说，当从 F 观察时，内角测量的是由 G 切割出的空间的比例. 这里也有一个互补的角度概念，称为外角，它表示在 F 的相对内部 relint(F) 的某个点处由法向锥切割出的空间与 G 的比值.

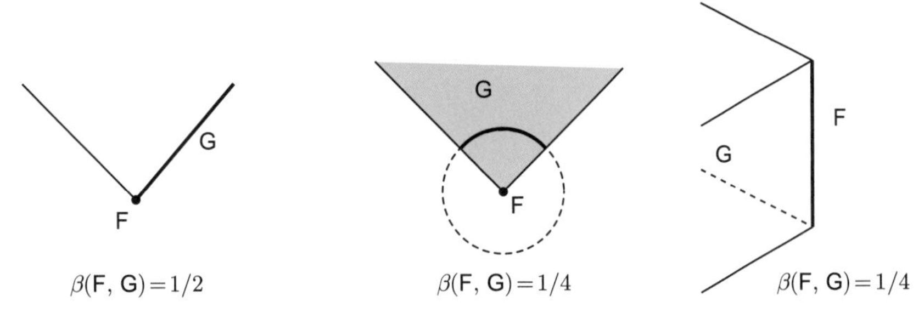

图 3.18　凸多面体的内角. 面 $\mathsf{F} \subseteq \mathsf{G}$ 相对于包含它的另一个面 G 的内角 $\beta(\mathsf{F},\mathsf{G})$ 是 $\mathsf{G}-\boldsymbol{x}$ 所张成的线性空间中 $\mathsf{G}-\boldsymbol{x}$ 占据的比例，其中 $\boldsymbol{x}$ 是位于 F 相对内部 relint(F) 的某个点

定义 3.7 (外角)　面 $\mathsf{F} \subseteq \mathsf{G}$ 的外角 $\gamma(\mathsf{F},\mathsf{G})$ 是 $\operatorname{span}(\mathsf{G}-\boldsymbol{x})$ 被法向锥

$$\mathsf{N}(\mathsf{F},\mathsf{G}) = \{\boldsymbol{v} \in \operatorname{span}(\mathsf{G}-\boldsymbol{x}) \mid \langle \boldsymbol{v}-\boldsymbol{x}, \boldsymbol{x}'-\boldsymbol{x}\rangle \leqslant 0 \ \forall\, \boldsymbol{x}' \in \mathsf{G}\}$$

所占据的比例，其中 $\boldsymbol{x}$ 是 relint(F) 中的任意一点.

图 3.19给出了外角的可视化示例. 对于凸多面体 P 的随机投影, 就其内角和外角而言, k 维面的期望数目有一个精确刻画. 令 $f_k(\mathsf{P})$ 表示多面体 P 的 k 维面数量, 令 $\mathcal{F}_k$ 表示这些面的集合. 那么, 对于一个 $m \times n$ 的高斯矩阵 $\boldsymbol{A}$,

$$\mathbb{E}_{\boldsymbol{A}}[f_k(\boldsymbol{A}(\mathsf{P}))] = f_k(\mathsf{P}) - 2 \underbrace{\sum_{\ell=m+1,m+3,\cdots} \sum_{\mathsf{F}\in\mathcal{F}_k(\mathsf{P})} \sum_{\mathsf{G}\in\mathcal{F}_\ell(\mathsf{P})} \beta(\mathsf{F},\mathsf{G})\gamma(\mathsf{G},\mathsf{P})}_{\Delta=\text{丢失面的期望数目}}.$$

这个公式源于离散几何的一系列工作, 旨在理解 "典型的" 点云行为, 并研究对于 "典型" 输入的线性规划问题的单纯形法. 一个值得注意的方面是它给出了期望面数的准确值. 与 ℓ^1 最小化的联系是, ℓ^1 最小化成功地从测量 $\boldsymbol{A}\boldsymbol{x}_o$ 中恢复每个 $(k+1)$-稀疏向量 $\boldsymbol{x}_o$, 当且仅当 $f_k(\boldsymbol{A}(\mathsf{P})) = f_k(\mathsf{P})$. 这可以从上述观测空间几何中观察到. 这个结果可以通过量 Δ (丢失面的期望数目) 来研究. 只要 $\Delta < 1$, 那么将存在 $\boldsymbol{A}$ 使得 $f_k(\boldsymbol{A}(\mathsf{P})) = f_k(\mathsf{P})$. 当 Δ 远小于 1 时, 我们可以使用马尔可夫不等式来论证任意面在投影中丢失的概率都很小.

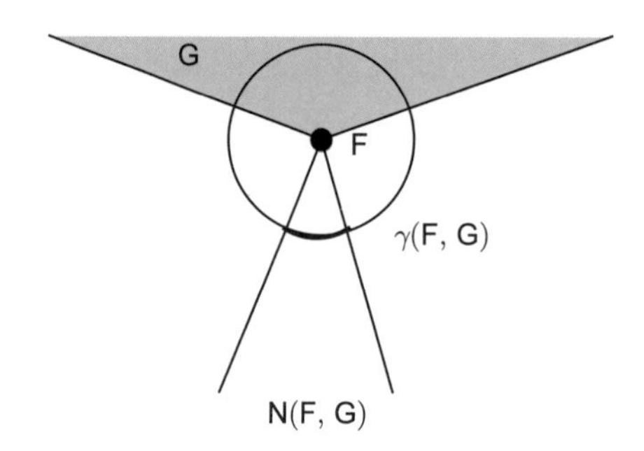

图 3.19 凸多面体的外角. 面 $\mathsf{F} \subseteq \mathsf{G}$ 相对于包含它的另一个面 G 的外角 $\gamma(\mathsf{F},\mathsf{G})$ 是 $\mathsf{G} - \boldsymbol{x}$ 所张成的线性空间中被法向锥 $\mathsf{N}(\mathsf{F},\mathsf{G})$ 所占据的比例

3.6.4 支撑恢复的相变

到目前为止, 我们关注的是估计一个稀疏向量 $\boldsymbol{x}_o$ 的问题. 我们证明了, 对于含噪声观测 $\boldsymbol{y} = \boldsymbol{A}\boldsymbol{x}_o + \boldsymbol{z}$, 凸优化得到一个向量 $\hat{\boldsymbol{x}}$ 使得 $\|\hat{\boldsymbol{x}} - \boldsymbol{x}_o\|_2$ 很小. 对于许多工程应用来说, $\boldsymbol{x}_o$ 代表要感知的信号或者要纠正的错误, 这正是我们所需要的. 然而, 在某些应用中, 目标与其说是估计 $\boldsymbol{x}_o$, 不如说是确定 $\boldsymbol{x}_o$ 的哪些元素是非零的. 一个很好的例子是无线通信的频谱感知, 我们将在后面的章节中重新讨论. 这里 $\boldsymbol{x}_o$ 的元素表示可能可用于传输或者可能被占用的频带. 其目标是知道哪些频段可用, 这样我们就可以避免干扰其他用户. 在这种情况下, 知道 $\boldsymbol{x}_o$ 的哪些元素非零比估计其具体值更重要.

支撑恢复

在本节中, 我们考虑带符号支撑

$$\boldsymbol{\sigma}_o = \operatorname{sign}(\boldsymbol{x}_o) \tag{3.6.10}$$

的估计问题. 根据含噪声的观测

$$\boldsymbol{y} = \boldsymbol{A}\boldsymbol{x}_o + \boldsymbol{z}, \tag{3.6.11}$$

我们将在噪声 $\boldsymbol{z}$ 是独立同高斯分布的假设下 $\left(\text{即 } z_i \sim_{\text{i.i.d.}} \mathcal{N}\left(0, \frac{\sigma^2}{m}\right)\right)$ 进行理论推导. 令 $\hat{\boldsymbol{x}}$ 为如下 LASSO 问题的解:

$$\min_{\boldsymbol{x} \in \mathbb{R}^n} \quad \frac{1}{2} \|\boldsymbol{y} - \boldsymbol{A}\boldsymbol{x}\|_2^2 + \lambda \|\boldsymbol{x}\|_1 . \tag{3.6.12}$$

我们可以区分两个目标:

- **部分支撑恢复**. $\operatorname{supp}(\hat{\boldsymbol{x}}) \subseteq \operatorname{supp}(\boldsymbol{x}_o)$, 其中我们的估计没有出现 "误报", 即估计支撑的每个元素都是真实支撑的一个元素.
- **带符号的支撑恢复**. $\operatorname{sign}(\hat{\boldsymbol{x}}) = \boldsymbol{\sigma}_o$, 我们的估计正确地确定出 $\boldsymbol{x}_o$ 的非零元素及其符号.

带符号的支撑恢复显然比部分支撑恢复更理想. 与部分支撑恢复相比, 带符号的支撑恢复需要对信号 $\boldsymbol{x}_o$ 做出更强的假设——如果 $\boldsymbol{x}_o$ 的非零元素相对于噪声水平 σ 太小, 那么任何方法都无法可靠地确定支撑.

与之相反, 部分支撑恢复则无须对信号 $\boldsymbol{x}_o$ 增加额外假设. 我们假设 $\boldsymbol{A}$ 的分量 $A_{ij} \sim_{\text{i.i.d.}} \mathcal{N}\left(0, \frac{1}{m}\right)$, 首先我们针对部分支撑恢复推导一个在观测到

$$m_\star = 2k \log(n - k) \tag{3.6.13}$$

个测量时的急剧相变. 本节的主要结果将表明, 当 m 显著超过这个阈值时, 部分支撑恢复以高概率成功. 此外, 通过进一步分析, 我们将证明当 m 显著超过 $m_\star$, 并且 $\boldsymbol{x}_o$ 的所有非零元素都显著大于 λ 时, 带符号的支撑恢复也能够以高概率成功. 相反, 如果 m 明显小于 $m_\star$, 那么带符号的支撑恢复的成功概率则非常小. 因此, $m_\star$ 实际上为支撑恢复提供了一个明确的阈值. 请注意式(3.6.13)的增长大致为 $k \log n$, 而不是 $k \log(n/k)$. 因此, 如果 m, n 和 k 以固定比例增长, 那么不太可能实现支撑恢复. 从这个意义上说, 支撑恢复是一个比稀疏向量估计更具挑战性的问题.

以下定理使上述讨论变得更加精确.

定理 3.16 (部分支撑恢复的相变)　假设 $\boldsymbol{A} \in \mathbb{R}^{m \times n}$, 其元素是独立同高斯分布, 即 $A_{ij} \sim_{\text{i.i.d.}} \mathcal{N}\left(0, \frac{1}{m}\right)$, 并且 $\boldsymbol{y} = \boldsymbol{A}\boldsymbol{x}_o + \boldsymbol{z}$, 其中 $\boldsymbol{x}_o$ 是一个 k-稀疏向量, $\boldsymbol{z} \in \mathbb{R}^m, z_i \sim_{\text{i.i.d.}} \mathcal{N}\left(0, \frac{\sigma^2}{m}\right)$. 如果

$$m \geqslant \left(1 + \frac{\sigma^2}{\lambda^2 k} + \varepsilon\right) 2k \log(n - k), \tag{3.6.14}$$

那么, 至少以概率 $1 - Cn^{-\varepsilon}$, LASSO 问题

$$\min_{\boldsymbol{x} \in \mathbb{R}^n} \quad \frac{1}{2} \|\boldsymbol{y} - \boldsymbol{A}\boldsymbol{x}\|_2^2 + \lambda \|\boldsymbol{x}\|_1 \tag{3.6.15}$$

的任意最优解 $\hat{\boldsymbol{x}}$ 满足 $\mathrm{supp}(\hat{\boldsymbol{x}}) \subseteq \mathrm{supp}(\boldsymbol{x}_o)$. 相反, 如果

$$m < \left(1 + \frac{\sigma^2}{\lambda^2 k} - \varepsilon\right) 2k\log(n-k), \tag{3.6.16}$$

那么存在满足 $\mathrm{sign}(\hat{\boldsymbol{x}}) = \mathrm{sign}(\boldsymbol{x}_o)$ 的 LASSO 问题的最优解 $\hat{\boldsymbol{x}}$ 的概率最多不超过 $Cn^{-\varepsilon}$, 其中 $C > 0$ 是一个正的数值常数.

部分支撑恢复 vs. (准确的) 带符号支撑恢复

定理 3.16中的支撑恢复概念稍微有一点弱: 它只要求

$$\mathrm{supp}(\hat{\boldsymbol{x}}) \subseteq \mathrm{supp}(\boldsymbol{x}_o). \tag{3.6.17}$$

换句话说, 所恢复的支撑结果不包含误报的元素. 在许多应用中, 我们希望完全恢复支撑, 即我们希望

$$\mathrm{supp}(\hat{\boldsymbol{x}}) = \mathrm{supp}(\boldsymbol{x}_o). \tag{3.6.18}$$

为此, 我们需要 $\boldsymbol{x}_o$ 的非零元素不要太小, 以免它们 “被淹没” 在噪声中. 在满足条件(3.6.14)时, 只要 $\boldsymbol{x}_o$ 的最小非零元素大于 λ, 就有可能证明出现精确支撑恢复: 如果

$$\min_{i \in I} |\boldsymbol{x}_{oi}| \ > \ C\lambda, \tag{3.6.19}$$

那么, 以高概率得到 $\mathrm{sign}(\hat{\boldsymbol{x}}) = \boldsymbol{\sigma}_o$. 在本节的其余部分, 我们将证明定理 3.16. 习题 3.18引导读者扩展这个证明过程, 要求证明在相同的假设下,

$$\|\hat{\boldsymbol{x}} - \boldsymbol{x}_o\|_\infty < C\lambda. \tag{3.6.20}$$

当 $\boldsymbol{x}_o$ 的非零元素的幅度至少为 $C\lambda$ 时, 这个公式意味着 $\mathrm{sign}\,(\hat{\boldsymbol{x}}) = \boldsymbol{\sigma}_o$. 这正是我们想要的结果.

证明定理 3.16的主要思想

定理 3.16中的相变有一个非常简单的公式: $m_\star = 2k\log(n-k)$. 这个结果的证明在思想上类似于我们第一个关于 ℓ^1 最小化正确性的定理 3.1的证明, 也就是直接对恢复问题的最优性条件操作.

对目标函数 (3.6.15) 进行微分, 我们可以证明: 给定向量 $\hat{\boldsymbol{x}}$ 是最优的, 当且仅当

$$\boldsymbol{A}^* \left(\boldsymbol{y} - \boldsymbol{A}\hat{\boldsymbol{x}}\right) \in \lambda \partial \left\|\cdot\right\|_1 (\hat{\boldsymbol{x}}). \tag{3.6.21}$$

令 $J = \mathrm{supp}(\hat{\boldsymbol{x}})$. 回想一下, 次微分 $\partial \left\|\cdot\right\|_1 (\hat{\boldsymbol{x}})$ 由向量 $\boldsymbol{v} \in \mathbb{R}^n$ 组成, 其中 $\boldsymbol{v}$ 满足 $\boldsymbol{v}_J = \mathrm{sign}(\hat{\boldsymbol{x}}_J)$ 和 $\|\boldsymbol{v}_{J^c}\|_\infty \leqslant 1$. 因此, 式(3.6.21)可以分解为两个条件:

$$\boldsymbol{A}_J^* \left(\boldsymbol{y} - \boldsymbol{A}\hat{\boldsymbol{x}}\right) = \lambda\,\mathrm{sign}(\hat{\boldsymbol{x}}_J), \tag{3.6.22}$$

$$\left\|\boldsymbol{A}_{J^c}^*\left(\boldsymbol{y}-\boldsymbol{A}\hat{\boldsymbol{x}}\right)\right\|_\infty \leqslant \lambda. \tag{3.6.23}$$

非常类似于定理 3.1证明中的操作, 我们按如下方式继续证明. 首先我们构造对解向量 $\boldsymbol{x}_\star$ 的一个猜测, 使得式(3.6.22)中的等式约束自动得到满足. 然后, 我们检查不等式约束(3.6.23). 特别是, 我们将通过求解受限的 LASSO 问题

$$\boldsymbol{x}_\star \in \arg\min_{\operatorname{supp}(\boldsymbol{x})\subseteq I}\left\{\frac{1}{2}\left\|\boldsymbol{A}\boldsymbol{x}-\boldsymbol{y}\right\|_2^2+\lambda\left\|\boldsymbol{x}\right\|_1\right\} \tag{3.6.24}$$

来构造我们对最优解 $\boldsymbol{x}_\star$ 的猜测, 其中 $I=\operatorname{supp}(\boldsymbol{x}_o)$.

回想一下, $\boldsymbol{y}=\boldsymbol{A}\boldsymbol{x}_o+\boldsymbol{z}$. 我们可以写出

$$\boldsymbol{r}\doteq \boldsymbol{y}-\boldsymbol{A}\boldsymbol{x}_\star=\boldsymbol{A}_I(\boldsymbol{x}_{oI}-\boldsymbol{x}_{\star I})+\boldsymbol{z}. \tag{3.6.25}$$

请注意, $\boldsymbol{r}$ 仅取决于 $\boldsymbol{A}_I$ 和 $\boldsymbol{z}$, 它在概率上独立于 $\boldsymbol{A}_{I^c}$. 我们在证明定理 3.16中要做的关键工作是确定 I^c 上是否满足 ℓ^∞ 范数约束. 也就是说, 我们需要研究

$$\left\|\boldsymbol{A}_{I^c}^*\left(\boldsymbol{y}-\boldsymbol{A}\boldsymbol{x}_\star\right)\right\|_\infty=\left\|\boldsymbol{A}_{I^c}^*\boldsymbol{r}\right\|_\infty. \tag{3.6.26}$$

矩阵 $\boldsymbol{A}_{I^c}$ 是一个高斯矩阵, 此外, 与 $\boldsymbol{r}$ 相互独立. 给定 $\boldsymbol{r}$, 那么 $\boldsymbol{A}_{I^c}^*\boldsymbol{r}$ 为 $(n-k)$ 维独立同高斯分布 $\mathcal{N}\left(0,\dfrac{\|\boldsymbol{r}\|_2^2}{m}\right)$ 的随机向量. 我们将看到, 这样一个向量的 ℓ^∞ 范数急剧集中到 $\|\boldsymbol{r}\|_2\sqrt{\dfrac{2\log(n-k)}{m}}$. 以下引理提供了我们需要的结果.

引理 3.12　假设 $\boldsymbol{q}=[q_1,\cdots,q_d]^*\in\mathbb{R}^d$ 是一个 $d\geqslant 2$ 维随机向量, 其元素是独立的高斯随机变量, 即 $q_i\sim_{\text{i.i.d.}}\mathcal{N}(0,\xi^2)$. 那么, 对于任意 $\varepsilon\in[0,1)$,

$$\mathbb{P}\left[\|\boldsymbol{q}\|_\infty<\xi\sqrt{(2-\varepsilon)\log d}\right]\leqslant \exp\left(-\frac{d^{\varepsilon/2}}{4\sqrt{2\log d}}\right), \tag{3.6.27}$$

$$\mathbb{P}\left[\|\boldsymbol{q}\|_\infty>\xi\sqrt{(2+\varepsilon)\log d}\right]\leqslant 2d^{-\varepsilon/2}. \tag{3.6.28}$$

这个引理可以使用相对简单的想法来证明 (即上界根据联合界得出, 下界直接计算). 使用这个引理, 我们得出结论: 给定 $\boldsymbol{r}$, 那么对于 $\boldsymbol{A}_{I^c}$ 以高概率 $\|\boldsymbol{A}_{I^c}^*\boldsymbol{r}\|_\infty$ 非常接近 $\|\boldsymbol{r}\|_2\sqrt{\dfrac{2\log(n-k)}{m}}$. 要了解这个量是小于 λ (即因此恢复成功) 还是大于 λ (即因此恢复失败), 我们需要研究 $\boldsymbol{r}$ 的范数.

注意 $\boldsymbol{r}=\boldsymbol{A}_I(\boldsymbol{x}_{oI}-\boldsymbol{x}_{\star I})+\boldsymbol{z}$. 为了研究 $\boldsymbol{r}$ 的大小, 理解随机矩阵 $\boldsymbol{A}_I$ 和随机向量 $\boldsymbol{z}$ 的性质很重要. 因为 $\boldsymbol{A}_I\in\mathbb{R}^{m\times k}$ 是一个"瘦高"的随机矩阵, 从某种意义上说, 它是条件良态的 (即具有小的条件数). 下面的引理给出一个精确解释.

引理 3.13 令 $\boldsymbol{G} \in \mathbb{R}^{m \times k}$ 是一个随机矩阵, 其元素是独立同高斯分布随机变量, 即 $G_{ij} \sim_{\text{i.i.d.}} \mathcal{N}\left(0, \dfrac{1}{m}\right)$. 那么, 以高概率

$$\|\boldsymbol{G}^*\boldsymbol{G} - \boldsymbol{I}\|_2 \leqslant C\sqrt{\frac{k}{m}}. \tag{3.6.29}$$

这个引理的证明与我们证明高斯矩阵的 RIP (离散化、尾界、联合界) 类似. 使用这个引理, 我们可以控制 $\|\boldsymbol{r}\|_2$. 结合上述计算, 我们可以获得对 $\|\boldsymbol{A}_{I^c}^*\boldsymbol{r}\|_\infty$ 的控制. 对于所需要的测量次数 m 的规定是要求这个量小于 λ. 为了正式证明定理 3.16, 我们需要稍微多做一点. 首先, 我们需要正式控制 $\|\boldsymbol{r}\|_2$ 和 $\|\boldsymbol{A}_{I^c}^*\boldsymbol{r}\|_\infty$. 这充分表明我们假定的解 $\boldsymbol{x}_\star$ 确实是最优的. 其次, 我们需要证明在相同条件下, 每个解 $\hat{\boldsymbol{x}}$ 都确实满足 $\operatorname{supp}(\hat{\boldsymbol{x}}) \subseteq \operatorname{supp}(\boldsymbol{x}_o)$. 这将依赖关于 ℓ^1 范数的次微分的一些辅助推理. 最后, 通过证明当测量次数为 $m \ll m_\star$ 时, 以高概率 $\|\boldsymbol{A}_{I^c}^*\boldsymbol{r}\|_\infty > \lambda$, 因此不存在满足 $\operatorname{sign}(\boldsymbol{x}_\star) = \boldsymbol{\sigma}_o$ 的假定解 $\boldsymbol{x}_\star$ 是最优解, 我们得到定理 3.16的另一半. 下面我们进行严格推导.

定理 3.16 的证明. 我们的推导分为下述四个部分.

1. 部分支撑恢复的充分条件

令 $I = \operatorname{supp}(\boldsymbol{x}_o)$. 我们希望证明 LASSO 问题

$$\min_{\boldsymbol{x} \in \mathbb{R}^n} \varphi(\boldsymbol{x}) \doteq \frac{1}{2}\|\boldsymbol{y} - \boldsymbol{A}\boldsymbol{x}\|_2^2 + \lambda\|\boldsymbol{x}\|_1 \tag{3.6.30}$$

的每个最优解 $\hat{\boldsymbol{x}}$ 满足 $\operatorname{supp}(\hat{\boldsymbol{x}}) \subseteq I$. 为此, 我们将生成一个向量 $\boldsymbol{x}_\star$, 它满足 $\operatorname{supp}(\boldsymbol{x}_\star) \subseteq I$, 且残差

$$\boldsymbol{r} = \boldsymbol{y} - \boldsymbol{A}\boldsymbol{x}_\star \tag{3.6.31}$$

满足

$$\boldsymbol{A}^*\boldsymbol{r} \in \lambda\partial\|\cdot\|_1(\boldsymbol{x}_\star), \tag{3.6.32}$$

$$\|\boldsymbol{A}_{I^c}^*\boldsymbol{r}\|_\infty < \lambda. \tag{3.6.33}$$

第一个性质(3.6.32)意味着 $\boldsymbol{x}_\star$ 对于 LASSO 问题是最优的, 因为它意味着

$$\begin{aligned}\mathbf{0} \in \partial\varphi(\boldsymbol{x}_\star) &= \boldsymbol{A}^*(\boldsymbol{A}\boldsymbol{x}_\star - \boldsymbol{y}) + \lambda\partial\|\cdot\|_1(\boldsymbol{x}_\star) \\ &= -\boldsymbol{r} + \lambda\partial\|\cdot\|_1(\boldsymbol{x}_\star).\end{aligned} \tag{3.6.34}$$

第二个性质 (3.6.33) 意味着任意其他最优解的支撑也都包含在 I 中, 原因如下. 设 $\lambda' = \lambda - \|\boldsymbol{A}_{I^c}^*\boldsymbol{r}\|_\infty > 0$, 那么对于支撑 I^c 上满足 $\|\boldsymbol{v}\|_\infty < \lambda'$ 的任意向量 $\boldsymbol{v}$, 我们有

$$\boldsymbol{v} \in \partial\varphi_{\text{LASSO}}(\boldsymbol{x}_\star). \tag{3.6.35}$$

对于任意满足 $\boldsymbol{x}'_{I^c} \neq \mathbf{0}$ 的 $\boldsymbol{x}'$, 设 $\boldsymbol{v} = \lambda'\operatorname{sign}(\boldsymbol{x}'_{I^c})/2$, 利用次梯度不等式,

$$
\begin{aligned}
\varphi(\boldsymbol{x}') &\geqslant \varphi(\boldsymbol{x}_\star) + \langle \boldsymbol{x}' - \boldsymbol{x}_\star, \boldsymbol{v} \rangle \\
&= \varphi(\boldsymbol{x}_\star) + \frac{\lambda'}{2} \|\boldsymbol{x}'_{I^c}\|_1 \\
&> \varphi(\boldsymbol{x}_\star).
\end{aligned} \tag{3.6.36}
$$

所以, $\boldsymbol{x}'$ 不是最优的. 因此, 如果存在满足式(3.6.32)和式(3.6.33)的 $\boldsymbol{x}_\star$, 那么 LASSO 问题的每个解 $\hat{\boldsymbol{x}}$ 都满足 $\mathrm{supp}(\hat{\boldsymbol{x}}) \subseteq \mathrm{supp}(\boldsymbol{x}_o)$.

2. 构造假定的解 $x_\star$

令

$$
\boldsymbol{x}_\star \in \underset{\mathrm{supp}(\boldsymbol{x}) \subseteq I}{\mathrm{argmin}} \ \frac{1}{2} \|\boldsymbol{y} - \boldsymbol{A}\boldsymbol{x}\|_2^2 + \lambda \|\boldsymbol{x}\|_1 . \tag{3.6.37}
$$

令 $J = \mathrm{supp}(\boldsymbol{x}_\star) \subseteq I$. 这个问题的 Karush-Kuhn-Tucker(KKT) 最优性条件给出

$$
\boldsymbol{A}_J^*(\boldsymbol{y} - \boldsymbol{A}_I \boldsymbol{x}_{\star I}) = \lambda \, \mathrm{sign}(\boldsymbol{x}_{\star J}), \tag{3.6.38}
$$

$$
\left\| \boldsymbol{A}_{I \setminus J}^*(\boldsymbol{y} - \boldsymbol{A}_I \boldsymbol{x}_{\star I}) \right\|_\infty \leqslant \lambda. \tag{3.6.39}
$$

这些条件的等价表达是, 对于某个 $\boldsymbol{\nu} \in \partial \|\cdot\|_1 (\boldsymbol{x}_{\star I})$,

$$
\boldsymbol{A}_I^*(\boldsymbol{y} - \boldsymbol{A}_I \boldsymbol{x}_{\star I}) = \lambda \boldsymbol{\nu}. \tag{3.6.40}
$$

因为 $\boldsymbol{y} = \boldsymbol{A}_I \boldsymbol{x}_{oI} + \boldsymbol{z}$, 我们可以利用式(3.6.40)通过次梯度 $\boldsymbol{\nu}$ 和噪声 $\boldsymbol{z}$ 来表示差值 $\boldsymbol{x}_{oI} - \boldsymbol{x}_{\star I}$, 即

$$
\boldsymbol{x}_{oI} - \boldsymbol{x}_{\star I} = (\boldsymbol{A}_I^* \boldsymbol{A}_I)^{-1} (\lambda \boldsymbol{\nu} - \boldsymbol{A}_I^* \boldsymbol{z}) . \tag{3.6.41}
$$

请注意, 由于 $m > k$, $\boldsymbol{A}_I^* \boldsymbol{A}_I$ 以概率 1 是可逆的, 因此这个表达式确实有意义.

3. 验证 KKT 条件

我们将证明受限的解 $\boldsymbol{x}_\star$ 对于完整问题(3.6.30)确实是最优的. 这个问题的 KKT 条件表明, $\boldsymbol{x}_\star$ 是最优的当且仅当

$$
\boldsymbol{A}^* (\boldsymbol{y} - \boldsymbol{A}\boldsymbol{x}_\star) \in \lambda \partial \|\cdot\|_1 (\boldsymbol{x}_\star). \tag{3.6.42}
$$

令 $J = \mathrm{supp}(\boldsymbol{x}_\star) \subseteq I$, 那么表达式(3.6.42)可以分为如下三个部分:

$$
\boldsymbol{A}_J^* (\boldsymbol{y} - \boldsymbol{A}\boldsymbol{x}_\star) = \lambda \mathrm{sign}(\boldsymbol{x}_{\star J}), \tag{3.6.43}
$$

$$
\left\| \boldsymbol{A}_{I \bigcap J^c}^* (\boldsymbol{y} - \boldsymbol{A}\boldsymbol{x}_\star) \right\|_\infty \leqslant \lambda, \tag{3.6.44}
$$

$$
\| \boldsymbol{A}_{I^c}^* (\boldsymbol{y} - \boldsymbol{A}\boldsymbol{x}_\star) \|_\infty \leqslant \lambda. \tag{3.6.45}
$$

因为 $\boldsymbol{x}_{\star I}$ 满足受限的 KKT 条件, 所以前两个条件自动满足. 为了完成证明, 我们建立第三个条件的更强版本

$$
\| \boldsymbol{A}_{I^c}^* (\boldsymbol{y} - \boldsymbol{A}\boldsymbol{x}_\star) \|_\infty < \lambda, \tag{3.6.46}
$$

这也就是条件(3.6.33), 即 $\|\boldsymbol{A}_{I^c}^*\boldsymbol{r}\|_\infty < \lambda$. 使用式(3.6.41), 我们可以将残差 $\boldsymbol{y}-\boldsymbol{A}\boldsymbol{x}_\star$ 表示为

$$\begin{aligned}\boldsymbol{r} &\doteq \boldsymbol{y}-\boldsymbol{A}\boldsymbol{x}_\star \\ &= \left[\boldsymbol{I}-\boldsymbol{A}_I(\boldsymbol{A}_I^*\boldsymbol{A}_I)^{-1}\boldsymbol{A}_I^*\right]\boldsymbol{z}+\boldsymbol{A}_I(\boldsymbol{A}_I^*\boldsymbol{A}_I)^{-1}\lambda\boldsymbol{\nu}.\end{aligned} \tag{3.6.47}$$

由于 $\boldsymbol{r}$ 的两个分量是正交的, 所以

$$\begin{aligned}\|\boldsymbol{r}\|_2 &= \sqrt{\|[\boldsymbol{I}-\boldsymbol{A}_I(\boldsymbol{A}_I^*\boldsymbol{A}_I)^{-1}\boldsymbol{A}_I^*]\,\boldsymbol{z}\|_2^2+\|\boldsymbol{A}_I(\boldsymbol{A}_I^*\boldsymbol{A}_I)^{-1}\lambda\boldsymbol{\nu}\|_2^2} \\ &\leqslant \sqrt{\|\boldsymbol{z}\|_2^2+\lambda^2\frac{\|\boldsymbol{\nu}\|_2^2}{\sigma_{\min}(\boldsymbol{A}_I^*\boldsymbol{A}_I)}} \\ &\leqslant \sqrt{\sigma^2+\frac{\lambda^2 k}{1-Ck/m}} \quad (\text{以高概率}) \\ &\leqslant \sqrt{\sigma^2+\lambda^2 k+C'\lambda^2k^2/m}.\end{aligned} \tag{3.6.48}$$

应用上述引理, 对于 $\boldsymbol{A}_{I^c}$ 以高概率,

$$\begin{aligned}\|\boldsymbol{A}_{I^c}^*\boldsymbol{r}\|_\infty &< \sqrt{\frac{(2+\varepsilon)\log(n-k)}{m}}\,\|\boldsymbol{r}\|_2 \\ &\leqslant \lambda\left(\frac{2k\log(n-k)\left(1+\dfrac{\sigma^2}{\lambda^2 k}+\varepsilon\right)}{m}\right)^{1/2}.\end{aligned} \tag{3.6.49}$$

根据我们对 m 的假设, 右侧这个量严格小于 λ, 因此验证了式(3.6.33).

4. 当 $m \ll m_\star$ 时无法恢复带符号支撑

我们接下来证明当 m 明显小于 $2k\log(n-k)$ 时, 不存在满足

$$\operatorname{sign}(\boldsymbol{x}) = \operatorname{sign}(\boldsymbol{x}_o) \tag{3.6.50}$$

的向量 $\boldsymbol{x}$ 是 LASSO 问题的解. 不失一般性地, 我们可以假设 $m \geqslant k$[⊖]. 相反, 假设 $\boldsymbol{x}$ 是 LASSO 问题的解. 那么, $\boldsymbol{x}$ 也是受限 LASSO 问题的解. 此外, 由于 $\operatorname{sign}(\boldsymbol{x}_I)=\boldsymbol{\sigma}_I$ 没有零元素, 我们有

$$\boldsymbol{r} = \left[\boldsymbol{I}-\boldsymbol{A}_I(\boldsymbol{A}_I^*\boldsymbol{A}_I)^{-1}\boldsymbol{A}_I^*\right]\boldsymbol{z}+\lambda\boldsymbol{A}_I(\boldsymbol{A}_I^*\boldsymbol{A}_I)^{-1}\boldsymbol{\sigma}_I. \tag{3.6.52}$$

⊖ 如果相反, $m<k$, 那么约束问题的 KKT 条件变为

$$\underbrace{\boldsymbol{A}_I^*\boldsymbol{A}_I}_{\text{缺秩}}\boldsymbol{x}_I = \boldsymbol{A}_I^*\boldsymbol{y}-\lambda\boldsymbol{\sigma}_I. \tag{3.6.51}$$

这个方程存在一个解当且仅当 $\boldsymbol{\sigma}_I \in \operatorname{range}(\boldsymbol{A}_I^*)$. 因为 $\boldsymbol{A}_I^*$ 是一个瘦高的高斯矩阵, 它的列空间包含固定向量 $\boldsymbol{\sigma}_I$ 的概率为零. 因此, 当 $m<k$ 时, LASSO 问题存在满足 $\operatorname{sign}(\hat{\boldsymbol{x}})=\boldsymbol{\sigma}_o$ 的解 $\hat{\boldsymbol{x}}$ 的概率为零.

注意到, 以很大概率, 我们有

$$\left\|\left[\boldsymbol{I}-\boldsymbol{A}_I(\boldsymbol{A}_I^*\boldsymbol{A}_I)^{-1}\boldsymbol{A}_I^*\right]\boldsymbol{z}\right\|_2^2 > (1-\varepsilon)(n-k)\sigma^2, \tag{3.6.53}$$

且

$$\left\|\boldsymbol{A}_I(\boldsymbol{A}_I^*\boldsymbol{A}_I)^{-1}\lambda\boldsymbol{\sigma}_I\right\|_2^2 > \frac{\lambda^2 k}{1+Ck/m}, \tag{3.6.54}$$

从而, 以高概率

$$\|\boldsymbol{A}_{I^c}^*\boldsymbol{r}\|_\infty \quad > \quad \sqrt{\frac{(2-\varepsilon)\log(n-k)}{m}}\,\|\boldsymbol{r}\|_2, \tag{3.6.55}$$

且

$$\|\boldsymbol{r}\|_2 \;\geqslant\; \sqrt{\sigma^2(1-ck/m)+\lambda^2 k(1-c'k/m)}. \tag{3.6.56}$$

结合起来, 我们得到

$$\begin{aligned}\|\boldsymbol{A}_{I^c}^*\boldsymbol{r}\|_\infty &> \lambda\sqrt{\frac{(2-\varepsilon)k\log(n-k)\left(1+\dfrac{\sigma^2}{\lambda^2 k}+\varepsilon\right)}{m}} \\ &\geqslant \lambda. \end{aligned} \tag{3.6.57}$$

因此, 对于矩阵 $\boldsymbol{A}$ 和噪声 $\boldsymbol{z}$, 所假定的解 $\boldsymbol{x}$ 以高概率*不是*完整 LASSO 问题的最优解. 上述论证仅通过符号和支撑依赖于 $\boldsymbol{x}$, 因此以高概率, 每个具有这一符号集和支撑的 $\boldsymbol{x}$ 对于完整的 LASSO 问题都是次优的. □

3.7 总结

在本章中, 我们对求解 ℓ^1 最小化问题

$$\min \|\boldsymbol{x}\|_1 \quad \text{s.t.} \quad \boldsymbol{y}=\boldsymbol{A}\boldsymbol{x}$$

可以从观测 $\boldsymbol{y}=\boldsymbol{A}\boldsymbol{x}_o\in\mathbb{R}^m$ 中恢复一个 k-稀疏向量的理论条件进行了详尽的研究. 这些条件是通过三个不同的角度得出的, 它们对条件的刻画越来越精准.

互相干性

第一种方法基于定义 3.1 中所给出的测量矩阵 $\boldsymbol{A}$ 的*互相干性* $\mu(\boldsymbol{A})$ 的概念. 定理 3.1表明, 如果 $k\leqslant\dfrac{1}{2\mu(\boldsymbol{A})}$, 那么 ℓ^1 最小化会找到正确的解 $\boldsymbol{x}_o$. 基于随机矩阵的 $\mu(\boldsymbol{A})$ 的上界、定理 3.2以及任意矩阵的下界 (即定理 3.4), 互相干性总体上保证了在

$$m=O(k^2)$$

时, ℓ^1 最小化是成功的.

受限等距性质

在定义 3.2中给出的矩阵 $\boldsymbol{A}$ 的受限等距度量 $\delta_k(\boldsymbol{A})$, 通过将等距的概念限制于所感兴趣的 k 维结构, 提供了对测量 $\boldsymbol{A}$ 不相干性质的更精细刻画. 定理 3.6和定理 3.7表明, ℓ^1 最小化可以成功地从一般的 $m \times n$ 矩阵 $\boldsymbol{A}$(的测量中) 恢复一个 k-稀疏向量, 其中

$$m = O\big(k \log(n/k)\big).$$

在按比例增长模型中, 当 $k \propto n$ 时, 意味着所需要的随机测量次数为 $m = O(k)$.

急剧相变

虽然上述两种方法对 ℓ^1 成功所需要的随机测量数量给出了定性界, 但 3.6节给出了在一个临界测量数量

$$m^\star = \psi\Big(\frac{k}{n}\Big)n$$

附近, ℓ^1 最小化成功或者失败的急剧相变行为的精确刻画. 函数 ψ 的一个显式表达式(3.6.6)可以从高维凸锥和子空间之间的统计关系推导出来, 我们将在第 6 章中进行系统研究.

敏感性分析

3.5节中给出的结果表明, 在类似的条件下, 当测量中存在噪声 $\boldsymbol{y} = \boldsymbol{A}\boldsymbol{x}_o + \boldsymbol{z}$ 或者信号 $\boldsymbol{x}_o$ 只是近似稀疏时, ℓ^1 最小化只需稍做修改即可恢复出 $\boldsymbol{x}_o$ 的足够准确的估计 $\hat{\boldsymbol{x}}$. 这些结果确保了 ℓ^1 最小化对真值向量 $\boldsymbol{x}_o$ 需要完美稀疏的建模假设不敏感. 定理 3.16表明, 当测量有噪声时, 如果我们只关心恢复 $\boldsymbol{x}_o$ 的正确符号和支撑, 那么也会产生相变现象.

3.8 注记

正如我们之前所提到的, 从历史上看, ℓ^1 最小化被认为是有益的, 可以追溯到 [Boscovich, 1750] 和随后 [Laplace, 1774] 的工作. 据我们所知, 第一个通过 ℓ^1 最小化为稀疏信号的精确恢复提供保证的结论, 是由 [Logan, 1965] 得出的. 近年来, 计算能力的进步使得在高维空间中利用 ℓ^1 最小化的巨大好处成为可能, 这引起了人们对更精确地分析其样本和计算复杂性的浓厚兴趣.

基于互相干性/不相干性的稀疏恢复分析归功于 [Donoho et al., 2003; Gribonval et al., 2003]. 本书所描述的证明方法归功于 [Fuchs, 2004]. 通过受限等距性质 (RIP) 的概念对 ℓ^1 最小化的更强理论保证归功于开创性工作 [Candès et al., 2005]. 我们的证明基本上遵循了 [Candès, 2008; Candès et al., 2006] 中的工作. 基于观测空间几何的相变分析是在一系列工作 [Donoho et al., 2009; Donoho, 2005; Donoho et al., 2010] 中发展起来的. 系数空间几何的相变方法主要遵循 [Amelunxen et al., 2014] 中的工作. 我们将在第 6 章中更详细地解释这种方法, 并论证为什么众多低维模型族都存在相变. 最后, 支撑恢复中的相变分析归功于 [Wainwright, 2009b].

3.9 习题

习题 3.1 (多面体投影) 请注意, 在 $\mathbb{R}^3$ 中, 当我们将一个 ℓ^1 球 B_1 投影到 $\mathbb{R}^2$ 时, 通常所有顶点 (1 维面) 将会被保持. 这是否可以推广到更高维空间? 也就是说, 如果我们将 $\mathbb{R}^n$ 中的一个 ℓ^1 球投影到 $\mathbb{R}^{n-1}$, 我们是否可以期望所有 $(n-2)$ 维面都被一个通用投影保持? 你可能需要进行一些仿真模拟, 并论证你的假设是对还是错.

习题 3.2 (互相干性) 手动计算习题 2.5 中矩阵的互相干性. 然后编写一个计算矩阵互相干性的算法. 生成 $n \times n$ 的离散傅里叶变换矩阵 $\boldsymbol{F}$, 其中 n 非常大. 随机选择所有行向量的 50% 并计算其互相干性.

习题 3.3 (范数之间的比较) 证明对于所有 $\boldsymbol{x} \in \mathbb{R}^n$, 我们在 $\|\cdot\|_1$、$\|\cdot\|_2$ 和 $\|\cdot\|_\infty$ 这三个范数之间具有以下关系.

(1) $\|\boldsymbol{x}\|_2 \leqslant \|\boldsymbol{x}\|_1 \leqslant \sqrt{n}\,\|\boldsymbol{x}\|_2$.

(2) $\|\boldsymbol{x}\|_\infty \leqslant \|\boldsymbol{x}\|_2 \leqslant \sqrt{n}\,\|\boldsymbol{x}\|_\infty$.

(3) $\|\boldsymbol{x}\|_\infty \leqslant \|\boldsymbol{x}\|_1 \leqslant n\,\|\boldsymbol{x}\|_\infty$.

习题 3.4 (矩阵的奇异值) 给定一个正定矩阵 $\boldsymbol{S} \in \mathbb{R}^{n\times n}$, 证明:

(1) $\sigma_{\max}(\boldsymbol{S}^{-1}) = \sigma_{\min}(\boldsymbol{S})^{-1}$.

(2) $\operatorname{trace}(\boldsymbol{S}) = \sum_{i=1}^n \sigma_i(\boldsymbol{S})$.

(3) $\|\boldsymbol{S}\|_F = \sqrt{\sum_{i=1}^n \sigma_i^2(\boldsymbol{S})}$.

习题 3.5 给定一个矩阵 $\boldsymbol{A} \in \mathbb{R}^{m\times n}$,

(1) 矩阵 $\boldsymbol{A}$ 和 $\boldsymbol{A}^*\boldsymbol{A}$ 的奇异值之间有什么关系?

(2) 谱范数 $\|\boldsymbol{A}\|_2$ 和 Frobenius 范数 $\|\boldsymbol{A}\|_F$ 之间有什么关系?

习题 3.6 证明式(3.2.3)中的不等式.

习题 3.7 (约束优化) 考虑如下问题:

$$\min_{\boldsymbol{x}} f(\boldsymbol{x}) \quad \text{s.t.} \quad \boldsymbol{h}(\boldsymbol{x}) = \boldsymbol{0},$$

其中 $f(\cdot) \in \mathbb{R}$ 和 $\boldsymbol{h}(\cdot) \in \mathbb{R}^m$ 都是一阶连续可微的. 证明: 如果 $\boldsymbol{x}_\star$ 是一个最优解, 我们必定有

$$\boldsymbol{\nabla} f(\boldsymbol{x}_\star) = \frac{\partial \boldsymbol{h}(\boldsymbol{x}_\star)}{\partial \boldsymbol{x}}\boldsymbol{\lambda},$$

其中 $\boldsymbol{\lambda} \in \mathbb{R}^m$, $\dfrac{\partial \boldsymbol{h}(\boldsymbol{x}_\star)}{\partial \boldsymbol{x}}$ 是 $\boldsymbol{h}(\cdot)$ 在 $\boldsymbol{x}_\star$ 处的雅可比矩阵. 请注意, 在这里:

(1) 如果约束为 $\boldsymbol{h}(\boldsymbol{x}) = \boldsymbol{A}\boldsymbol{x} - \boldsymbol{y}$. 它的雅可比矩阵是什么? 上面的条件变成了什么?

(2) 如果函数 $f(\cdot)$ 在 $\boldsymbol{x}_\star$ 处不一定可微, 讨论如何改变上述条件?

最后, 一个不太相关但有附加分的有用问题: 如果约束被替换为 $\boldsymbol{h}(\boldsymbol{x}) \geqslant \boldsymbol{0}$ 该怎么办?

习题 3.8 证明式(3.2.34) 中的结果.

习题 3.9　在本习题中, 使用球面上的测度集中定理 3.3来证明绪论一章式 (1.3.5) 中所提到的一个事实: 在 $\mathbb{R}^m$ 中, 当维数 m 很高时, 一个随机选择的单位向量 $\boldsymbol{v} \in \mathbb{S}^{m-1}$ 与任何标准基向量 $\boldsymbol{e}_i, i = 1, \cdots, m$ 以很大概率高度不相干 (即几乎正交). 更准确地说, 给定任何非常小的 $\varepsilon > 0$, 只要 m 足够大, 我们以高概率有

$$|\langle \boldsymbol{e}_i, \boldsymbol{v} \rangle| \leqslant \varepsilon, \quad \forall i = 1, \cdots, m,$$

(提示: 证明应该与定理 3.2的证明非常相似, 实际上更简单. 你只需将测度集中结果应用于函数 $|\langle \boldsymbol{e}_i, \boldsymbol{v} \rangle|$, 并刻画所有 m 个函数的失败概率的联合界.)

习题 3.10 (ℓ^1 最小化实验)　编写一个算法来解决 ℓ^1 最小化问题.

(1) 设置 $m = n/2$ 并且 $k = \|\boldsymbol{x}_o\|_0$ 与 m 成正比, 例如, $k = m/4$. 然后, 尝试不同的行列比 $m = \alpha n$ 和稀疏比 $k = \beta m$.

(2) 验证图 3.15中的相变.

习题 3.11　令 $\boldsymbol{A}$ 是一个很大的 $m \times n$ 矩阵, 其中 $m = n/4$. 如果你已知由 $\boldsymbol{A}$ 的任意 $|I| = k < m$ 个列向量构成的子矩阵 $\boldsymbol{A}_I$ 满足:

$$\forall \boldsymbol{x} \in \mathbb{R}^k, \quad (1-\delta)\|\boldsymbol{x}\|_2^2 \leqslant \|\boldsymbol{A}_I \boldsymbol{x}\|_2^2 \leqslant (1+\delta)\|\boldsymbol{x}\|_2^2,$$

其中 $\delta \leqslant 3\sqrt{k/m}$. 使用这个事实和定理 3.6给出你对 k 与 n 比值的最佳估计, 使得 ℓ^1 最小化对于所有 k-稀疏向量都成功.

习题 3.12　证明引理 3.2.

习题 3.13 (JL 引理)　编写一个算法来验证 JL 引理.

习题 3.14　证明引理 3.6.

习题 3.15 (紧投影)　在本习题中, 我们使用随机投影的特性来开发简单但有效的算法, 用于计算高维数据集的近似最近邻. 特别是, 证明例 3.2中描述的方案是正确且最有效的. 证明:

(1) 使用算法 3.1生成的随机二值编码, 以概率 $1-\delta$, c-NN 问题可以在任何 $(\varDelta, \ell)$-弱可分集合 $\mathcal{X}$ 上求解, 其中二进制比特数 m 为

$$m = O\left(\frac{\log(2/\delta) + \log n}{(1-1/c)^2 \varDelta}\right).$$

(2) c-NN 问题的正确解由

$$\boldsymbol{x}_\star = \arg\min_{\boldsymbol{x} \in \tilde{\mathcal{X}}} \|\boldsymbol{x} - \boldsymbol{q}\|_2,$$

给出, 其中 $\tilde{\mathcal{X}}$ 是 $\mathcal{X}$ 中大小为 $O(n^\ell)$ 的点的子集, 它们的二值编码与 $\boldsymbol{y}_q = \sigma(\boldsymbol{R}\boldsymbol{q})$ 的 Hamming 距离最短.

(3) 结合以上结果, 证明 c-NN 问题可以通过以下复杂度求解[⊖]:

- 二值编码的构造 $O(Dn\log n)$.
- 每个查询的计算 $O(n+Dn^{\ell})$.
- 索引空间 $O(n)$.

习题 3.16 给定一个列满秩的矩阵 $\boldsymbol{A}$, 证明

$$\|(\boldsymbol{A}^*\boldsymbol{A})^{-1}\boldsymbol{A}^*\boldsymbol{z}\|_2 \leqslant \frac{1}{\sigma_{\min}(\boldsymbol{A})}\|\boldsymbol{z}\|_2.$$

习题 3.17 (受限等距性质) 编写一个算法来计算矩阵 $\boldsymbol{A}$ 的 k 阶 RIP 常数:

```
delta = rip(A,k).
```

生成一个 $n\times n$ 的离散傅里叶变换矩阵 $\boldsymbol{F}$. 随机选择 1/2 的行向量并计算其 RIP 常数. 你的算法能达到多大的 n? 将它与用互相干性的情况进行比较.

习题 3.18 请给出在定理 3.16的相同假设下, 式(3.6.20)意义下的符号支撑恢复的证明梗概.

⊖ 注意, 这里可以采用标准的 $(\log n)$-RAM 计算模型, 其中 $\log n$ 比特的算术运算可以在 $O(1)$ 时间内执行完.

低秩矩阵恢复的凸方法

"数学是一门给很多看似不同事物取相同名字的艺术."

——Henri Poincaré: *L'avenir des mathématiques*, 1905

在本章中, 我们将从稀疏信号扩展到更广泛的一类模型——低秩矩阵. 类似于稀疏信号恢复问题, 我们考虑如何将一个矩阵 $\boldsymbol{X} \in \mathbb{R}^{n_1 \times n_2}$ 从它的线性观测 $\boldsymbol{y} = \mathcal{A}[\boldsymbol{X}] \in \mathbb{R}^m$ 中恢复出来. 这个问题可以表述为寻找线性方程组

$$\mathcal{A}\left[\underset{\text{未知}}{\boldsymbol{X}}\right] = \underset{\text{观测}}{\boldsymbol{y}} \tag{4.0.1}$$

的解 $\boldsymbol{X}$. 这里, $\mathcal{A}: \mathbb{R}^{n_1 \times n_2} \to \mathbb{R}^m$ 是一个线性映射.

我们将看到稀疏向量恢复问题中的许多数学结构以一种非常自然的方式延伸到这个更一般的场景中. 特别是, 在许多有趣的情况下, 我们需要从远少于矩阵元素数量的观测中恢复矩阵 $\boldsymbol{X}$, 即 $m \ll n_1 \times n_2$. 除非我们能够利用有关 $\boldsymbol{X}$ 的其他先验信息, 否则从线性测量 $\boldsymbol{y}$ 中恢复 $\boldsymbol{X}$ 的问题是不适定的.

我们将考虑如下结构信息的应用: 目标矩阵 $\boldsymbol{X}$ 是低秩的或者近似低秩的. 回想一下, 矩阵 $\boldsymbol{X}$ 的秩是由 $\boldsymbol{X}$ 的列向量所张成的线性子空间 $\operatorname{col}(\boldsymbol{X})$ 的维数. 如果 $\boldsymbol{X} = [\boldsymbol{x}_1 \mid \cdots \mid \boldsymbol{x}_{n_2}] \in \mathbb{R}^{n_1 \times n_2}$ 是一个由 n_1 维列向量构成的数据矩阵, 那么 $\operatorname{rank}(\boldsymbol{X}) = r \ll n_1$ 当且仅当 $\boldsymbol{X}$ 的列向量位于数据空间 $\mathbb{R}^{n_1}$ 的一个 r 维线性子空间上, 参见图 4.1. 低秩矩阵恢复问题兴起于许多应用领域. 下面我们简述一些例子.

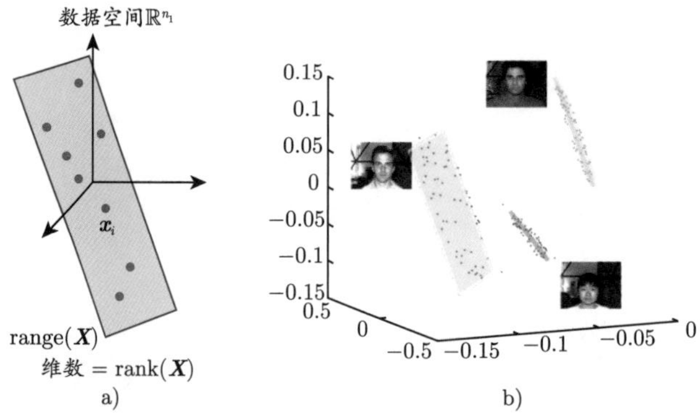

图 4.1　低秩数据矩阵. 如果矩阵 $\boldsymbol{X}$ 的列向量 $\boldsymbol{x}_1, \cdots, \boldsymbol{x}_{n_2}$ 的秩为 r, 那么这些列向量位于一个 r 维的子空间 range($\boldsymbol{X}$) 上. 许多自然产生的数据矩阵近似地满足这一性质. 图 b 是不同光照条件下人脸图像的低维近似

4.1　低秩建模的一些实例

4.1.1　从光度测量中重建三维形状

正如绪论中所述, 在许多情况下, 生成数据的物理过程会出现低秩数据模型. 如果生成过程的自由度有限, 不管观察或者测量这些数据的外围空间的维数如何, 我们观察到的数据在本质上就是低维的. 例如, 在计算机视觉中, 从二维图像重建场景的三维形状时, 许多问题都会出现低秩模型⊖. 在光度立体法中 [Woodham, 1980], 我们得到一个物体 (比如人脸) 在不同的远点光源照射下的图像 $\boldsymbol{y}_1, \cdots, \boldsymbol{y}_{n_2} \in \mathbb{R}^{n_1}$, 记作 $\boldsymbol{Y} = [\boldsymbol{y}_1 \mid \cdots \mid \boldsymbol{y}_{n_2}] \in \mathbb{R}^{n_1 \times n_2}$. 令 $\boldsymbol{l}_1, \cdots, \boldsymbol{l}_{n_2} \in \mathbb{S}^2$ 表示这些光源的方向. Lambertian 模型将反射光强度建模为

$$Y_{ij} = \alpha_i [\langle \boldsymbol{\nu}_i, \boldsymbol{l}_j \rangle]_+,$$

其中 $\boldsymbol{\nu}_i \in \mathbb{S}^2$ 是第 i 个像素处的曲面法向量, α_i 是一个称为*反射率*的非负标量, $[\cdot]_+$ 表示取参数的非负部分. 这一模型适用于表面粗糙无光泽的物体. 图 4.2给出了 Lambertian 模型的可视化. 在这种模型下, 如果我们令

$$\boldsymbol{N} = \begin{bmatrix} \alpha_1 \boldsymbol{\nu}_1^* \\ \vdots \\ \alpha_m \boldsymbol{\nu}_m^* \end{bmatrix} \in \mathbb{R}^{n_1 \times 3}, \quad 且 \quad \boldsymbol{L} = \begin{bmatrix} \boldsymbol{l}_1 \mid \cdots \mid \boldsymbol{l}_{n_2} \end{bmatrix} \in \mathbb{R}^{3 \times n_2},$$

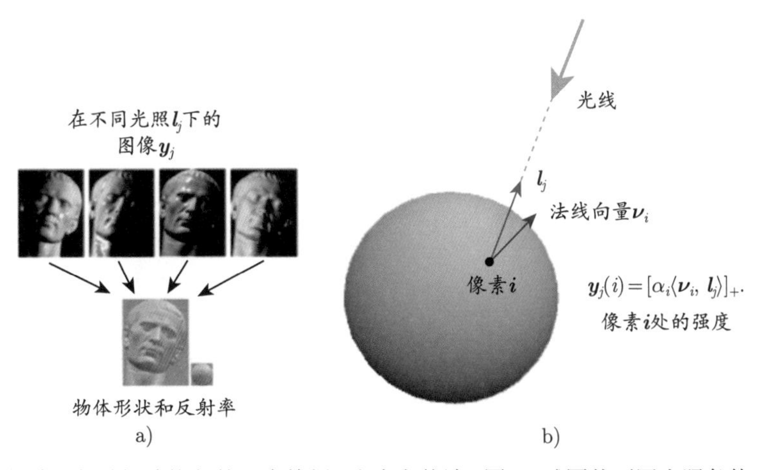

图 4.2　光度立体法是低秩矩阵恢复的一个特例. 光度立体法 (图 a) 试图从不同光照条件下拍摄的图像中恢复物体形状. 在 Lambertian 模型下 (图 b), 这直接产生低秩恢复问题

那么我们有

$$\boldsymbol{Y} = \mathcal{P}_\Omega[\boldsymbol{N}\boldsymbol{L}],$$

其中

$$\Omega \doteq \{(i,j) \mid \langle \boldsymbol{\nu}_i, \boldsymbol{l}_j \rangle \geqslant 0\}.$$

⊖ 不要混淆观测量的维数 (这里是像素点的个数) 与图像数组的物理维度 (这里是 2).

如果能够恢复低秩矩阵 $\boldsymbol{X}=\boldsymbol{NL}$ (最大秩为 3), 那么我们就可以恢复有关物体形状和反射率的信息. 另一方面, 一个有用的启发式方法是寻找与观测值一致的秩最小的解, 即求解如下问题:

$$\begin{aligned} \min \quad & \operatorname{rank}(\boldsymbol{X}), \\ \text{s.t.} \quad & \mathcal{P}_\Omega[\boldsymbol{X}]=\boldsymbol{Y}. \end{aligned} \tag{4.1.1}$$

读者可以从以下网站获得此示例的开源实现: `https://github.com/yasumat/RobustPhotometricStereo`. 更详细的讨论将在第 14 章中介绍.

4.1.2 推荐系统

在这个例子中, 假设我们有 n_2 个感兴趣的产品和 n_1 个用户. 用户消费产品并根据体验质量对产品进行评分. 我们的目标是根据所有用户评分的信息来预测哪些产品会吸引特定用户. 从形式上来说, 我们感兴趣的对象是一个大的未知矩阵

$$\boldsymbol{X} \in \mathbb{R}^{n_1 \times n_2},$$

它的第 (i,j) 项表示用户 i 对项目 j 的偏好程度. 如果我们令

$$\Omega \doteq \Big\{(i,j) \mid 用户\ i\ 已将产品\ j\ 评分\Big\},$$

那么我们观察到

$$\underbrace{\boldsymbol{Y}}_{观测到的评分} = \mathcal{P}_\Omega\Big[\underbrace{\boldsymbol{X}}_{完整评分}\Big],$$

这里, $\mathcal{P}_\Omega$ 是投影到下标子集 Ω 上的投影算子:

$$\mathcal{P}_\Omega[\boldsymbol{X}](i,j)=\begin{cases} X_{ij} & (i,j)\in\Omega, \\ 0 & (i,j)\notin\Omega. \end{cases}$$

图 4.3给出了这种应用场景的一个示意图.

我们的目的是补全矩阵 $\boldsymbol{X}$ 中的缺失元素. 在线推荐系统中会遇到这个问题——最著名的例子是 2006~2009 年间举办的 “Netflix 奖” 竞赛[㊀]. 显然, 在没有其他假设的情况下, 补全 $\boldsymbol{X}$ 中缺失元素的问题是不适定的. 一个常见的假设是不同用户 (或者不同产品) 的评分是相关的, 因此目标矩阵 $\boldsymbol{X}$ 为低秩或者近似低秩的. 然后, 相关的数学问题变成低秩矩阵元素补全问题, 或者近似等价地, 转化为寻找与我们给定观测结果一致的秩最小的矩阵 $\boldsymbol{X}$ 的问题, 即

$$\begin{aligned} \min \quad & \operatorname{rank}(\boldsymbol{X}), \\ \text{s.t.} \quad & \mathcal{P}_\Omega[\boldsymbol{X}]=\boldsymbol{Y}. \end{aligned} \tag{4.1.2}$$

这个问题通常被称为*矩阵补全* (matrix completion) [Candès et al., 2009].

㊀ 详见维基百科页面: `https://en.wikipedia.org/wiki/Netflix_Prize`.

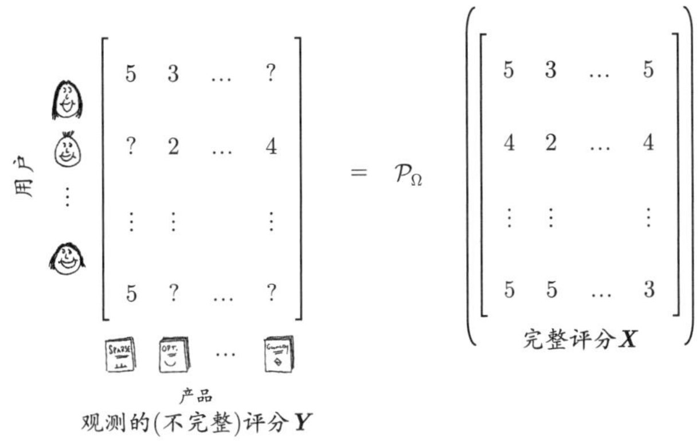

$$\begin{bmatrix} 5 & 3 & \cdots & ? \\ ? & 2 & \cdots & 4 \\ \vdots & \vdots & & \vdots \\ 5 & ? & \cdots & ? \end{bmatrix} = \mathcal{P}_{\Omega}\left(\begin{bmatrix} 5 & 3 & \cdots & 5 \\ 4 & 2 & \cdots & 4 \\ \vdots & \vdots & & \vdots \\ 5 & 5 & \cdots & 3 \end{bmatrix}\right)$$

用户

产品

观测的(不完整)评分 $\boldsymbol{Y}$　　完整评分 $\boldsymbol{X}$

图 4.3　把协同过滤看作低秩矩阵恢复. 考虑一个 n_1 个用户和 n_2 件产品构成的体系. 用户体验产品, 然后对其进行评分. 我们的观察结果 $\boldsymbol{Y}$ 由用户提供的评分组成: Y_{ij} 是用户 i 对项目 j 的评分. 我们希望预测用户对尚未评分项目的评分. 这可以被看作尝试根据评分子集 $\boldsymbol{Y} = \mathcal{P}_{\Omega}[\boldsymbol{X}]$ 恢复大型矩阵 $\boldsymbol{X}$

4.1.3　欧几里得距离矩阵嵌入

这个问题可以表述为: 假设在空间 $\mathbb{R}^d$ 中有 n 个点 $\boldsymbol{X} = [\boldsymbol{x}_1 \mid \cdots \mid \boldsymbol{x}_n]$. 我们定义矩阵 $\boldsymbol{D}$ 为

$$D_{ij} = d^2(\boldsymbol{x}_i, \boldsymbol{x}_j) = \|\boldsymbol{x}_i - \boldsymbol{x}_j\|_2^2,$$

其中 $\boldsymbol{D}$ 被称为欧几里得距离矩阵. 现在考虑如下场景: 我们无法观测到向量 $\boldsymbol{x}_i$ 本身, 而是观测它们两两之间的距离 $d(\boldsymbol{x}_i, \boldsymbol{x}_j)$. 那么, 我们如何判断这些距离是不是由分布在 $\mathbb{R}^d$ 中的某些点所生成呢? 以下的经典结果给出了一个充要条件.

定理 4.1 (Schoenberg 定理)　设 $\boldsymbol{D} \in \mathbb{R}^{n\times n}$ 是 $\mathbb{R}^d$ 中某 n 个点的欧几里得距离矩阵, 当且仅当以下条件成立时:

- $\boldsymbol{D}$ 是对称的.
- 对所有的 $i \in \{1, \cdots, n\}$, $D_{ii} = 0$.
- $\boldsymbol{\Phi D \Phi}^* \preceq \boldsymbol{0}$, 其中 $\boldsymbol{\Phi} = \boldsymbol{I} - \dfrac{1}{n}\boldsymbol{1}\boldsymbol{1}^*$ 是中心化矩阵 (这里, $\boldsymbol{1} \in \mathbb{R}^n$ 是所有元素均为 1 的向量).
- $\operatorname{rank}(\boldsymbol{\Phi D \Phi}^*) \leqslant d$.

我们把这个定理的证明留给读者. 参见习题 4.1.

现在假设我们只知道对应某些下标子集 $\Omega \subset \{1, \cdots, n\} \times \{1, \cdots, n\}$ 的 D_{ij}. 也就是说, 我们观察到 $\boldsymbol{Y} = \mathcal{P}_{\Omega}[\boldsymbol{D}]$. 我们把寻找与观察结果吻合的欧几里得距离矩阵的问题转化为秩最小化问题:

$$\begin{aligned} \min \quad & \operatorname{rank}(\boldsymbol{\Phi D \Phi}^*), \\ \text{s.t.} \quad & \boldsymbol{\Phi D \Phi}^* \preceq \boldsymbol{0},\ \boldsymbol{D} = \boldsymbol{D}^*,\ \mathcal{P}_{\Omega}[\boldsymbol{D}] = \boldsymbol{Y},\ \forall i\ D_{ii} = 0. \end{aligned} \tag{4.1.3}$$

4.1.4 潜语义分析

低维模型在文档分析中非常常见. 考虑搜索或者文档检索中的一个理想化问题. 系统可以访问 n_2 个文档 (例如新闻文章), 每个文档被视为大小为 n_1 的字典中词的集合, 对于第 j 个文档, 我们通过计算单词出现的直方图, 给出一个 n_1 维的向量 $\boldsymbol{y}_j$, 其第 i 个条目是文档 j 中单词 i 出现的占比. 设

$$\underset{\text{词频}}{\boldsymbol{Y}} = \text{单词}\underbrace{\left[\boldsymbol{y}_1 \mid \cdots \mid \boldsymbol{y}_{n_2}\right]}_{\text{文档}}.$$

我们对这些观察结果建模如下. 假设存在一组 “主题”: $\boldsymbol{t}_1, \cdots, \boldsymbol{t}_r$. 每个主题是字典中词的集合 $\{1, 2, \cdots, n_1\}$ 上的概率分布. 我们可以想象, $\boldsymbol{t}_\ell$ 与我们对主题的非正式定义大致对应——比如它代表 “建筑” 或者 “纽约市”. 一篇关于纽约建筑的文章将涉及多个主题. 我们将其建模为一个混合分布, 并写为

$$\underset{\text{文档 } j \text{ 中的单词分布}}{\boldsymbol{p}_j} = \sum_{\ell=1}^{r} \underset{\text{主题}}{\boldsymbol{t}_\ell} \underset{\text{丰度}}{\alpha_{\ell,j}},$$

其中 $\alpha_{1,j} + \alpha_{2,j} + \cdots + \alpha_{r,j} = 1$. 假设 $\boldsymbol{y}_j$ 是从混合分布 $\boldsymbol{p}_j$ 中独立随机采样单词并计算直方图而生成的⊖. 如果采样的单词数很多, 我们可以想象 $\boldsymbol{y}_j \approx \boldsymbol{p}_j$. 所以, 如果我们记 $\boldsymbol{T} = [\boldsymbol{t}_1, \cdots, \boldsymbol{t}_r]$ 和 $\boldsymbol{A} = [\boldsymbol{\alpha}_1, \cdots, \boldsymbol{\alpha}_n]$, 那么我们将得到

$$\underset{\text{词频}}{\boldsymbol{Y}} \approx \underset{\text{主题}}{\boldsymbol{T}} \underset{\text{丰度}}{\boldsymbol{A}}. \tag{4.1.4}$$

注意到 $\operatorname{rank}(\boldsymbol{TA}) \leqslant r$, 也就是说, 秩以主题数目为上界. 潜在语义分析计算 $\boldsymbol{Y}$ 的最优低秩近似, 然后将其用于搜索和索引 [Deerwester et al., 1990; Dumais et al., 1988]. 基本的潜语义索引 (Latent Semantic Indexing, LSI) 模型存在几个进一步的扩展, 比如概率潜语义索引 (pLSI) [Hofmann, 2004, 1999]、隐狄利克雷指派 (Latent Dirichlet Allocation, LDA), 以及联合主题文档模型 (通过低秩和稀疏矩阵构建) [Min et al., 2010].

还有很多其他的例子, 例如解决定位问题、系统识别问题、量子态层析成像问题、图像和视频对齐问题等. 我们将在真实应用部分的章节中介绍更多这方面的实例.

4.2 用奇异值分解表示低秩矩阵

在上述所有应用中, 我们的目标是恢复未知的矩阵 $\boldsymbol{X}$, 其列向量位于数据空间 $\mathbb{R}^{n_1}$ 的 r 维线性子空间上. 这个子空间可以通过 $\boldsymbol{X}$ 的奇异值分解 (SVD) 来刻画 (参见附录 A.8).

定理 4.2 (紧凑奇异值分解) 设 $\boldsymbol{X} \in \mathbb{R}^{n_1 \times n_2}$ 是一个矩阵并且 $r = \operatorname{rank}(\boldsymbol{X})$. 那么存在 $\boldsymbol{\Sigma} = \operatorname{diag}(\sigma_1, \cdots, \sigma_r)$, 其中 $\sigma_1 \geqslant \sigma_2 \geqslant \ldots \geqslant \sigma_r > 0$, 矩阵 $\boldsymbol{U} \in \mathbb{R}^{n_1 \times r}$, $\boldsymbol{V} \in \mathbb{R}^{n_2 \times r}$, 使得

⊖ 实际上, 研究人员观察到, 与仅使用直方图相比, 更复杂的构造 $\boldsymbol{Y}$ 的方法 (例如, 使用 TF-IDF 加权) 可以提高性能.

$\boldsymbol{U}^*\boldsymbol{U}=\boldsymbol{I}$, $\boldsymbol{V}^*\boldsymbol{V}=\boldsymbol{I}$, 且

$$\boldsymbol{X} = \boldsymbol{U\Sigma V}^* = \sum_{i=1}^{r}\sigma_i\boldsymbol{u}_i\boldsymbol{v}_i^*. \tag{4.2.1}$$

习题 4.2给出了这一结果的引导性证明. 这种构造对于理论和数值计算来说都是一种非常有用的工具. 完全奇异值分解通过添加矩阵 $\boldsymbol{X}$ 的左右零空间的基, 将矩阵 $\boldsymbol{U}$ 和 $\boldsymbol{V}$ 分别拓展为 $\mathbb{R}^{n_1}$ 和 $\mathbb{R}^{n_2}$ 空间上的完整正交基.

定理 4.3 (奇异值分解)　设 $\boldsymbol{X}\in\mathbb{R}^{n_1\times n_2}$ 是一个矩阵. 那么, 存在正交矩阵 $\boldsymbol{U}\in\mathsf{O}(n_1)$ 和 $\boldsymbol{V}\in\mathsf{O}(n_2)$ 以及

$$\sigma_1\geqslant\sigma_2\geqslant\ldots\geqslant\sigma_{\min\{n_1,n_2\}}\geqslant 0,$$

如果我们令 $\boldsymbol{\Sigma}\in\mathbb{R}^{n_1\times n_2}$, 其中对于任意 $i\neq j$, $\Sigma_{ij}=0$, 且 $\Sigma_{ii}=\sigma_i$, 那么

$$\boldsymbol{X}=\boldsymbol{U\Sigma V}^*. \tag{4.2.2}$$

事实 4.1 (奇异值分解的性质)　定理 4.2中的奇异值分解的构造具有以下性质.

- 左奇异向量 $\boldsymbol{u}_i$ 是 $\boldsymbol{XX}^*$ 的特征向量 (请验证一下).
- 右奇异向量 $\boldsymbol{v}_i$ 是 $\boldsymbol{X}^*\boldsymbol{X}$ 的特征向量.
- 非零奇异值 σ_i 是 $\boldsymbol{X}^*\boldsymbol{X}$ 的特征值 λ_i 的平方根.
- 非零奇异值 σ_i 也是 $\boldsymbol{XX}^*$ 的特征值 λ_i 的平方根.

注意到, 由于 $\boldsymbol{U}$ 和 $\boldsymbol{V}$ 是非奇异的, 因此 $\operatorname{rank}(\boldsymbol{X})=\operatorname{rank}(\boldsymbol{\Sigma})$. 由于 $\boldsymbol{\Sigma}$ 是对角的, 所以它的秩计算起来特别简单——只是非零元素 σ_i 的数量. 然后, 我们用 $\boldsymbol{\sigma}(\boldsymbol{X})=(\sigma_1,\cdots,\sigma_{\min\{n_1,n_2\}})\in\mathbb{R}^{\min\{n_1,n_2\}}$ 表示 $\boldsymbol{X}$ 的奇异值向量. 那么,

$$\operatorname{rank}(\boldsymbol{X})=\|\boldsymbol{\sigma}(\boldsymbol{X})\|_0. \tag{4.2.3}$$

因此, 任何最小化未知矩阵 $\boldsymbol{X}$ 的秩的问题本质上就是在观测数据的约束下, 最小化矩阵 $\boldsymbol{X}$ 的非零奇异值的数量, 即奇异值的“稀疏性”.

4.2.1　基于非凸优化的奇异向量

计算 SVD 可以在时间 $O(\max\{n_1,n_2\}\min\{n_1,n_2\}^2)$ 内完成. 前 r 个奇异值/奇异向量三元组可以在时间 $O(n_1n_2r)$ 内计算出来. 因此, 找到最适合给定数据集的线性子空间的问题可以在多项式时间内解决. 从表面上看, 这是非常了不起的——计算奇异向量的问题是非凸的. 我们将描述为什么可以有效地全局解决这个非凸问题.

首先我们简要说明, 为什么可以有效地计算矩阵 $\boldsymbol{X}$ 的奇异向量. 考虑矩阵 $\boldsymbol{\Gamma}\doteq\boldsymbol{XX}^*$. 令 $\boldsymbol{\Gamma}=\boldsymbol{U\Lambda U}^*$ 是 $\boldsymbol{\Gamma}$ 的特征值分解, $\boldsymbol{\Lambda}=\operatorname{diag}(\lambda_1,\cdots,\lambda_{n_1})$ 是特征值构成的对角矩阵. 显然, $\boldsymbol{X}$ 的左奇异向量 $\boldsymbol{u}_i$ 是 $\boldsymbol{\Gamma}$ 的特征向量. 因为这里的目标仅仅是传达一些直觉, 所以我们简单假设 $\boldsymbol{\Gamma}$ 没有重复的特征值, 并且 λ_1 最大. 我们证明如何使用非凸优化来计算主特征向量 $\boldsymbol{u}_1$——关于拓展到重复特征向量的情况请参考习题 4.5.

考虑如下优化问题

$$\begin{aligned} \min \quad & \varphi(\boldsymbol{q}) \equiv -\frac{1}{2}\boldsymbol{q}^*\boldsymbol{\Gamma}\boldsymbol{q}, \\ \text{s.t.} \quad & \|\boldsymbol{q}\|_2^2 = 1. \end{aligned} \tag{4.2.4}$$

函数 $\varphi(\boldsymbol{q})$ 的梯度和 Hessian 矩阵分别为

$$\nabla\varphi(\boldsymbol{q}) = -\boldsymbol{\Gamma}\boldsymbol{q} \quad 和 \quad \nabla^2\varphi(\boldsymbol{q}) = -\boldsymbol{\Gamma}. \tag{4.2.5}$$

如果不存在向量 $\boldsymbol{v} \perp \boldsymbol{q}$ (即 $\boldsymbol{q}$ 处与球面相切的方向) 使得函数值沿 $\boldsymbol{v}$ 的方向减小, 那么点 $\boldsymbol{q}$ 就是函数 φ 在球面

$$\mathbb{S}^{n-1} = \left\{\boldsymbol{q} \mid \|\boldsymbol{q}\|_2^2 = 1\right\}$$

上的驻点 (critical point). 等价地, $\boldsymbol{q}$ 是球面上函数 φ 的驻点, 当且仅当 $\boldsymbol{q}$ 处的梯度 $\nabla\varphi(\boldsymbol{q})$ 正比于 $\boldsymbol{q}$, 即

$$\nabla\varphi(\boldsymbol{q}) \propto \boldsymbol{q}. \tag{4.2.6}$$

图 4.4 显示了这种情况. 利用梯度 $\nabla\varphi(\boldsymbol{q})$ 的表达式, 我们可知: 式(4.2.6)成立, 当且仅当对于某个 λ, 有 $\boldsymbol{\Gamma}\boldsymbol{q} = \lambda\boldsymbol{q}$, 即函数 φ 在 $\mathbb{S}^{n-1}$ 上的驻点正是 $\boldsymbol{\Gamma}$ 的特征向量 $\pm\boldsymbol{u}_i$ ⊖.

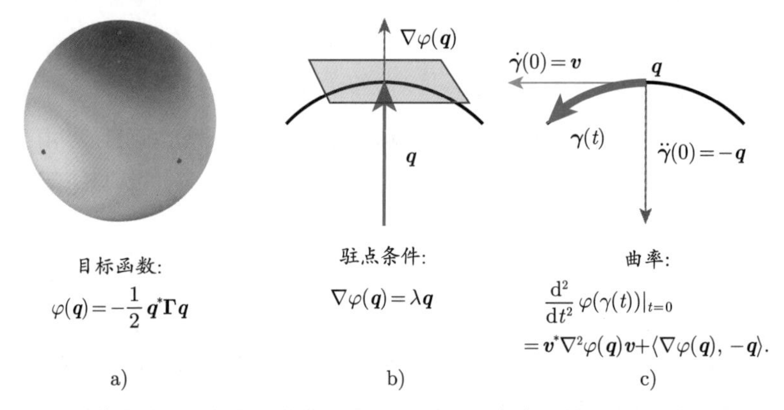

图 4.4　特征向量计算作为球面上的非凸优化问题. a) 对于一个给定的 $\boldsymbol{\Gamma}$, 我们在球面上绘制了目标函数 $\varphi(\boldsymbol{q}) = -\frac{1}{2}\boldsymbol{q}^*\boldsymbol{\Gamma}\boldsymbol{q}$. 红点表示 $\boldsymbol{\Gamma}$ 的特征向量. b) $\boldsymbol{q}$ 是驻点, 其中 $\nabla\varphi(\boldsymbol{q})$ 与 $\boldsymbol{q}$ 成比例. 每个驻点都是 $\boldsymbol{\Gamma}$ 的特征向量, 唯一的局部极小值点是对应于最大特征值 $\lambda_1(\boldsymbol{\Gamma})$ 的特征向量. c) 球面上函数 φ 的曲率, 来自 φ 本身的曲率 $\nabla^2\varphi$ 和球面的曲率

哪些驻点 $\pm\boldsymbol{u}_i$ 是真实的局部或者全局极小值点 (而不是鞍点) 呢? 为了回答这个问题, 我们需要研究函数 $\varphi(\boldsymbol{q})$ 在驻点 $\bar{\boldsymbol{q}}$ 附近的曲率. 在欧几里得空间中, 研究曲率的正确工具是 Hessian 矩阵, 正如通过函数 f 沿着曲线 $\boldsymbol{\gamma}(t) = \boldsymbol{x} + t\boldsymbol{v}$ 的二阶泰勒级数展开

$$f(\boldsymbol{x} + t\boldsymbol{v}) = f(\boldsymbol{x}) + t\underbrace{\langle\nabla f(\boldsymbol{x}), \boldsymbol{v}\rangle}_{在驻点处\,=\,0} + \frac{1}{2}t^2\boldsymbol{v}^*\nabla^2 f(\boldsymbol{x})\boldsymbol{v} + o(t^2)$$

⊖ 问题(4.2.4)是一个约束优化问题. 我们利用附录 C.2 节的拉格朗日乘子法, 基于拉格朗日函数可以直接推导出关于优化变量 $\boldsymbol{q}$ 的最优性条件 $\boldsymbol{\Gamma}\boldsymbol{q} = \lambda\boldsymbol{q}$.——译者注

所解释的. 在欧几里得空间中, 如果 $\nabla^2 f(\bar{\boldsymbol{x}}) \succ \mathbf{0}$, 那么驻点 $\bar{\boldsymbol{x}}$ 是局部极小值点. 相反, 如果 $\nabla^2 f(\bar{\boldsymbol{x}})$ 有负的特征值, 那么驻点 $\bar{\boldsymbol{x}}$ 不是局部极小值点.

在球面上, 我们可以进行类似的泰勒级数展开, 但需要将直线 $\boldsymbol{\gamma}(t) = \boldsymbol{x} + t\boldsymbol{v}$ 替换为一个大圆[㊀]

$$\boldsymbol{\gamma}(t) = \boldsymbol{q}\cos(t) + \boldsymbol{v}\sin(t), \tag{4.2.7}$$

其中 $\boldsymbol{v} \perp \boldsymbol{q}$, $\|\boldsymbol{v}\|_2 = 1$. 通过计算, 我们可以得出 $\varphi(\boldsymbol{\gamma}(t))$ 的二阶方向导数:

$$\frac{\mathrm{d}^2}{\mathrm{d}t^2}\varphi(\boldsymbol{\gamma}(t))\Big|_{t=0} = \underbrace{\boldsymbol{v}^*\nabla^2\varphi(\boldsymbol{q})\boldsymbol{v}}_{\varphi\text{ 的曲率}} - \underbrace{\langle\nabla\varphi(\boldsymbol{q}), \boldsymbol{q}\rangle}_{\text{球面的曲率}}. \tag{4.2.8}$$

这个公式包含两项: 第一项涉及 φ 的 (通常的欧氏) Hessian 矩阵, 它考虑的是 φ 的曲率; 第二项是由 $-\langle\nabla\varphi(\boldsymbol{q}), \boldsymbol{q}\rangle$ 构成的修正项, 它解释的是曲线 $\boldsymbol{\gamma}(t)$ 沿 $-\boldsymbol{q}$ 方向弯曲以留在球面上的事实.

注意到 $\nabla\varphi(\boldsymbol{q}) = -\boldsymbol{\Gamma}\boldsymbol{q}$, 所以我们有 $\langle\nabla\varphi(\boldsymbol{u}_i), \boldsymbol{u}_i\rangle = -\boldsymbol{u}_i^*\boldsymbol{\Gamma}\boldsymbol{u}_i = -\lambda_i$. 我们观察到, 在驻点 $\bar{\boldsymbol{q}} = \pm\boldsymbol{u}_i$ 处, $\boldsymbol{v}$ 方向上的二阶导数为

$$\frac{\mathrm{d}^2}{\mathrm{d}t^2}\varphi(\boldsymbol{\gamma}(t))\Big|_{t=0} = \boldsymbol{v}^*\Big(-\boldsymbol{\Gamma} + \lambda_i\boldsymbol{I}\Big)\boldsymbol{v}. \tag{4.2.9}$$

矩阵 $-\boldsymbol{\Gamma} + \lambda_i\boldsymbol{I}$ 的特征值以 $-\lambda_j + \lambda_i$ 的形式出现. 如果 $\boldsymbol{u}_i$ 不是与最大特征值 λ_1 对应的特征向量, 那么存在一个负的特征值. 因此 $\pm\boldsymbol{u}_1$ 是 φ 的唯一局部极小值点. 所有其他驻点都具有严格的负曲率方向. 这种良好的几何性质意味着一个简单的投影梯度法从几乎任何初始化开始都会收敛到全局最优值点. 事实证明, 这种现象在高维数据的低维模型相关的优化问题中具有代表性, 因此我们将在第 7 章中正式地研究它们.

对于计算主特征值和主特征向量, 我们可以使用除一般梯度下降之外的其他方法. 习题 4.6 给出了一个更具体的算法——*幂迭代* (power iteration) *法*. 这是一种更快更常见的方法. 在 9.3.2 节中, 我们将给出该方法的计算复杂度的精确描述, 以及更有效的变体[㊁]. 现在, 我们将这些观察结果作为为什么奇异值分解能够高效计算的直观显示.

含义和历史

无论我们采用哪种原理, SVD 既可以是最优的 (在精确定义且通常非常相关的意义上) 又可以是有效的 (至少对于中等规模的问题), 这一事实使其成为数值计算工具箱中非常有用的要素. SVD 的典型应用是*主成分分析* (PCA). Pearson 和 Hotelling 在 1901 年和 1933 年的论文 [Hotelling, 1933; Pearson, 1901] 中分别阐述 (如定理 4.4所述), PCA 寻找的最佳拟合数据的低维子空间可以通过 SVD 计算. 值得注意的是, Pearson 在 1901 年的论文 [Pearson, 1901] 中断言, 主成分分析 "*非常适合于数值计算*"——他的意思是手工计算.

㊀ 这种形式的曲线是 $\mathbb{S}^{n-1}$ 上的*测地线* (geodesics), 在 $\boldsymbol{q}$ 处由切向量 $\boldsymbol{v}$ 所确定的测地线 $\boldsymbol{\gamma}(t)$ 一般也表达为在 $\boldsymbol{q}$ 处的指数映射 $\exp_{\boldsymbol{q}}(t\boldsymbol{v})$.

㊁ Lanczos 法计算主特征值和特征向量.

4.2.2 最佳低秩矩阵近似

我们对恢复与特定线性观测一致的低秩矩阵感兴趣. 因为秩具有与 ℓ^0 范数相似的特征, 所以不难预料这些问题在计算上通常是很难处理的, 正如在恢复稀疏解的情况 (见定理 2.2) 中那样.

值得注意的是, 我们可以有效地解决一些对输入几乎没有任何假设的特殊的秩最小化例子, 其中最重要的问题是*最佳秩 r 近似*. 在这个问题中, 我们尝试用秩最大为 r 的矩阵 $\boldsymbol{X}$ 来近似任意输入矩阵 $\boldsymbol{Y}$, 使得近似误差 $\|\boldsymbol{X}-\boldsymbol{Y}\|_F$ 尽可能小. 这个问题的最优解就是简单地保留 $\boldsymbol{Y}$ 的前 r 个奇异值/奇异向量.

定理 4.4 (最优低秩近似) *设矩阵 $\boldsymbol{Y} \in \mathbb{R}^{n_1 \times n_2}$, 考虑以下优化问题:*

$$\begin{aligned} \min \quad & \|\boldsymbol{X}-\boldsymbol{Y}\|_F, \\ \text{s.t.} \quad & \operatorname{rank}(\boldsymbol{X}) \leqslant r. \end{aligned} \tag{4.2.10}$$

上述问题的每个最优解 $\hat{\boldsymbol{X}}$ 都具有 $\hat{\boldsymbol{X}}=\sum_{i=1}^{r} \sigma_i \boldsymbol{u}_i \boldsymbol{v}_i^*$ 的形式, 其中 $\boldsymbol{Y}$ 的完全奇异值分解是 $\boldsymbol{Y}=\sum_{i=1}^{\min(n_1,n_2)} \sigma_i \boldsymbol{u}_i \boldsymbol{v}_i^*$.

事实上, 当使用算子范数或者任何其他正交不变矩阵范数测量误差时, 相应的低秩近似问题也使用相同的方案 (即截断 SVD) 来解决 (参见附录 A). 有关如何证明定理 4.4, 请参见习题 4.3.

问题(4.2.10)可以被转换为受数据保真度 (data fidelity) 约束的关于未知矩阵 $\boldsymbol{X}$ 的秩最小化问题:

$$\begin{aligned} \min \quad & \operatorname{rank}(\boldsymbol{X}), \\ \text{s.t.} \quad & \|\boldsymbol{X}-\boldsymbol{Y}\|_F \leqslant \varepsilon. \end{aligned} \tag{4.2.11}$$

这是一个*矩阵秩最小化*问题的例子——我们寻求与某些给定观测值相符合的一个秩最小的矩阵. 由于它非常特殊的性质, 这种秩最小化问题可以通过奇异值分解进行最优求解. 我们将这个问题的求解作为习题留给读者 (请参见习题 4.4)[⊖].

4.3 恢复低秩矩阵

4.3.1 一般的秩最小化问题

在上一节中我们已经看到, 对于某些非常特殊的秩最小化问题, 可以使用基于奇异值分解的有效算法获得全局最优解. 然而, 上面讨论的所有应用 (以及许多其他应用) 迫使我们尝试在更复杂的集合上最小化矩阵 $\boldsymbol{X}$ 的秩. 一个示例问题是*仿射秩最小化问题* [Fazel et al., 2004]:

$$\begin{aligned} \min \quad & \operatorname{rank}(\boldsymbol{X}), \\ \text{s.t.} \quad & \mathcal{A}[\boldsymbol{X}]=\boldsymbol{y}, \end{aligned} \tag{4.3.1}$$

⊖ 提示: 你可以首先尝试猜测最佳解是什么, 然后证明其最优性.

其中, $\boldsymbol{y} \in \mathbb{R}^m$ 是观测值向量, $\mathcal{A}: \mathbb{R}^{n_1 \times n_2} \to \mathbb{R}^m$ 是线性映射. 当 $m \ll n_1 n_2$ 时, 线性方程组 $\mathcal{A}[\boldsymbol{X}] = \boldsymbol{y}$ 是欠定的. 从 $n_1 \times n_2$ 矩阵到 m 维向量的线性映射 $\mathcal{A}$ 的概念似乎有些抽象. 实际上, 任何这种形式的线性映射都可以使用矩阵内积来表示[1]:

$$\mathcal{A}[\boldsymbol{X}] = (\langle \boldsymbol{A}_1, \boldsymbol{X} \rangle, \cdots, \langle \boldsymbol{A}_m, \boldsymbol{X} \rangle). \tag{4.3.2}$$

在这里, 一组矩阵 $\boldsymbol{A}_1, \cdots, \boldsymbol{A}_m \in \mathbb{R}^{n_1 \times n_2}$ 通过其与未知矩阵 $\boldsymbol{X}$ 计算内积而得到 “测量”$\boldsymbol{y}$[2].

一个数学上简单而自然的假设是, 这些 “测量” 矩阵是独立同分布高斯矩阵, 即矩阵中的每个元素独立同分布 (i.i.d.) 且服从高斯分布. 这样的假设将帮助我们理解, 在何种条件下可以期望使用通用的测量来恢复一个低秩矩阵. 因此, 我们理解低秩恢复问题的第一次尝试将依赖于这样一个简化假设. 然而, 在许多有趣的实际问题中, 算子 $\mathcal{A}$ 具有特定的结构, 从而具有不同的表现. 作为一个具体的例子, 在上面所讨论的矩阵补全问题中, 我们有 $m = |\Omega|$ 和 $\boldsymbol{A}_\ell = \boldsymbol{e}_{i_\ell} \boldsymbol{e}_{j_\ell}^*$, 其中 $\Omega = \{(i_1, j_1), \cdots, (i_m, j_m)\}$. 我们将深入分析这一重要的特殊例子, 并提供成功恢复的条件.

与 ℓ^0 的联系和 NP 困难度

为了明确与稀疏恢复的联系, 观察到 $\operatorname{rank}(\boldsymbol{X}) = \|\boldsymbol{\sigma}(\boldsymbol{X})\|_0$, 我们可以将仿射秩最小化问题改写为

$$\begin{aligned} \min \quad & \|\boldsymbol{\sigma}(\boldsymbol{X})\|_0 \\ \text{s.t.} \quad & \mathcal{A}[\boldsymbol{X}] = \boldsymbol{y}. \end{aligned} \tag{4.3.3}$$

另外, 如果$\boldsymbol{X}$ 是一个对角矩阵, 那么 $\operatorname{rank}(\boldsymbol{X}) = \|\boldsymbol{X}\|_0$. 因此, 每个 ℓ^0 最小化问题都可以转化为具有对角约束的秩最小化问题. 这意味着在最坏的情况下, 秩最小化问题至少与 ℓ^0 最小化问题一样困难, 即它是 NP 困难的 (如定理 2.2 所示).

正如 ℓ^0 最小化的情况一样, 我们可以在这里放弃寻找直接求解秩最小化问题的可计算算法. 然而, 考虑到秩最小化和 ℓ^0 最小化之间的相似性, 我们或许希望存在某种相对广泛的子类, 其中的问题实例的性质 “足够好”, 使我们能够高效求解.

4.3.2 秩最小化的凸松弛

ℓ^0 最小化问题的类比提示我们一种自然的求解策略. 将 $\boldsymbol{\sigma}(\boldsymbol{X})$ 的 ℓ^0 范数替换为 $\boldsymbol{\sigma}(\boldsymbol{X})$ 的 ℓ^1 范数, 即

$$\|\boldsymbol{\sigma}(\boldsymbol{X})\|_1 = \sum_i \sigma_i(\boldsymbol{X}). \tag{4.3.4}$$

我们把这个函数叫作矩阵 $\boldsymbol{X}$ 的核范数, 并使用一个保留的特殊符号来表示:

$$\|\boldsymbol{X}\|_* = \sum_i \sigma_i(\boldsymbol{X}). \tag{4.3.5}$$

[1] 回想一下, 矩阵 $\boldsymbol{P}, \boldsymbol{Q} \in \mathbb{R}^{n_1 \times n_2}$ 之间的标准内积被定义为 $\langle \boldsymbol{P}, \boldsymbol{Q} \rangle = \sum_{ij} P_{ij} Q_{ij} = \operatorname{trace}[\boldsymbol{Q}^* \boldsymbol{P}]$.

[2] 你可以将测量矩阵 $\boldsymbol{A}_i$ 视为类似于在第 2~3 章中所研究的方程 $\boldsymbol{y} = \boldsymbol{A}\boldsymbol{x}$ 中矩阵 $\boldsymbol{A}$ 的第 i 行 $\boldsymbol{a}_i^*$.

当 $\boldsymbol{X}$ 是对称半正定矩阵时, $\boldsymbol{X}$ 具有非负实特征值, 并且 $\sigma_i(\boldsymbol{X}) = \lambda_i(\boldsymbol{X})$. 由于 $\sum_i \lambda_i(\boldsymbol{X}) = \mathrm{trace}(\boldsymbol{X})$, 因此在 $\boldsymbol{X}$ 为半正定矩阵的特殊情况下, 我们有 $\|\boldsymbol{X}\|_* = \mathrm{trace}[\boldsymbol{X}]$. 由于这个原因, 核范数有时也被称为*迹范数*. 在各种文献中, 还有其他名称, 包括 Schatten *1-范数* 和 Ky Fan *k-范数*[⊖].

当 $\boldsymbol{X}$ 不是半正定矩阵时, 函数 $\|\boldsymbol{X}\|_*$ 以非常复杂的方式和矩阵的元素相联系. 下面的结果给出了核范数的两个等价描述, 这将在本书后面讨论秩最小化问题的特定非凸表述时有用 (在第 7 章).

命题 4.1 (核范数的变分形式) 　矩阵 $\boldsymbol{X}$ 的核范数 $\|\boldsymbol{X}\|_*$ 与以下变分形式等价:

(1) $\|\boldsymbol{X}\|_* = \min_{\boldsymbol{U},\boldsymbol{V}} \dfrac{1}{2}(\|\boldsymbol{U}\|_F^2 + \|\boldsymbol{V}\|_F^2)$, s.t. $\boldsymbol{X} = \boldsymbol{U}\boldsymbol{V}^*$.

(2) $\|\boldsymbol{X}\|_* = \min_{\boldsymbol{U},\boldsymbol{V}} \|\boldsymbol{U}\|_F\|\boldsymbol{V}\|_F$, s.t. $\boldsymbol{X} = \boldsymbol{U}\boldsymbol{V}^*$.

(3) $\|\boldsymbol{X}\|_* = \min_{\boldsymbol{U},\boldsymbol{V}} \sum_k \|\boldsymbol{u}_k\|_2\|\boldsymbol{v}_k\|_2$, s.t. $\boldsymbol{X} = \boldsymbol{U}\boldsymbol{V}^* \doteq \sum_k \boldsymbol{u}_k\boldsymbol{v}_k^*$.

这一命题可以通过验证当 $\boldsymbol{U}_\star = \boldsymbol{U}_o\sqrt{\boldsymbol{\Sigma}_o}$ 和 $\boldsymbol{V}_\star = \boldsymbol{V}_o\sqrt{\boldsymbol{\Sigma}_o}$ 时达到这些问题的全局最小值来证明, 其中 $\boldsymbol{X} = \boldsymbol{U}_o\boldsymbol{\Sigma}_o\boldsymbol{V}_o^*$ 是矩阵 $\boldsymbol{X}$ 的任何奇异值分解. 注意到每个目标函数对于正交变换是不变的, 并将其简化为 $\boldsymbol{X}$ 是对角矩阵的情况, 然后仔细检查这种特殊情况, 那么可以很容易验证这一点. 我们把证明细节作为习题留给读者.

注意到, 在上述变分形式中, 只需要等式 $\boldsymbol{X} = \boldsymbol{U}\boldsymbol{V}^*$ 成立, 对于两个因子 $\boldsymbol{U}$ 和 $\boldsymbol{V}$ 的维数并没有限制. 因此, 选择具有较大尺寸的矩阵 $\boldsymbol{U}$ 和 $\boldsymbol{V}$ 不会影响最小化问题. 当我们考虑一些替代最小化核范数来促进低秩性的其他方法时, 这些形式将变得非常有用. 我们将在后面的第 7 章中研究.

尽管具有上述各种特征, 但是奇异值之和是不是一个矩阵的范数, 甚至是否确实是矩阵的凸函数, 仍然不是显而易见的. 为了消除这些疑虑, 我们将简要地证明 $\|\cdot\|_*$ 确实是一个范数.

定理 4.5 　对于矩阵 $\boldsymbol{M} \in \mathbb{R}^{n_1 \times n_2}$, 令 $\|\boldsymbol{M}\|_* = \sum_{i=1}^{\min\{n_1,n_2\}} \sigma_i(\boldsymbol{M})$. 那么, $\|\cdot\|_*$ 是一个范数. 此外, 核范数与 ℓ^2 算子范数 (即谱范数) 互为对偶范数, 即

$$\|\boldsymbol{M}\|_* = \sup_{\|\boldsymbol{N}\|_2 \leqslant 1} \langle \boldsymbol{M}, \boldsymbol{N} \rangle \quad 且 \quad \|\boldsymbol{M}\|_2 = \sup_{\|\boldsymbol{N}\|_* \leqslant 1} \langle \boldsymbol{M}, \boldsymbol{N} \rangle . \tag{4.3.6}$$

证明. 我们首先证明式(4.3.6)中的第一个等式. 令

$$\boldsymbol{M} = \boldsymbol{U}\boldsymbol{\Sigma}\boldsymbol{V}^* \tag{4.3.7}$$

是 $\boldsymbol{M}$ 的完全奇异值分解, 其中 $\boldsymbol{U} \in \mathsf{O}(n_1)$, $\boldsymbol{V} \in \mathsf{O}(n_2)$, $\boldsymbol{\Sigma} \in \mathbb{R}^{n_1 \times n_2}$, 并且注意到

$$\sup_{\|\boldsymbol{N}\|_2 \leqslant 1} \langle \boldsymbol{N}, \boldsymbol{M} \rangle = \sup_{\|\boldsymbol{N}\|_2 \leqslant 1} \langle \boldsymbol{N}, \boldsymbol{U}\boldsymbol{\Sigma}\boldsymbol{V}^* \rangle$$

⊖ 对于 $p \in [1,\infty]$, 矩阵的 Schatten p-范数定义为 $\|\boldsymbol{X}\|_{S_p} = \|\boldsymbol{\sigma}(\boldsymbol{X})\|_p$. Ky Fan k-范数定义为 $\|\boldsymbol{X}\|_{KF_k} = \sum_{i=1}^k \sigma_i(\boldsymbol{X})$. 这两个函数均为正交不变矩阵范数的例子, 详细信息请参见附录 A.9.

$$= \sup_{\|\boldsymbol{N}\|_2 \leqslant 1} \left\langle \boldsymbol{U}^* \boldsymbol{N} \boldsymbol{V}, \begin{bmatrix} \sigma_1 & & \\ & \ddots & \\ & & \sigma_{n_2} \\ 0 & 0 & 0 \\ & \vdots & \end{bmatrix} \right\rangle$$

$$\geqslant \sum_{i=1}^{n_2} \sigma_i, \tag{4.3.8}$$

其中最后一行是通过选择

$$\boldsymbol{N} = \boldsymbol{U} \begin{bmatrix} 1 & & \\ & \ddots & \\ & & 1 \\ 0 & 0 & 0 \\ & \vdots & \end{bmatrix} \boldsymbol{V}^* \tag{4.3.9}$$

而得到的. 因此, $\sup_{\|\boldsymbol{N}\|_2 \leqslant 1} \langle \boldsymbol{N}, \boldsymbol{M} \rangle \geqslant \|\boldsymbol{M}\|_*$.

与此相反, 注意到, 如果矩阵 $\boldsymbol{N} \in \mathbb{R}^{n_1 \times n_2}$ 满足 $\|\boldsymbol{N}\|_2 \leqslant 1$, 那么 $\widehat{\boldsymbol{N}} \doteq \boldsymbol{U}^* \boldsymbol{N} \boldsymbol{V}$ 的列向量的 ℓ^2 范数至多为 1. 因此, 对于每个 i, 我们有 $\widehat{N}_{ii} \leqslant 1$, 且

$$\langle \boldsymbol{N}, \boldsymbol{M} \rangle = \left\langle \widehat{\boldsymbol{N}}, \boldsymbol{\Sigma} \right\rangle = \sum_{i=1}^{n_2} \widehat{N}_{ii} \sigma_i \leqslant \sum_i \sigma_i = \|\boldsymbol{M}\|_*. \tag{4.3.10}$$

这已经证明了结论.

对于式(4.3.6)中的第二个等式, 注意到对于任何非零的矩阵 $\boldsymbol{M}$,

$$\langle \boldsymbol{M}, \boldsymbol{N} \rangle = \|\boldsymbol{M}\|_2 \left\langle \frac{\boldsymbol{M}}{\|\boldsymbol{M}\|_2}, \boldsymbol{N} \right\rangle \leqslant \|\boldsymbol{M}\|_2 \|\boldsymbol{N}\|_*. \tag{4.3.11}$$

因此, $\sup_{\|\boldsymbol{N}\|_* \leqslant 1} \langle \boldsymbol{M}, \boldsymbol{N} \rangle \leqslant \|\boldsymbol{M}\|_2$. 为了证明这个不等式实际上是一个等式, 让我们取 $\boldsymbol{N} = \boldsymbol{u}_1 \boldsymbol{v}_1^*$, 并注意到 $\|\boldsymbol{N}\|_* = 1$ 以及 $\langle \boldsymbol{M}, \boldsymbol{N} \rangle = \boldsymbol{u}_1^* \boldsymbol{M} \boldsymbol{v}_1 = \sigma_1(\boldsymbol{M}) = \|\boldsymbol{M}\|_2$. 这就证明了式(4.3.6).

为了证明 $\|\cdot\|_*$ 确实是一个范数, 我们利用式(4.3.6)来验证范数的三个公理是否满足. 由于奇异值是非负的, 并且 $\sigma_1(\boldsymbol{M}) = 0$ 当且仅当 $\boldsymbol{M} = \boldsymbol{0}$, 因此 $\|\boldsymbol{M}\|_* \geqslant 0$, 等号当且仅当 $\boldsymbol{M} = \boldsymbol{0}$ 时成立. 对于非负齐次性, 注意到, 对于 $t \in \mathbb{R}_+$,

$$\|t\boldsymbol{M}\|_* = \sup_{\|\boldsymbol{N}\|_2 \leqslant 1} \langle t\boldsymbol{M}, \boldsymbol{N} \rangle = t \cdot \sup_{\|\boldsymbol{N}\|_2 \leqslant 1} \langle \boldsymbol{M}, \boldsymbol{N} \rangle = t \|\boldsymbol{M}\|_*. \tag{4.3.12}$$

最后, 对于三角不等式, 考虑两个矩阵 $\boldsymbol{M}$ 和 $\boldsymbol{M}'$, 并注意到

$$\|\boldsymbol{M} + \boldsymbol{M}'\|_* = \sup_{\|\tilde{\boldsymbol{N}}\|_2 \leqslant 1} \left\langle \boldsymbol{M} + \boldsymbol{M}', \tilde{\boldsymbol{N}} \right\rangle$$

$$\begin{aligned} &\leqslant \sup_{\|\boldsymbol{N}\|_2 \leqslant 1} \langle \boldsymbol{M}, \boldsymbol{N} \rangle + \sup_{\|\boldsymbol{N}'\|_2 \leqslant 1} \langle \boldsymbol{M}', \boldsymbol{N}' \rangle \\ &= \|\boldsymbol{M}\|_* + \|\boldsymbol{M}'\|_* . \end{aligned} \tag{4.3.13}$$

这就验证了三角不等式. 这表明 $\|\cdot\|_*$ 确实是一个范数. □

上面的证明强调了关于核范数 $\|\cdot\|_*$ 的一个非常有用的事实: 它是矩阵算子范数 $\|\cdot\|_2 = \sigma_1(\cdot)$ 的对偶范数.

因为 $\|\cdot\|_*$ 是一个范数, 所以它是凸函数. 因此, 秩最小化问题的一个自然而然的凸替换是核范数最小化问题

$$\begin{aligned} \min \quad & \|\boldsymbol{X}\|_* \\ \text{s.t.} \quad & \mathcal{A}[\boldsymbol{X}] = \boldsymbol{y}. \end{aligned} \tag{4.3.14}$$

这个问题是凸优化问题, 可以高效求解. 在第 8 章中, 我们将看到如何利用这个问题的特殊结构来给出在中等规模下工作良好的实用高效算法.

例 4.1 (核范数球)　为了可视化核范数, 我们考虑一组 2×2 的对称矩阵, 并进行参数化表示为

$$\boldsymbol{M} = \begin{bmatrix} x & y \\ y & z \end{bmatrix} \in \mathbb{R}^{2\times 2}. \tag{4.3.15}$$

我们留给读者一个习题, 要求找出使 $\|\boldsymbol{M}\|_* = 1$ 的三个坐标 $(x, y, z) \in \mathbb{R}^3$ 的条件. 设 $\mathsf{B}_* = \{\boldsymbol{M} \mid \|\boldsymbol{M}\|_* \leqslant 1\}$ 为由核范数所定义的单位球. 如果我们在 $\mathbb{R}^3$ 中可视化这些点, 那么核范数球看起来就像图 4.5中所示的圆柱体. 圆柱体两端的两个圆对应于秩为 1 的矩阵, 它很有可能与包含满足 $\mathcal{A}[\boldsymbol{X}] = \boldsymbol{y}$ 的所有解的仿射空间相交.

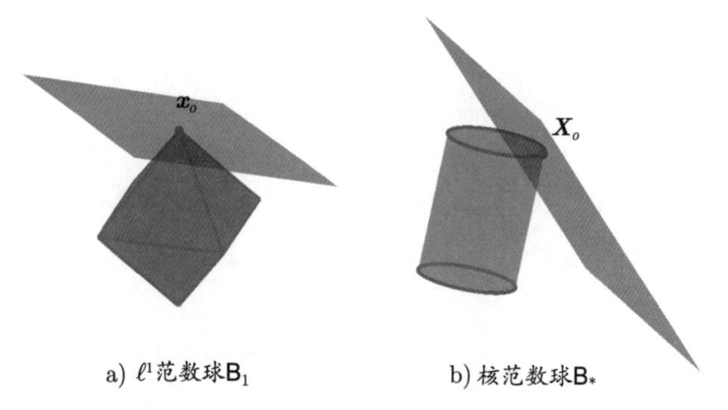

图 4.5　将稀疏向量 $\boldsymbol{x}$ 的 ℓ^1 范数球 B_1 和 2×2 矩阵的核范数球 B_* 可视化. 红色仿射子空间表示向量方程 $\boldsymbol{A}\boldsymbol{x} = \boldsymbol{A}\boldsymbol{x}_o$ (图 a) 的解空间和矩阵方程 $\mathcal{A}[\boldsymbol{X}] = \mathcal{A}[\boldsymbol{X}_o]$ (图 b) 的解空间. 目标低秩矩阵 $\boldsymbol{X}_o$ 是该方程的唯一最小核范数解, 当且仅当解空间仅在 $\boldsymbol{X}_o$ 处与 B_* 相交

4.3.3　核范数作为秩的凸包络

通过与 ℓ^0/ℓ^1 最小化问题进行类比, 我们可能会猜测, 核范数是矩阵的秩在某个适当集合上的一个好的凸替代 (convex surrogate). 回想一下, 我们已经在定理 2.3 证明了 ℓ^1 范数

在 ℓ^∞ 球上是 ℓ^0 范数的凸包络. 因此, 对于矩阵 $\boldsymbol{X}$, $\|\boldsymbol{\sigma}(\boldsymbol{X})\|_\infty = \sigma_1(\boldsymbol{X}) = \|\boldsymbol{X}\|_2$, 你可能猜测存在如下关系.

定理 4.6　$\|\boldsymbol{M}\|_*$ 是 $\operatorname{rank}(\boldsymbol{M})$ 在

$$\mathsf{B}_{op} \doteq \{\boldsymbol{M} \mid \|\boldsymbol{M}\|_2 \leqslant 1\} \tag{4.3.16}$$

上的凸包络.

证明. 我们证明, 任何对所有 $\boldsymbol{M} \in \mathsf{B}_{op}$ 满足

$$f(\boldsymbol{M}) \leqslant \operatorname{rank}(\boldsymbol{M}) \tag{4.3.17}$$

的凸函数 $f(\cdot)$ 均被核范数所主导, 即 $f(\boldsymbol{M}) \leqslant \|\boldsymbol{M}\|_*$.

令奇异值分解为 $\boldsymbol{M} = \boldsymbol{U\Sigma V}^*$. 注意到

$$\boldsymbol{\Sigma} \in \operatorname{conv}\left\{\operatorname{diag}(\boldsymbol{w}) \mid \boldsymbol{w} \in \{0,1\}^{\min\{n_1,n_2\}}\right\}, \tag{4.3.18}$$

其中 $\operatorname{conv}\{\cdot\}$ 表示集合的凸包 (convex hull), 且对所有 $\boldsymbol{w} \in \{0,1\}^{\min\{n_1,n_2\}}$,

$$\|\boldsymbol{U}\operatorname{diag}(\boldsymbol{w})\boldsymbol{V}^*\|_* = \sum_i w_i = \operatorname{rank}(\boldsymbol{U}\operatorname{diag}(\boldsymbol{w})\boldsymbol{V}^*). \tag{4.3.19}$$

记

$$\boldsymbol{\Sigma} = \sum_i \lambda_i \operatorname{diag}(\boldsymbol{w}_i), \tag{4.3.20}$$

其中 $\boldsymbol{w}_i \in \{0,1\}^{\min\{n_1,n_2\}}$, $\lambda_i \geqslant 0$ 且 $\sum_i \lambda_i = 1$. 应用 Jensen 不等式, 我们得到

$$\begin{aligned}
f(\boldsymbol{M}) &= f\left(\boldsymbol{U}\sum_i \lambda_i \operatorname{diag}(\boldsymbol{w}_i)\boldsymbol{V}^*\right) &(4.3.21)\\
&\leqslant \sum_i \lambda_i f\left(\boldsymbol{U}\operatorname{diag}(\boldsymbol{w}_i)\boldsymbol{V}^*\right) &(4.3.22)\\
&\leqslant \sum_i \lambda_i \operatorname{rank}\left(\boldsymbol{U}\operatorname{diag}(\boldsymbol{w}_i)\boldsymbol{V}^*\right) &(4.3.23)\\
&= \sum_i \lambda_i \|\boldsymbol{w}_i\|_1 &(4.3.24)\\
&= \left\|\boldsymbol{U}\sum_i \lambda_i \operatorname{diag}(\boldsymbol{w}_i)\boldsymbol{V}^*\right\|_* &(4.3.25)\\
&= \|\boldsymbol{M}\|_*. &(4.3.26)
\end{aligned}$$

□

请注意, 这个证明基本上呼应了我们对 ℓ^1 和 ℓ^∞ 的论证. 这不是巧合!

4.3.4 秩 RIP 条件下的核范数最小化问题

目前, 假设我们可以高效地求解核范数最小化问题 (例如, 使用第 8 章中给出的算法), 我们将注意力转向核范数最小化是否能给出正确的答案. 也就是说, 如果我们知道 $\boldsymbol{y} = \mathcal{A}[\boldsymbol{X}_o]$, 其中 $r = \text{rank}(\boldsymbol{X}_o) \ll n$, 那么 $\boldsymbol{X}_o$ 是不是核范数最小化问题(4.3.14)的唯一最优解? 我们的回答很大程度上取决于我们对算子 $\mathcal{A}$ 的了解.

类似于稀疏恢复问题, 我们可以探寻线性算子 $\mathcal{A}$ 是否足以保留一小组结构化对象 (即低秩矩阵) 的几何. 正式地, 我们可以定义*秩受限等距性质* (rank-restricted isometry property). 在这一性质下, 对每一个秩为 r 的矩阵 $\boldsymbol{X}$, 都有 $\|\mathcal{A}[\boldsymbol{X}]\|_2 \approx \|\boldsymbol{X}\|_F$.

定义 4.1 (秩受限等距性质 [Recht et al., 2010]**)** *考虑线性算子 $\mathcal{A}$, 如果对于满足 $\text{rank}(\boldsymbol{X}) \leqslant r$ 的任意矩阵 $\boldsymbol{X}$, 都有*

$$(1-\delta)\|\boldsymbol{X}\|_F^2 \leqslant \|\mathcal{A}[\boldsymbol{X}]\|_2^2 \leqslant (1+\delta)\|\boldsymbol{X}\|_F^2, \tag{4.3.27}$$

那么称算子 $\mathcal{A}$ 满足常数为 δ 的秩 r 受限等距性质. 使上述性质成立的最小常数 δ 被称为秩 r 受限等距常数, 记作 $\delta_r(\mathcal{A})$.

与稀疏向量的 RIP 条件一样, 秩 RIP 蕴含着结构化 (低秩) 解的唯一性.

定理 4.7 *如果 $\boldsymbol{y} = \mathcal{A}[\boldsymbol{X}_o]$, 其中 $r = \text{rank}(\boldsymbol{X}_o)$ 且 $\delta_{2r}(\mathcal{A}) < 1$, 那么 $\boldsymbol{X}_o$ 是秩最小化问题*

$$\begin{array}{ll} \min & \text{rank}(\boldsymbol{X}) \\ \text{s.t.} & \mathcal{A}[\boldsymbol{X}] = \boldsymbol{y} \end{array} \tag{4.3.28}$$

的唯一最优解.

我们将这个定理的证明留给读者作为习题 (见习题 4.14). 这里所用到的关键性质是矩阵秩的次可加性, 即

$$\text{rank}(\boldsymbol{X} + \boldsymbol{X}') \leqslant \text{rank}(\boldsymbol{X}) + \text{rank}(\boldsymbol{X}'). \tag{4.3.29}$$

此外, 与稀疏向量的 RIP 一样, 当秩 RIP 对于足够小的常数 δ 成立时, 我们可以得出结论, 核范数最小化将恢复所期望的低秩解.

定理 4.8 (核范数最小化 [Recht et al., 2010]**)** *假设 $\boldsymbol{y} = \mathcal{A}[\boldsymbol{X}_o]$, 其中 $\text{rank}(\boldsymbol{X}_o) \leqslant r$, 且 $\delta_{4r}(\mathcal{A}) \leqslant \sqrt{2} - 1$. 那么 $\boldsymbol{X}_o$ 是核范数最小化问题*

$$\begin{array}{ll} \min & \|\boldsymbol{X}\|_* \\ \text{s.t.} & \mathcal{A}[\boldsymbol{X}] = \boldsymbol{y} \end{array} \tag{4.3.30}$$

的唯一最优解.

这里的数值 $4r$ 和 $\sqrt{2}-1$ 并没有什么特殊之处. 有趣的部分是定性陈述: 如果 $\mathcal{A}$ 在足够强的意义上保持低秩矩阵的几何结构, 那么核范数最小化将会实现成功恢复. 这一定理

的证明类似于我们在前一章中给出的 ℓ^1 最小化问题成功恢复稀疏信号的证明. 然而, 为了将证明技术从 ℓ^1 范数扩展到核范数, 我们需要将一些概念从向量推广到矩阵.

低秩矩阵的“支撑”和“符号”

令 $\boldsymbol{X}_o = \boldsymbol{U\Sigma V}^*$ 定义为真值矩阵 $\boldsymbol{X}_o$ 的紧凑奇异值分解. 记

$$\mathsf{T} \doteq \left\{ \boldsymbol{UR}^* + \boldsymbol{QV}^* \mid \boldsymbol{R} \in \mathbb{R}^{n_2 \times r},\ \boldsymbol{Q} \in \mathbb{R}^{n_1 \times r} \right\} \subseteq \mathbb{R}^{n_1 \times n_2}. \tag{4.3.31}$$

请注意, T 是一个线性子空间. 在 ℓ^1 最小化与核范数最小化的类比中, 子空间 T 扮演着 $\boldsymbol{X}_o$ 的“支撑 (support)”的角色. 从几何上来看, T 表示在 $\boldsymbol{X}_o$ 处的秩 r 矩阵集合的切空间, 见图 4.6与习题 4.11. 子空间 T 由列空间包含在 $\mathrm{col}(\boldsymbol{X}_o)$ 的矩阵 $\boldsymbol{UR}^*$ 和行空间包含在 $\mathrm{row}(\boldsymbol{X}_o)$ 的矩阵 $\boldsymbol{QV}^*$ 生成. 注意到, T 的元素的秩都不超过 $2r$. 同时, $\boldsymbol{UV}^*$ 扮演矩阵 $\boldsymbol{X}_o$ 的“符号”的角色, 因为 $\boldsymbol{UV}^* \in \mathsf{T}$ 且

$$\langle \boldsymbol{X}_o, \boldsymbol{UV}^* \rangle = \|\boldsymbol{X}_o\|_*. \tag{4.3.32}$$

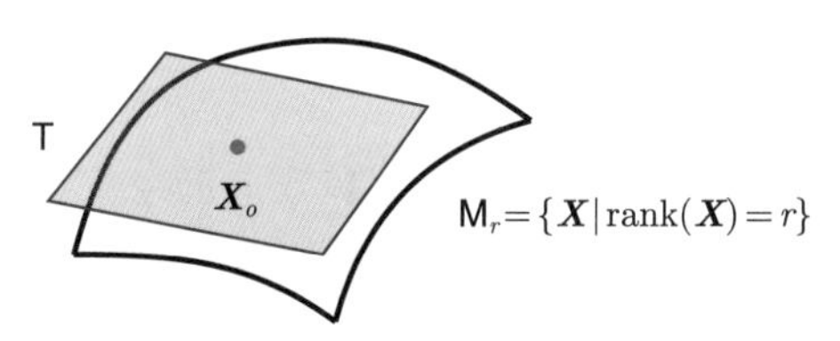

图 4.6　低秩矩阵 $\boldsymbol{X}_o$ 的“支撑”.　考虑具有紧凑奇异值分解 $\boldsymbol{X}_o = \boldsymbol{U\Sigma V}^*$ 的秩 r 矩阵 $\boldsymbol{X}_o$. 子空间 $\mathsf{T} = \{\boldsymbol{UR}^* + \boldsymbol{QV}^*\}$ 可以被理解为秩 r 矩阵的集合 M_r 在 $\boldsymbol{X}_o$ 处的切空间

T 的正交补定义为

$$\mathsf{T}^\perp \doteq \{\boldsymbol{M} \mid \mathrm{col}(\boldsymbol{M}) \perp \mathrm{col}(\boldsymbol{X}), \mathrm{row}(\boldsymbol{M}) \perp \mathrm{row}(\boldsymbol{X})\}. \tag{4.3.33}$$

令 $\boldsymbol{P}_U = \boldsymbol{UU}^*$ 和 $\boldsymbol{P}_V = \boldsymbol{VV}^*$, 分别是到 $\boldsymbol{X}_o$ 的列空间和行空间上的正交投影. 那么, 这些子空间上的正交投影由下式给出[㊀]:

$$\mathcal{P}_{\mathsf{T}}[\boldsymbol{M}] = \boldsymbol{P}_U \boldsymbol{M} + \boldsymbol{M P}_V - \boldsymbol{P}_U \boldsymbol{M P}_V, \tag{4.3.34}$$

且

$$\mathcal{P}_{\mathsf{T}^\perp}[\boldsymbol{M}] = (\boldsymbol{I} - \boldsymbol{P}_U)\boldsymbol{M}(\boldsymbol{I} - \boldsymbol{P}_V). \tag{4.3.35}$$

注意到, 因为正交投影 $\boldsymbol{P}_{U^\perp} = \boldsymbol{I} - \boldsymbol{P}_U$ 和 $\boldsymbol{P}_{V^\perp} = \boldsymbol{I} - \boldsymbol{P}_V$ 的算子范数最多为 1, 所以 $\mathcal{P}_{T^\perp}$ 不会增大算子范数, 即

$$\|\mathcal{P}_{\mathsf{T}^\perp}[\boldsymbol{M}]\|_2 \leqslant \|\boldsymbol{M}\|_2. \tag{4.3.36}$$

㊀ 式(4.3.34)和式(4.3.35)可以从以下条件得出: 在 $\mathcal{P}_{\mathsf{T}}[\boldsymbol{M}]$ 处, $\boldsymbol{M} - \mathcal{P}_{\mathsf{T}}[\boldsymbol{M}]$ 与 T 正交.

可行锥限制

注意到, 任何矩阵 $\boldsymbol{M} \in \mathsf{T}^{\perp}$ 都有与 $\boldsymbol{U}$ 的列向量正交的列和与 $\boldsymbol{V}^*$ 的行向量正交的行. 这意味着

$$\|\boldsymbol{M} + \boldsymbol{U}\boldsymbol{V}^*\|_2 = \max\{\|\boldsymbol{M}\|_2, \|\boldsymbol{U}\boldsymbol{V}^*\|_2\} = \max\{\|\boldsymbol{M}\|_2, 1\}. \tag{4.3.37}$$

因此, 对于任何矩阵 $\boldsymbol{X}$,

$$\begin{aligned}
\|\boldsymbol{X}\|_* &= \sup_{\|\boldsymbol{Q}\|_2 \leqslant 1} \langle \boldsymbol{X}, \boldsymbol{Q} \rangle &(4.3.38)\\
&\geqslant \sup_{\|\boldsymbol{M}\|_2 \leqslant 1} \langle \boldsymbol{X}, \boldsymbol{U}\boldsymbol{V}^* + \mathcal{P}_{\mathsf{T}^{\perp}}[\boldsymbol{M}] \rangle &(4.3.39)\\
&= \langle \boldsymbol{X}, \boldsymbol{U}\boldsymbol{V}^* \rangle + \sup_{\|\boldsymbol{M}\|_2 \leqslant 1} \langle \mathcal{P}_{\mathsf{T}^{\perp}}[\boldsymbol{X}], \boldsymbol{M} \rangle &(4.3.40)\\
&= \langle \boldsymbol{X}, \boldsymbol{U}\boldsymbol{V}^* \rangle + \|\mathcal{P}_{\mathsf{T}^{\perp}}[\boldsymbol{X}]\|_*. &(4.3.41)
\end{aligned}$$

令 $\hat{\boldsymbol{X}}$ 为问题(4.3.30)的任意最优解. 它可以写为 $\hat{\boldsymbol{X}} = \boldsymbol{X}_o + \boldsymbol{H}$, 其中 $\boldsymbol{H} = \hat{\boldsymbol{X}} - \boldsymbol{X}_o \in \mathrm{null}(\mathcal{A})$. 根据以上计算, 我们有

$$\begin{aligned}
\|\boldsymbol{X}_o + \boldsymbol{H}\|_* &\geqslant \langle \boldsymbol{X}_o + \boldsymbol{H}, \boldsymbol{U}\boldsymbol{V}^* \rangle + \left\|\mathcal{P}_{\mathsf{T}^{\perp}}[\hat{\boldsymbol{X}}]\right\|_* &(4.3.42)\\
&= \|\boldsymbol{X}_o\|_* + \langle \boldsymbol{H}, \boldsymbol{U}\boldsymbol{V}^* \rangle + \|\mathcal{P}_{\mathsf{T}^{\perp}}[\boldsymbol{H}]\|_* &(4.3.43)\\
&\geqslant \|\boldsymbol{X}_o\|_* - \|\mathcal{P}_{\mathsf{T}}[\boldsymbol{H}]\|_* + \|\mathcal{P}_{\mathsf{T}^{\perp}}[\boldsymbol{H}]\|_*. &(4.3.44)
\end{aligned}$$

因此, 如果存在比 $\boldsymbol{X}_o$ 更好的解, 可行扰动 $\boldsymbol{H}$ 必须满足以下锥约束:

$$\|\mathcal{P}_{\mathsf{T}^{\perp}}[\boldsymbol{H}]\|_* \leqslant \|\mathcal{P}_{\mathsf{T}}[\boldsymbol{H}]\|_*. \tag{4.3.45}$$

矩阵受限强凸性

正如 ℓ^1 最小化恢复成功的证明, 我们这里想要证明: 可行扰动 $\boldsymbol{H} \in \mathrm{null}(\mathcal{A})$ 必须满足 $\|\mathcal{P}_{\mathsf{T}^{\perp}}[\boldsymbol{H}]\|_* > \|\mathcal{P}_{\mathsf{T}}[\boldsymbol{H}]\|_*$. 如果算子 $\mathcal{A}$ 满足以下 (一致) 矩阵受限强凸 (RSC) 性, 那么上述论断就是正确的.

定义 4.2 (矩阵受限强凸性) *如果对于所有秩 r 矩阵的支撑 T 及所有非零 $\boldsymbol{H}$ 满足*

$$\|\mathcal{P}_{\mathsf{T}^{\perp}}[\boldsymbol{H}]\|_* \leqslant \alpha \cdot \|\mathcal{P}_{\mathsf{T}}[\boldsymbol{H}]\|_*, \tag{4.3.46}$$

其中常数 $\alpha \geqslant 1$, 都有

$$\|\mathcal{A}[\boldsymbol{H}]\|_2^2 > \mu \cdot \|\boldsymbol{H}\|_F^2, \tag{4.3.47}$$

其中常数 $\mu > 0$, 那么称线性算子 $\mathcal{A}$ 满足以 α 为参数的秩 r 矩阵受限强凸 (RSC) 性质.

以下定理表明, 如果算子 $\mathcal{A}$ 满足秩 RIP, 那么它满足矩阵 RSC 性质.

定理 4.9 (秩 RIP 蕴含矩阵 RSC) 如果线性算子 $\mathcal{A}$ 满足秩 RIP, 其中 $\delta_{4r} < 1/(1+\alpha\sqrt{2})$, 那么 $\mathcal{A}$ 满足秩为 r 且常数为 α 的矩阵 RSC 条件.

对于 ℓ^1 范数, 定理 4.9 的陈述和证明与定理 3.8 类似. 与 k-稀疏向量的 δ_{2k} 不同, 定理 4.9 涉及 δ_{4r}. 较大的常数 $4r = r + 3r$ 反映了需要在证明中考虑奇异值分解的所有三个分量.

证明. 使用平行四边形恒等式, 类似引理 3.3, 不难证明, 对于任何 $\boldsymbol{Z}$ 和 $\boldsymbol{Z}'$, 如果 $\boldsymbol{Z} \perp \boldsymbol{Z}'$ 且 $\operatorname{rank}(\boldsymbol{Z}) + \operatorname{rank}(\boldsymbol{Z}') \leqslant 4r$,

$$\left|\left\langle \mathcal{A}[\boldsymbol{Z}], \mathcal{A}[\boldsymbol{Z}'] \right\rangle\right| \leqslant \delta_{4r}(\mathcal{A}) \left\|\boldsymbol{Z}\right\|_F \left\|\boldsymbol{Z}'\right\|_F. \tag{4.3.48}$$

设 T 表示秩 r 的某些矩阵的支撑子空间. 取任意满足锥约束 $\|\mathcal{P}_{\mathsf{T}^\perp}[\boldsymbol{Z}]\|_* \leqslant \alpha \cdot \|\mathcal{P}_{\mathsf{T}}[\boldsymbol{Z}]\|_*$ 的 $\boldsymbol{H}$, 并写作

$$\boldsymbol{H} = \mathcal{P}_{\mathsf{T}}[\boldsymbol{H}] + \mathcal{P}_{\mathsf{T}^\perp}[\boldsymbol{H}]. \tag{4.3.49}$$

设 $\boldsymbol{H}_{\mathsf{T}}$ 表示 $\mathcal{P}_{\mathsf{T}}[\boldsymbol{H}]$. 对于第二项 $\mathcal{P}_{\mathsf{T}^\perp}[\boldsymbol{H}]$, 写出它的紧凑奇异值分解, 即

$$\mathcal{P}_{\mathsf{T}^\perp}[\boldsymbol{H}] = \sum_i \eta_i \boldsymbol{\phi}_i \boldsymbol{\zeta}_i^*, \tag{4.3.50}$$

其中 $\boldsymbol{\phi}_1, \boldsymbol{\phi}_2, \cdots$ 是左奇异向量, $\boldsymbol{\zeta}_1, \boldsymbol{\zeta}_2, \cdots$ 是右奇异向量, 且 $\eta_1 \geqslant \eta_2 \geqslant \cdots > 0$ 是奇异值. 利用奇异向量的变分描述, 每个 $\boldsymbol{\phi}_i$ 与 $\boldsymbol{U}$ 的列正交, 每个 $\boldsymbol{\zeta}_i$ 与 $\boldsymbol{V}$ 的列正交. 因此, 如果我们将 $\mathcal{P}_{\mathsf{T}^\perp}[\boldsymbol{H}]$ 划分为

$$\mathcal{P}_{\mathsf{T}^\perp}[\boldsymbol{H}] = \underbrace{\sum_{i=1}^{r} \eta_i \boldsymbol{\phi}_i \boldsymbol{\zeta}_i^*}_{\doteq \boldsymbol{\Phi}_1} + \underbrace{\sum_{i=r+1}^{2r} \eta_i \boldsymbol{\phi}_i \boldsymbol{\zeta}_i^*}_{\doteq \boldsymbol{\Phi}_2} + \cdots, \tag{4.3.51}$$

那么对于 $i \neq j$, 我们有 $\boldsymbol{\Phi}_i \perp \boldsymbol{\Phi}_j$, 对于每个 T 有 $\boldsymbol{\Phi}_i \perp \boldsymbol{H}_{\mathsf{T}}$.

由于奇异值 η_i 是不递增的, 所以第 $(i+1)$ 块的最大奇异值由第 i 块中奇异值的平均值所界定, 即

$$\forall i \geqslant 1, \quad \|\boldsymbol{\Phi}_{i+1}\|_2 \leqslant \frac{\|\boldsymbol{\Phi}_i\|_*}{r}. \tag{4.3.52}$$

注意到作为 T 中的一个元素, 我们有 $\operatorname{rank}(\boldsymbol{H}_{\mathsf{T}}) \leqslant 2r$. 因此 $\operatorname{rank}(\boldsymbol{H}_{\mathsf{T}} + \boldsymbol{\Phi}_1) \leqslant 3r$. 注意到

$$\mathcal{A}[\boldsymbol{H}_{\mathsf{T}}] + \mathcal{A}[\boldsymbol{\Phi}_1] = \mathcal{A}[\boldsymbol{H}] - \mathcal{A}[\boldsymbol{\Phi}_2] - \mathcal{A}[\boldsymbol{\Phi}_3] - \cdots. \tag{4.3.53}$$

接下来, 非常类似于定理 3.8中不等式(3.3.32)的推导, 并且通过将秩 RIP 应用于秩最多为 $4r$ 的矩阵, 我们有

$$\begin{aligned} &(1-\delta_{4r}) \left\|\boldsymbol{H}_{\mathsf{T}} + \boldsymbol{\Phi}_1\right\|_F^2 \\ \leqslant\ &\langle \mathcal{A}[\boldsymbol{H}_{\mathsf{T}} + \boldsymbol{\Phi}_1], \mathcal{A}[\boldsymbol{H}_{\mathsf{T}} + \boldsymbol{\Phi}_1] \rangle \end{aligned}$$

$$
\begin{aligned}
&= \langle \mathcal{A}[\boldsymbol{H}_{\mathsf{T}} + \boldsymbol{\Phi}_1], \mathcal{A}[\boldsymbol{H}] - \mathcal{A}[\boldsymbol{\Phi}_2] - \mathcal{A}[\boldsymbol{\Phi}_3] - \cdots \rangle \\
&\leqslant \sum_{j \geqslant 2} |\langle \mathcal{A}[\boldsymbol{H}_{\mathsf{T}}], \mathcal{A}[\boldsymbol{\Phi}_j] \rangle| + |\langle \mathcal{A}[\boldsymbol{\Phi}_1], \mathcal{A}[\boldsymbol{\Phi}_j] \rangle| + \langle \mathcal{A}[\boldsymbol{H}_{\mathsf{T}} + \boldsymbol{\Phi}_1], \mathcal{A}[\boldsymbol{H}] \rangle \\
&\leqslant \delta_{4r} \left(\|\boldsymbol{H}_{\mathsf{T}}\|_F + \|\boldsymbol{\Phi}_1\|_F \right) \sum_{j \geqslant 2} \|\boldsymbol{\Phi}_j\|_F + \|\mathcal{A}[\boldsymbol{H}_{\mathsf{T}} + \boldsymbol{\Phi}_1]\|_2 \, \|\mathcal{A}[\boldsymbol{H}]\|_2 \\
&\leqslant \delta_{4r} \sqrt{2} \, \|\boldsymbol{H}_{\mathsf{T}} + \boldsymbol{\Phi}_1\|_F \sum_{j \geqslant 2} \|\boldsymbol{\Phi}_j\|_F + (1 + \delta_{4r}) \, \|\boldsymbol{H}_{\mathsf{T}} + \boldsymbol{\Phi}_1\|_F \, \|\mathcal{A}[\boldsymbol{H}]\|_2 \\
&\leqslant \delta_{4r} \sqrt{2} \, \|\boldsymbol{H}_{\mathsf{T}} + \boldsymbol{\Phi}_1\|_F \, \frac{\|\mathcal{P}_{\mathsf{T}^\perp}[\boldsymbol{H}]\|_*}{\sqrt{r}} + (1 + \delta_{4r}) \, \|\boldsymbol{H}_{\mathsf{T}} + \boldsymbol{\Phi}_1\|_F \, \|\mathcal{A}[\boldsymbol{H}]\|_2 .
\end{aligned}
$$

请注意, 由于 $\boldsymbol{H}$ 受锥条件(4.3.46)的限制, 我们得出:

$$
\|\mathcal{P}_{\mathsf{T}^\perp}[\boldsymbol{H}]\|_* \leqslant \alpha \, \|\boldsymbol{H}_{\mathsf{T}}\|_* \leqslant \alpha \sqrt{r} \, \|\boldsymbol{H}_{\mathsf{T}}\|_F \leqslant \alpha \sqrt{r} \, \|\boldsymbol{H}_{\mathsf{T}} + \boldsymbol{\Phi}_1\|_F . \tag{4.3.54}
$$

结合上述不等式, 我们得到:

$$
\|\mathcal{A}[\boldsymbol{H}]\|_2 \geqslant \frac{1 - \delta_{4r}(1 + \alpha\sqrt{2})}{1 + \delta_{4r}} \, \|\boldsymbol{H}_{\mathsf{T}} + \boldsymbol{\Phi}_1\|_F . \tag{4.3.55}
$$

因为奇异值 η_i 是非递增的, 所以在 $\boldsymbol{\Phi}_2 + \boldsymbol{\Phi}_3 + \cdots$ 中的第 i 个奇异值均不大于在 $\mathcal{P}_{\mathsf{T}^\perp}[\boldsymbol{H}]$ 中的前 i 个奇异值的平均值. 因此我们有

$$
\forall i \geqslant r + 1, \; \eta_i \leqslant \|\mathcal{P}_{\mathsf{T}^\perp}[\boldsymbol{H}]\|_* / i. \tag{4.3.56}
$$

这得出

$$
\begin{aligned}
\|\boldsymbol{\Phi}_2 + \boldsymbol{\Phi}_3 + \cdots\|_F^2 &= \sum_{i=r+1}^{\infty} \eta_i^2 && (4.3.57) \\
&\leqslant \|\mathcal{P}_{\mathsf{T}^\perp}[\boldsymbol{H}]\|_*^2 \sum_{i=r+1}^{\infty} \frac{1}{i^2} && (4.3.58) \\
&\leqslant \frac{\|\mathcal{P}_{\mathsf{T}^\perp}[\boldsymbol{H}]\|_*^2}{r} \leqslant \frac{\alpha^2 \, \|\boldsymbol{H}_{\mathsf{T}}\|_*^2}{r} && (4.3.59) \\
&\leqslant \alpha^2 \, \|\boldsymbol{H}_{\mathsf{T}}\|_F^2 \leqslant \alpha^2 \, \|\boldsymbol{H}_{\mathsf{T}} + \boldsymbol{\Phi}_1\|_F^2 . && (4.3.60)
\end{aligned}
$$

由于对于 $i \geqslant 2$ 的 $\boldsymbol{\Phi}_i$ 与 $\boldsymbol{H}_{\mathsf{T}} + \boldsymbol{\Phi}_1$ 是正交的, 因此我们有

$$
\|\boldsymbol{H}\|_F^2 \leqslant (1 + \alpha^2) \, \|\boldsymbol{H}_{\mathsf{T}} + \boldsymbol{\Phi}_1\|_F^2 . \tag{4.3.61}
$$

结合之前在 $\|\mathcal{A}[\boldsymbol{H}]\|_2$ 上的界(4.3.55) , 我们得到

$$
\|\mathcal{A}[\boldsymbol{H}]\|_2 \geqslant \frac{1 - \delta_{4r}(1 + \alpha\sqrt{2})}{(1 + \delta_{4r})\sqrt{1 + \alpha^2}} \, \|\boldsymbol{H}\|_F . \tag{4.3.62}
$$

这就证明了结论. □

请注意, 对于核范数最小化问题, 可行扰动 $\boldsymbol{H}$ 满足锥约束(4.3.45). 因此, 定理 4.8本质上是定理 4.9对于锥约束在常数 $\alpha=1$ 时的一个推论.

4.3.5 随机测量的秩 RIP

定理 4.8表明, 秩 RIP 蕴含了一个非常强的结论: 核范数最小化精确地恢复低秩矩阵. 此外, 这种恢复是*一致的*, 即一组测量 $\mathcal{A}$ 足以恢复任何足够低秩的矩阵 $\boldsymbol{X}_o$. 剩下的问题是, 什么样的测量算子满足秩 RIP 呢?

随机高斯测量

一个简单而自然的选择是考虑随机高斯测量, 即

$$\mathcal{A}[\boldsymbol{X}]=(\langle\boldsymbol{A}_1,\boldsymbol{X}\rangle,\cdots,\langle\boldsymbol{A}_m,\boldsymbol{X}\rangle), \tag{4.3.63}$$

其中矩阵 $\boldsymbol{A}_1,\cdots,\boldsymbol{A}_m\in\mathbb{R}^{n_1\times n_2}$ 均为随机高斯矩阵, 即矩阵的每个元素独立且服从高斯分布 $\mathcal{N}(0,1/m)$. 这相当于将 $\mathcal{A}$ 视为一个 $m\times n_1n_2$ 的矩阵, 其中元素 $\mathcal{A}_{ij}\sim_{\text{i.i.d.}}\mathcal{N}(0,1/m)$. 我们使用类似于 3.4.2节中随机高斯矩阵 (常规的) RIP 证明的思想和技术来证明这种随机映射以高概率满足秩 RIP.

定理 4.10 (高斯测量的秩 RIP) *如果测量算子 $\mathcal{A}$ 为随机高斯分布, 其中每个元素 $\sim_{\text{i.i.d.}}\mathcal{N}(0,1/m)$. 那么, 当测量数量*

$$m\geqslant Cr(n_1+n_2)\times\delta^{-2}\log\delta^{-1}$$

时, 测量算子 $\mathcal{A}$ 以高概率满足常数为 $\delta_r(\mathcal{A})\leqslant\delta$ 的秩 RIP, 其中 $C>0$ 是数值常数.

证明. 设

$$\mathsf{S}_r\doteq\{\boldsymbol{X}\mid\operatorname{rank}(\boldsymbol{X})\leqslant r,\|\boldsymbol{X}\|_F=1\}.$$

注意到 $\delta_r(\mathcal{A})\leqslant\delta$ 当且仅当

$$\sup_{\boldsymbol{X}\in\mathsf{S}_r}|\langle\mathcal{A}[\boldsymbol{X}],\mathcal{A}[\boldsymbol{X}]\rangle-1|\leqslant\delta. \tag{4.3.64}$$

我们通过下面三个步骤完成其余的证明.

4.3.5.1 构造一个覆盖 S_r 的 ε-网

注意到, 对于任意一个秩 r 矩阵 $\boldsymbol{X}\in\mathbb{R}^{n_1\times n_2}$, 我们可以得到其奇异值分解 (SVD), 即 $\boldsymbol{X}=\boldsymbol{U}\boldsymbol{\Sigma}\boldsymbol{V}^*$. 因此, 要构造所有秩 r 矩阵的一个覆盖, 我们可以尝试为 $\boldsymbol{U},\boldsymbol{V}$ 以及 $\boldsymbol{\Sigma}$ 中的每一项分别构造一个覆盖.

引理 4.1 *对于 $\mathsf{H}=\{\boldsymbol{U}\in\mathbb{R}^{n_1\times r}\mid\boldsymbol{U}^*\boldsymbol{U}=\boldsymbol{I}\}$, 存在一个谱范数意义下覆盖 H 的 ε-网 N_U, 即*

$$\forall\boldsymbol{U}\in\mathsf{H},\ \exists\boldsymbol{U}'\in\mathsf{N}_U,\quad\text{满足}\quad\|\boldsymbol{U}-\boldsymbol{U}'\|_2\leqslant\varepsilon, \tag{4.3.65}$$

且 $|\mathsf{N}_U|\leqslant(6/\varepsilon)^{n_1r}$.

证明. 设 N' 是一个覆盖 $\{\boldsymbol{U} \in \mathbb{R}^{n_1 \times r} \mid \|\boldsymbol{U}\|_2 \leqslant 1\}$ 的 $\varepsilon/2$-网, 且 $|\mathsf{N}'| \leqslant (6/\varepsilon)^{n_1 r}$. 这样一个 $\varepsilon/2$-网的存在性可以直接从引理 3.8的证明中讨论体积的部分得到. 设

$$\mathsf{Q} \doteq \{\boldsymbol{U}' \in \mathsf{N}' \mid \exists \boldsymbol{U} \in \mathsf{H} \text{ 且 } \|\boldsymbol{U} - \boldsymbol{U}'\|_2 \leqslant \varepsilon/2\}.$$

对每一个 $\boldsymbol{U}' \in \mathsf{Q}$, 设 $\hat{\boldsymbol{U}}(\boldsymbol{U}')$ 是最接近于 H 的元素. 又设 $\mathsf{N}_U = \{\hat{\boldsymbol{U}}(\boldsymbol{U}') \mid \boldsymbol{U}' \in \mathsf{Q}\} \subseteq \mathsf{H}$. 借助三角不等式, 不难验证 N_U 是覆盖 H 的一个 ε-网. □

类似地, 我们可以为 $\mathsf{H}' = \{\boldsymbol{V} \in \mathbb{R}^{n_2 \times r} \mid \boldsymbol{V}^*\boldsymbol{V} = \boldsymbol{I}\}$ 构建一个 ε-网, 且其大小 $|\mathsf{N}_V| \leqslant (6/\varepsilon)^{n_2 r}$. 利用这个引理, 我们有以下结果.

引理 4.2 对于集合 S_r, 存在一个覆盖 S_r 的 ε-网 N_r, 且其大小 $|\mathsf{N}_r| \leqslant \exp\big((n_1 + n_2)r\log(18/\varepsilon) + r\log(9/\varepsilon)\big)$.

证明. 选择在谱范数意义下分别覆盖 H 和 H' 的 $\varepsilon/3$-网 N_U 和 N_V. 根据上述引理, 网的大小可以分别小于 $(18/\varepsilon)^{n_1 r}$ 和 $(18/\varepsilon)^{n_2 r}$. 我们构造一个在 Frobenius 范数意义下覆盖

$$\mathsf{D} \doteq \{\boldsymbol{\Sigma} \in \mathbb{R}^{r \times r} \mid \boldsymbol{\Sigma} \text{ 为对角矩阵}, \|\boldsymbol{\Sigma}\|_F = 1\}$$

的 $\varepsilon/3$-网 N_Σ. 根据引理 3.8, 易知 $|\mathsf{N}_\Sigma| \leqslant (9/\varepsilon)^r$.

现在考虑覆盖整个集合 S_r 的 ε-网:

$$\mathsf{N}_r \doteq \{\boldsymbol{U}\boldsymbol{\Sigma}\boldsymbol{V}^* \mid \boldsymbol{U} \in \mathsf{N}_U, \boldsymbol{\Sigma} \in \mathsf{N}_\Sigma, \boldsymbol{V} \in \mathsf{N}_V\}.$$

它的大小由三个网的乘积界定, 因此为了得到引理中的表达式, 现在我们只需要证明 N_r 确实是覆盖 S_r 的 ε-网. 对任意给定的矩阵 $\boldsymbol{X}$, 其奇异值分解写作 $\boldsymbol{X} = \boldsymbol{U}\boldsymbol{\Sigma}\boldsymbol{V}^*$, 可以发现 $\hat{\boldsymbol{X}} = \hat{\boldsymbol{U}}\hat{\boldsymbol{\Sigma}}\hat{\boldsymbol{V}}^* \in \mathsf{N}_r$, 其中 $\|\boldsymbol{U} - \hat{\boldsymbol{U}}\|_2 \leqslant \varepsilon/3$, $\|\boldsymbol{V} - \hat{\boldsymbol{V}}\|_2 \leqslant \varepsilon/3$, 且 $\|\boldsymbol{\Sigma} - \hat{\boldsymbol{\Sigma}}\|_F \leqslant \varepsilon/3$.

利用三角不等式, 我们有

$$\begin{aligned}
&\|\boldsymbol{X} - \hat{\boldsymbol{X}}\|_F \\
\leqslant\ &\|\boldsymbol{U} - \hat{\boldsymbol{U}}\|_2\|\boldsymbol{\Sigma}\boldsymbol{V}^*\|_F + \|\hat{\boldsymbol{U}}\|_2\|\boldsymbol{\Sigma} - \hat{\boldsymbol{\Sigma}}\|_F\|\boldsymbol{V}^*\|_2 + \|\hat{\boldsymbol{U}}\hat{\boldsymbol{\Sigma}}\|_F\|\boldsymbol{V}^* - \hat{\boldsymbol{V}}^*\|_2 \\
\leqslant\ &\varepsilon.
\end{aligned}$$

这里我们使用了以下事实: 每一项近似的误差由 $\varepsilon/3$ 所界定, 且 $\|\hat{\boldsymbol{U}}\|_2 = \|\boldsymbol{V}\|_2 = 1$, 以及 $\|\boldsymbol{\Sigma}\boldsymbol{V}^*\|_F = \|\hat{\boldsymbol{U}}\hat{\boldsymbol{\Sigma}}\|_F = 1$. □

4.3.5.2 离散化

与 3.4.2节中稀疏信号的 ℓ^1 最小化情况一样, 离散化的目标是证明如果算子 $\mathcal{A}$ 在覆盖 S_r 的 ε-网 N_r 的有限 (离散) 点集上满足以 δ_{N_r} 为常数的秩 RIP, 那么 $\mathcal{A}$ 同样在整个集合 S_r 上满足以 δ_r 为常数的秩 RIP, 其中常数 δ_r 可能略大于 δ_{N_r}.

现在考虑 S_r 中的点 $\boldsymbol{X}$ (即矩阵 $\boldsymbol{X}$) 以及 N_r 中离 $\boldsymbol{X}$ 距离最近的点 $\hat{\boldsymbol{X}}$. 因此, 我们有 $\|\boldsymbol{X}-\hat{\boldsymbol{X}}\|_F \leqslant \varepsilon$. 我们还有[⊖]

$$\begin{aligned}&|\langle\mathcal{A}[\boldsymbol{X}],\mathcal{A}[\boldsymbol{X}]\rangle-\langle\mathcal{A}[\hat{\boldsymbol{X}}],\mathcal{A}[\hat{\boldsymbol{X}}]\rangle|\\=&|\langle\mathcal{A}[\boldsymbol{X}],\mathcal{A}[\boldsymbol{X}-\hat{\boldsymbol{X}}\boldsymbol{P}_V]\rangle+\langle\mathcal{A}[\boldsymbol{X}-\boldsymbol{P}_{\hat{U}}\boldsymbol{X}],\mathcal{A}[\hat{\boldsymbol{X}}\boldsymbol{P}_V]\rangle\\&+\langle\mathcal{A}[\boldsymbol{P}_{\hat{U}}\boldsymbol{X}-\hat{\boldsymbol{X}}],\mathcal{A}[\hat{\boldsymbol{X}}\boldsymbol{P}_V]\rangle+\langle\mathcal{A}[\hat{\boldsymbol{X}}],\mathcal{A}[\hat{\boldsymbol{X}}\boldsymbol{P}_V-\hat{\boldsymbol{X}}]\rangle|.\end{aligned}$$

为了界定上述表达式中的第一项, 我们注意到

$$\|\boldsymbol{X}-\hat{\boldsymbol{X}}\boldsymbol{P}_V\|_F=\|(\boldsymbol{X}-\hat{\boldsymbol{X}})\boldsymbol{P}_V\|_F\leqslant\|\boldsymbol{X}-\hat{\boldsymbol{X}}\|_F\leqslant\varepsilon.$$

此外, $\boldsymbol{X}-\hat{\boldsymbol{X}}\boldsymbol{P}_V$ 的秩为 r. 因此, 我们有

$$|\langle\mathcal{A}[\boldsymbol{X}],\mathcal{A}[\boldsymbol{X}-\hat{\boldsymbol{X}}\boldsymbol{P}_V]\rangle|\leqslant(1+\delta_r(\mathcal{A}))\varepsilon.$$

类似地, 对于第二项, 由于 $\boldsymbol{P}_{\hat{U}}$ 是到列空间与 $\hat{\boldsymbol{X}}$ 相同的矩阵空间上的正交投影, 我们有

$$\|\boldsymbol{X}-\boldsymbol{P}_{\hat{U}}\boldsymbol{X}\|_F\leqslant\|\boldsymbol{X}-\hat{\boldsymbol{X}}\|_F\leqslant\varepsilon.$$

此外, 由于 $\boldsymbol{X}$ 和 $\boldsymbol{P}_{\hat{U}}\boldsymbol{X}$ 具有相同的行空间, 所以 $\boldsymbol{X}-\boldsymbol{P}_{\hat{U}}\boldsymbol{X}$ 的秩小于等于 r. 因此我们有

$$|\langle\mathcal{A}[\boldsymbol{X}-\boldsymbol{P}_{\hat{U}}\boldsymbol{X}],\mathcal{A}[\hat{\boldsymbol{X}}\boldsymbol{P}_V]\rangle|\leqslant(1+\delta_r(\mathcal{A}))\varepsilon.$$

同理, 对于第 3 项和第 4 项, 每一项都具有相同的界. 因此, 我们得到

$$|\langle\mathcal{A}[\boldsymbol{X}],\mathcal{A}[\boldsymbol{X}]\rangle-\langle\mathcal{A}[\hat{\boldsymbol{X}}],\mathcal{A}[\hat{\boldsymbol{X}}]\rangle|\leqslant4(1+\delta_r(\mathcal{A}))\varepsilon.$$

进一步, 我们有

$$\delta_r(\mathcal{A})-\delta_{\mathsf{N}_r}\leqslant4(1+\delta_r(\mathcal{A}))\varepsilon.\tag{4.3.66}$$

从而, 我们得出

$$\delta_r(\mathcal{A})\leqslant\frac{4\varepsilon+\delta_{\mathsf{N}_r}}{1-4\varepsilon}.\tag{4.3.67}$$

4.3.5.3　联合界

对于每一个随机向量 $\boldsymbol{X}\in\mathsf{N}_r$, $\mathcal{A}[\boldsymbol{X}]\in\mathbb{R}^m$, 其元素为独立高斯分布 $\mathcal{N}(0,1/m)$, 因此, 我们有

$$\mathbb{P}\left[\left|\|\mathcal{A}[\boldsymbol{X}]\|_2^2-1\right|>t\right]\ \leqslant\ 2\exp(-mt^2/8).\tag{4.3.68}$$

因此, 对 N_r 的所有元素的概率求和, 我们有

$$\mathbb{P}\left[\delta_{\mathsf{N}_r}>t\right]\leqslant2\left|\mathsf{N}_r\right|\exp\left(-mt^2/8\right)$$

⊖ 请注意, 这里的推导过程比 ℓ^1 最小化的情况更微妙, 因为 $\boldsymbol{X}-\hat{\boldsymbol{X}}$ 不一定是秩 r.

$$= 2\exp\left(-\frac{mt^2}{8} + (n_1+n_2)r\log(18/\varepsilon) + r\log(9/\varepsilon)\right).$$

如果我们对于较小的常数 c 选择 $\varepsilon = c\cdot\delta$ 和 $t = c\cdot\delta$, 并对于较大的常数 C 确保 $m \geqslant Cr(n_1+n_2)\delta^{-2}\log\delta^{-1}$, 那么上述的失败概率不超过 $2\exp(-c'm\delta^2)$. 在上述"失败"事件的补集上, $\delta_{\mathsf{N}_r} \leqslant c\cdot\delta$, 且由于式(4.3.67), 我们有 $\delta_r(\mathcal{A}) \leqslant \delta$. 至此, 我们完成了定理 4.10的证明. □

由于秩 r 的 $n_1\times n_2$ 矩阵具有 $r(n_1+n_2-r)$ 个自由度, 因此所需要的测量数量 $m = O(r(n_1+n_2))$ 几乎就是最佳的. 当然, 大 O 符号中隐藏一个数值常数. 与用于稀疏恢复的 ℓ^1 最小化一样, 当维数高时, 核范数最小化呈现出 (矩阵恢复) 成功和失败之间的一个相变. 识别这种相变将会得到重构一个低秩矩阵所需要的测量数量 m 的更精确估计. 我们将在下面更详细地讨论这个问题.

酉基的随机子矩阵

尽管随机高斯测量具有非常好的性质 (例如秩 RIP), 然而这种测量中缺乏结构, 使得在实践中生成、存储和应用这种算子是相当昂贵的. 因此, 我们自然会提出问题: 是否存在具有类似良好 RIP 特性的其他更具结构化的测量呢? 在 3.4.3节, 我们看到了对于给定的任何与稀疏信号不相干的酉矩阵, 那么随机选择的酉矩阵行向量子集将以高概率满足 RIP 条件. 在实践中, 广泛用于压缩感知的一个重要特例是从离散傅里叶变换基中随机选择的子矩阵. 那么, 接下来的问题是: 矩阵的傅里叶类型的基是什么呢?

在稀疏恢复的情况下, 我们从一个酉基 $\boldsymbol{U}\in\mathbb{C}^{n\times n}$ 开始, 证明如果对于某个常数 ζ, 酉基 $\boldsymbol{U}$ 的行向量 $\{\boldsymbol{u}_i\}_{i=1}^n$ 与稀疏信号不相干, 即满足

$$\forall i,\quad \|\boldsymbol{u}_i\|_\infty = \sup_{\boldsymbol{x}:\|\boldsymbol{x}\|_2=1,\|\boldsymbol{x}\|_0=1} \langle\boldsymbol{u}_i,\boldsymbol{x}\rangle \leqslant \zeta/\sqrt{n},$$

那么, 所随机选择的 (足够) 数量的 $\boldsymbol{U}$ 的行向量将满足秩 RIP.

为了简化矩阵的讨论, 我们将在本小节的其余部分假设 $n_1 = n_2 = n$, 类似的方法也适用于 $n_1 \neq n_2$ 的情况. 让我们假设 $\{\boldsymbol{U}_1,\boldsymbol{U}_2,\cdots,\boldsymbol{U}_{n^2}\}\subset\mathbb{C}^{n\times n}$ 构成矩阵空间 $\mathbb{C}^{n\times n}$ 的一个酉基. 类似地, 我们希望每个矩阵 $\boldsymbol{U}_i$ 与低秩矩阵不相干. 注意到, 对于任何 $\boldsymbol{X}\in\mathbb{C}^{n\times n}$, 我们有

$$\|\boldsymbol{U}_i\|_2 = \sup_{\boldsymbol{X}:\|\boldsymbol{X}\|_2=1,\operatorname{rank}(\boldsymbol{X})=1} \langle\boldsymbol{U}_i,\boldsymbol{X}\rangle. \tag{4.3.69}$$

因此, 为了使每个 $\boldsymbol{U}_i$ 与低秩矩阵不相干, 我们可以要求

$$\forall i,\quad \|\boldsymbol{U}_i\|_2 \leqslant \zeta/\sqrt{n}. \tag{4.3.70}$$

然后, 为了构造测量算子 $\mathcal{A}$, 我们从 $\{\boldsymbol{U}_1,\boldsymbol{U}_2,\cdots,\boldsymbol{U}_{n^2}\}$ 中随机选择包含 m 个基的子集, 并

适当地缩放它们, 即[㊀]

$$\mathcal{A}: \quad \boldsymbol{A}_i = \frac{n}{\sqrt{m}}\boldsymbol{U}_i, \quad i = 1, \cdots, m. \tag{4.3.71}$$

那么, 我们应该预期, 当 m 足够大时, 以高概率定义的测量算子 $\mathcal{A}$ 满足秩 RIP 条件. 以下定理正式地阐述了这一点.

定理 4.11　假设 $\{\boldsymbol{U}_1, \boldsymbol{U}_2, \cdots, \boldsymbol{U}_{n^2}\} \subset \mathbb{C}^{n\times n}$ 是矩阵空间 $\mathbb{C}^{n\times n}$ 的一个酉基, 且对于某个常数 ζ 满足 $\|\boldsymbol{U}_i\|_2 \leqslant \zeta/\sqrt{n}$. 设 $\mathcal{A}$ 按照式(4.3.71)来定义. 那么, 如果

$$m \geqslant C\zeta^2 \cdot rn\log^6 n, \tag{4.3.72}$$

那么测量算子 $\mathcal{A}$ 以高概率对于所有秩 r 矩阵的集合满足秩 RIP 条件.

这个定理的证明超出了本书的范围, 感兴趣的读者可以参考 [Liu, 2011] 的工作.

根据上述讨论, 我们可以从非相干酉基中以高概率找到一个满足秩 RIP 条件的 (压缩) 感知算子 $\mathcal{A}$. 因此, 使用这一算子, 我们可以通过核范数最小化恢复所有秩 r 矩阵. 剩下的问题是: 到底什么类型的 (矩阵空间的) 结构化基是如式(4.3.70)所给出的与低秩矩阵不相干的呢? 为此, 我们应该寻找一个傅里叶基的矩阵类似物.

在核磁共振成像的情况中, 我们已经看到, 人们实际上可以物理获取的测量本质上是大脑图像的傅里叶系数. 事实表明, 傅里叶基的矩阵类似物也有一个物理学中的自然起源. 在量子态层析成像中, k 量子位的一个系统是 $n = 2^k$ 维的. 这样一个系统的量子态由密度矩阵 $\boldsymbol{X}_o \in \mathbb{C}^{n\times n}$ 所描述, 其中矩阵 $\boldsymbol{X}_o$ 是半正定的, 迹为 1. 当量子态为早期纯状态时, $\boldsymbol{X}_o$ 是一个秩非常低的矩阵, 其中 $\operatorname{rank}(\boldsymbol{X}_o) = r \ll n$.

量子物理中的一个问题是如何从线性测量中恢复系统的量子态 $\boldsymbol{X}_o$. 事实证明, 一组在实验上可行的测量结果是由所谓的 Pauli 可观测量给出的. 而每个 Pauli 测量由 $\boldsymbol{X}_o$ 与矩阵形式的 $\boldsymbol{P}_1 \otimes \cdots \otimes \boldsymbol{P}_k$ 的内积给出, 其中 $\otimes$ 是张量积 (即 Kronecker 积), 每个 $\boldsymbol{P}_i = \dfrac{1}{\sqrt{2}}\boldsymbol{\sigma}$, 而 $\boldsymbol{\sigma}$ 是从以下四种可能性中选择的一个 2×2 矩阵:

$$\boldsymbol{\sigma}_1 = \begin{bmatrix} 1 & 0 \\ 0 & 1 \end{bmatrix}, \quad \boldsymbol{\sigma}_2 = \begin{bmatrix} 0 & 1 \\ 1 & 0 \end{bmatrix}, \quad \boldsymbol{\sigma}_3 = \begin{bmatrix} 0 & -i \\ i & 0 \end{bmatrix}, \quad \boldsymbol{\sigma}_4 = \begin{bmatrix} 1 & 0 \\ 0 & -1 \end{bmatrix}.$$

很容易看出, 张量积总共有 4^k 种可能的选择, 表示为 $\{\boldsymbol{U}_i\}_{i=1}^{4^k}$, 它们共同构成矩阵空间 $\mathbb{C}^{n\times n}$ 的正交基, 其中 $n = 2^k$.

可以证明, 对于每个基 $\boldsymbol{U}_i = \boldsymbol{P}_1 \otimes \cdots \otimes \boldsymbol{P}_k$, 其算子范数有上界, 即 $\|\boldsymbol{U}_i\|_2 \leqslant 1/\sqrt{n}$, 因此与低秩矩阵不相干. 然后, 根据定理 4.11, 从 Pauli 基中随机选择的 $m \geqslant Crn\log^6 n$ 个行向量将以高概率满足秩 RIP 条件. 因此, 这种感知算子将能够一致地恢复所有秩低于 r 的纯量子态.

㊀ 缩放是为了确保 $\mathcal{A}$ 的 “列” 是单位化的.

4.3.6 噪声、非精确低秩和相变

如上所述, 我们在相当广泛的条件下证明了核范数最小化能够从理想测量 $\boldsymbol{y} = \mathcal{A}[\boldsymbol{X}_o]$ 中准确恢复低秩矩阵 $\boldsymbol{X}_o$. 在实践中, 测量可能被噪声或者测量误差污染. 在某些情况下, $\boldsymbol{X}_o$ 可能并不是精确低秩的. 因此, 有必要深入理解核范数最小化是否在这些情况下仍然能够给出 $\boldsymbol{X}_o$ 的合理估计.

在 3.5节中, 我们证明了 ℓ^1 最小化在确定性噪声、随机噪声, 甚至信号并不是准确稀疏时, 能够准确估计稀疏信号. 正如我们将在本节中看到的, 本质上几乎相同的分析和结果将推广到恢复低秩矩阵的核范数最小化问题中.

确定性噪声

这里我们仍然假设矩阵 $\boldsymbol{X}_o$ 是精确低秩的, 但测量 $\boldsymbol{y}$ 被较小幅度的加性噪声所污染, 即

$$\boldsymbol{y} = \mathcal{A}[\boldsymbol{X}_o] + \boldsymbol{z}, \quad \|\boldsymbol{z}\|_2 \leqslant \varepsilon. \tag{4.3.73}$$

类似于定理 3.11, 关于含 (确定性) 噪声时的低秩矩阵恢复, 我们有以下结果.

定理 4.12 (基于 BPDN 的稳定低秩恢复) *假设 $\boldsymbol{y} = \mathcal{A}[\boldsymbol{X}_o] + \boldsymbol{z}$, 其中 $\|\boldsymbol{z}\|_2 \leqslant \varepsilon$, 且 $\operatorname{rank}(\boldsymbol{X}_o) = r$. 如果 $\delta_{4r}(\mathcal{A}) < \sqrt{2} - 1$, 那么下述优化问题*

$$\begin{array}{ll} \min & \|\boldsymbol{X}\|_* \\ \text{s.t.} & \|\mathcal{A}[\boldsymbol{X}] - \boldsymbol{y}\|_2 \leqslant \varepsilon \end{array} \tag{4.3.74}$$

的任意最优解 $\hat{\boldsymbol{X}}$ 满足

$$\left\|\hat{\boldsymbol{X}} - \boldsymbol{X}_o\right\|_F \leqslant C\varepsilon, \tag{4.3.75}$$

其中 C 是一个数值常数.

证明. 这一定理的证明与定理 3.11的证明类似, 我们将细节留给读者作为习题 (参见习题 4.17). □

随机噪声

现在让我们考虑上述测量模型中包含随机噪声的情况, 即

$$\boldsymbol{y} = \mathcal{A}[\boldsymbol{X}_o] + \boldsymbol{z}, \tag{4.3.76}$$

其中 $\boldsymbol{z}$ 的元素是独立同高斯分布随机变量, 即 $z_i \sim_{\text{i.i.d.}} \mathcal{N}\left(0, \dfrac{\sigma^2}{m}\right)$. 那么, 我们有以下定理. 这一定理与 ℓ^1 情况下的定理 3.12类似.

定理 4.13 (基于 LASSO 的稳定低秩恢复) 假设 $\mathcal{A} \sim_{\text{i.i.d.}} \mathcal{N}\left(0, \frac{1}{m}\right)$, 且 $\boldsymbol{y} = \mathcal{A}[\boldsymbol{X}_o] + \boldsymbol{z}$, 其中 $\boldsymbol{X}_o$ 的秩为 r, $z_i \sim_{\text{i.i.d.}} \mathcal{N}\left(0, \frac{\sigma^2}{m}\right)$. 求解矩阵 LASSO 问题

$$\min \ \frac{1}{2}\|\boldsymbol{y} - \mathcal{A}[\boldsymbol{X}]\|_2^2 + \lambda_m \|\boldsymbol{X}\|_*, \tag{4.3.77}$$

其中正则化参数 $\lambda_m = c \cdot 2\sigma\sqrt{\frac{(n_1+n_2)}{m}}$, 参数 c 足够大. 那么, 所得到的最优解 $\hat{\boldsymbol{X}}$ 以高概率满足

$$\left\|\hat{\boldsymbol{X}} - \boldsymbol{X}_o\right\|_F \leqslant C'\sigma\sqrt{\frac{r(n_1+n_2)}{m}}. \tag{4.3.78}$$

注意到, 与确定性噪声相比, 随机噪声使得估计误差中存在更加利好的缩放因子 $\sqrt{\frac{r(n_1+n_2)}{m}}$. 为了认清这一点, 请注意在典型的压缩感知设置中 (如定理 4.10), 采样数量 m 需要至少为 $C \cdot r(n_1+n_2)$, 其中 C 是某个较大的常数. 因此, 比例因子与 $1/\sqrt{C}$ 成比例, 且当 C 较大时, 比例因子变小.

证明. 这里的总体思路非常类似于定理 3.12中关于 LASSO 估计的稳定性证明. 我们将列出与 ℓ^1 情形不同的关键之处, 并将细节留给读者作为习题.

在引理 3.10的证明中, 我们已经看到, 为了建立 LASSO 型最小化的锥条件, 一个关键的步骤是通过

$$|\langle \boldsymbol{A}^*\boldsymbol{z}, \boldsymbol{h}\rangle| \leqslant \|\boldsymbol{A}^*\boldsymbol{z}\|_\infty \|\boldsymbol{h}\|_1$$

来界定 $|\langle \boldsymbol{A}^*\boldsymbol{z}, \boldsymbol{h}\rangle|$. 沿用类似的讨论, 在这个矩阵 LASSO 问题中, 我们需要通过

$$|\langle \mathcal{A}^*\boldsymbol{z}, \boldsymbol{H}\rangle| \leqslant \|\mathcal{A}^*\boldsymbol{z}\|_2 \|\boldsymbol{H}\|_*$$

来界定 $|\langle \mathcal{A}^*\boldsymbol{z}, \boldsymbol{H}\rangle|$, 其中 $\|\mathcal{A}^*\boldsymbol{z}\|_2$ 是矩阵 $\mathcal{A}^*\boldsymbol{z} = \sum_{i=1}^m z_i\boldsymbol{A}_i$ 的算子范数 (即其最大奇异值). 为此, 我们需要为矩阵 $\mathcal{A}^*\boldsymbol{z}$ 的算子范数提供一个紧的上界.

注意到,

$$M \doteq \left\|\sum_{i=1}^m z_i\boldsymbol{A}_i\right\|_2 = \sup_{\boldsymbol{u}\in\mathbb{S}^{n_1-1}, \boldsymbol{v}\in\mathbb{S}^{n_2-1}} \boldsymbol{u}^*\sum_{i=1}^m z_i\boldsymbol{A}_i\boldsymbol{v} \tag{4.3.79}$$

$$= \sup_{\boldsymbol{u}\in\mathbb{S}^{n_1-1}, \boldsymbol{v}\in\mathbb{S}^{n_2-1}} \langle \boldsymbol{z}, \mathcal{A}[\boldsymbol{u}\boldsymbol{v}^*]\rangle. \tag{4.3.80}$$

使得式(4.3.80)中取得最大值的 $\boldsymbol{u}_\star$ 和 $\boldsymbol{v}_\star$ 取决于 $\boldsymbol{z}$ 和 $\mathcal{A}$. 因此, 为了消除这种依赖性并提供 $\|\sum_{i=1}^m z_i\boldsymbol{A}_i\|_2$ 的一个上界, 我们使用两个 ε-网 N_1 和 N_2 分别覆盖两个球面 $\mathbb{S}^{n_1-1}$ 和 $\mathbb{S}^{n_2-1}$. 根据引理 3.8, 这两个 ε-网的大小分别小于 $(3/\varepsilon)^{n_1}$ 和 $(3/\varepsilon)^{n_2}$.

我们记

$$M_{\mathsf{N}} \doteq \sup_{\boldsymbol{u}\in\mathsf{N}_1, \boldsymbol{v}\in\mathsf{N}_2} \boldsymbol{u}^*\sum_{i=1}^m z_i\boldsymbol{A}_i\boldsymbol{v},$$

那么, 不难证明[⊖]

$$M \leqslant \frac{M_{\mathsf{N}}}{1-2\varepsilon}. \tag{4.3.81}$$

注意到, 对于任意给定的 $\boldsymbol{u} \in \mathsf{N}_1, \boldsymbol{v} \in \mathsf{N}_2$, $\langle \boldsymbol{z}, \mathcal{A}[\boldsymbol{u}\boldsymbol{v}^*] \rangle$ 是一个高斯随机变量, 其分布为 $\mathcal{N}(0, \|\mathcal{A}[\boldsymbol{u}\boldsymbol{v}^*]\|_2^2(\sigma^2/m))$. 由于 $\mathcal{A}$ 满足秩 RIP, 而 $\boldsymbol{u}\boldsymbol{v}^*$ 是具有单位 Frobenius 范数的秩 1 矩阵, 所以

$$\|\mathcal{A}[\boldsymbol{u}\boldsymbol{v}^*]\|_2^2 \leqslant (1+\delta) \leqslant 2. \tag{4.3.82}$$

因此, 我们有

$$\mathbb{P}\left[\left|\boldsymbol{u}^* \sum_{i=1}^m z_i \boldsymbol{A}_i \boldsymbol{v}\right| > t\right] \leqslant 2\exp\left(-\frac{mt^2}{4\sigma^2}\right). \tag{4.3.83}$$

将联合界应用到来自两个 ε-网中的所有可能点对 $(\boldsymbol{u}, \boldsymbol{v})$, 并且对于某些足够大的 α 选择 $t = \alpha\sigma\sqrt{\frac{n_1+n_2}{m}}$, 那么我们有: 当 n_1 或者 n_2 变大时, $M_{\mathsf{N}} > t$ 的出现概率递减. 因此, 对于某个常数 β, 我们以高概率有

$$M = \left\|\sum_{i=1}^m z_i \boldsymbol{A}_i\right\|_2 \leqslant \beta\sigma\sqrt{\frac{n_1+n_2}{m}}. \tag{4.3.84}$$

现在, 类似于引理 3.10的证明, 如果我们选择 λ_m 与 $O\left(\sigma\sqrt{\frac{n_1+n_2}{m}}\right)$ 同阶大小, 那么可行扰动 $\boldsymbol{H}$ 将满足锥约束. 因为 $\mathcal{A}$ 满足秩 RIP 意味着 $\mathcal{A}$ 满足矩阵受限强凸性质 (RSC). 这就可以得出估计误差的上界:

$$\|\boldsymbol{H}\|_F = \|\hat{\boldsymbol{X}} - \boldsymbol{X}_o\|_F \leqslant C'\sigma\sqrt{\frac{r(n_1+n_2)}{m}}. \tag{4.3.85}$$

这一证明的细节本质上与 ℓ^1 情况下定理 3.12的证明步骤相同. 我们将这些留给读者作为习题 (参见习题 4.19). □

上述定理中给出的误差界实际上可以证明是接近最优的, 因为对于所有秩 r 矩阵, 它接近于任何估计器可以实现的最佳误差. 以下定理 (见 [Candès et al., 2011]) 对此给出了精确描述.

定理 4.14　*假设 $\mathcal{A} \sim_{\text{i.i.d.}} \mathcal{N}\left(0, \frac{1}{m}\right)$, 并且我们观察到 $\boldsymbol{y} = \mathcal{A}[\boldsymbol{X}_o] + \boldsymbol{z}$, 其中 $\boldsymbol{z}$ 的元素是独立同分布高斯随机变量, 即 $z_i \sim_{\text{i.i.d.}} \mathcal{N}\left(0, \frac{\sigma^2}{m}\right)$. 设*

$$M^\star(\mathcal{A}) = \inf_{\hat{\boldsymbol{X}}(\boldsymbol{y})} \sup_{\operatorname{rank}(\boldsymbol{X}) \leqslant r} \mathbb{E}\left\|\hat{\boldsymbol{X}}(\boldsymbol{y}) - \boldsymbol{X}\right\|_F^2. \tag{4.3.86}$$

⊖ 我们将证明这个不等式的细节留给读者作为习题.

那么, 我们有

$$M^{\star}(\mathcal{A}) \geqslant c\sigma^2 \frac{rn}{m}, \tag{4.3.87}$$

其中 $n=\max\{n_1,n_2\}$, $c>0$ 是一个数值常数.

这个定理的证明超出了本书的范围, 感兴趣的读者可以参考 [Candès et al., 2011] 中的证明. 根据定理 4.13, 矩阵 LASSO 的最坏误差与任何估计器可达到的最佳误差比较只相差数值常数.

非精确低秩矩阵

在矩阵 $\boldsymbol{X}_o$ 不是精确低秩的情况下, 设 $[\boldsymbol{X}_o]_r$ 为 $\boldsymbol{X}_o$ 的最佳秩 r 近似. 我们可以把观测模型

$$\boldsymbol{y}=\mathcal{A}[\boldsymbol{X}_o]+\boldsymbol{z}, \quad \|\boldsymbol{z}\|_2 \leqslant \varepsilon \tag{4.3.88}$$

重写为:

$$\boldsymbol{y}=\mathcal{A}\left[[\boldsymbol{X}_o]_r\right]+\mathcal{A}\left[\boldsymbol{X}_o-[\boldsymbol{X}_o]_r\right]+\boldsymbol{z}, \quad \|\boldsymbol{z}\|_2 \leqslant \varepsilon.$$

定理 4.15 (非精确低秩矩阵恢复)　假设 $\boldsymbol{y}=\mathcal{A}[\boldsymbol{X}_o]+\boldsymbol{z}$, 其中 $\|\boldsymbol{z}\|_2 \leqslant \varepsilon$. 设 $\hat{\boldsymbol{X}}$ 为去噪问题

$$\begin{aligned} \min \quad & \|\boldsymbol{X}\|_* \\ \text{s.t.} \quad & \|\boldsymbol{y}-\mathcal{A}[\boldsymbol{X}]\|_2 \leqslant \varepsilon \end{aligned} \tag{4.3.89}$$

的最优解. 那么, 对于任何使得秩 RIP 常数 $\delta_{4r}(\mathcal{A}) < \sqrt{2}-1$ 的秩 r, 我们有

$$\left\|\hat{\boldsymbol{X}}-\boldsymbol{X}_o\right\|_2 \leqslant C\frac{\|\boldsymbol{X}_o-[\boldsymbol{X}_o]_r\|_*}{\sqrt{r}}+C'\varepsilon, \tag{4.3.90}$$

其中 C 和 C' 为数值常数.

证明. 这一定理的证明与针对非精确稀疏恢复问题的定理 3.14的证明是类似的. 我们这里只设置一些进行类比的概念和关键思想, 以允许我们将定理 3.14的证明扩展到矩阵情况. 证明的细节我们留给读者作为习题.

设 $\boldsymbol{X}_o=\boldsymbol{U\Sigma V}^*$ 表示真值解 $\boldsymbol{X}_o$ 的紧凑 SVD. 那么, 其最佳秩 r 近似为 $[\boldsymbol{X}_o]_r=\boldsymbol{U}_r\boldsymbol{\Sigma}_r\boldsymbol{V}_r^*$. 现在, 令

$$\mathsf{T} \doteq \left\{\boldsymbol{U}_r\boldsymbol{R}^*+\boldsymbol{Q}\boldsymbol{V}_r^* \mid \boldsymbol{R}\in\mathbb{R}^{n_2\times r},\ \boldsymbol{Q}\in\mathbb{R}^{n_1\times r}\right\} \subseteq \mathbb{R}^{n_1\times n_2}. \tag{4.3.91}$$

首先需要证明的是, 在不精确低秩的情况下, 代替锥约束(4.3.45), 我们对于可行扰动 $\boldsymbol{H}=\hat{\boldsymbol{X}}-\boldsymbol{X}_o$ 有如下约束:

$$\|\mathcal{P}_{\mathsf{T}^\perp}[\boldsymbol{H}]\|_* \leqslant \|\mathcal{P}_{\mathsf{T}}[\boldsymbol{H}]\|_*+2\|\mathcal{P}_{\mathsf{T}^\perp}[\boldsymbol{X}_o]\|_*. \tag{4.3.92}$$

注意到 $\mathcal{P}_{\mathsf{T}^\perp}[\boldsymbol{X}_o]=\boldsymbol{X}_o-[\boldsymbol{X}_o]_r$, 那么类似于定理 3.14的证明, 我们只需要在定理 4.9的证明中把用到锥约束的地方简单地增加一个额外项 $2\|\mathcal{P}_{\mathsf{T}^\perp}[\boldsymbol{X}_o]\|_*$, 就可以得出这个定理的结论. 我们把证明的细节留给读者作为习题 (参见习题 4.18). □

低秩矩阵恢复中的相变

到目前为止, 我们已经看到了使用 ℓ^1 范数最小化的稀疏向量恢复和使用核范数最小化的低秩矩阵恢复之间的密切关联. 在这两种情况中, 我们看到了受限等距性质 (RIP) 的概念如何保证能够从接近最小数量的随机测量——对于 k-稀疏向量大约为 $k\log(n/k)$, 对于秩 r 矩阵大约为 nr——中精确恢复. 然而, 就像稀疏向量的情况一样, 这个工具并不能得到紧的常数.

事实上, 低秩矩阵恢复中也存在相变现象, 这也类似于稀疏向量恢复: 随着维数的增加, 低秩矩阵恢复在成功与失败之间的转变将会变得越发急剧. 图 4.7展示了这一点.

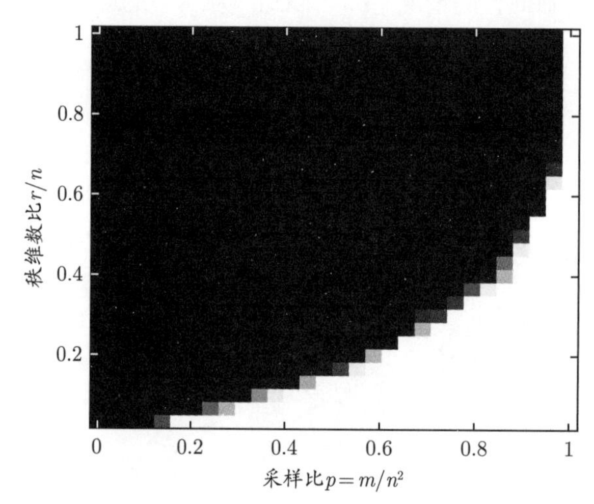

图 4.7 低秩矩阵恢复中的相变. 我们展示从高斯测量中成功恢复 $n\times n$ 低秩矩阵 $\boldsymbol{X}_o$ 的概率. 横轴为采样比, 即 $p=m/n^2$. 纵轴为秩与维数的比值, 即 r/n. 核范数最小化表现出从恢复成功到恢复失败的急剧转变

正如第 3 章中对稀疏向量恢复所做的那样, 我们可以使用低秩矩阵恢复问题的“系数空间”几何来推导出这种相变的精确估计. 这种几何可以利用核范数在目标解 $\boldsymbol{X}_o$ 处的下降锥 D 来表述:

$$\mathsf{D}\doteq\{\boldsymbol{H}\mid\|\boldsymbol{X}_o+\boldsymbol{H}\|_*\leqslant\|\boldsymbol{X}_o\|_*\}. \tag{4.3.93}$$

和稀疏恢复一样, $\boldsymbol{X}_o$ 是核范数最小化问题的唯一最优解, 当且仅当 $\mathsf{D}\cap\mathrm{null}(\mathcal{A})=\{\boldsymbol{0}\}$. 因此, 量化随机线性投影下的成功概率等价于量化两个凸锥 D 和 $\mathrm{null}(\mathcal{A})$ 之间仅存在平凡交集的概率. 利用定理 6.1, 我们发现: 随机观测数量 $m^\star$ 在下降锥的统计维数附近时, 即

$$m^\star\sim\delta(\mathsf{D}), \tag{4.3.94}$$

低秩矩阵恢复在成功和失败之间存在一个急剧转变. 此外, 这一定理告诉我们, 转变过渡区的宽度大约为 $O(\sqrt{n_1n_2})$. 转变过渡区的位置可以使用我们在 3.6节中用于估计 ℓ^1 范数下降锥的统计维数的相同机制进行刻画. 这一机制涉及估计一个随机向量 (这里指的是随机矩阵) 到其极锥的距离平方的期望, 其极锥由核范数的次微分所张成. 为了方便起见,

对于具有奇异值分解 $\boldsymbol{M} = \boldsymbol{U\Sigma V}^*$ 的矩阵 $\boldsymbol{M}$, 我们定义奇异值阈值化 (Singular Value Thresholding, SVT) 算子为

$$\mathcal{D}_\tau[\boldsymbol{M}] \doteq \boldsymbol{U}\mathcal{S}_\tau[\boldsymbol{\Sigma}]\boldsymbol{V}^*, \tag{4.3.95}$$

其中 $\mathcal{S}_\tau[\cdot]$ 是逐元素的软阈值化算子, 即

$$\forall \boldsymbol{X}, \quad \mathcal{S}_\tau[\boldsymbol{X}] = \operatorname{sign}(\boldsymbol{X}) \circ (|\boldsymbol{X}| - \tau)_+,$$

其中 $\circ$ 是两个矩阵的逐元素乘积 (即 Hadamard 积). 这些计算产生的中间结论如下.

定理 4.16 (低秩矩阵恢复中的相变) 设 D 表示核范数在任意秩 r 矩阵 $\boldsymbol{X}_o \in \mathbb{R}^{n_1 \times n_2}$ 处的下降锥. 令 $\boldsymbol{G}$ 是 $(n_1 - r) \times (n_2 - r)$ 随机高斯矩阵, 即 $\boldsymbol{G}_{ij} \sim_{\text{i.i.d.}} \mathcal{N}(0,1)$. 设

$$\psi(n_1, n_2, r) = \inf_{\tau \geqslant 0} \left\{ r(n_1 + n_2 - r + \tau^2) + \mathbb{E}_{\boldsymbol{G}} \left[\|\mathcal{D}_\tau[\boldsymbol{G}]\|_F^2 \right] \right\}. \tag{4.3.96}$$

那么

$$\psi(n_1, n_2, r) - 2\sqrt{n_2/r} \leqslant \delta(\mathsf{D}) \leqslant \psi(n_1, n_2, r). \tag{4.3.97}$$

这一定理确认了低秩恢复中的急剧转变. 我们可以使用关于一个随机矩阵的奇异值极限分布的渐近结果给出 $\psi(n_1, n_2, r)/(n_1 n_2)$ 的公式, 它将在 $n_1 \to \infty$, $n_1/n_2 \to \alpha \in (0, \infty)$ 且 $r/n_1 \to \rho \in (0,1)$ 时有效. 在习题中, 我们将引导感兴趣的读者进行推导. 在这里, 我们仅将计算结果展示在图 4.7中, 并注意到理论预测与数值实验之间的惊人一致性: 对于理想化设置的"一般"测量, 我们有一个非常精确的相变预测.

4.4 低秩矩阵补全

我们已经看到了稀疏恢复的概念如何直接转换到低秩恢复问题. 稀疏性的概念与低秩性的概念之间存在着一种自然的对应. 用于稀疏恢复的 ℓ^1 最小化问题和用于低秩恢复的核范数最小化问题之间也存在着一种自然的对应. 此外, 这些凸松弛方法在关于观测算子的类似受限等距性质条件下成功.

然而, 在核范数最小化的许多最有趣的应用中, 这种 RIP 条件并不成立. 在本章的引言中, 我们介绍了关于推荐系统的应用, 其中可以访问低秩的用户–项目矩阵中元素的一个子集; 我们介绍了 3D 形状重建问题, 其中可以观测到, 到秩 3 矩阵 $\boldsymbol{NL}$ 的一个像素子集; 最后, 我们还介绍了欧几里得嵌入中的一个问题, 其中可以观测到一些感兴趣对象之间距离的一个子集. 在所有这些问题中, 感兴趣的对象是一个低秩矩阵 $\boldsymbol{X}_o \in \mathbb{R}^{n \times n}$, 观测算子选择矩阵 $\boldsymbol{X}_o$ 中元素的一个子集 $\Omega \subset [n] \times [n]$. 这些问题都要求我们补全所缺失的元素——这是一个矩阵补全 (matrix completion) 问题.

问题 4.1 (矩阵补全) 设 $\boldsymbol{X}_o \in \mathbb{R}^{n \times n}$ 是一个低秩矩阵. 假设我们给定 $\boldsymbol{y} = \mathcal{P}_\Omega[\boldsymbol{X}_o]$, 其中 $\Omega \subseteq [n] \times [n]$. 需要补全矩阵 $\boldsymbol{X}_o$ 中的缺失元素.

在矩阵补全中, 观测算子 $\mathcal{A} = \mathcal{P}_\Omega$ 是到某个较小子集 $\Omega \subseteq [n] \times [n]$ 上的限制. 在这种情况下, 如果 $(i, j) \notin \Omega$, $\mathcal{P}_\Omega[\boldsymbol{E}_{ij}] = \mathbf{0}$, 其中 $\boldsymbol{E}_{ij}$ 表示除第 (i, j) 项为 1 之外的全为零的矩阵. 也就是说, 如果 Ω 是 $[n] \times [n]$ 的严格子集, 那么 $\mathcal{P}_\Omega$ 在其零空间中存在秩为 1 的矩阵. 因此, 对于非平凡常数 $\delta < 1$, 秩 RIP 对于任何正的秩 r 都不能成立.

在更基本的层面上, $\boldsymbol{X}_o = \boldsymbol{E}_{ij}$ 的示例表明, 有些 (非常稀疏的) 矩阵不可能根据很少的一些元素来补全. 这与我们到目前为止对低秩矩阵恢复的讨论不同. 在前面的讨论中, 规定恢复目标矩阵 $\boldsymbol{X}_o$ 的难易程度的唯一因素是其复杂度, 也就是它的秩 $\operatorname{rank}(\boldsymbol{X}_o)$. 不过, 迄今为止的经验表明, 即使对于更具挑战性的矩阵补全问题来说, 也有可能存在针对所感兴趣应用的一类*结构良好的*矩阵 $\boldsymbol{X}_o$, 这些矩阵只需少许元素即可实现高效补全. 在本节中, 我们将看到情况确实如此.

4.4.1 利用核范数最小化求解矩阵补全

根据我们之前对矩阵恢复的研究, 从元素子集 $\boldsymbol{Y} = \mathcal{P}_\Omega[\boldsymbol{X}_o]$ 补全低秩矩阵的一种自然方法是寻找与观察到的元素子集相符合的核范数最小的矩阵 $\boldsymbol{X}$, 即求解

$$\begin{aligned} \min \quad & \|\boldsymbol{X}\|_* \\ \text{s.t.} \quad & \mathcal{P}_\Omega[\boldsymbol{X}] = \boldsymbol{Y}. \end{aligned} \tag{4.4.1}$$

这是一般的核范数最小化问题(4.3.14)在观测算子 $\mathcal{A} = \mathcal{P}_\Omega$ 时的一个特例. 因此, 它是一个半正定规划 (semidefinite program), 可以在多项式时间内以高精度求解. 然而, 在实践中, 更重要的是找到可扩展到大型问题实例的方法. 在下一节中, 我们将概述如何使用拉格朗日乘子法实现这一点. 这种方法具有教学价值: 它引入了几个概念用于分析何时我们可以有效地解决矩阵补全问题. 它还产生了具有一定可扩展性的算法. 对于规模为 $n \sim 10^6$ 及以上的实际矩阵补全问题, 还需要扩展性更强的方法, 我们将在第 8~9 章中加以讨论.

4.4.2 增广拉格朗日乘子法

解决大规模矩阵补全问题(4.4.1)存在两个基本挑战: 第一个挑战来自核范数 $\|\cdot\|_*$ 的非光滑性, 第二个挑战来自需要严格满足等式约束 $\mathcal{P}_\Omega[\boldsymbol{X}] = \boldsymbol{Y}$[⊖]. 在优化理论中, 处理约束的基本技术是拉格朗日对偶.

我们的基本研究对象是*拉格朗日函数*, 它为等式约束 $\mathcal{P}_\Omega[\boldsymbol{X}] = \boldsymbol{Y}$ 引入一个拉格朗日乘子矩阵 $\boldsymbol{\Lambda}$. 具体而言, 核范数最小化问题(4.4.1)对应的拉格朗日函数为

$$\mathcal{L}(\boldsymbol{X}, \boldsymbol{\Lambda}) = \|\boldsymbol{X}\|_* + \langle \boldsymbol{\Lambda}, \boldsymbol{Y} - \mathcal{P}_\Omega[\boldsymbol{X}] \rangle. \tag{4.4.2}$$

正如附录 C 中所述, 最优解 $\boldsymbol{X}_\star$ 被刻画成拉格朗日函数的*鞍点* (saddle point), 它关于 $\boldsymbol{X}$ 进行最小化, 关于 $\boldsymbol{\Lambda}$ 进行最大化. 解决形如式(4.4.1)的有约束问题的一种基本方法就是寻找

⊖ 实际上, 当观测值受噪声干扰时, 严格满足约束 $\mathcal{P}_\Omega[\boldsymbol{X}] = \boldsymbol{Y}$ 这一点既不必要也不可取. 我们将在 4.4.5节中研究含噪声的矩阵补全问题, 并在第 8 章中对此开发专门的算法.

这样的一个鞍点. 在实践中, 可以转而通过考虑增广拉格朗日函数 (augmented Lagrangian)

$$\mathcal{L}_\mu(\boldsymbol{X},\boldsymbol{\Lambda})=\|\boldsymbol{X}\|_*+\langle\boldsymbol{\Lambda},\boldsymbol{Y}-\mathcal{P}_\Omega[\boldsymbol{X}]\rangle+\frac{\mu}{2}\|\boldsymbol{Y}-\mathcal{P}_\Omega[\boldsymbol{X}]\|_F^2 \tag{4.4.3}$$

来推导收敛更鲁棒的算法, 其中通过增加额外的二次惩罚项 $(\mu/2)\|\boldsymbol{Y}-\mathcal{P}_\Omega[\boldsymbol{X}]\|_F^2$ 来鼓励等式约束得到满足. 关于增广拉格朗日方法 (ALM) 的更一般介绍, 请参考 8.4 节.

增广拉格朗日法通过交替进行相对于原变量 (primal variables)$\boldsymbol{X}$ 最小化 $\mathcal{L}_\mu$ 和相对于对偶变量 (dual variables)$\boldsymbol{\Lambda}$ 最大化 $\mathcal{L}_\mu$, 即

$$\boldsymbol{X}_{k+1}\in\arg\min_{\boldsymbol{X}}\ \mathcal{L}_\mu(\boldsymbol{X},\boldsymbol{\Lambda}_k), \tag{4.4.4}$$

$$\boldsymbol{\Lambda}_{k+1}=\boldsymbol{\Lambda}_k+\mu\mathcal{P}_\Omega\big[\boldsymbol{Y}-\boldsymbol{X}_{k+1}\big], \tag{4.4.5}$$

来寻找 $\mathcal{L}_\mu(\boldsymbol{X},\boldsymbol{\Lambda})$ 的一个鞍点. 这里, 相对于 $\boldsymbol{\Lambda}$ 的 $\mathcal{L}_\mu$ 最大化直接通过一步梯度上升 (gradient ascent) 来实现, 其中 $\mathcal{P}_\Omega\big[\boldsymbol{Y}-\boldsymbol{X}_{k+1}\big]=\nabla_{\boldsymbol{\Lambda}}\mathcal{L}_\mu(\boldsymbol{X}_{k+1},\boldsymbol{\Lambda})$. ALM 算法对更新 $\boldsymbol{\Lambda}$ 的步长 (μ) 进行了非常特殊的选择. 这种选择通常很重要: 它确保了 $\boldsymbol{\Lambda}$ 保持对偶可行. 我们将在 8.4 节中更深入地解释这个问题.

在非常一般的条件下, 迭代式 (4.4.4) $\sim$ 式(4.4.5) 收敛到原始对偶最优对 $(\boldsymbol{X}_\star,\boldsymbol{\Lambda}_\star)$, 因此产生了式(4.4.1)的解. 这个算法虽然看起来非常简单, 但需要注意的是, 第一步本身就是一个不太容易求解的优化问题. 这个子问题具有我们在研究含噪声稀疏恢复问题时所遇到的类似形式:

$$\min_{\boldsymbol{X}}\ \underbrace{\|\boldsymbol{X}\|_*}_{g(\boldsymbol{X})\ \text{凸但不光滑}}\ +\ \underbrace{\langle\boldsymbol{\Lambda},\boldsymbol{Y}-\mathcal{P}_\Omega[\boldsymbol{X}]\rangle+\frac{\mu}{2}\|\boldsymbol{Y}-\mathcal{P}_\Omega[\boldsymbol{X}]\|_F^2}_{f(\boldsymbol{X})\ \text{凸且光滑}}. \tag{4.4.6}$$

这里, 目标函数是一个光滑的凸函数 $f(\boldsymbol{X})$ 和一个非光滑的凸函数 $g(\boldsymbol{X})=\|\boldsymbol{X}\|_*$ 的和. 注意到

$$\nabla f(\boldsymbol{X})=-\mathcal{P}_\Omega[\boldsymbol{\Lambda}]+\mu\mathcal{P}_\Omega[\boldsymbol{X}-\boldsymbol{Y}], \tag{4.4.7}$$

梯度 $\nabla f(\boldsymbol{X})$ 是 μ-Lipschitz 连续的, 因为对于任何两个矩阵 $\boldsymbol{X}$ 和 $\boldsymbol{X}'$, 我们有:

$$\big\|\nabla f(\boldsymbol{X})-\nabla f(\boldsymbol{X}')\big\|_F\leqslant\mu\big\|\boldsymbol{X}-\boldsymbol{X}'\big\|_F. \tag{4.4.8}$$

这类问题可以使用邻近梯度法 (proximal gradient method) 来求解.

一般的邻近梯度法适用于形如 $F(\boldsymbol{X})=g(\boldsymbol{X})+f(\boldsymbol{X})$ 的可分离目标函数, 其中 g 是凸函数, f 是凸的光滑函数且具有 L-Lipschitz 连续梯度, 参见 8.2 节. 这里, 其 Lipschitz 常数 $L=\mu$. 因此, 邻近梯度法的迭代步骤采用如下形式:

$$\boldsymbol{X}_{k+1}=\arg\min_{\boldsymbol{X}}\left\{g(\boldsymbol{X})+\frac{\mu}{2}\left\|\boldsymbol{X}-\Big(\boldsymbol{X}_k-\frac{1}{\mu}\boldsymbol{\nabla}f(\boldsymbol{X}_k)\Big)\right\|_F^2\right\}. \tag{4.4.9}$$

特别地, 它要求我们针对特定选择的矩阵 $\boldsymbol{M}$ 解决一系列 "邻近" 问题:

$$\min_{\boldsymbol{X}}\left\{g(\boldsymbol{X})+\frac{\mu}{2}\|\boldsymbol{X}-\boldsymbol{M}\|_F^2\right\}. \tag{4.4.10}$$

当 g 是核范数时, 这一问题可以根据 $\boldsymbol{M}$ 的 SVD 得到闭式解. 回想一下式(4.3.95), 对于矩阵 $\boldsymbol{M}$, 令其奇异值分解为 $\boldsymbol{M}=\boldsymbol{U\Sigma V}^*$, 那么其奇异值阈值化算子定义为

$$\mathcal{D}_\tau[\boldsymbol{M}]=\boldsymbol{U}\mathcal{S}_\tau[\boldsymbol{\Sigma}]\boldsymbol{V}^*,$$

其中, $\mathcal{S}_\tau[\boldsymbol{X}]=\operatorname{sign}(\boldsymbol{X})\circ(|\boldsymbol{X}|-\tau)_+$ 是软阈值化算子.

定理 4.17 问题

$$\min_{\boldsymbol{X}}\left\{\|\boldsymbol{X}\|_*+\frac{\mu}{2}\|\boldsymbol{X}-\boldsymbol{M}\|_F^2\right\} \tag{4.4.11}$$

的唯一解 $\boldsymbol{X}_\star$ 是

$$\boldsymbol{X}_\star=\mathcal{D}_{\mu^{-1}}[\boldsymbol{M}]. \tag{4.4.12}$$

这个结果的证明来自习题 4.13. 由此产生的计算步骤在算法 4.1～ 算法 4.2中给出. 这里, 为简单起见, 我们忽略了算法的一些重要问题, 比如停止条件的选择和子问题(4.4.4)的不精确解对算法 4.1中基本 ALM 迭代收敛性的影响.

算法 4.1 基于 ALM 的矩阵补全

1: **初始化**.$\boldsymbol{X}_0=\boldsymbol{\Lambda}_0=0,\mu>0$
2: **while** 未收敛 **do**
3: 　计算 $\boldsymbol{X}_{k+1}\in\arg\min_{\boldsymbol{X}}\mathcal{L}_\mu(\boldsymbol{X},\boldsymbol{\Lambda}_k)$(按算法 4.2)
4: 　计算 $\boldsymbol{\Lambda}_{k+1}=\boldsymbol{\Lambda}_k+\mu(\boldsymbol{Y}-\mathcal{P}_\Omega[\boldsymbol{X}_{k+1}])$
5: **end while**

算法 4.2 增广拉格朗日邻近梯度

1: **初始化**. $\boldsymbol{X}_0$ 以算法 4.1的外循环 $\boldsymbol{X}_k$ 为初始化
2: **while** 不收敛 **do**
3: 　计算

$$\begin{aligned}\boldsymbol{X}_{\ell+1}&=\operatorname{prox}_{g/\mu}(\boldsymbol{X}_\ell-\mu^{-1}\boldsymbol{\nabla}f(\boldsymbol{X}_\ell))\\&=\mathcal{D}_{\mu^{-1}}\left[\mathcal{P}_{\Omega^c}[\boldsymbol{X}_\ell]+\boldsymbol{Y}+\mu^{-1}\mathcal{P}_\Omega[\boldsymbol{\Lambda}_k]\right]\end{aligned}$$

4: **end while**

为了理解凸优化(4.4.1)和上述算法何时从部分元素中能够正确恢复矩阵 $\boldsymbol{X}=\boldsymbol{X}_o$, 我们改变矩阵 $\boldsymbol{X}_o$ 的秩 r 对维数 n 的比例以及 (随机选择的) 观察元素的比例 $p\in(0,1)$. 换句话说, p 是元素被观测到的概率. 图 4.8展示了在不同设置下使用上述算法恢复随机生成的低秩矩阵 $\boldsymbol{X}_o$ 的实验结果.

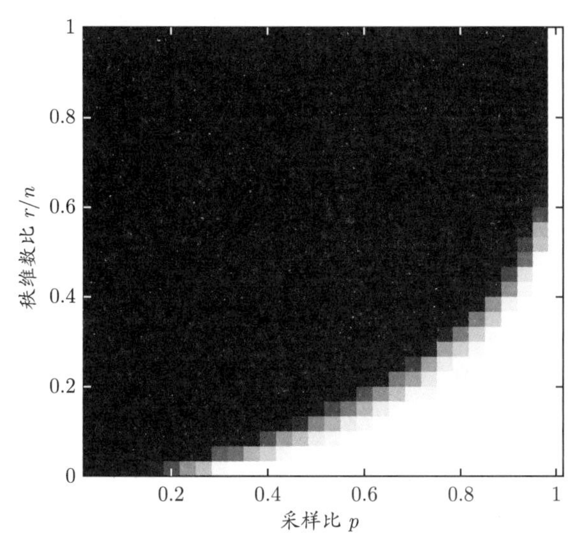

图 4.8 在不同的秩 r 和采样比 p 下的矩阵补全. 图中显示的是 50 次试验中能够正确恢复矩阵的比例作为秩与维数比值 r/n (纵轴) 和采样比 p (横轴) 的函数, 其中 $n = 60$. 在所有情况下, $\boldsymbol{X}_o = \boldsymbol{A}\boldsymbol{B}^*$ 是两个独立的 $n \times r$ 矩阵的乘积, 每个矩阵的元素独立同分布于 $\mathcal{N}(0, 1/n)$. 如果 $\|\hat{\boldsymbol{X}} - \boldsymbol{X}_o\|_F / \|\boldsymbol{X}_o\|_F < 10^{-3}$, 我们认为实验成功 (即正确恢复)

我们可以从上述实验中得出一些观察结果: 只要矩阵的秩相对较低, 并且观察到一部分元素, 那么凸优化(4.4.1)和上述算法确实能够在令人惊讶的广泛条件下实现成功恢复; 基于凸优化(4.4.1)的矩阵恢复在成功和失败之间表现出一种急剧的相变现象.

4.4.3 核范数最小化何时能够成功?

上述仿真实验鼓励我们去理解这样一个问题: 核范数最小化问题(4.4.1)在什么条件下能够保证矩阵补全成功㊀. 首先考虑什么时候会失败可能更容易一些. 如果矩阵 $\boldsymbol{X}_o$ 是稀疏的 (比如 $\boldsymbol{E}_{ij}$), 或者采样模式 Ω 被选得很糟糕 (比如错过了 $\boldsymbol{X}_o$ 的整行或者整列), 那么矩阵恢复可能会失败. 下面, 我们将陈述一个定理, 它可以准确刻画这些直觉——如果 $\boldsymbol{X}_o$ 是低秩的, 而且不太 "尖锐", 并且 Ω 是随机选择的, 那么核范数最小化能够以高概率保证成功. 我们首先给出矩阵*不相干性*的概念, 使这些假设更加精确.

不相干低秩矩阵

尽管我们的直觉是矩阵 $\boldsymbol{X}_o$ 本身不能太 "稀疏", 但出于技术原因, 我们有必要针对 $\boldsymbol{X}_o$ 的奇异向量进行相应限制, 而不是对矩阵 $\boldsymbol{X}_o$ 本身. 令 $\boldsymbol{X}_o = \boldsymbol{U}\boldsymbol{\Sigma}\boldsymbol{V}^*$ 为 $\boldsymbol{X}_o$ 的紧凑奇异值分解, 如果下面两个条件成立, 那么我们称矩阵 $\boldsymbol{X}_o$ 是*ν-不相干的*:

$$\forall i \in [n], \quad \|\boldsymbol{e}_i^* \boldsymbol{U}\|_2^2 \leqslant \nu r/n, \tag{4.4.13}$$

$$\forall j \in [n], \quad \|\boldsymbol{e}_j^* \boldsymbol{V}\|_2^2 \leqslant \nu r/n. \tag{4.4.14}$$

㊀ 或者最终, 如果可能的话, 精确地刻画我们通过实验所观察到的相变行为.

这两个条件控制 $\boldsymbol{X}_o$ 的奇异向量的"尖锐程度". 为了更好地理解它们, 注意到 $\boldsymbol{U}$ 是一个列向量的 ℓ^2 范数为 1 的 $n \times r$ 矩阵. 因此, $\sum_{i=1}^n \|\boldsymbol{e}_i^* \boldsymbol{U}\|_2^2 = \|\boldsymbol{U}\|_F^2 = r$. 矩阵 $\boldsymbol{U}$ 有 n 行, 对应这个求和有 n 项, 且其中至少有一项必须具有至少与平均值 r/n 一样大的 ℓ^2 范数. 因此, 对于任何列具有单位范数的矩阵 $\boldsymbol{U}$, 我们有 $\max_i \|\boldsymbol{e}_i^* \boldsymbol{U}\|_2^2 \geqslant r/n$. 不相干系数 ν 量化了我们相对于这个最佳界损失了多少. 因此, 如果 ν 很小, 那么奇异向量在某种意义上是分散的. 为了给出一个对数值大小的感觉, 请注意如下不等式总是成立的:

$$1 \leqslant \nu \leqslant n/r. \tag{4.4.15}$$

如果 $\boldsymbol{U}$ 和 $\boldsymbol{V}$ 是均匀随机选择的 (例如, 通过正交化一个高斯矩阵的列向量), 那么 ν 以高概率被 $C\log(n)$ 所界定. 然而, 上述定义中并不要求 $\boldsymbol{U}$ 和 $\boldsymbol{V}$ 是随机的.

这个针对矩阵补全的不相干性定义的一个重要含义是: 当 ν 很小时, 在切空间 T 附近没有稀疏矩阵. 事实上, 设 $\boldsymbol{E}_{ij} = \boldsymbol{e}_i \boldsymbol{e}_j^*$ 表示一个稀疏矩阵, 其非零元素出现在 (i,j) 位置上. 然后, 使用到切空间 T 的投影算子 $\mathcal{P}_{\mathsf{T}}$ 的表达式(4.3.34), 我们得到

$$\begin{aligned} \|\mathcal{P}_{\mathsf{T}}[\boldsymbol{E}_{ij}]\|_F^2 &= \|\boldsymbol{U}\boldsymbol{U}^* \boldsymbol{E}_{ij}\|_F^2 + \|(\boldsymbol{I} - \boldsymbol{U}\boldsymbol{U}^*)\boldsymbol{E}_{ij}\boldsymbol{V}\boldsymbol{V}^*\|_F^2 \\ &\leqslant \|\boldsymbol{U}^* \boldsymbol{e}_i\|_2^2 + \left\|\boldsymbol{e}_j^* \boldsymbol{V}\right\|_2^2 \\ &\leqslant \frac{2\nu r}{n}. \end{aligned} \tag{4.4.16}$$

这表明没有标准基矩阵 $\boldsymbol{E}_{ij}$ 太接近于子空间 T. 奇怪的是, 这意味着标准基 $\{\boldsymbol{E}_{ij}\}$ 是重建来自 T 的元素的好选择. 在本质上这类似于我们对不相干算子基的观察: 如果没有 $\boldsymbol{E}_{ij}$ 太接近于 T, 那么关于 $\boldsymbol{X}_o \in \mathsf{T}$ 中任何特定元素 $\boldsymbol{X}_o$ 的信息必须散布在许多不同的 $\boldsymbol{E}_{ij}$ 上. 因此, 只需要选取这些投影中的一小部分就可以重建 $\boldsymbol{X}_o$. 然而, 请注意, 这里的不相干概念与我们之前用于矩阵和向量恢复的不相干概念之间的一个关键区别是: 这里的子空间 T 仅依赖于 $\boldsymbol{X}_o$ 本身. 本节中的讨论表明, 随机采样对于重建特定矩阵 $\boldsymbol{X}_o$ 将是有效的. 下面我们将这种直觉形式化.

从随机采样进行准确矩阵补全

我们假设每个元素 (i,j) 属于集合 Ω 的概率为 p 且相互独立. 我们称之为 Bernoulli 采样模型, 因为指示变量 $\mathbb{1}_{(i,j)\in\Omega}$ 是独立的 $\mathrm{Ber}(p)$ 随机变量. 在这个模型下, 观察到的元素的期望数量为

$$m = \mathbb{E}\big[\,|\Omega|\,\big] = pn^2. \tag{4.4.17}$$

即使观测值的数量 m 接近于秩 r 矩阵 $\boldsymbol{X}_o$ 的内在自由度数量, 核范数最小化问题也能够成功.

定理 4.18 (基于核范数最小化的矩阵补全)　设 $\boldsymbol{X}_o \in \mathbb{R}^{n\times n}$ 是一个不相干系数为 ν 的秩 r 矩阵. 假设我们观察到 $\boldsymbol{Y} = \mathcal{P}_\Omega[\boldsymbol{X}_o]$, 其中 Ω 按 Bernoulli 模型采样, 其概率为

$$p \geqslant C_1 \frac{\nu r \log^2(n)}{n}. \tag{4.4.18}$$

那么, 以至少为 $1 - C_2 n^{-c_3}$ 的概率, $\boldsymbol{X}_o$ 是问题

$$\min \quad \|\boldsymbol{X}\|_* \quad \text{s.t.} \quad \mathcal{P}_\Omega[\boldsymbol{X}] = \boldsymbol{Y} \tag{4.4.19}$$

的唯一最优解.

关于上述定理需要注意如下几点. 首先, 测量数量的期望是

$$m = pn^2 = C_1 \nu n r \log^2(n). \tag{4.4.20}$$

由于秩 r 矩阵具有 $O(nr)$ 自由度, 过采样因子仅约为 $C\nu\log^2(n)$——我们需要的样本数几乎是最小的㊀. 第二, 所需样本数量与矩阵 $\boldsymbol{X}_o$ 的相干性成比例. 因此, 如果我们想要恢复一个非常相干的 (即"几乎稀疏的") $\boldsymbol{X}_o$, 我们就需要更多的观察. 最后, 成功的概率是在观测到的元素子集的所有可能选择中只针对一个给定的低秩矩阵 $\boldsymbol{X}_o$. 这与前几节中研究的一般情况下的成功概率形成对比, 其中不相干采样算子有利于恢复秩小于 r 的所有矩阵的集合.

当然, 上述定理的精确条件只能解释为实矩阵补全或者协同过滤问题的理想化数学抽象. 在实际问题中, 观测到的元素中可能存在噪声. 更重要的是, 观测到的元素位置也可能不是均匀分布.

4.4.4 证明核范数最小化的正确性

在本节中, 我们将证明定理 4.18. 对于不以理论为导向或者对定理的严格证明所需技术不是非常感兴趣的初次读者, 可以跳过本节.

我们的方法类似于 ℓ^1 最小化在不相干情况下恢复稀疏向量的证明 (见 3.2.2节)——我们首先写下最优性条件, 然后证明它们是可以满足的. 不过, 这里的证明过程将更加棘手.

首先, 我们需要核范数最小化问题(4.4.19)的最优性条件. 正如前一节所述, 与矩阵补全问题(4.4.19)相关的拉格朗日函数为

$$\mathcal{L}(\boldsymbol{X}, \boldsymbol{\Lambda}) = \|\boldsymbol{X}\|_* + \langle \boldsymbol{\Lambda}, \boldsymbol{Y} - \mathcal{P}_\Omega[\boldsymbol{X}] \rangle, \tag{4.4.21}$$

对于所期望的最优解 $\boldsymbol{X}_o$ 的 KKT 条件是存在满足以下条件的拉格朗日乘子 $\boldsymbol{\Lambda}$:

$$\mathcal{P}_{\Omega^c}[\boldsymbol{\Lambda}] = \boldsymbol{0}, \quad \boldsymbol{\Lambda} \in \partial \|\cdot\|_* (\boldsymbol{X}_o). \tag{4.4.22}$$

类似于 3.2.2节中 ℓ^1 最小化的情况, 这样的 $\boldsymbol{\Lambda}$ 如果能够找到, 我们称之为对偶证书 (dual certificate), 它证明真值解 $\boldsymbol{X}_o$ 的最优性.

㊀ 根据 [Candes et al., 2009] 的定理 1.7, 如果采样比 $p < \nu r \log(2n)/2n$, 那么将有无限多个秩最多为 r 的矩阵满足不相干条件, 并且在 Ω 上都有相同的元素.

核范数的次微分

类似于 ℓ^1 范数最小化的情况, 上述条件表明我们需要核范数次微分的表达式.

引理 4.3 假设矩阵 $\boldsymbol{X} \in \mathbb{R}^{n\times n}$ 有紧凑奇异值分解 $\boldsymbol{X} = \boldsymbol{U\Sigma V}^*$. 那么, 核范数在 $\boldsymbol{X}$ 处的次微分由下式给出:

$$\partial \|\cdot\|_* (\boldsymbol{X}) = \{\boldsymbol{Z} \mid \mathcal{P}_{\mathsf{T}}[\boldsymbol{Z}] = \boldsymbol{UV}^*,\ \|\mathcal{P}_{\mathsf{T}^\perp}[\boldsymbol{Z}]\|_2 \leqslant 1\}. \tag{4.4.23}$$

证明. 考虑满足 $\mathcal{P}_{\mathsf{T}}[\boldsymbol{Z}] = \boldsymbol{UV}^*$ 且 $\|\mathcal{P}_{\mathsf{T}^\perp}[\boldsymbol{Z}]\|_2 \leqslant 1$ 的任意 $\boldsymbol{Z}$. 注意到 $\|\boldsymbol{Z}\|_2 = 1$. 因为 $\boldsymbol{X} \in \mathsf{T}$, 所以

$$\langle \boldsymbol{X}, \boldsymbol{Z}\rangle = \langle \boldsymbol{X}, \boldsymbol{UV}^*\rangle = \langle \boldsymbol{U}^*\boldsymbol{XV}, \boldsymbol{I}\rangle = \langle \boldsymbol{\Sigma}, \boldsymbol{I}\rangle = \|\boldsymbol{X}\|_*. \tag{4.4.24}$$

对所有 $\boldsymbol{X}'$

$$\|\boldsymbol{X}\|_* + \big\langle \boldsymbol{Z}, \boldsymbol{X}' - \boldsymbol{X}\big\rangle = \big\langle \boldsymbol{Z}, \boldsymbol{X}'\big\rangle \leqslant \|\boldsymbol{Z}\|_2 \left\|\boldsymbol{X}'\right\|_* = \|\boldsymbol{X}'\|_*. \tag{4.4.25}$$

因此, $\boldsymbol{Z}$ 是核范数在 $\boldsymbol{X}$ 处的次梯度: $\boldsymbol{Z} \in \partial\|\cdot\|_*(\boldsymbol{X})$. 为了完成证明, 我们需要验证每一个 $\boldsymbol{Z} \in \partial\|\cdot\|_*(\boldsymbol{X})$ 都满足 $\mathcal{P}_{\mathsf{T}}[\boldsymbol{Z}] = \boldsymbol{UV}^*$ 和 $\|\mathcal{P}_{\mathsf{T}^\perp}[\boldsymbol{Z}]\|_2 \leqslant 1$. 我们将逆问题作为一个习题 (参见习题 4.20). □

如果我们与 ℓ^1 范数的次微分表达式做一个比较就会发现, 在这里子空间 T 扮演着矩阵的 "支撑" 的角色, 而矩阵 $\boldsymbol{UV}^*$ 扮演着 "符号" 的角色. 事实上, 在这种语言下, $\partial\|\cdot\|_*$ 由那些在支撑 T 中等于 "符号" $\boldsymbol{UV}^*$ 而在支撑的正交补 $\mathsf{T}^\perp$ 上对偶范数 $\|\cdot\|_2$ 被 1 所限制的 $\boldsymbol{Z}$ 构成.

最优性条件

一旦我们手上有了次微分, 我们就可以很快写出感兴趣的凸优化问题的最优性条件. 实际上, 考虑优化问题

$$\begin{aligned} \min \quad & \|\boldsymbol{X}\|_* \\ \text{s.t.} \quad & \mathcal{P}_\Omega[\boldsymbol{X}] = \mathcal{P}_\Omega[\boldsymbol{X}_o]. \end{aligned} \tag{4.4.26}$$

任何可行的 $\boldsymbol{X}$ 都可以写成 $\boldsymbol{X}_o + \boldsymbol{H}$, 其中 $\boldsymbol{H} \in \text{null}(\mathcal{P}_\Omega)$, 即 $\boldsymbol{H}$ 支撑在我们未观察到的元素集合 Ω^c 上. 类似于 3.2.2节中的 ℓ^1 最小化的情况, 如果我们能够找到一个对偶证书 $\boldsymbol{\Lambda}$, 使其满足 KKT 条件:

- $\boldsymbol{\Lambda}$ 支撑在 Ω 上;
- $\boldsymbol{\Lambda} \in \partial\|\cdot\|_* (\boldsymbol{X}_o)$, 即 $\mathcal{P}_{\mathsf{T}}[\boldsymbol{\Lambda}] = \boldsymbol{UV}^*$ 且 $\|\mathcal{P}_{\mathsf{T}^\perp}[\boldsymbol{\Lambda}]\|_2 \leqslant 1$.

那么, 我们就有

$$\|\boldsymbol{X}_o + \boldsymbol{H}\|_* \geqslant \|\boldsymbol{X}_o\|_* + \langle \boldsymbol{\Lambda}, \boldsymbol{H}\rangle = \|\boldsymbol{X}_o\|_*, \tag{4.4.27}$$

其中, 最后一个等式成立是因为 $\boldsymbol{\Lambda}$ 支撑在 Ω, 而 $\boldsymbol{H}$ 支撑在 Ω^c. 此外, 如果我们进一步有 $\|\mathcal{P}_{\Omega^c}\mathcal{P}_{\mathsf{T}}\|_2 < 1$ 和 $\|\mathcal{P}_{\mathsf{T}^\perp}[\boldsymbol{\Lambda}]\|_2 < 1$, 那么可以表明 $\boldsymbol{X}_o$ 是唯一最优解. 这个证明类似于 ℓ^1 最小化情况下的证明 (参见定理 3.1的证明), 我们留给读者作为习题 (参见习题 4.16).

构造 $\boldsymbol{\Lambda}$ 的一个自然的想法可能是简单地按照之前证明 ℓ^1 最小化时所采用的方式, 寻找满足等式约束

$$\mathcal{P}_{\Omega^c}[\boldsymbol{\Lambda}] = \boldsymbol{0}, \quad \mathcal{P}_{\mathsf{T}}[\boldsymbol{\Lambda}] = \boldsymbol{U}\boldsymbol{V}^*, \tag{4.4.28}$$

的 ℓ^2 范数最小的矩阵 $\boldsymbol{\Lambda}$, 然后希望它满足不等式约束

$$\|\mathcal{P}_{\mathsf{T}^\perp}[\boldsymbol{\Lambda}]\|_2 \leqslant 1.$$

例如, 我们可以采用 $\boldsymbol{\Lambda} = \mathcal{P}_\Omega[\boldsymbol{G}]$ 且 $\boldsymbol{G} = (\mathcal{P}_{\mathsf{T}}\mathcal{P}_\Omega)^\dagger[\boldsymbol{U}\boldsymbol{V}^*]$, 其中 $(\cdot)^\dagger$ 表示伪逆. 剩下的就是验证

$$\left\|\mathcal{P}_{\mathsf{T}^\perp}\mathcal{P}_\Omega(\mathcal{P}_{\mathsf{T}}\mathcal{P}_\Omega)^\dagger[\boldsymbol{U}\boldsymbol{V}^*]\right\|_2 \tag{4.4.29}$$

很小. 这是一个非常复杂的随机矩阵. 尽管确实可以分析它的范数, 但分析过程十分复杂. 这里的挑战在于支撑 Ω 是随机的. 它在多个地方重复, 产生概率依赖性, 使分析复杂化.

松弛最优性条件

由于很难直接找到一个严格满足 KKT 条件的对偶证书, 我们可能需要放宽这些条件, 看看是否还能找到另一个最优性证书. 下面的命题表明, 我们可以使用一组 (松弛的) 条件并确保 $\boldsymbol{X}_o$ 的最优性.

命题 4.2 (KKT 条件 (近似版本)) 如果以下条件成立, 那么矩阵 $\boldsymbol{X}_o$ 是核范数最小化问题(4.4.19)的唯一最优解:

1. 算子 $\frac{1}{p}\mathcal{P}_{\mathsf{T}}\mathcal{P}_\Omega\mathcal{P}_{\mathsf{T}} - \mathcal{P}_{\mathsf{T}}$ 的算子范数小, 即

$$\left\|\frac{1}{p}\mathcal{P}_{\mathsf{T}}\mathcal{P}_\Omega\mathcal{P}_{\mathsf{T}} - \mathcal{P}_{\mathsf{T}}\right\|_2 \leqslant \frac{1}{2}.$$

2. 存在一个对偶证书 $\boldsymbol{\Lambda} \in \mathbb{R}^{n\times n}$ 使得 $\mathcal{P}_\Omega[\boldsymbol{\Lambda}] = \boldsymbol{\Lambda}$ 且
   a) $\|\mathcal{P}_{\mathsf{T}^\perp}[\boldsymbol{\Lambda}]\|_2 \leqslant \frac{1}{2}$.
   b) $\|\mathcal{P}_{\mathsf{T}}[\boldsymbol{\Lambda}] - \boldsymbol{U}\boldsymbol{V}^*\|_F \leqslant \frac{1}{4n}$.

上述条件 2(a) 和条件 2(b) 权衡了原始 KKT 条件中等式约束 $\mathcal{P}_{\mathsf{T}}[\boldsymbol{\Lambda}] = \boldsymbol{U}\boldsymbol{V}^*$ 的满足程度和对偶范数 $\|\mathcal{P}_{\mathsf{T}^\perp}[\boldsymbol{\Lambda}]\|_2 \leqslant 1$ 的不等式约束. 这是可能的, 前提是不等式左侧的 $\|p^{-1}\mathcal{P}_{\mathsf{T}}\mathcal{P}_\Omega\mathcal{P}_{\mathsf{T}} - \mathcal{P}_{\mathsf{T}}\|_2$ 不太大. 只要采样映射 $p^{-1}\mathcal{P}_\Omega$ 几乎保留了所有元素 $\boldsymbol{X} \in \mathsf{T}$ 的长度, 就满足了这一假设——换句话说, 算子 $p^{-1}\mathcal{P}_\Omega$ 在 T 上几乎是受限等距的. 这可以被认为是对条件 $\mathsf{T} \cap \Omega^\perp = \{\boldsymbol{0}\}$ 的一种强化, 正是唯一最优性所需要的.

为了证明命题 4.2, 我们需要另一个引理. 它是说, 如果 $\mathcal{P}_\Omega$ 很好地作用于 T 中的矩阵, 那么每个可行扰动 $\boldsymbol{H}$ (即 $\boldsymbol{H}$, 使得 $\mathcal{P}_\Omega[\boldsymbol{H}] = \boldsymbol{0}$) 一定存在一个沿着 $\mathsf{T}^\perp$ 的不可忽略的分量.

引理 4.4　假设算子 $\mathcal{P}_\Omega$ 满足

$$\left\|\mathcal{P}_{\mathsf{T}}-\frac{1}{p}\mathcal{P}_{\mathsf{T}}\mathcal{P}_\Omega\mathcal{P}_{\mathsf{T}}\right\|_2\leqslant\frac{1}{2}. \tag{4.4.30}$$

那么, 对于任何满足 $\mathcal{P}_\Omega[\boldsymbol{H}]=\mathbf{0}$ 的可行 $\boldsymbol{H}$, 我们有

$$\|\mathcal{P}_{\mathsf{T}^\perp}[\boldsymbol{H}]\|_F\geqslant\sqrt{\frac{p}{2}}\,\|\mathcal{P}_{\mathsf{T}}[\boldsymbol{H}]\|_F\,. \tag{4.4.31}$$

证明. 我们有

$$\begin{aligned}
\langle\mathcal{P}_\Omega\mathcal{P}_{\mathsf{T}}[\boldsymbol{H}],\mathcal{P}_\Omega\mathcal{P}_{\mathsf{T}}[\boldsymbol{H}]\rangle&=\langle\mathcal{P}_{\mathsf{T}}[\boldsymbol{H}],\mathcal{P}_\Omega\mathcal{P}_{\mathsf{T}}[\boldsymbol{H}]\rangle\\
&=p\langle\mathcal{P}_{\mathsf{T}}[\boldsymbol{H}],\frac{1}{p}\mathcal{P}_\Omega\mathcal{P}_{\mathsf{T}}[\boldsymbol{H}]\rangle\\
&=p\langle\mathcal{P}_{\mathsf{T}}[\boldsymbol{H}],\mathcal{P}_{\mathsf{T}}\frac{1}{p}\mathcal{P}_\Omega\mathcal{P}_{\mathsf{T}}\mathcal{P}_{\mathsf{T}}[\boldsymbol{H}]\rangle\\
&\geqslant p\Big(1-\left\|\mathcal{P}_{\mathsf{T}}-\mathcal{P}_{\mathsf{T}}\frac{1}{p}\mathcal{P}_\Omega\mathcal{P}_{\mathsf{T}}\right\|_2\Big)\,\|\mathcal{P}_{\mathsf{T}}[\boldsymbol{H}]\|_F^2\\
&\geqslant\frac{p}{2}\,\|\mathcal{P}_{\mathsf{T}}[\boldsymbol{H}]\|_F^2,
\end{aligned} \tag{4.4.32}$$

那么, 根据 $\mathcal{P}_\Omega\mathcal{P}_{\mathsf{T}}[\boldsymbol{H}]+\mathcal{P}_\Omega\mathcal{P}_{\mathsf{T}^\perp}[\boldsymbol{H}]=\mathcal{P}_\Omega[\boldsymbol{H}]=\mathbf{0}$, 我们有

$$\begin{aligned}
0&=\|\mathcal{P}_\Omega\mathcal{P}_{\mathsf{T}}[\boldsymbol{H}]+\mathcal{P}_\Omega\mathcal{P}_{\mathsf{T}^\perp}[\boldsymbol{H}]\|_F\\
&\geqslant\|\mathcal{P}_\Omega\mathcal{P}_{\mathsf{T}}[\boldsymbol{H}]\|_F-\|\mathcal{P}_\Omega\mathcal{P}_{\mathsf{T}^\perp}[\boldsymbol{H}]\|_F\\
&\geqslant\sqrt{\frac{p}{2}}\,\|\mathcal{P}_{\mathsf{T}}[\boldsymbol{H}]\|_F-\|\mathcal{P}_{\mathsf{T}^\perp}[\boldsymbol{H}]\|_F\,,
\end{aligned} \tag{4.4.33}$$

从而结论成立. □

我们现在准备证明 $\boldsymbol{X}_o$ 在命题 4.2所给出的条件下的最优性.

证明. 我们想要证明在上述条件下, 对任意的可行扰动 $\boldsymbol{H}\neq\mathbf{0}$ 和 $\boldsymbol{X}=\boldsymbol{X}_o+\boldsymbol{H}$, 我们有 $\|\boldsymbol{X}\|_*>\|\boldsymbol{X}_o\|_*$. 令 $\mathcal{P}_{\mathsf{T}^\perp}[\boldsymbol{H}]=\bar{\boldsymbol{U}}\bar{\boldsymbol{\Sigma}}\bar{\boldsymbol{V}}^*$. 那么, 我们有 $\bar{\boldsymbol{U}}\bar{\boldsymbol{V}}^*\in\mathsf{T}^\perp$ 和 $\|\bar{\boldsymbol{U}}\bar{\boldsymbol{V}}^*\|_2\leqslant 1$. 因此, 我们有 $\boldsymbol{U}\boldsymbol{V}^*+\bar{\boldsymbol{U}}\bar{\boldsymbol{V}}^*\in\partial\|\cdot\|_*(\boldsymbol{X}_o)$ 是核范数在 $\boldsymbol{X}_o$ 处的次梯度.

此外, 我们有 $\langle\bar{\boldsymbol{U}}\bar{\boldsymbol{V}}^*,\mathcal{P}_{\mathsf{T}^\perp}[\boldsymbol{H}]\rangle=\|\mathcal{P}_{\mathsf{T}^\perp}[\boldsymbol{H}]\|_*$ 和 $\langle\boldsymbol{\Lambda},\boldsymbol{H}\rangle=0$, 并将它们应用于以下不等式:

$$\begin{aligned}
\|\boldsymbol{X}_o+\boldsymbol{H}\|_*&\geqslant\|\boldsymbol{X}_o\|_*+\langle\boldsymbol{U}\boldsymbol{V}^*+\bar{\boldsymbol{U}}\bar{\boldsymbol{V}}^*,\boldsymbol{H}\rangle,\\
&=\|\boldsymbol{X}_o\|_*+\langle\boldsymbol{U}\boldsymbol{V}^*+\bar{\boldsymbol{U}}\bar{\boldsymbol{V}}^*-\boldsymbol{\Lambda},\boldsymbol{H}\rangle,\\
&=\|\boldsymbol{X}_o\|_*+\langle\boldsymbol{U}\boldsymbol{V}^*-\mathcal{P}_{\mathsf{T}}[\boldsymbol{\Lambda}],\boldsymbol{H}\rangle+\langle\bar{\boldsymbol{U}}\bar{\boldsymbol{V}}^*-\mathcal{P}_{\mathsf{T}^\perp}[\boldsymbol{\Lambda}],\boldsymbol{H}\rangle,\\
&\geqslant\|\boldsymbol{X}_o\|_*-\frac{1}{4n}\,\|\mathcal{P}_{\mathsf{T}}[\boldsymbol{H}]\|_F+\frac{1}{2}\,\|\mathcal{P}_{\mathsf{T}^\perp}[\boldsymbol{H}]\|_*,
\end{aligned}$$

$$\geqslant \|\boldsymbol{X}_o\|_* + \underbrace{\left(\frac{1}{2} - \frac{1}{4n}\sqrt{\frac{2}{p}}\right)}_{>0,\ \text{因为}\ p>n^{-2}.} \|\mathcal{P}_{\mathsf{T}^\perp}[\boldsymbol{H}]\|_F \,. \tag{4.4.34}$$

最后一个不等式使用了引理 4.4.

因此, 对于可行扰动 $\boldsymbol{H}$, $\|\boldsymbol{X}_o + \boldsymbol{H}\|_* \geqslant \|\boldsymbol{X}_o\|_*$, 当且仅当 $\mathcal{P}_{\mathsf{T}^\perp}[\boldsymbol{H}] = \mathbf{0}$ 时取等号. 而通过引理 4.4, $\mathcal{P}_{\mathsf{T}^\perp}[\boldsymbol{H}] = \mathbf{0} \implies \boldsymbol{H} = \mathbf{0}$. 因此, 对于任何非零的可行扰动 $\boldsymbol{H}$, $\|\boldsymbol{X}_o + \boldsymbol{H}\|_* > \|\boldsymbol{X}_o\|_*$, 从而建立我们想要的条件. □

以高概率满足最优性条件

为了完成证明, 我们只需要验证最优性条件能够以高概率满足. 为此, 我们需要验证两个声明: 首先, 采样算子 Ω 很好地作用在 T 上, 即 $\left\|\frac{1}{p}\mathcal{P}_{\mathsf{T}}\mathcal{P}_{\Omega}\mathcal{P}_{\mathsf{T}} - \mathcal{P}_{\mathsf{T}}\right\|_2$ 很小; 然后需要证明, 我们能够以高概率构造出所需要的对偶证书 $\boldsymbol{\Lambda}$.

4.4.4.1 采样算子很好地作用在 T 上

接下来, 我们要证明采样算子 $\mathcal{P}_{\Omega}$ 保留了 T 的每个元素的一部分, 即 $\left\|\frac{1}{p}\mathcal{P}_{\mathsf{T}}\mathcal{P}_{\Omega}\mathcal{P}_{\mathsf{T}} - \mathcal{P}_{\mathsf{T}}\right\|_2$ 很小. 这种现象是矩阵 $\boldsymbol{X}_o$ 和 Ω 上的均匀随机模型之间不相干的结果. 下面引理的证明使用矩阵 (算子) Bernstein 不等式对此进行严格验证.

引理 4.5 令 $\mathcal{P}_{\Omega} : \mathbb{R}^{n\times n} \to \mathbb{R}^{n\times n}$ 表示算子

$$\mathcal{P}_{\Omega}[\boldsymbol{X}] = \sum_{ij} X_{ij} \mathbb{1}_{(i,j)\in\Omega}\, \boldsymbol{E}_{ij} \tag{4.4.35}$$

其中 $\mathbb{1}_{(i,j)\in\Omega}$ 是概率为 p 的独立 Bernoulli 随机变量. 给定任意 ε, 且 $c\sqrt{\log n}/n \leqslant \varepsilon \leqslant 1$. 存在一个数值常数 C, 使得如果 $p > C(\nu r \log n)/(\varepsilon^2 n)$, 那么以高概率我们有

$$\left\|\mathcal{P}_{\mathsf{T}} - \frac{1}{p}\mathcal{P}_{\mathsf{T}}\mathcal{P}_{\Omega}\mathcal{P}_{\mathsf{T}}\right\|_2 \leqslant \varepsilon. \tag{4.4.36}$$

证明. 我们应用定理 E.7 中的矩阵 Bernstein 不等式给出

$$\mathcal{P}_{\mathsf{T}} - p^{-1}\mathcal{P}_{\mathsf{T}}\mathcal{P}_{\Omega}\mathcal{P}_{\mathsf{T}} = \sum_{ij} \underbrace{\mathcal{P}_{\mathsf{T}}\left(\frac{\mathcal{I}}{n^2} - p^{-1}\mathbb{1}_{(i,j)\in\Omega}\, \boldsymbol{E}_{ij}\, \langle \boldsymbol{E}_{ij}, \cdot\rangle\right)\mathcal{P}_{\mathsf{T}}}_{\doteq \mathcal{W}_{ij}}$$

的算子范数上界, 其中 $\mathcal{I}$ 表示恒等算子, $\mathcal{W}_{ij} : \mathbb{R}^{n\times n} \to \mathbb{R}^{n\times n}$ 是独立随机线性映射, 且 $\mathbb{E}\left[\sum_{ij}\mathcal{W}_{ij}\right] = 0$. 矩阵 Bernstein 不等式要求: $\max_{ij}\|\mathcal{W}_{ij}\|_2$ 几乎一定 (almost surely: a.s.) 有上界且 “方差”

$$\sum_{ij} \mathbb{E}\left[\mathcal{W}_{ij}^*\mathcal{W}_{ij}\right] \tag{4.4.37}$$

有上界. 下面我们开始证明这两点.

- 控制 $\mathcal{W}_{ij}$ (a.s.).

$$\begin{aligned}\|\mathcal{W}_{ij}\|_2 &\leqslant \max\left\{\left\|n^{-2}\mathcal{P}_{\mathsf{T}}\right\|_2, \left\|p^{-1}\mathcal{P}_{\mathsf{T}}[\boldsymbol{E}_{ij}]\left\langle\mathcal{P}_{\mathsf{T}}[\boldsymbol{E}_{ij}],\cdot\right\rangle\right\|_2\right\}, \quad \text{几乎一定 (a.s.)}\\ &= \max\left\{n^{-2}, p^{-1}\left\|\mathcal{P}_{\mathsf{T}}[\boldsymbol{E}_{ij}]\right\|_F^2\right\},\\ &\leqslant \max\left\{n^{-2}, \frac{2\nu r}{np}\right\},\\ &\leqslant \max\left\{\frac{1}{n^2}, \frac{2\varepsilon^2}{C\log n}\right\},\\ &= \frac{2\varepsilon^2}{C\log n}.\end{aligned} \tag{4.4.38}$$

我们可以取 $R = 2\varepsilon^2/(C\log n)$.

- 控制"算子的方差". 注意到

$$\begin{aligned}&\sum_{ij}\mathbb{E}\left[\mathcal{W}_{ij}^*\mathcal{W}_{ij}\right]\\ &= \sum_{ij}\mathbb{E}\Big[\frac{1}{n^4}\mathcal{P}_{\mathsf{T}} - \frac{2p^{-1}}{n^2}\mathbb{1}_{(i,j)\in\Omega}\mathcal{P}_{\mathsf{T}}\boldsymbol{E}_{ij}\left\langle\boldsymbol{E}_{ij},\cdot\right\rangle\mathcal{P}_{\mathsf{T}}\\ &\quad +\mathbb{1}_{(i,j)\in\Omega}\,p^{-2}\mathcal{P}_{\mathsf{T}}\boldsymbol{E}_{ij}\left\|\mathcal{P}_{\mathsf{T}}\boldsymbol{E}_{ij}\right\|_F^2\left\langle\boldsymbol{E}_{ij},\cdot\right\rangle\mathcal{P}_{\mathsf{T}}\Big]\\ &\preceq p^{-1}\sum_{ij}\mathcal{P}_{\mathsf{T}}\boldsymbol{E}_{ij}\left\|\mathcal{P}_{\mathsf{T}}\boldsymbol{E}_{ij}\right\|_F^2\left\langle\boldsymbol{E}_{ij},\cdot\right\rangle\mathcal{P}_{\mathsf{T}}\\ &\preceq p^{-1}\frac{2\nu r}{n}\sum_{ij}\mathcal{P}_{\mathsf{T}}\boldsymbol{E}_{ij}\left\langle\boldsymbol{E}_{ij},\cdot\right\rangle\mathcal{P}_{\mathsf{T}}\\ &\preceq \frac{2\varepsilon^2}{C\log n}\mathcal{P}_{\mathsf{T}}.\end{aligned} \tag{4.4.39}$$

算子 $\sum_{ij}\mathbb{E}\left[\mathcal{W}_{ij}^*\mathcal{W}_{ij}\right]$ 是自伴且半正定的. 因此, 上述计算表明:

$$\begin{aligned}\sigma^2 &= \max\left\{\left\|\sum_{ij}\mathbb{E}\left[\mathcal{W}_{ij}^*\mathcal{W}_{ij}\right]\right\|_2, \left\|\sum_{ij}\mathbb{E}\left[\mathcal{W}_{ij}\mathcal{W}_{ij}^*\right]\right\|_2\right\}\\ &\leqslant \frac{2\varepsilon^2}{C\log n}.\end{aligned} \tag{4.4.40}$$

通过这些计算, 我们得到了一个界

$$\mathbb{P}\left[\left\|\sum_{ij}\mathcal{W}_{ij}\right\|_2 > t\right] \leqslant 2n\exp\left(\frac{-t^2/2}{\dfrac{2\varepsilon^2}{C\log n} + t\dfrac{2\varepsilon^2}{3C\log n}}\right). \tag{4.4.41}$$

对于 $t=\varepsilon$ 的失败概率由 $n^{-\rho}$ 界定, 通过适当选择 C, 指数 ρ 可以根据需要任意大. □

若在上述引理中选择 $\varepsilon=1/2$, 我们可以得到引理 4.4 所需的条件.

4.4.4.2　通过高尔夫方案构建对偶证书

从上面的讨论中, 为了证明定理 4.18, 我们只需要证明在定理的条件下, 可以找到满足命题 4.2的条件 2(a) 和条件 2(b) 的对偶证书. 在本节中, 我们将展示如何构造这样一个对偶证书 $\boldsymbol{\Lambda}$. 在第 5 章中, 我们将重用这种构造方式来分析鲁棒矩阵恢复的相关问题, 其中低秩矩阵的一部分元素已被损坏. 为此, 我们在下面的命题中完整总结了这种构造的性质. 这里, 性质 (1) 和 (2) 对于矩阵补全是必不可少的, 性质 (3) 将在后续章节中用于鲁棒矩阵恢复.

命题 4.3 (低秩矩阵恢复的对偶证书)　设 $\boldsymbol{X}_o\in\mathbb{R}^{n\times n}$ 为 ν-不相干秩 r 矩阵, $\boldsymbol{U},\boldsymbol{V}\in\mathbb{R}^{n\times r}$ 分别为 $\boldsymbol{X}_o$ 的左右奇异向量矩阵. 令

$$\mathsf{T}=\left\{\boldsymbol{U}\boldsymbol{W}^*+\boldsymbol{Y}\boldsymbol{V}^*\mid\boldsymbol{W},\boldsymbol{Y}\in\mathbb{R}^{n\times r}\right\}. \tag{4.4.42}$$

那么, 若 $\Omega\sim\mathrm{Ber}(p)$, 其中

$$p>C_0\frac{\nu r\log^2 n}{n}, \tag{4.4.43}$$

那么以高概率存在一个支撑在 Ω 上的矩阵 $\boldsymbol{\Lambda}$, 它满足如下性质:

(1) $\|\mathcal{P}_{\mathsf{T}}[\boldsymbol{\Lambda}]-\boldsymbol{U}\boldsymbol{V}^*\|_F\leqslant\dfrac{1}{4n}$.

(2) $\|\mathcal{P}_{\mathsf{T}^\perp}[\boldsymbol{\Lambda}]\|_2\leqslant\dfrac{1}{4}$.

(3) $\|\boldsymbol{\Lambda}\|_\infty<\dfrac{C_1\log n}{p}\|\boldsymbol{U}\boldsymbol{V}^*\|_\infty$.

其中, C_1 是一个正数值常数.

我们使用迭代构造来证明这个命题. 设

$$\Omega_1,\cdots,\Omega_k \tag{4.4.44}$$

是按参数为 q 的 Bernoulli 模型产生的独立随机子集. 设

$$\Omega=\bigcup_{i=1}^{k}\Omega_i. \tag{4.4.45}$$

那么 Ω 也是 Bernoulli 子集, 其参数为

$$p=1-(1-q)^k. \tag{4.4.46}$$

参数 p 是给定元素落在其中至少一个子集 Ω_i 中的概率. 因此, $p\leqslant kq$. 我们在下面给出的理由将促使我们选择 $k=C_g\log(n)$, 其中 C_g 为一个数值常数. 因为 k 不会太大, 这意味着

参数 q 也不会太小:

$$q \geqslant \frac{p}{k} = \frac{C_0}{C_g} \frac{\nu r \log n}{n}. \tag{4.4.47}$$

假设 C_0 与 C_g 相比足够大, 那么每个子集 Ω_i 都满足引理 4.5 的条件, 因此以高概率

$$\left\| \mathcal{P}_{\mathsf{T}} - q^{-1} \mathcal{P}_{\mathsf{T}} \mathcal{P}_{\Omega_i} \mathcal{P}_{\mathsf{T}} \right\|_2 \leqslant \frac{1}{2}, \quad i = 1, \cdots, k. \tag{4.4.48}$$

我们将构造一个矩阵序列 $\boldsymbol{\Lambda}_0, \boldsymbol{\Lambda}_1, \cdots, \boldsymbol{\Lambda}_k$, 其中每个 $\boldsymbol{\Lambda}_j$ 仅依赖于 $\Omega_1, \cdots, \Omega_j$. 令 $\boldsymbol{\Lambda}_0 = \mathbf{0}$, 并且令

$$\boldsymbol{E}_j = \mathcal{P}_{\mathsf{T}}[\boldsymbol{\Lambda}_j] - \boldsymbol{U}\boldsymbol{V}^*. \tag{4.4.49}$$

由于我们的目标是得到 $\boldsymbol{\Lambda}$, 因此 $\mathcal{P}_{\mathsf{T}}[\boldsymbol{\Lambda}] \approx \boldsymbol{U}\boldsymbol{V}^*$, $\boldsymbol{E}_j$ 可以被视为迭代 j 次的*误差*. 要获得下一个 $\boldsymbol{\Lambda}$, 我们只需尝试修正误差:

$$\boldsymbol{\Lambda}_j = \boldsymbol{\Lambda}_{j-1} - \left(q^{-1} \mathcal{P}_{\Omega_j}\right) [\boldsymbol{E}_{j-1}]. \tag{4.4.50}$$

这种结构被称为*高尔夫方案*, 因为它试图通过逐步减少误差来达到目标.

关于这种构造过程, 我们有几点值得注意. 首先, 它生成仅支撑在 $\Omega_1 \cup \cdots \cup \Omega_j$ 上的 $\boldsymbol{\Lambda}_j$. 因此, 正如我们想要的, $\boldsymbol{\Lambda}_k$ 支撑在 Ω 上. 其次, 因为 $\boldsymbol{U}\boldsymbol{V}^* \in \mathsf{T}$, 所以对每个 j 都有 $\boldsymbol{E}_j \in \mathsf{T}$. 这意味着

$$\begin{aligned}
\boldsymbol{E}_j &= \mathcal{P}_{\mathsf{T}}[\boldsymbol{\Lambda}_j] - \boldsymbol{U}\boldsymbol{V}^* \\
&= \mathcal{P}_{\mathsf{T}}[\boldsymbol{\Lambda}_{j-1}] - \boldsymbol{U}\boldsymbol{V}^* - q^{-1} \mathcal{P}_{\mathsf{T}} \mathcal{P}_{\Omega_j} [\boldsymbol{E}_{j-1}] \\
&= \boldsymbol{E}_{j-1} - q^{-1} \mathcal{P}_{\mathsf{T}} \mathcal{P}_{\Omega_j} [\boldsymbol{E}_{j-1}] \\
&= (\mathcal{P}_{\mathsf{T}} - q^{-1} \mathcal{P}_{\mathsf{T}} \mathcal{P}_{\Omega_j} \mathcal{P}_{\mathsf{T}})[\boldsymbol{E}_{j-1}].
\end{aligned}$$

由于 $\mathbb{E}\left[q^{-1} \mathcal{P}_{\Omega_j}\right] = \mathcal{I}$, 因此, 在期望意义下, 这个迭代过程将误差降为零, 即 $\mathbb{E}[\boldsymbol{E}_j] = \mathbf{0}$.

事实证明, 由于 $\left\| \mathcal{P}_{\mathsf{T}} - q^{-1} \mathcal{P}_{\mathsf{T}} \mathcal{P}_{\Omega_j} \mathcal{P}_{\mathsf{T}} \right\|_2 \leqslant \frac{1}{2}$, 因此在 k 步之后, 误差以高概率减少到

$$\left\| \mathcal{P}_{\mathsf{T}}[\boldsymbol{\Lambda}_k] - \boldsymbol{U}\boldsymbol{V}^* \right\|_F = \left\| \boldsymbol{E}_k \right\|_F \leqslant 2^{-k} \left\| \boldsymbol{E}_0 \right\|_F. \tag{4.4.51}$$

因此, 基于高尔夫方案, 为了达到上述引理所建议的期望精度, 我们需要 $2^{-k} \left\| \boldsymbol{E}_0 \right\|_F = 2^{-k}\sqrt{r} \leqslant 1/4n$. 由于 $r < n$, 我们只需要 $2^{-k} \sim O(1/n^2)$, 也就是说, 对于足够大的常数 C_g, 我们选择 $k = C_g \log(n)$, 例如 $C_g = 20$. 因此, 在这些条件下, k 次迭代之后所构造的对偶证书 $\boldsymbol{\Lambda}_k$ 满足命题 4.2的条件 2(b), 即

$$\left\| \mathcal{P}_{\mathsf{T}}[\boldsymbol{\Lambda}_k] - \boldsymbol{U}\boldsymbol{V}^* \right\|_F \leqslant \frac{1}{4n}. \tag{4.4.52}$$

最后, 为了满足命题 4.2的条件 2(a), 我们需要证明随机矩阵 $\mathcal{P}_{\mathsf{T}^\perp}[\boldsymbol{\Lambda}_k]$ 的算子范数有上界, 即

$$\left\| \mathcal{P}_{\mathsf{T}^\perp}[\boldsymbol{\Lambda}_k] \right\|_2 \leqslant 1/4.$$

注意到, 根据 $\boldsymbol{\Lambda}_k$ 的构造过程, 我们有

$$\boldsymbol{\Lambda}_k = \sum_{j=1}^{k} -q^{-1}\mathcal{P}_{\Omega_j}[\boldsymbol{E}_{j-1}],$$

$$\boldsymbol{E}_j = (\mathcal{P}_{\mathsf{T}} - \mathcal{P}_{\mathsf{T}} q^{-1}\mathcal{P}_{\Omega_j}\mathcal{P}_{\mathsf{T}})[\boldsymbol{E}_{j-1}],$$

其中 $\boldsymbol{E}_0 = -\boldsymbol{U}\boldsymbol{V}^*$. 我们所感兴趣的矩阵可以表示为:

$$\mathcal{P}_{\mathsf{T}^\perp}[\boldsymbol{\Lambda}_k] = \sum_{j=1}^{k} -q^{-1}\mathcal{P}_{\mathsf{T}^\perp}\mathcal{P}_{\Omega_j}[\boldsymbol{E}_{j-1}] = \sum_{j=1}^{k} \mathcal{P}_{\mathsf{T}^\perp}(\mathcal{P}_{\mathsf{T}} - q^{-1}\mathcal{P}_{\Omega_j}\mathcal{P}_{\mathsf{T}})[\boldsymbol{E}_{j-1}], \tag{4.4.53}$$

其中第二个等号是由于 $\mathcal{P}_{\mathsf{T}^\perp}\mathcal{P}_{\mathsf{T}} = 0$ 和 $\mathcal{P}_{\mathsf{T}}[\boldsymbol{E}_j] = \boldsymbol{E}_j$.

由于我们对界定 $\mathcal{P}_{\mathsf{T}^\perp}[\boldsymbol{\Lambda}_k]$ 的算子范数感兴趣, 如果我们知道 $\mathcal{P}_{\Omega_j}$ 的各种范数的良好上界及其与算子 $\mathcal{P}_{\mathsf{T}}$ 或者 $\mathcal{P}_{\mathsf{T}^\perp}$ 的相互作用将会有所帮助. 注意到, 每个 $\mathcal{P}_{\Omega_j}$ 是独立随机算子的和. 而用来界定随机矩阵 (或者算子) 的和的范数的一个强大工具是附录 E 中引入的矩阵 Bernstein 不等式, 我们之前在引理 4.5 中使用过一次.

为了界定 $\mathcal{P}_{\mathsf{T}^\perp}[\boldsymbol{\Lambda}_k]$ 的算子范数, 类似于引理 4.5, 我们需要三个额外算子的良好上界. 这些界的证明[㊀]和引理 4.5 中的证明类似, 均利用矩阵 Bernstein 不等式. 因此, 我们把推导留给读者作为习题, 以熟悉矩阵 Bernstein 不等式.

我们使用以下方式来表示接下来所用到的矩阵的界. 对于矩阵中的最大元素, 我们用 $\|\boldsymbol{Z}\|_\infty$ 来表示, 即

$$\|\boldsymbol{Z}\|_\infty = \max_{ij} |Z_{ij}|. \tag{4.4.54}$$

对于矩阵行向量的最大 ℓ^2 范数和列向量的最大 ℓ^2 范数的最大值, 我们用 $\|\cdot\|_{rc}$ 来表示, 即

$$\|\boldsymbol{Z}\|_{rc} = \max\left\{\max_i \|\boldsymbol{e}_i^*\boldsymbol{Z}\|_2,\ \max_j \|\boldsymbol{Z}\boldsymbol{e}_j\|_2\right\}. \tag{4.4.55}$$

引理 4.6 设 $\boldsymbol{Z}$ 是任意给定的 $n \times n$ 矩阵, 并且 Ω 是一个 Bernoulli 子集, 即 $\Omega \sim \mathrm{Ber}(q)$, 其中

$$q > C_0 \frac{\nu r \log n}{n}. \tag{4.4.56}$$

那么, 以高概率我们有

$$\left\|\left(q^{-1}\mathcal{P}_\Omega - \mathcal{I}\right)[\boldsymbol{Z}]\right\|_2 \leqslant C\left(\frac{n}{C_0\nu r}\|\boldsymbol{Z}\|_\infty + \sqrt{\frac{n}{C_0\nu r}}\|\boldsymbol{Z}\|_{rc}\right), \tag{4.4.57}$$

其中 C 是数值常数.

证明. 留给读者作为习题 (见习题 4.23). □

㊀ 沿用 [Chen et al., 2013] 的工作.

引理 4.7　设 $\boldsymbol{Z}$ 为任意给定的 $n \times n$ 矩阵. 存在一个数值常数 C_0, 使得如果 Ω 是一个 Bernoulli 子集, 即 $\Omega \sim \mathrm{Ber}(q)$, 其中

$$q > C_0 \frac{\nu r \log n}{n}. \tag{4.4.58}$$

那么, 以高概率我们有

$$\left\|(q^{-1}\mathcal{P}_{\mathsf{T}}\mathcal{P}_{\Omega} - \mathcal{P}_{\mathsf{T}})[\boldsymbol{Z}]\right\|_{rc} \leqslant \frac{1}{2}\left(\sqrt{\frac{n}{\nu r}}\,\|\boldsymbol{Z}\|_{\infty} + \|\boldsymbol{Z}\|_{rc}\right). \tag{4.4.59}$$

证明. 留给读者作为习题 (见习题 4.24). □

引理 4.8　设 $\boldsymbol{Z}$ 为任意给定的 $n \times n$ 矩阵. 存在常数 C_0, 使得如果 Ω 是一个 Bernoulli 子集, 即 $\Omega \sim \mathrm{Ber}(q)$, 其中

$$q > C_0 \frac{\nu r \log n}{n}, \tag{4.4.60}$$

那么, 以高概率我们有

$$\left\|(\mathcal{P}_{\mathsf{T}} - q^{-1}\mathcal{P}_{\mathsf{T}}\mathcal{P}_{\Omega}\mathcal{P}_{\mathsf{T}})[\boldsymbol{Z}]\right\|_{\infty} \leqslant \frac{1}{2}\|\boldsymbol{Z}\|_{\infty}. \tag{4.4.61}$$

证明. 留给读者作为习题 (见习题 4.25). □

基于这三个引理, 我们现在可以证明 $\mathcal{P}_{\mathsf{T}^{\perp}}[\boldsymbol{\Lambda}_k]$ 的算子范数非常小, 特别是它可以被界定为 $\|\mathcal{P}_{\mathsf{T}^{\perp}}[\boldsymbol{\Lambda}_k]\|_2 \leqslant 1/4$.

证明. 根据高尔夫方案, $\mathcal{P}_{\mathsf{T}^{\perp}}[\boldsymbol{\Lambda}_k]$ 可以表示为式(4.4.53)中给出的级数. 因此, 我们有

$$\begin{aligned}
\|\mathcal{P}_{\mathsf{T}^{\perp}}[\boldsymbol{\Lambda}_k]\|_2 &\leqslant \sum_{j=1}^{k}\left\|\mathcal{P}_{\mathsf{T}^{\perp}}(\mathcal{P}_{\mathsf{T}} - q^{-1}\mathcal{P}_{\Omega_j}\mathcal{P}_{\mathsf{T}})[\boldsymbol{E}_{j-1}]\right\|_2 \\
&\leqslant \sum_{j=1}^{k}\left\|(\mathcal{P}_{\mathsf{T}} - q^{-1}\mathcal{P}_{\Omega_j}\mathcal{P}_{\mathsf{T}})[\boldsymbol{E}_{j-1}]\right\|_2 \\
&= \sum_{j=1}^{k}\left\|(\mathcal{I} - q^{-1}\mathcal{P}_{\Omega_j})[\boldsymbol{E}_{j-1}]\right\|_2.
\end{aligned} \tag{4.4.62}$$

请注意, 在构建高尔夫方案时, 我们已确保每个子集 Ω_j 根据 Bernoulli 模型进行采样, 对于足够大的常数 C_0, 参数 $q > C_0(\nu r \log n)/n$. 这意味着 k 个子集 Ω_j 中的每一个都满足上述引理的条件. 我们首先将引理 4.6应用于不等式(4.4.62)的最后一行, 我们得到 (假设 $C_0 > 1$):

$$\|\mathcal{P}_{\mathsf{T}^{\perp}}[\boldsymbol{\Lambda}_k]\|_2 \leqslant \frac{C}{\sqrt{C_0}}\sum_{j=1}^{k}\left(\frac{n}{\nu r}\|\boldsymbol{E}_{j-1}\|_{\infty} + \sqrt{\frac{n}{\nu r}}\|\boldsymbol{E}_{j-1}\|_{rc}\right), \tag{4.4.63}$$

其中求和的第一部分中省略了 $1/\sqrt{C_0}$, 因为 $1/\sqrt{C_0} < 1$.

为了界定 $\|\boldsymbol{E}_{j-1}\|_\infty$, 我们应用引理 4.8, 并注意到 $\boldsymbol{E}_0 = \boldsymbol{U}\boldsymbol{V}^*$, 从而得到

$$\begin{aligned}\|\boldsymbol{E}_{j-1}\|_\infty &= \left\|\left(\mathcal{P}_{\mathsf{T}} - \frac{1}{q}\mathcal{P}_{\mathsf{T}}\mathcal{P}_{\Omega_{j-1}}\mathcal{P}_{\mathsf{T}}\right)\cdots\left(\mathcal{P}_{\mathsf{T}} - \frac{1}{q}\mathcal{P}_{\mathsf{T}}\mathcal{P}_{\Omega_1}\mathcal{P}_{\mathsf{T}}\right)[\boldsymbol{E}_0]\right\|_\infty \\ &\leqslant \left(\frac{1}{2}\right)^{j-1}\|\boldsymbol{U}\boldsymbol{V}^*\|_\infty. \end{aligned} \tag{4.4.64}$$

基于这个结果和 $\boldsymbol{\Lambda}_k = -\sum_j q^{-1}\mathcal{P}_{\Omega_j}[\boldsymbol{E}_{j-1}]$, 我们得到

$$\|\boldsymbol{\Lambda}_k\|_\infty \leqslant q^{-1}\sum_j \|\boldsymbol{E}_{j-1}\|_\infty \tag{4.4.65}$$

$$\leqslant 2q^{-1}\|\boldsymbol{U}\boldsymbol{V}^*\|_\infty. \tag{4.4.66}$$

由于 $q > p/C_q \log n$, 这为 $\boldsymbol{\Lambda}_k$ 建立了命题 4.3 的性质 (3).

为了界定 $\|\boldsymbol{E}_{j-1}\|_{rc}$, 应用引理 4.7, 我们得到

$$\begin{aligned}\|\boldsymbol{E}_{j-1}\|_{rc} &= \left\|\left(\mathcal{P}_{\mathsf{T}} - \frac{1}{q}\mathcal{P}_{\mathsf{T}}\mathcal{P}_{\Omega_{j-1}}\mathcal{P}_{\mathsf{T}}\right)[\boldsymbol{E}_{j-2}]\right\|_{rc} \\ &\leqslant \frac{1}{2}\sqrt{\frac{n}{\nu r}}\|\boldsymbol{E}_{j-2}\|_\infty + \frac{1}{2}\|\boldsymbol{E}_{j-2}\|_{rc}. \end{aligned} \tag{4.4.67}$$

将式(4.4.64)和式(4.4.67)中的两个不等式组合起来, 递归地应用于 $j-1, j-2, \cdots, 0$, 我们得到

$$\|\boldsymbol{E}_{j-1}\|_{rc} \leqslant j\left(\frac{1}{2}\right)^{j-1}\sqrt{\frac{n}{\nu r}}\|\boldsymbol{U}\boldsymbol{V}^*\|_\infty + \left(\frac{1}{2}\right)^{j-1}\|\boldsymbol{U}V^*\|_{rc}. \tag{4.4.68}$$

将上界(4.4.64)和式(4.4.68)代入不等式(4.4.63), 我们得到

$$\begin{aligned}\|\mathcal{P}_{\mathsf{T}^\perp}[\boldsymbol{\Lambda}_k]\|_2 &\leqslant \frac{C}{\sqrt{C_0}}\frac{n}{\nu r}\|\boldsymbol{U}\boldsymbol{V}^*\|_\infty \sum_{j=1}^{k}(j+1)\left(\frac{1}{2}\right)^{j-1} \\ &\quad + \frac{C}{\sqrt{C_0}}\sqrt{\frac{n}{\nu r}}\|\boldsymbol{U}\boldsymbol{V}^*\|_{rc}\sum_{j=1}^{k}\left(\frac{1}{2}\right)^{j-1} \\ &\leqslant \frac{6C}{\sqrt{C_0}}\frac{n}{\nu r}\|\boldsymbol{U}\boldsymbol{V}^*\|_\infty + \frac{2C}{\sqrt{C_0}}\sqrt{\frac{n}{\nu r}}\|\boldsymbol{U}\boldsymbol{V}^*\|_{rc}. \end{aligned} \tag{4.4.69}$$

由于矩阵 $\boldsymbol{X}_o$ 满足不相干条件(4.4.13)和式(4.4.14), 我们得到

$$\|\boldsymbol{U}\boldsymbol{V}^*\|_\infty \leqslant \max_{i,j}\left\{\|\boldsymbol{U}^*\boldsymbol{e}_i\|_2 \times \|\boldsymbol{V}^*\boldsymbol{e}_j\|_2\right\} \leqslant \frac{\nu r}{n},$$

$$\|\boldsymbol{U}\boldsymbol{V}^*\|_{rc} \leqslant \max\left\{\max_i \|\boldsymbol{e}_i^*\boldsymbol{U}\boldsymbol{V}^*\|_2, \max_j \|\boldsymbol{U}\boldsymbol{V}^*\boldsymbol{e}_j\|_2\right\} \leqslant \sqrt{\frac{\nu r}{n}}.$$

因此, 对于足够大的 C_0, 我们有

$$\|\mathcal{P}_{\mathsf{T}^\perp}[\boldsymbol{\Lambda}_k]\|_2 \leqslant \frac{6C}{\sqrt{C_0}} + \frac{2C}{\sqrt{C_0}} \leqslant \frac{1}{4}. \tag{4.4.70}$$

这为 $\mathcal{P}_{\mathsf{T}^\perp}[\boldsymbol{\Lambda}_k]$ 建立了命题 4.3的性质 (2). □

上述推导和结果表明, 命题 4.2中的松弛 KKT 条件以高概率能够满足, 从而我们证明了定理 4.18.

4.4.5 含噪声的稳定矩阵补全

到目前为止, 在矩阵补全问题中, 我们假设观察到的元素是准确的. 在现实世界的矩阵补全问题中, 观察到的元素经常被一些噪声污染, 即

$$Y_{ij} = [\boldsymbol{X}_o]_{ij} + Z_{ij}, \quad (i,j) \in \Omega, \tag{4.4.71}$$

其中 Z_{ij} 可以是一些小幅度的噪声. 或者等效地, 我们可以写

$$\mathcal{P}_\Omega[\boldsymbol{Y}] = \mathcal{P}_\Omega[\boldsymbol{X}_o] + \mathcal{P}_\Omega[\boldsymbol{Z}], \tag{4.4.72}$$

其中 $\boldsymbol{Z}$ 是 $n \times n$ 的噪声矩阵. 我们可以假设总体噪声水平很小, 即 $\|\mathcal{P}_\Omega[\boldsymbol{Z}]\|_F < \varepsilon$. 与稳定的矩阵恢复情况一样, 我们可以通过求解以下凸优化问题以恢复接近于 $\boldsymbol{X}_o$ 的低秩矩阵:

$$\begin{aligned} \min \quad & \|\boldsymbol{X}\|_* \\ \text{s.t.} \quad & \|\mathcal{P}_\Omega[\boldsymbol{X}] - \mathcal{P}_\Omega[\boldsymbol{Y}]\|_F < \varepsilon. \end{aligned} \tag{4.4.73}$$

下面的定理表明, 在与定理 4.18相同的条件下, 当核范数最小化从无噪声测量中恢复正确的低秩矩阵时, 上述凸优化问题能够给出真实低秩矩阵 $\boldsymbol{X}_o$ 的稳定估计 $\hat{\boldsymbol{X}}$.

定理 4.19 (稳定矩阵补全)　*设 $\boldsymbol{X}_o \in \mathbb{R}^{n\times n}$ 为秩 r 的 ν-不相干矩阵. 假设我们观察到 $\mathcal{P}_\Omega[\boldsymbol{Y}] = \mathcal{P}_\Omega[\boldsymbol{X}_o] + \mathcal{P}_\Omega[\boldsymbol{Z}]$, 其中 Ω 是一个 $[n]\times[n]$ 子集. 如果 Ω 是均匀随机采样的大小为*

$$m \geqslant C_1 \nu n r \log^2(n) \tag{4.4.74}$$

的子集, 那么以高概率, 对于某个常数 $c > 0$, 凸优化问题(4.4.73)的最优解满足

$$\|\hat{\boldsymbol{X}} - \boldsymbol{X}_o\|_F \leqslant c\frac{n\sqrt{n}\log(n)}{\sqrt{m}}\varepsilon \leqslant c'\frac{n}{\sqrt{r}}\varepsilon. \tag{4.4.75}$$

证明. 类似于在无噪声情况下定理 4.18的证明, 我们有关于 $\boldsymbol{X}_o$ 的相同的不相干条件和采样条件, 所以我们知道采样算子 $\mathcal{P}_\Omega$ 和通过高尔夫方案构造的对偶证书 $\boldsymbol{\Lambda}_k$ 满足命题 4.2中的性质. 在这里我们需要说明的是, 这些性质也蕴含了本定理 (有噪声情形下) 的结论.

令 $\boldsymbol{H} = \hat{\boldsymbol{X}} - \boldsymbol{X}_o$. 注意到, 我们可以将 $\boldsymbol{H}$ 分成两部分 $\boldsymbol{H} = \mathcal{P}_\Omega[\boldsymbol{H}] + \mathcal{P}_{\Omega^c}[\boldsymbol{H}]$. 对于第一部分, 我们有

$$\begin{aligned} \|\mathcal{P}_\Omega[\boldsymbol{H}]\|_F &= \|\mathcal{P}_\Omega[\hat{\boldsymbol{X}} - \boldsymbol{X}_o]\|_F \\ &\leqslant \|\mathcal{P}_\Omega[\hat{\boldsymbol{X}} - \boldsymbol{Y}]\|_F + \|\mathcal{P}_\Omega[\boldsymbol{Y} - \boldsymbol{X}_o]\|_F \end{aligned}$$

$$\leqslant 2\varepsilon. \tag{4.4.76}$$

注意, 第二部分 $\mathcal{P}_{\Omega^c}[\boldsymbol{H}]$ 是无噪声矩阵补全问题的可行扰动. 根据命题 4.2的证明, 特别是式(4.4.34), 我们有

$$\|\boldsymbol{X}_o + \mathcal{P}_{\Omega^c}[\boldsymbol{H}]\|_* \geqslant \|\boldsymbol{X}_o\|_* + \left(\frac{1}{2} - \frac{1}{4C_2\sqrt{nr}}\right) \|\mathcal{P}_{\mathsf{T}^\perp}[\mathcal{P}_{\Omega^c}[\boldsymbol{H}]]\|_F. \tag{4.4.77}$$

基于三角不等式, 我们还有

$$\|\hat{\boldsymbol{X}}\|_* = \|\boldsymbol{X}_o + \boldsymbol{H}\|_* \geqslant \|\boldsymbol{X}_o + \mathcal{P}_{\Omega^c}[\boldsymbol{H}]\|_* - \|\mathcal{P}_{\Omega}[\boldsymbol{H}]\|_*. \tag{4.4.78}$$

由于 $\|\hat{\boldsymbol{X}}\|_* \leqslant \|\boldsymbol{X}_o\|_*$, 所以我们有

$$\|\mathcal{P}_{\Omega}[\boldsymbol{H}]\|_* \geqslant \left(\frac{1}{2} - \frac{1}{4C_2\sqrt{nr}}\right) \|\mathcal{P}_{\mathsf{T}^\perp}[\mathcal{P}_{\Omega^c}[\boldsymbol{H}]]\|_F. \tag{4.4.79}$$

这可以得出

$$\|\mathcal{P}_{\mathsf{T}^\perp}[\mathcal{P}_{\Omega^c}[\boldsymbol{H}]]\|_F \leqslant 4\|\mathcal{P}_{\Omega}[\boldsymbol{H}]\|_* \leqslant 4\sqrt{n}\|\mathcal{P}_{\Omega}[\boldsymbol{H}]\|_F \leqslant 4\sqrt{n}\varepsilon. \tag{4.4.80}$$

由于 $\mathcal{P}_{\Omega^c}[\boldsymbol{H}] = \mathcal{P}_{\mathsf{T}^\perp}[\mathcal{P}_{\Omega^c}[\boldsymbol{H}]] + \mathcal{P}_{\mathsf{T}}[\mathcal{P}_{\Omega^c}[\boldsymbol{H}]]$, 我们还需要界定 $\mathcal{P}_{\mathsf{T}}[\mathcal{P}_{\Omega^c}[\boldsymbol{H}]]$. 将引理 4.4 的证明应用于 $\mathcal{P}_{\Omega^c}[\boldsymbol{H}]$, 那么对于足够大的常数 C_1, 我们得到

$$\|\mathcal{P}_{\mathsf{T}^\perp}[\mathcal{P}_{\Omega^c}[\boldsymbol{H}]]\|_F \geqslant C_1\frac{\sqrt{m}}{n\log(n)}\|\mathcal{P}_{\mathsf{T}}[\mathcal{P}_{\Omega^c}[\boldsymbol{H}]]\|_F.$$

因此, 我们有

$$\|\mathcal{P}_{\mathsf{T}}[\mathcal{P}_{\Omega^c}[\boldsymbol{H}]]\|_F \leqslant \frac{n\log(n)}{C_1\sqrt{m}}\|\mathcal{P}_{\mathsf{T}^\perp}[\mathcal{P}_{\Omega^c}[\boldsymbol{H}]]\|_F \leqslant c\frac{n\sqrt{n}\log(n)}{\sqrt{m}}\varepsilon. \tag{4.4.81}$$

这个界主导了所有其他项的界, 从而得到定理的结论. □

4.5　总结

在本章中, 我们研究了从数量 (比如 m 个) 远少于元素数量的线性测量

$$\boldsymbol{y} = \mathcal{A}[\boldsymbol{X}] \quad \in \mathbb{R}^m$$

中恢复低秩矩阵的问题, 其中 $\mathcal{A}$ 是一个线性算子, 通常与 $\boldsymbol{X} \in \mathbb{R}^{n\times n}$ 的低秩结构不相干. 这个问题出现在一系列的应用中, 它推广了稀疏向量恢复问题. 我们描述了低秩恢复问题的凸松弛, 其中我们最小化核范数, 即矩阵奇异值的和 (奇异值所构成向量的 ℓ^1 范数). 我们证明, 与恢复稀疏向量的 ℓ^1 最小化类似, 如果测量模型满足低秩矩阵的受限等距性质 (RIP), 那么以接近最小数量的线性测量, 即

$$m = O(nr),$$

基于核范数最小化的凸优化能够以高概率准确恢复所有秩 r 矩阵.

我们还研究了一个观测模型更加结构化的矩阵补全问题, 其中低秩矩阵中只有一小部分元素

$$\boldsymbol{Y} = \mathcal{P}_{\Omega}[\boldsymbol{X}]$$

被观测到, 其中 $\mathcal{P}_{\Omega}$ 表示从 $\boldsymbol{X} \in \mathbb{R}^{n \times n}$ 中采样, 所采样到元素的支撑为 Ω, 其中 $|\Omega| = m < n^2$. 矩阵补全问题包含了一些最重要的实际低秩恢复应用 (例如推荐问题) 中的特定结构. 这在数学上更具挑战性, 因为某些稀疏低秩矩阵在没有看到几乎所有元素的情况下是无法补全的. 然而, 我们观察到, 对于与上述测量模型不相干的低秩矩阵 (即奇异向量不集中在任何坐标上的矩阵), 核范数最小化只需要几乎最少的测量数量, 即

$$m = O(nr\log^2 n),$$

就能够以高概率实现成功补全.

几乎与稀疏向量恢复类似, 我们已经证明, 这些理论结果和算法可以扩展到处理非理想因素, 比如测量噪声. 所得到的算法对于测量中的小幅度噪声是稳定的. 此外, 在下一章中, 我们将看到如何把这些思想与稀疏恢复的思想结合起来, 以生成更丰富的模型和更鲁棒的算法.

4.6 注记

正如我们在本章开头所讨论的, 秩最小化问题出现在非常广泛的工程领域和应用中. 毫无疑问, 与秩最小化问题相关联的优化问题在动态系统的控制 [Mesbahi et al., 1997] 和系统辨识 [Fazel et al., 2001, 2004] 中得到了最广泛和最系统的研究. 核范数是算子范数球上矩阵的秩的凸包络这一事实归功于 [Fazel et al., 2001], 这引发了秩最小化问题的凸优化表述. 把受限等距性质 (RIP) 扩展到矩阵情形归功于 [Recht et al., 2010], 它帮助了刻画出凸优化表述下的成功条件, 类似于前一章研究的稀疏向量相关理论.

对于矩阵补全问题, 高尔夫方案归功于 [Gross, 2010]. 文献 [Gross, 2010] 和 [Recht, 2010] 建立了定理 4.18的变体, 两者都包含额外的假设, 即 $\|\boldsymbol{U}\boldsymbol{V}^*\|_\infty$ 较小. 本章所给出的定理 (无此假设) 归功于 [Chen, 2013]. 很容易看出, 只要稍加修改, 就可以将关于标准基的矩阵补全的证明和结果推广到任何正交 (矩阵) 基 $\{\boldsymbol{B}_i\}_{i=1}^{n^2}$, 只要它与低秩矩阵不相干 (即内积的绝对值很小). 由于我们有 $|\langle \boldsymbol{B}_i, \boldsymbol{X}\rangle| \leqslant \|\boldsymbol{B}_i\|_2 \|\boldsymbol{X}\|_*$, 对于与低秩矩阵 $\boldsymbol{X}$ 不相干的基, 我们通常希望基矩阵 $\boldsymbol{B}_i$ 具有较小的算子范数. 而傅里叶基或者 Pauli 基正是这样的基.

对于有噪声的矩阵补全问题, 定理 4.19中的结果基本上归功于 [Candès et al., 2010] 的工作, 但这里的陈述和证明适用于前一节中所要求的弱一些的不相干概念. 因此, 与 [Candès et al., 2010] 中的结果相比, 我们的误差界需要一个额外的因子 $\log(n)$.

关于计算方面, 文献中已经开发了许多方法, 这些方法可能为了计算效率或者测量效率而牺牲可恢复性. 为了推动极致的可扩展性, 使用完整的 $n \times n$ 矩阵计算的凸优化问题表述

可能变得难以负担. 在这种情况下, 人们开始直接研究非凸优化问题表述, 比如

$$\min_{\boldsymbol{U},\boldsymbol{V}} \|\boldsymbol{Y}-\mathcal{P}_\Omega[\boldsymbol{U}\boldsymbol{V}^*]\|_2^2,$$

其中 $\boldsymbol{U},\boldsymbol{V}\in\mathbb{R}^{n\times r}$ 是秩 r 矩阵. 令人惊讶的是, 尽管问题呈现非凸本质, 我们将在第 7 章中看到, 在相当宽泛的条件下, 仍然可以使用简单算法 (比如梯度下降) 找到其最优 (且正确) 的低秩解.

4.7 习题

习题 4.1 (Schoenberg 定理的证明) 在本习题中, 我们请感兴趣的读者证明 Schoenberg 的欧几里得嵌入定理 (定理 4.1). 设 $\boldsymbol{D}$ 为某些点集 $\boldsymbol{X}=[\boldsymbol{x}_1,\cdots,\boldsymbol{x}_n]\in\mathbb{R}^{d\times n}$ 的欧几里得距离矩阵, 即 $D_{ij}=\|\boldsymbol{x}_i\|_2^2+\|\boldsymbol{x}_j\|_2^2-2\langle\boldsymbol{x}_i,\boldsymbol{x}_j\rangle$. 设 $\mathbf{1}\in\mathbb{R}^n$ 表示所有元素为 1 的向量, 并且 $\boldsymbol{\Phi}=\boldsymbol{I}-\dfrac{1}{n}\mathbf{1}\mathbf{1}^*$. 使用 $\boldsymbol{\Phi}\mathbf{1}=\mathbf{0}$, 证明 $\boldsymbol{\Phi}\boldsymbol{D}\boldsymbol{\Phi}^*$ 满足 Schoenberg 定理的条件, 即它是半负定的, 秩最多为 d.

反过来, 设 $\boldsymbol{D}$ 是一个对角元素为零的对称矩阵, 并假设 $\boldsymbol{\Phi}\boldsymbol{D}\boldsymbol{\Phi}^*$ 是半负定的, 秩最多为 d. 证明存在矩阵 $\boldsymbol{X}\in\mathbb{R}^{d\times n}$, 使得 $D_{ij}=\|\boldsymbol{x}_i-\boldsymbol{x}_j\|_2^2$.

习题 4.2 (SVD 的推导) 设 $\boldsymbol{X}\in\mathbb{R}^{n_1\times n_2}$ 是秩为 r 的矩阵. 证明存在矩阵 $\boldsymbol{U}\in\mathbb{R}^{n_1\times r}$, $\boldsymbol{V}\in\mathbb{R}^{n_2\times r}$, 具有正交列和对角矩阵 $\boldsymbol{\Sigma}=\operatorname{diag}(\sigma_1,\cdots,\sigma_r)\in\mathbb{R}^{r\times r}$, 以及 $\sigma_1\geqslant\cdots\geqslant\sigma_r>0$, 使得

$$\boldsymbol{X}=\boldsymbol{U}\boldsymbol{\Sigma}\boldsymbol{V}^*. \tag{4.7.1}$$

提示: 奇异值 σ_i 和奇异向量 $\boldsymbol{v}_i$ 与矩阵 $\boldsymbol{X}^*\boldsymbol{X}$ 的特征值/特征向量之间的关系是什么?

习题 4.3 (最佳秩 r 近似) 我们证明定理 4.4. 首先, 考虑一种特殊情况, 其中 $\boldsymbol{Y}=\boldsymbol{\Sigma}=\operatorname{diag}(\sigma_1,\ldots,\sigma_n)$ 与 $\sigma_1>\sigma_2>\cdots>\sigma_n$. 任意秩 r 矩阵 $\boldsymbol{X}$ 可以表示为 $\boldsymbol{X}=\boldsymbol{F}\boldsymbol{G}^*$, 其中 $\boldsymbol{F}\in\mathbb{R}^{n_1\times r}$, $\boldsymbol{F}^*\boldsymbol{F}=\boldsymbol{I}$, $\boldsymbol{G}\in\mathbb{R}^{n_2\times r}$.

(1) 证明对于任何固定的 $\boldsymbol{F}$, 下述优化问题

$$\min_{\boldsymbol{G}\in\mathbb{R}^{n_2\times r}} \|\boldsymbol{F}\boldsymbol{G}^*-\boldsymbol{\Sigma}\|_F^2 \tag{4.7.2}$$

的最优解由 $\hat{\boldsymbol{G}}=\boldsymbol{\Sigma}^*\boldsymbol{F}$ 给出, 且最小目标函数值为

$$\|(\boldsymbol{I}-\boldsymbol{F}\boldsymbol{F}^*)\boldsymbol{\Sigma}\|_F^2. \tag{4.7.3}$$

(2) 设 $\boldsymbol{P}=\boldsymbol{I}-\boldsymbol{F}\boldsymbol{F}^*$, 并写 $\nu_i=\|\boldsymbol{P}\boldsymbol{e}_i\|_2^2$. 论证 $\sum_{i=1}^n\nu_i=n_1-r$ 且 $\nu_i\in[0,1]$. 证明

$$\|\boldsymbol{P}\boldsymbol{\Sigma}\|_F^2=\sum_{i=1}^{n_1}\sigma^2\nu_i\geqslant\sum_{i=r+1}^{n_1}\sigma_i^2, \tag{4.7.4}$$

当且仅 $\nu_1=\nu_2=\cdots=\nu_r=0$ 和 $\nu_{r+1}=\cdots=\nu_n$ 相等时, 不等式取等号. 在 $\boldsymbol{Y}=\boldsymbol{\Sigma}$ 的特殊情况下, 定理 4.4成立.

(3) 将证明扩展到 σ_i 并非互不相同的情况 (即对于某些 i, $\sigma_i = \sigma_{i+1}$).

(4) 将证明扩展到任何 $\boldsymbol{Y} \in \mathbb{R}^{n\times n}$. *提示*: 通过行和列的正交变换, Frobenius 范数 $\|\boldsymbol{M}\|_F$ 保持不变: 对于任何正交矩阵 $\boldsymbol{R}, \boldsymbol{S}$, Frobenius 范数 $\|\boldsymbol{M}\|_F = \|\boldsymbol{RMS}\|_F$.

习题 4.4 (最小秩近似)　考虑定理 4.4的一种变体, 给定数据矩阵 $\boldsymbol{Y}$, 我们希望找到一个秩最小的矩阵 $\boldsymbol{X}$, 该矩阵在某个准确度前提下近似 $\boldsymbol{Y}$:

$$\begin{aligned} \min \quad & \operatorname{rank}(\boldsymbol{X}), \\ \text{s.t.} \quad & \|\boldsymbol{X}-\boldsymbol{Y}\|_F \leqslant \varepsilon. \end{aligned} \tag{4.7.5}$$

根据 $\boldsymbol{Y}$ 的 SVD 形式, 给出该问题的最优解的表达式. 证明你的表达式是正确的.

习题 4.5 (多重和重复特征值)　考虑特征向量问题

$$\min \quad -\frac{1}{2}\boldsymbol{q}^*\boldsymbol{\Gamma}\boldsymbol{q} \quad \text{s.t.} \quad \|\boldsymbol{q}\|_2^2 = 1, \tag{4.7.6}$$

其中 $\boldsymbol{\Gamma}$ 是对称矩阵. 在正文中, 我们论证了当 $\boldsymbol{\Gamma}$ 的特征值不同时, 该问题的每个局部极小值点都是全局的.

(1) 证明即使 $\boldsymbol{\Gamma}$ 具有重复的特征值, 该问题的每个局部最小值点也都是全局的.

(2) 现在假设我们希望找到多个特征向量/特征值对. 考虑 Stiefel 流形上的优化问题:

$$\begin{aligned} \min \quad & -\frac{1}{2}\boldsymbol{Q}^*\boldsymbol{\Gamma}\boldsymbol{Q} \\ \text{s.t.} \quad & \boldsymbol{Q} \in \operatorname{St}(n,p) \doteq \left\{\boldsymbol{Q} \in \mathbb{R}^{n\times p} \mid \boldsymbol{Q}^*\boldsymbol{Q} = \boldsymbol{I}\right\}. \end{aligned} \tag{4.7.7}$$

证明该问题的每个局部极小值点都具有以下形式:

$$\boldsymbol{Q} = [\boldsymbol{u}_1, \cdots, \boldsymbol{u}_p]\,\boldsymbol{\Pi}, \tag{4.7.8}$$

其中, $\boldsymbol{u}_1, \cdots, \boldsymbol{u}_p$ 是与 $\boldsymbol{\Gamma}$ 的 p 个最大特征值相关联的特征向量, $\boldsymbol{\Pi}$ 是置换矩阵.

习题 4.6 (幂迭代法)　在本习题中, 我们推导如何使用幂迭代法计算特征向量 (以及奇异向量). 设 $\boldsymbol{\Gamma} \in \mathbb{R}^{n\times n}$ 为对称半正定矩阵. 设 $\boldsymbol{q}_0$ 是一个均匀分布在球面 $\mathbb{S}^{n-1}$ 上的随机向量 (我们可以通过取一个 n 维独立同高斯分布 $\mathcal{N}(0,1)$ 向量, 然后将其归一化为单位 ℓ^2 范数来生成这样一个随机向量). 通过迭代生成向量序列 $\boldsymbol{q}_1, \boldsymbol{q}_2, \cdots$

$$\boldsymbol{q}_{k+1} = \frac{\boldsymbol{\Gamma}\boldsymbol{q}_k}{\|\boldsymbol{\Gamma}\boldsymbol{q}_k\|_2}. \tag{4.7.9}$$

这种迭代方法被称为*幂迭代法*.

假设 $\boldsymbol{\Gamma}$ 的第一和第二特征值之间存在间隙: $\lambda_1(\boldsymbol{\Gamma}) > \lambda_2(\boldsymbol{\Gamma})$.

(1) $\boldsymbol{q}_k$ 收敛到什么? *提示*: 根据其特征向量/特征值, 我们有 $\boldsymbol{\Gamma} = \boldsymbol{V}\boldsymbol{\Lambda}\boldsymbol{V}^*$. $\boldsymbol{V}^*\boldsymbol{q}_k$ 是如何演变呢?

(2) 根据谱间隔 $\dfrac{\lambda_1-\lambda_2}{\lambda_1}$, 得到误差 $\|\boldsymbol{q}_k-\boldsymbol{q}_\infty\|_2$ 的界.

(3) 在问题 (2) 中所得到的界应该表明, 只要 λ_1 和 λ_2 之间存在间隔, 那么幂方法就会快速收敛. 如果 $\lambda_1=\lambda_2$, 该方法的行为如何?

(4) 如何使用幂迭代法计算矩阵 $\boldsymbol{X}\in\mathbb{R}^{n_1\times n_2}$ 的奇异值?

习题 4.7 (核范数的变分形式) 证明命题 4.1.

习题 4.8 (通过双对偶得到凸包络的性质) 在定理 4.6中, 我们证明了核范数 $\|\boldsymbol{X}\|_*$ 是 $\operatorname{rank}(\boldsymbol{X})$ 在算子范数球 $\mathsf{B}_{\mathrm{op}}=\{\boldsymbol{X}\mid\|\boldsymbol{X}\|_2\leqslant 1\}$ 上的凸包络. 这里, 我们使用集合 B 上的函数的*双共轭*是凸包络这一事实, 给出这个结果的另一种推导. 令 $f(\boldsymbol{X})=\operatorname{rank}(\boldsymbol{X})$ 表示秩函数.

(1) 证明 Fenchel 对偶

$$f^*(\boldsymbol{Y})=\sup_{\boldsymbol{X}\in\mathsf{B}}\{\langle\boldsymbol{X},\boldsymbol{Y}\rangle-f(\boldsymbol{X})\}$$

可以被表示为

$$f^*(\boldsymbol{Y})=\|\mathcal{D}_1[\boldsymbol{Y}]\|_*,$$

其中 $\mathcal{D}_\tau[\boldsymbol{M}]$ 是奇异值阈值化算子, 对于任何 $\boldsymbol{M}$ 的奇异值分解 $\boldsymbol{M}=\boldsymbol{U}\boldsymbol{S}\boldsymbol{V}^*$, $\mathcal{D}_\tau[\boldsymbol{M}]=\boldsymbol{U}\mathcal{S}_\tau[\boldsymbol{S}]\boldsymbol{V}^*$.

(2) 证明 f^* 的对偶,

$$f^{**}(\boldsymbol{X})=\sup_{\boldsymbol{Y}}\langle\boldsymbol{X},\boldsymbol{Y}\rangle-f^*(\boldsymbol{Y})$$

满足

$$f^{**}(\boldsymbol{X})=\|\boldsymbol{X}\|_*.$$

(3) 使用附录 B 中的命题 B.5 证明 $\|\cdot\|_*$ 是 $\operatorname{rank}(\cdot)$ 在 B 上的凸包络.

习题 4.9 (子矩阵的核范数) 令 $\boldsymbol{M}_1,\boldsymbol{M}_2\in\mathbb{R}^{n\times m}$ 为两个矩阵, 它们的拼接 $\boldsymbol{M}=[\boldsymbol{M}_1,\boldsymbol{M}_2]$. 证明:

(1) $\|\boldsymbol{M}\|_*\leqslant\|\boldsymbol{M}_1\|_*+\|\boldsymbol{M}_2\|_*$.

(2) 若 $\boldsymbol{M}_1^*\boldsymbol{M}_2=\mathbf{0}$, $\|\boldsymbol{M}\|_*=\|\boldsymbol{M}_1\|_*+\|\boldsymbol{M}_2\|_*$(也就是说, $\boldsymbol{M}_1$ $\boldsymbol{M}_2$ 张成的空间是正交的).

习题 4.10 (低秩逼近的凸化) 考虑下述优化问题:

$$\begin{array}{ll}\min & \|\boldsymbol{\Pi}\boldsymbol{Y}\|_F^2\\ \text{s.t.} & \mathbf{0}\preceq\boldsymbol{\Pi}\preceq\boldsymbol{I},\ \operatorname{trace}[\boldsymbol{\Pi}]=m-r.\end{array}\tag{4.7.10}$$

证明如果 $\sigma_r(\boldsymbol{Y})>\sigma_{r+1}(\boldsymbol{Y})$, 那么该问题具有唯一的最优解 $\boldsymbol{\Pi}_\star$, 它是最小的 n_1-r 个奇异值所对应的奇异向量 $\boldsymbol{u}_{r+1},\boldsymbol{u}_{r+2},\cdots,\boldsymbol{u}_{n_1}$ 所张成的线性空间上的正交投影. 矩阵 $(\boldsymbol{I}-\boldsymbol{\Pi}_\star)\boldsymbol{Y}$ 是 $\boldsymbol{Y}$ 的最佳秩 r 近似.

习题 4.11 (秩 r 矩阵的切空间) 考虑秩为 r 的矩阵 $\boldsymbol{X}_o$, 其紧凑奇异值分解 $\boldsymbol{X}_o = \boldsymbol{U\Sigma V}^*$. 证明集合 $\mathsf{M}_r = \{\boldsymbol{X} \mid \operatorname{rank}(\boldsymbol{X}) = r\}$ 在 $\boldsymbol{X}_o$ 处的切空间由 $\mathsf{T} = \{\boldsymbol{UR}^* + \boldsymbol{QV}^*\}$ 给出. 提示: 考虑生成一个邻近的低秩矩阵, 记作 $\boldsymbol{X}' = (\boldsymbol{U} + \boldsymbol{\Delta}_U)(\boldsymbol{\Sigma} + \boldsymbol{\Delta}_\Sigma)(\boldsymbol{V} + \boldsymbol{\Delta}_V)^*$.

习题 4.12 (二次观测) 考虑一个目标向量 $\boldsymbol{x}_o \in \mathbb{R}^n$. 在许多应用中, 观测可以被建模为向量 $\boldsymbol{x}_o$ 的二次函数. 更精确地说, 我们看到 $\boldsymbol{x}_0$ 到向量 $\boldsymbol{a}_1, \cdots, \boldsymbol{a}_m$ 上的投影的平方:

$$y_1 = \langle \boldsymbol{a}_1, \boldsymbol{x}_o \rangle^2, \quad y_2 = \langle \boldsymbol{a}_2, \boldsymbol{x}_o \rangle^2, \quad \cdots, \quad y_m = \langle \boldsymbol{a}_m, \boldsymbol{x}_o \rangle^2.$$

注意到, 从这个观察结果来看, 只能在差一个符号模糊性的意义上重构 $\boldsymbol{x}_o$, 也就是说, $-\boldsymbol{x}_o$ 也产生完全相同的观测结果.

(1) 考虑下述四次问题:

$$\min_{\boldsymbol{x}} \sum_{i=1}^n \left(y_i - \langle \boldsymbol{a}_i, \boldsymbol{x} \rangle^2 \right)^2. \tag{4.7.11}$$

这个问题关于 $\boldsymbol{x}$ 是凸的吗?

(2) 通过将向量值变量 $\boldsymbol{x}$ 替换为矩阵值变量 $\boldsymbol{X} = \boldsymbol{xx}^*$, 可以把上述问题转换为凸优化问题:

$$\min_{\boldsymbol{X}} \sum_{i=1}^n \left(y_i - \langle \boldsymbol{A}_i, \boldsymbol{X} \rangle \right)^2. \tag{4.7.12}$$

我们应该如何选择矩阵 $\boldsymbol{A}_1, \cdots, \boldsymbol{A}_m$ 呢? 证明如果 $m < n^2$, 那么 $\boldsymbol{X}_o = \boldsymbol{x}_o \boldsymbol{x}_o^*$ 不是该问题的唯一最优解. 如何利用 $\operatorname{rank}(\boldsymbol{X}_o) = 1$ 这一事实来改进呢?

(3) 在没有噪声的情况下, 我们可以尝试通过求解凸优化问题

$$\min \ \|\boldsymbol{X}\|_* \quad \text{s.t.} \quad \mathcal{A}[\boldsymbol{X}] = \boldsymbol{y}. \tag{4.7.13}$$

来得到 $\boldsymbol{X}_o$, 请使用自定义的算法或者通过 CVX 实现此优化算法. 它通常会恢复 $\boldsymbol{X}_o$ 吗?

(4) 算子 $\mathcal{A}$ 是否满足秩 RIP 呢?

习题 4.13 (证明定理 4.17) 验证

$$\min_{\boldsymbol{X}} \|\boldsymbol{X}\|_* + \frac{1}{2} \|\boldsymbol{X} - \boldsymbol{M}\|_F^2 \tag{4.7.14}$$

的最优解由 $\mathcal{D}_1[\boldsymbol{M}]$ 给出.

(1) 证明问题(4.7.14)是强凸的, 因此具有唯一最优解.

(2) 证明解 $\boldsymbol{X}_\star$ 是最优的, 当且仅当 $\boldsymbol{X}_\star \in \boldsymbol{M} - \partial \|\cdot\|_* (\boldsymbol{X}_\star)$.

(3) 使用问题 (2) 中的条件, 证明如果 $\boldsymbol{M}$ 是对角的, 即对于 $i \neq j$, 有 $M_{ij} = 0$, 那么 $\mathcal{S}_1[\boldsymbol{M}]$ 是式(4.7.14)唯一的最优解.

(4) 使用 SVD 证明, 在一般情况下, $\mathcal{D}_1[\boldsymbol{M}]$ 是式(4.7.14)的唯一最优解.

习题 4.14 证明定理 4.7.

习题 4.15 (一致矩阵补全) 设 Ω 是 $[n]\times[n]$ 的严格子集. 证明存在两个秩为 1 的矩阵 $\boldsymbol{X}_o$ 和 $\boldsymbol{X}_o'$, 使 $\mathcal{P}_\Omega[\boldsymbol{X}_o]=\mathcal{P}_\Omega[\boldsymbol{X}_o']$. 这意味着不可能从相同的观测值 Ω 重建所有的低秩矩阵.

习题 4.16 (矩阵补全的唯一最优性) 考虑矩阵补全问题:

$$\begin{aligned} \min \quad & \|\boldsymbol{X}\|_* \\ \text{s.t.} \quad & \mathcal{P}_\Omega[\boldsymbol{X}]=\mathcal{P}_\Omega[\boldsymbol{X}_o]. \end{aligned} \tag{4.7.15}$$

设 $\|\mathcal{P}_{\Omega^c}\mathcal{P}_{\mathsf{T}}\|_2<1$. 假设我们可以找到某个 $\boldsymbol{\Lambda}$ 使得: $\boldsymbol{\Lambda}$ 支撑在 Ω 上且 $\boldsymbol{\Lambda}\in\partial\|\cdot\|_*(\boldsymbol{X}_o)$, 即 $\mathcal{P}_{\mathsf{T}}[\boldsymbol{\Lambda}]=\boldsymbol{U}\boldsymbol{V}^*$ 且 $\|\mathcal{P}_{\mathsf{T}^\perp}[\boldsymbol{\Lambda}]\|_2<1$. 证明 $\boldsymbol{X}_o$ 是优化问题的唯一最优解.

习题 4.17 证明定理 4.12.

习题 4.18 补充定理 4.15证明的详细步骤.

习题 4.19 推导定理 4.13证明中误差界(4.3.85)的详细步骤.

习题 4.20 证明在引理 4.3中, 核范数的任何次微分都必须具有式(4.4.23)给出的形式.

习题 4.21 设 $\mathcal{R}_\Omega[\boldsymbol{X}_o]=\sum_{\ell=1}^q[\boldsymbol{X}_o]_{i_\ell,j_\ell}\boldsymbol{e}_{i_\ell}\boldsymbol{e}_{j_\ell}^*$, 其中每个 (i_ℓ,j_ℓ) 是从 $[n]\times[n]$ 上的均匀分布中独立地随机选取. 使用矩阵 Bernstein 不等式证明, 如果 $q>C\nu nr\log n$, 对于足够大的 C, 那么我们以高概率对于任意小的常数 t, 有

$$\|\mathcal{P}_{\mathsf{T}^\perp}\frac{n^2}{q}\mathcal{R}_\Omega\mathcal{P}_{\mathsf{T}}\|_2\leqslant t. \tag{4.7.16}$$

提示: 类似于引理 4.5 的证明.

习题 4.22 对于从高尔夫方案构造的对偶证书 $\boldsymbol{\Lambda}$, 使用习题 4.21中的事实和 $\left\|\frac{n^2}{q}\mathcal{P}_{\mathsf{T}^\perp}\mathcal{R}_{\Omega_j}[\boldsymbol{E}_j]\right\|_F\leqslant\left\|\frac{n^2}{q}\mathcal{P}_{\mathsf{T}^\perp}\mathcal{R}_{\Omega_j}\mathcal{P}_{\mathsf{T}}\right\|_2\cdot\|\boldsymbol{E}_j\|_F$, 证明如果对于足够大的常数 C,

$$m\geqslant C\nu nr^2\log^2 n,$$

那么以高概率我们有 $\|\mathcal{P}_{\mathsf{T}^\perp}[\boldsymbol{\Lambda}]\|_2\leqslant 1/2$.

习题 4.23 证明引理 4.6. 提示: 记

$$(q^{-1}\mathcal{P}_\Omega-\mathcal{I})[\boldsymbol{Z}]=\sum_{ij}\underbrace{Z_{ij}\left(q^{-1}\mathbb{1}_{ij\in\Omega}-1\right)\ \boldsymbol{E}_{ij}}_{\doteq\boldsymbol{W}_{ij}},$$

应用算子 Bernstein 不等式, 其中使用 $\|\boldsymbol{Z}\|_\infty$ 控制 $\boldsymbol{W}_{ij}$ 的算子范数, 用 $\|\boldsymbol{Z}\|_{rc}$ 控制矩阵方差.

习题 4.24　证明引理 4.6. 用矩阵 Bernstein 不等式得出 $\|\boldsymbol{e}_\ell^*\left(q^{-1}\mathcal{P}_\mathsf{T}\mathcal{P}_\Omega-\mathcal{P}_\mathsf{T}\right)[\boldsymbol{Z}]\|_2$ 的一个高概率的界, 对每列重复使用, 然后对所有行和列的失败概率求和, 从而得到 $\|\cdot\|_{rc}$ 的一个高概率的界. *提示*: 将矩阵 Bernstein 不等式应用于随机向量

$$\boldsymbol{e}_\ell^*\left(q^{-1}\mathcal{P}_\mathsf{T}\mathcal{P}_\Omega-\mathcal{P}_\mathsf{T}\right)[\boldsymbol{Z}]=\sum_{ij}\underbrace{Z_{ij}(q^{-1}\mathbb{1}_{ij\in\Omega}-1)\boldsymbol{e}_\ell^*\mathcal{P}_\mathsf{T}[\boldsymbol{E}_{ij}]}_{\doteq\boldsymbol{w}_{ij}}.$$

习题 4.25　证明引理 4.7. 利用标准 Bernstein 不等式证明 $(\mathcal{P}_\mathsf{T}-q^{-1}\mathcal{P}_\mathsf{T}\mathcal{P}_\Omega\mathcal{P}_\mathsf{T})[\boldsymbol{Z}]$ 位于 k,l 位置上的元素较大的概率是大的, 然后遍历 k,l 对所有的概率求和, 从而界定其 ℓ^∞ 范数较大的概率. *提示*: 对于 k,l 位置上的元素, 可以考察独立随机变量的和:

$$\begin{aligned}\left[\left(\mathcal{P}_\mathsf{T}-q^{-1}\mathcal{P}_\mathsf{T}\mathcal{P}_\Omega\mathcal{P}_\mathsf{T}\right)[\boldsymbol{Z}]\right]_{kl}&=Z_{kl}-[q^{-1}\mathcal{P}_\mathsf{T}\mathcal{P}_\Omega[\boldsymbol{Z}]_{kl}]\\&=\sum_{ij}\underbrace{n^{-2}Z_{kl}-q^{-1}\mathbb{1}_{ij\in\Omega}\left\langle\mathcal{P}_\mathsf{T}[\boldsymbol{E}_{kl}],\mathcal{P}_\mathsf{T}[\boldsymbol{E}_{ij}]\right\rangle Z_{ij}}_{\doteq w_{ij}}.\end{aligned}$$

分解低秩加稀疏矩阵

"整体大于部分之和."
——Aristotle, *Metaphysics*

在前几章中, 我们研究了如何从压缩或不完整测量中恢复稀疏向量或低秩矩阵. 在本章中我们将展示, 同样可以从稀疏信号和低秩信号的叠加 (混合) 或者从它们叠加 (混合) 的高度压缩测量中, 同时恢复稀疏信号和低秩信号. 我们将在本章和后续真实应用部分的实例中看到, 低秩性和稀疏性的结合产生了更广泛的一类模型, 可用于建模高维数据中更丰富的结构. 然而, 我们也面临着新的技术挑战, 即能否以及如何从很少的观测中正确有效地恢复这些结构.

5.1 鲁棒主成分分析和应用实例

5.1.1 问题描述

在本章中, 我们研究以下问题的变体. 给定一个数据矩阵 $\boldsymbol{Y} \in \mathbb{R}^{n_1 \times n_2}$, 它是两个矩阵的叠加, 即

$$\boldsymbol{Y} = \boldsymbol{L}_o + \boldsymbol{S}_o, \tag{5.1.1}$$

其中 $\boldsymbol{L}_o \in \mathbb{R}^{n_1 \times n_2}$ 是一个未知的低秩矩阵, $\boldsymbol{S}_o \in \mathbb{R}^{n_1 \times n_2}$ 是一个未知的稀疏矩阵. 我们能否期望有效地恢复 $\boldsymbol{L}_o$ 和 $\boldsymbol{S}_o$ 呢?

这个问题类似于另一个经典的低秩矩阵恢复问题, 其中观测到的数据矩阵 $\boldsymbol{Y} \in \mathbb{R}^{n_1 \times n_2}$ 是两个矩阵的叠加:

$$\boldsymbol{Y} = \boldsymbol{L}_o + \boldsymbol{Z}_o, \tag{5.1.2}$$

其中 $\boldsymbol{L}_o \in \mathbb{R}^{n_1 \times n_2}$ 是未知的低秩矩阵, $\boldsymbol{Z}_o \in \mathbb{R}^{n_1 \times n_2}$ 被假定为一个幅度小但稠密的扰动矩阵. 例如, $\boldsymbol{Z}_o$ 可以是具有较小标准差的高斯随机矩阵. 换句话说, 人们希望从噪声测量中恢复低秩矩阵 $\boldsymbol{L}_o$ (或者是由 $\boldsymbol{L}_o$ 的列向量所张成的低维子空间). 经典的*主成分分析* (PCA) 通过求解问题

$$\min_{\boldsymbol{L}} \|\boldsymbol{Y} - \boldsymbol{L}\|_F \quad \text{s.t.} \quad \operatorname{rank}(\boldsymbol{L}) \leqslant r \tag{5.1.3}$$

寻找 $\boldsymbol{L}_o$ 的最佳秩 r 估计. 问题 (5.1.3) 也被称为最佳秩 r 近似问题. 正如我们在 4.2.2 节中所看到的, 它可以通过*奇异值分解* (SVD) 非常高效地求解: 如果 $\boldsymbol{Y} = \boldsymbol{U\Sigma V}^*$ 是矩阵 $\boldsymbol{Y}$

的 SVD, 那么 $\boldsymbol{Y}$ 的最佳秩 r 近似为

$$\hat{\boldsymbol{L}} = \boldsymbol{U}\boldsymbol{\Sigma}_r\boldsymbol{V}^*,$$

其中 $\boldsymbol{\Sigma}_r$ 是仅保留 $\boldsymbol{\Sigma}$ 中前 r 个最大奇异值而得到的对角矩阵. 当矩阵 $\boldsymbol{Z}_o$ 中的扰动较小或者是独立同分布 (i.i.d.) 的高斯噪声时 [Jollife, 2002], 这个解具有许多最优性性质.

然而, 在新的测量模型 (5.1.1)中, 扰动项 $\boldsymbol{S}_o$ 可以包含幅度任意大小的元素, 因此其 ℓ^2 范数可以是无界的. 在某种意义上, 我们观察到的测量

$$\boldsymbol{Y} = \boldsymbol{L}_o + \boldsymbol{S}_o$$

是低秩矩阵 $\boldsymbol{L}_o$ 的损坏版本——$\boldsymbol{Y}$ 中对应于 $\boldsymbol{S}_o$ 非零元素的位置不携带任何关于 $\boldsymbol{L}_o$ 的信息. 图 5.1 展示了这个模型的一个实例. 与仅对于小幅度噪声或者扰动稳定的经典 PCA 不同, 从这种被高度破坏的测量中恢复矩阵 $\boldsymbol{L}_o$ (和相关的低维子空间) 的问题可以被考虑为一类鲁棒主成分分析 (RPCA).

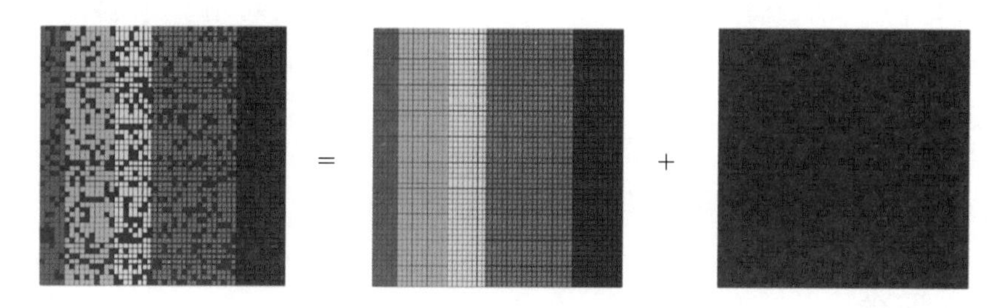

图 5.1 低秩矩阵 $\boldsymbol{L}_o$ 和稀疏矩阵 $\boldsymbol{S}_o$ 的叠加

在本章中, 我们使用 $\mathfrak{S}$ 和 $\boldsymbol{\Sigma}_o$ 分别表示稀疏矩阵 $\boldsymbol{S}_o$ 的支撑和符号集:

$$\mathfrak{S} \doteq \operatorname{supp}(\boldsymbol{S}_o) \quad \subseteq [n_1] \times [n_2], \tag{5.1.4}$$

$$\boldsymbol{\Sigma}_o \doteq \operatorname{sign}(\boldsymbol{S}_o) \quad \in \{-1, 0, 1\}^{n_1 \times n_2}. \tag{5.1.5}$$

注意到, 如果通过某种办法知道 $\boldsymbol{S}_o$ 的支撑 $\mathfrak{S}$, 我们可以通过使用 $\mathcal{P}_\Omega[\boldsymbol{L}_o]$ 求解矩阵补全问题 (如第 4 章所述) 来恢复 $\boldsymbol{L}_o$, 其中 $\Omega = \mathfrak{S}^c$. 但是, 在上述问题中, $\boldsymbol{L}_o$ 和 $\boldsymbol{S}_o$ 都是未知的.

5.1.2 矩阵刚性和植入团猜想

利用与矩阵补全的联系, 我们可以证明鲁棒 PCA 问题一般是 NP 困难的. 鲁棒 PCA 问题的困难度也可以用矩阵刚性 (matrix rigidity) 的概念来刻画. 如果矩阵 $\boldsymbol{M}$ 在 Hamming 距离意义下离低秩矩阵比较远, 我们称它是刚性的 (rigid). 正式定义如下.

定义 5.1 (矩阵刚性) 把矩阵 $\boldsymbol{M}$ 更改为秩 r 矩阵所需要修改的最小元素数量, 即

$$R_{\boldsymbol{M}}(r) \doteq \min\{\|\boldsymbol{S}\|_0 : \operatorname{rank}(\boldsymbol{M} + \boldsymbol{S}) \leqslant r\}, \tag{5.1.6}$$

被称为 $\boldsymbol{M}$ 相对于秩 r 矩阵的矩阵刚性.

矩阵刚性是计算复杂度理论中的一个重要概念, 它为计算线性变换 $\boldsymbol{Mx}$ 提供了电路复杂度的下界 [Valiant, 1977]. 矩阵刚性也与通信复杂度的概念相关 [Wunderlich, 2012]. 然而, 计算矩阵刚性通常是 NP 困难的 [Mahajan et al., 2007], 因此很难将一个一般矩阵分解为一个低秩矩阵和一个稀疏矩阵, 即

$$\boldsymbol{M} = \boldsymbol{L} + \boldsymbol{S}.$$

习题 5.2 研究矩阵刚性的困难度, 感兴趣的读者可以通过习题来了解这一联系.

鲁棒 PCA 问题的困难度也可以通过它与植入团 (planted clique) 问题 [Arora et al., 2009] 的联系来建立.

定义 5.2 (植入团问题) 给定一个具有 n 个节点的图 $\mathcal{G}$, 以概率 1/2 随机连接每对节点. 然后选择任意 n_o 个节点, 使它们成为一个团, 即一个完全连通的子图. 目标是从图 $\mathcal{G}$ 中找到这个隐藏的团.

我们知道, 随机生成图 (具有 1/2 连通性) 的极大团以高概率为 $2\log_2 n$. 因此, 从理论上讲, 如果

$$n_o > 2\log_2 n,$$

我们应该能够识别这样的植入团, 并将其与随机生成的图区分开. 此外, 如果

$$n_o = \Omega(\sqrt{n}),$$

我们可以使用谱方法有效地识别植入团 [Alon et al., 1998; Kučera, 1995]. 这个问题有趣而困难的部分是:

$$2\log_2 n < n_o < \sqrt{n}.$$

关于这个问题的复杂度, 我们有如下猜想㊀.

> **猜想**: $\forall\, \varepsilon > 0$, 如果 $n_o < n^{0.5-\varepsilon}$, 那么不存在多项式时间的算法能够以高概率从图 $\mathcal{G}$ 中找到隐藏的团.

在这里, 如果我们考虑图 $\mathcal{G}$ 的邻接矩阵 $\boldsymbol{A}$, 那么有

$$\boldsymbol{A} = \boldsymbol{L}_o + \boldsymbol{S}_o,$$

其中 $\boldsymbol{L}_o$ 是一个秩 1 矩阵, 由各个元素均为 1 的 $n_o \times n_o$ 的块矩阵构成, 而 $\boldsymbol{S}_o$ 是一个相对稀疏的矩阵, 包含约 $(n^2 - n_o^2)/2$ 个非零元素. 因此, 考虑到植入团问题的困难度, 我们不应该期望存在一种有效算法, 当 $n_o < n^{0.5-\varepsilon}$ 时, 可以将矩阵 $\boldsymbol{A}$ 正确地分解为秩 1 矩阵 $\boldsymbol{L}_o$ 和

㊀ 有关 $n_o = \Theta(\sqrt{n})$ 的植入团问题复杂度的更多证据, 可以参考 [Gamarnik et al., 2019]. 最近的工作 [Brennan et al., 2020] 进一步揭示了在高维空间中关于低维模型的各种统计推断问题里, 植入团问题在表征计算困难度分类上的重要作用.

稀疏矩阵 $\boldsymbol{S}_o$. 我们把关于植入团问题的更详细研究留作习题, 以期望帮助读者更好地理解本章中所提出方法的工作条件.

这里需要简单说明一下的是, 鲁棒 PCA 的情况类似于低秩恢复和稀疏恢复: *我们不应该期望能够找到适用于每个问题实例的有效算法*. 不过, 正如将在下面讨论的一些重要应用中看到的, 我们所感兴趣的实际问题中的矩阵 $\boldsymbol{Y}$ 一般相对 "*容易*"——通过纠正少量元素, 可以使其秩显著降低. 正如我们将在下文讨论的一些重要应用中看到的那样.

5.1.3 鲁棒主成分分析的应用

在许多重要的实际应用中, 我们都会遇到问题 (5.1.1). 这里, 我们给出几个数据科学中受某种现代挑战而启发的代表性例子. 请注意, 根据实际应用, 低秩部分或者稀疏部分都可能是我们感兴趣的对象.

视频监控

给定一系列监控视频帧, 我们通常需要从背景中辨别突出的活动. 如果我们将视频帧堆叠为矩阵 $\boldsymbol{Y}$ 的列向量, 那么低秩部分 $\boldsymbol{L}_o$ 表示静止背景, 稀疏部分 $\boldsymbol{S}_o$ 表示前景中的移动对象. 然而, 由于每个图像帧可以有数千甚至数百万像素, 每个视频片段可能包含数百到数千帧, 那么只有当我们具备一个真正可扩展的求解方案时, 用这种方式分解 $\boldsymbol{Y}$ 才是有可能的. 本章中所阐述的方法将使我们能够实现这一目标, 稍后在图 5.3 给出的示例中可以看到.

人脸识别

正如我们在 4.1.1 节所了解的, 不同光照条件下的凸 Lambertian 表面张成一个低维子空间 [Basri et al., 2003]. 也就是说, 如果我们堆叠人脸图像作为矩阵的列向量, 那么该矩阵是一个 (近似的) 低秩矩阵 $\boldsymbol{L}_o$. 事实上, 这是低维模型对图像数据有效的一个主要原因. 特别是, 人脸图像可以由一个低维子空间很好地近似. 在许多应用中 (例如人脸识别和对齐), 能够正确恢复这个子空间至关重要. 然而, 真实的人脸图像经常会受到附着阴影、高光或者亮度饱和的影响 (正如我们在图 4.2a 中所见), 这使得这个任务非常困难, 并且会损害识别性能. 一个更仔细的研究表明, 人脸图像可以很好地由一个低秩矩阵 $\boldsymbol{L}_o$ 叠加一个稀疏矩阵 $\boldsymbol{S}_o$ 建模, 其中稀疏矩阵建模这种缺陷 [Zhang et al., 2013]. 从遮挡图像中恢复这两个分量将使得我们能够修复这些图像, 从而更好地进行识别, 稍后在图 5.4 中将给出一个示例.

潜语义索引

网络搜索引擎通常需要分析和索引大量文档的内容. 我们在 4.1.4 节中讨论过, 对于这个问题的一种常用解决方案是*潜语义索引* (LSI) [Dumais et al., 1988; Papadimitriou et al., 1998], 其基本思想是收集 "*文档–词*" 矩阵 $\boldsymbol{Y}$, 其元素通常编码词和文档的相关性, 比如词在文档中出现的频率[1]. 传统上, 我们使用 PCA (或 SVD) 将矩阵分解为低秩部分加上一个

[1] 例如, 词条目频率–逆文档频率 (Term Frequency-Inverse Document Frequency, TF-IDF). ——译者注

残差部分, 其残差不一定是稀疏的. 如果我们能够将 $\boldsymbol{Y}$ 分解为低秩分量 $\boldsymbol{L}_o$ 和稀疏分量 $\boldsymbol{S}_o$ 的和, 那么 $\boldsymbol{L}_o$ 可以用来刻画所有文档的少量共同主题模型, 而 $\boldsymbol{S}_o$ 则可以表示为最能区分不同文档的少数关键词. 有关此类 (通过低秩和稀疏矩阵叠加的) 联合主题–文档模型的更详细信息, 请读者参考 [Min et al., 2010].

协同过滤

正如我们在 4.1.2 节中所看到的, 预测用户偏好一直是电子商务和广告中的一个重要问题. 公司定期收集各种产品的用户排名 (例如电影、书籍、游戏或者网络工具), 其中 Netflix Prize 是最著名的一个例子. Netflix Prize 提出的问题是使用用户对某些产品提供的非常稀疏和不完整的排名来预测任意给定用户对任意产品的偏好, 这类任务也被称为协同过滤 [Hofmann, 2004]. 在第 4 章中, 这个问题已被视为补全一个低秩矩阵 $\boldsymbol{L}_o$ 的问题. 然而, 在现实中, 由于数据收集过程通常缺乏控制或者有时甚至是特别安排的, 比如可用排名数据中的一小部分有可能非常随机, 甚至被恶意用户或竞争对手所篡改. 我们可以将这些元素建模为稀疏矩阵 $\boldsymbol{S}_o$. 推荐问题现在变得更具挑战性, 因为我们需要同时补全低秩矩阵 $\boldsymbol{L}_o$, 并纠正这些 (稀疏的) 误差 $\boldsymbol{S}_o$. 也就是说, 我们需要从一组不完整和被损坏的元素中推断出低秩矩阵 $\boldsymbol{L}_o$, 第 4 章介绍的方法不足以解决这个问题.

社群识别和数据聚类

随着社交网络的日益普及, 一个重要的任务是在这种网络中发现隐藏的模式和结构. 我们将社交网络建模为图 $\mathcal{G}$, 其中节点表示用户, 边表示朋友关系. 那么, 图的邻接矩阵 $\boldsymbol{A}$ 是对称矩阵, 其中 $a_{ij} = a_{ji} = 1$ 当且仅当 i 和 j 是朋友, 否则为 0. 网络中的社群 (community) 是节点的一个子组, 它们之间的连接密度比与其他节点的连接密度高得多. 这样的一组节点也被称为一个簇 (cluster), 如图 5.2 所示. 每个社群或簇可以被近似建模为一个完全连通的子图, 也称为团 (clique). 每个团对应于所有元素为 1 的秩 1 子矩阵. 因此, 对于由多个社群组成的图, 邻接矩阵 $\boldsymbol{A}$ 的形式为:

$$\boldsymbol{A} = \boldsymbol{L}_o + \boldsymbol{S}_o,$$

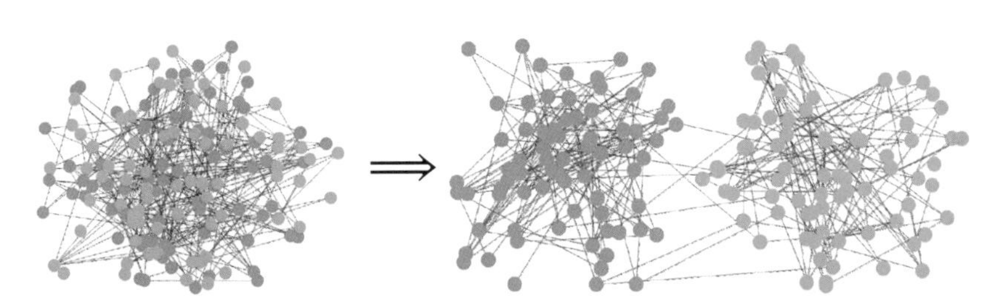

图 5.2 具有两个紧密连接的簇的图. 用于模拟社交网络中的两个紧密社群 (经普林斯顿大学陈昱鑫教授许可转载图片)

其中 $\boldsymbol{L}_o$ 是一个低秩矩阵, 由若干块所有元素为 1 的秩 1 子矩阵组成, 而 $\boldsymbol{S}_o$ 是一个稀疏矩阵, 对应于剩余的几个虚假连接或者缺失连接. 这可以被视为前面讨论的 “植入团” 问题

(更具挑战性) 的扩展, 因为在这里我们允许图中存在多个团. 在数据科学和工程中, 许多试图将数据分为多个组、数据段、子系统或者子空间的任务都可以简化为这种性质的问题 [Vidal et al., 2016].

我们上面列出的所有应用, 都需要解决在不同条件下把可能非常高维度的矩阵分解为低秩矩阵和稀疏矩阵的问题. 事实证明, 在数学上, 这类问题是机器学习和系统理论的基础. 正如在第 1 章所述, 它们实际上是正确和鲁棒地学习图模型和辨识动态系统这类任务背后的根本问题.

5.2 基于主成分追踪的鲁棒主成分分析

在上述每个问题中, 数据矩阵 $\boldsymbol{Y}$ 可以建模为低秩矩阵和稀疏矩阵的叠加, 即

$$\boldsymbol{Y} = \boldsymbol{L}_o + \boldsymbol{S}_o. \tag{5.2.1}$$

我们希望从给定的数据矩阵 $\boldsymbol{Y}$ 中同时找到低秩矩阵 $\boldsymbol{L}_o$ 和稀疏矩阵 $\boldsymbol{S}_o$. 在本章的大部分内容中, 我们将通过假设 $\boldsymbol{Y} \in \mathbb{R}^{n\times n}$ 是一个方阵来简化符号. 将理论和算法扩展到非方阵情况 $\boldsymbol{Y} \in \mathbb{R}^{n_1\times n_2}$ 在很大程度上是比较直接的, 我们将在 5.3 节中讨论其中的一部分内容, 其余则留给读者作为习题.

5.2.1 稀疏低秩分离的凸松弛

正如第 3 章中的稀疏向量恢复和第 4 章中的低秩矩阵恢复一样, 我们希望找到求解此类结构良好实例的有效算法. 基于之前章节的知识, 我们应该对如何实现这一点有非常清晰的认识. 一个很自然的想法是求解一个涉及两个矩阵优化变量 $\boldsymbol{L}$ 和 $\boldsymbol{S}$ 的优化问题, 其中我们尝试使 $\boldsymbol{L}$ 的核范数最小, 并且使 $\boldsymbol{S}$ 的 ℓ^1 范数最小, 即

$$\begin{aligned} \min \quad & \|\boldsymbol{L}\|_* + \lambda\|\boldsymbol{S}\|_1 \\ \text{s.t.} \quad & \boldsymbol{L} + \boldsymbol{S} = \boldsymbol{Y}. \end{aligned} \tag{5.2.2}$$

这里 $\lambda > 0$ 是一个正的权重参数. 等式约束 $\boldsymbol{L} + \boldsymbol{S} = \boldsymbol{Y}$ 是线性的, 目标函数是凸的[⊖], 所以这是一个凸优化问题, 我们称之为*主成分追踪* (PCP).

我们比较容易地推导出这个凸松弛问题表述, 这突出了 “*凸建模*” 的概念优势: 因为凸集和函数能够以非平凡的方式组合, 从而形成新的凸集和凸函数, 所以通常可以直接对模型加以扩展以处理实际感兴趣的新情况. 实际上, 尽管写出优化问题 (5.2.2) 应该很简单, 但是这为许多新的应用 (包括上一节中所列出的那些应用) 打开了大门.

不过, 我们仍然遗留两个关键问题. 首先, 由于大多数应用都涉及大规模数据集, 因此我们需要高效且可扩展的算法来求解问题 (5.2.2). 其次, 为了有把握地部署算法, 我们需要了解它们是否以及何时能够正确恢复低秩和稀疏成分 $\boldsymbol{L}_o$ 和 $\boldsymbol{S}_o$. 我们将分别在 5.2.2 节和 5.3 节中讨论这些问题, 然后将通过解决存在数据损坏和数据丢失问题的几个额外扩展来结

⊖ 因为两个凸函数的和也是凸函数.

束本章. 允许我们在实际应用中建模额外的干扰因素, 这进一步突出了这个框架本身的灵活性.

5.2.2　用交替方向法求解主成分追踪

PCP 问题可以使用半定规划 (SDP) 在多项式时间内以非常高的精度求解. SDP 的经典多项式时间算法基于内点法 [Grant et al., 2014], 这一方法能够在非常少的步骤内收敛到高精度解, 但是每一步迭代的成本非常高[㊀]. 这种复杂度使这个方法仅适用于小规模问题, 例如 $n < 100$. 然而, 对于上述 PCP/RPCA 的大多数应用, n 可能非常大. 在这种情况下, 更合适的方案是使用可扩展的高效算法来实现中等精度. 在本节中, 我们概述了能够实现这一点的一种方式——使用拉格朗日对偶技术——特别是*交替方向乘子法* (Alternating Direction Method of Multiplier, ADMM). 在第 8 章中我们会对一般情况进行更详细的研究.

有效解决 PCP 问题的主要挑战在于处理约束 $\boldsymbol{L}+\boldsymbol{S}=\boldsymbol{Y}$. 正如第 4 章中关于矩阵补全的内容, 我们使用拉格朗日对偶机制. 这里, 问题 (5.2.2) 所对应的*拉格朗日函数*是

$$\mathcal{L}(\boldsymbol{L},\boldsymbol{S},\boldsymbol{\Lambda}) \doteq \|\boldsymbol{L}\|_* + \lambda\|\boldsymbol{S}\|_1 + \langle \boldsymbol{\Lambda}, \boldsymbol{L}+\boldsymbol{S}-\boldsymbol{Y}\rangle . \tag{5.2.3}$$

这一表述形式一般被用于表征约束优化问题的最优性条件. 而为了推导一个实用的算法 (正如将在 8.4 节中所介绍的), 我们最好使用*增广拉格朗日函数*[㊁]:

$$\mathcal{L}_\mu(\boldsymbol{L},\boldsymbol{S},\boldsymbol{\Lambda}) \doteq \|\boldsymbol{L}\|_* + \lambda\|\boldsymbol{S}\|_1 + \langle \boldsymbol{\Lambda}, \boldsymbol{L}+\boldsymbol{S}-\boldsymbol{Y}\rangle + \frac{\mu}{2}\|\boldsymbol{L}+\boldsymbol{S}-\boldsymbol{Y}\|_F^2. \tag{5.2.4}$$

类似于我们推导的矩阵补全算法, 一般的增广拉格朗日乘子法通过重复如下步骤来求解 PCP 问题. 首先通过求解

$$(\boldsymbol{L}_{k+1},\boldsymbol{S}_{k+1}) = \arg\min_{\boldsymbol{L},\boldsymbol{S}} \mathcal{L}_\mu(\boldsymbol{L},\boldsymbol{S},\boldsymbol{\Lambda}_k) \tag{5.2.5}$$

来更新 $\boldsymbol{L}$ 和 $\boldsymbol{S}$, 然后使用

$$\boldsymbol{\Lambda}_{k+1} = \boldsymbol{\Lambda}_k + \mu(\boldsymbol{L}_{k+1}+\boldsymbol{S}_{k+1}-\boldsymbol{Y}) \tag{5.2.6}$$

来更新拉格朗日乘子矩阵.

请注意, 在每次迭代中, 我们需要求解一个凸优化问题 (5.2.5), 其中 $\boldsymbol{L}$ 和 $\boldsymbol{S}$ 是未知的. 虽然这是一个凸优化问题, 但是使用次梯度下降 (subgradient descent) 等通用算法来求解时, 效率会非常低下. 我们可以通过识别出其中的两个子问题来避免上述低效方法, 因为两个子问题 $\min_{\boldsymbol{L}} \mathcal{L}_\mu(\boldsymbol{L},\boldsymbol{S},\boldsymbol{\Lambda})$ 和 $\min_{\boldsymbol{S}} \mathcal{L}_\mu(\boldsymbol{L},\boldsymbol{S},\boldsymbol{\Lambda})$ 都有非常简单有效的求解方案.

令 $\mathcal{S}_\tau:\mathbb{R}\to\mathbb{R}$ 表示收缩阈值化算子, 即

$$\mathcal{S}_\tau[x] = \operatorname{sign}(x)\max(|x|-\tau,0),$$

㊀ 对于 $n\times n$ 矩阵, 其每一步迭代的成本为 $O(n^6)$.

㊁ 参考经典教科书 [Bertsekas, 1982], 其中系统地阐述了增广拉格朗日乘子法.

通过将其应用到每个元素便可以扩展到矩阵. 很容易证明

$$\arg\min_{\boldsymbol{S}} \mathcal{L}_\mu(\boldsymbol{L}, \boldsymbol{S}, \boldsymbol{\Lambda}) = \mathcal{S}_{\lambda/\mu}(\boldsymbol{Y} - \boldsymbol{L} - \mu^{-1}\boldsymbol{\Lambda}). \tag{5.2.7}$$

类似地, 对于矩阵 $\boldsymbol{M}$, 设 $\mathcal{D}_\tau(\boldsymbol{M})$ 表示由 $\boldsymbol{U}\mathcal{S}_\tau(\boldsymbol{\Sigma})\boldsymbol{V}^*$ 给出的奇异值阈值化算子, 其中 $\boldsymbol{M} = \boldsymbol{U\Sigma V}^*$ 是任意奇异值分解. 不难证明

$$\arg\min_{\boldsymbol{L}} \mathcal{L}_\mu(\boldsymbol{L}, \boldsymbol{S}, \boldsymbol{\Lambda}) = \mathcal{D}_{1/\mu}(\boldsymbol{Y} - \boldsymbol{S} - \mu^{-1}\boldsymbol{\Lambda}). \tag{5.2.8}$$

因此, 一个更实用的策略是: 首先固定 $\boldsymbol{S}$, 关于 $\boldsymbol{L}$ 最小化 $\mathcal{L}_\mu$; 然后固定 $\boldsymbol{L}$, 关于 $\boldsymbol{S}$ 最小化 $\mathcal{L}_\mu$; 最后根据式 (5.2.6) 基于残差 $\boldsymbol{L} + \boldsymbol{S} - \boldsymbol{Y}$ 更新拉格朗日乘子矩阵 $\boldsymbol{\Lambda}$. 我们将这一求解方案总结为算法 5.1.

算法 5.1 基于 ADMM 的主成分追踪

1: **初始化.** $\boldsymbol{S}_0 = \boldsymbol{\Lambda}_0 = \boldsymbol{0}, \mu > 0$
2: **while** 不收敛 **do**
3: 　计算 $\boldsymbol{L}_{k+1} = \mathcal{D}_{1/\mu}(\boldsymbol{Y} - \boldsymbol{S}_k - \mu^{-1}\boldsymbol{\Lambda}_k)$
4: 　计算 $\boldsymbol{S}_{k+1} = \mathcal{S}_{\lambda/\mu}(\boldsymbol{Y} - \boldsymbol{L}_{k+1} - \mu^{-1}\boldsymbol{\Lambda}_k)$
5: 　计算 $\boldsymbol{\Lambda}_{k+1} = \boldsymbol{\Lambda}_k + \mu(\boldsymbol{L}_{k+1} + \boldsymbol{S}_{k+1} - \boldsymbol{Y})$
6: **end while**
7: **输出.** $\boldsymbol{L}_\star \leftarrow \boldsymbol{L}_k, \boldsymbol{S}_\star \leftarrow \boldsymbol{S}_k$

事实上, 上述交替更新策略是一类更一般的增广拉格朗日乘子法的特例, 称为*交替方向乘子法* (ADMM). 我们将在 8.5 节中正式介绍 ADMM, 并研究其收敛性和其他问题. 算法 5.1 在广泛的实例中表现出色, 正如我们将在下面看到的, 相对较少的迭代次数足以实现良好的相对精度. 每次迭代的主要成本是通过奇异值阈值化计算 $\boldsymbol{L}_{k+1}$. 这要求我们计算 $\boldsymbol{Y} - \boldsymbol{S}_k + \mu^{-1}\boldsymbol{\Lambda}_k$ 对应于超过阈值 μ 的奇异值的奇异向量. 在实验中, 我们已经观察到, 这种大于 μ 的奇异值的数量通常由 $\mathrm{rank}(\boldsymbol{L}_o)$ 所界定, 从而可以通过使用部分 SVD 来有效地计算下一次迭代[⊖].

非常类似的思想可以用于开发求解鲁棒矩阵补全问题 (5.6.1)的简单有效的增广拉格朗日乘子法, 这将在 5.6 节中介绍.

5.2.3　主成分追踪的数值仿真与实验

在本节中, 我们对求解 PCP 的算法 5.1 进行数值模拟和实验, 并展示它在图像和视频分析方面的几个应用. 我们首先研究它从不同密度的误差中正确恢复不同秩的矩阵的能力, 然后概述其在视频背景建模和人脸图像阴影及高光移除操作中的应用.

PCP 中的一个重要实现细节是 λ 的选择. 正如我们将在下一节中看到的, 证明 PCP 有效性的理论分析给出了一种很自然的选择, 即

$$\lambda = 1/\sqrt{\max(n_1, n_2)}.$$

⊖ 正如 [Goldfarb et al., 2009] 中所建议的用于求解核范数最小化问题的策略, 通过把部分 SVD 替换为近似 SVD, 进一步提升性能是可能的.

本节中按这种方式来设定 λ. 然而, 对于实际问题, 通常可以根据解决方案的先验知识选择 λ, 以提高性能. 例如, 如果我们知道 $\boldsymbol{S}$ 非常稀疏, 增加 λ 将允许我们恢复更大秩的矩阵 $\boldsymbol{L}$. 对于实际问题, 作为一个好的经验选择, 我们建议使用 $\lambda = 1/\sqrt{\max(n_1, n_2)}$, 然后可以稍微调整, 以获得可能更好的结果.

I. 仿真: 对不同尺寸随机矩阵的精确恢复

我们首先验证算法在有利条件下如何恢复随机生成的实例 (即 $\boldsymbol{L}$ 的秩非常低, $\boldsymbol{S}$ 非常稀疏). 我们考虑不同维的方阵 $n = 500, \cdots, 3000$. 我们通过乘积 $\boldsymbol{L}_o = \boldsymbol{U}\boldsymbol{V}^*$ 来生成秩 r 矩阵 $\boldsymbol{L}_o$, 其中 $\boldsymbol{U}$ 和 $\boldsymbol{V}$ 是 $n \times r$ 矩阵, 其元素独立地从高斯分布 $\mathcal{N}(0, 1/n)$ 中采样. $\boldsymbol{S}_o$ 是通过均匀地随机选择大小为 k 的支撑 $\mathfrak{S}$, 然后设置 $\boldsymbol{S}_o = \mathcal{P}_{\mathfrak{S}}[\boldsymbol{E}]$ 而生成的, 其中 $\boldsymbol{E}$ 是由具有独立 Bernoulli 分布的 ± 1 元素构成的矩阵.

表 5.1 展示了 $\operatorname{rank}(\boldsymbol{L}_o) = 0.05 \times n$ 和 $k = 0.10 \cdot n^2$ 的结果. 在所有情况下, 我们设 $\lambda = 1/\sqrt{n}$. 请注意, 在所有情况下, 求解凸 PCP 都会得到具有正确秩和正确稀疏性的结果 $(\hat{\boldsymbol{L}}, \hat{\boldsymbol{S}})$. 此外, 相对误差 $\|\hat{\boldsymbol{L}} - \boldsymbol{L}_o\|_F / \|\boldsymbol{L}_o\|_F$ 很小, 在所考虑的所有示例中均小于 10^{-5}㊀.

表 5.1　对不同尺寸随机矩阵的精确恢复

维数 (n)	$\operatorname{rank}(\boldsymbol{L}_o)$	$\|\boldsymbol{S}_o\|_0$	$\operatorname{rank}(\hat{\boldsymbol{L}})$	$\|\hat{\boldsymbol{S}}\|_0$	$\frac{\|\hat{\boldsymbol{L}} - \boldsymbol{L}_o\|_F}{\|\boldsymbol{L}_o\|_F}$	#SVD	时间 (s)
500	25	25 000	25	25 000	1.2×10^{-6}	17	4.0
1 000	50	100 000	50	100 000	2.4×10^{-6}	16	13.7
2 000	100	400 000	100	400 000	2.4×10^{-6}	16	64.5
3 000	150	900 000	150	900 000	2.5×10^{-6}	16	191.0

表 5.1 的最后两列给出了优化过程中计算的部分奇异值分解的次数 (#SVD) 以及总体计算时间㊁. 正如我们所见, 算法 5.1 求解凸优化问题的主要成本来自每次迭代需要计算一个部分 SVD. 令人惊讶的是, 在表 5.1 中, 无论在什么维度下, 所需要的部分 SVD 的计算次数几乎是恒定的, 并且在所有情况下都不超过 17, 这表明 ADMM 算法为 PCP 提供了一个相当实用的求解器.

II. 实验: 来自监控的视频背景建模

由于帧之间的相关性, 视频是适合低秩建模的一个自然候选. 视频监控的最基本算法任务之一是找到估计场景中背景变化的良好模型. 由于前景对象的存在, 这项任务变得很复杂: 在繁忙的场景中, 每一帧都可能包含一些异常. 此外, 背景模型需要足够灵活, 以适应场景中的变化, 比如由于光照条件变化. 在这种情况下, 把背景变化建模为近似低秩部分是

㊀ 由于我们通常将稀疏和低秩分解视为从过失误差 (gross error) 中恢复低秩矩阵 $\boldsymbol{L}_o$, 因此我们仅以 $\boldsymbol{L}$ 来衡量相对误差, $\boldsymbol{S}_o$ 当然也可以很好地恢复——在本例中, $\boldsymbol{S}$ 中的相对误差实际上小于 $\boldsymbol{L}$.

㊁ 实验是用 MATLAB 在双四核 2.66GHz 英特尔 Xenon 处理器和 16GB RAM 的 Mac Pro 上进行的.

很自然的选择. 前景对象 (比如汽车或者行人) 通常只占据图像像素的一小部分, 因此可以被视为稀疏误差.

我们研究 PCP 的凸优化问题是否可以将这些稀疏误差从低秩背景中分离出来. 这里, 需要说明的一点是误差支撑可能无法很好地建模为 Bernoulli 模型: 因为误差往往在空间上是相干的, 更复杂的模型 (比如马尔可夫随机场) 可能更合适 [Cevher et al., 2009; Zhou et al., 2009]. 因此, 我们的定理不一定保证算法以高概率成功. 然而, 正如我们将看到的, PCP 仍然为这个实际的低秩和稀疏分离问题提供了视觉上很有吸引力的解决方案, 而无须使用任何关于误差空间结构的附加信息.

我们考虑 [Li et al., 2004] 中介绍的两个示例视频. 第一个是在机场拍摄的 200 帧连续灰度图像. 这一视频具有相对静态的背景, 但前景变化显著. 这些帧的分辨率为 176×144, 我们将每一帧图像堆叠为矩阵的列向量, 从而得到矩阵 $\boldsymbol{Y} \in \mathbb{R}^{25\ 344 \times 200}$. 通过求解凸的 PCP 问题 (5.2.2), 我们将 $\boldsymbol{Y}$ 分解为低秩项和稀疏项, 其中 $\lambda = 1/\sqrt{n_1}$. 图 5.3a 展示了来自视频的三个帧, 图 5.3b 和图 5.3c 显示低秩矩阵 $\hat{\boldsymbol{L}}$ 和稀疏矩阵 $\hat{\boldsymbol{S}}$ 的相应列 (此处显示其绝对值所对应的图像). 注意到 $\hat{\boldsymbol{L}}$ 正确地恢复了背景, $\hat{\boldsymbol{S}}$ 正确地识别出移动的行人. 而出现在 $\hat{\boldsymbol{L}}$ 图像中的一个人并未在整个视频中移动, 因此这个人被 (正确地) 建模为静态背景的一部分.

a) 原始帧　　b) 低秩 $\hat{\boldsymbol{L}}$　　c) 稀疏 $\hat{\boldsymbol{S}}$

图 5.3　视频背景建模. 在机场拍摄的视频序列 [Li et al., 2004] 的 200 帧中的三帧. a) 原始视频的帧. 图 b 和图 c 通过 PCP 获得的低秩 $\hat{\boldsymbol{L}}$ 和稀疏 $\hat{\boldsymbol{S}}$ 的相应列向量所对应的图像

我们注意到, 实际数据的迭代次数通常高于表 5.1中给出的随机矩阵的模拟次数. 造成这种差异的原因可能是实际数据的结构稍微偏离理想的低秩与稀疏模型. 然而, 重要的是考虑到, 诸如视频监控之类的实际应用通常提供关于感兴趣信号的附加信息, 例如稀疏前景的支撑在空间上是分块连续的, 在帧间是间断连续的. 它们甚至可能施加额外的要求, 例

如要求恢复的背景是非负的等. 值得注意的一点是, 我们的目标函数和求解过程非常简单, 这个框架可以很容易地结合额外的约束和更精确的信号模型, 从而获得更有效和更准确的结果.

III. 实验: 去除人脸图像中的瑕疵

人脸识别是计算机视觉中的另一个问题, 其中低维线性模型受到了广泛关注. 这主要归功于 Basri 和 Jacobs 的工作 [Basri et al., 2003], 他们的研究表明: 对于凸的 Lambertian 物体, 在远距离光照下拍摄的图像大约位于称为*调和平面* (harmonic plane) 的 9 维线性子空间中. 然而, 由于人脸既不是完全凸的, 也不是 Lambertian 的, 因此真实人脸图像通常会违反这种低秩模型, 部分原因是投射阴影和高光. 这些误差在幅度上可能较大, 但是在空间域中稀疏. 因此, 有理由相信, 如果我们有足够的同一张脸的图像, PCP 将能够消除这些误差. 与上一个实验一样, 这里也有一些注意事项: 理论分析表明性能应该良好, 不能保证实验性能一定良好, 因为误差的支撑可能不符合 Bernoulli 模型. 然而, 正如我们将看到的, 实验结果在视觉上是令人惊讶的.

图 5.4 显示了从*扩展的耶鲁人脸数据库* B [Georghiades et al., 2001] 中获取的一名受试者的人脸图像. 这里, 每个图像的分辨率为 192 × 168, 总共有 58 种不同光照情况, 我们将其作为矩阵 $\boldsymbol{Y} \in \mathbb{R}^{32\ 256 \times 58}$ 的列向量. 我们再次设定 $\lambda = 1/\sqrt{n_1}$ 来求解 PCP.

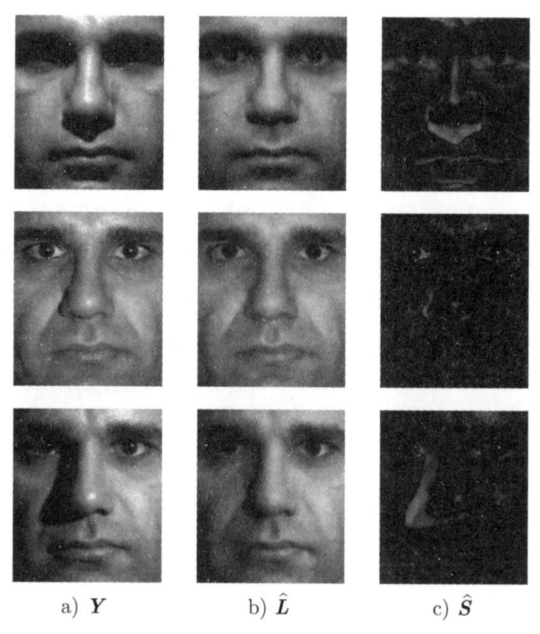

a) $\boldsymbol{Y}$　　b) $\hat{\boldsymbol{L}}$　　c) $\hat{\boldsymbol{S}}$

图 5.4　从面部图像中移除阴影、高光和过饱和. a) 不同光照下裁剪和对齐不同区域下的人脸图像 (来自扩展的耶鲁人脸数据库 B [Georghiades et al., 2001]). 每幅图像大小为 192 × 168 像素, 每人共有 58 种不同照明情况. b) 由凸优化问题所恢复的低秩近似 $\hat{\boldsymbol{L}}$. c) 稀疏误差 $\hat{\boldsymbol{S}}$ 对应于眼睛的高光、鼻子周围的阴影区域或面部的亮度饱和. 请注意图 a 的最后一行, 稀疏项也补偿了图像采集的误差

图 5.4 绘制了作为凸优化问题的最优解所获得的低秩项 $\hat{\boldsymbol{L}}$ 和稀疏项 $\hat{\boldsymbol{S}}$ 的幅度. 稀疏项 $\hat{\boldsymbol{S}}$ 补偿了投射阴影和高光区域. 在一个示例中 (图 5.4a 的最后一行), 这一项也补偿了图像采集中的误差. 这些结果可以用于修整人脸识别的训练数据, 以及在光照变化下的人脸对齐和跟踪.

IV. 仿真: 秩和稀疏度的相变

上述仿真和实验表明, 对于结构良好的问题实例 (确实存在一个低秩和稀疏分解的数据矩阵 $\boldsymbol{Y} = \boldsymbol{L}_o + \boldsymbol{S}_o$), PCP 可以准确地恢复 $\boldsymbol{L}_o$ 和 $\boldsymbol{S}_o$. 以此为动机, 我们接下来系统地研究这一算法从不同稀疏误差中恢复不同秩矩阵的能力. 我们考虑维数为 $n_1 = n_2 = 400$ 的方阵. 我们生成低秩矩阵 $\boldsymbol{L}_o = \boldsymbol{U}\boldsymbol{V}^*$, 其中 $\boldsymbol{U}$ 和 $\boldsymbol{V}$ 为独立的 $n \times r$ 矩阵, 其元素独立采样于零均值、方差为 $1/n$ 的高斯分布. 对于第一个实验, 我们假设稀疏项 $\boldsymbol{S}_o$ 的支撑为 Bernoulli 模型, 具有随机符号, 即 $\boldsymbol{S}_0$ 的每个元素取值为 0 的概率为 $1 - \rho_S$, 取值为 ± 1 的概率分别为 $\rho_S/2$. 对于每个 (r, ρ_S) 对, 我们生成 10 个随机问题实例, 每个实例通过 ADMM 算法 5.1 求解. 如果恢复结果满足 $\|\hat{\boldsymbol{L}} - \boldsymbol{L}_o\|_F / \|\boldsymbol{L}_o\|_F \leqslant 10^{-3}$, 那么我们认定恢复成功.

图 5.5a 以灰度图像显示了每对 (r, ρ_S) 的正确恢复率. 请注意, 这里存在一个大的白色区域, 其中的恢复是精确的. 这激励我们在下一节中更精确地描述算法的工作条件. 上述模拟已经突出了 PCP 的一个有趣方面: 即使在某些情况下, $\|\boldsymbol{S}_o\|_F \gg \|\boldsymbol{L}_o\|_F$ (例如, 对于 $r/n = \rho_S$, $\|\boldsymbol{S}_o\|_F$ 是 $\sqrt{n} = 20$ 倍大), 恢复也是正确的. 正如我们将在下一节中看到的, 这是从分析中可以预期的 (见引理 5.1): PCP 的最优解是唯一且正确的, 仅取决于 $\boldsymbol{S}_o$ 的符号和支撑以及 $\boldsymbol{L}_o$ 奇异空间的方向.

最后, 受矩阵补全和鲁棒 PCA 之间联系的启发, 我们将处理低秩与稀疏分离的 PCP 问题的崩溃点与 (在第 4 章中所研究的) 用于矩阵补全的核范数最小化问题的崩溃点进行比较. 通过比较这两种启发式方法的效果, 我们可以开始回答以下问题: *知道被损坏的元素的位置 $\mathfrak{S}$ 可以获得多少增益?* 这里, 我们再次以高斯矩阵的乘积来生成低秩矩阵 $\boldsymbol{L}_o$. 然而, 我们现在只为算法提供了元素的不完整子集 $\boldsymbol{M} = \mathcal{P}_{\mathfrak{S}^c}[\boldsymbol{L}_o]$. 每个 (i, j) 可以按概率 $1 - \rho_S$ 被独立地包含在 $\mathfrak{S}$ 中, 因此这里的 ρ_S 不是出现误差的概率, 而是矩阵中元素被 "*缺失*" 的概率.

我们使用与上述章节中所讨论内容非常相似的一种增广拉格朗日乘子法来解决核范数最小化问题:

$$\min \quad \|\boldsymbol{L}\|_* \quad \text{s.t.} \quad \mathcal{P}_{\mathfrak{S}^c}[\boldsymbol{L}] = \mathcal{P}_{\mathfrak{S}^c}[\boldsymbol{M}].$$

与之前完全一样, 如果 $\|\hat{\boldsymbol{L}} - \boldsymbol{L}_o\|_F / \|\boldsymbol{L}_o\|_F < 10^{-3}$, 我们认为 $\boldsymbol{L}_o$ 被成功恢复. 图 5.5b 展示了在不同 (r, ρ_S) 下的正确恢复率. 请注意, 核范数最小化在更大范围 (r, ρ_S) 内成功恢复了低秩矩阵 $\boldsymbol{L}_o$. 两个崩溃点之间的差异可以被视为事先不知道哪些元素不可靠的代价.

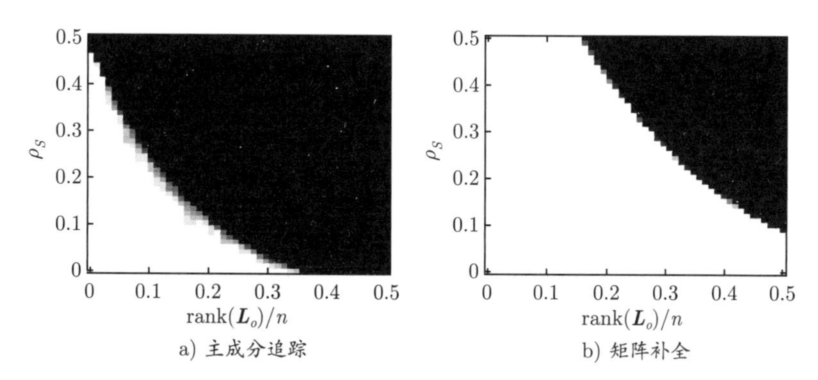

图 5.5 在不同秩和不同稀疏损坏 (图 a) 或者缺失元素 (图 b) 情况下的正确恢复. 我们记录了每个条件下重复 10 次实验的正确恢复率, 并把它作为 $\operatorname{rank}(\boldsymbol{L}_o)$ (x 轴) 和 $\boldsymbol{S}_o$ (y 轴) 稀疏性的函数进行可视化. 这里, $n_1 = n_2 = 400$. 在所有情况中, $\boldsymbol{L}_o$ 均由元素独立同高斯分布 $\mathcal{N}(0, 1/n)$ 的两个独立 $n \times r$ 矩阵的乘积构成. 如果 $\|\hat{\boldsymbol{L}} - \boldsymbol{L}_o\|_F / \|\boldsymbol{L}_o\|_F < 10^{-3}$, 那么我们认定恢复成功. a) 低秩和稀疏分解, 其中稀疏矩阵的符号 $\boldsymbol{\Sigma}_o = \operatorname{sign}(\boldsymbol{S}_o)$ 是随机的. b) 矩阵补全. 对于矩阵补全, ρ_S 是观察中缺失元素的概率

5.3 可辨识性和精确恢复

上一节的仿真和实验揭示了 RPCA 与矩阵补全问题的一个类似现象: 当解足够结构化时 (即足够低秩和稀疏), 凸松弛 (以及所关联的算法) 能够恢复成功. 我们的下一个目标是从数学的角度来理解这一现象, 并提供一个理论来描述凸优化表述的 PCP 何时正确求解 RPCA 问题.

5.3.1 可辨识性条件

乍一看, 将矩阵分为低秩矩阵和稀疏矩阵的 RPCA 问题 (5.1.1) 似乎无法求解. 一般来说, 没有足够的信息来完美区分低秩和稀疏部分, 因为待推断的 $\boldsymbol{L}_o \in \mathbb{R}^{n \times n}$ 和 $\boldsymbol{S}_o \in \mathbb{R}^{n \times n}$ 中未知元素的数量是 $\boldsymbol{Y} \in \mathbb{R}^{n \times n}$ 中所给定观测数量的两倍. 显然, 我们需要 $\boldsymbol{L}_o$ 和 $\boldsymbol{S}_o$ 是结构良好的, 即 $\boldsymbol{L}_o$ 的秩足够低, 而 $\boldsymbol{S}_o$ 足够稀疏.

然而, 即使对于非常结构化的示例, 也会出现可辨识性 (identifiability) 问题. 例如, 假设矩阵 $\boldsymbol{Y}$ 等于 $\boldsymbol{e}_1 \boldsymbol{e}_1^*$ (这个矩阵在左上角有一个 1, 其他地方均为 0). 那么, $\boldsymbol{Y}$ 既是稀疏的也是低秩的, 我们该如何确定它是低秩分量还是稀疏分量呢? 为了使问题有意义, 我们需要规定低秩分量 $\boldsymbol{L}_o$ 不稀疏, 以便将其与稀疏分量 $\boldsymbol{S}_o$ 区分开㊀.

$\boldsymbol{L}_o$ 的不相干条件

在 4.4 节的矩阵补全问题中, 我们引入了 ν-不相干的概念, 以确保低秩矩阵不太稀疏. 我们将 $\boldsymbol{L}_o \in \mathbb{R}^{n \times n}$ 的奇异值分解写为

㊀ 在第 15 章中, 我们将研究矩阵既低秩又稀疏的情况, 其目标是把它作为一个整体恢复, 而不是分离出低秩分量和稀疏分量.

$$\boldsymbol{L}_o = \boldsymbol{U}\boldsymbol{\Sigma}\boldsymbol{V}^* = \sum_{i=1}^{r} \sigma_i \boldsymbol{u}_i \boldsymbol{v}_i^*,$$

其中 r 是矩阵 $\boldsymbol{L}_o$ 的秩, $\sigma_1, \cdots, \sigma_r$ 为奇异值, $\boldsymbol{U} = [\boldsymbol{u}_1, \cdots, \boldsymbol{u}_r]$ 和 $\boldsymbol{V} = [\boldsymbol{v}_1, \cdots, \boldsymbol{v}_r]$ 分别是左右奇异向量矩阵. 那么, 根据式 (4.4.13) 和式 (4.4.14), 如果 $\boldsymbol{L}_o$ 的左右奇异向量满足条件

$$\max_i \|\boldsymbol{e}_i^* \boldsymbol{U}\|_2^2 \leqslant \frac{\nu r}{n}, \quad \max_j \|\boldsymbol{e}_j^* \boldsymbol{V}\|_2^2 \leqslant \frac{\nu r}{n} \tag{5.3.1}$$

我们称矩阵 $\boldsymbol{L}_o$ 是 ν-不相干的.

在后面的推导中将会看到, 由于技术原因, 在低秩和稀疏分离中, 我们需要一个比矩阵补全问题中更强大的不相干概念. 除了上述两种不相干条件, 我们进一步需要:

$$\|\boldsymbol{U}\boldsymbol{V}^*\|_\infty \leqslant \frac{\sqrt{\nu r}}{n}. \tag{5.3.2}$$

在这里和下文中, 我们定义 $\|\boldsymbol{M}\|_\infty = \max_{i,j} |\boldsymbol{M}_{ij}|$, 也就是把 $\boldsymbol{M} \in \mathbb{R}^{n \times n}$ 视为 n^2 维向量时的 ℓ^∞ 范数. 这一不相干条件表明, 对于较小的 ν, 其奇异向量会相当分散. 事实证明, 上述条件不仅是出于技术原因, 其必要性也可以从关于植入团问题的复杂度猜想中得到解释, 我们可以通过习题 5.4 和习题 5.5 看到这一点.

无论如何, 我们可以证明上述不相干条件并不是非典型的, 因为对于使用随机正交矩阵 $\boldsymbol{U}$ 和 $\boldsymbol{V}$ 所生成的低秩矩阵, 上述条件以高概率成立.

$\boldsymbol{S}_o$ 的随机性

如果稀疏矩阵具有低秩性质, 那么就会出现另一种可辨识性问题. 例如, 如果 $\boldsymbol{S}_o$ 的所有非零元素出现在某一列或某几列中, 那么会发生这种情况. 假设 $\boldsymbol{S}_o$ 的第一列与 $\boldsymbol{L}_o$ 的第一列刚好符号相反, 并且 $\boldsymbol{S}_o$ 的所有其他列为零. 很明显, 我们将无法通过任何方法恢复 $\boldsymbol{L}_o$ 和 $\boldsymbol{S}_o$, 因为 $\boldsymbol{Y} = \boldsymbol{L}_o + \boldsymbol{S}_o$ 的列空间等于或包含在 $\boldsymbol{L}_o$ 的列空间中. 为了避免这种无意义的情况, 我们可以假设稀疏分量 $\boldsymbol{S}_o$ 的稀疏模式是根据独立同分布且服从 Bernoulli 分布选择的, 即

$$\mathfrak{S} \sim \mathrm{Ber}(\rho_S).$$

在这个模型下, $\boldsymbol{S}_o$ 中的非零元素的期望数量为 $\mathbb{E}[|\mathfrak{S}|] = \rho_S \cdot n^2$.

唯一性

不相干条件足以确保我们不会将低秩矩阵 $\boldsymbol{L}_o$ 与稀疏矩阵 $\boldsymbol{S}_o$ 混淆. 然而, 它们还没有给出一种从两个矩阵的和 $\boldsymbol{L}_o + \boldsymbol{S}_o$ 中恢复 $\boldsymbol{L}_o$ 和 $\boldsymbol{S}_o$ 的可计算算法. 一种自然的方法是寻找一对在某种意义上最简单的 $\boldsymbol{L}^*$ 和 $\boldsymbol{S}^*$. 在本节中, 我们希望 $\boldsymbol{L}^*$ 具有最低的秩, 而 $\boldsymbol{S}^*$ 是最稀疏的. 或者, 更准确地说, 我们希望最小化某种 “简单性” 或者 “紧凑性” 的测度, 这种测度鼓励一种 $\boldsymbol{L}$ 低秩且 $\boldsymbol{S}$ 稀疏的分解. 因此, 如果基本事实是 $\boldsymbol{L}_o$ 的秩足够低, 且 $\boldsymbol{S}_o$ 足

够稀疏, 那么它们将是使此类测度最小化的唯一最优解. 在本节中, 我们将尝试证明, 对于恰当选择的 $\lambda \in \mathbb{R}_+$,

$$\|\boldsymbol{L}\|_* + \lambda\|\boldsymbol{S}\|_1$$

正是这种模型简单性的测度.

与恢复稀疏向量 (第 3 章) 或者恢复低秩矩阵 (第 4 章) 的情况类似, 我们是否可以预期, 在合理的条件下, 上述凸优化表述的 PCP 能够恢复正确的低秩矩阵 $\boldsymbol{L}_o$ 和稀疏矩阵 $\boldsymbol{S}_o$ 呢?

事实上, 在上述可辨识性部分讨论的最小条件下, 凸优化表述的 PCP 问题最优解能够精确地恢复出低秩分量和稀疏分量, 前提是 $\boldsymbol{L}_o$ 的秩不太大, 且 $\boldsymbol{S}_o$ 合理地稀疏. 更准确地, 我们给出以下定理.

定理 5.1 (主成分追踪) 假设 $\boldsymbol{L}_o$ 是 $n \times n$ 矩阵且满足式 (5.3.1) 和式 (5.3.2) 中的不相干条件, $\boldsymbol{S}_o$ 的支撑 $\mathfrak{S}$ 服从参数为 $\rho < \rho_S$ 的 Bernoulli 模型且 $\boldsymbol{S}_o$ 非零元素的符号是在 $\{\pm 1\}$ 上按均匀分布独立选择的. 那么, 存在一个数值常数 C, 使得以至少 $1 - Cn^{-10}$ (相对于选择 $\boldsymbol{S}_o$ 的符号和支撑) 的概率, 选用 $\lambda = 1/\sqrt{n}$ 的 PCP 问题 (5.2.2)的最优解是精确的, 即 $\hat{\boldsymbol{L}} = \boldsymbol{L}_o$ 且 $\hat{\boldsymbol{S}} = \boldsymbol{S}_o$, 其前提是

$$\operatorname{rank}(\boldsymbol{L}_o) \leqslant C_r \frac{n}{\nu \log^2 n}, \tag{5.3.3}$$

其中, C_r 和 ρ_S 为正的数值常数.

5.3.2 主成分追踪的正确性

在本节中, 我们将证明定理 5.1. 对于不以理论为导向或者对严格的定理证明所需的技术不感兴趣的读者, 可以跳过这一节.

最优性的对偶证书

对于到目前为止所遇到的每个优化问题, 我们一般先写下一个最优性条件. 然后, 为了证明目标解 $(\boldsymbol{L}_o, \boldsymbol{S}_o)$ 是凸优化问题的唯一最优解, 我们必须证明在我们的假设下, 这个条件能够以高概率满足.

获得最优性条件的关键工具是凸优化的 KKT 条件, 这些条件可以很自然地利用目标函数的次微分来表达. 回想一下 ℓ^1 范数的次微分

$$\partial \|\cdot\|_1 (\boldsymbol{S}_o) = \{\boldsymbol{\Sigma}_o + \boldsymbol{F} \mid \mathcal{P}_{\mathfrak{S}}[\boldsymbol{F}] = \boldsymbol{0},\ \|\boldsymbol{F}\|_\infty \leqslant 1\}, \tag{5.3.4}$$

和核范数的次微分

$$\partial \|\cdot\|_* (\boldsymbol{L}_o) = \{\boldsymbol{U}\boldsymbol{V}^* + \boldsymbol{W} \mid \mathcal{P}_{\mathsf{T}}[\boldsymbol{W}] = \boldsymbol{0},\ \|\boldsymbol{W}\|_2 \leqslant 1\}, \tag{5.3.5}$$

这里 $\boldsymbol{U}$ 和 $\boldsymbol{V}$ 是对应于 $\boldsymbol{L}_o$ 非零奇异值的左右奇异向量矩阵,

$$\mathsf{T} \doteq \left\{\boldsymbol{U}\boldsymbol{R}^* + \boldsymbol{Q}\boldsymbol{V}^* \mid \boldsymbol{R}, \boldsymbol{Q} \in \mathbb{R}^{n \times r}\right\}$$

是在 $\boldsymbol{L}_o$ 处的各种秩 r 矩阵的切空间.

对于优化问题

$$\min_{\boldsymbol{L},\boldsymbol{S}} \|\boldsymbol{L}\|_* + \lambda \|\boldsymbol{S}\|_1 \quad \text{s.t.} \quad \boldsymbol{L}+\boldsymbol{S}=\boldsymbol{Y}, \tag{5.3.6}$$

我们引入拉格朗日乘子矩阵 $\boldsymbol{\Lambda} \in \mathbb{R}^{n\times n}$, 那么拉格朗日函数为

$$\mathcal{L}(\boldsymbol{L},\boldsymbol{S},\boldsymbol{\Lambda}) = \|\boldsymbol{L}\|_* + \lambda \|\boldsymbol{S}\|_1 + \langle \boldsymbol{\Lambda}, \boldsymbol{Y}-\boldsymbol{L}-\boldsymbol{S}\rangle. \tag{5.3.7}$$

KKT 条件意味着, 如果存在 $\boldsymbol{\Lambda}$, 使得 $\mathbf{0} = \partial_{\boldsymbol{L}}\mathcal{L}(\boldsymbol{L}_\star,\boldsymbol{S}_\star,\boldsymbol{\Lambda})$ 且 $\mathbf{0} \in \partial_{\boldsymbol{S}}\mathcal{L}(\boldsymbol{L}_\star,\boldsymbol{S}_\star,\boldsymbol{\Lambda})$, 那么 $(\boldsymbol{L}_\star,\boldsymbol{S}_\star)$ 是最优解. 因此, 我们需要

$$\boldsymbol{\Lambda} \in \partial \|\cdot\|_* (\boldsymbol{L}_\star) \quad \text{并且} \quad \boldsymbol{\Lambda} \in \lambda\partial \|\cdot\|_1 (\boldsymbol{S}_\star). \tag{5.3.8}$$

也就是说, 为了证明 $(\boldsymbol{L}_\star,\boldsymbol{S}_\star)$ 的最优性, 我们需要找到一个同时是核范数和 ℓ^1 范数的次微分的矩阵 $\boldsymbol{\Lambda}$. 这样的 $\boldsymbol{\Lambda}$ 被称为最优解 $(\boldsymbol{L}_\star,\boldsymbol{S}_\star)$ 的对偶证书.

从 KKT 条件到可行最优性条件

尽管 KKT 条件是有用的, 但我们所推导出来的形式对于我们的目的来说既不够强大, 也不够鲁棒. 我们需要对它们进行强化, 以保证*唯一*最优性, 从而能够最终确保真值解 $(\boldsymbol{L}_o,\boldsymbol{S}_o)$ 是 PCP 问题的唯一最优解. 此外, 与矩阵补全类似, 我们更容易证明如下修改后的条件能够得到满足, 其中只保证存在一个*接近于*两个次微分的 $\boldsymbol{\Lambda}$, 而不是精确地位于它们之中.

我们引入一个简单的条件, 它使 $(\boldsymbol{L}_o,\boldsymbol{S}_o)$ 成为 PCP 的唯一最优解. 下述引理中所给出的条件将使用对偶矩阵来表示[⊖], 而这个对偶矩阵的存在即证明最优性.

引理 5.1 (唯一最优性) *假设 $\|\mathcal{P}_{\mathfrak{S}}\mathcal{P}_{\mathsf{T}}\|_2 < 1$, 或者等价地, $\mathfrak{S}\cap\mathsf{T}=\{\mathbf{0}\}$. 如果存在 $\boldsymbol{\Lambda}$, 使得如下两个条件同时成立:*

$$[\|\cdot\|_* \text{ 的次微分}] \quad \mathcal{P}_{\mathsf{T}}[\boldsymbol{\Lambda}] = \boldsymbol{U}\boldsymbol{V}^*, \quad \|\mathcal{P}_{\mathsf{T}^\perp}[\boldsymbol{\Lambda}]\|_2 < 1, \tag{5.3.9}$$

$$[\lambda\|\cdot\|_1 \text{ 的次微分}] \quad \mathcal{P}_{\mathfrak{S}}[\boldsymbol{\Lambda}] = \lambda\boldsymbol{\Sigma}_o, \quad \|\mathcal{P}_{\mathfrak{S}^c}[\boldsymbol{\Lambda}]\|_\infty < \lambda. \tag{5.3.10}$$

那么 $(\boldsymbol{L}_o,\boldsymbol{S}_o)$ 是 PCP 问题的唯一最优解.

这个引理有两个方面值得讨论. 首先, 与 KKT 条件相比, 它有额外的要求, 即 $\|\mathcal{P}_{\mathfrak{S}}\mathcal{P}_{\mathsf{T}}\|_2 < 1$. 这个条件意味着矩阵支撑在 $\mathfrak{S}$ 上的子空间不与低秩矩阵 $\boldsymbol{L}_o$ 处的切空间 T 相交. 其次, 与 KKT 条件相比, 这个条件只要求 $\boldsymbol{\Lambda}$ 位于 $\|\cdot\|_*$ 和 $\lambda\|\cdot\|_1$ 的次微分中, 这个条件通过要求 $\|\mathcal{P}_{\mathsf{T}^\perp}[\boldsymbol{\Lambda}]\|_2$ 严格小于 1 以及 $\|\mathcal{P}_{\mathfrak{S}^c}[\boldsymbol{\Lambda}]\|_\infty$ 必须严格小于 λ, 使得 $\boldsymbol{\Lambda}$ 位于这两个集合的*相对内部* (relative interior). 在这些更强的条件下, 我们可以保证 $(\boldsymbol{L}_o,\boldsymbol{S}_o)$ 是 PCP 问题的*唯一*最优解.

⊖ 这个对偶矩阵一般被称为对偶证书.——译者注

证明. 我们考虑一个可行的扰动 $(\boldsymbol{L}_o+\boldsymbol{H}, \boldsymbol{S}_o-\boldsymbol{H})$, 并证明只要 $\boldsymbol{H} \neq \boldsymbol{0}$, 目标函数值就会增加, 因此证明 $(\boldsymbol{L}_o, \boldsymbol{S}_o)$ 是唯一最优解. 为此, 令 $\mathcal{P}_{\mathsf{T}^\perp}[\boldsymbol{H}] = \bar{\boldsymbol{U}}\bar{\boldsymbol{\Sigma}}\bar{\boldsymbol{V}}^*$ 表示 $\mathcal{P}_{\mathsf{T}^\perp}[\boldsymbol{H}]$ 的紧凑奇异值分解. 设 $\boldsymbol{W} \doteq \bar{\boldsymbol{U}}\bar{\boldsymbol{V}}^* \in \mathsf{T}^\perp$, 注意到

$$\langle \boldsymbol{W}, \boldsymbol{H}\rangle = \langle \boldsymbol{W}, \mathcal{P}_{\mathsf{T}^\perp}[\boldsymbol{H}]\rangle = \|\mathcal{P}_{\mathsf{T}^\perp}[\boldsymbol{H}]\|_*. \tag{5.3.11}$$

进一步, 注意到 $\boldsymbol{U}\boldsymbol{V}^* + \boldsymbol{W} \in \partial \|\cdot\|_* (\boldsymbol{L}_o)$.

类似地, 设 $\boldsymbol{F} \doteq -\operatorname{sign}(\mathcal{P}_{\mathfrak{S}^c}[\boldsymbol{H}])$, 注意到 $\lambda(\boldsymbol{\Sigma}_o + \boldsymbol{F}) \in \partial\lambda \|\cdot\|_1 (\boldsymbol{S}_o)$, 以及 $-\lambda \langle \boldsymbol{F}, \boldsymbol{H}\rangle = \lambda \|\mathcal{P}_{\mathfrak{S}^c}[\boldsymbol{H}]\|_1$.

使用 $\|\cdot\|_*$ 和 $\lambda \|\cdot\|_1$ 的次梯度不等式, 我们得到

$$\begin{aligned}
&\|\boldsymbol{L}_o+\boldsymbol{H}\|_* + \lambda\|\boldsymbol{S}_o-\boldsymbol{H}\|_1 \\
&\quad\geqslant \|\boldsymbol{L}_o\|_* + \lambda\|\boldsymbol{S}_o\|_1 + \langle \boldsymbol{U}\boldsymbol{V}^* + \boldsymbol{W}, \boldsymbol{H}\rangle - \lambda\langle \boldsymbol{\Sigma}_o + \boldsymbol{F}, \boldsymbol{H}\rangle \\
&\quad= \|\boldsymbol{L}_o\|_* + \lambda\|\boldsymbol{S}_o\|_1 + \|\mathcal{P}_{\mathsf{T}^\perp}[\boldsymbol{H}]\|_* + \lambda\|\mathcal{P}_{\mathfrak{S}^c}[\boldsymbol{H}]\|_1 + \langle \boldsymbol{U}\boldsymbol{V}^* - \lambda\boldsymbol{\Sigma}_o, \boldsymbol{H}\rangle, \\
&\quad= \|\boldsymbol{L}_o\|_* + \lambda\|\boldsymbol{S}_o\|_1 + \|\mathcal{P}_{\mathsf{T}^\perp}[\boldsymbol{H}]\|_* + \lambda\|\mathcal{P}_{\mathfrak{S}^c}[\boldsymbol{H}]\|_1 + \langle \mathcal{P}_{\mathsf{T}}[\boldsymbol{\Lambda}] - \lambda\mathcal{P}_{\mathfrak{S}}[\boldsymbol{\Lambda}], \boldsymbol{H}\rangle \\
&\quad= \|\boldsymbol{L}_o\|_* + \lambda\|\boldsymbol{S}_o\|_1 + \|\mathcal{P}_{\mathsf{T}^\perp}[\boldsymbol{H}]\|_* + \lambda\|\mathcal{P}_{\mathfrak{S}^c}[\boldsymbol{H}]\|_1 + \langle \mathcal{P}_{\mathsf{T}^\perp}[\boldsymbol{\Lambda}] - \lambda\mathcal{P}_{\mathfrak{S}^c}[\boldsymbol{\Lambda}], \boldsymbol{H}\rangle \\
&\quad\geqslant \|\boldsymbol{L}_o\|_* + \lambda\|\boldsymbol{S}_o\|_1 + \|\mathcal{P}_{\mathsf{T}^\perp}[\boldsymbol{H}]\|_* + \lambda\|\mathcal{P}_{\mathfrak{S}^c}[\boldsymbol{H}]\|_1 \\
&\qquad - \|\mathcal{P}_{\mathsf{T}^\perp}[\boldsymbol{\Lambda}]\|_2 \|\mathcal{P}_{\mathsf{T}^\perp}[\boldsymbol{H}]\|_* - \lambda \|\mathcal{P}_{\mathfrak{S}^c}[\boldsymbol{\Lambda}]\|_\infty \|\mathcal{P}_{\mathfrak{S}^c}[\boldsymbol{H}]\|_1 \\
&\quad\geqslant \|\boldsymbol{L}_o\|_* + \lambda \|\boldsymbol{S}_o\|_1 + (1-\beta)\left\{\|\mathcal{P}_{\mathsf{T}^\perp}[\boldsymbol{H}]\|_* + \lambda \|\mathcal{P}_{\mathfrak{S}^c}[\boldsymbol{H}]\|_1\right\},
\end{aligned}$$

其中 $\beta = \max\left\{\|\mathcal{P}_{\mathsf{T}^\perp}[\boldsymbol{\Lambda}]\|_2, \lambda^{-1}\|\mathcal{P}_{\mathfrak{S}^c}[\boldsymbol{\Lambda}]\|_\infty\right\} < 1$. 因为根据假设, $\mathfrak{S} \cap \mathsf{T} = \{\boldsymbol{0}\}$, 因此除非 $\boldsymbol{H} = \boldsymbol{0}$, 否则我们得到 $\|\mathcal{P}_{\mathsf{T}^\perp}[\boldsymbol{H}]\|_* + \lambda\|\mathcal{P}_{\mathfrak{S}^c}[\boldsymbol{H}]\|_1 > 0$. □

这个引理给出了 $(\boldsymbol{L}_o, \boldsymbol{S}_o)$ 是唯一最优解的充分条件. 它仍然具有挑战性, 因为它要求 $\boldsymbol{\Lambda}$ 分别是 $\partial \|\cdot\|_* (\boldsymbol{L}_o)$ 和 $\partial\lambda \|\cdot\|_1 (\boldsymbol{S}_o)$ 的元素. 这将强制 $\boldsymbol{\Lambda}$ 精确满足等式 $\mathcal{P}_{\mathsf{T}}[\boldsymbol{\Lambda}] = \boldsymbol{U}\boldsymbol{V}^*$ 和 $\mathcal{P}_{\mathfrak{S}}[\boldsymbol{\Lambda}] = \lambda\boldsymbol{\Sigma}_o$. 正如我们在矩阵补全问题的证明中所做的那样, 提出一个修改的最优性条件——接受 $\boldsymbol{\Lambda}$ 近似地满足这些等式——将对证明过程很有帮助. 我们将这一新条件陈述如下.

引理 5.2 假设 $\|\mathcal{P}_{\mathfrak{S}}\mathcal{P}_{\mathsf{T}}\|_2 \leqslant 1/2$ 且 $\lambda < 1$. 那么, 使用同样的符号, 如果存在 $\boldsymbol{\Lambda}$ 同时满足如下两个条件:

$$[\|\cdot\|_* \text{ 的近似次梯度}] \quad \|\mathcal{P}_{\mathsf{T}}[\boldsymbol{\Lambda}] - \boldsymbol{U}\boldsymbol{V}^*\|_F \leqslant \frac{\lambda}{8}, \quad \|\mathcal{P}_{\mathsf{T}^\perp}[\boldsymbol{\Lambda}]\|_2 < \frac{1}{2}, \tag{5.3.12}$$

$$[\lambda \|\cdot\|_1 \text{ 的近似次梯度}] \quad \|\mathcal{P}_{\mathfrak{S}}[\boldsymbol{\Lambda}] - \lambda\boldsymbol{\Sigma}_o\|_F \leqslant \frac{\lambda}{8}, \quad \|\mathcal{P}_{\mathfrak{S}^c}[\boldsymbol{\Lambda}]\|_\infty < \frac{\lambda}{2}. \tag{5.3.13}$$

那么, $(\boldsymbol{L}_o, \boldsymbol{S}_o)$ 是唯一最优解.

证明. 考虑任何非零扰动矩阵 $\boldsymbol{H} \in \mathbb{R}^{n\times n}$. 我们证明, 在特定意义下, $\boldsymbol{H}$ 不能同时集中在 T 和 $\mathfrak{S}$ 上. 注意到

$$\begin{aligned}\|\mathcal{P}_{\mathfrak{S}}[\boldsymbol{H}]\|_F &\leqslant \|\mathcal{P}_{\mathfrak{S}}\mathcal{P}_{\mathsf{T}}[\boldsymbol{H}]\|_F + \|\mathcal{P}_{\mathfrak{S}}\mathcal{P}_{\mathsf{T}^\perp}[\boldsymbol{H}]\|_F \\ &\leqslant \frac{1}{2}\|\boldsymbol{H}\|_F + \|\mathcal{P}_{\mathsf{T}^\perp}[\boldsymbol{H}]\|_F \\ &\leqslant \frac{1}{2}\|\mathcal{P}_{\mathfrak{S}}[\boldsymbol{H}]\|_F + \frac{1}{2}\|\mathcal{P}_{\mathfrak{S}^c}[\boldsymbol{H}]\|_F + \|\mathcal{P}_{\mathsf{T}^\perp}[\boldsymbol{H}]\|_F,\end{aligned}$$

因此,

$$\|\mathcal{P}_{\mathfrak{S}}[\boldsymbol{H}]\|_F \leqslant \|\mathcal{P}_{\mathfrak{S}^c}[\boldsymbol{H}]\|_F + 2\|\mathcal{P}_{\mathsf{T}^\perp}[\boldsymbol{H}]\|_F.$$

对称地, 我们可以得到

$$\|\mathcal{P}_{\mathsf{T}}[\boldsymbol{H}]\|_F \leqslant \|\mathcal{P}_{\mathsf{T}^\perp}[\boldsymbol{H}]\|_F + 2\,\|\mathcal{P}_{\mathfrak{S}^c}[\boldsymbol{H}]\|_F. \tag{5.3.14}$$

有了这些观察结果, 我们以类似于证明引理 5.1 的想法继续进行. 注意到

$$\begin{aligned}\boldsymbol{U}\boldsymbol{V}^* &= \mathcal{P}_{\mathsf{T}}[\boldsymbol{\Lambda}] + (\boldsymbol{U}\boldsymbol{V}^* - \mathcal{P}_{\mathsf{T}}[\boldsymbol{\Lambda}]) \\ &= \boldsymbol{\Lambda} - \mathcal{P}_{\mathsf{T}^\perp}[\boldsymbol{\Lambda}] + (\boldsymbol{U}\boldsymbol{V}^* - \mathcal{P}_{\mathsf{T}}[\boldsymbol{\Lambda}]), \qquad (5.3.15)\\ \lambda\boldsymbol{\Sigma}_o &= \mathcal{P}_{\mathfrak{S}}[\boldsymbol{\Lambda}] + (\lambda\boldsymbol{\Sigma}_o - \mathcal{P}_{\mathfrak{S}}[\boldsymbol{\Lambda}]) \\ &= \boldsymbol{\Lambda} - \mathcal{P}_{\mathfrak{S}^c}[\boldsymbol{\Lambda}] + (\lambda\boldsymbol{\Sigma}_o - \mathcal{P}_{\mathfrak{S}}[\boldsymbol{\Lambda}]), \qquad (5.3.16)\end{aligned}$$

因此

$$\boldsymbol{U}\boldsymbol{V}^* - \lambda\boldsymbol{\Sigma}_o = -\mathcal{P}_{\mathsf{T}^\perp}[\boldsymbol{\Lambda}] + \mathcal{P}_{\mathfrak{S}^c}[\boldsymbol{\Lambda}] \;+\; (\boldsymbol{U}\boldsymbol{V}^* - \mathcal{P}_{\mathsf{T}}[\boldsymbol{\Lambda}]) \;-\; (\lambda\boldsymbol{\Sigma}_o - \mathcal{P}_{\mathfrak{S}}[\boldsymbol{\Lambda}]).$$

根据引理 5.1 的证明, 我们有

$$\begin{aligned}&\|\boldsymbol{L}_o + \boldsymbol{H}\|_* + \lambda\|\boldsymbol{S}_o - \boldsymbol{H}\|_1 \\ &\quad\geqslant \|\boldsymbol{L}_o\|_* + \lambda\,\|\boldsymbol{S}_o\|_1 + \|\mathcal{P}_{\mathsf{T}^\perp}[\boldsymbol{H}]\|_* + \lambda\,\|\mathcal{P}_{\mathfrak{S}^c}[\boldsymbol{H}]\|_1 + \langle \boldsymbol{U}\boldsymbol{V}^* - \lambda\boldsymbol{\Sigma}_o, \boldsymbol{H}\rangle \\ &\quad\geqslant \|\boldsymbol{L}_o\|_* + \lambda\|\boldsymbol{S}_o\|_1 + \frac{1}{2}\left(\|\mathcal{P}_{\mathsf{T}^\perp}[\boldsymbol{H}]\|_* + \lambda\|\mathcal{P}_{\mathfrak{S}^c}[\boldsymbol{H}]\|_1\right) - \frac{\lambda}{8}\,\|\mathcal{P}_{\mathsf{T}}[\boldsymbol{H}]\|_F - \frac{\lambda}{8}\,\|\mathcal{P}_{\mathfrak{S}}[\boldsymbol{H}]\|_F \\ &\quad\geqslant \|\boldsymbol{L}_o\|_* + \lambda\,\|\boldsymbol{S}_o\|_1 + \underbrace{\left(\frac{1}{2} - \frac{\lambda}{8} - \frac{\lambda}{4}\right)}_{\geqslant 1/8}\|\mathcal{P}_{\mathsf{T}^\perp}[\boldsymbol{H}]\|_* + \underbrace{\left(\frac{\lambda}{2} - \frac{\lambda}{4} - \frac{\lambda}{8}\right)}_{\geqslant \lambda/8}\|\mathcal{P}_{\mathfrak{S}^c}[\boldsymbol{H}]\|_1 \\ &\quad> \|\boldsymbol{L}_o\|_* + \lambda\,\|\boldsymbol{S}_o\|_1,\end{aligned} \tag{5.3.17}$$

其中, 最后一个不等式 (严格) 成立, 因为 $\boldsymbol{H} \neq \mathbf{0}$ 且 $\mathfrak{S} \cap \mathsf{T} = \{\mathbf{0}\}$. □

证明最优性条件能够满足

接下来, 我们将证明, 在我们的条件下, 引理 5.2的条件能够以高概率满足. 为此, 我们必须证明两件事:

- $\|\mathcal{P}_{\mathfrak{S}}\mathcal{P}_{\mathsf{T}}\|_2 < 1/2$.
- 类似于引理 5.2, 存在一个近似的对偶证书 $\boldsymbol{\Lambda}$.

设 $\Omega = \mathfrak{S}^c$, 对应于矩阵中的干净元素. 请注意, 如果 $\mathfrak{S} \sim \mathrm{Ber}(\rho_S)$, 那么 $\Omega \sim \mathrm{Ber}(1-\rho_S)$. 我们将在第 4 章所开发的用于矩阵补全相应证明的机制基础上证明上述两点. 特别是, 在第 4 章中, 我们已经证明如果

$$\rho_{\text{clean}} = 1 - \rho_S > C_0 \frac{\nu r \log n}{n}, \tag{5.3.18}$$

那么以高概率

$$\left\|\mathcal{P}_{\mathsf{T}} - \rho_{\text{clean}}^{-1}\mathcal{P}_{\mathsf{T}}\mathcal{P}_{\mathfrak{S}^c}\mathcal{P}_{\mathsf{T}}\right\|_2 < \frac{1}{8}. \tag{5.3.19}$$

在此条件下, 只要 $\rho_{\text{clean}} > 6/7$, 那么

$$\begin{aligned}
\|\mathcal{P}_{\mathsf{T}}\mathcal{P}_{\mathfrak{S}}\mathcal{P}_{\mathsf{T}}\|_2 &= \|\mathcal{P}_{\mathsf{T}} - \mathcal{P}_{\mathsf{T}}\mathcal{P}_{\mathfrak{S}^c}\mathcal{P}_{\mathsf{T}}\|_2 \\
&\leqslant \|\rho_{\text{clean}}\mathcal{P}_{\mathsf{T}} - \mathcal{P}_{\mathsf{T}}\mathcal{P}_{\mathfrak{S}^c}\mathcal{P}_{\mathsf{T}}\|_2 + \|(1-\rho_{\text{clean}})\mathcal{P}_{\mathsf{T}}\|_2 \\
&= \rho_{\text{clean}}\left\|\mathcal{P}_{\mathsf{T}} - \rho_{\text{clean}}^{-1}\mathcal{P}_{\mathsf{T}}\mathcal{P}_{\mathfrak{S}^c}\mathcal{P}_{\mathsf{T}}\right\|_2 + 1 - \rho_{\text{clean}} \\
&\leqslant \frac{\rho_{\text{clean}}}{8} + 1 - \rho_{\text{clean}} \\
&< \frac{1}{4}.
\end{aligned} \tag{5.3.20}$$

这意味着

$$\|\mathcal{P}_{\mathfrak{S}}\mathcal{P}_{\mathsf{T}}\|_2 = \|\mathcal{P}_{\mathsf{T}}\mathcal{P}_{\mathfrak{S}}\mathcal{P}_{\mathsf{T}}\|_2^{1/2} \leqslant \frac{1}{2}. \tag{5.3.21}$$

这就证明了第一点. 通过完全相同的推理, 对于任何常数 $\sigma > 0$, 存在一个常数 $\rho_{\text{clean},\star}(\sigma) < 1$ 使得, 如果 $\rho_{\text{clean}} > \rho_{\text{clean},\star}$, 那么以高概率 $\|\mathcal{P}_{\mathfrak{S}}\mathcal{P}_{\mathsf{T}}\|_2 < \sigma$ 成立.

构造对偶证书 $\boldsymbol{\Lambda}$

为了证明 $(\boldsymbol{L}_o, \boldsymbol{S}_o)$ 是唯一的最优解, 我们还需要证明第二点. 正如引理 5.2 所示, 存在一个矩阵 $\boldsymbol{\Lambda}$, 它同时接近次微分 $\partial\|\cdot\|_*(\boldsymbol{L}_o)$ 和次微分 $\partial\lambda\|\cdot\|_1(\boldsymbol{S}_o)$.

在上文中, 我们看到干净元素 $\Omega = \mathfrak{S}^c$ 为 Bernoulli 分布的子集, 其参数为

$$\rho_{\text{clean}} \doteq 1 - \rho_S. \tag{5.3.22}$$

这与我们分析矩阵补全时的随机模型完全相同. 我们将这一事实作为构造性证明的起点. 命题 4.3 意味着只要 $\boldsymbol{L}_o$ 的秩不太大, 也就是

$$r < \frac{\rho_{\text{clean}} n}{C_0 \nu \log^2 n}, \tag{5.3.23}$$

那么, 以高概率存在一个仅在干净集 Ω 上支撑的矩阵 $\boldsymbol{\Lambda}_L$, 它满足

- $\|\mathcal{P}_{\mathsf{T}}[\boldsymbol{\Lambda}_L] - \boldsymbol{U}\boldsymbol{V}^*\|_F \leqslant \frac{1}{4n}$.
- $\|\mathcal{P}_{\mathsf{T}^\perp}[\boldsymbol{\Lambda}_L]\|_2 \leqslant \frac{1}{4}$.
- $\|\boldsymbol{\Lambda}_L\|_\infty < \frac{C\log n}{\rho_{\text{clean}}}\|\boldsymbol{U}\boldsymbol{V}^*\|_\infty$.

这些性质证明 $\boldsymbol{\Lambda}_L$ 非常接近核范数的次微分. 此外, 让我们进一步验证它满足引理 5.2 中的条件 $\|\mathcal{P}_{\mathfrak{S}^c}[\boldsymbol{\Lambda}_L]\|_\infty < \lambda/2$. 这是因为 $\boldsymbol{U}\boldsymbol{V}^*$ 是 ν-不相干的: 根据式 (5.3.2), 并且假设矩阵 $\boldsymbol{L}_o$ 的秩为 r, 我们有

$$\|\boldsymbol{\Lambda}_L\|_\infty < \frac{C\log n}{\rho_{\text{clean}}}\frac{\sqrt{\nu r}}{n} \leqslant \frac{C}{\sqrt{C_0\rho_{\text{clean}}\nu}}\frac{1}{\sqrt{n}} = \frac{C}{\sqrt{\rho_{\text{clean}}C_0\nu}}\lambda. \tag{5.3.24}$$

通过选择适当的数值常数 C_0 和 C, 我们可以确保 $C/\sqrt{\rho_{\text{clean}}C_0\nu} < 1/4$.

但是, $\boldsymbol{\Lambda}_L$ 还并不接近 ℓ^1 范数的次微分——特别是, ℓ^1 范数次微分的元素应满足 $\mathcal{P}_{\mathfrak{S}}[\boldsymbol{\Lambda}] = \lambda\boldsymbol{\Sigma}_o$, 且 $\mathcal{P}_{\mathfrak{S}}[\boldsymbol{\Lambda}_L] = \mathbf{0}$. 为了纠正这一点, 我们选择

$$\boldsymbol{\Lambda} = \boldsymbol{\Lambda}_L + \boldsymbol{\Lambda}_S,$$

其中第二个元素 $\boldsymbol{\Lambda}_S$ 满足 $\mathcal{P}_{\mathfrak{S}}[\boldsymbol{\Lambda}_S] = \lambda\boldsymbol{\Sigma}_o$. 我们需要证明, 可以选择 $\boldsymbol{\Lambda}_S$, 以使这种组合的证书 $\boldsymbol{\Lambda}$ 在 $\boldsymbol{L}_o$ 处保持接近于核范数的次微分, 并且在 $\boldsymbol{S}_o$ 处也接近于 $\lambda\|\cdot\|_1$ 的次微分. 以下引理表明这是可能的.

引理 5.3 在定理 5.1 的条件下, 以高概率存在 $\boldsymbol{\Lambda}_S$, 使得

(i) $\mathcal{P}_{\mathfrak{S}}[\boldsymbol{\Lambda}_S] = \lambda\boldsymbol{\Sigma}_o$.

(ii) $\|\mathcal{P}_{\mathfrak{S}^c}[\boldsymbol{\Lambda}_S]\|_\infty < \frac{\lambda}{4}$.

(iii) $\mathcal{P}_{\mathsf{T}}[\boldsymbol{\Lambda}_S] = \mathbf{0}$.

(iv) $\|\mathcal{P}_{\mathsf{T}^\perp}[\boldsymbol{\Lambda}_S]\|_2 < \frac{1}{4}$.

在定理 5.1 的假设下, 我们有 $\boldsymbol{\Lambda} = \boldsymbol{\Lambda}_L + \boldsymbol{\Lambda}_S$:

$$\|\mathcal{P}_{\mathsf{T}}[\boldsymbol{\Lambda}] - \boldsymbol{U}\boldsymbol{V}^*\|_F = \|\mathcal{P}_{\mathsf{T}}[\boldsymbol{\Lambda}_L] - \boldsymbol{U}\boldsymbol{V}^*\|_F \leqslant \frac{1}{4n} \tag{5.3.25}$$

$$\|\mathcal{P}_{\mathsf{T}^\perp}[\boldsymbol{\Lambda}]\|_2 \leqslant \|\mathcal{P}_{\mathsf{T}^\perp}[\boldsymbol{\Lambda}_L]\|_2 + \|\mathcal{P}_{\mathsf{T}^\perp}[\boldsymbol{\Lambda}_S]\|_2 \leqslant \frac{1}{2} \tag{5.3.26}$$

$$\mathcal{P}_{\mathfrak{S}}[\boldsymbol{\Lambda}] = \mathcal{P}_{\mathfrak{S}}[\boldsymbol{\Lambda}_S] = \lambda\boldsymbol{\Sigma}_o \tag{5.3.27}$$

$$\begin{aligned}\|\mathcal{P}_{\mathfrak{S}^c}[\boldsymbol{\Lambda}]\|_\infty &\leqslant \|\mathcal{P}_{\mathfrak{S}^c}[\boldsymbol{\Lambda}_L]\|_\infty + \|\mathcal{P}_{\mathfrak{S}^c}[\boldsymbol{\Lambda}_S]\|_\infty \\ &\leqslant \|\boldsymbol{\Lambda}_L\|_\infty + \frac{\lambda}{4} \\ &\leqslant \frac{\lambda}{4} + \frac{\lambda}{4} = \frac{\lambda}{2},\end{aligned} \tag{5.3.28}$$

在最后的不等式中, 我们使用了不等式 (5.3.24). 因此, 对于如此构造的 $\boldsymbol{\Lambda}_S$ 和 $\boldsymbol{\Lambda}_L$, 通过组合得到的

$$\boldsymbol{\Lambda} = \boldsymbol{\Lambda}_L + \boldsymbol{\Lambda}_S$$

在定理 5.1 的假设下, 引理 5.2 的所有条件得到满足. 因此, 如果我们可以证明引理 5.3, 那么定理 5.1 也将成立.

使用最小二乘法构造对偶证书 $\boldsymbol{\Lambda}_S$

为了完成证明, 我们需要验证确实可以构造满足所需性质的 $\boldsymbol{\Lambda}_S$ 来证明引理 5.3. 为此, 我们采用一种在过去几章中已经证明有用的策略: 最小二乘法 (即最小能量法). 也就是说, 我们选择 $\boldsymbol{\Lambda}_S$ 以满足约束条件 $\mathcal{P}_{\mathfrak{S}}[\boldsymbol{\Lambda}_S] = \lambda \boldsymbol{\Sigma}_o$ 和 $\mathcal{P}_{\mathsf{T}}[\boldsymbol{\Lambda}_S] = \mathbf{0}$, 但具有最小可能的能量. 正式地, 我们构造如下问题:

$$\boldsymbol{\Lambda}_S \; = \; \arg\min_{\tilde{\boldsymbol{\Lambda}}} \; \left\|\tilde{\boldsymbol{\Lambda}}\right\|_F^2 \quad \text{s.t.} \quad \mathcal{P}_{\mathfrak{S}}[\tilde{\boldsymbol{\Lambda}}] = \lambda \boldsymbol{\Sigma}_o, \; \mathcal{P}_{\mathsf{T}}[\tilde{\boldsymbol{\Lambda}}] = \mathbf{0}. \tag{5.3.29}$$

如果 $\mathfrak{S} \cap \mathsf{T} = \{\mathbf{0}\}$, 那么这个优化问题是可行的. 约束条件确保 $\boldsymbol{\Lambda}_S$ 能够自动满足引理 5.3 的性质 (i) 和 (iii).

为了检查性质 (ii) 和 (iv) 是否满足, 即 $\mathcal{P}_{\mathfrak{S}^c}[\boldsymbol{\Lambda}_S]$ 具有较小的 ℓ^∞ 范数, $\mathcal{P}_{\mathsf{T}^\perp}[\boldsymbol{\Lambda}_S]$ 有较小的算子范数, 我们分别使用标量和算子 Bernstein 不等式. 由于方程 (5.3.29) 存在闭式解

$$\boldsymbol{\Lambda}_S = \lambda \mathcal{P}_{\mathsf{T}^\perp} \sum_{k=0}^{\infty} \left(\mathcal{P}_{\mathfrak{S}} \mathcal{P}_{\mathsf{T}} \mathcal{P}_{\mathfrak{S}}\right)^k [\boldsymbol{\Sigma}_o], \tag{5.3.30}$$

上述计算变得容易. 习题 5.13 要求读者检查上述这种构造是否确实满足约束条件, 是否确实是能量最小化问题 (5.3.29) 的解.

引理 5.3 的证明. 设 $\mathcal{E}$ 为 $\|\mathcal{P}_{\mathsf{T}} \mathcal{P}_{\mathfrak{S}}\|_2 \leqslant \sigma$ 的事件. 这在支撑 $\mathfrak{S}$ 中以高概率成立. 请注意, 在事件 $\mathcal{E}$ 上,

$$\sum_{k=0}^{\infty} \left\|\left(\mathcal{P}_{\mathfrak{S}} \mathcal{P}_{\mathsf{T}} \mathcal{P}_{\mathfrak{S}}\right)^k\right\|_2 \leqslant \sum_{k=0}^{\infty} \sigma^{2k} = \frac{1}{1-\sigma^{2k}} < \infty. \tag{5.3.31}$$

因此, 在事件 $\mathcal{E}$ 上, 式 (5.3.30) 中的求和收敛, 并且

$$\boldsymbol{\Lambda}_S = \lambda \mathcal{P}_{\mathsf{T}^\perp} \sum_{k=0}^{\infty} \left(\mathcal{P}_{\mathfrak{S}} \mathcal{P}_{\mathsf{T}} \mathcal{P}_{\mathfrak{S}}\right)^k [\boldsymbol{\Sigma}_o] \tag{5.3.32}$$

定义良好. 因为 $\mathcal{P}_{\mathsf{T}} \mathcal{P}_{\mathsf{T}^\perp} = \mathbf{0}$, 所以性质 (iii) 中的 $\mathcal{P}_{\mathsf{T}}[\boldsymbol{\Lambda}_S] = \mathbf{0}$ 成立. 性质 (i) 所要求的 $\mathcal{P}_{\mathfrak{S}}[\boldsymbol{\Lambda}_S] = \lambda \boldsymbol{\Sigma}_o$, 正是将 $\boldsymbol{\Lambda}_S$ 构造为最小二乘问题 (5.3.30)的解的结果. 为了验证这个性质, 我们注意到

$$\mathcal{P}_{\mathfrak{S}}[\boldsymbol{\Lambda}_S] = \lambda \sum_{k=0}^{\infty} \left(\mathcal{P}_{\mathfrak{S}} \mathcal{P}_{\mathsf{T}} \mathcal{P}_{\mathfrak{S}}\right)^k [\boldsymbol{\Sigma}_o] - \lambda \sum_{k=1}^{\infty} \left(\mathcal{P}_{\mathfrak{S}} \mathcal{P}_{\mathsf{T}} \mathcal{P}_{\mathfrak{S}}\right)^k [\boldsymbol{\Sigma}_o]$$

$$= \lambda \mathbf{\Sigma}_o. \tag{5.3.33}$$

性质 (iv) 和 (ii) 要求 $\boldsymbol{\Lambda}_S$ 的两个范数都很小. 这需要稍多一些的工作.

下面我们来验证性质 (iv). 令

$$\boldsymbol{\Lambda}_S = \underbrace{\lambda \mathcal{P}_{\mathsf{T}^\perp}[\mathbf{\Sigma}_o]}_{\boldsymbol{\Lambda}_S^{(1)}} + \underbrace{\lambda \mathcal{P}_{\mathsf{T}^\perp} \sum_{k=1}^{\infty} (\mathcal{P}_{\mathfrak{S}} \mathcal{P}_{\mathsf{T}} \mathcal{P}_{\mathfrak{S}})^k [\mathbf{\Sigma}_o]}_{\boldsymbol{\Lambda}_S^{(2)}}. \tag{5.3.34}$$

对于第二项, 我们介绍更简洁的符号

$$\mathcal{R} = \mathcal{P}_{\mathsf{T}^\perp} \sum_{k=1}^{\infty} (\mathcal{P}_{\mathfrak{S}} \mathcal{P}_{\mathsf{T}} \mathcal{P}_{\mathfrak{S}})^k, \tag{5.3.35}$$

使得

$$\boldsymbol{\Lambda}_S^{(2)} = \lambda \mathcal{R}[\mathbf{\Sigma}_o]. \tag{5.3.36}$$

注意到

$$\|\mathcal{R}\|_2 \leqslant \frac{\sigma^2}{1 - \sigma^2}. \tag{5.3.37}$$

$\boldsymbol{\Lambda}_S^{(1)}$ 的范数可以通过以下几点来控制:

$$\left\| \boldsymbol{\Lambda}_S^{(1)} \right\|_2 = \lambda \left\| \mathcal{P}_{\mathsf{T}^\perp}[\mathbf{\Sigma}_o] \right\|_2 \leqslant \lambda \left\| \mathbf{\Sigma}_o \right\|_2. \tag{5.3.38}$$

以高概率, 我们有

$$\|\mathbf{\Sigma}_o\|_2 \leqslant C\sqrt{\rho m}, \tag{5.3.39}$$

因此, 对于 $\rho < \rho_\star$ 选取一个较小的常数, 那么 $\|\boldsymbol{\Lambda}_S^{(1)}\|_2 \leqslant 1/16$. 为了控制 $\boldsymbol{\Lambda}_S^{(2)}$ 的范数, 令 N 为 $\mathbb{S}^{n-1}$ 的 1/2-网. 根据引理 3.8, 存在这样一个网, 其大小 $|\mathsf{N}| \leqslant 6^n$. 此外,

$$\begin{aligned}
\left\| \boldsymbol{\Lambda}_S^{(2)} \right\|_2 &= \sup_{\boldsymbol{u}, \boldsymbol{v} \in \mathbb{S}^{n-1}} \boldsymbol{u}^* \boldsymbol{\Lambda}_S^{(2)} \boldsymbol{v} \\
&\leqslant 4 \max_{\boldsymbol{u}, \boldsymbol{v} \in \mathsf{N}} \boldsymbol{u}^* \boldsymbol{\Lambda}_S^{(2)} \boldsymbol{v} \\
&= 4 \max_{\boldsymbol{u}, \boldsymbol{v} \in \mathsf{N}} \left\langle \boldsymbol{u}\boldsymbol{v}^*, \lambda \mathcal{R}\left[\mathbf{\Sigma}_o\right] \right\rangle \\
&= 4 \max_{\boldsymbol{u}, \boldsymbol{v} \in \mathsf{N}} \left\langle \lambda \mathcal{R}[\boldsymbol{u}\boldsymbol{v}^*], \mathbf{\Sigma}_o \right\rangle \\
&= 4 \max_{\boldsymbol{u}, \boldsymbol{v} \in \mathsf{N}} \left\langle \boldsymbol{X}_{\boldsymbol{u}, \boldsymbol{v}}, \mathbf{\Sigma}_o \right\rangle.
\end{aligned} \tag{5.3.40}$$

在稀疏误差项的支撑 $\mathfrak{S}$ 条件下, 我们观察到 $\langle \boldsymbol{X}_{\boldsymbol{u},\boldsymbol{v}}, \mathbf{\Sigma}_o \rangle$ 是 Rademacher (即 ± 1 的) 随机变量的线性组合. 由 Hoeffding 不等式, 得到

$$\mathbb{P}\Big[\langle \boldsymbol{X}_{\boldsymbol{u},\boldsymbol{v}}, \boldsymbol{\Sigma}_o \rangle > t \ \mid \ \mathfrak{S} \Big] \leqslant \exp\left(-\frac{t^2}{2\left\|\boldsymbol{X}_{\boldsymbol{u},\boldsymbol{v}}\right\|_F^2}\right). \tag{5.3.41}$$

在事件 $\mathcal{E}$ 上, 使用上界 (5.3.37), 我们可以通过

$$\|\boldsymbol{X}_{\boldsymbol{u},\boldsymbol{v}}\|_F \leqslant \frac{\lambda\sigma^2}{1-\sigma^2} \tag{5.3.42}$$

来界定 $\boldsymbol{X}_{\boldsymbol{u},\boldsymbol{v}}$ 的范数. 所以, 对于所有 $\boldsymbol{u},\boldsymbol{v}$, 我们有

$$\mathbb{P}\Big[\langle \boldsymbol{X}_{\boldsymbol{u},\boldsymbol{v}}, \boldsymbol{\Sigma}_o \rangle > t \ \mid \ \mathcal{E} \Big] \leqslant \exp\left(-\frac{t^2}{2\left\|\boldsymbol{X}_{\boldsymbol{u},\boldsymbol{v}}\right\|_F^2}\right). \tag{5.3.43}$$

因此

$$\begin{aligned}
&\mathbb{P}\Big[\Big\|\boldsymbol{\Lambda}_S^{(2)}\Big\|_2 > t\Big] \\
&\quad \leqslant \mathbb{P}\Big[\max_{\boldsymbol{u},\boldsymbol{v}\in\mathsf{N}} \langle \boldsymbol{X}_{\boldsymbol{u},\boldsymbol{v}}, \boldsymbol{\Sigma}_o \rangle > \frac{t}{4}\Big] \\
&\quad \leqslant \mathbb{P}\Big[\max_{\boldsymbol{u},\boldsymbol{v}\in\mathsf{N}} \langle \boldsymbol{X}_{\boldsymbol{u},\boldsymbol{v}}, \boldsymbol{\Sigma}_o \rangle > \frac{t}{4} \mid \mathcal{E}\Big] \quad + \quad \mathbb{P}\Big[\mathcal{E}^c\Big] \\
&\quad \leqslant |\mathsf{N}|^2 \times \max_{\boldsymbol{u},\boldsymbol{v}\in\mathsf{N}} \mathbb{P}\Big[\langle \boldsymbol{X}_{\boldsymbol{u},\boldsymbol{v}}, \boldsymbol{\Sigma}_o \rangle > \frac{t}{4} \mid \mathcal{E}\Big] + \mathbb{P}\Big[\mathcal{E}^c\Big] \\
&\quad \leqslant 6^{2n} \times \exp\left(-\frac{t^2(1-\sigma^2)^2}{2\lambda^2\sigma^4}\right) + \mathbb{P}\left[\mathcal{E}^c\right].
\end{aligned} \tag{5.3.44}$$

设置 $t = 1/8$, 并确保 σ 适当小, 那么我们以高概率得到 $\|\boldsymbol{\Lambda}_S^{(2)}\|_2 \leqslant 1/8$; 再结合前面所得出的 $\|\boldsymbol{\Lambda}_S^{(1)}\|_2$ 的上界, 我们得到 $\|\boldsymbol{\Lambda}_S\|_2 < 1/4$ 以高概率成立.

最后我们来验证性质 (ii). 也就是, 我们验证以高概率 $\|\mathcal{P}_{\mathfrak{S}^c}[\boldsymbol{\Lambda}_S]\|_\infty < \dfrac{\lambda}{4}$ 成立. 为此, 请注意

$$\begin{aligned}
\mathcal{P}_{\mathfrak{S}^c}[\boldsymbol{\Lambda}_S] &= \lambda \mathcal{P}_{\mathfrak{S}^c}\mathcal{P}_{\mathsf{T}^\perp} \sum_{k=0}^{\infty} \left(\mathcal{P}_{\mathfrak{S}}\mathcal{P}_{\mathsf{T}}\mathcal{P}_{\mathfrak{S}}\right)^k [\boldsymbol{\Sigma}_o] \\
&= \lambda \mathcal{P}_{\mathfrak{S}^c}\mathcal{P}_{\mathsf{T}}\mathcal{P}_{\mathfrak{S}} \sum_{k=0}^{\infty} \left(\mathcal{P}_{\mathfrak{S}}\mathcal{P}_{\mathsf{T}}\mathcal{P}_{\mathfrak{S}}\right)^k [\boldsymbol{\Sigma}_o] \\
&\doteq \lambda \mathcal{H}[\boldsymbol{\Sigma}_o].
\end{aligned} \tag{5.3.45}$$

在事件 $\mathcal{E}$ 上, 对于任何 $(i,j) \in \mathfrak{S}^c$, 我们有

$$\left\|\mathcal{H}^*[\boldsymbol{e}_i\boldsymbol{e}_j^*]\right\|_F = \left\|\left[\sum_{k=0}^{\infty}(\mathcal{P}_{\mathfrak{S}}\mathcal{P}_{\mathsf{T}}\mathcal{P}_{\mathfrak{S}})^k\right] \mathcal{P}_{\mathfrak{S}}\mathcal{P}_{\mathsf{T}}[\boldsymbol{e}_i\boldsymbol{e}_j^*]\right\|_F$$

$$\begin{aligned}
&\leqslant \left\| \left[\sum_{k=0}^{\infty} (\mathcal{P}_{\mathfrak{S}} \mathcal{P}_{\mathsf{T}} \mathcal{P}_{\mathfrak{S}})^k\right] \mathcal{P}_{\mathfrak{S}} \mathcal{P}_{\mathsf{T}} \right\|_2 \left\| \mathcal{P}_{\mathsf{T}}[\boldsymbol{e}_i \boldsymbol{e}_j^*] \right\|_F \\
&\leqslant \frac{\sigma}{1-\sigma^2} \times \sqrt{\frac{2\nu r}{n}} \\
&\leqslant C\sqrt{\log n}. \qquad (5.3.46)
\end{aligned}$$

注意

$$\|\mathcal{P}_{\mathfrak{S}^c}[\boldsymbol{\Lambda}_S]\|_\infty = \lambda \max_{i,j} |\boldsymbol{e}_i^* \mathcal{H}[\boldsymbol{\Sigma}_o] \boldsymbol{e}_j| = \lambda \max_{i,j} \left| \left\langle \mathcal{H}[\boldsymbol{e}_i \boldsymbol{e}_j^*], \boldsymbol{\Sigma}_o \right\rangle \right|. \qquad (5.3.47)$$

令

$$Y_{ij} = \left\langle \mathcal{H}[\boldsymbol{e}_i \boldsymbol{e}_j^*], \boldsymbol{\Sigma}_o \right\rangle \quad \in \mathbb{R}. \qquad (5.3.48)$$

利用 Hoeffding 不等式, 我们有

$$\mathbb{P}\Big[|Y_{ij}| > t \ \mid\ \mathfrak{S} \Big] \leqslant 2\exp\left(-\frac{t^2}{2\left\|\mathcal{H}[\boldsymbol{e}_i \boldsymbol{e}_j^*]\right\|_F^2} \right). \qquad (5.3.49)$$

因此,

$$\mathbb{P}\Big[|Y_{ij}| > t \ \mid\ \mathcal{E} \Big] \leqslant 2n^{-12}. \qquad (5.3.50)$$

进一步, 我们有

$$\begin{aligned}
\mathbb{P}\left[\|\mathcal{P}_{\mathfrak{S}^c}[\boldsymbol{\Lambda}_S]\|_\infty \geqslant \frac{\lambda}{4} \right] &\leqslant \mathbb{P}\left[\max_{i,j} |Y_{ij}| > \frac{1}{4} \right] \\
&\leqslant \mathbb{P}\left[\max_{i,j} |Y_{ij}| > \frac{1}{4} \ \mid\ \mathcal{E} \right] + \mathbb{P}\Big[\ \mathcal{E}^c\ \Big] \\
&\leqslant \sum_{i,j} \mathbb{P}\left[|Y_{ij}| > \frac{1}{4} \ \mid\ \mathcal{E} \right] + \mathbb{P}\Big[\ \mathcal{E}^c\ \Big] \\
&\leqslant n^2 \times 2n^{-12} + \mathbb{P}[\mathcal{E}^c] \\
&\leqslant 2n^{-10} + \mathbb{P}[\mathcal{E}^c]. \qquad (5.3.51)
\end{aligned}$$

这就完成了证明. □

5.3.3 对主要结果的一些扩展

对定理 5.1 进行一些改进或扩展是可能的. 我们在这里描述几种情况, 并将它们的证明留作习题.

非方阵矩阵

在一般情况下, $\boldsymbol{L}_o$ 为 $n_1 \times n_2$ 矩阵, 设 $n_{(1)} \doteq \max\{n_1, n_2\}$. 那么求解使用 $\lambda = 1/\sqrt{n_{(1)}}$ 的 PCP 问题的成功概率至少为 $1 - cn_{(1)}^{-10}$, 前提是 $\operatorname{rank}(\boldsymbol{L}_o) \leqslant \rho_r n_{(2)}\, \nu^{-1} (\log n_{(1)})^{-2}$ 和

$m \leqslant \rho_S n_1 n_2$. 一个相当显著的事实是, 在求解 PCP 问题时没有需要调整的参数. 在定理的假设下, 求解

$$\min_{\boldsymbol{L},\boldsymbol{S}} \|\boldsymbol{L}\|_* + \frac{1}{\sqrt{n_{(1)}}}\|\boldsymbol{S}\|_1 \quad \text{s.t.} \quad \boldsymbol{Y} = \boldsymbol{L} + \boldsymbol{S},$$

问题始终能够返回正确答案. 这是令人惊讶的, 因为人们可能会期望必须选择一个正确的参数 λ, 以适当地平衡 $\|\boldsymbol{L}\|_* + \lambda\|\boldsymbol{S}\|_1$ 中的两项 (可能取决于它们的相对大小). 然而, 情况显然并非如此. 在这个意义上, 选择 $\lambda = 1/\sqrt{n_{(1)}}$ 是通用的. 此外, 可能读者还不太清楚为什么无论 $\boldsymbol{L}_o$ 和 $\boldsymbol{S}_o$ 是什么, $\lambda = 1/\sqrt{n_{(1)}}$ 都是一个正确的先验选择. 这个取值的正确性是由数学分析所揭示的. 事实上, 定理的证明给出了正确值的一个范围, 而我们在这个范围内选择了最简单的一个值.

密集误差纠正

在定理 5.1 中, 人们可能想知道 $\boldsymbol{S}_o$ 中非零元素的比例, 即 ρ_S 在实际中可能有多大. 如果 ρ_S 必须非常小, 那么结果将不会非常有用. 事实证明, 在大多数情况下, ρ_S 可能相当大, 而在某些极端情况下, $\boldsymbol{S}_o$ 甚至不必稀疏.

更准确地说, 在定理 5.1的相同假设下, 可以严格证明: 对于任何 $\rho_S < 1$, 当 n 变大时[㊀], 主成分追踪 (5.2.2) 能够精确地以高概率恢复 $(\boldsymbol{L}_o, \boldsymbol{S}_o)$[㊁], 只要下述条件成立:

$$\lambda = C_1 \left(4\sqrt{1-\rho_S} + \frac{9}{4}\right)^{-1} \sqrt{\frac{1-\rho_S}{\rho_S n}}, \quad r < \frac{C_2 n}{\nu \log^2 n}, \tag{5.3.52}$$

其中 $0 < C_1 \leqslant 4/5$ 和 $C_2 > 0$ 是数值常数. 换言之, 假设矩阵的秩为 $n/(\nu \log^2 n)$ 量级, 如果我们可以基于 ρ_S 选择 λ, 那么即使任意大比例的元素被任意幅度的误差所损坏且未被损坏元素的位置未知, PCP 也能够准确恢复低秩矩阵.

此外, 通过稍微修改上述证明的陈述, 我们可以证明, 如果按如下方式选择秩 r 和参数 λ, 那么能够以高概率保证精确恢复:

$$\lambda = \frac{1}{\sqrt{n \log n}}, \quad r < \frac{C_2 n}{\nu \log^3 n}. \tag{5.3.53}$$

也就是说, 如果有理由相信矩阵 $\boldsymbol{L}_o$ 的秩更受限制 (比如说, 实际上秩是固定的), 我们只需要设置 $\lambda = \dfrac{1}{\sqrt{n \log n}}$, 它不依赖于误差比例 ρ_S 的任何信息. 有了这些设置, PCP 将成功找到正确的解. 正如我们将在 5.6 节中看到的, 类似的 λ 选择可以用于恢复同时具有丢失和被损坏元素的低秩矩阵.

在本书中, 我们并不提供这些扩展的详细证明, 因为它们的证明策略和技术与定理 5.1的证明非常相似. 尽管如此, 感兴趣的读者可以参考 [Chen et al., 2013; Ganesh et al., 2010] 来了解更多细节.

㊀ 对于更接近 1 的 ρ_S, 维数 n 必须更大. 形式上 $n > n_0(\rho_S)$.

㊁ 所谓 “高概率”, 是指概率至少为 $1 - cn^{-\beta}$, 其中 $\beta > 0$ 是某个固定值.

非随机分布的误差符号

在定理 5.1 中, 误差项 $\boldsymbol{S}_o$ 的支撑和符号都假设是随机的. 实际上, 这种随机模型可能被认为不太实用, 因为许多实际稀疏信号不一定是完全随机的. 事实证明, 关于 $\boldsymbol{S}_o$ 元素符号的随机性假设对于定理的结论并不重要.

更准确地说, 我们可以证明: 假设 $\boldsymbol{L}_o$ 符合定理 5.1 的条件, $\boldsymbol{S}_o$ 的非零元素的位置服从参数为 ρ_S 的 Bernoulli 模型, 且 $\boldsymbol{S}_o$ 的符号为独立同分布的 ± 1 (与元素的位置无关). 如果 PCP 的解以高概率是准确的, 那么至少以同样的高概率, 对于符号 (和值) 固定且位置采样于参数为 $\frac{1}{2}\rho_S$ 的 Bernoulli 模型的 $\boldsymbol{S}_o$, 也能够得到准确解.

也就是说, 我们可以认为 $\boldsymbol{S}_o$ 来自*预先给定*的矩阵 $\boldsymbol{S}$, 即

$$\boldsymbol{S}_o = \mathcal{P}_{\mathfrak{S}}[\boldsymbol{S}],$$

其中, 位置 $\mathfrak{S}$ 采样于参数为 $\frac{1}{2}\rho_S$ 的 Bernoulli 模型. 那么, PCP 同样能够以高概率正确恢复 $\boldsymbol{L}_o$ 和 $\boldsymbol{S}_o$. 换句话说, 为了消除符号中的随机性, 我们损失了误差项 $\boldsymbol{S}_o$ 一半的密度. 请注意, 矩阵 $\boldsymbol{S}$ 的元素取值和符号甚至可以选择为最具有"*对抗性的*", 即 $\boldsymbol{S} = \boldsymbol{L}_o$.

位置 $\mathfrak{S}$ 的随机性如何呢? 我们是否也可以在不显著降低结论强度的情况下去掉它呢? 正如我们在本节前面所讨论的, $\boldsymbol{S}_o$ 支撑的随机性是为了确保可辨识性. 如果 $\boldsymbol{S}_o$ 的支撑在列和行中都不够随机 (比如它集中在某一行或列上), 那么很可能无法恢复 $\boldsymbol{L}_o$ 的相应行或者列. 读者可以参考 [Chandrasekaran et al., 2009], 以了解在 $\boldsymbol{S}_o$ 支撑的确定性模型下保证 PCP 成功的条件.

稀疏异常值追踪

在许多应用中, 损坏可能集中在低秩矩阵 $\boldsymbol{L}_o$ 的少数列向量, 而不是在单个元素中. 换句话说, 数据矩阵的形式如下:

$$\boldsymbol{Y} = \boldsymbol{L}_o + \boldsymbol{O}_o,$$

其中 $\boldsymbol{O}_o$ 是具有少数非零列的矩阵. 相应的列可以被视为"*异常值*", 与低秩矩阵 $\boldsymbol{L}_o$ 几乎没有关系. 这个问题也被称为*带有稀疏 (列) 异常值的鲁棒* PCA. 在这种情况下, 我们可以考虑一个促进列稀疏性的范数, 即所有列向量的 ℓ^2 范数的和, 这被称为 $(2,1)$ 范数:

$$\|\boldsymbol{O}\|_{2,1} = \sum_{j=1}^{n_2} \|\boldsymbol{o}_j\|_2, \tag{5.3.54}$$

其中 $\boldsymbol{o}_j \in \mathbb{R}^{n_1}$ 是矩阵 $\boldsymbol{O} \in \mathbb{R}^{n_1 \times n_2}$ 的列向量. 因此, 为了分解矩阵 $\boldsymbol{Y}$, 可以考虑以下称为"*异常值追踪*"的凸优化问题:

$$\min_{\boldsymbol{L},\boldsymbol{S}} \|\boldsymbol{L}\|_* + \lambda \|\boldsymbol{O}\|_{2,1} \quad \text{s.t.} \quad \boldsymbol{L} + \boldsymbol{O} = \boldsymbol{Y}. \tag{5.3.55}$$

与稀疏损坏的 PCP 一样, 上述凸优化问题能够在相当广泛的条件下正确恢复出低秩分量和列稀疏分量[⊖], 正如 [Xu et al., 2012] 中所详述的.

5.4 含噪声的稳定主成分追踪

PCP 模型和理论结果 (定理 5.1) 仅限于低秩分量严格低秩且稀疏分量严格稀疏的情况. 然而, 在实际应用中, 观测值经常受到噪声的干扰, 而噪声可能是随机的或者确定性的, 影响数据矩阵的每个元素. 例如, 在我们前面提到的人脸识别中, 人脸并不是一个严格意义上的凸 Lambertian 表面, 因此低秩模型 (由于光度特性) 只是近似低秩. 在排序和协同过滤中, 由于数据收集过程中缺乏控制, 用户的评级可能会有噪声. 因此, 为了使 PCP 模型适用于更广泛的现实问题, 我们需要检查它是否能够处理小幅度的逐元素 (稠密) 噪声.

在存在噪声的情况下, 新的测量模型变为

$$\boldsymbol{Y} = \boldsymbol{L}_o + \boldsymbol{S}_o + \boldsymbol{Z}_o, \tag{5.4.1}$$

其中 $\boldsymbol{Z}_o$ 是一个小幅度的误差项, 可能会影响矩阵中每个元素的值. 然而, 这里我们关于 $\boldsymbol{Z}_o$ 所假设的是, 对于某些 $\varepsilon > 0$, $\|\boldsymbol{Z}_o\|_F \leqslant \varepsilon$.

为了恢复未知矩阵 $\boldsymbol{L}_o$ 和 $\boldsymbol{S}_o$, 作为 PCP (5.2.2)的松弛版本, 我们可以考虑求解以下优化问题:

$$\min_{\boldsymbol{L},\boldsymbol{S}} \|\boldsymbol{L}\|_* + \lambda\|\boldsymbol{S}\|_1 \quad \text{s.t.} \quad \|\boldsymbol{Y} - \boldsymbol{L} - \boldsymbol{S}\|_F \leqslant \varepsilon, \tag{5.4.2}$$

其中, 我们选择 $\lambda = 1/\sqrt{n}$. 注意到, 对于这个选择, 通常有 $\lambda < 1/2$. 我们的主要结果是, 在与 PCP 相同的条件下, 上述凸优化问题能够给出 $\boldsymbol{L}_o$ 和 $\boldsymbol{S}_o$ 的稳定估计.

定理 5.2 (PCP 对有界噪声的稳定性) *在与定理 5.1 相同的假设下, 即 $\boldsymbol{L}_o$ 满足不相干条件和 $\boldsymbol{S}_o$ 的支撑是大小为 m 的均匀分布. 如果 $\boldsymbol{L}_o$ 和 $\boldsymbol{S}_o$ 满足*

$$\operatorname{rank}(\boldsymbol{L}_o) \leqslant \frac{\rho_r n}{\nu \log^2 n} \quad 且 \quad m \leqslant \rho_S n^2, \tag{5.4.3}$$

其中 $\rho_r > 0$ 和 $\rho_S > 0$ 是足够小的数值常数, 那么在 $\boldsymbol{S}_o$ 的支撑中以高概率对于任何满足 $\|\boldsymbol{Z}_o\|_F \leqslant \varepsilon$ 的 $\boldsymbol{Z}_o$, 凸优化问题 (5.4.2)的解 $(\hat{\boldsymbol{L}}, \hat{\boldsymbol{S}})$ 满足

$$\|\hat{\boldsymbol{L}} - \boldsymbol{L}_o\|_F^2 + \|\hat{\boldsymbol{S}} - \boldsymbol{S}_o\|_F^2 \leqslant C\varepsilon^2, \tag{5.4.4}$$

其中 $C = \left(16\sqrt{5}n + \sqrt{2}\right)^2$ 是数值常数.

在这里, 我们指出看待这一结果的意义的两种方式. 在某种程度上, 模型 (5.4.2) 通过考虑测量中的过失 (gross) 稀疏误差和小幅度的逐元素噪声, 把经典 PCA 和鲁棒 PCA 统一起来. 因此, 一方面, 上述定理表明, 当存在小幅度的逐元素噪声时, 通过 PCP 的低秩和

⊖ 低秩矩阵 $\boldsymbol{L}_o$ 的列满足一定的不相干条件, 并且相应地, 异常值的比例有界.

稀疏分解是稳定的, 因此使 PCP 能够更广泛地适用于低秩结构并不精确的实际问题. 另一方面, 这个定理令人信服地证明经典 PCA 现在通过某种凸优化问题对稀疏的过失损坏具有鲁棒性. 由于这个凸优化问题可以通过与算法 5.1 类似的算法非常有效地求解, 成本不会比经典 PCA 高很多, 因此这个模型和结果可以应用于同时存在小幅度噪声和严重过失损坏的许多实际问题.

在开始证明上述结果之前, 我们先介绍一些新的符号. 对于任何矩阵对 $\boldsymbol{X} = (\boldsymbol{L}, \boldsymbol{S})$, 令

$$\|\boldsymbol{X}\|_F \doteq \left(\|\boldsymbol{L}\|_F^2 + \|\boldsymbol{S}\|_F^2\right)^{1/2}, \quad \|\boldsymbol{X}\|_\diamond = \|\boldsymbol{L}\|_* + \lambda\|\boldsymbol{S}\|_1.$$

我们定义投影算子

$$\mathcal{P}_{\mathsf{T}} \times \mathcal{P}_{\mathfrak{S}} : (\boldsymbol{L}, \boldsymbol{S}) \mapsto (\mathcal{P}_{\mathsf{T}}[\boldsymbol{L}], \mathcal{P}_{\mathfrak{S}}[\boldsymbol{S}]).$$

此外, 我们还定义子空间 $\Gamma \doteq \{(\boldsymbol{Q}, \boldsymbol{Q}) \mid \boldsymbol{Q} \in \mathbb{R}^{n\times n}\}$ 和 $\Gamma^\perp \doteq \{(\boldsymbol{Q}, -\boldsymbol{Q}) \mid \boldsymbol{Q} \in \mathbb{R}^{n\times n}\}$, 并且令 $\mathcal{P}_\Gamma$ 和 $\mathcal{P}_{\Gamma^\perp}$ 表示它们各自的投影算子.

引理 5.4 假设 $\|\mathcal{P}_{\mathsf{T}}\mathcal{P}_{\mathfrak{S}}\|_2 \leqslant 1/2$. 那么, 对于每一对 $\boldsymbol{X} = (\boldsymbol{L}, \boldsymbol{S})$, $\|\mathcal{P}_\Gamma(\mathcal{P}_{\mathsf{T}} \times \mathcal{P}_{\mathfrak{S}})[\boldsymbol{X}]\|_F^2 \geqslant \frac{1}{4}\|(\mathcal{P}_{\mathsf{T}} \times \mathcal{P}_{\mathfrak{S}})[\boldsymbol{X}]\|_F^2$.

证明. 对于任何矩阵对 $\boldsymbol{X}' = (\boldsymbol{L}', \boldsymbol{S}')$, $\mathcal{P}_\Gamma[\boldsymbol{X}'] = \left(\frac{\boldsymbol{L}' + \boldsymbol{S}'}{2}, \frac{\boldsymbol{L}' + \boldsymbol{S}'}{2}\right)$ 且有 $\|\mathcal{P}_\Gamma[\boldsymbol{X}']\|_F^2 = \frac{1}{2}\|\boldsymbol{L}' + \boldsymbol{S}'\|_F^2$. 所以

$$\begin{aligned}
\|\mathcal{P}_\Gamma(\mathcal{P}_{\mathsf{T}} \times \mathcal{P}_{\mathfrak{S}})[\boldsymbol{X}]\|_F^2 &= \frac{1}{2}\|\mathcal{P}_{\mathsf{T}}[\boldsymbol{L}] + \mathcal{P}_{\mathfrak{S}}[\boldsymbol{S}]\|_F^2 \\
&= \frac{1}{2}\left(\|\mathcal{P}_{\mathsf{T}}[\boldsymbol{L}]\|_F^2 + \|\mathcal{P}_{\mathfrak{S}}[\boldsymbol{S}]\|_F^2 + 2\langle \mathcal{P}_{\mathsf{T}}[\boldsymbol{L}], \mathcal{P}_{\mathfrak{S}}[\boldsymbol{S}]\rangle\right).
\end{aligned}$$

现在, 我们有

$$\begin{aligned}
\langle \mathcal{P}_{\mathsf{T}}[\boldsymbol{L}], \mathcal{P}_{\mathfrak{S}}[\boldsymbol{S}]\rangle &= \langle \mathcal{P}_{\mathsf{T}}[\boldsymbol{L}], (\mathcal{P}_{\mathsf{T}}\mathcal{P}_{\mathfrak{S}})\mathcal{P}_{\mathfrak{S}}[\boldsymbol{S}]\rangle \\
&\geqslant -\|\mathcal{P}_{\mathsf{T}}\mathcal{P}_{\mathfrak{S}}\|_2 \|\mathcal{P}_{\mathsf{T}}[\boldsymbol{L}]\|_F \|\mathcal{P}_{\mathfrak{S}}[\boldsymbol{S}]\|_F.
\end{aligned}$$

因为 $\|\mathcal{P}_{\mathsf{T}}\mathcal{P}_{\mathfrak{S}}\|_2 \leqslant 1/2$,

$$\begin{aligned}
&\|\mathcal{P}_\Gamma(\mathcal{P}_{\mathsf{T}} \times \mathcal{P}_{\mathfrak{S}})[\boldsymbol{X}]\|_F^2 \\
&\geqslant \frac{1}{2}\left(\|\mathcal{P}_{\mathsf{T}}[\boldsymbol{L}]\|_F^2 + \|\mathcal{P}_{\mathfrak{S}}[\boldsymbol{S}]\|_F^2 - \|\mathcal{P}_{\mathsf{T}}[\boldsymbol{L}]\|_F \|\mathcal{P}_{\mathfrak{S}}[\boldsymbol{S}]\|_F\right) \\
&\geqslant \frac{1}{4}\left(\|\mathcal{P}_{\mathsf{T}}[\boldsymbol{L}]\|_F^2 + \|\mathcal{P}_{\mathfrak{S}}[\boldsymbol{S}]\|_F^2\right) = \frac{1}{4}\|(\mathcal{P}_{\mathsf{T}} \times \mathcal{P}_{\mathfrak{S}})[\boldsymbol{X}]\|_F^2,
\end{aligned}$$

其中, 我们用到对于任意 a 和 b, $a^2 + b^2 - ab \geqslant (a^2 + b^2)/2$. □

定理 5.2 的证明. 有噪声情况下的证明在很大程度上依赖于之前我们所开发的证明 PCP 无噪声情况下的方法和结果. 从定理 5.1 的证明中, 我们知道, 以高概率存在满足引理 5.2 中条件的对偶证书 $\boldsymbol{\Lambda}$, 即

$$\begin{cases} \|\mathcal{P}_{\mathsf{T}}[\boldsymbol{\Lambda}] - \boldsymbol{U}\boldsymbol{V}^*\|_F \leqslant \dfrac{\lambda}{8}, & \|\mathcal{P}_{\mathsf{T}^\perp}[\boldsymbol{\Lambda}]\|_2 < \dfrac{1}{2}, \\ \|\mathcal{P}_{\mathfrak{S}}[\boldsymbol{\Lambda}] - \lambda\boldsymbol{\Sigma}_o\|_F \leqslant \dfrac{\lambda}{8}, & \|\mathcal{P}_{\mathfrak{S}^c}[\boldsymbol{\Lambda}]\|_\infty < \dfrac{\lambda}{2}. \end{cases} \tag{5.4.5}$$

我们的证明使用了 $\hat{\boldsymbol{X}} = (\hat{\boldsymbol{L}}, \hat{\boldsymbol{S}})$ 的两个关键性质. 首先, 由于 $\boldsymbol{X}_o$ 也是式 (5.4.2) 的一个可行解, 因此我们有 $\|\hat{\boldsymbol{X}}\|_\diamond \leqslant \|\boldsymbol{X}_o\|_\diamond$. 其次, 我们使用三角不等式得到

$$\begin{aligned} \|\hat{\boldsymbol{L}} + \hat{\boldsymbol{S}} - \boldsymbol{L}_o - \boldsymbol{S}_o\|_F &\leqslant \|\hat{\boldsymbol{L}} + \hat{\boldsymbol{S}} - \boldsymbol{Y}\|_F + \|\boldsymbol{L}_o + \boldsymbol{S}_o - \boldsymbol{Y}\|_F \\ &\leqslant 2\varepsilon. \end{aligned} \tag{5.4.6}$$

此外, 设 $\hat{\boldsymbol{X}} = \boldsymbol{X}_o + \boldsymbol{H}$, 其中 $\boldsymbol{H} = (\boldsymbol{H}_L, \boldsymbol{H}_S)$. 我们想要限制扰动 $\|\boldsymbol{H}\|_F^2 = \|\boldsymbol{H}_L\|_F^2 + \|\boldsymbol{H}_S\|_F^2$ 的范数. 请注意, 与无噪声的情况不同, 这里 $\boldsymbol{H}_L + \boldsymbol{H}_S$ 不一定等于零. 因此, 为了利用无噪声情况下的结果, 我们将扰动分解为 Γ 和 $\Gamma^\perp$ 中的两个正交分量 $\boldsymbol{H}^\Gamma = \mathcal{P}_\Gamma[\boldsymbol{H}]$ 和 $\boldsymbol{H}^{\Gamma^\perp} = \mathcal{P}_{\Gamma^\perp}[\boldsymbol{H}]$. 那么 $\|\boldsymbol{H}\|_F^2$ 可以展开为

$$\begin{aligned} \|\boldsymbol{H}\|_F^2 &= \|\boldsymbol{H}^\Gamma\|_F^2 + \|\boldsymbol{H}^{\Gamma^\perp}\|_F^2 \\ &= \|\boldsymbol{H}^\Gamma\|_F^2 + \|(\mathcal{P}_{\mathsf{T}} \times \mathcal{P}_{\mathfrak{S}})[\boldsymbol{H}^{\Gamma^\perp}]\|_F^2 + \|(\mathcal{P}_{\mathsf{T}^\perp} \times \mathcal{P}_{\mathfrak{S}^c})[\boldsymbol{H}^{\Gamma^\perp}]\|_F^2. \end{aligned} \tag{5.4.7}$$

根据式 (5.4.6), 我们有

$$\|\boldsymbol{H}^\Gamma\|_F = \left(\|(\boldsymbol{H}_L + \boldsymbol{H}_S)/2\|_F^2 + \|(\boldsymbol{H}_L + \boldsymbol{H}_S)/2\|_F^2\right)^{1/2} \leqslant \sqrt{2}/2 \times 2\varepsilon = \sqrt{2}\varepsilon, \tag{5.4.8}$$

这足以约束式 (5.4.7) 右侧的第二项和第三项.

1. *约束式 (5.4.7) 的第三项*. 设 $\boldsymbol{\Lambda}$ 是一个对偶证书且满足式 (5.4.5). 那么, 我们有

$$\|\boldsymbol{X}_o + \boldsymbol{H}\|_\diamond \geqslant \|\boldsymbol{X}_o + \boldsymbol{H}^{\Gamma^\perp}\|_\diamond - \|\boldsymbol{H}^\Gamma\|_\diamond. \tag{5.4.9}$$

因为 $\boldsymbol{H}_L^{\Gamma^\perp} + \boldsymbol{H}_S^{\Gamma^\perp} = 0$, 根据引理 5.2的证明, 我们有

$$\begin{aligned} &\|\boldsymbol{X}_o + \boldsymbol{H}^{\Gamma^\perp}\|_\diamond \\ &\geqslant \|\boldsymbol{X}_o\|_\diamond + \frac{1}{8}\|\mathcal{P}_{\mathsf{T}^\perp}[\boldsymbol{H}_L^{\Gamma^\perp}] + \lambda/8\|_*\|\mathcal{P}_{\mathfrak{S}^c}[\boldsymbol{H}_S^{\Gamma^\perp}]\|_1 \\ &\geqslant \|\boldsymbol{X}_o\|_\diamond + \frac{1}{8}\Big(\|\mathcal{P}_{\mathsf{T}^\perp}[\boldsymbol{H}_L^{\Gamma^\perp}]\|_* + \lambda\|\mathcal{P}_{\mathfrak{S}^c}[\boldsymbol{H}_S^{\Gamma^\perp}]\|_1\Big). \end{aligned}$$

这意味着

$$\|\mathcal{P}_{\mathsf{T}^\perp}[\boldsymbol{H}_L^{\Gamma^\perp}]\|_* + \lambda\|\mathcal{P}_{\mathfrak{S}^c}[\boldsymbol{H}_S^{\Gamma^\perp}]\|_1 \leqslant 8\|\boldsymbol{H}^\Gamma\|_\diamond. \tag{5.4.10}$$

对任意矩阵 $\boldsymbol{Y} \in \mathbb{R}^{n\times n}$, 我们有如下不等式:

$$\|\boldsymbol{Y}\|_F \leqslant \|\boldsymbol{Y}\|_* \leqslant \sqrt{n}\|\boldsymbol{Y}\|_F, \quad \frac{1}{\sqrt{n}}\|\boldsymbol{Y}\|_F \leqslant \lambda\|\boldsymbol{Y}\|_1 \leqslant \sqrt{n}\|\boldsymbol{Y}\|_F,$$

其中假设 $\lambda = 1/\sqrt{n}$. 因此

$$\begin{aligned}
&\|(\mathcal{P}_{\mathsf{T}^\perp} \times \mathcal{P}_{\mathfrak{S}^c})[\boldsymbol{H}^{\Gamma^\perp}]\|_F \\
\leqslant& \|\mathcal{P}_{\mathsf{T}^\perp}[\boldsymbol{H}_L^{\Gamma^\perp}]\|_F + \|\mathcal{P}_{\mathfrak{S}^c}[\boldsymbol{H}_S^{\Gamma^\perp}]\|_F \\
\leqslant& \|\mathcal{P}_{\mathsf{T}^\perp}[\boldsymbol{H}_L^{\Gamma^\perp}]\|_* + \lambda\sqrt{n}\|\mathcal{P}_{\mathfrak{S}^c}[\boldsymbol{H}_S^{\Gamma^\perp}]\|_1 \\
\leqslant& 8\sqrt{n}\|\boldsymbol{H}^\Gamma\|_\diamond = 8\sqrt{n}\big(\|\boldsymbol{H}_L^\Gamma\|_* + \lambda\|\boldsymbol{H}_S^\Gamma\|_1\big) \\
\leqslant& 8n(\|\boldsymbol{H}_L^\Gamma\|_F + \|\boldsymbol{H}_S^\Gamma\|_F) \leqslant 8\sqrt{2}n\|\boldsymbol{H}^\Gamma\|_F \leqslant 16n\varepsilon,
\end{aligned} \tag{5.4.11}$$

其中, 最后一个等式使用事实 $\boldsymbol{H}_L^\Gamma = \boldsymbol{H}_S^\Gamma$.

2. *约束式* (5.4.7) *的第二项*. 通过引理 5.4, 我们有

$$\|\mathcal{P}_\Gamma(\mathcal{P}_{\mathsf{T}} \times \mathcal{P}_{\mathfrak{S}})[\boldsymbol{H}^{\Gamma^\perp}]\|_F^2 \geqslant \frac{1}{4}\|(\mathcal{P}_{\mathsf{T}} \times \mathcal{P}_{\mathfrak{S}})[\boldsymbol{H}^{\Gamma^\perp}]\|_F^2.$$

由于 $\mathcal{P}_\Gamma[\boldsymbol{H}^{\Gamma^\perp}] = \boldsymbol{0} = \mathcal{P}_\Gamma[\mathcal{P}_{\mathsf{T}} \times \mathcal{P}_{\mathfrak{S}})[\boldsymbol{H}^{\Gamma^\perp}] + \mathcal{P}_\Gamma[\mathcal{P}_{\mathsf{T}^\perp} \times \mathcal{P}_{\mathfrak{S}^c})[\boldsymbol{H}^{\Gamma^\perp}]$, 所以我们有

$$\begin{aligned}
\|\mathcal{P}_\Gamma(\mathcal{P}_{\mathsf{T}} \times \mathcal{P}_{\mathfrak{S}})[\boldsymbol{H}^{\Gamma^\perp}]\|_F &= \|\mathcal{P}_\Gamma(\mathcal{P}_{\mathsf{T}^\perp} \times \mathcal{P}_{\mathfrak{S}^c})[\boldsymbol{H}^{\Gamma^\perp}]\|_F \\
&\leqslant \|(\mathcal{P}_{\mathsf{T}^\perp} \times \mathcal{P}_{\mathfrak{S}^c})[\boldsymbol{H}^{\Gamma^\perp}]\|_F.
\end{aligned}$$

结合前两个不等式, 我们得到

$$\|(\mathcal{P}_{\mathsf{T}} \times \mathcal{P}_{\mathfrak{S}})[\boldsymbol{H}^{\Gamma^\perp}]\|_F^2 \leqslant 4\|(\mathcal{P}_{\mathsf{T}^\perp} \times \mathcal{P}_{\mathfrak{S}^c})[\boldsymbol{H}^{\Gamma^\perp}]\|_F^2.$$

再结合式 (5.4.11), 我们得出

$$\|\boldsymbol{H}^{\Gamma^\perp}\|_F^2 \leqslant 5\|(\mathcal{P}_{\mathsf{T}^\perp} \times \mathcal{P}_{\mathfrak{S}^c})[\boldsymbol{H}^{\Gamma^\perp}]\|_F^2 \leqslant 5 \times 16^2 n^2 \varepsilon^2. \tag{5.4.12}$$

把这个上界与式 (5.4.8) 相结合, 即可得到定理 5.2的结论. □

注意到, 在定理 5.2 的陈述中, 数值常数 C 仍然取决于维数 n. 可以说, 它仍然可以被去除或者减少. 事实上, 在稍强一些的条件下 (例如低秩分量 $\boldsymbol{L}_o$ 的幅值有界), 我们可以通过求解 LASSO 类型的优化问题

$$\min_{\boldsymbol{L},\boldsymbol{S}} \|\boldsymbol{L}\|_* + \lambda\|\boldsymbol{S}\|_1 + \frac{\mu}{2}\|\boldsymbol{L} + \boldsymbol{S} - \boldsymbol{Y}\|_F^2 \quad \text{s.t.} \quad \|\boldsymbol{L}\|_\infty < \alpha \tag{5.4.13}$$

来获得更好的估计.

通过适当地选择权重 λ 和 μ, 由噪声所引起的估计误差的界能够明显优于定理 5.2 中的结果. 理论分析和结果类似于稳定稀疏恢复 (定理 3.12) 和稳定低秩恢复 (定理 4.13),

其中假设噪声是随机的 (高斯的). 对于这个优化问题误差范围的详细分析, 请读者参考 [Agarwal et al., 2012]. 同样的分析也适用于异常值追踪问题 (5.3.55) 的稳定版本

$$\min_{\boldsymbol{L},\boldsymbol{O}} \|\boldsymbol{L}\|_* + \lambda \|\boldsymbol{O}\|_{2,1} + \frac{\mu}{2} \|\boldsymbol{L} + \boldsymbol{O} - \boldsymbol{Y}\|_F^2 \quad \text{s.t.} \quad \|\boldsymbol{L}\|_\infty < \alpha. \tag{5.4.14}$$

5.5 压缩主成分追踪

从上述各节中我们已经看到, 如果完整地观察到低秩矩阵 $\boldsymbol{L}_o$ 和稀疏矩阵 $\boldsymbol{S}_o$ 的叠加 $\boldsymbol{Y}$ (其中 $\boldsymbol{Y} = \boldsymbol{L}_o + \boldsymbol{S}_o$), 那么在相当广泛的条件下, 我们可以通过求解凸优化问题来正确恢复它们. 这是可能的, 因为矩阵对 $(\boldsymbol{L}_o, \boldsymbol{S}_o)$ 的自由度远远小于观测数 n^2. 由于目标矩阵是如此低维, 人们很自然会问: 是否有可能从更少数量的一般线性测量 $\boldsymbol{Y}$ 中恢复它呢? 也就是说, 我们是否能够对叠加在一起的低秩结构和稀疏模型进行 "压缩感知" 呢? 在数学上, 假设观察结果具有以下形式:

$$\boldsymbol{Y} \doteq \mathcal{P}_{\mathsf{Q}}[\boldsymbol{L}_o + \boldsymbol{S}_o], \tag{5.5.1}$$

其中, $\mathsf{Q} \subseteq \mathbb{R}^{n_1 \times n_2}$ 是线性子空间, 而 $\mathcal{P}_{\mathsf{Q}}$ 表示到该子空间 Q 上的投影算子. 事实上, 只要我们观察到某个二维数组 $\boldsymbol{M}$ 的 "形变" 版本 (即 $\boldsymbol{M} \circ \tau = \boldsymbol{L}_o + \boldsymbol{S}_o$), 就会遇到这一问题, 其中 τ 是特定的域变换. 一种用于恢复形变 τ 和低秩与稀疏分量的自然方法是把上述方程相对于 τ 进行线性化, 并在某个给定的 τ_o 处获得上述方程的微分, 即

$$\boldsymbol{M} \circ \tau_o + \boldsymbol{J} \circ \mathrm{d}\tau \approx \boldsymbol{L}_o + \boldsymbol{S}_o,$$

其中, $\boldsymbol{J}$ 是雅可比 (Jacobian) 矩阵, $\mathrm{d}\tau$ 是无穷小的形变. 为了消除未知的 $\mathrm{d}\tau$, 令 Q 为雅可比矩阵 $\boldsymbol{J}$ 的左核, 即 $\mathsf{Q} \doteq \{\boldsymbol{Q} \mid \langle \boldsymbol{Q}, \boldsymbol{J} \rangle = 0\}$, 也就是由所有满足 $\langle \boldsymbol{Q}, \boldsymbol{J} \rangle = 0$ 的矩阵 $\boldsymbol{Q}$ 所张成的子空间. 因此, 我们有

$$\boldsymbol{Y} \doteq \mathcal{P}_{\mathsf{Q}}[\boldsymbol{M} \circ \tau_o] = \mathcal{P}_{\mathsf{Q}}[\boldsymbol{L}_o + \boldsymbol{S}_o].$$

那么, 我们能够通过求解自然的凸优化问题

$$\min \quad \|\boldsymbol{L}\|_* + \lambda \|\boldsymbol{S}\|_1 \quad \text{s.t.} \quad \mathcal{P}_{\mathsf{Q}}[\boldsymbol{L} + \boldsymbol{S}] = \boldsymbol{Y}, \tag{5.5.2}$$

从高度压缩的测量中同时正确恢复低秩和稀疏分量吗? 我们称这个凸优化问题为*压缩主成分追踪* (CPCP). 在本节中, 我们将研究这个凸优化问题何时能够正确恢复 $\boldsymbol{L}_o$ 和 $\boldsymbol{S}_o$. 如前所述, 在本节中, 我们假设低秩矩阵 $\boldsymbol{L}_o$ 是 ν-不相干的, 稀疏分量 $\boldsymbol{S}_o$ 的支撑 $\mathsf{\Omega}$ 是 (Bernoulli) 随机的.

为了正确恢复 $\boldsymbol{L}_o$ 和 $\boldsymbol{S}_o$, 我们必须要求测量 Q 与低秩和稀疏分量*均不相干*. 为了确保不相干性, 我们可以假设 Q 是矩阵空间 $\mathbb{R}^{n_1 \times n_2}$ 中随机选择的子空间.

设子空间 Q 的维数为 q. 更准确地, 我们假设 Q 服从 Grassmannian 流形 $\mathsf{G}(\mathbb{R}^{m \times n}, q)$ 上的 Haar 测度. 在更直观的层面上, 这意味着 Q 在 q 个由独立同分布 $\mathcal{N}(0,1)$ 元素所构

成的矩阵的线性张成上均匀分布. 用压缩感知中更为熟悉的符号, 我们可以令 $\boldsymbol{Q}_1, \cdots, \boldsymbol{Q}_q$ 表示这样一组矩阵, 然后通过

$$\mathcal{Q}[\boldsymbol{M}] = \left(\langle \boldsymbol{Q}_1, \boldsymbol{M}\rangle, \cdots, \langle \boldsymbol{Q}_q, \boldsymbol{M}\rangle\right)^* \in \mathbb{R}^q \tag{5.5.3}$$

来定义算子 $\mathcal{Q}: \mathbb{R}^{n_1 \times n_2} \to \mathbb{R}^q$. 我们的分析还涉及等价的凸优化问题:

$$\min \quad \|\boldsymbol{L}\|_* + \lambda \|\boldsymbol{S}\|_1 \quad \text{s.t.} \quad \mathcal{Q}[\boldsymbol{L}+\boldsymbol{S}] = \mathcal{Q}[\boldsymbol{L}_o + \boldsymbol{S}_o]. \tag{5.5.4}$$

由于 $\mathcal{Q}$ 几乎必然是秩 q 的, 所以式 (5.5.4) 和式 (5.5.2) 完全等价.

在这些假设下, 以下定理给出了通过 CPCP 从 $\mathcal{P}_{\mathsf{Q}}[\boldsymbol{L}_o+\boldsymbol{S}_o]$ 中正确恢复矩阵对 $(\boldsymbol{L}_o, \boldsymbol{S}_o)$ 所需要的 (随机) 测量数量的紧界.

定理 5.3 (CPCP) *设 $\boldsymbol{L}_o, \boldsymbol{S}_o \in \mathbb{R}^{n_1 \times n_2}$, 其中 $n_1 \geqslant n_2$, 假设 $\boldsymbol{L}_o \neq \boldsymbol{0}$ 为秩 r 的 ν-不相干矩阵, 其中*

$$r \leqslant \frac{c_r n_2}{\nu \log^2 n_1}, \tag{5.5.5}$$

而 $\operatorname{sign}(\boldsymbol{S}_o)$ 按以 ρ 为参数的 Bernoulli-Rademacher 分布独立采样, 其中 $0 < \rho < c_\rho$. 令 $\mathsf{Q} \subset \mathbb{R}^{n_1 \times n_2}$ 是维数满足

$$\dim(\mathsf{Q}) \geqslant C_{\mathsf{Q}} \cdot (\rho n_1 n_2 + n_1 r) \cdot \log^2 n_1 \tag{5.5.6}$$

且按 Haar 测度分布的随机子空间, 其在概率上独立于 $\operatorname{sign}(\boldsymbol{S}_o)$. 那么, 至少以概率 $1 - C n_1^{-9}$, 在 $(\operatorname{sign}(\boldsymbol{S}_o), \mathsf{Q})$ 中, 优化问题

$$\min \quad \|\boldsymbol{L}\|_* + \lambda \|\boldsymbol{S}\|_1 \quad \text{s.t.} \quad \mathcal{P}_{\mathsf{Q}}[\boldsymbol{L}+\boldsymbol{S}] = \mathcal{P}_{\mathsf{Q}}[\boldsymbol{L}_o + \boldsymbol{S}_o] \tag{5.5.7}$$

的最优解是唯一的且等于 $(\boldsymbol{L}_o, \boldsymbol{S}_o)$, 其中 $\lambda = 1/\sqrt{n_1}$, c_r、c_ρ、C_{Q} 和 C 是正的数值常数.

这里, $\boldsymbol{S}_o$ 中非零元素的幅度是任意的, 并且在 $\boldsymbol{L}_o$ 中不假设随机性. 这一结果的随机性出现在 $\boldsymbol{S}_o$ 的符号和支撑的模式以及测量 Q 中. 本质上 r 和 ρ 的界与完全观测情况下的 PCP 界匹配, 可能只是差一个不同的常数. 因此, r 和 $\|\boldsymbol{S}_o\|_0$ 同样可以相当大. 另一方面, 当这些量很小时, $\dim(\mathsf{Q})$ 的下界 (5.5.6) 确保精确恢复所需的测量数量也相应地减小. 事实上, 这个结果可以通过一般性的证明得出, 这些证明也可以应用于高维空间中一类低维结构的其他压缩感知和分解问题 (我们将在第 6 章介绍). 由于证明方法和技术与 PCP 的方法和技术非常相似, 我们在此不进行详细说明, 感兴趣的读者请参考 [Wright et al., 2013] 中的完整证明.

5.6 带有被损坏元素的矩阵补全

我们已经看到, 关于 PCP 的主要结果 (定理 5.1) 断言, 即使低秩矩阵的大部分元素被破坏, 也有可能恢复低秩矩阵. 此外, 上一节揭示了即使仅给出了损坏矩阵 $\boldsymbol{Y}$ 的少量一般线性测量, 也可以恢复其低秩和稀疏分量.

然而, 在许多应用中, 可用的受损矩阵的 (线性) 测量值并不普遍, 并且可能具有非常特殊的结构. 例如, 我们只能看到 $\boldsymbol{Y}$ 的一小部分, 其余的元素可能会丢失. 或者, 在不同光照下拍摄人脸图像的情况, 我们可以使用随机损坏建模与违反 Lambertian 特性的表面 (比如镜面) 相关联的像素. 并且我们可以假设被光源阻挡 (在阴影区域中) 的像素的强度缺失. 因此, 数据 (矩阵) 既有损坏的元素, 也有丢失的元素. 我们还能期望恢复低秩矩阵吗? 由于观察结果不再是一般的 (例如, 它们与稀疏项 $\boldsymbol{S}_o$ 不相干), 因此上一节的理论结果并不能直接适用于这里的情况. 本节将讨论这个问题.

更准确地说, 如前所述, 我们假设 $\boldsymbol{Y} = \boldsymbol{L}_o + \boldsymbol{S}_o$, 这是一个被稀疏矩阵 $\boldsymbol{S}_o$ 破坏的低秩矩阵 $\boldsymbol{L}_o$, 且稀疏矩阵 $\boldsymbol{S}_o$ 的支撑 $\mathfrak{S}$ 服从参数为 $\rho_S < 1$ 的 Bernoulli 分布, 即 $\mathfrak{S} \sim \mathrm{Ber}(\rho_S)$.

进一步, 我们假设只观察到矩阵 $\boldsymbol{Y}$ 所有元素中的一小部分. 更精确地, 设 Ω 为对应于 "被观察到的" 元素的支撑, Ω 服从参数为 ρ_o 的 Bernoulli 分布, 即 $\Omega \sim \mathrm{Ber}(\rho_o)$. 我们可以假设 $\mathfrak{S}$ 和 Ω 相互独立.

设 $\mathcal{P}_\Omega$ 是到支撑为 $\Omega \subset [n_1] \times [n_2]$ 的矩阵的线性空间上的正交投影, 即

$$\mathcal{P}_\Omega[\boldsymbol{X}] = \begin{cases} X_{ij}, & (i,j) \in \Omega, \\ 0, & (i,j) \notin \Omega. \end{cases}$$

想象一下, 我们只有 $\boldsymbol{L}_o + \boldsymbol{S}_o$ 中对应于 $(i,j) \in \Omega \subset [n_1] \times [n_2]$ 的元素可用, 因此投影算子 $\mathcal{P}_\Omega$ 使我们可以方便地表达可用元素, 即

$$\mathcal{P}_\Omega[\boldsymbol{Y}] = \mathcal{P}_\Omega[\boldsymbol{L}_o + \boldsymbol{S}_o] = \mathcal{P}_\Omega[\boldsymbol{L}_o] + \boldsymbol{S}_o'.$$

这一优化问题所建模的是: 我们希望恢复 $\boldsymbol{L}_o$, 但是只观察到 $\boldsymbol{L}_o$ 的一部分元素, 而这其中还有一些元素被损坏, 并且我们并不知道是哪些元素被损坏. 很容易看出, 这是第 4 章中矩阵补全问题的扩展, 矩阵补全问题试图从欠采样但未损坏的数据中恢复 $\boldsymbol{L}_o$. 这也是 RPCA 问题的扩展, 因为在这个问题中, 我们只观察到受损矩阵 $\boldsymbol{Y}$ 的一小部分.

我们提出通过求解优化问题

$$\begin{aligned} \min \quad & \|\boldsymbol{L}\|_* + \lambda \|\boldsymbol{S}\|_1 \\ \text{s.t.} \quad & \mathcal{P}_\Omega[\boldsymbol{L} + \boldsymbol{S}] = \mathcal{P}_\Omega[\boldsymbol{Y}] \end{aligned} \tag{5.6.1}$$

来恢复 $\boldsymbol{L}_o$ (和 $\boldsymbol{S}_o'$). 换句话说, 在与可用数据相匹配的所有分解中, 主成分追踪 (PCP) 找到使核范数和 ℓ^1 范数的加权组合最小化的分解. 我们观察到, 在某些条件下, 这种简单方法可以准确地恢复低秩分量. 事实上, 我们有如下理论结果.

定理 5.4 (带被损坏元素的矩阵补全)　*假设 $\boldsymbol{L}_o$ 是 $n \times n$ 矩阵, 满足不相干条件 (5.3.1) 和条件 (5.3.2), $\rho_0 > C_0(\nu r \log^2 n)/n$, $\rho_S \leqslant C_S$, 且 $\lambda = 1/\sqrt{\rho_0 n \log n}$. 如果常数 C_0 足够大, C_S 足够小, 那么凸优化问题 (5.6.1) 的最优解至少以概率 $1 - Cn^{-3}$ 恰好为 $\boldsymbol{L}_o$ 和 $\boldsymbol{S}_o'$.*

简而言之, 从不完整和被损坏的元素完美恢复是可以通过凸优化实现的. 相应证明的方法和技巧与 PCP 类似, 对完整的严格证明感兴趣的读者请参考 [Li, 2013].

一方面, 这一结果通过下述方式扩展了 RPCA 结果: 如果所有元素都可用 (即 $\rho_0 = 1$), 那么对于足够大的 C_0, 只要 $1 > C_0(\nu r \log^2 n)/n$ 或者 $r < C_0^{-1} n \nu^{-1} (\log n)^{-2}$, 那么上述定理保证完美恢复, 这正是定理 5.1 的结果. 这里所选择的 λ 减少到 5.3.3 节中所讨论的用于稠密误差纠正的情况, 即 $\lambda = 1/\sqrt{n \log n}$. 另一方面, 这个结果也扩展了第 4 章中给出的矩阵补全结果. 事实上, 如果 $\rho_S = 0$, 我们得到依据占比约为 ρ_0 的一部分观察元素的单纯矩阵补全问题, 且对于足够大的 C_0, 只要 $\rho_0 > C_0(\nu r \log^2 n)/n$, 那么上述定理也保证完美恢复, 这也正是定理 4.18 的结果.

我们注意到, 上述恢复仍然是精确的, 然而却是通过一个不同的算法. 可以肯定的是, 在矩阵补全任务中, 人们通常要求在满足约束条件 $\mathcal{P}_\Omega[\boldsymbol{L}] = \mathcal{P}_\Omega[\boldsymbol{L}_o]$ 的同时, 最小化核范数 $\|\boldsymbol{L}\|_*$. 而在这里, 我们求解的优化问题是

$$\begin{array}{ll} \min & \|\boldsymbol{L}\|_* + \lambda \|\boldsymbol{S}\|_1 \\ \text{s.t.} & \mathcal{P}_\Omega[\boldsymbol{L} + \boldsymbol{S}] = \mathcal{P}_\Omega[\boldsymbol{L}_o], \end{array} \tag{5.6.2}$$

然后返回 $\hat{\boldsymbol{L}} = \boldsymbol{L}_o$, $\hat{\boldsymbol{S}} = \boldsymbol{0}$. 在这种情况下, 定理 5.4 意味着矩阵补全相对于损坏部分观察元素的过失误差也是鲁棒的.

5.7 总结

在本章中, 我们研究了从低秩矩阵 $\boldsymbol{L}_o$ 和稀疏矩阵 $\boldsymbol{S}_o$ 的叠加 $\boldsymbol{Y}$, 即

$$\boldsymbol{Y} = \boldsymbol{L}_o + \boldsymbol{S}_o \quad \in \mathbb{R}^{n \times n},$$

同时恢复 $\boldsymbol{L}_o$ 和 $\boldsymbol{S}_o$ 的问题. 这个问题可以被看作一个*鲁棒主成分分析* (RPCA) 问题, 即如何鲁棒地估计低维子空间, 同时对数据中存在的过失 (随机) 损坏保持鲁棒. 我们已经知道, 在 $\boldsymbol{L}_o$ 和 $\boldsymbol{S}_o$ 之间的特定良性不相干条件下, 这两个矩阵能够通过最小化 $\boldsymbol{L}_o$ 的核范数和 $\boldsymbol{S}_o$ 的 ℓ^1 范数的加权和——被称为*主成分追踪* (PCP) 问题, 即

$$\begin{array}{ll} \min & \|\boldsymbol{L}\|_* + \dfrac{1}{\sqrt{n}} \|\boldsymbol{S}\|_1 \\ \text{s.t.} & \boldsymbol{L} + \boldsymbol{S} = \boldsymbol{Y}, \end{array}$$

——以高概率被正确恢复, 只要满足以下条件:

$$|\boldsymbol{S}_o| \leqslant \rho_S n^2, \quad \operatorname{rank}(\boldsymbol{L}_o) = O(n \log^{-2} n),$$

其中 $\rho_S > 0$ 是某个数值常数.

我们还研究了基本的 PCP 问题如何被自然地扩展到 RPCA 问题的几个重要变体, 包括存在加性 (高斯) 噪声 $\boldsymbol{Z}_o$ 时, 可以引入约束条件

$$\boldsymbol{Y} = \boldsymbol{L}_o + \boldsymbol{S}_o + \boldsymbol{Z}_o;$$

使用在子空间 Q 上随机投影的测量值时, 可以引入约束

$$\mathcal{P}_{\mathsf{Q}}[\boldsymbol{Y}] = \mathcal{P}_{\mathsf{Q}}[\boldsymbol{L}_o + \boldsymbol{S}_o];$$

以及仅观察到子集 Ω 中的元素时, 可以引入约束

$$\mathcal{P}_{\Omega}[\boldsymbol{Y}] = \mathcal{P}_{\Omega}[\boldsymbol{L}_o + \boldsymbol{S}_o].$$

正如我们在第 2~4 章中所看到的, 我们平行地开发了通过求解凸优化问题来恢复稀疏信号或者低秩矩阵的基本理论和算法. 在本章中, 我们则看到了如何把这两个低维模型组合在一起, 以建模数据中更复杂的结构. 表 5.2 总结了迄今为止所研究的两个最基本的低维模型之间的相似性. 在下一章中, 我们将看到如何将相同的思想推广到更广泛的一类低维模型中.

表 5.2　稀疏向量和低秩矩阵之间的比较

稀疏 v.s. 低秩	稀疏向量	低秩矩阵
低维的	单个信号 $\boldsymbol{x}$	一组信号 $\boldsymbol{X}$
低维测度	ℓ^0 范数 $\\|\boldsymbol{x}\\|_0$	$\operatorname{rank}(\boldsymbol{X})$
凸代替	ℓ^1 范数 $\\|\boldsymbol{x}\\|_1$	核范数 $\\|\boldsymbol{X}\\|_*$
压缩感知	$\boldsymbol{y} = \boldsymbol{A}\boldsymbol{x}$	$\boldsymbol{Y} = \mathcal{A}(\boldsymbol{X})$
稳定恢复	$\boldsymbol{y} = \boldsymbol{A}\boldsymbol{x} + \boldsymbol{z}$	$\boldsymbol{Y} = \mathcal{A}(\boldsymbol{X}) + \boldsymbol{Z}$
误差纠正	$\boldsymbol{y} = \boldsymbol{A}\boldsymbol{x} + \boldsymbol{e}$	$\boldsymbol{Y} = \mathcal{A}(\boldsymbol{X}) + \boldsymbol{E}$
混合结构的恢复	$\mathcal{P}_{\mathsf{Q}}[\boldsymbol{Y}] = \mathcal{P}_{\mathsf{Q}}[\boldsymbol{L}_o + \boldsymbol{S}_o] + \boldsymbol{Z}$	

5.8 注记

二阶凸方法

对于较小规模的问题, 上述主成分追踪问题可以使用现成的工具来解决, 比如内点法 [Grant et al., 2014]. 这一方法最初被建议用于秩最小化 [Fazel et al., 2004; Recht et al., 2010] 和低秩稀疏分解 [Chandrasekaran et al., 2009]. 然而, 尽管内点法具有优越的收敛速度, 但由于其每次迭代的计算复杂度约为 $O(n^6)$, 因此通常仅限于求解小规模问题, 比如 $n < 100$.

一阶凸方法

内点法的有限可扩展性激发了最近一系列关于一阶方法的工作, 比如, [Hale et al., 2008; Yin et al., 2008] 利用与迭代阈值化算法相似的方法实现 ℓ^1 最小化, [Cai et al., 2008] 开发了一种通过重复收缩一个适当矩阵的奇异值来执行核范数最小化的算法, 基本上将每次迭代的复杂度降低到一次 SVD 的成本. 然而, 对于我们的低秩和稀疏分解问题, 这种形式的迭代阈值化收敛缓慢, 需要高达 10^4 次的迭代. [Goldfarb et al., 2009] 建议使用延拓 (continuation) 技术改进其收敛性, 并展示了 Bregman 迭代 [Yin et al., 2008] 如何应用于核范数最小化.

加速方法

对于最小化光滑目标函数的问题, Nesterov 加速一阶算法的思想可以显著提高迭代阈值化的收敛性 [Nesterov, 1983]. 这一算法在 [Nesterov, 2005, 2007] 中被扩展到非光滑函数, 之后在 [Beck et al., 2009; Becker et al., 2009] 中被成功应用于 ℓ^1 最小化. 基于 [Beck et al., 2009], [Toh et al., 2009] 开发了矩阵补全的邻近梯度算法, 并将其命名为*加速邻近梯度* (APG). 在同一时期, [Lin et al., 2009b] 针对低秩和稀疏分解提出了非常类似的 APG 算法. 理论上, 这些算法继承了加速方法的最优收敛速率 $O(1/k^2)$. 经验证据表明, 这些算法解决凸 PCP 问题的速度至少比直接迭代阈值化法快 50 倍 (见 [Lin et al., 2009b]).

增广拉格朗日乘子法

然而, 尽管它们具有良好的收敛保证, 但 APG 的实际性能在很大程度上取决于良好的延拓方案的设计. 一般的延拓并不能保证在广泛的问题设置中具有良好的精度和收敛性[⊖]. 在本章中, 我们选择使用 [Lin et al., 2009a; Yuan et al., 2009] 中介绍的增广拉格朗日乘子法 (ALM) 来解决凸优化表述的 PCP 问题 (5.2.2). 根据我们的经验, ALM 在较少的迭代中实现了比 APG 高得多的精度, 它在各种问题设置中稳定工作, 无须调整参数. 此外, 我们还观察到一个吸引人的 (经验) 性质: 在整个优化过程中, 每次迭代时矩阵 $\boldsymbol{L}$ 的秩通常保持在 $\operatorname{rank}(\boldsymbol{L}_o)$ 的范围内, 因此可以进行高效的计算. 而 APG 则不具有这个性质.

用于恢复稀疏和低秩模型的凸优化方法的系统阐述将在第 8 章中给出, 研究低秩和稀疏恢复问题的非凸优化建模方式将在第 7 章给出, 为非凸优化问题开发有效求解算法将在第 9 章给出.

5.9 习题

习题 5.1 (将 RPCA 看作欠定线性逆问题) 考虑矩阵对 $(\boldsymbol{L}, \boldsymbol{S}) \in \mathbb{R}^{n\times n} \times \mathbb{R}^{n\times n}$ 构成的空间 $\mathbb{V}$. 这是 $\mathbb{R}$ 上的一个向量空间. 考虑函数

$$\|\cdot\|_\diamond : \mathbb{V} \to \mathbb{R}, \tag{5.9.1}$$

其中

$$\|(\boldsymbol{L}, \boldsymbol{S})\|_\diamond = \|\boldsymbol{L}\|_* + \lambda \|\boldsymbol{S}\|_1 . \tag{5.9.2}$$

请通过验证 $\|\cdot\|_\diamond$ 满足范数公理来证明它是 $\mathbb{V}$ 上的范数. 对于 $\mathbb{V}$ 中的 $\boldsymbol{x} = (\boldsymbol{L}, \boldsymbol{S})$, 设 $\mathcal{A}[\boldsymbol{x}] = \boldsymbol{L} + \boldsymbol{S}$. 将 PCP 问题解释为:

$$\min \|\boldsymbol{x}\|_\diamond \quad \text{s.t.} \quad \mathcal{A}[\boldsymbol{x}] = \boldsymbol{Y}. \tag{5.9.3}$$

⊖ 根据我们的经验, 最佳选择可能取决于 $\boldsymbol{L}$ 和 $\boldsymbol{S}$ 项的相对大小以及 $\boldsymbol{S}$ 的稀疏性.

习题 5.2 (矩阵刚性) 根据定义 5.1 给出 "刚性" 矩阵的示例, 并给出 "软体" 矩阵的一些示例. 你能确定刚性矩阵和软体矩阵之间的主要区别吗? 提出一种可以计算任意给定矩阵的矩阵刚性的算法. 讨论所提出算法的最差计算复杂度.

习题 5.3 (找到最大秩矩阵) 给定一个 $n \times n$ 矩阵 $\boldsymbol{M}$, 设计一个算法, 找到 $\boldsymbol{M}$ 的最大子矩阵 $\boldsymbol{S}$, 使得对于某些给定的较小的秩 r 满足

$$\operatorname{rank}(\boldsymbol{S}) \leqslant r.$$

并讨论算法的复杂度.

习题 5.4 (通过 RPCA 建立植入团问题) 在植入团问题中 (见定义 5.2), 我们得到了一个由 n 个节点组成的大图 $\mathcal{G}$. 现在假设它有一个大小为 n_o 的极大团. 考虑图 $\mathcal{G}$ 的相邻矩阵 $\boldsymbol{A}$. 我们有

$$\boldsymbol{A} = \boldsymbol{L}_o + \boldsymbol{S}_o,$$

其中, $\boldsymbol{L}_o$ 是一个各个元素均为 1 的 $n_o \times n_o$ 秩 1 矩阵, 而 $\boldsymbol{S}_o$ 是至少有一半元素为零的矩阵. 根据式 (5.3.1), 确定出 $\operatorname{rank}(\boldsymbol{L}_o)$ 和 $\nu(\boldsymbol{L}_o)$. 请根据式 (5.3.2) 确定出 PCP 的成功需要多大的团 C.

习题 5.5 (植入团的下界) 基于在图中找到极大团的困难度猜想, 证明式 (5.3.2) 中条件的必要性.

习题 5.6 (寻找植入团) 开发一个实验, 来测试 PCP 算法如何处理植入团问题. 工作范围是否与困难度猜想一致?

习题 5.7 (低秩表示) 低秩表示 (LRR) [Liu et al., 2013] 是 RPCA 的扩展. 它旨在解决 $\mathbb{R}^m$ 中一组 n 个数据点 $\{\boldsymbol{x}_1, \cdots, \boldsymbol{x}_n\}$ 的聚类问题. 这些数据点是从多个低维子空间的并集中提取的, 且具有潜在的噪声和损坏. 其中的关键问题是找到一种形如 $\boldsymbol{X} = \boldsymbol{X}\boldsymbol{Z}$ 的自表达表示, 其中 $\boldsymbol{X} = [\boldsymbol{x}_1, \cdots, \boldsymbol{x}_n]$. 为了避免一个平凡解 (也就是使用每个点 $\boldsymbol{x}_i$ 来表示其自身), 并且使相同子空间中的数据点形成 "簇", 正如我们在社群识别问题中讨论的那样, 系数矩阵 $\boldsymbol{Z}$ 最好是低秩的. 为了考虑可能的稀疏损坏或异常值 (在这些子空间之外采样的点), 我们求解 $\boldsymbol{X} = \boldsymbol{X}\boldsymbol{Z} + \boldsymbol{E}$, 其中 $\boldsymbol{E}$ 是稀疏的或列稀疏的. 这将得到如下优化问题:

$$\min_{\boldsymbol{Z},\boldsymbol{E}} \|\boldsymbol{Z}\|_* + \lambda\|\boldsymbol{E}\|_{2,1} \quad \text{s.t.} \quad \boldsymbol{X} = \boldsymbol{X}\boldsymbol{Z} + \boldsymbol{E}.$$

为 LRR 编写一个 MATLAB 函数, 并使用它对来自几个人的一组正面人脸图像进行聚类, 例如使用*扩展的耶鲁人脸数据库* B [Georghiades et al., 2001].

习题 5.8 (背景消除) 编写一个 MATLAB 程序, 该程序利用鲁棒 PCA 来分离固定摄像机捕获的视频序列中的前景图像和背景图像.

习题 5.9 (鲁棒纹理修复) 编写一个 MATLAB 程序, 该程序在不知道损坏像素位置的情况下, 利用鲁棒 PCA 执行纹理修复, 以补偿损坏的纹理图像:

```
(I_hat,  E) = robust_inpainting(I),
```

其中 `I` 是输入纹理图像, `I_hat` 是恢复的纹理图像, 且 `E` 是在同一图像空间中检测到的损坏. 图 5.6 为一个例子. 请在输入图像上尝试不同类型和大小的遮挡, 测试算法的性能. 尝试任何可能进一步提高算法性能的想法, 例如除了稀疏之外, 还考虑可能遮挡的其他结构.

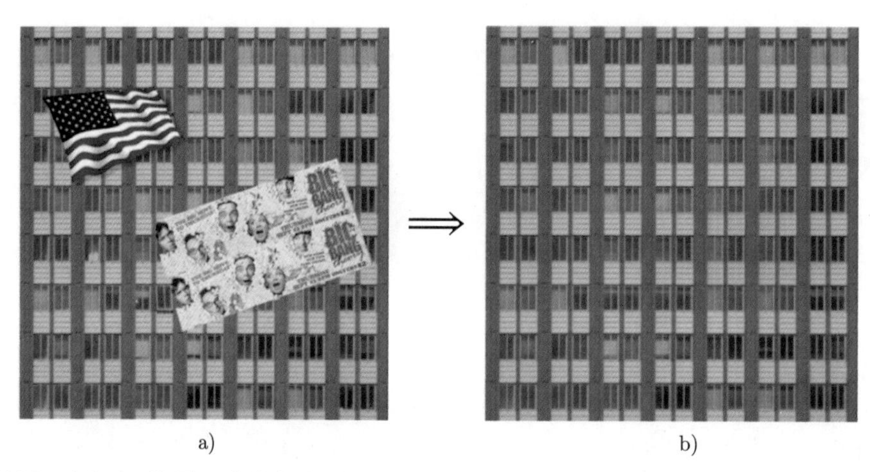

图 5.6　编写一个程序, 将图 a 中带有遮挡的图像作为输入, 并输出如图 b 的干净的图像. 请注意, 图 b 实际上是由 PCP 之类的程序从图 a 恢复得到

习题 5.10 (PCP 的单调性)　当 $\boldsymbol{S}'_{ij} \neq 0$ 时, 如果 $\mathrm{supp}(\boldsymbol{S}') \subset \mathrm{supp}(\boldsymbol{S})$ 且 $\boldsymbol{S}'_{ij} = \boldsymbol{S}_{ij}$, 把 $\boldsymbol{S}'$ 作为 $\boldsymbol{S}$ 的修剪版本. 证明当 $(\boldsymbol{L}_o, \boldsymbol{S}_o)$ 是数据为 $\boldsymbol{Y}_o = \boldsymbol{L}_o + \boldsymbol{S}_o$ 的 PCP 问题的唯一最优解时, $(\boldsymbol{L}_o, \boldsymbol{S}')$ 是数据 $\boldsymbol{Y}' = \boldsymbol{L}_o + \boldsymbol{S}'$ 的 PCP 问题的唯一最优解.

习题 5.11 (消除符号的随机性)　在本习题中, 我们使用习题 5.10 中的消除性, 对 RPCA 问题中的符号进行"去随机化". 假设对于给定的 $\boldsymbol{L}_o$, 当 $\mathrm{sign}(\boldsymbol{S}_o)$ 是参数为 ρ_S 的 Bernoulli-Rademacher 随机矩阵时, RPCA 以高概率成功. 证明当 $\mathfrak{S} \sim_{\text{i.i.d.}} \mathrm{Ber}(\rho_S/2)$ 且 $\mathrm{sign}(\boldsymbol{S}_o) = \mathcal{P}_{\mathfrak{S}}[\bar{\boldsymbol{\Sigma}}]$ 时, 对于某些固定的符号矩阵 $\bar{\boldsymbol{\Sigma}} \in \{\pm 1\}^{n \times n}$, RPCA 至少以相同的概率成功.

习题 5.12　证明对于两个投影算子 $\mathcal{P}_{\mathfrak{S}}$ 和 $\mathcal{P}_{\mathsf{T}}$, 有:

$$\|\mathcal{P}_{\mathfrak{S}}\mathcal{P}_{\mathsf{T}}\|_2 = \|\mathcal{P}_{\mathsf{T}}\mathcal{P}_{\mathfrak{S}}\mathcal{P}_{\mathsf{T}}\|_2^{1/2}. \tag{5.9.4}$$

习题 5.13 (对偶证书的最小二乘法)　为了证明定理 5.1, 在引理 5.3中, 我们使用最小二乘法 (即最小能量法) 构造了一个满足 $\mathcal{P}_{\mathfrak{S}}[\boldsymbol{\Lambda}_S] = \lambda\boldsymbol{\Sigma}_o$ 的对偶证书 $\boldsymbol{\Lambda}_S$. 我们断言, 只要 $\|\mathcal{P}_{\mathfrak{S}}\mathcal{P}_{\mathsf{T}}\|_2 < 1$, 问题 (5.3.29) 的解是问题

$$\min \|\tilde{\boldsymbol{\Lambda}}\|_F^2 \quad \text{s.t.} \quad \mathcal{P}_{\mathfrak{S}}[\tilde{\boldsymbol{\Lambda}}] = \lambda\boldsymbol{\Sigma}_o, \quad \mathcal{P}_{\mathsf{T}}[\tilde{\boldsymbol{\Lambda}}] = \mathbf{0} \tag{5.9.5}$$

的解, 它可以由冯 · 诺依曼级数 (5.3.30) 给出 (闭式) 表达式, 即

$$\boldsymbol{\Lambda}_S = \lambda \mathcal{P}_{\mathsf{T}^\perp} \sum_{k=0}^{\infty} (\mathcal{P}_{\mathfrak{S}} \mathcal{P}_{\mathsf{T}} \mathcal{P}_{\mathfrak{S}})^k [\boldsymbol{\Sigma}_o]. \tag{5.9.6}$$

证明: 当 $\|\mathcal{P}_{\mathfrak{S}} \mathcal{P}_{\mathsf{T}}\|_2 < 1$ 时, 式 (5.9.6) 中的无穷和收敛; $\boldsymbol{\Lambda}_S$ 为式 (5.9.5) 的解.

习题 5.14 (随机符号稠密误差) 证明通过适当选择的 λ, PCP 可以处理任何常数 $\rho_S < 1$ 的误差.

恢复广义低维模型

"只能使用一次的想法可叫作一个巧技，但能够不止一次使用的想法则往往会成为一种普适的方法."

——George Pólya 和 Gábor Szegö, *Problems and Theorems in Analysis I*

在本书的前 5 章中，我们引入了用于高维数据的两类主要的低维模型：稀疏模型和低秩模型. 在第 5 章中，我们看到了如何通过组合这些基本模型来表达那些稀疏矩阵与低秩矩阵叠加的数据矩阵. 这一推广使我们可以对类型更加广泛的数据进行建模，包括那些带有错误观测的数据. 在本章中，我们进一步推广这些基本模型的一种新情形，其中所感兴趣的对象由某个"原子"集合中的少数元素叠加构成 (见 6.1 节). 这种构成方式足够普遍，既包括到目前为止讨论过的模型，也包括即将介绍的其他若干在实践中非常重要的模型. 从这个寻求一般性的想法出发，接下来我们将讨论研究低维信号模型估计问题的统一方法，并通过无噪声情况下准确恢复所需要的观测数量和含噪声情况下估计的准确性来衡量所建立的统一方法 (见 6.2 节). 这些分析将推广并统一先前章节中所建立的想法，并提供关于凸松弛性能的确定性结果. 最后，在 6.3 节中，我们讨论凸松弛的局限性. 这些局限性在一些情况下迫使我们去考虑问题的非凸优化建模方式，这会在后续的章节中研究.

6.1 简明信号模型

我们已经考虑了低维信号结构的两种模型. 一个稀疏向量 $\boldsymbol{x} \in \mathbb{R}^n$ 是几个坐标基向量的叠加，即

$$\boldsymbol{x} = \sum_{i \in I \subset [n]} x_i \boldsymbol{e}_i. \tag{6.1.1}$$

一个低秩矩阵 $\boldsymbol{X} \in \mathbb{R}^{n \times n}$ 是几个秩 1 矩阵 $\boldsymbol{u}_i \boldsymbol{v}_i^*$ 的叠加，即

$$\boldsymbol{X} = \sum_{i=1}^{r} \sigma_i \boldsymbol{u}_i \boldsymbol{v}_i^*, \quad r < n. \tag{6.1.2}$$

标准基向量形成了构造稀疏向量的基本分量. 秩 1 矩阵形成了构造低秩矩阵的基本分量.

6.1.1 原子集合及几个例子

我们将给出更一般情形下的两个具体例子, 其中所感兴趣的信号 $\boldsymbol{x}$ 可以被表达为从集合 $\mathcal{D}$ 中选出的几个基本分量的叠加, 即

$$\boldsymbol{x}=\sum_{i}\alpha_i\boldsymbol{d}_i,\quad \boldsymbol{d}_i\in\mathcal{D}. \tag{6.1.3}$$

对于稀疏向量, 我们可以取

$$\mathcal{D}=\mathcal{D}_{稀疏}\equiv\left\{\pm\boldsymbol{e}_i\mid i=1,\cdots,n\right\}. \tag{6.1.4}$$

对于低秩矩阵, 我们可以取

$$\mathcal{D}=\mathcal{D}_{低秩}\equiv\left\{\boldsymbol{u}\boldsymbol{v}^*\mid\|\boldsymbol{u}\|_2=\|\boldsymbol{v}\|_2=1\right\}. \tag{6.1.5}$$

集合 $\mathcal{D}$ 有时被称为*原子集合*, 它由一组可以组合出我们感兴趣的结构化信号的基本分量 (即 “*原子*”) 构成. 在文献中, 这样的原子集合也常常被称为 “*字典* (dictionary)”, 所以使用 $\mathcal{D}$ 作为记号. 在这里, 为了简单, 我们假设字典 $\mathcal{D}$ 已知或事先给定. 在第 7 章中, 我们将会研究如何从数据中学习事先未知的字典.

考虑一个原子集合的一般概念至少存在如下两个原因. 第一, 它给出了一种统一的方式来思考我们已经研究过的模型. 第二, 它让我们能够对实际中感兴趣的其他结构进行建模. 我们下面讨论一些例子, 而习题 6.1 和习题 6.2 拓展出若干其他的例子.

列稀疏矩阵

在第 5 章中, 我们描述了如何在*观测* (或元素) 被严重损坏 (或污染) 的情形下估计低秩矩阵 $\boldsymbol{L}$, 其中稀疏矩阵 $\boldsymbol{S}$ 被用于建模这些损坏 (或污染). 统计应用中, 可能出现另一种污染: 某些*数据样本* (或向量) 可能是离群点. 从而, 观测矩阵 $\boldsymbol{Y}$ 的一些列可能是被完全损坏的. 我们可以把这种情况建模为

$$\boldsymbol{Y}=\boldsymbol{L}+\boldsymbol{C}, \tag{6.1.6}$$

其中 $\boldsymbol{C}=[\boldsymbol{c}_1\mid\boldsymbol{c}_2\mid\cdots\mid\boldsymbol{c}_{n_2}]$ 是一个矩阵, 它的列向量 $\boldsymbol{c}_i$ 非零当且仅当第 i 个样本 $\boldsymbol{y}_i$ 是离群点 (例如, 见文献 [Xu et al., 2012]).

在这种情况下, 我们可以写为:

$$\mathcal{D}=\mathcal{D}_{列稀疏}\equiv\left\{\boldsymbol{u}\boldsymbol{e}_i^*\mid\boldsymbol{u}\in\mathbb{R}^n,\|\boldsymbol{u}\|_2=1,i=1,\cdots,n_2\right\}. \tag{6.1.7}$$

如果 $I\subseteq[n]$ 是离群点的下标集合, 那么我们可以写为:

$$\boldsymbol{C}=\sum_{i\in I}\alpha_i\boldsymbol{D}_i, \tag{6.1.8}$$

其中

$$\boldsymbol{D}_i=\frac{\boldsymbol{c}_i}{\|\boldsymbol{c}_i\|_2}\boldsymbol{e}_i^*\in\mathcal{D},\alpha_i=\|\boldsymbol{c}_i\|_2.$$

空间连续的稀疏模式

除了列稀疏性, 对于矩阵 $\boldsymbol{X} \in \mathbb{R}^{n_1 \times n_2}$, 我们可以考虑形式更一般的原子 $\boldsymbol{X}_I$, 它具有支撑 $I \subset [n_1] \times [n_2]$ 且对于某种范数 $\|\cdot\|_p$, $\|\boldsymbol{X}_I\|_p = 1$. 常用的范数选择包括 $p = 2$ 和 $p = \infty$. 在理论上, 对于原子集合, 我们可以选择任意的支撑

$$\mathcal{G} \doteq \{I_i, i = 1, \cdots, N\}.$$

举个例子, 如果 $\mathcal{G}$ 是由那些代表矩阵的列的支撑构成且 $p = 2$, 那么这就得到了上面的列稀疏原子集合. 但是, 如果将矩阵视为图像中一个二维像素网格, 那么我们可以选择一种能够促进图像空间连续性的原子集合

$$\mathcal{D}_{\text{空间连续}} \equiv \left\{\boldsymbol{X}_I \mid \boldsymbol{X}_I \in \mathbb{R}^{n_1 \times n_2},\ \|\boldsymbol{X}_I\|_p = 1,\ I \in \mathcal{G}\right\} \tag{6.1.9}$$

其中 $\mathcal{G}$ 包含那些在空间上相邻的支撑. 一种可能的选择是所有的 8×8, 4×4, 2×2 以及 1×1 的子网格. 如图 6.1 所示, 这些支撑构成一个自然的树结构, 它以 8×8 的分块作为根节点, 记为 $\mathcal{G}^0$, 再分岔出一组更小的分块, 我们用 $\mathcal{G}^i$ 来表示第 i 次分岔后的分块. 所构造的这种原子集合促进了在网格拓扑意义下空间连续的稀疏模式. 例如, 在鲁棒人脸识别的应用中 [Jia et al., 2012], 这样选择的原子集合被用来建模具有空间连续性的遮挡, 比如戴着眼镜或者口罩.

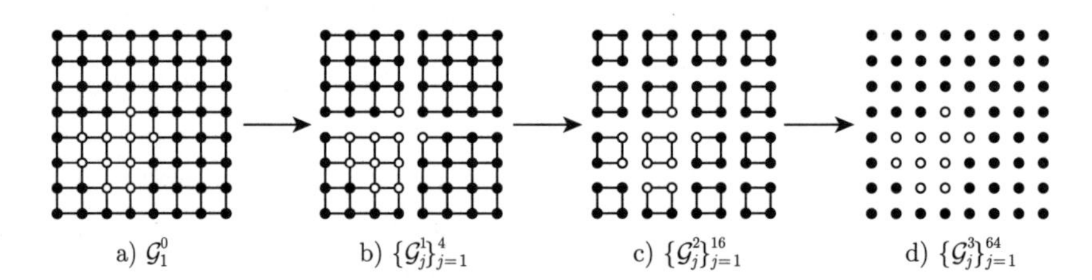

图 6.1 定义在一张二维图片的像素网格上的四层树状组结构示意图. 每个圆点代表一个像素, 相连的圆点代表一个树中的节点/组. 图 a 中一个 8×8 的组按空间连续性被划分为图 b 中的 4 个子组, 且每个子组可以被看成是图 a 的一个子节点. 图 b 到图 c, 图 c 到图 d 也是类似的关系. 黑点代表像素为 0, 白点则代表非 0

同时稀疏且低秩的矩阵

用于矩阵的另外一种重要低维模型是同时稀疏且低秩的矩阵. 这些矩阵很自然地出现在一些应用中, 比如我们希望找到一个只使用少数几个特征的数据矩阵的低秩近似 (稀疏 PCA), 或者我们希望在一个大图中寻找稀疏但稠密连接的社群 (即社群检测). 它们同样很自然地出现在建模图像数据中, 例如规则纹理 (见第 15 章)、视频以及多光谱图像, 这些数据同时表现出低秩和稀疏. 视频沿着时间轴可能是低秩的, 同时, 由于视频的每一帧也是自然图像, 这些单独的帧在某个合适的基下应该又是稀疏的.

我们可以将这种情形理想化一些. 考虑矩阵 $\boldsymbol{X} \in \mathbb{R}^{n \times n}$, 它的非零元素集中在单个尺寸为 $k \times k$ 的块中 (因此 $\|\boldsymbol{X}\|_0 \leqslant k^2 \ll n^2$) 且它的秩远远低于 k. 这样的矩阵可以使用原子

集合

$$\mathcal{D} = \mathcal{D}_{\text{稀疏且低秩}} \equiv \{\boldsymbol{u}\boldsymbol{v}^* \mid \|\boldsymbol{u}\|_2 = \|\boldsymbol{v}\|_2 = 1,\ \|\boldsymbol{u}\|_0 \leqslant k, \|\boldsymbol{v}\|_0 \leqslant k\} \tag{6.1.10}$$

来构建. 这一类模型在理论和应用上均具有基础重要性. 归结于植入团问题 (见 5.1.2 节) 的困难度, 这类模型的求解也是困难的. 据我们所知, 这类模型暂时没有计算上可处理的紧的凸松弛, 我们将在 6.3 节进行更多讨论.

低秩张量

另一种不存在有效算法的低维模型的例子是高阶张量. 一个张量 $\mathbf{X} \in \mathbb{R}^{n_1 \times n_2 \times \cdots \times n_K}$ 的 $\operatorname{rank}(\mathbf{X})$ 是表达式

$$\mathbf{X} = \sum_{i=1}^{r} \boldsymbol{u}_i \otimes \boldsymbol{v}_i \otimes \cdots \otimes \boldsymbol{w}_i \tag{6.1.11}$$

中最小的分量数目 r, 其中 $\otimes$ 表示张量积 (即向量外积). 这被称为 Candecomp-Parafac (CP) 秩. 张量秩存在若干种不同的定义, 它们分别适用于不同的场景 [Kolda et al., 2009].

一个低秩张量 $\mathbf{X}$ 可以表达为来自原子集合

$$\mathcal{D} = \mathcal{D}_{\text{低秩张量}} \equiv \{\boldsymbol{u} \otimes \boldsymbol{v} \otimes \cdots \otimes \boldsymbol{w} \mid \|\boldsymbol{u}\|_2 = \|\boldsymbol{v}\|_2 = \cdots = \|\boldsymbol{w}\|_2 = 1\} \tag{6.1.12}$$

中的少量几个元素的叠加. 注意到, 当张量的阶数 $K = 2$ 时, 上式推广了我们前面所讨论的低秩矩阵的原子集合.

这类模型在应用中尤为重要. 然而, 与矩阵的情形截然不同的是: 对于阶数 $K \geqslant 3$ 的张量而言 (比如计算秩或者寻找形如式 (6.1.11) 的分解之类的问题) 都是 NP 困难的 [Hillar et al., 2013]. 低秩张量是我们没有紧致有效算法的低维信号模型的第一个例子. 我们将会在 6.3 节进一步展开讨论.

具有连续频率的正弦信号

在射频 (RF) 通信和科学成像中的线谱估计等应用中, 我们会遇到在傅里叶变换域具有较窄支撑的信号. 多音信号是对这种情形的一种有用的理想化. 一个多音信号是几个复指数信号的叠加, 即

$$\boldsymbol{x} = \sum_{i} \alpha_i \xi(\omega_i, \phi_i) \in \mathbb{C}^N, \tag{6.1.13}$$

其中

$$\xi(\omega, \phi)[n] = \exp\left(2\pi \mathrm{i}\left(\omega n + \phi\right)\right). \tag{6.1.14}$$

对于多音信号而言, 我们可以取

$$\mathcal{D} = \{\xi(\omega, \phi) \mid \omega \in [0, 1],\ \phi \in [0, 1]\}. \tag{6.1.15}$$

模型 (6.1.13) 是一个稀疏模型, 但是原子集合 (6.1.15) 却是连续的. 令人惊讶 (并且与我们前面的两个例子不相似) 的是, 在很多情况下, 使用这样一种连续字典是可以高效计算的. 这一表述方式的优势在于, 它避免了离散化频率集合所带来的伪影.

6.1.2 结构化信号的原子范数最小化

在前面的小节中, 我们看到了如何利用原子集合的概念来建模各种各样的低维信号结构. 这些低维信号模型的价值在于它们可以使不适定 (ill-posed) 的逆问题变成适定 (well-posed) 的问题: 我们可以期待根据由内在自由度数量所决定的测量数目来恢复信号 $\boldsymbol{x}$, 而不是要求正比于外围观测空间维数 n 的大量观测. 举个例子, 假设 $\boldsymbol{x} = \sum_{i=1}^{k} \alpha_i \boldsymbol{d}_i$ 是 $k < n$ 个 $\mathcal{D}$ 中元素的叠加, 并且我们观测到 $\boldsymbol{y} = \mathcal{A}[\boldsymbol{x}]$, 其中 $\mathcal{A}: \mathbb{R}^n \to \mathbb{R}^m$ 是一个线性映射. 我们如何利用 "信号 $\boldsymbol{x}$ 是简单的" 这一知识来恢复它呢?

回顾一下, 为了恢复一个稀疏向量, 我们需要关于字典 $\mathcal{D}_{稀疏}$ 最小化 $\boldsymbol{x}$ 的表达式 $\boldsymbol{x} = \sum_i \alpha_i \boldsymbol{d}_i$ 中的系数 α_i 的 ℓ^1 范数. 为了恢复一个低秩矩阵, 我们最小化 $\boldsymbol{X}$ 的核范数——同样也是关于字典 $\mathcal{D}_{低秩}$ 来最小化表达式 $\boldsymbol{X} = \sum_i \alpha_i \boldsymbol{d}_i$ 中的系数 α_i 的和. 在这两种情况中, 要恢复一个由少数几个原子集合中的元素叠加而成的信号, 我们将这个信号看作原子集合中的元素叠加, 从而最小化这个叠加表达式中的组合系数之和. 这一原理可以很容易地推广到其他原子集合. 为此, 我们定义一个函数 $\|\cdot\|_{\mathcal{D}}$, 称为原子规 (atomic gauge), 它度量在所有将 $\boldsymbol{x}$ 表达为 $\mathcal{D}$ 中元素叠加的方式中, 系数 α_i 之和的最小值.

定义 6.1 (原子规)　与原子集合 $\mathcal{D}$ 相关联的原子规定义为如下函数:

$$\|\boldsymbol{x}\|_{\mathcal{D}} \doteq \inf \left\{ \sum_{i=1}^{k} \alpha_i \;\middle|\; \alpha_1, \ldots, \alpha_k \geqslant 0 \text{ 且 } \exists \boldsymbol{d}_1, \ldots, \boldsymbol{d}_k \in \mathcal{D} \text{ s.t. } \sum_i \alpha_i \boldsymbol{d}_i = \boldsymbol{x} \right\}. \tag{6.1.16}$$

原子规的概念广泛到可以包含我们到目前为止研究过的所有凸松弛.

例 6.1 (原子规的例子)　下面给出原子规的三个例子.

- 稀疏向量: $\|\boldsymbol{x}\|_{\mathcal{D}_{稀疏}} = \|\boldsymbol{x}\|_1$.
- 低秩矩阵: $\|\boldsymbol{X}\|_{\mathcal{D}_{低秩}} = \|\boldsymbol{X}\|_*$.
- 列稀疏矩阵: $\|\boldsymbol{X}\|_{\mathcal{D}_{列稀疏}} = \sum_i \|\boldsymbol{x}_i\|_2$.

从这些例子中我们看出, 原子规通常的确是一个范数. 事实上, 这只需要原子集合 $\mathcal{D}$ 满足对称性即可.

引理 6.1 (原子规及原子范数)　对于任意的集合 $\mathcal{D}$, $\|\cdot\|_{\mathcal{D}}$ 是一个凸函数. 并且, 如果 $\mathcal{D}$ 是一个对称集合且其凸包 $\mathrm{conv}[\mathcal{D}]$ 包含一个以 $\mathbf{0}$ 为中心的开球, 即 $\boldsymbol{d} \in \mathcal{D}$ 蕴含 $-\boldsymbol{d} \in \mathcal{D}$, 且 $\mathbf{0} \in \mathrm{int}(\mathrm{conv}[\mathcal{D}])$ ㊀, 那么 $\|\cdot\|_{\mathcal{D}}$ 是一个范数, 称为原子范数.

证明. 凸性可以直接由定义导出: 考虑任意的 $\boldsymbol{x}$, $\boldsymbol{x}'$, 以及任意的 $\lambda \in [0,1]$. 对于任意的 $\varepsilon > 0$, 设

$$\boldsymbol{x} = \sum_{i=1}^{r} \alpha_i \boldsymbol{d}_i, \qquad \boldsymbol{x}' = \sum_{i=1}^{r'} \alpha_i' \boldsymbol{d}_i' \tag{6.1.17}$$

㊀ 这里 $\mathrm{conv}[\mathcal{D}]$ 是由 $\mathcal{D}$ 所张成的凸包, $\mathrm{int}(\cdot)$ 表示一个集合的 (开) 内部.

满足

$$\sum_{i=1}^{r} \alpha_i \leqslant \|\boldsymbol{x}\|_{\mathcal{D}} + \varepsilon, \quad \sum_{i=1}^{r'} \alpha'_i \leqslant \|\boldsymbol{x}'\|_{\mathcal{D}} + \varepsilon. \tag{6.1.18}$$

注意到

$$\lambda \boldsymbol{x} + (1-\lambda)\boldsymbol{x}' = \sum_{i=1}^{r} \lambda \alpha_i \boldsymbol{d}_i + \sum_{i=1}^{r'} (1-\lambda)\alpha'_i \boldsymbol{d}'_i, \tag{6.1.19}$$

我们有

$$\|\lambda \boldsymbol{x} + (1-\lambda)\boldsymbol{x}'\|_{\mathcal{D}} \leqslant \sum_{i=1}^{r} \lambda \alpha_i + \sum_{j=1}^{r'} (1-\lambda)\alpha'_i \tag{6.1.20}$$

$$\leqslant \lambda \|\boldsymbol{x}\|_{\mathcal{D}} + (1-\lambda) \|\boldsymbol{x}'\|_{\mathcal{D}} + \varepsilon. \tag{6.1.21}$$

由于 $\varepsilon > 0$ 可以任意小,

$$\|\lambda \boldsymbol{x} + (1-\lambda)\boldsymbol{x}'\|_{\mathcal{D}} \leqslant \lambda \|\boldsymbol{x}\|_{\mathcal{D}} + (1-\lambda) \|\boldsymbol{x}'\|_{\mathcal{D}}. \tag{6.1.22}$$

类似地, 可以由定义得到 $\|\boldsymbol{x}\|_{\mathcal{D}}$ 满足正齐次性, 即对于 $\alpha > 0$,

$$\|\alpha \boldsymbol{x}\|_{\mathcal{D}} = \alpha \|\boldsymbol{x}\|_{\mathcal{D}}. \tag{6.1.23}$$

$\mathcal{D}$ 的对称性蕴含着 $\|-\boldsymbol{x}\|_{\mathcal{D}} = \|\boldsymbol{x}\|_{\mathcal{D}}$. 结合正齐次性, 我们得到, 对于所有 $\alpha \in \mathbb{R}$,

$$\|\alpha \boldsymbol{x}\|_{\mathcal{D}} = |\alpha| \|\boldsymbol{x}\|_{\mathcal{D}}. \tag{6.1.24}$$

最后, 如果 $\operatorname{conv}(\mathcal{D})$ 包含了一个以 $\mathbf{0}$ 为中心的开球, 即 $\exists \varepsilon > 0$ 使得 $\mathsf{B}(\mathbf{0}, \varepsilon) \subseteq \operatorname{conv}(\mathcal{D})$, 那么 $\|\boldsymbol{x}\|_{\mathcal{D}}$ 对于所有 $\boldsymbol{x}$ 都是取值有限的, 即 $\|\boldsymbol{x}\|_{\mathcal{D}} \leqslant \|\boldsymbol{x}\|_{\ell^2} / \varepsilon$. 综上所述, $\|\cdot\|_{\mathcal{D}}$ 是一个范数. □

原子规使得我们可以定义一类更广泛的凸问题, 用于从欠定和/或含噪声的观测中恢复结构化信号 $\boldsymbol{x}_o$. 举个例子, 对于从无噪声观测 $\boldsymbol{y} = \mathcal{A}[\boldsymbol{x}_o]$ 中恢复 $\boldsymbol{x}_o$, 我们可以尝试在满足观测约束的条件下最小化 $\boldsymbol{x}$ 的原子范数 $\|\boldsymbol{x}\|_{\mathcal{D}}$, 即

$$\min_{\boldsymbol{x}} \|\boldsymbol{x}\|_{\mathcal{D}} \quad \text{s.t.} \quad \mathcal{A}[\boldsymbol{x}] = \boldsymbol{y}. \tag{6.1.25}$$

在有噪声的情况下, 我们可以求解一个在关于观测数据的忠实性和以原子规度量的模型简洁性之间折中的优化问题, 即

$$\min_{\boldsymbol{x}} \frac{1}{2} \|\mathcal{A}[\boldsymbol{x}] - \boldsymbol{y}\|_2^2 + \lambda \|\boldsymbol{x}\|_{\mathcal{D}}. \tag{6.1.26}$$

这是一个凸优化问题, 它推广了第 3 章研究过的 LASSO 问题, 也推广了第 4 章研究过的低秩矩阵恢复的核范数最小化问题.

对于 $\mathcal{D}$ 的某些选择, 包括 $\mathcal{D}_{\text{稀疏}}$, $\mathcal{D}_{\text{低秩}}$, $\mathcal{D}_{\text{列稀疏}}$ 和 $\mathcal{D}_{\text{正弦波}}$, 这些问题存在非常高效的算法. 而对于 $\mathcal{D}$ 的其他选择, 包括 $\mathcal{D}_{\text{低秩张量}}$ 以及 $\mathcal{D}_{\text{稀疏且低秩}}$, 可能无法计算. 区分凸优化问题 (6.1.25)∼ 式 (6.1.26) 是否可计算的关键性质在于更简单的问题

$$\min_{\boldsymbol{x}} \|\boldsymbol{x}\|_{\mathcal{D}} + \frac{1}{2}\|\boldsymbol{x}-\boldsymbol{z}\|_2^2 \tag{6.1.27}$$

是否存在高效解法. 这个更简单的问题被称为与原子规 $\|\cdot\|_{\mathcal{D}}$ 相关联的邻近问题. 它是构成高效可伸缩求解算法的基础. 我们将在第 8 章更深入地讨论它.

结构化稀疏性的其他途径

原子范数是基于合成模型的, 其中目标信号 $\boldsymbol{x}$ 由原子的稀疏叠加而构成. 另一种导出用于恢复结构化稀疏信号的优化问题的对偶方法是基于分析模型的, 它要求信号 $\boldsymbol{x}$ 的特定投影为零. 我们可以借助 $\mathbb{R}^n$ 中向量的分组稀疏性的概念来展示这种方法. 给定一个由下标 $\{1,\cdots,n\}$ 上的支撑 $\mathcal{G}\subseteq 2^{[n]}$ 构成的集合, 我们可以把 $\|\boldsymbol{x}\|_{\mathcal{G}}$ 写为:

$$\|\boldsymbol{x}\|_{\mathcal{G}} = \sum_{I\in\mathcal{G}} \|\boldsymbol{x}_I\|_2. \tag{6.1.28}$$

只要 $\bigcup_{I\in\mathcal{G}} I = \{1,\cdots,n\}$, 式 (6.1.28) 便是一个范数. 最小化式 (6.1.28) 将促使尽可能多的 $\boldsymbol{x}_I$ 为零.

这种范数的构造方式与前面所描述的原子范数模型之间存在什么联系呢? 当分组 $I\in\mathcal{G}$ 之间互不重叠时, 它们是等价的. 通过定义

$$\mathcal{D}_{\text{分组}} \equiv \{\boldsymbol{x}_I \mid I\in\mathcal{G}, \|\boldsymbol{x}_I\|_2 = 1\}, \tag{6.1.29}$$

我们有

$$\|\boldsymbol{x}\|_{\mathcal{D}_{\text{分组}}} = \|\boldsymbol{x}\|_{\mathcal{G}}. \tag{6.1.30}$$

然而, 如果分组 $I\in\mathcal{G}$ 之间存在重叠, 那么原子范数和分组稀疏范数 (6.1.28)并不一致, 且优化它们会产生微妙的差别. 具体而言, 考虑 $\boldsymbol{x}\in\mathbb{R}^3$, 让我们考虑下面两组不同的支撑集合:

$$\mathcal{G}_1 = \{\{1,2\},\{3\}\}, \quad \mathcal{G}_2 = \{\{1,2,3\},\{1,2\},\{1\},\{2\},\{3\}\}. \tag{6.1.31}$$

注意到 $\mathcal{G}_1$ 中的支撑之间不重叠, 但是 $\mathcal{G}_2$ 中的支撑之间重叠. 这些不同的分组情况, 给出了对应的两种分组稀疏范数:

$$\|\boldsymbol{x}\|_{\mathcal{G}_1} = \|\boldsymbol{x}_{\{1,2\}}\|_2 + |\boldsymbol{x}_3|, \quad \|\boldsymbol{x}\|_{\mathcal{G}_2} = \|\boldsymbol{x}_{\{1,2,3\}}\|_2 + \|\boldsymbol{x}_{\{1,2\}}\|_2 + |\boldsymbol{x}_1| + |\boldsymbol{x}_2| + |\boldsymbol{x}_3|.$$

图 6.2 展示由这两种分组稀疏范数所定义的单位范数球. 请注意, 第二种分组所定义的分组稀疏范数不同于原子范数: 最小化原子范数促使信号尽可能地由少数几个原子表达, 然而最小化分组稀疏范数则促使尽可能多的 $\boldsymbol{x}_I$ 为零. 目前已有大量文献研究针对结构化信号

的分组稀疏性所诱导的范数. [Bach et al., 2012] 对这些范数与相应的优化算法给出了系统介绍.

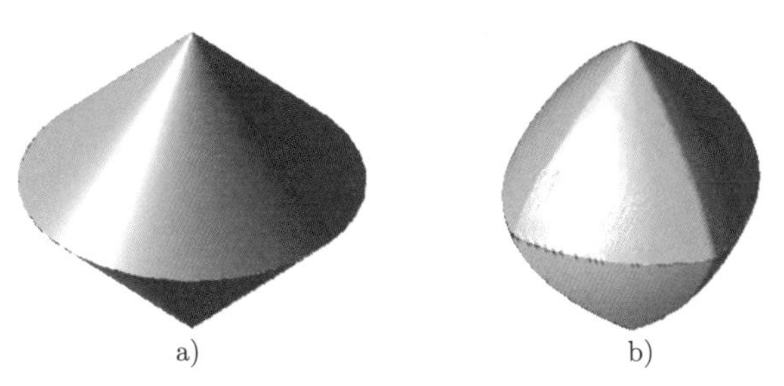

图 6.2　a) 三维空间中无重叠的分组稀疏范数 $\|\boldsymbol{x}\|_{\mathcal{G}_1}$ 的单位球. b) 三维空间中有重叠的分组稀疏范数 $\|\boldsymbol{x}\|_{\mathcal{G}_2}$ 的单位球. 球上的奇点表征相应范数的稀疏诱导行为

6.2　几何、测度集中与相变

在第 3 章和第 4 章中, 我们已经关于 $\mathcal{D}_{\text{稀疏}}$ 和 $\mathcal{D}_{\text{低秩}}$ 刻画了式 (6.1.25) 能够成功恢复正确解 $\boldsymbol{x}_o$ 的条件. 我们想要知道对于一个更一般的原子集合 $\mathcal{D}$, 是否凸优化问题 (6.1.25) 在更宽泛的条件下也能够成功. 更进一步, 正如我们在前面章节间接提及的, 在凸优化问题 (6.1.25) 的成功与失败之间似乎存在一个急剧相变. 这一节将利用来自高维统计和凸锥几何的工具, 对于一般情况下的相变现象给出严格的解释.

6.2.1　作为两个不相交的锥的成功条件

ℓ^1 范数最小化的几何

为了得到关于原子范数最小化的一般性结论, 让我们首先从熟悉的 ℓ^1 范数的例子中汲取一些灵感. 假设对于某个 k-稀疏向量 $\boldsymbol{x}_o$, $\boldsymbol{y} = \boldsymbol{A}\boldsymbol{x}_o$. 回顾一下我们在 3.1 节和 3.6.2 节中介绍的 ℓ^1 范数球的几何图象, 如图 6.3a 所示. 在那里, 我们论证了 $\boldsymbol{x}_o$ 是 ℓ^1 最小化问题

$$\min_{\boldsymbol{x}} \|\boldsymbol{x}\|_1 \quad \text{s.t.} \quad \boldsymbol{A}\boldsymbol{x} = \boldsymbol{y} \tag{6.2.1}$$

的唯一最优解, 当且仅当可行解 $\boldsymbol{x}$ 所在的仿射子空间 $\boldsymbol{x}_o + \operatorname{null}(\boldsymbol{A})$ 与伸缩后的 ℓ^1 范数球

$$\|\boldsymbol{x}_o\|_1 \cdot \mathsf{B}_1 = \{\boldsymbol{x} \mid \|\boldsymbol{x}\|_1 \leqslant \|\boldsymbol{x}_o\|_1\} \tag{6.2.2}$$

只在 $\boldsymbol{x}_o$ 处相交, 如图 6.3a 所示.

我们可以利用下降锥 (descent cone) 的概念把同样的几何更简洁地表达为:

$$\mathsf{D} \doteq \{\boldsymbol{v} \mid \|\boldsymbol{x}_o + t\boldsymbol{v}\|_1 \leqslant \|\boldsymbol{x}_o\|_1,\ \text{对于某个}\ t > 0\}. \tag{6.2.3}$$

这是扰动方向 $\boldsymbol{v}$ 的集合, 其中 $\boldsymbol{x}_o$ 在方向 $\boldsymbol{v}$ 上的一个小幅度 (但非零) 的扰动不会增加目标函数 $\|\cdot\|_1$ 的值. 图 6.3b 展示了一个下降锥 D.

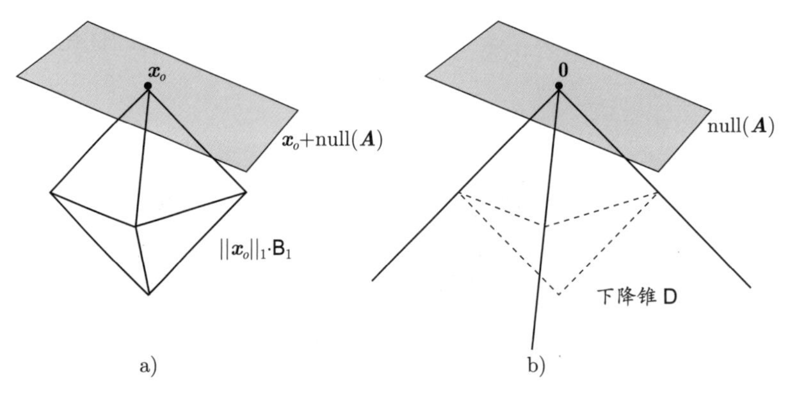

图 6.3　锥与稀疏空间几何. ℓ^1 最小化唯一地恢复 x_o 当且仅当下降锥 D 与 null(A) 的交为 $\{\mathbf{0}\}$

注意到, 对于 $t \neq 0$, 扰动 $x_o + tv$ 是一个可行解当且仅当 $v \in \text{null}(A)$. 而可行扰动中使得目标函数不增加的扰动位于交集 $\mathsf{D} \cap \text{null}(A)$ 中. 因为 D 是一个凸锥且 null(A) 是一个子空间 (即一个特殊的凸锥), D 和 null(A) 总是相交于 $\mathbf{0}$. 不难看出, x_o 是 ℓ^1 最小化问题的唯一解当且仅当 $\mathbf{0}$ 是 null(A) 与 D 的唯一交点. 引理 3.11 证明了这一点.

因此, 为了研究 ℓ^1 最小化是否能够成功, 我们可以等价地检查子空间 null(A) 与锥 D 之间是否存在非平凡交集. 因为 A 是一个随机矩阵, 所以 null(A) 也是一个 $n-m$ 维的随机子空间. 如果 A 是高斯的, 那么 null(A) 服从 $n-m$ 维子空间集合 $\mathsf{S} \subset \mathbb{R}^n$ 上的均匀分布[⊖]. 显然, 随机子空间 null(A) 与下降锥 D 相交的概率依赖 D 的性质. 直觉上讲, 如果在某种意义上 "下降锥 D 很大", 那么我们期望两者之间相交更有可能.

评注 6.1　需要注意的是, 前面提到的成功概率是对一个固定的 x_o 相对于随机选取的 A 而言. 正如在 3.6.1 节讨论过的, 比起第 3 章中我们所研究过的不相干性和 RIP, 这是一个较弱的成功保证表述. 在第 3 章中, 我们给出的是: 相对于一个固定的矩阵 A, ℓ^1 最小化 (6.2.1) 对所有足够稀疏的 x_o 都能够以高概率成功恢复.

一般情况下的原子范数

对于一个一般的原子范数 $\|\cdot\|_{\mathcal{D}}$, 凸优化问题 (6.1.25) 能够成功的条件与关于 ℓ^1 范数的凸优化问题 (6.2.1) 能够成功的条件非常类似. 我们只需要把 ℓ^1 范数的下降锥替换成与原子范数相关联的下降锥

$$\mathsf{C} \doteq \{v \mid \|x_o + tv\|_{\mathcal{D}} \leqslant \|x_o\|_{\mathcal{D}}, \text{对于某个 } t > 0\}, \tag{6.2.4}$$

并且再把 A 的零空间替换为 $\mathcal{A}$ 的零空间

$$\mathsf{S} \doteq \text{null}(\mathcal{A}).$$

那么, 类似于引理 3.11, 我们有下述命题.

命题 6.1　假设 $y = \mathcal{A}(x_o)$. 那么 x_o 是原子范数最小化问题 (6.1.25) 的唯一最优解, 当且仅当 $\mathsf{C} \cap \mathsf{S} = \{\mathbf{0}\}$.

⊖　更准确地说, null(A) 在 Grassmanian 流形 $\mathsf{G}_{n,m-n}$ 上按 Haar 测度分布.

对于一个给定的原子范数, 下降锥 C 是固定的. 测量算子 $\mathcal{A}$ 通常是一个随机算子. 它的零空间 $\mathsf{S} = \text{null}(\mathcal{A})$ 是一个随机子空间. 因此, 刻画凸优化问题 (6.1.25) 的成功概率简化成刻画随机线性子空间 S 与一个给定的凸锥 C 相交的概率.

6.2.2　固有体积与运动公式

如何计算一个随机线性子空间 S 与一个凸锥 C 相交的概率呢? 此外, 这个概率又依赖于什么呢? 为了建立对一般情况的直觉, 让我们先从最简单的情况 (即凸锥 C 本身是一个线性子空间 S′) 开始.

示例: 两个相交子空间

何时一个随机选择的子空间 S 与另一个子空间 S′ 相交呢? 根据初等几何知识, 我们知道: 如果维数之和 $\dim(\mathsf{S}) + \dim(\mathsf{S}')$ 大于外围空间的维数 n, 那么 S 和 S′ 必然存在非平凡交集; 反之, 如果 $\dim(\mathsf{S}) + \dim(\mathsf{S}') \leqslant n$, 那么 S 与 S′ 两者非平凡相交的概率是零.

命题 6.2 (两个线性子空间的交)　设 S′ 是 $\mathbb{R}^n$ 中的任意线性子空间, S 是一个均匀随机子空间. 那么

$$\mathbb{P}[\mathsf{S} \cap \mathsf{S}' = \{\mathbf{0}\}] = 0, \quad \dim(\mathsf{S}) + \dim(\mathsf{S}') > n; \tag{6.2.5}$$

$$\mathbb{P}[\mathsf{S} \cap \mathsf{S}' = \{\mathbf{0}\}] = 1, \quad \dim(\mathsf{S}) + \dim(\mathsf{S}') \leqslant n. \tag{6.2.6}$$

图 6.4 展示了一般情况下 $\mathbb{R}^3$ 中的两个子空间如何相交的两个例子. 从这个例子中我们可以看出: 它们是否只相交于原点 $\mathbf{0}$ 只取决于它们的维数之和.

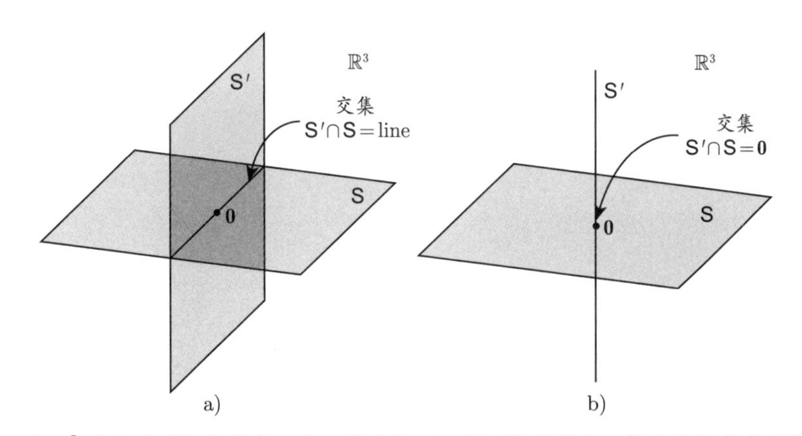

图 6.4　a) $\mathbb{R}^3$ 中两个平面的交点包含一条直线. b) 平面和直线在一般位置的交点仅为原点 $\mathbf{0}$

固有体积

然而, 我们这里要处理的是一个子空间与一个凸锥相交. 或者, 正如随后将会看到的更一般情况, 我们需要研究两个凸锥相交[㊀]. 因此很自然地我们要问: 子空间的"维数"概念

㊀ 比如, 对于分解稀疏和低秩矩阵的问题, 我们需要研究 ℓ^1 范数和核范数的下降锥的相交.

是否可以推广到凸锥呢？如果可以，我们可以期待通过用于子空间的命题 6.2的类似方式来刻画两个凸锥相交的概率. 接下来，我们要建立一个更一般化的方式来度量一个给定凸锥的“维数”或者“大小”. 在数学上，这类主题属于圆锥积分几何的研究范畴 [Amelunxen, 2011; Schneider et al., 2008].㊀.

例 6.2 (子空间维数的等价定义) 让我们首先从线性子空间这一特殊情况中汲取一些想法. 注意到，一个线性子空间 S 的维数 (比如说 d) 也可以等价地定义为计算一个随机 (高斯) 向量投影到该子空间上的平均 (平方) 长度. 令 $\boldsymbol{g} \sim \mathcal{N}(\mathbf{0}, \boldsymbol{I})$，那么

$$d = \dim(\mathsf{S}) \;=\; \mathbb{E}_{\boldsymbol{g}}\left[\|\mathcal{P}_{\mathsf{S}}[\boldsymbol{g}]\|_2^2\right], \tag{6.2.7}$$

其中 $\mathcal{P}_{\mathsf{S}}[\boldsymbol{g}]$ 是 S 中到 $\boldsymbol{g}$ 的唯一最近向量，即

$$\mathcal{P}_{\mathsf{S}}[\boldsymbol{g}] \;\doteq\; \arg\min_{\boldsymbol{x}\in\mathsf{S}} \|\boldsymbol{x}-\boldsymbol{g}\|_2^2. \tag{6.2.8}$$

我们也可以选择随机向量 $\boldsymbol{g}$ 为在单位球面 $\mathbb{S}^{n-1}$ 上的均匀分布. 此时，我们有：

$$d = \dim(\mathsf{S}) \;=\; n\cdot\mathbb{E}_{\boldsymbol{g}}\left[\|\mathcal{P}_{\mathsf{S}}[\boldsymbol{g}]\|_2^2\right], \quad \boldsymbol{g} \sim \mathrm{uni}(\mathbb{S}^{n-1}). \tag{6.2.9}$$

此处留给读者作为习题.

事实证明，投影一个 (随机) 向量正是度量凸锥“大小”的正确方式. 跟子空间一样，对于一个闭凸锥 $\mathsf{C} \subseteq \mathbb{R}^n$ 和一个向量 $\boldsymbol{z}$，在 C 中存在离 $\boldsymbol{z}$ 最近的一个向量，记为 $\mathcal{P}_{\mathsf{C}}[\boldsymbol{z}]$，即

$$\mathcal{P}_{\mathsf{C}}[\boldsymbol{z}] \;\doteq\; \arg\min_{\boldsymbol{x}\in\mathsf{C}} \|\boldsymbol{x}-\boldsymbol{z}\|_2^2. \tag{6.2.10}$$

图 6.5 展示了一个向量 $\boldsymbol{z}$ 在两个凸锥 C_1 和 C_2 上的投影 $\mathcal{P}_{\mathsf{C}_i}[\boldsymbol{z}]$. 注意到

$$\|\mathcal{P}_{\mathsf{C}}[\boldsymbol{z}]\|_2 \leqslant \|\boldsymbol{z}\|_2 \tag{6.2.11}$$

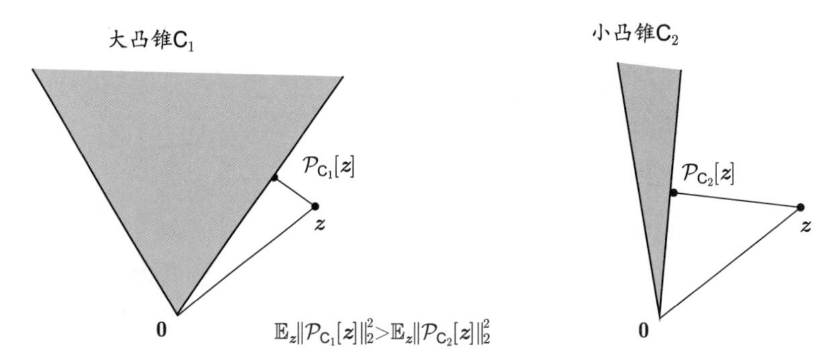

图 6.5　到一个闭凸锥上的投影. 对于一个闭凸锥 C, $\mathcal{P}_{\mathsf{C}}[\boldsymbol{z}]$ 是在 C 中最接近 $\boldsymbol{z}$ 的点. 注意到，$\boldsymbol{z}$ 在较大的凸锥 C_1 上的投影比它在较小的凸锥 C_2 上的投影的范数更大，即 $\|\mathcal{P}_{\mathsf{C}_1}[\boldsymbol{z}]\|_2^2 > \|\mathcal{P}_{\mathsf{C}_2}[\boldsymbol{z}]\|_2^2$. 我们可以通过在所有方向 $\boldsymbol{z}$ 上对 $\|\mathcal{P}_{\mathsf{C}}[\boldsymbol{z}]\|_2^2$ 取平均的方式来度量一个凸锥 C 的大小，这个平均值被称为一个凸锥的统计维数，记为 $\delta(\mathsf{C})$

㊀ 关于球面或圆锥积分几何历史的更全面综述，可以参考 [Amelunxen et al., 2013].

总是成立. 此外, 在图 6.5 中, 对于更宽的凸锥 C_i, 投影的范数也更大. 因此, 我们可以取 $\|\mathcal{P}_{\mathsf{C}}[\boldsymbol{z}]\|_2^2$ 作为凸锥 C 的 “大小” 的一种指示.

然而, 与线性子空间不同, 一个凸锥 (比如 ℓ^1 范数的下降锥) 可能由具有不同维数的面构成. 特别地, ℓ^1 范数的下降锥是凸锥中被称为多面锥 (polyhedral) 的一个重要特例. 每个多面锥都是有限个半平面的交. 在理论上, 给定一个 $\mathbb{R}^n$ 中的多面锥, 它的面的维数可以是 $k=0,1,\cdots,n$. 我们可以考虑一个标准正态随机向量到一个特定维数 k 的面上的投影.

定义 6.2 (固有体积)　如果 C 是 $\mathbb{R}^n$ 中的一个多面锥, 那么它的第 k 个固有体积 $v_k(\mathsf{C})$ 被定义为 $\mathcal{P}_{\mathsf{C}}[\boldsymbol{g}]$ 落在 C 的一个 k 维面上的概率, 即

$$v_k(\mathsf{C}) \doteq \mathbb{P}\left[\mathcal{P}_{\mathsf{C}}[\boldsymbol{g}] \in \text{多面锥}\,\mathsf{C}\,\text{的一个}\,k\,\text{维面}\right], \quad k=0,1,\cdots,n, \tag{6.2.12}$$

其中 $\boldsymbol{g} \sim \mathcal{N}(\mathbf{0}, \boldsymbol{I})$.

根据这个定义, 固有体积实际上是在 $\{0,1,\cdots,n\}$ 上的一个概率分布. 因此对于所有的 $k=0,1,\cdots,n$, 我们有 $v_k(\mathsf{C}) \geqslant 0$, 以及

$$\sum_{k=0}^{n} v_k(\mathsf{C}) = 1. \tag{6.2.13}$$

固有体积具有很多有趣的性质, 它们在锥积分几何中已经获得了系统性的发展.

例 6.3 (线性子空间的固有体积)　若 C 是 d 维线性子空间 S, 则我们有

$$v_k(\mathsf{S}) = \begin{cases} 1 & k=d, \\ 0 & \text{其他}. \end{cases}$$

这里留给读者作为习题.

例 6.4 ($\mathbb{R}^2$ 中锥的固有体积)　考虑 $\mathbb{R}^2$ 中一个类似于图 6.5 所展示的凸锥 C. 记凸锥的顶角为 α, 那么不难得出

$$v_2(\mathsf{C}) = \alpha/2\pi, \quad v_1(\mathsf{C}) = 1/2, \quad \text{以及} \quad v_0(\mathsf{C}) = (\pi-\alpha)/2\pi.$$

我们把证明留给读者作为习题.

锥运动公式

与之前一样, 我们从一个简单例子开始.

例 6.5 ($\mathbb{R}^2$ 中的两个凸锥)　注意到, 如果我们有两个 $\mathbb{R}^2$ 中的凸锥 C_1 与 C_2, 顶角分别为 α 和 β. 令 C_1 固定, 利用从 $\mathbb{S}^1$ 中均匀选取的一个旋转 $\boldsymbol{R}$ 转动凸锥 C_2. 那么凸锥 C_1 与凸锥 $\boldsymbol{R}(\mathsf{C}_2)$ 总是有非平凡重叠 (除了原点 $\mathbf{0}$) 当且仅当 $\alpha+\beta>2\pi$. 如果 $\alpha+\beta \leqslant 2\pi$, 它

们有非平凡相交的概率恰好为 $(\alpha+\beta)/2\pi = v_2(\mathsf{C}_1)+v_2(\mathsf{C}_2)$, 如图 6.6 所示. 或者等价地, 我们有

$$\mathbb{P}[\mathsf{C}_1 \cap \boldsymbol{R}(\mathsf{C}_2) \neq \{\mathbf{0}\}] = \min\{1, v_2(\mathsf{C}_1)+v_2(\mathsf{C}_2)\}. \tag{6.2.14}$$

我们将验证工作留给读者作为习题.

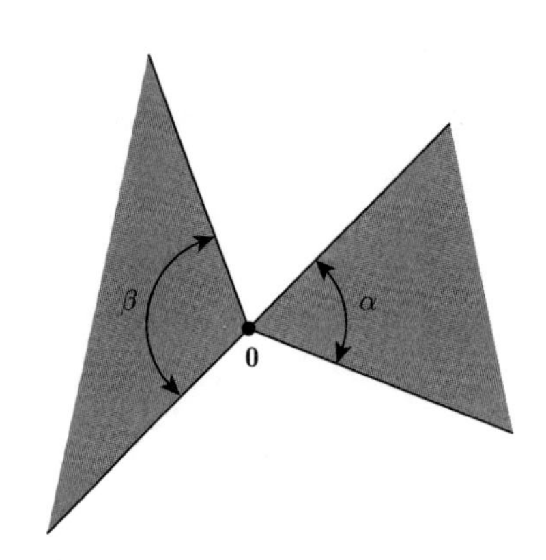

图 6.6　两个平面锥相交的概率是它们顶角之和除以 2π

上面的例子表明, 两个凸锥非平凡相交的概率与它们的固有体积有关. 然而, 对于高维空间中的凸锥, 情况可能比二维空间中要复杂得多. 令人惊讶的是, 作为锥积分几何的主要结果之一, 两个凸锥相交的概率可以使用它们的固有体积来精确刻画. 这就是锥运动公式.

命题 6.3 (两个凸锥的运动公式)　考虑 $\mathbb{R}^n$ 中的两个凸 (多面) 锥 C_1 与 C_2. 令 $\boldsymbol{A} \in \mathbb{R}^{n\times n}$ 为正交群 $\mathsf{O}(n)$ 上均匀分布的随机矩阵. 那么, 我们有

$$\mathbb{P}[\mathsf{C}_1 \cap \boldsymbol{A}(\mathsf{C}_2) \neq \{\mathbf{0}\}] = \sum_{i=0}^{n}(1+(-1)^{i+1})\sum_{j=i}^{n} v_i(\mathsf{C}_1)v_{d+i-j}(\mathsf{C}_2), \tag{6.2.15}$$

其中 $\boldsymbol{A}(\mathsf{C}_2)$ 是随机正交矩阵 $\boldsymbol{A}$ 作用在 C_2 中所有元素上所得到的锥.

可以证明, $\mathbb{R}^2$ 中两个凸锥的运动式 (6.2.14) 是式 (6.2.15) 的一个特例. 感兴趣的读者可以参考 [Schneider et al., 2008] 来证明这个公式.

尽管这个运动公式严谨优雅, 但是想要直接使用却很有挑战性, 因为除了极为简单的锥, 固有体积 $v_k(\mathsf{C})$ 通常难以计算. 对于多数原子范数的下降锥, 显式的表达式是未知的 (而且难以数值计算). 没有显式的表达式, 我们如何才能够计算概率 $\mathbb{P}[\mathsf{C}_1 \cap \boldsymbol{A}(\mathsf{C}_2) \neq \{\mathbf{0}\}]$ 呢? 这就需要求助于高维空间中的测度集中: 利用 $\mathcal{P}_{\mathsf{C}}[\boldsymbol{g}]$ 是很多独立随机变量的函数这一事实, 我们可以论证固有体积也会集中, 从而得到简单而准确的相交概率 (6.2.15) 的界.

6.2.3　统计维数与相变

正如之前在子空间维数的等价定义 (6.2.7) 的例子中所看到的, 通过平均一个随机向量 $\boldsymbol{g}$ 在子空间上的投影, 我们给出了一种等效的方法来测量子空间的维数. 这个概念又引出了

凸锥的固有体积的概念, 它由随机向量投影到 k 维面内部的概率 v_k 给出. 那么, 很自然, 我们会思考, 是否在整个凸锥或所有面上的投影的平均值能够给出锥的 "维数" 的一个等价度量呢? 这就引出了凸锥的统计维数的概念.

统计维数及其性质

我们先给出统计维数的确切定义, 然后阐述它的几个重要性质.

定义 6.3 (统计维数) 给定 $\mathbb{R}^n$ 中的一个闭凸锥 C, 它的统计维数记为 $\delta(\mathsf{C})$, 由下式给出:

$$\delta(\mathsf{C}) \doteq \mathbb{E}_{\boldsymbol{g}}\left[\|\mathcal{P}_{\mathsf{C}}[\boldsymbol{g}]\|_2^2\right], \tag{6.2.16}$$

其中 $\boldsymbol{g} \sim \mathcal{N}(\mathbf{0}, \boldsymbol{I})$.

为了理解与上面所定义的固有体积之间的联系, 我们可以考虑通过投影到 k 维面 (记为 S_k) 上的条件期望来计算期望. 根据式 (6.2.7), 我们知道, 这个期望恰好是子空间的维数 k. 因此, 在概念上我们有

$$\mathbb{E}_{\boldsymbol{g}}\left[\|\mathcal{P}_{\mathsf{C}}[\boldsymbol{g}]\|_2^2\right] = \sum_{k=0}^{n} k \cdot v_k(\mathsf{C}). \tag{6.2.17}$$

等式的右端常常作为凸锥统计维数的另一种等价定义[㊀].

在很大程度上, 统计维数是子空间维数的概念在凸锥上的一个自然推广. 不难证明, 它具有以下性质.

- 对于一个线性子空间 S, 我们有

$$\delta(\mathsf{S}) = \dim(\mathsf{S}).$$

- 正交变换不变性: 对于正交群 $\mathsf{O}(n)$ 中的所有正交矩阵 $\boldsymbol{A}$, 我们有

$$\delta(\mathsf{C}) = \delta(\boldsymbol{A}(\mathsf{C})).$$

- 锥 C 与其正交补 C° (也被称为极锥[㊁]) 的统计维数之和等于外围空间的维数:

$$\delta(\mathsf{C}) + \delta(\mathsf{C}^\circ) = n.$$

- 对于两个闭凸锥 C_1 和 C_2 的直积, 我们有:

$$\delta(\mathsf{C}_1 \times \mathsf{C}_2) = \delta(\mathsf{C}_1) + \delta(\mathsf{C}_2).$$

我们把这些性质以及其他一些有用性质和事实的证明留给读者作为习题.

㊀ 正式的证明可以利用球面 Steiner 公式 [Schneider et al., 2008]. 对详细推导感兴趣的读者可以参考 [Amelunxen et al., 2014].

㊁ C 的极锥定义为 $\mathsf{C}^\circ = \{\boldsymbol{y} \in \mathbb{R}^n : \langle \boldsymbol{y}, \boldsymbol{x} \rangle \leqslant 0, \forall \boldsymbol{x} \in \mathsf{C}\}$. (极锥还有一个直观形象的名字——"对顶锥".——译者注)

原子范数最小化的相变

正如我们在命题 6.2 中所看到的, 统计维数之和精确地控制了两个子空间 S 与 S' 是否存在非平凡相交: 一旦 $\delta(\mathsf{S})+\delta(\mathsf{S}')>n$, 那么非平凡相交的概率就从 0 变为 1. 对于一般的凸锥, 也存在一个类似现象: 如果 S 为 $\mathbb{R}^n$ 中的一个随机子空间, 且 C 是一个闭凸锥, 那么我们有

$$\delta(\mathsf{S})+\delta(\mathsf{C})\gg n \implies \text{以高概率}\, \mathsf{S}\cap\mathsf{C}\neq\{\mathbf{0}\};$$
$$\delta(\mathsf{S})+\delta(\mathsf{C})\ll n \implies \text{以高概率}\, \mathsf{S}\cap\mathsf{C}=\{\mathbf{0}\}.$$

下面的定理给出精确的表述.

定理 6.1 令 C 是 $\mathbb{R}^n$ 中的任意凸锥, 且令 S 是统计维数为 $\delta(\mathsf{S})$ 的均匀分布随机子空间. 那么, 我们有

$$\mathbb{P}\left[\mathsf{S}\cap\mathsf{C}=\{\mathbf{0}\}\right]\leqslant 4\exp\left(-\frac{(n-\delta(\mathsf{S})-\delta(\mathsf{C}))^2}{8n}\right),\quad \delta(\mathsf{S})+\delta(\mathsf{C})\geqslant n+c\sqrt{n};$$
$$\mathbb{P}\left[\mathsf{S}\cap\mathsf{C}=\{\mathbf{0}\}\right]\geqslant 1-4\exp\left(-\frac{(\delta(\mathsf{S})+\delta(\mathsf{C})-n)^2}{8n}\right),\quad \delta(\mathsf{S})+\delta(\mathsf{C})\leqslant n-c\sqrt{n}.$$

其中数值常数 $c=4\sqrt{\log 2}$.

上述公式也被称为*近似运动公式*, 它刻画了运动公式 (6.2.15) 在高维空间中由于测度集中而导致的本质行为. 这一定理[㊀] 是控制两个随机取向凸锥相交概率的更一般结论的一个特例 (我们会在稍后详述). 它的证明依赖于球面积分几何的技术性结果. 我们推荐感兴趣的读者参阅 [Amelunxen et al., 2014] 中定理 1 的证明以及相应参考文献.

定理 6.1 蕴含我们关于原子范数最小化 (6.1.25) 中的相变现象的主要论断. 在我们的情况中, 所感兴趣的锥 C 是在 $\boldsymbol{x}_o$ 处的原子范数 $\|\cdot\|_{\mathcal{D}}$ 的下降锥 D. 我们希望知道 $\mathsf{S}=\operatorname{null}(\mathcal{A})$ 是否与锥 C 存在非平凡相交. 注意到, S 的维数是 $n-m$, 于是上面的启发式表述变成:

$$\text{失败:}\quad \delta(\mathsf{D})\gg m \implies \text{以高概率}\operatorname{null}(\mathcal{A})\cap\mathsf{D}\neq\{\mathbf{0}\};$$
$$\text{成功:}\quad \delta(\mathsf{D})\ll m \implies \text{以高概率}\operatorname{null}(\mathcal{A})\cap\mathsf{D}=\{\mathbf{0}\}.$$

对于第一种情况, 原子范数最小化 (6.1.25) 恢复 $\boldsymbol{x}_o$ 失败; 而第二种情况则能够成功恢复 $\boldsymbol{x}_o$. 更精确地, 利用定理 6.1, 我们可以得到如下推论.

推论 6.1 (原子范数最小化的相变) 令 $\mathcal{A}\in\mathbb{R}^{m\times n}$ 为一个随机线性算子 (的矩阵表示), 且 $\boldsymbol{y}=\mathcal{A}(\boldsymbol{x}_o)$. 令 D 表示在 $\boldsymbol{x}_o$ 处的原子范数 $\|\cdot\|_{\mathcal{D}}$ 的下降锥. 那么, 我们有

$$\mathbb{P}\left[\text{式 (6.1.25) 成功恢复 } \boldsymbol{x}_o\right]\leqslant 4\exp\left(-\frac{(\delta(\mathsf{D})-m)^2}{8n}\right),\quad m\leqslant\delta(\mathsf{D})-c\sqrt{n};$$

㊀ 英文原书中这一定理的表述不准确, 遗漏了一个间隔项 $\pm c\sqrt{n}$ 部分. ——译者注

$$\mathbb{P}[\text{ 式 (6.1.25) 成功恢复 } \boldsymbol{x}_o] \geqslant 1 - 4\exp\left(-\frac{(m-\delta(\mathsf{D}))^2}{8n}\right), \quad m \geqslant \delta(\mathsf{D}) + c\sqrt{n}.$$

其中数值常数 $c = 4\sqrt{\log 2}$.

因此, 当 (随机) 观测的数量 m 远小于 $\delta(\mathsf{D})$ 时, 恢复 $\boldsymbol{x}_o$ 以很大概率失败; 当 m 远大于 $\delta(\mathsf{D})$ 时, 恢复 $\boldsymbol{x}_o$ 以很大概率成功[⊖]. 上述定理在很大程度上解释了我们在第 3 章中的稀疏向量恢复和第 4 章中的低秩矩阵恢复所观察到的发生在 $\delta(\mathsf{D})$ 附近的相变现象.

6.2.4 ℓ^1 范数下降锥的统计维数

根据上面的推论, 原子范数最小化 (6.1.25) 的成功依赖于独立观测的数目 m 是否超过了原子范数下降锥的统计维数 $\delta(\mathsf{D})$. 因此, 能够准确地估计 $\delta(\mathsf{D})$ 是极其重要的. 在本节中, 我们给出 ℓ^1 范数下降锥统计维数的详尽推导. 以类似的方式, 核范数下降锥的统计维数表达式也可以推导出来, 我们在第 4 章的定理 4.16 中不加证明地给出了结论. 感兴趣的读者可以在 [Amelunxen et al., 2014] 中找到关于核范数相关证明的细节.

在第 3 章的定理 3.15 中, 我们已经给出 ℓ^1 范数最小化相变的一个表达式. 在这里, 我们会给出一个详细计算, 并且展示下降锥 D 的统计维数 $\delta(\mathsf{D})$ 非常接近于 $n\psi(k/n)$, 其中函数 $\psi(\cdot)$ 在式 (3.6.6) 中定义. 我们将这个结果表述为下述引理.

引理 6.2 令 D 为 ℓ^1 范数在任意 k-稀疏的 $\boldsymbol{x}_o \in \mathbb{R}^n$ 处的下降锥. 那么, 我们有

$$n\psi\left(\frac{k}{n}\right) - 4\sqrt{n/k} \leqslant \delta(\mathsf{D}) \leqslant n\psi\left(\frac{k}{n}\right). \tag{6.2.18}$$

证明. 我们将会用到关于投影到凸锥的两个基本事实. 第一个事实是广义勾股定理, 它蕴含着对于一个闭凸锥 D, 其极锥为

$$\mathsf{D}^\circ = \{\boldsymbol{v} \mid \langle \boldsymbol{v}, \boldsymbol{x} \rangle \leqslant 0, \ \forall\, \boldsymbol{x} \in \mathsf{D}\}, \tag{6.2.19}$$

考虑任意的 $\boldsymbol{z} \in \mathbb{R}^n$, 我们有

$$\|\mathcal{P}_{\mathsf{D}}\boldsymbol{z}\|_2^2 = \|\boldsymbol{z} - \mathcal{P}_{\mathsf{D}^\circ}\boldsymbol{z}\|_2^2 = \operatorname{dist}^2(\boldsymbol{z}, \mathsf{D}^\circ). \tag{6.2.20}$$

这使得我们可以把 $\boldsymbol{z}$ 到闭凸锥 D 的投影的范数替换为 $\boldsymbol{z}$ 到极锥 D° 的距离. 第二个事实是下降锥 D 的极锥是次微分

$$\mathsf{S} \doteq \partial\|\cdot\|_1(\boldsymbol{x}_o) = \{\boldsymbol{v} \mid \boldsymbol{v}_I = \operatorname{sign}(\boldsymbol{x}_{oI}), \ \|\boldsymbol{v}_{I^c}\|_\infty \leqslant 1\} \tag{6.2.21}$$

的锥包 (conic hull), 即

$$\begin{aligned}\mathsf{D}^\circ = \operatorname{cone}(\mathsf{S}) &= \bigcup_{t \geqslant 0} t\,\mathsf{S} \\ &= \{t\boldsymbol{v} \mid t \geqslant 0, \ \boldsymbol{v}_I = \boldsymbol{\sigma}_I, \ \|\boldsymbol{v}_{I^c}\|_\infty \leqslant 1\},\end{aligned} \tag{6.2.22}$$

⊖ 英文原书中这一推论的表述不准确, 遗漏了一个间隔项

其中 $\boldsymbol{\sigma}_I$ 是 $\operatorname{sign}(\boldsymbol{x}_{oI})$ 的简记. 对于任意的向量 $\boldsymbol{z} \in \mathbb{R}^n$, 离 $\boldsymbol{z}$ 最近的向量 $\hat{\boldsymbol{z}} \in t\mathsf{S}$ 满足

$$\hat{z}_i = \begin{cases} t\operatorname{sign}(z_i) & i \in I, \\ z_i & i \in I^c,\ |z_i| \leqslant t, \\ t\operatorname{sign}(z_i) & i \in I^c,\ |z_i| > t, \end{cases} \tag{6.2.23}$$

且 $\boldsymbol{z}$ 到 $t\mathsf{S}$ 的距离由

$$\begin{aligned} \operatorname{dist}^2(\boldsymbol{z}, t\mathsf{S}) &= \|\boldsymbol{z} - \hat{\boldsymbol{z}}\|_2^2 \\ &= \|\boldsymbol{z}_I - t\boldsymbol{\sigma}_I\|_2^2 + \sum_{j\in I^c} \max\{|z_j| - t, 0\}^2 \end{aligned} \tag{6.2.24}$$

给出. 因此, 对于任意向量 $\boldsymbol{z} \in \mathbb{R}^n$, 我们有

$$\begin{aligned} \operatorname{dist}^2(\boldsymbol{z}, \mathsf{D}^\circ) &= \min_{t\geqslant 0} \operatorname{dist}^2(\boldsymbol{z}, t\mathsf{S}) \\ &= \min_{t\geqslant 0} \left\{ \|\boldsymbol{z}_I - t\boldsymbol{\sigma}_I\|_2^2 + \sum_{j\in I^c} \max\{|z_j| - t, 0\}^2 \right\}. \end{aligned} \tag{6.2.25}$$

利用这些事实, 我们计算

$$\begin{aligned} \delta(\mathsf{D}) &= \mathbb{E}_{\boldsymbol{g}\sim\mathcal{N}(\mathbf{0},\boldsymbol{I})} \left[\|\mathcal{P}_{\mathsf{D}}\boldsymbol{g}\|_2^2 \right] \\ &= \mathbb{E}_{\boldsymbol{g}\sim\mathcal{N}(\mathbf{0},\boldsymbol{I})} \left[\operatorname{dist}^2(\boldsymbol{g}, \mathsf{D}^\circ) \right] \\ &= \mathbb{E}_{\boldsymbol{g}} \left[\min_{t\geqslant 0} \operatorname{dist}^2(\boldsymbol{g}, t\,\mathsf{S}) \right] \\ &\leqslant \min_{t\geqslant 0}\ \mathbb{E}_{\boldsymbol{g}} \left[\operatorname{dist}^2(\boldsymbol{g}, t\,\mathsf{S}) \right] \\ &= \min_{t\geqslant 0}\ \mathbb{E}_{\boldsymbol{g}} \left[\|\boldsymbol{g}_I - t\boldsymbol{\sigma}_I\|_2^2 + \sum_{j\in I^c} \max\{|g_j| - t, 0\}^2 \right] \\ &= \min_{t\geqslant 0} \left\{ |I|(1+t^2) + 2|I^c| \int_{s=t}^{\infty} (s-t)^2 \varphi(s) \mathrm{d}s \right\} \\ &= n\,\psi(k/n), \end{aligned} \tag{6.2.26}$$

其中 $|I|$ 和 $|I^c|$ 分别表示支撑 I 及其补集 I^c 的势 (即集合的元素数目), $\varphi(s) = (1/\sqrt{2\pi})\mathrm{e}^{-s^2/2}$ 是高斯分布密度函数, $\psi(\cdot)$ 由式 (3.6.6) 所定义. 至此, 我们已经建立了统计维数的上界 $n\psi(k/n)$, 并且, 因此 $m^\star = n\psi(k/n)$ 是相变的一个下界.

接下来, 我们通过建立一个 (几乎) 与上界相当的下界来说明 $\delta(\mathsf{D})$ 的上界是紧的. 假设 $\hat{t}$ 最小化 $\mathbb{E}_{\boldsymbol{g}}\left[\operatorname{dist}^2(\boldsymbol{g}, t\mathsf{S})\right]$, 那么我们有

$$0 = \frac{\mathrm{d}}{\mathrm{d}t} \mathbb{E}_{\boldsymbol{g}} \left[\operatorname{dist}^2(\boldsymbol{g}, t\mathsf{S}) \right] \Big|_{t=\hat{t}} = \mathbb{E}_{\boldsymbol{g}} \left[\frac{\mathrm{d}}{\mathrm{d}t} \operatorname{dist}^2(\boldsymbol{g}, t\mathsf{S}) \Big|_{t=\hat{t}} \right]. \tag{6.2.27}$$

令 $t_{\boldsymbol{g}}$ 关于 t 最小化 $\mathrm{dist}^2(\boldsymbol{g}, t\mathsf{S})$. 利用函数 $\mathrm{dist}^2(\boldsymbol{g}, t\mathsf{S})$ 关于 t 的凸性[㊀], 我们有

$$\mathrm{dist}^2(\boldsymbol{g}, t_{\boldsymbol{g}}\mathsf{S}) \geqslant \mathrm{dist}^2(\boldsymbol{g}, \hat{t}\mathsf{S}) + \left(t_{\boldsymbol{g}} - \hat{t}\right)\frac{\mathrm{d}}{\mathrm{d}t}\mathrm{dist}^2(\boldsymbol{g}, t\mathsf{S})\big|_{t=\hat{t}}. \tag{6.2.28}$$

注意到 $\hat{t} = \mathbb{E}\left[t_{\boldsymbol{g}}\right]$, 并利用式 (6.2.27), 我们有

$$0 = \hat{t}\,\mathbb{E}_{\boldsymbol{g}}\left[\frac{\mathrm{d}}{\mathrm{d}t}\mathrm{dist}^2(\boldsymbol{g}, t\mathsf{S})\Big|_{t=\hat{t}}\right] = \mathbb{E}\left[t_{\boldsymbol{g}}\right]\mathbb{E}_{\boldsymbol{g}}\left[\frac{\mathrm{d}}{\mathrm{d}t}\mathrm{dist}^2(\boldsymbol{g}, t\mathsf{S})\Big|_{t=\hat{t}}\right]. \tag{6.2.29}$$

因此

$$\begin{aligned}\mathbb{E}_{\boldsymbol{g}}\left[\min_t \mathrm{dist}^2(\boldsymbol{g}, t\mathsf{S})\right] &= \mathbb{E}_{\boldsymbol{g}}\left[\mathrm{dist}^2(\boldsymbol{g}, t_{\boldsymbol{g}}\mathsf{S})\right] \\ &\geqslant \mathbb{E}_{\boldsymbol{g}}\left[\mathrm{dist}^2(\boldsymbol{g}, \hat{t}\mathsf{S})\right] + \mathbb{E}_{\boldsymbol{g}}\left[\left(t_{\boldsymbol{g}} - \mathbb{E}_{\boldsymbol{g}}\left[t_{\boldsymbol{g}}\right]\right)\frac{\mathrm{d}}{\mathrm{d}t}\mathrm{dist}^2(\boldsymbol{g}, t\mathsf{S})\Big|_{t=\hat{t}}\right], \\ &\geqslant \mathbb{E}_{\boldsymbol{g}}\left[\mathrm{dist}^2(\boldsymbol{g}, \hat{t}\mathsf{S})\right] - \mathrm{var}(t_{\boldsymbol{g}})^{1/2}\mathrm{var}\left(\frac{\mathrm{d}}{\mathrm{d}t}\mathrm{dist}^2(\boldsymbol{g}, t\mathsf{S})\Big|_{t=\hat{t}}\right)^{1/2}, \end{aligned} \tag{6.2.30}$$

其中, 第一个不等式利用了 $\hat{t} = \mathbb{E}\left[t_{\boldsymbol{g}}\right]$ 和式 (6.2.28), 第二个不等式利用了关于随机变量的 Cauchy-Schwarz 不等式, $\mathrm{var}(\cdot)$ 表示随机变量的方差.

为了给出结论, 我们要对这两个方差项分别建立它们的界. 对于 $t_{\boldsymbol{g}}$, 令 $\boldsymbol{v}_{\boldsymbol{g}} \in \mathsf{S}$, 其中 $t_{\boldsymbol{g}}\boldsymbol{v}_{\boldsymbol{g}}$ 为 D° 中最接近 $\boldsymbol{g}$ 的元素. 注意到

$$\left\|\boldsymbol{g} - \boldsymbol{g}'\right\|_2 \geqslant \left\|t_{\boldsymbol{g}}\boldsymbol{v}_{\boldsymbol{g}} - t_{\boldsymbol{g}'}\boldsymbol{v}_{\boldsymbol{g}'}\right\|_2 \geqslant \left\|t_{\boldsymbol{g}}\boldsymbol{\sigma}_I - t_{\boldsymbol{g}'}\boldsymbol{\sigma}_I\right\|_2 = \left|t_{\boldsymbol{g}} - t_{\boldsymbol{g}'}\right|\sqrt{k}, \tag{6.2.31}$$

由此可知, $t_{\boldsymbol{g}}$ 是 $\boldsymbol{g}$ 的 $1/\sqrt{k}$-Lipschitz 连续函数. 由 Gaussian-Poincaré 不等式[㊁], 我们得到 $t_{\boldsymbol{g}}$ 的方差 $\mathrm{var}(t_{\boldsymbol{g}})$ 以 $1/k$ 为界, 即 $\mathrm{var}(t_{\boldsymbol{g}}) \leqslant 1/k$.

同时, 由 Danskin 定理, 我们有

$$\frac{\mathrm{d}}{\mathrm{d}t}\mathrm{dist}^2(\boldsymbol{g}, t\mathsf{S}) = \frac{\mathrm{d}}{\mathrm{d}t}\left\|\boldsymbol{g} - t\boldsymbol{v}_g\right\|_2^2 = 2\boldsymbol{v}_{\boldsymbol{g}}^*\left(t\boldsymbol{v}_{\boldsymbol{g}} - \boldsymbol{g}\right). \tag{6.2.32}$$

注意到, 由于 $t\boldsymbol{v}_{\boldsymbol{g}}$ 是 $\boldsymbol{g}$ 到凸集 D° 上的投影, 对于任意其他 $\boldsymbol{v}_{\boldsymbol{g}'} \in \mathsf{S}$,

$$(t\boldsymbol{v}_{\boldsymbol{g}} - t\boldsymbol{v})^*(t\boldsymbol{v}_{\boldsymbol{g}} - \boldsymbol{g}) \leqslant 0, \tag{6.2.33}$$

由此, 我们得到

$$\boldsymbol{v}_{\boldsymbol{g}}^*(t\boldsymbol{v}_{\boldsymbol{g}} - \boldsymbol{g}) \leqslant \boldsymbol{v}_{\boldsymbol{g}'}^*(t\boldsymbol{v}_{\boldsymbol{g}} - \boldsymbol{g}), \tag{6.2.34}$$

以及

$$\frac{\mathrm{d}}{\mathrm{d}t}\mathrm{dist}^2(\boldsymbol{g}, t\mathsf{S}) - \frac{\mathrm{d}}{\mathrm{d}t}\mathrm{dist}^2(\boldsymbol{g}', t\mathsf{S}) = 2\boldsymbol{v}_{\boldsymbol{g}}^*(t\boldsymbol{v}_{\boldsymbol{g}} - \boldsymbol{g}) - 2\boldsymbol{v}_{\boldsymbol{g}'}^*(t\boldsymbol{v}_{\boldsymbol{g}'} - \boldsymbol{g}')$$

㊀ 根据式 (6.2.24) 中的函数定义, 易证 $\mathrm{dist}^2(\boldsymbol{g}, t\mathsf{S})$ 是 t 的凸函数.——译者注

㊁ Gaussian-Poincaré 不等式内容为: 若 f 是一个 L-Lipschitz 函数且 $\boldsymbol{g}$ 为一个高斯向量, 则 $\mathrm{var}(f(\boldsymbol{g})) \leqslant L^2$.

$$
\begin{aligned}
&\leqslant 2\boldsymbol{v}_{\boldsymbol{g}'}^*(t\boldsymbol{v}_{\boldsymbol{g}}-\boldsymbol{g})-2\boldsymbol{v}_{\boldsymbol{g}'}^*(t\boldsymbol{v}_{\boldsymbol{g}'}-\boldsymbol{g}')\\
&\leqslant 2\left\|\boldsymbol{v}_{\boldsymbol{g}'}\right\|_2\left(\left\|t\boldsymbol{v}_{\boldsymbol{g}}-t\boldsymbol{v}_{\boldsymbol{g}'}\right\|_2+\left\|\boldsymbol{g}-\boldsymbol{g}'\right\|_2\right)\\
&\leqslant 4\left\|\boldsymbol{v}_{\boldsymbol{g}'}\right\|_2\left\|\boldsymbol{g}-\boldsymbol{g}'\right\|_2\\
&\leqslant 4\sqrt{n}\left\|\boldsymbol{g}-\boldsymbol{g}'\right\|_2.
\end{aligned}
\tag{6.2.35}
$$

依照相同的推理, 我们得出

$$
\begin{aligned}
\frac{\mathrm{d}}{\mathrm{d}t}\mathrm{dist}^2(\boldsymbol{g},t\mathsf{S})-\frac{\mathrm{d}}{\mathrm{d}t}\mathrm{dist}^2(\boldsymbol{g}',t\mathsf{S})&\geqslant 2\boldsymbol{v}_{\boldsymbol{g}}^*\left(t\boldsymbol{v}_{\boldsymbol{g}}-\boldsymbol{g}-t\boldsymbol{v}_{\boldsymbol{g}'}+\boldsymbol{g}'\right)\\
&\geqslant -4\sqrt{n}\left\|\boldsymbol{g}-\boldsymbol{g}'\right\|_2,
\end{aligned}
\tag{6.2.36}
$$

由此

$$
\left|\frac{\mathrm{d}}{\mathrm{d}t}\mathrm{dist}^2(\boldsymbol{g},t\mathsf{S})-\frac{\mathrm{d}}{\mathrm{d}t}\mathrm{dist}^2(\boldsymbol{g}',t\mathsf{S})\right| \leqslant 4\sqrt{n}\left\|\boldsymbol{g}-\boldsymbol{g}'\right\|_2, \tag{6.2.37}
$$

且 $\frac{\mathrm{d}}{\mathrm{d}t}\mathrm{dist}^2(\boldsymbol{g},t\mathsf{S})$ 是 $4\sqrt{n}$-Lipschitz 的. 由 Gaussian-Poincaré 不等式, 我们有:

$$
\mathrm{var}\left(\left.\frac{\mathrm{d}}{\mathrm{d}t}\mathrm{dist}^2(\boldsymbol{g},t\mathsf{S})\right|_{t=\hat{t}}\right) \leqslant 16n. \tag{6.2.38}
$$

把 $\mathrm{var}(t_{\boldsymbol{g}})\leqslant 1/k$ 和式 (6.2.38) 代入式 (6.2.30), 我们可以得到

$$
\mathbb{E}_{\boldsymbol{g}}\left[\min_t \mathrm{dist}^2(\boldsymbol{g},t\mathsf{S})\right] \geqslant \min_t \mathbb{E}_{\boldsymbol{g}}\left[\mathrm{dist}^2(\boldsymbol{g},t\mathsf{S})\right]-4\sqrt{n/k}. \tag{6.2.39}
$$

因此, 我们有

$$
n\psi(k/n)-4\sqrt{n/k} \leqslant \delta(\mathsf{D}) \leqslant n\psi(k/n). \tag{6.2.40}
$$

综合上述的界, 我们即证明了相变发生在 $m^\star=n\psi(k/n)$ 的 $O(\sqrt{n})$ 范围内. □

6.2.5 分解结构化信号中的相变

分解结构化信号的例子

在第 2 章和第 13 章所讨论的鲁棒人脸识别问题中, 我们希望求解从混合观测

$$
\boldsymbol{y}=\boldsymbol{A}\boldsymbol{x}_o+\boldsymbol{e}_o \tag{6.2.41}
$$

中恢复稀疏表示系数 $\boldsymbol{x}_o$ 与稀疏误差 $\boldsymbol{e}_o$ 的问题, 其中 $\boldsymbol{A}$ 是从某个随机分布中产生的且已知. 这个问题可以被视为所谓的*形态学成分分析* [Elad et al., 2005; Starck et al., 2003, 2005] 的一个特例.

第 5 章我们已经研究过, 在鲁棒主成分分析 (RPCA) 问题中, 我们希望从一个低秩矩阵 $\boldsymbol{L}_o$ 与一个稀疏矩阵 $\boldsymbol{S}_o$ 的和

$$
\boldsymbol{Y}=\boldsymbol{L}_o+\boldsymbol{S}_o \tag{6.2.42}
$$

中恢复出它们两者. 或者, 在压缩主成分追踪 (CPCP) 中, 我们希望从低秩矩阵和稀疏矩阵之和的随机投影

$$\boldsymbol{Y} \doteq \mathcal{P}_{\mathsf{Q}}[\boldsymbol{L}_o + \boldsymbol{S}_o] \tag{6.2.43}$$

中恢复出它们两者, 其中 $\mathsf{Q} \subseteq \mathbb{R}^{n_1 \times n_2}$ 是一个随机线性子空间, $\mathcal{P}_{\mathsf{Q}}$ 表示该子空间上的投影算子.

来自随机性的不相干

正如我们在建立这些问题的解时已经看到的, 我们通常需要两个混合的结构化信号之间相互 “不相干”. 否则, 这样的分解本身就不是良定的, 同时其解也不是唯一的. 因此, 为了理解当这种分解可能且分解唯一时的潜在几何原因, 一个简单但很有启发性的模型是, 假设在我们混合两个结构化信号时 (比如 $\boldsymbol{x}_o$ 与 $\boldsymbol{s}_o$), 一个信号相对于另一个信号位于随机位置上, 即

$$\boldsymbol{y} = \mathcal{A}(\boldsymbol{x}_o) + \boldsymbol{z}_o, \tag{6.2.44}$$

其中 $\mathcal{A}$ 是 $\boldsymbol{x}_o$ 所在空间中的一个随机正交变换. 随机算子 $\mathcal{A}$ 确保 $\boldsymbol{x}_o$ 相对于 $\boldsymbol{z}_o$ 位于一般位置 (general position), 因此两个分量 $\mathcal{A}(\boldsymbol{x}_o)$ 和 $\boldsymbol{z}_o$ 彼此互不相干.

基于原子范数最小化的分解

现在我们假设 $\boldsymbol{x}_o$ 和 $\boldsymbol{z}_o$ 是分别与原子集合 $\mathcal{D}_1$ 和 $\mathcal{D}_2$ 相关联的低维结构化信号. 正如我们在人脸识别和鲁棒 PCA 的例子中已经看到的, 用来恢复 $\boldsymbol{x}_o$ 和 $\boldsymbol{z}_o$ 的一个很自然的凸优化问题是

$$\min_{\boldsymbol{x},\boldsymbol{z}} \|\boldsymbol{x}\|_{\mathcal{D}_1} \quad \text{s.t.} \quad \|\boldsymbol{z}\|_{\mathcal{D}_2} \leqslant \|\boldsymbol{z}_o\|_{\mathcal{D}_2},\ \boldsymbol{y} = \mathcal{A}(\boldsymbol{x}) + \boldsymbol{z}, \tag{6.2.45}$$

其中 $\|\cdot\|_{\mathcal{D}_1}$ 与 $\|\cdot\|_{\mathcal{D}_2}$ 是分别与原子集合 $\mathcal{D}_1$ 与 $\mathcal{D}_2$ 相关联的原子范数[⊖].

现在令 $\mathsf{C}_1(\boldsymbol{x}_o)$ 是 $\|\cdot\|_{\mathcal{D}_1}$ 在 $\boldsymbol{x}_o$ 处的下降锥, $\mathsf{C}_2(\boldsymbol{z}_o)$ 是 $\|\cdot\|_{\mathcal{D}_2}$ 在 $\boldsymbol{z}_o$ 处的下降锥. 假设 $(\boldsymbol{x}_o, \boldsymbol{z}_o)$ 不是问题 (6.2.45) 的 (唯一) 最优解, 而

$$(\boldsymbol{x}_o + \Delta\boldsymbol{x}, \boldsymbol{z}_o + \Delta\boldsymbol{z})$$

是问题 (6.2.45) 的一个最优解. 那么, 我们一定有: $\Delta\boldsymbol{x}$ 位于下降锥 $\mathsf{C}_1(\boldsymbol{x}_o)$ 中, $\Delta\boldsymbol{z}$ 位于下降锥 $\mathsf{C}_2(\boldsymbol{z}_o)$ 中. 进一步地, 根据约束 $\boldsymbol{y} = \mathcal{A}(\boldsymbol{x}) + \boldsymbol{z}$, 我们有

$$-\mathcal{A}(\Delta\boldsymbol{x}) = \Delta\boldsymbol{z}.$$

换句话说, $\Delta\boldsymbol{z}$ 一定落到锥 $\mathsf{C}_2(\boldsymbol{z}_o)$ 与 $-\mathcal{A}(\mathsf{C}_1(\boldsymbol{x}_o))$ 的相交处, 即

⊖ 如果适当地选取 $\lambda > 0$ (实例特定的), 那么优化问题 (6.2.45) 等价于

$$\min_{\boldsymbol{x},\boldsymbol{z}} \|\boldsymbol{x}\|_{\mathcal{D}_1} + \lambda\|\boldsymbol{z}\|_{\mathcal{D}_2} \quad \text{s.t.} \quad \boldsymbol{y} = \mathcal{A}(\boldsymbol{x}) + \boldsymbol{z}.$$

这个形式和我们在人脸识别和鲁棒 PCA 部分所讨论的问题更相似. 在本节中, 我们研究带约束的形式 (6.2.45), 这种形式相对来说更便于几何分析.

$$\mathbf{0} \neq \Delta \boldsymbol{z} \in \mathsf{C}_2(\boldsymbol{z}_o) \cap -\mathcal{A}(\mathsf{C}_1(\boldsymbol{x}_o)),$$

如图 6.7b 所示. 因此, 为了使 $(\boldsymbol{x}_o, \boldsymbol{z}_o)$ 是问题 (6.2.45) 的唯一最优解, 两个锥 $\mathsf{C}_2(\boldsymbol{z}_o)$ 和 $-\mathcal{A}(\mathsf{C}_1(\boldsymbol{x}_o))$ 的相交必须是平凡的 (即只包含原点 $\mathbf{0}$), 如图 6.7a 所示.

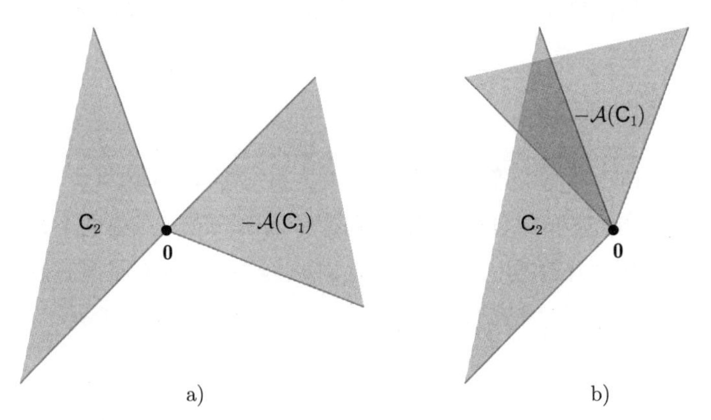

图 6.7 优化问题 (6.2.45) 的成功与否 (即能否得到唯一最优解) 依赖于随机锥 $-\mathcal{A}(\mathsf{C}_1)$ 与固定锥 C_2 是否相交. a) 如果交集是平凡的, 那么分解成功; b) 如果交集不平凡, 那么分解失败

分解问题的相变

正如之前间接提及的, 在高维空间 $\mathbb{R}^n$ 中, 我们期待两个锥相交的概率在

$$\delta(\mathsf{C}_1(\boldsymbol{x}_o)) + \delta(\mathsf{C}_2(\boldsymbol{z}_o)) = n$$

的附近发生急剧转变. 换句话说,

$$\delta(\mathsf{C}_1) + \delta(\mathsf{C}_2) \gg n \implies \text{以高概率}\ \mathsf{C}_1 \cap \mathsf{C}_2 \neq \{\mathbf{0}\}\,;$$
$$\delta(\mathsf{C}_1) + \delta(\mathsf{C}_2) \ll n \implies \text{以高概率}\ \mathsf{C}_1 \cap \mathsf{C}_2 = \{\mathbf{0}\}\,.$$

更精确地, 我们有下面的定理.

定理 6.2 设 C_1 和 C_2 为 $\mathbb{R}^n$ 中的两个闭凸锥, $\mathcal{A}$ 为正交群上均匀分布的随机矩阵. 那么, 我们有

$$\mathbb{P}\left[-\mathcal{A}(\mathsf{C}_1) \cap \mathsf{C}_2 = \{\mathbf{0}\}\right] \leqslant 4\exp\left(-\frac{(n-\delta(\mathsf{C}_1)-\delta(\mathsf{C}_2))^2}{8n}\right), \quad \delta(\mathsf{C}_1)+\delta(\mathsf{C}_2) \geqslant n + c\sqrt{n},$$

$$\mathbb{P}\left[-\mathcal{A}(\mathsf{C}_1) \cap \mathsf{C}_2 = \{\mathbf{0}\}\right] \geqslant 1-4\exp\left(-\frac{(\delta(\mathsf{C}_1)+\delta(\mathsf{C}_2)-n)^2}{8n}\right), \quad \delta(\mathsf{C}_1)+\delta(\mathsf{C}_2) \leqslant n - c\sqrt{n},$$

其中数值常数 $c = 4\sqrt{\log 2}$.

上面的界可以理解成*近似运动公式*, 它刻画锥运动公式 (6.2.15) 在高维空间中由于测度集中而引发的本质行为[㊀]. 这是比定理 6.1 更一般的表述, 定理 6.1 针对的是两个凸锥之一为子空间的特殊情况.

㊀ 英文原书中这一定理的表述不准确, 遗漏了一个间隔项 $\mp c\sqrt{n}$ 部分. ——译者注

6.3 凸松弛的局限性

到目前为止,我们的故事一直是成功的.我们展示了构建正则化项的一般方法,它们可以编码各种我们在进行计算的信号上所感兴趣的结构性假设.对于稀疏向量、低秩矩阵和若干个在 6.1 节中讨论的其他结构,这些正则化项被证明是能够有效计算的,并且能够达到在相应假设下接近最佳可实现的统计性能.在某种意义上,这很令人吃惊——因为我们不需要为高效算法花费大量精力.尽管如此,我们不应该奢求凸松弛对所有挑战性问题都能够同样有效.下面,我们讨论一些凸松弛显现出局限性甚至无法工作的场景.

6.3.1 多重结构的凸松弛的次优性

在 6.1.1 节中已经讨论过 (在比如稀疏 PCA 等一些问题中),我们希望恢复一个稀疏且低秩的矩阵 $\boldsymbol{X}$.事实上,这样的问题很自然地出现在诸如结构化纹理修复或复原等实际应用中,我们将在 15.3 节中进行非常细致的讨论.图 15.4 中所展示的呈现有规律模式的图像,如果把它们看成矩阵,那么它们在傅里叶或小波域是低秩且稀疏的.

稀疏且低秩的矩阵是具有多重结构的信号的一个特例.一种很自然的促进多重结构的凸松弛方法就是利用它们相应的原子范数的加权和.例如,我们可以最小化

$$\lambda_1\|\boldsymbol{X}\|_1+\lambda_2\|\boldsymbol{X}\|_* \tag{6.3.1}$$

来促使所要恢复的矩阵既稀疏又低秩[㊀].这正是我们在第 15 章处理结构化纹理修复时要做的,并且在经验上,组合起来的正则化确实比单独只使用一个效果更好.

然而,上述组合起来的凸正则化在统计效率上并不是最优的.为了更清晰地理解这一点,让我们考虑一个简单问题:从含噪声观测

$$\boldsymbol{Y}=\boldsymbol{X}_o+\boldsymbol{Z}\ \in\mathbb{R}^{n\times n} \tag{6.3.2}$$

中恢复稀疏且低秩的矩阵 $\boldsymbol{X}_o\in\mathbb{R}^{n\times n}$,其中 $\boldsymbol{Z}\in\mathbb{R}^{n\times n}$ 是一个各个元素独立同分布 (i.i.d.) 的高斯噪声矩阵.因此,如果使用上面所提及的组合正则化,我们将通过求解下述凸优化问题

$$\hat{\boldsymbol{X}}(\boldsymbol{Y})=\arg\min_{\boldsymbol{X}}\frac{1}{2}\|\boldsymbol{Y}-\boldsymbol{X}\|_F^2+\lambda_1\|\boldsymbol{X}\|_1+\lambda_2\|\boldsymbol{X}\|_* \tag{6.3.3}$$

来估计 $\boldsymbol{X}_o$.为了评价所估计的 $\hat{\boldsymbol{X}}(\boldsymbol{Y})$ 的好坏,我们计算它相对于真实值 $\boldsymbol{X}_o$ 的均方误差 (MSE),即

$$\mathrm{MSE}\doteq\mathbb{E}[\|\hat{\boldsymbol{X}}(\boldsymbol{Y})-\boldsymbol{X}_o\|_F^2]. \tag{6.3.4}$$

假设 $\boldsymbol{X}_o$ 是一个 $k\times k$ 稀疏矩阵[㊁],且其秩小于 r.在 [Oymak et al., 2013] 中已经证明,凸优化问题 (6.3.3)将产生一个均方误差的下界,即

㊀ 要求 $\boldsymbol{X}$ 同时低秩且稀疏与要求它可分解为低秩与稀疏矩阵的和 (即 $\boldsymbol{X}=\boldsymbol{L}+\boldsymbol{S}$),两者之间大不相同.正如在第 5 章所研究过的,后一个问题是存在凸松弛的.当 $\boldsymbol{L}$ 和 $\boldsymbol{S}$ 足够结构化且不相干时,凸松弛能够成功恢复.

㊁ 这里是指 $\boldsymbol{X}_o$ 包含 $k\times k$ 个非零元素.——译者注

$$\mathrm{MSE} \geqslant c \cdot \min\{k^2, n\},$$

其中 $c > 0$ 是数值常数. 然而, 正如在 [Oymak et al., 2013] 中所展示的, 我们实际上可以简单地求解一个非凸优化问题来得到一个均方误差低得多的近似, 其误差上界仅为:

$$\mathrm{MSE} \leqslant C \cdot k,$$

其中 $C > 0$ 是数值常数. 这与只具有一种低维结构的情况不同, 凸松弛给出一个在统计精度意义 (即均方误差) 上次优的估计. 这种次优性也可以通过重建 $\boldsymbol{X}_o$ 所需要的 (无噪声) 随机观测数量认识到: 最小化 ℓ^1 范数与核范数的任何组合需要至少 $c \cdot \min\{k^2, n \cdot \mathrm{rank}(\boldsymbol{X}_o)\}$ 个观测, 即使 $\boldsymbol{X}_o$ 仅有 $O(k \cdot \mathrm{rank}(\boldsymbol{X}_o))$ 个自由度 [Oymak et al., 2015]. 这一点可以使用与一种组合形式的凸正则化 (比如式 (6.3.1)) 相对应的下降锥的统计维数来解释, 我们将在下一节介绍.

6.3.2 高阶张量不可计算的凸松弛

对于某些类型的低维结构, 统计与计算限制之间未必能够得到严格一致性, 这在 6.1 节已经初现端倪. 例如, 对于恢复一个形如式 (6.1.11) 的高阶低秩张量 $\mathbf{X}_o$, 与集合 (6.1.12) 相关联的原子范数 (作为核范数的一个自然推广) 具有卓越的统计性能, 但它却是无法计算的.

在实践中, 人们常常会去寻求可计算的替代方案来近似地促进高阶张量低秩. 一种非常流行的选择是把高阶张量转化为矩阵形式, 然后考虑所谓的 Tucker 秩 [Kolda et al., 2009; Tucker, 1966]. 给定一个 K 阶张量 $\mathbf{X} \in \mathbb{R}^{n_1 \times \cdots \times n_K}$, 我们构造矩阵 $\boldsymbol{X}_{(i)} \in \mathbb{R}^{n_i \times \prod_{j \neq i} n_j}$, 其中 $\boldsymbol{X}_{(i)}$ 的列向量是由 $\mathbf{X}$ 中模态 i 的所有纤维 (fiber) 级联而成. 那么, 其 Tucker 秩被定义为:

$$\mathrm{rank}_{tc}(\boldsymbol{X}) \doteq \left(\mathrm{rank}\left(\boldsymbol{X}_{(1)}\right), \mathrm{rank}\left(\boldsymbol{X}_{(2)}\right), \cdots, \mathrm{rank}\left(\boldsymbol{X}_{(K)}\right)\right). \tag{6.3.5}$$

因此, 为了恢复低 (Tucker) 秩的张量 $\mathbf{X}_o$ (比如根据随机观测 $\mathbf{Y} = \mathcal{A}(\mathbf{X}_o)$) 我们可以强制所有的 K 个展开后的矩阵 $\boldsymbol{X}_{(i)}$ 低秩. 一个自然的凸松弛是最小化所有 K 个矩阵的核范数的加权和, 即

$$\min_{\boldsymbol{X}} \sum_{i=1}^{K} \lambda_i \|\boldsymbol{X}_{(i)}\|_* \quad \text{s.t.} \quad \mathbf{Y} = \mathcal{A}(\mathbf{X}), \tag{6.3.6}$$

其中, $\lambda_i \geqslant 0$ 是一组选定的权重. 注意到, 这个凸松弛与稀疏且低秩矩阵的凸松弛 (6.3.1) 的性质相同. 每一项 $\lambda_i \|\boldsymbol{X}_{(i)}\|_*$ 在相同的高阶张量 $\mathbf{X}$ 上施加某种额外结构. 然而, 在实践中, 正如将在第 15 章看到的通过多张图片进行相机校准的例子, 我们可以选择使用这 K 个矩阵的任意子集.

我们可以从统计维数的角度来理解组合多个范数的作用. 也就是说, 我们希望知道通过多个范数的叠加, 组合范数的下降锥的统计维数是如何改变的. 对此, 让我们考虑恢复同时具有 K 个低维结构的一个高维信号的一般问题. 令 $\|\cdot\|_{(i)}$ 为与第 $i = 1, \cdots, K$ 个结构

关联的 (原子) 范数. 那么, 给定随机测量 $\boldsymbol{y} = \mathcal{A}(\boldsymbol{x}_o)$, 我们可以尝试通过最小化组合范数

$$\min_{\boldsymbol{x}} \|\boldsymbol{x}\|_{\text{com}} \doteq \sum_{i=1}^{K} \lambda_i \|\boldsymbol{x}\|_{(i)} \quad \text{s.t.} \quad \boldsymbol{y} = \mathcal{A}(\boldsymbol{x}) \tag{6.3.7}$$

来恢复 $\boldsymbol{x}_o$. 在 [Mu et al., 2013] 中的分析表明, 组合范数 $\|\cdot\|_{\text{com}}$ 的下降锥的统计维数实际上是由原子范数 $\lambda_i\|\cdot\|_{(i)}$ 的下降锥中最大的一个所主导. 因此, 加入更多的惩罚项所带来的回报从改善统计效率上来看是逐渐递减的. 尤其是 [Mu et al., 2013] 已经证明, 利用式 (6.3.6) 中的组合核范数唯一地求解 (Tucker) 秩 r 张量时, 所需要的测量数量实质上是 $O(rn^{K-1})$. 通过更好地整理展开矩阵, 测量数量可以降低到 $O(r^{K/2}n^{K/2})$, 然而一种特定的非凸 (可能不可计算) 优化问题表述只需要 $O(r^K + nrK)$ 个测量. 因此, 有充分的理由相信, 为了弥合两者之间的差距, 我们可能不得不直接处理高阶张量估计问题本身的非凸本质.

6.3.3 双线性问题没有凸松弛

到目前为止, 我们主要考虑了从一组 (随机或不相干) 测量 $\boldsymbol{y} = \boldsymbol{A}\boldsymbol{x}_o$ 中恢复低维信号 $\boldsymbol{x}_o$, 其中测量算子或矩阵 $\boldsymbol{A}$ 是已知的. 然而, 在很多实际应用中, 我们并不知道矩阵 $\boldsymbol{A}$.

例如, 考虑 $\boldsymbol{A} \in \mathbb{R}^{n\times n}$ 是某些稀疏信号上的某种 (可逆) 变换, 且我们已经观测到这些信号的很多样本

$$\boldsymbol{y}_i = \boldsymbol{A}\boldsymbol{x}_i \in \mathbb{R}^n, \quad i = 1, 2, \cdots, m.$$

如果事先并不知道变换矩阵 $\boldsymbol{A}$, 我们希望恢复矩阵 $\boldsymbol{A}$ 使得 $\boldsymbol{x}_i = \boldsymbol{A}^{-1}\boldsymbol{y}_i$ 最大限度稀疏. 换句话说, 如果将 $\boldsymbol{y}_i$ 作为矩阵的列向量, 构成 $\boldsymbol{Y} = [\boldsymbol{y}_1, \cdots, \boldsymbol{y}_m] \in \mathbb{R}^{n\times m}$, 类似地 $\boldsymbol{X} = [\boldsymbol{x}_1, \cdots, \boldsymbol{x}_m] \in \mathbb{R}^{n\times m}$, 我们想要把 $\boldsymbol{Y}$ 分解成

$$\boldsymbol{Y} = \boldsymbol{A}\boldsymbol{X} \in \mathbb{R}^{n\times m},$$

使得 $\boldsymbol{X}$ 是最稀疏的. 这是一个特殊的矩阵分解问题, 也被称作*字典学习*问题, $\boldsymbol{A}$ 是一个待定的 (完备) 稀疏化字典. 在科学成像等应用中, 矩阵 $\boldsymbol{A}$ 甚至可能有额外的结构, 例如是一个卷积. 正如很多其他结构化矩阵分解问题一样, 对于这些非线性问题不存在非平凡的凸松弛. 对于这些问题而言, 我们常常不得不直接处理它们的非线性和非凸的本质. 不过, 我们将会在 7.3.2 节看到, 这种非凸问题具有非常优良的结构和性质. 这些优良的性质使得看似很有挑战性的非凸问题可以使用极其高效的优化算法进行处理 (在 9.6.2 节将会看到).

6.3.4 非线性低维结构的存在

到目前为止, 我们所研究的所有低维模型 (包括稀疏的和低秩的) 均假设数据的低维结构是分段线性或局部线性的, 因此它们可以被表达为少数几个原子的线性叠加. 正如我们在很多真实应用部分的章节中将要看到的, 对于大多数真实世界的数据, 非线性会很自然地产生于测量过程或者某些其他结构化数据的非线性畸变 (比如第 15 章的图像校正). 因此, 这些数据的内蕴结构仍然是非常低维的, 但是它们不一定是线性的, 它们分布的支撑可能会

变成非线性子流形, 而不是线性子空间. 例如, 在语音识别或图像物体识别中, 我们关心的信息在特定的变换群下是不变的, 例如信号的移位、平移、伸缩或者旋转 (比如第 15 章的图像校正或者第 16 章的图像识别). 从数学上讲, 我们关心的是在这种变换下信号的等价类的 (低维) 结构. 这种结构被认为是高度非线性且复杂的 [Wakin et al., 2005].

因此, 为了使本书所建立的基本模型、概念和方法对于现实世界中的数据和问题真正适合和有用, 我们通常需要在某个函数族 $\mathcal{F}$ 中[㊀]学习数据的非线性变换:

$$f(\boldsymbol{x}) : \boldsymbol{x} \mapsto \boldsymbol{z}, \tag{6.3.8}$$

其中 $f \in \mathcal{F}$. 经过变换之后, 我们期望 $\boldsymbol{z} = f(\boldsymbol{x})$ 的内蕴结构变为低维线性子空间 (如同在稀疏和低秩模型中), 这会便于我们解释和应用. 我们将会在真实应用部分的章节中看到, 本书中所发展起来的原理和计算工具可以很容易地拓展至解开这些非线性映射, 并且可以使用我们熟悉的标准 (线性) 模型来揭示出现实世界数据的低维结构.

6.3.5 非凸问题表述和非凸优化的回归

凸松弛的上述困难促使人们在其自然的非凸设定下重新审视这些具有挑战性的问题. 令人吃惊的是, 即便是在非凸设定下, 信号的低维结构仍然发挥着至关重要的作用, 使得这些非凸问题存在高效的求解算法. 这些非凸问题非常不同于容易困于局部极小且收敛缓慢的一般非凸问题. 相反, 在很多情况下, 它们具有令人称奇的优良几何与统计性质, 如果能够恰当地加以利用, 将会带来简单而高效的算法. 我们将在第 7 章讨论这些非凸方法的理论方面, 在第 9 章中介绍求解非凸优化问题的可扩展算法.

为了将本书的基础理论和模型联系到应用问题, 在第 16 章中, 我们将触及现实数据中非常重要且极具挑战性的问题: 数据的内蕴低维结构可能会高度非线性且具有多模态. 机器学习的现代实践, 尤其是深度学习, 正是定位于学习一种让数据具有某种最优 (线性) 表征的非线性映射. 我们将会看到, 本书针对低维模型发展起来的概念和原理, 在严格解释和实质改善深度神经网络的设计中发挥重要作用.

6.4 注记

正如在第 3 章所提到的, ℓ^1 范数最小化的相变现象是由 Tanner 和 Donoho 在观测空间从高维多面体的随机投影角度研究的 [Donoho et al., 2009; Donoho, 2005; Donoho et al., 2010]. 在这之后的研究聚焦于系数空间中的分析, 因为这一方法适用于更一般的低维结构 [Amelunxen et al., 2014; Chandrasekaran et al., 2012b; Oymak et al., 2010; Stojnic, 2009]. ℓ^1 范数的下降锥的统计维数上界结果归功于 [Stojnic, 2009], 它给出了 ℓ^1 范数最小化恢复在实验上的坚实保证. 而相应下界的证明、"统计维数" 这一术语以及本章的诸多阐述来自 [Amelunxen et al., 2014].

㊀ 通常, 我们假设 f 光滑或者至少是一个连续映射, 从而可以被参数化为多项式 (见第 15 章) 或者深度网络 (见第 16 章).

基于凸松弛的低维结构研究因为原子范数的引入 [Bhaskar et al., 2012] 以及基于凸优化的线性反问题 [Chandrasekaran et al., 2012b] 而得到推广. 这些较早的工作引导了本章所呈现的基于下降锥统计维数的统一框架 [Amelunxen et al., 2014]. 在含噪声测量下恢复和分解问题的统计分析是由 Wainwright 及其同事的一系列工作而系统地发展出来的 [Agarwal et al., 2012; Wainwright, 2009a] .

凸松弛对于某些低维结构的局限性在 [Oymak et al., 2015; Oymak et al., 2013] 以及稍后的工作中 [Mu et al., 2013] 被揭露, 分别针对稀疏低秩矩阵和高阶张量. 在随后的几年里, 非凸问题建模已经得到了极大关注, 近期的论文 [Chi et al., 2019; Jain et al., 2017; Sun, 2019a; Sun et al., 2015] 对此给出了全面系统的综述. 在接下来的第 7 章中, 我们将更详细地解释非凸问题建模方式背后的关键原理, 并试图阐释为什么以及何时非凸优化问题可以工作得很好. 在第 9 章中, 我们会系统地介绍解决这类高维空间中非凸问题的高效算法.

6.5 习题

习题 6.1 (非负稀疏向量和低秩矩阵) 考虑非负稀疏向量. 确定一个原子集合 $\mathcal{D}_{非负稀疏}$ 使得 $\boldsymbol{x}$ 非负且 k-稀疏, 当且仅当它是 $\mathcal{D}_{非负稀疏}$ 中 k 个元素的非负组合.

现在考虑非负因子构成的低秩矩阵, 即矩阵可以表示为

$$\boldsymbol{X} = \sum_{i=1}^{r} \boldsymbol{a}_i \boldsymbol{b}_i^*, \tag{6.5.1}$$

其中 $\boldsymbol{a}_i$ 和 $\boldsymbol{b}_i$ 是逐元素非负的向量. 请确定原子集合 $\mathcal{D}_{非负低秩}$ 使得矩阵 $\boldsymbol{X}$ 可以表达为式 (6.5.1), 当且仅当它可以表达为 r 个 $\mathcal{D}_{非负低秩}$ 中元素的非负线性组合. $\|\cdot\|_{\mathcal{D}_{非负稀疏}}$ 和 $\|\cdot\|_{\mathcal{D}_{非负低秩}}$, 哪一个可以得出可计算的优化问题呢?

习题 6.2 (k-支撑范数) 考虑定义如下的原子集合:

$$\mathcal{D}_k = \{\boldsymbol{x} \in \mathbb{R}^n \mid \|\boldsymbol{x}\|_0 \leqslant k, \|\boldsymbol{x}\|_2 = 1\}. \tag{6.5.2}$$

请说明由这个集合的 (原子) 规范函数所给出的原子范数是所谓的*k-支撑范数*:

$$\|\boldsymbol{x}\|_k^{\text{sp}} = \min \left\{ \sum_{I \in \mathcal{G}_k} \|\boldsymbol{v}_I\|_2 \ \text{ s.t. } \sum_{I \in \mathcal{G}_k} \boldsymbol{v}_I = \boldsymbol{x} \right\}. \tag{6.5.3}$$

这给出了用于恢复稀疏向量的另一种凸正则化项.

习题 6.3 考虑 $\mathbb{R}^2$ 的一个原子集合:

$$\mathcal{D} = \{\boldsymbol{x}_1 \in \mathbb{S}^1, \boldsymbol{x}_2 = [\pm 1, 0]^*\}. \tag{6.5.4}$$

对于 $\boldsymbol{x} \in \mathbb{R}^2$, 与之相关联的原子 (规) 范数 $\|\boldsymbol{x}\|_{\mathcal{D}}$ 是什么? 从这个例子出发, 对于有两个支撑 $I' \subset I$ 的分组原子集合 (6.1.29), 你可以得到什么结论呢?

习题 6.4 证明线性子空间的维数定义与例 6.2 中的定义等价.

习题 6.5 根据对凸锥的定义 6.2, 计算 $\mathbb{R}^n$ 中 d 维子空间的固有体积.

习题 6.6 计算例 6.4 中所描述的 $\mathbb{R}^2$ 中锥的固有体积.

习题 6.7 推导例 6.5 中所描述的 $\mathbb{R}^2$ 中两个锥的运动公式.

习题 6.8 证明下列关于两个闭凸锥的统计维数的性质.

(1) 一个凸锥 $\mathsf{C} \subset \mathbb{R}^n$ 与它的极锥 $\mathsf{C}^\circ \subset \mathbb{R}^n$ 的统计维数之和满足

$$\delta(\mathsf{C}) + \delta(\mathsf{C}^\circ) = n.$$

(2) 对于两个闭凸锥的直积 C_1 和 C_2, 我们有:

$$\delta(\mathsf{C}_1 \times \mathsf{C}_2) = \delta(\mathsf{C}_1) + \delta(\mathsf{C}_2).$$

习题 6.9 在式 (6.2.26) 的推导中, 首先证明对于 $\boldsymbol{g} \sim \mathcal{N}(\mathbf{0}, \boldsymbol{I})$, 我们有

$$\mathbb{E}_{\boldsymbol{g}}\left[\|\boldsymbol{g}_I - t\boldsymbol{\sigma}_I\|_2^2\right] = |I|(1+t^2).$$

然后讨论如何求解下面的最小化问题:

$$\psi(\eta) = \min_{t \geqslant 0} \left\{\eta(1+t^2) + 2(1-\eta)\int_{s=t}^{\infty}(s-t)^2\varphi(s)\mathrm{d}s\right\}.$$

恢复广义低维模型

"数学科学特别展现出次序、对称和极限，而这些都是美最极致的体现形式."

——Aristotle, *Metaphysica*

7.1 简介

随着工程和科学越来越受到数据和计算的驱动, 优化的作用已经扩展到几乎涉及数据分析的每个阶段, 从信号和数据的采集到建模、分析和预测. 虽然使用物理数据进行计算的挑战多种多样, 但是其中反复出现的根本问题来自数据分析过程不同阶段的非线性本质.

- 非线性测量广泛存在于成像、光学和天文学中. 一个典型例子是幅度测量, 其问题的产生是由于测量一个复信号的 (傅里叶变换的) 模很容易, 但受物理限制, 测量其相位却很困难. 举个例子, 我们可以测量一个复信号 $\boldsymbol{x} \in \mathbb{C}^n$ 的傅里叶变换幅度 [Jaganathan et al., 2017; Patterson, 1944, 1934; Shechtman et al., 2015][㊀]:

$$\underset{\text{测量}}{\boldsymbol{y}} = \left|\mathcal{F}\left(\underset{\text{未知信号}}{\boldsymbol{x}}\right)\right| \quad \in \mathbb{R}^m. \tag{7.1.1}$$

其中, $\boldsymbol{x}$ 代表感兴趣的信号或者图像, 目标是从非线性测量 $\boldsymbol{y}$ 中重构 $\boldsymbol{x}$. 这个问题有时也被称为傅里叶相位恢复.

- 非线性模型通常非常适合表达现实数据集里的变异性. 举个例子, 显微镜、神经科学和天文学中的观测通常可以近似为基本模体的稀疏叠加[㊁]. 我们可以把寻找这些模体的问题作为寻找形如以下表达式的一个问题:

$$\underset{\text{数据}}{\boldsymbol{Y}} = \underset{\text{模体}}{\boldsymbol{A}} \underset{\text{稀疏系数}}{\boldsymbol{X}}. \tag{7.1.2}$$

这里, $\boldsymbol{Y} \in \mathbb{R}^{m\times p}$ 的列向量是所观测到的数据向量, $\boldsymbol{A} \in \mathbb{R}^{m\times n}$ 是基本模体, $\boldsymbol{X} \in \mathbb{R}^{n\times p}$ 是一个系数的稀疏矩阵, 这些系数把每个观测数据向量表达为若

㊀ 作为对比, 在 2.1 节的 MRI 例子中, 我们研究了一个被极端简化的线性模型, 其中我们假设具有大脑图像傅里叶变换的完整复数测量. 但是现实并非如此.

㊁ 从数学上讲, 我们可以将这样的模体视为在第 6 章研究过的字典中的原子.

干个模体的叠加. 这一问题有时也被称为稀疏字典模型. 典型的目标是从观测数据中同时推断 $\boldsymbol{A}$ 和 $\boldsymbol{X}$. 由于 $\boldsymbol{A}$ 和 $\boldsymbol{X}$ 均未知, 这个模型应该被视为非线性的 (严格地说是双线性的). 自然图像可能会有更多的变异性, 其更好的建模是具有更复杂非线性的层次化模型 (比如卷积神经网络) [Goodfellow et al., 2014, 2016; LeCun et al., 1995].

7.1.1 非线性、对称性与非凸性

在上述的两个例子中, 非线性不仅仅是一种麻烦, 它们也是我们所面临问题结构的一部分. 这些性质在强烈地暗示着, 我们有望解决这些问题, 也正如在本章中将要看到的, 我们能够高效地计算问题的解.

注意到, 这两个模型都展现出某种*对称性*. 式 (7.1.1) 中的模型 $\boldsymbol{y} = |\mathcal{F}(\boldsymbol{x})|$ 展现出一种*相位对称性*, 即 $\boldsymbol{x}$ 和 $\boldsymbol{x}e^{\mathrm{i}\phi}$ (对任意 $\phi \in [0, 2\pi)$) 都产生相同的观测 $\boldsymbol{y}$. 式 (7.1.2) 中的稀疏字典模型 $\boldsymbol{Y} = \boldsymbol{A}\boldsymbol{X}$ 展现出一种*置换对称性*, 即对于任意带符号的置换 $\boldsymbol{\Pi}$, $(\boldsymbol{A}, \boldsymbol{X})$ 和 $(\boldsymbol{A}\boldsymbol{\Pi}, \boldsymbol{\Pi}^*\boldsymbol{X})$ 产生相同的观测 $\boldsymbol{Y}$[1]. 不论是上述哪种情况, 我们只能期许在*不计*这些基本对称性的意义上恢复出其物理真值解.

来自对称性的非凸优化

寻找正确解的一种典型计算方法是把问题表述成一个优化问题

$$\min_{\boldsymbol{z}} \varphi(\boldsymbol{z}), \tag{7.1.3}$$

然后尝试利用迭代方法 (比如梯度下降法 [Cauchy, 1847]) 来求解它[2]. 这里, $\boldsymbol{z}$ 代表要恢复的信号或模型——例如, 在相位恢复中, $\boldsymbol{z} = \boldsymbol{x}$; 而在字典学习中, 优化变量 $\boldsymbol{z}$ 是 $(\boldsymbol{A}, \boldsymbol{X})$. 通常, $\varphi(\cdot)$ 度量对观测数据的拟合质量, 以及问题的解满足 (比如稀疏性等) 假设的程度. 我们将会看到, φ 最自然的选择是继承数据生成模型的对称性. 比如, 对于相位恢复问题, 我们有

$$\varphi(\mathrm{e}^{\mathrm{i}\theta}\boldsymbol{x}) = \varphi(\boldsymbol{x}), \quad \forall\, \theta \in [0, 2\pi) = \mathbb{S}^1;$$

而对于字典学习问题, 我们有

$$\varphi((\boldsymbol{A}, \boldsymbol{X})) = \varphi((\boldsymbol{A}\boldsymbol{\Pi}, \boldsymbol{\Pi}^*\boldsymbol{X})), \quad \forall\, \boldsymbol{\Pi} \in \mathsf{SP}(n),$$

其中, $\mathsf{SP}(n)$ 表示带符号的置换 (矩阵) 群. 我们将会看到, *观测模型的对称性*变成对应优化问题*目标函数的对称性*.

如果我们对 $\varphi(\cdot)$ 的选择是明智的, 那么可以期望这个真实 $\boldsymbol{x}$ 是 (或接近) 全局最小值点, 我们的任务变为求解优化问题 (7.1.3) 以达到其全局最优. 不同于优化问题的某些特定

[1] 在这里以及下文中, 符号 $\boldsymbol{M}^*$ 代表矩阵 $\boldsymbol{M}$ 的复共轭转置. 如果 $\boldsymbol{M}$ 是实值矩阵, 那么表示其转置.

[2] 我们将在本书的第二部分中详尽地阐述优化方法, 特别是第 9 章阐述非凸优化方法. 在本章中, 我们聚焦于刻画优化问题的几何性质以及它们的算法含义.

应用 (比如在金融、物流中), 我们所关心的不仅仅是降低目标函数, 还关心获得其物理真值解. 因此, 我们不仅必须关心算法收敛, 还要确保收敛到全局极小值点.

在应用优化中, 保证全局最优的一种历史悠久的方法就是寻求优化问题的凸表述. 一个凸函数的全局极小值点构成了一个凸集. 此外, 一个凸函数的每个局部极小值点 (事实上, 是每个驻点) 都是全局的. 正因为如此, 很多凸问题可以通过局部方法高效地得到全局最优解. 正如我们在前面章节中关于稀疏和低秩模型大量实践过的那样, 这使得凸分析和凸优化领域成为一种几何理解能够支撑实际计算的模型.

不幸的是, 我们在统计、信号处理和相关领域中所遇到的具有对称性的问题通常是非凸的 [Chi et al., 2019; Jain et al., 2017; Sun, 2019a; Sun et al., 2015], 并且它们没有任何显然的或有意义的凸松弛. 因此, 我们需要寻找其他几何原理, 使得我们能够保证高质量 (最好是全局最优) 的解. 事实上, 这些问题呈现出多重全局极小值点, 这些全局极小值点可能不连通 (由于置换对称性) 或者可能处于一个连续的非凸集 (由于旋转或相位对称性). 任何继承这些对称性的优化问题表述方式都很可能是非凸的㊀.

最坏情况下非凸优化的障碍

可能比较消极的一个观察是*非凸优化在一般意义上是不可能有效求解的*. 存在一些简单的非凸优化问题已经被证明是 NP *困难的*. 从一个更直观的层面来看, 求解非凸优化问题的全局最优解存在两方面几何上的障碍. 第一, 非凸问题可能具有杂散的*局部极小值点* (即非全局的局部极小值点). 局部下降方法会陷在局部极小值点, 寻找全局最优解一般而言是困难的. 第二, 或许更令人惊讶的是, 哪怕寻找一个局部极小值点一般而言都可能是 NP 困难的 [Murty et al., 1987; Nesterov, 2000]. 图 7.1b 展示了其中的一种挑战: 我们可以构造出这样的目标函数, 使得它有足够平坦的鞍点以至于无法高效地决定一个下降方向.

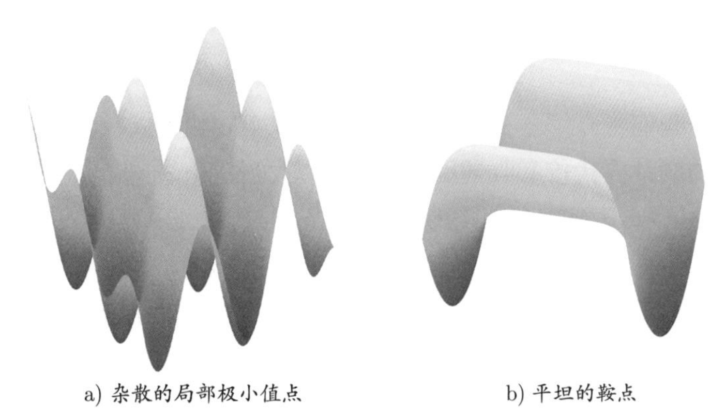

a) 杂散的局部极小值点　　b) 平坦的鞍点

图 7.1　非凸优化的两个几何障碍. 梯度下降法可能陷入局部极小值点附近 (图 a) 或者停滞于平坦的鞍点附近 (图 b)

㊀ 在这里, 我们声明一下: 并非所有对称问题都是非凸的. 事实上, 目标函数 $\varphi(\boldsymbol{z}) = \frac{1}{2}\|\boldsymbol{z}\|_2^2$ 是旋转对称的 (即 $\varphi(\boldsymbol{R}\boldsymbol{z}) = \varphi(\boldsymbol{z})$ 对于所有 $\boldsymbol{R} \in \mathsf{O}(n)$, $\boldsymbol{z} \in \mathbb{R}^n$ 成立) 并且是凸函数. 不难构造出其他这种例子. 然而, 在统计、信号处理和其他相关领域中所碰到的对称问题通常都是非凸的, 并且它们的非凸性直接由对称性所导致.

当然, 通过对优化空间穷尽搜索, 例如, 对优化空间离散化 [Erdogdu et al., 2018] 或者通过随机搜索 [Burke et al., 2005; Hajela, 1990], 有可能在最少的假设下找到全局最优值点. 然而, 这种方法在最坏情况下仍然存在障碍, 因为所需要的搜索时间随着空间维数而呈指数增长. 这样一种暴力方法只适合于搜索空间维度不高的问题.

微积分与优化的局部几何

由于这些最坏情况下的障碍, 关于高效非凸优化的经典文献[1]一般只关注于保证: 收敛到某个驻点 (即 $\bar{z}$, 其中 $\nabla\varphi(\bar{z}) = \mathbf{0}$), 或者对于不甚平坦的函数 φ, 收敛到某个局部极小值点.

光滑函数 $\varphi(\cdot)$ 在驻点 $\bar{z}$ 附近的曲率可以通过其 Hessian 矩阵 $\nabla^2\varphi(\bar{z})$ 来研究. 如果 $\nabla^2\varphi(\bar{z})$ 非奇异, 那么其特征值的符号完全确定 $\bar{z}$ 是一个极小值点、极大值点或者鞍点, 见图 7.2b. 尤其是, 如果 $\bar{z}$ 是一个鞍点或者极大值点, 那么将存在一个负曲率方向, 即沿着这个方向二阶导数是负的. 这一信息可以被用于 (利用 Hessian 矩阵) 显式地或者 (利用梯度信息近似负曲率方向) 隐含地逃离鞍点并且收敛到局部极小值点.

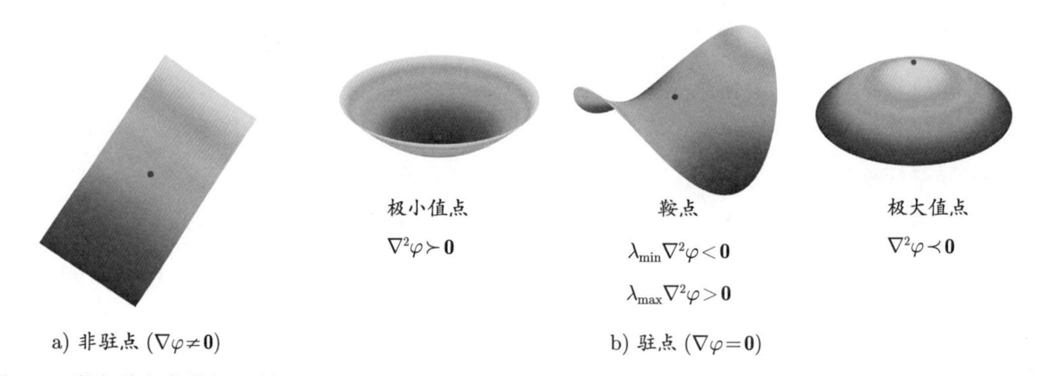

图 7.2 微积分与优化问题的局部几何. 梯度 $\nabla\varphi$ 捕捉函数 φ 的斜率. 在驻点 $\bar{z}$ 处, $\nabla\varphi(\bar{z}) = \mathbf{0}$. 驻点的种类 (极小值点、极大值点和鞍点) 通常可以由 φ 在 $\bar{z}$ 处的曲率来决定, Hessian 矩阵 $\nabla^2\varphi(\bar{z})$ 捕捉了这些信息

在第 9 章中, 我们将介绍各种迭代方法, 它们以不同的方式权衡在某次迭代中确定一个好的负曲率方向的计算代价和收敛所需的迭代次数 [Conn et al., 2000; Goldfarb, 1980; Jin et al., 2018; Lee et al., 2016, 2019; Nesterov et al., 2006]. 然而, 这些方法所传递的宏观信息是一致的: 如果所有驻点都是非退化的[2], 那么我们能够逃离它们并且高效地收敛到一个局部极小值点. 事实上, 可以要求得再少一些, 只需每个非极小值驻点都存在一个严格负曲率方向 [Jin et al., 2017, 2018; Lee et al., 2016, 2017][3].

有关这一性质的结果控制了在很多类问题上优化方法的最坏情况行为. 在这种非常一般的情况下, 我们不可能有力地保证方法收敛到哪个局部极小值点或保证极小值点是

[1] 我们将会在第 9 章系统地研究非凸优化的代表性算法, 并且刻画它们能够提供何种保证以及所对应的计算复杂度.

[2] 用微分拓扑的语言来说, φ 是 Morse 函数 [Bott, 1982; Milnor, 1963].

[3] 在最近的文献中, 这被称为“严格鞍点”性质 [Ge et al., 2015; Sun et al., 2015]. 具体收敛速率通常表述为这个性质的量化版本, 它显式地控制梯度的大小和 Hessian 矩阵的最小特征值在优化域上均匀分布.

全局的. 尽管如此, 很难夸大这种思考对促进有用方法的发展和阐明其性质的影响. 此外, 以保证最坏性能为前提而发展的方法通常在实际问题实例中的性能表现会超过它们的最坏保证, 这一点可以用各种长期存在的“民间定理”来证明, 比如轻松地优化神经网络 [Allen-Zhu et al., 2019; Choromanska et al., 2014; Du et al., 2019; Kawaguchi, 2016; Soltanolkotabi et al., 2018; Sun, 2019b]、求解量子力学问题 [Hu et al., 2019; Kyrillidis et al., 2018; Sheldon et al., 2018] 或者对分离数据进行聚类 [Kwon et al., 2019; Qian et al., 2019, 2020; Wang et al., 2020]. 对自然产生的优化问题根据其难易程度进行详细描述是面向数据科学的数学所亟待解决的挑战.

7.1.2 对称性和优化问题的全局几何

本章的目标是描绘一大类与低维模型相关联的非凸优化问题, 这类非凸优化问题在相当温和的条件下能够利用高效算法求得全局最优解. 这一类问题涵盖信号处理、数据分析以及相关领域中的许多现代问题 [Chi et al., 2019; Jain et al., 2017; Sun, 2019a; Sun et al., 2015]. 这些问题最重要的宏观性质在于它们是*对称的*, 更正式的定义如下.

定义 7.1 (对称函数) *令 $\mathbb{G}$ 是一个作用在 $\mathbb{R}^n$ 上的群. 如果对所有 $\boldsymbol{z} \in \mathbb{R}^n$, $\mathfrak{g} \in \mathbb{G}$, $\varphi(\mathfrak{g} \circ \boldsymbol{z}) = \varphi(\boldsymbol{z})$, 那么函数 $\varphi : \mathbb{R}^n \to \mathbb{R}^{n'}$ 是 $\mathbb{G}$ 对称的.*

正如上述讨论, 对称性迫使我们直面非凸函数的性质. 另一方面, 实践中遇到的那些特定对称非凸函数通常都是良态的. 图 7.3 展示了两个例子, 一个具有旋转对称性 ($\mathbb{G}$ 是正交群) 和一个具有离散对称性 ($\mathbb{G}$ 是一个离散群, 比如带符号的置换). 下面我们将进一步发展这些例子的数学细节. 现在, 我们只是简单地观察到这两个例子中都不存在杂散的局部极小值点或者平坦的鞍点. 之所以这里并没有出现最坏情况下的障碍可以归功于*对称性*. 以标语形式, 我们将会看到:

标语 1. *(仅有的) 局部极小值点都是真值解的对称拷贝;*

标语 2. *局部驻点在对称性破缺方向上存在负曲率.*

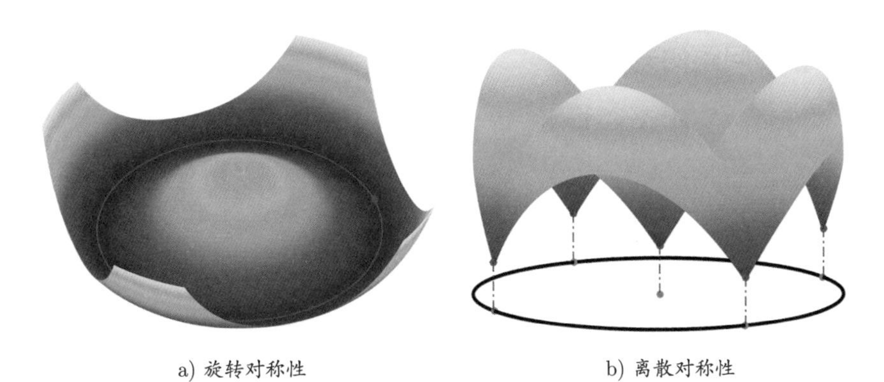

a) 旋转对称性　　b) 离散对称性

图 7.3　对称性与优化问题的全局几何. 具有连续 (图 a) 和离散 (图 b) 对称性的模型问题. 对于这些特定问题, 以及其他我们将要研究的问题, 每个局部极小值点都是全局的

当这两条标语生效时, 高效的 (局部) 方法将产生全局极小值点. 同时, 对称性限制了驻点的全局分布, 从而产生便于高效优化的额外结构. 我们将会展示一些对称问题的鞍点“级联”的例子, 其中负曲率方向连接着负曲率方向——这种性质可以预防一阶方法陷入停滞 [Gilboa et al., 2019].

在开始之前, 我们先声明几点. 首先, 标语 1 和标语 2 只是标语. 正如我们将要看到的, 对于特定的问题而言, 在特定的 (限制性) 技术假设下, 它们已经被严格地建立起来. 我们希望传达的是在优化中所观察到的这些现象里体现出来的美感和鲁棒性, 同时也清楚地表明, 支持这些论断的现有数学知识在某些地方缺乏一致性和简单性. 这里需要更统一的分析和更好的技术工具. 我们在 7.4 节着重讨论了一些可能的途径. 其次, 更重要的是, 我们要澄清一下, 并非所有的对称问题都具有优良的全局几何. 想要构造几个反例是很容易的. 尽管如此, 正如我们将要看到的, 对称性提供了一个透镜, 透过它可以理解那些使这类特殊问题能够高效优化的几何性质. 此外, 当通过它们的对称性研究这些问题时, 共同的结构和共同的直觉将涌现出来: 具有类似对称性的问题呈现类似的几何性质和行为.

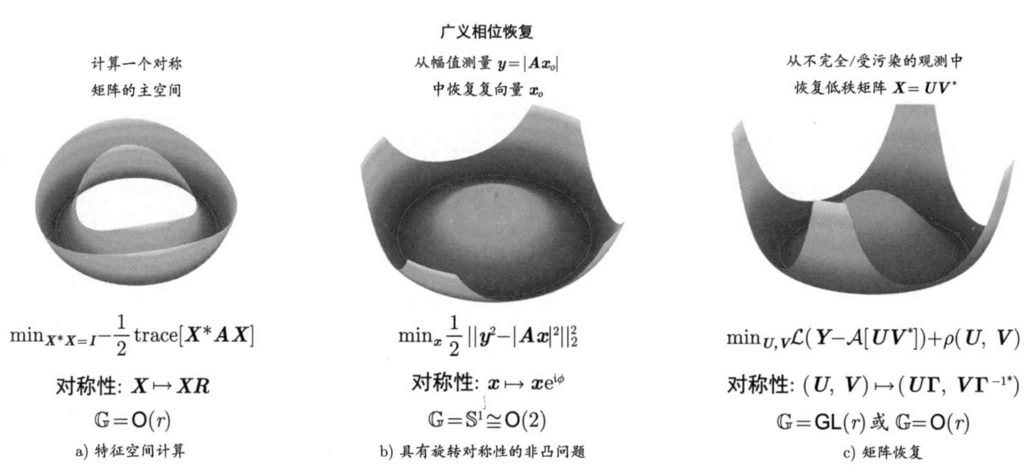

图 7.4 具有旋转对称性的非凸优化问题的三个例子 (7.2 节). 这三个任务可以通过各种方式转化为优化问题. 对于其中的每一个, 我们均给出其典型的非凸优化建模并讨论其对称性

7.1.3 对称非凸问题的分类

在本章中, 我们将确认两类对称非凸问题, 它们表现出相似的几何特征.

- 第一类问题呈现出连续的*旋转对称性*: 群 $\mathbb{G}$ 是 $\mathsf{O}(n)$ 或者 $\mathsf{SO}(n)$. 上面所提及的相位恢复问题就是一个典型例子, 图 7.4 展示了这一类问题.
- 第二类问题呈现出*离散对称性*: 群 $\mathbb{G}$ 是带符号的置换矩阵群 $\mathsf{SP}(n)$、带符号的移位 $\mathbb{Z}_n\times\{\pm1\}$, 或者它们的积. 前面所讨论的字典学习问题就是一个典型例子, 图 7.5 展示了几个其他的例子.

在本章的剩余部分, 我们将更深入地探究这两类问题的几何. 7.2 节从一个非常简单的模型问题 (根据幅度测量来恢复单个复数标量) 开始, 研究具有旋转对称性的问题, 提炼出的结论可以适用于更复杂的观测模型, 比如相位恢复 [Candès et al., 2013b; Candès et al., 2015; Fannjiang et al., 2020; Shechtman et al., 2015; Sun et al., 2018], 以及其他低秩矩阵分解和恢复的相关问题 [Chi et al., 2019; Ge et al., 2016, 2017b].

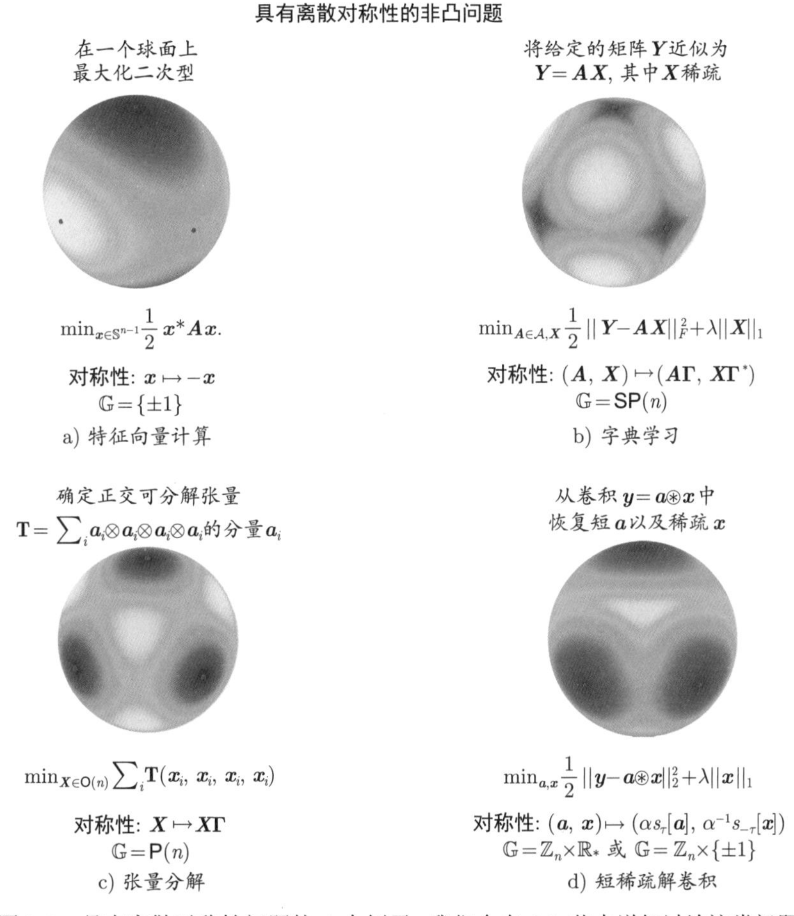

图 7.5　具有离散对称性问题的 4 个例子. 我们会在 7.3 节中详细讨论这类问题

7.3 节是从另一个简单模型问题开始, 研究具有离散对称性的问题, 提炼出的结论可以适用于其他问题, 比如字典学习 [Gilboa et al., 2019; Qu et al., 2019b; Sun et al., 2017a,b]、盲解卷积 [Kuo et al., 2019; Lau et al., 2019; Li et al., 2018b; Ling et al., 2017; Qu et al., 2019a; Zhang et al., 2018] 以及张量分解 [Ge et al., 2017a, 2015].

如上所述, 这个领域中存在着大量的开放问题, 我们将在 7.4 节着重讨论其中的一小部分. 这些开放问题横跨几何和算法. 尽管如此, 我们在本章的主要关注点是几何方面, 将会聚焦于对称性和几何之间的联系. 这些几何分析具有很强烈的启示: 在很多情况下, 它们保证所处理的问题可以在多项式时间内全局最优地求解. 为了聚焦在几何直观上, 我们只从宏观视角处理与计算相关的问题. 我们建议读者参阅综述论文 [Chi et al., 2019] 以更全面地了解在具有旋转对称性的问题中处于统计和计算交叉点的课题. 7.4 节简要地讨论对具有离散对称性问题的类似思考, 建议读者参阅论文 [Qu et al., 2020b] 以了解关于这些问题的更多计算和应用方面的内容.

7.2 具有旋转对称性的非凸问题

本节研究非凸问题分类中的第一大类: 具有连续*旋转对称性*的问题. 这类问题包括相位恢复 [Fannjiang et al., 2020; Shechtman et al., 2015] 和低秩估计 [Chi et al., 2019] 中重要的模型问题. 我们通过一个极其简单的相位恢复问题开始构建一些基本的直觉, 然后我们将展示这些直觉对建立从成像到机器学习等一系列问题的几何解释很有帮助.

7.2.1 极简的例子: 只含一个未知数的相位恢复

我们首先考虑一个这样的模型问题, 其目标是从 m 个幅度测量

$$y_1 = |a_1 x_o|, \cdots, y_m = |a_m x_o| \tag{7.2.1}$$

中恢复单个复标量 $x_o \in \mathbb{C}$, 其中 $a_1, \cdots, a_m \in \mathbb{C}$ 是已知的复标量. 把我们的观测 y_i 组成一个向量 $\boldsymbol{y} \in \mathbb{R}^m$, 把 a_i 也组成一个向量 $\boldsymbol{a} \in \mathbb{C}^m$, 那么我们可以把上述测量模型表达成更紧凑的形式

$$\boldsymbol{y} \ = \ |\boldsymbol{a} x_o|. \tag{7.2.2}$$

我们的目标是确定 x_o (可能差一个相位). 这是*广义相位恢复*问题 [Candès et al., 2013c; Candès et al., 2015; Sun et al., 2018] 的一个被极端简化 (事实上被平凡化) 的版本, 它的一般版本将在 7.2.2 节详细描述. 在这里, 我们的目标仅仅只是理解测量模型 (7.2.2) 的相位对称性对优化的影响. 为此, 我们研究模型优化问题

$$\min_x \ \varphi(x) \ \doteq \ \frac{1}{4}\left\| \boldsymbol{y}^2 - |\boldsymbol{a}x|^2 \right\|_2^2. \tag{7.2.3}$$

这个模型最小化 $\boldsymbol{a}x$ 的模和 $\boldsymbol{a}x_o$ 的模的平方之差的平方和. 注意到

$$\varphi(x) = \frac{1}{4}\|\boldsymbol{a}\|_4^4 \left(|x|^2 - |x_o|^2\right)^2. \tag{7.2.4}$$

这是一个复标量 $x = x_r + \mathrm{i}x_i$ 的函数. 通过把 x 当作一个二维实向量 $\bar{\boldsymbol{x}} = (x_r, x_i)$, 我们可以研究目标函数的几何. 函数 $\varphi(\bar{\boldsymbol{x}})$ 的斜率和曲率由梯度和 Hessian 矩阵刻画:

$$\nabla \varphi(\bar{\boldsymbol{x}}) \ = \ \|\boldsymbol{a}\|_4^4 \Big(|x|^2 - |x_o|^2 \Big) \begin{bmatrix} x_r \\ x_i \end{bmatrix}, \tag{7.2.5}$$

$$\nabla^2 \varphi(\bar{\boldsymbol{x}}) \ = \ \|\boldsymbol{a}\|_4^4 \Big(\left(|x|^2 - |x_o|^2\right) \boldsymbol{I} + 2\bar{\boldsymbol{x}}\bar{\boldsymbol{x}}^* \Big). \tag{7.2.6}$$

图 7.6 把目标函数 $\varphi(\cdot)$ 和它的驻点分别进行了可视化. 通过令 $\nabla\varphi = 0$, 并检查 Hessian 矩阵, 我们可知这里存在着两类驻点: 在 $x = x_o \mathrm{e}^{\mathrm{i}\phi}$ 处的全局极小值点和在 $x = 0$ 处的全局极大值点. 我们注意到下述两个重要性质.

- *真值解的对称拷贝是极小值点*. 点 $x_o e^{i\phi}$ 是仅有的局部极小值点. 在有相位模糊性的问题中, 我们期待存在一个 (等效的) 极小值点的圆环 $\mathsf{O}(2) \cong \mathbb{S}^1$. 此外, 在全局极小值点处, Hessian 矩阵是半正定但欠秩的: 零曲率方向 (沿着相应的方向目标函数 φ 是平坦的) 在 $\boldsymbol{x}_\star$ 处相切于等价解集 $\mathfrak{g} \circ \boldsymbol{x}_\star$ 的方向, 其中 $\mathfrak{g} \in \mathbb{S}^1$. 在这个集合的法向方向, 目标函数展现出正曲率——这是一种受限强凸性 (RSC).
- *在对称性破缺方向上呈现负曲率*. 在 $x = 0$ 处存在一个局部极大值点, 它与所有的目标解 $\left\{x_o e^{i\phi}\right\}$ 是等距的. 在这个点上, $\nabla^2 \varphi \prec \mathbf{0}$, 因此, 在每个方向上都有负曲率, 且向任何方向移动都打破对称性.

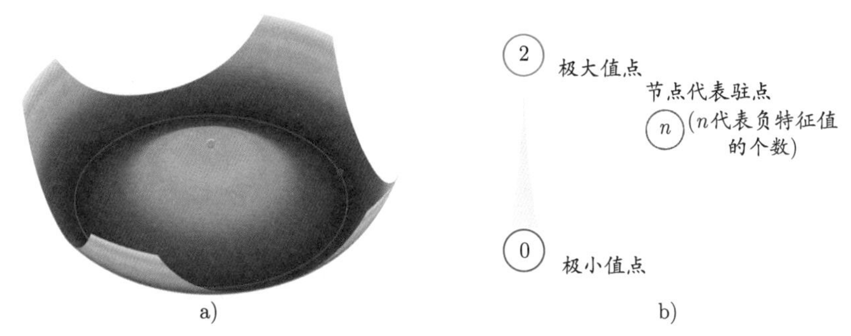

图 7.6 单个未知量的相位恢复. a) 我们绘制了仅含单个未知复数的相位恢复问题的目标函数 $\varphi(x)$. 所有的局部极小值点 (红) 都是真值解 $x_o \in \mathbb{C}$ 的对称拷贝 $x_o e^{i\phi}$. 在 $x = 0$ 处存在一个局部极大值点 (绿), 在这一点上, φ 沿着打破对称性的方向存在负曲率. b) 依据目标函数 φ 的值排列的鞍点, 每个鞍点上标注了它的指标 (即负特征值的个数)

7.2.2 广义相位恢复

单变量相位恢复问题是科学成像学中一个基本问题的极端理想化, 这个基本问题是: 从无相位的测量中恢复出一个信号 [Candès et al., 2013b; Shechtman et al., 2015]. 这一问题出现在很多应用领域中, 包括电子显微镜 [Miao et al., 2002]、衍射和阵列成像 [Bunk et al., 2007; Chai et al., 2010]、声学 [Balan, 2010; Balana et al., 2006]、量子力学 [Corbett, 2006; Reichenbach, 1965] 以及量子信息学 [Heinosaari et al., 2013], 其目标是对复杂分子结构进行成像. 使用相干光照射样品会产生衍射图样, 它近似于样品密度的傅里叶变换. 如果我们能够测量这种衍射图样, 我们就可以简单地通过傅里叶变换的反变换, 以原子分辨率恢复样品的图像. 然而, 这里存在一个问题: 在通常情况下, 傅里叶变换的幅度比相位更容易测量——幅度可以通过随时间推移而聚集的能量来测量, 而测量高频信号的相位需要探测器必须对非常快速的变化敏感. 傅里叶相位恢复问题要求我们仅从幅值测量 $|\mathcal{F}[\boldsymbol{x}]| = \boldsymbol{y}$ 中重建一个复信号 $\boldsymbol{x}$, 即[㊀]

$$\text{寻找} \quad \boldsymbol{x} \quad \text{s.t.} \quad |\mathcal{F}[\boldsymbol{x}]| = \boldsymbol{y}.$$

这个问题广泛存在于科学成像中 [Dainty et al., 1987; Millane, 1990; Robert, 1993; Walther, 1963]. 它是非常具有挑战性的: 在一维时, 它是不适定的; 在高维时, 甚至最有效的数值方

㊀ 等价的优化问题表述方式为: $\min\limits_{\boldsymbol{x}} 1 \text{s.t.} \quad |\mathcal{F}[\boldsymbol{x}]| = \boldsymbol{y}$. ——译者注

法都对初始化和微调非常敏感 [Fienup, 2013]. 更多细节建议读者参考 [Fannjiang et al., 2020; Jaganathan et al., 2015; Shechtman et al., 2015]. 这里, 我们主要想强调的是, 困难的主要原因来自测量算子 $|\mathcal{F}[\cdot]|$ 的对称性: 除了相位对称性, 映射 $\boldsymbol{x} \mapsto |\mathcal{F}[\boldsymbol{x}]|$ 在信号 $\boldsymbol{x}$ 的移位和共轭反转下也是不变的. 我们将在后续章节中讨论傅里叶测量相关的更多挑战和开放问题.

近年来, 应用数学界研究了上述问题的变种, 其中傅里叶变换 $\mathcal{F}$ 被替换为更一般的线性算子 $\mathcal{A}(\cdot)$ [Candès et al., 2013b,c, 2015]. 一个 "通用的" 映射 $\boldsymbol{x} \mapsto |\mathcal{A}[\boldsymbol{x}]|$ 具有更简单的对称性——通常只有一个相位对称性, 即 $|\mathcal{A}[\boldsymbol{x}\mathrm{e}^{\mathrm{i}\phi}]| = |\mathcal{A}[\boldsymbol{x}]|$. 这使得通用的相位恢复问题更容易研究和求解. 虽然傅里叶模型更广泛地应用于物理成像, 但通用相位恢复模型确实抓住了某些非传统的成像设置方面, 包括叠层成像术 [Jaganathan et al., 2016; Pfeiffer, 2018; Yeh et al., 2015] (即 $\mathcal{A}(\cdot)$ 是短时傅里叶变换)、编码照明 [Kellman et al., 2019; Tian et al., 2015], 以及编码衍射图 [Candès et al., 2015]. 一个 m 维模型的广义相位恢复问题可以表述如下:

$$\text{寻找} \quad \boldsymbol{x} \in \mathbb{C}^n \quad \text{s.t.} \quad |\boldsymbol{A}\boldsymbol{x}| = \boldsymbol{y}, \tag{7.2.7}$$

其中 $\boldsymbol{A} \in \mathbb{C}^{m \times n}$ 是代表测量过程的矩阵.

正如单变量相位恢复, 我们试图通过最小化与观测数据之间的不匹配程度来恢复 $\boldsymbol{x}_o$. 比如, 通过求解

$$\min_{\boldsymbol{x} \in \mathbb{C}^n} \varphi(\boldsymbol{x}) \equiv \frac{1}{4m} \sum_{k=1}^{m} \left(y_k^2 - |\boldsymbol{a}_k^* \boldsymbol{x}|^2 \right)^2, \tag{7.2.8}$$

其中 $\boldsymbol{a}_1, \cdots, \boldsymbol{a}_m \in \mathbb{C}^n$ 是矩阵 $\boldsymbol{A}$ 的行向量. 前面我们看到, 在单变量情况下, 这个目标函数具有非常简单的优化曲面 (landscape), 几乎完全由相位对称性来决定, 也没有杂散的局部极小值点. 我们是否应该期望它在维度更高时也具有同样的表现呢?

7.2.2.1 广义相位恢复的几何

一种激发直觉的方式是假设采样向量 $\boldsymbol{a}_k$ 随机选取, 然后利用统计工具分析 $\varphi(\boldsymbol{x})$. 图 7.7 展示了 $\varphi(\boldsymbol{x})$ 在 $\boldsymbol{a}_k$ 为高斯向量且 m 很大时的可视化结果㊀. 当 $m \to \infty$ 时, $\varphi(\boldsymbol{x})$ 收敛于它的数学期望 $\mathbb{E}[\varphi]$, 并且这可以闭式地计算. 在图 7.7a 中, 我们可以看到呈现出与上述单变量例子中一致的相位对称性特征. 然而, 这里的问题是在高维空间中的. 图 7.7b 绘制了在包含真值解和一个正交方向的二维切片上的目标函数. 我们观察到如下性质.

- *真值解的对称拷贝均是极小值点.* 所有局部极小值点都位于圆环 $\boldsymbol{x}_o\mathrm{e}^{\mathrm{i}\phi}$ 上, 它们与真值解只相差 (旋转) 相位对称性. 具有高维对称性的问题将会有更大的极小值点集合, 例如, $\mathsf{O}(r)$ 对称性将会产生由与 $\mathsf{O}(r)$ 等距的极小值点所构成的流形.
- *在对称性破缺的方向上呈现负曲率.* 在高维例子中, 我们遇到各种各样的局部极大值点和鞍点等. 尽管如此, 这些驻点出现在等价解的均匀叠加附近, 并且在打破对称性的 $\pm\boldsymbol{x}_o$ 方向上呈现负曲率.

㊀ 正式地说, $\boldsymbol{a}_k$ 是独立同分布高斯随机向量, 其中 $\boldsymbol{a}_k = \boldsymbol{a}_k^r + \mathrm{i}\boldsymbol{a}_k^i$, $\boldsymbol{a}_k^r$ 和 $\boldsymbol{a}_k^i$ 相互独立, 且均独立同高斯分布 $\mathcal{N}\left(0, \dfrac{1}{2}\right)$.

- 鞍点的级联. 正如在图 7.7 中所示意的, 驻点可以根据其 Hessian 矩阵负特征值的个数分级[㊀], 目标函数值更大的驻点具有更多的负特征值. 此外, 目标函数也具有"弥散"性质, 即上游的负曲率使得在下游驻点的平坦流形附近不容易出现停滞.

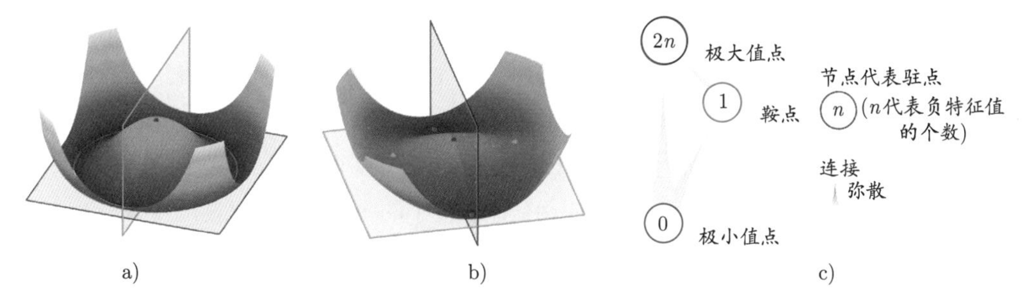

图 7.7 广义相位恢复. 我们绘制了高斯观测情况下广义相位恢复问题优化曲面的两个切片. a) 包含真值解 $\boldsymbol{x}_o e^{i\phi}$ 的所有对称拷贝的切片. b) 中间的切片包含极小值点 $\boldsymbol{x}_o$、$-\boldsymbol{x}_o$ 和一个正交方向. 注意到, 不论在极小值点还是在鞍点, 在打破 $\boldsymbol{x}_o$ 和 $-\boldsymbol{x}_o$ 之间对称性的方向上都有负曲率. c) 依据目标函数值 $\mathbb{E}[\varphi]$ 排列的鞍点, 并标注有它们的指标 (即负特征值的个数). 驻点之间的连接是"弥散的", 下游负曲率方向是上游负曲率方向在梯度流下的像

7.2.2.2 实际中的变种和扩展

上一小节的阐述仍然过于理想化: 测量是高斯的, 测量的数量无穷多. 虽然我们已经假设了一个特定目标函数 $\varphi(\boldsymbol{x})$, 但它并非广泛应用于实践. 幸运的是, 前一小节的定性结论适用于更结构化且更有挑战的广义相位恢复场景[㊁]. 接下来我们将简要描述这些扩展, 同时讨论相关技术要点和开放问题.

实际样本复杂度

相位恢复是一个感知问题, 测量需要资源. 因此, 最小化准确重构 $\boldsymbol{x}$ 所需要的测量数量 m 是非常重要的. 在高斯模型下, 式 (7.2.8) 中特定损失函数 $\varphi(\cdot)$ 是独立重尾 (heavy-tailed) 随机变量之和的形式. 不难证明: 当 $m \gtrsim n^2$ 时, 梯度和 Hessian 矩阵一致地集中在它们的数学期望附近, 而且目标函数没有杂散的局部极小值点. 使用 n^2 个测量来恢复 n 个复数——这一样本数量显然不是最优的. 这里的挑战在于目标函数 (7.2.8) 包含高斯变量的四阶矩, 因此是重尾的. 利用专门为这个重尾情况所设计的参数, 所需要的样本数量可以改进到 $m \gtrsim n \log^3 n$ [Sun et al., 2018]. 此外, 通过鲁棒统计, 也就是剔除较大的项来修改目标函数 (7.2.8) 可以把所需要的样本数量进一步改善到本质上的最优结果 (即 $m \gtrsim n$) [Chen et al., 2017][㊂].

㊀ 在微分几何中, 或者更具体地, 在 Morse 理论 [Bott, 1982; Milnor, 1963] 中, 负特征值个数被称为驻点的指标 (index).

㊁ 但是, 并不能推广到傅里叶模型, 它具有不同的对称性. 我们将在 7.3 节和 7.4 节讨论傅里叶测量模型的挑战和开放问题.

㊂ 获得较小样本复杂度分析的其他方式包括: 限制在真值解的邻域内进行分析, 在真值解的邻域内利用借助测量模型统计量的谱方法进行初始化 [Candès et al., 2015; Waldspurger et al., 2015], 或者放弃一致几何分析而直接推导随机初始化的梯度下降轨迹 [Ma et al., 2018].

不同的目标函数

在式 (7.2.8) 中的 “平方的平方” 的表达形式是光滑的, 因此易于分析, 但是在实际中却不被偏爱, 尤其是当测量中包含噪声时. 目标函数的其他替代形式包括: $\varphi(\boldsymbol{x}) = \sum_i |y_i^2 - |\boldsymbol{a}_i^* \boldsymbol{x}|^2|$ [Wang et al., 2017]、$\varphi(\boldsymbol{x}) = \sum_i |y_i - |\boldsymbol{a}_i^* \boldsymbol{x}||^2$ [Davis et al., 2017], 以及对观测 y_i 中的噪声 (泊松) 进行建模的最大似然方法 [Chen et al., 2017]. 尽管这些表达形式的细节不同, 但目标函数优化曲面的主要特征独立于 φ 的选择. 对于高斯测量 $\boldsymbol{a}_i$, 其数学期望 $\mathbb{E}[\varphi]$ 没有杂散的极小值点. 此外, 所有目标函数均在原点处 (即 0) 有一个极大值点以及一类正交于 $\boldsymbol{x}_o$ 的鞍点. 另一方面, 证明 (或者证伪) 对于较小的 m 也具有优良的全局几何是一个开放问题. 现有的小样本分析 [Chen et al., 2017; Davis et al., 2017; Wang et al., 2017] 仅仅控制目标函数在 $\boldsymbol{x}_o \mathrm{e}^{\mathrm{i}\phi}$ 邻域内的行为, 并且在这个邻域内利用测量模型的统计性质进行初始化.

结构化测量

对于高斯测量 $\boldsymbol{A}$ 的几何直觉适用于与科学成像实践联系更紧密的若干模型. 这样的例子包括: 卷积模型, 其中我们观测到未知信号 $\boldsymbol{x}$ 和已知序列 $\boldsymbol{a}$ 的卷积 $\boldsymbol{y} = |\boldsymbol{a} \circledast \boldsymbol{x}|$ 的模 [Qu et al., 2017]; 编码衍射图样, 其中我们进行多重观测 $\boldsymbol{y}_l = |\mathcal{F}[\boldsymbol{d}_l \odot \boldsymbol{x}]|$, 这里 $\boldsymbol{d}_l$ 表示掩模序列, $\odot$ 代表逐元素乘积 [Candès et al., 2015]. 如果滤波器 $\boldsymbol{a}$ 或者掩模序列 $\boldsymbol{d}_l$ 从适当的分布中随机选取, 那么这些结构化测量将产生相同的渐近目标函数 $\mathbb{E}[\varphi]$. 尤其是在大样本极限下 (比如在卷积模型中 $\boldsymbol{a}$ 很长, 或者在编码衍射模型中存在很多衍射图样), 这些测量仍然会得到没有杂散的局部极小值点的优化问题. 类似于非光滑目标函数的情形, 已知最佳的理论样本复杂度是通过在真值解的附近进行初始化而获得的, 其中利用了测量 $\boldsymbol{A}$ 的统计性质. 因此, 全局地分析小样本情况下的结构化测量是一个有挑战性的开放问题.

上面的讨论只涉及正在逐渐丰富的广义相位恢复相关文献的冰山一角, 关于近年来进展的更全面综述, 读者可以参考 [Fannjiang et al., 2020; Jaganathan et al., 2015; Shechtman et al., 2015]. 本章的主要意图就是阐明贯穿所有这些模型、目标和问题的统一线索正是图 7.7中的简单模型几何. 在下一节中, 我们将会看到关于低秩矩阵的类似现象: 来自矩阵分解的模型几何反复出现在一系列越来越具有挑战性的矩阵恢复问题中.

7.2.3 低秩矩阵恢复

正如我们在第 4 章中所详细讨论的, 从不完整且不可靠的观测中恢复低秩矩阵的问题在鲁棒统计、推荐系统、数据压缩和计算机视觉中具有广泛的应用 [Davenport et al., 2016]. 在矩阵恢复问题中, 我们的目标是从不完整或含噪声的观测中估计矩阵 $\boldsymbol{X}_o \in \mathbb{R}^{n_1 \times n_2}$. 通常, 在没有关于 $\boldsymbol{X}_o$ 的某些假设时, 这个问题是不适定的. 在很多应用中, $\boldsymbol{X}_o$ 可以被假设为低秩的, 或者近似低秩的, 即

$$r = \operatorname{rank}(\boldsymbol{X}_o) \ll \min\{n_1, n_2\}. \tag{7.2.9}$$

任意一个秩 r 矩阵都可以表示为一个 $n_1 \times r$ 的高矩阵和一个 $r \times n_2$ 的宽矩阵的乘积, 即

$$\boldsymbol{X}_o = \boldsymbol{U}\boldsymbol{V}^*, \quad \boldsymbol{U} \in \mathbb{R}^{n_1 \times r}, \boldsymbol{V} \in \mathbb{R}^{n_2 \times r}. \tag{7.2.10}$$

一种非常流行的恢复 $\boldsymbol{X}_o$ 的策略是给出某种要求 $\boldsymbol{X}$ 与观测数据保持一致的目标函数 $\psi(\boldsymbol{X})$, 然后将 $\boldsymbol{X}$ 参数化为因子矩阵 $\boldsymbol{U}$ 和 $\boldsymbol{V}$ [Burer et al., 2003], 由此可以得到优化问题

$$\min_{\boldsymbol{U},\boldsymbol{V}} \varphi(\boldsymbol{U},\boldsymbol{V}) \equiv \psi(\boldsymbol{U}\boldsymbol{V}^*). \tag{7.2.11}$$

7.2.3.1 低秩模型的对称性

形如式 (7.2.11) 的优化问题几乎总是非凸的, 这是因为式 (7.2.10) 中的分解形式具有对称性. 事实上, 对于任意一个 $r \times r$ 的可逆矩阵 $\boldsymbol{\Gamma}$, 我们有

$$\boldsymbol{U}\boldsymbol{V}^* = \boldsymbol{U}\boldsymbol{\Gamma}\boldsymbol{\Gamma}^{-1}\boldsymbol{V}^* = (\boldsymbol{U}\boldsymbol{\Gamma})\left(\boldsymbol{V}\boldsymbol{\Gamma}^{-1*}\right)^*. \tag{7.2.12}$$

因为这一模糊性, 问题 (7.2.11) 具有广义线性 (即可逆矩阵) 对称性, 即

$$(\boldsymbol{U},\boldsymbol{V}) \equiv (\boldsymbol{U}\boldsymbol{\Gamma}, \boldsymbol{V}\boldsymbol{\Gamma}^{-1*}), \quad \forall \boldsymbol{\Gamma} \in \mathsf{GL}(r). \tag{7.2.13}$$

由于广义线性矩阵 $\boldsymbol{\Gamma}$ 可以具有任意接近于 0 的行列式, 因此可以是任意程度的病态矩阵, 因此问题的解 $(\boldsymbol{U},\boldsymbol{V})$ 的等价类作为 $\mathbb{R}^{n_1 \times r} \times \mathbb{R}^{n_2 \times r}$ 的一个子集, 具有相对复杂的几何㊀. 幸运的是, 我们不难把这种一般线性对称性化归为一种更容易而且条件更好的正交对称性 $\mathsf{O}(r)$, 这可以利用真值解 $\boldsymbol{X}_o$ 中的信息或者在式 (7.2.11) 上附加额外惩罚项来实现.

对称 $\boldsymbol{X}_o$ 的旋转对称性

如果目标解 $\boldsymbol{X}_o$ 是对称且半正定的, 那么它可以分解为 $\boldsymbol{X}_o = \boldsymbol{U}_o\boldsymbol{U}_o^*$, 因此我们可以取 $\boldsymbol{U} = \boldsymbol{V}$. 这给出一个稍微简单一些的问题

$$\min_{\boldsymbol{U}} \varphi(\boldsymbol{U}) \equiv \psi(\boldsymbol{U}\boldsymbol{U}^*), \tag{7.2.14}$$

这里的对称群相比之前要小. 对于任意矩阵 $\boldsymbol{\Gamma} \in \mathsf{O}(r)$, 我们有

$$\boldsymbol{U}\boldsymbol{U}^* = \boldsymbol{U}\boldsymbol{\Gamma}\boldsymbol{\Gamma}^*\boldsymbol{U}^* = (\boldsymbol{U}\boldsymbol{\Gamma})(\boldsymbol{U}\boldsymbol{\Gamma})^*.$$

因此, 问题 (7.2.14) 呈现出一种正交对称性, 即 $\varphi(\boldsymbol{U}) \equiv \varphi(\boldsymbol{U}\boldsymbol{\Gamma})$, 其中 $\boldsymbol{\Gamma} \in \mathsf{O}(r)$.

借助惩罚项描述一般 $\boldsymbol{X}_o$ 的旋转对称性

对于一般的 (非对称) 矩阵 $\boldsymbol{X}$, 我们可以在式 (7.2.11) 中引入额外的惩罚, 从而使一般线性对称化归为正交对称. 从宏观角度来讲, 基本想法就是添加一个惩罚项 $\rho(\boldsymbol{U},\boldsymbol{V})$ 来迫使 $\boldsymbol{U}^*\boldsymbol{U} \approx \boldsymbol{V}^*\boldsymbol{V}$. 这就避免了 $\boldsymbol{U}$ 和 $\boldsymbol{V}$ 取值大小相差过于悬殊㊁. 惩罚 ρ 可以选为 $\mathsf{O}(r)$ 对称的, 从而使合并之后所得到的问题

$$\min_{\boldsymbol{U},\boldsymbol{V}} \varphi(\boldsymbol{U},\boldsymbol{V}) \equiv \phi(\boldsymbol{U},\boldsymbol{V}) + \rho(\boldsymbol{U},\boldsymbol{V}) \tag{7.2.15}$$

具有 $\mathsf{O}(r)$ 对称性, 即对于任意的 $\boldsymbol{\Gamma} \in \mathsf{O}(r)$, 我们都有 $\varphi(\boldsymbol{U},\boldsymbol{V}) \equiv \varphi(\boldsymbol{U}\boldsymbol{\Gamma},\boldsymbol{V}\boldsymbol{\Gamma})$.

㊀ 比如, 它既不是闭的也不是有界的.

㊁ 比如, 使用 $\rho(\boldsymbol{U},\boldsymbol{V}) = \frac{1}{2}\|\boldsymbol{U}^*\boldsymbol{U} - \boldsymbol{V}^*\boldsymbol{V}\|_F$.

模型问题与矩阵恢复问题族

在不同的应用问题中, 人们对观测和噪声施加不同的假设从而得到了矩阵恢复问题的许多变种 [Chi et al., 2019; Davenport et al., 2016; Ge et al., 2017b]. 尽管这些问题各有各的技术挑战, 但它们具有某种共同的定性特征. 写成标语就是: “矩阵恢复问题表现得像矩阵分解问题” [Ge et al., 2017b]. 在下一节中, 我们将从细致地描述矩阵分解问题开始, 阐述这些直觉如何适用于不完整或者不可靠观测下的矩阵恢复问题.

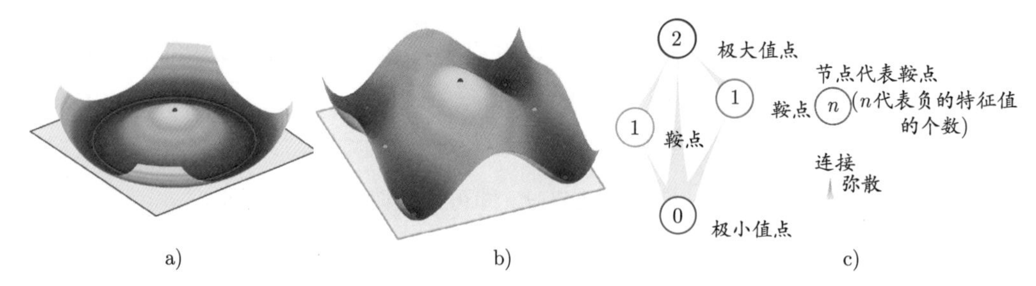

图 7.8　矩阵分解的几何. 考虑一个关于目标矩阵 $\boldsymbol{X}_o$ 是一个秩为 2、特征值为 3/4 和 1/2 的对称矩阵的模型问题. a) 绘制了目标函数 φ 在一个包含所有最优解的切片上的优化曲面. b) 对应于秩 1 近似的两类鞍点. c) 目标函数 φ 的取值相对于这个问题的 4 类驻点指标. 我们再一次看到, 驻点是分级的. 目标函数 φ 的值减小, 驻点的指标也随之减小, 且它们之间的路径是弥散的, 即下游的负曲率方向是上游负曲率方向在梯度流下的像

7.2.3.2　矩阵分解的几何

作为第一个模型问题, 我们从一个对称半正定且秩 $r < n$ 的矩阵 $\boldsymbol{X}_o \in \mathbb{R}^{n\times n}$ 的完整无噪声观测 $\boldsymbol{Y} = \boldsymbol{X}_o$ 开始, 试图通过最小化与观测数据之间的不一致程度来完成矩阵分解 $\boldsymbol{X}_o = \boldsymbol{U}\boldsymbol{U}^*$ [Li et al., 2019b], 即

$$\min_{\boldsymbol{U}\in\mathbb{R}^{n\times r}} \varphi(\boldsymbol{U}) \doteq \frac{1}{4}\left\|\boldsymbol{Y}-\boldsymbol{U}\boldsymbol{U}^*\right\|_F^2. \tag{7.2.16}$$

这是一个非凸优化问题, 具有正交对称性 $\varphi(\boldsymbol{U}) \equiv \varphi(\boldsymbol{U}\boldsymbol{\Gamma})$. 图 7.8 绘制了这个问题目标函数的优化曲面. 原目标函数 φ 的驻点由对称矩阵 $\boldsymbol{X}_o$ 的特征值分解决定——每个驻点 $\boldsymbol{U}$ 均基于选择并合适地缩放 $\boldsymbol{X}_o$ 的特征向量的一个子集, 再经过一个右旋转 $\boldsymbol{U} \mapsto \boldsymbol{U}\boldsymbol{R}$ 而得到. 写成一句标语就是, 驻点对应于真值解的 “欠分解 (under-factorization)”. 通过检查 Hessian 矩阵, 我们发现如下性质.

- 真值解的对称拷贝是极小值点. 局部极小值点是选择所有最大的 r 个 (特征值所对应的) 特征向量的驻点, 它与真值解相差一个旋转对称性.
- 对称性破缺方向上存在负曲率. 在鞍点处, 在任何增加所参与的 (最大特征值所对应的) 主特征向量个数的方向上均存在严格的负曲率.
- 鞍点的级联. 鞍点对应于只选择最大的 r 个 (特征值所对应的) 特征向量的一个子集的驻点. 这些鞍点可以基于所选择的特征向量的个数进行分级[㊀].

㊀ 自然梯度下降算法只访问至多 r 个鞍点, 其轨迹依赖于在这些鞍点上有效 (active) 特征向量的控制作用 (containment).

图 7.8c) 可视化了这些效应.

这一模型几何可以适用于非对称矩阵. 例如, 考虑一个带惩罚项的低秩矩阵估计问题

$$\min_{\boldsymbol{U}\in\mathbb{R}^{n_1\times r},\boldsymbol{V}\in\mathbb{R}^{n_2\times r}} \varphi(\boldsymbol{U},\boldsymbol{V}) \doteq \frac{1}{4}\|\boldsymbol{Y}-\boldsymbol{U}\boldsymbol{V}^*\|_F^2+\rho(\boldsymbol{U},\boldsymbol{V}). \tag{7.2.17}$$

这是一个具有 $\mathsf{O}(r)$ 对称性的问题. 驻点由适当地缩放 $\boldsymbol{Y}$ 的奇异向量子集得到. 我们把细节留给读者作为习题.

7.2.3.3 从矩阵分解到矩阵恢复与补全

接下来, 我们描述如何把矩阵分解的精确几何分析拓展到更加实际的从不完整不可靠的观测中恢复低秩矩阵的问题. 我们在第 4 章通过凸优化方式研究过这一问题. 正如我们将会看到的, 利用很自然的非凸优化问题表述方式, 矩阵恢复问题通常保持了矩阵分解问题的主要定性特征. 下面我们将通过一个模型恢复问题的若干实例来展示这个现象. 我们观察到未知矩阵 $\boldsymbol{X}_o\in\mathbb{R}^{n_1\times n_2}$ 的 m 个线性测量

$$y_i = \langle \boldsymbol{A}_i,\boldsymbol{X}_o\rangle, \quad 1\leqslant i\leqslant m, \tag{7.2.18}$$

目标是恢复 $\boldsymbol{X}_o$. 这个模型足够灵活, 可以表达从缺失元素进行矩阵补全 [Candès et al., 2009], 也可以表达更奇异的矩阵感知问题 [Davenport et al., 2016; Recht et al., 2010]. 我们可以通过定义一个线性算子 $\mathcal{A}:\mathbb{R}^{n_1\times n_2}\to\mathbb{R}^m$ 来把观测模型 (7.2.18) 写得更紧凑一些, 即

$$\boldsymbol{y}=\mathcal{A}(\boldsymbol{X}), \tag{7.2.19}$$

其中 $\mathcal{A}(\boldsymbol{X}) := [\langle\boldsymbol{A}_i,\boldsymbol{X}\rangle]_{1\leqslant i\leqslant m}$. 如果 $m<n_1n_2$, 那么观测数量少于未知量的个数, 此时的恢复问题是不适定的. 幸运的是, 在应用中我们所遇到的矩阵具有低复杂度结构, 比如, 它们常常是低秩或者近似低秩的. 如上所述, 一个秩为 r 的矩阵可以分解为 $\boldsymbol{X}_o=\boldsymbol{U}_o\boldsymbol{V}_o^*$, 其中 $\boldsymbol{U}\in\mathbb{R}^{n_1\times r}$, $\boldsymbol{V}\in\mathbb{R}^{n_2\times r}$, 从而我们可以在差一个对称性的意义上, 通过直接恢复因子矩阵 $\boldsymbol{U}$ 和 $\boldsymbol{V}$ 来强制实现这个低秩结构[㊀]. 一种很自然的方法是按以下方式最小化待恢复矩阵与观测数据之间的不匹配程度:

$$\begin{aligned}\min_{\boldsymbol{U},\boldsymbol{V}} \varphi(\boldsymbol{U},\boldsymbol{V}) &\doteq \frac{1}{4m}\sum_{i=1}^m\left(y_i-\langle\boldsymbol{A}_i,\boldsymbol{U}\boldsymbol{V}^*\rangle\right)^2+\rho(\boldsymbol{U},\boldsymbol{V})\\ &=\frac{1}{4m}\|\boldsymbol{y}-\mathcal{A}(\boldsymbol{U}\boldsymbol{V}^*)\|_F^2+\rho(\boldsymbol{U},\boldsymbol{V}),\end{aligned} \tag{7.2.20}$$

其中 ρ 与上面一样, 是一个使因子矩阵之间趋于均衡的正则化项.

㊀ 为简单起见, 我们在这里和下文中假设秩 r 是已知的. 其实, 这并不关键: 当 r 未知时, 我们可以直接使用更大的因子矩阵 $\boldsymbol{U}\in\mathbb{R}^{n_1\times n}$ 和 $\boldsymbol{V}\in\mathbb{R}^{n_2\times n}$ 来进行过参数化 (over-parameterize), 其中 n 可以远大于真实的 r. 那么, 可以证明, 梯度下降算法一般会收敛到正确的低秩解. 我们将细节留给读者作为习题.

矩阵感知

如果 $\mathcal{A} = \mathcal{I}$ 是一个恒等算子, 那么式 (7.2.20) 就是一个矩阵分解问题. 在这种特殊情况下, 对于所有 $\boldsymbol{X}$, $\|\mathcal{A}[\boldsymbol{X}]\|_F = \|\boldsymbol{X}\|_F$ 都成立, 因此测量算子 $\mathcal{A}$ 将保持所有$n_1 \times n_2$ 矩阵的几何. 当测量数量很少时 (即 $m < n_1 n_2$), 这是不可能的. 幸运的是, 只要测量算子 $\mathcal{A}$ 近似地保持低秩矩阵 (即一个维数要低得多的集合) 的几何, 那么问题 (7.2.20) 仍然 "表现得像矩阵分解", 从而可以被用于恢复 $\boldsymbol{X}_o$ [Bhojanapalli et al., 2016; Li et al., 2018a, 2019b; Park et al., 2016; Zhu et al., 2018a]㊀. 当这一近似足够准确时, 在问题 (7.2.20) 的驻点和矩阵分解因子之间存在一个保持驻点指标 (即负特征值的个数) 的双射. 在这一条件下, 感知问题的每个局部极小值点都是全局的 [Bhojanapalli et al., 2016].

矩阵补全

一般感知模型 (7.2.20) 的最实际最重要的实例是矩阵补全问题 [Candès et al., 2009], 其目标是从支撑在 Ω 上的 $m < n_1 n_2$ 个元素构成的子集恢复低秩矩阵. 这个模型出现在, 比如协同过滤中 [Koren, 2009; Rennie et al., 2005], 其目标是根据一小部分观测到的用户偏好来预测用户对各种商品的偏好. 这一问题的变种也应用在传感器网络 (即从少量的距离测量中确定传感器的位置) [Biswas et al., 2006; So et al., 2007]、光度立体成像 (即从定向光照恢复形状㊁) [Wu et al., 2010; Zhou et al., 2014], 以及地球科学 [Kumar et al., 2015; Yang et al., 2013] 等领域中.

在第 4 章, 我们已经通过凸方法详细地研究了矩阵补全问题. 在这里, 我们考虑一个很自然的非凸优化问题表述:

$$\min_{\boldsymbol{U},\boldsymbol{V}} \frac{1}{4m} \|\boldsymbol{y} - \mathcal{P}_\Omega(\boldsymbol{U}\boldsymbol{V}^*)\|_F^2 \;+\; \rho(\boldsymbol{U},\boldsymbol{V}). \tag{7.2.21}$$

矩阵补全也继承了矩阵分解的几何性质, 但是这里存在几个技术问题, 这是因为恢复仅仅集中在少数几个元素上的 $\boldsymbol{X}_o$ 是非常有挑战的: 如果没有采样到这些重要元素, 那么我们就无法恢复 $\boldsymbol{X}_o$. 这一基本问题既影响着矩阵分解问题的良定性, 同时也关乎我们能否使用非凸优化全局地求解. 因为测量没有能够有效地感知这些矩阵, 所以局部优化方法可能陷在那些 $\boldsymbol{U}\boldsymbol{V}^*$ 接近稀疏的空间区域中. 一种简单的补救措施是, 在因子矩阵 $\boldsymbol{U}, \boldsymbol{V}$ 的行向量 $\boldsymbol{u}_i$ 和 $\boldsymbol{v}_i$ 上增加一个附加的正则化项, 鼓励它们具有较小的范数, 这使得 $\boldsymbol{U}\boldsymbol{V}^*$ 的能量能够散布在很多元素上㊂. 在精确的技术意义上㊃, [Ge et al., 2016] 已经证明, 只要我们观察到

㊀ 这一直觉可以通过秩受限等距性质 (即秩 RIP) 来正式表述 [Davenport et al., 2016; Recht et al., 2010], 我们在第 4 章研究过.

㊁ 我们将在第 14 章详细讨论.

㊂ 具体地, 我们可以在式 (7.2.20) 中加入一个惩罚项

$$\rho_{\mathrm{mc}}(\boldsymbol{U},\boldsymbol{V}) = \lambda_1 \sum_{i=1}^{n_1} \left(\|\boldsymbol{e}_i^*\boldsymbol{U}\|_2 - \alpha_1\right)_+^4 + \lambda_2 \sum_{j=1}^{n_2} \left(\|\boldsymbol{e}_j^*\boldsymbol{V}\|_2 - \alpha_2\right)_+^4.$$

㊃ 正式地, 我们称 $\boldsymbol{X}_o$ 是 μ-不相干的, 如果它的紧致 SVD (即 $\boldsymbol{X}_o = \boldsymbol{U}_o\boldsymbol{\Sigma}_o\boldsymbol{V}_o^*$) 满足 $\|\boldsymbol{e}_i^*\boldsymbol{U}_o\|_2 \leqslant \sqrt{\mu r/n_1}$ 以及 $\|\boldsymbol{e}_j^*\boldsymbol{V}_o\|_2 \leqslant \sqrt{\mu r/n_2}$.

足够大的随机子集 Ω 而且目标矩阵 $\boldsymbol{X}_o$ 并不是特别集中在少量元素上, 那么这样所得到的问题具有优良的全局几何.

鲁棒矩阵恢复

很多数据分析问题所面临的数据集不仅是不完全的, 同时也是受污染的. 鲁棒矩阵恢复就是要从这样的不可靠观测中估计低秩矩阵 $\boldsymbol{X}_o$ (正如我们在第 5 章中看到的). 不同的污染模型可以适用于不同的应用场景. 例如, 在科学成像和机器视觉中, 各个特征 (即矩阵的元素) 可能被损坏, 比如由于遮挡 [Candès et al., 2011; Peng et al., 2012]. 这可以被建模为一个稀疏误差 $\boldsymbol{Y}=\boldsymbol{X}_o+\boldsymbol{S}_o$, 其中 $\boldsymbol{X}_o=\boldsymbol{U}_o\boldsymbol{V}_o^*$ 和 $\boldsymbol{S}_o$ 均是未知的. 我们可以从自然的非凸优化问题表述

$$\min_{\boldsymbol{U},\boldsymbol{V},\boldsymbol{S}} \frac{1}{2}\|\boldsymbol{U}\boldsymbol{V}^*+\boldsymbol{S}-\boldsymbol{Y}\|_F^2+g_s(\boldsymbol{S})+\rho_r(\boldsymbol{U},\boldsymbol{V}) \tag{7.2.22}$$

出发, 其中 $g_s(\boldsymbol{S})$ 是一个促使 $\boldsymbol{S}$ 稀疏的正则化项. 通过针对 $\boldsymbol{S}$ 最小化上述目标函数, 我们可以得到

$$\min_{\boldsymbol{U},\boldsymbol{V}} \psi(\boldsymbol{U}\boldsymbol{V}^*-\boldsymbol{Y})+\rho_r(\boldsymbol{U},\boldsymbol{V}), \tag{7.2.23}$$

其中 $\psi(\cdot)$ 是一个度量数据忠实度的新函数. 例如, 如果 g_s 是加权 ℓ^1 惩罚项 $\lambda\|\cdot\|_1$, 那么 ψ 的逐元素形式为:

$$h_\lambda(u)\doteq\min_x \frac{1}{2}(u-x)^2+\lambda|x|.$$

可以证明, 上述定义的 h_λ 正是所谓的 Huber 函数 [Huber, 1992]:

$$h_\lambda(u) = \begin{cases}\lambda|u|-\lambda^2/2 & |u|>\lambda,\\ u^2/2 & |u|\leqslant\lambda.\end{cases} \tag{7.2.24}$$

我们将验证任务留给读者作为习题.

问题 (7.2.23) 同样是一个矩阵分解问题, 只是使用不同的损失函数 $\psi(\boldsymbol{U}\boldsymbol{V}^*-\boldsymbol{Y})$. 虽然围绕这个问题的全局 (甚至是局部 [Charisopoulos et al., 2019a; Li et al., 2020]) 几何存在着很多开放问题, 但目前的已知结果再次说明对于某些 g_s 和 ρ_r 的选择, 问题 (7.2.23) 确实继承了矩阵分解问题的几何性质 [Chi et al., 2019]. 与矩阵补全问题相似, 由于可能遇到的低秩矩阵 $\boldsymbol{U}\boldsymbol{V}^*$ 自身是稀疏的, 因此需要注意一些技术问题. 如果所选择的正则化项 ρ_r 能够抑制这种解, 那么可以证明相应的目标函数不存在杂散的局部极小值点, 并且在每个非极小值点的驻点存在负曲率方向.

问题 (7.2.22) 只是从不可靠观测中进行矩阵恢复的一种模型. 对于鲁棒统计估计而言, $\boldsymbol{Y}$ 的整个列向量都被污染或损毁的情况也是我们所感兴趣的 (比如见 [Xu et al., 2010]), 其中需要对异常的数据向量进行建模. 这一问题的特定变种也继承了矩阵分解的几何性质, 即局部极小值点也是全局的, 鞍点产生于对真值解的部分分解, 并且在引入额外的真值矩阵因子的方向上呈现负曲率 [Lerman et al., 2018]. 我们也可以将这类鲁棒矩阵恢复问题表述

为寻找一个包含绝大部分数据点的超平面的问题. 这一对偶视角引出具有带符号对称性的非凸问题. 在输入数据的特定条件下, 它们也具有优良的几何 [Tsakiris et al., 2018; Zhu et al., 2018b].

7.2.4 其他具有旋转对称性的非凸问题

其他低秩恢复问题

存在很多可以被转化为秩 1 恢复问题的非线性反问题, 它们继承了低秩恢复问题的优良几何. 这样的例子包括: 子空间解卷积 [Ahmed et al., 2014; Li et al., 2016b; Ling et al., 2017]、相位同步 [Boumal, 2016; Ling et al., 2018; Mei et al., 2017; Zhong et al., 2018], 以及社群检测 [Bandeira et al., 2016] 等.

深度与线性神经网络

绝大多数神经网络学习问题是非凸的. 在实际的深度学习中出现的神经网络问题通常呈现复杂的对称性, 比如排列组合. 例如, 对于一个全连接网络, 如果我们在每个隐藏层任意地排列节点的顺序, 那么网络仍代表相同的函数. 线性神经网络的预测函数

$$\boldsymbol{y} \approx f(\boldsymbol{x}) = \boldsymbol{W}^L \boldsymbol{W}^{L-1} \cdots \boldsymbol{W}^0 \boldsymbol{x}$$

是输入 $\boldsymbol{x}$ 的一个*线性函数*, 它作为一种便于理论研究的对象吸引了众多关注. 这一模型的每一层展现出旋转对称性. 利用与前述相似的思考, [Kawaguchi, 2016] 以及相关工作证明了每个局部极小值点都是全局的. 类似于矩阵分解, 自然的非凸优化模型的驻点对应着“*欠分解*”. 但是, 与矩阵分解不同的是, 这一问题具有“*平坦的*”鞍点, 在这些鞍点处 Hessian 矩阵没有负曲率——这是多层对称性复合作用的结果. 我们将会在第 16 章研究更一般的实际深度网络. 特别地, 我们将会看到特定 (对称的) 结构化正则项, 比如每一层 $\boldsymbol{W}$ 的正交性, 对于保证深度网络在实际中的良好性能发挥至关重要的作用.

7.3 具有离散对称性的非凸问题

在本节中, 我们研究具有离散对称群 $\mathbb{G}$ 的非凸问题. 典型的例子包括: 稀疏字典学习 (带符号的置换对称性) [Qu et al., 2019b; Sun et al., 2017a,b; Zhai et al., 2020b]、稀疏盲解卷积 (带符号的移位对称性) [Kuo et al., 2019; Lau et al., 2019; Li et al., 2018b; Qu et al., 2019a; Zhang et al., 2017c, 2018]、张量分解 [Ge et al., 2017a, 2015], 以及聚类 (排列对称性). 这类问题不能简单地进行凸化, 因此理解它们的非凸优化建模的几何至关重要. 而设计选择 (比如对目标函数和约束条件的选择) 也发挥了至关重要的作用: 很多我们将要评述的例子都可以建模为约束在紧流形 (比如球面或者正交群) 上的优化问题.[⊖] 我们再一次从研究一个非常简单的 (理想化) 模型问题出发: *1-稀疏数据的字典学习*. 我们从中提取若

⊖ 我们将在 9.6 节研究利用到这种流形结构的优化算法.

干对于离散对称性问题十分关键的直觉, 之后检验这些直觉如何适用于不太理想化 (但同时更加有用) 的问题设定.

7.3.1 极简例子: 1-稀疏的字典学习

我们通过一个高度理想化的字典学习问题引入一些基本直觉. 在这个模型问题中, 我们观察到一个矩阵 $\boldsymbol{Y}$, 它是正交矩阵 $\boldsymbol{A}_o \in \mathsf{O}(m)$ (被称为字典) 与 1-稀疏矩阵 $\boldsymbol{X}_o \in \mathbb{R}^{m\times n}$ (即 $\boldsymbol{X}_o$ 的每列只有一个非零元素) 的乘积:

$$\underset{\text{数据}}{\boldsymbol{Y}} = \underset{\text{正交字典}}{\boldsymbol{A}_o} \underset{\text{1-稀疏的系数矩阵}}{\boldsymbol{X}_o}. \tag{7.3.1}$$

这一观测模型展现出带符号的置换对称性, 其中 $\mathbb{G} = \mathsf{SP}(n)$, 即对于一对给定的 $(\boldsymbol{A}_o, \boldsymbol{X}_o)$ 和一个任意的 $\boldsymbol{\Gamma} \in \mathsf{SP}(n)$, $(\boldsymbol{A}_o\boldsymbol{\Gamma}, \boldsymbol{\Gamma}^*\boldsymbol{X}_o)$ 也会产生 $\boldsymbol{Y}$. 我们的目标是恢复 $\boldsymbol{A}_o$ 和 $\boldsymbol{X}_o$, 只差一个带符号的置换对称性.

恢复 $\boldsymbol{A}_o$ 的一种自然方法是搜索一个正交矩阵 $\boldsymbol{A}$, 使得 $\boldsymbol{A}^*\boldsymbol{Y}$ 尽量稀疏, 即

$$\min_{\boldsymbol{A}} h(\boldsymbol{A}^*\boldsymbol{Y}) \quad \text{s.t.} \quad \boldsymbol{A} \in \mathsf{O}(m), \tag{7.3.2}$$

其中 $h(\boldsymbol{X}) = \sum_{ij} h(\boldsymbol{X}_{ij})$ 是一个促进稀疏性的函数. 对于 h, 我们有很多选择 [Li et al., 2019a; Shen et al., 2020; Zhai et al., 2020b] (习题中将会考察一些). 具体而言, 在这里, 我们取 h 为 Huber 函数:

$$h_\lambda(u) = \begin{cases} \lambda|u| - \lambda^2/2 & |u| > \lambda, \\ u^2/2 & |u| \leqslant \lambda. \end{cases} \tag{7.3.3}$$

这可以被视为关于 (促进稀疏性的) ℓ^1 范数的一个可微替代 (differential surrogate).

在式 (7.3.2) 中, 我们一次性求解整个字典 $\boldsymbol{A} = [\boldsymbol{a}_1, \cdots, \boldsymbol{a}_m]$. 一种更简单的模型问题可以表述为一次求解 $\boldsymbol{A}$ 中的一列 $\boldsymbol{a}_i$, 即

$$\min_{\boldsymbol{a}} h_\lambda(\boldsymbol{a}^*\boldsymbol{Y}) \quad \text{s.t.} \quad \boldsymbol{a} \in \mathbb{S}^{m-1}. \tag{7.3.4}$$

这里, 我们的目标是恢复字典 $\boldsymbol{A}$ 的一个带符号的列向量 $\pm\boldsymbol{a}_i$㊀. 这个问题要求我们在球面上最小化一个类似于 ℓ^1 范数的函数㊁.

为了进一步简化, 我们假设真值字典 $\boldsymbol{A}_o$ 是单位矩阵. 这并不改变我们的几何结论——改为其他的 $\boldsymbol{A}_o$ 只是对目标函数做一个旋转. 类似地, 既然 $\boldsymbol{X}_o$ 的每列只有一个非零元素, 我们损失掉一些一般性来选取 $\boldsymbol{X}_o = \boldsymbol{I}$. 有了这些理想化假设, 我们的问题简化为在球面上最小化一个稀疏替代的目标函数, 即

$$\min_{\boldsymbol{a}} \varphi(\boldsymbol{a}) \equiv h_\lambda(\boldsymbol{a}) \quad \text{s.t.} \quad \boldsymbol{a} \in \mathbb{S}^{m-1}. \tag{7.3.5}$$

㊀ 通过求解一系列这样的问题, 我们可以恢复整个字典, 见 [Spielman et al., 2012; Sun et al., 2017a,b].

㊁ 问题 (7.3.4)也可以从几何上解释为: 在线性子空间 $\mathrm{row}(\boldsymbol{Y})$ 中搜索一个稀疏向量, 见 [Qu et al., 2014, 2020b].

在这个问题中, 恢复真值字典 $\boldsymbol{A}_o = \boldsymbol{I}$ 的一个带符号的列向量对应于恢复一个带符号的标准基向量 $\pm\boldsymbol{e}_1, \cdots, \pm\boldsymbol{e}_m$.

模型问题的几何

1-稀疏的字典学习模型问题也展现出带符号的置换对称性, 即对于任意的 $\boldsymbol{\Gamma} \in \mathsf{SP}(m)$, 我们有 $\varphi(\boldsymbol{\Gamma a}) = \varphi(\boldsymbol{a})$. 目标解的集合 $\pm\boldsymbol{e}_1, \ldots, \pm\boldsymbol{e}_m$ 从几何上看也是对称的. 图 7.9 在一个三维例子中展示了目标函数以及这些目标解. 显然, 在这个例子中, 这些目标解是仅有的局部极小值点.

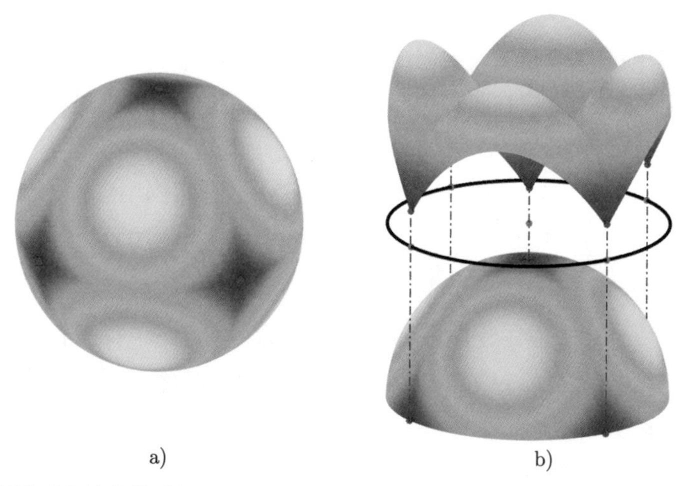

图 7.9　一个具有离散对称性的模型问题. Huber 函数 $h_\lambda(\boldsymbol{u})$ 是对 ℓ^1 范数的一个可微近似. 最小化 h_λ 可以促进稀疏性. a) $h_\lambda(\boldsymbol{u})$ 作为定义在球面 $\mathbb{S}^2$ 上的一个函数. 局部极小值点 (红色) 为带符号的标准正交基向量 $\pm\boldsymbol{e}_i$, 它们是 $\mathbb{S}^2$ 上最稀疏的向量. b) h_λ 的图象, 注意到非稀疏点上的强负曲率

为了更正式地解释这个现象, 我们需要理解目标函数 φ 作为定义在球面 $\mathbb{S}^{m-1}$ 上的函数的斜率 (梯度) 和曲率 (Hessian 矩阵). 回顾一下, 在 4.2.1 节描述奇异值分解 (SVD) 的计算时, 我们已经遇到过球面上的优化问题. 球面是一个光滑流形, 它在点 $\boldsymbol{a} \in \mathbb{S}^{m-1}$ 处的切空间可以由 $\boldsymbol{a}^\perp$ 来确认, 即

$$\mathcal{T}_{\boldsymbol{a}}\mathbb{S}^{m-1} = \{\, \boldsymbol{\delta} \mid \boldsymbol{a}^*\boldsymbol{\delta} = 0 \,\}.$$

到这个切空间 $\mathcal{T}_{\boldsymbol{a}}\mathbb{S}^{m-1}$ 上的正交投影算子是 $\boldsymbol{P}_{\boldsymbol{a}^\perp} = \boldsymbol{I} - \boldsymbol{a}\boldsymbol{a}^*$. 目标函数 φ 在球面上的斜率 (即 Riemannian 梯度) 是标准梯度与球面相切的分量, 即

$$\operatorname{grad}[\varphi](\boldsymbol{a}) = \boldsymbol{P}_{\boldsymbol{a}^\perp}\nabla\varphi(\boldsymbol{a}). \tag{7.3.6}$$

目标函数 φ 在球面上的曲率要稍微复杂一些. 对于一个方向 $\boldsymbol{\delta} \in \mathcal{T}_{\boldsymbol{a}}\mathbb{S}^{m-1}$, φ 沿测地线 (即大圆)[⊖]

$$\gamma(t) = \exp_{\boldsymbol{a}}(t\boldsymbol{\delta}) = \boldsymbol{a}\cos(t) + \boldsymbol{\delta}\sin(t)$$

⊖ 这里, $\exp(\cdot)$ 代表从一个切向量 (这里为 $\boldsymbol{\delta}$) 到流形上的测地线 (在这里是球面上大圆) 的指数映射.

的二阶导数由 $\boldsymbol{\delta}^*\mathrm{Hess}[\varphi](\boldsymbol{a})\boldsymbol{\delta}$ 给出, 其中 $\mathrm{Hess}[\varphi](\boldsymbol{a})$ 是 Riemannian Hessian 矩阵㊀:

$$\mathrm{Hess}[\varphi](\boldsymbol{a}) = \boldsymbol{P}_{\boldsymbol{a}^\perp}\Big(\underbrace{\nabla^2\varphi(\boldsymbol{a})}_{\varphi\text{ 的曲率}} - \underbrace{\langle\nabla\varphi(\boldsymbol{a}),\boldsymbol{a}\rangle\boldsymbol{I}}_{\text{球面的曲率}}\Big)\boldsymbol{P}_{\boldsymbol{a}^\perp}. \tag{7.3.7}$$

这一表达式由两项组成: 第一项涉及标准 (欧氏) Hessian 矩阵 $\nabla^2\varphi$, 它反映了目标函数 φ 的曲率; 第二项反映了球面自身的曲率. 和欧氏空间的情况相仿, 驻点由 $\mathrm{grad}[\varphi](\boldsymbol{a}) = \boldsymbol{0}$ 来刻画, 曲率可以通过 $\mathrm{Hess}[\varphi](\boldsymbol{a})$ 来研究㊁.

为了研究驻点, 我们从计算由式 (7.3.5) 所给定的目标函数 φ 的欧氏梯度开始:

$$\nabla\varphi(\boldsymbol{a}) = \lambda\,\mathrm{sign}(\boldsymbol{a})\odot\mathbb{1}_{|\boldsymbol{a}|>\lambda} + \boldsymbol{a}\odot\mathbb{1}_{|\boldsymbol{a}|\leqslant\lambda}, \tag{7.3.8}$$

其中 $\odot$ 表示逐元素乘积. 利用这个表达式, 我们可以证明: 当且仅当 $\nabla\varphi(\boldsymbol{a}) \propto \boldsymbol{a}$, Riemannian 梯度 $\mathrm{grad}[\varphi](\boldsymbol{a}) = \boldsymbol{0}$㊂. 也就是说, 只要

$$\boldsymbol{a} \propto \mathrm{sign}(\boldsymbol{a}), \tag{7.3.9}$$

那么, Riemannian 梯度 $\mathrm{grad}[\varphi](\boldsymbol{a})$ 就会为 $\boldsymbol{0}$. 因此, 我们可以利用 $\boldsymbol{a}$ 的支撑 I 和符号模式 $\boldsymbol{\sigma}$ 来索引驻点, 记为 $\boldsymbol{a}_{I,\boldsymbol{\sigma}}$. 为了理解哪些驻点是极小值点或者哪些驻点是鞍点, 我们可以研究 Riemannian Hessian 矩阵 $\mathrm{Hess}[\varphi](\boldsymbol{a})$. 而 φ 的欧氏 Hessian 矩阵为 $\nabla^2\varphi(\boldsymbol{a}) = \boldsymbol{P}_{|\boldsymbol{a}_{I,\sigma}|\leqslant\lambda} = \mathrm{diag}\left(\mathbb{1}_{|\boldsymbol{a}|\leqslant\lambda}\right)$, 其中 $\mathrm{diag}\left(\mathbb{1}_{|\boldsymbol{a}|\leqslant\lambda}\right)$ 表示由向量 $\mathbb{1}_{|\boldsymbol{a}|\leqslant\lambda}$ 构成的对角矩阵. Riemannian Hessian 矩阵为

$$\mathrm{Hess}[\varphi](\boldsymbol{a}_{I,\boldsymbol{\sigma}}) = \boldsymbol{P}_{\boldsymbol{a}_{I,\boldsymbol{\sigma}}^\perp}\left(\boldsymbol{P}_{|\boldsymbol{a}_{I,\sigma}|\leqslant\lambda} - \lambda|I|\boldsymbol{I}\right)\boldsymbol{P}_{\boldsymbol{a}_{I,\boldsymbol{\sigma}}^\perp}. \tag{7.3.10}$$

在驻点 $\boldsymbol{a}_{I,\sigma}$ 处, Riemannian Hessian 矩阵具有 $|I|-1$ 个负的特征值和 $m-|I|$ 个正的特征值. 基于这些计算, 我们得到关于 φ 的几何性质如下.

- *真值解的对称拷贝是极小值点*. 局部极小值点是带符号的标准基向量 $\boldsymbol{a} = \pm\boldsymbol{e}_i$, 它们具有正定的 Riemannian Hessian 矩阵, 目标函数在局部极小值点附近是强凸的.
- *在对称性破缺方向上具有负曲率*. 鞍点为目标解的均衡叠加, 即 $\boldsymbol{a}_{I,\sigma} = 1/\sqrt{|I|}\sum_{i\in I}\sigma_i\boldsymbol{e}_i$, 其中 I 为支撑, $I\subseteq\{1,\cdots,m\}$, σ_i 为符号, $\sigma_i\in\{\pm1\}$. 在打破目标解之间平衡的方向 $\boldsymbol{\delta}$ 存在负曲率, 其中 $\boldsymbol{\delta}\in\mathrm{span}(\{\boldsymbol{e}_i \mid i\in I\})$.
- *鞍点的级联*. 鞍点是分级的: 对应更大目标函数值的鞍点 $\boldsymbol{a}_{I,\boldsymbol{\sigma}}$ 具有更多的负曲率方向. 此外, 类似于上一节所讨论的例子, 目标函数呈现 "弥散" 结构, 即下游的负曲率方向是上游的负曲率方向在梯度流下的像. 这意味着上游的负曲率有助于避免局部梯度下降方法停滞在下游鞍点附近.

㊀ 这一表达式可以简单地通过令 $\|\boldsymbol{\delta}\|_2 = 1$, 计算 $\left.\dfrac{\mathrm{d}^2}{\mathrm{d}t^2}\right|_{t=0}\varphi\Big(\boldsymbol{a}\cos t + \boldsymbol{\delta}\sin t\Big)$ 来得到. 我们将细节留给读者作为习题.

㊁ 关于更一般情况的将梯度和 Hessian 矩阵的概念推广到流形上的优化问题, 建议读者参阅 [Absil et al., 2009].

㊂ 这里, $\propto$ 表示正比于, 即 $\exists s\in\mathbb{R}$, 使得 $\nabla\varphi(\boldsymbol{a}) = s\boldsymbol{a}$.

这些现象与梯度下降需要指数时间逃离鞍点的最坏情况刚好相反. 例如, [Du et al., 2017] 构造了一种所谓的“章鱼 (octopus)”函数, 它的上游不稳定流形被传递到下游的稳定流形. 正如我们在这里所看到的, 这种与低维结构相关联的自然非凸优化问题与那种最坏情况相去甚远. 在下一节中, 我们将看到, 这些现象在那些更加实际的具有离散对称性的非凸问题中反复出现, 包括一般字典学习 (7.3.2 节) 和盲解卷积 (7.3.3 节) 等.

7.3.2 字典学习

上一节介绍的 1-稀疏字典学习问题是对一个基本的现代数据处理问题——寻找数据的一种紧凑表征——的极端简化. 字典学习的目标是对观测数据集 $\boldsymbol{Y} = [\boldsymbol{y}_1, \cdots, \boldsymbol{y}_p] \in \mathbb{R}^{m \times p}$ 生成一个稀疏模型, 即寻找矩阵 $\boldsymbol{A}_o \in \mathbb{R}^{m\times n}$ 和 $\boldsymbol{X}_o \in \mathbb{R}^{n\times p}$, 使得

$$\boldsymbol{Y} \approx \underbrace{\boldsymbol{A}_o}_{\text{字典}} \underbrace{\boldsymbol{X}_o}_{\text{稀疏系数矩阵}}, \tag{7.3.11}$$

其中 $\boldsymbol{X}_o$ 尽可能稀疏. 稀疏性是数据压缩所需要的, 并且也有助于比如感知、去噪、超分辨率等任务 [Elad, 2010b; Wright et al., 2010b].

在稀疏模型 (7.3.11) 中, 数据点 $\boldsymbol{y}_j$ 被近似为矩阵 $\boldsymbol{A}_o = [\boldsymbol{a}_{01}, \cdots, \boldsymbol{a}_{0n}]$ 的少数几列的叠加, 即 $\boldsymbol{y}_j \approx \boldsymbol{A}_o \boldsymbol{x}_{oj}$. 这个矩阵 $\boldsymbol{A}_o$ 有时也被称为*字典*. 显然, 字典的大小 n 对于这一数据表达模型的准确性、稀疏度以及效能都有影响. 合适的字典大小依赖于应用: 对于从单张图像中进行的学习任务, 一个完备字典 (即 $n = m$) 足矣; 对于从大量图像中进行的学习任务, 一个过完备字典 (即 $n > m$) 可能更合适 [Elad et al., 2006; Murray et al., 2006; Yang et al., 2010a]. 下面, 我们讨论如何把从正交的 1-稀疏字典学习问题所得到的直觉应用到更实际的模型问题上.

完备字典学习

让我们首先考虑完备的情形 (即 $n = m$), 其中 $\boldsymbol{A}_o \in \mathbb{R}^{n\times n}$ 是一个可逆方阵. 从 1 稀疏字典学习到更一般的完备字典学习问题需要解决两个基本问题. 首先, 目标字典 $\boldsymbol{A}_o$ 可能不是正交的. 其次, 系数矩阵 $\boldsymbol{X}_o$ 的列一般来说不是 1-稀疏的. 从理论上讲, 这两个问题都可以利用 $\boldsymbol{X}_o$ 的统计性质来解决. 首先, 利用 $\boldsymbol{Y} = \boldsymbol{A}_o\boldsymbol{X}_o$ 的统计量, 我们可以将学习一个一般的可逆矩阵 $\boldsymbol{A}_o \in \mathsf{GL}(n)$ 的问题化归为学习一个正交矩阵 $\bar{\boldsymbol{A}} = (\boldsymbol{A}_o\boldsymbol{A}_o^*)^{-1/2}\boldsymbol{A}_o$ 的问题. 具体来说, 如果 $\boldsymbol{X}_o$ 是具有独立对称元素的稀疏随机矩阵, 那么

$$\bar{\boldsymbol{Y}} = (\boldsymbol{Y}\boldsymbol{Y}^*)^{-1/2}\boldsymbol{Y} \propto \bar{\boldsymbol{A}}\boldsymbol{X}_o$$

满足一个使用正交字典 $\bar{\boldsymbol{A}} \in \mathsf{O}(n)$ 的稀疏模型.

类似于上面的讨论, 我们可以通过求解一个关于促进稀疏性的函数 h 的优化问题

$$\min_{\boldsymbol{a}} \ \varphi(\boldsymbol{a}) \equiv h\left(\boldsymbol{a}^*\bar{\boldsymbol{Y}}\right) \quad \text{s.t.} \quad \boldsymbol{a} \in \mathbb{S}^{n-1} \tag{7.3.12}$$

来恢复 $\boldsymbol{A}$ 的列向量. 本质上, 这是在 $\boldsymbol{X}_o$ 的行空间中寻找一个稀疏向量 $\boldsymbol{a}^*\bar{\boldsymbol{Y}}$. 如果我们重复这个过程 m 次, 那么在原则上我们就可以恢复 $\boldsymbol{X}_o$ 的所有 n 个稀疏的行向量. 尽管 $\boldsymbol{X}_o$

的列向量并不是 1-稀疏的, 当样本量足够大时, 这个目标函数将保持我们在 1-稀疏字典学习问题中所观察到的所有定性性质, 包括局部极小值点接近对称解和鞍点接近对称解的均衡叠加, 而且这些鞍点在对称性破缺方向上具有负曲率. 这些性质的证明高度依赖概率推理: 先证明 “总体” 目标函数 $\mathbb{E}[\varphi]$ 具有优良的结构, 然后再证明当样本数 p 很大时, φ 的梯度和 Hessian 矩阵分别一致接近于 $\mathbb{E}[\varphi]$ 的梯度和 Hessian 矩阵, 因此 φ 具有相同的优良性质 [Sun et al., 2017a,b].

在前面的章节中, 我们已经详细地研究了 ℓ^1 范数, 因为它是促进稀疏性的 ℓ^0 范数的 (唯一) 凸包络. 尽管如此, 一旦我们考虑非凸替代 (nonconvex surrogate), 那么促进稀疏性的函数就会有很多选择, 其中某些函数在优化域内被限制在一个结构化空间 (比如球面) 时, 会极其有效. 例如, 可以很容易地证明球面 $\mathbb{S}^{n-1}$ 上向量 $\boldsymbol{x} \in \mathbb{R}^n$ 的 ℓ^4 范数的极大值点等价于在球面 $\mathbb{S}^{n-1}$ 上 ℓ^0 范数的极小值点, 即

$$\underset{\boldsymbol{x}\in\mathbb{S}^{n-1}}{\operatorname{argmax}} \|\boldsymbol{x}\|_4 \quad = \quad \underset{\boldsymbol{x}\in\mathbb{S}^{n-1}}{\operatorname{argmin}} \|\boldsymbol{x}\|_0 . \tag{7.3.13}$$

图 7.10 展示了 ℓ^1、ℓ^2 和 ℓ^4 范数球. 注意到, 对于球面 (即 ℓ^2 范数球) 上的点, 最小化 ℓ^1 范数和最大化 ℓ^4 范数是一致的.

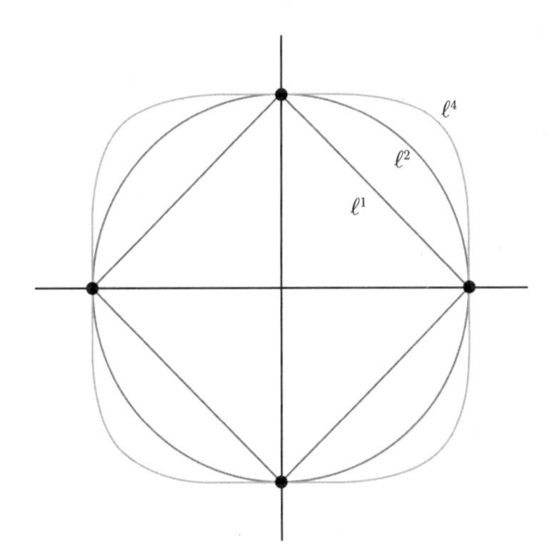

图 7.10 $\mathbb{R}^2$ 中 ℓ^1 范数球、ℓ^2 范数球和 ℓ^4 范数球

因此给定 $\bar{\boldsymbol{Y}}$, 为了寻找正交字典 $\bar{\boldsymbol{A}}$, 我们可以考虑在正交群 $\mathsf{O}(n)$ 上求解一个 (非凸的) ℓ^4 范数最大化问题

$$\max_{\boldsymbol{A}} \|\boldsymbol{A}^*\bar{\boldsymbol{Y}}\|_4^4 \quad \text{s.t.} \quad \boldsymbol{A}^* \in \mathsf{O}(n). \tag{7.3.14}$$

已经证明, 如果样本数量足够多, 比如 p 在 $O(n^2 \log n)$ 量级, 那么上述问题的全局极大值点就是正确的字典 [Zhai et al., 2020b]. 这个问题的整体优化曲面非常优良, 由此可以得到非常高效的幂迭代类型算法 [Zhai et al., 2020a,b]㊀. 我们将算法的细节留给读者作为习题,

㊀ 这一算法已经被证明可以超线性收敛, 大量的实验结果也验证了它总是能够收敛到全局最优解. 然而, 全局最优性的严格证明仍然是一个开放问题 [Zhai et al., 2020b], 该书的作者们悬赏一千美元给能提供问题的证明者.

并在第 9 章加以研究.

过完备字典学习

在实践中, 比起完备字典, 字典的原子数量 n 大于信号维数 m 的*过完备字典*通常更受偏爱. 过完备字典具有更强大的表达能力, 产生更稀疏的矩阵 $\boldsymbol{X}$. 目前, 关于过完备字典的目标函数优化曲面的理论理解尚在发展中. 一个富有启发的结果表明, 当字典中等过完备 (即 $n \leqslant 3m$) 时, 在一些适当的技术假设下, 一种基于最大化 ℓ^4 范数的非凸问题展现出优良的全局几何 [Qu et al., 2019b]. 我们再一次发现, 每个局部极小值点都是全局的, 且鞍点展现出负曲率[㊀]. 这些结果意味着, 过完备字典学习问题能够展现出优良的全局几何, 同时围绕下面两点也存在很多开放问题:

- 这个结构能够容忍的过完备程度 n/m 如何;
- 对于更传统的*合成*字典学习的优化问题, 其中 $\boldsymbol{A}$ 和 $\boldsymbol{X}$ 同时优化, 类似的上述性质能够在什么程度上成立.

7.3.3 稀疏盲解卷积

卷积模型大量出现在科学成像和数据分析问题中. 最基础的卷积数据模型是把观测 $\boldsymbol{y}$ 表达为两个信号 $\boldsymbol{a}_o$ 和 $\boldsymbol{x}_o$ 的卷积. *盲解卷积* (blind deconvolution) 的目标是从观测 $\boldsymbol{y} = \boldsymbol{a}_o \circledast \boldsymbol{x}_o$ 中恢复 $\boldsymbol{a}_o$ 和 $\boldsymbol{x}_o$, 至多相差一个即将介绍的内在对称性. 这个问题一般是不适定的, 即存在无穷多组解 $(\boldsymbol{a}_o, \boldsymbol{x}_o)$, 它们都能够在卷积运算之后生成 $\boldsymbol{y}$. 为此, 关于 $\boldsymbol{a}_o$ 和 $\boldsymbol{x}_o$ 的某种低维先验是必不可少的. 不同的先验会产生不同的非凸问题, 在本节中, 我们聚焦在使用 $\boldsymbol{x}_o$ 的稀疏先验的盲解卷积问题的若干变种上, 然后简要介绍流行的其他盲解卷积变种.

7.3.3.1 短稀疏盲解卷积

分析由重复的*模体* (motif) 所组成的信号是很多领域的共同任务, 比如神经科学、材料科学、天文学和自然与科学成像 [Cheung et al., 2020; Lau et al., 2019; Pnevmatikakis et al., 2016; Starck et al., 2002]. 这样的信号可以被建模为一个短的模体 $\boldsymbol{a}_o$ 和一个编码模体出现时空位置的稀疏系数信号 $\boldsymbol{x}_o$ 之间的*卷积*. 在数学上, 观测 $\boldsymbol{y} \in \mathbb{R}^m$ 是支撑在 k ($k \ll m$) 个连续索引上的短序列 $\boldsymbol{a}_o$ 和稀疏序列 $\boldsymbol{x}_o$ 的加窗[㊁]卷积

$$\boldsymbol{y} = \mathcal{P}_m \left[\boldsymbol{a}_o \circledast \boldsymbol{x}_o\right], \tag{7.3.15}$$

其中 $\circledast$ 代表线性卷积运算, $\mathcal{P}_m(\cdot)$ 为投影算子, 用于保留支撑在 $0, \cdots, m-1$ 上的元素.

㊀ 当字典过完备时, 字典原子 $\boldsymbol{a}_i$ 是相关的, 即使 $\boldsymbol{a}$ 被选中作为一个原子 $\boldsymbol{a}_i$, $\boldsymbol{a}^*\bar{\boldsymbol{Y}}$ 也不再稀疏. 但是, 在 $\boldsymbol{a} = \boldsymbol{a}_i$ 处, $\boldsymbol{a}^*\bar{\boldsymbol{Y}}$ 是*突出的*, 即少数几个很大的元素存在于很多很小的元素中. 而使用 ℓ^4 范数最大化很适合促进这种类型的突出性. 在实践中最广为使用的字典学习算法是基于*合成稀疏性* (synthesis sparsity). 理解这种表述形式的全局几何仍然是一个开放问题.

㊁ 我们只观测到 m 个连续的元素, 而并非获得了完整的卷积信号 (可能无限长).

从 $\boldsymbol{y}$ 中恢复 $\boldsymbol{a}_o$ 和 $\boldsymbol{x}_o$ 的这一反问题被称为*短稀疏盲解卷积* (Short and Sparse Blind Deconvolution, SaS-BD) [Kuo et al., 2019; Zhang et al., 2017c, 2018]. 线性卷积运算 $\circledast$ 具有一种*带符号的移位对称性*, 即

$$\boldsymbol{a}_o \circledast \boldsymbol{x}_o = \alpha s_\tau[\boldsymbol{a}_o] \circledast \alpha^{-1} s_{-\tau}[\boldsymbol{x}_o], \tag{7.3.16}$$

其中 α 是一个非零常数, $s_\tau[\boldsymbol{v}]$ 代表把 $\boldsymbol{v}$ 移动 τ 个元素, 即 $s_\tau[\boldsymbol{v}](i) = \boldsymbol{v}(i-\tau)$. 正如之前所研究过的其他非凸问题, 我们应该期待这种对称性对于塑造优化曲面发挥关键作用——尤其是, 我们期待*全局*极小值点都是真值解的对称拷贝[1].

对称性破缺

这里有一点小困难: 为了得到一个有限维的优化问题, 人们通常会约束长度为 k 的信号 $\boldsymbol{a}_o$ 支撑在 $\{0,\cdots,k-1\}$ 上. 这一约束似乎移除了移位对称性, 即现在只有真值解的一个放缩版本 $(\alpha\boldsymbol{a}_o, \alpha^{-1}\boldsymbol{x}_o)$ 可以产生相同的观测. 或许很令人吃惊, 即便在这一约束下, 对称性*仍然*在塑造优化曲面. 然而, 不同的是, 在有约束的问题表述中, 对称性并不决定全局极小值点, 而是决定*局部*极小值点. 原因很简单: 经过一个移位 τ 之后 $\boldsymbol{a}_o$ 并不支撑在 $\{0,\ldots,k-1\}$ 上, 因此不是可行的. 但是, 把它在 $\{0,\cdots,k-1\}$ 上进行截断*却是*可行的, 并且仍然能够近似 $\boldsymbol{y}$, 即

$$\boldsymbol{y} \approx \mathcal{P}_k\left[s_\tau[\boldsymbol{a}_o]\right] \circledast s_{-\tau}[\boldsymbol{x}_o]. \tag{7.3.17}$$

因为这个近似并不是完美的, 截断后的移位并不是全局极小值点. 然而, 它们仍然非常接近*局部*极小值点 [Zhang et al., 2017c, 2018]. 这些点的目标函数值是次优的, 因此并不能精准地再现 $(\boldsymbol{a}_o, \boldsymbol{x}_o)$. 尽管如此, 优化曲面的几何性质仍然足够良好[2], 使用高效方法精确地恢复 $(\boldsymbol{a}_o, \boldsymbol{x}_o)$ 仍然是可能的. 比如, 先找到一个接近 $\boldsymbol{a}_o$ 的截断移位的局部极小值点, 然后通过细化它来实现精确恢复 $\boldsymbol{a}_o$.

这一问题展示了在研究解卷积问题时要避免对称性是多么困难: 即便使用一个打破对称性的显式约束, 对称性仍然在塑造优化曲面的几何. 我们研究这个更复杂的解卷积模型的主要动机, 在于它的可应用性 (我们将在第 12 章看到它在科学成像中的应用). 当给出能更好地符合对称结构的问题表述形式时, 就没有杂散的局部极小值点——这仍然是一个重要的开放问题.

7.3.3.2 多通道稀疏盲解卷积

多通道稀疏盲解卷积 (Multi-Channel Sparse Blind Deconvolution, MCS-BD) 问题假设可以使用由 $\boldsymbol{a}_o \in \mathbb{R}^k$ 和不同稀疏信号 $\boldsymbol{x}_i$ 进行循环卷积 (也被记为 $\circledast$) 而生成的多个观测

[1] 注意到, 缩放和移位对称性是式 (7.3.15) 中的卷积算子所固有的. 尽管我们关注*稀疏解卷积*, 但是这些对称性会存在于任何关于 $\boldsymbol{a}_o$ 和 $\boldsymbol{x}_o$ 具有移位不变结构模型的解卷积. 此外, 正如我们下面将要看到的, 这些对称性甚至在人为引入打破对称性的机制下都能够存在——它们仍然决定着局部极小值点.

[2] 尤其是, 在对称性破缺方向上存在负曲率.

$\boldsymbol{y}_i = \boldsymbol{a}_o \circledast \boldsymbol{x}_i \in \mathbb{R}^k$ [Li et al., 2018b; Qu et al., 2019a,b; Shi et al., 2019]. 在这里, 移位对称性变成*循环移位对称性*: 对应于 k 种不同的循环移位, 存在 k 个等价解. 这导致 MCS-BD 展现出与完备字典学习相似的优化曲面, 见 7.3.1 节和图 7.9. 尤其是任何局部极小值点均是真值解的一个缩放后的循环移位 [Li et al., 2018b; Qu et al., 2019a; Shi et al., 2019].

7.3.3.3 稀疏盲解卷积的几何

尽管 MCS 和 SaS 盲解卷积问题中卷积算子存在技术差异, 它们的优化曲面具有以下相同的现象.

- *真值解的对称拷贝是极小值点*. 在上述两个稀疏盲解卷积问题的变种中, 局部极小值点在一定条件下是真值解的循环移位或者移位截断. 它们两者均可视为所继承的移位对称性的结果.
- *在对称性破缺方向上具有负曲率*. 靠近鞍点处, 真值解的任意特定 (截断的) 移位方向上存在负曲率, 沿着这种对称性破缺方向上移动时, 目标函数值会减小.
- *鞍点的级联*. 鞍点近似是真值解的若干移位后的均衡叠加. 移位越多, 目标函数值越大, Hessian 矩阵的负特征值个数越多.

7.3.3.4 其他的盲解卷积变种

*子空间盲解卷积*是另一个被广泛研究的盲解卷积变种, 它利用了关于 $(\boldsymbol{a}_o, \boldsymbol{x}_o)$ 的一个低维模型. 在这一变体中, $\boldsymbol{a}_o$ 和 $\boldsymbol{x}_o$ 被假定为位于已知的低维子空间中 [Ahmed et al., 2014]. 这个问题可以作为一个秩-1 矩阵恢复问题, 与 7.2 节所研究过的问题具有类似的几何性质.

*卷积字典学习*通过允许多个基本模体 $\boldsymbol{a}_1, \cdots, \boldsymbol{a}_N$ 拓展了上文中的基本解卷积模型 [Garcia-Cardona et al., 2018]. 更准确地, 我们观察到一个或多个形如 $\boldsymbol{y} = \sum_{i=1}^{N} \boldsymbol{a}_i \circledast \boldsymbol{x}_i$ 的信号, 其目标是恢复所有的 $\boldsymbol{a}_i$ 和 $\boldsymbol{x}_i$. 除了从卷积算子继承的对称性, 这一问题具有额外的*置换对称性*: 置换 i 并不改变对 $\boldsymbol{y}$ 的近似. 除了这一额外的复杂度, 在经验上局部极小值点还是真值解的对称拷贝 [Lau et al., 2019; Zhang et al., 2017c], 在特定的技术假设下, 可以证明自然的一阶算法总是能够恢复出这样一个对称拷贝 [Qu et al., 2019b].

实际上, 我们可以将自然图像建模为由一个卷积字典所稀疏产生的. 在一些应用中, 可能没有必要准确地恢复出字典 $\{\boldsymbol{a}_i\}$ 和稀疏编码 $\{\boldsymbol{x}_i\}$. 例如, 我们只想把相似的图像划分到同一类别. 但是, 假设得到这样一个模型对于获得 (近似的) 正确解至关重要, 比如通过深度网络. 我们将在第 16 章讨论这类模型和深度 (卷积) 网络之间的联系.

7.3.4 其他具有离散对称性的非凸问题

对称张量分解

张量可以被视为矩阵的高维推广. 张量分解问题在统计、数据科学和机器学习中存在很多应用 [Anandkumar et al., 2014; Janzamin et al., 2019; Kolda et al., 2009; Sidiropoulos et al., 2017]. 尽管我们常常可以把代数概念从矩阵推广到张量, 但是张量版本的对应概念通常并不像在矩阵中那样表现良好或者易于计算 [Kolda et al., 2009]. 实际上, 很多自然的张量问题在最坏情况下是 NP 困难的 [Hillar et al., 2013].

尽管如此, 最近的研究表明, 张量分解令人感兴趣的某些特例是可计算的 [Anandkumar et al., 2014; Ge et al., 2015; Janzamin et al., 2019]. 正交张量分解就是这种特例, 此时的张量分解任务是把一个 p 阶对称张量分解为正交分量. 更具体地, 正交张量分解是把一个张量 $\mathbf{T}$ 表示成以下形式:

$$\mathbf{T} = \sum_{k=1}^{r} \boldsymbol{a}_k^{\otimes p}, \quad r \leqslant n, \tag{7.3.18}$$

其中 $\{\boldsymbol{a}_k\}_{k=1}^r$ 是一系列正交向量, $\boldsymbol{a}^{\otimes p}$ 表示向量 $\boldsymbol{a}$ 的 p 路 (p-way) 外积. 正交张量分解问题与上文所讨论的其他具有离散对称性的非凸问题之间存在许多相似之处:

- 这一问题展现出与字典学习问题类似的*带符号的置换对称性*, 即给定张量 $\mathbf{T}$, 我们只能够期望在差一个排列次序的意义上恢复出正交分量 $\{\boldsymbol{a}_k\}_{k=1}^r$;
- 当 p 是偶数时, 如图 7.5 所示, 一个很自然的非凸优化问题

$$\min_{\boldsymbol{x} \in \mathbb{S}^{n-1}} -\mathbf{T}(\boldsymbol{x}, \ldots, \boldsymbol{x}) \doteq -\|\boldsymbol{A}^* \boldsymbol{x}\|_p^p, \tag{7.3.19}$$

  其中 $\boldsymbol{A} = [\boldsymbol{a}_1, \cdots, \boldsymbol{a}_r]$, 展示出一个类似的优化曲面, 它的每个局部极小值点接近于某个带符号的正交分量, 而且其他驻点具有严格的负曲率.

这些结果已经启发了正交张量分解之外的更多工作 [Ge et al., 2017a; Qu et al., 2019b; Sanjabi et al., 2019]. 一个令我们特别感兴趣的例子是把对称张量 $\mathbf{T}$ 分解为式 (7.3.18), 其中 $r > n$ 且 $\{\boldsymbol{a}_k\}_{k=1}^r$ 是非正交的, 这通常被称为*过完备张量分解*. 尤其是当 $p = 4$, $r \in O(n^{1.5})$ 且 $\{\boldsymbol{a}_k\}_{k=1}^r$ 是独立同分布高斯随机向量时, [Ge et al., 2017a] 证明了式 (7.3.19) 在一个测度随着问题规模几何收缩的水平集上没有不好的局部极小值点. 对于 $p = 4$, $r < 3n$ 且 $\{\boldsymbol{a}_k\}_{k=1}^r$ 不相干的情况, [Qu et al., 2019b] 给出了一个过完备张量分解问题的全局分析, 揭示了它与过完备字典学习的联系. 尽管如此, 这些结果仍然远远不能提供对于过完备张量分解问题的完整理解. 这其中很有趣并且在很大程度上仍是一个开放问题的是: 在非正交情形下, 对于较高的秩 $r \gg n$, 何时会出现不好的局部极小值点.

聚类

聚类无疑是无监督学习中最基本的问题. 这个问题具有*排列对称性*: 通过交换聚类中心的索引 (即下标) 可以生成等价的聚类. 流行的非凸聚类算法包括 Lloyd 算法和期望最大算法的不同变种. 尽管这些方法已经得到广泛应用和经验上的成功, 直到最近才得到一些理论保证. 比如, 分离两个均衡的、相同的数据簇的问题被证明具有到真值解 (的一个对称拷贝) 的全局收敛性 [Balakrishnan et al., 2017; Daskalakis et al., 2016; Kwon et al., 2019; Qian et al., 2019; Xu et al., 2016]. 我们看到类似的几何性质在这里也成立: *真值解的对称*

拷贝是极小值点, 鞍点存在严格的负曲率方向. 此外, 鞍点也位于局部极小值点的均衡叠加处. 偶尔, 这些鞍点也会包含冗余的簇估计. 在这种情形下, 冗余的簇估计可以被解释为一个欠参数化 (under-parametrized) 的解 (使用了一个较小的 k).

然而, 对于存在两个簇以上的聚类问题, 可以证明局部极小值点存在 [Dasgupta et al., 2007; Jin et al., 2016]. 当簇分开得足够远时, 这些局部极小值点具有这样一种特征结构: 它们对应于数据的不均衡分割, 真实簇的一个子集被最优地欠分割 (under-segmented) 而另一个子集被最优地过分割 (over-segmented).

深度神经网络

深度神经网络相比于上面所描述的问题具有更复杂的对称群. 例如, 拟合一个全连接神经网络所使用的目标函数在*每层*同时进行特征置换时是不变的. 我们现在缺乏推理这些问题全局几何的工具. 然而, 在某些特例上已经有所进展, 例如, 与拟合一个浅网络相关联的特定问题与张量分解具有类似的几何性质 [Janzamin et al., 2015; Mondelli et al., 2018]. 在各种不同的技术假设下, 已经证明一层神经网络的所有局部极小值点均是全局极小值点 [Feizi et al., 2017; Gao et al., 2018; Ge et al., 2017c; Haeffele et al., 2017; Soltanolkotabi et al., 2018]. 然而, 一般的深度非线性神经网络能够呈现平坦的鞍点和杂散的局部极小值点 [Safran et al., 2017; Vidal et al., 2017]. 我们建议感兴趣的读者参考 [Sun, 2019b] 以了解关于神经网络优化理论和算法的更全面进展.

在第 16 章中, 我们将从学习判别性低维表达特征的角度研究深度学习. 我们将会看到数据聚类和特征学习如何被自然地统一到一个非凸目标函数, 它同时继承了深度网络和数据聚类的丰富几何结构.

傅里叶相位恢复

傅里叶相位恢复问题对于科学成像来说至关重要. 在这个问题中, 其目标是从观测 $\boldsymbol{y} = |\mathcal{F}(\boldsymbol{x}_o)|$ 中恢复 $\boldsymbol{x}_o$. 除了旋转 (相位) 对称性, 傅里叶相位恢复问题展现出两种额外的对称性[⊖]: (循环) 移位对称性 $|\mathcal{F}(\boldsymbol{x})| = |\mathcal{F}(s_\tau[\boldsymbol{x}])|$ 和共轭逆对称性 $|\mathcal{F}(\boldsymbol{x})| = |\mathcal{F}(\check{\boldsymbol{x}})|$, 其中 $\check{\boldsymbol{x}}(n) = \bar{\boldsymbol{x}}(-n)$ [Bendory et al., 2017]. 这种复杂的对称结构被反映在复杂的优化曲面中, 对其解析研究极具挑战性. 目前, 傅里叶相位恢复的算法理论中的许多基本问题仍然是开放的.

7.4 注记和开放问题

在本章中, 我们透过对称性这个透镜, 回顾了关于信号处理和机器学习中那些可证明的非凸方法的最新进展. 这对于开展非凸优化理论和实践来说都是一个激动人心的时刻. 对于这一领域的补充视角, 我们建议感兴趣的读者参考其他综述论文 [Chi et al., 2019; Jain

⊖ 当 $\boldsymbol{x}$ 只有一维时, 这个问题变得更加悲观——存在多个具有相同傅里叶变换幅度的一维信号, 但它们之间并没有一种明显的对称性.

et al., 2017; Qu et al., 2020b; Sun, 2019a]. 接下来, 我们讨论若干一般方法论问题和未来工作的方向, 以此收尾.

凸化

在过去的数十年里, 凸松弛已经被证明是解决非凸问题 (比如第 2~3 章所介绍的稀疏恢复、第 4~5 章所介绍的低秩矩阵补全以及第 6 章所介绍的其他更一般的原子结构恢复) 的强大工具. 对于这些问题而言, 凸松弛达到了近乎最优的样本复杂度. 哪些非凸问题可以用凸松弛解决呢? 一般性的结论是: 凸集上的单峰 (unimodal) 函数 (即只有一个局部极小值点的函数), 通过赋予空间合适的几何, 可以被凸化 [Rapcsák et al., 1993][⊖]. 本章所涉及的对称性问题并不是单峰的, 它们离可以被凸松弛的情况相去甚远.

- *具有旋转对称性的问题*. 很多具有旋转对称性的问题可以通过提升到一个更高维的空间中而被凸化 [Candès et al., 2009, 2011, 2013c]. 例如, 使用矩阵值变量 $\boldsymbol{X} = \boldsymbol{U}\boldsymbol{U}^*$ 代替因子 $\boldsymbol{U}$. 这可以消除 $\mathsf{O}(r)$ 对称性, 所得到的问题通常可以转化为一个半正定规划, 并且可以全局求解. 通常, 在实际中仍然更偏爱非凸优化问题表述, 因为它们对于大数据集具有可扩展性. 7.2 节和其中的参考文献所描述的几何原理可以解释这些方法成功的原因.
- *具有离散对称性的问题*. 7.3 节所描述的大多数离散对称性问题都不能简单地进行凸松弛. 例如, 完备字典学习可以被化归为一系列线性规划 [Spielman et al., 2012], 但是只有在每个维数为 n 的数据向量的目标稀疏表征具有 $O(\sqrt{n})$ 个非零元素这样的高度稀疏情形下才成立. 这一局限性可以部分归因于更复杂的稀疏对称结构. 面对对称群取商这种很自然的想法在概念层面和实现层面都将会遇到问题. 在这个背景下, 一种的确有成功可能的一般方法是平方和松弛, 它对于字典学习和张量分解的变体可以导出伪多项式甚至多项式时间的算法 [Barak et al., 2015].

高效一阶算法

本章我们已经描述了一系列具有优良全局几何的非凸优化问题: 局部极小值点是全局的, 鞍点呈现出严格的负曲率. 尽管我们还没有强调这些问题的算法方面, 但是这一全局结构确实对计算有着很强的启示——对于大量的方法, 其关键点在于利用负曲率来有效地得到极小值点. 我们将在第 9 章提供一个关于非凸优化算法以及它们的收敛性质和复杂度方面的系统介绍.

我们也有一类显式地建模负曲率的方法, 例如利用对目标函数的二阶近似. 这一类方法包括信赖域方法 [Conn et al., 2000]、三次正则化 [Nesterov et al., 2006], 以及曲线搜索 [Goldfarb, 1980]. 这些方法很难扩展到非常大规模的问题, 因为它们通常需要计算和存储 Hessian 矩阵. 我们也可以使用更具有扩展性的一阶方法 (比如梯度下降) 来利用负曲率.

⊖ 这些是存在性结论, 它们对于有效计算的直接启示很有限, 因为它们应用于 NP 困难问题. 同样值得注意的是, 在 7.3 节中, 很多离散对称问题被表述在紧流形上 (比如 $\mathbb{S}^{n-1}$). 紧 Riemannian 流形上唯一的连续测地凸函数是常函数 [Bishop et al., 1969; Yau, 1974].

在一个鞍点附近, 梯度下降本质上沿着负曲率方向进行幂迭代. 尽管这种方法*有可能*停留在鞍点或者其附近, 但只要施加一个合适程度的随机噪声扰动, 我们就可以保证其迭代能够有效地逃离鞍点 [Criscitiello et al., 2019; Ge et al., 2015; Jin et al., 2017, 2018; Sun et al., 2019].

上面所描述的方法对于一大类*严格鞍点函数* [Ge et al., 2015; Sun et al., 2015] (即鞍点都有严格负曲率方向的函数) 是有效的. 这是一个最坏情况下的性能保证. 可能有些惊讶的是, 最广泛使用的一阶方法 (即梯度下降) 对于最坏情况的严格鞍点函数并不是有效的: 尽管经过随机初始化的梯度下降*确实*以概率 1 获得一个极小值点 [Lee et al., 2016, 2019], 但对于某些严格鞍点函数来说, 它的时间复杂度是维数的指数量级 [Du et al., 2017]. 这些极具挑战的函数具有大量鞍点, 而且它们奇怪地排列, 导致上游负曲率方向和下游鞍点的*正曲率*方向对齐.

这种最坏情况下的行为在某种意义上与这里所研究的高度对称函数所观察到的性质正好相反: 广义相位恢复 [Chen et al., 2018]、字典学习 [Gilboa et al., 2019]、解卷积 [Qu et al., 2019a; Shi et al., 2019] 等问题中的目标函数展现出全局负曲率结构, 其上游的负曲率方向和下游鞍点的*负曲率*方向对齐. 在这种情形下, *随机初始化的梯度下降是有效的*. 这表明自然产生的非凸优化问题与那些最坏情况问题之间存在差异. 未来这一方向上的研究还有很大空间.

严谨的问题表述和分析

我们关于非凸优化的理解还远未达到令人满意的程度——目前的分析仍然是脆弱的、具体的, 而且局限于基本对称性 (比如旋转或者置换) 和简单约束 (比如球面或者齐性空间) 的问题.

- *一个统一理论*. 类似于凸函数的研究 [Boyd et al., 2004], 为了识别并把良好的几何性质推广到新出现的非凸问题, 除了近期确认能够保持优良几何结构的一般条件和操作外 [Li et al., 2019a; Qu et al., 2019b], 我们迫切需要更简单的分析工具. 对于同一个问题, 其凸替代通常是唯一的, 与凸问题不同, 非凸替代可以有多种方式. 例如, 为了促进矩阵的低秩性, 人们既可以使用 $\log\det$ 函数 [Fazel et al., 2003], 也可以使用训练深度神经网络的随机丢弃 (dropout) 法 [Srivastava et al., 2014], 还可以通过矩阵乘积进行过参数化 (见习题). 尽管如此, 正如我们将要看到的, 这些替代方式基本上都与凸替代 (比如核范数) 相关联, 并且还提供其他若干好处, 比如更简单的实现或者更广泛的工作条件.
- *复杂的对称性和约束*. 实际中的非凸问题通常涉及*多种对称性* (比如, 傅里叶相位恢复和深度神经网络) 以及/或者*复杂流形* (比如, Stiefel 流形 [Hu et al., 2019]). 尽管在这一方向上已有一些工作 [Hu et al., 2019; Li et al., 2019a; Zhai et al., 2020b], 我们仍需要更好的技术工具去理解这种复合对称性 (尤其是复合离散对称性) 对优化曲面几何的影响. 当问题的对称性和定义域的流形/群结构交织在一起时, 更加有趣且富有挑战的现象就会出现. 例如, 在基于 ℓ^4 最大化的字典学习问题中, 我们同时遇到带符号的置换对称性 $\mathsf{SP}(n)$ 和正交群 $\mathsf{O}(n)$. 在 9.6 节中我们将会看到, 幂迭代或者不动点类型的算法对于这种流形结构的利用是非常自然且高效的. 然而, 对于更宽泛问题的统一分析和理解目前尚不存在.

- *不光滑性.* 在很多场景下, 为了更好地促进解的稀疏性或鲁棒性, 我们会遇到含有非光滑目标函数的非凸问题 [Bai et al., 2019; Charisopoulos et al., 2019a,b; Davis et al., 2018a,b; Li et al., 2019a, 2020; Zhu et al., 2018b]. 正如我们将在第 8 章看到的, 在凸设定下, 非光滑性通常可以有效处理. 然而, 在非凸设定下, 我们当前的绝大部分分析是局部的 [Charisopoulos et al., 2019b; Li et al., 2019a], 并且 (次梯度) 优化 [Bai et al., 2019; Li et al., 2019a; Zhu et al., 2018b] 将会收敛缓慢. 不过, 引入更复杂的数学工具, 比如变分分析 [Rockafellar et al., 2009] 和高效二阶或者高阶方法 [Duchi et al., 2019], 可能会有助于获得全局分析和快速收敛方法.

7.5 习题

习题 7.1　我们研究如何推导式 (7.2.24) 中给出的 Huber 函数. 首先, 找到问题

$$x_\star(u) = \arg\min_x \frac{1}{2}(u-x)^2 + \lambda|x|$$

的一个闭式解. 然后, 说明函数

$$h_\lambda(u) \doteq \min_x \frac{1}{2}(u-x)^2 + \lambda|x| = \frac{1}{2}(u-x_\star)^2 + \lambda|x_\star|$$

和 Huber 函数 (7.2.24) 具有相同的形式.

习题 7.2 (基于 ℓ^4 范数最大化的完备字典学习)　我们推导并求解针对完备字典学习的 ℓ^4 范数最大化问题 (7.3.14) 的算法.

(1) 推导 $\varphi(\boldsymbol{A}^*) = \|\boldsymbol{A}^*\bar{\boldsymbol{Y}}\|_4^4$ 关于 $\boldsymbol{A}^*$ 的梯度.

(2) 推导求解 $\varphi(\boldsymbol{A}^*)$ 的一个投影梯度上升方法:

$$\boldsymbol{A}_{k+1}^* = \mathcal{P}_{\mathsf{O}(n)}[\boldsymbol{A}_k^* + \gamma \cdot \nabla\varphi(\boldsymbol{A}_k^*)].$$

(3) 完成该算法仿真并使用不同的步长 γ. 当步长趋于无穷, 即

$$\boldsymbol{A}_{k+1}^* = \mathcal{P}_{\mathsf{O}(n)}[\nabla\varphi(\boldsymbol{A}_k^*)]$$

时会如何?

习题 7.3 (基于过参数化的稀疏正则和梯度下降)　给定一个向量 $\boldsymbol{y} \in \mathbb{R}^m$ 和一个矩阵 $\boldsymbol{A} \in \mathbb{R}^{m\times n}$, 考虑优化问题

$$\min_{\{\boldsymbol{u},\boldsymbol{v}\}\subseteq\mathbb{R}^n} f(\boldsymbol{u},\boldsymbol{v}) \doteq \frac{1}{4}\|\boldsymbol{y} - \boldsymbol{A}(\boldsymbol{u}\odot\boldsymbol{u} - \boldsymbol{v}\odot\boldsymbol{v})\|_2^2, \tag{7.5.1}$$

其中 $\odot$ 代表两个向量的 Hadamard 积 (即逐元素相乘). 令 $(\boldsymbol{u}_t(\gamma), \boldsymbol{v}_t(\gamma))$ 为由式 (7.5.1) 的梯度流动力学 (即步长极小的梯度下降) 所给定:

$$\begin{cases} \dot{\boldsymbol{u}}_t(\gamma) = -\nabla f\left(\boldsymbol{u}_t(\gamma), \boldsymbol{v}_t(\gamma)\right) = -\left(\boldsymbol{A}^* \boldsymbol{r}_t(\gamma)\right) \odot \boldsymbol{u}_t(\gamma), \\ \dot{\boldsymbol{v}}_t(\gamma) = -\nabla f\left(\boldsymbol{u}_t(\gamma), \boldsymbol{v}_t(\gamma)\right) = \left(\boldsymbol{A}^* \boldsymbol{r}_t(\gamma)\right) \odot \boldsymbol{v}_t(\gamma), \end{cases} \tag{7.5.2}$$

其中, $\boldsymbol{r}_t(\gamma) \doteq \boldsymbol{A}\left(\boldsymbol{u}_t(\gamma) \odot \boldsymbol{u}_t(\gamma) - \boldsymbol{v}_t(\gamma) \odot \boldsymbol{v}_t(\gamma)\right) - \boldsymbol{y}$, 初始条件为 $\boldsymbol{u}_o(\gamma) = \boldsymbol{v}_o(\gamma) = \gamma \cdot \mathbf{1}$ (即元素全为 γ 的向量). 令

$$\boldsymbol{x}_t(\gamma) = \boldsymbol{u}_t(\gamma) \odot \boldsymbol{u}_t(\gamma) - \boldsymbol{v}_t(\gamma) \odot \boldsymbol{v}_t(\gamma), \tag{7.5.3}$$

且假设下面的条件成立:

- 对于所有的 γ, 极限 $\boldsymbol{x}_\infty(\gamma) := \lim\limits_{t \to \infty} \boldsymbol{x}_t(\gamma)$ 存在且满足 $\boldsymbol{A}\boldsymbol{x}_\infty(\gamma) = \boldsymbol{y}$.
- 极限 $\boldsymbol{x}_\infty := \lim\limits_{\gamma \to 0} \boldsymbol{x}_\infty(\gamma)$ 存在.

证明 $\boldsymbol{x}_\infty$ 是下列优化问题

$$\min_{\boldsymbol{x}} \|\boldsymbol{x}\|_1 \quad \text{s.t.} \quad \boldsymbol{A}\boldsymbol{x} = \boldsymbol{y} \tag{7.5.4}$$

的全局解. (提示: 注意到, 根据第 3 章, 该结论成立当且仅当存在一个对偶证书 $\boldsymbol{\lambda} \in \mathbb{R}^m$, 使得条件 $\boldsymbol{A}^\top \boldsymbol{\lambda} \in \partial \|\boldsymbol{x}_\infty\|_1$ 成立. 然后证明 $\boldsymbol{\lambda} = \lim\limits_{\gamma \to 0} \dfrac{-\lim\limits_{t \to \infty} \int_0^t \boldsymbol{r}_\tau(\gamma) \mathrm{d}\tau}{\log(1/\gamma)}$ 提供了这样的对偶证书.)

从概念上说, 这一现象和我们在第 2 章的习题 2.10 中已经看到的一样: 具有合适初值的梯度下降为它最终将收敛到 (所有无穷多个最优解中的) 哪个解引入了隐式偏倚 (implicit bias).

习题 7.4 (基于 $\log\det(\cdot)$ 函数的低秩正则化) 当矩阵 $\boldsymbol{X} \in \mathbb{R}^{n \times n}$ 对称且半正定, 核范数 $\|\boldsymbol{X}\|_*$ 和矩阵的迹相同. 在本习题中, 我们试着研究凸的核范数 (或迹范数) 与另一种流行的用于最小化 $\operatorname{rank}(\boldsymbol{X})$ 的光滑但非凸替代之间的联系[⊖]. 考虑下述非凸优化问题

$$\min_{\boldsymbol{X} \in \mathsf{C}} f(\boldsymbol{X}) \doteq \log\det(\boldsymbol{X} + \delta \boldsymbol{I}) \tag{7.5.5}$$

其中 $\delta > 0$ 是一个很小的正则化常数, $\boldsymbol{X}$ 属于某个约束集 C. 为了理解这个目标函数与迹范数如何联系:

(1) 首先, 证明 $\nabla_{\boldsymbol{X}} f(\boldsymbol{X}) = (\boldsymbol{X} + \delta \boldsymbol{I})^{-1}$.

(2) 其次, $f(\boldsymbol{X})$ 在点 $\boldsymbol{X}_k$ 附近的展开为:

$$f(\boldsymbol{X}) \approx f(\boldsymbol{X}_k) + \operatorname{trace}\left((\boldsymbol{X}_k + \delta \boldsymbol{I})^{-1}(\boldsymbol{X} - \boldsymbol{X}_k)\right) + o(\|\boldsymbol{X} - \boldsymbol{X}_k\|_2).$$

⊖ 例如, $\log\det(\cdot)$ 函数出现于有损数据压缩中, 作为编码张成一个低维子空间的数据的二进制编码长度的一个好的度量 [Ma et al., 2007]. 正如我们将在第 16 章看到的, 这个非凸目标函数对于导出和解释现代深度神经网络的原理性方法至关重要. 在那里, 凸的核范数是不够用的.

那么, 为了最小化 $f(\boldsymbol{X})$, 我们可以使用贪心下降算法进行迭代

$$\boldsymbol{X}_{k+1} = \arg\min_{\boldsymbol{X}\in\mathsf{C}} \operatorname{trace}\left((\boldsymbol{X}_k + \delta\boldsymbol{I})^{-1}\boldsymbol{X}\right). \tag{7.5.6}$$

注意到 $\boldsymbol{X}_k$ 初始化为 $\boldsymbol{X}_o = \boldsymbol{I}$ 时, 上述迭代变为最小化迹范数

$$\boldsymbol{X}_{k+1} = \arg\min_{\boldsymbol{X}\in\mathsf{C}} \operatorname{trace}(\boldsymbol{X}).$$

习题 7.5 (基于矩阵乘积的低秩正则化) 给定一个矩阵 $\boldsymbol{Y} \in \mathbb{R}^{m\times n}$, 我们可以考虑通过核范数的邻近算子:

$$\min_{\boldsymbol{X}} \|\boldsymbol{Y} - \boldsymbol{X}\|_2^2 + \lambda\|\boldsymbol{X}\|_*$$

来计算它的低秩近似. 利用定理 4.1 证明, 如果我们将 $\boldsymbol{X}$ 参数化为矩阵乘积 $\boldsymbol{X} = \boldsymbol{U}\boldsymbol{V}^* \doteq \sum_k \boldsymbol{u}_k\boldsymbol{v}_k^*$, 那么上面的凸优化等价于下面的非凸优化:

$$\min_{\boldsymbol{U},\boldsymbol{V}} \|\boldsymbol{Y} - \boldsymbol{U}\boldsymbol{V}^*\|_2^2 + \lambda\sum_k \|\boldsymbol{u}_k\|_2\|\boldsymbol{v}_k\|_2. \tag{7.5.7}$$

习题 7.6 (随机矩阵分解) 考虑通过一组秩 1 因子矩阵的随机叠加去近似一个给定的矩阵 $\boldsymbol{Y} \in \mathbb{R}^{m\times n}$, 即

$$\boldsymbol{Y} \approx \frac{1}{\theta}\sum_{k=1}^{d} r_k\boldsymbol{u}_k\boldsymbol{v}_k^*,$$

其中 $r_k \sim \operatorname{Ber}(\theta)$ 为独立同分布 Bernoulli 变量, 且 $\boldsymbol{u}_k$ 是矩阵 $\boldsymbol{U} \in \mathbb{R}^{m\times d}$ 的列向量, $\boldsymbol{v}_k$ 是矩阵 $\boldsymbol{V} \in \mathbb{R}^{n\times d}$ 的列向量. 我们的目标是最小化关于所有 d 个 Bernoulli 变量 $\boldsymbol{r}$ 的期望误差:

$$\mathbb{E}\left\|\boldsymbol{Y} - \frac{1}{\theta}\boldsymbol{U}\operatorname{diag}(\boldsymbol{r})\boldsymbol{V}^*\right\|_F^2.$$

请证明:

$$\mathbb{E}\left\|\boldsymbol{Y} - \frac{1}{\theta}\boldsymbol{U}\operatorname{diag}(\boldsymbol{r})\boldsymbol{V}^*\right\|_F^2 = \left\|\boldsymbol{Y} - \boldsymbol{U}\boldsymbol{V}^*\right\|_F^2 + \frac{1-\theta}{\theta}\sum_{k=1}^{d}\|\boldsymbol{u}_k\|_2^2\|\boldsymbol{v}_k\|_2^2. \tag{7.5.8}$$

注意到除了平方之外, 第二项和上一习题非常相似. 随机分解还可以用于建模训练深度神经网络所引入的 “*丢弃法* (dropout)” 技巧 [Srivastava et al., 2014].

习题 7.7 考虑矩阵分解 $\boldsymbol{X} = \boldsymbol{U}\boldsymbol{V}^* \doteq \sum_{k=1}^{d}\boldsymbol{u}_k\boldsymbol{v}_k^*$ 以及与之相关的一个量:

$$\rho(\boldsymbol{U},\boldsymbol{V}) \doteq \sum_{k=1}^{d}\|\boldsymbol{u}_k\|_2^2\|\boldsymbol{v}_k\|_2^2.$$

证明: 如果我们可以让因子的规模任意大, 即 d 任意大, 那么我们有

$$\inf_{d,\boldsymbol{X}=\boldsymbol{U}\boldsymbol{V}^*}\rho(\boldsymbol{U},\boldsymbol{V}) = 0.$$

这一性质表明, 如果我们允许 d 自由取值, 那么上一习题的第二项倾向于冗余分解.

习题 7.8 (作为低秩近似的丢弃法)　在上面的随机矩阵分解问题中, 把 Bernoulli 随机变量的采样概率 θ 考虑成 $\boldsymbol{U}$ 和 $\boldsymbol{V}$ 的列数 d 的函数: 对于给定的 p, $0<p<1$,

$$\theta(d)=\frac{p}{d-(d-1)p}. \tag{7.5.9}$$

然后证明

$$\inf_{d,\boldsymbol{X}=\boldsymbol{U}\boldsymbol{V}^*}\frac{1-\theta(d)}{\theta(d)}\sum_{k=1}^{d}\|\boldsymbol{u}_k\|_2^2\|\boldsymbol{v}_k\|_2^2=\frac{1-p}{p}\|\boldsymbol{X}\|_*^2. \tag{7.5.10}$$

进一步证明, 利用上面的采样概率, 那么引入丢弃法技巧则有

$$\min_{d,\boldsymbol{U},\boldsymbol{V}}\mathbb{E}\left\|\boldsymbol{Y}-\frac{1}{\theta(d)}\boldsymbol{U}\operatorname{diag}(\boldsymbol{r})\boldsymbol{V}^*\right\|_F^2=\min_{\boldsymbol{X}}\|\boldsymbol{Y}-\boldsymbol{X}\|_2^2+\frac{1-p}{p}\|\boldsymbol{X}\|_*^2. \tag{7.5.11}$$

习题 7.9 (作为正则化项的核范数平方)　上述习题表明, 深度学习中的丢弃法技巧在本质上等价于对两个相邻层的参数通过核范数平方作为正则化. 给定矩阵 $\boldsymbol{Y}$ 的奇异值分解 $\boldsymbol{Y}=\boldsymbol{U}\boldsymbol{\Sigma}\boldsymbol{V}^*$, 证明优化问题

$$\min_{\boldsymbol{X}}\|\boldsymbol{Y}-\boldsymbol{X}\|_2^2+\lambda\|\boldsymbol{X}\|_*^2$$

的最优解具有 $\boldsymbol{X}_\star=\boldsymbol{U}\mathcal{S}_\mu(\boldsymbol{\Sigma})V^*$ 的形式, 其中 $\mathcal{S}_\mu$ 是一个收缩算子, 其阈值依赖于 λ 和 $\boldsymbol{\Sigma}$. 这表明随机矩阵分解 (深度学习中也称为丢弃法) 的本质是给所求解的矩阵施加低秩正则.

习题 7.10 (基于过参数化和隐式偏倚的低秩正则化)　我们重新考虑第 4 章研究过的仿射秩最小化问题:

$$\min_{\boldsymbol{X}}\operatorname{rank}(\boldsymbol{X})\quad \text{s.t.}\quad \mathcal{A}[\boldsymbol{X}]=\boldsymbol{y}. \tag{7.5.12}$$

这里 $\boldsymbol{y}=\mathcal{A}[\boldsymbol{X}_o]\in\mathbb{R}^m$ 是观测向量, 我们考虑 $\boldsymbol{X}\in\mathbb{R}^{n\times n}$ 是对称矩阵且 $\mathcal{A}$ 是 $\mathbb{R}^{n\times n}\to\mathbb{R}^m$ 的线性映射这样一个特例. 因此对某个 $\boldsymbol{A}_i\in\mathbb{R}^{n\times n}$, 每个观测具有 $y_i=\langle\boldsymbol{A}_i,\boldsymbol{X}\rangle$ 的形式, 见式 (4.3.2). 为了简单起见, 我们进一步假设观测矩阵 $\boldsymbol{A}_i$ 可交换, 即对于所有 i 和 j, $\boldsymbol{A}_i\boldsymbol{A}_j=\boldsymbol{A}_j\boldsymbol{A}_i$.

为了恢复低秩解 $\boldsymbol{X}_o$, 我们将 $\boldsymbol{X}$ 过参数化为 $\boldsymbol{X}=\boldsymbol{U}\boldsymbol{U}^*$, 其中 $\boldsymbol{U}\in\mathbb{R}^{n\times n}$, 并考虑求解下述非凸优化问题:

$$\min_{\boldsymbol{U}}f(\boldsymbol{U})\doteq\|\mathcal{A}[\boldsymbol{U}\boldsymbol{U}^*]-\boldsymbol{y}\|_2^2. \tag{7.5.13}$$

显然, 由于 $\boldsymbol{X}$ 被 $\boldsymbol{U}$ 过参数化, 上述优化问题没有唯一解. 我们关心如何利用一个特殊的优化策略仍然能够正确地恢复 $\boldsymbol{X}_o$. 构造 $\boldsymbol{U}(t)$ 为 $f(\boldsymbol{U})$ 的梯度流的解:

$$\dot{\boldsymbol{U}}(t)=-\nabla f(\boldsymbol{U}(t))=-\mathcal{A}^*[\mathcal{A}[\boldsymbol{U}(t)\boldsymbol{U}^*(t)]-\boldsymbol{y}]\boldsymbol{U}(t), \tag{7.5.14}$$

其中 $\mathcal{A}^*$ 是线性映射 $\mathcal{A}$ 的伴随算子. 令 $\boldsymbol{e}(t)\doteq\mathcal{A}[\boldsymbol{U}(t)\boldsymbol{U}^*(t)]-\boldsymbol{y}\in\mathbb{R}^m$.

(1) 证明使用上述定义 $\boldsymbol{U}(t)$ 的梯度流, $\boldsymbol{X}(t)=\boldsymbol{U}(t)\boldsymbol{U}^*(t)$ 满足如下微分方程:

$$\dot{\boldsymbol{X}}(t)=-\mathcal{A}^*[\boldsymbol{e}(t)]\boldsymbol{X}(t)-\boldsymbol{X}(t)\mathcal{A}^*[\boldsymbol{e}(t)]. \tag{7.5.15}$$

(2) 从 $\boldsymbol{X}(0)=\boldsymbol{X}_o$ 开始, 对于 $m=1$ 的特定情况, 请推导 $\boldsymbol{X}(t)$ 的解.

(3) 假设下面两个极限存在[⊖]:

$$\boldsymbol{X}_\infty(\boldsymbol{X}_o)=\lim_{t\to\infty}\boldsymbol{X}(t) \quad \text{以及} \quad \hat{\boldsymbol{X}}=\lim_{\varepsilon\to 0}\boldsymbol{X}_\infty(\varepsilon\boldsymbol{X}_o).$$

证明 $\hat{\boldsymbol{X}}$ 是下述优化问题的最优解:

$$\min_{\boldsymbol{X}}\|\boldsymbol{X}\|_* \quad \text{s.t.} \quad \mathcal{A}[\boldsymbol{X}]=\boldsymbol{y}, \tag{7.5.16}$$

其中 $\mathcal{A}[\boldsymbol{X}]=\langle\boldsymbol{A}_1,\boldsymbol{X}\rangle$, 因为 $m=1$.

(4) 现在推广到 m 个观测的情形, 证明只要 $\boldsymbol{A}_i$ (其中 $i=1,\cdots,m$) 是可交换的, 那么 $\hat{\boldsymbol{X}}$ 为上述凸优化的最优解.

可以将此视为习题 7.3 中对稀疏性的过参数化在低秩矩阵情形下的推广.

⊖ 我们把这些极限存在的条件作为额外的附加问题留给学生.

第二部分

计算方法

第8章

用于结构化信号恢复的凸优化

“在我们看来，凸优化是继高等线性代数 (诸如最小二乘法、奇异值分解等) 和线性规划之后最自然的下一个需要学习的课题.”

—— Stephen Boyd 和 Lieven Vandenberghe, *Convex Optimization*

在本书前面的基本原理部分, 我们已经证明: 在对于所需测量的数量非常宽泛的条件下, 许多重要类型的结构化信号的恢复可以通过在计算上可行的优化问题来解决, 比如恢复稀疏信号的 ℓ^1 范数最小化和恢复低秩矩阵的核范数最小化. 正如我们在本书后面的真实应用部分将看到的, 许多这样的低维结构对于在各种应用中出现的高维数据建模至关重要. 因此, 从实践的角度来看, 为这类优化问题开发高效且具有可扩展性的算法是至关重要的. 本书接下来的两章内容将承担这个任务.

在本章中, 我们主要关注结构化信号恢复的*凸优化方法*, 把非凸优化方法留给下一章. 本章优先介绍凸优化方法有两个原因. 首先, 前几章已经在理论上建立了凸优化方法可以给出这些结构化信号恢复问题正确解的精确条件. 其次, 正如在本章将看到的, 我们处理的这类凸优化问题具有一些独特性质, 从而可以得到收敛更快、可扩展性更好的算法. 尽管这里主要使用 ℓ^1 范数或者核范数最小化作为例子, 但我们所介绍的优化方法却是非常通用的, 适用于具有类似结构的更广泛的一类凸优化问题.

本章 (或者本书) 并不打算全面介绍凸分析和凸优化, 因为这方面已经有很好的参考资料, 比如 [Bertsekas et al., 2003; Boyd et al., 2004; Nesterov et al., 2018]. 相反, 本章主要侧重于展示如何利用我们所要解决的优化问题中的特殊结构, 从而开发出比一般凸优化方法更有效、更具有可扩展性的算法. 为了使本书内容完整, 我们在附录 B $\sim$ 附录 D 中简要介绍凸函数的相关概念、性质以及一些通用的凸优化方法.

8.1 挑战与机遇

在本章中, 我们将描述一些基本想法, 这些想法通过利用结构化信号恢复所对应的凸优化问题的一些特定性质来实现更有效、更具可扩展性的算法. 我们的讨论将围绕四个具有代表性的问题展开: 基追踪 (即等式约束的 ℓ^1 范数最小化问题) 及其正则化版本 (即去噪基追踪), 主成分追踪及其正则化版本. 我们接下来将介绍这四个基本优化问题.

让我们首先回顾一下*基追踪* (Basis Pursuit, BP) 问题, 即从观测 $\boldsymbol{y} = \boldsymbol{A}\boldsymbol{x}_o \in \mathbb{R}^m$ 中通过凸优化方法恢复出稀疏向量 $\boldsymbol{x}_o \in \mathbb{R}^n$:

$$\begin{aligned} \min_{\boldsymbol{x}} \quad & \|\boldsymbol{x}\|_1 \\ \text{s.t.} \quad & \boldsymbol{A}\boldsymbol{x} = \boldsymbol{y}. \end{aligned} \tag{8.1.1}$$

这个问题的一个重要变种是考虑含噪声情况, 其中观测 $\boldsymbol{y}$ 被中等程度高斯噪声 $\boldsymbol{z}$ 所污染, 即 $\boldsymbol{y} = \boldsymbol{A}\boldsymbol{x}_o + \boldsymbol{z}$, 这被称为*去噪基追踪*, 也被称为 LASSO, 即

$$\min_{\boldsymbol{x}} \frac{1}{2}\|\boldsymbol{y} - \boldsymbol{A}\boldsymbol{x}\|_2^2 + \lambda\|\boldsymbol{x}\|_1, \tag{8.1.2}$$

其中 $\lambda > 0$ 是一个标量形式的超参数.

在鲁棒主成分分析 (RPCA) 中, 其目标是从被损坏的观测数据 $\boldsymbol{Y}$ 中恢复出一个低秩矩阵 $\boldsymbol{L}_o$, 即 $\boldsymbol{Y} = \boldsymbol{L}_o + \boldsymbol{S}_o \in \mathbb{R}^{m\times n}$, 这里 $\boldsymbol{S}_o$ 为稀疏误差项. 前面几章所提出的一个自然方法是求解一个被称作*主成分追踪* (Principal Component Pursuit, PCP) 的问题:

$$\begin{aligned} \min_{\boldsymbol{L},\boldsymbol{S}} \quad & \|\boldsymbol{L}\|_* + \lambda\|\boldsymbol{S}\|_1 \\ \text{s.t.} \quad & \boldsymbol{L} + \boldsymbol{S} = \boldsymbol{Y}, \end{aligned} \tag{8.1.3}$$

其中 $\lambda > 0$ 是一个标量形式的超参数. 同样, 如果数据还是含噪声的, 我们求解一个稳定版的 PCP 问题:

$$\min_{\boldsymbol{L},\boldsymbol{S}} \quad \|\boldsymbol{L}\|_* + \lambda\|\boldsymbol{S}\|_1 + \frac{\mu}{2}\|\boldsymbol{Y} - \boldsymbol{L} - \boldsymbol{S}\|_F^2, \tag{8.1.4}$$

从而得到低秩与稀疏项的稳定估计 $\hat{\boldsymbol{L}}$ 和 $\hat{\boldsymbol{S}}$, 其中 $\lambda > 0$ 和 $\mu > 0$ 是两个标量形式的超参数.

数据规模的挑战

当优化问题的维数不太高时, 人们可以直接应用经典的二阶凸优化算法 (比如内点法, 见 [Boyd et al., 2004]) 去求解上述凸优化问题. 这些经典方法, 在诸如目标函数为光滑且强凸等有利条件下, 只需要很少的迭代次数 $O(\log(1/\varepsilon))$ 就可以收敛到高精度的解, 其中 $\varepsilon > 0$ 是所设定的目标精度. 然而, 对于解决包含 n 个优化变量的问题, 这些经典方法每次迭代需要求解一个 $n \times n$ 的线性方程组, 其计算成本是 $O(n^3)$. 对于现代信号处理中的应用问题, 优化变量的数目 n 可能非常高. 比如, 在图像处理中, n 通常与像素的数目相同, 很容易达到百万级别. 对于这类问题, 这些经典方法的单次迭代成本巨大. 因此, 我们需要考虑每次迭代成本更小的替代方法.

例 8.1 (使用内点法求解大规模 BP 问题) 从实际角度考虑一下, 通过仿真构造一组数据集, 基于 CVX 实现 BP 算法, 绘制当维数 n 从 100 变到 1000 时算法的平均运行时间. 请观察一个通用的凸优化求解器 (主要基于二阶内点法) 的运行时间如何随着这类优化问题的规模而变化.

目标函数非光滑所带来的困难

大规模的高维优化问题迫使我们采用那些更简单的只使用目标函数一阶信息的算法, 因为这样的算法更容易扩展到高维问题. 典型的一阶方法是*梯度下降*. 然而, 当目标函数可能包含不可微的非光滑项时, 实现梯度下降会出现一些技术上的困难. 例如, BPDN 问题中的 ℓ^1 范数 $\|\boldsymbol{x}\|_1$ 并不具备正常意义上的梯度. 在这种情况下, 就像我们在第 2 章所做的那样, 最简单的解决办法是采用*次梯度方法*. 虽然次梯度方法的每次迭代非常简单, 但它的收敛速率却比较差, 通常为 $O(1/\sqrt{k})$[㊀]. 这意味着这种算法通常需要许多 (上千) 次迭代才能收敛到最优解. 在本章中, 我们将展示如何利用结构化信号恢复的一些重要特性. 这些特性使我们能够像目标函数是光滑的一样开发梯度下降算法, 即所谓的*邻近梯度* (Proximal Gradient, PG) 方法 (见 8.2 节). 同样的特性也使我们能够利用为光滑函数所设计的加速技术, 获得更具可扩展性的快速收敛算法, 其收敛速率比一般梯度方法要好得多 (见 8.3 节).

实现等式约束所存在的困难

为了求解基追踪问题(8.1.1), 我们需要确保最终的解 $\boldsymbol{x}$ 严格满足等式约束 $\boldsymbol{y} = \boldsymbol{A}\boldsymbol{x}$. 一个实现等式约束的朴素方法是将其作为惩罚项引入到目标函数中, 从而求解下述最小化问题:

$$\min_{\boldsymbol{x}} \|\boldsymbol{x}\|_1 + \frac{\mu}{2}\|\boldsymbol{y} - \boldsymbol{A}\boldsymbol{x}\|_2^2.$$

这是一个与 BPDN 类似的优化问题, 只是我们需要针对 $\mu \to \infty$ 的递增序列求解这类问题, 以便最终实现等式约束. 然而, 当参数 μ 增加时, 对应的 BPDN 问题逐渐变得病态, 因此算法的收敛速度将越来越慢. 在 8.4 节中, 我们将看到如何采用*增广拉格朗日乘子* (Augmented Lagrange Multiplier, ALM) 技术来解决这一困难.

利用可分离结构

通常情况下, 我们要恢复的结构化信号是多个结构化项的叠加. 例如, 前面所提到的主成分追踪 (PCP) 问题:

$$\min_{\boldsymbol{L},\boldsymbol{S}} \|\boldsymbol{L}\|_* + \lambda\|\boldsymbol{S}\|_1 \quad \text{s.t.} \quad \boldsymbol{Y} = \boldsymbol{L} + \boldsymbol{S}. \tag{8.1.5}$$

正如我们将在 8.5 节所展示的, 目标函数的这种可分离结构可以通过*交替方向乘子法* (Alternating Direction Method of Multiplier, ADMM) 很自然地加以利用. 由于 ADMM 把全局优化转换成若干个维数更小的子问题, 我们最终会得到解决这类凸优化问题的更简单更有效算法.

最后, 在 8.6 节中, 我们将研究如何利用目标函数或者约束集合的额外结构来进一步提高优化算法关于问题维数或者样本数量的可扩展性.

㊀ 对于典型的次梯度方法的详细描述, 参见 [Nemirovski, 1995, 2007].

8.2 邻近梯度法

正如前面所看到的, 我们所关心的优化问题大多数都可以被简化为求解一系列结构化的凸优化问题. 它们的目标函数往往形如:

$$F(\boldsymbol{x}) \doteq f(\boldsymbol{x}) + g(\boldsymbol{x}), \tag{8.2.1}$$

其中 $f(\boldsymbol{x})$ 是光滑凸函数, $g(\boldsymbol{x})$ 是凸函数但不光滑. 例如, 在 LASSO 问题(8.1.2)中, 我们可以设 $f(\boldsymbol{x}) \doteq \frac{1}{2}\|\boldsymbol{y} - \boldsymbol{A}\boldsymbol{x}\|_2^2$, $g(\boldsymbol{x}) \doteq \lambda\|\boldsymbol{x}\|_1$, 其中 $\lambda > 0$. 我们的目的是为这类问题开发可扩展的高效算法.

由于目标函数 $F(\boldsymbol{x})$ 不可微, 一般的梯度算法不再适用. 在这种情况下, 我们首先能够想到的办法是利用*次梯度*来替换梯度, 从而得到简单的次梯度下降方法, 其每步迭代为:

$$\boldsymbol{x}_{k+1} = \boldsymbol{x}_k - \gamma_k \boldsymbol{g}_k, \tag{8.2.2}$$

其中 $\boldsymbol{g}_k$ 是在 $\boldsymbol{x}_k$ 处 $F(\boldsymbol{x})$ 的一个次梯度, 即 $\boldsymbol{g}_k \in \partial F(\boldsymbol{x}_k)$. 然而, 这种方法的主要缺点是收敛速率相对较差⊖. 设 $\boldsymbol{x}_\star$ 为 $F(\boldsymbol{x})$ 的 (全局) 极小值点. 一般来说, 以函数值 $F(\boldsymbol{x}_k) - F(\boldsymbol{x}_\star)$ 的逼近来看的话, 对于一般非光滑目标函数, 次梯度下降方法的收敛速率为 (参见 [Nesterov, 2003]):

$$O(1/\sqrt{k}). \tag{8.2.3}$$

表达式 $O(\cdot)$ 中的常数取决于问题的各种性质. 很重要的一点是, 即使对于一个一般的目标精度 ε, 即

$$F(\boldsymbol{x}_k) - F(\boldsymbol{x}_\star) \leqslant \varepsilon,$$

我们也需要非常大的迭代次数 k, 因为 $k = O(\varepsilon^{-2})$.

8.2.1 梯度下降的收敛性

我们可以把次梯度方法的表现与最小化一个光滑目标函数的简单*梯度下降*方法进行比较. 考虑一个更简单的问题

$$\min_{\boldsymbol{x}} \quad f(\boldsymbol{x}), \tag{8.2.4}$$

其中 f 是可微凸函数. 每次梯度下降迭代为

$$\boldsymbol{x}_{k+1} = \boldsymbol{x}_k - \gamma_k \nabla f(\boldsymbol{x}_k). \tag{8.2.5}$$

这个迭代来自函数 f 在点 $\boldsymbol{x} = \boldsymbol{x}_k$ 处的一阶近似. 因为函数 f 是凸的, 这个一阶近似提供 f 的一个全局下界, 即

$$f(\boldsymbol{x}') \geqslant f(\boldsymbol{x}) + \langle \nabla f(\boldsymbol{x}), \boldsymbol{x}' - \boldsymbol{x} \rangle. \tag{8.2.6}$$

⊖ 此外, 步长 γ_k 的设置也很有挑战性.

然而, 我们希望这个下界在点 $\boldsymbol{x}$ 的邻域内更准确. 这个邻域的大小主要取决于函数 f 的性质. 例如, 如果 f 相对光滑, 且其梯度在各点之间变化不大, 可以想象点 $\boldsymbol{x}$ 处的一阶近似在相对较大的区域内是准确的. 为了更正式一些, 我们称一个可微函数 $f(\boldsymbol{x})$ 具有 L-Lipschitz 连续梯度, 如果

$$\|\nabla f(\boldsymbol{x}') - \nabla f(\boldsymbol{x})\|_2 \leqslant L\|\boldsymbol{x}' - \boldsymbol{x}\|_2, \quad \forall \boldsymbol{x}', \boldsymbol{x} \in \mathbb{R}^n \tag{8.2.7}$$

其中 $L > 0$. 这个数值 L 被称为梯度 ∇f 的 Lipschitz 常数.

当 Lipschitz 条件(8.2.7)成立时, 我们使用微积分知识, 就可以给函数 $f(\boldsymbol{x})$ 的线性下界(8.2.6)补充一个相应的二次上界.

引理 8.1　假设 f 是可微函数, ∇f 是 L-Lipschitz 连续的. 那么对于每个 $\boldsymbol{x}, \boldsymbol{x}' \in \mathbb{R}^n$,

$$f(\boldsymbol{x}') \leqslant f(\boldsymbol{x}) + \langle \nabla f(\boldsymbol{x}), \boldsymbol{x}' - \boldsymbol{x}\rangle + \frac{L}{2}\|\boldsymbol{x}' - \boldsymbol{x}\|_2^2. \tag{8.2.8}$$

证明. 我们计算一下:

$$\begin{aligned}
f(\boldsymbol{x}') &= f(\boldsymbol{x} + t(\boldsymbol{x}' - \boldsymbol{x}))|_{t=1} && (8.2.9)\\
&= f(\boldsymbol{x}) + \int_{t=0}^{1} \frac{\mathrm{d}}{\mathrm{d}t} f(\boldsymbol{x} + t(\boldsymbol{x}' - \boldsymbol{x}))\,\mathrm{d}t && (8.2.10)\\
&= f(\boldsymbol{x}) + \int_{t=0}^{1} \langle \nabla f(\boldsymbol{x} + t(\boldsymbol{x}' - \boldsymbol{x})), \boldsymbol{x}' - \boldsymbol{x}\rangle\,\mathrm{d}t && (8.2.11)\\
&= f(\boldsymbol{x}) + \langle \nabla f(\boldsymbol{x}), \boldsymbol{x}' - \boldsymbol{x}\rangle \\
&\quad + \int_{t=0}^{1} \langle \nabla f(\boldsymbol{x} + t(\boldsymbol{x}' - \boldsymbol{x})) - \nabla f(\boldsymbol{x}), \boldsymbol{x}' - \boldsymbol{x}\rangle\,\mathrm{d}t && (8.2.12)\\
&\leqslant f(\boldsymbol{x}) + \langle \nabla f(\boldsymbol{x}), \boldsymbol{x}' - \boldsymbol{x}\rangle \\
&\quad + \int_{t=0}^{1} \|\nabla f(\boldsymbol{x} + t(\boldsymbol{x}' - \boldsymbol{x})) - \nabla f(\boldsymbol{x})\|_2\|\boldsymbol{x}' - \boldsymbol{x}\|_2\,\mathrm{d}t \\
&\leqslant f(\boldsymbol{x}) + \langle \nabla f(\boldsymbol{x}), \boldsymbol{x}' - \boldsymbol{x}\rangle + \int_{t=0}^{1} tL\|\boldsymbol{x}' - \boldsymbol{x}\|_2^2\,\mathrm{d}t && (8.2.13)\\
&= f(\boldsymbol{x}) + \langle \nabla f(\boldsymbol{x}), \boldsymbol{x}' - \boldsymbol{x}\rangle + \frac{L}{2}\|\boldsymbol{x}' - \boldsymbol{x}\|_2^2, && (8.2.14)
\end{aligned}$$

由此得证. □

因此, 如果 ∇f 是 Lipschitz 连续的, 我们可以得到一个相应的二次上界:

$$\begin{aligned}
f(\boldsymbol{x}') \leqslant \hat{f}(\boldsymbol{x}', \boldsymbol{x}) &\doteq f(\boldsymbol{x}) + \langle \nabla f(\boldsymbol{x}), \boldsymbol{x}' - \boldsymbol{x}\rangle + \frac{L}{2}\|\boldsymbol{x}' - \boldsymbol{x}\|_2^2 && (8.2.15)\\
&= \frac{L}{2}\left\|\boldsymbol{x}' - \left(\boldsymbol{x} - \frac{1}{L}\nabla f(\boldsymbol{x})\right)\right\|_2^2 + h(\boldsymbol{x}), && (8.2.16)
\end{aligned}$$

其中函数 $h(\boldsymbol{x})$ 并不依赖于 $\boldsymbol{x}'$. 这个二次上界在点 $\boldsymbol{x}$ 处与函数 f 一致, 即 $\hat{f}(\boldsymbol{x}, \boldsymbol{x}) = f(\boldsymbol{x})$. 现在假设相对于 $\boldsymbol{x}'$ 来最小化这个二次上界. 通过观察上面的第二个等式, 我们发现极小值

点具有一个非常熟悉的形式:

$$\arg\min_{\boldsymbol{x}'} \hat{f}(\boldsymbol{x}', \boldsymbol{x}) \;=\; \boldsymbol{x} - \frac{1}{L}\nabla f(\boldsymbol{x}). \tag{8.2.17}$$

这是一个梯度下降步骤, 从 $\boldsymbol{x}$ 开始, 选择一个特殊的步长 $\gamma = 1/L$. 此外, 由于 $\hat{f}(\boldsymbol{x}, \boldsymbol{x}) = f(\boldsymbol{x})$, 这个最小化不会让目标函数值增大: 如果 $\boldsymbol{x}'_\star \in \arg\min_{\boldsymbol{x}'} \hat{f}(\boldsymbol{x}', \boldsymbol{x})$, 那么

$$f(\boldsymbol{x}'_\star) \;\leqslant\; \hat{f}(\boldsymbol{x}'_\star, \boldsymbol{x}) \;\leqslant\; \hat{f}(\boldsymbol{x}, \boldsymbol{x}) \;=\; f(\boldsymbol{x}). \tag{8.2.18}$$

因此, 如果使用步长为 $1/L$ 的梯度下降法, 我们可以保证产生一个单调的函数值序列 $f(\boldsymbol{x}_k)$. 进一步, 我们可以证明, 它以速率 $O(1/k)$ 收敛到其最优函数值㊀:

$$f(\boldsymbol{x}_k) - f(\boldsymbol{x}_\star) \;\leqslant\; \frac{L\,\|\boldsymbol{x}_0 - \boldsymbol{x}_\star\|_2^2}{2k} \;=\; O(1/k). \tag{8.2.19}$$

这仍不是一个特别快的收敛速率, 但它比非光滑函数的次梯度算法的收敛速率 $O(1/\sqrt{k})$ 要好得多.

8.2.2 从梯度到邻近梯度

我们能否从梯度方法中得到启发, 为最小化具有组合形式的目标函数 $F(\boldsymbol{x}) = f(\boldsymbol{x}) + g(\boldsymbol{x})$ 开发更有效的算法呢? 梯度方法在这里并不能直接使用, 因为函数 F 是不可微的. 然而, 如果光滑项的梯度 ∇f 是 Lipschitz 连续的, 那么我们仍然可以对函数 F 构造一个简单的上界, 即

$$\hat{F}(\boldsymbol{x}, \boldsymbol{x}_k) \;=\; f(\boldsymbol{x}_k) + \langle \nabla f(\boldsymbol{x}_k), \boldsymbol{x} - \boldsymbol{x}_k \rangle + \frac{L}{2}\|\boldsymbol{x} - \boldsymbol{x}_k\|_2^2 + g(\boldsymbol{x}). \tag{8.2.20}$$

也就是说, 在当前的迭代点 $\boldsymbol{x}_k$ 附近以二次近似构造 f 的上界, 但保留非光滑项 g 不动. 由于上面最小化式(8.2.15)中的函数 $\hat{f}$ 产生了拥有更好收敛速率的梯度方法, 所以让我们尝试在点 $\boldsymbol{x}_k$ 附近最小化函数 F 的上界, 即

$$\boldsymbol{x}_{k+1} \;=\; \arg\min_{\boldsymbol{x}} \; \hat{F}(\boldsymbol{x}, \boldsymbol{x}_k). \tag{8.2.21}$$

对于常见的函数 g, 这种最小化问题往往具有比较简单的解. 通过在式(8.2.20)中使用配方法来 “*凑平方*”, 我们得到:

$$\hat{F}(\boldsymbol{x}, \boldsymbol{x}_k) \;=\; \frac{L}{2}\left\|\boldsymbol{x} - \left(\boldsymbol{x}_k - \frac{1}{L}\nabla f(\boldsymbol{x}_k)\right)\right\|_2^2 + g(\boldsymbol{x}) \;+\; h(\boldsymbol{x}_k), \tag{8.2.22}$$

其中 $h(\boldsymbol{x}_k)$ 仅依赖于 $\boldsymbol{x}_k$.

㊀ 在这里我们并不证明式(8.2.19), 因为我们将在下述内容中得到一个更一般的结果, 它蕴含这里的结果.

因此, 式(8.2.21)变成:

$$\boldsymbol{x}_{k+1} = \arg\min_{\boldsymbol{x}} \frac{L}{2}\left\|\boldsymbol{x} - \left(\boldsymbol{x}_k - \frac{1}{L}\nabla f(\boldsymbol{x}_k)\right)\right\|_2^2 + g(\boldsymbol{x}) \tag{8.2.23}$$

$$= \arg\min_{\boldsymbol{x}} g(\boldsymbol{x}) + \frac{L}{2}\|\boldsymbol{x} - \boldsymbol{w}_k\|_2^2, \tag{8.2.24}$$

其中, 为了方便起见, 我们定义 $\boldsymbol{w}_k \doteq \boldsymbol{x}_k - (1/L)\nabla f(\boldsymbol{x}_k)$. 因此, 在迭代公式(8.2.21)的每一步中, 我们需要最小化 $g(\boldsymbol{x})$ 加一个可分离的二次项 $\frac{L}{2}\|\boldsymbol{x} - \boldsymbol{w}_k\|_2^2$. 在某种意义上说, 这要求我们在不偏离 $\boldsymbol{w}_k$ 太远的情况下, 使 $g(\boldsymbol{x})$ 尽可能小. 因为 $\|\cdot\|_2^2$ 是强凸的, 这个问题总有唯一解. 因此, 由式(8.2.21)所递归定义的序列 $\boldsymbol{x}_k$ 是良定的.

事实上, 最小化一个凸函数 $g(\boldsymbol{x})$ 加一个可分离的二次项 $\|\boldsymbol{x} - \boldsymbol{w}_k\|_2^2$ 这种操作在凸分析和凸优化中经常出现, 以至于它有了特定的名称. 这被称为凸函数 $g(\boldsymbol{x})$ 的邻近算子 (proximal operator).

定义 8.1 (邻近算子) 凸函数 $g(\boldsymbol{x})$ 的邻近算子被定义为:

$$\operatorname{prox}_g[\boldsymbol{w}] \doteq \arg\min_{\boldsymbol{x}} \left\{g(\boldsymbol{x}) + \frac{1}{2}\|\boldsymbol{x} - \boldsymbol{w}\|_2^2\right\}. \tag{8.2.25}$$

按照这个定义, 迭代公式 (8.2.24) 可以被写为

$$\boldsymbol{x}_{k+1} = \operatorname{prox}_{g/L}[\boldsymbol{w}_k]. \tag{8.2.26}$$

幸运的是, 我们在结构化信号恢复中所遇到的很多凸函数 (比如范数) 的邻近算子要么具有闭式解, 要么可以通过数值方式非常高效地计算出来. 下面我们列举几个例子.

命题 8.1 指示函数、ℓ^1 范数和核范数的邻近算子由以下形式给出.

(1) 令 $g(\boldsymbol{x}) = \mathbb{I}_{\mathcal{D}}$ 为闭凸集 $\mathcal{D}$ 的指示函数, 即若 $\boldsymbol{x} \in \mathcal{D}$, 则 $\mathbb{I}_{\mathcal{D}}(\boldsymbol{x}) = 0$, 否则 $\mathbb{I}_{\mathcal{D}}(\boldsymbol{x}) = \infty$. 那么 $\operatorname{prox}_g[\boldsymbol{w}]$ 是如下定义的投影算子:

$$\operatorname{prox}_g[\boldsymbol{w}] \;=\; \arg\min_{\boldsymbol{x}\in\mathcal{D}} \|\boldsymbol{x} - \boldsymbol{w}\|_2^2 \;=\; \mathcal{P}_{\mathcal{D}}[\boldsymbol{w}],$$

其中, $\mathcal{P}_{\mathcal{D}}$ 表示向闭凸集 $\mathcal{D}$ 的投影算子.

(2) 令 $g(\boldsymbol{x}) = \lambda\|\boldsymbol{x}\|_1$ 为 ℓ^1 范数构成的凸函数. 那么 $\operatorname{prox}_g[\boldsymbol{w}]$ 为 $\boldsymbol{w}$ 的逐分量软阈值化函数, 其第 i 个分量为:

$$(\operatorname{prox}_g[\boldsymbol{w}])_i = \operatorname{soft}(w_i, \lambda) \doteq \operatorname{sign}(w_i)\max(|w_i| - \lambda, 0).$$

(3) 令 $g(\boldsymbol{X}) = \lambda\|\boldsymbol{X}\|_*$ 为矩阵核范数构成的凸函数. 那么 $\operatorname{prox}_g[\boldsymbol{W}]$ 为奇异值软阈值化函数, 即

$$\operatorname{prox}_g[\boldsymbol{W}] = \boldsymbol{U}\operatorname{soft}(\boldsymbol{\Sigma}, \lambda)\boldsymbol{V}^*,$$

其中 $(\boldsymbol{U}, \boldsymbol{\Sigma}, \boldsymbol{V})$ 是 $\boldsymbol{W}$ 的奇异值分解. 换句话说, $\operatorname{prox}_g[\boldsymbol{W}]$ 是定义在矩阵 $\boldsymbol{W}$ 的奇异值上的逐分量软阈值化.

证明. 我们只证明第二个命题, 其余留给读者作为习题. 如果 $\lambda\|\boldsymbol{x}\|_1+\frac{1}{2}\|\boldsymbol{x}-\boldsymbol{w}\|_2^2$ 的次微分包含 $\mathbf{0}$, 那么目标函数将达到最小值, 即

$$\mathbf{0}\in(\boldsymbol{x}-\boldsymbol{w})+\lambda\partial\|\boldsymbol{x}\|_1=\begin{cases}x_i-w_i+\lambda, & x_i>0\\ -w_i+\lambda[-1,1], & x_i=0\\ x_i-w_i-\lambda, & x_i<0\end{cases},\quad i=1,\cdots,n.$$

因此, 这个最优性条件的解正是作用于各个分量的软阈值化函数, 即

$$x_{i\star}=\operatorname{soft}(w_i,\lambda)\doteq\operatorname{sign}(w_i)\max(|w_i|-\lambda,0),\quad i=1,\cdots,n.$$

图 8.1a 展示了软阈值化函数. 我们把第一个和第三个命题的证明留给读者[㊀]. □

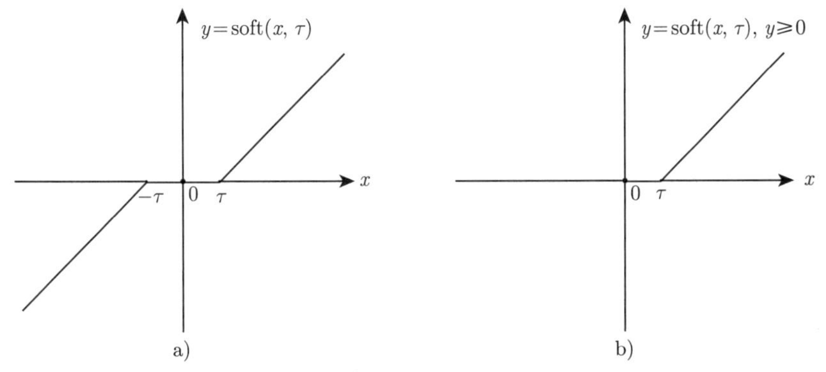

图 8.1　展示分别对应于 ℓ^1 范数 (图 a) 和核范数 (图 b) 的邻近算子的软 (或收缩) 阈值化函数. 注意到奇异值总是非负的. 通常情况下, 阈值 $\tau\geqslant 0$ 是一个较小的值

例 8.2 (核范数的幂的邻近算子)　在诸如高阶低秩张量补全 [Zhang et al., 2014a] 或者随机矩阵分解 [Cavazza et al., 2017] [㊁]等问题中, 我们可能需要找到给定矩阵 $\boldsymbol{W}$ 的邻近算子:

$$\operatorname{prox}_g[\boldsymbol{W}]\doteq\arg\min_{\boldsymbol{X}}\left\{g(\boldsymbol{X})+\frac{1}{2}\|\boldsymbol{X}-\boldsymbol{W}\|_F^2\right\},\tag{8.2.27}$$

其中函数 $g(\boldsymbol{X})$ 是核范数的特定幂次或者其指数函数[㊂], 即

$$g(\boldsymbol{X})=\lambda\|\boldsymbol{X}\|_*^2\quad\text{或者}\quad g(\boldsymbol{X})=\lambda\mathrm{e}^{\|\boldsymbol{X}\|_*}.\tag{8.2.28}$$

对于这两种情况中的任何一个, 我们都可以证明其邻近算子具有如下形式:

$$\operatorname{prox}_g[\boldsymbol{W}]=\boldsymbol{U}\operatorname{soft}(\boldsymbol{\Sigma},\tau)\boldsymbol{V}^*,$$

其中 τ 是某个特定的阈值, 它依赖于参数 λ 和矩阵 $\boldsymbol{W}$ 的奇异值. 图 8.1b 展示了奇异值的软阈值化函数. 事实上, 如果 $g(\boldsymbol{X})=f(\|\boldsymbol{X}\|_*)$, 其中 f 是一个任意的单调凸函数, 那么其

㊀ 提示: 第一个命题的证明直接使用定义, 第三个命题的证明使用核范数 $\|\cdot\|_*$ 的次微分.

㊁ 在深度学习中也被称为 “dropout”, 参见第 7 章习题 7.8. ——译者注

㊂ 对于更一般的情况, 读者可以参考 [Zhou et al., 2020b].

近邻算子同样具有上述形式. 唯一的问题是, 相应的阈值 τ 是否能够以闭式解的形式给出或者能够通过数值方式有效地计算出来. 我们在习题 8.4中探讨这些扩展. 读者可以进一步探讨同样的性质是否适用于任意的酉不变矩阵范数 (在附录 A.9 中介绍).

因此, 对于本书所感兴趣的问题, 我们可以有效地计算邻近算子. 在这种情况下, 邻近算子成为梯度的一种替代. 与次梯度方法不同, 这种邻近梯度算法具有收敛速率 $O(1/k)$——与只有光滑项但没有非光滑项的情况完全相同. 更正式一些, 关于邻近梯度方法的收敛性我们有如下定理.

定理 8.1 (邻近梯度法的收敛性)　设 $F(\boldsymbol{x}) = f(\boldsymbol{x}) + g(\boldsymbol{x})$, 其中 f 是可微凸函数且具有 L-Lipschitz 连续梯度, g 是凸函数. 考虑如下迭代更新方法:

$$\boldsymbol{w}_k \leftarrow \boldsymbol{x}_k - \frac{1}{L}\nabla f(\boldsymbol{x}_k), \quad \boldsymbol{x}_{k+1} \leftarrow \operatorname{prox}_{g/L}[\boldsymbol{w}_k].$$

假设 $F(\boldsymbol{x})$ 在 $\boldsymbol{x}_\star$ 处有最小值. 那么, 对于任何 $k \geqslant 1$, 我们有:

$$F(\boldsymbol{x}_k) - F(\boldsymbol{x}_\star) \leqslant \frac{L\|\boldsymbol{x}_0 - \boldsymbol{x}_\star\|_2^2}{2k}.$$

我们将在 8.2.4节给出这个定理的详细证明. 因此, 对于光滑凸函数与非光滑凸函数组合构成的目标函数, 在一定条件下, 我们仍然可以得到一种类似于 "梯度下降" 的高效算法, 它具有与光滑函数相同的收敛速率 $O(1/k)$. 所需要的条件就是, 只要非光滑项具有一个易于求解的邻近算子, 那么邻近梯度算法的每次迭代就非常廉价. 因此它通常比二阶方法更具有可扩展性. 图 8.2总结了到目前为止我们为最小化目标函数由可微与不可微凸函数组合而成的优化问题所推导的邻近梯度法.

邻近梯度 (PG) 法

问题类型.

$$\min_{\boldsymbol{x}} F(\boldsymbol{x}) = f(\boldsymbol{x}) + g(\boldsymbol{x})$$

其中 $f, g: \mathbb{R}^n \to \mathbb{R}$ 是凸函数, 且 ∇f 为 L-Lipschitz 连续, g (可能) 是非光滑的.

基本迭代. 令 $\boldsymbol{x}_0 \in \mathbb{R}^n$.

重复如下步骤:

$$\boldsymbol{w}_k \leftarrow \boldsymbol{x}_k - \frac{1}{L}\nabla f(\boldsymbol{x}_k),$$
$$\boldsymbol{x}_{k+1} \leftarrow \operatorname{prox}_{g/L}[\boldsymbol{w}_k].$$

收敛性保证.

$F(\boldsymbol{x}_k) - F(\boldsymbol{x}_\star)$ 以速率 $O(1/k)$ 收敛.

图 8.2　邻近梯度法概览

8.2.3　邻近梯度法用于 LASSO 和稳定 PCP

在本节的剩余部分, 我们将看到如何把邻近梯度法应用到我们所关心的结构化信号恢复问题的几个重要实例上.

邻近梯度法用于 LASSO

作为第一个例子, LASSO 问题(8.1.2)显然属于可以应用邻近梯度法进行求解的问题类别. 我们可以把 ℓ^1 范数正则化项 $\lambda\|\boldsymbol{x}\|_1$ 看作 g, 而它的邻近算子在命题 8.1中已经给出; 把二次函数形式的数据项 $\frac{1}{2}\|\boldsymbol{y}-\boldsymbol{A}\boldsymbol{x}\|_2^2$ 看作 f, 它的梯度显然是 L-Lipschitz 连续的, 其中 Lipschitz 常数 L 是矩阵 $\boldsymbol{A}^*\boldsymbol{A}$ 的最大特征值 $\lambda_{\max}$——这可以事先计算出来.

我们由此得到了用于求解 LASSO 问题的邻近梯度下降算法, 它有时也被称作*迭代软阈值化算法* (Iterative Soft-Thresholding Algorithm, ISTA). 我们把它总结为算法 8.1. 就计算复杂度而言, 这个算法的主要成本是在内循环中计算梯度 $\nabla f(\boldsymbol{x})=\boldsymbol{A}^*\boldsymbol{A}\boldsymbol{x}-\boldsymbol{A}^*\boldsymbol{y}$, 这一般需要时间复杂度 $O(mn)$.

算法 8.1 求解 LASSO 的邻近梯度 (PG) 法

1: **问题.** $\min_{\boldsymbol{x}} \dfrac{1}{2}\|\boldsymbol{y}-\boldsymbol{A}\boldsymbol{x}\|_2^2+\lambda\|\boldsymbol{x}\|_1$, 给定 $\boldsymbol{y}\in\mathbb{R}^m$, $\boldsymbol{A}\in\mathbb{R}^{m\times n}$.
2: **输入.** $\boldsymbol{x}_0\in\mathbb{R}^n$, $L\geqslant\lambda_{\max}(\boldsymbol{A}^*\boldsymbol{A})$.
3: **for** $k=0,1,2,\cdots,K-1$ **do**
4: 　　$\boldsymbol{w}_k\leftarrow\boldsymbol{x}_k-(1/L)\boldsymbol{A}^*(\boldsymbol{A}\boldsymbol{x}_k-\boldsymbol{y})$.
5: 　　$\boldsymbol{x}_{k+1}\leftarrow\operatorname{soft}(\boldsymbol{w}_k,\lambda/L)$.
6: **end for**
7: **输出.** $\boldsymbol{x}_\star\leftarrow\boldsymbol{x}_K$.

例 8.3　*我们随机生成一个稀疏信号 $\boldsymbol{x}\in\mathbb{R}^{1000}$, 然后在信号 $\boldsymbol{x}$ 上添加一个小的高斯噪声 $\boldsymbol{n}$, 如图 8.3上半部分所示. 在添加了高斯噪声之后, 信号 $\boldsymbol{w}=\boldsymbol{x}+\boldsymbol{n}$ 不再是稀疏的. 那么, 我们可以尝试通过求解问题 $\min_{\boldsymbol{x}}\lambda\|\boldsymbol{x}\|_1+\frac{1}{2}\|\boldsymbol{w}-\boldsymbol{x}\|_2^2$ 来实现从 $\boldsymbol{w}$ 恢复出 $\boldsymbol{x}$, 其中 λ 与噪声水平成正比. 我们知道, 这个问题的解就是软阈值化 $\hat{\boldsymbol{x}}=\operatorname{soft}(\boldsymbol{w},\lambda)$. 结果显示在图 8.3下半部分. 我们看到, 这个算子成功消除了 $\boldsymbol{w}$ 中的大部分噪声, 并返回一个 $\boldsymbol{x}$ 的稀疏估计.*

用于稳定 PCP 的邻近梯度法

根据命题 8.1, 核范数 $\|\boldsymbol{X}\|_*$ 具有一个简单的邻近算子. 因此, 我们可以使用邻近梯度法来求解低秩矩阵恢复问题. 例如, 稳定主成分追踪问题也具有适合邻近梯度法的目标函数形式:

$$\min_{\boldsymbol{L},\boldsymbol{S}}\|\boldsymbol{L}\|_*+\lambda\|\boldsymbol{S}\|_1+\frac{\mu}{2}\|\boldsymbol{Y}-\boldsymbol{L}-\boldsymbol{S}\|_F^2. \tag{8.2.29}$$

请注意, 对于这个问题, 非光滑函数 $g(\boldsymbol{L},\boldsymbol{S})=\|\boldsymbol{L}\|_*+\lambda\|\boldsymbol{S}\|_1$ 现在包含两个非光滑项 $\|\boldsymbol{L}\|_*$ 和 $\lambda\|\boldsymbol{S}\|_1$, 两者都有简单的邻近算子.

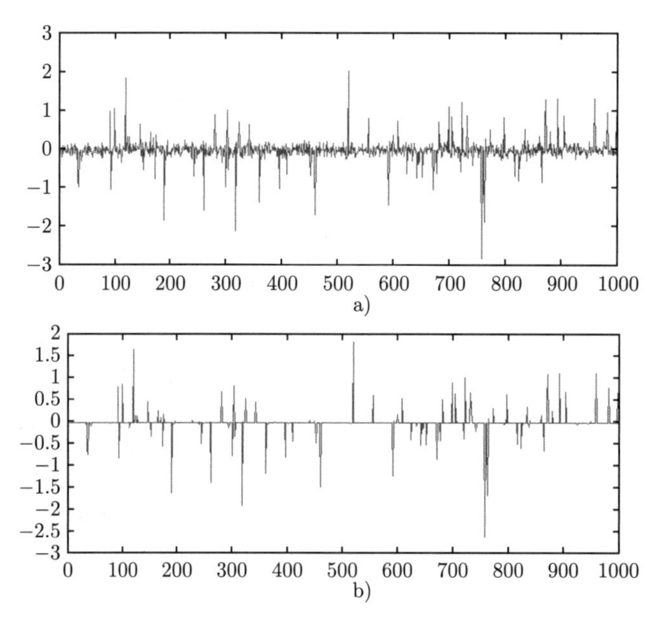

图 8.3 a) 一个被小幅度高斯噪声 $\boldsymbol{n}$ 扰动的稀疏信号 $\boldsymbol{x}$. b) 由恰当选择的软阈值化函数 $\mathrm{soft}(\boldsymbol{w},\lambda)$ 产生的输出

我们留作一个习题, 让读者证明以下关于可分离凸函数邻近算子的一个简单结果, 这对求解问题(8.2.29)非常方便. 设 $\boldsymbol{x}=[\boldsymbol{x}_1;\boldsymbol{x}_2]$, $g(\boldsymbol{x})=g_1(\boldsymbol{x}_1)+g_2(\boldsymbol{x}_2)$ 是变量可分离的函数. 那么

$$\mathrm{prox}_g[\boldsymbol{w}]=\left(\mathrm{prox}_{g_1}[\boldsymbol{w}_1],\mathrm{prox}_{g_2}[\boldsymbol{w}_2]\right),$$

其中 $\boldsymbol{w}=[\boldsymbol{w}_1;\boldsymbol{w}_2]$, $\boldsymbol{w}_1$ 和 $\boldsymbol{w}_2$ 分别对应于变量 $\boldsymbol{x}$ 中的 $\boldsymbol{x}_1$ 和 $\boldsymbol{x}_2$.

因此, $g(\boldsymbol{L},\boldsymbol{S})$ 的邻近算子可以分别通过 ℓ^1 范数的邻近算子 (针对 $\boldsymbol{S}$) 和核范数的邻近算子 (针对 $\boldsymbol{L}$) 来计算. 那么, 求解稳定 PCP 问题的邻近梯度算法的其余部分不难推导出来. 我们把它作为习题留给读者, 参见习题 8.6. 为了清楚起见, 我们把整个过程总结在算法 8.2中.

算法 8.2 用于稳定 PCP 的邻近梯度法

1: **问题**. $\min_{\boldsymbol{L},\boldsymbol{S}}\|\boldsymbol{L}\|_*+\lambda\|\boldsymbol{S}\|_1+(\mu/2)\|\boldsymbol{Y}-\boldsymbol{L}-\boldsymbol{S}\|_F^2$, 给定 $\boldsymbol{Y}$, $\lambda,\mu>0$.
2: **输入.** $\boldsymbol{L}_0\in\mathbb{R}^{m\times n}$, $\boldsymbol{S}_0\in\mathbb{R}^{m\times n}$.
3: **for** $k=0,1,2,\cdots,K-1$ **do**
4: $\quad\boldsymbol{W}_k\leftarrow\boldsymbol{Y}-\boldsymbol{S}_k$, 计算 $\boldsymbol{W}_k=\boldsymbol{U}_k\boldsymbol{\Sigma}_k\boldsymbol{V}_k^*$.
5: $\quad\boldsymbol{L}_{k+1}\leftarrow\boldsymbol{U}_k\mathrm{soft}(\boldsymbol{\Sigma}_k,1/\mu)\boldsymbol{V}_k^*$.
6: $\quad\boldsymbol{S}_{k+1}\leftarrow\mathrm{soft}((\boldsymbol{Y}-\boldsymbol{L}_k),\lambda/\mu)$.
7: **end for**
8: **输出.** $\boldsymbol{L}_\star\leftarrow\boldsymbol{L}_K,\boldsymbol{S}_\star\leftarrow\boldsymbol{S}_K$.

8.2.4 邻近梯度法的收敛性

在本节中, 我们将证明定理 8.1. 为了简单起见, 我们分两步来进行. 在第一步中, 我们首先来分析一个更简单的算法, 被称为*邻近点算法* (proximal point algorithm), 它单纯由邻近算子的不断重复应用而构成. 这个算法具有其自身的独立意义, 当后面遇到增广拉格朗日技术时, 我们还将使用这个分析.

命题 8.2 (邻近点算法的收敛性)　设 $g:\mathbb{R}^n\to\mathbb{R}$ 是凸函数, $\boldsymbol{x}_\star$ 是 g 的最小值点. 设 $\boldsymbol{x}_0\in\mathbb{R}^n$ 是任意的初始值点, 考虑如下迭代

$$\boldsymbol{x}_{k+1}=\operatorname{prox}_{\gamma_k g}[\boldsymbol{x}_k],\tag{8.2.30}$$

其中 $\gamma_k\in\mathbb{R}_+$. 那么

$$g(\boldsymbol{x}_{k+1})-g(\boldsymbol{x}_\star)\ \leqslant\ \frac{\|\boldsymbol{x}_0-\boldsymbol{x}_\star\|_2^2}{2\sum_{i=0}^k\gamma_i}.\tag{8.2.31}$$

此外, 如果 $\sum_{i=0}^\infty\gamma_i=+\infty$, 那么 $\boldsymbol{x}_k$ 收敛于函数 g 的一个最小值点, 即 $\boldsymbol{x}_k\to\boldsymbol{x}_\star$.

证明. 我们考虑第 $k+1$ 次迭代所对应的问题:

$$\boldsymbol{x}_{k+1}\doteq\arg\min_{\boldsymbol{x}}\gamma_k g(\boldsymbol{x})+\frac{1}{2}\|\boldsymbol{x}-\boldsymbol{x}_k\|_2^2.\tag{8.2.32}$$

在 $\boldsymbol{x}_{k+1}$ 处, 根据最优性条件, 我们可知

$$\mathbf{0}\in\gamma_k\partial g(\boldsymbol{x}_{k+1})+\boldsymbol{x}_{k+1}-\boldsymbol{x}_k.\tag{8.2.33}$$

等价地, $\boldsymbol{x}_k-\boldsymbol{x}_{k+1}\in\gamma_k\partial g(\boldsymbol{x}_{k+1})$. 利用函数 $g(\boldsymbol{x})$ 的凸性, 我们有

$$\langle\boldsymbol{x}_k-\boldsymbol{x}_{k+1},\boldsymbol{x}_k-\boldsymbol{x}_{k+1}\rangle\leqslant\gamma_k\left(g(\boldsymbol{x}_k)-g(\boldsymbol{x}_{k+1})\right).\tag{8.2.34}$$

由于左侧是非负的, 我们有 $g(\boldsymbol{x}_k)\geqslant g(\boldsymbol{x}_{k+1})$. 因此, 目标函数值是非递增的.

再次使用次梯度不等式, 我们有

$$\langle\boldsymbol{x}_\star-\boldsymbol{x}_{k+1},\boldsymbol{x}_k-\boldsymbol{x}_{k+1}\rangle\leqslant\gamma_k\left(g(\boldsymbol{x}_\star)-g(\boldsymbol{x}_{k+1})\right).\tag{8.2.35}$$

下面让我们使用这个结果来界定 $\boldsymbol{x}_{k+1}$ 到最优值点 $\boldsymbol{x}_\star$ 的距离. 请注意

$$\begin{aligned}\|\boldsymbol{x}_{k+1}-\boldsymbol{x}_\star\|_2^2&=\|\boldsymbol{x}_k-\boldsymbol{x}_\star+\boldsymbol{x}_{k+1}-\boldsymbol{x}_k\|_2^2\\&=\|\boldsymbol{x}_k-\boldsymbol{x}_\star\|_2^2+2\langle\boldsymbol{x}_k-\boldsymbol{x}_\star,\boldsymbol{x}_{k+1}-\boldsymbol{x}_k\rangle+\|\boldsymbol{x}_{k+1}-\boldsymbol{x}_k\|_2^2\\&=\|\boldsymbol{x}_k-\boldsymbol{x}_\star\|_2^2-\|\boldsymbol{x}_{k+1}-\boldsymbol{x}_k\|_2^2+2\langle\boldsymbol{x}_{k+1}-\boldsymbol{x}_\star,\boldsymbol{x}_{k+1}-\boldsymbol{x}_k\rangle\\&\leqslant\|\boldsymbol{x}_k-\boldsymbol{x}_\star\|_2^2+2\langle\boldsymbol{x}_{k+1}-\boldsymbol{x}_\star,\boldsymbol{x}_{k+1}-\boldsymbol{x}_k\rangle\\&\leqslant\|\boldsymbol{x}_k-\boldsymbol{x}_\star\|_2^2+2\gamma_k\left(g(\boldsymbol{x}_\star)-g(\boldsymbol{x}_{k+1})\right).\end{aligned}\tag{8.2.36}$$

由于 $g(\boldsymbol{x}_{k+1})\geqslant g(\boldsymbol{x}_\star)$, $\boldsymbol{x}_k$ 到 $\boldsymbol{x}_\star$ 的距离同样也不增加. 事实上, 对于不等式(8.2.36), 我们令 $k=0,1,2,\cdots$, 然后把所得到的不等式加起来, 即可得到

$$\sum_{i=0}^k 2\gamma_i\left(g(\boldsymbol{x}_{i+1})-g(\boldsymbol{x}_\star)\right)\ \leqslant\ \|\boldsymbol{x}_0-\boldsymbol{x}_\star\|_2^2.\tag{8.2.37}$$

由于 $g(\boldsymbol{x}_i)$ 是非递增的, 从上式中我们可以得出

$$2\left(\sum_{i=0}^{k}\gamma_i\right)(g(\boldsymbol{x}_{k+1})-g(\boldsymbol{x}_\star)) \leqslant \|\boldsymbol{x}_0-\boldsymbol{x}_\star\|_2^2. \tag{8.2.38}$$

这就证明了式(8.2.31)中函数值的收敛性.

由于 $\|\boldsymbol{x}_k-\boldsymbol{x}_\star\|_2$ 是非递增的, 序列 $\boldsymbol{x}_k$ 是有界的, 因此存在一个聚点 $\bar{\boldsymbol{x}}$. 由于 $g(\boldsymbol{x}_k)\searrow g(\boldsymbol{x}_\star)$, $g(\bar{\boldsymbol{x}})=g(\boldsymbol{x}_\star)$, 因此 $\bar{\boldsymbol{x}}$ 是最优值点. 在不等式(8.2.36)中, 用 $\bar{\boldsymbol{x}}$ 替换 $\boldsymbol{x}_\star$, 我们可知 $\|\boldsymbol{x}_k-\bar{\boldsymbol{x}}\|_2$ 也是非递增的, 因此聚点 $\bar{\boldsymbol{x}}$ 是序列 $\{\boldsymbol{x}_k\}$ 的极限. □

上述证明中的关键思想是利用邻近算子的最优性条件(8.2.33), 再加上利用次梯度不等式把目标函数的次优性 $g(\boldsymbol{x}_{k+1})-g(\boldsymbol{x}_\star)$ 与到可行集的距离联系起来. 为了证明定理 8.1, 我们遵循一个非常类似的过程.

定理 8.1的证明. 考虑第 $k+1$ 次迭代所对应的优化问题:

$$\boldsymbol{x}_{k+1} \doteq \arg\min_{\boldsymbol{x}} \frac{L}{2}\left\|\boldsymbol{x}-\left(\boldsymbol{x}_k-\frac{1}{L}\nabla f(\boldsymbol{x}_k)\right)\right\|_2^2+g(\boldsymbol{x}). \tag{8.2.39}$$

在点 $\boldsymbol{x}_{k+1}$ 处, 根据最优性条件, 我们可知 $\mathbf{0}\in\nabla f(\boldsymbol{x}_k)+L(\boldsymbol{x}_{k+1}-\boldsymbol{x}_k)+\partial g(\boldsymbol{x}_{k+1})$, 即存在 $\boldsymbol{\gamma}\in\partial g(\boldsymbol{x}_{k+1})$, 使得

$$\nabla f(\boldsymbol{x}_k)+L(\boldsymbol{x}_{k+1}-\boldsymbol{x}_k)+\boldsymbol{\gamma}=\mathbf{0}. \tag{8.2.40}$$

对凸函数 f 和 g 分别使用次梯度不等式和梯度不等式, 我们得到: 对于任意 $\boldsymbol{x}$,

$$f(\boldsymbol{x})\geqslant f(\boldsymbol{x}_k)+\langle\boldsymbol{x}-\boldsymbol{x}_k,\nabla f(\boldsymbol{x}_k)\rangle, \tag{8.2.41}$$

$$g(\boldsymbol{x})\geqslant g(\boldsymbol{x}_{k+1})+\langle\boldsymbol{x}-\boldsymbol{x}_{k+1},\boldsymbol{\gamma}\rangle. \tag{8.2.42}$$

因此,

$$F(\boldsymbol{x}) \geqslant f(\boldsymbol{x}_k)+g(\boldsymbol{x}_{k+1})+\langle\boldsymbol{x}-\boldsymbol{x}_k,\nabla f(\boldsymbol{x}_k)\rangle+\langle\boldsymbol{x}-\boldsymbol{x}_{k+1},\boldsymbol{\gamma}\rangle. \tag{8.2.43}$$

回顾一下式(8.2.20)中所定义的函数 F 的上界 $\hat{F}$, 我们有

$$\begin{aligned}F(\boldsymbol{x})-F(\boldsymbol{x}_{k+1})\geqslant\,& F(\boldsymbol{x})-\hat{F}(\boldsymbol{x}_{k+1},\boldsymbol{x}_k)\\ \geqslant\,& f(\boldsymbol{x}_k)+g(\boldsymbol{x}_{k+1})+\langle\boldsymbol{x}-\boldsymbol{x}_k,\nabla f(\boldsymbol{x}_k)\rangle\\ &+\langle\boldsymbol{x}-\boldsymbol{x}_{k+1},\boldsymbol{\gamma}\rangle-\hat{F}(\boldsymbol{x}_{k+1},\boldsymbol{x}_k)\\ =\,&-\frac{L}{2}\|\boldsymbol{x}_{k+1}-\boldsymbol{x}_k\|_2^2+\langle\boldsymbol{x}-\boldsymbol{x}_{k+1},\nabla f(\boldsymbol{x}_k)+\boldsymbol{\gamma}\rangle\\ =\,&-\frac{L}{2}\|\boldsymbol{x}_{k+1}-\boldsymbol{x}_k\|_2^2+L\langle\boldsymbol{x}-\boldsymbol{x}_{k+1},\boldsymbol{x}_k-\boldsymbol{x}_{k+1}\rangle\\ =\,&\frac{L}{2}\|\boldsymbol{x}-\boldsymbol{x}_{k+1}\|_2^2-\frac{L}{2}\|\boldsymbol{x}-\boldsymbol{x}_k\|_2^2.\end{aligned} \tag{8.2.44}$$

在 $\boldsymbol{x}=\boldsymbol{x}_\star$ 处计算上式, 由于 $F(\boldsymbol{x}_\star)-F(\boldsymbol{x}_{k+1})\leqslant 0$, 可知 $\|\boldsymbol{x}_\star-\boldsymbol{x}_{k+1}\|_2^2\leqslant\|\boldsymbol{x}_\star-\boldsymbol{x}_k\|_2^2$, 即 $\|\boldsymbol{x}_k-\boldsymbol{x}_\star\|_2$ 是非递增的. 此外, 在 $\boldsymbol{x}=\boldsymbol{x}_\star$ 处, 针对不等式 (8.2.44) 进行裂列求和 (telescoping sum) 后, 我们得到

$$\sum_{i=0}^{k-1}\{F(\boldsymbol{x}_{i+1})-F(\boldsymbol{x}_\star)\}\ \leqslant\ \frac{L}{2}\|\boldsymbol{x}_0-\boldsymbol{x}_\star\|_2^2. \tag{8.2.45}$$

在 $\boldsymbol{x}=\boldsymbol{x}_k$ 处计算式(8.2.44), 我们有

$$F(\boldsymbol{x}_k)-F(\boldsymbol{x}_{k+1})\ \geqslant\ \frac{L}{2}\|\boldsymbol{x}_k-\boldsymbol{x}_{k+1}\|_2^2, \tag{8.2.46}$$

即 $F(\boldsymbol{x}_k)$ 是非递增的. 因此, 根据式(8.2.45)可以得出

$$k\{F(\boldsymbol{x}_k)-F(\boldsymbol{x}_\star)\}\ \leqslant\ \frac{L}{2}\|\boldsymbol{x}_0-\boldsymbol{x}_\star\|_2^2. \tag{8.2.47}$$

整理之后, 我们得到:

$$F(\boldsymbol{x}_k)-F(\boldsymbol{x}_\star)\ \leqslant\ \frac{L\|\boldsymbol{x}_0-\boldsymbol{x}_\star\|_2^2}{2k}. \tag{8.2.48}$$

□

8.3 加速邻近梯度法

在上一节中我们看到, 如果凸函数的非光滑部分具有一个容易计算的邻近算子, 那么我们就能够利用这一点把光滑函数的梯度下降算法扩展到结构化信号恢复中所遇到的特殊类型组合目标函数, 从而所得出的算法具有与光滑函数情况下相同的收敛速率 $O(1/k)$. 由此可见, 注意到问题中存在的特殊结构并加以利用往往会获得一个更准确且更有效的算法.

8.3.1 Nesterov 加速方法

伴随着上一节加速方法成功的余韵, 我们可能自然会问: 是否还有进一步改进的可能? 我们的邻近梯度算法对这一类函数来说已经是最好的了吗? 为了使这个问题意义, 我们需要将注意力限制在高效可扩展的优化方法上, 比如类似于梯度下降的方法. 确切地来说, 我们需要把注意力限制在*一阶方法*上. 也就是说, 这类算法的迭代公式仅依赖于过去的迭代点 $\{\boldsymbol{x}_0,\cdots,\boldsymbol{x}_k\}$、这些迭代点处的目标函数值 $\{f(\boldsymbol{x}_0),\cdots,f(\boldsymbol{x}_k)\}$, 以及它们的梯度 $\{\nabla f(\boldsymbol{x}_0),\cdots,\nabla f(\boldsymbol{x}_k)\}$. 针对*光滑函数*的相应问题, 俄罗斯的优化理论学者 (包括 Polyak、Nesterov、Nemirovski 和 Yudin 等人) 在 20 世纪 70 年代末到 20 世纪 80 年代初期已经进行了深入研究[㊀].

他们提出了一个非常自然的问题: *对于最小化一个光滑函数 f, 梯度下降方法在所有一阶方法中是最优的吗?* 研究这个问题需要一个用于计算的模型. 他们考虑了一个*黑箱*模型,

㊀ 对于这些工作比较系统全面的介绍, 请参见 [Nesterov, 2003] 或 [Nemirovski, 1995].

其中算法产生一个迭代序列 $\boldsymbol{x}_0, \cdots, \boldsymbol{x}_k$. 在每次迭代中, 我们把目标函数值 $f(\boldsymbol{x}_i)$ 及其梯度 $\nabla f(\boldsymbol{x}_i)$ 提供给算法, 算法以到当前迭代为止的历史迭代点、目标函数值以及梯度的某种函数形式产生下一次迭代:

$$\boldsymbol{x}_{k+1} = \varphi_k\big(\boldsymbol{x}_0, \cdots, \boldsymbol{x}_k, f(\boldsymbol{x}_0), \cdots, f(\boldsymbol{x}_k), \nabla f(\boldsymbol{x}_0), \cdots, \nabla f(\boldsymbol{x}_k)\big). \tag{8.3.1}$$

基于这个模型, 我们可以开始从最坏情况的角度来研究算法. 为此, 我们固定一类函数 $\mathcal{F}$, 并询问算法在这一类函数中的 "*最差函数*" 上表现如何, 即

$$\sup_{f \in \mathcal{F}, \boldsymbol{x}_0} \left\{ f(\boldsymbol{x}_k) - \inf_{\boldsymbol{x}} f(\boldsymbol{x}) \right\}. \tag{8.3.2}$$

我们可以研究各种类型的函数 $\mathcal{F}$. 然而, 就我们的目的而言, 最感兴趣的一类函数是定义在半径为 r 的超球上且具有 L-Lipschitz 连续梯度的可微凸函数 $f : \mathsf{B}(0, r) \to \mathbb{R}$, 即

$$\mathcal{F}_{L,r} \doteq \{ f : \mathsf{B}(0,r) \to \mathbb{R} \mid \|\nabla f(\boldsymbol{x}) - \nabla f(\boldsymbol{x}')\|_2 \leqslant L \|\boldsymbol{x} - \boldsymbol{x}'\|_2, \ \ \forall \boldsymbol{x}, \boldsymbol{x}' \in \mathsf{B}(0, r) \}. \tag{8.3.3}$$

我们已经知道梯度下降方法在这类函数上实现了 $O(1/k)$ 的收敛速率, 即

$$\sup_{f \in \mathcal{F}_{L,r}, \boldsymbol{x}_0} \left\{ f(\boldsymbol{x}_k) - \inf_{\boldsymbol{x}} f(\boldsymbol{x}) \right\} \leqslant \frac{CLr^2}{k}, \tag{8.3.4}$$

其中 $C > 0$ 是一个常数. 然而, 对于一阶算法人们所能证明的最佳下界却具有更低阶的形式, 即

$$\sup_{f \in \mathcal{F}_{L,r}, \boldsymbol{x}_0} \left\{ f(\boldsymbol{x}_k) - \inf_{\boldsymbol{x}} f(\boldsymbol{x}) \right\} \geqslant \frac{cLr^2}{k^2}, \tag{8.3.5}$$

其中 $c > 0$ 是某个常数. 那么, 我们要问, 这个最佳下界仅仅在理论上有意义, 还是实际存在一种比梯度下降本身更 "*快*" 的一阶优化方法呢?

在 1983 年, Yurii Nesterov 填补了这个差距, 引起了深远影响 [Nesterov, 1983]. 他给出了一种相对简单的一阶方法, 竟然能够达到理论上最佳的收敛速率 $O(1/k^2)$. 这个算法的分析直截了当, 他 1983 年的论文只有 5 页! 然而, 要理解这个方法*究竟如何实现*这一收敛速率却不简单明了. 为了对此获得一些粗略认识, 我们需要从一个更简单的想法开始.

让我们首先考虑具有 Lipschitz 连续梯度的光滑函数 f 的梯度下降方法. 在每次迭代中, 更新只是简单地遵循梯度的方向, 即

$$\boldsymbol{x}_{k+1} = \boldsymbol{x}_k - \alpha \nabla f(\boldsymbol{x}_k).$$

对于 L-Lipschitz 连续梯度函数来说, $1/L$ 是 α 的一个不错选择. 负梯度 $-\nabla f(\boldsymbol{x}_k)$ 指向函数值下降最快的方向. 与其在当前点 $\boldsymbol{x}_k$ 处沿着这个下降最快的方向更新, 一个稍微保守的策略是在每次更新时保持之前更新方向的一些动量: $\boldsymbol{x}_k - \boldsymbol{x}_{k-1}$. 这就得到一种被称为*重球法* [Polyak, 1964] 的更新规则:

$$\boldsymbol{x}_{k+1} = \boldsymbol{x}_k - \alpha \nabla f(\boldsymbol{x}_k) + \beta\big(\boldsymbol{x}_k - \boldsymbol{x}_{k-1}\big). \tag{8.3.6}$$

对于适当选择的参数 β, 重球法可以减少迭代轨迹中的振荡现象, 使算法收敛更快.

与重球法一样, Nesterov 加速方法使用一个动量步骤. 它引入一个辅助点 $\boldsymbol{p}_{k+1}$, 其形式与重球法类似, 即

$$\boldsymbol{p}_{k+1} \doteq \boldsymbol{x}_k + \beta_{k+1}(\boldsymbol{x}_k - \boldsymbol{x}_{k-1}).$$

在每次迭代中, 首先移动到 $\boldsymbol{p}_{k+1}$, 然后从 $\boldsymbol{p}_{k+1}$ 开始寻找下降方向, 即

$$\boldsymbol{x}_{k+1} = \boldsymbol{p}_{k+1} - \alpha \nabla f(\boldsymbol{p}_{k+1}). \tag{8.3.7}$$

这里的权值 $\alpha = 1/L$ 和 β_{k+1} 需要精心选择, 以达到最优收敛速率, 其中

$$t_1 = 1, \quad t_{k+1} = \frac{1 + \sqrt{1 + 4t_k^2}}{2}, \quad \beta_{k+1} = \frac{t_k - 1}{t_{k+1}}. \tag{8.3.8}$$

参数值的这些特殊选择来自收敛性分析. 我们可以严格地证明: 使用这种更新方案, 对于具有 Lipschitz 连续梯度的光滑函数, 所获得的算法将达到理论上的最佳收敛速率 $O(1/k^2)$.

加速邻近梯度法

正如我们在上一节中所看到的, 在结构化信号恢复中出现的凸优化问题往往具有组合形式目标函数 $F(\boldsymbol{x}) = f(\boldsymbol{x}) + g(\boldsymbol{x})$, 其中 $f(\boldsymbol{x})$ 是具有 L-Lipschitz 连续梯度的光滑项, $g(\boldsymbol{x})$ 是凸函数但未必光滑. 在上一节所介绍的邻近梯度法中, 我们已经看到, 在第 k 次迭代中, 目标函数 $F(\boldsymbol{x})$ 的上界可以写为:

$$\begin{aligned}\hat{F}(\boldsymbol{x}, \boldsymbol{x}_k) &\doteq f(\boldsymbol{x}_k) + \langle \nabla f(\boldsymbol{x}_k), \boldsymbol{x} - \boldsymbol{x}_k \rangle + \frac{L}{2}\|\boldsymbol{x} - \boldsymbol{x}_k\|_2^2 + g(\boldsymbol{x}) \\ &\doteq \frac{L}{2}\|\boldsymbol{x} - \boldsymbol{w}_k\|_2^2 + g(\boldsymbol{x}) + h(\boldsymbol{x}_k),\end{aligned}$$

其中 $\boldsymbol{w}_k = \boldsymbol{x}_k - (1/L)\nabla f(\boldsymbol{x}_k)$, $h(\boldsymbol{x}_k)$ 是不依赖于 $\boldsymbol{x}$ 的剩余项. 正如我们在上一节中所看到的, 对于光滑部分 $f(\boldsymbol{x})$, 梯度下降算法相当于在 $\boldsymbol{x}_k$ 处直接最小化 $f(\boldsymbol{x})$ 的二次近似.

在这种形式中, 如果 $g(\boldsymbol{x}) \equiv 0$, 那么 Nesterov 方法相当于使用过去的两次迭代进行外推 (extrapolating) 去寻找辅助点 $\boldsymbol{p}_{k+1}$, 然后在辅助点 $\boldsymbol{p}_{k+1}$ 处以梯度下降步骤最小化 $f(\boldsymbol{x})$ 的二次上界 $\hat{f}(\boldsymbol{x})$. 下面, 让我们对组合而成的目标函数 $\hat{F}$ 尝试同样的方案. 设

$$\boldsymbol{p}_{k+1} = \boldsymbol{x}_k + \beta_{k+1}(\boldsymbol{x}_k - \boldsymbol{x}_{k-1}), \tag{8.3.9}$$

首先以 $\boldsymbol{p}_{k+1}$ 替代当前的估计点 $\boldsymbol{x}_k$, 然后最小化 $\hat{F}(\boldsymbol{x}, \boldsymbol{p}_{k+1})$ 从而获得下一次迭代 $\boldsymbol{x}_{k+1}$, 即

$$\boldsymbol{x}_{k+1} = \operatorname{prox}_{g/L}\left[\boldsymbol{p}_{k+1} - \frac{1}{L}\nabla f(\boldsymbol{p}_{k+1})\right]. \tag{8.3.10}$$

我们把这个过程总结在图 8.4中. 下面的定理 8.2将证明: 通过对邻近梯度法的这种简单修改, 尽管目标函数中存在非光滑项, 我们所得到的新算法能够使邻近梯度法达到理论上的最佳收敛速率 $O(1/k^2)$.

加速邻近梯度 (APG) 法

问题类型.

$$\min_{\boldsymbol{x}} F(\boldsymbol{x}) = f(\boldsymbol{x}) + g(\boldsymbol{x})$$

其中 $f, g: \mathbb{R}^n \to \mathbb{R}$ 是凸函数, ∇f 是 L-Lipschitz 连续的, g 是非光滑的.

基本迭代. 设 $\boldsymbol{x}_0 \in \mathbb{R}^n$, $\boldsymbol{p}_1 = \boldsymbol{x}_1 \leftarrow \boldsymbol{x}_0$, $t_1 \leftarrow 1$.

对于 $k = 1, 2, \cdots, K$, 重复计算如下步骤:

$$t_{k+1} \leftarrow \frac{1+\sqrt{1+4t_k^2}}{2}, \quad \beta_{k+1} \leftarrow \frac{t_k - 1}{t_{k+1}}.$$

$$\boldsymbol{p}_{k+1} \leftarrow \boldsymbol{x}_k + \beta_{k+1}(\boldsymbol{x}_k - \boldsymbol{x}_{k-1}).$$

$$\boldsymbol{x}_{k+1} \leftarrow \operatorname{prox}_{g/L}\left[\boldsymbol{p}_{k+1} - \frac{1}{L}\nabla f(\boldsymbol{p}_{k+1})\right].$$

收敛保证.

$F(\boldsymbol{x}_k) - F(\boldsymbol{x}_\star)$ 以速率 $O(1/k^2)$ 收敛.

图 8.4　加速邻近梯度法概览

定理 8.2 (加速邻近梯度法的收敛性)　假设序列 $\{\boldsymbol{x}_k\}$ 由求解具有组合形式的凸函数 $F(\boldsymbol{x}) = f(\boldsymbol{x}) + g(\boldsymbol{x})$ 的上述加速邻近梯度法所生成, 其中 $f(\boldsymbol{x})$ 具有 L-Lipschitz 连续梯度. 设 $\boldsymbol{x}_\star$ 是 $F(\boldsymbol{x})$ 的最小值点. 那么, 对于任何 $k \geqslant 1$, 我们有

$$F(\boldsymbol{x}_k) - F(\boldsymbol{x}_\star) \leqslant \frac{2L\|\boldsymbol{x}_0 - \boldsymbol{x}_\star\|_2^2}{(k+1)^2}.$$

8.3.2　应用 APG 求解去噪基追踪

当我们把图 8.4所示的 APG 算法应用于去噪基追踪问题(8.1.2), 就得到了算法 8.3. 这个算法也被称为快速迭代收缩阈值化算法 (Fast Iterative Shrinkage-Thresholding Algorithm, FISTA), 它由 Beck 和 Teboulle 提出 [Beck et al., 2009].

算法 8.3 应用加速邻近梯度法用于求解 BPDN

1: **问题.** $\min_{\boldsymbol{x}} \frac{1}{2}\|\boldsymbol{y} - \boldsymbol{A}\boldsymbol{x}\|_2^2 + \lambda\|\boldsymbol{x}\|_1$, 给定 $\boldsymbol{y} \in \mathbb{R}^m$, $\boldsymbol{A} \in \mathbb{R}^{m \times n}$.
2: **输入.** $\boldsymbol{x}_0 \in \mathbb{R}^n$, $\boldsymbol{p}_1 = \boldsymbol{x}_1 \leftarrow \boldsymbol{x}_0$, $t_1 \leftarrow 1$, $L \geqslant \lambda_{\max}(\boldsymbol{A}^*\boldsymbol{A})$.
3: **for** $k = 1, 2, \cdots, K-1$ **do**
4: 　$t_{k+1} \leftarrow \frac{1+\sqrt{1+4t_k^2}}{2}$, $\beta_{k+1} \leftarrow \frac{t_k - 1}{t_{k+1}}$.
5: 　$\boldsymbol{p}_{k+1} \leftarrow \boldsymbol{x}_k + \beta_{k+1}(\boldsymbol{x}_k - \boldsymbol{x}_{k-1})$.
6: 　$\boldsymbol{w}_{k+1} \leftarrow \boldsymbol{p}_{k+1} - \frac{1}{L}\boldsymbol{A}^*(\boldsymbol{A}\boldsymbol{p}_{k+1} - \boldsymbol{y})$.
7: 　$\boldsymbol{x}_{k+1} \leftarrow \operatorname{soft}(\boldsymbol{w}_{k+1}, \lambda/L)$.
8: **end for**
9: **输出.** $\boldsymbol{x}_\star \leftarrow \boldsymbol{x}_K$.

8.3.3 应用 APG 求解稳定 PCP

类似地, 我们可以应用图 8.4所示的 APG 算法求解稳定主成分追踪 (PCP) 问题(8.1.4). 同样, 我们注意到 APG 方案利用了目标函数的自然可分离结构, 见算法 8.4.

算法 8.4 应用加速邻近梯度法 (APG) 求解稳定 PCP

1: **问题**. $\min_{\boldsymbol{L},\boldsymbol{S}} \|\boldsymbol{L}\|_* + \lambda\|\boldsymbol{S}\|_1 + (\mu/2)\|\boldsymbol{Y}-\boldsymbol{L}-\boldsymbol{S}\|_F^2$, 给定 $\boldsymbol{Y}$, $\lambda > 0$ 且 $\mu > 0$.
2: **输入**. $\boldsymbol{L}_0 \in \mathbb{R}^{m\times n}$, $\boldsymbol{S}_0 \in \mathbb{R}^{m\times n}$, $\boldsymbol{P}_1^S = \boldsymbol{S}_1 \leftarrow \boldsymbol{S}_0$, $\boldsymbol{P}_1^L = \boldsymbol{L}_1 \leftarrow \boldsymbol{L}_0$, $t_1 \leftarrow 1$.
3: **for** $k = 1, 2, \cdots, K-1$ **do**
4: $\quad t_{k+1} \leftarrow \frac{1+\sqrt{1+4t_k^2}}{2}$, $\beta_{k+1} \leftarrow \frac{t_k - 1}{t_{k+1}}$.
5: $\quad \boldsymbol{P}_{k+1}^L \leftarrow \boldsymbol{L}_k + \beta_{k+1}\big(\boldsymbol{L}_k - \boldsymbol{L}_{k-1}\big)$.
6: $\quad \boldsymbol{P}_{k+1}^S \leftarrow \boldsymbol{S}_k + \beta_{k+1}\big(\boldsymbol{S}_k - \boldsymbol{S}_{k-1}\big)$.
7: $\quad \boldsymbol{W}_{k+1} \leftarrow \boldsymbol{Y} - \boldsymbol{P}_{k+1}^S$, 计算 SVD: $\boldsymbol{W}_{k+1} = \boldsymbol{U}_{k+1}\boldsymbol{\Sigma}_{k+1}\boldsymbol{V}_{k+1}^*$.
8: $\quad \boldsymbol{L}_{k+1} \leftarrow \boldsymbol{U}_{k+1}\mathrm{soft}(\boldsymbol{\Sigma}_{k+1}, 1/\mu)\boldsymbol{V}_{k+1}^*$.
9: $\quad \boldsymbol{S}_{k+1} \leftarrow \mathrm{soft}((\boldsymbol{Y} - \boldsymbol{P}_{k+1}^L), \lambda/\mu)$.
10: **end for**
11: **输出**. $\boldsymbol{L}_\star \leftarrow \boldsymbol{L}_K, \boldsymbol{S}_\star \leftarrow \boldsymbol{S}_K$.

8.3.4 APG 的收敛性

我们下面的收敛性分析几乎逐字逐句地参照了 Beck 和 Teboulle 的工作 [Beck et al., 2009]. 令 $\varphi(\boldsymbol{y})$ 表示某个算子, 它在 $\boldsymbol{y}$ 处沿着函数 f 的梯度方向走一步, 然后再应用 g/L 的邻近算子, 即

$$\varphi(\boldsymbol{y}) = \mathrm{prox}_{g/L}\left[\boldsymbol{y} - \frac{1}{L}\nabla f(\boldsymbol{y})\right]. \tag{8.3.11}$$

按照这种定义方式, 加速邻近梯度迭代就变成

$$\boldsymbol{x}_{k+1} = \varphi(\boldsymbol{p}_{k+1}). \tag{8.3.12}$$

下面的引理允许我们针对任意两个点 $\boldsymbol{x}$ 和 $\boldsymbol{p}$, 比较 $F(\boldsymbol{x})$ 与 $F(\varphi(\boldsymbol{p}))$ 的函数值.

引理 8.2 对于每个 $\boldsymbol{x}, \boldsymbol{p} \in \mathbb{R}^n$, 我们有

$$F(\boldsymbol{x}) - F(\varphi(\boldsymbol{p})) \geqslant \frac{L}{2}\|\varphi(\boldsymbol{p}) - \boldsymbol{p}\|_2^2 + L\langle \boldsymbol{p} - \boldsymbol{x}, \varphi(\boldsymbol{p}) - \boldsymbol{p}\rangle. \tag{8.3.13}$$

证明. 考虑下面这个邻近优化问题

$$\boldsymbol{z} \doteq \arg\min_{\boldsymbol{x}} \langle \nabla f(\boldsymbol{p}), \boldsymbol{x} - \boldsymbol{p}\rangle + \frac{L}{2}\|\boldsymbol{x} - \boldsymbol{p}\|_2^2 + g(\boldsymbol{x}). \tag{8.3.14}$$

按照算子 $\varphi(\cdot)$ 的定义方式, 我们有 $\boldsymbol{z} = \varphi(\boldsymbol{p})$. 退一步, 利用最优性条件, 我们有 $\boldsymbol{0} \in \nabla f(\boldsymbol{p}) + L(\boldsymbol{z} - \boldsymbol{p}) + \partial g(\boldsymbol{z})$. 也就是说, $\boldsymbol{z} = \varphi(\boldsymbol{p})$ 当且仅当存在 $\boldsymbol{\gamma} \in \partial g(\boldsymbol{z})$ 使得

$$\nabla f(\boldsymbol{p}) + L(\boldsymbol{z} - \boldsymbol{p}) + \boldsymbol{\gamma} = \boldsymbol{0}. \tag{8.3.15}$$

然后, 针对 f 和 g 分别使用梯度不等式和次梯度不等式, 我们得到

$$f(\boldsymbol{x}) \geqslant f(\boldsymbol{p}) + \langle \boldsymbol{x} - \boldsymbol{p}, \nabla f(\boldsymbol{p}) \rangle . \tag{8.3.16}$$

$$g(\boldsymbol{x}) \geqslant g(\varphi(\boldsymbol{p})) + \langle \boldsymbol{x} - \varphi(\boldsymbol{p}), \boldsymbol{\gamma} \rangle . \tag{8.3.17}$$

因此,

$$\begin{aligned} F(\boldsymbol{x}) - F(\varphi(\boldsymbol{p})) \geqslant & f(\boldsymbol{p}) + g(\varphi(\boldsymbol{p})) + \langle \boldsymbol{x} - \boldsymbol{p}, \nabla f(\boldsymbol{p}) \rangle \\ & + \langle \boldsymbol{x} - \varphi(\boldsymbol{p}), \boldsymbol{\gamma} \rangle - F(\varphi(\boldsymbol{p})) \\ \geqslant & f(\boldsymbol{p}) + g(\varphi(\boldsymbol{p})) + \langle \boldsymbol{x} - \boldsymbol{p}, \nabla f(\boldsymbol{p}) \rangle \\ & + \langle \boldsymbol{x} - \varphi(\boldsymbol{p}), \boldsymbol{\gamma} \rangle - \hat{F}(\boldsymbol{\varphi}(\boldsymbol{p}), \boldsymbol{p}) \\ = & -\frac{L}{2} \|\varphi(\boldsymbol{p}) - \boldsymbol{p}\|_2^2 + \langle \boldsymbol{x} - \varphi(\boldsymbol{p}), \nabla f(\boldsymbol{p}) + \boldsymbol{\gamma} \rangle \\ = & -\frac{L}{2} \|\varphi(\boldsymbol{p}) - \boldsymbol{p}\|_2^2 + L \langle \boldsymbol{x} - \varphi(\boldsymbol{p}), \boldsymbol{p} - \varphi(\boldsymbol{p}) \rangle \\ = & \frac{L}{2} \|\varphi(\boldsymbol{p}) - \boldsymbol{p}\|_2^2 + L \langle \boldsymbol{p} - \boldsymbol{x}, \varphi(\boldsymbol{p}) - \boldsymbol{p} \rangle . \end{aligned} \tag{8.3.18}$$

由此得证 [⊖]. □

根据引理 8.2, 我们得到函数值次优性和内插点到最优值点的距离之间的关系.

引理 8.3　令 $\{(\boldsymbol{x}_k, \boldsymbol{p}_k)\}$ 是由邻近梯度法所生成的序列. 设

$$v_k = F(\boldsymbol{x}_k) - F(\boldsymbol{x}_\star), \tag{8.3.19}$$

$$\boldsymbol{u}_k = t_k \boldsymbol{x}_k - (t_k - 1)\boldsymbol{x}_{k-1} - \boldsymbol{x}_\star. \tag{8.3.20}$$

那么, 我们有

$$\frac{2}{L} t_k^2 v_k - \frac{2}{L} t_{k+1}^2 v_{k+1} \ \geqslant \ \|\boldsymbol{u}_{k+1}\|_2^2 - \|\boldsymbol{u}_k\|_2^2 . \tag{8.3.21}$$

证明. 根据引理 8.2, 令 $\boldsymbol{x} = \boldsymbol{x}_k$ 且 $\boldsymbol{p} = \boldsymbol{p}_{k+1}$, 我们得出:

$$\frac{2}{L}(v_k - v_{k+1}) \ \geqslant \ \left\|\boldsymbol{x}_{k+1} - \boldsymbol{p}_{k+1}\right\|_2^2 + 2\left\langle \boldsymbol{p}_{k+1} - \boldsymbol{x}_k, \boldsymbol{x}_{k+1} - \boldsymbol{p}_{k+1} \right\rangle . \tag{8.3.22}$$

再次使用引理 8.2, 令 $\boldsymbol{x} = \boldsymbol{x}_\star$ 且 $\boldsymbol{p} = \boldsymbol{p}_{k+1}$, 我们得到:

$$-\frac{2}{L} v_{k+1} \ \geqslant \ \left\|\boldsymbol{x}_{k+1} - \boldsymbol{p}_{k+1}\right\|_2^2 + 2\left\langle \boldsymbol{p}_{k+1} - \boldsymbol{x}_\star, \boldsymbol{x}_{k+1} - \boldsymbol{p}_{k+1} \right\rangle . \tag{8.3.23}$$

在不等式(8.3.22)两端同时乘以 $t_{k+1} - 1$, 再与不等式(8.3.23)相加, 我们得到:

$$\frac{2}{L}\left((t_{k+1} - 1)v_k - t_{k+1} v_{k+1}\right)$$

⊖ 我们回顾式(8.2.44), 易证 $\frac{L}{2}\|\varphi(\boldsymbol{p}) - \boldsymbol{p}\|_2^2 + L\langle \boldsymbol{p} - \boldsymbol{x}, \varphi(\boldsymbol{p}) - \boldsymbol{p} \rangle = \frac{L}{2}\|\varphi(\boldsymbol{p}) - \boldsymbol{x}\|_2^2 - \frac{L}{2}\|\boldsymbol{p} - \boldsymbol{x}\|_2^2$. 这一步证明留给读者作为习题. ——译者注

$$\geqslant t_{k+1}\left\|\boldsymbol{x}_{k+1}-\boldsymbol{p}_{k+1}\right\|_2^2+2\left\langle\boldsymbol{x}_{k+1}-\boldsymbol{p}_{k+1}, t_{k+1}\boldsymbol{p}_{k+1}-(t_{k+1}-1)\boldsymbol{x}_k-\boldsymbol{x}_\star\right\rangle.$$

在上式两侧同时乘以 t_{k+1}, 并注意到 $t_k^2=t_{k+1}(t_{k+1}-1)$, 则我们有:

$$\begin{aligned}
&\frac{2}{L}\left(t_k^2 v_k-t_{k+1}^2 v_{k+1}\right)\\
\geqslant&\left\|t_{k+1}\left(\boldsymbol{x}_{k+1}-\boldsymbol{p}_{k+1}\right)\right\|_2^2+2t_{k+1}\left\langle\boldsymbol{x}_{k+1}-\boldsymbol{p}_{k+1}, t_{k+1}\boldsymbol{p}_{k+1}-(t_{k+1}-1)\boldsymbol{x}_k-\boldsymbol{x}_\star\right\rangle\\
=&\left\|t_{k+1}\boldsymbol{x}_{k+1}-(t_{k+1}-1)\boldsymbol{x}_k-\boldsymbol{x}_\star\right\|_2^2-\left\|t_{k+1}\boldsymbol{p}_{k+1}-(t_{k+1}-1)\boldsymbol{x}_k-\boldsymbol{x}_\star\right\|_2^2\\
=&\left\|\boldsymbol{u}_{k+1}\right\|_2^2-\left\|\boldsymbol{u}_k\right\|_2^2,
\end{aligned}$$

其中, 最后一个等式是按照 APG 算法通过代入 $\boldsymbol{p}_{k+1}=\boldsymbol{x}_k+\dfrac{t_k-1}{t_{k+1}}(\boldsymbol{x}_k-\boldsymbol{x}_{k-1})$ 得出的. □

为了证明所需的结果, 我们再补充两个简单的事实, 然后正式开始定理 8.2的证明.

引理 8.4　设 $\{(a_k,b_k)\}$ 是正实数序列, 满足如下条件:

$$\forall k,\quad a_k-a_{k+1}\geqslant b_{k+1}-b_k\quad \text{且}\quad a_1+b_1\leqslant c. \tag{8.3.24}$$

那么对于每个 k, 我们都有 $a_k\leqslant c$.

引理 8.5　由加速邻近梯度法所生成的序列 $\{t_k\}$ 满足

$$t_k\geqslant\frac{k+1}{2},\quad\forall k\geqslant 1. \tag{8.3.25}$$

利用上面这些结果, 我们现在开始证明定理 8.2.

定理 8.2的证明.　定义

$$a_k\doteq\frac{2}{L}t_k^2 v_k,\quad b_k\doteq\left\|\boldsymbol{u}_k\right\|_2^2,\quad c\doteq\left\|\boldsymbol{x}_0-\boldsymbol{x}_\star\right\|_2^2. \tag{8.3.26}$$

根据引理 8.3, 对于每个 k, 我们有

$$a_k-a_{k+1}\geqslant b_{k+1}-b_k \tag{8.3.27}$$

因此, 只要满足 $a_1+b_1\leqslant c$, 我们就可以得到 $a_k\leqslant c$ 对于每个 k 成立, 而

$$\frac{2}{L}t_k^2 v_k\leqslant\left\|\boldsymbol{x}_0-\boldsymbol{x}_\star\right\|_2^2. \tag{8.3.28}$$

由于 $t_k\geqslant(k+1)/2$, 所以我们得到

$$F(\boldsymbol{x}_k)-F(\boldsymbol{x}_\star)\leqslant\frac{2L\left\|\boldsymbol{x}_0-\boldsymbol{x}_\star\right\|_2^2}{(k+1)^2}. \tag{8.3.29}$$

因此, 只需要检查 $a_1+b_1\leqslant c$. 由于 $t_1=1$, $a_1=(2/L)v_1$, 而 $b_1=\left\|\boldsymbol{x}_1-\boldsymbol{x}_\star\right\|_2^2$. 在引理 8.2中, 令 $\boldsymbol{x}=\boldsymbol{x}_\star$, $\boldsymbol{p}=\boldsymbol{p}_1$, 我们得到

$$F(\boldsymbol{x}_\star)-F(\boldsymbol{x}_1)\geqslant\frac{L}{2}\left\|\boldsymbol{x}_1-\boldsymbol{p}_1\right\|_2^2+L\left\langle\boldsymbol{p}_1-\boldsymbol{x}_\star, \boldsymbol{x}_1-\boldsymbol{p}_1\right\rangle \tag{8.3.30}$$

$$= \frac{L}{2}\left(\|\boldsymbol{x}_1 - \boldsymbol{x}_\star\|_2^2 - \|\boldsymbol{p}_1 - \boldsymbol{x}_\star\|_2^2\right). \tag{8.3.31}$$

由于 $\|\boldsymbol{p}_1 - \boldsymbol{x}_\star\|_2^2 = \|\boldsymbol{x}_0 - \boldsymbol{x}_\star\|_2^2$, 由此得证. □

8.3.5 关于加速技术的进一步发展

加速是基于梯度的 (一阶) 优化方法的一个十分令人惊讶的现象. 上一节只介绍了非常基本的加速概念和技术. 对实践者来说, 这些技术可能刚刚能够解决我们关心的低维模型估计问题. 如前所述, 我们上面的推导依赖于 Beck 和 Teboulle 的技术 [Beck et al., 2009], 这也被称为*动量分析* (momentum analysis). 这实际上与 Nesterov 基于*估计序列* (estimation sequence) 的原始构造并不相同. 关于加速技术起源的更详细描述, 请读者参考 Nesterov 的经典教科书《*凸优化入门讲座: 基本教程*》[Nesterov, 2003].

Nesterov 基于估计序列的原始构造过程通常被视为一种代数技巧, 因此难以被人们理解. 考虑到在现代 (出现在压缩感知和机器学习中的) 大规模最优化问题中加速方法的巨大意义和影响, 以更直观的方式解释加速现象是十分有意义的, 这样人们就有可能以更原则化的方式或者针对更广泛类别的问题去设计加速方法. 对此, 人们逐渐对从*连续动力学* (continuous dynamics) 的角度解释加速方法产生兴趣.

众所周知, (无加速的) 梯度下降法可以被看作与梯度流相关的一阶常微分方程 (Ordinary Differential Equation, ODE) 的离散化. 最近, [Su et al., 2014] (以及很多后续工作, 见 [Krichene et al., 2015, 2016; Wibisono et al., 2016] 等) 已经证明 Nesterov 加速梯度下降可以被解释为二阶 ODE 的离散化. 通过离散化二阶 ODE 来加速迭代方法的类似想法可以追溯到 20 世纪 60 年代 Polyak 的工作 [Polyak, 1964]. 因为连续时间动力学的简单性, 这种观点为加速方法的内在机制提供了很好的解释. 然而, 为了获得实际的迭代算法, 这种方式需要适当的离散化, 但这通常不是一个简单的问题.

与此同时, 最近的工作*近似对偶间隙技术* (Approximate Duality Gap Technique, ADGT)[Diakonikolas et al., 2019] 为解释加速方法的内在机制提供了一个新的框架, 它从连续时间的角度重新审视 Nesterov 原始估计序列的构造. 基于这个框架, 估计序列可以看作在连续时间上一种利用目标函数的凸性来构建最优值和当前值之差的更精确下界和上界的方式. 而在离散时间上, 由 ADGT 构造的上界会产生离散化误差, 这可以利用目标函数的光滑性 (比如通过梯度下降) 来抵消. 当对偶间隙变得更加精确时, 最佳加速收敛速率就可以得到保证.

最近的这些进展已经丰富了我们对 Nesterov 加速方法的理解. 尽管如此, 正如我们之前所指出的, 就一阶方法而言, Nesterov 的构造方式已经达到这一类方法的最优迭代复杂度 $O(1/k^2)$. 为了达到更好的迭代复杂度, 我们需要求助于高阶信息. 令人惊讶的是, ADGT 框架确实允许我们将加速技术进一步推广到*高阶情况*, 并且得到可以获得最优迭代复杂度的加速算法 [Song et al., 2019].

8.4 增广拉格朗日乘子法

到目前为止, 我们已经描述了如何求解在结构化信号恢复中出现的某一类*无约束凸优化问题*. 然而, 在某些情况下——例如, 如果噪声水平很低, 或者如果提前已知目标解 $\boldsymbol{x}$ 存在具体应用所要求的额外特定结构——我们可能需要精确地实现某些等式约束, 例如精确 BP 问题(8.1.1)或者 PCP 问题(8.1.5).

在本节中, 我们将介绍一个用于求解形如

$$\begin{aligned} \min_{\boldsymbol{x}} \quad & g(\boldsymbol{x}), \\ \text{s.t.} \quad & \boldsymbol{A}\boldsymbol{x} = \boldsymbol{y} \end{aligned} \tag{8.4.1}$$

的*等式约束优化问题*的算法框架, 其中 $g: \mathbb{R}^n \to \mathbb{R}$ 是凸函数, $\boldsymbol{A} \in \mathbb{R}^{m\times n}$ 是一个矩阵且 $\boldsymbol{y} \in \operatorname{range}(\boldsymbol{A})$ (使得问题的解是可行的). 获得问题(8.4.1)近似解的一种非常直观的方法是把等式约束 $\boldsymbol{A}\boldsymbol{x} = \boldsymbol{y}$ 利用一个罚函数 $f(\boldsymbol{x}) = \frac{1}{2}\|\boldsymbol{A}\boldsymbol{x} - \boldsymbol{y}\|_2^2$ 简单地替换掉, 从而求解无约束问题

$$\min_{\boldsymbol{x}} \quad g(\boldsymbol{x}) + \frac{\mu}{2}\|\boldsymbol{A}\boldsymbol{x} - \boldsymbol{y}\|_2^2, \tag{8.4.2}$$

其中 μ 的取值很大. 当 μ 增加到 $+\infty$ 时, 问题的解集趋近等式约束问题(8.4.1)的解集. 这在最优化文献中被称为*罚函数法* (penalty method), 它具有很长的研究历史, 也存在很多变种. 它的主要优点是给我们留下一个更简单的无约束优化问题, 使我们可以直接应用可扩展的一阶方法, 比如前两节所介绍的邻近梯度下降法.

然而, 这种方法存在一个严重缺陷. 对于 PG 和 APG 这样的一阶方法来说, 收敛速率取决于梯度 $\nabla(\mu f) = \mu\boldsymbol{A}^*(\boldsymbol{A}\boldsymbol{x} - \boldsymbol{y})$ 点到点的变化速度, 这是通过 Lipschitz 常数

$$L_{\nabla \mu f} = \mu\|\boldsymbol{A}\|_2^2$$

进行衡量的. 而这个常数会随着 μ 的增加而线性增加: *μ 越大, 无约束优化问题*(8.4.2)*将会越难以求解*. 缓解这种影响的一个实用方法是将 μ 逐渐增大, 从而求解一系列无约束问题, 并且把每个问题的解作为下一个问题的解的初始化. 这种*延拓*技术在实践中往往很有价值, 然而, 它也具有同样的缺陷: 随着 μ 增加, 精确解变得越来越难以获得.

*拉格朗日对偶*为通过求解无约束问题来研究和解决有约束问题(8.4.1)提供了一个更原则化的机制. 尤其是, 它给我们提供了一种用于通过求解一系列*难度并不增加*的无约束问题来准确求解约束问题(8.4.1)的机制. 拉格朗日对偶的核心是拉格朗日函数

$$\mathcal{L}(\boldsymbol{x}, \boldsymbol{\lambda}) \doteq g(\boldsymbol{x}) + \langle \boldsymbol{\lambda}, \boldsymbol{A}\boldsymbol{x} - \boldsymbol{y} \rangle, \tag{8.4.3}$$

其中 $\boldsymbol{\lambda} \in \mathbb{R}^m$ 是由*拉格朗日乘子* (Lagrange multiplier) 构成的向量, 对应于等式约束 $\boldsymbol{A}\boldsymbol{x} = \boldsymbol{y}$. 特别地, 我们可以把最优解 $(\boldsymbol{x}_\star, \boldsymbol{\lambda}_\star)$ 描述为拉格朗日函数的鞍点, 即

$$\sup_{\boldsymbol{\lambda}} \inf_{\boldsymbol{x}} \mathcal{L}(\boldsymbol{x}, \boldsymbol{\lambda}) = \sup_{\boldsymbol{\lambda}} \inf_{\boldsymbol{x}} \; g(\boldsymbol{x}) + \langle \boldsymbol{\lambda}, \boldsymbol{A}\boldsymbol{x} - \boldsymbol{y} \rangle. \tag{8.4.4}$$

如果我们把对偶函数定义为

$$d(\boldsymbol{\lambda}) \doteq \inf_{\boldsymbol{x}} \; g(\boldsymbol{x}) + \langle \boldsymbol{\lambda}, \boldsymbol{A}\boldsymbol{x} - \boldsymbol{y} \rangle, \tag{8.4.5}$$

那么, 关于最优解的鞍点描述提供给我们一种寻找 $(\boldsymbol{x}_\star, \boldsymbol{\lambda}_\star)$ 的很自然的计算方法, 即交替更新 $\boldsymbol{x}_k$ 和 $\boldsymbol{\lambda}_k$:

$$\boldsymbol{x}_{k+1} = \arg\min_{\boldsymbol{x}} \; \mathcal{L}(\boldsymbol{x}, \boldsymbol{\lambda}_k), \tag{8.4.6}$$

$$\boldsymbol{\lambda}_{k+1} = \boldsymbol{\lambda}_k + t_{k+1}(\boldsymbol{A}\boldsymbol{x}_{k+1} - \boldsymbol{y}). \tag{8.4.7}$$

不难发现, $\boldsymbol{A}\boldsymbol{x}_{k+1} - \boldsymbol{y}$ 是对偶函数 $d(\boldsymbol{\lambda})$ 的一个次梯度㊀. 这个迭代对应于最大化对偶函数的一种*次梯度上升算法*, 因此被称为*对偶上升* (dual ascent). 在式(8.4.7)中, t_{k+1} 是步长参数. 对于某些类问题, 对偶上升法可以得出高效的收敛算法, 获得一个最优的原始–对偶对 $(\boldsymbol{x}_\star, \boldsymbol{\lambda}_\star)$. 然而, 对于结构化信号恢复领域中所出现的这类优化问题, 式(8.4.6)和式(8.4.7)中这种直截了当的迭代可能会失效.

例 8.4　*证明*

$$\inf_{\boldsymbol{x}} \|\boldsymbol{x}\|_1 + \langle \boldsymbol{\lambda}, \boldsymbol{A}\boldsymbol{x} - \boldsymbol{y} \rangle = \begin{cases} -\infty & \|\boldsymbol{A}^*\boldsymbol{\lambda}\|_\infty > 1, \\ -\langle \boldsymbol{\lambda}, \boldsymbol{y} \rangle & \|\boldsymbol{A}^*\boldsymbol{\lambda}\|_\infty \leqslant 1. \end{cases} \tag{8.4.8}$$

可见, 对于基追踪问题, 如果对偶上升步骤(8.4.7)恰好产生了一个 $\boldsymbol{\lambda}$, 它使得 $\|\boldsymbol{A}^*\boldsymbol{\lambda}\|_\infty > 1$, 那么上述迭代算法将崩溃. 当 $\|\boldsymbol{A}^*\boldsymbol{\lambda}\|_\infty > 1$ 时, 我们可以通过选择远远偏离可行集 $\{\boldsymbol{x} \mid \boldsymbol{A}\boldsymbol{x} = \boldsymbol{y}\}$ 的 $\boldsymbol{x}$ 使 $\mathcal{L}(\boldsymbol{x}, \boldsymbol{\lambda})$ 产生任意大 (幅度) 的负值.

这种不良行为在很多问题中是比较容易发生的. 因此, 对于结构化信号恢复来说, 经典的拉格朗日函数仅仅足以用来表示解的最优性条件, 但是它对等式约束 $\boldsymbol{A}\boldsymbol{x} = \boldsymbol{y}$ 的惩罚不够强烈, 无法直接使用式(8.4.6)和式(8.4.7)来获得一个有效的算法. 一种很自然的补救方案是给拉格朗日函数*增加*一个额外的惩罚项, 即

$$\mathcal{L}_\mu(\boldsymbol{x}, \boldsymbol{\lambda}) \doteq g(\boldsymbol{x}) + \langle \boldsymbol{\lambda}, \boldsymbol{A}\boldsymbol{x} - \boldsymbol{y} \rangle + \frac{\mu}{2} \|\boldsymbol{A}\boldsymbol{x} - \boldsymbol{y}\|_2^2. \tag{8.4.9}$$

这个函数被称为*增广拉格朗日函数* (augmented Lagrangian function) [Hestenes, 1969; Powell, 1969; Rockafellar, 1973]. 如前所述, $\mu > 0$ 是一个惩罚参数. 增广拉格朗日函数可以被视为用于求解如下约束优化问题的拉格朗日函数:

$$\begin{aligned} \min_{\boldsymbol{x}} \quad & g(\boldsymbol{x}) + \frac{\mu}{2} \|\boldsymbol{A}\boldsymbol{x} - \boldsymbol{y}\|_2^2 \\ \text{s.t.} \quad & \boldsymbol{A}\boldsymbol{x} = \boldsymbol{y}. \end{aligned} \tag{8.4.10}$$

由于惩罚项 $\|\boldsymbol{y} - \boldsymbol{A}\boldsymbol{x}\|_2^2$ 对于所有可行的 $\boldsymbol{x}$ 是 $\mathbf{0}$, 因此这个问题的最优解与原始问题(8.4.1)的最优解是一致的.

㊀ 严格来说, 它是一个*超梯度* (supergradient), 因为对偶函数 $d(\boldsymbol{\lambda})$ 是凹 (concave) 函数.

尽管形式上具有等价性, 这种增广却对数值优化产生很大影响. 特别是当目标函数 g 满足一些非常弱的假设条件时, 它可以使对偶上升法的迭代具有收敛保证. 为了理解这一点, 让我们对约束优化问题(8.4.10)采用对偶上升法, 并对步长使用一个非常特殊的选择, 即 $t_{k+1}=\mu$. 从而, 我们得到下述迭代公式:

$$\begin{aligned}\boldsymbol{x}_{k+1} &\in \arg\min_{\boldsymbol{x}} \mathcal{L}_\mu(\boldsymbol{x},\boldsymbol{\lambda}_k), &(8.4.11)\\ \boldsymbol{\lambda}_{k+1} &= \boldsymbol{\lambda}_k+\mu\left(\boldsymbol{A}\boldsymbol{x}_{k+1}-\boldsymbol{y}\right). &(8.4.12)\end{aligned}$$

选用特殊步长 $t_{k+1}=\mu$ 的这个迭代过程被称为*乘子法* (method of multiplier). 而对 $\boldsymbol{x}$ 的更新步骤(8.4.11)本身是一个无约束凸优化问题, 通常可以使用前面几节所介绍的邻近梯度法求解.

评注 8.1 选择 $t_{k+1}=\mu$ 是很重要的, 因为它可以让我们避免例 8.4中所描述的崩溃. 为了明白这一点, 因为 $\boldsymbol{x}_{k+1}$ 最小化凸函数 $\mathcal{L}_\mu$, 所以

$$\begin{aligned}\mathbf{0}&\in\partial\mathcal{L}_\mu(\boldsymbol{x}_{k+1},\boldsymbol{\lambda}_k),\\ &=\partial g(\boldsymbol{x}_{k+1})+\boldsymbol{A}^*\boldsymbol{\lambda}_k+\mu\boldsymbol{A}^*(\boldsymbol{A}\boldsymbol{x}_{k+1}-\boldsymbol{y}),\\ &=\partial g(\boldsymbol{x}_{k+1})+\boldsymbol{A}^*\boldsymbol{\lambda}_{k+1},\\ &=\partial\mathcal{L}(\boldsymbol{x}_{k+1},\boldsymbol{\lambda}_{k+1}).\end{aligned}$$

因此, $\boldsymbol{x}_{k+1}$ 实际上是在固定 $\boldsymbol{\lambda}=\boldsymbol{\lambda}_{k+1}$ 下最小化一个无增广项的拉格朗日函数 $\mathcal{L}(\boldsymbol{x},\boldsymbol{\lambda}_{k+1})$. 这意味着 $d(\boldsymbol{\lambda}_{k+1})>-\infty$, 即 $\boldsymbol{\lambda}_{k+1}$ 对于原始问题是对偶可行的 (dual feasible). 特别地, $\mathcal{L}(\boldsymbol{x},\boldsymbol{\lambda}_{k+1})$ 是有下界的. 由于 $\boldsymbol{\lambda}_{k+1}$ 总是对偶可行的, 所以例 8.4中所观察到的不良行为将不会出现.

若对 $g(\boldsymbol{x})$ 进行一些适当假设, 由这种修改后的算法所产生的迭代序列 $\boldsymbol{x}_k$ 将收敛到有约束问题(8.4.1)的最优解 $\boldsymbol{x}_\star$. 下面我们给出一个略为宽泛的结果, 即允许惩罚参数 μ 在不同迭代中改变, 只要它们保持远离下界 0.

定理 8.3 (增广拉格朗日乘子法的收敛性) 设 $g:\mathbb{R}^n\to\mathbb{R}$ 是凸的强制 (coercive) 函数[㊀], $\boldsymbol{A}\in\mathbb{R}^{m\times n}$ 是一个任意的矩阵, $\boldsymbol{y}\in\operatorname{range}(\boldsymbol{A})$. 那么, 约束优化问题

$$\begin{aligned}\min_{\boldsymbol{x}}\quad & g(\boldsymbol{x}) &(8.4.13)\\ \text{s.t.}\quad & \boldsymbol{A}\boldsymbol{x}=\boldsymbol{y},\end{aligned}$$

至少存在一个最优解. 并且, 相应的 ALM 迭代

$$\begin{aligned}\boldsymbol{x}_{k+1}&\in\arg\min_{\boldsymbol{x}} \mathcal{L}_{\mu_k}(\boldsymbol{x},\boldsymbol{\lambda}_k), &(8.4.14)\\ \boldsymbol{\lambda}_{k+1}&=\boldsymbol{\lambda}_k+\mu_k\left(\boldsymbol{A}\boldsymbol{x}_{k+1}-\boldsymbol{y}\right), &(8.4.15)\end{aligned}$$

㊀ 如果 $\lim_{\|\boldsymbol{x}\|_2\to\infty} g(\boldsymbol{x})=+\infty$, 那么函数 $g(\boldsymbol{x})$ 被称为强制的 (coercive).

当序列 $\{\mu_k\}$ 远离下界 0 时, 将产生一个序列 $\{\boldsymbol{\lambda}_k\}$, 它以速率 $O(1/k)$ 收敛到对偶最优解. 此外, 序列 $\{\boldsymbol{x}_k\}$ 的每个极限点对于问题(8.4.13)都是最优的.

在图 8.5, 我们给出了到目前为止对 ALM 方法的一个总结.

增广拉格朗日乘子 (ALM) 法

问题类型.

$$\begin{array}{ll} \min_{\boldsymbol{x}} & g(\boldsymbol{x}) \\ \text{s.t.} & \boldsymbol{A}\boldsymbol{x} = \boldsymbol{y}. \end{array}$$

其中 $g : \mathbb{R}^n \to \mathbb{R}$ 是凸函数, $\boldsymbol{y} \in \operatorname{range}(\boldsymbol{A})$.

基本迭代. 设

$$\mathcal{L}_\mu(\boldsymbol{x}, \boldsymbol{\lambda}) = g(\boldsymbol{x}) + \langle \boldsymbol{\lambda}, \boldsymbol{A}\boldsymbol{x} - \boldsymbol{y} \rangle + \frac{\mu}{2} \|\boldsymbol{A}\boldsymbol{x} - \boldsymbol{y}\|_2^2.$$

重复计算如下步骤:

$$\begin{aligned} \boldsymbol{x}_{k+1} &\in \arg\min_{\boldsymbol{x}} \mathcal{L}_\mu(\boldsymbol{x}, \boldsymbol{\lambda}_k), \\ \boldsymbol{\lambda}_{k+1} &= \boldsymbol{\lambda}_k + \mu (\boldsymbol{A}\boldsymbol{x}_{k+1} - \boldsymbol{y}). \end{aligned}$$

收敛性保证. 如果 g 是强制函数, 那么序列 $\{\boldsymbol{x}_k\}$ 的每个极限点都是最优的.

图 8.5　增广拉格朗日乘子法总结

评注 8.2 (更一般的收敛定理)　我们这里对定理 8.3的陈述体现了简单性与普遍性之间的一种慎重权衡. 如果利用更深入的分析技术, 人们有可能证明 ALM 对更普遍类型的函数 g 的收敛性. 最有实践意义的一类重要扩展是允许函数 g 为一个扩展的实值函数 (即从 $\mathbb{R}^n$ 到 $\mathbb{R} \cup \{+\infty\}$ 的函数). 例如, 如果我们希望在 $\boldsymbol{x}$ 的可行集上优化一个实值凸函数 g_0, 其中 $\boldsymbol{x}$ 满足等式约束 $\boldsymbol{A}\boldsymbol{x} = \boldsymbol{y}$ 且位于某些附加的 (非空的闭凸) 约束集 C 中, 即

$$\begin{array}{ll} \min_{\boldsymbol{x}} & g_0(\boldsymbol{x}) \\ \text{s.t.} & \boldsymbol{A}\boldsymbol{x} = \boldsymbol{y},\ \boldsymbol{x} \in \mathsf{C}. \end{array} \tag{8.4.16}$$

我们可以把 ALM 应用于如下问题

$$\begin{array}{ll} \min_{\boldsymbol{x}} & g(\boldsymbol{x}) \doteq g_0(\boldsymbol{x}) + \mathbb{I}_{\boldsymbol{x} \in \mathsf{C}} \\ \text{s.t.} & \boldsymbol{A}\boldsymbol{x} = \boldsymbol{y}. \end{array} \tag{8.4.17}$$

其中 $\mathbb{I}_{\boldsymbol{x} \in \mathsf{C}}$ 是关于集合 C 的一个指示函数, 即

$$\mathbb{I}_{\boldsymbol{x} \in \mathsf{C}} = \begin{cases} 0 & \boldsymbol{x} \in \mathsf{C}, \\ +\infty & \boldsymbol{x} \notin \mathsf{C}. \end{cases} \tag{8.4.18}$$

Eckstein 的文献综述 [Eckstein, 2012] 和 Bertsekas 的专著 [Bertsekas, 1982] 很好地介绍了允许这种扩展的更一般性理论.

实现方面的一些考虑

最重要的实际考虑是如何选择惩罚参数的序列 $\{\mu_k\}$. 如上所述, 这种选择是为了在求解子问题的成本和外迭代的总次数之间得到比较好的折中——较大的 μ 会使得外迭代次数更少, 但子问题更难以求解. 一个典型策略是以几何级数的方式增加 μ, 直到某个预设的上限, 即

$$\mu_{k+1} = \min\{\beta\mu_k, \mu_{\max}\},$$

其中典型的设置是 $\beta \approx 1.25$. 上限 $\mu_{\max}$ 与问题密切相关, 如何选择 "最佳" 的 $\mu_{\max}$ 是一门 "黑科技".

我们对 ALM 的上述描述和分析均假设各个子问题已被精确求解. 然而, 实际上, 可能没有必要获得子问题的高精度解, 特别是在迭代过程的前期阶段. 这样做在理论上也可以被证明是合理的. 对于求解无约束子问题, 迭代方法的选择可以取决于具体的问题. 然而, 由于惩罚项是二次的, 对于本书中所涉及的许多问题, 其子问题的目标函数具有组合形式, 因此前面所介绍的 APG 算法都是可以适用的.

在使用 APG (或者任何其他迭代求解器) 求解无约束子问题时, 我们强烈建议使用前一个迭代 $\boldsymbol{x}_k$ 作为求解后续迭代 $\boldsymbol{x}_{k+1}$ 的初始化. 虽然子问题是凸的, 迭代算法的全局最优性并不依赖于初始化, 但选择一个合适的初始化可以大大减少迭代总次数.

8.4.1 应用 ALM 求解基追踪

正如算法 8.5所总结的, 我们可以把 ALM 应用于求解精确的基追踪问题(8.1.1). 这个算法由 [Yin et al., 2008] 引入, 可以被理解为一种 Bregman 迭代.

算法 8.5 应用增广拉格朗日乘子 (ALM) 法求解 BP

1: **问题.** $\min_{\boldsymbol{x}} \|\boldsymbol{x}\|_1$ s.t. $\boldsymbol{y} = \boldsymbol{A}\boldsymbol{x}$, 给定 $\boldsymbol{y} \in \mathbb{R}^m$ 和 $\boldsymbol{A} \in \mathbb{R}^{m \times n}$.
2: **输入.** $\boldsymbol{x}_0 \in \mathbb{R}^n$, $\boldsymbol{\lambda}_0 \in \mathbb{R}^m$, $\beta > 1$.
3: **for** $k = 0, 1, 2, \cdots, K-1$ **do**
4: $\quad\boldsymbol{x}_{k+1} \leftarrow \arg\min_{\boldsymbol{x}} \mathcal{L}_{\mu_k}(\boldsymbol{x}, \boldsymbol{\lambda}_k)$ (使用 APG).
5: $\quad\boldsymbol{\lambda}_{k+1} \leftarrow \boldsymbol{\lambda}_k + \mu_k(\boldsymbol{A}\boldsymbol{x}_{k+1} - \boldsymbol{y})$.
6: $\quad\mu_{k+1} \leftarrow \min\{\beta\mu_k, \mu_{\max}\}$.
7: **end for**
8: **输出.** $\boldsymbol{x}_\star \leftarrow \boldsymbol{x}_K$.

8.4.2 应用 ALM 求解 PCP

在 4.4 节, 我们介绍了 ALM 算法的一个重要应用, 即求解低秩矩阵补全 (Matrix Completion, MC) 问题 (算法 4.1).

在这里 (以及下面的小节) 我们将讨论如何将其扩展到在第 5 章所研究的更有挑战性的低秩和稀疏矩阵分解问题. 让我们回顾一下第 5 章所介绍的主成分追踪 (PCP) 问题:

$$\min_{\boldsymbol{L},\boldsymbol{S}} \|\boldsymbol{L}\|_* + \lambda\|\boldsymbol{S}\|_1 \quad \text{s.t.} \quad \boldsymbol{L}+\boldsymbol{S}=\boldsymbol{Y}. \tag{8.4.19}$$

首先, 我们把上述问题改写为标准的 ALM 目标函数形式:

$$\mathcal{L}_\mu(\boldsymbol{L},\boldsymbol{S},\boldsymbol{\Lambda}) \doteq \|\boldsymbol{L}\|_* + \lambda\|\boldsymbol{S}\|_1 + \langle \boldsymbol{\Lambda}, \boldsymbol{L}+\boldsymbol{S}-\boldsymbol{Y}\rangle + \frac{\mu}{2}\|\boldsymbol{L}+\boldsymbol{S}-\boldsymbol{Y}\|_F^2.$$

$\mathcal{L}_\mu(\cdot)$ 由与 $\boldsymbol{Y}$ 相同大小的一个拉格朗日乘子矩阵 $\boldsymbol{\Lambda}$ 的拉格朗日项和一个鼓励等式约束条件 $\boldsymbol{L}+\boldsymbol{S}=\boldsymbol{Y}$ 的二次增广项构成. 我们把求解这个问题的 ALM 算法总结在算法 8.6中. 然而, 在算法的第 4 步, 我们需要求解问题 $\min_{\boldsymbol{L},\boldsymbol{S}} \mathcal{L}_{\mu_k}(\boldsymbol{L},\boldsymbol{S},\boldsymbol{\Lambda}_k)$. 不幸的是, 对于核范数和 ℓ^1 范数构成的组合形式目标函数, 我们没有与之相对应的邻近算子闭式解. 我们将在下一节使用交替方向法来解决这个难题.

算法 8.6 应用增广拉格朗日乘子 (ALM) 法求解 PCP

1: **问题.** $\min_{\boldsymbol{L},\boldsymbol{S}} \|\boldsymbol{L}\|_* + \lambda\|\boldsymbol{S}\|_1$ s.t. $\boldsymbol{L}+\boldsymbol{S}=\boldsymbol{Y}$, 给定 $\boldsymbol{Y}$ 和 $\lambda>0$.
2: **输入.** $\boldsymbol{L}_0, \boldsymbol{S}_0, \boldsymbol{\Lambda}_0 \in \mathbb{R}^{m\times n}$, $\beta>1$.
3: **for** $k=0,1,2,\ldots,K-1$ **do**
4: $\quad\{\boldsymbol{L}_{k+1},\boldsymbol{S}_{k+1}\} \leftarrow \arg\min_{\boldsymbol{L},\boldsymbol{S}} \mathcal{L}_{\mu_k}(\boldsymbol{L},\boldsymbol{S},\boldsymbol{\Lambda}_k)$ (使用 APG).
5: $\quad\boldsymbol{\Lambda}_{k+1} \leftarrow \boldsymbol{\Lambda}_k + \mu_k(\boldsymbol{L}_{k+1}+\boldsymbol{S}_{k+1}-\boldsymbol{Y})$.
6: $\quad\mu_{k+1} \leftarrow \min\{\beta\mu_k, \mu_{\max}\}$.
7: **end for**
8: **输出.** $\boldsymbol{L}_\star \leftarrow \boldsymbol{L}_K, \boldsymbol{S}_\star \leftarrow \boldsymbol{S}_K$.

8.4.3 ALM 的收敛性

在本小节中, 我们将证明定理 8.3. 这个证明实际上将揭示对增广拉格朗日乘子法的另一种解释, 即把它视为应用邻近点算法在对偶问题上.

定理 8.3 的证明. 令 $d(\boldsymbol{\lambda})$ 表示对偶函数

$$d(\boldsymbol{\lambda}) = \inf_{\boldsymbol{x}} g(\boldsymbol{x}) + \langle \boldsymbol{\lambda}, \boldsymbol{A}\boldsymbol{x}-\boldsymbol{y}\rangle. \tag{8.4.20}$$

对偶函数是凹 (concave) 函数, 所以它的负数

$$q(\boldsymbol{\lambda}) = -d(\boldsymbol{\lambda}) \tag{8.4.21}$$

是凸函数.

注意到对任何 $\boldsymbol{\lambda}$,

$$d(\boldsymbol{\lambda}) \leqslant g(\boldsymbol{x}_{k+1}) + \langle \boldsymbol{\lambda}, \boldsymbol{A}\boldsymbol{x}_{k+1}-\boldsymbol{y}\rangle \tag{8.4.22}$$

$$= \quad g(\boldsymbol{x}_{k+1}) + \langle \boldsymbol{\lambda}_{k+1}, \boldsymbol{A}\boldsymbol{x}_{k+1} - \boldsymbol{y} \rangle + \langle \boldsymbol{\lambda} - \boldsymbol{\lambda}_{k+1}, \boldsymbol{A}\boldsymbol{x}_{k+1} - \boldsymbol{y} \rangle .$$

回顾一下评注 8.1, 增广拉格朗日乘子法保证 $\boldsymbol{x}_{k+1}$ 是固定 $\boldsymbol{\lambda} = \boldsymbol{\lambda}_{k+1}$ 时最小化未引入增广项的拉格朗日函数 $g(\boldsymbol{x}) + \langle \boldsymbol{\lambda}, \boldsymbol{A}\boldsymbol{x} - \boldsymbol{y} \rangle$. 因此, 根据对偶函数 $d(\boldsymbol{\lambda})$ 的定义, 我们可知 $d(\boldsymbol{\lambda}_{k+1}) = g(\boldsymbol{x}_{k+1}) + \langle \boldsymbol{\lambda}_{k+1}, \boldsymbol{A}\boldsymbol{x}_{k+1} - \boldsymbol{y} \rangle$. 把这个结果应用到上面的不等式, 我们可以得到

$$d(\boldsymbol{\lambda}) \quad \leqslant \quad d(\boldsymbol{\lambda}_{k+1}) + \langle \boldsymbol{\lambda} - \boldsymbol{\lambda}_{k+1}, \boldsymbol{A}\boldsymbol{x}_{k+1} - \boldsymbol{y} \rangle . \tag{8.4.23}$$

由于 $q(\boldsymbol{\lambda}) = -d(\boldsymbol{\lambda})$, 我们有

$$q(\boldsymbol{\lambda}) \quad \geqslant \quad q(\boldsymbol{\lambda}_{k+1}) + \langle \boldsymbol{\lambda} - \boldsymbol{\lambda}_{k+1}, \boldsymbol{y} - \boldsymbol{A}\boldsymbol{x}_{k+1} \rangle . \tag{8.4.24}$$

因此, 可以看出 $\boldsymbol{y} - \boldsymbol{A}\boldsymbol{x}_{k+1}$ 属于 $q(\boldsymbol{\lambda})$ 在 $\boldsymbol{\lambda}_{k+1}$ 处的次梯度, 并且

$$\boldsymbol{\lambda}_k - \boldsymbol{\lambda}_{k+1} = \mu_k(\boldsymbol{y} - \boldsymbol{A}\boldsymbol{x}_{k+1}) \in \mu_k \partial q(\boldsymbol{\lambda}_{k+1}), \tag{8.4.25}$$

进而

$$\boldsymbol{\lambda}_{k+1} = \operatorname{prox}_{\mu_k q}[\boldsymbol{\lambda}_k]. \tag{8.4.26}$$

因此, 对偶上升相当于在 $\boldsymbol{\lambda}_k$ 处对 $q(\boldsymbol{\lambda})$ 应用邻近点迭代法. 在我们的假设下, 对偶最优值 $\sup_{\boldsymbol{\lambda}} d(\boldsymbol{\lambda}) > -\infty$ 是有限的, 因此对偶最优解 $\bar{\boldsymbol{\lambda}}$ 存在. 命题 8.2意味着 $\boldsymbol{\lambda}_k \to \boldsymbol{\lambda}_\star$, 其中 $\boldsymbol{\lambda}_\star$ 是某个对偶最优点. 注意到序列 μ_k 的下界远离 0, 由此我们得出

$$\|\boldsymbol{A}\boldsymbol{x}_k - \boldsymbol{y}\|_2 = \frac{\|\boldsymbol{\lambda}_k - \boldsymbol{\lambda}_{k-1}\|_2}{\mu_k} \to 0, \tag{8.4.27}$$

因此, 序列 $\{\boldsymbol{x}_k\}$ 趋于可行集. 序列 $\{\boldsymbol{\lambda}_k\}$ 继承了与邻近梯度法一样的收敛速率. 根据命题 8.2, 只要 μ_k 满足对于某些 $\mu_o > 0$, $\mu_k > \mu_o$, 那么收敛速率至少是 $O(1/k)$.

由于 g 是强制函数, 因此至少存在一个原问题最优解 $\boldsymbol{x}_\star$. 根据 $\boldsymbol{x}_{k+1}$ 的最优性, 我们有

$$g(\boldsymbol{x}_{k+1}) + \langle \boldsymbol{\lambda}_k, \boldsymbol{A}\boldsymbol{x}_{k+1} - \boldsymbol{y} \rangle + \frac{\mu}{2} \|\boldsymbol{A}\boldsymbol{x}_{k+1} - \boldsymbol{y}\|_2^2 \leqslant g(\boldsymbol{x}_\star). \tag{8.4.28}$$

对于任何聚点 $\bar{\boldsymbol{x}}$, 从 g 的连续性和 $\|\boldsymbol{A}\boldsymbol{x}_k - \boldsymbol{y}\|_2 \to 0$ 可以得出 $g(\bar{\boldsymbol{x}}) \leqslant g(\boldsymbol{x}_\star)$, 从而 $g(\bar{\boldsymbol{x}}) = g(\boldsymbol{x}_\star)$. 因此, 每个聚点都是最优的. □

8.5 交替方向乘子法

上一节所介绍的增广拉格朗日乘子法可以通过把等式约束的凸优化问题化归为一组无约束的子问题来进行求解. 如果我们需要对所有优化变量同时最小化, 那么这些子问题可能仍然是具有挑战性的优化问题, 就像算法 8.6的第 4 步. 不过, 在很多情况下, 我们可以利用目标函数的特定可分离结构, 通过把整个优化问题转化为多个较小的子问题而化解困难, 正如例 8.5 所示.

例 8.5 (主成分追踪) 需要求解

$$\begin{aligned} \min_{\boldsymbol{L},\boldsymbol{S}} \quad & \|\boldsymbol{L}\|_* + \lambda \|\boldsymbol{S}\|_1 \\ \text{s.t.} \quad & \boldsymbol{L}+\boldsymbol{S}=\boldsymbol{Y}. \end{aligned} \tag{8.5.1}$$

目标函数由可分离的两项 ($\|\cdot\|_*$ 和 $\|\cdot\|_1$) 构成, 各自都有一个有效的邻近算子.

在这一节中, 我们学习一类可以利用这种特定的可分离结构的增广拉格朗日算法. 首先考虑一个一般问题, 其形式为:

$$\begin{aligned} \min_{\boldsymbol{x},\boldsymbol{z}} \quad & g(\boldsymbol{x})+h(\boldsymbol{z}) \\ \text{s.t.} \quad & \boldsymbol{A}\boldsymbol{x}+\boldsymbol{B}\boldsymbol{z}=\boldsymbol{y}, \end{aligned} \tag{8.5.2}$$

其中 g 和 h 是凸函数, $\boldsymbol{A}$ 和 $\boldsymbol{B}$ 是矩阵, $\boldsymbol{y} \in \operatorname{range}([\boldsymbol{A} \mid \boldsymbol{B}])$. 其拉格朗日函数 $\mathcal{L}(\boldsymbol{x},\boldsymbol{z},\boldsymbol{\lambda})$ 为:

$$\mathcal{L}(\boldsymbol{x},\boldsymbol{z},\boldsymbol{\lambda}) = g(\boldsymbol{x})+h(\boldsymbol{z})+\langle \boldsymbol{\lambda}, \boldsymbol{A}\boldsymbol{x}+\boldsymbol{B}\boldsymbol{z}-\boldsymbol{y}\rangle. \tag{8.5.3}$$

类似于上一节, 我们构造所对应的增广拉格朗日函数 $\mathcal{L}_\mu(\boldsymbol{x},\boldsymbol{z},\boldsymbol{\lambda})$ 如下:

$$\mathcal{L}_\mu(\boldsymbol{x},\boldsymbol{z},\boldsymbol{\lambda}) = g(\boldsymbol{x})+h(\boldsymbol{z})+\langle \boldsymbol{\lambda}, \boldsymbol{A}\boldsymbol{x}+\boldsymbol{B}\boldsymbol{z}-\boldsymbol{y}\rangle + \frac{\mu}{2}\|\boldsymbol{A}\boldsymbol{x}+\boldsymbol{B}\boldsymbol{z}-\boldsymbol{y}\|_2^2. \tag{8.5.4}$$

在很多应用 (包括上面所列举的例子) 中, 当 $\boldsymbol{\lambda}$ 和 $\boldsymbol{z}$ 固定时, 针对 $\boldsymbol{x}$ 最小化 $\mathcal{L}_\mu$ 很容易; 同样, 当 $\boldsymbol{\lambda}$ 和 $\boldsymbol{x}$ 固定时, 针对 $\boldsymbol{z}$ 最小化 $\mathcal{L}_\mu$ 也不困难. 这让我们想到一种简单的交替迭代方法:

$$\boldsymbol{z}_{k+1} \in \arg\min_{\boldsymbol{z}} \mathcal{L}_\mu(\boldsymbol{x}_k,\boldsymbol{z},\boldsymbol{\lambda}_k), \tag{8.5.5}$$

$$\boldsymbol{x}_{k+1} \in \arg\min_{\boldsymbol{x}} \mathcal{L}_\mu(\boldsymbol{x},\boldsymbol{z}_{k+1},\boldsymbol{\lambda}_k), \tag{8.5.6}$$

$$\boldsymbol{\lambda}_{k+1} = \boldsymbol{\lambda}_k + \mu\left(\boldsymbol{A}\boldsymbol{x}_{k+1}+\boldsymbol{B}\boldsymbol{z}_{k+1}-\boldsymbol{y}\right). \tag{8.5.7}$$

这种方法被称为*交替方向乘子法* (Alternating Direction Method of Multiplier, ADMM). 在数值分析文献中, 这种形式的更新也被称为 Gauss-Seidel *迭代*. 关于这些方法的一个很好的介绍和关于停止准则以及参数设置等方面的有用建议, 我们推荐读者阅读 [Boyd et al., 2011].

8.5.1 应用 ADMM 求解 PCP 问题

当我们把 ADMM 迭代应用于主成分追踪 (PCP) 问题(8.4.19)时, 它的形式特别简单. 这里, 两组优化变量分别是未知的低秩矩阵 $\boldsymbol{L}$ 和未知的稀疏误差矩阵 $\boldsymbol{S}$. 其增广拉格朗日函数为:

$$\mathcal{L}_\mu(\boldsymbol{L},\boldsymbol{S},\boldsymbol{\Lambda}) = \|\boldsymbol{L}\|_* + \lambda\|\boldsymbol{S}\|_1 + \langle \boldsymbol{\Lambda}, \boldsymbol{L}+\boldsymbol{S}-\boldsymbol{Y}\rangle + \frac{\mu}{2}\|\boldsymbol{L}+\boldsymbol{S}-\boldsymbol{Y}\|_F^2. \tag{8.5.8}$$

ADMM 迭代依次更新 $\boldsymbol{L}$, $\boldsymbol{S}$ 和 $\boldsymbol{\Lambda}$. 每个变量的更新都有一个非常简单熟悉的形式. 例如,

$$\boldsymbol{L}_{k+1} = \arg\min_{\boldsymbol{L}} \mathcal{L}_\mu(\boldsymbol{L},\boldsymbol{S}_k,\boldsymbol{\Lambda}_k)$$

$$
\begin{aligned}
&= \arg\min_{\boldsymbol{L}} \|\boldsymbol{L}\|_* + \langle \boldsymbol{\Lambda}_k, \boldsymbol{L} + \boldsymbol{S}_k - \boldsymbol{Y} \rangle + \frac{\mu}{2} \|\boldsymbol{L} + \boldsymbol{S}_k - \boldsymbol{Y}\|_F^2 \\
&= \arg\min_{\boldsymbol{L}} \|\boldsymbol{L}\|_* + \frac{\mu}{2} \left\|\boldsymbol{L} + \boldsymbol{S}_k - \boldsymbol{Y} + \mu^{-1}\boldsymbol{\Lambda}_k\right\|_F^2 + \varphi(\boldsymbol{S}_k, \boldsymbol{\Lambda}_k) \\
&= \operatorname{prox}_{\mu^{-1}\|\cdot\|_*} \left[\boldsymbol{Y} - \boldsymbol{S}_k - \mu^{-1}\boldsymbol{\Lambda}_k\right],
\end{aligned} \tag{8.5.9}
$$

其中, $\varphi(\boldsymbol{S}_k, \boldsymbol{\Lambda}_k)$ 由不包含优化变量 $\boldsymbol{L}$ 的剩余项构成. 因此, 对低秩项的更新步骤可以简单地通过计算核范数的邻近算子来实现.

对应地, 稀疏项也可以得出类似的简单更新规则, 即

$$
\begin{aligned}
\boldsymbol{S}_{k+1} &= \arg\min_{\boldsymbol{S}} \mathcal{L}_\mu(\boldsymbol{L}_{k+1}, \boldsymbol{S}, \boldsymbol{\Lambda}_k) \\
&= \arg\min_{\boldsymbol{S}} \lambda \|\boldsymbol{S}\|_1 + \langle \boldsymbol{\Lambda}_k, \boldsymbol{L}_{k+1} + \boldsymbol{S} - \boldsymbol{Y} \rangle + \frac{\mu}{2} \|\boldsymbol{L}_{k+1} + \boldsymbol{S} - \boldsymbol{Y}\|_F^2 \\
&= \arg\min_{\boldsymbol{S}} \lambda \|\boldsymbol{S}\|_1 + \frac{\mu}{2} \left\|\boldsymbol{S} + \boldsymbol{L}_{k+1} - \boldsymbol{Y} + \mu^{-1}\boldsymbol{\Lambda}_k\right\|_F^2 + \psi(\boldsymbol{L}_{k+1}, \boldsymbol{\Lambda}_k) \\
&= \operatorname{prox}_{\lambda\mu^{-1}\|\cdot\|_1} \left[\boldsymbol{Y} - \boldsymbol{L}_{k+1} - \mu^{-1}\boldsymbol{\Lambda}_k\right],
\end{aligned} \tag{8.5.10}
$$

其中 $\psi(\boldsymbol{L}_{k+1}, \boldsymbol{\Lambda}_k)$ 表示不包含优化变量 $\boldsymbol{S}$ 的剩余项.

把这两个结果结合起来, 我们即可得出求解主成分追踪问题的一种简单的轻量级算法, 见算法 8.7.

算法 8.7 应用 ADMM 求解主成分追踪 (PCP)

1: **问题.** $\min_{\boldsymbol{L},\boldsymbol{S}} \|\boldsymbol{L}\|_* + \lambda\|\boldsymbol{S}\|_1 + \langle \boldsymbol{\Lambda}, \boldsymbol{L} + \boldsymbol{S} - \boldsymbol{Y} \rangle + \frac{\mu}{2}\|\boldsymbol{L} + \boldsymbol{S} - \boldsymbol{Y}\|_F^2$, 给定 $\boldsymbol{Y}$, $\lambda, \mu > 0$.

2: **输入.** $\boldsymbol{L}_0, \boldsymbol{S}_0, \boldsymbol{\Lambda}_0 \in \mathbb{R}^{m\times n}$.

3: **for** $k = 0, 1, 2, \cdots, K-1$ **do**

4: $\quad \boldsymbol{L}_{k+1} \leftarrow \operatorname{prox}_{\mu^{-1}\|\cdot\|_*} \left[\boldsymbol{Y} - \boldsymbol{S}_k - \mu^{-1}\boldsymbol{\Lambda}_k\right]$.

5: $\quad \boldsymbol{S}_{k+1} \leftarrow \operatorname{prox}_{\lambda\mu^{-1}\|\cdot\|_1} \left[\boldsymbol{Y} - \boldsymbol{L}_{k+1} - \mu^{-1}\boldsymbol{\Lambda}_k\right]$.

6: $\quad \boldsymbol{\Lambda}_{k+1} \leftarrow \boldsymbol{\Lambda}_k + \mu(\boldsymbol{L}_{k+1} + \boldsymbol{S}_{k+1} - \boldsymbol{Y})$.

7: **end for**

8: **输出.** $\boldsymbol{L}_\star \leftarrow \boldsymbol{L}_K; \boldsymbol{S}_\star \leftarrow \boldsymbol{S}_K$.

8.5.2 单调算子

目前已经存在刻画 ADMM 算法在不同条件下的收敛性和收敛速度的丰富历史和文献资料 [Deng et al., 2016]. ADMM 可以自然地被看作为上一节中所介绍的经典 ALM 方法的一种近似: 当目标函数具有变量可分离结构时, 我们在式(8.4.11)的各次迭代中使用一次 Gauss-Seidel 分块最小化去替换对增广拉格朗日函数中的所有变量进行同时最小化. 然而, 正如 [Eckstein, 2012] 所指出的, 这种解释似乎并未得出任何已知的 ADMM 收敛性证明.

在这一节的剩余部分中, 我们将参照 [Gu et al., 2014; He et al., 2012; Xu, 2017] 中的研究工作从单调算子 (monotone operator) 的角度给出相应 ADMM 算法的严格证明. 我们将看到, 这种方法会给出 ALM 收敛性 (以及收敛速率) 的另一种证明. 它与 8.4.3节所给出的证明不同. 在很大程度上, 这种新证明方法能够为 ALM 和 ADMM 提供一种真正统一

的收敛性分析. 在证明过程中, 我们将引入许多本身就非常有用的概念和技术. 不过, 对于那些并不关注收敛保证的读者, 可以直接跳过本节的剩余部分而不会损失阅读的连续性.

单调性

$\mathbb{R}^n$ 上的一个关系 $\mathcal{R}$ 被定义为 $\mathbb{R}^n \times \mathbb{R}^n$ 的子集. 通常情况下, 我们可以把 $\mathcal{R}$ 看作一个集合值 (set-valued) 的映射. 如果 $\forall \boldsymbol{x} \in \mathbb{R}^n$, $\mathcal{R}(\boldsymbol{x})$ 是一个单点 (singleton) 或空集 (empty), 那么 $\mathcal{R}$ 就是传统意义上的函数. 比如逆运算、组合运算、数乘和加法等运算可以被定义为针对函数的相应运算的自然扩展.

定义 8.2 (单调关系) *$\mathbb{R}^n$ 上的一个关系 $\mathcal{F}$ 是单调的, 如果*

$$(\boldsymbol{u}-\boldsymbol{v})^*(\boldsymbol{x}-\boldsymbol{y}) \geqslant 0 \quad \forall\,(\boldsymbol{x},\boldsymbol{u}),(\boldsymbol{y},\boldsymbol{v}) \in \mathcal{F}. \tag{8.5.11}$$

此外, $\mathcal{F}$ 被称为最大单调的, 如果不存在其他的单调关系真包含它.

我们给读者留下一个习题 8.14, 从这个定义出发去证明: 给定两个单调关系 $\mathcal{F}_1$ 和 $\mathcal{F}_2$, 它们的和 $\mathcal{F}_1+\mathcal{F}_2$ 也是单调的.

引理 8.6 (次梯度的单调性) *给定一个凸函数 $f(\boldsymbol{x}): \mathbb{R}^n \to \mathbb{R}\cup\{\infty\}$, 其次梯度 $\mathcal{F}(\boldsymbol{x}) = \partial f(\boldsymbol{x})$ 是单调的. 也就是说, 对于任何 $\boldsymbol{x},\boldsymbol{x}',\boldsymbol{v},\boldsymbol{v}' \in \mathbb{R}^n$, 其中 $\boldsymbol{v} \in \partial f(\boldsymbol{x})$, $\boldsymbol{v}' \in \partial f(\boldsymbol{x}')$. 那么, 我们有*

$$\langle \boldsymbol{x}-\boldsymbol{x}', \boldsymbol{v}-\boldsymbol{v}' \rangle \geqslant 0. \tag{8.5.12}$$

证明. 根据次梯度的定义, 我们有

$$f(\boldsymbol{x}') \geqslant f(\boldsymbol{x}) + \langle \boldsymbol{v}, \boldsymbol{x}'-\boldsymbol{x} \rangle, \quad f(\boldsymbol{x}) \geqslant f(\boldsymbol{x}') + \langle \boldsymbol{v}', \boldsymbol{x}-\boldsymbol{x}' \rangle. \tag{8.5.13}$$

把这两个不等式相加之后, 我们得到:

$$f(\boldsymbol{x}) + f(\boldsymbol{x}') \geqslant f(\boldsymbol{x}) + f(\boldsymbol{x}') + \langle \boldsymbol{v}-\boldsymbol{v}', \boldsymbol{x}'-\boldsymbol{x} \rangle. \tag{8.5.14}$$

从不等式两侧同时消除 $f(\boldsymbol{x})+f(\boldsymbol{x}')$ 即可得证. □

现在考虑线性等式约束的凸优化问题, 其形式为

$$\begin{aligned} \min_{\boldsymbol{x}} \quad & g(\boldsymbol{x}), \\ \text{s.t.} \quad & \boldsymbol{A}\boldsymbol{x} = \boldsymbol{y}, \end{aligned} \tag{8.5.15}$$

其中 $g: \mathbb{R}^n \to \mathbb{R}$ 是凸函数, $\boldsymbol{A} \in \mathbb{R}^{m\times n}$ 是矩阵, $\boldsymbol{y} \in \operatorname{range}(\boldsymbol{A})$. 所对应的拉格朗日函数为:

$$\mathcal{L}(\boldsymbol{x},\boldsymbol{\lambda}) \doteq g(\boldsymbol{x}) + \langle \boldsymbol{\lambda}, \boldsymbol{A}\boldsymbol{x}-\boldsymbol{y} \rangle, \tag{8.5.16}$$

其中 $\boldsymbol{\lambda} \in \mathbb{R}^m$. 现在考虑由 KKT 算子定义在 $\mathbb{R}^n \times \mathbb{R}^m$ 上的关系:

$$\mathcal{F}(\boldsymbol{x}, \boldsymbol{\lambda}) = \begin{bmatrix} \partial_{\boldsymbol{x}} \mathcal{L}(\boldsymbol{x}, \boldsymbol{\lambda}) \\ -\partial_{\boldsymbol{\lambda}} \mathcal{L}(\boldsymbol{x}, \boldsymbol{\lambda}) \end{bmatrix} = \begin{bmatrix} \partial g(\boldsymbol{x}) + \boldsymbol{A}^* \boldsymbol{\lambda} \\ \boldsymbol{y} - \boldsymbol{A}\boldsymbol{x} \end{bmatrix}. \tag{8.5.17}$$

引理 8.7 (KKT 算子的单调性) 与线性等式约束的凸优化问题(8.5.15)相对应的 KKT 算子给出一个单调关系.

证明. 我们把证明作为习题 8.14的一部分留给读者. □

混合变分不等式

为了简化符号, 我们定义 $\boldsymbol{w} = \binom{\boldsymbol{x}}{\boldsymbol{\lambda}} \in \mathbb{R}^n \times \mathbb{R}^m$. 那么, 我们有下述结果.

引理 8.8 线性等式约束的优化问题(8.5.15)等价于求解混合变分不等式 (Mixed Variational Inequality, MVI) 问题, 即寻找 $\boldsymbol{w}_\star \in \mathbb{R}^n \times \mathbb{R}^m$, 对于 $\forall \boldsymbol{w}$, 使得

$$g(\boldsymbol{x}) - g(\boldsymbol{x}_\star) + (\boldsymbol{w} - \boldsymbol{w}_\star)^* \mathcal{F}(\boldsymbol{w}_\star) \geqslant 0, \tag{8.5.18}$$

其中 $\mathcal{F}$ 是单调算子, 定义如下:

$$\mathcal{F}(\boldsymbol{w}) = \mathcal{F}(\boldsymbol{x}, \boldsymbol{\lambda}) = \begin{bmatrix} \boldsymbol{A}^* \boldsymbol{\lambda} \\ \boldsymbol{y} - \boldsymbol{A}\boldsymbol{x} \end{bmatrix} = \begin{bmatrix} 0 & \boldsymbol{A}^* \\ -\boldsymbol{A} & 0 \end{bmatrix} \begin{bmatrix} \boldsymbol{x} \\ \boldsymbol{\lambda} \end{bmatrix} + \begin{bmatrix} \boldsymbol{0} \\ \boldsymbol{y} \end{bmatrix}. \tag{8.5.19}$$

证明. 问题(8.5.15)所对应的拉格朗日函数为:

$$\mathcal{L}(\boldsymbol{x}, \boldsymbol{\lambda}) \doteq g(\boldsymbol{x}) + \langle \boldsymbol{\lambda}, \boldsymbol{A}\boldsymbol{x} - \boldsymbol{y} \rangle. \tag{8.5.20}$$

这等价于寻找一对 $(\boldsymbol{x}_\star, \boldsymbol{\lambda}_\star)$, 使得

$$(\boldsymbol{x}_\star, \boldsymbol{\lambda}_\star) = \underset{\boldsymbol{x} \in \mathbb{R}^n}{\operatorname{argmin}} \underset{\boldsymbol{\lambda} \in \mathbb{R}^m}{\operatorname{argmax}} \mathcal{L}(\boldsymbol{x}, \boldsymbol{\lambda}). \tag{8.5.21}$$

可以看出, $(\boldsymbol{x}_\star, \boldsymbol{\lambda}_\star)$ 是拉格朗日函数 $\mathcal{L}(\boldsymbol{x}, \boldsymbol{\lambda})$ 的一个鞍点, 因此满足: $\forall \boldsymbol{x} \in \mathbb{R}^n, \boldsymbol{\lambda} \in \mathbb{R}^m$,

$$\mathcal{L}(\boldsymbol{x}_\star, \boldsymbol{\lambda}) \leqslant \mathcal{L}(\boldsymbol{x}_\star, \boldsymbol{\lambda}_\star) \leqslant \mathcal{L}(\boldsymbol{x}, \boldsymbol{\lambda}_\star). \tag{8.5.22}$$

进一步, 把式(8.5.20)代入式(8.5.22), 我们可以得出: 对于 $\forall \boldsymbol{x} \in \mathbb{R}^n, \boldsymbol{\lambda} \in \mathbb{R}^m$, 我们有

$$\langle \boldsymbol{\lambda} - \boldsymbol{\lambda}_\star, \boldsymbol{y} - \boldsymbol{A}\boldsymbol{x}_\star \rangle \geqslant 0, \tag{8.5.23}$$

$$g(\boldsymbol{x}) - g(\boldsymbol{x}_\star) + \langle \boldsymbol{\lambda}_\star, \boldsymbol{A}\boldsymbol{x} - \boldsymbol{A}\boldsymbol{x}_\star \rangle \geqslant 0. \tag{8.5.24}$$

根据 $\mathcal{F}(\boldsymbol{w}_\star)$ 的定义, 把不等式(8.5.23)和不等式(8.5.24)直接相加, 我们即可得出不等式(8.5.18). 而另一方面, 在不等式(8.5.18)中, 令 $\boldsymbol{x} = \boldsymbol{x}^*$, 我们得到不等式(8.5.23), 令 $\boldsymbol{\lambda} = \boldsymbol{\lambda}_\star$, 我们得到不等式(8.5.24). 因此, 不等式(8.5.23)与不等式(8.5.24)联立起来等价于不等式(8.5.18). □

上述引理建立了约束凸优化问题(8.5.15)和形如式(8.5.18)的混合变分不等式 (MVI) 之间的基本联系. 可以证明, 使用 MVI 描述这类算法——包括 ALM 和 ADMM——的收敛性将会更加容易. 正如我们即将看到的, 它们的迭代都可以被解释为近似地求解所对应的混合变分不等式问题. MVI 也出现在其他各种场合, 因此理解其性质和如何求解都具有特定价值.

为此, 让我们考虑一般的混合变分不等式问题.

问题 8.1 (混合变分不等式问题)　*寻找* $\boldsymbol{w}_\star = (\boldsymbol{x}_\star, \boldsymbol{\lambda}_\star)$, *使得在特定的闭凸集* $\Omega \subseteq \mathbb{R}^{n\times m}$ *中, 我们有*

$$\forall \boldsymbol{w} \in \Omega, \quad \theta(\boldsymbol{u}) - \theta(\boldsymbol{u}_\star) + (\boldsymbol{w} - \boldsymbol{w}_\star)^* \mathcal{F}(\boldsymbol{w}_\star) \geqslant 0, \tag{8.5.25}$$

其中 $\mathcal{F}$ *是单调的,* $\boldsymbol{u}$ *是* $\boldsymbol{w}$ *的子向量,* $\theta(\boldsymbol{u})$ *是* $\boldsymbol{u}$ *的一般凸函数.*

不难证明, 式(8.5.25)等价于以下条件:

$$\forall \boldsymbol{w} \in \Omega, \quad \theta(\boldsymbol{u}) - \theta(\boldsymbol{u}_\star) + (\boldsymbol{w} - \boldsymbol{w}_\star)^* \mathcal{F}(\boldsymbol{w}) \geqslant 0. \tag{8.5.26}$$

我们把这个证明留给读者作为习题, 其他的内容可以在文献 [He et al., 2012] 的定理 2.1 中找到.

为了寻找式(8.5.26)的解, 一种很自然的方法是寻找近似解 $\tilde{\boldsymbol{w}}$——也就是一个 ε-精确解. 或者, 更准确地说, 对于 $\forall \boldsymbol{w} \in \Omega$, 我们寻找 $\tilde{\boldsymbol{w}}$, 使其满足

$$\theta(\boldsymbol{u}) - \theta(\tilde{\boldsymbol{u}}) + (\boldsymbol{w} - \tilde{\boldsymbol{w}})^* \mathcal{F}(\boldsymbol{w}) \geqslant -\varepsilon, \tag{8.5.27}$$

或者等价地

$$\theta(\tilde{\boldsymbol{u}}) - \theta(\boldsymbol{u}) + (\tilde{\boldsymbol{w}} - \boldsymbol{w})^* \mathcal{F}(\boldsymbol{w}) \leqslant \varepsilon. \tag{8.5.28}$$

而为了寻找式(8.5.28)所描述的一个 ε-精确解 $\tilde{\boldsymbol{w}}$, 一种流行方法是使用*邻近点算法* (Proximal Point Algorithm, PPA), 即在第 k 次迭代 ($k \geqslant 1$), 产生新的迭代点 $\boldsymbol{w}_{k+1} \in \Omega$, 使得

$$\theta(\boldsymbol{u}) - \theta(\boldsymbol{u}_{k+1}) + (\boldsymbol{w} - \boldsymbol{w}_{k+1})^* (\mathcal{F}(\boldsymbol{w}_{k+1}) + \boldsymbol{Q}(\boldsymbol{w}_{k+1} - \boldsymbol{w}_k)) \geqslant 0, \tag{8.5.29}$$

其中 $\boldsymbol{Q}$ 是对称半正定矩阵. 这一步是为了模仿我们前面所介绍的邻近梯度法: 虽然在每个迭代中我们试图达到目标 (也就是式(8.5.27)), 但是我们并不想偏离之前的迭代点 $\boldsymbol{w}_k$ 太多. 如果我们能够找到这样的迭代点 $\boldsymbol{w}_{k+1}$, 那么我们就有下述邻近点算法收敛定理.

定理 8.4 (邻近点算法的收敛性)　*对于所有正整数* $k \geqslant 1$, *定义* $\tilde{\boldsymbol{w}}_k \doteq (1/k)\sum_{i=1}^{k} \boldsymbol{w}_i$, *其中* $\boldsymbol{w}_i$ *由式(8.5.29)所产生. 那么, 我们有* $\tilde{\boldsymbol{w}}_k \in \Omega$, *对于* $\forall \boldsymbol{w} \in \Omega$, *满足*

$$\sum_{i=1}^{k} \left(\theta(\boldsymbol{u}_i) - \theta(\boldsymbol{u}) + (\boldsymbol{w}_i - \boldsymbol{w})^* \mathcal{F}(\boldsymbol{w}_i)\right) \leqslant \frac{1}{2}\|\boldsymbol{w} - \boldsymbol{w}_0\|_{\boldsymbol{Q}}^2 \tag{8.5.30}$$

和

$$\theta(\tilde{\boldsymbol{u}}_k) - \theta(\boldsymbol{u}) + (\tilde{\boldsymbol{w}}_k - \boldsymbol{w})^* \mathcal{F}(\boldsymbol{w}) \leqslant \frac{1}{2k}\|\boldsymbol{w} - \boldsymbol{w}_0\|_{\boldsymbol{Q}}^2, \tag{8.5.31}$$

其中 $\tilde{\boldsymbol{u}}_k$ 是 $\tilde{\boldsymbol{w}}_k$ 的子向量, $\boldsymbol{u}$ 是 $\boldsymbol{w}$ 的子向量, $\boldsymbol{w}_0$ 是 $\boldsymbol{w}$ 的初始值.

证明. 根据式(8.5.29), 我们有

$$\theta(\boldsymbol{u}) - \theta(\boldsymbol{u}_{k+1}) + (\boldsymbol{w} - \boldsymbol{w}_{k+1})^* \mathcal{F}(\boldsymbol{w}_{k+1}) \geqslant (\boldsymbol{w} - \boldsymbol{w}_{k+1})^* \boldsymbol{Q}(\boldsymbol{w}_k - \boldsymbol{w}_{k+1}). \tag{8.5.32}$$

同时, 我们有以下关系

$$\begin{aligned}
&(\boldsymbol{w} - \boldsymbol{w}_{k+1})^* \boldsymbol{Q}(\boldsymbol{w}_k - \boldsymbol{w}_{k+1}) \\
=&\frac{1}{2}\left(\|\boldsymbol{w} - \boldsymbol{w}_{k+1}\|_{\boldsymbol{Q}}^2 - \|\boldsymbol{w} - \boldsymbol{w}_k\|_{\boldsymbol{Q}}^2\right) + \frac{1}{2}\|\boldsymbol{w}_k - \boldsymbol{w}_{k+1}\|_{\boldsymbol{Q}}^2 \\
\geqslant&\frac{1}{2}(\|\boldsymbol{w} - \boldsymbol{w}_{k+1}\|_{\boldsymbol{Q}}^2 - \|\boldsymbol{w} - \boldsymbol{w}_k\|_{\boldsymbol{Q}}^2).
\end{aligned} \tag{8.5.33}$$

合并式(8.5.32)和式(8.5.33), 我们有

$$\theta(\boldsymbol{u}) - \theta(\boldsymbol{u}_{k+1}) + (\boldsymbol{w} - \boldsymbol{w}_{k+1})^* \mathcal{F}(\boldsymbol{w}) \geqslant \frac{1}{2}\left(\|\boldsymbol{w} - \boldsymbol{w}_{k+1}\|_{\boldsymbol{Q}}^2 - \|\boldsymbol{w} - \boldsymbol{w}_k\|_{\boldsymbol{Q}}^2\right). \tag{8.5.34}$$

考虑不等式(8.5.34), 把下标从 0 到 $k-1$ 对应的 k 个不等式相加, 那么我们可以得出

$$\begin{aligned}
&k\left(\left(\theta(\boldsymbol{u}) - \sum_{i=1}^{k}\frac{1}{k}\theta(\boldsymbol{u}_i) + \left(\boldsymbol{w} - \sum_{i=1}^{k}\frac{1}{k}\boldsymbol{w}_i\right)^* \mathcal{F}(\boldsymbol{w})\right)\right) \\
\geqslant&\frac{1}{2}(\|\boldsymbol{w} - \boldsymbol{w}_k\|_{\boldsymbol{Q}}^2 - \|\boldsymbol{w} - \boldsymbol{w}_0\|_{\boldsymbol{Q}}^2) \ \geqslant \ -\frac{1}{2}\|\boldsymbol{w} - \boldsymbol{w}_0\|_{\boldsymbol{Q}}^2.
\end{aligned} \tag{8.5.35}$$

再利用 $\theta(\boldsymbol{u})$ 的凸性, 我们有

$$\theta\left(\sum_{i=1}^{k}\frac{1}{k}\boldsymbol{u}_i\right) \leqslant \sum_{i=1}^{k}\frac{1}{k}\theta(\boldsymbol{u}_i). \tag{8.5.36}$$

合并式(8.5.36)和式(8.5.35), 即可得出定理的结果. □

请注意, 这一定理意味着邻近点算法的收敛速率至少是 $O(1/k)$.

8.5.3 ALM 和 ADMM 的收敛性

下面我们基于 PPA 来分析 ALM 和 ADMM 的收敛性.

化归 ALM 和 ADMM 为 PPA

现在让我们用上述定理结果证明 8.4.3节所介绍的 ALM 算法的收敛性 (以及收敛速率).

定理 8.5 (化归 ALM 为 PPA)　式(8.4.11)和式(8.4.12)中的 ALM 更新规则可以化归为下述 PPA 问题: 在第 k 次迭代中, 寻找一个 $\boldsymbol{w}_{k+1} \doteq (\boldsymbol{x}_{k+1}, \boldsymbol{\lambda}_{k+1})$, 使得对于 $\forall \boldsymbol{w} \in \mathbb{R}^n \times \mathbb{R}^m$, 都有

$$g(\boldsymbol{x})-g(\boldsymbol{x}_{k+1}) + (\boldsymbol{w}-\boldsymbol{w}_{k+1})^*\big(\mathcal{F}(\boldsymbol{w}_{k+1})+\boldsymbol{Q}(\boldsymbol{w}_{k+1} - \boldsymbol{w}_k)\big) \geqslant 0, \tag{8.5.37}$$

其中

$$\mathcal{F}(\boldsymbol{w}) \doteq \begin{bmatrix} \boldsymbol{A}^*\boldsymbol{\lambda} \\ \boldsymbol{y} - \boldsymbol{A}\boldsymbol{x} \end{bmatrix}, \qquad \boldsymbol{Q} \doteq \begin{bmatrix} \boldsymbol{0} & \boldsymbol{0} \\ \boldsymbol{0} & \frac{1}{\mu}\boldsymbol{I}_m \end{bmatrix}. \tag{8.5.38}$$

证明. 根据式(8.4.11)的最优性条件, 首先计算次梯度, 然后利用 g 是凸函数, 我们有: 对于 $\forall \boldsymbol{x} \in \mathbb{R}^n$,

$$g(\boldsymbol{x}) - g(\boldsymbol{x}_{k+1}) + \langle \boldsymbol{x} - \boldsymbol{x}_{k+1}, \boldsymbol{A}^*\boldsymbol{\lambda}_k + \mu\boldsymbol{A}^*(\boldsymbol{A}\boldsymbol{x}_{k+1} - \boldsymbol{y})\rangle \geqslant 0. \tag{8.5.39}$$

根据式(8.4.12), 我们可知式(8.5.39)等价于: 对于 $\forall \boldsymbol{x} \in \mathbb{R}^n$,

$$g(\boldsymbol{x}) - g(\boldsymbol{x}_{k+1}) + \langle \boldsymbol{x} - \boldsymbol{x}_{k+1}, \boldsymbol{A}^*\boldsymbol{\lambda}_{k+1}\rangle \geqslant 0. \tag{8.5.40}$$

$\boldsymbol{\lambda}$ 的更新规则(8.4.12)本身也等价于: 对于 $\forall \boldsymbol{\lambda} \in \mathbb{R}^m$,

$$\langle \boldsymbol{\lambda} - \boldsymbol{\lambda}_{k+1}, (\boldsymbol{y} - \boldsymbol{A}\boldsymbol{x}_{k+1}) + \frac{1}{\mu}(\boldsymbol{\lambda}_{k+1} - \boldsymbol{\lambda}_k)\rangle = 0. \tag{8.5.41}$$

最后, 根据 $\mathcal{F}(\boldsymbol{w}_{k+1})$ 的定义和式(8.5.38)中的 $\boldsymbol{Q}$ 的定义, 合并式(8.5.40)和式(8.5.41), 我们即可得出式(8.5.37). □

这个定理基于 PPA 给出 ALM 收敛性的另一种证明, 它与 8.4.3节给出的基于邻近梯度的证明不同. 根据定理 8.4, ALM 的收敛速率至少是 $O(1/k)$, 这一结果与前面的证明相同. 采用这种新方法的原因是, 这将引出对 ADMM 算法——至少是对于对称版本的 ADMM 算法——收敛性的统一证明.

现在, 让我们考虑针对问题(8.5.2)的 ADMM 方法. 首先回想一下, 它所对应的增广拉格朗日函数:

$$\mathcal{L}_\mu(\boldsymbol{x}, \boldsymbol{z}, \boldsymbol{\lambda}) \doteq g(\boldsymbol{x}) + h(\boldsymbol{z}) + \langle \boldsymbol{\lambda}, \boldsymbol{A}\boldsymbol{x} + \boldsymbol{B}\boldsymbol{z} - \boldsymbol{y}\rangle + \frac{\mu}{2}\|\boldsymbol{A}\boldsymbol{x} + \boldsymbol{B}\boldsymbol{z} - \boldsymbol{y}\|_2^2.$$

在第 k 次迭代中, 我们考虑以下 ADMM 更新规则[㊀]:

$$\boldsymbol{x}_{k+1} = \operatorname*{argmin}_{\boldsymbol{x}} \mathcal{L}_\mu(\boldsymbol{x}, \boldsymbol{z}_k, \boldsymbol{\lambda}_k), \tag{8.5.42}$$

㊀ 请注意, 这些更新规则与式(8.5.5)~式(8.5.7)中的顺序略有不同. 这里的更新规则也被称为对称版本 ADMM. 对称版本 ADMM 的收敛性证明相对简单一些. 针对传统 ADMM 更新规则的证明可以遵循类似的策略, 但分析更为复杂.

$$\boldsymbol{\lambda}_{k+1} = \boldsymbol{\lambda}_k + \mu(\boldsymbol{A}\boldsymbol{x}_{k+1} + \boldsymbol{B}\boldsymbol{z}_k - \boldsymbol{y}), \tag{8.5.43}$$

$$\boldsymbol{z}_{k+1} = \operatorname*{argmin}_{\boldsymbol{z}} \mathcal{L}_\mu(\boldsymbol{x}_{k+1}, \boldsymbol{z}, \boldsymbol{\lambda}_{k+1}). \tag{8.5.44}$$

定理 8.6 (化归 ADMM 为 PPA)　式(8.5.42)~式(8.5.44)中的 ADMM 更新规则可以被化归为以下 PPA 问题: 在第 k 次迭代, 寻找 $\boldsymbol{w}_{k+1} \doteq (\boldsymbol{x}_{k+1}, \boldsymbol{z}_{k+1}, \boldsymbol{\lambda}_{k+1})$, 使得对于 $\forall \boldsymbol{w}$, 有

$$\begin{aligned}&(g(\boldsymbol{x}) + h(\boldsymbol{z})) - (g(\boldsymbol{x}_{k+1}) + h(\boldsymbol{z}_{k+1})) + \\ &(\boldsymbol{w} - \boldsymbol{w}_{k+1})^* \big(\mathcal{F}(\boldsymbol{w}_{k+1}) + \boldsymbol{Q}(\boldsymbol{w}_{k+1} - \boldsymbol{w}_k)\big) \geqslant 0,\end{aligned} \tag{8.5.45}$$

其中

$$\mathcal{F}(\boldsymbol{w}) \doteq \begin{bmatrix} \boldsymbol{A}^*\boldsymbol{\lambda} \\ \boldsymbol{B}^*\boldsymbol{\lambda} \\ \boldsymbol{y} - \boldsymbol{A}\boldsymbol{x} - \boldsymbol{B}\boldsymbol{z} \end{bmatrix}, \quad \boldsymbol{Q} \doteq \begin{bmatrix} \mathbf{0} & \mathbf{0} & \mathbf{0} \\ \mathbf{0} & \mu\boldsymbol{B}^*\boldsymbol{B} & -\boldsymbol{B}^* \\ \mathbf{0} & -\boldsymbol{B} & \frac{1}{\mu}\boldsymbol{I}_m \end{bmatrix} \succeq 0. \tag{8.5.46}$$

证明. 根据式(8.5.42)的最优性条件, 首先计算次梯度, 然后利用 g 是凸函数, 我们有: 对于 $\forall \boldsymbol{x}$,

$$g(\boldsymbol{x}) - g(\boldsymbol{x}_{k+1}) + \langle \boldsymbol{x} - \boldsymbol{x}_{k+1}, \boldsymbol{A}^*\boldsymbol{\lambda}_k + \mu\boldsymbol{A}^*(\boldsymbol{A}\boldsymbol{x}_{k+1} + \boldsymbol{B}\boldsymbol{z}_k - \boldsymbol{y})\rangle \geqslant 0.$$

根据更新规则(8.5.43), 我们可知上式等价于: 对于 $\forall \boldsymbol{x}$

$$g(\boldsymbol{x}) - g(\boldsymbol{x}_{k+1}) + \langle \boldsymbol{x} - \boldsymbol{x}_{k+1}, \boldsymbol{A}^*\boldsymbol{\lambda}_{k+1}\rangle \geqslant 0. \tag{8.5.47}$$

更新规则(8.5.43)也等价于: 对于 $\forall \boldsymbol{\lambda}$

$$\langle \boldsymbol{\lambda} - \boldsymbol{\lambda}_{k+1}, (\boldsymbol{y} - \boldsymbol{A}\boldsymbol{x}_{k+1} - \boldsymbol{B}\boldsymbol{z}_{k+1}) + \boldsymbol{B}(\boldsymbol{z}_{k+1} - \boldsymbol{z}_k) + \frac{1}{\mu}(\boldsymbol{\lambda}_{k+1} - \boldsymbol{\lambda}_k)\rangle = 0. \tag{8.5.48}$$

同样, 利用式(8.5.44)的最优性条件, 然后计算次梯度, 并利用 h 是凸函数, 我们有: 对于 $\forall \boldsymbol{z}$,

$$h(\boldsymbol{z}) - h(\boldsymbol{z}_{k+1}) + \langle \boldsymbol{z} - \boldsymbol{z}_{k+1}, \boldsymbol{B}^*\boldsymbol{\lambda}_{k+1} + \mu\boldsymbol{B}^*(\boldsymbol{A}\boldsymbol{x}_{k+1} + \boldsymbol{B}\boldsymbol{z}_{k+1} - \boldsymbol{y})\rangle \geqslant 0.$$

它等价于: 对于 $\forall \boldsymbol{z}$,

$$h(\boldsymbol{z}) - h(\boldsymbol{z}_{k+1}) + \langle \boldsymbol{z} - \boldsymbol{z}_{k+1}, \boldsymbol{B}^*\boldsymbol{\lambda}_{k+1} + \boldsymbol{B}^*(\boldsymbol{\lambda}_{k+1} - \boldsymbol{\lambda}_k) + \mu\boldsymbol{B}^*\boldsymbol{B}(\boldsymbol{z}_{k+1} - \boldsymbol{z}_k)\rangle \geqslant 0. \tag{8.5.49}$$

最后, 利用 $\mathcal{F}(\boldsymbol{w}_{k+1})$ 的定义和式(8.5.46)中 $\boldsymbol{Q}$ 的定义, 合并式(8.5.47)~式(8.5.49), 我们即可得到式(8.5.45). □

这个定理意味着 ADMM 可以被化归为 PPA, 因此它将继承之前我们为 PPA 所建立的收敛速率 $O(1/k)$.

ALM 和 ADMM 的收敛性

请注意, PPA 的收敛性只保证了目标函数值和约束之和收敛, 也就是式(8.5.31)的左侧收敛[㊀]. 实际上, 在这里所施加的约束大多是线性等式. 利用这种约束的良好性质, 我们可以保证目标函数值和等式约束条件分别收敛 [Xu, 2017]. 这只需要对上述证明稍做一些修改.

定理 8.7 (ALM 的收敛性)　假设 $(\boldsymbol{x}_\star, \boldsymbol{\lambda}_\star)$ 是式(8.4.9)的最优解. 那么, ALM 的更新规则(8.4.11)和式(8.4.12)具有以下保证: 令 $\tilde{\boldsymbol{x}}_k \doteq (1/k)\sum_{i=1}^k \boldsymbol{x}_i$, 给定 $\rho > \|\boldsymbol{\lambda}_\star\|_2$, 我们有

$$\|\boldsymbol{A}\tilde{\boldsymbol{x}}_k - \boldsymbol{y}\|_2 \leqslant \frac{1}{2k(\rho - \|\boldsymbol{\lambda}_*\|_2)}\|\boldsymbol{w} - \boldsymbol{w}_0\|_{\boldsymbol{Q}}^2, \tag{8.5.50}$$

和

$$-\frac{\|\boldsymbol{\lambda}_\star\|_2}{2k(\rho - \|\boldsymbol{\lambda}_\star\|_2)}\|\boldsymbol{w} - \boldsymbol{w}_0\|_{\boldsymbol{Q}}^2 \leqslant g(\tilde{\boldsymbol{x}}_k) - g(\boldsymbol{x}_\star) \leqslant \frac{1}{2k}\|\boldsymbol{w} - \boldsymbol{w}_0\|_{\boldsymbol{Q}}^2, \tag{8.5.51}$$

其中

$$\boldsymbol{w} \doteq \begin{bmatrix} \boldsymbol{x}_\star \\ \frac{\rho(\boldsymbol{A}\tilde{\boldsymbol{x}}_k - \boldsymbol{y})}{\|\boldsymbol{A}\tilde{\boldsymbol{x}}_k - \boldsymbol{y}\|_2} \end{bmatrix}, \boldsymbol{w}_0 \doteq \begin{bmatrix} \boldsymbol{x}_0 \\ \boldsymbol{\lambda}_0 \end{bmatrix}.$$

证明. 对于 ALM, 令 $\boldsymbol{w} \doteq \begin{bmatrix} \boldsymbol{x}_\star \\ \boldsymbol{\lambda} \end{bmatrix}$, 其中 $\boldsymbol{x}_\star$ 是全局最优值点且满足等式约束 $\boldsymbol{A}\boldsymbol{x}_\star = \boldsymbol{y}$, 而 $\boldsymbol{\lambda} \in \mathbb{R}^m$ 有待确定. 那么, 对于式(8.5.38)所定义的 $\mathcal{F}(\boldsymbol{w})$, 我们有

$$\begin{aligned}
&(\boldsymbol{w} - \boldsymbol{w}_{k+1})^*\mathcal{F}(\boldsymbol{w}_{k+1}) \\
=&\langle \boldsymbol{x}_\star - \boldsymbol{x}_{k+1}, \boldsymbol{A}^*\boldsymbol{\lambda}_{k+1}\rangle + \langle \boldsymbol{\lambda} - \boldsymbol{\lambda}_{k+1}, \boldsymbol{y} - \boldsymbol{A}\boldsymbol{x}_{k+1}\rangle \\
=&\langle \boldsymbol{\lambda}_{k+1}, \boldsymbol{A}\boldsymbol{x}_\star - \boldsymbol{y}\rangle + \langle \boldsymbol{\lambda}, \boldsymbol{y} - \boldsymbol{A}\boldsymbol{x}_{k+1}\rangle \\
=&\langle \boldsymbol{\lambda}, \boldsymbol{y} - \boldsymbol{A}\boldsymbol{x}_{k+1}\rangle.
\end{aligned} \tag{8.5.52}$$

这是关于 $\boldsymbol{x}_{k+1}$ 的线性函数.

通过合并定理 8.4中的式(8.5.30)和定理 8.5, 我们有

$$\sum_{i=1}^k (g(\boldsymbol{x}_i) - g(\boldsymbol{x}) + (\boldsymbol{w}_i - \boldsymbol{w})^*\mathcal{F}(\boldsymbol{w}_i)) \leqslant \frac{1}{2}\|\boldsymbol{w} - \boldsymbol{w}_0\|_{\boldsymbol{Q}}^2. \tag{8.5.53}$$

因此, 利用 $\boldsymbol{w}$ 的定义和 $g(\boldsymbol{x})$ 是凸函数, 合并式(8.5.52)和式(8.5.53), 我们有

$$k(g(\tilde{\boldsymbol{x}}_k) - g(\boldsymbol{x}_\star) + \langle \boldsymbol{\lambda}, \boldsymbol{A}\tilde{\boldsymbol{x}}_k - \boldsymbol{y}\rangle)$$

㊀ 严格来说, 这并不能保证其中的各项一定会分别收敛.

$$\leqslant \sum_{i=1}^{k} (g(\boldsymbol{x}_i) - g(\boldsymbol{x}) + (\boldsymbol{w}_i - \boldsymbol{w})^* \mathcal{F}(\boldsymbol{w}_i))$$

$$\leqslant \frac{1}{2} \|\boldsymbol{w} - \boldsymbol{w}_0\|_{\boldsymbol{Q}}^2, \tag{8.5.54}$$

其中 $\tilde{\boldsymbol{x}}_k \doteq \frac{1}{k}\sum_{i=1}^{k} \boldsymbol{x}_i$. 设 $\boldsymbol{\lambda} \doteq \frac{\rho(\boldsymbol{A}\tilde{\boldsymbol{x}}_k - \boldsymbol{y})}{\|\boldsymbol{A}\tilde{\boldsymbol{x}}_k - \boldsymbol{y}\|_2}$, 其中 $\rho > 0$ 有待确定, 我们有

$$g(\tilde{\boldsymbol{x}}_k) - g(\boldsymbol{x}_\star) + \rho \|\boldsymbol{A}\tilde{\boldsymbol{x}}_k - \boldsymbol{y}\|_2 \leqslant \frac{1}{2k} \|\boldsymbol{w} - \boldsymbol{w}_0\|_{\boldsymbol{Q}}^2. \tag{8.5.55}$$

假设 $(\boldsymbol{x}_\star, \boldsymbol{\lambda}_\star)$ 是式(8.4.9)的最优解, 那么根据 KKT 条件, 我们有: 对于 $\forall \boldsymbol{x}$

$$g(\boldsymbol{x}) - g(\boldsymbol{x}_\star) - \langle \boldsymbol{\lambda}_\star, \boldsymbol{A}\boldsymbol{x} - \boldsymbol{y} \rangle \geqslant 0. \tag{8.5.56}$$

因此, 应用 Cauchy-Schwarz 不等式, 我们得出

$$g(\tilde{\boldsymbol{x}}_k) - g(\boldsymbol{x}_\star) \geqslant -\|\boldsymbol{\lambda}_\star\|_2 \|\boldsymbol{A}\tilde{\boldsymbol{x}}_k - \boldsymbol{y}\|_2. \tag{8.5.57}$$

通过合并式(8.5.55)和式(8.5.57), 我们有

$$\|\boldsymbol{A}\tilde{\boldsymbol{x}}_k - \boldsymbol{y}\|_2 \leqslant \frac{1}{2k(\rho - \|\boldsymbol{\lambda}_*\|_2)} \|\boldsymbol{w} - \boldsymbol{w}_0\|_{\boldsymbol{Q}}^2, \tag{8.5.58}$$

和

$$-\frac{\|\boldsymbol{\lambda}_\star\|_2}{2k(\rho - \|\boldsymbol{\lambda}_\star\|_2)} \|\boldsymbol{w} - \boldsymbol{w}_0\|_{\boldsymbol{Q}}^2 \leqslant g(\tilde{\boldsymbol{x}}_k) - g(\boldsymbol{x}_\star) \leqslant \frac{1}{2k} \|\boldsymbol{w} - \boldsymbol{w}_0\|_{\boldsymbol{Q}}^2, \tag{8.5.59}$$

其中 $\rho > \|\boldsymbol{\lambda}_\star\|_2$.

□

定理 8.8 (ADMM 的收敛性)　假设 $(\boldsymbol{x}_\star, \boldsymbol{\lambda}_\star)$ 是式(8.5.4)的最优解, 令 $\tilde{\boldsymbol{x}}_k = \frac{1}{k}\sum_{i=1}^{k} \boldsymbol{x}_i$, 给定 $\rho > \|\boldsymbol{\lambda}_\star\|_2$. 那么, ADMM 的更新规则(8.5.42)~式(8.5.44)具有以下保证:

$$\|\boldsymbol{A}\tilde{\boldsymbol{x}}_k - \boldsymbol{y}\|_2 \leqslant \frac{1}{2k(\rho - \|\boldsymbol{\lambda}_\star\|_2)} \|\boldsymbol{w} - \boldsymbol{w}_0\|_{\boldsymbol{Q}}^2, \tag{8.5.60}$$

和

$$-\frac{\|\boldsymbol{\lambda}_\star\|_2}{2k(\rho - \|\boldsymbol{\lambda}_\star\|_2)} \|\boldsymbol{w} - \boldsymbol{w}_0\|_{\boldsymbol{Q}}^2 \leqslant g(\tilde{\boldsymbol{x}}_k) + h(\tilde{\boldsymbol{z}}_k) - (g(\boldsymbol{x}_\star) + h(\boldsymbol{z}_\star)) \leqslant \frac{1}{2k} \|\boldsymbol{w} - \boldsymbol{w}_0\|_{\boldsymbol{Q}}^2,$$

其中

$$\boldsymbol{w} = \begin{bmatrix} \boldsymbol{x}_\star \\ \boldsymbol{z}_\star \\ \frac{\rho(\boldsymbol{A}\tilde{\boldsymbol{x}}_k + \boldsymbol{B}\tilde{\boldsymbol{z}}_k - \boldsymbol{y})}{\|\boldsymbol{A}\tilde{\boldsymbol{x}}_k + \boldsymbol{B}\tilde{\boldsymbol{z}}_k - \boldsymbol{y}\|_2} \end{bmatrix}, \boldsymbol{w}_0 = \begin{bmatrix} \boldsymbol{x}_0 \\ \boldsymbol{z}_0 \\ \boldsymbol{\lambda}_0 \end{bmatrix}.$$

证明. 对于 ADMM, 设

$$\boldsymbol{w} \doteq \begin{bmatrix} \boldsymbol{x}_\star \\ \boldsymbol{z}_\star \\ \boldsymbol{\lambda} \end{bmatrix},$$

其中 $(\boldsymbol{x}_\star, \boldsymbol{z}_\star)$ 是满足带有等式约束 $\boldsymbol{A}\boldsymbol{x}_\star + \boldsymbol{B}\boldsymbol{z}_\star - \boldsymbol{y} = \boldsymbol{0}$ 的凸优化问题(8.5.2)的全局最小值点, 而 $\boldsymbol{\lambda} \in \mathbb{R}^m$ 是待定的对偶变量. 那么, 我们有

$$\begin{aligned}
&(\boldsymbol{w} - \boldsymbol{w}_{k+1})^* \mathcal{F}(\boldsymbol{w}_{k+1}) \\
=&\langle \boldsymbol{x}_\star - \boldsymbol{x}_{k+1}, \boldsymbol{A}^* \boldsymbol{\lambda}_{k+1} \rangle + \langle \boldsymbol{z}_\star - \boldsymbol{z}_{k+1}, \boldsymbol{B}^* \boldsymbol{\lambda}_{k+1} \rangle + \langle \boldsymbol{\lambda} - \boldsymbol{\lambda}_{k+1}, \boldsymbol{y} - \boldsymbol{A}\boldsymbol{x}_{k+1} - \boldsymbol{B}\boldsymbol{z}_{k+1} \rangle \\
=&\langle \boldsymbol{\lambda}_{k+1}, \boldsymbol{A}\boldsymbol{x}_\star + \boldsymbol{B}\boldsymbol{z}_\star - \boldsymbol{y} \rangle + \langle \boldsymbol{\lambda}, \boldsymbol{y} - \boldsymbol{A}\boldsymbol{x}_{k+1} - \boldsymbol{B}\boldsymbol{z}_{k+1} \rangle \\
=&\langle \boldsymbol{\lambda}, \boldsymbol{y} - \boldsymbol{A}\boldsymbol{x}_{k+1} - \boldsymbol{B}\boldsymbol{z}_{k+1} \rangle,
\end{aligned} \tag{8.5.61}$$

可以看出, 上式是 $\boldsymbol{x}_{k+1}$ 和 $\boldsymbol{z}_{k+1}$ 的线性函数.

通过合并定理 8.4中的式(8.5.30)和定理 8.6, 我们有

$$\sum_{i=1}^{k} \left(g(\boldsymbol{x}_i) + h(\boldsymbol{z}_i) - (g(\boldsymbol{x}_\star) + h(\boldsymbol{x}_\star)) + (\boldsymbol{w}_i - \boldsymbol{w})^* \mathcal{F}(\boldsymbol{w}_i) \right) \leqslant \frac{1}{2} \|\boldsymbol{w} - \boldsymbol{w}_0\|_{\boldsymbol{Q}}^2. \tag{8.5.62}$$

考虑到 $g(\boldsymbol{x})$ 和 $h(\boldsymbol{z})$ 是凸函数, 且合并式(8.5.61)和式(8.5.62), 我们得到:

$$\begin{aligned}
&k(g(\tilde{\boldsymbol{x}}_k) + h(\tilde{\boldsymbol{z}}_k) - (g(\boldsymbol{x}_\star) + h(\boldsymbol{z}_\star)) + \langle \boldsymbol{\lambda}, \boldsymbol{A}\tilde{\boldsymbol{x}}_k + \boldsymbol{B}\tilde{\boldsymbol{z}}_k - \boldsymbol{y} \rangle) \\
\leqslant& \sum_{i=1}^{k} \left(g(\boldsymbol{x}_i) - g(\boldsymbol{x}_\star) + h(\boldsymbol{x}_i) - h(\boldsymbol{x}_\star) + (\boldsymbol{w}_i - \boldsymbol{w})^* \mathcal{F}(\boldsymbol{w}_i) \right) \\
\leqslant& \frac{1}{2} \|\boldsymbol{w} - \boldsymbol{w}_0\|_{\boldsymbol{Q}}^2,
\end{aligned} \tag{8.5.63}$$

其中 $\tilde{\boldsymbol{x}}_k \doteq \frac{1}{k} \sum_{i=1}^{k} \boldsymbol{x}_i$. 令

$$\boldsymbol{\lambda} \doteq \frac{\rho(\boldsymbol{A}\tilde{\boldsymbol{x}}_k + \boldsymbol{B}\tilde{\boldsymbol{z}}_k - \boldsymbol{y})}{\|\boldsymbol{A}\tilde{\boldsymbol{x}}_k + \boldsymbol{B}\tilde{\boldsymbol{z}}_k - \boldsymbol{y}\|_2},$$

其中 $\rho > 0$ 待定, 我们有

$$(g(\tilde{\boldsymbol{x}}_k) + h(\tilde{\boldsymbol{z}}_k)) - (g(\boldsymbol{x}_\star) + h(\boldsymbol{z}_\star)) + \rho \|\boldsymbol{y} - \boldsymbol{A}\tilde{\boldsymbol{x}}_k - \boldsymbol{B}\tilde{\boldsymbol{z}}_k\|_2 \leqslant \frac{1}{2k} \|\boldsymbol{w} - \boldsymbol{w}_0\|_{\boldsymbol{Q}}^2. \tag{8.5.64}$$

假设 $(\boldsymbol{x}_\star, \boldsymbol{z}_\star, \boldsymbol{\lambda}_\star)$ 是式(8.5.4)的最优解, 那么根据 KKT 条件, 我们有: 对于 $\forall \boldsymbol{x}, \boldsymbol{z}$,

$$g(\boldsymbol{x}) + h(\boldsymbol{z}) - (g(\boldsymbol{x}_\star) + h(\boldsymbol{z}_\star)) - \langle \boldsymbol{\lambda}_\star, \boldsymbol{A}\boldsymbol{x} + \boldsymbol{B}\boldsymbol{z} - \boldsymbol{y} \rangle \geqslant 0. \tag{8.5.65}$$

在上式中, 令 $\boldsymbol{x} = \tilde{\boldsymbol{x}}_k$, $\boldsymbol{z} = \tilde{\boldsymbol{z}}_k$, 应用 Cauchy-Schwarz 不等式, 我们有

$$g(\tilde{\boldsymbol{x}}_k) + h(\tilde{\boldsymbol{z}}_k) - (g(\boldsymbol{x}_\star) + h(\boldsymbol{z}_\star)) \geqslant -\|\boldsymbol{\lambda}_\star\|_2 \|\boldsymbol{A}\tilde{\boldsymbol{x}}_k + \boldsymbol{B}\tilde{\boldsymbol{z}}_k - \boldsymbol{y}\|_2. \tag{8.5.66}$$

最后, 通过合并式(8.5.64)和式(8.5.66), 我们得到

$$\|\boldsymbol{A}\tilde{\boldsymbol{x}}_k+\boldsymbol{B}\tilde{\boldsymbol{z}}_k-\boldsymbol{y}\|_2\leqslant\frac{1}{2k(\rho-\|\boldsymbol{\lambda}_\star\|_2)}\|\boldsymbol{w}-\boldsymbol{w}_0\|_{\boldsymbol{Q}}^2,$$

和

$$-\frac{\|\boldsymbol{\lambda}_\star\|_2}{2k(\rho-\|\boldsymbol{\lambda}_\star\|_2)}\|\boldsymbol{w}-\boldsymbol{w}_0\|_{\boldsymbol{Q}}^2\leqslant g(\tilde{\boldsymbol{x}}_k)+h(\tilde{\boldsymbol{z}}_k)-(g(\boldsymbol{x}_\star)+h(\boldsymbol{z}_\star))\leqslant\frac{1}{2k}\|\boldsymbol{w}-\boldsymbol{w}_0\|_{\boldsymbol{Q}}^2,$$

其中 $\rho>\|\boldsymbol{\lambda}_\star\|_2$. □

根据 [Ouyang et al., 2018], 上述收敛速率 $O(1/k)$ 实际上是一阶方法的最优结果. 然而, 当线性约束 $\boldsymbol{A}\boldsymbol{x}=\boldsymbol{y}$ 满足某些特殊性质时, 可以实现比 $O(1/k)$ 更快的收敛速率, 我们将在 8.7 节中详细讨论.

在多个可分离项之间交替

这里需要指出的是, 更普遍的可分离结构目标函数也出现在许多大规模机器学习问题中, 其目标是把一个参数化模型匹配到观测数据集合 $\{\boldsymbol{y}_1,\cdots,\boldsymbol{y}_p\}$. 通常, 我们会给定一个损失函数 $\ell(\boldsymbol{y},\boldsymbol{x})$, 比如在给定参数 $\boldsymbol{x}$ 的条件下观测向量 $\boldsymbol{y}$ 的对数似然, 或者在使用深度网络训练一个分类器时的逻辑斯蒂 (logistic) 损失函数[㊀]. 我们的目标是关于 $\boldsymbol{x}$ 最小化 $\sum_i\ell(\boldsymbol{y}_i,\boldsymbol{x})$.

实际上, 在大规模的应用问题中, 集中存放观测数据 $\{\boldsymbol{y}_1,\cdots,\boldsymbol{y}_p\}$ 或者在算法迭代过程中传输观测数据的成本可能过高. 相反, 我们可以假定它们以分布式的方式存放在 N 个位置, 其中第 j 个位置存放观测数据的第 j 个子集 $\{\boldsymbol{y}_i,i\in I_j\}$, 而在这个子集上计算的损失是 $f_j(\boldsymbol{x})=\sum_{i\in I_j}\ell(\boldsymbol{y}_i,\boldsymbol{x})$. 那么, 我们的任务就是求解如下问题:

$$\min_{\boldsymbol{x}}\ \sum_{j=1}^N f_j(\boldsymbol{x}). \tag{8.5.67}$$

同样, 这个目标函数是由可分离的多个独立项构成的. 为了利用这种结构, 我们可以引入 N 个额外的参数向量 $\boldsymbol{x}_j$, 它们被约束为与 $\boldsymbol{x}$ 保持一致, 即

$$\begin{aligned}\min_{\{\boldsymbol{x}_j\}_{j=1}^N}\quad & \sum_{j=1}^N f_j(\boldsymbol{x}_j)\\ \text{s.t.}\quad & \boldsymbol{x}_j=\boldsymbol{x},\quad j=1,\cdots,N.\end{aligned} \tag{8.5.68}$$

这是应用类似上述交替方向方法来优化这类问题时的常用做法. 但是, 这种涉及多个可分离项的 ADMM 算法的收敛性和复杂度分析会更加困难, 我们也在 8.7 节中进一步讨论.

㊀ 在深度学习文献中一般也称为交叉熵 (cross entropy) 损失函数. ——译者注

8.6 利用问题的特定结构来提高可扩展性

在前面的章节中, 我们介绍了如何利用稀疏和低秩数据分析中优化问题的特殊结构来获得高效且可扩展的算法. 这种特殊结构的一个关键环节就是存在易于计算的邻近算子. 比如, 对于核范数最小化问题, 我们已经给出在点 $\boldsymbol{Z} = \boldsymbol{U}\boldsymbol{\Sigma}\boldsymbol{V}^*$ 处的邻近算子

$$\operatorname{prox}_{\lambda\|\cdot\|_*}[\boldsymbol{Z}] = \boldsymbol{U}\operatorname{soft}(\boldsymbol{\Sigma}, \lambda)\boldsymbol{V}^* \tag{8.6.1}$$

其中, $\operatorname{soft}(\cdot, \lambda)$ 是定义在奇异值上的软阈值化算子. 利用邻近算子, 我们就可以得到邻近梯度法. 即使对于非光滑目标函数, 也能够获得与光滑目标函数相同的收敛速率. 其中, 每个迭代步骤仅由简单的线性运算构成, 然后使用邻近算子 $\operatorname{prox}_{\lambda\|\cdot\|_*}[\cdot]$. 每次迭代都可以在目标矩阵大小的某个多项式时间内计算出来: 在最坏情况下, 邻近算子可以在 $O(n_1 n_2 \max\{n_1, n_2\})$ 时间内完成计算. 这对于中等规模的数据集来说已经足够, 其中 n_1 和 n_2 不超过几千.

然而, 数据科学、科学成像和机器学习中的许多应用问题仍需要可扩展性更高的求解算法. 接下来要介绍的 Frank-Wolfe 方法和随机梯度下降 (Stochastic Gradient Descent, SGD) 都属于这类方法. 这两种方法分别利用大规模数据集上高维优化问题中的两种互补结构. Frank-Wolfe 方法利用的是约束或者数据中的结构 (比如原子结构), 从而减少算法复杂度对样本维数 n 的依赖, 通常从线性复杂度降低到次线性 (sublinear). 粗略地说, SGD 利用的是目标函数的有限项求和结构, 例如大量样本的误差或损失函数的和. 通过利用从小批量随机样本 (而不是全部样本) 上计算梯度, SGD 可以减少算法复杂度对样本数量 m 的依赖, 同样通常从线性复杂度降低到次线性. 在本节中, 我们将介绍这两种方法的基本思想, 并说明它们与我们前面所介绍的问题之间的联系.

8.6.1 针对结构化约束集的 Frank-Wolfe 方法

在这一节, 我们将介绍一种经典的优化方法, 被称为 Frank-Wolfe 方法或者条件梯度 (conditional gradient) 算法, 该算法具有足够的可扩展性, 可以求解极大规模稀疏和低秩恢复问题. 这种方法的特点是, 在每次迭代中, 求解一个比邻近算子更简单且更易于计算的子问题.

Frank-Wolfe 方法的经典形式最初在 [Frank et al., 1956] 中提出, 适用于在紧 (compact) 凸集上优化一个光滑凸函数, 即

$$\begin{aligned} \min_{\boldsymbol{x}} \quad & f(\boldsymbol{x}), \\ \text{s.t.} \quad & \boldsymbol{x} \in \mathrm{C}. \end{aligned} \tag{8.6.2}$$

这里, 假设目标函数 f 是可微凸函数㊀, 它的梯度 $\nabla f(\boldsymbol{x})$ 是 L-Lipschitz 连续的. 假定约束

㊀ 当 $f(\boldsymbol{x})$ 是非凸函数时, Frank-Wolfe 方法也可以工作. 可以证明它也会收敛, 但它的收敛速率仅为 $O(1/\sqrt{k})$ [Lacoste-Julien, 2016].

集 C 是一个紧 (即闭且有界) 凸集, 其直径为

$$\operatorname{diam}(\mathsf{C}) \doteq \max\left\{\|\boldsymbol{x}-\boldsymbol{x}'\|_2 \mid \boldsymbol{x}, \boldsymbol{x}' \in \mathsf{C}\right\}. \tag{8.6.3}$$

稀疏和低秩恢复问题的带约束表述

到目前为止, 我们所考虑的许多稀疏和低秩恢复问题均可以利用式(8.6.2)的形式进行重新表述. 例如, 对于稀疏恢复问题, 我们可以选择 $\mathsf{C} = \{\boldsymbol{x} \mid \|\boldsymbol{x}\|_1 \leqslant \tau\}$ 为一个 ℓ^1 范数球, 进而求解

$$\begin{array}{ll} \min_{\boldsymbol{x}} & \frac{1}{2}\|\boldsymbol{A}\boldsymbol{x}-\boldsymbol{y}\|_2^2, \\ \text{s.t.} & \|\boldsymbol{x}\|_1 \leqslant \tau. \end{array} \tag{8.6.4}$$

类似地, 对于低秩矩阵补全问题, 我们可以选择 C 为一个核范数球, 然后求解:

$$\begin{array}{ll} \min_{\boldsymbol{X}} & \frac{1}{2}\|\mathcal{P}_\Omega[\boldsymbol{X}]-\boldsymbol{Y}\|_F^2, \\ \text{s.t.} & \|\boldsymbol{X}\|_* \leqslant \tau. \end{array} \tag{8.6.5}$$

习题 8.10和习题 8.11将进一步探讨按式(8.6.2)所示形式对无约束稀疏和低秩优化问题重新表述.

与我们前面所讨论的其他方法类似, Frank-Wolfe 方法也是一种迭代算法, 它产生一个迭代序列 $\boldsymbol{x}_0, \boldsymbol{x}_1, \cdots, \boldsymbol{x}_k, \cdots$. 在每次迭代中, 我们通过求解一个约束优化问题来生成一个新的点 $\boldsymbol{v}_k$, 其中

$$\boldsymbol{v}_k \in \arg\min_{\boldsymbol{v}\in\mathsf{C}} \langle \boldsymbol{v}, \nabla f(\boldsymbol{x}_k)\rangle. \tag{8.6.6}$$

然后, 我们设定

$$\boldsymbol{x}_{k+1} = (1-\gamma_k)\boldsymbol{x}_k + \gamma_k \boldsymbol{v}_k \in \mathsf{C}, \tag{8.6.7}$$

其中, $\gamma_k \in (0,1)$ 是一个特定选取的步长. 我们在图 8.6中总结了 Frank-Wolfe 方法的性质.

把 Frank-Wolfe 方法解释为最小化一阶近似

Frank-Wolfe 方法可以有下述解释. 在给定点 $\boldsymbol{x}_k$ 处, 我们构造出目标函数 f 的一阶近似, 即

$$f(\boldsymbol{v}) \approx \hat{f}(\boldsymbol{v}, \boldsymbol{x}_k) \doteq f(\boldsymbol{x}_k) + \langle \boldsymbol{v}-\boldsymbol{x}_k, \nabla f(\boldsymbol{x}_k)\rangle, \tag{8.6.8}$$

进而针对 $\boldsymbol{v} \in \mathsf{C}$ 来最小化 $\hat{f}(\boldsymbol{v}, \boldsymbol{x}_k)$ 以生成新的点 $\boldsymbol{v}_k$. 然后, 我们在 $\boldsymbol{w}_k = \boldsymbol{v}_k - \boldsymbol{x}_k$ 的方向上移动一步, 即

$$\boldsymbol{x}_{k+1} = \boldsymbol{x}_k + \gamma_k \boldsymbol{w}_k. \tag{8.6.9}$$

Frank-Wolfe 方法

问题类型.

$$\begin{aligned} \min_{\boldsymbol{x}} \quad & f(\boldsymbol{x}), \\ \text{s.t.} \quad & \boldsymbol{x} \in \mathsf{C}. \end{aligned}$$

其中 $f:\mathbb{R}^n \to \mathbb{R}$ 是可微凸函数, $\nabla f(\boldsymbol{x})$ 是 L-Lipschitz 连续的, C 是紧凸集.

基本迭代. 重复下述步骤:

$$\begin{aligned} \boldsymbol{v}_k &\in \arg\min_{\boldsymbol{v}\in\mathsf{C}} \langle \boldsymbol{v}, \nabla f(\boldsymbol{x}_k)\rangle, \\ \boldsymbol{x}_{k+1} &= \boldsymbol{x}_k + \gamma_k(\boldsymbol{v}_k - \boldsymbol{x}_k), \end{aligned}$$

其中 $\gamma_k = \frac{2}{k+2}$.

收敛保证.

$$f(\boldsymbol{x}_k) - f(\boldsymbol{x}_\star) \leqslant \frac{2L\,\mathrm{diam}^2(\mathsf{C})}{k+2}.$$

图 8.6　Frank-Wolfe 方法概览

计算移动方向

Frank-Wolfe 方法中的关键子问题是在紧凸集 C 上最小化一个线性函数:

$$\min_{\boldsymbol{v}\in\mathsf{C}} \langle \boldsymbol{v}, \nabla f(\boldsymbol{x})\rangle. \tag{8.6.10}$$

然而, 取决于约束集 C 的不同形式, 这个子问题本身可能就是一个具有挑战性的 (甚至是难以解决的) 优化问题. 幸运的是, 对于本书中所感兴趣的应用问题, 这个子问题可以用高效且可扩展的方式进行求解. 下面举两个例子.

例 8.6 (在 ℓ^1 范数球上的 Frank-Wolfe 子问题)　给定一个向量 $\boldsymbol{g}$, 考虑如下问题:

$$\min_{\boldsymbol{v}} \langle \boldsymbol{v}, \boldsymbol{g}\rangle \quad \text{s.t.} \quad \|\boldsymbol{v}\|_1 \leqslant \tau. \tag{8.6.11}$$

令 i 为满足 $|g_i| = \|\boldsymbol{g}\|_\infty$ 的一个任意下标, 并且定义 $\sigma = \mathrm{sign}(g_i)$. 那么, 问题(8.6.11)有一个最优解:

$$\boldsymbol{v}_\star = -\tau\sigma_i\boldsymbol{e}_i, \tag{8.6.12}$$

其中 $\boldsymbol{e}_i$ 是第 i 个标准基向量. 这个最优解 $\boldsymbol{v}_\star$ 可以在线性时间内计算, 只需要在向量 $\boldsymbol{g}$ 中找到具有最大幅度的分量.

例 8.7 (核范数球上的 Frank-Wolfe 子问题)　给定一个矩阵 $\boldsymbol{G}$, 考虑如下问题:

$$\min_{\boldsymbol{V}} \langle \boldsymbol{V}, \boldsymbol{G}\rangle \quad \text{s.t.} \quad \|\boldsymbol{V}\|_* \leqslant \tau. \tag{8.6.13}$$

令 $\boldsymbol{G} = \boldsymbol{U\Sigma V}^* = \sum_{i=1}^{n_1} \sigma_i \boldsymbol{u}_i \boldsymbol{v}_i^*$ 表示 $\boldsymbol{G}$ 的奇异值分解, 这里 σ_i 表示第 i 个奇异值. 那么, 问题(8.6.13)有一个最优解

$$\boldsymbol{V}_\star = -\tau \boldsymbol{u}_1 \boldsymbol{v}_1^*. \tag{8.6.14}$$

这个最优解可以在 $O(n_1 n_2)$ 的时间内通过仅计算 $\boldsymbol{G}$ 的主奇异向量对 $(\boldsymbol{u}_1, \boldsymbol{v}_1)$ 而得到, 详见 4.2.1 节.

后一个例子说明了 Frank-Wolfe 方法在核范数最小化方面的特殊优势: 对于求解过程的关键子问题, 我们只需要计算一个奇异值和左右奇异向量构成的三元组. 对于一个大小为 $n_1 \times n_2$ 矩阵的问题, 这个计算可以在 $O(n_1 n_2)$ 时间内完成. 与邻近梯度法相比, 这是一个巨大的进步, 因为邻近梯度法在每次迭代中均需要计算完整的奇异值分解.

然而, 这个可扩展性是有代价的. 相比于在函数值上以 $O(1/k^2)$ 速率收敛的加速邻近梯度法, Frank-Wolfe 方法的收敛速率仅为 $O(1/k)$[㊀]. 下面的定理给出了 Frank-Wolfe 方法在具有 L-Lipschitz 连续梯度的一类凸函数上最差情况收敛速率的精确界.

定理 8.9 (Frank-Wolfe 方法的收敛性) 令 $\boldsymbol{x}_0, \boldsymbol{x}_1, \cdots$ 表示由 Frank-Wolfe 方法所生成的迭代序列, 其中步长 $\gamma_k = 2/(k+2)$. 那么

$$f(\boldsymbol{x}_k) - f(\boldsymbol{x}_\star) \leqslant \frac{2L \cdot \mathrm{diam}^2(\mathsf{C})}{k+2}. \tag{8.6.15}$$

证明. 为了便于表述, 我们把变量的符号简化如下: $d = \mathrm{diam}(\mathsf{C})$, $\boldsymbol{x} = \boldsymbol{x}_k$, $\boldsymbol{x}^+ = \boldsymbol{x}_{k+1}$, $\gamma = \gamma_k$, $\boldsymbol{v} = \boldsymbol{v}_k$. 因此, 我们有

$$\boldsymbol{x}^+ - \boldsymbol{x} = \gamma(\boldsymbol{v} - \boldsymbol{x}). \tag{8.6.16}$$

由于 $\nabla f(\boldsymbol{x})$ 是 L-Lipschitz 连续的, 使用其上界(8.2.8), 我们得到

$$\begin{aligned} f(\boldsymbol{x}^+) &\leqslant f(\boldsymbol{x}) + \left\langle \nabla f(\boldsymbol{x}), \boldsymbol{x}^+ - \boldsymbol{x} \right\rangle + \frac{L}{2}\left\|\boldsymbol{x}^+ - \boldsymbol{x}\right\|_2^2 \\ &\leqslant f(\boldsymbol{x}) + \gamma \left\langle \nabla f(\boldsymbol{x}), \boldsymbol{v} - \boldsymbol{x} \right\rangle + \frac{\gamma^2 L}{2}\left\|\boldsymbol{v} - \boldsymbol{x}\right\|_2^2 \\ &\leqslant f(\boldsymbol{x}) + \gamma \left\langle \nabla f(\boldsymbol{x}), \boldsymbol{v} - \boldsymbol{x} \right\rangle + \frac{\gamma^2 L}{2} d^2. \end{aligned} \tag{8.6.17}$$

同时, 由于 f 是凸函数, 我们有

$$\begin{aligned} f(\boldsymbol{x}_\star) &\geqslant f(\boldsymbol{x}) + \left\langle \nabla f(\boldsymbol{x}), \boldsymbol{x}_\star - \boldsymbol{x} \right\rangle \\ &\geqslant f(\boldsymbol{x}) + \left\langle \nabla f(\boldsymbol{x}), \boldsymbol{v} - \boldsymbol{x} \right\rangle, \end{aligned} \tag{8.6.18}$$

其中, 最后一行是由于 $\boldsymbol{v}$ 最小化 $\langle \nabla f(\boldsymbol{x}), \boldsymbol{v} \rangle$. 通过合并式(8.6.18)中的两个不等式, 我们得到

$$\left\langle \nabla f(\boldsymbol{x}), \boldsymbol{v} - \boldsymbol{x} \right\rangle \leqslant -\Big(f(\boldsymbol{x}) - f(\boldsymbol{x}_\star)\Big). \tag{8.6.19}$$

㊀ 当目标函数是非凸的, 最坏情况收敛速率降低到 $O(1/\sqrt{k})$[Lacoste-Julien, 2016].

把式(8.6.19)代入式(8.6.17)中, 并从两侧减掉 $f(\boldsymbol{x}_\star)$, 我们有

$$f(\boldsymbol{x}^+) - f(\boldsymbol{x}_\star) \leqslant (1-\gamma)\Big(f(\boldsymbol{x}) - f(\boldsymbol{x}_\star)\Big) + \frac{\gamma^2}{2}Ld^2. \tag{8.6.20}$$

下面我们使用式(8.6.20)这个基本关系, 结合归纳法来界定 Frank-Wolfe 方法的收敛速率. 令 ε_k 表示第 k 次迭代的次优函数值:

$$\varepsilon_k = f(\boldsymbol{x}_k) - f(\boldsymbol{x}_\star). \tag{8.6.21}$$

设 $\gamma_k = 2/(k+2)$, 显然 $\gamma_0 = 1$. 使用式(8.6.20), 我们有

$$\varepsilon_1 \leqslant \frac{1}{2}Ld^2. \tag{8.6.22}$$

现在假设对于 $\ell = 1, \cdots, k$, $\varepsilon_\ell \leqslant \dfrac{2}{\ell+2}Ld^2$. 再次使用式(8.6.20)中的基本关系, 我们得到

$$\begin{aligned}\varepsilon_{k+1} &\leqslant \frac{k}{k+2}\varepsilon_k + \frac{2}{(k+2)^2}Ld^2 \\ &\leqslant \frac{k+1}{(k+2)^2} \times 2Ld^2 \\ &\leqslant \frac{2Ld^2}{(k+1)+2}.\end{aligned} \tag{8.6.23}$$

因此, 递推关系式 $\varepsilon_\ell \leqslant \dfrac{2}{\ell+2}Ld^2$ 对于所有迭代 ℓ 成立.

□

8.6.2 Frank-Wolfe 方法求解稳定矩阵补全

考虑求解核范数最小化问题, 上述结果表明: Frank-Wolfe 方法允许我们推导出能够对超大规模问题得到精度不错的解的方法, 而具有更好的最坏情况收敛速率的方法往往需要非常长的时间来计算单次迭代. 更具体地说, 在这一节中, 我们将介绍通用的 Frank-Wolfe 方法, 并把它应用于从不完整的有噪声观测中恢复低秩矩阵这个特别的问题:

$$\boldsymbol{Y} = \mathcal{P}_\Omega[\boldsymbol{X}_o + \boldsymbol{Z}], \tag{8.6.24}$$

其中 $\boldsymbol{X}_o \in \mathbb{R}^{n_1\times n_2}$ 是低秩矩阵, $\boldsymbol{Z} \in \mathbb{R}^{n_1\times n_2}$ 是小幅度稠密噪声构成的矩阵, $\Omega \subseteq [n_1]\times[n_2]$ 是被观测到元素的下标集合. 一种近似恢复 $\boldsymbol{X}_o$ 的方法是, 在所有的具有较小核范数的矩阵集合上最小化重构误差, 即

$$\begin{aligned}\min_{\boldsymbol{X}} \quad & f(\boldsymbol{X}) \equiv \frac{1}{2}\left\|\mathcal{P}_\Omega[\boldsymbol{X}] - \boldsymbol{Y}\right\|_F^2, \\ \text{s.t.} \quad & \|\boldsymbol{X}\|_* \leqslant \tau.\end{aligned} \tag{8.6.25}$$

这里的约束 $\|\boldsymbol{X}\|_* \leqslant \tau$ 鼓励矩阵 $\boldsymbol{X}$ 是低秩的. 约束集 $\mathsf{C} = \{\boldsymbol{X} \mid \|\boldsymbol{X}\|_* \leqslant \tau\}$ 是紧的 (即闭且有界). 此外, 梯度

$$\nabla f(\boldsymbol{X}) = \mathcal{P}_\Omega[\boldsymbol{X} - \boldsymbol{Y}] \tag{8.6.26}$$

是 L-Lipschitz 连续的, 其中 $L = 1$. 因此 Frank-Wolfe 方法确实适用于求解这个问题.

Frank-Wolfe 方法中的关键步骤是, 在约束集 C 上最小化线性函数 $\langle \boldsymbol{V}, \nabla f(\boldsymbol{X})\rangle$. 如上所述, 这个问题可以有闭式解, 即如果

$$\nabla f(\boldsymbol{X}) = \sum_{i=1}^{n_1} \boldsymbol{u}_i \sigma_i \boldsymbol{v}_i^* \tag{8.6.27}$$

是 $\nabla f(\boldsymbol{X})$ 的奇异值分解, 那么

$$-\tau \boldsymbol{u}_1 \boldsymbol{v}_1^* \in \arg\min_{\boldsymbol{V} \in \mathsf{C}} \langle \boldsymbol{V}, \nabla f(\boldsymbol{X})\rangle . \tag{8.6.28}$$

主奇异值和左右主奇异向量可以有效地从矩阵 $\nabla f(\boldsymbol{X})$ 中提取出来, 不需要计算式(8.6.27)中梯度的完整奇异值分解. 通常情况下, 这是通过*幂迭代* (power iteration) *方法*完成的. 在第 4 章和习题 4.6 中给出了这一方法的详细介绍[⊖]. 为了简洁地描述这个方法, 我们令

$$(\boldsymbol{u}_1, \sigma_1, \boldsymbol{v}_1) \doteq \mathrm{LeadSV}(\boldsymbol{G}) \tag{8.6.29}$$

表示从矩阵 $\boldsymbol{G}$ 中提取主奇异值和左右主奇异向量三元组的运算. 借用这一表达符号, 我们把求解稳定矩阵补全问题的完整 Frank-Wolfe 方法总结在算法 8.8中.

算法 8.8 应用 Frank-Wolfe 方法求解稳定矩阵补全问题

1: **问题.** 给定 $\boldsymbol{Y} \in \mathbb{R}^{n_1 \times n_2}$, $\Omega \subseteq [n_1] \times [n_2]$,

$$\min_{\boldsymbol{X}} \frac{1}{2} \|\mathcal{P}_\Omega[\boldsymbol{X}] - \boldsymbol{Y}\|_F^2 \quad \text{s.t.} \quad \|\boldsymbol{X}\|_* \leqslant \tau.$$

2: **输入.** $\boldsymbol{X}_0 \in \mathbb{R}^{n_1 \times n_2}$ 满足 $\|\boldsymbol{X}_0\|_* \leqslant \tau$.
3: **for** $k = 0, 1, 2, \cdots, K-1$ **do**
4: 　$(\boldsymbol{u}_1, \sigma_1, \boldsymbol{v}_1) \leftarrow \mathrm{LeadSV}(\mathcal{P}_\Omega[\boldsymbol{X}_k - \boldsymbol{Y}])$.
5: 　$\boldsymbol{V}_k \leftarrow -\tau \boldsymbol{u}_1 \boldsymbol{v}_1^*$.
6: 　$\boldsymbol{X}_{k+1} \leftarrow \frac{k}{k+2} \boldsymbol{X}_k + \frac{2}{k+2} \boldsymbol{V}_k$.
7: **end for**
8: **输出.** $\boldsymbol{X}_\star \leftarrow \boldsymbol{X}_K$.

Frank-Wolfe 方法在每次迭代中只需计算一个主奇异值和左右主奇异向量的三元组. 此外, 由于 $\boldsymbol{V}_k = -\tau \boldsymbol{u}_1 \boldsymbol{v}_1^*$ 的秩为 1, 因此 $\boldsymbol{X}_k$ 的秩在每次迭代之后最多只增加 1. 在这个意义上, Frank-Wolfe 方法可以被看作一种*贪婪算法*. 它通过每次增加一个 (最优选择的) 秩 1 因子项来构造一个低秩矩阵 $\boldsymbol{X}_\star$.

⊖ 或者通过将在 9.3.2节中介绍的更高效的 Lanczos 方法求解.

8.6.3 与求解稀疏问题的贪婪算法之间的联系

在稀疏和低秩近似问题中, 贪婪算法有时因其简单性和可扩展性而备受青睐. 对于稀疏近似问题, Frank-Wolfe 方法给出一种贪婪算法. 我们考虑如下问题:

$$\begin{aligned} \min_{\boldsymbol{x}} \quad & f(\boldsymbol{x}) \equiv \frac{1}{2}\|\boldsymbol{A}\boldsymbol{x}-\boldsymbol{y}\|_2^2, \\ \text{s.t.} \quad & \|\boldsymbol{x}\|_1 \leqslant \tau. \end{aligned} \tag{8.6.30}$$

请注意

$$\nabla f(\boldsymbol{x}) = \boldsymbol{A}^*(\boldsymbol{A}\boldsymbol{x}-\boldsymbol{y}). \tag{8.6.31}$$

Frank-Wolfe 方法的子问题

$$\min_{\boldsymbol{v}} \langle \boldsymbol{v}, \nabla f(\boldsymbol{x})\rangle \quad \text{s.t.} \quad \|\boldsymbol{v}\|_1 \leqslant \tau \tag{8.6.32}$$

具有一个特别简单的解: 令 i 是 $\nabla f(\boldsymbol{x})$ 最大幅度元素的下标, σ 是该元素的符号, 那么

$$\boldsymbol{v}_\star = -\tau\sigma\boldsymbol{e}_i. \tag{8.6.33}$$

算法 8.9 应用 Frank-Wolfe 方法求解含噪声稀疏恢复问题

1: **问题.** 给定 $\boldsymbol{y} \in \mathbb{R}^m$, $\boldsymbol{A} \in \mathbb{R}^{m\times n}$,

$$\min_{\boldsymbol{x}} \frac{1}{2}\|\boldsymbol{A}\boldsymbol{x}-\boldsymbol{y}\|_2^2 \quad \text{s.t.} \quad \|\boldsymbol{x}\|_1 \leqslant \tau.$$

2: **输入.** $\boldsymbol{x}_0 \in \mathbb{R}^n$ 满足 $\|\boldsymbol{x}_0\|_1 \leqslant \tau$.
3: **for** $k = 0, 1, 2, \cdots, K-1$ **do**
4: $\quad \boldsymbol{r}_k \leftarrow \boldsymbol{A}\boldsymbol{x}_k - \boldsymbol{y}$.
5: $\quad i_k \leftarrow \arg\max_i |\boldsymbol{a}_i^*\boldsymbol{r}_k|$.
6: $\quad \sigma \leftarrow \operatorname{sign}\left(\boldsymbol{a}_{i_k}^*\boldsymbol{r}_k\right)$.
7: $\quad \boldsymbol{v}_k \leftarrow -\tau\sigma\boldsymbol{e}_{i_k}$.
8: $\quad \boldsymbol{x}_{k+1} \leftarrow \frac{k}{k+2}\boldsymbol{x}_k + \frac{2}{k+2}\boldsymbol{v}_k$.
9: **end for**
10: **输出.** $\boldsymbol{x}_\star \leftarrow \boldsymbol{x}_K$.

算法 8.9详细展示了求解约束优化问题(8.6.30)的 Frank-Wolfe 方法. 在每次迭代中, 通过增加 $\boldsymbol{e}_{i_k}$ 的某个倍数, 它使向量 $\boldsymbol{x}$ 中非零元素数目最多只增加 1 个. 令

$$I_k = \{i_1, \cdots, i_{k-1}\} := \operatorname{supp}(\boldsymbol{x}_k) \tag{8.6.34}$$

表示到第 k 次迭代时已被选中的下标的集合. 我们通过引入一个 (潜在的) 新下标 i_k 把 I_k 更新为 I_{k+1}, 即

$$I_{k+1} = I_k \cup \{i_k\}. \tag{8.6.35}$$

这个新下标 i_k 对应梯度 $\nabla f(\boldsymbol{x})$ 中的最大幅度元素. 我们首先把矩阵 $\boldsymbol{A}$ 写为列向量的形式

$$\boldsymbol{A} = [\boldsymbol{a}_1 \mid \cdots \mid \boldsymbol{a}_n], \tag{8.6.36}$$

然后令 $\boldsymbol{r}_k$ 表示在 $\boldsymbol{x}_k$ 处的重构残差, 其中

$$\boldsymbol{r}_k = \boldsymbol{A}\boldsymbol{x}_k - \boldsymbol{y}. \tag{8.6.37}$$

由于 $\nabla f(\boldsymbol{x}_k) = \boldsymbol{A}^*\boldsymbol{r}_k$, 因此, Frank-Wolfe 方法所选择的下标 i_k 是与残差 $\boldsymbol{r}_k$ 最相关的列向量 $\boldsymbol{a}_{i_k}$ 的下标.

匹配追踪

许多用于稀疏近似的经典*贪婪算法*都有这种基本结构. 典型的一个例子是*匹配追踪* (Matching Pursuit, MP) 算法 [Mallat et al., 1993]. 这一算法通过反复选择矩阵 $\boldsymbol{A}$ 中与残差 $\boldsymbol{r}_k$ 最相关的列向量 $\boldsymbol{a}_{i_k}$, 从而生成一个迭代序列 $\boldsymbol{x}_0 = \boldsymbol{0}, \boldsymbol{x}_1, \boldsymbol{x}_2, \cdots$. 与 Frank-Wolfe 方法类似[㊀], 匹配追踪算法也是寻找

$$i_k = \arg\max_i \left| [\nabla f(\boldsymbol{x}_k)]_i \right| = \arg\max_i \left|\boldsymbol{a}_i^*\boldsymbol{r}_k\right|. \tag{8.6.38}$$

然而, 匹配追踪算法并不在 $\boldsymbol{e}_{i_k}$ 方向上移动一个预先设定的步长, 而是通过求解一个一维最小化问题来选取最优步长 t_k, 其中

$$t_k = \arg\min_t f(\boldsymbol{x}_k + t\boldsymbol{e}_{i_k}) = -\frac{\langle \boldsymbol{a}_{i_k}, \boldsymbol{r}_k\rangle}{\|\boldsymbol{a}_{i_k}\|_2^2}. \tag{8.6.39}$$

这可以看作一种*精确线搜索*, 在实践中通常能够获得更快的收敛速度. 我们在算法 8.10中给出了完整的匹配追踪算法步骤.

算法 8.10 匹配追踪用于求解稀疏近似问题

1: **问题.** 寻找一个稀疏向量 $\boldsymbol{x}$, 使得 $f(\boldsymbol{x}) \equiv \frac{1}{2}\|\boldsymbol{A}\boldsymbol{x} - \boldsymbol{y}\|_2^2$ 最小.
2: $\boldsymbol{x}_0 \leftarrow \boldsymbol{0}$.
3: **for** $k = 0, 1, 2, \cdots, K-1$ **do**
4: $\quad \boldsymbol{r}_k \leftarrow \boldsymbol{A}\boldsymbol{x}_k - \boldsymbol{y}$.
5: $\quad i_k \leftarrow \arg\max_i |\boldsymbol{a}_i^*\boldsymbol{r}_k|$.
6: $\quad t_k \leftarrow -\frac{\langle \boldsymbol{a}_{i_k}, \boldsymbol{r}_k\rangle}{\|\boldsymbol{a}_{i_k}\|_2^2}$.
7: $\quad \boldsymbol{x}_{k+1} \leftarrow \boldsymbol{x}_k + t_k\boldsymbol{e}_{i_k}$.
8: **end for**
9: **输出.** $\boldsymbol{x}_\star \leftarrow \boldsymbol{x}_K$.

㊀ 尽管与 Frank-Wolfe 方法有很大的相似之处, 匹配追踪算法却是为了求解一类更特殊的信号处理任务而从一个相当不同的角度独立提出的 [Mallat et al., 1993].

正交匹配追踪

匹配追踪通过以最佳方式选择步长 t_k 来实现更好的收敛性, 其第 $k+1$ 次迭代为

$$\boldsymbol{x}_{k+1} = \boldsymbol{x}_k + t_k \boldsymbol{e}_{i_k}, \tag{8.6.40}$$

这等价于仅仅对 $\boldsymbol{x}_{k+1}$ 的第 i_k 个元素给出最优选择, 而 $\boldsymbol{x}_{k+1}$ 的其他元素仍保持固定不变. 因此, 如果对 $\boldsymbol{x}_{k+1}$ 的所有非零元素 (而不是仅仅针对第 i_k 个元素) 给出最优选择, 那么有可能进一步提升算法的收敛速度. 令 $I_k = \{i_1, i_2, \cdots, i_{k-1}\}$ 表示到第 k 次迭代为止已经被选中的下标集合. 正交匹配追踪 (Orthogonal Matching Pursuit, OMP) 算法 [Pati et al., 1993; Tropp et al., 2007] 选择一个下标 i_k, 它使 $\boldsymbol{A}$ 的列向量 $\boldsymbol{a}_i$ 与残差向量 $\boldsymbol{r}_k = \boldsymbol{A}\boldsymbol{x}_k - \boldsymbol{y}$ 的相关度 $|\boldsymbol{a}_i^* \boldsymbol{r}_k|$ 最大化, 然后设置 $I_{k+1} = I_k \cup \{i_k\}$, 并按如下方式更新 $\boldsymbol{x}$ 的所有非零元素:

$$\boldsymbol{x}_{k+1} = \arg\min_{\boldsymbol{x}} \ \frac{1}{2}\|\boldsymbol{A}\boldsymbol{x} - \boldsymbol{y}\|_2^2 \quad \text{s.t.} \quad \text{supp}(\boldsymbol{x}) \subseteq I_{k+1}. \tag{8.6.41}$$

这个问题具有闭式解:

$$[\boldsymbol{x}_{k+1}]_{I_{k+1}} = \left(\boldsymbol{A}_{I_{k+1}}^* \boldsymbol{A}_{I_{k+1}}\right)^{-1} \boldsymbol{A}_{I_{k+1}}^* \boldsymbol{y}, \tag{8.6.42}$$

$$[\boldsymbol{x}_{k+1}]_{I_{k+1}^c} = \boldsymbol{0}. \tag{8.6.43}$$

正交匹配追踪名称中的“正交”来自这样一个观察, 即残差向量

$$\boldsymbol{r}_{k+1} = \boldsymbol{A}\boldsymbol{x}_{k+1} - \boldsymbol{y} = \Big(\boldsymbol{A}_{I_{k+1}}\left(\boldsymbol{A}_{I_{k+1}}^* \boldsymbol{A}_{I_{k+1}}\right)^{-1} \boldsymbol{A}_{I_{k+1}}^* - \boldsymbol{I}\Big)\boldsymbol{y} \tag{8.6.44}$$

正交于前 $k+1$ 次迭代之后 $\boldsymbol{A}$ 中已被选中的列向量的值域 $\text{range}\big(\boldsymbol{A}_{I_{k+1}}\big)$.

我们把完整的正交匹配追踪算法展示在算法 8.11中. 由于算法非常简单, 而且它保持一个显式的有效集I_k, 因此这种方法常常在应用中广受青睐. 而对于仅仅关注稀疏解 $\boldsymbol{x}_\star$ 的支撑的一类问题来说, 后一种特性是非常有用的[⊖].

算法 8.11 正交匹配追踪用于求解稀疏近似问题

1: **问题.** 寻找一个稀疏向量 $\boldsymbol{x}$, 使得 $f(\boldsymbol{x}) \equiv \frac{1}{2}\|\boldsymbol{A}\boldsymbol{x} - \boldsymbol{y}\|_2^2$ 最小.
2: $\boldsymbol{x}_0 \leftarrow \boldsymbol{0}$, $I_0 \leftarrow \varnothing$.
3: **for** $k = 0, 1, 2, \cdots, K-1$ **do**
4: 　$\boldsymbol{r}_k \leftarrow \boldsymbol{A}\boldsymbol{x}_k - \boldsymbol{y}$.
5: 　$i_k \leftarrow \arg\max_i |\boldsymbol{a}_i^* \boldsymbol{r}_k|$.
6: 　$I_{k+1} \leftarrow I_k \cup \{i_k\}$.
7: 　$[\boldsymbol{x}_{k+1}]_{I_{k+1}} \leftarrow \left(\boldsymbol{A}_{I_{k+1}}^* \boldsymbol{A}_{I_{k+1}}\right)^{-1} \boldsymbol{A}_{I_{k+1}}^* \boldsymbol{y}$.
8: 　$[\boldsymbol{x}_{k+1}]_{I_{k+1}^c} \leftarrow \boldsymbol{0}$.
9: **end for**
10: **输出.** $\boldsymbol{x}_\star \leftarrow \boldsymbol{x}_K$.

⊖ 例如, 在第 11 章所讨论的 RF 频谱感知问题中, 其目标是确定射频频谱有哪些频带被占用, 以避免干扰. 而这些频带内的具体能量水平是次要的.

尽管 OMP 具有很多变体和扩展, 它最初只是为寻找线性方程组 $\boldsymbol{A}\boldsymbol{x}=\boldsymbol{y}$ 的稀疏近似解而提出的. 与 ℓ^1 最小化一样, 只要 $\boldsymbol{y}$ 是由一些充分稀疏的向量 $\boldsymbol{x}_o$ 所生成, 并且 $\boldsymbol{A}$ 的列向量在高维空间 $\mathbb{R}^m$ 中足够发散, 那么 OMP 就能保证成功. 特别地, 我们有正交匹配追踪算法的下述收敛定理.

定理 8.10 (正交匹配追踪的收敛性) *假设 $\boldsymbol{y}=\boldsymbol{A}\boldsymbol{x}_o$, 其中*

$$k=\|\boldsymbol{x}_o\|_0 \leqslant \frac{1}{2\mu(\boldsymbol{A})}. \tag{8.6.45}$$

那么, 经过 k 次迭代, OMP 算法终止, 且 $\boldsymbol{x}_k=\boldsymbol{x}_o$, $I_k=\operatorname{supp}(\boldsymbol{x}_o)$.

习题 8.12引导读者完成定理 8.10的证明. 这一证明的关键信息是, 当满足定理条件时, 算法在第 ℓ 次迭代中选择属于真实支撑 $\operatorname{supp}(\boldsymbol{x}_o)$ 的下标 i_ℓ.

定理 8.10的形式可以直接与第 3 章的定理 3.1 进行比较. 这些结果意味着只要满足不相干条件, 即 $\|\boldsymbol{x}_o\|_0 \leqslant \frac{1}{2\mu(\boldsymbol{A})}$, 那么 OMP 和 ℓ^1 最小化*都能够*成功恢复 $\boldsymbol{x}_o$. 因此, 在直观上, 只要目标解是稀疏的且矩阵 $\boldsymbol{A}$ 是“*良好*”的, 那么这两种方法都能保证成功.

然而, 正如第 3 章所示, 不相干条件需要 $\boldsymbol{x}_o$ 是极其稀疏的. ℓ^1 最小化在 $\boldsymbol{A}$ 满足受限等距性质 (即在 $\delta(\boldsymbol{A})<c$ 这种较强的条件下) 也能够成功恢复较为稠密的 $\boldsymbol{x}_o$. 虽然 OMP 存在各种改进分析, 但 RIP 不足以保证 OMP 成功. 在这个意义上, 凸松弛实现了更好的一致性保证. 不过, OMP 也可以被修改成在满足 RIP 条件时能够保证成功进行稀疏恢复. 这种修改的关键思想是, 允许算法在每次迭代时能够从有效集 I_k 中*删除*元素, 并且允许添加多个元素. 由此所得到的方法被称为*压缩采样匹配追踪* (Compressed Sampling Matching Pursuit, COSAMP) [Needell et al., 2009], 我们将在习题 8.13中给出详细描述. 关于贪婪算法的大量文献 (包括贪婪算法用于更一般的问题, 比如低秩恢复) 我们将在 8.7 节中给出.

8.6.4 针对有限项求和的随机梯度下降法

我们经常遇到的优化问题一般具有如下形式:

$$F(\boldsymbol{x})=f(\boldsymbol{x})+g(\boldsymbol{x}), \tag{8.6.46}$$

其中 $\boldsymbol{x}\in\mathbb{R}^n$, $f(\boldsymbol{x})$ 通常是测量误差项, 也被称为“*数据*”项, 例如 $\|\boldsymbol{y}-\boldsymbol{A}\boldsymbol{x}\|_2^2$, $g(\boldsymbol{x})$ 通常是一个用于促进 $\boldsymbol{x}$ 中的特定低维结构的正则化项, 也被称为“*模型*”项, 例如向量的 ℓ^1 范数或者矩阵的核范数. 正如我们在上一节所看到的, 为了获得更好的可扩展性, Frank-Wolfe 方法利用正则化项 $g(\boldsymbol{x})$ 中的 (组合) 结构, 把寻找好的下降方向限制在一部分坐标或者方向上. 值得补充说明的是, 还存在一种更明显地利用这种结构的方案, 我们称之为*分块坐标下降* (Block Coordinate Descent, BCD) 算法, 参见附录 D 第 D.4 节. 这种方案通常允许

我们降低算法复杂度对维数 n 的依赖, 把复杂度从线性降低到次线性, 比如说㊀

$$O(n) \to O(n^{1/2}).$$

剩余的一个问题是, 数据项 $f(\boldsymbol{x})$ 中是否也存在很好的结构, 能够用来获得算法更好的可扩展性呢? 事实上, 在压缩感知和机器学习的许多问题中, 数据项通常是一个 (统计独立的) *有限项求和* (finite sum) 形式, 比如测量误差. 也就是说, $f(\boldsymbol{x})$ 通常具有如下形式:

$$f(\boldsymbol{x}) = \frac{1}{m}\sum_{i=1}^{m} h_i(\boldsymbol{x}), \tag{8.6.47}$$

其中 $\boldsymbol{x} \in \mathbb{R}^n$, 每个 $h_i(\boldsymbol{x})$ 是函数 $f(\boldsymbol{x})$ 的一个独立样本, 因此 $\mathbb{E}[h_i(\boldsymbol{x})] = f(\boldsymbol{x})$. 例如, 对于一个稀疏向量 $\boldsymbol{x}$ 的 m 个测量 $\boldsymbol{y} = \boldsymbol{A}\boldsymbol{x}$, 其中 $\boldsymbol{y} \in \mathbb{R}^m$, 我们可以把数据拟合项写为

$$\frac{1}{m}\|\boldsymbol{y} - \boldsymbol{A}\boldsymbol{x}\|_2^2 = \frac{1}{m}\sum_{i=1}^{m}(y_i - \boldsymbol{a}_i^*\boldsymbol{x})^2, \tag{8.6.48}$$

其中 $\boldsymbol{a}_i^*$ 是 $\boldsymbol{A}$ 的第 i 行. 这也是许多机器学习问题中的常见形式. 也就是说, 我们要最小化的总损失是相对于一大批训练样本的逻辑斯蒂 (logistic) 损失或者 ℓ^p 损失的和.

请注意, 当样本数 m 非常庞大时, 即使是梯度下降法也会变得非常昂贵: 要计算 $f(\boldsymbol{x})$ 的梯度, 其复杂度通常与样本数呈线性关系, 即 $O(m)$. 若要进一步降低复杂度对 m 的依赖, 一个关键想法是使用*随机梯度下降* (SGD) 方法 [Bottou, 2010; Robbins et al., 1951]. 也就是说, 在第 k 次迭代时, 我们并不使用所有的 m 个样本去计算梯度 $\nabla f(\boldsymbol{x})$, 而是仅使用固定数目 $b \ll m$ 的*一批随机样本* $I_k \subset [m]$ 来近似地计算梯度

$$f_k(\boldsymbol{x}) \doteq \frac{1}{b}\sum_{i\in I_k} h_i(\boldsymbol{x}), \quad \nabla f_k(\boldsymbol{x}) \doteq \frac{1}{b}\sum_{i\in I_k} \nabla h_i(\boldsymbol{x}). \tag{8.6.49}$$

然后, 使用这种*近似梯度*去代替梯度下降法中的梯度进行迭代, 即

$$\boldsymbol{x}_{k+1} = \boldsymbol{x}_k - \gamma_k \nabla f_k(\boldsymbol{x}_k), \tag{8.6.50}$$

由此即可得到随机梯度下降 (SGD) 法. 这使得每次迭代的计算成本降低到 $O(n)$, 其中 n 是数据的维数. 参照梯度下降法的证明, 并基于 $\mathbb{E}[\nabla f_k(\boldsymbol{x})] = \nabla f(\boldsymbol{x})$ 这个结果, 我们不难得出: 当使用随机梯度下降法时, 目标函数的期望值 $\mathbb{E}[f(\boldsymbol{x}_k)]$ 将收敛.

然而, 尽管 SGD 具有很高的可扩展性, 但是由于随机梯度的恒定方差存在, 即 $\mathbb{E}[\|\nabla f_k(\boldsymbol{x}) - \nabla f(\boldsymbol{x})\|^2] > 0$, SGD 的收敛速度将会很差. 为了改善 SGD 的收敛行为, 在过去的十年左右时间里, 若干种考虑*方差约简* (variance reduction) 的 SGD 方法已经被成功开发出来 [Allen-Zhu, 2017; Defazio et al., 2014; Johnson et al., 2013; Lin et al., 2015].

㊀ 例如, 对于恢复一个 $n_1 \times n_2$ 的低秩矩阵的情况, Frank-Wolfe 方法把算法复杂度从 $O(n_1 \times n_2)$ 降低到 $O(n_1 + n_2)$.

这种*方差约简* SGD 方法, 并不直接使用 $\nabla f_k(\boldsymbol{x})$, 而是事先在一个锚点 $\tilde{\boldsymbol{x}}$ 上计算完整梯度 $\nabla f(\tilde{\boldsymbol{x}})$, 进而构造方差约简的梯度 $\tilde{\nabla} f_k(\boldsymbol{x})$, 其中

$$\tilde{\nabla} f_k(\boldsymbol{x}) \doteq \nabla f_k(\boldsymbol{x}) - \nabla f_k(\tilde{\boldsymbol{x}}) + \nabla f(\tilde{\boldsymbol{x}}). \tag{8.6.51}$$

然后, 在每次迭代中, 把 $\tilde{\nabla} f_k(\boldsymbol{x}_k)$ 作为完整梯度 $\nabla f(\boldsymbol{x})$ 的一个代理 (proxy) 来使用, 即

$$\boldsymbol{x}_{k+1} = \boldsymbol{x}_k - \gamma_k \tilde{\nabla} f_k(\boldsymbol{x}_k). \tag{8.6.52}$$

因此, 每次迭代所分摊的成本仍然与 SGD 相同. 然而, 方差约简梯度(8.6.51)是无偏的 (unbiased), 可以把方差从 $\mathbb{E}[\|\nabla f_k(\boldsymbol{x}) - \nabla f(\boldsymbol{x})\|_2^2]$ 降低到 $\mathbb{E}[\|\nabla f_k(\boldsymbol{x}) - \nabla f_k(\tilde{\boldsymbol{x}})\|_2^2]$. 理论上, 方差 $\mathbb{E}[\|\nabla f_k(\boldsymbol{x}) - \nabla f_k(\tilde{\boldsymbol{x}})\|_2^2]$ 将渐近消失, 因此 SGD 的收敛速率可以得到大幅提升.

粗略地讲, 这些方法通过利用目标函数中的有限项求和形式的特定结构来减小随机梯度的方差. 因此, 使用方差约简技术, 在分摊意义上它们具有和 SGD 相同的单次迭代成本, 但相比于 SGD 可以在对样本数的依赖方面降低总体复杂度, 通常把关于 m 的复杂度从线性降低到次线性, 例如

$$O(m) \to O(m^{1/2}).$$

此外, 所有这些方法均可以使用前面章节中所介绍的 Nesterov 加速方案, 并可以拓展到结构化信号恢复中的非光滑情况 [Allen-Zhu, 2017; Defazio et al., 2014; Xiao et al., 2014]. 更具体地说, 为了获得目标函数的预定精度 (比如 $|f(\boldsymbol{x}_k) - f(\boldsymbol{x}_\star)| \leqslant \varepsilon$) 相比于随机梯度下降法应用于一般凸函数的收敛速率 $O(\varepsilon^{-2})$, 我们可以实现加速的收敛速率, 即

$$O(\varepsilon^{-2}) \to O(\varepsilon^{-1/2}).$$

在最近的工作 [Song et al., 2020b] 中, 通过把方差约简和加速技术相结合, 已经设计出可实际达到这一类有限项求和问题理论下界的整体计算复杂度的算法. 此外, 方差约简 SGD 也可以与 Frank-Wolfe 方法相结合来同时利用有限项求和结构和低维结构, 以获得更好的可扩展性, 例如 [Hazan et al., 2016].

8.7　注记

贪婪算法

基追踪 (BP) 这一名字是由 Chen 和 Donoho 在他们早期关于恢复稀疏表示的工作中首次提出的 [Chen, 1995; Chen et al., 2001]. 许多贪婪算法, 例如匹配追踪 (MP) [Mallat et al., 1993], 首先被用于解决关于不相干测量矩阵的相应优化问题. 正交匹配追踪 (OMP) 可以追溯到 20 世纪 90 年代早期小波分析方面的工作 [Pati et al., 1993], 后来被重新引入用于求解基于随机测量的压缩感知问题 [Tropp et al., 2007]. OMP 算法随后被改进为 COSAMP (压缩采样匹配追踪) 算法, 改进后的算法适用于具有 RIP 性质的测量矩阵 [Needell et al., 2009]. 正如本章中所见, 这些贪婪算法与 20 世纪 50 年代发展出来的 Franke-Wolfe 方法 [Frank et al., 1956] 具有很大相似性.

凸优化方法

一条几乎平行的研究路线是致力于开发凸优化的高效算法. 对各种凸函数邻近算子的研究可以追溯到 20 世纪 60 年代 Moreau 的工作 [Moreau, 1962]. 迭代收缩阈值化算法的根源可以追溯到 [Tibshirani, 1996], 到现在已经以不同的名称进行了许多研究, 比如前向–后向分裂算法 (forward-backward splitting) [Combettes et al., 2005]、阈值化 Landweber 算法 [Daubechies et al., 2004] 和可分离近似 (separable approximation) 算法 [Wright et al., 2008b]. 基于 Nesterov 加速技术 [Nesterov, 1983] 的快速迭代收缩阈值化算法 (Fast Iterative Shrinkage-Thresholding Algorithm, FISTA) 是后来由 [Beck et al., 2009] 引入的.

大规模算法实现

本章所介绍的方法旨在阐明求解 BP 类型 (见式(8.1.1)) 或 LASSO 类型 (见式 (8.1.2)) 问题的主要思想和技术, 所给出的算法已经可以有效地求解中等规模问题. 不过, 对于规模非常庞大的问题 (例如 $\boldsymbol{x}$ 的维数是上亿的), 人们可以求助于更具可扩展性的方法. 比如, 可以对 $\boldsymbol{x}$ 进行变量筛选, 使算法不必同时处理所有变量. 举例来说, 针对 LASSO 类型 (或者任何 ℓ^1 正则化的凸) 问题, 对原始–对偶变量的更仔细研究可以获得有效的筛选策略 [Ghaoui et al., 2012; Tibshirani et al., 2012]. 基于不同的筛选策略, 人们可以开发出更具可扩展性的贪婪算法, 包括序贯扫描法 (sequential screening method) [Wang et al., 2014] 或者动态扫描法 (dynamical screening method) [Ndiaye et al., 2015]. 另一个相关策略是根据约束违背情况来保留并更新一个相对较小的工作集 (working set) 或者有效集 (active set) [Johnson et al., 2015]. 这一思路最近已经被用于开发可扩展性更高的算法, 比如 BLITZ [Johnson et al., 2015] 和 CELER [Massias et al., 2018].

ALM 和 ADMM 的收敛性

ALM 和 ADMM 类型算法的收敛性已经具有很长的研究历史 (对于 ALM, 参见 [Hestenes, 1969; Powell, 1969; Rockafellar, 1973]; 对于 ADMM, 参见 [Kontogiorgis et al., 1989; Lions et al., 1979]). 与 ALM 方法一样, 最自然的方法是把 ADMM 视为应用在对偶问题上的某些已知算法. 事实上, ADMM 被证明为等价于应用在对偶问题的 Douglas-Rachford 分裂算法. 关于这一点的更多细节, 参见 [Combettes et al., 2005; Eckstein et al., 1992]. 作为 ADMM 更正式的收敛性分析的入门介绍, 我们推荐 [Eckstein, 2012]. 对于广义 ADMM 的最新分析, 包括它们的收敛速率, 我们推荐 [Deng et al., 2016]. ADMM 也被广泛地应用在原变量块数超过 3 的问题中 [Boyd et al., 2011]. 原变量块数超过 3 的 ADMM 算法的收敛性分析要困难得多, 甚至它在很多情况下被发现是发散的.

本书给出的证明遵循 [He et al., 2012] 中的框架. 这一框架被 [Xu, 2017] 应用于线性等式情况. 我们已经看到*单调算子*在统一 ALM 和 ADMM 的收敛性分析方面发挥了强大作用. 事实上, 单调算子不仅有助于收敛性分析, 也可以使我们得出凸优化问题算法设计的统一方式, 比如通过拉格朗日函数单调算子的某个收缩映射的不动点 (fixed point) 来解释最优解. 对于这种方法的更系统综述, 读者可以参考 [Ryu et al., 2016].

利用数据测量中的结构

本章所开发的算法通常把关于测量 $\boldsymbol{y}=\boldsymbol{A}\boldsymbol{x}$ 的数据拟合项作为一般的光滑凸函数. 所有算法的收敛速率均是在这种 (有些不必要的) 一般假设下刻画的. 例如, 根据 [Nemirovski, 2004; Nesterov, 2003; Ouyang et al., 2018], 对于解决这类问题的一阶方法来说, 定理 8.7和定理 8.8中所证明的 ALM 和 ADMM 收敛速率 $O(1/k)$ 实际上是最佳的. 然而, 在压缩感知的设定中, 数据矩阵通常是随机测量矩阵, 因此是满秩和良定的. 这一特性引申出数据拟合项中的隐含*强凸性*. 有些令人惊讶的是, 最近的研究工作 [Song et al., 2020a] 表明, 对于这一类问题, ALM 一类算法的收敛速率的界 $O(1/k)$ 可以被打破, 人们可以获得收敛速率为 $O(1/k^2\log k)$ 的加速算法.

利用促进稀疏性的范数中的结构

在本章中, 我们主要使用了恢复稀疏信号或者低秩矩阵这类具有代表性的问题来介绍关键算法思想. 这些思想导出了性能有严格保证的快速且高效的凸优化算法. 而我们这里仅仅是把通用算法应用到涉及 ℓ^1 范数和核范数的具体问题上. 正如我们在第 6 章间接提到的, 还有许多可以促进更广泛的低维结构族的其他范数. 特别地, 所谓的*分组稀疏* (group sparsity) 范数可以用来促进信号和图像中的各种稀疏模式. 人们可以开发专门针对这些范数的高效优化算法. 感兴趣的读者可以参考关于这个主题的文献 [Bach et al., 2012].

8.8 习题

习题 8.1 (邻近算子) 请证明命题 8.1中的第 1 个和第 3 个结论.

习题 8.2 (平均邻近算子) 给定多个矩阵 $\{\boldsymbol{W}_i\in\mathbb{R}^{m\times n}\}_{i=1}^k$, 请证明:

$$\mathcal{D}_{\lambda/k}\Big(\frac{1}{k}\sum_{i=1}^{k}\boldsymbol{W}_i\Big)=\arg\min_{\boldsymbol{X}}\lambda\|\boldsymbol{X}\|_*+\frac{1}{2}\sum_{i=1}^{k}\|\boldsymbol{X}-\boldsymbol{W}_i\|_F^2, \tag{8.8.1}$$

其中 $\mathcal{D}_\tau(\cdot)$ 表示以 τ 为阈值的奇异值阈值化算子. 这可以被视为用于寻找一个在 Frobenius 范数意义下到多个矩阵的均方误差最小的低秩矩阵的邻近算子.

习题 8.3 (混合奇异值阈值化) 考虑一个秩为 r 的矩阵 $\boldsymbol{W}$, 其奇异值 $\{\sigma_i\}_{i=1}^r$ 依次递减. 令 $h:\mathbb{R}\to\mathbb{R}_+$ 是一个增函数, 且 $h(0)\leqslant 1$.

(1) 请证明, 给定任何 $\lambda\in(0,\sigma_1)$, 存在唯一的整数 $j\in[1,r]$, 使得方程

$$h\Big(\sum_{i=1}^{j}\sigma_i-jt_j\Big)=\frac{t_j}{\lambda}$$

的解 t_j 满足条件:

$$\sigma_{j+1}\leqslant t_j<\sigma_j.$$

(2) 请设计一个算法, 它能够有效地计算出这个唯一的 j 和 t_j. 注意, 最坏的情况是对所有的 j 进行顺序搜索.

把这个唯一解记作 $t_j^*(\lambda)$, 这给出矩阵 $\boldsymbol{W}$ 的混合阈值化算子:

$$\mathcal{H}(\boldsymbol{W}, \lambda) = \boldsymbol{U}\mathrm{soft}\big(\boldsymbol{\Sigma}, t_j^*(\lambda)\big)\boldsymbol{V}^*, \tag{8.8.2}$$

其中矩阵 $\boldsymbol{W}$ 的奇异值分解为 $\boldsymbol{U\Sigma V}^*$.

习题 8.4 (核范数的函数的邻近算子)　设 $f: \mathbb{R} \to \mathbb{R}$ 是任意可微凸函数, 其导数 $f'(x)$ 递增, 且 $f'(0) \leqslant 1$. 那么, 给定任何矩阵 $\boldsymbol{W} \in \mathbb{R}^{m\times n}$ 和 $\lambda > 0$, 我们有

$$\mathcal{H}(\boldsymbol{W}, \lambda) = \arg\min_{\boldsymbol{X}} \lambda f(\|\boldsymbol{X}\|_*) + \frac{1}{2}\|\boldsymbol{X} - \boldsymbol{W}\|_F^2, \tag{8.8.3}$$

其中 $\mathcal{H}(\boldsymbol{W}, \lambda)$ 是习题 8.3 中定义的混合阈值化算子. 请注意, 例 8.2中所讨论的核范数的平方 $\|\boldsymbol{X}\|_*^2$ 或者核范数的指数 $\mathrm{e}^{\|\boldsymbol{X}\|_*}$ 均为上述结果的特例.

习题 8.5　给定多个矩阵 $\{\boldsymbol{W}_i \in \mathbb{R}^{m\times n}\}_{i=1}^k$, 考虑与习题 8.4 中具有相同性质的函数 f. 那么, 我们有

$$\mathcal{H}\Big(\frac{1}{k}\sum_{i=1}^k \boldsymbol{W}_i, \frac{\lambda}{k}\Big) = \arg\min_{\boldsymbol{X}} \lambda f(\|\boldsymbol{X}\|_*) + \frac{1}{2}\sum_{i=1}^k \|\boldsymbol{X} - \boldsymbol{W}_i\|_F^2. \tag{8.8.4}$$

习题 8.6 (用于 PCP 的迭代软阈值化算法)　关于使用邻近梯度下降算法求解稳定的主成分追踪 (PCP) 问题.

(1) 把邻近梯度方法应用于 PCP 问题. 基于目标函数中两个非光滑项的可分离性, 请写出相应的邻近算子与对应的 $\boldsymbol{w}_1$ 和 $\boldsymbol{w}_2$. 在算法 8.2中, 请证明 $\boldsymbol{L}_{k+1}$ 和 $\boldsymbol{S}_{k+1}$ 的更新公式.

(2) 编写实现求解 PCP 问题的迭代软阈值化算法 8.2的 MATLAB 函数, 在合成数据上演示算法的结果, 其中数据由低秩矩阵和稀疏矩阵叠加构成.

习题 8.7 (LASSO 和弹性网络 (elastic net))　请使用 PG 和 APG 方法求解以下两个问题.

(1) 假设观测模型为 $\boldsymbol{y} = \boldsymbol{A}\boldsymbol{x}_o + \boldsymbol{n}$, 其中 $\boldsymbol{x}_o$ 是稀疏的, $\boldsymbol{n}$ 是某种噪声. 给定 $\boldsymbol{y}$ 和 $\boldsymbol{A}$, 我们想要通过求解如下形式的 LASSO 问题:

$$\min_{\boldsymbol{x}} \underbrace{\frac{1}{2}\|\boldsymbol{y} - \boldsymbol{A}\boldsymbol{x}\|_2^2}_{f(\boldsymbol{x})} + \underbrace{\lambda\|\boldsymbol{x}\|_1}_{g(\boldsymbol{x})},$$

来近似地恢复稀疏向量 $\boldsymbol{x}_o$. 对于使用常数步长的 PG 和 APG 算法, 基于 ∇f 的 Lipschitz 常数计算步长. 请报告你所选择的相对于邻近梯度的解析形式步长 (即相对于所得出的 Lipschitz 常数). 对于所实现的各个方法, 请报告收敛所需要的迭代次数、相对于基准真实结果的误差的范数、对数尺度下目标函数值的收敛曲线和运行时间.

(2) 此外, 考虑以下弹性网络问题

$$\min_{\boldsymbol{x}} \underbrace{\frac{1}{2}\|\boldsymbol{y}-\boldsymbol{A}\boldsymbol{x}\|_2^2+\mu\|\boldsymbol{x}\|_2^2}_{f(\boldsymbol{x})}+\underbrace{\lambda\|\boldsymbol{x}\|_1}_{g(\boldsymbol{x})},$$

其中 f 是 μ-强凸函数, $\mu>0$. 请使用 PG 和 APG 分别求解这个问题, 并完成与习题 8.7(1) 类似的报告.

习题 8.8 (增广拉格朗日乘子算法用于 PCP)　请推导一个算法用于求解 (等式约束的) 主成分追踪问题:

$$\min_{\boldsymbol{L},\boldsymbol{S}} \|\boldsymbol{L}\|_*+\lambda\|\boldsymbol{S}\|_1 \quad \text{s.t.} \quad \boldsymbol{L}+\boldsymbol{S}=\boldsymbol{Y}. \tag{8.8.5}$$

所推导的算法将求解一系列无约束问题, 请写出如何使用 (加速) 邻近梯度法来求解这些问题. 你认为哪个算法更有效? 是这个习题中所得出的解法, 还是基于在 $\boldsymbol{L}$ 和 $\boldsymbol{S}$ 之间交替的 ADMM 解法呢?

习题 8.9 (数据自表达模型)　在许多数据处理问题 (例如子空间聚类 [Vidal et al., 2016]) 中, 所有数据点之间的相互关系最好通过利用数据点表达 (或者回归) 它们自身来进行揭示. 更确切地说, 给定一组数据点 $\boldsymbol{X}=[\boldsymbol{x}_1,\boldsymbol{x}_2,\cdots,\boldsymbol{x}_m]\in\mathbb{R}^{n\times m}$, 我们尝试把每个数据点表达为其他数据点的 (稀疏) 线性组合:

$$\boldsymbol{X}=\boldsymbol{X}\boldsymbol{C}, \tag{8.8.6}$$

其中 $\boldsymbol{C}\in\mathbb{R}^{m\times m}$ 是系数矩阵. 由于并不想要每个数据点仅仅由自己来代表自己的退化解, 所以我们强制 $\boldsymbol{C}$ 的对角线元素为零, 即 $\operatorname{diag}(\boldsymbol{C})=\mathbf{0}$. 此外, 我们希望把每个数据点用最少的其他数据点来进行表达, 因此希望获得 $\boldsymbol{C}$ 的稀疏解. 当数据点位于低维结构上时尤为如此, 比如一组子空间的并集 (union of subspace) 或者近似地一组低维子流形的并集 (union of submanifold). 这要求我们求解如下优化问题:

$$\min_{\boldsymbol{C}} \|\boldsymbol{C}\|_1 \quad \text{s.t.} \quad \boldsymbol{X}=\boldsymbol{X}\boldsymbol{C},\ \operatorname{diag}(\boldsymbol{C})=\mathbf{0}. \tag{8.8.7}$$

请使用本章所提供的技术, 写出求解这个问题的一个算法.

我们也可以把数据点解释成图的结点, 把系数矩阵 $\boldsymbol{C}$ 解释成状态转移概率矩阵. 在这种情况下, 如果数据点构成某些 “簇 (cluster)” 或者 “社区 (community)”, 我们可以期望矩阵 $\boldsymbol{C}$ 是低秩的 [Liu et al., 2013]. 请在上述问题中使用核范数替换 ℓ^1 范数, 写出求解如下问题的一个算法:

$$\min_{\boldsymbol{C}} \|\boldsymbol{C}\|_* \quad \text{s.t.} \quad \boldsymbol{X}=\boldsymbol{X}\boldsymbol{C},\ \operatorname{diag}(\boldsymbol{C})=\mathbf{0}. \tag{8.8.8}$$

习题 8.10 (使用 Frank-Wolfe 方法的无约束问题)　考虑一个无约束最优化问题, 其形式为

$$\min_{\boldsymbol{x}} f(\boldsymbol{x})+g(\boldsymbol{x}), \tag{8.8.9}$$

其中 f 是可微函数, 且其梯度是 Lipschitz 连续的. 请为这个问题推导出一个类似的 Frank-Wolfe 方法, 用于求解

$$\min_{\boldsymbol{x},t} f(\boldsymbol{x})+t \quad \text{s.t.} \quad g(\boldsymbol{x}) \leqslant t,\ t \leqslant t_0, \tag{8.8.10}$$

其中 t_0 是在最优解 $\boldsymbol{x}_\star$ 处 $g(\boldsymbol{x}_\star)$ 的上界 (可以假设 t_0 由用户提供).

习题 8.11 (使用 Frank-Wolfe 方法求解稀疏加低秩问题) 考虑约束优化问题

$$\min_{\boldsymbol{L},\boldsymbol{S}} f(\boldsymbol{L},\boldsymbol{S}) \equiv \frac{1}{2}\|\boldsymbol{Y}-\boldsymbol{L}-\boldsymbol{S}\|_F^2 \quad \text{s.t.} \quad \|\boldsymbol{L}\|_* \leqslant \tau_L,\ \|\boldsymbol{S}\|_1 \leqslant \tau_S. \tag{8.8.11}$$

请推导用于求解这个问题的一个 Frank-Wolfe 算法. 每次迭代使 $\boldsymbol{L}$ 的秩能够增加多少呢? 每次迭代使 $\boldsymbol{S}$ 中的非零元素数目能够增加多少呢?

假设我们修改算法, 在每次 Frank-Wolfe 迭代之后, 引入一个投影梯度步骤

$$\boldsymbol{S}^+ = \mathcal{P}_{\|\boldsymbol{S}\|_1 \leqslant \tau_S}\left[\boldsymbol{S}-\frac{1}{\eta}\nabla_{\boldsymbol{S}} f(\boldsymbol{L},\boldsymbol{S})\right], \tag{8.8.12}$$

其中 η 是梯度 $\nabla_{\boldsymbol{S}} f$ 的 Lipschitz 常数. 那么, 就收敛所需要的迭代次数而言, 这种混合方法的潜在优势是什么呢?

习题 8.12 (利用正交匹配追踪的稀疏恢复) 本习题的目标是证明定理 8.10. 该定理表明 OMP 能够正确恢复任何满足 $k=\|\boldsymbol{x}_o\|_0 \leqslant \dfrac{1}{2\mu(\boldsymbol{A})}$ 的目标稀疏解 $\boldsymbol{x}_o$. 设 $I=\operatorname{supp}(\boldsymbol{x}_o)$.

(1) *OMP 在第一次迭代中选择真实的支撑下标.* 设 $i_{\max}$ 表示 $\boldsymbol{x}_o$ 的最大幅值元素下标, 即 $\boldsymbol{x}_o(i_{\max})=\|\boldsymbol{x}_o\|_\infty$. 利用 $\boldsymbol{A}$ 的不相干特性, 证明

$$\left|\boldsymbol{a}_{i_{\max}}^* \boldsymbol{r}_0\right| \geqslant \left|\boldsymbol{a}_j^* \boldsymbol{r}_0\right|, \quad \forall\, j \in I^c. \tag{8.8.13}$$

(2) 通过归纳法证明, OMP 在每个迭代 $\ell=0,\cdots,k-1$ 中选择出一些 $i_\ell \in I$.

(3) 利用 $r_\ell \perp \operatorname{span}(\boldsymbol{A}_{I_\ell})$ 这一结果, 证明 OMP 在每次迭代 $\ell=0,\cdots,k-1$ 中选择一个新下标 $i_\ell \in I$, 终止于 $\boldsymbol{x}_k=\boldsymbol{x}_o$ 且 $I_k=I$.

习题 8.13 (在 RIP 条件下成功的贪婪算法) 压缩采样匹配追踪 (Compressive Sampling Matching Pursuit, COSAMP) 算法通过在第 ℓ 次迭代从有效集 I_ℓ 中添加和删减多个下标来修改 OMP. 该算法把非零项的目标个数 s 作为输入, 对 OMP 修改如下:

- 在第 ℓ 次迭代时, 令 $I_{1/2}$ 表示 $\boldsymbol{u}_\ell=\boldsymbol{A}^*\boldsymbol{r}_\ell$ 最大 $2s$ 个元素的支撑.
- 令 $I_{\ell+1/2}=I_\ell \cup I_{1/2}$.
- 通过支撑 $I_{\ell+1/2}$ 上的最小二乘求解 $\boldsymbol{x}_{\ell+1/2}$.
- 然后, 令 $\boldsymbol{x}_{\ell+1}$ 为仅保留 $\boldsymbol{x}_{\ell+1/2}$ 的 s 个最大元素.

请实现 COSAMP 算法, 并比较它与 OMP 算法在稀疏程度上的差异.

习题 8.14 (单调关系) 请证明单调关系的下列性质:

(1) 给定两个单调关系 $\mathcal{F}_1$ 和 $\mathcal{F}_2$, 那么它们的和 $\mathcal{F}_1 + \mathcal{F}_2$ 也是单调的.

(2) 仿射函数 $\mathcal{F}(\boldsymbol{x}) = \boldsymbol{A}\boldsymbol{x} + \boldsymbol{b}$ 是单调的, 当且仅当 $\boldsymbol{A} + \boldsymbol{A}^* \succeq 0$.

(3) 证明等式约束凸优化问题的 KKT 算子的单调性 (也就是引理 8.7).

习题 8.15 (用于基追踪的 ADMM) 求解基追踪问题

$$\min_{\boldsymbol{x}} \|\boldsymbol{x}\|_1 \quad \text{s.t.} \quad \boldsymbol{A}\boldsymbol{x} = \boldsymbol{y} \tag{8.8.14}$$

的一种方式是引入辅助变量 $\boldsymbol{z}$, 然后求解如下问题

$$\min_{\boldsymbol{x},\boldsymbol{z}} \|\boldsymbol{x}\|_1 \quad \text{s.t.} \quad \boldsymbol{A}\boldsymbol{z} = \boldsymbol{y},\ \boldsymbol{x} = \boldsymbol{z}. \tag{8.8.15}$$

请推导应用*交替方向乘子法* (ADMM) 求解这个问题的一个算法. 然后使用你所选择的编程语言实现你的算法, 并使用合成数据研究其收敛速度和重建目标信号 $\boldsymbol{x}_o$ 的能力.

习题 8.16 (主成分追踪的对偶) 请证明 PCP 的对偶问题是

$$\max_{\boldsymbol{\Lambda}} \ \operatorname{trace}(\boldsymbol{Y}^*\boldsymbol{\Lambda}) \quad \text{s.t.} \quad J(\boldsymbol{\Lambda}) \leqslant 1,$$

其中 $J(\boldsymbol{\Lambda}) = \max(\|\boldsymbol{\Lambda}\|_2, \lambda^{-1}\|\boldsymbol{\Lambda}\|_\infty)$, $\boldsymbol{\Lambda}$ 是对应于等式约束 $\boldsymbol{Y} = \boldsymbol{L} + \boldsymbol{S}$ 的拉格朗日乘子矩阵.

第 9 章

用于高维问题的非凸优化

"过早的过度优化是一切麻烦的根源."

——Donald Ervin Knuth, *The Art of Computer Programming*

在第 8 章中, 我们介绍了最优化技术, 这些技术可以有效地求解使用已知低维模型从不完整或者被污染的测量中恢复结构化信号的许多凸优化问题. 相反, 正如我们在第 7 章所看到的, 与从样本数据中学习低维模型相关联的问题往往是非凸的: 它们要么没有可行的凸松弛, 要么由于物理或计算方面的限制 (比如有限的内存), 使得直接建模为非凸问题的方式成为首选. 在本章中, 我们将介绍用于非凸问题的优化算法.

非凸优化历史悠久, 文献众多. 本章并不打算对非凸优化给出全面完整的介绍, 而是仅对其最基本思想和最有代表性的方法提供一个概述. 具体地, 本章将着眼于: (i) 如何利用负曲率信息来保证局部 (有时是全局) 最优性和 (ii) 如何更精确地刻画不同算法的计算复杂度以达到最优效率. 与前几章不同, 本章在介绍有些方法时将不会给出详细证明, 而是适当给出相关参考文献[㊀].

正如前一章所述, 非凸问题和凸问题的一个主要区别是, 非凸目标函数可能具有非 (所期望的全局) 极小值点的*杂散* (spurious)[㊁]驻点[㊂]. 这些驻点可以包含局部极小值点、局部极大值点和各种类型的鞍点等. 一般来说, 对于非凸优化问题, 我们不得不放弃想要对一大类问题保证全局最优性的宏伟目标, 而是追求在一般情况下保证局部最优性和在特殊情况下 (比如在第 7 章所描述的问题) 保证全局最优性. 实现这两个目标的关键是利用目标函数的*负曲率* (negative curvature) 信息. 在第 7 章我们已经看到, 由于问题的*对称性破缺* (symmetry-breaking) 会在破缺方向上出现负曲率, 在某些情况下可以产生带有良性全局几何的非凸函数. 识别出负曲率方向使我们能够证明一些没有杂散的局部极小值点的函数. 在这里, 我们将以一种不同的方式使用负曲率, 也即将利用它来构建可以逃离鞍点并收敛到极小值点的优化算法.

㊀ 事实上, 在某些情况下, 最坏情况下最佳的已知保证需要十分冗长的技术证明. 读者可以参考经典教科书, 比如 [Bertsekas, 2003], 以进一步了解*非线性优化*基本技术的更全面介绍.

㊁ 准确地理解这个修饰语"*杂散*"的含义, 是深刻理解本章和第 7 章所介绍的非凸问题本质特征的一把钥匙. 在这里, "*杂散*"包括两个含义, "*杂*"是指驻点类型不唯一, "*散*"是指驻点分散在各处. 这是导致非凸优化问题求解困难的原因所在. ——译者注

㊂ 梯度为零的点 $\boldsymbol{x}_\star$ 被定义为驻点 (critical point), 即 $\nabla f(\boldsymbol{x}_\star) = \mathbf{0}$.

我们将探索各种方法来实现这一点, 不同方法需要关于目标函数的不同类型的局部信息, 包括梯度和完整的 Hessian 矩阵 (见 9.2节) 或者只使用梯度本身 (见 9.3节~9.5节). 在技术层面上, 我们将清楚地揭示, Hessian 矩阵中的有用负曲率信息可以从显式地估计 (见 9.3节和 9.4节) 或者隐含地估计 (见 9.5节) 的 (含噪声) 梯度向量序列中被有效地计算或者近似.

首先回顾一下, 我们在 8.3.1节曾讨论过保留较长步数的函数值和梯度的历史状态是否可以帮助提高一阶方法的收敛性. Nesterov 方法已经表明, 在凸优化中, 每次迭代基于先前两步的变量迭代和一个梯度足以达到最佳收敛速率. 在本章中, 我们将会看到, 在非凸优化中, 需要多步梯度估计序列来实现逃离不稳定鞍点这一目标. 粗略地讲, 如何高效而准确地使用梯度来估计负曲率方向是我们在单次迭代成本和收敛速率之间实现不同但最终最佳的一种折中的关键. 这反映在 9.3节、9.4节以及 9.5节所介绍的算法设计和复杂度分析的改进方面.

最后, 在我们这里, 许多非凸问题的出现是由于优化过程被约束在一个非线性子流形 (submanifold) 上. 而这个子流形通常具有非常良好的几何结构. 我们将在 9.6节讨论如何利用这种结构来开发更高效的算法.

9.1　挑战与机遇

在本章中, 我们主要讨论最小化函数 $f(\boldsymbol{x})$ 的问题:

$$\min_{\boldsymbol{x}} f(\boldsymbol{x}), \tag{9.1.1}$$

其中 $\boldsymbol{x} \in \mathbb{R}^n$, $f(\boldsymbol{x})$ 二次连续可微[㊀]. 我们知道, 在任何一个局部极小值点 $\boldsymbol{x}_\star$ 处, 梯度将变为零, 即

$$\nabla f(\boldsymbol{x}_\star) = \mathbf{0}.$$

也就是说, $\boldsymbol{x}_\star$ 是一个驻点. 在 9.1.1节, 我们先来回顾一下最简单和最广泛使用的优化方法: *梯度下降*. 我们将看到, 在一般情况下, 梯度下降方法能够保证收敛到一个驻点. 对于*凸函数* $f(\boldsymbol{x})$, 这足以在很强的意义上把问题解决掉, 因为对于凸函数 $f(\boldsymbol{x})$ 来说, 每一个驻点均是一个全局极小值点. 而与之相反, *非凸函数* $f(\boldsymbol{x})$ 可以出现其他类型的驻点, 包括局部极小值点、局部极大值点和鞍点. 因此, 收敛到一个驻点甚至不足以保证其局部最优. 为了实现局部最优, 我们必须以某种方式使用目标函数的曲率信息[㊁]. 接下来, 我们将回顾一下利

㊀ 为了简单起见, 我们聚焦在光滑的无约束优化问题上. 一般来说, 和第 8 章中凸优化情况一样, 带约束优化问题可以使用拉格朗日乘子法处理. 在我们这里, 大多数非光滑目标函数均存在高效的邻近算子. 我们把对非光滑性和约束的讨论推迟到 9.7节以及本章末尾的习题中.

㊁ 严格地说, 我们所描述的许多方法并不保证收敛到局部极小值点, 而是收敛到二阶驻点, 即满足 $\nabla f(\boldsymbol{x}) = \mathbf{0}$ 且 $\nabla^2 f(\boldsymbol{x}) \succeq \mathbf{0}$ 的点. 对于 "*一般*" (即 Morse) 函数 $f(\boldsymbol{x})$, 每一个这样的点都是一个局部极小值点, 这也是第 7 章所介绍的目标函数的情况. 然而, 我们有可能构造出具有二阶驻点的目标函数 $f(\boldsymbol{x})$, 它的二阶驻点并不是局部极小值点, 例如 $f(x) = -x^4$.

用曲率信息快速最小化凸函数 $f(\boldsymbol{x})$ 的一种经典方法——牛顿法, 并以上述这两种方法作为背景, 开始一个利用 (负) 曲率信息来局部最小化非凸目标函数 $f(\boldsymbol{x})$ 的方法之旅.

9.1.1 通过梯度下降法寻找驻点

也许最简单和最广泛使用的优化方法就是梯度下降[㊀], 它沿着函数 $f(\boldsymbol{x})$ 的负梯度方向不断移动, 即

$$\boldsymbol{x}_{k+1} = \boldsymbol{x}_k - \gamma_k \nabla f(\boldsymbol{x}_k), \tag{9.1.2}$$

从而产生一个迭代序列 $\boldsymbol{x}_0, \boldsymbol{x}_1, \cdots$. 这种方法因为在每次迭代时只需要计算目标函数 $f(\boldsymbol{x})$ 的梯度, 所以其可扩展性通常非常好. 选择负梯度方向 $-\nabla f(\boldsymbol{x})$ 作为下降方向具有直观意义, 因为这是目标函数 $f(\boldsymbol{x})$ 下降最快的方向. 事实上, $\nabla f(\boldsymbol{x}_k)$ 是函数 $f(\boldsymbol{x})$ 在给定点 $\boldsymbol{x}_k$ 处一阶近似的斜率, 即

$$f(\boldsymbol{y}) \approx f(\boldsymbol{x}_k) + \langle \nabla f(\boldsymbol{x}_k), \boldsymbol{y} - \boldsymbol{x}_k \rangle. \tag{9.1.3}$$

在式(9.1.2)中, $\gamma_k > 0$ 是步长, 它可以从迭代中自适应地选择, 或者根据目标函数 $f(\boldsymbol{x})$ 的知识而预先设定. 具体来说, 假设梯度 $\nabla f(\boldsymbol{x})$ 是 L_1-Lipschitz 连续的, 即对于 $\forall \boldsymbol{x}, \boldsymbol{y}$,

$$\|\nabla f(\boldsymbol{y}) - \nabla f(\boldsymbol{x})\|_2 \leqslant L_1 \|\boldsymbol{y} - \boldsymbol{x}\|_2, \tag{9.1.4}$$

其中 $L_1 > 0$ 是梯度 $\nabla f(\boldsymbol{x})$ 的 Lipschitz 常数[㊁]. 在这种情况下, 我们可以对局部近似(9.1.3)进行增广以产生一个全局上界, 即

$$f(\boldsymbol{y}) \leqslant f(\boldsymbol{x}_k) + \langle \nabla f(\boldsymbol{x}_k), \boldsymbol{y} - \boldsymbol{x}_k \rangle + \frac{L_1}{2} \|\boldsymbol{y} - \boldsymbol{x}_k\|_2^2. \tag{9.1.5}$$

正如我们在第 8 章所介绍的, 不等号右侧的上界在 $\boldsymbol{y}_\star = \boldsymbol{x}_k - \frac{1}{L_1} \nabla f(\boldsymbol{x}_k)$ 处达到最小. 也就是说, 使用梯度下降迭代步骤等价于最小化目标函数 $f(\boldsymbol{x})$ 的一个二次上界.

这个观察使我们想到可以使用步长 $\gamma_k = 1/L_1$. 这个步长将保证: (i) 梯度方法是一个下降方法, 即目标函数值不会在迭代中增大; (ii) 迭代序列 $\{\boldsymbol{x}_k\}$ 收敛于一个驻点 $\boldsymbol{x}_\star$, 即满足 $\nabla f(\boldsymbol{x}_\star) = \mathbf{0}$. 在直观上, 我们可能期待算法收敛到一个是局部极小值点的驻点 $\boldsymbol{x}_\star$. 尽管在实际中经常出现这种情况, 但一般来说, 我们能够保证的只是收敛到某个驻点——它可能是一个极小值点、极大值点或者一个鞍点. 事实上, 如果 $\boldsymbol{x}_k$ 恰好是一个鞍点, 那么 $\nabla f(\boldsymbol{x}_k) = \mathbf{0}$, 从而迭代式(9.1.2)将永远不会离开 $\boldsymbol{x}_k$.

在第 8 章中, 我们获得了非常有用的几何直觉 (和高效的方法), 不仅证明了方法收敛, 评估了它们的收敛有多快, 而且还找到了收敛速率最好的方法. 在非凸情况下, 根据函数值来衡量梯度下降的进展是没有意义的, 因为它可能不会收敛于一个全局极小值点. 相反, 我们通常会根据梯度的范数 $\|\nabla f(\boldsymbol{x}_k)\|_2$ 来测量 $\boldsymbol{x}_k$ 到成为一个驻点的距离. 在这种情况下, 我们可以给出梯度下降算法收敛性的下述结果.

㊀ 与大多数自然想法一样, 梯度方法有着丰富的历史, 已经被 (重新) 发现了许多次. 第一个正式论述被认为是 1847 年 Augustin Cauchy 在寻找方程数值解的背景下给出的 [Cauchy, 1847].

㊁ 或者等价地, 当函数 $f(\boldsymbol{x})$ 二次可微时, Hessian 矩阵 $\nabla^2 f(\boldsymbol{x}) \in \mathbb{R}^{n \times n}$ 各个特征值的绝对值均不超过 L_1.

命题 9.1 (梯度下降用于非凸函数的收敛速率)　假设 $f(\boldsymbol{x})$ 是 (可能非凸的) 可微函数, 其梯度 ∇f 是 L_1-Lipschitz 连续的. 那么, 使用步长 $\gamma_k = 1/L_1$ 的梯度下降法(9.1.2)收敛于一个驻点 $\boldsymbol{x}_\star$. 进一步, 在最佳迭代处梯度的范数, 即

$$\min_{0 \leqslant i \leqslant k-1} \|\nabla f(\boldsymbol{x}_i)\|_2$$

以速率 $O(1/\sqrt{k})$ 趋于 0.

证明. 对于 $\forall k \geqslant 1$, 梯度下降迭代 $\boldsymbol{x}_k = \boldsymbol{x}_{k-1} - \frac{1}{L_1}\nabla f(\boldsymbol{x}_{k-1})$ 等价于:

$$\boldsymbol{x}_k := \underset{\boldsymbol{x}}{\operatorname{argmin}} \left\{ f(\boldsymbol{x}_{k-1}) + \langle \nabla f(\boldsymbol{x}_{k-1}), \boldsymbol{x} - \boldsymbol{x}_{k-1} \rangle + \frac{L_1}{2}\|\boldsymbol{x} - \boldsymbol{x}_{k-1}\|_2^2 \right\}.$$

同样, 注意到, 根据引理 8.1, L_1-Lipschitz 连续性(9.1.4)等价于: 对于 $\forall \boldsymbol{x}, \boldsymbol{y}$,

$$f(\boldsymbol{y}) \leqslant f(\boldsymbol{x}) + \langle \nabla f(\boldsymbol{x}), \boldsymbol{y} - \boldsymbol{x} \rangle + \frac{L_1}{2}\|\boldsymbol{y} - \boldsymbol{x}\|_2^2. \tag{9.1.6}$$

由此, 我们可以得出:

$$\begin{aligned} f(\boldsymbol{x}_k) &\leqslant f(\boldsymbol{x}_{k-1}) + \langle \nabla f(\boldsymbol{x}_{k-1}), \boldsymbol{x}_k - \boldsymbol{x}_{k-1} \rangle + \frac{L_1}{2}\|\boldsymbol{x}_k - \boldsymbol{x}_{k-1}\|_2^2 \\ &\leqslant f(\boldsymbol{x}_{k-1}) - \frac{1}{2L_1}\|\nabla f(\boldsymbol{x}_{k-1})\|_2^2. \end{aligned} \tag{9.1.7}$$

因此, 目标函数值将随着迭代的进行而逐渐减小. 进一步, 针对不等式(9.1.7)进行裂项求和(telescoping sum), 我们可以得到

$$f(\boldsymbol{x}_k) \leqslant f(\boldsymbol{x}_0) - \frac{1}{2L_1}\sum_{i=0}^{k-1}\|\nabla f(\boldsymbol{x}_i)\|_2^2. \tag{9.1.8}$$

这可以给出

$$\frac{k}{2L_1}\min_{i \in \{0,1,\cdots,k-1\}}\|\nabla f(\boldsymbol{x}_i)\|_2^2 \leqslant \sum_{i=0}^{k-1}\frac{1}{2L_1}\|\nabla f(\boldsymbol{x}_i)\|_2^2 \leqslant f(\boldsymbol{x}_0) - f(\boldsymbol{x}_k). \tag{9.1.9}$$

由于目标函数值将随着迭代而递减, 所以相对于序列所收敛的驻点 $\boldsymbol{x}_\star$, 我们有 $f(\boldsymbol{x}_0) - f(\boldsymbol{x}_k) \leqslant f(\boldsymbol{x}_0) - f(\boldsymbol{x}_\star)$. 因此,

$$\min_{i \in \{0,1,\cdots,k-1\}}\|\nabla f(\boldsymbol{x}_i)\|_2 \leqslant \sqrt{\frac{2L_1(f(\boldsymbol{x}_0) - f(\boldsymbol{x}_\star))}{k}}. \tag{9.1.10}$$

□

如果与第 8 章的梯度下降和邻近梯度下降法的收敛性分析进行比较, 我们可以注意到几个关键区别. 首先, 最重要的是, 在非凸情况下, 我们只能保证收敛到一个 (一阶) 驻点——它可能不是一个极小值点. 其次, 与凸优化的情况不同, 在这里, 梯度下降方法在一阶方法中基本上是最优的, 其中一阶方法是指, 每次迭代使用一阶 Oracle, 即

$$\text{函数 } f(\boldsymbol{x}) \text{的梯度 } \nabla f(\boldsymbol{x}). \tag{9.1.11}$$

在第 8 章中, 通过比较算法收敛速率与一阶方法的最佳可实现收敛速率, 我们可以给出改进 (邻近) 梯度下降收敛行为的加速技术. 命题 9.1的收敛速率可以解释成: 为了实现 $\|\nabla f(\boldsymbol{x})\|_2 \leqslant \varepsilon_g$, 我们需要 $O(\varepsilon_g^{-2})$ 次迭代. 这被证明是一阶方法对于具有 Lipschitz 连续梯度的一类函数 $f(\boldsymbol{x})$ 所能达到的 (最坏情况下的) 最好收敛速率. 与凸优化的情况相反, 引入动量项或者其他形式的加速并不能改善其在最坏情况下的收敛性能.

然而, 如果我们对目标函数多引入一些假设, 也就是假设其 Hessian 矩阵也是 Lipschitz 连续的, 那么情况会发生很大变化. 在这种情况下, 可以通过比较邻近点的梯度来获得关于目标函数 $f(\boldsymbol{x})$ 的曲率信息: 在 $\boldsymbol{\delta}$ 方向上, $\nabla^2 f(\boldsymbol{x})\boldsymbol{\delta} \approx \nabla f(\boldsymbol{x}+\boldsymbol{\delta}) - \nabla f(\boldsymbol{x})$. 我们将会看到, 通过使用这个信息, 可以从根本上改善梯度下降法的收敛速率, 并且能够使其逃离 (非退化) 鞍点和极大值点. 这凸显了曲率信息在非凸优化问题中的重要性. 在接下来的章节中, 我们首先对通过 Hessian 矩阵 $\nabla^2 f(\boldsymbol{x})$ 显式地利用曲率信息的方法加以回顾, 然后介绍仅通过梯度来利用曲率信息的更轻量级的方法.

9.1.2 通过牛顿法寻找驻点

把曲率信息引入迭代方法中的最简单、最自然的方式是利用二阶近似替换一阶近似(9.1.3). 假设函数 $f(\boldsymbol{x})$ 的 Hessian 矩阵 $\nabla^2 f(\boldsymbol{x})$ 是 L_2-Lipschitz 连续的, 即对于 $\forall \boldsymbol{x}, \boldsymbol{y}$,

$$\|\nabla^2 f(\boldsymbol{y}) - \nabla^2 f(\boldsymbol{x})\|_2 \leqslant L_2 \|\boldsymbol{y} - \boldsymbol{x}\|_2, \tag{9.1.12}$$

其中 $\|\cdot\|_2$ 作用于矩阵时表示矩阵的谱范数. 那么, 在点 $\boldsymbol{x}$ 附近, 我们可以使用二阶泰勒级数展开更精确地逼近 $f(\boldsymbol{y})$, 即

$$f(\boldsymbol{y}) \approx \hat{f}(\boldsymbol{y}, \boldsymbol{x}) \doteq f(\boldsymbol{x}) + \langle \nabla f(\boldsymbol{x}), \boldsymbol{y} - \boldsymbol{x} \rangle + \frac{1}{2}(\boldsymbol{y} - \boldsymbol{x})^* \nabla^2 f(\boldsymbol{x})(\boldsymbol{y} - \boldsymbol{x}). \tag{9.1.13}$$

这个逼近函数 $\hat{f}$ 在点 $\boldsymbol{y} = \boldsymbol{x}$ 处与函数 f 具有相同的斜率和曲率. 当 f 是强凸函数时, Hessian 矩阵 $\nabla^2 f$ 的特征值全部为正, 逼近函数 $\hat{f}$ 也是强凸的. 在这种情况下, 逼近函数 $\hat{f}$ 具有唯一极小值点:

$$\boldsymbol{y}_\star = \arg\min_{\boldsymbol{y}} \hat{f}(\boldsymbol{y}, \boldsymbol{x}) = \boldsymbol{x} - \left[\nabla^2 f(\boldsymbol{x})\right]^{-1} \nabla f(\boldsymbol{x}). \tag{9.1.14}$$

第二个等号右侧的表达式可以通过令 $\nabla_{\boldsymbol{y}} \hat{f}(\boldsymbol{y}, \boldsymbol{x}) = \mathbf{0}$, 然后求解 $\boldsymbol{y}$ 而得到. 这让我们想到最小化函数 $f(\boldsymbol{x})$ 的下述迭代方法: 从初始点 $\boldsymbol{x}_0$ 开始, 通过

$$\boldsymbol{x}_{k+1} = \boldsymbol{x}_k - \left[\nabla^2 f(\boldsymbol{x}_k)\right]^{-1} \nabla f(\boldsymbol{x}_k) \tag{9.1.15}$$

生成迭代序列 $\{\boldsymbol{x}_k\}$. 这种更新方式被称为*牛顿迭代*, 它与用于多项式求根的 Newton-Raphson 方法密切相关. 事实上, 搜索光滑函数 $f(\boldsymbol{x})$ 的驻点等价于寻找方程 $\nabla f(\boldsymbol{x}) = \mathbf{0}$ 的解 (根)[㊀]. 显然, 牛顿法属于这一类方法, 它假设可以使用*二阶* Oracle:

$$\text{梯度 } \nabla f(\boldsymbol{x}) \text{ 和 Hessian 矩阵 } \nabla^2 f(\boldsymbol{x}). \tag{9.1.16}$$

通常, 这使得牛顿法的单次迭代比梯度下降法的单次迭代要昂贵得多. 因为, 一般来说, 我们需要计算和存储 $n \times n$ 大小的完整 Hessian 矩阵 $\nabla^2 f(\boldsymbol{x}_k)$ 和它的逆矩阵. 这种昂贵的单次迭代复杂度所带来的好处是大大减少了算法收敛到精确解所需要的迭代次数. 例如, 考虑一个强凸目标函数 $f(\boldsymbol{x})$ (即对于任意 $\boldsymbol{x}$, 都有 $f(\boldsymbol{x})$ 的 Hessian 矩阵 $\nabla^2 f(\boldsymbol{x}) \succeq \lambda \boldsymbol{I}$, 其中 $\lambda > 0$), 其 Hessian 矩阵是 Lipschitz 连续的. 因为 $f(\boldsymbol{x})$ 是强凸的, 它有唯一极小值点 $\boldsymbol{x}_\star$. 我们将证明, 牛顿法所生成的迭代序列满足

$$\|\boldsymbol{x}_{k+1} - \boldsymbol{x}_\star\|_2 \leqslant \frac{L_2}{2\lambda}\|\boldsymbol{x}_k - \boldsymbol{x}_\star\|_2^2. \tag{9.1.17}$$

这意味着, 只要 $\boldsymbol{x}_0$ 接近于 $\boldsymbol{x}_\star$ (比如 $\|\boldsymbol{x}_0 - \boldsymbol{x}_\star\|_2 < \frac{2\lambda}{L_2}$), 那么迭代点 $\boldsymbol{x}_k$ 会非常迅速地收敛到 $\boldsymbol{x}_\star$, 即[㊁]

$$\|\boldsymbol{x}_k - \boldsymbol{x}_\star\|_2 \leqslant \left(\frac{L_2}{2\lambda}\right)^{2^k-1} \times \|\boldsymbol{x}_0 - \boldsymbol{x}_\star\|_2^{2^k}. \tag{9.1.18}$$

在优化理论中, 这被称为*超线性* (superlinear) 收敛: $\log \|\boldsymbol{x}_k - \boldsymbol{x}_\star\|_2$ 比任何 k 的线性函数减小得更快. 正式一些, 我们给出下述收敛定理.

命题 9.2 (牛顿法的收敛速率) *假设 $f(\boldsymbol{x})$ 是强凸函数, 也就是说, 对于任意 $\boldsymbol{x}$, 其 Hessian 矩阵 $\nabla^2 f(\boldsymbol{x})$ 的最小特征值为正数, 即 $\lambda_{\min}(\nabla^2 f(\boldsymbol{x})) \geqslant \lambda > 0$. 进一步, 假设 $\nabla^2 f(\boldsymbol{x})$ 是 L_2-Lipschitz 连续的, 令 $\boldsymbol{x}_\star$ 是 $f(\boldsymbol{x})$ 在 $\mathbb{R}^n$ 上的 (唯一) 极小值点. 那么, 若 $\|\boldsymbol{x}_0 - \boldsymbol{x}_\star\|_2 < \frac{2\lambda}{L_2}$, 则迭代点 $\boldsymbol{x}_k$ 会以二次收敛速率(9.1.18)收敛到 $\boldsymbol{x}_\star$.*

证明. 由于

$$\nabla f(\boldsymbol{x}_k) - \nabla f(\boldsymbol{x}_\star) = \int_{t=0}^{1} \nabla^2 f(\boldsymbol{x}_k + t(\boldsymbol{x}_\star - \boldsymbol{x}_k))(\boldsymbol{x}_k - \boldsymbol{x}_\star)\,\mathrm{d}t,$$

因此, 我们有

$$\begin{aligned}
&\|\nabla f(\boldsymbol{x}_\star) - [\nabla f(\boldsymbol{x}_k) + \nabla^2 f(\boldsymbol{x}_k)(\boldsymbol{x}_\star - \boldsymbol{x}_k)]\|_2 \\
= \ &\|\int_{t=0}^{1} [\nabla^2 f(\boldsymbol{x}_k) - \nabla^2 f(\boldsymbol{x}_k + t(\boldsymbol{x}_\star - \boldsymbol{x}_k))](\boldsymbol{x}_k - \boldsymbol{x}_\star)\|_2\,\mathrm{d}t
\end{aligned}$$

㊀ 与梯度下降一样, 牛顿法 (或者 Newton-Raphson 方法) 也具有很长的研究历史. 它被解释为求解驻点方程 $\nabla f(\boldsymbol{x}) = \mathbf{0}$ 的方法, 即寻找多项式 $\nabla f(\boldsymbol{x})$ 的 "根". Newton-Raphson 方法最初由艾萨克 · 牛顿 (Isaac Newton) 和约瑟夫 · 拉弗森 (Joseph Raphson) 在 17 世纪 80 年代后期提出, 用于多项式求根; 在 1750 年被托马斯 · 辛普森 (Thomas Simpson) 推广到寻找光滑函数的驻点 [Simpson, 1750].

㊁ 原书中公式的幂指数部分有误, 这里已更正. ——译者注

$$
\begin{aligned}
&\leqslant \int_{t=0}^{1} \|\nabla^2 f(\boldsymbol{x}_k) - \nabla^2 f(\boldsymbol{x}_k + t(\boldsymbol{x}_\star - \boldsymbol{x}_k))\|_2 \|\boldsymbol{x}_k - \boldsymbol{x}_\star\|_2 \, \mathrm{d}t \\
&\leqslant \int_{t=0}^{1} L_2 \|t(\boldsymbol{x}_\star - \boldsymbol{x}_k)\|_2 \|\boldsymbol{x}_k - \boldsymbol{x}_\star\|_2 \, \mathrm{d}t \\
&= L_2 \|\boldsymbol{x}_k - \boldsymbol{x}_\star\|_2^2 \int_{t=0}^{1} t \, \mathrm{d}t = \frac{L_2}{2} \|\boldsymbol{x}_\star - \boldsymbol{x}_k\|_2^2,
\end{aligned}
$$

其中第二个不等号利用了 Hessian 矩阵为 L_2-Lipschitz 连续. 因此, 我们有

$$
\|\nabla f(\boldsymbol{x}_\star) - [\nabla f(\boldsymbol{x}_k) + \nabla^2 f(\boldsymbol{x}_k)(\boldsymbol{x}_\star - \boldsymbol{x}_k)]\|_2 \leqslant \frac{L_2}{2} \|\boldsymbol{x}_\star - \boldsymbol{x}_k\|_2^2.
$$

基于 $\boldsymbol{x}_{k+1} = \boldsymbol{x}_k - [\nabla^2 f(\boldsymbol{x}_k)]^{-1} \nabla f(\boldsymbol{x}_k)$, 并把 $\boldsymbol{x}_k$ 代入上式, 我们可以得到:

$$
\|\nabla^2 f(\boldsymbol{x}_k)(\boldsymbol{x}_\star - \boldsymbol{x}_{k+1})\|_2 \leqslant \frac{L_2}{2} \|\boldsymbol{x}_\star - \boldsymbol{x}_k\|_2^2.
$$

又由于 $\lambda^{-1} < \infty$, 所以 Hessian 矩阵的逆 $[\nabla^2 f(\boldsymbol{x})]^{-1}$ 的算子范数有一致上界. 代入上面的不等式, 我们即可得到:

$$
\|\boldsymbol{x}_\star - \boldsymbol{x}_{k+1}\|_2 = \| \left[\nabla^2 f(\boldsymbol{x}_k)\right]^{-1} \cdot \nabla^2 f(\boldsymbol{x}_k)(\boldsymbol{x}_\star - \boldsymbol{x}_{k+1})\|_2 \leqslant \frac{1}{\lambda} \frac{L_2}{2} \|\boldsymbol{x}_\star - \boldsymbol{x}_k\|_2^2.
$$

□

尽管牛顿法对强凸问题的收敛速度很快, 但它存在一些局限性, 会导致牛顿法并不适合我们的高维非凸优化情况. 首先, 牛顿法需要我们计算 Hessian 矩阵的逆与梯度的乘积, 即 $[\nabla^2 f(\boldsymbol{x})]^{-1} \nabla f(\boldsymbol{x})$. 当 n 很大时, 哪怕只是存储 $n \times n$ 的 Hessian 矩阵也是不可行的. 而求解牛顿方程组通常需要 $O(n^3)$ 次算术运算, 当 n 很大时, 即使是计算牛顿法的一步迭代也是难以完成的. 这些局限性正是我们在第 8 章专注于具有较低单次迭代成本的凸优化方法的原因所在.

其次, 更根本的是, 在非凸情况中, 我们无法控制迭代点 $\boldsymbol{x}_k$ 收敛到哪种驻点. 仔细观察就会发现, 命题 9.2 的证明过程同样适用于证明算法收敛到极大值点 (而且基本上以同样的二次速率). 牛顿法之所以不能区分极小值点、极大值点和鞍点的原因很简单: 在非凸情况中, 求解 $\nabla_{\boldsymbol{y}} \hat{f}(\boldsymbol{y}, \boldsymbol{x}) = \mathbf{0}$ 并不一定产生二次逼近函数 $\hat{f}$ 的一个极小值点, 相反, 它所求解的是这个二次逼近函数的一个*驻点*. 其具体类型取决于 $\nabla^2 f(\boldsymbol{x})$ 的特征值的符号, 所得到的驻点可能是极小值点、极大值点或者鞍点. 因此, 在非凸优化中, 经典的牛顿法被解释为迭代地寻找目标函数的逼近函数的驻点, 而不是迭代地*最小化*相应的逼近函数. 习题 9.1 将引导读者通过实例来证明牛顿法可以收敛到极小值点、极大值点和鞍点.

显然, 如果我们的目的是利用负曲率信息来*最小化*非凸函数, 那么就需要对牛顿法做出修改. 在随后的章节中, 我们将介绍如何修改牛顿法来逃离鞍点并获得极小值点 (严格地讲, 我们获得的是二阶驻点, 它同时满足 $\nabla f(\boldsymbol{x}_\star) = \mathbf{0}$ 和 $\nabla^2 f(\boldsymbol{x}_\star) \succeq \mathbf{0}$). 然后, 我们将介绍

如何在不需要完整的 Hessian 矩阵甚至仅仅使用梯度信息的条件下, 利用负曲率信息来减少每次迭代的复杂度, 从而获得适用于高维问题的优化方法. 最后, 类似于在第 8 章中所介绍的邻近梯度和加速邻近梯度法, 我们将介绍如何结合梯度和曲率信息来实现可达到已知最佳收敛速率的一阶方法.

9.2 牛顿法的三次正则

正如我们在上一节中所见, 当应用于强凸问题时, 牛顿法收敛速度极快. 与梯度法相比, 它能够更好地利用目标函数的正曲率信息. 然而, 当应用于*非凸*问题时, 它并不区分极小值点、极大值点和鞍点. 特别地, 它不能利用*负曲率*来逃离鞍点. 为了开发能够更好地利用负曲率信息的二阶方法, 一个自然而然的想法就是建立一个包含一阶信息和二阶信息的目标函数局部模型, 即

$$f(\boldsymbol{y}) \approx f(\boldsymbol{x}) + \langle \nabla f(\boldsymbol{x}), \boldsymbol{y}-\boldsymbol{x} \rangle + \frac{1}{2}(\boldsymbol{y}-\boldsymbol{x})^* \nabla^2 f(\boldsymbol{x})(\boldsymbol{y}-\boldsymbol{x}), \tag{9.2.1}$$

然后通过*最小化*这个二阶模型来确定一个前进方向. 这与牛顿法不同, 牛顿法只寻找这个二阶模型的一个驻点.

在这里, 我们与第 8 章所介绍的梯度方法进行比较是有指导意义的. 在上一节中, 我们从目标函数的一阶近似

$$f(\boldsymbol{y}) \approx f(\boldsymbol{x}) + \langle \nabla f(\boldsymbol{x}), \boldsymbol{y}-\boldsymbol{x} \rangle \tag{9.2.2}$$

引出梯度下降法和邻近梯度下降法. 相比之下, 式(9.2.1)中的二阶近似通过 Hessian 矩阵 $\nabla^2 f(\boldsymbol{x})$ 保留了关于目标函数 f 的曲率信息. 特别地, 当且仅当 Hessian 矩阵的最小特征值 $\lambda_{\min}(\nabla^2 f)$ 是负值时, 函数 f 在 $\boldsymbol{x}$ 处存在负曲率方向, 这一负曲率方向可以是最小特征值所对应的任何特征向量.

9.2.1 收敛于二阶驻点

如何使用局部模型(9.2.1)来减小目标函数 f 呢? 在对梯度和邻近梯度法的学习中, 我们发现, 对式(9.2.2)中的*局部*近似进行增广以产生 $f(\boldsymbol{y})$ 的一个全局上界是非常有用的. 最小化这个全局上界将产生一个新的点 $\boldsymbol{x}^+$, 而且 $f(\boldsymbol{x}^+) \leqslant f(\boldsymbol{x})$. 也就是说, 它保证了目标函数值 $f(\boldsymbol{x})$ 下降. 在这里, 我们按同样的思路进行处理. 假设 Hessian 矩阵 $\nabla^2 f$ 是 L_2-Lipschitz 连续的, 即存在某个常数 $L_2 > 0$, 对于 $\forall \boldsymbol{x}, \boldsymbol{y}$,

$$\|\nabla^2 f(\boldsymbol{y}) - \nabla^2 f(\boldsymbol{x})\|_2 \leqslant L_2 \|\boldsymbol{y}-\boldsymbol{x}\|_2 \tag{9.2.3}$$

成立. 在这种情况下, 我们有: 对于 $\forall \boldsymbol{x}, \boldsymbol{y}$,

$$\begin{aligned} f(\boldsymbol{y}) &\leqslant \hat{f}(\boldsymbol{y}, \boldsymbol{x}) \\ &\doteq f(\boldsymbol{x}) + \langle \nabla f(\boldsymbol{x}), \boldsymbol{y}-\boldsymbol{x} \rangle + \frac{1}{2}(\boldsymbol{y}-\boldsymbol{x})^* \nabla^2 f(\boldsymbol{x})(\boldsymbol{y}-\boldsymbol{x}) + \frac{L_2}{6}\|\boldsymbol{y}-\boldsymbol{x}\|_2^3. \end{aligned} \tag{9.2.4}$$

等号右侧是 $f(\boldsymbol{y})$ 的一个全局上界, 它在 $\boldsymbol{x}$ 处与 $f(\boldsymbol{y})$ 具有相同的函数值、相同的斜率和相同的曲率. 与我们在第 8 章和 9.1.1节关于梯度下降的讨论类似, 给定一个迭代点 $\boldsymbol{x}_k$, 我们可以通过最小化这个上界来产生下一个迭代点 $\boldsymbol{x}_{k+1}$, 即

$$\boldsymbol{x}_{k+1} = \arg\min_{\boldsymbol{y}} \hat{f}(\boldsymbol{y}, \boldsymbol{x}_k). \tag{9.2.5}$$

由此所得到的方法被称为三次正则牛顿法 (cubic regularized Newton method). 我们在图 9.1中给出了算法概览.

三次正则牛顿法

问题类型.

$$\min_{\boldsymbol{x}} f(\boldsymbol{x}), \quad \boldsymbol{x} \in \mathbb{R}^n,$$

其中 $f : \mathbb{R}^n \to \mathbb{R}$ 是非凸函数, 它二次连续可微, 且梯度和 Hessian 矩阵均为 Lipschitz 连续. 使用二阶 Oracle: $\nabla f(\boldsymbol{x}) \in \mathbb{R}^n$ 和 $\nabla^2 f(\boldsymbol{x}) \in \mathbb{R}^{n\times n}$.

基本设定. 设 $\hat{f}(\boldsymbol{y}, \boldsymbol{x})$ 为类似于式(9.2.4)的上界:

$$\begin{aligned}\hat{f}(\boldsymbol{y}, \boldsymbol{x}) \doteq& f(\boldsymbol{x}) + \langle \nabla f(\boldsymbol{x}), \boldsymbol{y} - \boldsymbol{x} \rangle + \frac{1}{2}(\boldsymbol{y} - \boldsymbol{x})^* \nabla^2 f(\boldsymbol{x})(\boldsymbol{y} - \boldsymbol{x}) \\ &+ \frac{L_2}{6} \|\boldsymbol{y} - \boldsymbol{x}\|_2^3 .\end{aligned}$$

初始化. 设 $\boldsymbol{x}_0 \in \mathbb{R}^n$.

迭代. For $k = 0, 1, 2, \cdots$

$$\boldsymbol{x}_{k+1} = \arg\min_{\boldsymbol{y}} \hat{f}(\boldsymbol{y}, \boldsymbol{x}_k).$$

收敛保证. $\boldsymbol{x}_k$ 按 $\lim_{k\to\infty} \mu(\boldsymbol{x}_k) = 0$ 收敛.

图 9.1 三次正则牛顿法概览

与梯度下降法相反, 最小化式(9.2.5)中的近似函数 $\hat{f}$ 这一问题本身通常是非凸问题——我们特意选择了包含负曲率信息的一个近似函数. 也许有一些令人惊讶的是, 这个特殊的非凸问题能够被高效求解: 它可以被简化为求解一个一维凸优化问题 [Nesterov et al., 2006]. 我们将在习题 9.3 中引导读者完成对这个子问题的推导, 并且讨论完收敛性之后在下一节将介绍可扩展性更高的替代方法.

评注 9.1 (信赖域方法) 三次正则牛顿法并不是使用二阶近似(9.2.1)来求解非凸优化问题的唯一方法. 另一个重要的 (也是历史上较早的) 方法是信赖域 (trust region) 方法. 信赖域方法并不是为 $f(\boldsymbol{y})$ 构建一个全局上界来选择前进方向, 而是在 $\boldsymbol{x}$ 处的一个较小邻域内直接对二阶近似(9.2.1)进行最小化, 即

$$\boldsymbol{x}_{k+1}=\arg\min_{\boldsymbol{y}:\|\boldsymbol{y}-\boldsymbol{x}_k\|_2\leqslant\delta_k} f(\boldsymbol{x}_k)+\langle\nabla f(\boldsymbol{x}_k),\boldsymbol{y}-\boldsymbol{x}_k\rangle+\frac{1}{2}(\boldsymbol{y}-\boldsymbol{x}_k)^*\nabla^2 f(\boldsymbol{x}_k)(\boldsymbol{y}-\boldsymbol{x}_k),\quad(9.2.6)$$

其中 $\|\boldsymbol{y}-\boldsymbol{x}_k\|_2\leqslant\delta_k$ 需要使上述二阶近似在其中是精确的. 与三次正则牛顿法的子问题一样, 这个子问题也可以被有效求解. 同样, 所得到的方法能够利用通过 Hessian 矩阵 $\nabla^2 f$ 所获取的负曲率信息. 它们之间的主要区别只是这里使用了约束 $\|\boldsymbol{y}-\boldsymbol{x}_k\|_2\leqslant\delta_k$, 而不是三次惩罚项 $\|\boldsymbol{y}-\boldsymbol{x}_k\|_2^3$. 我们在习题 9.2中将通过信赖域方法的推导和信赖域子问题的求解来引导感兴趣的读者.

下面我们将证明, 由三次正则牛顿法所产生的迭代序列收敛于点 $\boldsymbol{x}_\star$, 其中 $\boldsymbol{x}_\star$ 满足

$$\nabla f(\boldsymbol{x}_\star)=\mathbf{0},\quad 且\quad \nabla^2 f(\boldsymbol{x}_\star)\succeq\mathbf{0}.\quad(9.2.7)$$

可以看出 $\boldsymbol{x}_\star$ 是一个二阶驻点. 为了衡量迭代步骤的进展, 我们定义

$$\mu(\boldsymbol{x})\doteq\max\left\{\sqrt{\frac{1}{L_2}\|\nabla f(\boldsymbol{x})\|_2},\ -\frac{2}{3L_2}\lambda_{\min}\big(\nabla^2 f(\boldsymbol{x})\big)\right\},\quad(9.2.8)$$

其中 $\lambda_{\min}\big(\nabla^2 f(\boldsymbol{x})\big)$ 是 Hessian 矩阵 $\nabla^2 f(\boldsymbol{x})$ 的最小特征值. 我们希望 $\lambda_{\min}\big(\nabla^2 f(\boldsymbol{x})\big)$ 是非负的. 如果 $\mu(\boldsymbol{x})\to 0$, 那么 $\boldsymbol{x}_k$ 收敛于满足式(9.2.7)的解 $\boldsymbol{x}_\star$. 下面的定理表明, 这一结果确实会出现, 并且它控制着 $\mu(\boldsymbol{x}_k)$ 趋于零的速率.

定理 9.1 (三次正则牛顿法收敛速率) 假设 $f(\boldsymbol{x})$ 是下有界函数. 那么, 由三次正则牛顿法更新步骤(9.2.5)所获得的序列 $\{\boldsymbol{x}_k\}$ 收敛于一个极限点的非空集合 $\boldsymbol{X}_\star$. 进一步, 令 $\boldsymbol{x}_\star\in\boldsymbol{X}_\star$, 那么 $\lim_{k\to\infty}\mu(\boldsymbol{x}_k)=0$, 且对于任何 $k\geqslant 1$, 我们有

$$\min_{1\leqslant i\leqslant k}\mu(\boldsymbol{x}_i)\leqslant C\left(\frac{f(\boldsymbol{x}_0)-f(\boldsymbol{x}_\star)}{k\cdot L_2}\right)^{1/3},\quad(9.2.9)$$

其中 $C>0$ 为某个常数.

证明概要. 由于 $\boldsymbol{x}_k$ 是式(9.2.4)所定义的上界函数 $\hat{f}(\boldsymbol{y},\boldsymbol{x}_{k-1})$ 的极小值点, 它满足一阶最优性条件, 即

$$\nabla f(\boldsymbol{x}_{k-1})+\nabla^2 f(\boldsymbol{x}_{k-1})(\boldsymbol{x}_k-\boldsymbol{x}_{k-1})+\frac{L_2}{2}\|\boldsymbol{x}_k-\boldsymbol{x}_{k-1}\|_2(\boldsymbol{x}_k-\boldsymbol{x}_{k-1})=\mathbf{0}.\quad(9.2.10)$$

此外, 根据式(9.2.5)的全局极小值点推导过程, 我们也可以证明 $\boldsymbol{x}_k$ 满足条件 (见 [Nesterov et al., 2006] 中的命题 1):

$$\nabla^2 f(\boldsymbol{x}_{k-1})+\frac{L_2}{2}\|\boldsymbol{x}_k-\boldsymbol{x}_{k-1}\|_2\boldsymbol{I}\succeq\mathbf{0}.\quad(9.2.11)$$

由于式(9.2.4)所定义的 $\hat{f}(\boldsymbol{y},\boldsymbol{x}_k)$ 是 $f(\boldsymbol{y})$ 的上界, 在迭代点 $\boldsymbol{x}_k$ 处, 我们有

$$f(\boldsymbol{x}_k)\leqslant f(\boldsymbol{x}_{k-1})+\langle\nabla f(\boldsymbol{x}_{k-1}),\boldsymbol{x}_k-\boldsymbol{x}_{k-1}\rangle+$$

$$
\begin{aligned}
&\frac{1}{2}\langle\nabla^2 f(\boldsymbol{x}_{k-1})(\boldsymbol{x}_k-\boldsymbol{x}_{k-1}),\boldsymbol{x}_k-\boldsymbol{x}_{k-1}\rangle+\frac{L_2}{6}\|\boldsymbol{x}_k-\boldsymbol{x}_{k-1}\|_2^3\\
=&f(\boldsymbol{x}_{k-1})+\\
&\langle\nabla f(\boldsymbol{x}_{k-1}),\boldsymbol{x}_k-\boldsymbol{x}_{k-1}\rangle+\langle\nabla^2 f(\boldsymbol{x}_{k-1})(\boldsymbol{x}_k-\boldsymbol{x}_{k-1}),\boldsymbol{x}_k-\boldsymbol{x}_{k-1}\rangle-\\
&\frac{1}{2}\langle\nabla^2 f(\boldsymbol{x}_{k-1})(\boldsymbol{x}_k-\boldsymbol{x}_{k-1}),\boldsymbol{x}_k-\boldsymbol{x}_{k-1}\rangle+\frac{L_2}{6}\|\boldsymbol{x}_k-\boldsymbol{x}_{k-1}\|_2^3\\
=&f(\boldsymbol{x}_{k-1})-\frac{L_2}{2}\|\boldsymbol{x}_k-\boldsymbol{x}_{k-1}\|_2^3-\\
&\frac{1}{2}\langle\nabla^2 f(\boldsymbol{x}_{k-1})(\boldsymbol{x}_k-\boldsymbol{x}_{k-1}),\boldsymbol{x}_k-\boldsymbol{x}_{k-1}\rangle+\frac{L_2}{6}\|\boldsymbol{x}_k-\boldsymbol{x}_{k-1}\|_2^3\\
\leqslant&f(\boldsymbol{x}_{k-1})-\frac{L_2}{12}\|\boldsymbol{x}_k-\boldsymbol{x}_{k-1}\|_2^3,
\end{aligned}
\tag{9.2.12}
$$

其中第 2 个等号到第 3 个等号利用了一阶最优性条件(9.2.10), 最后一个不等号利用了第二个最优性条件(9.2.11). 显然, 最后一个不等式(9.2.12)已表明三次正则牛顿法确实是一种下降方法.

利用式(9.2.12)进行裂项相消, 我们得到

$$
f(\boldsymbol{x}_k)\leqslant f(\boldsymbol{x}_0)-\frac{L_2}{12}\sum_{i=1}^{k}\|\boldsymbol{x}_i-\boldsymbol{x}_{i-1}\|_2^3. \tag{9.2.13}
$$

进一步, 我们有

$$
\frac{L_2}{12}\cdot k\min_{i\in[k]}\|\boldsymbol{x}_i-\boldsymbol{x}_{i-1}\|_2^3\leqslant\frac{L_2}{12}\sum_{i=1}^{k}\|\boldsymbol{x}_i-\boldsymbol{x}_{i-1}\|_2^3\leqslant f(\boldsymbol{x}_0)-f(\boldsymbol{x}_k)\leqslant f(\boldsymbol{x}_0)-f(\boldsymbol{x}_\star),
$$

其中 $\boldsymbol{x}_\star$ 是序列所收敛的极小值点. 因此, 我们得到

$$
\min_{i\in[k]}\|\boldsymbol{x}_i-\boldsymbol{x}_{i-1}\|_2\leqslant\left(\frac{12(f(\boldsymbol{x}_0)-f(\boldsymbol{x}_\star))}{L_2\cdot k}\right)^{\frac{1}{3}}. \tag{9.2.14}
$$

现在, 为了证明收敛速率, 我们需要确定 $\nabla f(\boldsymbol{x}_k)$、$\nabla^2 f(\boldsymbol{x}_k)$ 和 $\|\boldsymbol{x}_k-\boldsymbol{x}_{k-1}\|_2$ 之间的关系.

首先, 利用泰勒级数展开和中值定理可知, Hessian 矩阵 $\nabla^2 f(\boldsymbol{x})$ 为 L_2-Lipschitz 连续意味着对于 $\forall \boldsymbol{x},\boldsymbol{y}$, 有

$$
\|\nabla f(\boldsymbol{y})-(\nabla f(\boldsymbol{x})+\nabla^2 f(\boldsymbol{x})(\boldsymbol{y}-\boldsymbol{x}))\|_2\leqslant\frac{L_2}{2}\|\boldsymbol{y}-\boldsymbol{x}\|_2^2. \tag{9.2.15}
$$

把上式与式(9.2.10)合并, 我们得到

$$
\begin{aligned}
\|\nabla f(\boldsymbol{x}_k)\|_2=&\|\nabla f(\boldsymbol{x}_k)-(\nabla f(\boldsymbol{x}_{k-1})+\nabla^2 f(\boldsymbol{x}_{k-1})(\boldsymbol{x}_k-\boldsymbol{x}_{k-1}))+\\
&(\nabla f(\boldsymbol{x}_{k-1})+\nabla^2 f(\boldsymbol{x}_{k-1})(\boldsymbol{x}_k-\boldsymbol{x}_{k-1}))\|_2\\
\leqslant&\|\nabla f(\boldsymbol{x}_k)-(\nabla f(\boldsymbol{x}_{k-1})+\nabla^2 f(\boldsymbol{x}_{k-1})(\boldsymbol{x}_k-\boldsymbol{x}_{k-1}))\|_2+\\
&\|\nabla f(\boldsymbol{x}_{k-1})+\nabla^2 f(\boldsymbol{x}_{k-1})(\boldsymbol{x}_k-\boldsymbol{x}_{k-1})\|_2
\end{aligned}
$$

$$\leqslant L_2\|\boldsymbol{x}_k - \boldsymbol{x}_{k-1}\|_2^2. \tag{9.2.16}$$

其次, 根据式(9.1.12)和式(9.2.11), 我们得到

$$\nabla^2 f(\boldsymbol{x}_k) \succeq \nabla^2 f(\boldsymbol{x}_{k-1}) - L_2\|\boldsymbol{x}_k - \boldsymbol{x}_{k-1}\|_2\boldsymbol{I} \succeq -\frac{3L_2}{2}\|\boldsymbol{x}_k - \boldsymbol{x}_{k-1}\|_2\boldsymbol{I}.$$

因此, 我们有[㊀]

$$\|\nabla f(\boldsymbol{x}_k)\|_2 \leqslant L_2\left(\frac{12(f(\boldsymbol{x}_0) - f(\boldsymbol{x}_\star))}{L_2 k}\right)^{\frac{2}{3}}, \tag{9.2.17}$$

$$-\lambda_{\min}(\nabla^2 f(\boldsymbol{x}_k)) \leqslant \frac{3L_2}{2}\left(\frac{12(f(\boldsymbol{x}_0) - f(\boldsymbol{x}_\star))}{L_2 k}\right)^{\frac{1}{3}}. \tag{9.2.18}$$

再根据 $\mu(\boldsymbol{x})$ 的定义, 我们有: 当 $k \to \infty$ 时, $\mu(\boldsymbol{x}_k) \leqslant \left(\frac{12(f(\boldsymbol{x}_0) - f(\boldsymbol{x}_\star))}{L_2 k}\right)^{\frac{1}{3}}$ 收敛. □

这里 $\mu(\boldsymbol{x}_k) \to 0$ 意味着三次正则牛顿迭代(9.2.5)确实渐近地收敛到稳定的极限点, 其中 $\nabla f(\boldsymbol{x}_\star) = \mathbf{0}$ 且 $\nabla^2 f(\boldsymbol{x}_\star) \succeq \mathbf{0}$. 此外, μ 的上界(9.2.9)意味着, 在有限的 k 次迭代下

$$\min_{1\leqslant i\leqslant k} \|\nabla f(\boldsymbol{x}_i)\|_2 \leqslant O(k^{-2/3}).$$

正如我们所预期的, 这比一阶 (加速) 梯度下降的界 $O(k^{-1/2})$ 有所改善 (见命题 9.1), 而且这个界对于使用式 (9.1.16) 中的二阶 Oracle 的方法来说是严格的.

9.2.2 子问题的可扩展性更好的求解

三次正则牛顿法中的子问题(9.2.5)本质上是为了最小化函数:

$$\min_{\boldsymbol{w}} \psi(\boldsymbol{w}) \doteq \langle\nabla f(\boldsymbol{x}), \boldsymbol{w}\rangle + \frac{1}{2}\boldsymbol{w}^*\nabla^2 f(\boldsymbol{x})\boldsymbol{w} + \frac{L_2}{6}\|\boldsymbol{w}\|_2^3. \tag{9.2.19}$$

尽管这个子问题可以简化成一维凸问题 [Nesterov et al., 2006], 但这需要假设 Hessian 矩阵的逆或者其因式分解已知, 当维数 n 非常大时, 其计算代价是非常昂贵的.

为了使上述子问题求解过程的可扩展性更好, 我们使用梯度下降类型的方法来最小化非凸函数 $\psi(\boldsymbol{w})$. 请注意, 梯度具有如下形式:

$$\nabla\psi(\boldsymbol{w}) = \nabla f(\boldsymbol{x}) + \nabla^2 f(\boldsymbol{x})\boldsymbol{w} + \nabla\frac{L_2}{6}\|\boldsymbol{w}\|_2^3, \tag{9.2.20}$$

其中只有第二项 $\nabla^2 f(\boldsymbol{x})\boldsymbol{w}$ 涉及 Hessian 矩阵. 然而, 计算梯度只需要计算 Hessian 矩阵 $\nabla^2 f(\boldsymbol{x})$ 和向量 $\boldsymbol{w}$ 之间的*矩阵–向量乘积*[㊁], 因此我们可以通过

$$\nabla^2 f(\boldsymbol{x})\boldsymbol{w} \approx \frac{\nabla f(\boldsymbol{x} + t\boldsymbol{w}) - \nabla f(\boldsymbol{x})}{t} \tag{9.2.21}$$

㊀ 严格地讲, 我们在这里应该考虑达到 $\min_{i\in[k]}\|\boldsymbol{x}_i - \boldsymbol{x}_{i-1}\|_2$ 的迭代点. 为了简单起见, 我们在这里使用最后一次的迭代点 $\boldsymbol{x}_k$.

㊁ 在 9.3.2 节和 9.5.3节, 当我们研究如何有效地计算 $f(\boldsymbol{x})$ 的负曲率方向以达到函数值下降的目的时, Hessian 矩阵与向量乘积的作用将会变得更清晰.

这种方式来近似计算 Hessian 矩阵与向量的乘积, 其中 $t>0$ 是一个较小的正数. 这样, 我们只需要额外计算一次梯度 $\nabla f(\boldsymbol{x}+t\boldsymbol{w})$ 就可以获得函数 $\psi(\boldsymbol{w})$ 的梯度 $\nabla\psi(\boldsymbol{w})$.

已经证明: (含噪声的㊀) 梯度下降可以在最坏情况下以 $O(\varepsilon^{-1}\log(1/\varepsilon))$ 次迭代有效地找到 $\psi(\boldsymbol{w})$ 的 ε-精确㊁ 全局极小值点. 此外, 当 ε 足够小时, 算法以线性速率在 $O(\log(1/\varepsilon))$ 次迭代之内收敛到一个 ε-精确解 [Carmon et al., 2019, 2016].

9.3 梯度和负曲率下降

正如在上一节中所提到的, 为了逃离不稳定驻点 (比如鞍点和浅表局部极值点), 我们没有必要在每次迭代中计算出完整的 Hessian 矩阵 $\nabla^2 f(\boldsymbol{x})$, 或者在三次正则牛顿法中找到代理函数的精确全局极小值点. 实际上, 通常我们只需要找到能够让目标函数值充分减小的一个方向就已足够. 这能够帮助解决二阶方法中计算完整 Hessian 矩阵及其逆的计算负担㊂. 因此, 在这一节, 我们所研究的方法假设能够使用*负曲率* Oracle:

$$\text{梯度 } \nabla f(\boldsymbol{x}) \text{ 和} \nabla^2 f(\boldsymbol{x}) \text{的负特征值所对应的一个特征向量 } \boldsymbol{e}\,. \tag{9.3.1}$$

对于许多实际问题来说, 获得这样一个负曲率方向 $\boldsymbol{e}$ 的计算成本比计算完整 Hessian 矩阵要更容易. 而在某些问题中, 获得 $\boldsymbol{e}$ 的复杂度甚至可以跟计算梯度 $\nabla f(\boldsymbol{x})$ 相当㊃. 即使负曲率方向 $\boldsymbol{e}$ 必须数值地计算, 我们也可以采用即将在 9.3.2节中介绍的更高效方法. 下面, 我们假设每次迭代都可以使用上述负曲率 Oracle.

9.3.1 混合梯度和负曲率下降

为了与梯度下降和牛顿法保持一致, 我们假设梯度和 Hessian 矩阵均为 Lipschitz 连续的, 即

$$\|\nabla f(\boldsymbol{y})-\nabla f(\boldsymbol{x})\|_2 \leqslant L_1\|\boldsymbol{y}-\boldsymbol{x}\|_2,$$

$$\|\nabla^2 f(\boldsymbol{y})-\nabla^2 f(\boldsymbol{x})\|_2 \leqslant L_2\|\boldsymbol{y}-\boldsymbol{x}\|_2.$$

请注意, 上述所有优化算法的设计中都有一个共同想法: 给定一个预设精度 ε, 每次迭代需要使函数值减少 ε, 即

$$f(\boldsymbol{x}_k)-f(\boldsymbol{x}_{k-1}) \leqslant -\varepsilon,$$

直到一阶和二阶导数已经满足收敛条件.

根据命题 9.1, 当进行梯度下降时, 我们预期梯度 $\nabla f(\boldsymbol{x}_k)$ 的范数将随着迭代次数 k 按式(9.1.10)减小, 即

$$\|\nabla f(\boldsymbol{x}_k)\|_2 \leqslant O\left(\frac{L_1(f(\boldsymbol{x}_0)-f(\boldsymbol{x}_\star))}{k}\right)^{\frac{1}{2}} = O\big((L_1\varepsilon)^{1/2}\big). \tag{9.3.2}$$

㊀ 噪声对于在某些困难的情况下帮助逃离杂散驻点是必要的. 我们将在 9.5节清楚地揭示噪声的作用.

㊁ 这里, 若 $\boldsymbol{w}_*$ 是 $\psi(\boldsymbol{w})$ 的全局极小值点, 那么其 ε-精确解 $\tilde{\boldsymbol{w}}$ 满足条件 $\psi(\tilde{\boldsymbol{w}}) \leqslant \psi(\boldsymbol{w}_*)+\varepsilon$.

㊂ 当问题的维数非常高时, 计算完整 Hessian 矩阵及其逆的成本将会变得无法接受.

㊃ 比如, 在有些问题中我们可能有计算 $\boldsymbol{e}$ 的解析表达式.

根据定理 9.1, 如果我们使用二阶下降方法, Hessian 矩阵 $\nabla^2 f(\boldsymbol{x}_k)$ 的最小特征值将随着迭代次数 k 按式(9.2.18)减小, 即

$$-\lambda_{\min}\big(\nabla^2 f(\boldsymbol{x}_k)\big) \leqslant O\left(\frac{L_2^2(f(\boldsymbol{x}_0)-f(\boldsymbol{x}_\star))}{k}\right)^{\frac{1}{3}} = O\big((L_2^2\varepsilon)^{1/3}\big). \tag{9.3.3}$$

这些条件很自然地提示我们一种十分简单的下降策略, 也就是在梯度下降和负曲率下降之间进行交替迭代:

- 当梯度没有达到式(9.3.2)所要求的精度时, 我们继续进行梯度下降;
- 如果已满足式(9.3.2)中的条件, 但 Hessian 矩阵的最小特征值还没有达到式(9.3.3)所要求的界, 那么我们进行负曲率搜索.

我们把混合梯度和负曲率下降算法总结在图 9.2中. 请注意, 若非需要, 我们不必计算负曲率方向. 下面的定理将指出, 这种算法在所指定的常数设定下会收敛到预设精度.

混合梯度和负曲率下降

问题类型.

$$\min_{\boldsymbol{x}} f(\boldsymbol{x}), \quad \boldsymbol{x} \in \mathbb{R}^n,$$

其中 $f:\mathbb{R}^n \to \mathbb{R}$ 是二次连续可微函数, 且梯度和 Hessian 矩阵为 Lipschitz 连续. 假定能够使用负曲率 Oracle, 即梯度 $\nabla f(\boldsymbol{x})$ 和 Hessian 矩阵 $\nabla^2 f(\boldsymbol{x})$ 的最小特征值–特征向量对 $(\lambda_{\min}, \boldsymbol{e})$.

设定. 预设精度 $\varepsilon > 0$, $\varepsilon_g = (2L_1\varepsilon)^{1/2}$, $\varepsilon_H = (1.5L_2^2\varepsilon)^{1/3}$.

初始化. 设 $\boldsymbol{x}_0 \in \mathbb{R}^n$.

迭代. for $k = 0, 1, 2, \cdots$

(1) 计算梯度 $\nabla f(\boldsymbol{x}_k)$.

(2) 如果 $\|\nabla f(\boldsymbol{x}_k)\|_2 \geqslant \varepsilon_g$, 那么执行梯度下降:

$$\boldsymbol{x}_{k+1} = \boldsymbol{x}_k - \frac{1}{L_1}\nabla f(\boldsymbol{x}_k). \tag{9.3.4}$$

(3) 否则计算 $\nabla^2 f(\boldsymbol{x}_k)$ 的最小特征值 λ_k 和特征向量 $\boldsymbol{e}_k$, 并选择 $\boldsymbol{e}_k$ 使得 $\langle \nabla f(\boldsymbol{x}_k), \boldsymbol{e}_k\rangle \leqslant 0$.

(4) 如果 $-\lambda_k \geqslant \varepsilon_H$, 那么执行负曲率下降:

$$\boldsymbol{x}_{k+1} = \boldsymbol{x}_k + \frac{2\lambda_k}{L_2}\boldsymbol{e}_k. \tag{9.3.5}$$

(5) 否则, 结束 for 循环, 返回 $\boldsymbol{x}_\star = \boldsymbol{x}_k$.

收敛保证. $\|\nabla f(\boldsymbol{x}_\star)\|_2 \leqslant \varepsilon_g$, $-\lambda_{\min}\big(\nabla^2 f(\boldsymbol{x}_\star)\big) \leqslant \varepsilon_H$.

图 9.2　混合梯度和负曲率下降算法概览

定理 9.2 (混合梯度和负曲率下降算法收敛性)　图 9.2中的梯度和负曲率下降算法在 $k = (f(\boldsymbol{x}_0) - f(\boldsymbol{x}_\star))/\varepsilon$ 次迭代之内以预设精度 ε 收敛到一个二阶驻点 $\boldsymbol{x}_\star$.

证明. 如果 $\|\nabla f(\boldsymbol{x}_k)\|_2 \geqslant \varepsilon_g = (2L_1\varepsilon)^{1/2}$, 算法将执行梯度下降: $\boldsymbol{x}_{k+1} = \boldsymbol{x}_k - \frac{1}{L_1}\nabla f(\boldsymbol{x}_k)$. 那么, 按照命题 9.1同样的过程, 特别是式(9.1.7), 我们有

$$
\begin{aligned}
f(\boldsymbol{x}_{k+1}) &\leqslant f(\boldsymbol{x}_k) + \langle \nabla f(\boldsymbol{x}_k), \boldsymbol{x}_{k+1} - \boldsymbol{x}_k \rangle + \frac{L_1}{2}\|\boldsymbol{x}_{k+1} - \boldsymbol{x}_k\|_2^2 \\
&\leqslant f(\boldsymbol{x}_k) - \frac{1}{2L_1}\|\nabla f(\boldsymbol{x}_k)\|_2^2 \\
&\leqslant f(\boldsymbol{x}_k) - \varepsilon.
\end{aligned} \tag{9.3.6}
$$

否则, 如果 $-\lambda_k \geqslant \varepsilon_H = \left(\dfrac{3L_2^2\varepsilon}{2}\right)^{1/3}$, 那么算法执行负曲率下降: $\boldsymbol{x}_{k+1} = \boldsymbol{x}_k + \dfrac{2\lambda_k}{L_2}\boldsymbol{e}_k$. 由于 $\boldsymbol{e}_k$ 是特征向量, 我们有 $\nabla^2 f(\boldsymbol{x}_k)(\boldsymbol{x}_{k+1} - \boldsymbol{x}_k) = \lambda_k(\boldsymbol{x}_{k+1} - \boldsymbol{x}_k)$. 同样, 我们有

$$
\begin{aligned}
f(\boldsymbol{x}_{k+1}) \leqslant & f(\boldsymbol{x}_k) + \langle \nabla f(\boldsymbol{x}_k), \boldsymbol{x}_{k+1} - \boldsymbol{x}_k \rangle + \\
& \frac{1}{2}\langle \nabla^2 f(\boldsymbol{x}_k)(\boldsymbol{x}_{k+1} - \boldsymbol{x}_k), \boldsymbol{x}_{k+1} - \boldsymbol{x}_k \rangle + \frac{L_2}{6}\|\boldsymbol{x}_{k+1} - \boldsymbol{x}_k\|_2^3 \\
\leqslant & f(\boldsymbol{x}_k) + \frac{1}{2}\langle \nabla^2 f(\boldsymbol{x}_k)(\boldsymbol{x}_{k+1} - \boldsymbol{x}_k), \boldsymbol{x}_{k+1} - \boldsymbol{x}_k \rangle + \frac{L_2}{6}\|\boldsymbol{x}_{k+1} - \boldsymbol{x}_k\|_2^3 \\
\leqslant & f(\boldsymbol{x}_k) + \frac{1}{2}\lambda_k\left(\frac{2\lambda_k}{L_2}\right)^2 + \frac{L_2}{6}\left(\frac{2|\lambda_k|}{L_2}\right)^3 \ = \ f(\boldsymbol{x}_k) - \frac{2|\lambda_k|^3}{3L_2^2} \\
\leqslant & f(\boldsymbol{x}_k) - \frac{2\varepsilon_H^3}{3L_2^2} \qquad (9.3.7) \\
\leqslant & f(\boldsymbol{x}_k) - \varepsilon. \qquad (9.3.8)
\end{aligned}
$$

因此, 在每次迭代中, 目标函数值将会减小 ε. 为了达到预设精度, 梯度下降和负曲率下降的迭代次数将不超过

$$
\frac{f(\boldsymbol{x}_0) - f(\boldsymbol{x}_\star)}{\varepsilon}. \tag{9.3.9}
$$

也就是说, 我们需要最多 $k \leqslant \dfrac{f(\boldsymbol{x}_0) - f(\boldsymbol{x}_\star)}{\varepsilon}$ 次迭代就能够达到预设精度:

$$
\|\nabla f(\boldsymbol{x}_\star)\|_2 \leqslant \varepsilon_g, \quad \nabla^2 f(\boldsymbol{x}_\star) \succeq -\varepsilon_H \boldsymbol{I}. \tag{9.3.10}
$$

□

评注 9.2 (曲线搜索)　把梯度下降和负曲率下降混合在一起的想法可以追溯到曲线搜索 (curvilinear search) 方法 [Goldfarb, 1980]. 具体地, 在每个迭代点 $\boldsymbol{x}_k$ 处, 曲线搜索法要求沿着一条曲线去搜索下一个迭代点, 即

$$
\boldsymbol{x}(\alpha) = \boldsymbol{x}_k + \alpha \boldsymbol{s}_k + \alpha^2 \boldsymbol{d}_k, \tag{9.3.11}
$$

其中 $\alpha \in (0,1)$, $\boldsymbol{s}_k$ 通常是负梯度 (比如 $-\nabla f(\boldsymbol{x}_k)$), 而 $\boldsymbol{d}_k$ 是一个负曲率方向 (比如负的特征值所对应的特征向量 $\boldsymbol{e}$). 这种更新方案的背后动机非常直观: 当梯度较大时, 我们只需要沿着负梯度方向走一小步 (即 α 较小) 就能够获得充分的下降; 当梯度较小时, 更多地朝负曲率方向走则是安全的, 我们需要走一大步 (即 α 较大) 以确保充分的下降. 可以证明, 在某些条件下, 这种方案渐近地收敛到一个稳定驻点. 然而, 其精确收敛速率并不容易刻画.

9.3.2 使用 Lanczos 方法计算负曲率

在上述方案中, 我们需要已知 Hessian 矩阵的最小特征值所对应的 (最大) 负曲率方向 $\boldsymbol{e}$. 为了刻画这种方案的准确计算复杂度, 我们将展示这个负曲率方向可以只通过梯度——也就是使用 Hessian 矩阵与向量乘积这种运算——来高效地计算出来. 这个过程所涉及的机制也被称作*幂迭代* (power iteration) 方法或者更高级变体——Lanczos 方法.

在给定的一点 $\boldsymbol{x}$ 附近, 我们考虑对函数 $f(\boldsymbol{x}+\boldsymbol{w})$ 的二阶近似:

$$\phi(\boldsymbol{w}) \doteq f(\boldsymbol{x}) + \langle \nabla f(\boldsymbol{x}), \boldsymbol{w}\rangle + \frac{1}{2}\boldsymbol{w}^* \nabla^2 f(\boldsymbol{x})\boldsymbol{w}. \tag{9.3.12}$$

一般来说, 负梯度 $-\nabla f(\boldsymbol{x})$ 表示最快下降方向. 然而, 如果 $\boldsymbol{x}$ 在驻点附近, 我们则有 $\nabla f(\boldsymbol{x}) \approx \boldsymbol{0}$, 因此 $\langle \nabla f(\boldsymbol{x}), \boldsymbol{w}\rangle \approx 0$. 在这种情况下, $f(\boldsymbol{x})$ 的近似最快下降方向 $\boldsymbol{d}$ 是如下问题的解:

$$\boldsymbol{d} = \underset{\boldsymbol{w}}{\operatorname{argmin}} \frac{1}{2}\boldsymbol{w}^* \nabla^2 f(\boldsymbol{x})\boldsymbol{w}, \quad \text{s.t.} \quad \|\boldsymbol{w}\|_2 = 1. \tag{9.3.13}$$

那么, 我们可以看出: 最优解 $\boldsymbol{d}$ 是与 Hessian 矩阵 $\nabla^2 f(\boldsymbol{x})$ 最小 (负) 特征值 $\lambda_{\min}$ 所关联的特征向量 $\boldsymbol{e} \in \mathbb{R}^n$. 在这里, 为了简化符号, 我们定义 $\boldsymbol{H} \doteq \nabla^2 f(\boldsymbol{x})$. 于是, 我们有:

$$\boldsymbol{H}\boldsymbol{e} = \lambda_{\min}(\boldsymbol{H})\boldsymbol{e}.$$

在几何上, 这是函数 $f(\boldsymbol{x})$ 的曲面具有最大负曲率的方向. 注意到, $\boldsymbol{d}$ 可以有两个选择: $\boldsymbol{d} = \pm\boldsymbol{e}$. 如果 $\boldsymbol{x}$ 不是一个精确的驻点 (即 $\nabla f(\boldsymbol{x})$ 不是零), 我们通常选择 $\boldsymbol{d}$ 与下降方向一致, 即

$$\langle \nabla f(\boldsymbol{x}), \boldsymbol{d}\rangle \leqslant 0. \tag{9.3.14}$$

请回想一下, 在第 4 章中, 我们分析了矩阵最大特征值和特征向量的计算问题 (4.2.4). 在这里, 我们所感兴趣的是矩阵最小 (可能是负的) 特征值和它所关联的特征向量. 请注意, Lipschitz 连续条件(9.1.4)意味着 L_1 是 $\boldsymbol{H}$ 的最大特征值 $\max_i |\lambda_i|$ 的一个上界. 因此, 如果我们定义一个新矩阵

$$\boldsymbol{A} \doteq \boldsymbol{I} - L_1^{-1}\boldsymbol{H} \succ \boldsymbol{0},$$

那么, $\boldsymbol{A}$ 的最大特征值和它所关联的特征向量是

$$\lambda_{\max}(\boldsymbol{A}) = 1 - \lambda_{\min}(\boldsymbol{H})/L_1 > 0 \quad \text{和} \quad \boldsymbol{A}\boldsymbol{e} = \lambda_{\max}(\boldsymbol{A})\boldsymbol{e}.$$

这个特征向量 $\boldsymbol{e}$ 恰好是 Hessian 矩阵的最大负曲率方向, 即它满足

$$\boldsymbol{H}\boldsymbol{e} = \lambda_{\min}(\boldsymbol{H})\boldsymbol{e}.$$

根据 4.2.1 节对奇异向量的计算分析可知, 其最大特征值/特征向量可以更高效地计算, 比如使用习题 4.6 中的幂迭代方法——我们随后将在 9.6 节对幂迭代方法给出更一般的解释. 出于设计可扩展优化算法的考虑, 我们在此对其达到预设精度的计算复杂度给出一个更精确的说明.

幂迭代方法和 Lanczos 方法

幂迭代方法和 Lanczos 方法 [Kuczynski et al., 1992] 是计算矩阵 $\boldsymbol{A} \in \mathbb{R}^{n\times n}$ 的主特征值和特征向量的两种流行方法. 它们都依赖于计算一系列矩阵 $\boldsymbol{A}$ 和随机向量 $\boldsymbol{b} \in \mathbb{R}^n$ 的乘积, 被称作 Krylov 信息:

$$\boldsymbol{K} \doteq \left[\boldsymbol{b}, \boldsymbol{A}\boldsymbol{b}, \boldsymbol{A}^2\boldsymbol{b}, \cdots, \boldsymbol{A}^k\boldsymbol{b}\right]. \tag{9.3.15}$$

请注意, 在这里, $\boldsymbol{A}\boldsymbol{b}$ 只依赖于 Hessian 矩阵与向量的乘积 $\boldsymbol{H}\boldsymbol{b}$, 而 $\boldsymbol{H}\boldsymbol{b}$ 可以根据两个梯度向量的差来近似, 即

$$\boldsymbol{A}\boldsymbol{b} = \left[\boldsymbol{I} - L_1^{-1}\boldsymbol{H}\right]\boldsymbol{b} \;\approx\; \boldsymbol{b} - (tL_1)^{-1}\big(\nabla f(\boldsymbol{x}+t\boldsymbol{b}) - \nabla f(\boldsymbol{x})\big), \tag{9.3.16}$$

其中 $t > 0$ 为某个较小的常数. 这可以通过递归计算 $\boldsymbol{K}$ 中所有乘积 $\boldsymbol{A}^i\boldsymbol{b}$ 来完成, 其中 $i = 1, \cdots, k$.

基于 Krylov 信息, 幂迭代方法和 Lanczos 方法分别通过下述公式来估计最大特征值 $\lambda_{\max}(\boldsymbol{A})$:

$$\text{幂迭代方法} \quad \hat{\lambda}_{k+1} = \frac{\langle \boldsymbol{A}\boldsymbol{x}, \boldsymbol{x}\rangle}{\langle \boldsymbol{x}, \boldsymbol{x}\rangle}, \quad \boldsymbol{x} = \boldsymbol{A}^k\boldsymbol{b}, \tag{9.3.17}$$

$$\text{Lanczos 方法} \quad \hat{\lambda}_{k+1} = \max_{\boldsymbol{x}} \frac{\langle \boldsymbol{A}\boldsymbol{x}, \boldsymbol{x}\rangle}{\langle \boldsymbol{x}, \boldsymbol{x}\rangle}, \quad \boldsymbol{x} \in \operatorname{span}(\boldsymbol{K}), \tag{9.3.18}$$

其中 $k = 0, 1, \cdots$. 我们在这里所感兴趣的是到底需要多少次迭代 (也就是梯度计算的次数) 才能获得满足预设精度 $\varepsilon > 0$ 内的一个估计, 即

$$\left|\frac{\hat{\lambda} - \lambda_{\max}(\boldsymbol{A})}{\lambda_{\max}(\boldsymbol{A})}\right| \leqslant \varepsilon. \tag{9.3.19}$$

当然, 很容易看出, 如果向量 $\boldsymbol{b}$ 是固定的, 这不可能对所有矩阵 $\boldsymbol{A}$ 都实现. 作为一个反例, 我们只需要考虑 $\boldsymbol{b} \perp \boldsymbol{e}$, 即 $\boldsymbol{b}$ 垂直于主特征向量这种特殊情况 (尽管其出现概率是 0). 我们把这个问题留给读者作为习题.

随机初始化

对于随机选择的向量 $\boldsymbol{b}$, 我们可以期望上述方法能够以很高概率正常工作. 这里使用随机性是为了帮助避免前文中所提及的零测度病态 (或者困难) 情况. 在下一节中, 我们将以类似的动机来利用随机性, 即在梯度下降中添加一些随机噪声以帮助其逃避杂散驻点. 从一个随机初始化, 我们也可以精确地刻画迭代到预设精度有多快.

定理 9.3 (幂迭代方法和 Lanczos 方法的收敛速率) 假设 $\boldsymbol{b}$ 是从球面 $\mathbb{S}^{n-1}$ 上的均匀分布中随机选择的 n 维向量, 那么

$$\text{幂迭代方法} \quad \mathbb{E}_{\boldsymbol{b}}\left[\left|\frac{\hat{\lambda}_{k+1}(\boldsymbol{b})-\lambda_{\max}(\boldsymbol{A})}{\lambda_{\max}(\boldsymbol{A})}\right|\right] \leqslant c_1 \log(n)/k, \tag{9.3.20}$$

$$\text{Lanczos 方法} \quad \mathbb{E}_{\boldsymbol{b}}\left[\left|\frac{\hat{\lambda}_{k+1}(\boldsymbol{b})-\lambda_{\max}(\boldsymbol{A})}{\lambda_{\max}(\boldsymbol{A})}\right|\right] \leqslant c_2 (\log(n)/k)^2, \tag{9.3.21}$$

其中 $c_1, c_2 > 0$ 是较小的常数.

也就是说, 对于幂迭代方法和 Lanczos 方法, 估计最大特征值的期望误差将分别以速率 $O(\log(n)/k)$ 和 $O((\log(n)/k)^2)$ 收敛到零. 或者等价地, 为了达到式(9.3.19) 所给出的预设精度 ε, 所需要的迭代次数分别是 $O(\log(n)/\varepsilon)$ 和 $O(\log(n)/\sqrt{\varepsilon})$. 对于上述定理的详细证明, 可以参考 [Kuczynski et al., 1992].

近似最小特征值和特征向量

利用上述定理我们可以直接得到一个非常有用的结果 [Royer et al., 2018].

推论 9.1 假设 $\boldsymbol{H}$ 是一个 $n \times n$ 对称矩阵, 满足 $\|\boldsymbol{H}\|_2 \leqslant L_1$, 其中 $L_1 > 0$ 为一个常数. 如果以单位球 $\mathbb{S}^{n-1}$ 上的均匀分布随机向量进行初始化, 使用 Lanczos 方法寻找矩阵 $L_1\boldsymbol{I} - \boldsymbol{H}$ 的最大特征值. 那么, 对于任何 $\varepsilon_\lambda > 0$ 和 $\delta \in (0,1)$, Lanczos 方法在不超过

$$\min\left\{n, \frac{\log(n/\delta^2)}{2\sqrt{2}}\sqrt{\frac{L_1}{\varepsilon_\lambda}}\right\} \tag{9.3.22}$$

次迭代之内, 至少以概率 $1-\delta$ 得到一个归一化的向量 $\boldsymbol{e}'$, 它满足

$$(\boldsymbol{e}')^* \boldsymbol{H} \boldsymbol{e}' \leqslant \lambda_{\min}(\boldsymbol{H}) + \varepsilon_\lambda. \tag{9.3.23}$$

简而言之, Lanczos 方法最多经过 n 次迭代就能够得到一个归一化的向量 $\boldsymbol{e}$, 使得 $\boldsymbol{e}^*\boldsymbol{H}\boldsymbol{e} \approx \lambda_{\min}(\boldsymbol{H})$.

9.3.3 一阶 Oracle 的总体复杂度

现在我们已经知道, 幂迭代方法或者 Lanczos 方法可以用于计算负曲率方向. 这种方法实质上是把计算负曲率方向的计算量减少到只涉及使用式(9.3.16)计算梯度的一系列 Hessian 矩阵与梯度向量进行乘积的操作. 如果我们把使用一阶 Oracle——也就是把计算一次梯度——作为衡量算法复杂度的基本单位, 那么我们如何精确地衡量或者估计所设计算法的复杂度呢?

从定理 9.2的证明中我们注意到, 在每个负曲率下降步骤中, 目标函数值大约减少 $O(\varepsilon_H^3)$. 而上述的 Lanczos 方法能够在大概 $O(\varepsilon_H^{-1/2})$ 次迭代 (或 Hessian 矩阵与向量的乘积) 的运

算之内以 $O(\varepsilon_H)$ 的精度估计最小特征值. 因此, 平均每次梯度计算能够实现 $O(\varepsilon_H^{7/2})$ 的目标函数值下降. 为了跟单纯梯度下降进行比较, 我们设 $\varepsilon = O(\varepsilon_H^{7/2})$ 或者 $\varepsilon_H = O(\varepsilon^{2/7})$, 即每次梯度计算下降一个 ε. 那么, 根据梯度计算的次数来衡量的总体复杂度, 可以被界定在 $O(\varepsilon^{-1})$ 或者 $O(\varepsilon_g^{-2})$. 也就是说, 基于一阶 Oracle 衡量的话, 上述混合方案与本章开头部分所介绍的梯度下降方案 (见命题 9.1) 具有的相同计算复杂度. 然而, 混合方案能够保证收敛到一个二阶驻点.

为了更严格地理解这个问题, 我们可以对图 9.2所总结的混合梯度和负曲率算法进行下述修改: 每当梯度的范数低于 ε_g, 我们就使用 Lanczos 方法来计算一个非精确的归一化特征向量 $\boldsymbol{e}_k'$, 使得 (以概率 $1-\delta$)

$$\langle \boldsymbol{e}_k', \nabla f(\boldsymbol{x}_k)\rangle \leqslant 0, \quad \lambda_k' \leqslant \lambda_{\min}\left(\nabla^2 f(\boldsymbol{x}_k)\right) + \frac{\varepsilon_H}{2}, \tag{9.3.24}$$

其中 $\lambda_k' := (\boldsymbol{e}_k')^* \nabla^2 f(\boldsymbol{x}_k)\boldsymbol{e}_k'$. 由推论 9.1中可知, 这需要 $O(\varepsilon_H^{-1/2})$ 次 Hessian 矩阵与向量的乘积操作或者梯度计算. 在计算出这种非精确特征向量之后, 每当 $\lambda_k' \leqslant -\frac{\varepsilon_H}{2}$, 我们就使用负曲率下降, 即

$$\boldsymbol{x}_{k+1} = \boldsymbol{x}_k + \frac{2\lambda_k'}{L_2}\boldsymbol{e}_k'. \tag{9.3.25}$$

那么, 类似于定理 9.2的证明, 我们有

$$\begin{aligned}
f(\boldsymbol{x}_{k+1}) - f(\boldsymbol{x}_k) \leqslant& \langle \nabla f(\boldsymbol{x}_k), \boldsymbol{x}_{k+1} - \boldsymbol{x}_k\rangle + \frac{1}{2}(\boldsymbol{x}_{k+1} - \boldsymbol{x}_k)^* \nabla^2 f(\boldsymbol{x}_k)(\boldsymbol{x}_{k+1} - \boldsymbol{x}_k) + \\
& \frac{L_2}{6}\|\boldsymbol{x}_{k+1} - \boldsymbol{x}_k\|_2^3 \\
=& \left\langle \nabla f(\boldsymbol{x}_k), \frac{2\lambda_k'}{L_2}\boldsymbol{e}_k' \right\rangle + \frac{1}{2}\left(\frac{2\lambda_k'}{L_2}\boldsymbol{e}_k'\right)^* \nabla^2 f(\boldsymbol{x}_k)\left(\frac{2\lambda_k'}{L_2}\boldsymbol{e}_k'\right) + \\
& \frac{L_2}{6}\left\|\frac{2\lambda_k'}{L_2}\boldsymbol{e}_k'\right\|_2^3 \\
\leqslant& \frac{1}{2}\left(\frac{2\lambda_k'}{L_2}\boldsymbol{e}_k'\right)^* \nabla^2 f(\boldsymbol{x}_k)\left(\frac{2\lambda_k'}{L_2}\boldsymbol{e}_k'\right) + \frac{L_2}{6}\left\|\frac{2\lambda_k'}{L_2}\boldsymbol{e}_k'\right\|_2^3 \\
=& \frac{2(\lambda_k')^3}{L_2^2} + \frac{4|\lambda_k'|^3}{3L_2^2} = \frac{2(\lambda_k')^3}{3L_2^2} \\
\leqslant& -\frac{\varepsilon_H^3}{12L_2^2}.
\end{aligned} \tag{9.3.26}$$

因此, 对于 $O(\varepsilon_H^{-1/2})$ 次梯度计算, 其总体下降是 $(1/12L_2^2)\varepsilon_H^3$. 而每次梯度计算的平均下降则是 $O(\varepsilon_H^{7/2})$. 如果选择 $\varepsilon_H = O(\varepsilon^{2/7})$, 那么每次梯度计算将产生 $O(\varepsilon)$ 的下降. 因此, 迭代次数 $k \leqslant O(\varepsilon^{-1})$. 在同样选择 $\varepsilon_g = O(\varepsilon^{1/2})$ 的情况下, 非精确负曲率下降方案的基于一阶

Oracle 衡量的总体计算复杂度是[1]

$$k \leqslant O(\varepsilon_g^{-2}),$$

并且这一方案保证收敛到一个驻点 $\boldsymbol{x}_\star$, 它满足

$$\|\nabla f(\boldsymbol{x}_\star)\|_2 \leqslant O(\varepsilon^{1/2}), \quad -\lambda_{\min}(\nabla^2 f(\boldsymbol{x}_\star)) \leqslant O(\varepsilon^{2/7}). \tag{9.3.27}$$

9.4 负曲率和牛顿下降

正如我们在 9.2 节三次正则牛顿法中所看到的, 如果我们能够获得二阶 Oracle (即梯度和 Hessian 矩阵), 那么最佳收敛速率可以达到 $O(\varepsilon_g^{-1.5})$. 然而, 如果我们只能获得梯度, 那么对于具有 Lipschitz 连续梯度和 Hessian 矩阵的函数, 一阶方法的收敛速率下界可以放宽到 $\Omega(\varepsilon_g^{-12/7})$ [Carmon et al., 2017], 而已知最佳可实现的上界是 $O(\varepsilon_g^{-7/4})$.

注意到, 上述混合梯度和负曲率下降方案仅以速率 $O(\varepsilon_g^{-2})$ 收敛, 并未达到已知的最佳结果. 这其中的主要问题在于梯度下降步骤: 为了在每次梯度步骤中实现预设的下降量 ε, 在忽略任何二阶信息时, 它需要梯度至少是在 $O(\varepsilon^{1/2})$ 量级. 而当梯度较小时, 为了达到同样的下降量, 我们必须像牛顿类型方法那样使用关于 Hessian 矩阵的二阶信息.

在这一节中, 我们将介绍采用一种更谨慎的方式使用 (由梯度所计算的) 负曲率信息, 确实能够得到可实现已知最佳复杂度界的算法. 对这些理论保证不感兴趣的读者, 可以跳过这一节而不影响内容的连贯性.

9.4.1 曲率引导的牛顿下降

在前面的算法中, 负曲率下降步骤提供关于目标函数的有用二阶信息, 这些信息可以被梯度步骤所利用. 这是 [Royer et al., 2018] 中的一个关键观察. 它表明, 我们能够颠倒这两个步骤的顺序, 也就是首先计算 Hessian 矩阵的最小特征值 $\lambda_{\min}(\nabla^2 f(\boldsymbol{x}))$, 然后基于这个最小特征值, 我们决定执行负曲率下降或者执行更高效的基于梯度 $\nabla f(\boldsymbol{x})$ 的下降.

请注意, 对于后一种选择, 当有了关于负曲率的二阶信息, 我们就可以进行更高效的正则牛顿型下降:

$$\boldsymbol{s}_k = \underset{\boldsymbol{s}}{\operatorname{argmin}} \ \langle \nabla f(\boldsymbol{x}_k), \boldsymbol{s} \rangle + \frac{1}{2}\boldsymbol{s}^* \nabla^2 f(\boldsymbol{x}_k)\boldsymbol{s} + \frac{\lambda}{2}\|\boldsymbol{s}\|_2^2, \tag{9.4.1}$$

其中 $\lambda > \lambda_{\min}(\nabla^2 f(\boldsymbol{x}))$. 在这里, 我们选择的二次正则化项 $\lambda\|\boldsymbol{s}\|_2^2$ 能够确保函数对于 $\boldsymbol{s}$ 是强凸的, 或者等价地, $\nabla^2 f(\boldsymbol{x}) + \lambda \boldsymbol{I} \succ \boldsymbol{0}$ 是正定的. 如果我们直接使用按这种方式计算出来的最优解 $\boldsymbol{s}_k = -[\nabla^2 f(\boldsymbol{x}_k) + \lambda \boldsymbol{I}]^{-1}\nabla f(\boldsymbol{x}_k)$ 作为增量, 那么我们就可以得到著名的 Levenberg-Marquardt 方法[2]:

$$\boldsymbol{x}_{k+1} = \boldsymbol{x}_k - \left[\nabla^2 f(\boldsymbol{x}_k) + \lambda \boldsymbol{I}\right]^{-1} \nabla f(\boldsymbol{x}_k). \tag{9.4.2}$$

---

[1] 只差一个 n 的对数因子.

[2] 我们在 9.7 节将提供关于 Levenberg-Marquardt 方法的更多参考. 我们将在习题 9.2中看到, 类似的更新规则可以从信赖域方法的角度导出.

然而, 为了确保函数值至少下降所指定的量, 我们需要明智地考虑沿 $\boldsymbol{s}_k$ 方向的移动, 即需要恰当地选择

$$\boldsymbol{x}_{k+1} \quad = \quad \boldsymbol{x}_k + \gamma_k \boldsymbol{s}_k \tag{9.4.3}$$

中的步长 γ_k㊀.

图 9.3和定理 9.4 给出了上述混合方案收敛到二阶驻点的适当条件.

混合负曲率和牛顿下降

问题类型.

$$\min_{\boldsymbol{x}} f(\boldsymbol{x}), \quad \boldsymbol{x} \in \mathbb{R}^n,$$

其中 $f: \mathbb{R}^n \to \mathbb{R}$ 二次连续可微, 且具有 Lipschitz 连续梯度和 Hessian 矩阵. 能够使用二阶 Oracle: $\nabla f(\boldsymbol{x})$ 和 $\nabla^2 f(\boldsymbol{x})$.

设定. 给定一个预设精度 $\varepsilon > 0$, $\varepsilon_g = 3^{8/3} L_2^{1/3} \varepsilon^{2/3}/2$, $\varepsilon_H = (3L_2^2\varepsilon)^{1/3}$.

初始化. 设 $\boldsymbol{x}_0 \in \mathbb{R}^n$.

迭代. for $k = 0, 1, 2, \cdots$

(1) 计算 $\nabla f(\boldsymbol{x}_k)$, $\nabla^2 f(\boldsymbol{x}_k)$ 的最小特征值/归一化特征向量对 $(\lambda_k, \boldsymbol{e}_k)$, 其中 $\langle \nabla f(\boldsymbol{x}_k), \boldsymbol{e}_k \rangle \leqslant 0$.

(2) 如果 $\lambda_k \leqslant -\varepsilon_H$, 那么进行负曲率下降:

$$\boldsymbol{x}_{k+1} = \boldsymbol{x}_k + \frac{2\lambda_k}{L_2} \boldsymbol{e}_k. \tag{9.4.4}$$

(3) 否则, 如果 $\|\nabla f(\boldsymbol{x}_k)\|_2 \geqslant \varepsilon_g$, 那么求解下述凸二次规划问题:

$$\boldsymbol{s}_k = \operatorname*{argmin}_{\boldsymbol{s}} \langle \nabla f(\boldsymbol{x}_k), \boldsymbol{s} \rangle + \frac{1}{2} \boldsymbol{s}^* \nabla^2 f(\boldsymbol{x}_k) \boldsymbol{s} + \varepsilon_H \|\boldsymbol{s}\|_2^2, \tag{9.4.5}$$

$$\boldsymbol{x}_{k+1} = \boldsymbol{x}_k + \gamma_k \boldsymbol{s}_k, \tag{9.4.6}$$

其中 $\gamma_k = \min\left\{\left(\frac{3\varepsilon_H}{2L_2\|\boldsymbol{s}_k\|_2}\right)^{1/2}, 1\right\}$.

(4) 否则, 结束迭代, 并返回 $\boldsymbol{x}_\star = \boldsymbol{x}_k$.

收敛保证. $\|\nabla f(\boldsymbol{x}_\star)\|_2 \leqslant \varepsilon_g$, $-\lambda_{\min}(\nabla^2 f(\boldsymbol{x}_\star)) \leqslant \varepsilon_H$.

图 9.3 混合负曲率和牛顿下降算法概览.

定理 9.4 (混合负曲率和牛顿下降算法的收敛性) 假设 $\{\boldsymbol{x}_k\}$ 是图 9.3中的混合负曲率和牛顿下降算法所生成的序列. 那么, 在不超过

$$k \leqslant \frac{f(\boldsymbol{x}_0) - f(\boldsymbol{x}_\star)}{\varepsilon} \tag{9.4.7}$$

㊀ 在优化算法设计中, 一个好的步长通常是通过线搜索步骤找到的. 然而, 当函数的 Lipschitz 常数给定时, 我们可以基于 Lipschitz 常数给出恰当步长的确切表达式.

次迭代之内, $\boldsymbol{x}_k$ 将是一个近似的二阶驻点, 它满足 $\|\nabla f(\boldsymbol{x}_k)\|_2 \leqslant \varepsilon_g$ 且 $\lambda_{\min}(\nabla^2 f(\boldsymbol{x}_k)) \geqslant -\varepsilon_H$, 其中

$$\varepsilon_g = 3^{8/3}/2L_2^{1/3}\varepsilon^{2/3}, \quad \varepsilon_H = \left(3L_2^2\varepsilon\right)^{1/3}.$$

证明. 如果 $\lambda_k \leqslant -\varepsilon_H$, 即 $-\lambda_k \geqslant \left(3L_2^2\varepsilon\right)^{1/3}$, 那么我们进行式 (9.4.4) 中的负曲率下降. 根据定理 9.2的证明, 我们有

$$f(\boldsymbol{x}_{k+1}) - f(\boldsymbol{x}_k) \leqslant \frac{2(\lambda_k)^3}{3L_2^2} \leqslant -\frac{2\varepsilon_H^3}{3L_2^2} = -2\varepsilon. \tag{9.4.8}$$

如果 $\lambda_k > -\varepsilon_H$, 那么我们讨论下面两种情况.

情况 1. 如果 $\left(\dfrac{3\varepsilon_H}{2L_2\|\boldsymbol{s}_k\|_2}\right)^{1/2} \geqslant 1$, 也就是说, $\|\boldsymbol{s}_k\|_2 \leqslant \frac{3\varepsilon_H}{2L_2}$, 那么我们接受这个单位步长 (即步长 $\gamma_k = 1$). 根据式 (9.4.5) 中 $\boldsymbol{s}_k$ 的最优性条件, 我们有

$$\nabla^2 f(\boldsymbol{x}_k)\boldsymbol{s}_k + 2\varepsilon_H\boldsymbol{s}_k + \nabla f(\boldsymbol{x}_k) = \boldsymbol{0}. \tag{9.4.9}$$

由于 Hessian 矩阵 $\nabla^2 f(\boldsymbol{x})$ 是 H_2-Lipschitz 连续的, 根据式(9.2.15), 我们有

$$\begin{aligned}
\|\nabla f(\boldsymbol{x}_{k+1})\|_2 &= \|\nabla f(\boldsymbol{x}_k + \boldsymbol{s}_k)\|_2 \\
&\leqslant \|\nabla f(\boldsymbol{x}_k + \boldsymbol{s}_k) - (\nabla f(\boldsymbol{x}_k) + \nabla^2 f(\boldsymbol{x}_k)\boldsymbol{s}_k)\|_2 + \\
&\quad\ \|\nabla f(\boldsymbol{x}_k) + \nabla^2 f(\boldsymbol{x}_k)\boldsymbol{s}_k\|_2 \\
&\leqslant \frac{L_2}{2}\|\boldsymbol{s}_k\|_2^2 + \|2\varepsilon_H\boldsymbol{s}_k\|_2 \\
&= \frac{L_2}{2}\|\boldsymbol{s}_k\|_2^2 + 2\varepsilon_H\|\boldsymbol{s}_k\|_2 \\
&\leqslant \left(\frac{9}{8} + 3\right)\frac{\varepsilon_H^2}{L_2} \leqslant \frac{9\varepsilon_H^2}{2L_2} \\
&\leqslant \varepsilon_g.
\end{aligned} \tag{9.4.10}$$

由于 Hessian 矩阵 $\nabla^2 f(\boldsymbol{x})$ 是 H_2-Lipschitz 连续的, 根据式(9.2.4), 我们有

$$\begin{aligned}
f(\boldsymbol{x}_{k+1}) &= f(\boldsymbol{x}_k + \boldsymbol{s}_k) \\
&\leqslant f(\boldsymbol{x}_k) + \langle\nabla f(\boldsymbol{x}_k), \boldsymbol{s}_k\rangle + \frac{1}{2}\boldsymbol{s}_k^*\nabla^2 f(\boldsymbol{x}_k)\boldsymbol{s}_k + \frac{L_2}{6}\|\boldsymbol{s}_k\|_2^3 \\
&\leqslant f(\boldsymbol{x}_k) - \frac{1}{2}\boldsymbol{s}_k^*\nabla^2 f(\boldsymbol{x}_k)\boldsymbol{s}_k - 2\varepsilon_H\|\boldsymbol{s}_k\|_2^2 + \frac{L_2}{6}\|\boldsymbol{s}_k\|_2^3 \\
&\leqslant f(\boldsymbol{x}_k) - \frac{3}{2}\varepsilon_H\|\boldsymbol{s}_k\|_2^2 + \frac{L_2}{6}\|\boldsymbol{s}_k\|_2^3 \\
&\leqslant f(\boldsymbol{x}_k) - \frac{3}{2}\varepsilon_H\|\boldsymbol{s}_k\|_2^2 + \frac{\varepsilon_H}{4}\|\boldsymbol{s}_k\|_2^2 \\
&\leqslant f(\boldsymbol{x}_k) - \frac{5}{4}\varepsilon_H\|\boldsymbol{s}_k\|_2^2.
\end{aligned} \tag{9.4.11}$$

也就是说, 当步长 $\gamma_k = 1$ 时, $\nabla f(\boldsymbol{x}_{k+1})$ 已经小于 ε_g, 并且 $f(\boldsymbol{x}_{k+1})$ 小于 $f(\boldsymbol{x}_k)$. 因此, 我们一定有

$$\lambda_{\min}(\nabla^2 f(\boldsymbol{x}_{k+1})) < -\varepsilon_H.$$

否则, 我们就已经找到一个所期望的二阶驻点. 因此, 对于步长 γ_k 为 1 的情况, 在算法停止迭代之前, 函数值将在下一次迭代中被负曲率下降步骤(9.4.8)减小至少 2ε.

情况 2. 如果 $\left(\dfrac{3\varepsilon_H}{2L_2\|\boldsymbol{s}_k\|_2}\right)^{1/2} < 1$, 也就是说, $\|\boldsymbol{s}_k\|_2 > \dfrac{3\varepsilon_H}{2L_2}$. 为了简化符号, 我们令 $\alpha = \left(\dfrac{3\varepsilon_H}{2L_2\|\boldsymbol{s}_k\|_2}\right)^{1/2} < 1$. 那么, 我们有

$$\begin{aligned}
f(\boldsymbol{x}_{k+1}) &= f(\boldsymbol{x}_k + \alpha \boldsymbol{s}_k) \\
&\leqslant f(\boldsymbol{x}_k) + \alpha\langle \nabla f(\boldsymbol{x}_k), \boldsymbol{s}_k\rangle + \frac{\alpha^2}{2}\boldsymbol{s}_k^*\nabla^2 f(\boldsymbol{x}_k)\boldsymbol{s}_k + \frac{L_2\alpha^3}{6}\|\boldsymbol{s}_k\|_2^3 \\
&\leqslant f(\boldsymbol{x}_k) + \alpha\Big(\frac{\alpha}{2} - 1\Big)\boldsymbol{s}_k^*\nabla^2 f(\boldsymbol{x}_k)\boldsymbol{s}_k - 2\alpha\varepsilon_H\|\boldsymbol{s}_k\|_2^2 + \frac{L_2\alpha^3}{6}\|\boldsymbol{s}_k\|_2^3 \\
&\leqslant f(\boldsymbol{x}_k) - \alpha\varepsilon_H\Big(\frac{\alpha}{2} - 1\Big)\|\boldsymbol{s}_k\|_2^2 - 2\alpha\varepsilon_H\|\boldsymbol{s}_k\|_2^2 + \frac{L_2\alpha^3}{6}\|\boldsymbol{s}_k\|_2^3 \\
&\leqslant f(\boldsymbol{x}_k) - \alpha\varepsilon_H\|\boldsymbol{s}_k\|_2^2 + \frac{L_2\alpha^3}{6}\|\boldsymbol{s}_k\|_2^3 \\
&= f(\boldsymbol{x}_k) - \Big(\frac{3}{2L_2}\Big)^{1/2}(\varepsilon_H\|\boldsymbol{s}_k\|_2)^{3/2} + \frac{(3/2)^{3/2}}{6L_2^{1/2}}(\varepsilon_H\|\boldsymbol{s}_k\|_2)^{3/2} \\
&\leqslant f(\boldsymbol{x}_k) - \frac{(3/2)^{1/2}3}{4L_2^{1/2}}(\varepsilon_H\|\boldsymbol{s}_k\|_2)^{3/2} \\
&\leqslant f(\boldsymbol{x}_k) - \frac{27\varepsilon_H^3}{16L_2^2} \\
&= f(\boldsymbol{x}_k) - 5\varepsilon.
\end{aligned} \tag{9.4.12}$$

通过合并式(9.4.8) ~ 式(9.4.12), 我们就可以知道: 在找到一个近似的二阶驻点 (即满足 $\|\nabla f(\boldsymbol{x}_k)\|_2 \leqslant \varepsilon_g$ 且 $\lambda_{\min}(\nabla^2 f(\boldsymbol{x}_k)) \geqslant -\varepsilon_H$) 之前, 我们总可以在两次相邻迭代中使函数值下降至少 2ε. 因此, 要找到这样的点, 总体迭代次数 k 将被界定为 $k \leqslant \dfrac{f(\boldsymbol{x}_0) - f(\boldsymbol{x}_\star)}{\varepsilon}$. □

9.4.2 非精确负曲率和牛顿下降

在上述方案中, 我们假设 Hessian 矩阵和它的最小特征值以及所对应的特征向量已知. 然而, 如果我们只能获得梯度和 Hessian 矩阵的乘积, 那么计算特征向量的成本会有多高呢? 它需要被计算到多么精确才能使所得到的方法能够实现已知的 (相对于一阶 Oracle 的) 最佳复杂度呢?

在本节中, 我们考虑图 9.3中算法的一种非精确版本, 它允许我们近似地计算最小特征值和特征向量对, 并且近似地求解凸二次规划问题. 通过仔细选择停止准则, 图 9.4中所示的非精确版本算法可以保持精确版本算法的收敛速率, 差别只在常数上. 对应的收敛结果由定理 9.5 给出.

非精确混合负曲率和牛顿下降

问题类型.

$$\min_{\boldsymbol{x}} f(\boldsymbol{x}), \quad \boldsymbol{x} \in \mathbb{R}^n,$$

其中 $f: \mathbb{R}^n \to \mathbb{R}$ 二次连续可微, 且梯度和 Hessian 矩阵 Lipschitz 连续. 假设能够使用二阶 Oracle, 即梯度 $\nabla f(\boldsymbol{x})$ 和 Hessian 矩阵的乘积 $\nabla^2 f(\boldsymbol{x})\boldsymbol{v}$.

设定. 预设精度 $\varepsilon > 0$, $\varepsilon_g = (5/L_2)(24L_2^2\varepsilon)^{2/3}$, $\varepsilon_H = \left(24L_2^2\varepsilon\right)^{1/3}$.

初始化. 设 $\boldsymbol{x}_0 \in \mathbb{R}^n$.

迭代. **for** $k = 0, 1, 2, \cdots$

(1) 计算梯度 $\nabla f(\boldsymbol{x}_k)$ 和非精确的归一化特征向量 $\boldsymbol{e}_k'$, 使其满足 (以概率 $1-\delta$)

$$\langle \boldsymbol{e}_k', \nabla f(\boldsymbol{x}_k)\rangle \leqslant 0, \quad \lambda_k' \leqslant \lambda_{\min}\left(\nabla^2 f(\boldsymbol{x}_k)\right) + \frac{\varepsilon_H}{2}, \tag{9.4.13}$$

其中 $\lambda_k' := (\boldsymbol{e}_k')^* \nabla^2 f(\boldsymbol{x}_k)\boldsymbol{e}_k'$.

(2) 如果 $\lambda_k' \leqslant -\frac{\varepsilon_H}{2}$, 那么进行负曲率下降:

$$\boldsymbol{x}_{k+1} = \boldsymbol{x}_k + \frac{2\lambda_k'}{L_2}\boldsymbol{e}_k'. \tag{9.4.14}$$

(3) 否则, 如果 $\|\nabla f(\boldsymbol{x}_k)\|_2 \geqslant \varepsilon_g$, 那么寻找 $\boldsymbol{s}_k$, 使得

$$\|\nabla^2 f(\boldsymbol{x}_k)\boldsymbol{s}_k + 2\varepsilon_H \boldsymbol{s}_k + \nabla f(\boldsymbol{x}_k)\|_2 \leqslant \frac{1}{2}\varepsilon_H\|\boldsymbol{s}_k\|_2, \tag{9.4.15}$$

然后更新 $\boldsymbol{x}_{k+1}$:

$$\boldsymbol{x}_{k+1} = \boldsymbol{x}_k + \gamma_k \boldsymbol{s}_k, \tag{9.4.16}$$

其中 $\gamma_k = \min\left\{\left(\frac{3\varepsilon_H}{2L_2\|\boldsymbol{s}_k\|_2}\right)^{1/2}, 1\right\}$.

(4) 否则, 结束迭代, 返回 $\boldsymbol{x}_\star = \boldsymbol{x}_k$.

收敛保证. $\|\nabla f(\boldsymbol{x}_\star)\|_2 \leqslant \varepsilon_g$, $-\lambda_{\min}\left(\nabla^2 f(\boldsymbol{x}_\star)\right) \leqslant \varepsilon_H$.

图 9.4　非精确混合负曲率和牛顿下降算法概览

定理 9.5 (非精确混合负曲率和牛顿下降的收敛性)　假设 $\{\boldsymbol{x}_k\}$ 是由图 9.4所示的非精确混合负曲率和牛顿下降算法所生成的序列. 那么, 在不超过

$$k \leqslant \frac{f(\boldsymbol{x}_0) - f(\boldsymbol{x}_\star)}{\varepsilon} \tag{9.4.17}$$

次迭代之内, $\boldsymbol{x}_k$ 将是一个近似的二阶驻点, 它满足

$$\|\nabla f(\boldsymbol{x}_k)\|_2 \leqslant \varepsilon_g \ \text{ 且 } \ \lambda_{\min}(\nabla^2 f(\boldsymbol{x}_k)) \geqslant -\varepsilon_H,$$

其中

$$\varepsilon_g = (5/L_2)(24L_2^2\varepsilon)^{2/3}, \quad \varepsilon_H = \left(24L_2^2\varepsilon\right)^{1/3}.$$

证明. 如果 $\lambda_k' \leqslant -\frac{\varepsilon_H}{2}$, 那么我们通过负曲率下降来估计下降量. 这与式(9.3.26)中的做法几乎完全相同. 这里的微小差异在于 ε_H 的选择. 因此, 我们有

$$f(\boldsymbol{x}_{k+1}) - f(\boldsymbol{x}_k) \ \leqslant \ -\frac{\varepsilon_H^3}{12L_2^2} \ = \ -2\varepsilon. \tag{9.4.18}$$

如果 $\lambda_k' > -\frac{\varepsilon_H}{2}$, 那么利用 λ_k' 的条件, 我们可以得到

$$-\frac{\varepsilon_H}{2} \leqslant \lambda_k' \leqslant \lambda_{\min}\left(\nabla^2 f(\boldsymbol{x}_k)\right) + \frac{\varepsilon_H}{2}, \tag{9.4.19}$$

即 $\lambda_{\min}\left(\nabla^2 f(\boldsymbol{x}_k)\right) \geqslant -\varepsilon_H$. 接下来, 我们分两种情况来讨论.

情况 1. 如果 $\left(\dfrac{3\varepsilon_H}{2L_2\|\boldsymbol{s}_k\|_2}\right)^{1/2} \geqslant 1$, 即 $\|\boldsymbol{s}_k\|_2 \leqslant \dfrac{3\varepsilon_H}{2L_2}$. 那么我们使用单位步长 (即 $\gamma_k = 1$). 令

$$\boldsymbol{r}_k := \nabla^2 f(\boldsymbol{x}_k)\boldsymbol{s}_k + 2\varepsilon_H \boldsymbol{s}_k + \nabla f(\boldsymbol{x}_k), \tag{9.4.20}$$

那么, $\|\boldsymbol{r}_k\|_2 \leqslant \dfrac{1}{2}\varepsilon_H\|\boldsymbol{s}_k\|_2$. 由于 Hessian 矩阵是 L_2-Lipschitz 连续的, 根据式(9.2.15), 我们有

$$\begin{aligned}
\|\nabla f(\boldsymbol{x}_{k+1})\|_2 &= \|\nabla f(\boldsymbol{x}_k + \boldsymbol{s}_k)\|_2 \\
&\leqslant \|\nabla f(\boldsymbol{x}_k + \boldsymbol{s}_k) - (\nabla f(\boldsymbol{x}_k) + \nabla^2 f(\boldsymbol{x}_k)\boldsymbol{s}_k)\|_2 + \|\nabla f(\boldsymbol{x}_k) + \nabla^2 f(\boldsymbol{x}_k)\boldsymbol{s}_k\|_2 \\
&\leqslant \frac{L_2}{2}\|\boldsymbol{s}_k\|_2^2 + \|\boldsymbol{r}_k - 2\varepsilon_H \boldsymbol{s}_k\|_2 \\
&\leqslant \frac{L_2}{2}\|\boldsymbol{s}_k\|_2^2 + 2\varepsilon_H\|\boldsymbol{s}_k\|_2 + \|\boldsymbol{r}_k\|_2 \\
&\leqslant \frac{L_2}{2}\|\boldsymbol{s}_k\|_2^2 + 2\varepsilon_H\|\boldsymbol{s}_k\|_2 + \frac{1}{2}\varepsilon_H\|\boldsymbol{s}_k\|_2 \\
&\leqslant \left(\frac{9}{8} + 3 + \frac{3}{4}\right)\frac{\varepsilon_H^2}{L_2} \\
&\leqslant \frac{5\varepsilon_H^2}{L_2} \\
&= \varepsilon_g.
\end{aligned} \tag{9.4.21}$$

另外, 再次利用 Hessian 矩阵是 L_2-Lipschitz 连续的, 根据式(9.2.4), 我们有

$$
\begin{aligned}
f(\boldsymbol{x}_{k+1}) &= f(\boldsymbol{x}_k + \boldsymbol{s}_k) \\
&\leqslant f(\boldsymbol{x}_k) + \langle \nabla f(\boldsymbol{x}_k), \boldsymbol{s}_k \rangle + \frac{1}{2}\boldsymbol{s}_k^* \nabla^2 f(\boldsymbol{x}_k)\boldsymbol{s}_k + \frac{L_2}{6}\|\boldsymbol{s}_k\|_2^3 \\
&= f(\boldsymbol{x}_k) + \langle \boldsymbol{r}_k - (\nabla^2 f(\boldsymbol{x}_k)\boldsymbol{s}_k + 2\varepsilon_H \boldsymbol{s}_k), \boldsymbol{s}_k \rangle + \frac{1}{2}\boldsymbol{s}_k^* \nabla^2 f(\boldsymbol{x}_k)\boldsymbol{s}_k + \frac{L_2}{6}\|\boldsymbol{s}_k\|_2^3 \\
&\leqslant f(\boldsymbol{x}_k) + \langle \boldsymbol{r}_k, \boldsymbol{s}_k \rangle - \frac{1}{2}\boldsymbol{s}_k^* \nabla^2 f(\boldsymbol{x}_k)\boldsymbol{s}_k - 2\varepsilon_H\|\boldsymbol{s}_k\|_2^2 + \frac{L_2}{6}\|\boldsymbol{s}_k\|_2^3 \\
&\leqslant f(\boldsymbol{x}_k) + \|\boldsymbol{r}_k\|_2\|\boldsymbol{s}_k\|_2 - \frac{1}{2}\boldsymbol{s}_k^* \nabla^2 f(\boldsymbol{x}_k)\boldsymbol{s}_k - 2\varepsilon_H\|\boldsymbol{s}_k\|_2^2 + \frac{L_2}{6}\|\boldsymbol{s}_k\|_2^3 \\
&\leqslant f(\boldsymbol{x}_k) + \frac{1}{2}\varepsilon_H\|\boldsymbol{s}_k\|_2^2 + \frac{1}{2}\varepsilon_H\|\boldsymbol{s}_k\|_2^2 - 2\varepsilon_H\|\boldsymbol{s}_k\|_2^2 + \frac{L_2}{6}\|\boldsymbol{s}_k\|_2^3 \\
&\leqslant f(\boldsymbol{x}_k) - \varepsilon_H\|\boldsymbol{s}_k\|_2^2 + \frac{L_2}{6}\|\boldsymbol{s}_k\|_2^3 \\
&\leqslant f(\boldsymbol{x}_k) - \varepsilon_H\|\boldsymbol{s}_k\|_2^2 + \frac{\varepsilon_H}{4}\|\boldsymbol{s}_k\|_2^2 \\
&\leqslant f(\boldsymbol{x}_k) - \frac{3}{4}\varepsilon_H\|\boldsymbol{s}_k\|_2^2.
\end{aligned} \tag{9.4.22}
$$

也就是说, 如果使用步长 $\gamma_k = 1$, 那么 $\|\nabla f(\boldsymbol{x}_{k+1})\|_2 \leqslant \varepsilon_g$ 且 $f(\boldsymbol{x}_{k+1}) \leqslant f(\boldsymbol{x}_k)$. 所以, 我们有 $\lambda_{\min}(\nabla^2 f(\boldsymbol{x}_{k+1})) < -\varepsilon_H$; 否则, 我们已找到所期望的二阶驻点. 因此, 当使用步长 $\gamma_k = 1$ 时, 在算法停止之前, 我们通过负曲率下降(9.4.18)在下一次迭代中必定把函数值减少 2ε.

情况 2. 如果 $\left(\frac{3\varepsilon_H}{2L_2\|\boldsymbol{s}_k\|_2}\right)^{1/2} < 1$, 即 $\|\boldsymbol{s}_k\|_2 > \frac{3\varepsilon_H}{2L_2}$. 为了简单起见, 我们令 $\alpha := \left(\frac{3\varepsilon_H}{2L_2\|\boldsymbol{s}_k\|_2}\right)^{1/2} < 1$. 那么, 我们有

$$
\begin{aligned}
f(\boldsymbol{x}_{k+1}) &= f(\boldsymbol{x}_k + \alpha\boldsymbol{s}_k) \\
&\leqslant f(\boldsymbol{x}_k) + \alpha\langle \nabla f(\boldsymbol{x}_k), \boldsymbol{s}_k \rangle + \frac{\alpha^2}{2}\boldsymbol{s}_k^* \nabla^2 f(\boldsymbol{x}_k)\boldsymbol{s}_k + \frac{L_2\alpha^3}{6}\|\boldsymbol{s}_k\|_2^3 \\
&\leqslant f(\boldsymbol{x}_k) + \alpha\|\boldsymbol{r}_k\|_2\|\boldsymbol{s}_k\|_2 + \alpha\Big(\frac{\alpha}{2} - 1\Big)\boldsymbol{s}_k^* \nabla^2 f(\boldsymbol{x}_k)\boldsymbol{s}_k - 2\alpha\varepsilon_H\|\boldsymbol{s}_k\|_2^2 + \frac{L_2\alpha^3}{6}\|\boldsymbol{s}_k\|_2^3 \\
&\leqslant f(\boldsymbol{x}_k) + \frac{\alpha\varepsilon_H}{2}\|\boldsymbol{s}_k\|_2^2 - \alpha\varepsilon_H\Big(\frac{\alpha}{2} - 1\Big)\|\boldsymbol{s}_k\|_2^2 - 2\alpha\varepsilon_H\|\boldsymbol{s}_k\|_2^2 + \frac{L_2\alpha^3}{6}\|\boldsymbol{s}_k\|_2^3 \\
&\leqslant f(\boldsymbol{x}_k) - \frac{\alpha\varepsilon_H}{2}\|\boldsymbol{s}_k\|_2^2 + \frac{L_2\alpha^3}{6}\|\boldsymbol{s}_k\|_2^3 \\
&= f(\boldsymbol{x}_k) - \frac{1}{2}\Big(\frac{3}{2L_2}\Big)^{1/2}(\varepsilon_H\|\boldsymbol{s}_k\|_2)^{3/2} + \frac{(3/2)^{3/2}}{6L_2^{1/2}}(\varepsilon_H\|\boldsymbol{s}_k\|_2)^{3/2} \\
&\leqslant f(\boldsymbol{x}_k) - \frac{(3/2)^{1/2}}{4L_2^{1/2}}(\varepsilon_H\|\boldsymbol{s}_k\|_2)^{3/2}
\end{aligned}
$$

$$
\begin{aligned}
&\leqslant f(\boldsymbol{x}_k)-\frac{9\varepsilon_H^3}{16L_2^2}\\
&\leqslant f(\boldsymbol{x}_k)-\frac{27}{2}\varepsilon.
\end{aligned}
\tag{9.4.23}
$$

因此, 当步长 $\gamma_k<1$ 时, 我们总可以保证函数值充分减小.

通过合并式(9.4.18) ~ 式(9.4.23), 我们可知: 在找到一个近似的二阶驻点——即 $\boldsymbol{x}_k$ 满足 $\|\nabla f(\boldsymbol{x}_k)\|_2\leqslant\varepsilon_g$ 且 $\lambda_{\min}(\nabla^2 f(\boldsymbol{x}_k))\geqslant-\varepsilon_H$——之前, 我们总可以在两个连续迭代中使函数值下降至少 2ε. 因此, 要找到这样的点, 其总的迭代次数 k 的上界为 $\dfrac{f(\boldsymbol{x}_0)-f(\boldsymbol{x}_\star)}{\varepsilon}$.

□

9.4.3 一阶 Oracle 的总体复杂度

在上述非精确方案中, 我们既需要计算近似特征向量 $\boldsymbol{e}'$ 和与其相关联的最小特征值(9.4.13), 又需要寻找凸二次规划问题(9.4.1)符合精度要求(9.4.15)的近似解 $\boldsymbol{s}_k$.

非精确非负曲率下降

正如我们之前在 9.3.3节中所描述的, 为了计算符合预定精度 $\varepsilon_H/2$ 的最小特征值和特征向量, 所需要的计算 Hessian 矩阵与向量的乘积 (或者梯度) 的次数是 $O(\varepsilon_H^{-1/2})$ 量级的. 如果选择 $\varepsilon_H=O(\varepsilon^{1/3})$, 那么这个计算次数相当于 $O(\varepsilon^{-1/6})$[㊀].

根据定理 9.4的证明, 每次负曲率下降的减小量是 ε. 因此, 每次梯度计算的下降量是 $O(\varepsilon^{7/6})$, 而迭代次数是 $k=O(\varepsilon^{-7/6})$.

根据定理 9.4, 图 9.4所示算法的迭代总次数是 $O(\varepsilon^{-1})$, 而每次迭代我们需要计算 $O(\varepsilon^{-1/6})$ 次 Hessian 矩阵与向量的乘积来产生所期望的非精确解. 因此, 在负曲率下降中我们所需要的 Hessian 矩阵与向量乘积的总次数是 $O(\varepsilon^{-7/6})$. 由于 $\varepsilon=O(\varepsilon_g^{3/2})$, 这就可以得出已知的最佳收敛速率 $k=O(\varepsilon_g^{-7/4})$.

非精确凸二次规划

现在, 我们还需要计算二次凸问题(9.4.1)的一个近似解. 上述收敛速率只有当我们能够以与牛顿下降步骤相同的一阶 Oracle 复杂度来求解问题(9.4.15)时才成立. 也就是说, 我们需要证明, 所需要的近似求解二次凸问题的 Hessian 矩阵与向量乘积的次数 (梯度计算的次数) 也是 $O(\varepsilon_H^{-1/2})$ 量级的, 即 $O(\varepsilon^{-1/6})$.

根据二次凸问题 (9.4.5) 的最优性条件, 我们有

$$
\nabla^2 f(\boldsymbol{x}_k)\boldsymbol{s}_k+2\varepsilon_H\boldsymbol{s}_k+\nabla f(\boldsymbol{x}_k)=\mathbf{0}.
\tag{9.4.24}
$$

这等价于

$$
(\nabla^2 f(\boldsymbol{x}_k)+2\varepsilon_H\boldsymbol{I})\boldsymbol{s}_k=-\nabla f(\boldsymbol{x}_k),
\tag{9.4.25}
$$

㊀ 这里, 为简单起见, 我们忽略了可能的对数因子.

这是线性方程组的形式: $\boldsymbol{A}\boldsymbol{s}=\boldsymbol{b}$, 其中 $\boldsymbol{A}=\nabla^2 f(\boldsymbol{x}_k)+2\varepsilon_H\boldsymbol{I}$ 且 $\boldsymbol{b}=-\nabla f(\boldsymbol{x}_k)$. 请注意, 在上述算法中, 当进行牛顿下降时, 我们有 $\lambda_{\min}(\nabla^2 f(\boldsymbol{x}_k))\geqslant-\varepsilon_H$. 所以, 我们有

$$\varepsilon_H\boldsymbol{I}\preceq\boldsymbol{A}\preceq(L_1+2\varepsilon_H)\boldsymbol{I}.$$

当然, 我们可以简单地通过计算 $\boldsymbol{A}$ 的逆来求解 $\boldsymbol{s}=\boldsymbol{A}^{-1}\boldsymbol{b}$, 但其复杂度将会非常高. 为了避免直接计算矩阵求逆, 我们可以尝试使用最速梯度下降法来数值地求解这个问题

$$\min_{\boldsymbol{s}}\|\boldsymbol{A}\boldsymbol{s}-\boldsymbol{b}\|_2^2.$$

然而, 这时的复杂度并不是最好的. 在附录 A 中所介绍的经典*共轭梯度* (conjugate gradient) *方法* (A.6.3) 正是一种加速梯度算法, 能够比最速下降法更高效地求解上述二次规划问题. 关于推导和证明这种优雅的经典方法, 读者可以参考 [Nocedal et al., 2006; Shewchuk, 1994].

请注意, 我们这里所关心的是, 在第 i 次迭代, 共轭梯度方案只需要通过计算 $\boldsymbol{A}$ 和当前的估计 $\boldsymbol{s}_i$ 的乘积来得到下一次迭代的残差:

$$\boldsymbol{r}_{i+1}=\boldsymbol{r}_i-\alpha_i\boldsymbol{A}\boldsymbol{s}_i.$$

为了达到目的, 我们需要刻画共轭梯度方法产生一个满足 (相对) 精度要求

$$\|\boldsymbol{A}\boldsymbol{s}-\boldsymbol{b}\|_2\leqslant\mu\|\boldsymbol{b}\|_2$$

的近似解的准确迭代次数, 其中 $\mu>0$ 是一个较小的常数. 那么, 根据共轭梯度性质, 我们不难证明下述定理.

定理 9.6 (近似共轭梯度的复杂度) *为了求解 $\boldsymbol{A}\boldsymbol{s}=\boldsymbol{b}$, 其中 $\alpha\boldsymbol{I}\preceq\boldsymbol{A}\preceq\beta\boldsymbol{I}$, 共轭梯度方法在*

$$\min\left\{n,\frac{1}{2}\ln\left(\frac{4}{\mu}\left(\frac{\beta}{\alpha}\right)^{3/2}\right)\sqrt{\frac{\beta}{\alpha}}\right\}\tag{9.4.26}$$

次迭代之内, 得到满足 $\|\boldsymbol{A}\boldsymbol{s}'-\boldsymbol{b}\|_2\leqslant\mu\|\boldsymbol{b}\|_2$ 的近似解 $\boldsymbol{s}'$, 其中 $\mu\in(0,1)$.

关于上述定理的证明, 感兴趣的读者可以参考 [Royer et al., 2018; Shewchuk, 1994]. 在问题(9.4.15)的设置中, 我们有 $\alpha=\varepsilon_H$, $\mu=\frac{1}{2}\varepsilon_H$, β 以一个接近于 L_1 的常数为上界. 因此, 所需要的迭代次数或者矩阵与向量乘积的次数是 $O\big(\varepsilon_H^{-1/2}\log(1/\varepsilon_H)\big)$ 量级的. 如果我们忽略对数因子, 那么这个复杂度 $\tilde{O}\big(\varepsilon_H^{-1/2}\big)$ 与使用 Lanczos 方法计算最小特征值的近似解时完全相同.

如果我们把非精确负曲率下降和非精确牛顿下降的对应复杂度放在一起, 那么基于一阶 Oracle 的 (忽略一个对数因子[⊖]的) 总体计算复杂度是

$$k\leqslant O\big(\varepsilon_g^{-7/4}\big),$$

⊖ 比如 Lanczos 方法中的 $\log(n)$, 或者共轭梯度方法中的 $\log(1/\varepsilon_H)$.

并且这种方案保证收敛到满足以下条件的点 $\boldsymbol{x}_\star$:

$$\|\nabla f(\boldsymbol{x}_\star)\|_2 \leqslant O(\varepsilon^{2/3}), \quad \text{且} \quad -\lambda_{\min}\left(\nabla^2 f(\boldsymbol{x}_\star)\right) \leqslant O(\varepsilon^{1/3}). \tag{9.4.27}$$

与 9.1.1节所介绍的原始梯度下降方法相比, 上述方法不仅具有较低的基于一阶 Oracle 的复杂度 (即 $O\left(\varepsilon_g^{-7/4}\right)$ 相比于 $O\left(\varepsilon_g^{-2}\right)$), 而且还能够收敛到一个二阶驻点.

9.5 带少量随机噪声的梯度下降

正如我们之前所提到的, 当维数非常高时, 计算二阶信息的成本会非常高. 因此, 为了在实践中实现可扩展性, 我们可能被限制为只能使用梯度信息. 然而, 众所周知, 在最坏情况下单靠梯度下降来最小化非凸函数是非常低效的. 除非我们利用 9.3节和 9.4节所介绍的显式地利用由额外的梯度计算所获得的负曲率信息, 否则逃离鞍点㊀的过程将会极其缓慢.

在历史上, 为了避免杂散的驻点, 人们发现在梯度下降过程中引入一些*随机噪声*是有帮助的. 从概念上讲, 随机噪声允许算法搜索目标函数的一个更广阔的局部区域, 并且创造更大的机会以逃离不稳定驻点㊁, 甚至是逃离局部极小值点 (至少是渐近地, 正如我们将要看到的).

本节我们将研究随机噪声在非凸优化中的作用, 并开发具有 (渐近) 全局或者局部极小值点收敛保证的梯度下降类型算法. 换句话说, 我们假设算法只能使用*含噪声的梯度* Oracle:

$$\text{梯度 } \nabla f(\boldsymbol{x}) \text{ 和少量随机噪声 } \boldsymbol{n}.$$

我们将揭示, 带有随机噪声的梯度下降实际上是在*隐含地计算*二阶信息并利用负曲率方向来实现充分的局部下降. 尤其是, 对于收敛到二阶驻点, 其最佳可实现的 (基于一阶 Oracle 的) 复杂度与前一节所介绍的最好的方法是相同的.

9.5.1 扩散过程和拉普拉斯方法

为了理解随机噪声的作用, 最清楚的方式是考察状态 $\boldsymbol{x}$ 在含噪声梯度流下的连续时间动力学 (比如参考 [Sastry, 1983]). 给定一个非凸函数 $f(\boldsymbol{x})$, 考虑如下含噪声梯度流的动力学方程:

$$\dot{\boldsymbol{x}}(t) = -\frac{1}{2}\nabla f(\boldsymbol{x}(t)) + \sqrt{\lambda}\boldsymbol{n}(t), \tag{9.5.1}$$

其中 $\lambda > 0$, $\boldsymbol{n} \in \mathbb{R}^n$ 是白噪声过程. 这也被称为*扩散过程* (diffusion process), 或者连续时间 Langevin *动力学*. 从随机过程可知, 假如当 $\|\boldsymbol{x}\|_2 \to \infty$ 时, 梯度 $\nabla f(\boldsymbol{x})$ 增长足够迅速㊂, 那么状态 $\boldsymbol{x}$ 的扩散过程的概率密度按指数级收敛到一个平稳分布, 被称为 Gibbs 测

㊀ 即使鞍点并不是那么平坦或者是非退化的 (non-degenerate) [Du et al., 2017].

㊁ 正如我们在 9.3.2节的幂迭代方法和 Lanczos 方法中所看到的, 随机初始化也会以高概率避免某些 (零测度的) 病态情况.

㊂ 比如, 当 $\|\boldsymbol{x}\|_2 \to \infty$ 时, $f(\boldsymbol{x})$ 像二次函数一样增长就足够了.

度 [Papanicolaou et al., 1977], 即

$$p^{\lambda}(\boldsymbol{x}) = C^{\lambda} \exp\left(-\frac{1}{\lambda} f(\boldsymbol{x})\right), \tag{9.5.2}$$

其中 $C^{\lambda} > 0$ 是归一化因子, 使得 $\int_{\boldsymbol{x}} p^{\lambda}(\boldsymbol{x}) \mathrm{d}\boldsymbol{x} = 1$. 我们感兴趣的是, 当噪声的方差 λ 从一个较小的数值变到 0 时, 概率密度函数 $p^{\lambda}(\boldsymbol{x})$ 会收敛到什么.

最基本的情况

为此, 我们首先回顾微积分中的一个众所周知的结果.

引理 9.1 (拉普拉斯方法: 标量情况) *假设 $f(x)$ 是二次连续可微函数, 具有唯一极大值点 x_0, 并且 $f''(x_0) < 0$. 那么, 我们有*

$$\lim_{\lambda \to 0} \int \mathrm{e}^{\frac{1}{\lambda} f(x)} \mathrm{d}x \ = \ \mathrm{e}^{\frac{1}{\lambda} f(x_0)} \sqrt{\frac{2\pi\lambda}{-f''(x_0)}} \ \propto \ \int \mathrm{e}^{\frac{1}{\lambda} f(x)} \delta(x - x_0) \mathrm{d}x. \tag{9.5.3}$$

证明. 我们在这里只给出证明的一个梗概, 用来说明预期这个结果的原因. 我们把多变量情况的更严格推导和证明留给读者作为习题.

由于 x_0 是极大值点, 我们有 $f'(x_0) = 0$. 使用泰勒级数展开, 我们对函数 $f(x)$ 做二阶近似:

$$f(x) \approx f(x_0) + \frac{1}{2} f''(x_0)(x - x_0)^2.$$

那么, 对于这个积分, 我们有:

$$\begin{aligned} \int \mathrm{e}^{\frac{1}{\lambda} f(x)} \mathrm{d}x &\approx \mathrm{e}^{\frac{1}{\lambda} f(x_0)} \int \mathrm{e}^{\frac{1}{2\lambda} f''(x_0)(x - x_0)^2} \mathrm{d}x \\ &= \mathrm{e}^{\frac{1}{\lambda} f(x_0)} \int \mathrm{e}^{-\frac{1}{2\lambda} |f''(x_0)|(x - x_0)^2} \mathrm{d}x. \end{aligned}$$

注意到, 最后一个积分正是以 $\sigma^2 = \lambda / |f''(x_0)|$ 为方差的高斯分布密度函数的积分, 它的结果是 $\sqrt{\frac{2\pi\lambda}{|f''(x_0)|}}$. 因此, 我们可以得到:

$$\int \mathrm{e}^{\frac{1}{\lambda} f(x)} \mathrm{d}x \approx \mathrm{e}^{\frac{1}{\lambda} f(x_0)} \sqrt{\frac{2\pi\lambda}{-f''(x_0)}}.$$

当 $\lambda \to 0$ 时, 两侧的比例将趋于 1, 这个近似变得更加精确.

□

根据这个引理, 当 λ 变小时, 左侧的积分被位于全局极大值点 x_0 处的质点 (point-mass) 分布很好地近似, 并且它与 $f(x)$ 的其他值 (包括局部极大值点) 无关.

多个全局最优值点

正如我们在第 7 章所看到的, 由于离散对称性, 我们试图优化的目标函数通常存在多个全局最优值点, 它们与对称群的元素相对应 (见图 7.3). 上述引理很容易推广到这种情况. 假设 $f(x)$ 存在多个全局极大值点 $x_1, \cdots, x_N \in \mathbb{R}$. 那么, 我们有

$$\lim_{\lambda \to 0} \int \mathrm{e}^{\frac{1}{\lambda} f(x)} \mathrm{d}x = \sum_{i=1}^{N} \mathrm{e}^{\frac{1}{\lambda} f(x_i)} \sqrt{\frac{2\pi\lambda}{-f''(x_i)}}. \tag{9.5.4}$$

这个证明留给读者作为习题 (见习题 9.6).

下面让我们考虑多变量情况. 请注意, 此时除了 $f(\boldsymbol{x})$ 是存在多个全局极小值点 $\boldsymbol{x}_\star^1, \cdots, \boldsymbol{x}_\star^N$ 的多变量函数之外, 当 $\lambda \downarrow 0$ 时, 多变量情况的积分

$$\int_{\boldsymbol{x}} p^\lambda(\boldsymbol{x}) \mathrm{d}\boldsymbol{x} \propto \int_{\boldsymbol{x}} \exp\left(-\frac{1}{\lambda} f(\boldsymbol{x})\right) \mathrm{d}\boldsymbol{x}$$

与标量情况的积分(9.5.3)非常相似. 因此, 我们可以从上述引理推广出如下结果.

定理 9.7 (拉普拉斯方法: 多变量和多个全局极小值点)　*设 $f(\boldsymbol{x})$ 是一个在 $\boldsymbol{x} \to \infty$ 时至少为二次增长的函数. 假设 $f(\boldsymbol{x})$ 存在多个全局极小值点 $\boldsymbol{x}_\star^1, \cdots, \boldsymbol{x}_\star^N$, 并且它们均为非退化的. 那么, 在取极限 $\lambda \downarrow 0$ 的过程中, 含噪声梯度下降动力学方程(9.5.1)的概率密度函数 $p^\lambda(\boldsymbol{x})$ 收敛到*

$$p^0(\boldsymbol{x}) = \frac{\sum_{i=1}^N a_i \delta(\boldsymbol{x} - \boldsymbol{x}_\star^i)}{\sum_{i=1}^N a_i}, \tag{9.5.5}$$

其中 $a_i = \det[\boldsymbol{H}(\boldsymbol{x}_\star^i)]^{-1/2}$, $\boldsymbol{H}(\boldsymbol{x}) = \nabla^2 f(\boldsymbol{x})$ 是函数 $f(\boldsymbol{x})$ 的 Hessian 矩阵.

全局最优值点的连续族

正如我们在第 7 章所看到的, 有时一个非凸函数 $f(\boldsymbol{x})$ 可以存在全局极小值点的一个连续族, 比如由于旋转对称性 (见图 7.3). 上述定理也可以自然地推广到这种情况. 让我们假设所有极小值点的集合构成一个连续子流形 $\mathcal{M}$, 且函数的 Hessian 矩阵沿着正交于这个子流形的方向上是非退化的[㊀]. 为了简单起见, 我们仍然使用 $\boldsymbol{H}(\boldsymbol{x})$ 来表示在任何全局极小值点 $\boldsymbol{x} \in \mathcal{M}$ 处限制在子流形 (切空间) 的正交方向上的 Hessian 矩阵. 在这种情况下, Gibbs 分布 $p^\lambda(\boldsymbol{x})$ 将收敛到 $\mathcal{M}$ 上的一个概率密度函数:

$$p^0(\boldsymbol{x}) = \frac{\det[\boldsymbol{H}(\boldsymbol{x})]^{-1/2}}{\displaystyle\int_{\mathcal{M}} \det[\boldsymbol{H}(\boldsymbol{y})]^{-1/2} \mathrm{d}\boldsymbol{y}}, \quad \boldsymbol{x} \in \mathcal{M}, \tag{9.5.6}$$

其中 $\mathrm{d}\boldsymbol{y}$ 是子流形 $\mathcal{M}$ 上自然诱导的测度.

㊀ 这样一个函数在微分几何中被称为 Morse-Bott 函数.

对于多变量、多个全局极小值点, 或者存在一个全局极小值点族的情况, 定理 9.7的简单证明可以在 [Sastry, 1983] 中找到, 它与标量情况下引理 9.1的证明在思想上是相同的. 所不同的只是二阶导数会自然而然地被 Hessian 矩阵的行列式替换. 证明过程和细节留给读者作为习题 (见习题 9.6).

上述定理陈述了一个有趣的事实: 在含噪声的梯度流方程(9.5.1)中, 当噪声的方差 λ 逐渐减小到接近于 0 时, 那么状态 $\boldsymbol{x}$ 的概率密度函数将会收敛到一个仅仅支撑在函数 $f(\boldsymbol{x})$ 的全局极小值点处的质点分布. 从历史上看, 上述现象已经激发了利用随机噪声来求解非凸优化问题的优化方法, 包括众所周知的*模拟退火* (simulated annealing) 算法 [Kirkpatrick et al., 1983].

尽管上述定理揭示了含噪声梯度下降的一个很好的定性行为, 但是*这并不表明*这种行为可以很容易地被有效应用于优化方法. 事实上, 为了使扩散过程收敛到支撑在全局极小值点的概率密度函数, 噪声的方差 λ 需要在时间 t 内*以对数* $\log t$ *形式*缓慢减小到 0 [Chiang et al., 1987; Geman et al., 1986], 即

$$\text{对于较大的 } t \text{ 且 } c > 0, \quad \lambda = \frac{c}{\log t}.$$

9.5.2　使用 Langevin-Monte Carlo 的含噪声梯度

受上述扩散过程特性的启发, 要最小化函数 $f(\boldsymbol{x})$ 时, 我们可以考虑对含噪声梯度流方程(9.5.1)的离散近似. 由此所得到的离散过程被称作 Langevin-Monte Carlo:

$$\boldsymbol{x}_{k+1} = \boldsymbol{x}_k - \alpha \nabla f(\boldsymbol{x}_k) + \sqrt{2\alpha\lambda}\boldsymbol{n}_k, \tag{9.5.7}$$

其中 $\boldsymbol{n}_k \sim \mathcal{N}(0, \frac{1}{n}\boldsymbol{I})$ 是独立同分布 (i.i.d.) 高斯噪声[㊀], $\alpha > 0$ 是 (与噪声水平相关的) 步长. 我们可以证明, 如果离散化过程做得恰当, 那么上述离散化的 Langevin 过程能够渐近收敛到与上面所提及的连续情况相同的 Gibbs 平稳分布 [Roberts et al., 1996][㊁]. 基于上述离散随机过程的优化算法早已在随机控制和最优化文献中被提出并得到研究 [Gelfand et al., 1990; Kushner, 1987]. 下面, 我们尝试通过对最基本情况的分析来说明这种方案背后的基本原理.

为了简化分析, 与上一节一样, 我们再次假设 $f: \mathbb{R}^n \to \mathbb{R}$ 是非凸二次连续可微函数, 其梯度 $\nabla f(\boldsymbol{x}) \in \mathbb{R}^n$ 为 L_1-Lipschitz 连续. 请注意, 如果我们选择步长 α 是 Lipschitz 常数的倒数, 即 $\alpha = 1/L_1$, 那么上述方案变成

$$\boldsymbol{x}_{k+1} = \boldsymbol{x}_k - \frac{1}{L_1}\nabla f(\boldsymbol{x}_k) + \sqrt{2\lambda/L_1}\boldsymbol{n}_k. \tag{9.5.8}$$

㊀ 原文中的协方差矩阵有误, 漏了 $\frac{1}{n}$, 中文版这里以及后面相应位置均已更正. ——译者注

㊁ 不过, 这里有如下几点需要注意: 连续扩散过程(9.5.1)和离散近似(9.5.7)之间的关系可能非常微妙. 即使原始扩散过程收敛, 简单地离散化之后可能未必收敛. 或者, 即使原始的扩散过程指数级快速收敛到它的平稳分布, 离散化之后也不一定能够指数级快速收敛. 对 Langevin 动力学方程恰当地进行离散化的细节, 可以参考 [Roberts et al., 1996].

现在, 让我们考虑一个与定理 9.2所研究的负曲率下降方案类似的情况, 其中 $\varepsilon > 0$ 为预设精度[⊖]. 那么, 对上述含噪声梯度下降方案我们可以得到如下结果.

命题 9.3 (含噪声梯度下降) 考虑含噪声梯度下降方案(9.5.8). 如果 $\|\nabla f(\boldsymbol{x}_k)\|_2 \geqslant (2L_1\varepsilon)^{1/2}$, 那么我们有

$$\mathbb{E}[f(\boldsymbol{x}_{k+1}) \mid \boldsymbol{x}_k] \leqslant f(\boldsymbol{x}_k) - \varepsilon + \lambda. \tag{9.5.9}$$

证明. 根据 Lipschitz 连续梯度的条件, 我们有

$$f(\boldsymbol{x}_{k+1}) \leqslant f(\boldsymbol{x}_k) + \langle \nabla f(\boldsymbol{x}_k), \boldsymbol{x}_{k+1} - \boldsymbol{x}_k \rangle + \frac{L_1}{2}\|\boldsymbol{x}_{k+1} - \boldsymbol{x}_k\|_2^2.$$

同样, 根据迭代公式(9.5.8), 我们有 $\boldsymbol{x}_{k+1} - \boldsymbol{x}_k = -\frac{1}{L_1}\nabla f(\boldsymbol{x}_k) + \sqrt{2\lambda/L_1}\boldsymbol{n}_k$. 把 $\boldsymbol{x}_{k+1} - \boldsymbol{x}_k$ 代入上式, 我们可以得到

$$\begin{aligned} f(\boldsymbol{x}_{k+1}) \leqslant & f(\boldsymbol{x}_k) + \langle \nabla f(\boldsymbol{x}_k), -\frac{1}{L_1}\nabla f(\boldsymbol{x}_k) + \sqrt{2\lambda/L_1}\boldsymbol{n}_k \rangle + \\ & \frac{L_1}{2}\left\| \frac{1}{L_1}\nabla f(\boldsymbol{x}_k) - \sqrt{2\lambda/L_1}\boldsymbol{n}_k \right\|_2^2. \end{aligned}$$

在不等式的两边分别取条件期望, 我们得到

$$\begin{aligned} \mathbb{E}[f(\boldsymbol{x}_{k+1}) \mid \boldsymbol{x}_k] \leqslant & f(\boldsymbol{x}_k) - \frac{1}{L_1}\|\nabla f(\boldsymbol{x}_k)\|_2^2 + \frac{1}{2L_1}\|\nabla f(\boldsymbol{x}_k)\|_2^2 + \lambda \\ = & f(\boldsymbol{x}_k) - \frac{1}{2L_1}\|\nabla f(\boldsymbol{x}_k)\|_2^2 + \lambda \\ \leqslant & f(\boldsymbol{x}_k) - \varepsilon + \lambda. \end{aligned}$$

□

这个命题揭示了预设精度 ε 和噪声方差 λ 之间存在一个简单而重要的关系. 它包含下述两方面含义. 一方面, 它确保只要梯度严格超过阈值 (即 $\|\nabla f(\boldsymbol{x}_k)\|_2 > (2L_1\lambda)^{1/2}$), 那么含噪声梯度下降方案的每次迭代会使期望函数值减小. 或者等价地, 只要我们根据

$$\lambda_k < \frac{1}{2L_1}\|\nabla f(\boldsymbol{x}_k)\|_2^2,$$

自适应地选择噪声水平, 那么这一方案将始终预期使目标函数值减小. 在另一方面, 如果我们使用一个固定的噪声方差 $\lambda > 0$, 那么每当迭代接近一个驻点时, 梯度将减小到低于阈值, 即

$$\|\nabla f(\boldsymbol{x}_k)\|_2 < (2L_1\lambda)^{1/2},$$

此时随机效应开始占上风, 并开始探索驻点是否稳定. 这种机制允许噪声梯度下降算法能够逃离不稳定驻点, 比如鞍点. 我们将在下一小节进一步说明.

⊖ 也就是说, 我们希望最终达到 $|f(\boldsymbol{x}_{k+1}) - f(\boldsymbol{x}_k)| \leqslant \varepsilon$.

9.5.3 带随机噪声的负曲率下降

尽管可以证明渐近一致性, 但我们并不能在理论上保证 Langevin-Monte Carlo 方法(9.5.7)能够在多项式时间内找到一般非凸函数全局极小值点. 事实上, 根据 [Bovier et al., 2011], Langevin 扩散至少需要 $e^{\Omega(h/\lambda)}$ 的时间来逃离高度为 $h>0$ 的任何局部极小值点. 这意味着对于包含深层局部极小值点的函数, 含噪声梯度下降在找到全局极小值点之前不可避免地需要花费指数量级的时间. 因此, 与我们先前的期待相反, (单独) 使用这种方法去寻找一般非凸函数的全局极小值点实际上是不可行的.

严格鞍点附近的含噪声梯度下降动力学

当求解一般非凸优化问题时, 似乎噪声并不是神奇的调味酱汁, 而且根本没有免费的午餐. 那么, 含噪声梯度下降方法在实践中到底对非凸优化有什么帮助呢? 事实证明, 随机噪声帮助梯度下降有效地逃离不稳定驻点, 比如鞍点[1]. 正如我们在负曲率下降方法中所看到的, 任何非退化鞍点都有一个严格的负曲率方向. 直观上, 这样的点是非常"不稳定"的 (如图 7.2 所示), 任何随机扰动都将使迭代点逃离它. 然而, 唯一的问题是, (比如在含噪声梯度下降方案中) 这个逃离过程将会有多快.

为了理解这一点, 不失一般性, 我们考虑标准二次函数[2]

$$f(\boldsymbol{x})=\frac{1}{2}\boldsymbol{x}^*\boldsymbol{H}\boldsymbol{x}$$

在驻点 $\boldsymbol{x}=\boldsymbol{0}$ 附近的含噪声梯度下降的动力学, 其中 $f(\boldsymbol{x})$ 的 Hessian 矩阵为 $\boldsymbol{H}\in\mathbb{R}^{n\times n}$, 其最小特征值 $\lambda_{\min}(\boldsymbol{H})<0$, $\nabla f(\boldsymbol{x})$ 的 Lipschitz 常数为 $L_1=\max_i|\lambda_i(\boldsymbol{H})|$.

命题 9.4 (利用含噪声梯度下降法逃离鞍点) 对于目标函数 $f(\boldsymbol{x})=\frac{1}{2}\boldsymbol{x}^*\boldsymbol{H}\boldsymbol{x}$, 从 $\boldsymbol{x}_0\sim\mathcal{N}(\boldsymbol{0},\sigma^2\boldsymbol{I})$ 开始, 考虑通过 Langevin 动力学的含噪声梯度下降(9.5.8). 那么, 在

$$k\geqslant\frac{\log n-\log(|\lambda_{\min}|/L_1)}{2\log(1+|\lambda_{\min}|/L_1)}\tag{9.5.10}$$

次迭代之后, 我们有

$$\mathbb{E}[f(\boldsymbol{x}_{k+1})-f(\boldsymbol{x}_0)]\leqslant-\lambda.\tag{9.5.11}$$

证明. 对于函数 $f(\boldsymbol{x})$, 其梯度的 Lipschitz 常数 L_1 恰好是 Hessian 矩阵 $\boldsymbol{H}$ 的谱范数. 因此, Langevin 动力学公式(9.5.8)变成:

$$\boldsymbol{x}_{k+1}=\boldsymbol{x}_k-\frac{1}{L_1}\nabla f(\boldsymbol{x}_k)+\sqrt{2\lambda/L_1}\boldsymbol{n}_k$$

---

[1] 因此, 这确保该过程在多项式时间内至少收敛到局部极小值点 [Zhang et al., 2017b].

[2] 由于我们只关心局部行为, 而任何非凸函数在非退化驻点 $\boldsymbol{x}_\star$ 附近都与这个以 $\boldsymbol{H}(\boldsymbol{x}_\star)$ 为 Hessian 矩阵的标准二次函数是微分同胚的 (diffeomorphic).

$$= (\boldsymbol{I} - L_1^{-1}\boldsymbol{H})\boldsymbol{x}_k + \sqrt{2\lambda/L_1}\boldsymbol{n}_k.$$

注意到, 当且仅当 Hessian 矩阵存在负特征值时 (即 $\lambda_{\min}(\boldsymbol{H}) < 0$), 矩阵 $\boldsymbol{A} \doteq \boldsymbol{I} - L_1^{-1}\boldsymbol{H}$ 在单位圆之外有特征值, 即

$$\lambda_{\max}(\boldsymbol{A}) = 1 - \frac{\lambda_{\min}(\boldsymbol{H})}{L_1} > 1.$$

这就定义了一个以随机噪声作为输入的*不稳定线性动态系统*:

$$\boldsymbol{x}_{k+1} = \boldsymbol{A}\boldsymbol{x}_k + b\,\boldsymbol{n}_k, \tag{9.5.12}$$

其中 $b \doteq \sqrt{2\lambda/L_1}$. 因此, 我们有

$$\boldsymbol{x}_{k+1} = \boldsymbol{A}^{k+1}\boldsymbol{x}_0 + b\sum_{i=0}^{k}\boldsymbol{A}^{k-i}\boldsymbol{n}_i. \tag{9.5.13}$$

注意到等号右侧的所有项 $\boldsymbol{A}^{k+1}\boldsymbol{x}_0$ 和 $\boldsymbol{A}^{k-i}\boldsymbol{n}_i$ 都是以矩阵 $\boldsymbol{A}$ 的某个幂次再乘以一个 (随机) 向量的形式构成的.

根据我们在 9.3.2节所介绍的*幂迭代方法*, 当幂次增加时, 这些项收敛到对应于 $\boldsymbol{A}$ 的最大特征值的特征向量[㊀], 或者等价地, $\boldsymbol{H}$ 的最小 (负) 特征值的特征向量. 这正是我们之前在 9.3.2节曾计算的 $f(\boldsymbol{x})$ 的最大负曲率的方向. 因此, 当梯度较小时, 含噪声梯度下降隐含地执行负曲率下降, 本质上这与图 9.2中的梯度和负曲率下降算法的思想完全相同.

现在我们只需要把迭代公式(9.5.13)替换成函数 $f(\boldsymbol{x})$ 期望值的下降的界. 令 $\{\lambda_j\}_{j=1}^n$ 是 Hessian 矩阵 $\boldsymbol{H}$ 的 n 个特征值, 按从大到小排列. 注意到 $\boldsymbol{A}$ 和 $\boldsymbol{H}$ 共享相同的特征向量, 并且可以由相同的正交变换对角化, $\boldsymbol{A}$ 的对应特征值是 $\{1 - L_1^{-1}\lambda_j\}_{j=1}^n$. 由于 $\boldsymbol{x}_0$ 和 $\boldsymbol{n}_k$ 是零均值独立随机向量, 我们有

$$\begin{aligned}
&\mathbb{E}[f(\boldsymbol{x}_{k+1}) - f(\boldsymbol{x}_0)] \\
=&\mathbb{E}\Big[\frac{1}{2}\boldsymbol{x}_{k+1}^*\boldsymbol{H}\boldsymbol{x}_{k+1} - \frac{1}{2}\boldsymbol{x}_0^*\boldsymbol{H}\boldsymbol{x}_0\Big] \\
=&\frac{1}{2}\sigma^2\operatorname{trace}\left(\boldsymbol{A}^{2(k+1)}\boldsymbol{H}\right) + \frac{1}{2}b^2\sum_{i=0}^{k}\operatorname{trace}\left(\boldsymbol{A}^{2(k-i)}\boldsymbol{H}\right) - \frac{1}{2}\sigma^2\operatorname{trace}(\boldsymbol{H}).
\end{aligned}$$

对于跟初始条件 $\boldsymbol{x}_0$ 相关的第一项和第三项, 我们有

$$\begin{aligned}
&\frac{1}{2}\sigma^2\operatorname{trace}\left(\boldsymbol{A}^{2(k+1)}\boldsymbol{H}\right) - \frac{1}{2}\sigma^2\operatorname{trace}(\boldsymbol{H}) \\
=&\frac{1}{2}\sigma^2\sum_{j=1}^{n}\left[\left(1 - L_1^{-1}\lambda_j\right)^{2(k+1)}\lambda_j - \lambda_j\right] \leqslant 0
\end{aligned}$$

㊀ 我们也将在 9.6节针对幂迭代方法更精确地刻画目标函数曲面的几何.

因为当 λ_j 为正数时, $1-L_1^{-1}\lambda_j$ 小于 1; 而当 λ_j 是负数时, $1-L_1^{-1}\lambda_j$ 大于 1. 可见, 如果没有随机噪声, 不论初始条件如何, 系统 $\boldsymbol{x}_{k+1}=\boldsymbol{A}\boldsymbol{x}_k$ 的确定性部分总是使目标函数值减小.

因此, 我们有

$$
\begin{aligned}
\mathbb{E}[f(\boldsymbol{x}_{k+1})-f(\boldsymbol{x}_0)] &\leqslant \frac{1}{2}b^2\sum_{i=0}^{k}\operatorname{trace}\left(\boldsymbol{A}^{2(k-i)}\boldsymbol{H}\right)\\
&=\frac{1}{2}b^2\sum_{j=1}^{n}\left(\sum_{i=0}^{k}\left(1-L_1^{-1}\lambda_j\right)^{2(k-i)}\lambda_j\right).
\end{aligned}
$$

请注意,

$$
\begin{aligned}
&\sum_{i=0}^{k}\left(1-L_1^{-1}\lambda_j\right)^{2(k-i)}\lambda_j\leqslant L_1, \quad 当\ \lambda_j>0;\\
&\sum_{i=0}^{k}\left(1-L_1^{-1}\lambda_j\right)^{2(k-i)}\lambda_j<0, \quad 当\ \lambda_j<0.
\end{aligned}
$$

这里最多只有 $n-1$ 个正特征值. 由于 $b=\sqrt{2\lambda/L_1}$, 我们有

$$
\begin{aligned}
\mathbb{E}[f(\boldsymbol{x}_{k+1})-f(\boldsymbol{x}_0)] &\leqslant \frac{1}{2}b^2\left((n-1)L_1+\lambda_{\min}\sum_{i=0}^{k}\left(1-\frac{\lambda_{\min}}{L_1}\right)^{2i}\right)\\
&\leqslant \lambda\left((n-1)+\frac{\lambda_{\min}}{L_1}\left(1-\frac{\lambda_{\min}}{L_1}\right)^{2k}\right).
\end{aligned}
$$

为了得到

$$
\frac{\lambda_{\min}}{L_1}\left(1-\frac{\lambda_{\min}}{L_1}\right)^{2k}\leqslant -n,
$$

我们只需要选择

$$
k\geqslant\frac{\log n-\log(|\lambda_{\min}|/L_1)}{2\log(1+|\lambda_{\min}|/L_1)}. \tag{9.5.14}
$$

在鞍点附近的含噪声梯度下降迭代的次数选定之后, 我们有

$$
\mathbb{E}[f(\boldsymbol{x}_{k+1})-f(\boldsymbol{x}_0)]\leqslant-\lambda. \tag{9.5.15}
$$

□

事实上, 从 k 的上述表达式中我们可以看出, 当比值 $\kappa=L_1/|\lambda_{\min}|$ 较大时, 所需要的迭代次数增加. 在这种情况下, $\log(1+|\lambda_{\min}|/L_1)\approx|\lambda_{\min}|/L_1=\kappa^{-1}$. 因此, 根据式(9.5.14), 达到所期待的下降量 λ, 所需要的含噪声梯度下降的迭代次数简化为:

$$
k\geqslant\frac{\kappa}{2}\log(n).
$$

停止准则

请注意, 上述含噪声梯度下降步骤的迭代次数 k 对于 $|\lambda_{\min}| = -\lambda_{\min}$ 是单调的: $|\lambda_{\min}|$ 越小, 所需要的 k 越大. 那么, 如果不计算并且也不知道 Hessian 矩阵 $\boldsymbol{H}$ 的最小特征值 $\lambda_{\min}$, 那么一旦曲率已经接近非负, 我们如何知道使用哪个 k 和什么时候停止呢? 如果我们不求助于任何明确的过程来估计 $\lambda_{\min}$, 回答这些问题将会很棘手.

从命题 9.4的证明中可以看出, 含噪声梯度下降实质上是通过对噪声进行幂迭代从而隐含地进行负曲率下降. 如果我们选择含噪声梯度下降中的噪声方差 λ 与对函数值的预设精度 ε 相同 (如 9.3.2节), 即

$$\lambda = \varepsilon,$$

那么, 进行 k 次含噪声梯度下降相当于进行一次确定性负曲率下降 (正如定理 9.2所刻画的.)

按照与定理 9.2相同的证明思路, 只要我们有:

$$-\lambda_{\min}(\boldsymbol{H}) \geqslant \varepsilon_H = \left(1.5L_2^2\varepsilon\right)^{1/3},$$

我们就可以预期实现 $\lambda = \varepsilon$ 的下降量. 所以, 通过使用 $\varepsilon_H = \left(1.5L_2^2\varepsilon\right)^{1/3}$ 作为 $|\lambda_{\min}|$ 的下界㊀, 我们将得到所需要的含噪声梯度下降迭代次数的一个估计:

$$k_{\max} \geqslant \frac{\log n - \log\left(L_1^{-1}\left(1.5L_2^2\varepsilon\right)^{1/3}\right)}{2\log\left(1 + L_1^{-1}\left(1.5L_2^2\varepsilon\right)^{1/3}\right)}. \tag{9.5.16}$$

因此, 如果在 $k_{\max}$ 次含噪声梯度下降迭代之后, 函数值下降的幅度小于 ε, 这表明最小特征值应该已经达到了预期阈值:

$$-\lambda_{\min}(\boldsymbol{H}) \leqslant \varepsilon_H = \left(1.5L_2^2\varepsilon\right)^{1/3}, \tag{9.5.17}$$

而所达到的驻点是一个近似的二阶驻点.

混合含噪声梯度下降

正如我们从 9.5.2和 9.5.3节的分析中所看到的, 当梯度较大时, 添加噪声并不会那么有帮助. 只有当梯度足够小且接近一个严格鞍点时, 添加较小的随机噪声会帮助逃离鞍点. 但是, 这种方式所付出的代价是需要 $O(\kappa\log n)$ 次的含噪声梯度下降迭代才能实现相同的下降量. 所以, 为了让算法更有效, 我们可以使用图 9.5所示的混合方案来修改基本的含噪声梯度下降方案, 其中下降策略可以根据局部曲面几何进行选择. 我们应该注意到, 这种方案

㊀ 请注意, 对于标准的二次函数 $f(\boldsymbol{x}) = \frac{1}{2}\boldsymbol{x}^*\boldsymbol{H}\boldsymbol{x}$, Lipschitz 常数 L_2 可以小到 0. 然而, 对于一般函数来说, L_2 并不总是小到 0, 我们可以给这个常数选择任意的非零上界.

与图 9.2中的混合梯度和负曲率下降方案非常相似. 这里的唯一差异是, 我们把每次负曲率下降替换成了 $O(\kappa \log n)$ 次随机梯度下降.

混合含噪声梯度下降

问题类型.

$$\min_{\boldsymbol{x}} f(\boldsymbol{x}), \quad \boldsymbol{x} \in \mathbb{R}^n,$$

其中 $f: \mathbb{R}^n \to \mathbb{R}$ 是非凸函数, 二次连续可微, 梯度和 Hessian 矩阵为 Lipschitz 连续, 且对应的 Lipschitz 常数分别为 L_1 和 L_2. 假设能够使用含噪声一阶 Oracle, 即梯度 $\nabla f(\boldsymbol{x})$ 和随机噪声 $\boldsymbol{n}$.

设定. 给定一个预设精度 $\varepsilon > 0$, $\varepsilon_g = (2L_1\varepsilon)^{1/2}$, $\varepsilon_H = (1.5L_2^2\varepsilon)^{1/3}$.

初始化. 设 $\boldsymbol{x}_0 \in \mathbb{R}^n$.

迭代. **for** $k = 0, 1, 2, \cdots$

(1) 计算梯度 $\nabla f(\boldsymbol{x}_k)$.

(2) 如果 $\|\nabla f(\boldsymbol{x}_k)\|_2 \geqslant \varepsilon_g$, 那么进行梯度下降:

$$\boldsymbol{x}_{k+1} = \boldsymbol{x}_k - \frac{1}{L_1}\nabla f(\boldsymbol{x}_k).$$

(3) 否则, 令 $\boldsymbol{x}_k^0 = \boldsymbol{x}_k$, 使用含噪声梯度进行负曲率下降迭代:

for $i = 0, 1, 2, \cdots, k_{\max}$, 其中 $k_{\max}$ 由式(9.5.10)给出,

$$\boldsymbol{x}_k^{i+1} = \boldsymbol{x}_k^i - \frac{1}{L_1}\nabla f(\boldsymbol{x}_k^i) + \sqrt{2\varepsilon/L_1}\boldsymbol{n}^i,$$

其中 $\boldsymbol{n}^i \sim \mathcal{N}(0, \frac{1}{n}\boldsymbol{I})$.

含噪声梯度下降迭代结束, 令 $\boldsymbol{x}_{k+1} = \boldsymbol{x}_k^{i+1}$.

当 $|f(\boldsymbol{x}_{k+1}) - f(\boldsymbol{x}_k)| \leqslant \varepsilon$ 时, 结束外层迭代, 并且返回 $\boldsymbol{x}_\star = \boldsymbol{x}_k$.

收敛保证. $\|\nabla f(\boldsymbol{x}_\star)\|_2 \leqslant \varepsilon_g$, $-\lambda_{\min}(\nabla^2 f(\boldsymbol{x}_\star)) \leqslant \varepsilon_H$.

图 9.5 混合含噪声梯度下降算法概览

优化整体复杂度

正如我们上面所讨论的, 在驻点附近, 想要达到相同的下降量 ε, 借助含噪声梯度下降来利用负曲率则需要计算 $k_{\max}$ 次梯度. 如果我们把梯度计算作为 Oracle 来评估整体复杂度, 那么上述算法中负曲率步骤的成本将高于梯度下降步骤. 根据上述分析, 如果需要 $\lambda_{\min} \geqslant -O(\varepsilon^{1/3})$, 那么为了达到 ε 的下降量, 我们需要的迭代次数 $k_{\max}$ 为 $O(\varepsilon^{-1/3}\log(n))$. 因此, 平均来说, 每次梯度计算中函数值减小是在 $O(\varepsilon^{-4/3}\log(n))$ 量级的. 因此, 为了保证 $\|\nabla f(\boldsymbol{x})\|_2 \leqslant \varepsilon_g = O(\varepsilon^{1/2})$, 我们需要 $O(\varepsilon_g^{-8/3})$ 次迭代 (差一个对数因子 $\log(n)$), 这实际上

比在命题 9.1中所给出的梯度下降收敛速率 $O(\varepsilon_g^{-2})$ 要差一些.

由于负曲率下降的代价更大, 所以我们放宽对小特征值的精度需求, 比如把 $-\lambda_{\min} \leqslant \varepsilon_H = O(\varepsilon^{1/3})$ 替换成

$$-\lambda_{\min} \leqslant \varepsilon_H = O(\varepsilon^{1/4}).$$

那么, 含噪声梯度下降的次数变成

$$k_{\max} = O(\varepsilon^{-1/4}\log(n))$$

并且函数值减少 $O(\varepsilon^{3/4})$. 平均来说, 在忽略对数因子 $\log(n)$ 的意义上, 每次梯度计算的函数值减少是 $O(\varepsilon)$, 与梯度下降步骤相同. 因此, 要保证 $\|\nabla f(\boldsymbol{x})\|_2 \leqslant \varepsilon_g$, 在忽略对数因子 $\log(n)$ 的情况下, 所需要的梯度计算总次数是 $O(\varepsilon_g^{-2})$.

9.5.4 带扰动的梯度下降的复杂度

在上述混合下降方案中, 为了分析的简单和清晰起见, 我们在驻点附近把正常梯度下降和含噪声梯度下降分离开. 请注意, 混合方案可以达到 $O(\varepsilon_g^{-2})$ 的复杂度. 正如在上一节已经看到的, 我们能够实现的最佳复杂度是 $O(\varepsilon_g^{-7/4})$. 剩下的一个问题是, 我们是否有可能使用含噪声梯度下降方案来达到这个最佳收敛速率呢?

如前所述, 简单的梯度下降并不是降低函数值的最有效方式. 在 9.4.1节所介绍的牛顿下降正是为了提升效率. 然而, 它需要使用或者近似计算负曲率方向. 为了算法的简单性, 我们可能更愿意只进行 (含噪声) 梯度下降. 那么, 在不直接计算二阶信息的情况下, 还能够如何提高 (含噪声) 梯度下降的效率呢?

事实上, 我们可以在凸优化问题中找到这种方案: Nesterov *加速* (见 8.3 节或者附录 D 的 D.2 节). 同样的加速方案也应该适用于非凸情况 (或者至少是局部地). 按照这个思路设计的一种随机*带扰动的加速梯度下降* (Perturbed Accelerated Gradient Descent, PAGD) 方案已经由 [Jin et al., 2018] 提出, 如图 9.6所示.

这个方案中一个非常有洞察力的明智想法是, 直接利用加速方案中的动量, 即把 PAGD 算法中第 3 步的向量 $\boldsymbol{v}_k$ 作为利用负曲率信息的候选. 正如我们在前面介绍的方法中所做的那样, 这节省了 (近似地) 计算负曲率方向的努力. 通过结合随机扰动和加速, 经过仔细分析可以证明, 所得到的方案确实可以达到最佳复杂度 $O(\varepsilon_g^{-7/4})$ [Jin et al., 2018][㊀].

读者应该已经注意到, 到目前为止所有方法的所有复杂度保证都针对在所考虑的广泛函数族中的最坏情况[㊁]. 正如在第 7 章中所看到的, 我们在低维结构恢复中所遇到的许多问题要比最坏情况好得多. 甚至恰恰是相反的情况, 我们所遇到的函数通常具有额外的良性几何结构. 例如, 目标函数具有非退化鞍点、目标函数杂散的局部极小值点构成某些奇特

㊀ 忽略掉某些对数因子. ——译者注

㊁ 这里的函数具有 Lipschitz 连续的梯度和 Hessian 矩阵, 且只有严格鞍点.

的分布 [Du et al., 2017]、目标函数在局部极小值点附近强凸等. 因此, 在实际问题中通常可以观察到, 即使是简化的普通版本随机初始化或者带扰动的梯度下降方法 (在逃离严格鞍点并收敛到极小值点方面) 也可以表现得令人惊讶地高效, 远优于所刻画的最坏情况复杂度.

带扰动的加速梯度下降

问题类型.

$$\min_{\boldsymbol{x}} f(\boldsymbol{x}), \quad \boldsymbol{x} \in \mathbb{R}^n,$$

其中 $f: \mathbb{R}^n \to \mathbb{R}$ 是非凸函数, 二次连续可微, 且其梯度和 Hessian 矩阵 Lipschitz 连续, 其 Lipschitz 常数分别为 L_1 和 L_2. 假设能够使用 Oracle, 即梯度 $\nabla f(\boldsymbol{x})$ 和随机噪声 $\boldsymbol{n}$.

设定. 给定适当选择的参数 ε_g, ε_H, σ, s 和 $k_{\min}$.

初始化. 设状态 $\boldsymbol{x}_0 \in \mathbb{R}^n$, 动量 $\boldsymbol{v}_0 = \boldsymbol{0}$.

迭代. **for** $k = 0, 1, 2, \cdots$

(1) 计算梯度 $\nabla f(\boldsymbol{x}_k)$.

(2) 如果 $\|\nabla f(\boldsymbol{x}_k)\|_2 \leqslant \varepsilon_g$, 且在最后 $k_{\min}$ 次迭代中不存在随机扰动, 那么随机扰动当前迭代:

$$\boldsymbol{x}_k \leftarrow \boldsymbol{x}_k + \boldsymbol{n}_k, \quad \boldsymbol{n}_k \sim \mathcal{N}(0, \sigma \boldsymbol{I}).$$

(3) 然后进行加速梯度下降:

$$\left\{\begin{array}{rcl} \boldsymbol{p}_{k+1} & = & \boldsymbol{x}_k + \beta \boldsymbol{v}_k, \\ \boldsymbol{x}_{k+1} & = & \boldsymbol{p}_{k+1} - \alpha \nabla f(\boldsymbol{p}_{k+1}), \\ \boldsymbol{v}_{k+1} & = & \boldsymbol{x}_{k+1} - \boldsymbol{x}_k. \end{array}\right. \tag{9.5.18}$$

(4) 如果

$$f(\boldsymbol{x}_k) \leqslant f(\boldsymbol{p}_{k+1}) + \langle \nabla(\boldsymbol{p}_{k+1}), \boldsymbol{x}_k - \boldsymbol{p}_{k+1} \rangle$$

$$- \frac{\varepsilon_H}{2} \|\boldsymbol{x}_k - \boldsymbol{p}_{k+1}\|_2^2,$$

那么, 使用 $\boldsymbol{v}_k$ 来引导负曲率信息的利用:

- 如果 $\|\boldsymbol{v}_k\|_2 \geqslant s$, 那么 $\boldsymbol{x}_{k+1} = \boldsymbol{x}_k$.
- 否则 $\boldsymbol{x}_{k+1} = \boldsymbol{x}_k + \boldsymbol{\delta}$, 其中 $\boldsymbol{\delta} = \pm s \frac{\boldsymbol{v}_k}{\|\boldsymbol{v}_k\|_2}$ 最小化 $f(\boldsymbol{x}_k + \boldsymbol{\delta})$.
- 重置 $\boldsymbol{v}_{k+1} = \boldsymbol{0}$.

结束迭代.

图 9.6 带扰动的加速梯度下降算法概览

9.6 充分利用对称结构: 广义幂迭代方法

到目前为止, 本章已经对一类非常普遍的 (无约束) 非凸优化问题的一阶 (和二阶) 方法的收敛性和复杂度提供了一个相当系统和完备的描述. 然而, 所给出的复杂度通常是针对 (在所考虑的一大类问题中的) 最坏情况. 实际上, 我们在恢复低维模型时所遇到的特殊优化问题往往具有特定结构, 利用这些特定结构可以显著地提高计算效率. 正如我们在 8.6 节所看到的, 凸优化显然正是这种情况, 比如 Frank-Wolfe 方法和随机梯度下降分别利用了约束条件和目标函数中的特定结构.

在第 7 章中, 我们已经指出, 处理结构化数据时的非凸性往往是由于问题中的某种结构对称性而产生的, 定义域通常是在所关联的对称群作用下具有某种不变性的紧流形. 这种特殊流形在微分几何中被称为*齐次空间* (homogeneous space) [Lang, 2001]. 它包含我们之前经常遇到的重要情况: 高维球体、正交群和 Stiefel 流形等. 这些流形的良好全局几何结构使它们适合进行*全局*分析和计算. 在本节中, 我们将介绍几个重要例子. 对于这些例子, 我们可以超越局部梯度下降类型的方法, 通过利用更多全局几何结构来实现更高效的非凸优化算法.

9.6.1 幂迭代用于计算奇异向量

考虑第 4 章介绍的计算矩阵 $\boldsymbol{Y}$ 的主奇异向量问题:

$$\begin{aligned} \min_{\boldsymbol{q}} \quad & \varphi(\boldsymbol{q}) \equiv -\frac{1}{2}\boldsymbol{q}^*\boldsymbol{\Gamma}\boldsymbol{q} \\ \text{s.t.} \quad & \boldsymbol{q}^*\boldsymbol{q} = 1 \ \ (\text{或者 } \boldsymbol{q} \in \mathbb{S}^{n-1}), \end{aligned} \tag{9.6.1}$$

其中 $\boldsymbol{\Gamma} = \boldsymbol{Y}\boldsymbol{Y}^*$. 正如我们在 4.2.1 节所介绍的, 当 φ 被视为定义在球面 $\mathbb{S}^{n-1}$ 上的函数时, 其鞍点对应于 $\boldsymbol{\Gamma}$ 的特征值 $\{\lambda_1, \lambda_2, \cdots, \lambda_n\}$. 若特征值按从大到小排序 (即 $\lambda_i > \lambda_{i+1}$), 那么我们有:

$$\varphi(\boldsymbol{q}(\lambda_{i+1})) > \varphi(\boldsymbol{q}(\lambda_i)),$$

其中 $i = 1, \cdots, n$, $\boldsymbol{q}(\lambda_i)$ 表示关联于特征值 λ_i 的特征向量. 根据目标函数的二阶导数 (4.2.9), 我们总有

$$\mathcal{S}^-[\boldsymbol{q}(\lambda_{i+1})] \supset \mathcal{S}^-[\boldsymbol{q}(\lambda_i)], \quad \text{对于 } i = 1, \cdots, n,$$

其中 $\mathcal{S}^-$ 表示驻点的不稳定子流形. 它表明, 上游鞍点的不稳定子流形包含下游鞍点的整个不稳定子流形. 进一步分析表明, 在所有方向中, 朝向全局极小值点的方向具有最大的负曲率. 因此, 我们期望大多数合理的方法都将收敛到一个全局极小值点. 而我们在第 7 章研究过的几乎所有问题, 它们的目标函数曲面都具有类似的全局几何性质. 此外, 目标函数并没有任何杂散的局部极小值点构成奇特的分布. 因此, 无论是在理论上还是在实验上, 我们都有理由去期待一个标准的、随机初始化的梯度下降算法可以在多项式时间内收敛到全局

极小值点的一个小邻域㊀.

事实上, 对于奇异向量问题, 目标函数 φ 的良好几何性质可能使其成为比普通梯度下降更高效的方法. 例如, 根据约束优化问题(9.6.1)的拉格朗日函数表达式, 我们可以知道 φ 的驻点必要条件是

$$\boldsymbol{\Gamma q} = \lambda \boldsymbol{q},$$

其中 $\lambda > 0$ 是矩阵 $\boldsymbol{\Gamma}$ 的特征值. 因此, φ 的任何驻点 (包括最优解) 都是下述方程的一个*不动点* (fixed point):

$$\boldsymbol{q} = \mathcal{P}_{\mathbb{S}^{n-1}}(\boldsymbol{\Gamma q}), \tag{9.6.2}$$

其中 $\mathcal{P}_{\mathbb{S}^{n-1}}$ 表示投影到球面 $\mathbb{S}^{n-1}$ 上, 即 $\mathcal{P}_{\mathbb{S}^{n-1}}(\boldsymbol{\Gamma q}) = \frac{\boldsymbol{\Gamma q}}{\|\boldsymbol{\Gamma q}\|_2}$. 如果我们把

$$g(\cdot) \doteq \mathcal{P}_{\mathbb{S}^{n-1}}[\boldsymbol{\Gamma}(\cdot)] : \mathbb{S}^{n-1} \to \mathbb{S}^{n-1}$$

看作从 $\mathbb{S}^{n-1}$ 到 $\mathbb{S}^{n-1}$ 本身的映射, 那么它实际上是一个收缩映射 (contraction mapping), 即

$$d(g(\boldsymbol{q}), g(\boldsymbol{p})) \leqslant \rho \cdot d(\boldsymbol{q}, \boldsymbol{p}),$$

其中 $d(\cdot,\cdot)$ 是球面 $\mathbb{S}^{n-1}$ 上自然诱导的一个距离函数, $0 < \rho < 1$. 不难证明, 这里 ρ 的上界是 λ_2/λ_1, 即 $\rho \leqslant \lambda_2/\lambda_1$, 其中 λ_2 是 $\boldsymbol{\Gamma}$ 的第二大特征值. 这引出一个计算特征向量的更流行的方法, 被称作*幂迭代* (power iteration) *方法* (正如我们在习题 4.6 中所看到的):

$$\boldsymbol{q}_{k+1} = g(\boldsymbol{q}_k) = \frac{\boldsymbol{\Gamma q}_k}{\|\boldsymbol{\Gamma q}_k\|_2} \in \mathbb{S}^{n-1}. \tag{9.6.3}$$

可以证明, 这个迭代方法比梯度下降方法解决奇异向量问题(9.6.1)的效率要高得多㊁. 更准确地说, 这个迭代的收敛速率通常是*线性的*: 如果 $\boldsymbol{q}_\star$ 是一个不动点, 即 $\boldsymbol{q}_\star = g(\boldsymbol{q}_\star)$, 那么我们总是有

$$d(\boldsymbol{q}_\star, \boldsymbol{q}_k) \leqslant \rho^k \cdot d(\boldsymbol{q}_\star, \boldsymbol{q}_0)$$

成立. 也就是说, 误差随着 ρ 的幂次 k 增加而几何地减小, 幂迭代方法由此得名.

9.6.2　完备字典学习

在第 7 章中, 作为结构化非凸问题的一个重要例子, 我们已经介绍和研究了*字典学习* (dictionary learning). 现在, 考虑求解字典学习的一个特例, 其中字典是完备的 (即方阵且可逆). 不失一般性, 我们假设字典是正交的㊂, 我们通过最大化 ℓ^4 范数来求解这个问题: 给

㊀ 对于特殊问题, 包括字典学习 [Gilboa et al., 2019] 和广义相位恢复 (generalized phase retrieval)[Chen et al., 2018] 等, 这已被证明.

㊁ 正如我们所看到的, 每当涉及 Hessian 矩阵的负曲率方向时, 同样的方案在本章前几节中多次出现.

㊂ 如果字典不是正交的, 我们总是可以通过某个正交化过程把它转化成正交的, 见 [Zhai et al., 2020b].

定一个数据矩阵 $\boldsymbol{Y}=\boldsymbol{D}_o\boldsymbol{X}_o$, 其中 $\boldsymbol{D}_o$ 是正交的, $\boldsymbol{X}_o$ 是稀疏的. 我们试图通过求解下述优化问题来恢复字典:

$$\begin{array}{ll}\min_{\boldsymbol{A}} & \psi(\boldsymbol{A}) \equiv -\frac{1}{4}\|\boldsymbol{A}\boldsymbol{Y}\|_4^4, \\ \text{s.t.} & \boldsymbol{A}^*\boldsymbol{A}=\boldsymbol{I},\ \boldsymbol{A}\in\mathsf{O}(n),\end{array} \tag{9.6.4}$$

其中 $\mathsf{O}(n)$ 表示由所有 $n\times n$ 正交矩阵构成的正交群. 请注意, 这与奇异向量问题(9.6.1)在形式上是非常相似的. 不幸的是, 仔细研究将会发现, 与奇异向量问题不同, 这里的 ψ 通常并不是 $\mathsf{O}(n)$ 上的一个 Morse 函数[㊀]. 因此, 不能保证梯度流类型的算法对于求解这个问题是有效的.

那么, 不动点方法将会如何呢? 让我们考虑一下它的拉格朗日函数:

$$\mathcal{L}(\boldsymbol{A},\boldsymbol{\Lambda}) \doteq -\frac{1}{4}\|\boldsymbol{A}\boldsymbol{Y}\|_4^4+\langle\boldsymbol{\Lambda},\boldsymbol{A}^*\boldsymbol{A}-\boldsymbol{I}\rangle, \tag{9.6.5}$$

其驻点的必要条件为 $\nabla_{\boldsymbol{A}}\mathcal{L}(\boldsymbol{A},\boldsymbol{\Lambda})=\mathbf{0}$, 即

$$(\boldsymbol{A}\boldsymbol{Y})^{\circ 3}\boldsymbol{Y}^*=\boldsymbol{A}\boldsymbol{S}, \tag{9.6.6}$$

其中 $\boldsymbol{S}=(\boldsymbol{\Lambda}+\boldsymbol{\Lambda}^*)$ 是 (由拉格朗日乘子构成的) 对称矩阵. 请注意, 如果 $\boldsymbol{A}$ 是一个正交矩阵, $\boldsymbol{S}$ 是对称矩阵, 那么 $\boldsymbol{A}\boldsymbol{S}$ 到正交群 $\mathsf{O}(n)$ 的投影为:

$$\mathcal{P}_{\mathsf{O}(n)}[\boldsymbol{A}\boldsymbol{S}]=\boldsymbol{A}.$$

通过把式(9.6.6)的两侧分别投影到正交群 $\mathsf{O}(n)$, 我们可知其驻点 (包括最优解 $\boldsymbol{A}_\star$) 应该满足*不动点*方程:

$$\boldsymbol{A}=\mathcal{P}_{\mathsf{O}(n)}[(\boldsymbol{A}\boldsymbol{Y})^{\circ 3}\boldsymbol{Y}^*]. \tag{9.6.7}$$

因此, 如果把

$$g(\cdot)\doteq\mathcal{P}_{\mathsf{O}(n)}[((\cdot)\boldsymbol{Y})^{\circ 3}\boldsymbol{Y}^*]:\mathsf{O}(n)\to\mathsf{O}(n)$$

看作从 $\mathsf{O}(n)$ 到 $\mathsf{O}(n)$ 本身的一个映射, 那么可以证明这个映射又是一个 (局部) 收缩映射. 由此, 我们得出求解字典学习问题的*匹配、拉伸和投影* (MSP) 算法 [Zhai et al., 2020b]:

$$\boldsymbol{A}_{k+1}=\mathcal{P}_{\mathsf{O}(n)}[(\boldsymbol{A}_k\boldsymbol{Y})^{\circ 3}\boldsymbol{Y}^*]. \tag{9.6.8}$$

因此, MSP 算法可以被看作是求解上述不动点问题的一个幂迭代方法.

本章前面所介绍的原始牛顿法 (9.1.15) 正是一个用于方程求根的"*不动点*"类型的算法. 只不过它给出的是在驻点附近的局部收缩映射——见命题 9.2的证明. 计算特征向量或者字典学习的幂迭代方法与我们在本章前面所介绍的任何局部 (一阶或二阶) 方法都*不相同*. 它实际上利用的是目标函数在解空间的良好流形上的*全局几何*: 它具有从随机起始点收敛到全局最优解的能力, 并且收敛速率更高. 事实上, 我们可以证明, 用于字典学习的 MSP 迭代局部地以*三次速率*收敛到全局最优解附近 [Zhai et al., 2020b], 远比前面所介绍的任何一阶或二阶局部方法更加有效[㊁].

㊀ 可以证明, 当 $n=6$ 时, 这一问题存在驻点, 其 Hessian 矩阵有多个零特征值.

㊁ 然而, MSP 算法的全局收敛性证明仍是一个开放问题, 尽管有令人信服的实验证据表明情况确实如此.

9.6.3 Stiefel 流形上的最优化

从前面的例子出发, 我们试图把这种方法推广到更广泛的一类问题. 首先我们定义 $\mathbb{R}^n$ 中的 Stiefel 流形:

$$\mathsf{V}_m(\mathbb{R}^n) \doteq \{\boldsymbol{X} \in \mathbb{R}^{n\times m} \mid \boldsymbol{X}^*\boldsymbol{X} = \boldsymbol{I}_{m\times m}\}, \tag{9.6.9}$$

其中 $m \leqslant n$. 我们考虑在 Stiefel 流形上最小化一个凹 (concave) 函数 $f(\boldsymbol{X})$ 的问题:

$$\min_{\boldsymbol{X}} f(\boldsymbol{X}) \quad \text{s.t.} \quad \boldsymbol{X}^*\boldsymbol{X} = \boldsymbol{I}. \tag{9.6.10}$$

考虑它的拉格朗日函数:

$$\mathcal{L}(\boldsymbol{X}, \boldsymbol{\Lambda}) \doteq f(\boldsymbol{X}) + \langle \boldsymbol{\Lambda}, \boldsymbol{X}^*\boldsymbol{X} - \boldsymbol{I} \rangle. \tag{9.6.11}$$

其最优性必要条件 $\nabla_{\boldsymbol{X}}\mathcal{L}(\boldsymbol{X}, \boldsymbol{\Lambda}) = \boldsymbol{0}$ 给出

$$-\nabla f(\boldsymbol{X}) = \boldsymbol{X}\boldsymbol{S}, \tag{9.6.12}$$

其中 $\boldsymbol{S} = (\boldsymbol{\Lambda} + \boldsymbol{\Lambda}^*)$ 是 (由拉格朗日乘子构成的) 对称矩阵. 由此得到

$$\nabla f(\boldsymbol{X})^*\nabla f(\boldsymbol{X}) = \boldsymbol{S}^*\boldsymbol{X}^*\boldsymbol{X}\boldsymbol{S} = \boldsymbol{S}^2. \tag{9.6.13}$$

我们可以解出 $\boldsymbol{S} = [\nabla f(\boldsymbol{X})^*\nabla f(\boldsymbol{X})]^{1/2}$. 当 $\boldsymbol{S}$ 可逆时㊀, 最优性条件(9.6.12)变成:

$$\boldsymbol{X} = -\nabla f(\boldsymbol{X})[\nabla f(\boldsymbol{X})^*\nabla f(\boldsymbol{X})]^{-1/2}. \tag{9.6.14}$$

为了简单起见, 我们定义

$$g(\boldsymbol{X}) \doteq -\nabla f(\boldsymbol{X})[\nabla f(\boldsymbol{X})^*\nabla f(\boldsymbol{X})]^{-1/2} \tag{9.6.15}$$

作为一个从 $\mathsf{V}_m(\mathbb{R}^n)$ 到它本身的映射,

$$g(\boldsymbol{X}) : \mathsf{V}_m(\mathbb{R}^n) \to \mathsf{V}_m(\mathbb{R}^n).$$

因此, 最优解 $\boldsymbol{X}_\star$ 可以看作下述方程的“不动点”:

$$\boldsymbol{X} = g(\boldsymbol{X}).$$

为了计算这个不动点, 我们可以简单地采用如下迭代:

㊀ 正如我们在奇异向量计算和字典学习的例子中所看到的, 通常 $\boldsymbol{S}$ 是可逆的.

$$\boldsymbol{X}_{k+1} = g(\boldsymbol{X}_k) = -\nabla f(\boldsymbol{X}_k)[\nabla f(\boldsymbol{X}_k)^* \nabla f(\boldsymbol{X}_k)]^{-1/2}. \tag{9.6.16}$$

很容易发现, 计算奇异向量和字典学习的迭代正是这个迭代公式的特例, 它们分别对应于 $m = 1$ 和 $m = n$.

上述下降方案也被称为 (应用于 Stiefel 流形的) *广义幂迭代方法* [Journée et al., 2010]. 利用与梯度下降情况中类似的技术 (见 9.1.1节), 我们可以证明, 当目标函数为凹时, 迭代过程以至少 $O(1/k)$ 的速率收敛到一阶驻点 (见习题 9.8). 然而, 正如我们在计算奇异向量和字典学习中所看到的, 当函数 $f(\boldsymbol{X})$ 具有良好的特性时, 迭代方案(9.6.16)的实际性能可以远比最坏情况的速率 $O(1/k)$ 更高效, 特别是当所对应的函数 $g(\boldsymbol{X})$ 是一个 (全局或者局部的) 收缩映射.

9.6.4 收缩映射的不动点

请注意, 求解上述三个问题的幂迭代算法具有一个共同点: 它们都依赖于一个从紧流形到它本身的 (局部) 收缩映射. 更一般地, 设 $\mathcal{M}$ 是一个光滑紧流形, 其距离测度为 $d(\cdot,\cdot)$.

定义 9.1 (收缩映射) *一个映射 $g: \mathcal{M} \to \mathcal{M}$ 被称为 $\mathcal{M}$ 上的收缩映射, 如果存在 $\rho \in (0,1)$ 使得*

$$d(g(\boldsymbol{x}), g(\boldsymbol{y})) \leqslant \rho \cdot d(\boldsymbol{x}, \boldsymbol{y})$$

对于所有 $\boldsymbol{x}, \boldsymbol{y} \in \mathcal{M}$ 成立.

常数 ρ 可以看作 g 的 Lipschitz 常数. 对于收缩映射, 我们有众所周知的不动点定理如下.

定理 9.8 (Banach-Caccioppoli 不动点定理) *设 $(\mathcal{M}, d)$ 是一个具有收缩映射 $g: \mathcal{M} \to \mathcal{M}$ 的完备测度空间. 那么, g 存在唯一的不动点$\boldsymbol{x}_\star \in \mathcal{M}$:*

$$g(\boldsymbol{x}_\star) = \boldsymbol{x}_\star.$$

特别地, 正如前面的例子所指出的, 唯一的不动点 $\boldsymbol{x}_\star$ 可以通过幂迭代找到, 即

$$\boldsymbol{x}_{k+1} \leftarrow g(\boldsymbol{x}_k), \quad k = 0, 1, \cdots$$

并且 $\boldsymbol{x}_k \to \boldsymbol{x}_\star$ 至少是几何级收敛. 注意到, 不动点方案并不依赖于局部信息 (比如梯度), 因此它甚至可以逃离退化驻点. 从经验上看, 我们发现, 即使 ℓ^4 范数在正交群 $\mathsf{O}(n)$ 有退化的驻点, MSP 算法对基于 ℓ^4 范数的字典学习问题仍然非常有效. 此外, 收缩因子 ρ 并不需要是一个常数, 如果它随着 $\|\boldsymbol{x}_{k+1} - \boldsymbol{x}_k\|_2$ 的幂而收缩, 那么收缩映射具有高于线性的收敛速率, 就像牛顿法或者 MSP 迭代. 我们在图 9.7中把它总结成幂迭代的一般算法, 用于求解收缩映射的不动点问题.

收缩映射的不动点算法

问题类型.

$$\min_{\boldsymbol{x}} f(\boldsymbol{x}), \quad \boldsymbol{x} \in \mathcal{M}, \text{ 其中 } \mathcal{M} \text{ 是一个紧流形.}$$

$f(\boldsymbol{x})$ 的驻点对应于一个 (局部) 收缩映射 $g(\cdot): \mathcal{M} \to \mathcal{M}$ 的不动点

$$g(\boldsymbol{x}) = \boldsymbol{x}.$$

初始化. 随机初始化 $\boldsymbol{x}_0 \in \mathbb{R}^n$(或者局部地邻近一个驻点).

迭代. **for** $k = 0, 1, 2, \cdots, K$,

$$\boldsymbol{x}_{k+1} = g(\boldsymbol{x}_k).$$

收敛保证. $\boldsymbol{x}_k$ 至少几何级 (即以线性收敛速率) 快速收敛到一个不动点 $\boldsymbol{x}_\star$.

图 9.7　基于收缩映射不动点的优化算法概览

9.7　注记

对牛顿法的修改

尽管牛顿法(9.1.15)简单且收敛速度快, 但它仍然存在几个问题. 第一个问题是, 对于非凸函数, Hessian 矩阵 $\nabla^2 f(\boldsymbol{x})$ 有时可能是退化的 (因此不可逆). 此时, 迭代(9.1.15)甚至没有定义. 解决这个问题的一个常用方法是使用一个单位矩阵来正则化 Hessian 矩阵, 使得 $\nabla^2 f(\boldsymbol{x}) + \lambda \boldsymbol{I} \succ \boldsymbol{0}$ 正定. 那么, 上述牛顿迭代被修改成:

$$\boldsymbol{x}_{k+1} = \boldsymbol{x}_k - \left[\nabla^2 f(\boldsymbol{x}_k) + \lambda \boldsymbol{I}\right]^{-1} \nabla f(\boldsymbol{x}_k). \tag{9.7.1}$$

这就是广为流行的 Levenberg-Marquardt (*正则*) *方法* [Levenberg, 1944; Marquardt, 1963; Moré, 1978]. 上述更新规则通常可以看作梯度下降和牛顿步骤两者之间的混合, 其中参数 λ 在两者之间进行加权. 对上述更新方式的一个更严格的论证是从信赖域方法的角度给出的 [Conn et al., 2000], 我们将在习题 9.2中对其进行更详细的研究. 由于它的灵活性, Levenberg-Marquardt 方法已经在实际中被广泛用于求解非凸优化问题, 特别是非线性最小二乘类型问题.

复杂度的界

对于具有 Lipschitz 连续梯度和 Hessian 矩阵的函数, [Carmon et al., 2017] 已经给出一阶方法的下界 $O(\varepsilon_g^{-12/7})$, 而人们认为可以达到的最佳上界是 $O(\varepsilon_g^{-7/4})$. 最早尝试开发能够达到最佳上界的算法的文献是 [Agarwal et al., 2016; Carmon et al., 2018]. 后来, [Jin et al., 2018; Royer et al., 2018] 提供了简化方法, 即通过结合负曲率和加速梯度下降来实现这个界. 本章所介绍的方法在很大程度上受这些工作的启发.

我们在表 9.1中总结了本章所介绍的所有算法以及它们关于相应 Oracle 和收敛保证的复杂度. 这些复杂度的界针对所考虑的一类函数中的最坏情况. 如果某个感兴趣的特定函数具有更好的结构或性质 (在我们所考虑的情况中经常如此), 那么即使是普通梯度下降的复杂度也可以得到极大改善. 比如, 如果函数在极小值点附近是局部强凸的, 那么局部收敛速率将变成线性的, 即 $O\left(\log\frac{1}{\varepsilon}\right)$(见附录 D 的定理 D.4).

请注意, 这些复杂度是针对具有全局 Lipschitz 连续梯度和 Hessian 矩阵的函数而表征的. 在实际中, 情况可能并非如此, 我们无法在不知道 Lipschitz 常数的情况下轻易确定步长大小. 因此, 我们一般可以采用局部线搜索方法来确定合适的步长 (见附录 D 的式 (D.1.2)), 然后再建立相应的收敛性和复杂性分析.

表 9.1　不同优化方法的 Oracle 和复杂度 (忽略对数因子). “驻点”表示该方法保证收敛的 $\boldsymbol{x}_\star$ 的驻点类型. 所有复杂度均以达到预定精度 $\|\nabla f(\boldsymbol{x}_\star)\|_2 \leqslant \varepsilon_g$ 之前所使用 Oracle 的次数来衡量

方法	Oracle	驻点	复杂度
普通梯度下降	一阶	一阶	$O(\varepsilon_g^{-2})$
三次正则牛顿, 图 9.1	二阶	二阶	$O(\varepsilon_g^{-1.5})$
梯度/负曲率, 图 9.2	一阶	二阶	$O(\varepsilon_g^{-2})$
负曲率/牛顿, 图 9.4	一阶	二阶	$O(\varepsilon_g^{-1.75})$
混合含噪声梯度, 图 9.5	一阶	二阶	$O(\varepsilon_g^{-2})$
扰动加速梯度, 图 9.6	一阶	二阶	$O(\varepsilon_g^{-1.75})$

对几何结构的利用

在 9.6 节中, 我们已经展示了几个重要的例子, 其优化是在某些非线性流形上进行的. 最近的文献 [Boumal, 2020] 对一般光滑流形上的优化方法做了很好的介绍. 正如我们在第 7 章所看到的 (也将在真实应用部分再次看到), 在低维模型中出现的优化问题往往具有良好的全局几何结构, 比如齐次空间中的某种对称性. 在这种情况下, 我们可以开发出极其高效和可扩展的最优化算法, 远远优于基于局部贪婪梯度的方案. 然而, 与表 9.1中所总结的通用一阶或二阶方法不同, 目前仍然缺乏对于这种几何最优化算法的收敛性和复杂度的系统分析. 正如我们之前在 7.4 节所提到的, 为这类问题开发可扩展算法并刻画保证 (全局) 收敛性和复杂度的条件, 无疑是未来一个重要而迫切的研究课题.

9.8　习题

习题 9.1 (牛顿方法的例子)　请在驻点 $x=0$ 附近对以下三个函数分别使用牛顿方法: $f(x)=\frac{1}{2}x^2$, $f(x)=-\frac{1}{2}x^2$ 和 $f(x_1,x_2)=\frac{1}{2}(x_1^2-x_2^2)$, 并说明牛顿迭代在这三种情况下分别做了什么.

习题 9.2 (信赖域方法)　在关于信赖域方法的评注 9.1 中, 我们需要求解一个带约束

的二次规划问题:

$$\boldsymbol{w}_\star = \arg\min_{\boldsymbol{w}} f(\boldsymbol{x}_k) + \langle \nabla f(\boldsymbol{x}_k), \boldsymbol{w} \rangle + \frac{1}{2}\boldsymbol{w}^* \nabla^2 f(\boldsymbol{x}_k)\boldsymbol{w} \ \text{ s.t. } \|\boldsymbol{w}\|_2 \leqslant \delta_k. \tag{9.8.1}$$

为了计算最优的极小值点 $\boldsymbol{w}_\star$, 根据梯度 ∇f 和 Hessian 矩阵 $\nabla^2 f$ 之间的关系, 基本上有三种情况. 设 λ_1 是 Hessian 矩阵 $\nabla^2 f$ 的最小特征值, $\boldsymbol{e}_1$ 是 λ_1 所对应的特征向量, 即 $\nabla^2 f \cdot \boldsymbol{e}_1 = \lambda_1 \boldsymbol{e}_1$. 如果 $\lambda_1 > 0$, 那么 Hessian 矩阵是正定的. 如果 $\lambda_1 < 0$, 那么 $\boldsymbol{e}_1$ 是最大负曲率方向. 我们把与 $\boldsymbol{e}_1$ 相关联的特征子空间记作

$$\mathsf{S}_1 \doteq \{\alpha \boldsymbol{e}_1, \alpha \in \mathbb{R}\}.$$

- 情况 1. 当 $\nabla^2 f(\boldsymbol{x}_k)$ 正定 (即 $\lambda_1 > 0$), 且

$$\left\| \left[\nabla^2 f(\boldsymbol{x}_k)\right]^{-1} \nabla f \right\|_2 < \delta,$$

  请证明最优解是 $\boldsymbol{w}_\star = -\left[\nabla^2 f(\boldsymbol{x}_k)\right]^{-1} \nabla f(\boldsymbol{x}_k)$. 此时, 信赖域牛顿下降就简化成了普通牛顿下降:

$$\boldsymbol{x}_{k+1} = \boldsymbol{x}_k + \boldsymbol{w}_\star = \boldsymbol{x}_k - \left[\nabla^2 f(\boldsymbol{x}_k)\right]^{-1} \nabla f(\boldsymbol{x}_k). \tag{9.8.2}$$

  当极小值点并不在信赖域的内部时, 问题变成如何在球面 $\|\boldsymbol{w}\|_2 = 1$ 上最小化二次函数. 正如我们下面将看到的, 情况会变得有点复杂.

- 情况 2. 请证明, 如果梯度 $\nabla f(\boldsymbol{x}_k)$ 不垂直于 S_1, 且方程

$$\left\| \left[\nabla^2 f(\boldsymbol{x}_k) + \lambda \boldsymbol{I}\right]^{-1} \nabla f(\boldsymbol{x}_k) \right\|_2^2 = \delta^2 \tag{9.8.3}$$

  在 $(-\lambda_1, \infty)$ 范围内有解 $\lambda_\star \geqslant 0$, 那么它给出最优的极小值点是

$$\boldsymbol{w}_\star = -\left[\nabla^2 (\boldsymbol{x}_k) + \lambda_\star \boldsymbol{I}\right]^{-1} \nabla f(\boldsymbol{x}_k).$$

  事实上, 这里寻找最优 $\lambda_\star$ 本身就是一个一维非线性最优化问题. 我们可以使用任何优化方法 (比如牛顿方法) 来求解, 一些具体的选择可以在 [Conn et al., 2000] 中找到. 而一旦找到最优的极小值点 $\boldsymbol{w}_\star$, 那么信赖域牛顿下降在这种情况下就变成[㊀]:

$$\boldsymbol{x}_{k+1} = \boldsymbol{x}_k + \boldsymbol{w}_\star = \boldsymbol{x}_k - \left[\nabla^2 f(\boldsymbol{x}_k) + \lambda_\star \boldsymbol{I}\right]^{-1} \nabla f(\boldsymbol{x}_k). \tag{9.8.4}$$

  进一步证明, 当梯度 ∇f 垂直于子空间 S_1 (即 $\nabla f \perp \mathsf{S}_1$) 时, 如果方程

$$\left\| \left[\nabla^2 f(\boldsymbol{x}_k) + \lambda \boldsymbol{I}\right]^{-1} \nabla f \right\|_2^2 = \delta^2$$

㊀ 请注意, 这个更新规则可以被认为是广为流行的 Levenberg-Marquardt 正则方法(9.4.2)的一种特殊情况, 其中 λ 是根据二阶局部几何而选定的特殊值.

在 $(-\lambda_1,\infty)$ 范围内仍然存在一个解 $\lambda_\star \geqslant 0$, 那么

$$\boldsymbol{w}_\star = -\left[\nabla^2 f(\boldsymbol{x}_k) + \lambda_\star \boldsymbol{I}\right]^{-1} \nabla f$$

仍然是所期望的极小值点.

- 情况 3. 当 $\nabla f \perp \mathsf{S}_1$ 但以上方程无解时, 情况变得有点棘手. 也就是说, 对于任何使 $\nabla^2 f(\boldsymbol{x}_k) + \lambda \boldsymbol{I}$ 正定的 λ, 都有

$$\left\|\left[\nabla^2 f(\boldsymbol{x}_k) + \lambda \boldsymbol{I}\right]^{-1} \nabla f\right\|_2^2 < \delta^2.$$

请证明, 这种情况只有当 $\lambda_1 \leqslant 0$ 时出现. 令 $\boldsymbol{w}_1$ 是

$$\left[\nabla^2 f(\boldsymbol{x}_k) - \lambda_1 \boldsymbol{I}\right] \boldsymbol{w} = -\nabla f$$

的最小范数解, 即 $\boldsymbol{w}_1 = -\left[\nabla^2 f(\boldsymbol{x}_k) - \lambda_1 \boldsymbol{I}\right]^\dagger \nabla f$. 那么, 请证明单位球上的极小值点 $\boldsymbol{w}_\star$ 具有如下形式:

$$\boldsymbol{w}_\star = \boldsymbol{w}_1 + \beta \boldsymbol{e}_1 = -\left[\nabla^2 f(\boldsymbol{x}_k) - \lambda_1 \boldsymbol{I}\right]^\dagger \nabla f + \beta \boldsymbol{e}_1$$

其中所选择的 β 使得 $\boldsymbol{w}_\star$ 满足 $\|\boldsymbol{w}_\star\|_2^2 = \delta^2$. 不难发现, 这种构造的 $\boldsymbol{w}_\star$ 满足极小值点的条件:

$$\left[\nabla^2 f(\boldsymbol{x}_k) - \lambda_1 \boldsymbol{I}\right](\boldsymbol{w}_1 + \beta \boldsymbol{e}_1) = \left[\nabla^2 f(\boldsymbol{x}_k) - \lambda_1 \boldsymbol{I}\right] \boldsymbol{w}_1 = -\nabla f.$$

从几何上讲, $\boldsymbol{w}_1$ 是限制于子空间 $\mathsf{S}_1^\perp$ 的极小值点. 如果它在信赖域的内部, 那么我们简单地沿着最大负曲率方向增加一步, 以达到边界上的全局极小值点 $\boldsymbol{w}_\star$. 在这种情况中, 信赖域牛顿下降变成:

$$\boldsymbol{x}_{k+1} = \boldsymbol{x}_k + \boldsymbol{w}_\star = \boldsymbol{x}_k - \left[\nabla^2 f(\boldsymbol{x}_k) + \lambda_\star \boldsymbol{I}\right]^\dagger \nabla f(\boldsymbol{x}_k) + \beta \boldsymbol{e}_1. \tag{9.8.5}$$

习题 9.3 (三次正则牛顿法)　针对 9.2节所研究的三次正则牛顿法.

(1) 证明三次正则牛顿步骤(9.2.5)简化为求解一个一维凸优化问题, 类似于我们在上述信赖域方法中所看到的.

(2) 证明三次正则牛顿步骤的最优解满足条件(9.2.11).

习题 9.4 (幂迭代和 Lanczos 方法)　实现在 9.3.2节所介绍的幂迭代和 Lanczos 方法. 首先生成一个实对称矩阵 $\boldsymbol{A} \in \mathbb{R}^{n\times n}$, 其中最小特征值 $\lambda_{\min}(\boldsymbol{A}) < 0$, $n = 1000$. 使用幂迭代方法和 Lanczos 方法分别计算对应于最小特征值的特征向量. 绘制近似误差相对于迭代次数的曲线, 并比较这两种方法.

习题 9.5 (共轭梯度方法)　实现在 9.4.3节所提及的求解线性方程 $\boldsymbol{A}\boldsymbol{s} = \boldsymbol{b}$ 的共轭梯度方法, 比如对于大小为 1000×1000 的矩阵 $\boldsymbol{A}$. 与通过直接计算矩阵 $\boldsymbol{A}$ 的逆 $\boldsymbol{s} = \boldsymbol{A}^{-1}\boldsymbol{b}$ 来求解方程的效率进行比较.

习题 9.6 (拉普拉斯方法) 本习题把拉普拉斯方法的基本想法推广到一般情况.

(1) 请在函数 $f(x), x \in \mathbb{R}$, 有多个全局极大值点的情况下证明引理 9.1.

(2) 请在函数 $f(\boldsymbol{x}), \boldsymbol{x} \in \mathbb{R}^n$, 有唯一全局极大值点的情况下证明定理 9.7.

(3) 请证明当函数 $f(\boldsymbol{x}), \boldsymbol{x} \in \mathbb{R}^n$, 有全局极大值点的连续族时, Gibbs 分布收敛于式(9.5.6)中的密度.

习题 9.7 (正交字典学习) 让我们考虑另一种表述, 即一次性找到一个正交字典 $\boldsymbol{A}_o$, 只差某个带符号的置换 (permutation). 我们试图求解

$$\min_{\boldsymbol{A},\boldsymbol{X}} \frac{1}{2}\|\boldsymbol{Y}-\boldsymbol{A}\boldsymbol{X}\|_F^2+\mu\|\boldsymbol{X}\|_1, \quad \text{s.t.} \quad \boldsymbol{A} \in \mathsf{O}(n),$$

其中 $\mathsf{O}(n)=\{\boldsymbol{Z} \in \mathbb{R}^{n\times n} \mid \boldsymbol{Z}^*\boldsymbol{Z}=\boldsymbol{I}\}$ 是正交群. 请证明, 这个问题可以简化为

$$\min_{\boldsymbol{A}} \text{Huber}_\mu(\boldsymbol{A}^*\boldsymbol{Y}), \quad \text{s.t.} \quad \boldsymbol{A} \in \mathsf{O}(n). \tag{9.8.6}$$

其中 $\text{Huber}_\mu(\cdot)$ 是式 (7.2.24) 中所引入的 Huber 损失函数, 即逐元素应用在矩阵所有元素上的标量 Huber 函数的和.

习题 9.8 (广义幂迭代) 请证明, 广义幂迭代(9.6.16)等价于下述下降方案:

$$\boldsymbol{X}_{k+1}=\underset{\boldsymbol{Y}\in\mathsf{V}_m(\mathbb{R}^n)}{\arg\min}\ f(\boldsymbol{X}_k)+\langle\nabla f(\boldsymbol{X}_k),\boldsymbol{Y}-\boldsymbol{X}_k\rangle. \tag{9.8.7}$$

请基于这个结果证明, 对于凹函数, 这个下降方案以至少 $O(1/k)$ 的速率收敛到一阶驻点.

第三部分

真实应用

磁共振成像

"若要发现宇宙的奥秘, 需从能量、频率和振动的角度去思考."

——Nikola Tesla

10.1 引言

磁共振成像 (Magnetic Resonance Imaging, MRI) 是基于核磁共振 (Nuclear Magnetic Resonance, NMR) 发展而来的. 磁共振表现为某些原子核 (例如水分子中的质子) 在置于外部磁场中时可以吸收和发射射频能量, 其发射的能量与材料自身的重要物理特性 (例如质子密度) 成正比. 因此在物理和化学中, 磁共振技术是研究物质结构的重要方法, 这项发现曾获得 1952 年的诺贝尔物理学奖.

在 20 世纪 70 年代后期, Paul Lauterbur 和 Peter Mansfield 发现在磁场中引入空间梯度便可以获得物体结构的二维图像, 这种现象现在被称为磁共振成像. 磁共振成像为身体内部器官成像提供了一种准确且无创的方法, 因此很快被证明对医学诊断非常有帮助. 与 X 射线或者计算机断层扫描 (Computed Tomography, CT) 不同, 磁共振成像不会施加电离辐射, 与 X 射线和 CT 相比, 其危害要小得多. 如今, 磁共振成像已经成为全世界综合医院中的常规医学检查手段, 特别是用于大脑和脊髓部位的扫描检查. 鉴于 Lauterbur 和 Mansfield 二人对 MRI 的杰出贡献, 他们共同荣获了 2003 年的诺贝尔生理学与医学奖.

尽管磁共振成像技术具有十分重要的应用, 但磁共振成像机器却相当昂贵, 并且磁共振成像技术的采集过程相当耗时, 因为它需要密集采样许多不同梯度场的磁化响应. 近年来压缩感知技术被证明在提高磁共振成像的效率方面非常有效 [Lustig et al., 2008], 能够降低磁共振成像的成本, 同时提高患者的舒适度与安全性[⊖]. 我们在第 2 章曾简要提及过这项引领性成就.

本章将更详细地解释为什么压缩感知技术特别适用于磁共振成像. 首先, 在 10.2 节中, 我们对磁共振成像物理概念的回顾表明, 磁共振的成像过程可以进行压缩采样, 因为它能够自然地在频域中获取图像的空间编码样本. 其次, 人体器官的医学图像天然地呈现结构化特点, 并且大多是分段光滑的. 因此, 我们将在 10.3 节中, 从经验上验证 MRI 的图像在一个正确选择的变换域中是高度可压缩的 (即稀疏的), 并引入几种有效采样方案. 最后, 10.4 节将介绍一些特定的可以从存在成像噪声和其他干扰因素的压缩样本中高效保真地重建图像的快速算法.

⊖ 对于儿科癌症患者来说, 长时间频繁暴露于强磁场环境下很可能是不安全的, 甚至是致命的.

10.2 磁共振图像的生成

在医学应用中, 磁共振成像是基于测量一种由质子所产生的被称为*横向磁化* (transverse magnetization) 的射频 (Radio Frequency, RF) 信号的成像方式, 其中质子作为氢核的一部分, 大量存在于人体组织中的水和脂肪分子中. 所测量到的射频信号在很大程度上与每个空间位置的质子密度成正比, 指示在某一位置存在或者不存在这类分子. 这些信息可被医生用于专业医疗诊断. 在本章中, 我们将给出一个简化但包含整个采样过程本质的数学模型. 对于物理过程的更详细描述, 读者可以参考 [Wright, 1997].

10.2.1 基础物理概念

众所周知, 在量子物理学中, 每个质子都由于自旋而产生沿着轴向的角动量. 在没有任何外部磁场影响的情况下, 质子的角动量可以在它们的中性状态下随机取向, 因此 (在身体组织中) 质子整体上不会产生任何可测量的磁化强度. 然而, 当有一个强大的外部磁场环境 (记为 $\boldsymbol{B}_0$) 施加到组织块时, 它可以使质子发生极化并沿着磁场 $\boldsymbol{B}_0$ 的方向排列而进行自旋, 从而产生一个净磁化强度 (记为 $\boldsymbol{M}$). 一般也把 $\boldsymbol{B}_0$ 称为*主磁场* (primary magnetic field), 其强度通常在 1.5~3T 之间㊀. 一台磁共振成像机器通常有三个 RF 线圈, 它们分别沿 x、y、z 轴分布, 如图 10.1 所示, 可以通过改变流过相应线圈的电流的方式来产生任意方向的磁场.

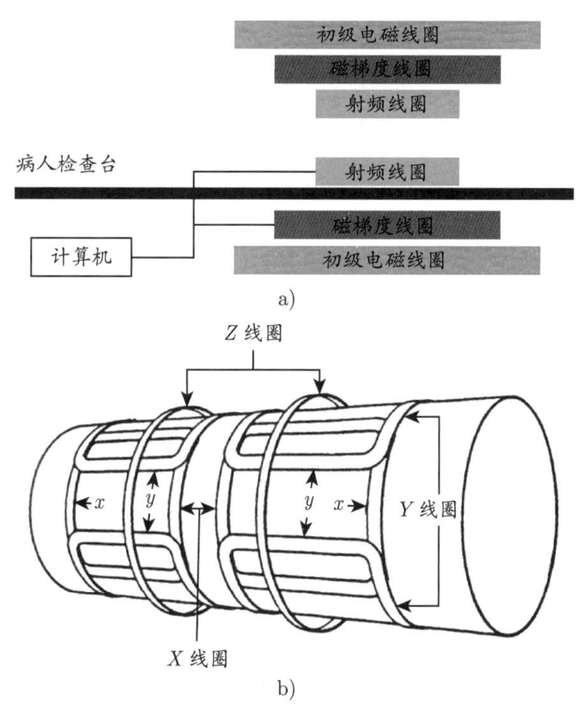

图 10.1 a) 一个基本的磁共振采样机器的关键部分. b) 三轴梯度线圈

参照物理学中的常规符号, 我们用 $(\boldsymbol{i}, \boldsymbol{j}, \boldsymbol{k})$ 来表示在一个 (局部) 笛卡儿坐标系下 x、

㊀ 相比之下, 地球自然磁场的大小只有 25~65μT.

y、z 轴上的三个单位向量. 为了不失一般性, 可以假设外部静磁场 $\boldsymbol{B}_0$ 的方向与 z 轴对齐, 即 $\boldsymbol{B}_0 = B_0\boldsymbol{k}$. 一般而言, 磁化强度 $\boldsymbol{M}$ 的形式为 $\boldsymbol{M} = M_x\boldsymbol{i} + M_y\boldsymbol{j} + M_z\boldsymbol{k}$. 如果外部磁场是静态的, $\boldsymbol{M}$ 将最终达到形如 $M_0\boldsymbol{k}$ 的平衡磁化.

尽管质子可以非常快速地响应外部磁场, 但极化本身不会产生任何可以被机器测量的射频信号. 磁共振的关键在于与主轴正交的*横向平面*中的磁化强度 $\boldsymbol{M}_{xy} = M_x\boldsymbol{i} + M_y\boldsymbol{j}$ 遵循一种截然不同的动力学过程, 并且可以用于测量. 这个有关磁场 $\boldsymbol{B}_0$ 的横向磁化进动遵循 Bloch *方程*:

$$\frac{\mathrm{d}\boldsymbol{M}_{xy}}{\mathrm{d}t} = \gamma\boldsymbol{M}_{xy} \times \boldsymbol{B}_0, \tag{10.2.1}$$

其中 γ 是一个物理常数. 图 10.2 可视化了 $\boldsymbol{M}_{xy}$ 绕 $\boldsymbol{B}_0$ 的进动. 从这个方程中, 我们可以看到进动频率是 $\omega_0 = \gamma B_0$, 这一频率被称为 Larmor *频率*. 这种进动磁矩会辐射电磁信号, 而所产生的电磁信号将会被磁共振成像机器所接收.

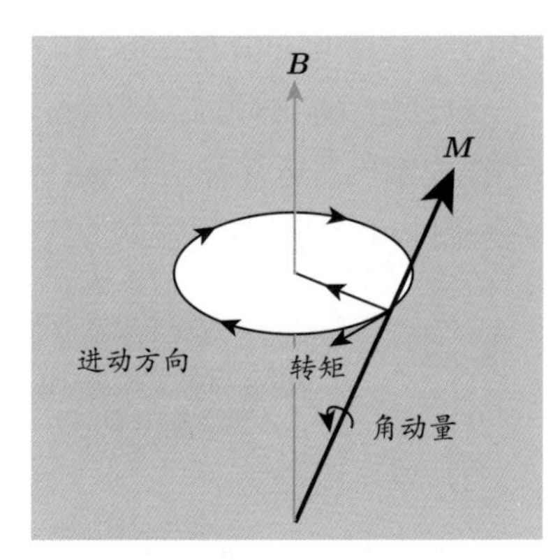

图 10.2 磁化方向 $\boldsymbol{M}$ 作为一个向量, 受与 $\boldsymbol{B}_0$ 的叉积产生的转矩驱动, 在与 $\boldsymbol{M}$ 和 $\boldsymbol{B}_0$ 垂直的方向上, 以锥体绕 $\boldsymbol{B}_0$ 进动 (图片来自 https://mri-q.com/bloch-equations.html, 经 Allen D. Elster, MD 许可转载)

因此, 为了产生与 $\boldsymbol{B}_0$ 正交的进动磁化, 在磁共振成像的第二步, 需要在横截于 $\boldsymbol{B}_0 = B_0\boldsymbol{k}$ 的 xy 平面上施加第二个时变磁场 $\boldsymbol{B}_1$. 通常选择 $\boldsymbol{B}_1 = \cos(\omega_0 t)\boldsymbol{i} + \sin(\omega_0 t)\boldsymbol{j}$, 且其围绕 $\boldsymbol{B}_0$ 以弧度频率 ω_0 旋转. 这个磁场会将质子激发到更高的能量状态.

在短时间激发停止后, 质子会逐渐回落到平衡状态. 这个弛豫过程将持续几毫秒到几秒. 当横向磁化 $\boldsymbol{M}_{xy}$ 进动时, 它会在射频线圈中感应出电磁力. 信号的幅度、相位和弛豫时间代表物质的不同特性, 并且可以被记录在不同类型的磁共振图像中.

10.2.2 选择性激发和空间编码

关于磁共振成像过程还有一个问题, 即磁共振成像机器如何隔离和测量来自身体不同部位的射频信号, 因为如果身体受到单个静磁场的影响, 那么所有的质子都会均匀地对齐. 解决这个问题需要几种巧妙的技术, 包括所谓的*选择性激发* (selective excitation) 和*空间编码* (spatial encoding). 我们的目标是能够从任何空间位置 (x, y, z) 以一定的分辨率采样和测量磁化信号.

由于感兴趣的是横向磁化 $\boldsymbol{M}_{xy}$, 因此我们可以选择沿 z 轴 (例如在 z_0 附近) 的切片激发磁场. 也就是说, 我们对平面 (x,y,z_0) 感兴趣. 选择性激发首先可以通过使 Larmor 频率随磁场沿 z 方向线性变化来实现，即

$$\boldsymbol{B}_0(z) = \big(B_0 + G_z(z-z_0)\big)\boldsymbol{k}.$$

然后, 我们在与切片 z_0 处的 Larmor 频率 $\omega_0 = \gamma B_0$ 对应的有限频率带宽 Ω 范围内, 使用额外的射频激励脉冲. 通常, 可以选择在频率 ω_0 周围具有矩形 (能量) 分布的激励脉冲:

$$\boldsymbol{B}_1(t) = \operatorname{sinc}(\Omega t)\big(\cos(\omega_0 t)\boldsymbol{i} + \sin(\omega_0 t)\boldsymbol{j}\big).$$

这样做的结果是只有切片 (x,y,z_0) 周围的质子可能激发共振并达到高磁化水平, 即 $\boldsymbol{M}_{xy}(x,y) \doteq \boldsymbol{M}_{xy}(x,y,z_0)$. 这就是为什么整个过程被称为*磁共振成像*.

剩下的问题是如何对平面 (x,y,z_0) 内不同空间位置的磁化进行成像. 正如我们从上面所看到的, 空间选择性 (沿 z 轴) 可以通过在 z 方向上引入带有梯度 (G_z) 的空间变化激发来实现. 因此, 将这一想法推广, 我们可以在 x 和 y 方向上分别引入带有梯度 G_x 和 G_y 的附加磁场 $\boldsymbol{B}$, 并且把梯度作为时间 t 的函数来改变, 即

$$\boldsymbol{B} = \big(B_0 + G_x(t)x + G_y(t)y\big)\boldsymbol{k}.$$

选择性激发后, 横向平面 (x,y,z_0) 中的磁场为 $\boldsymbol{M}_{xy}(x,y)$. 一旦切片受到上述磁场的影响, $\boldsymbol{M}_{xy}$ 将根据 Bloch 方程开始进动, 同时我们可以测量它所产生的电磁信号. 假设幅度 $|\boldsymbol{M}_{xy}|$ 在采集期间保持相对恒定, 那么根据 Bloch 方程, 我们有:

$$M_{xy}(x,y,t) = |\boldsymbol{M}_{xy}(x,y)|\mathrm{e}^{-\mathrm{i}\omega_0 t}\mathrm{e}^{-\mathrm{i}\gamma\int_0^t (G_x(\tau)x+G_y(\tau)y)\mathrm{d}\tau},$$

其中 $\mathrm{i}=\sqrt{-1}$ 是虚数单位. 从这个方程中, 我们可以看出引入梯度磁场的真正原因: 它允许我们操纵横向磁场 $\boldsymbol{M}_{xy}$ 的相位, 从而对我们最需要的 $\boldsymbol{M}_{xy}$ 的空间信息进行编码.

注意到, 我们要测量的实际信号是 xy 平面中所有 $\boldsymbol{M}_{xy}$ 的集体效应. 为了简化符号, 我们定义

$$k_x(t) \doteq \gamma\int_0^t G_x(\tau)\mathrm{d}\tau, \quad k_y(t) \doteq \gamma\int_0^t G_y(\tau)\mathrm{d}\tau.$$

在磁共振成像的相关文献中, (k_x,k_y) 被用来索引一个被称为*k-空间*的二维空间. 由此, 我们得到测量信号 $s(t)$:

$$s(t) = \mathrm{e}^{-\mathrm{i}\omega_0 t}\int_x\int_y |\boldsymbol{M}_{xy}(x,y)|\mathrm{e}^{-\mathrm{i}(k_x(t)x+k_y(t)y)}\mathrm{d}x\mathrm{d}y.$$

请注意, 这个测量信号 $s(t)$ 一旦其 $\mathrm{e}^{-\mathrm{i}\omega_0 t}$ 分量被解调, 本质上是在空间频率 $(k_x(t),k_y(t))$ 处 $|\boldsymbol{M}_{xy}(x,y)|$ 的*二维空间傅里叶变换*:

$$S(k_x,k_y) = \int_x\int_y |\boldsymbol{M}_{xy}(x,y)|\mathrm{e}^{-\mathrm{i}(k_x x+k_y y)}\mathrm{d}x\mathrm{d}y. \tag{10.2.2}$$

在磁共振成像文献中, 这种技术被称为空间频率编码 (spatial frequency encoding). 因此, 原则上, 一旦在足够多的空间频率 (k_x, k_y) 位置收集了 S 的测量值, 那么我们就可以简单地从它的傅里叶逆变换恢复 $|\boldsymbol{M}_{xy}(x, y)|$, 即

$$|\boldsymbol{M}_{xy}(x, y)| \propto \int_{k_x} \int_{k_y} S(k_x, k_y) \mathrm{e}^{\mathrm{i}(k_x x + k_y y)} \mathrm{d}k_x \mathrm{d}k_y. \tag{10.2.3}$$

这可以被可视化为 xy 平面 (在 z_0) 上的二维图像, 记作 $\mathbf{I}(x, y)$.

10.2.3 采样与重构

前面两个小节简要描述了磁共振成像的物理原理和数学模型. 简而言之, 我们可以看到, 在任何给定时间 t 所测量的信号 S 的值, 本质上是我们所关注的图像 $\mathbf{I}(x, y)$(或者 $|\boldsymbol{M}_{xy}(x, y)|$) 在特定空间频率 (k_x, k_y) 的二维傅里叶变换. 对于由 $(G_x(t), G_y(t))$ 生成的任何给定梯度场, 如果我们在时间序列 $\{t_1, t_2, \cdots\}$ 处测量到信号 S, 那么就可以得到 $\mathbf{I}(x, y)$ 在变换域 (k-空间) 中不同频率的傅里叶变换样本 $\{(k_x(t_1), k_y(t_1)), (k_x(t_2), k_y(t_2)), \cdots\}$.

在实践中, 我们只关心将图像恢复到一定的空间分辨率. 也就是说, 我们不把图像 $\mathbf{I}(x, y)$ 看成连续域 (即整个 xy 平面) 上的函数, 而是有限笛卡儿网格 (例如大小为 $N \times N$) 上的函数. 在这种情况下, 测量过程可以被看作图像的离散傅里叶变换, 它位于 k-空间中大小为 $N \times N$ 的笛卡儿网格上. 我们把像素的坐标记为向量 $\boldsymbol{v} = (x, y)$, 把频率坐标记为向量 $\boldsymbol{u} = (k_x, k_y)$, 把所有测量值记为向量 $\boldsymbol{y} \in \mathbb{R}^m$, 其中 $m = N^2$. 也就是说, $\boldsymbol{y}$ 的每个元素都具有以下形式:

$$y_i = \sum_{\boldsymbol{v}} \mathbf{I}(\boldsymbol{v}) \mathrm{e}^{-\mathrm{i}\boldsymbol{u}_i^* \boldsymbol{v}} \, \Delta \boldsymbol{v},$$

其中 $i = 1, \cdots, m$, 求和作用于所有的网格上, $\Delta \boldsymbol{v}$ 是网格步长. 如果将图像 $\mathbf{I}$ 视为维数为 m 的向量, 那么

$$\boldsymbol{y} = \boldsymbol{\mathcal{F}}[\mathbf{I}], \tag{10.2.4}$$

其中 $\boldsymbol{\mathcal{F}}$ 是一个 $m \times m$ 的矩阵, 代表离散 (二维) 傅里叶变换. 由于矩阵 $\boldsymbol{\mathcal{F}}$ 是可逆的, 磁共振图像 $\mathbf{I}$ 可以简单地从下述笛卡儿样本中恢复出来, 即

$$\mathbf{I}(\boldsymbol{v}) = \boldsymbol{\mathcal{F}}^{-1}[\boldsymbol{y}](\boldsymbol{v}). \tag{10.2.5}$$

图 10.3 显示了从这种笛卡儿采样方案中恢复的磁共振图像的示例.

乍一看, 在变换域中对整个笛卡儿网格进行采样似乎很自然, 并且通过傅里叶逆变换进行重建似乎很简单. 然而, 对于实际的图像 (如图 10.3 中的示例所示), 获取所有 $m = N^2$ 个样本过于冗余. 因此传统的信号处理技术被用于减少样本的数量. 例如, 如果图像主要由低频分量构成, 并且具有截止带宽 $f_{\max}$, 那么我们只需要根据 Nyquist 采样率 $f_{\text{Nyquist}} \geqslant 2f_{\max}$ 在子网格上对变换域进行采样. 尽管如此, Nyquist 采样率所需要的样本数量仍然非

常大㊀, 这使得传统的磁共振成像过程非常耗时. 在本章的余下部分, 我们将看到通过利用磁共振图像的其他结构 (例如稀疏性和光滑性), 可以显著减少所需要的样本数量.

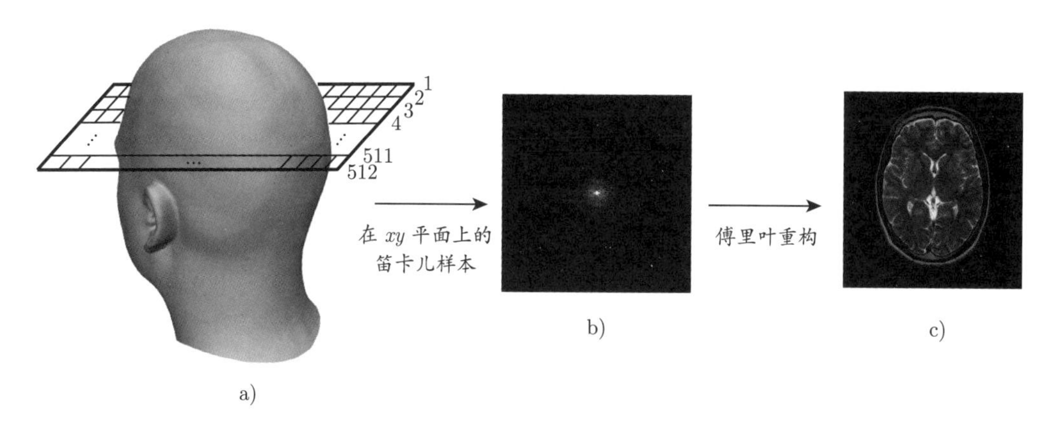

图 10.3 大脑的笛卡儿样本 (图 a) 及其重建的 MRI 图像 (图 c). 本例中的采样分辨率为 $m = 512 \times 512$

10.3 磁共振图像的稀疏性和压缩采样

在本节中, 我们将首先讨论磁共振图像的稀疏性, 然后介绍几种有效的压缩采样方案. 在下一节, 我们将讨论从少量样本中重建磁共振图像的数值方法, 因为在这种欠采样的情况下, 我们不能再简单地依赖于傅里叶逆变换.

10.3.1 磁共振图像的稀疏性

为了提高磁共振图像的采样效率, 我们需要利用目标图像 $\mathbf{I}$ 的额外结构. 正如第 2~3 章所提到的, *稀疏性*是一种非常有效的结构假设. 如果这样的假设存在, 它可以极大地减少重建感兴趣的信号所需要的测量数量. 然而, 磁共振图像并不稀疏——大多数像素都是非零的. 另一方面, 磁共振图像*是结构化的*: 它们可以近似为具有相对较少锐利边缘的分段光滑函数. 实际上, 我们可以看到这种结构信息将会在一个恰当的变换域中展现出稀疏性.

根据信号处理和调和分析的知识, 我们知道分段光滑函数在使用适当的基函数 (例如小波) 表示时是可压缩的 (即其系数几乎是稀疏的). 而在小波和相关的二维信号表示方面已经存在非常深入的理论研究. 这里, 我们仅在一个粗略的操作层面上简要介绍.

小波变换, $\mathbf{\Phi}$ 将 $N \times N$ 的图像 $\mathbf{I}$ 映射到包含 N^2 个系数的集合 $\boldsymbol{x} = \mathbf{\Phi}[\mathbf{I}]$ 上. 其逆变换 $\mathbf{\Psi} = \mathbf{\Phi}^{-1}$ 将系数 $\boldsymbol{x}$ 映射到图像 $\mathbf{I} = \mathbf{\Psi}[\boldsymbol{x}]$. 我们可以将逆映射理解为将图像表示为一系列基函数 $\boldsymbol{\psi}_1, \cdots, \boldsymbol{\psi}_{N^2}$ 的叠加, 即

$$\mathbf{I} = \mathbf{\Psi}[\boldsymbol{x}] = \sum_{i=1}^{N^2} \boldsymbol{\psi}_i x_i. \tag{10.3.1}$$

㊀ 对于边缘和轮廓清晰的图像, 它的截止带宽可能非常高.

图 10.4 可视化了与特定二维小波变换相关的几个基函数.[1]

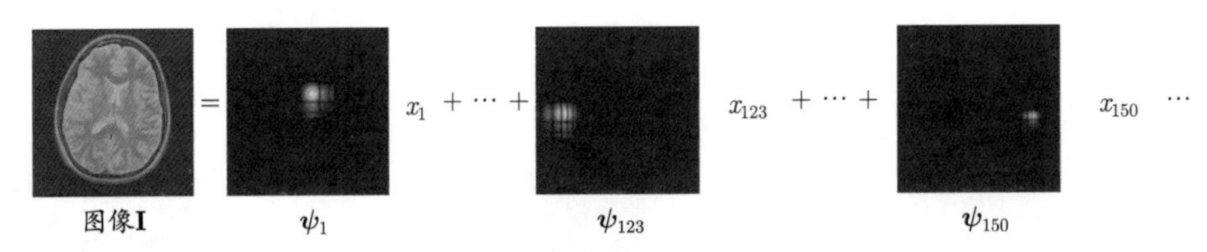

图 10.4 图像的小波表示. 图像 **I** 表示为基函数 $\boldsymbol{\psi}_i$ 的叠加, 系数为 x_i. 在图中, 我们按幅度对系数进行降序排列: x_1 为最大幅度系数, ψ_1 为所对应的基函数, x_2 为第二大的系数, 以此类推. 最大的系数捕获低频结构以及边缘周围的高频结构. 需要注意的是, ψ_{123} 和 ψ_{155} 位于大脑左右两侧的锐利边缘附近

小波变换的系数 x_i 具有非常好的可解释性. 为了变换图像 **I**, 我们将图像分成四个波段, 它们捕获图像中不同空间位置的垂直和水平频率内容: 低频段 (通常记为 LL, 包含两个方向的低频内容) 和高频段 (通常记为 HH, 包含两个方向的高频内容). 另外两个波段 HL 和 LH 则分别包含一个方向的高频内容和另一个方向的低频内容. 需要注意的是, 大多数重要内容都出现在 LL 波段中. 通过对 LL 波段重复这个操作, 我们获得了一个两级变换, 它可以捕获图像中多个尺度的局部频率内容. 我们能够以这种方式继续进行下去. 图 10.5 展示了这幅图像的一级到三级小波变换系数.

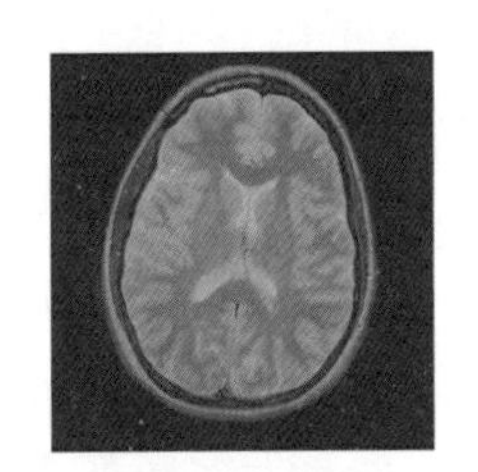

a) 输入图像

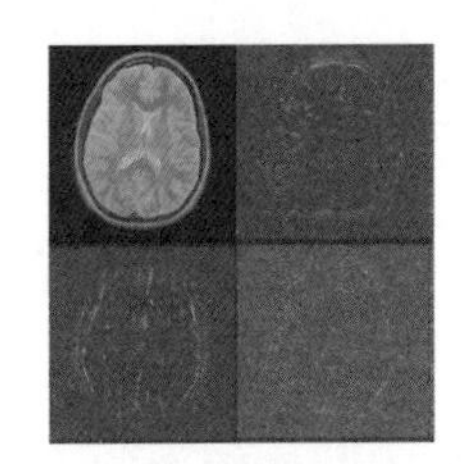

b) 一级小波变换系数

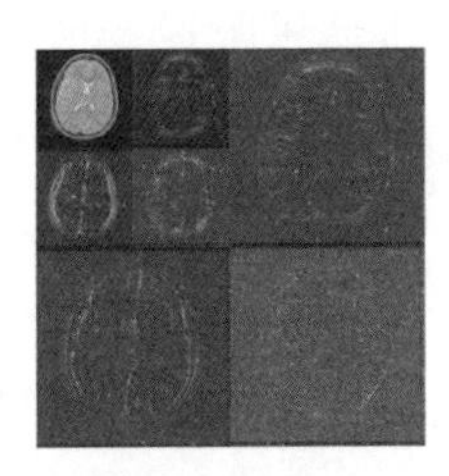

c) 二级小波变换系数

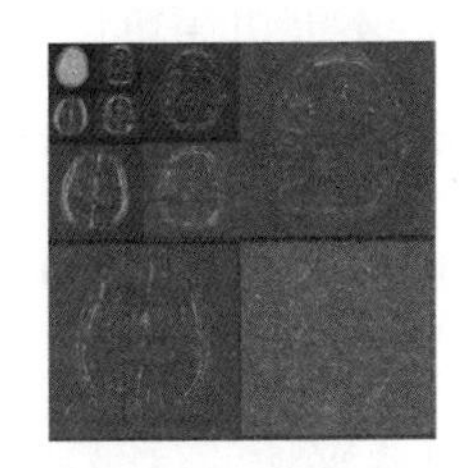

d) 三级小波变换系数

图 10.5 图像的小波系数. 图 a ~ 图 d 分别对应原始图像以及使用 Daubechies db4 小波进行一级、二级和三级小波分解所得到的系数. 一级系数组织为 LL (左上)、LH (右上)、HL (左下) 和 HH (右下). 细节系数 (高频) 集中在锐利的边缘附近

磁共振图像往往是分段光滑的, 只有为数不多的锐利边缘. HL、LH 和 HH 系数主要集中在边缘周围, 因此它们往往非常稀疏. 事实上, 调和分析中的经典结果认为, 这种表示的一维版本用于表达只有几个不连续点的分段光滑一维函数几乎是最佳的.[2] 图 10.6 绘制了每个级别 l 中系数 $\boldsymbol{x}$ 按照幅度从大到小的排序, 包括 $l = 0$ (对应于原始图像) 到 $l = 3$. 需要注意的是, 随着我们增加变换的级数, 系数会变得越来越容易压缩.

---

[1] 目前已有很多小波变种, 这些变种各自对应不同的变换. 在本章的实验中, 我们采用了 Daubechies db4 小波. 选择其他不同的可分离小波会导致不同的变换, 但它们的表现性质是相似的.

[2] 对于二维分段光滑函数, 情况更为复杂. 目前已有大量关于图像表达的文献.

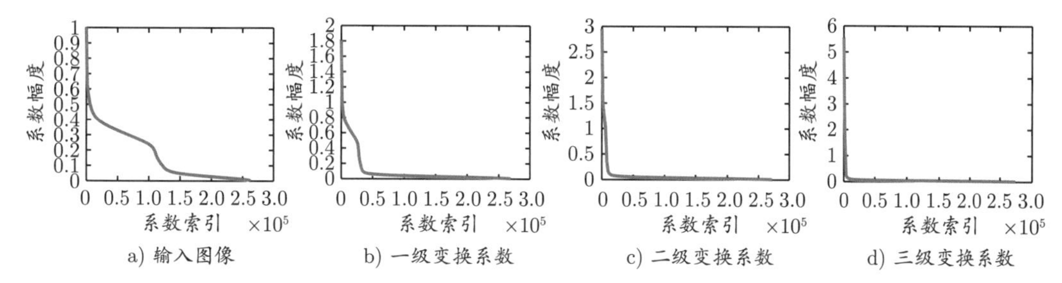

图 10.6 小波系数的衰减. a) 图像像素值的大小, 按降序绘制. 图 b ~ 图 d 表示按幅度降序排列的一级、二级和三级小波变换系数 $\boldsymbol{x}$. 小波变换系数比原始像素值衰减得更快

因为小波系数几乎是稀疏的, 所以我们仅使用少数几个小波系数就可以准确地逼近输入图像. 令 $J = \{i_1, \cdots, i_k\}$ 为 (跨所有尺度的) 绝对值最大的前 k 个系数 x_i 的索引. 我们可以通过只保留这些最大的系数来构造*最佳 k 项近似*, 即

$$\hat{\mathbf{I}} = \sum_{i \in J} \boldsymbol{\psi}_i x_i. \tag{10.3.2}$$

图 10.7a 分别可视化了利用幅度最大的 1%、4%和 7%的小波系数进行近似的结果和对应的近似误差 $|\mathbf{I} - \hat{\mathbf{I}}|$. 我们注意到, 近似误差几乎全部充满了噪声. 为了比较, 图 10.7b 显示了使用最大的 1%、4%和 7%的原始图像像素所给出的近似结果. 很显然, 小波近似比像素近似要准确得多.

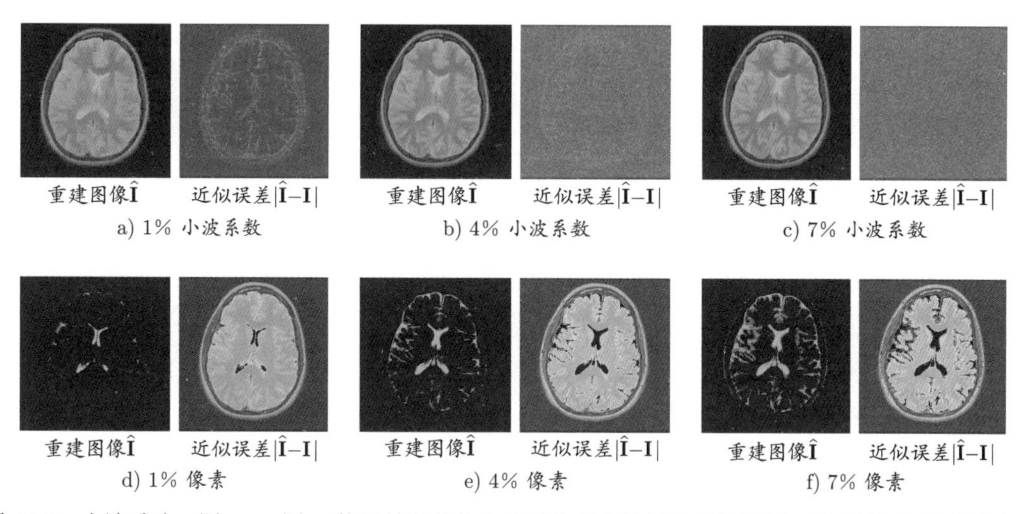

图 10.7 小波重建. 图 a ~ 图 c 使用最显著的小波系数对大脑图像进行近似. 我们绘制了使用最大的 1%、4%和 7%的小波系数来绘制重建的 $\hat{\mathbf{I}}$ 和相应的误差图像 $|\hat{\mathbf{I}} - \mathbf{I}|$. 保留大约 7%的小波系数时的重建图像捕获了图像的大部分重要结构, 剩下的主要是噪声. 图 b ~ 图 f 为进行比较, 我们使用最大的 1%、4%和 7%的图像像素进行的图像重建和相应的误差图像. 使用相应比例的像素所完成的重建结果非常不精确: 图像在小波域中几乎是稀疏的, 但在原始像素域中却不是

当然, 我们没有理由相信小波的稀疏性可以捕获磁共振图像中的*所有*结构. 其他结构假设有可能会产生更为稀疏的表示, 从而可以用来更有效地进行采样. 相关的参考文献中

已有丰富的替代方案, 包括捕获定向边缘的表示、捕获重复结构的非局部表示以及适应特定图像类别的学习表示. 我们将在 10.4 节给出一种利用其他形式的稀疏性来进一步减少磁共振图像采样负担的方法. 现在, 我们将解决如何利用小波系数稀疏这一先验知识来进行更有效采样的问题.

10.3.2 磁共振图像的压缩采样

尽管小波变换能够稀疏化磁共振图像 $\mathbf{I}$, 但需要注意的是, 除非获得整个图像 $\mathbf{I}$ (然后应用变换 $\boldsymbol{\Phi}$), 否则我们无法获得小波系数 $\boldsymbol{x}$. 因此, 在传统的图像处理中, 小波变换主要用于图像采集的后处理, 例如用于压缩. 现在的问题是: 如何利用磁共振图像在某些 (小波) 域中足够稀疏这一事实, 来显著地减少在采集时间内需要采样的测量数量, 并且仍然可以高质量地恢复图像呢?

首先, 我们注意到, 测量值 (即傅里叶系数) $\boldsymbol{y} \in \mathbb{C}^{N^2}$ 和 (稀疏) 小波系数 $\boldsymbol{x} \in \mathbb{R}^{N^2}$ 之间的关系如下:

$$\boldsymbol{y} = \mathcal{F}[\boldsymbol{\Psi}\boldsymbol{x}].$$

从上面描述的物理模型中, 我们可以直接测量傅里叶系数 $\boldsymbol{y}$ 的任何子集或者它们的任何线性叠加. 为方便起见, 我们将图像 $\mathbf{I}$ 表示为向量 $\boldsymbol{z} \doteq \mathbf{I} \in \mathbb{R}^{N^2}$, 从而有

$$\boldsymbol{z} = \boldsymbol{\Psi}\boldsymbol{x}.$$

假设我们不采用所有 N^2 个傅里叶系数, 而是仅测量 $m \ll N^2$ 个傅里叶系数的 (线性叠加的) 样本. 那么, 从 $\boldsymbol{z}$ 到 m 个部分测量 $\boldsymbol{y}$ 的变换可以表示为一个 $m \times N^2$ 的矩阵, 记为 $\mathcal{F}_{\mathsf{U}} \in \mathbb{C}^{m \times N^2}$. 因此, 我们有:

$$\boldsymbol{y} = \mathcal{F}_{\mathsf{U}}[\boldsymbol{\Psi}\boldsymbol{x}] \doteq \boldsymbol{A}\boldsymbol{x}, \tag{10.3.3}$$

其中, $\boldsymbol{A} \doteq \mathcal{F}_{\mathsf{U}}\boldsymbol{\Psi} \in \mathbb{C}^{m \times N^2}$.

正如从前几章中所了解到的, 如果整个采样矩阵 $\boldsymbol{A}$ 足够*不相干* (incoherent), 那么原则上我们可以从显著稀少的 m 个样本中正确地恢复所有的稀疏 (小波) 系数 $\boldsymbol{x}$. 从 3.4.3 节中我们知道, 随机选择的傅里叶 (或者小波) 变换的部分子矩阵 $\mathcal{F}$ 是不相干的. 因此, 为了确保矩阵 $\boldsymbol{A}$ 是不相干的, 直观上一种简单的压缩采样方案是对傅里叶系数 $\boldsymbol{y}$ 进行某种随机测量.

然而, 正如我们在图 10.3 中所注意到的, 典型磁共振图像的最显著非零傅里叶系数主要位于低频区域, 而高频区域的系数已经非常稀疏且微小. 因此, 傅里叶域的均匀随机采样不一定是最有效的. 对于如此分布的系数, 更合适的采样方案是*可变密度随机采样* (variable density random sampling). 这种方案是专为二维图像而设计的, 其中大部分能量集中在频域原点附近. 更具体地说, 尽管样本的位置仍然是随机选择的, 但是它逐渐为低频率样本提供了比高频率样本更高的被选择机会. 图 10.8 显示了可变密度随机采样模式的一个示例.

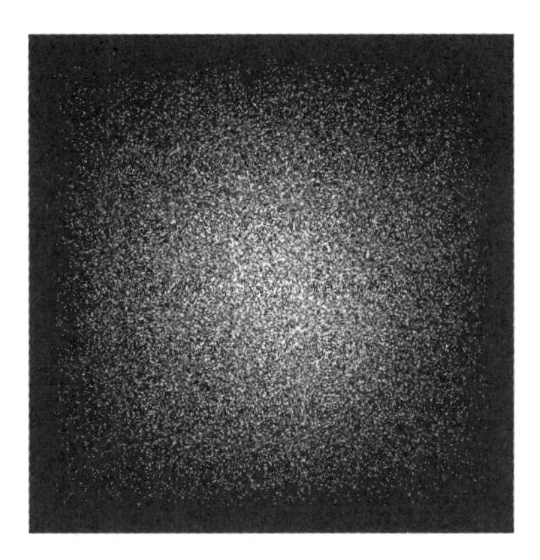

图 10.8 傅里叶域中的可变密度随机采样模式

然而, 根据上面所描述的磁共振成像的物理模型, 磁共振成像的机器在实践中并不能随时在完全随机的位置进行测量. 相反, 它会在 k-空间中沿连续轨迹 $(k_x(t), k_y(t))$ 生成一系列傅里叶系数样本. 因此, 压缩磁共振成像的主要挑战是, 在傅里叶域中为受物理过程约束的真实磁共振图像设计实用且有效的采样方案. 对此, 一些主流的二次采样模式, 比如图 10.9 所示的*径向*采样模式和*螺旋*采样模式, 已被 (实验) 证明对磁共振成像非常有效. 显然, 这两种模式都旨在使更多的系数在靠近原点的地方被密集采样, 在远离原点的地方被稀疏采样.

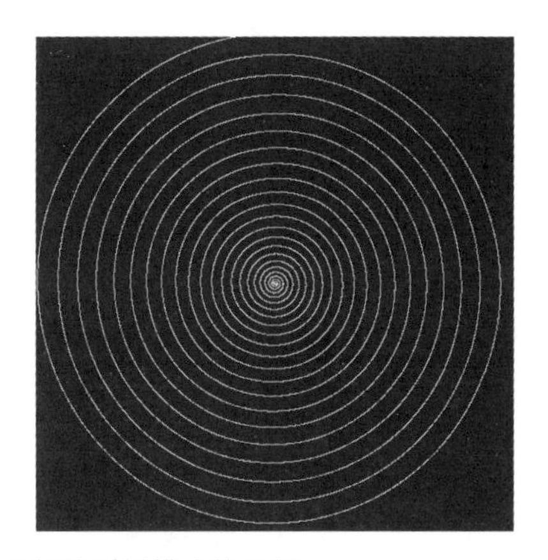

图 10.9 径向采样模式和螺旋采样模式的示例

为了评价不同采样模式的有效性, 在图 10.10 中, 我们根据不同的采样百分比绘制了重建图像的峰值信噪比 (PSNR).㊀ 为了构建基线, 我们首先在给定 $\boldsymbol{x}$ 中最显著的非零小波系数的条件下计算 PSNR 值, 其结果以红色曲线显示. 它明显优于其他没有真实稀疏信号 $\boldsymbol{x}$ 的子采样方法. 此外, 与确定性径向和螺旋模式相比, 可变密度随机采样在采样百分比较低 (即小于 20%) 时, 最初的重建质量最差. 然后, 随着采样百分比变高, 其性能显著提高并逐渐超过其他子采样模式的性能. 读者可以参考 [Lustig et al., 2008] 来了解更多关于磁共振成像压缩采样的讨论.

㊀ 我们将在下一节中详细介绍相应的重建算法.

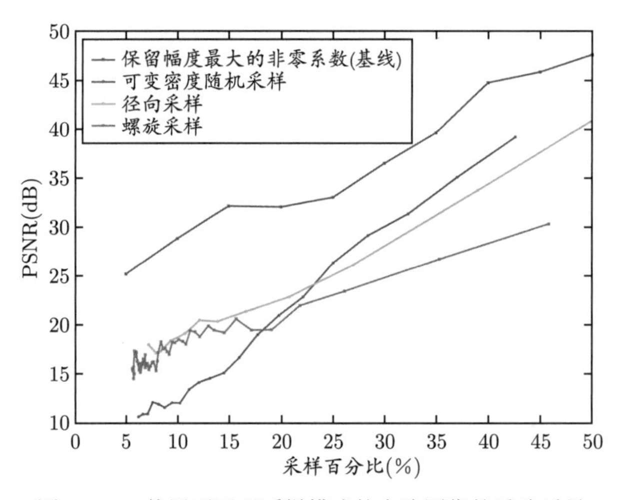

图 10.10　使用不同子采样模式的大脑图像的重建质量

10.4　磁共振图像恢复算法

在本节中, 我们将讨论从采样测量 $\boldsymbol{y}$ 中重建磁共振图像的算法. 这在概念上很简单: 许多在第 8 章中描述过的方法都可以被用于从测量 $\boldsymbol{y} = \boldsymbol{A}\boldsymbol{x}$ 中重建稀疏系数 $\boldsymbol{x}$. 然而, 有几个需要额外考虑的实际因素. 首先, 磁共振测量受到包括噪声在内的许多非理想因素的影响. 其次, 由于需要尽可能高效地进行采样, 因此除了利用小波系数 $\boldsymbol{x}$ 的稀疏性之外, 目标图像的其他结构信息通常也会对重建图像有所帮助.

测量噪声

在实验中, 所测量的磁共振图像 $\mathbf{I}$ 可能会因热噪声而变差, 因此测量 $\boldsymbol{y}$ 可以表示为

$$\boldsymbol{y} = \boldsymbol{A}\boldsymbol{x} + \boldsymbol{n}, \tag{10.4.1}$$

其中 $\boldsymbol{n}$ 是满足 ℓ_2 范数有界 (即 $\|\boldsymbol{n}\|_2 < \varepsilon$) 的噪声项. 或者为了简单起见, 假设 $\boldsymbol{n}$ 服从高斯分布. 我们可以通过寻找与测量 $\boldsymbol{y}$ 在噪声水平 ε 上一致的最小化 ℓ^1 范数的系数来准确估计稀疏系数 $\boldsymbol{x}$ (参见 3.5 节), 即

$$\hat{\boldsymbol{x}} = \arg\min_{\boldsymbol{x}} \|\boldsymbol{x}\|_1 \quad \text{s.t.} \quad \|\boldsymbol{A}\boldsymbol{x} - \boldsymbol{y}\|_2 \leqslant \varepsilon. \tag{10.4.2}$$

一旦从这个优化问题中求解出 $\boldsymbol{x}$, 我们便可以将图像恢复为 $\hat{\boldsymbol{z}} = \boldsymbol{\Psi}[\hat{\boldsymbol{x}}]$[⊖].

梯度稀疏

上面所使用的小波表示方法非常适合于表达具有少量间断点的分段光滑函数. 正如我们从大脑图像中看到的, 磁共振图像可以表现出比分段光滑更强的特性: 图像可以近似为

⊖ 这里我们把二维磁共振图像 $\mathbf{I}$ 以及其作为 $\mathbb{R}^{N^2}$ 中一个向量的向量化版本都使用 $\hat{\boldsymbol{z}}$ 来表示, 因为它的含义在上下文里是十分清晰的.

分段常函数 [Ma et al., 2008]. 这意味着图像值在远离锐利边缘时是恒定的. 这种图像的梯度仅在边缘处非零, 因此是稀疏的.

更准确地说, 令 ∇_1 和 ∇_2 分别代表图像 $\mathbf{I}$ 的第一坐标 (x) 和第二坐标 (y) 上的有限差分 (微分) 算子. 我们使用 $(\nabla \boldsymbol{z})_i = ((\nabla_1 \boldsymbol{z})_i, (\nabla_2 \boldsymbol{z})_i) \in \mathbb{R}^2$ 来表示像素 i 处的梯度向量, 使用梯度向量 $(\nabla \boldsymbol{z})_i$ 的 ℓ^2 范数 $\|(\nabla \boldsymbol{z})_i\|_2 = \left((\nabla_1 \boldsymbol{z})_i^2 + (\nabla_2 \boldsymbol{z})_i^2\right)^{1/2}$ 来衡量其长度.

具有分段常函数性质的图像中梯度非零的像素相对较少, 即

$$\sum_i \mathbb{1}_{\|(\nabla z)_i\|_2 \neq 0} \tag{10.4.3}$$

的值很小. 这可以被理解为梯度向量场的分组稀疏 (group sparsity) 假设, 参见第 6 章.

式(10.4.3)是在统计非零梯度像素点的数量, 这在概念上非常简单, 但不适合于高效计算. 按照第 6 章中关于分组稀疏性的直观理解, 我们可以定义这个函数的凸松弛, 称为图像 $\boldsymbol{z}$ 的全变分 (total variation), 即

$$\|\boldsymbol{z}\|_{\mathrm{TV}} \doteq \sum_i \|(\nabla \boldsymbol{z})_i\|_2 . \tag{10.4.4}$$

这是 $\boldsymbol{z}$ 的凸函数㊀.

使用这个凸函数, 我们可以通过实验验证 MRI 图像能够很好地近似为梯度稀疏的. 为此, 我们选取一个图像 $\boldsymbol{z}$, 使用针对全变分的邻近算子来计算其近似, 即㊁

$$\hat{\boldsymbol{z}}_\lambda = \operatorname{prox}_{\lambda \mathrm{TV}}(\boldsymbol{z}) \doteq \arg\min_{\boldsymbol{x}} \lambda \|\boldsymbol{x}\|_{\mathrm{TV}} + \tfrac{1}{2}\|\boldsymbol{x} - \boldsymbol{z}\|_2^2 . \tag{10.4.5}$$

对于每个 $\lambda \geqslant 0$, 我们都有一个近似 $\hat{\boldsymbol{z}}_\lambda$, 它的梯度是稀疏的. 参数 λ 用来权衡 $\hat{\boldsymbol{z}}$ 的梯度稀疏性和对原始图像 $\boldsymbol{z}$ 的保真度. 在这里, 邻近算子 $\operatorname{prox}_{\lambda \mathrm{TV}}(\cdot)$ 可以使用交替方向乘子法 (ADMM) 来计算, 我们将在之后更详细地描述.

图 10.11 展示了 $\hat{\boldsymbol{z}}_\lambda$ 对 $\boldsymbol{z}$ 的近似效果, 其中 $\lambda = 0.6, 0.4, 0.2$. 从图中我们可以看出, 采用大约 10%的非零梯度向量的近似就可以获得视觉上可辨识的图像.

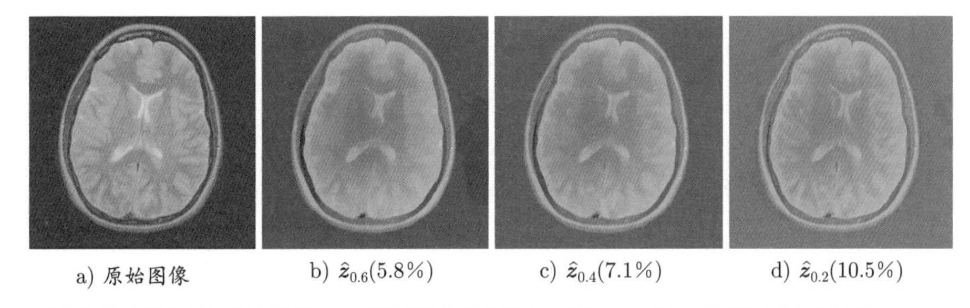

a) 原始图像 b) $\hat{\boldsymbol{z}}_{0.6}(5.8\%)$ c) $\hat{\boldsymbol{z}}_{0.4}(7.1\%)$ d) $\hat{\boldsymbol{z}}_{0.2}(10.5\%)$

图 10.11 梯度稀疏近似结果的显示. a) 目标磁共振图像 $\boldsymbol{z}$. 图 b ~ 图 d 显示了分别使用 $\lambda = 0.6, 0.4, 0.2$ 的全变分邻近算子 $\operatorname{prox}_{\lambda \mathrm{TV}}(\boldsymbol{z})$ 所计算的梯度稀疏近似结果. 对于每个近似结果, 图中还显示了梯度非零的像素占比

㊀ 严格来说, 式 (10.4.4) 并不是一个范数, 因为它不是正定的.

㊁ 对于邻近算子的更多细节, 读者可以参考 8.1~8.3 节.

梯度稀疏和小波稀疏相结合

为了 "鼓励" 所要恢复的图像具有稀疏梯度, 我们可以将全变分作为附加的正则化项合并到上述的稳定稀疏恢复问题(10.4.2)中. 注意到 $\boldsymbol{x} = \boldsymbol{\Phi z}$ 和 $\boldsymbol{Ax} = \mathcal{F}_{\mathsf{U}}[\boldsymbol{z}]$, 我们可以得到下述优化问题:

$$\boldsymbol{z}^* = \arg\min_{\boldsymbol{z}} \alpha\|\boldsymbol{\Phi z}\|_1 + \beta\|\boldsymbol{z}\|_{\mathrm{TV}} \quad \text{s.t.} \quad \|\mathcal{F}_{\mathsf{U}}[\boldsymbol{z}] - \boldsymbol{y}\|_2 < \varepsilon, \tag{10.4.6}$$

其中 $\alpha > 0$ 和 $\beta > 0$ 是两个权重参数. 将全变分和 ℓ^1 范数一起用于 MRI 恢复最初是由 [Lustig et al., 2007] 和 [Ma et al., 2008] 提出的.

我们可以将上述约束优化问题改写为下述无约束优化问题:

$$\boldsymbol{z}^* = \arg\min_{\boldsymbol{z}} \alpha\|\boldsymbol{\Phi z}\|_1 + \beta\sum_i \|(\nabla \boldsymbol{z})_i\|_2 + \frac{1}{2}\|\mathcal{F}_{\mathsf{U}}[\boldsymbol{z}] - \boldsymbol{y}\|_2^2. \tag{10.4.7}$$

由于每一项都是 $\boldsymbol{z}$ 的凸函数, 因此整体的目标函数也是凸的. 这个优化问题可以通过所谓的不动点迭代法来有效求解 (更多细节参见 [Ma et al., 2008]).

优化算法

我们通过利用优化问题的特殊结构来引入一种更简单 (并且更快) 的算法. 观察到解决上述优化问题的主要挑战是目标函数包含可分离的两项: 一项是 $\boldsymbol{\Phi z}$ 的 ℓ^1 范数, 另一项是 $\boldsymbol{z}$ 的梯度向量的 ℓ^2 范数. 如果我们只优化 $\|\boldsymbol{\Phi z}\|_1$ 和 $\|\boldsymbol{z}\|_{\mathrm{TV}}$ 两项中的一项, 而把另一项固定, 那么所对应的子问题都是一个相对容易求解的优化问题. 因此, 我们可以利用在 8.5 节中所介绍的 ADMM 来求解. 这个方法是在 [Yang et al., 2010b] 中首先引入的. 我们在这里对算法进行简要说明.

在问题(10.4.7)中, 目标函数的前两项都依赖于 $\boldsymbol{z}$. 因此, 要使用 ADMM, 我们需要先实现变量可分离. 为此, 我们引入一组辅助变量 $\boldsymbol{x}$ 和 $\{\boldsymbol{v}_i\}_{i=1}^{N^2}$, 其中 $\boldsymbol{x} \doteq \boldsymbol{\Phi z} \in \mathbb{R}^{N^2}$ 用于分离 (稀疏) 小波系数, $\boldsymbol{v}_i \doteq (\nabla \boldsymbol{z})_i \in \mathbb{R}^2$, $i = 1, \cdots, N^2$ 用于分离 (稀疏的) 图像梯度. 有了这些辅助变量, 优化问题(10.4.7)就可以写成

$$\begin{aligned} \min_{\boldsymbol{z}, \boldsymbol{x}, \{\boldsymbol{v}_i\}} \quad & \alpha\|\boldsymbol{x}\|_1 + \beta\sum_i \|\boldsymbol{v}_i\|_2 + \tfrac{1}{2}\|\mathcal{F}_{\mathsf{U}}[\boldsymbol{z}] - \boldsymbol{y}\|_2^2 \\ & \text{s.t.} \quad \boldsymbol{x} = \boldsymbol{\Phi z}, \;\; \boldsymbol{v}_i = (\nabla \boldsymbol{z})_i \in \mathbb{R}^2, \quad i = 1, \cdots, N^2. \end{aligned} \tag{10.4.8}$$

我们考虑问题(10.4.8)的增广拉格朗日形式. 为了简化表达式, 我们定义与辅助变量 $\boldsymbol{x}$ 和 $\{\boldsymbol{v}_i\}_{i=1}^{N^2}$ 相关的两个函数:

$$g_1(\boldsymbol{z}, \boldsymbol{x}, \boldsymbol{\lambda}_1) \doteq \alpha\|\boldsymbol{x}\|_1 + \boldsymbol{\lambda}_1^*(\boldsymbol{x} - \boldsymbol{\Phi z}) + \frac{\mu_1}{2}\|\boldsymbol{x} - \boldsymbol{\Phi z}\|_2^2, \tag{10.4.9}$$

和

$$g_2(\boldsymbol{z}, \boldsymbol{v}_i, (\boldsymbol{\lambda}_2)_i) \doteq \beta\|\boldsymbol{v}_i\|_2 + (\boldsymbol{\lambda}_2)_i^*(\boldsymbol{v}_i - (\nabla \boldsymbol{z})_i) + \frac{\mu_2}{2}\|\boldsymbol{v}_i - (\nabla \boldsymbol{z})_i\|_2^2, \tag{10.4.10}$$

其中 $\boldsymbol{\lambda}_1$ 和 $\{(\boldsymbol{\lambda}_2)_i\}$ 是对应约束的拉格朗日乘子向量.

那么, 问题(10.4.8)的增广拉格朗日函数由下式给出:

$$\mathcal{L}(\boldsymbol{z},\boldsymbol{x},\{\boldsymbol{v}_i\},\boldsymbol{\lambda}_1,\{(\boldsymbol{\lambda}_2)_i\}) \doteq g_1(\boldsymbol{z},\boldsymbol{x},\boldsymbol{\lambda}_1)+\sum_i g_2(\boldsymbol{z},\boldsymbol{v}_i,(\boldsymbol{\lambda}_2)_i)+\frac{1}{2}\|\mathcal{F}_{\mathsf{U}}[\boldsymbol{z}]-\boldsymbol{y}\|_2^2, \quad (10.4.11)$$

从而, 约束优化问题(10.4.8)转化为如下无约束优化问题:

$$\min_{\boldsymbol{z},\boldsymbol{x},\{\boldsymbol{v}_i\},\boldsymbol{\lambda}_1,\{(\boldsymbol{\lambda}_2)_i\}} \mathcal{L}(\boldsymbol{z},\boldsymbol{x},\{\boldsymbol{v}_i\},\boldsymbol{\lambda}_1,\{(\boldsymbol{\lambda}_2)_i\}). \quad (10.4.12)$$

这个问题可以按照交替方向法进行迭代优化[㊀]:

$$\begin{cases} \boldsymbol{x}^{(k+1)} = \arg\min_{\boldsymbol{x}} g_1\big(\boldsymbol{z}^{(k)},\boldsymbol{x},\boldsymbol{\lambda}_1^{(k)}\big), \\ \boldsymbol{v}_i^{(k+1)} = \arg\min_{\boldsymbol{v}_i} g_2\big(\boldsymbol{z}^{(k)},\boldsymbol{v}_i,(\boldsymbol{\lambda}_2^{(k)})_i\big), \\ \boldsymbol{z}^{(k+1)} = \arg\min_{\boldsymbol{z}} \mathcal{L}\big(\boldsymbol{z},\boldsymbol{x}^{(k+1)},\boldsymbol{v}^{(k+1)},\boldsymbol{\lambda}_1^{(k)},\boldsymbol{\lambda}_2^{(k)}\big), \\ \boldsymbol{\lambda}_1^{(k+1)} = \boldsymbol{\lambda}_1^{(k)} + \mu_1\big(\boldsymbol{x}^{(k+1)} - \boldsymbol{\Phi}\boldsymbol{z}^{(k+1)}\big), \\ \boldsymbol{\lambda}_2^{(k+1)} = \boldsymbol{\lambda}_2^{(k)} + \mu_2\big(\boldsymbol{v}^{(k+1)} - \nabla\boldsymbol{z}^{(k+1)}\big). \end{cases} \quad (10.4.13)$$

其中, 为了简化表达, 定义 $\boldsymbol{v}=[\boldsymbol{v}_1,\cdots,\boldsymbol{v}_{N^2}]\in\mathbb{R}^{2\times N^2}$, $\boldsymbol{\lambda}_2=[(\boldsymbol{\lambda}_2)_1,\cdots,(\boldsymbol{\lambda}_2)_{N^2}]\in\mathbb{R}^{2\times N^2}$. 注意到拉格朗日函数(10.4.11)的所有项都是凸函数, 因此上述所有子问题都是凸优化问题.

求解式(10.4.13)中的第一个子问题:

$$\boldsymbol{x}^{(k+1)} = \arg\min_{\boldsymbol{x}} g_1\big(\boldsymbol{z}^{(k)},\boldsymbol{x},\boldsymbol{\lambda}_1^{(k)}\big).$$

虽然 g_1 对 $\boldsymbol{x}$ 是不可微的, 但它对 ℓ^1 范数最小化存在一个基于邻近算子的闭式解:

$$\boldsymbol{x}^{(k+1)} = \operatorname{soft}\Big(\boldsymbol{\Phi}\boldsymbol{z}^{(k)} - \boldsymbol{\lambda}_1^{(k)}/\mu_1, \alpha/\mu_1\Big), \quad (10.4.14)$$

其中 $\operatorname{soft}(\cdot,\cdot)$ 是对向量 $\boldsymbol{\Phi}\boldsymbol{z}^{(k)} - \boldsymbol{\lambda}_1^{(k)}/\mu_1$ 逐元素应用的软阈值化算子, 即

$$\operatorname{soft}(x,\tau) \doteq \max\{|x|-\tau,0\}\cdot\operatorname{sign}(x), \quad x\in\mathbb{R}. \quad (10.4.15)$$

我们把推导作为习题留给读者.

求解式(10.4.13)中的第二个子问题:

$$\boldsymbol{v}_i^{(k+1)} = \arg\min_{\boldsymbol{v}_i} g_2\Big(\boldsymbol{z}^{(k)},\boldsymbol{v}_i,(\boldsymbol{\lambda}_2^{(k)})_i\Big).$$

注意到 g_2 本质上是 ℓ^1 范数的邻近算子

$$\min_v \beta|v| + \frac{\mu}{2}(v-x)^2$$

㊀ 这里与在优化算法章节中所使用的符号不同, 我们将使用上标 k 来表示算法的迭代次数, 因为下标 i 已经被用于索引像素.

的二维版本. 因此, 它也有一个基于二维版本的软阈值化算子的闭式解:

$$\boldsymbol{v}_i^{(k+1)} = \operatorname{soft}_2\Big(\big(\nabla \boldsymbol{z}^{(k)}\big)_i - \big(\boldsymbol{\lambda}_2^{(k)}\big)_i/\mu_2,\ \beta/\mu_2\Big), \tag{10.4.16}$$

其中 $\operatorname{soft}_2(\cdot,\cdot)$ 表示二维软阈值化算子[㊀]:

$$\operatorname{soft}_2(\boldsymbol{x},\tau) \doteq \max\{\|\boldsymbol{x}\|_2 - \tau, 0\} \cdot \boldsymbol{x}/\|\boldsymbol{x}\|_2, \quad \boldsymbol{x} \in \mathbb{R}^2. \tag{10.4.17}$$

同样, 我们把推导作为习题留给读者.

最后, 求解式(10.4.13)中的第三个子问题:

$$\boldsymbol{z}^{(k+1)} = \arg\min_{\boldsymbol{z}} \mathcal{L}\Big(\boldsymbol{z}, \boldsymbol{x}^{(k+1)}, \boldsymbol{v}^{(k+1)}, \boldsymbol{\lambda}_1^{(k)}, \boldsymbol{\lambda}_2^{(k)}\Big).$$

我们注意到 $\boldsymbol{x}^{(k+1)}, \boldsymbol{v}^{(k+1)}, \boldsymbol{\lambda}_1^{(k)}, \boldsymbol{\lambda}_2^{(k)}$ 都是固定的, 拉格朗日函数 $\mathcal{L}(\cdot)$ 的每一项都是 $\boldsymbol{z}$ 的二次函数. 由于最优解 $\boldsymbol{z}^{(k+1)}$ 满足条件 $\left.\dfrac{\partial \mathcal{L}}{\partial \boldsymbol{z}}\right|_{\boldsymbol{z}^{(k+1)}} = 0$, 即

$$\boldsymbol{M}\boldsymbol{z}^{(k+1)} = \boldsymbol{b}.$$

因此可以给出

$$\boldsymbol{z}^{(k+1)} = \boldsymbol{M}^{-1}\boldsymbol{b}, \tag{10.4.18}$$

其中

$$\begin{aligned}
\boldsymbol{M} &= \mathcal{F}_{\mathsf{U}}^*\mathcal{F}_{\mathsf{U}} + \mu_1\boldsymbol{I} + \mu_2\nabla^*\nabla, \\
\boldsymbol{b} &= \mathcal{F}_{\mathsf{U}}^*[\boldsymbol{y}] + \boldsymbol{\Phi}^*\Big(\mu_1\boldsymbol{x}^{(k+1)} + \boldsymbol{\lambda}_1^{(k)}\Big) + \nabla^*\Big(\mu_2\boldsymbol{v}^{(k+1)} + \boldsymbol{\lambda}_2^{(k)}\Big),
\end{aligned}$$

这里, ∇^* 表示离散梯度算子 ∇ 的伴随算子[㊁].

可以证明, 只要步长 μ_1, μ_2 选择适当, 那么上述交替最小化方案(10.4.13)无论从任何初始点开始, 最终都能够收敛到最优解 [Yang et al., 2010b].

10.5 注记

磁共振成像是压缩感知的早期成功应用之一, 并通过一系列开创性的工作 [Lustig et al., 2007, 2008] 得到了有力验证. 许多后续工作 [Ma et al., 2008; Yang et al., 2010b] 进一步提高相关优化方法或者采样方案的效率. 如今, 压缩感知已在磁共振成像以及许多其他类似的医学成像系统中得到了广泛应用. 感兴趣的读者可以在 [Lustig, 2013] 中找到更多关于压缩感知磁共振成像的相关资源.

㊀ 二维软阈值化算子 $\operatorname{soft}_2(\cdot,\cdot)$ 对应于下述邻近算子:

$$\min_{\boldsymbol{u}} \tau\|\boldsymbol{u}\|_2 + \frac{1}{2}\|\boldsymbol{u} - \boldsymbol{x}\|_2^2. \qquad \text{——译者注.}$$

㊁ ∇ 的伴随算子 ∇^* 是指, 对于所有 $\boldsymbol{g}$ 和 $\boldsymbol{z}$, 满足 $\langle \boldsymbol{g}, \nabla\boldsymbol{z}\rangle = \langle \nabla^*\boldsymbol{g}, \boldsymbol{z}\rangle$ 的线性算子 ∇^*.

正如通过磁共振成像的物理过程所看到的, 压缩采样的全部潜力仍然受到可以使用磁共振成像机器进行哪些测量以及在哪些位置进行测量的限制. 机器的物理条件限制了可以构建哪种类型的测量矩阵 $\boldsymbol{A}$, 因此会损害其不相干性或者等距特性. 然而, 在许多科学或者娱乐成像系统中, 人们能够在控制或者设计可以获得的测量类型方面拥有更大的自由度, 比如利用所谓的*编码孔径* (coded aperture) 技术 [Cannon et al., 1980]. 这使我们能够设计灵活而丰富的测量方案, 可以获取具有与信号结构最匹配的不同空间、时间和频谱模式的物理信号. 在这个方向的工作中, 一个有些极端的例子是*单像素* (single-pixel) *相机* [Duarte et al., 2008]. 其目的是在测量极其昂贵或者极为困难的情况下 (例如在某些外层空间天文物理观测中), 最大限度地增加每次额外测量所捕获的信息.

10.6 习题

习题 10.1 (Shepp-Logan Phantom 压缩感知) 设计并实现一对高效的编码器和解码器, 根据原理对 Shepp-Logan Phantom 进行编码. 为了测量编码器/解码器组合的性能, 请绘制对应不同压缩信号维度的 PSNR 曲线.

习题 10.2 (带去偏的稀疏梯度近似) 对于每个 $\lambda \geqslant 0$, 问题(10.4.5)使用全变分的邻近算子计算 $\hat{\boldsymbol{z}}_\lambda$. 基于 $\hat{\boldsymbol{z}}_\lambda$, 可以进一步计算所谓的*去偏估计* (debiased estimate):

$$\hat{\boldsymbol{z}}_{\lambda,\text{去偏}} = \arg\min_{\boldsymbol{x}} \frac{1}{2}\|\boldsymbol{x}-\boldsymbol{z}\|_2^2 \quad \text{s.t.} \quad \operatorname{supp}(\|\nabla \boldsymbol{x}\|_2) \subseteq \operatorname{supp}(\|\nabla \hat{\boldsymbol{z}}_\lambda\|_2).$$

去偏操作通过消除对非零值的收缩效应来提高对观察 $\boldsymbol{z}$ 的保真度. 证明 $\hat{\boldsymbol{z}}_{\lambda,\text{去偏}}$ 可以简单地通过求解线性方程组从 $\hat{\boldsymbol{z}}_\lambda$ 计算.

习题 10.3 (邻近算子) 优化问题

$$\min_v \beta|v| + \frac{\mu}{2}(v-x)^2 \tag{10.6.1}$$

的最优解是什么? 基于这一点, 证明:

(1) 式(10.4.13)中 $\boldsymbol{x}^{(k+1)}$ 的最优解由式(10.4.14)给出.

(2) 式(10.4.13)中 $\boldsymbol{v}_i^{(k+1)}$ 的最优解由式(10.4.16)给出.

习题 10.4 (各向异性全变分的 MRI 恢复 [Birkholz, 2011; Block et al., 2007; Cruz et al., 2016; Wang et al., 2008) 为简单起见, 还需要考虑图像 $\mathbf{I}$ 的各向异性全变分 (Anisotropic Total Variation, ATV)

$$\|\boldsymbol{z}\|_{\text{ATV}} \doteq \sum_i |(\nabla_1 \boldsymbol{z})_i| + |(\nabla_2 \boldsymbol{z})_i|.$$

需要注意的是, 这正是图像在所有像素处的偏导数的 ℓ^1 范数. 因此, 最小化 $\|\boldsymbol{z}\|_{\text{ATV}}$ 将促进图像具有稀疏的偏导数. 令 ∇ 为图像 $\boldsymbol{z}$ 上的 (有限差分) 梯度算子 (∇_1, ∇_2). 然后我们有 $\|\boldsymbol{z}\|_{\text{ATV}} = \|\nabla \boldsymbol{z}\|_1$.

我们可以考虑使用各向异性全变分 (ATV) 替换式(10.4.7)中的全变分 (TV) 项, 从而得到:

$$\boldsymbol{z}^* = \arg\min_{\boldsymbol{z}} \alpha\|\boldsymbol{\Phi z}\|_1 + \beta\|\boldsymbol{z}\|_{\mathrm{ATV}} + \frac{1}{2}\|\mathcal{F}_{\mathsf{U}}[\boldsymbol{z}] - \boldsymbol{y}\|_2^2. \tag{10.6.2}$$

本习题的目的是了解如何使用 8.5 节所讨论的 ALM 和 ADMM 方法推导出各向异性全变分约束问题的更简单算法.

使用运算符 ∇, 上面的优化问题可以重写为:

$$\begin{aligned} \boldsymbol{z}^* &= \arg\min_{\boldsymbol{z}} \alpha\|\boldsymbol{\Phi z}\|_1 + \beta\|\nabla \boldsymbol{z}\|_1 + \frac{1}{2}\|\mathcal{F}_{\mathsf{U}}[\boldsymbol{z}] - \boldsymbol{y}\|_2^2, \qquad (10.6.3)\\ &= \arg\min_{\boldsymbol{z}} \left\| \begin{pmatrix} \alpha\boldsymbol{\Phi} \\ \beta\nabla \end{pmatrix} \boldsymbol{z} \right\|_1 + \frac{1}{2}\left\|\mathcal{F}_{\mathsf{U}}[\boldsymbol{z}] - \boldsymbol{y}\right\|_2^2. \qquad (10.6.4) \end{aligned}$$

如果令 $\boldsymbol{W} \doteq \begin{pmatrix} \alpha\boldsymbol{\Phi} \\ \beta\nabla \end{pmatrix}$ 和 $\boldsymbol{w} \doteq \boldsymbol{W z} \in \mathbb{C}^{3m}$, 那么上述优化问题将变为

$$\min_{\boldsymbol{z},\boldsymbol{w}} \|\boldsymbol{w}\|_1 + \frac{1}{2}\|\mathcal{F}_{\mathsf{U}}[\boldsymbol{z}] - \boldsymbol{y}\|_2^2 \quad \text{s.t.} \quad \boldsymbol{w} = \boldsymbol{W z}. \tag{10.6.5}$$

然后使用在第 8 章中关于 ℓ^1 最小化所讨论的增广拉格朗日乘子法, 即通过交替更新 $\boldsymbol{z}$、$\boldsymbol{w}$ 和拉格朗日乘子向量 $\boldsymbol{\lambda} \in \mathbb{R}^{3m}$ 来求解下述优化问题:

$$\min_{\boldsymbol{z},\boldsymbol{w},\boldsymbol{\lambda}} \|\boldsymbol{w}\|_1 + \boldsymbol{\lambda}^*(\boldsymbol{w} - \boldsymbol{W z}) + \frac{\mu}{2}\|\boldsymbol{w} - \boldsymbol{W z}\|_2^2 + \frac{1}{2}\|\mathcal{F}_{\mathsf{U}}[\boldsymbol{z}] - \boldsymbol{y}\|_2^2. \tag{10.6.6}$$

请推导求解式(10.6.6)的详细算法.

宽带频谱感知

"我们在十年之后将会拥有无限的带宽."

—— Bill Gates, *PC Magazine*, 1994 年 10 月

在本章中, 我们将介绍压缩感知在现代无线通信的一个关键问题上的应用: *认知无线电* (cognitive radio) *如何有效地识别可用频谱*. 我们将会发现, 这个问题可以看作在有噪声的情况下恢复稀疏信号的支撑. 同时, 我们将会看到, 本书中的方法和算法如何允许我们打破常规的理论限制, 并且一旦利用硬件正确实现, 它们就能够通过在能耗和扫描时间之间实现更好的权衡, 从而显著地提高技术水平. 除了它的实际重要性之外, 这个应用本身也是非常有趣的, 因为它可以看作我们在第 10 章中所研究的磁共振成像情况的某种对偶. 在磁共振成像中, 所测量的是我们感兴趣的图像的傅里叶变换, 其中的稀疏模式是在图像域; 而对于频谱感知, 其中的稀疏模式是在我们并不直接测量的傅里叶域.

11.1 引言

让我们首先来简要回顾一下现代宽带无线通信系统和 Nyquist-Shannon 采样定理.

11.1.1 宽带通信

在现代无线通信系统中, 由许多用户共享某个带宽范围的无线电频谱是一种普遍现象. 用于共享一个宽频的一种经典协议是将频谱划分为多个窄带 (narrow band). 每个用户通过调制在指定的信道频段内传输窄带信号, 一般的做法是乘以一个频率中心位于指定频段的周期性 "*载波信号*". 更精确地说, 我们假设整个可用频谱在 $(f_{\min}, f_{\max})$ 范围[⊖]. 我们将频谱的带宽 (记作 W) 表示为 $W = f_{\max} - f_{\min}$. 如果把频谱划分为 N_0 个窄带, 那么每个单独的信道带宽 (记作 B) 为 $B = W/N_0$. 参见图 11.1.

11.1.2 Nyquist-Shannon 采样定理与扩展

为了在接收端恢复信号, 我们需要从载波中解调信号, 通过模数转换器 (Analog-to-Digital converter, ADC) 对信号进行高频采样, 然后通过低通滤波器进行滤波. 在数字

⊖ 对于一个实信号, 其傅里叶变换在频域是对称的. 为了简化分析, 我们只讨论正的 (即上半部分) 频谱 $(f_{\min}, f_{\max})$, 而假设负的 (即下半部分) 频谱 $(-f_{\max}, -f_{\min})$ 也是可以获得的.

信号处理中, 经典的 Nyquist-Shannon 采样定理 [Oppenheim et al., 1999] 规定, 为了从其离散的 (周期性) 采样 $\{x(nT)\}_{n\in\mathbb{Z}}$ 中完美地恢复模拟限带信号$x(t)$, 需要以至少两倍于信号可能带宽的频率 $f_S = 1/T$ 对信号进行采样, 这个频率被称为 Nyquist 采样率. 因此, 在上述宽带场景下, 如果接收器不知道 (活跃的) 信道的载波频率㊀, 那么为了恢复每个可能信道中的窄带信号, 我们需要以高于频谱带宽 W 的两倍采样率去采样解调信号, 即

$$f_S \geqslant 2W.$$

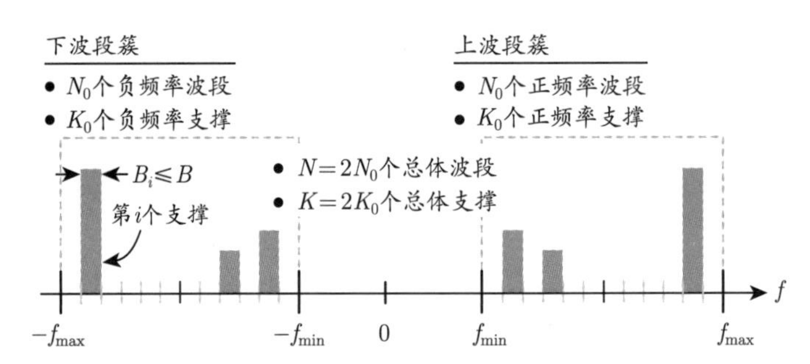

图 11.1　一个介于 $(f_{\min}, f_{\max})$ 以及 $(-f_{\max}, -f_{\min})$ 的宽带被划分成多个带宽为 B 的窄带. 在任何时刻, 仅有少量 (即稀疏) 的信道被激活使用

如果这一条件满足, 那么这个频谱内的任何信号 $x(t)$ 都可以通过所谓的基数 (cardinal) 序列

$$x(t) = \sum_{n\in\mathbb{Z}} x(nT) \cdot \operatorname{sinc}(t/T - n)$$

或者其他类似插值方案 [Oppenheim et al., 1999] 从采样样本 $\{x(nT)\}_{n\in\mathbb{Z}}$ 中完美恢复.

然而, 对于宽带通信, Nyquist 采样率 $2W$ 往往超过典型模数转换器规定的量级. 例如, 在 2012 年, 美国总统科学技术顾问委员会 (PCAST) 建议与民用机构共享 2.7GHz~3.7GHz 之间的 1GHz 联邦政府频谱以供公共使用. 这要求 ADC 的 Nyquist 采样率达到 2GHz. 考虑到每个信道中信号的实际带宽 B 与整个频谱相比是相当小的㊁, 每个信道以 Nyquist 采样率解调似乎是相当苛刻而且可能是不必要的.

随着手机、个人计算机 (PC) 等移动无线设备在现代生活中日益普及, 提高频谱共享效率和个人移动设备的能源效率变得越来越重要. 在频谱使用方面, 现代移动设备与传统的无线通信系统 (比如无线电广播) 有很大不同. 在任何给定的时间和地点, 只有相对少量的设备 (或者用户) 可能是活跃的. 因此, 这些设备不需要在任何时候都被一直分配信道, 而是可以通过特定的数据传输协议 (比如 Wi-Fi) 共享一个共同的频谱. 如图 11.1 所示, 尽管 PCAST 频谱可以同时支持 N_0 个窄带, 但在任何给定的时间或者地点, 只有少数 K_0 个频带是活跃的, 但

㊀ 这种情况在干扰检测等许多应用中很常见. 然而, 如果载波频率已知, 接收器可以简单地以载波频率解调信号 [Landau, 1967].

㊁ 无线电台通常分配 200kHz 带宽. 这对于大多数 20kHz ~ 30kHz 范围内的音频信号来说已经足够. 对于移动设备的数据传输任务, 所需带宽通常为 20MHz.

任何新用户都不知道哪些频带正在被占用. 在这样的新场景中, 压缩感知是可以派上用场而且是有益的: 如果信号的支撑在频谱中是稀疏的, 那么信号恢复所需要的采样率就可以显著低于 $2W$ 的 Nyquist 采样率. 例如, 使用*随机解调* [Tropp, 2010] 等技术, 只需

$$f_S = O(K_0 \log(W/K_0))$$

的采样率即可稳定地重构信号, 这个采样率以指数量级低于 $2W$. 一种更实际的被称为*调制宽带转换器* [Mishali et al., 2010, 2011] 的方案只需要采样率为

$$f_S = 2K_0 B,$$

这通常比 $K_0 \ll N_0$ 时的 Nyquist 采样率低几个数量级.

11.2　宽带干扰检测

下一代 5G 无线通信, 比如长期演进技术 (Long-Term Evolution, LTE), 除了利用指定的被许可频谱外, 旨在使用未充分利用的未授权公共频谱 (比如上文所提到的 PCAST 频谱). 图 11.2 显示了这样一个部署的示例. 为了有效地利用并且与所有其他可能的用户共享未授权的频谱, 用户终端需要实时感知哪些信道已被其他用户 (称为干扰源) 占用, 以便它可以有机会使用其他空闲信道进行随后的数据传输. 具有这种功能的终端被称为*认知无线电终端*.

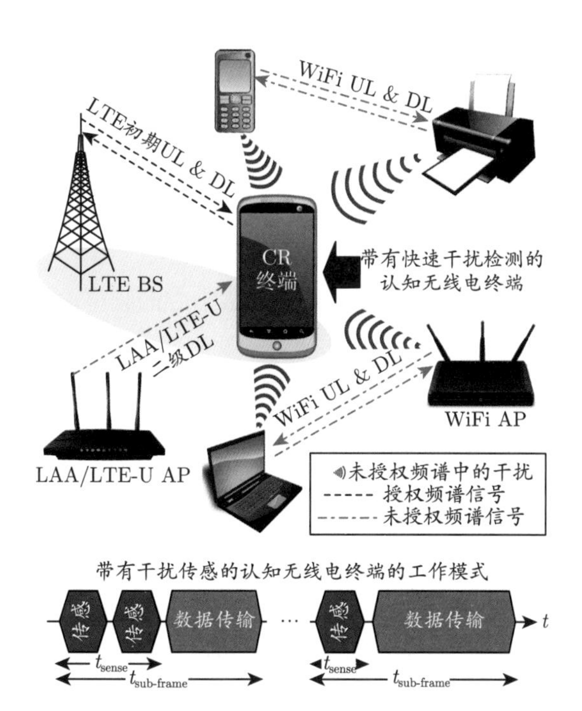

图 11.2　以认知无线电 (CR) 部署 LTE 非授权频段来检测有源干扰源的示意图

为了模拟干扰, 假设整个频谱 $(f_{\min}, f_{\max})$ 被划分为 N_0 个波段. 如果某个波段的能量超过某个阈值 (比如高于背景无线电噪声水平), 我们就说该波段被干扰源 (或者另一个用

户) 占用 (或者使用). 在任何给定的时间, 我们假设 N_0 个波段中的 K_0 个已经被干扰源占用, 如图 11.3 所示. 我们把所有干扰源信号的聚合信号记为 $x(t)$. 干扰检测问题就是要找出 $x(t)$ 的傅里叶变换 $X(f)$ 在 K_0 个波段的支撑.

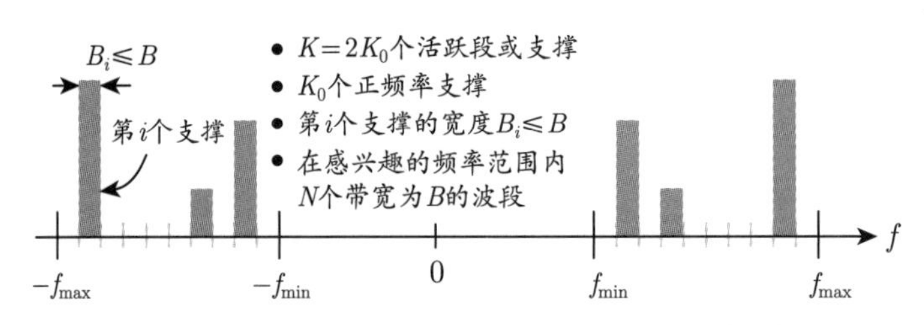

图 11.3　在任意时刻仅有少量 (稀疏) 的 K_0 个信道被激活使用

11.2.1　传统的扫描方法

通常, 在频域检测干扰信号 $x(t)$ 的支撑有两种直接方法.

- *每次扫描一个波段*. 对于 N_0 个波段中的每一个, 首先使用位于每个波段中心的频率为 f_{lo} 的本振子 (local oscillator) 对信号进行下变频

  $$f_{\mathrm{lo}} = f_{\min} + 0.5B + iB, \quad i = 0, \cdots, N_0 - 1,$$

  然后, 以 Nyquist 采样率

  $$f_S = 2B$$

  对每个波段的信号进行采样. 这样的操作可以恢复信号 $x(t)$ 在每个波段的分量, 并能够确定该波段是否已被占用. 然而, 无论是每个波段重复一次这样的过程, 抑或是构建一个具有 N_0 个并行分支的系统, 其中分支对应一个波段, 都需要重复这个过程 N_0 次.

- *同时恢复所有波段*. 首先使用位于整个频谱中心的频率为 f_{lo} 的本振子对信号进行下变频

  $$f_{\mathrm{lo}} = (f_{\min} + f_{\max})/2,$$

  然后以 Nyquist 采样率

  $$f_S = 2W = 2(f_{\max} - f_{\min})$$

  对整个频谱的信号进行采样. 无论哪个波段已经被占用, 这样的方法允许在频谱内恢复整体信号 $x(t)$.

尽管这些方法很简单, 但它们在时间方面 (比如扫描 N_0 次)、硬件复杂度方面 (比如构建 N_0 个分支) 以及能耗方面 (比如以较高的 Nyquist 采样率 $2W$) 都存在很大开销.

图 11.4 展示了将一个将上述方案应用于 PCAST 频谱的例子. 对于扫频仪 (见图 11.4a), 通过逐步扫描驱动下变频器的本振子, 可以顺序扫描每个频段. 这种架构需要大范围可调的高质量射频组件, 而这些组件很难在芯片上实现. 使用 20MHz 分辨率带宽识别 1GHz 跨度上的信

号需要较长的扫描时间, 这个时间与频段数 $N_0 = 50$ 成正比. 这会消耗大量能量, 并且存在漏检快速变化干扰源的风险.

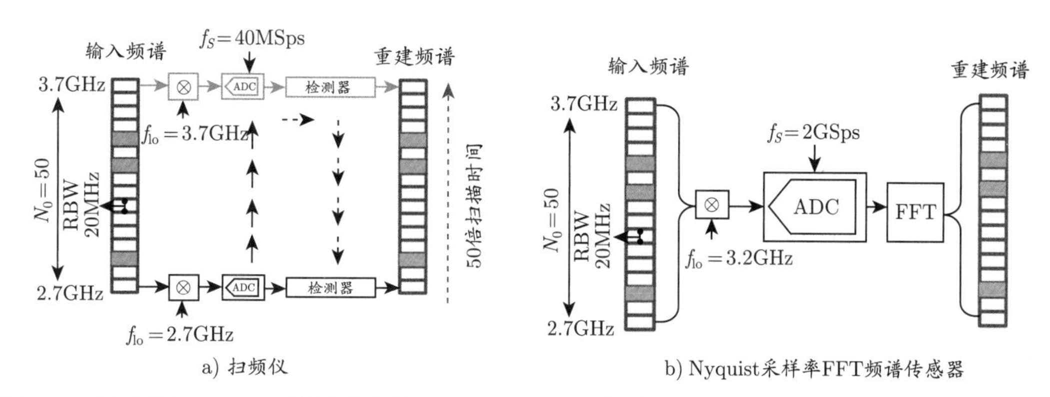

图 11.4 用于具有 20MHz 分辨率带宽的 2.7GHz~3.7GHz 频谱分析仪的传统频谱分析技术操作的概念图, 其中占用的频谱波段以绿色阴影表示: a) 扫频仪, b) Nyquist 采样率 FFT 频谱传感器

理论上, 采用多个窄带扫描仪并行工作的多分支结构可以减少扫描时间. 然而, 这样会使得硬件的复杂度变得不切实际, 因为每个分支都需要一个单独的锁相环 (Phase-Locked Loop, PLL) 来产生本振子信号, 并且 50 个 PLL 频率间隔需要与 20MHz 分辨率带宽的距离相近.

对于一个 1GHz 带宽信号的 Nyquist 采样率 FFT 频谱传感器 (见图 11.4b), 在 I/Q 下转换后需要高达 2GSps 的高聚合模数转换速率. 尽管减少了扫描时间, 但是 Nyquist 采样率宽带感知所需要的高采样率将带来巨大的能量消耗.

怎样才能做得更好呢? 正如我们前面提到的, 对于给定的任意时刻, 其他用户使用的频带数量 K_0 相对于 N_0 通常是稀疏的. 通过研究干扰频谱 $x(t)$ 的其他信息 (例如 $X(f)$ 是稀疏的), 我们可以使用压缩感知技术获得比上述方法更有效的解决方案. 在第 3 章中, 我们已经很好地研究了如何从少量随机的 (不相干) 线性测量中恢复稀疏信号. 然而, 这里的稀疏性是在频域上, 我们需要知道如何有效地对 $X(f)$ 进行随机线性测量.

11.2.2 频域压缩感知

为了对频谱 $X(f)$ 进行随机线性测量, [Mishali et al., 2010; Haque et al., 2015] 提出了一种非常聪明的方案: 先将 $x(t)$ 与周期为 T_p 的周期混合函数 $p(t)$ 相乘, 然后使用截止频率为 $1/(2T_S)$ 的低通滤波器 $h(t)$ 截断混合信号, 最后再对滤波后的信号以 $f_S = 1/T_S$ 的采样率进行采样. 我们希望, 对于正确选择的混合函数 $p(t)$、T_p 和 T_S, 输出序列的 (离散时间) 傅里叶变换 $y(n)$ 是 (稀疏) 频谱 $X(f)$ 的精确随机线性测量. 下面我们简单介绍这个方案.

混合函数 $p(t)$ 是一个以 T_p 为周期的函数, 因此可以写出如下傅里叶展开式:

$$p(t) = \sum_{l=-\infty}^{\infty} c_l \mathrm{e}^{\mathrm{i}\frac{2\pi}{T_p}lt}, \tag{11.2.1}$$

其中 $\mathrm{i}=\sqrt{-1}$ 是单位虚数, $c_l=\dfrac{1}{T_p}\displaystyle\int_0^{T_p}p(t)\mathrm{e}^{-\mathrm{i}\frac{2\pi}{T_p}lt}\mathrm{d}t$ 是傅里叶系数.

将 $x(t)$ 与 $p(t)$ 混合后, 混合信号 $\tilde{x}(t)=x(t)p(t)$ 的傅里叶变换为:

$$\tilde{X}(f)=\sum_{l=-\infty}^{\infty}c_lX(f-lf_p), \tag{11.2.2}$$

其中 $f_p=1/T_p$. 由于 $X(f)$ 是带宽受限的, 因此上式的求和实际上是有限项求和.

如果 $h(t)$ 是一个完美的低通滤波器, 那么只有频率介于 $\left(-\dfrac{1}{2}f_S,+\dfrac{1}{2}f_S\right)$ 之间的信号被保留在 $y[n]$ 中. 因此 $y[n]$ 的离散时间傅里叶变换具有下述形式:

$$Y(f)=\sum_{l=-L_0}^{L_0}c_lX(f-lf_p),\quad f\in\left(-\frac{1}{2}f_S,+\frac{1}{2}f_S\right), \tag{11.2.3}$$

其中 L_0 很大, 能够包含 $X(f)$ 的支撑.

为了简化表达, 我们把所有的系数 c_l 排成长度为 $L=2L_0+1$ 的向量 $\boldsymbol{c}$, 即

$$\boldsymbol{c}\doteq[c_{L_0},\cdots,c_{-L_0}]^*,$$

并且把 $X(f-lf_p)$ 的系数排列成另外一个向量

$$\boldsymbol{z}(f)\doteq[X(f-L_0f_p),\cdots,X(f+L_0f_p)]^*. \tag{11.2.4}$$

如果 $X(f)$ 是稀疏的, 那么 $\boldsymbol{z}(f)$ 也是稀疏的, 我们可以把上式重写为:

$$Y(f)=\boldsymbol{c}^*\boldsymbol{z}(f), \tag{11.2.5}$$

其中, $\boldsymbol{c}^*$ 表示的 $\boldsymbol{c}$ 共轭转置.

剩下的问题是, 如何正确地选择以 T_p 为周期的混合函数 $p(t)$, 使得式(11.2.3)中的表达式是 $X(f)$ 中非零分量的充分随机 (或不相干的) 度量. 一个简单的方案是, 使 $p(t)$ 的值在其每个周期 $(0,T_p)$ 上构成一个长度为 L 的伪随机比特序列 (Pseudo-Random Bit Sequence, PRBS):

$$p(t)=\alpha_k,\quad k\frac{T_p}{L}\leqslant t\leqslant(k+1)\frac{T_p}{L},\quad 0\leqslant k\leqslant L-1, \tag{11.2.6}$$

其中, α_k 是一个以相同概率取值为 $\{-1,+1\}$ 随机变量. 对于一个选定的 $p(t)$, 其傅里叶系数 c_l 可以通过下式计算:

$$c_l=\frac{1}{T_p}\int_0^{\frac{T_p}{L}}\sum_{k=0}^{L-1}\alpha_k\mathrm{e}^{-\mathrm{i}\frac{2\pi}{T_p}l(t+k\frac{T_p}{L})}\mathrm{d}t=\sum_{k=0}^{L-1}\alpha_k\mathrm{e}^{-\mathrm{i}\frac{2\pi}{L}lk}\frac{1}{T_p}\int_0^{\frac{T_p}{L}}\mathrm{e}^{-\mathrm{i}\frac{2\pi}{T_p}lt}\mathrm{d}t.$$

我们定义标量

$$d_l\doteq\frac{1}{T_p}\int_0^{\frac{T_p}{L}}\mathrm{e}^{-\mathrm{i}\frac{2\pi}{T_p}lt}\mathrm{d}t,$$

然后构造以 d_l 为对角线元素的对角矩阵 $\boldsymbol{D}$. 注意到, $\{\mathrm{e}^{-\mathrm{i}\frac{2\pi}{L}lk}\}$ 正是大小为 $L \times L$ 的离散傅里叶变换矩阵的第 (k,l) 个元素. 因此我们有

$$\boldsymbol{c}^* = \boldsymbol{a}^*\boldsymbol{F}\boldsymbol{D}, \tag{11.2.7}$$

这里 $\boldsymbol{\alpha} = [\alpha_0, \alpha_1, \cdots, \alpha_{L-1}]^*$ 是随机比特序列.

把上式与式(11.2.5)中的测量结合起来, 我们可以得到:

$$Y(f) = \boldsymbol{a}^*\boldsymbol{F}\boldsymbol{D}\boldsymbol{z}(f). \tag{11.2.8}$$

这是由伪随机比特序列 $\boldsymbol{a}$ 与一个信号 $p(t)$ 进行混合而得到的. 为了恢复稀疏向量 $\boldsymbol{z}(f)$, 我们可以将输入 $x(t)$ 与多个信号 $\{p_i(t), i = 1, \cdots, m\}$ 进行混合, 其中每个信号都有一个独立的伪随机比特序列 $\boldsymbol{a}_i$. 如果将所有的测量值 $Y_i(f)$ 记录到一个向量 $\boldsymbol{y}(f) = [Y_1(f), \cdots, Y_m(f)]^*$ 中, 那么我们有

$$\boldsymbol{y}(f) = \boldsymbol{A}\boldsymbol{F}\boldsymbol{D}\boldsymbol{z}(f), \tag{11.2.9}$$

其中 $\boldsymbol{A}$ 是一个 $m \times L$ 的矩阵, 其行向量由独立的伪随机比特序列 $\boldsymbol{a}_i$ 构成.

注意到对角矩阵 $\boldsymbol{D}$ 不会改变 $\boldsymbol{z}(f)$ 的稀疏性, 并且 DFT 矩阵 $\boldsymbol{F}$ 是一个酉阵. 我们已经从第 3 章中的分析中知道, 大小为 $m \times L$ 的测量矩阵 $\boldsymbol{A}\boldsymbol{F}$ 是高度不相干的, 因此所得到的测量 $\boldsymbol{y}(f)$ 是 $\boldsymbol{z}(f)$ 的一组不相干的测量. 只要 m 足够大, 比如其量级在 $O(K_0 \log(L/K_0))$, 那么我们就可以保证 ℓ^1 最小化

$$\min_{\boldsymbol{z}(f)} \|\boldsymbol{z}(f)\|_1 \quad \text{s.t.} \quad \boldsymbol{y}(f) = \boldsymbol{A}\boldsymbol{F}\boldsymbol{D}\boldsymbol{z}(f) \tag{11.2.10}$$

能够正确恢复稀疏向量 $\boldsymbol{z}(f)$.

理论上, 通过求解上述 ℓ^1 最小化问题就可以确定所使用波段的支撑. 然而, 在硬件实现中, 为了最小化计算内存和提升处理能力, 一般不采用第 8 章中所介绍的通用凸优化方法. 在实际中, 第 8 章所介绍的属于贪婪算法的*正交匹配追踪* (OMP) *算法* 8.11, 非常适合于求解我们这里的问题: 正交匹配追踪是一个简单的贪心启发式稀疏恢复算法, 它每次只对一个元素的信号支撑进行估计. 在每次迭代中, 算法只涉及感知矩阵 (即这里的 $\boldsymbol{A}\boldsymbol{F}\boldsymbol{D}$) 列向量的最小集合. 由于它在算法的简洁性和恢复信号的保真度之间提供了一个很好的权衡, 因此比其他通用的 ℓ^1 求解器更适合底层硬件实现.

11.3 系统实现和性能

接下来的问题是, 如何设计实际的硬件系统来实现上述频谱感知方案呢? 这样的系统应该能够展现压缩感知的理论优势, 并且能够获得功耗、扫描时间和硬件复杂性之间的良好平衡. 我们的目标是相比于前面所提及的传统方法要有显著的性能改善. 这一节将介绍一个用于节能型宽带频谱感知的系统, 即所谓的*正交模拟信息转换器* (Quadrature Analog to Information Converter, QAIC) [Haque et al., 2015; Yazicigil et al., 2015].

11.3.1 正交模拟信息转换器

图 11.5 中的正交模拟信息转换器由三个主要功能模块组成: 射频下变频器 (RF down-converter)、I 和 Q 路径调制器组 (包含混频器、滤波器和模数转换器), 以及一对复合成器 (complex combiner). 首先将输入信号 $x(t)$ 用同相支路 I 和正交相支路 Q 下变频为复基带 (complex baseband), 下变频器的输出将 $\mathrm{I}(t)$ 和 $\mathrm{Q}(t)$ 乘以一个周期性的伪随机比特序列 $p_i(t)$, 然后在 I 和 Q 路径调制器组中进行低频滤波和采样. QAIC 利用了上面所讨论的压缩频谱感知原理: 通过与周期性伪随机比特序列相乘将频谱进行转换, 因此下变频器每个波段的输出信号 $\mathrm{I}(t)$ 和 $\mathrm{Q}(t)$ 出现在以 DC 为中心的低频上. I 和 Q 路径调制器组的输出由复合成器逐个相加以选择输入信号 $x(t)$ 的正频谱 $(f_{\min}, f_{\max})$ 或者负频谱 $(-f_{\max}, -f_{\min})$ 里的波段簇 (band cluster). QAIC 的 I 和 Q 调制器组由多个分支组成, 每个分支采用不同的周期性伪随机比特序列, 为此原则上足够多的频带混合输出 $y_1[n]\cdots y_m[n]$ 将为恢复稀疏多带 (multiband) 信号 $x(t)$ 提供保证.

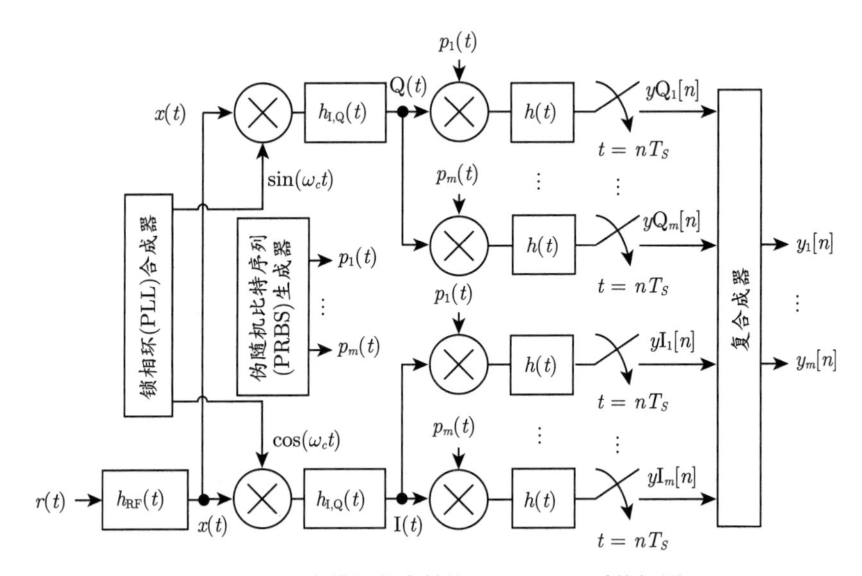

图 11.5 正交模拟信息转换器 (QAIC) 系统框图

对于 QAIC, 下变频器的频率选择为

$$f_c = (f_{\max} + f_{\min})/2$$

和 $\omega_c = 2\pi f_c$. 如图 11.6 所示, 这使得 $x(t)$ 的频谱从 $(f_{\min}, f_{\max})$ 平移至以 DC 为中心介于 $\big(-(f_{\max} - f_{\min})/2, (f_{\max} - f_{\min})/2\big)$ 的基带上面[⊖]. 低通滤波器 $h_{\mathrm{I,Q}}(t)$ 提取截止频率为 $f_{\mathrm{I,Q}} = (f_{\max} - f_{\min})/2$ 的基带. QAIC 使用的 I 和 Q 路径调制器组在基带上一起处理复信号 $\mathrm{I}(t) + \mathrm{i} \cdot \mathrm{Q}(t)$. 因此, QAIC 能够隔离和处理 $x(t)$ 的正频谱 $(f_{\min}, f_{\max})$ 或者负频谱 $(-f_{\max}, -f_{\min})$ 波段簇. 为保留 $x(t)$ 的正频谱波段簇而配置的 QAIC 下转换器的复值输出频谱如图 11.6 所示.

⊖ 下半部分的 $(-f_{\max}, -f_{\min})$ 波段也是类似.

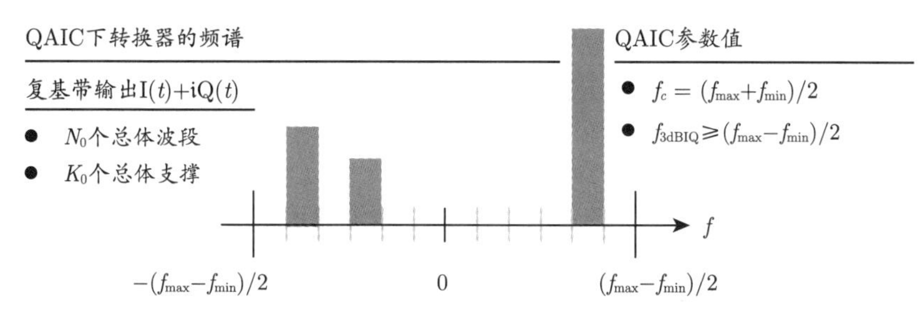

图 11.6 下转换器的复基带输出

QAIC 的范围大致从 $f_{\min}$ 扩展到 $f_{\max}$, 并且同时观测这一频率范围内的所有波段. 因此, QAIC 的瞬时带宽约为 $(f_{\max}-f_{\min})$Hz, 它被划分为 $N_0=\lceil(f_{\max}-f_{\min})/B\rceil$ 个波段, 其中包含 K_0 个活跃波段. 通过频率下转换, 伪随机比特序列 f_p 的频率可以选择为

$$f_p=(f_{\max}-f_{\min})/2.$$

基于压缩感知理论, 我们需要的测量数目是 $m=C_QK_0\log(N_0/K_0)$. 由于正交配置, 分支的总数为

$$M=2m=2C_QK_0\log(N_0/K_0),$$

输出采样率 (即图 11.5 中滤波器 $h(t)$ 的截止频率) 可以是波段分辨率的一半,

$$f_S=B/2.$$

分支数目 M 与分支采样率 f_S 之间可以进行权衡 (比如把 M 减少为 $1/q$, 而对 f_S 增加到 q 倍).

11.3.2 一种原型电路实现

基于上述设计, [Yazicigil et al., 2015] 介绍了一种用在 2.7GHz~3.7GHz PCAST 频谱中检测最多 3 个干扰源的 QAIC 系统的第一个原型电路实现. 这种电路被集成在一个采用基于 65nm CMOS GP 技术实现的芯片中, 其有源面积为 0.428mm^2. 原型系统的模具照片在图 11.7 中给出. 我们将在这一节给出这个简单原型系统的描述.

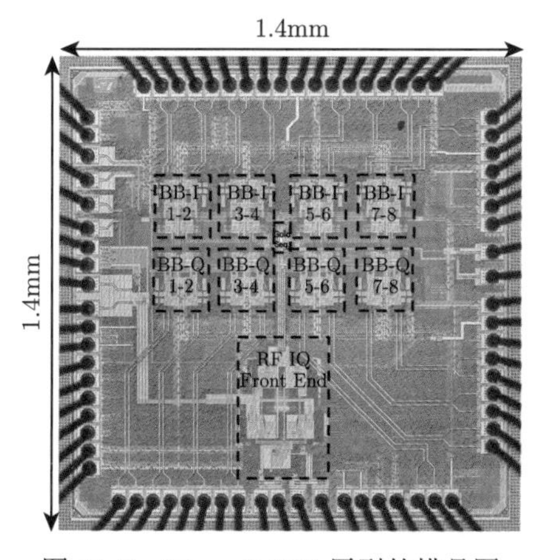

图 11.7 65nm QAIC 原型的模具图

图 11.8 显示了采用 QAIC 设计的原型系统框图, 其中的系统控制器基于用户指定的系统常数和性能目标 (比如分辨率带宽、灵敏度、感兴趣的最大频率 $f_{\max}$ 和最小频率 $f_{\min}$ 等) 对 QAIC 的软硬件资源进行配置.

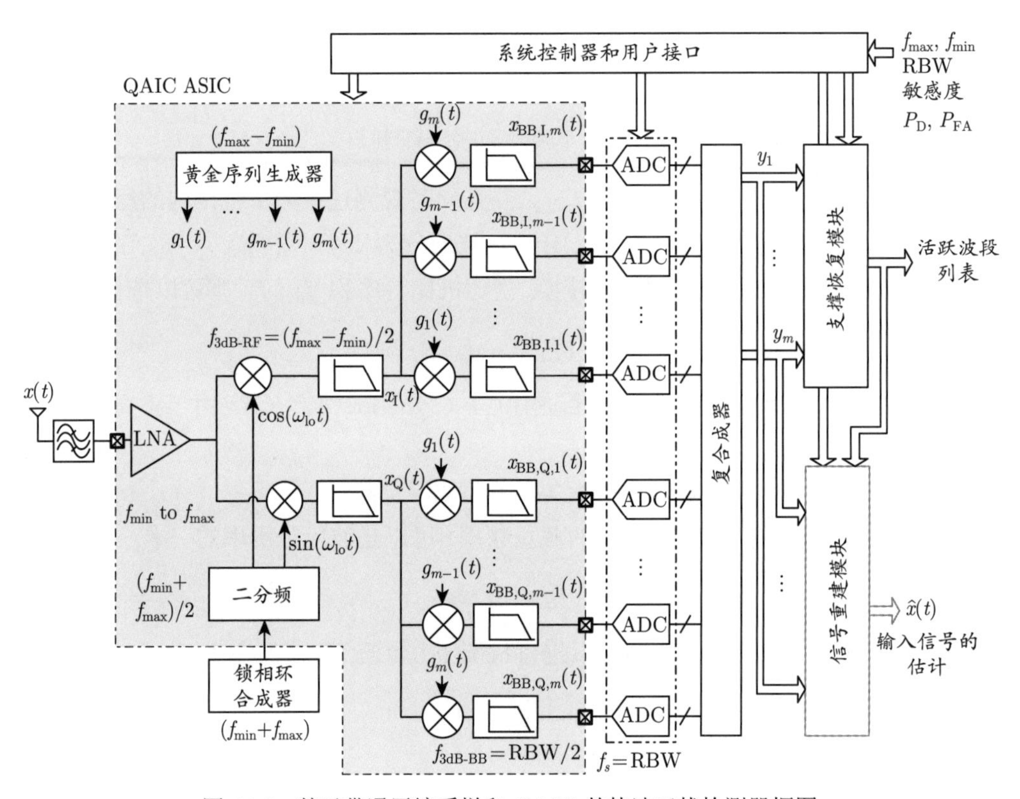

图 11.8 基于带通压缩采样和 QAIC 的快速干扰检测器框图

PCAST 频谱是一个 1GHz 频谱, 范围覆盖 2.7GHz~3.7GHz, 分辨率带宽为 20MHz. 对于 QAIC 设计, $m = 8$ 个 I/Q 分支就已足够, 这样总共有 $M = 16$ 个物理分支. 随机序列的长度选择为 $L = 63$. 读者可以在 [Yazicigil et al., 2015] 中找到系统其他参数设置以及所选参数的详细理由.

与 11.2.1 节所提到的常规方法相比, 基于 QAIC 的频谱传感器的扫描时间比扫频仪快 50 倍, 同时在聚合采样率 (或者分支数量) 上相比于多分支频谱传感器和 Nyquist 采样率 FFT 频谱扫描仪压缩了 6.3 倍.

射频前端模块的电路实现

图 11.9 展示了这种 2.7GHz~3.7GHz 的 QAIC 原型电路实现. 这种原型电路实现了图 11.8 系统图中阴影框内的功能. 芯片采用 65nm CMOS GP 技术实现. QAIC 芯片使用宽带降噪低噪声放大器 (Low-Noise Amplifier, LNA) [Blaakmeer et al., 2008; Bruccoleri et al., 2004]. 对于宽带噪声消除, LNA 是首选, 因为 1GHz 的瞬时带宽需要阻抗匹配. 当频率范围为 2.7GHz~3.7GHz 时, 布线后的模拟低噪声放大器对典型的工艺角增益为

15.8dB~14.6dB, 而在 1GHz~3.7GHz 的带宽内, 对于典型的工艺角模拟的 $S_{11} < -10\text{dB}$[⊖]. 在 1.1V 电源下测得的 LNA 功耗为 14mW.

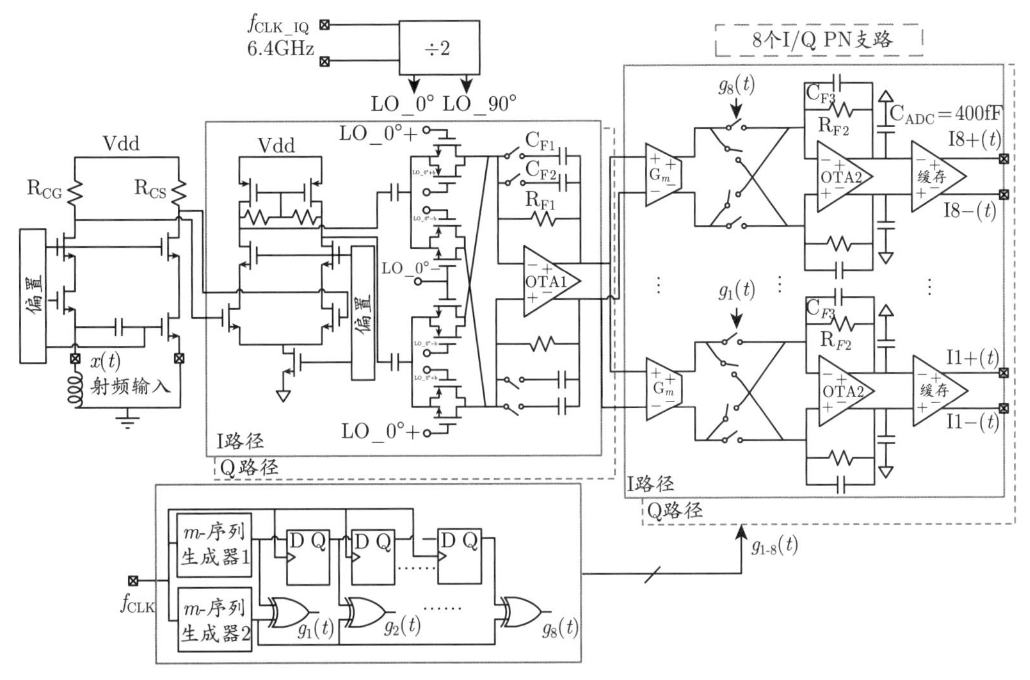

图 11.9 QAIC 射频前端模块的电路实现

电流驱动的无源 I/Q 混频器和**跨阻放大器** (Transimpedance Amplifier, TIA) 是在低噪声放大器 LNA 之后 [Bagheri et al., 2006; Mirzaei et al., 2009; Razavi, 1998]. 输入级是以工作在 2.7GHz~3.7GHz 的射频频率范围内的跨导放大器 G_m 实现的, 其后是四对 CMOS 传输门开关, 由 3.2GHz 的互补时钟相位驱动. 馈送到芯片的片外射频时钟是 6.4GHz 和 3.2GHz 正交本振子信号, 占空比为 50%, 驱动 RF I/Q 下变频混频器 $\cos(\omega_{\text{lo}}t)$ 和 $\sin(\omega_{\text{lo}}t)$, 由片上的**二分频电路** (divide-by-2 circuit) 生成, 这种电路后面是**时钟缓冲器** (clock buffer) 和由两个带反相器链的交叉耦合的 NAND 门形成的**非重叠发生器**, 为传输门型无源混频器开关生成互补相位时钟. 下变频的电流信号由配置为 RF I/Q 滤波器的跨阻放大器转换为电压输出. RF I/Q 滤波器的设计选择了单阶段 OTA 拓扑 [Razavi, 2001], 它对同时驱动 8 个 I/Q 路径和以最小化功耗实现 500MHz 的带宽至关重要. RF I/Q 下变频阶段在 1.1V 电源下的测量功耗 (包括电流驱动的无源 I/Q 混频器、基于 TIA 的滤波器和基于二分频电路的 I/Q 本振子生成) 为 20.9mW.

PN 序列生成和 CS 基带电路

RF TIA 驱动 8 个 I/Q 路径, 每个都有一个电流驱动的被动混频器以及 TIA, 其中 TIA 用作加载 400fF 模拟 8 位 ADC 的等效负载的基带滤波器 (见图 11.9 中的 C_{ADC}). 在

⊖ S_{11} 代表输入反射系数, 即输入回波损耗. ——译者注

1.1V 电源下, 8 个 I/Q PN 支路的功耗为 38.9mW.

I/Q 混合阶段由 8 个独特黄金序列 [Gold, 1967; Pickholtz et al., 1982] 驱动, 这些序列使用黄金序列发生器在芯片上生成. 与移位寄存器实现相比, 黄金序列是首选, 这是因为黄金序列发生器可以使用更少的电路生成大量具有良好互相关和自相关属性的周期性序列 [Pickholtz et al., 1982]. 为了保证 (较低的) 互相关性从首选的 m-序列对 (m-sequence pair) 生成的黄金序列, 满足以下不等式 [Gold, 1967; Pickholtz et al., 1982]:

$$|\theta| \leqslant t = 2^{(n+2)/2} + 1, \text{ 若}n\text{是偶数},$$
$$|\theta| \leqslant t = 2^{(n+1)/2} + 1, \text{ 若}n\text{是奇数}.$$

如图 11.10 所示的片上黄金序列发生器具有 15、31、63 和 127 的各种长度, 用于可编程分辨率带宽的选项. 开关 C0, $C0_b$, C4, $C4_b$, C5, C6 和 C7 用于通过改变 m-序列的长度来控制黄金序列的长度. 它通过对两个 n 触发器 (n-flip-flop) LFSR 生成的两个 m-序列进行异或运算来形成 8 个长度为 (2^n-1) 的黄金序列. 通过保持一个 m-序列 (如图 11.10a 所示) 不变并且在异或之前延迟另一个 m-序列, 最多 2^n-1 个不同的黄金序列 (如图 11.10b 所示) 能够以足够低的互相关性生成. 图 11.11a 显示了 8 个独特黄金序列之一的自相关和互相关属性, 其长度为 63, 满足序列要求 (即 θ 满足上述不等式). 图 11.11b 显示了在 20MHz 分辨率带宽下, 由 8 个独特黄金序列驱动下的 8 个 PN I/Q 混合阶段对应于从 2.7GHz~3.7GHz 测量的输入参考转换增益[⊖]. 输入电源是 1.1V 时, 标称长度为 63 的片上黄金序列发生器的实测功耗为 7.04mW.

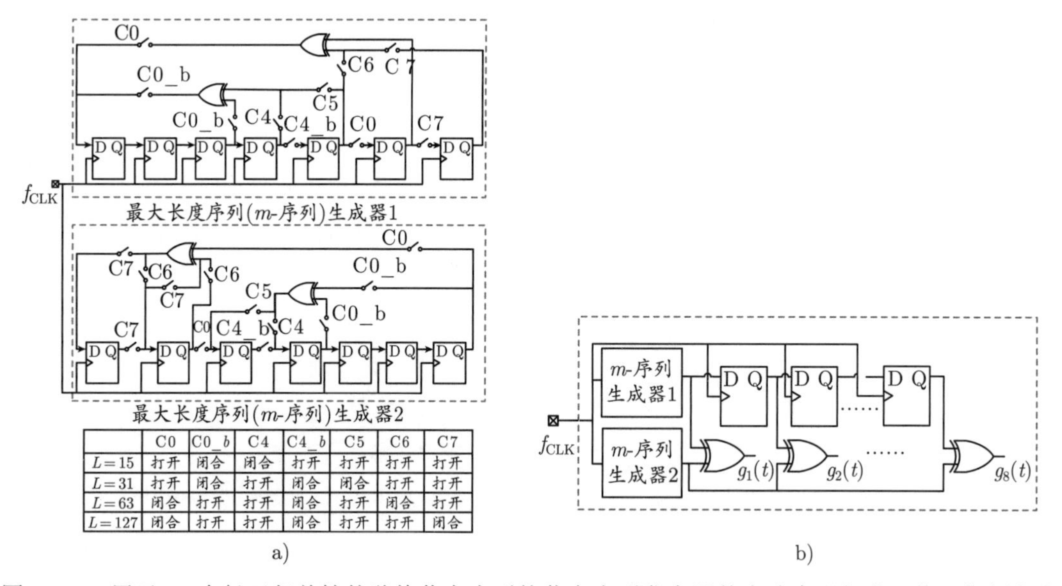

	C0	C0_*b*	C4	C4_*b*	C5	C6	C7
$L=15$	打开	闭合	闭合	打开	打开	打开	打开
$L=31$	打开	闭合	打开	闭合	闭合	打开	打开
$L=63$	闭合	打开	打开	闭合	打开	闭合	打开
$L=127$	闭合	打开	打开	闭合	打开	打开	闭合

图 11.10　用于 8 个低互相关性的独特黄金序列的黄金序列发生器的电路实现细节, 其工作频率为 1.26GHz, 长度为 15、31、63 和 127. a) 基于 LFSR 实现的两个独特 m-序列生成器. b) 基于两个分辨率带宽可编程的独特 m-序列的 8 个独特黄金序列生成

⊖ 所实现的一部分黄金序列是均衡的, 而一部分则是不均衡的. 均衡的黄金序列具有更好的频谱特性 (即分布更均匀). [Holmes, 2007]. 此外, 已知具有均匀分布频谱的 8 个独特 m-序列可以在未来的工作中用于克服频率上的转换增益波动.

CS 数字信号处理

正如之前所提到的, 第 8 章介绍的正交匹配追踪 (OMP) 算法 8.11 被用于识别超过用户定义阈值的输入波段. 正交匹配追踪的停止标准是基于系统维度和用户定义的阈值. 这个阈值可以设置为最大的检测概率 P_D 或者最小的虚警概率 P_{FA}. 在这项工作中, 阈值设置接近 QAIC 噪声下界, 以最大限度地提高系统的 P_D 性能.

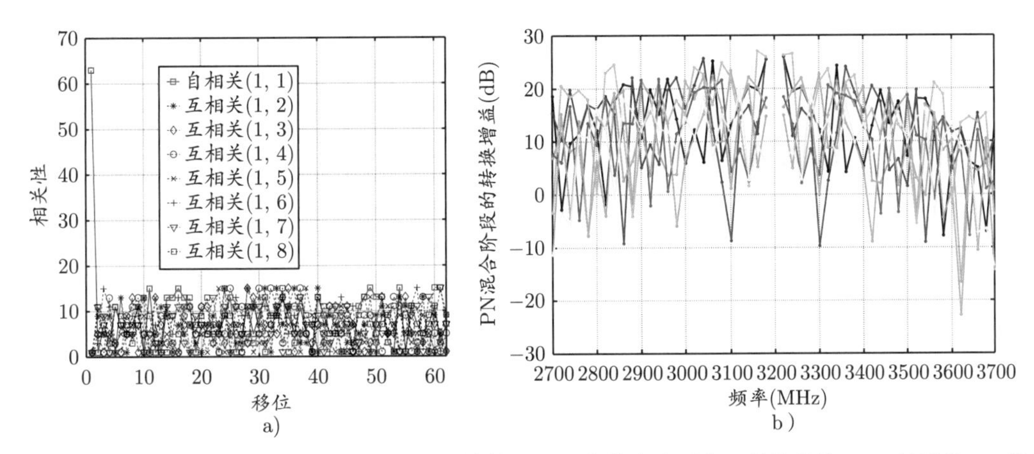

图 11.11 芯片上生成的 8 个独特黄金序列的特性. a) 8 个黄金序列之一的位移为 63、长度为 63 的序列自相关和互相关特性. b) 由 8 个黄金序列驱动的长度为 63、分辨率带宽为 20MHz 的 8 个 PN 混频级的 2.7GHz~3.7GHz 的输入参考转换增益

系统总体表现

QAIC 系统前端原型采用 65nm 的 CMOS 实现, 尺寸为 0.43mm^2, 在 1.1V 电源下的功耗为 81mW. 它可以在 4.4μs 内检测 2.7GHz~3.7GHz (PCAST 波段) 的 1GHz 频率范围内多达 3 个干扰, 带宽分辨率为 20MHz, 比传统的扫谱仪快 50 倍. 带通 QAIC 的快速干扰探测器比传统 Nyquist 结构的能量效率提高了两个数量级, 相比于以前的低通 CS 方法的能量效率提高了一个数量级. 在相同的瞬时带宽下, 与传统 Nyquist 架构相比, QAIC 干涉探测器的总采样率被压缩了 6.3 倍.

11.3.3 硬件实现的新进展

自从第一个原型机诞生以来, 又有两种新的芯片被设计出来, 以进一步提高系统的效率以及与其他通信硬件系统的兼容性.

时分 QAIC

[Yazicigil et al., 2016] 设计了一种快速干扰感应解决方案, 其中采用了压缩采样和一个时分正交模拟信息转换器 (TS-QAIC). TS-QAIC 通过在信息恢复引擎中自适应阈值化和通过时间分割将 QAIC 的 8 个物理 I/Q 分支扩展到 16 个, 同时限制硅成本和复杂性, 从而使系统更具可扩展性. 相比于 QAIC 的 3 个干扰, TS-QAIC 在 10.4μs 内只要 8 个 I/Q 物

理分支便可以在 2.7GHz~3.7GHz 之间的 1GHz 带宽上检测多达 6 个干扰. TS-QAIC 原型在 0.517mm^2 有源面积上采用 65nm 的 CMOS 实现, 在 1.2V 电源输入时功耗为 81.2mW.

直接射频信息转换器

直接射频数字转换器 (DRF2IC) [Haque et al., 2017] 将高灵敏度信号接收、窄带频谱感知和高效宽带干扰检测结合到一个可快速重构和易于扩展的架构中. 在接收模式下, DRF2IC 射频前端 (RFFE) 功耗为 46.5mW, 提供 40MHz 的射频带宽、41.5dB 转换增益、3.6dB 噪声系数 (Noise Factor, NF) 和 −2dBm B1dB 压缩 (Blocker 1dB Compression). 在窄带感知模式下, 它可以实现 72dB 通道外阻塞抑制; 在压缩感知宽带干扰检测模式下, 它可以实现 66dB 的工作动态范围、40dB 的瞬时动态范围、1.43GHz 的瞬时带宽, 并且在 1.2μs 内检测到 6 个分散超过 1.26GHz 的干扰, 功耗为 58.5mW.

11.4 注记

本章内容来自一系列过去的工作 [Haque et al., 2017; Yazicigil et al., 2015, 2016]. 敏锐的读者可能已经把频谱感知问题和前面第 10 章所研究的磁共振成像问题进行了一些有趣的比较: 对于磁共振成像, 我们直接测量的是 (大脑图像) 信号在谱域的傅里叶变换, 而信号的稀疏结构则位于不同的小波域或者信号的空间特征 (空间导数) 中. 在频谱感知问题中, 我们的测量是时序信号的样本, 其稀疏结构在其频域中. 因此, 在 MRI 中, 我们需要将测量数据转换回空间域以施加稀疏性; 而在频谱感知中, 我们做的几乎完全相反, 需要首先将信号转换到其频域以发现稀疏结构.

信号恢复与支撑恢复的对比

这里还有另一个不同之处, 它就是: 我们对信号所感兴趣的是什么. 在磁共振成像问题中, 我们感兴趣的是尽可能准确地恢复信号; 而在频谱感知中, 我们感兴趣的是在谱域中恢复稀疏模式的*支撑*, 只要信号在感兴趣的波段上高于一定的置信阈值. 所涉及的相关理论在 3.6.4 节进行了描述. 在第 13 章中研究的*人脸识别*问题和第 16 章中研究的更一般的*分类*问题也是这种情况. 这种目的上的差异将决定我们应该根据测量数量 (即样本数量) 和计算复杂度分配多少资源. 特别强调的是, 我们可以选择不同的算法在稀疏解恢复上实现不同的精度. 当然, 算法和准确性的选择也取决于恢复需要实时进行 (比如用于频谱感知) 还是可以离线进行 (比如用于恢复磁共振图像). 本书中所介绍的原则和方法, 只要针对不同的应用进行定制, 将使我们能够用最少的测量和计算资源实现不同的目标.

科学成像问题

"望远镜的终点即为显微镜的起点. 那两者谁的视野更为广阔呢?"

– Victor Hugo, *LesMisérables*

12.1 引言

在本章中, 我们考虑在科学数据分析的许多应用中都会遇到的一种低维结构形式: 由几个基本模体 (motif) 组成的、在空间和/或时间的不同位置重复的数据集. 图 12.1 展示了这种结构的三个例子: 在神经科学中, 模体代表了神经元的尖峰 (spike) 模式 [Grienberger et al., 2012; Stosiek et al., 2003]; 在图像去模糊 [Chan et al., 1998; Levin et al., 2011; Rust et al., 2006] 和扫描隧道显微镜 (Scanning Tunneling Microscopy, STM) 中, 模体代表样本 [Cheung et al., 2020] 中重复的感兴趣特征. 这是一种非常简单和基本的低维结构. 然而, 它对理论和计算都提出了挑战. 通常, 我们无法预先知道模体及其位置. 正如在第 7 章中所讨论的, 这会自然地导致非凸优化问题, 但我们可以通过研究它们的对称性, 并使用第 9 章所介绍的方法有效地解决这些问题. 在本章中, 我们使用扫描隧道显微镜这一特定科学成像模式作为示例, 来更深入地研究该模型 [Binnig et al., 1983]. 除此之外, 我们还将关注模体发现中的特殊挑战, 这促使我们开展比第 7 章中的简单理论更为深入的研究.

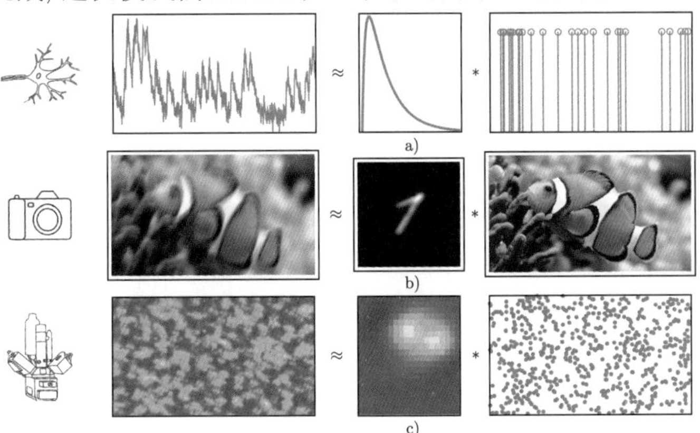

图 12.1 具有短稀疏结构的自然信号. a) 在钙成像中, 每个神经元尖峰都会诱导出一种用于测量钙浓度的瞬时增加的荧光模式. b) 在摄影中, 边缘锐利的照片 (在梯度域中稀疏) 通常会因相机抖动而变得模糊不清. c) 在扫描隧道显微镜中, 嵌入某些基底材料中的掺杂剂会产生单独的电子图案. 在这些情况中, 所观察到的信号都可以被建模为一个小的卷积核与一个稀疏的激活图之间的卷积

12.2 数据模型和优化问题表述

在本节中, 我们关注一种特定的成像模式——扫描隧道显微镜 (STM)—— 它能够得到包含重复模体的图像. 扫描隧道显微镜可以生成材料表面的量子电子结构的原子级分辨率图像 [Binnig et al., 1983]. 在这种模式中, 导电尖端 (conducting tip) 在感兴趣的样本表面被栅格化. 通过记录在每个空间位置保持恒定电流所需的尖端高度, 便可以构建其表面的二维图像. 通过以开环方式操作设备并改变尖端和表面之间的电压差, 也可以在不同能量下探索材料的量子力学结构. 这产生了一个三维的观测信号 $\boldsymbol{y} \in \mathbb{R}^{w\times h\times E}$, 我们在图 12.2 的等号左侧对其进行了可视化.

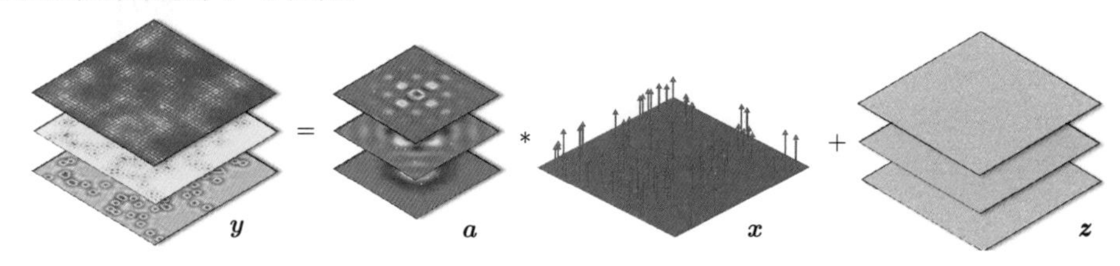

图 12.2　扫描隧道显微镜的卷积数据模型: 数据 $\boldsymbol{y}$ 表示为基本模体 $\boldsymbol{a}$ 和稀疏尖峰序列 $\boldsymbol{x}$ 的卷积, 再加上噪声 $\boldsymbol{z}$. $\boldsymbol{y}$ 的每个二维切片是 $\boldsymbol{a}$ 对应的二维切片和公共稀疏信号 $\boldsymbol{x}$ 的卷积. 数据分析的目标是给定 $\boldsymbol{y}$, 确定模体 $\boldsymbol{a}$ 和稀疏脉冲序列 $\boldsymbol{x}$, 而这两者均是预先未知的

扫描隧道显微镜数据分析——重复模体寻找

分析扫描隧道显微镜数据的主要目标是提取有关材料的量子电子结构信息, 这与超导等物理现象有关. 在许多具体实例中, 这个问题被归结为从观测 $\boldsymbol{y}$ 中提取重复的模体. 材料的物理性质会受到电子与晶格中"缺陷"的相互作用方式的强烈影响, 而这些缺陷发生在空间中的不同位置 $(i_1, j_1), \cdots, (i_k, j_k)$ 上. 电子和缺陷之间的相互作用产生了特征模体 $\boldsymbol{a} \in \mathbb{R}^{w\times h\times E}$, 它是空间位置和能量的三维函数. 图 12.2 的中间位置显示了这种图案的一个示例. 通常, 这些模体具有空间局部性, 即它们的空间范围相对于样本尺寸来说很小. 整体观测 $\boldsymbol{y}$ 可以建模为模体 $\boldsymbol{a}$ 的各种平移的叠加, 其中每个缺陷位置 (i_ℓ, j_ℓ) 对应一个模体, 即

$$\underbrace{\boldsymbol{y}(i,j,e)}_{\text{数据}} = \sum_{\ell=1}^{k} \underbrace{\boldsymbol{a}(i-i_\ell, j-j_\ell, e)}_{\text{平移模体}} \quad + \quad \underbrace{\boldsymbol{z}(i,j,e)}_{\text{噪声}}. \tag{12.2.1}$$

这个表达式可以更简洁地写为 $\boldsymbol{a}(\cdot,\cdot,e)$ 和二维稀疏信号 $\boldsymbol{x} \in \mathbb{R}^{w\times h}$ 的卷积, 其中稀疏信号 $\boldsymbol{x}$ 在 (i_ℓ, j_ℓ) 处取值为 1, 在其他处取值为 0, 即

$$\boldsymbol{y}(\cdot,\cdot,e) = \boldsymbol{a}(\cdot,\cdot,e) * \boldsymbol{x} \quad + \quad \boldsymbol{z}(\cdot,\cdot,e), \tag{12.2.2}$$

其中 $*$ 表示卷积运算[⊖]. 合并所有能级 $e = 1, \cdots, E$ 的上述方程, 我们可以获得整个数据集的模型, 写为

$$\underbrace{\boldsymbol{y}}_{\text{数据}} = \underbrace{\boldsymbol{a}}_{\text{模体}} * \underbrace{\boldsymbol{x}}_{\text{稀疏尖峰}} \quad + \quad \underbrace{\boldsymbol{z}}_{\text{噪声}}. \tag{12.2.3}$$

⊖ 本书中 $*$ 符号有两种含义: 当它出现在上标位置时 (比如 $\boldsymbol{x}^*$) 表示共轭转置; 当它作为运算符时, 表示卷积运算.——译者注

在这个表达式中, $\boldsymbol{a}$ 的每个二维切片与二维脉冲序列 $\boldsymbol{x}$ 进行卷积操作生成 $\boldsymbol{y}$ 的一个二维切片 [Cheung et al., 2020]. 我们把这个模型在图 12.2 中进行了可视化.

扫描隧道显微镜数据分析——基于稀疏优化的模体发现

我们的目标是从观测 $\boldsymbol{y}$ 中恢复模体 $\boldsymbol{a}$ 和尖峰序列 $\boldsymbol{x}$. 这是一个欠定问题. 为了解决这个问题, 我们需要利用 $\boldsymbol{a}$ 和 $\boldsymbol{x}$ 中的低维结构. 具体地, 我们将使用以下事实:

- $\boldsymbol{a}$ 在空间上是局部化的, 即它是一个*短信号*, 其空间范围比 $\boldsymbol{y}$ 小;
- $\boldsymbol{x}$ 是*稀疏的*, 即对于 $\boldsymbol{y}$ 中的每个模体实例, 它只包含一个非零元素.

我们称这个模型为*短稀疏* (short-and-sparse) 模型, 并将相应的恢复问题称为*短稀疏解卷积* (SaSD). 这一模型在 20 世纪 90 年代的文献 [Haykin, 1994; Kundur et al., 1996; Loke et al., 1995] 中进行了研究, 近年来由于计算能力和对其几何理解的深入而引起了越来越多研究者的兴趣 [Kuo et al., 2019; Zhang et al., 2017c]. 这种短稀疏结构在显微镜、神经科学、天文学等领域的模体发现问题中十分常见. 基于第 2 章、第 3 章和第 7 章中的想法, 我们可以把这个问题建模为同时恢复 $\boldsymbol{a}$ 和 $\boldsymbol{x}$ 的下述优化问题:

$$\min_{\boldsymbol{a},\boldsymbol{x}} \varphi_{\mathrm{BL}}(\boldsymbol{a},\boldsymbol{x}) \doteq \underbrace{\frac{1}{2}\|\boldsymbol{y}-\boldsymbol{a}*\boldsymbol{x}\|_F^2}_{\text{数据保真}} + \underbrace{\lambda\|\boldsymbol{x}\|_1}_{\boldsymbol{x}\ \text{稀疏}} \quad \text{s.t.} \quad \underbrace{\boldsymbol{a}\in\mathcal{A}}_{\boldsymbol{a}\ \text{短}}. \tag{12.2.4}$$

在上式中, 数据保真项是 $\boldsymbol{a}*\boldsymbol{x}$ 和 $\boldsymbol{y}$ 之差的 Frobenius 范数的平方, 正则化项 $\|\boldsymbol{x}\|_1$ 用于提升 $\boldsymbol{x}$ 的稀疏性. 因其将 LASSO 目标函数与双线性映射 $(\boldsymbol{a},\boldsymbol{x})\mapsto\boldsymbol{a}*\boldsymbol{x}$ 组合起来, 这个目标函数有时被称为*双线性* LASSO [Cheung et al., 2020; Kuo et al., 2019; Zhang et al., 2017c], 记为 φ_{BL}. 约束项 $\boldsymbol{a}\in\mathcal{A}$ 要求 $\boldsymbol{a}$ 是短的. 为了满足这个约束, 一种方法是将 $\boldsymbol{a}$ 限制在相对较小的区域 $\{1,\cdots,w\}\times\{1,\cdots,h\}\times\{1,\cdots,E\}$ 上, 其中 w 和 h 满足 $w\ll W$ 且 $h\ll H$. 此外, 在 $\boldsymbol{a}$ 和 $\boldsymbol{x}$ 之间存在一个双线性自由度, 即对于任何非零 λ, $(\lambda\boldsymbol{a})*(\lambda^{-1}\boldsymbol{x})=\boldsymbol{a}*\boldsymbol{x}$. 我们可以通过约束 $\boldsymbol{a}$ 具有单位长度的 Frobenius 范数来消除这个自由度, 即令

$$\mathcal{A} \doteq \{\boldsymbol{a} \mid \mathrm{supp}(\boldsymbol{a})\subseteq\{1,\cdots,w\}\times\{1,\cdots,h\}\times\{1,\cdots,E\},\ \|\boldsymbol{a}\|_F=1\}. \tag{12.2.5}$$

在下一节中我们将看到, 由于卷积算子 $*$ 的对称性, 这个问题是非凸的. 与第 7 章中较简单的模型问题一样, 特定选择的 $\|\boldsymbol{a}\|_F=1$ 会与目标函数相互作用而形成负曲率区域, 这在塑造整个非凸问题 (目标函数优化曲面) 的几何中起着重要作用.

12.3 短稀疏解卷积中的对称性

短稀疏模型中存在着来自卷积算子的一个基本的移位对称性: 令 s_τ 表示移位 τ 个像素, 那么我们有

$$s_\tau[\boldsymbol{a}]*s_{-\tau}[\boldsymbol{x}]=\boldsymbol{a}*\boldsymbol{x}. \tag{12.3.1}$$

在扫描隧道显微镜的二维设定中, τ 表示在空间中的二维移位. 在图 12.3, 我们在一维设定中说明了这种对称性. 类似于在第 7 章所研究的, 移位对称是离散对称的一种形式. 由于这

种对称性, 短稀疏解卷积问题的最自然建模是非凸的, 并且存在多个等效解. 实际上, 目标函数(12.2.4)是 $(\boldsymbol{a}, \boldsymbol{x})$ 的非凸函数, 约束集也是非凸的.

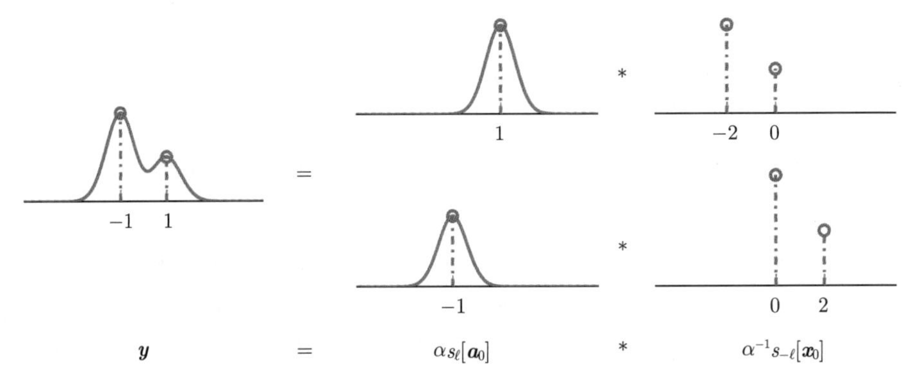

图 12.3　缩放移位对称. SaS 卷积模型表现出缩放的移位对称性: $\alpha s_\ell[\boldsymbol{a}_0]$ 和 $\alpha^{-1} s_{-\ell}[\boldsymbol{x}_0]$ 具有与 $\boldsymbol{a}_0$ 和 $\boldsymbol{x}_0$ 相同的卷积. 因此, 真值解 $(\boldsymbol{a}_0, \boldsymbol{x}_0)$ 只能在相差某个缩放和移位的意义上确定下来

与第 7 章类似, 我们可以通过它们的对称性来研究解卷积问题的几何特性 [Kuo et al., 2019; Zhang et al., 2017c, 2018]. 例如, 可以对式(12.2.4)推导出能够进行数学分析的更简单的近似 φ_{ABL}, 其中 $\varphi_{\mathrm{ABL}} \approx \varphi_{\mathrm{BL}}$. 如果 $\boldsymbol{a}$ 是*移位不相干的* (shift incoherent), 即对于任意移位 τ, 我们有 $\langle \boldsymbol{a}, s_\tau[\boldsymbol{a}] \rangle \approx 0$, 那么式(12.2.4)中的损失函数可以近似为

$$\begin{aligned} \frac{1}{2}\|\boldsymbol{y} - \boldsymbol{a} * \boldsymbol{x}\|_F^2 &= \frac{1}{2}\|\boldsymbol{y}\|_F^2 + \frac{1}{2}\|\boldsymbol{a} * \boldsymbol{x}\|_F^2 - \langle \boldsymbol{y}, \boldsymbol{a} * \boldsymbol{x} \rangle \\ &\approx \frac{1}{2}\|\boldsymbol{y}\|_F^2 + \frac{1}{2}\|\boldsymbol{x}\|_F^2 - \langle \boldsymbol{y}, \boldsymbol{a} * \boldsymbol{x} \rangle . \end{aligned} \tag{12.3.2}$$

基于此, 我们可以得到:

$$\varphi_{\mathrm{ABL}}(\boldsymbol{a}, \boldsymbol{x}) \doteq \frac{1}{2}\|\boldsymbol{y}\|_F^2 + \frac{1}{2}\|\boldsymbol{x}\|_F^2 - \langle \boldsymbol{y}, \boldsymbol{a} * \boldsymbol{x} \rangle + \lambda \|\boldsymbol{x}\|_1, \quad \boldsymbol{a} \in \mathcal{A}. \tag{12.3.3}$$

习题 12.1 更为详细地探讨了这种近似, 很重要的直觉是当*移位相干性*

$$\mu_s = \max_{\tau \neq 0} |\langle \boldsymbol{a}, s_\tau[\boldsymbol{a}] \rangle| \tag{12.3.4}$$

很小时, 这种近似是准确的. 图 12.4 可视化了移位不相干问题中这种近似的几何. 正如我们所预期的, 等价的 (对称) 解是局部极小值点, 并且在对称性破缺方向上存在负曲率.

相应的理论分析揭示出实际解卷积问题与图 12.4 以及第 7 章中研究的理想化模型之间的一个关键区别. 随着模体 $\boldsymbol{a}$ 具有更强的移位相干性, 这一问题无论是在数值上还是在理论上都变得更具挑战性. 这一点可以根据稀疏性与相干性之间的权衡进行量化, 如图 12.5 所示. 模体 $\boldsymbol{a}$ 越不相干, $\boldsymbol{x}$ 便越密集. 这种权衡使人联想到第 4~5 章矩阵补全与矩阵恢复问题中有关相干性的讨论.

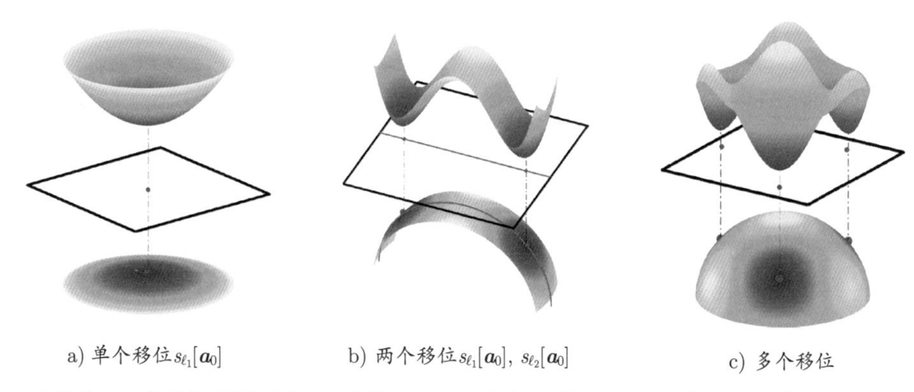

图 12.4 在移位 $\boldsymbol{a}_0$ 的叠加附近, 近似双线性 LASSO 目标函数 $\varphi_{\mathrm{ABL}}(\boldsymbol{a})$ 的几何形状 [Kuo et al., 2019]. 上: 将 $\varphi_{\mathrm{ABL}}(\boldsymbol{a})$ 的函数值可视化为高度. 下: $\varphi_{\mathrm{ABL}}(\boldsymbol{a})$ 在球面 $\mathbb{S}^{n-1}$ 上的热力图. a) 单次移位附近的区域是强凸的; b) 两个移位之间的区域包含一个鞍点, 负曲率指向各个移位, 正曲率指向远离移位; c) 靠近 $\boldsymbol{a}_0$ 的几个移位张成空间的区域

这种权衡也指出了实际解卷积问题中的一项重要挑战: 成像中的解卷积问题与科学趋于高度相干——模体或者模糊核 $\boldsymbol{a}$ 通常在空间上是光滑的. 与正交字典学习 (第 7 章) 和某些神经网络学习问题 (第 16 章) 相比, 我们必须直接处理高度相干的卷积核. 诸如式(12.3.3) 中的近似将不再满足, 我们必须直接处理式(12.2.4)中的更为复杂的几何. 在下一节中, 我们将介绍一些用于求解具有高相关性的短稀疏解卷积实例的算法思想.

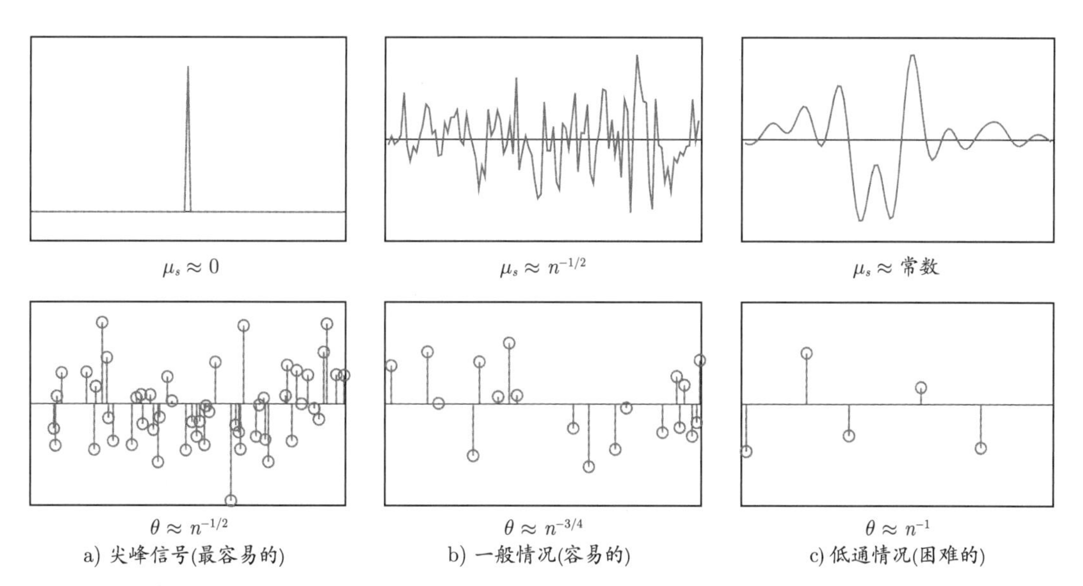

图 12.5 稀疏性与相干性之间的权衡 [Kuo et al., 2019]: 具有不同相干参数 $\mu_s(\boldsymbol{a}_0)$ 和稀疏率 θ (给定元素非零的概率) 的示例. 较小的移位相干性 $\mu_s(\boldsymbol{a}_0)$ 允许使用较高的 θ 求解短稀疏解卷积, 反之亦然. 按照难度递增的顺序: a) 当 $\boldsymbol{a}_0$ 是 Dirac delta 函数时, $\mu_s(\boldsymbol{a}_0) = 0$; b) 当 $\boldsymbol{a}_0$ 是从球面 $\mathbb{S}^{n-1}$ 上的均匀分布中采样时, 它的移位相干性大致为 $\mu_s(\boldsymbol{a}_0) \approx n^{-1/2}$; c) 当 $\boldsymbol{a}_0$ 为低通时, 随着 n 的增长, $\mu_s(\boldsymbol{a}_0)$ 趋于常数

12.4 短稀疏解卷积算法

在本节中, 我们将介绍求解优化问题(12.2.4)的实用算法——它利用第 8~9 章中的思想来解决实际的具有复杂几何的解卷积问题. 我们的问题是具有下述一般形式的问题:

$$\min_{\boldsymbol{a},\boldsymbol{x}} \varPsi(\boldsymbol{a},\boldsymbol{x}) = \psi(\boldsymbol{a},\boldsymbol{x}) \;+\; \lambda\cdot g(\boldsymbol{x}) \qquad \text{s.t.} \quad \boldsymbol{a} \in \mathcal{M} \tag{12.4.1}$$

的一个特例, 其中 $\psi(\boldsymbol{a},\boldsymbol{x})$ 二次连续可微, $g(\boldsymbol{x})$ 是凸 (但可能不光滑) 的用于促进 $\boldsymbol{x}$ 的稀疏性的惩罚项, $\mathcal{M}$ 是光滑 Riemannian 流形 (比如球面).

12.4.1 交替下降法

我们首先引入一种基于朴素交替下降法 (Alternating Descent Method, ADM) 的基本一阶方法用于求解问题(12.4.1). 这种方法通过在固定其他变量时交替地使用下降步骤更新一个变量来优化目标函数. 我们把基本求解流程总结在算法 12.1 中. 下面我们提供每一步的更详细解释.

算法 12.1 交替下降法 (ADM)

输入. 观测数据 $\boldsymbol{y}$, 步长 t_0 和 τ_0, 惩罚项参数 $\lambda > 0$.

在球面上随机初始化 $\boldsymbol{a}_0$, $\boldsymbol{x}_0 \leftarrow \boldsymbol{0}_n$, $k \leftarrow 0$.

while 不收敛 **do**

　固定 $\boldsymbol{a}_k$, 以步长 t_k 对 $\boldsymbol{x}$ 进行一步邻近梯度更新:

$$\boldsymbol{x}_{k+1} \;\leftarrow\; \operatorname{prox}_{t_k\lambda g}\left[\boldsymbol{x}_k - t_k\nabla_{\boldsymbol{x}}\psi\left(\boldsymbol{a}_k,\boldsymbol{x}_k\right)\right].$$

　固定 $\boldsymbol{x}_{k+1}$, 以步长 τ_k 对 $\boldsymbol{a}$ 进行一步 Riemannian 梯度更新:

$$\boldsymbol{a}_{k+1} \;\leftarrow\; \mathcal{P}_{\mathcal{A}}\left[\boldsymbol{a}_k - \tau_k\nabla_{\boldsymbol{a}}\psi\left(\boldsymbol{a}_k,\boldsymbol{x}_{k+1}\right)\right].$$

　更新 $k \leftarrow k+1$.

end while

输出. 最后的迭代 $\boldsymbol{a}_\star$, $\boldsymbol{x}_\star$

固定 $\boldsymbol{a}$ 时, 对 $\boldsymbol{x}$ 使用一步邻近梯度更新

固定 $\boldsymbol{a}$ 时, 考虑以 $\boldsymbol{x}$ 为变量的目标函数

$$\varPsi_{\boldsymbol{a}}(\boldsymbol{x}) = \psi(\boldsymbol{a},\boldsymbol{x}) + \lambda g(\boldsymbol{x}). \tag{12.4.2}$$

这个函数是由 $\boldsymbol{x}$ 的光滑凸函数 $\psi(\boldsymbol{x})$ 和非光滑凸函数 $g(\boldsymbol{x})$ 相加构成. 基于第 8 章中对邻近梯度方法的讨论, 我们可以将 ψ 关于 $\boldsymbol{x}$ 的梯度表示为

$$\nabla_{\boldsymbol{x}}\psi(\boldsymbol{a},\boldsymbol{x}) = \boldsymbol{\iota}_{\boldsymbol{x}}^{*}\,\check{\boldsymbol{a}} * (\boldsymbol{a} * \boldsymbol{x} - \boldsymbol{y}), \tag{12.4.3}$$

其中, $\boldsymbol{\iota}_{\boldsymbol{x}}^{*}$ 被限制在区间 $\{1,\cdots,n\}$ 上, $\check{\boldsymbol{a}}$ 表示信号 $\boldsymbol{a}$ 的反转 (reversal). 在习题 12.3 中, 我们要求读者证明这个梯度公式, 这可以通过验证与 $\boldsymbol{a}$ 的反转 $\check{\boldsymbol{a}}$ 的卷积是卷积算子 $\boldsymbol{x} \mapsto \boldsymbol{a} * \boldsymbol{x}$

的形式伴随来完成. 对于固定的 $\boldsymbol{a}$, 梯度 $\nabla_{\boldsymbol{x}}\psi(\boldsymbol{a},\boldsymbol{x})$ 是 $\boldsymbol{x}$ 的 Lipschitz 函数, 其 Lipschitz 常数 L 是 $\boldsymbol{x}\mapsto\boldsymbol{\iota}_{\boldsymbol{x}}^*\check{\boldsymbol{a}}*\boldsymbol{a}*\boldsymbol{x}$ 的算子范数㊀. 根据在第 8 章中的讨论, 我们可以通过一步梯度更新, 然后再应用与正则化算子 λg 相关联的邻近算子

$$\boldsymbol{x}_{k+1}=\operatorname{prox}_{t\lambda g}\left[\boldsymbol{x}_k-t\nabla_{\boldsymbol{x}}\psi(\boldsymbol{a}_k,\boldsymbol{x}_k)\right], \tag{12.4.4}$$

来使函数 $\Psi_{\boldsymbol{a}}(\boldsymbol{x})$ 的值减小. 只要 $t\leqslant 1/L$, 目标函数值就会减小, 即 $\Psi(\boldsymbol{a}_k,\boldsymbol{x}_{k+1})\leqslant\Psi(\boldsymbol{a}_k,\boldsymbol{x}_k)$. 我们可以通过 $\boldsymbol{a}_k$ 的离散傅里叶变换来估计 Lipschitz 常数 L, 或者通过回溯法 (即减小步长直到目标函数值充分减小) 来确定有效步长 t. 正则化项 g 是 ℓ^1 范数, 因此, 与它相对应的邻近算子是一种简单的软阈值化算子

$$\operatorname{prox}_{t\lambda g}(\boldsymbol{x})=\mathcal{S}_{t\lambda}(\boldsymbol{x}), \tag{12.4.5}$$

其中 $\mathcal{S}_{t\lambda}(\boldsymbol{x})=\operatorname{sign}(\boldsymbol{x})\left(|\boldsymbol{x}|-\lambda t\right)_+$ 促使向量 $\boldsymbol{x}$ 中的元素趋于零 (想要了解更多关于此算子的讨论和推导, 请参考 8.2 节).

固定 $\boldsymbol{x}$ 时, 对 $\boldsymbol{a}$ 使用投影梯度更新

类似地, 我们可以计算 $\psi(\boldsymbol{a},\boldsymbol{x})$ 对 $\boldsymbol{a}$ 的梯度, 即

$$\nabla_{\boldsymbol{a}}\psi(\boldsymbol{a},\boldsymbol{x})=\boldsymbol{\iota}_{\boldsymbol{a}}^*\check{\boldsymbol{x}}*(\boldsymbol{a}*\boldsymbol{x}-\boldsymbol{y}), \tag{12.4.6}$$

其中 $\boldsymbol{\iota}_{\boldsymbol{a}}^*$ 再次限制了 $\boldsymbol{a}$ 被允许的支撑范围. 使用适当的步长㊁进行一步梯度更新 $\boldsymbol{a}\mapsto\boldsymbol{a}-\tau\nabla_{\boldsymbol{a}}\psi(\boldsymbol{a},\boldsymbol{x})$ 可以减小目标函数 Ψ 的值. 然而, 这样计算得到的 $\boldsymbol{a}_+$ 未必具有单位范数, 因此可能不在可行集 $\mathcal{A}$ 中. 对此, 我们通过把 $\boldsymbol{a}$ 投影到 $\mathcal{A}$ 来处理, 即

$$\boldsymbol{a}_{k+1}=\mathcal{P}_{\mathcal{A}}\left[\boldsymbol{a}_k-\tau_k\nabla_{\boldsymbol{a}}\psi\left(\boldsymbol{a}_k,\boldsymbol{x}_{k+1}\right)\right], \tag{12.4.7}$$

只需把 $\boldsymbol{a}_+$ 缩放为具有单位 Frobenius 范数. 这种更新 $\boldsymbol{a}$ 的投影梯度方法十分简单, 并且在实验中通常非常有效. 我们也可以从 Riemannian 优化的角度, 即把约束 $\|\boldsymbol{a}\|_F=1$ 视为强制 $\boldsymbol{a}$ 位于一个特定的光滑流形来推导出其他各种算法.

12.4.2 高度相干问题的其他启发式算法

尽管双线性 LASSO 在 $\boldsymbol{a}$ 高度相干的情况下也能够分析出 $\boldsymbol{a}$ 和 $\boldsymbol{x}$ 之间的相互作用, 但是平滑项 $\|\boldsymbol{a}*\boldsymbol{x}-\boldsymbol{y}\|_F^2$ 会随着 $\mu(\boldsymbol{a})$ 的增加而变成病态问题, 从而导致在实际问题实例中的收敛速度缓慢. 在这里, 我们讨论一些启发式方法, 用于在这种情况下获得更快的算法收敛速度并且产生更好的解.

动量加速

当 $\mu_s(\boldsymbol{a})$ 很大时, ψ_{BL} 的 Hessian 矩阵将会随着 $\boldsymbol{a}$ 收敛到单次移位从而变成病态问题. 此时, 目标函数的优化曲面会包含 “狭窄山谷”, 一阶方法往往会呈现出严重振荡. 对于双线

㊀ 因为时域上的卷积相当于频率上的乘法, 这可以被 $\boldsymbol{a}$ 的最大傅里叶系数所控制.

㊁ 更新步长 τ 要选择为比 $1/L_{\boldsymbol{a}}$ 更小的值, 其中 $L_{\boldsymbol{a}}$ 是 $\boldsymbol{a}\mapsto\boldsymbol{\iota}_{\boldsymbol{a}}^*\check{\boldsymbol{x}}*\boldsymbol{x}*\boldsymbol{a}$ 的算子范数, 即 $\nabla_{\boldsymbol{a}}\psi$ 的 Lipschitz 常数.——译者注

性 LASSO 这种非凸问题, 一阶方法的迭代过程可能会在下降轨迹上遇到许多狭窄而平坦的低谷, 导致收敛缓慢.

正如我们在附录 D 中所介绍的, 这种情况的一种补救措施是将*动量* (momentum) [Beck et al., 2009; Polyak, 1964] 添加到标准的一阶迭代中. 例如, 当更新 $\boldsymbol{x}$ 时, 我们可以把式(12.4.4)中的迭代修改为

$$\boldsymbol{w}_k = \boldsymbol{x}_k + \beta \underbrace{(\boldsymbol{x}_k - \boldsymbol{x}_{k-1})}_{\text{惯性项}}, \tag{12.4.8}$$

$$\boldsymbol{x}_{k+1} = \operatorname{prox}_{t_k g}\left[\boldsymbol{w}_k - t_k \nabla_{\boldsymbol{x}} \psi(\boldsymbol{a}_k, \boldsymbol{w}_k)\right]. \tag{12.4.9}$$

在这里, *惯性项*结合了上一步迭代的动量, $\beta \in (0,1)$ 控制惯性的强弱[㊀]. 以类似的方式, 我们也可以修改式(12.4.7)中更新 $\boldsymbol{a}$ 的迭代公式. 这个算法有时被称为*惯性交替下降法* (inertial Alternating Descent Method, iADM) [Absil et al., 2009][㊁].

这种额外的惯性项能够显著减少病态问题的振荡效应从而提高收敛性. 针对凸问题的这种动量加速方法在实践中广为人知[㊂]. 近年来, 动量方法也被证明可以提高非凸和非光滑问题的收敛性 [Jin et al., 2018; Pock et al., 2016].

同伦延拓

我们也可以通过稀疏惩罚项的 λ 直接修改目标函数 Ψ_{BL} 来改进优化. 这个想法的变体出现在 [Zhang et al., 2017c] 和 [Kuo et al., 2019] 中, 它还能够帮助减轻实际问题中较大的移位相干性的影响.

在无噪声情况下求解问题(12.2.4)时, 选择较大的 λ 很明显会让 $\boldsymbol{x}$ 的解变得更稀疏. 相反, 选择较小的 λ 会通过强调重建质量而使得边缘 (marginal) 目标函数 $\varphi_{\mathrm{BL}}(\boldsymbol{a}) \doteq \min_{\boldsymbol{x}} \psi_{\mathrm{BL}}(\boldsymbol{a}, \boldsymbol{x})$ 的局部极小值点更靠近 $\boldsymbol{a}_0$ 的带符号移位 (signed-shift). 然而, 当 $\mu(\boldsymbol{a})$ 很大时, 由于 $\boldsymbol{a}_0$ 的谱条件较差, 当 $\lambda \to 0$ 时, φ_{BL} 会变成病态情况, 从而导致局部极小值点附近出现严重的平坦区域或者在有噪声时产生杂散的局部极小值点. 如果以牺牲精度为代价, 选择较大的 λ 值会将 $\boldsymbol{x}$ 限制在很小的支撑模式集合, 并且会简化 φ_{BL} 的优化曲面形状. 因此, 适当地选择 λ 对于快速收敛和准确恢复都非常重要.

当问题的参数 (例如噪声水平或者稀疏度) 预先未知时, 可以使用*同伦延拓* (homotopy continuation) 方法 [Hale et al., 2008; Wright et al., 2009b; Xiao et al., 2013] 来获得短稀疏解卷积的*一系列解*. 我们使用 ADM 的随机初始化, 首先通过使用一个较大的 λ_1 的 iADM 求解式(12.2.4)以粗略估计 $(\hat{\boldsymbol{a}}_1, \hat{\boldsymbol{x}}_1)$, 然后通过逐渐减小 λ_n 来细化这个估计从而产生一个*解路径* $\left\{(\hat{\boldsymbol{a}}_n, \hat{\boldsymbol{x}}_n; \lambda_n)\right\}$. 通过确保 $\boldsymbol{x}$ 在解路径上保持稀疏性, 同伦延拓保证目标函数 Ψ_{BL}

㊀ 如果设 $\beta = 0$, 那么会消除动量并恢复到标准的邻近梯度下降.

㊁ 它修改 iPALM [Pock et al., 2016] 以通过球面上的回缩来执行对 $\boldsymbol{a}$ 的更新.

㊂ 在函数 $f(\boldsymbol{z})$ 为强凸且光滑的条件下, 动量方法把迭代复杂度从 $O(\kappa \log(1/\varepsilon))$ 降低到 $O(\sqrt{\kappa} \log(1/\varepsilon))$, 其中 κ 是条件数, 同时保持计算复杂度大致不变 [Bubeck et al., 2015].

在整个优化中相对于 $\boldsymbol{a}$ 和 $\boldsymbol{x}$ 的 (受限) 强凸性 [Agarwal et al., 2010]. 在数值实验中, 这通常会获得线性收敛速度.

数据驱动的初始化

短稀疏解卷积问题的结构启发我们一种初始化模体 $\boldsymbol{a}_0$ 的方法. 我们的目标是在不计一个移位对称性的意义下来恢复 $\boldsymbol{a}$, 即恢复 $\boldsymbol{a}$ 的一个单次移位. 数据 $\boldsymbol{y}$ 是 $\boldsymbol{a}$ 与稀疏信号 $\boldsymbol{x}$ 的卷积, 这意味着 $\boldsymbol{y}$ 的小片段本身就是 $\boldsymbol{a}_0$ 的几个移位副本的叠加. 因此, 我们设计一种初始化方法: 选择数据的一个小窗口, 然后将其归一化到球面上.

12.4.3 计算示例

图 12.6 显示了使用上面所介绍的方法在扫描隧道显微镜 (STM) 数据中进行模体发现的示例 (来自最近的工作 [Cheung et al., 2020]). 该数据集包括在 $E = 41$ 的不同偏置电压下 $100 \times 100\text{nm}^2$ 区域上的测量值. 图 12.6a ~ 12.6d 显示了两个空间切片的二维傅里叶变换的幅度. 这种相对嘈杂的结果是基于该领域传统数据分析技术得到的. 图 12.6e ~ 图 12.6i 是通过求解短稀疏解卷积问题 (SaSD) 而产生的更清晰的解析结果: 图 f 和图 g 显示了所恢复的模体特征 $\hat{\boldsymbol{a}}$ 的两个切片, 而图 e 显示了所恢复的稀疏激活图 $\hat{\boldsymbol{x}}$, 图 h 和图 i 中傅里叶变换的幅度比图 c 和图 d 更清晰也更易于解释.

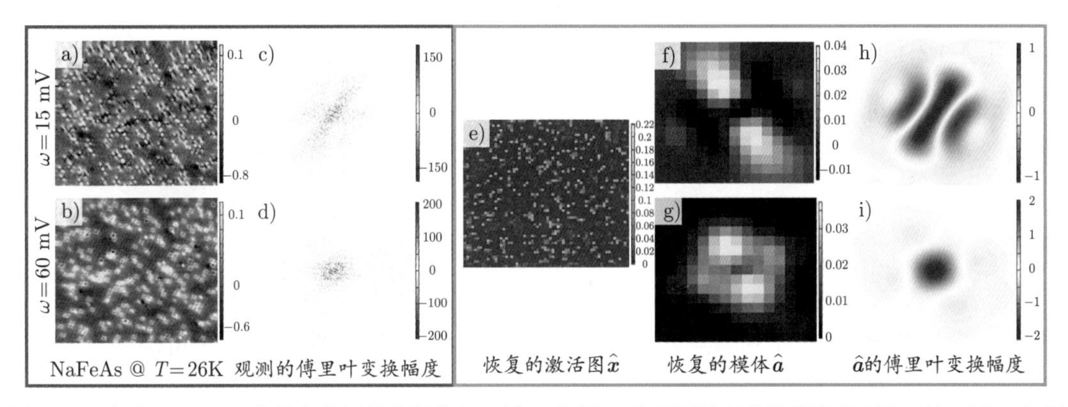

图 12.6 真实 NaFeAs 数据上的短稀疏解卷积. 图 a 和图 b 为不同能级的数据集的两个切片. 图 c 和图 d 展示的是分析此类数据的常规方法——可视化傅里叶变换 (Fourier Transform, FT) 的幅度. 在密集样本中, 这种方法会产生 “**相位噪声**”, 它会掩盖有物理意义的结构. 图 e ~ 图 i 通过双线性 LASSO 进行解卷积, 其中图 e 是所恢复的稀疏激活圈 $\hat{\boldsymbol{x}}$, 图 f 和图 g 是所恢复的两个模体 $\hat{\boldsymbol{a}}$. 与图 c 和图 d 中的原始观测数据相比, 图 h 和图 i 中模体的傅里叶变换更清晰, 揭示出更多的结构

12.5 扩展: 多个模体的场景

在许多科学问题中, 数据由不止一种基本模体叠加而成. 例如, 在扫描隧道显微镜中, 数据可能包含多种类型的杂质或者多种物质状态; 在神经尖峰排序中, 数据可能由来自多个神经元的尖峰模式组成. 上面讨论的许多算法思想可以非常自然地扩展到处理具有

多个模体的数据. 我们可以简单地引入优化变量 $\boldsymbol{a}_1, \cdots, \boldsymbol{a}_K$, 它们对应于稀疏尖峰序列 $\boldsymbol{x}_1, \cdots, \boldsymbol{x}_K$, 然后求解下述优化问题:

$$\begin{aligned} \min_{\boldsymbol{a}_1,\cdots,\boldsymbol{a}_K,\boldsymbol{x}_1,\cdots,\boldsymbol{x}_K} \quad & \frac{1}{2}\|\boldsymbol{y} - \sum_{\ell=1}^{K} \boldsymbol{a}_\ell * \boldsymbol{x}_\ell\|_F^2 + \lambda \sum_{\ell=1}^{K} \|\boldsymbol{x}_\ell\|_1 \\ \text{s.t.} \quad & \boldsymbol{a}_\ell \in \mathcal{A},\ \ell = 1, \cdots, K. \end{aligned} \tag{12.5.1}$$

这种扩展有时也被称为*多通道稀疏盲解卷积* [Qu et al., 2019a] 或者*卷积字典学习* [Qu et al., 2020a]. 这个问题仍然是非凸的, 除了上述*移位对称性*之外, 它还表现出*置换对称性*, 即重新排列模体 $\boldsymbol{a}_\ell$ 及其对应的稀疏图 $\boldsymbol{x}_\ell$ 不会改变目标函数值. 不过, 上面介绍的许多算法思想都可以很自然地推广到这个更高维的问题上. 动量加速、延拓和重新加权的想法对于在实际数据上获得高质量结果仍然至关重要. 目前, 许多与解卷积和卷积字典学习相关的开放理论问题仍然存在, 其中一个研究方向就是针对每次求解一个模体 $\boldsymbol{a}_\ell$ 的方式. 如果 $\boldsymbol{a}_\ell$ 的移位是互不相干的, 那么我们可以分析其所对应问题的几何, 并证明非凸方法可以产生真值解的准确估计. 感兴趣的读者可以参考这个研究方向的最新进展 [Qu et al., 2019a, 2020a].

12.6 习题

习题 12.1 (**近似双线性 LASSO 和不相干问题**)　考虑长度为 k 的具有单位 ℓ^2 范数的信号 $\boldsymbol{a} \in \mathbb{R}^k$. 对于部分卷积矩阵

$$\boldsymbol{C}_{\boldsymbol{a}} = \begin{bmatrix} \boldsymbol{a} & s_1[\boldsymbol{a}] & s_2[\boldsymbol{a}] & \cdots & s_{k-1}[\boldsymbol{a}] \end{bmatrix}, \tag{12.6.1}$$

证明:

$$\|\boldsymbol{C}_{\boldsymbol{a}}^* \boldsymbol{C}_{\boldsymbol{a}} - \boldsymbol{I}\|_2 \leqslant k(k-1)\mu_s(\boldsymbol{a}), \tag{12.6.2}$$

其中 μ_s 是移位连续的. 此外, 当 $\boldsymbol{a}$ 取何值时, 近似 $\|\boldsymbol{a} * \boldsymbol{x}\|_2^2 \approx \|\boldsymbol{x}\|_2^2$ 是准确的呢?

习题 12.2 (**高斯模体的相干性**)　考虑一个长度为 k 的高斯信号 $\boldsymbol{a}$, 其中 $a_i = \beta \exp(-(i-k)^2/\sigma^2)$, $i = 1, \cdots, k$, β 的选取确保 $\boldsymbol{a}$ 具有单位 ℓ^2 范数. 证明: (i) 当 $\sigma \to 0$ 时, $\mu_s(\boldsymbol{a})$ 接近 0; (ii) 当 $\sigma \to \infty$ 时, 有 $\mu_s \to 1 - 1/k$. 在后一种大相干性的情况下, φ_{ABL} 所提供的近似是不准确的.

习题 12.3 (**卷积下的二次损失梯度**)　考虑二次损失函数

$$\psi(\boldsymbol{a}, \boldsymbol{x}) = \frac{1}{2}\|\boldsymbol{a} * \boldsymbol{\iota x} - \boldsymbol{y}\|_F^2. \tag{12.6.3}$$

证明这个损失函数对 $\boldsymbol{x}$ 的梯度为:

$$\nabla_{\boldsymbol{x}} \psi = \boldsymbol{\iota}^* (\boldsymbol{a} * \boldsymbol{\iota x} - \boldsymbol{y}). \tag{12.6.4}$$

鲁棒人脸识别

"机器总是频繁不断地带给我惊喜."
—— Alan Turing, *Computing Machinery and Intelligence*

13.1 引言

在人类感知中, 稀疏表示的作用已经得到了广泛的研究. 正如我们在第 1 章绪论中提到的, 神经科学研究人员已经揭示: 在底层和中层的人类视觉中, 视觉通路的许多神经元都能够有选择性地识别各种特定的刺激, 比如颜色、纹理、方向、大小, 甚至是视角调整的物体图像 [Olshausen et al., 1997; Serre, 2006]. 考虑到这些神经元在每个视觉阶段形成一个由信号基元构成的过完备字典, 由给定的输入图像激活的神经元通常是高度稀疏的.

正如我们在本书前面部分所讨论的, 稀疏表示的最初目标既不是推理, 也不是分类本身, 而是使用可能比 Shannon-Nyquist 界更低的采样率进行信号的表示和压缩. 因此, 稀疏表示的算法性能主要通过表示的稀疏性和相对于原始信号的保真度来衡量. 此外, 字典中的单个基元并没有被假定为具有任何特定的语义——它们通常是从标准基 (例如傅里叶、小波、Curvelets、Gabor 滤波器) 中选择的, 或者是通过 PCA [Chan et al., 2015; Pentland et al., 1994] 或深度卷积神经网络 (我们将在第 16 章中详细介绍) 从数据中学习得到的, 甚至是通过随机投影 [Chan et al., 2015; Wright et al., 2009a] 生成的. 尽管如此, 最稀疏的表示具有天然的判别性: 在所有基向量的子集中, 它会选择最紧凑的表达输入信号的子集, 并拒绝其他可能的但不那么紧凑的表示.

在本章中, 我们利用稀疏表示的判别性来解决*分类问题*[㊀]. 与上面所提到的通用字典不同, 我们使用一个数据驱动的字典来表达一个测试样本, 所使用的字典的基元是*训练样本本身*. 如果每个类别都具有足够多的训练样本, 那么可以将测试样本表达为同一个类别中训练样本的线性组合. 这种表达结果是天然稀疏的, 因为它只涉及整个训练数据库的一小部分. 在许多感兴趣的问题中, 这个线性组合实际上是测试样本在这个字典中的*最稀疏*线性表示, 并且可以通过稀疏优化算法有效地恢复. 因此, 寻找最稀疏的表示可以自动区分训练集所包含的各种类别. 图 13.1 以人脸识别为例展示这个简单想法. 稀疏表示还提供一种简单但有效的方法, 用于拒绝并不来自训练数据集中任何类别的无效测试样本: 这些无效测试样本的最稀疏表示, 倾向于涉及跨越多个类别的很多字典基元.

㊀ 在第 16 章中, 我们将在基于深度网络的分类这一更广泛的背景下, 重新审视低维模型的判别性本质, 包括稀疏性.

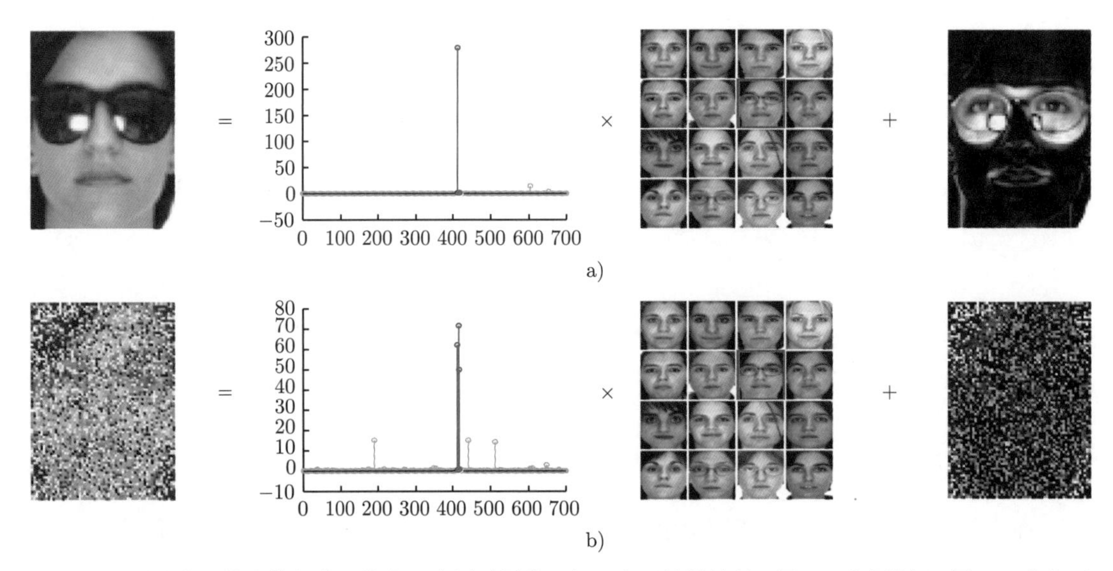

图 13.1　稀疏表示的建模概览. 给定一个测试图像 (左), 它可能被遮挡 (图 a) 或者损坏 (图 b), 我们可以利用所有训练图像 (中) 加上由于遮挡或者损坏而造成的稀疏误差 (右) 的稀疏线性组合对它进行表示. 红色 (较暗) 系数对应正确个体的训练图像. 这个算法能够从标准 AR 人脸数据库 [Martinez et al., 1998] 100 个人的 700 张 (每个人 7 张) 训练图像中确定人脸图像所对应的个体身份 (在第 2 行和第 3 列用红色方框表示)

我们将通过自动人脸识别来说明和研究这种新的*基于稀疏表示的分类* (Sparse Representation based Classification, SRC) 方法. 在基于图像的物体识别技术中, 人脸是最广泛的研究对象. 一方面是由于人类视觉系统 [Sinha et al., 2006] 非凡的人脸识别能力, 另一方面是由于人脸识别技术 [Zhao et al., 2003] 的众多重要应用. 此外, 人脸识别涉及的相关技术问题足以代表物体识别甚至一般的数据分类. 在本章中, 稀疏表示和压缩感知在人脸识别中的应用有助于我们洞察如何在人脸识别任务中补偿图像中的过失误差 (gross error) 或者面部遮挡问题.

众所周知, 面部遮挡或者伪装对鲁棒的真实世界人脸识别 [Leonardis et al., 2000; Martinez, 2002; Sanja et al., 2006] 构成严重障碍. 这一困难主要是由于遮挡所引起的误差具有不可预知的性质: 它可能影响图像的任何部分, 并且幅度任意大. 然而, 这种误差通常只损坏图像像素的一部分, 因此它在标准像素空间的基上是稀疏的. 当这种误差存在这样一个稀疏表示时, 它可以在经典的稀疏表示框架内统一处理 (参见图 13.1 中的例子). 尽管如此, 在实验中, 我们进一步发现, 随着问题维数的增长, 稀疏求解器 (比如 ℓ^1 最小化) 似乎能够轻松地恢复十分稠密的误差. 在这种情况下, 稀疏表示和压缩感知的一般理论难以解释一种特殊的被称为*十字与花束* (Cross-And-Bouquet, CAB) 模型的字典所具有的稠密误差纠正现象. 我们将在 13.4 节讨论十字与花束模型下 ℓ^1 最小化确保接近 100%稠密误差纠错的条件.

13.2 基于稀疏表示的分类

物体识别中的一个基本问题是使用来自 k 个不同类别的带标签训练样本正确地识别测试样本所属的类别. 我们将第 i 类中给定的 n_i 个训练样本表达为矩阵 $\boldsymbol{A}_i \doteq [\boldsymbol{v}_{i,1}, \boldsymbol{v}_{i,2}, \cdots, \boldsymbol{v}_{i,n_i}] \in \mathbb{R}^{m\times n_i}$ 中的列向量, $\boldsymbol{A}_i$ 所对应的 n_i 个列向量就是训练集中第 i 个人的人脸图像(的特征向量). 在人脸识别任务中, 对于大小为 $w \times h$ 的灰度人脸图像, 我们将通过叠加灰度像素矩阵所有的列向量而得到向量 $\boldsymbol{v} \in \mathbb{R}^m$, 其中 $m = wh$. 为此, $\boldsymbol{A}_i$ 的列向量是第 i 个人的人脸图像训练样本.

为了利用 $\boldsymbol{A}_i$ 中的结构进行人脸识别, 研究人员提出了各种各样的统计模型. 一种特别简单有效的方法是假设单个类别中的样本位于一个*线性子空间*上. 子空间模型非常灵活, 可以捕捉真实数据集中的大部分变化. 特别是在人脸识别的背景下, 人们观察到在不同光照和表情下的人脸图像位于一个特殊的低维子空间 [Basri et al., 2003; Belhumeur et al., 1997], 通常被称为*人脸子空间* (face subspace). 这是关于训练样本的唯一先验知识, 我们将基于这一点, 利用稀疏表示来解决人脸识别问题.

假设给定第 i 个类别足够多的训练样本, 记作 $\boldsymbol{A}_i \in \mathbb{R}^{m\times n_i}$, 那么来自同一个类别的任何新的 (测试) 样本 $\boldsymbol{y} \in \mathbb{R}^m$ 近似地位于与第 i 个类别相对应的训练样本所张成的线性子空间中, 即

$$\boldsymbol{y} = \alpha_{i,1}\boldsymbol{v}_{i,1} + \alpha_{i,2}\boldsymbol{v}_{i,2} + \cdots + \alpha_{i,n_i}\boldsymbol{v}_{i,n_i}, \tag{13.2.1}$$

其中 $\alpha_{i,j} \in \mathbb{R}, j = 1, 2, \cdots, n_i$ 为线性组合系数.

由于测试样本的类别隶属关系最初是未知的, 我们为整个训练集定义了一个新的矩阵 $\boldsymbol{A}$, 它包含来自所有 k 个类别的 $n = n_1 + \cdots + n_k$ 个训练样本, 即

$$\boldsymbol{A} \doteq [\boldsymbol{A}_1, \boldsymbol{A}_2, \cdots, \boldsymbol{A}_k] = [\boldsymbol{v}_{1,1}, \boldsymbol{v}_{1,2}, \cdots, \boldsymbol{v}_{k,n_k}]. \tag{13.2.2}$$

然后, 基于所有训练样本, 我们期望 $\boldsymbol{y}$ 可以被线性表示为

$$\boldsymbol{y} = \boldsymbol{A}\boldsymbol{x}_o \quad \in \mathbb{R}^m, \tag{13.2.3}$$

其中 $\boldsymbol{x}_o = [0, \cdots, 0, \alpha_{i,1}, \alpha_{i,2}, \cdots, \alpha_{i,n_i}, 0, \cdots, 0]^* \in \mathbb{R}^n$ 是所期望的具有特定结构的系数向量——除了那些与第 i 个类别样本相关的项, 其他项均为 0[㊀].

这启发我们通过稀疏优化来寻找 $\boldsymbol{y} = \boldsymbol{A}\boldsymbol{x}$ 最稀疏的解, 例如使用 ℓ^1 最小化:

$$\hat{\boldsymbol{x}} = \arg\min_{\boldsymbol{x}} \|\boldsymbol{x}\|_1 \quad \text{s.t.} \quad \boldsymbol{A}\boldsymbol{x} = \boldsymbol{y}. \tag{13.2.4}$$

给定来自训练集中某一类别的测试样本 $\boldsymbol{y}$, 我们首先通过求解式(13.2.4)来计算它的稀疏表示 $\hat{\boldsymbol{x}}$. 在理想情况下, 所估计的 $\hat{\boldsymbol{x}}$ 中的非零元素将只与 $\boldsymbol{A}$ 中第 i 类的列向量相关联, 并且

㊀ 请注意, 在使用深度网络时 (比如我们将在第 16 章中看到的), 人们通常使用神经网络把给定图像 (这里的 $\boldsymbol{y}$) 映射到 “*独热* (one-hot)” 向量 $[0, \cdots, 0, 1, 0 \cdots, 0]^* \in \mathbb{R}^k$, 用来表示 $\boldsymbol{y}$ 在所有的 k 个类别中属于哪一类. 因此, 在本质上, 深度网络与任何求解稀疏解 $\boldsymbol{x}$ 的算法的作用相同.

我们可以很容易地将测试样本 $\boldsymbol{y}$ 分配给该类. 然而, 噪声和建模误差可能会导致存在对应于多个类别的较小的非零系数 (例如, 图 13.1b). 基于全局稀疏表示, 我们可以设计多种可能的分类器来解决这个问题. 比如, 我们利用每类物体的所有训练样本及其相关联的稀疏表示系数 $\{\alpha_{i,1}, \alpha_{i,2}, \cdots, \alpha_{i,n_i}\}$ 来重新表达 $\boldsymbol{y}$, 然后根据近似程度来分类 $\boldsymbol{y}$.

具体而言, 对于每个类别 i, 我们使用 $\delta_i(\cdot): \mathbb{R}^n \to \mathbb{R}^n$ 来表示选择对应于第 i 个类别的稀疏表示系数的特征函数. 对于向量 $\boldsymbol{x} \in \mathbb{R}^n$, $\delta_i(\boldsymbol{x}) \in \mathbb{R}^n$ 是一个新的向量, 它的非零分量对应于 $\boldsymbol{x}$ 中与类别 i 相关联的分量. 仅使用与第 i 类相关联的系数, 我们可以将给定的测试样本 $\boldsymbol{y}$ 重构为 $\hat{\boldsymbol{y}}_i = \boldsymbol{A}\delta_i(\hat{\boldsymbol{x}})$. 然后根据重构结果对 $\boldsymbol{y}$ 进行分类——把它分类到残差 $\boldsymbol{y} - \hat{\boldsymbol{y}}_i$ 最小时所对应的类别, 即

$$\arg\min_i \; r_i(\boldsymbol{y}) \doteq \|\boldsymbol{y} - \hat{\boldsymbol{y}}_i\|_2. \tag{13.2.5}$$

算法 13.1 总结了完整的识别过程, 其中步骤 3 的 ℓ^1 最小化问题 (13.2.6) 可以使用第 8 章所介绍的方法来求解. 特别地, 8.4 节的 ALM 方法非常适合求解这个带约束优化问题.

算法 13.1 基于稀疏表示的分类 (SRC)

1: **输入**. 所有 k 类的训练样本构成的矩阵 $\boldsymbol{A} = [\boldsymbol{A}_1, \boldsymbol{A}_2, \cdots, \boldsymbol{A}_k] \in \mathbb{R}^{m\times n}$, 测试样本 $\boldsymbol{y} \in \mathbb{R}^m$.
2: 归一化 $\boldsymbol{A}$, 使其各列向量的 ℓ^2 范数为 1.
3: 求解 ℓ^1 最小化问题(13.2.4):
$$\hat{\boldsymbol{x}} = \arg\min_{\boldsymbol{x}} \|\boldsymbol{x}\|_1 \quad \text{s.t.} \quad \boldsymbol{A}\boldsymbol{x} = \boldsymbol{y}. \tag{13.2.6}$$
4: 计算残差 $r_i(\boldsymbol{y}) = \|\boldsymbol{y} - \boldsymbol{A}\,\delta_i(\hat{\boldsymbol{x}})\|_2$, $i = 1, \cdots, k$.
5: **输出**. $\arg\min_i r_i(\boldsymbol{y})$ 作为 $\boldsymbol{y}$ 的类别标签.

例 13.1 (**ℓ^1 最小化 vs. ℓ^2 最小化**) 为了说明算法 13.1 是如何工作的, 我们从扩展的耶鲁人脸数据库 B [Georghiades et al., 2001] 的 2414 张图像中随机选择一半图像 (即 1207 张) 作为训练集, 其余的图像用于测试. 在这个例子中, 我们将原始分辨率为 192×168 像素的图像降采样 (也称为下采样) 到 12×10. 降采样图像的像素值被用于形成 120 维的特征向量——在算法中排成矩阵 $\boldsymbol{A}$ 的列. 因此, 矩阵 $\boldsymbol{A}$ 的大小为 120×1207, 方程组 $\boldsymbol{y} = \boldsymbol{A}\boldsymbol{x}$ 是欠定的. 图 13.2a 通过算法 13.1 为第一个受试者的测试图像计算稀疏表示系数. 图中还显示了对应于两个最大系数的特征和原始图像. 最大的两个系数都与第一个受试者的训练样本有关. 图 13.2b 显示了基于 38 个投影系数 $\delta_i(\hat{\boldsymbol{x}}_1)$ 的残差, 其中 $i = 1, 2, \cdots, 38$. 以大小为 12×10 像素的降采样图像构造特征, 算法 13.1 在扩展的耶鲁人脸数据库 B 中实现了 92.1% 的整体识别率. 而对于欠定方程组 $\boldsymbol{y} = \boldsymbol{A}\boldsymbol{x}$ 的更传统的最小化 ℓ^2 范数解通常是相当稠密的, 而最小化 ℓ^1 范数则得到稀疏解, 并且可以证明: 当这个解足够稀疏时, 最小化 ℓ^1 范数可以成功恢复最稀疏解. 为了说明这种对比, 图 13.3a 显示了由传统的 ℓ^2 最小化所给出的相同测试图像的系数, 图 13.3b 显示了 38 个受试者的相应残差. 这些系数比 ℓ^1 最小化所给出的系数要稠密得多 (见图 13.2), 其中的主要系数并没有对应于第一个受试者. 因此, 图 13.3 中的最小残差并未对应到正确的受试者身份.

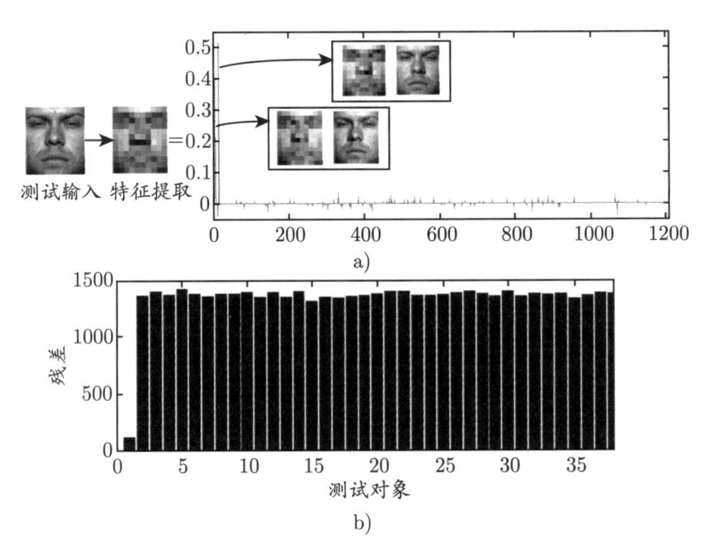

图 13.2 测试样本. a) 以 12×10 像素的降采样图像作为特征的人脸识别. 测试图像 $\boldsymbol{y}$ 属于受试者 1. 利用算法 13.1 恢复的稀疏表示系数以及对应于两个最大稀疏系数的两个训练示例一起显示在右侧. b) 受试者 1 的测试图像与利用基于 ℓ^1 最小化所得到的稀疏表达系数的投影 $\delta_i(\hat{\boldsymbol{x}})$ 所重构的图像 $\hat{\boldsymbol{y}}$ 之间的残差 $r_i(\boldsymbol{y})$. 两个最小残差之间的比值约为 1∶8.6

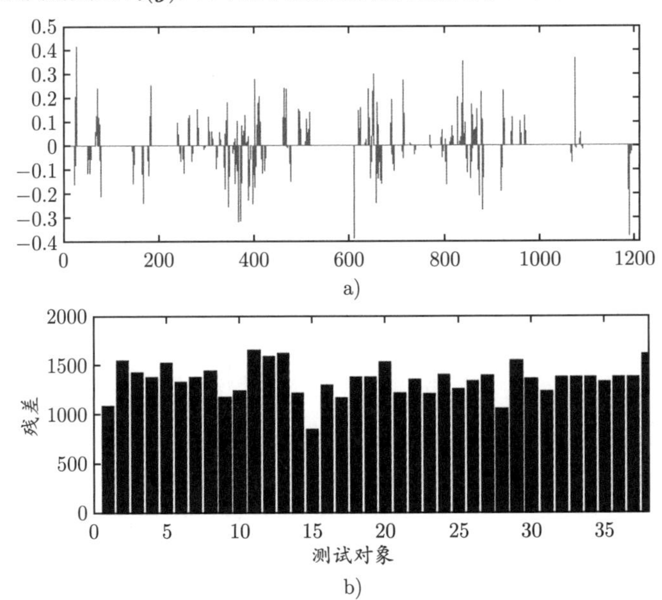

图 13.3 ℓ^2 最小化的非稀疏性. a) ℓ^2 最小化的系数, 使用与图 13.2 相同的测试图像. 所恢复的解是不稀疏的, 因此有利于识别的信息较少 (大的系数并不对应于受试者 1 的训练图像). b) 来自受试者 1 的测试图像相对于通过 ℓ^2 最小化而获得的系数投影 $\delta_i(\hat{\boldsymbol{x}})$ 计算出来的残差. 两个最小残差之间的比值约为 1∶1.3, 但最小残差与受试者 1 无关

13.3 对遮挡或者损坏的鲁棒性

在许多真实场景中, 测试图像 $\boldsymbol{y}$ 可能被损坏或者部分被遮挡. 在这种情况下, 线性模型(13.2.3)应该修改为

$$\boldsymbol{y} \;=\; \boldsymbol{y}_o + \boldsymbol{e}_o \;=\; \boldsymbol{A}\boldsymbol{x}_o + \boldsymbol{e}_o, \tag{13.3.1}$$

其中 $\boldsymbol{e}_o \in \mathbb{R}^m$ 中是一个误差向量, 其分量有一定比例 (比如 $0 \leqslant \rho \leqslant 1$) 是非零的, 这些非零分量对应着 $\boldsymbol{y}$ 中的像素被损坏或者被遮挡. 损坏的位置对不同的测试图像是不同的, 而且我们并不向算法提供损坏的位置. 误差的幅度可以是任意大小的, 因此误差既不能直接被忽略, 也不能使用专门为小幅度噪声所设计的相关技术来处理.

编码理论 [MacWilliams et al., 1981] 中的一个基本原理就是测量中的冗余对检测和纠正严重错误至关重要. 在物体识别中出现冗余是因为图像像素的数量通常远远大于生成图像的待识别对象数量. 在这种情况下, 即使部分像素被完全损坏, 仍然可以根据剩余的像素进行识别. 另外, 上一节所讨论的传统特征提取方案往往会丢弃有助于补偿遮挡的有用信息. 从这个意义上说, 没有比原始图像更冗余、更鲁棒, 或者信息量更大的表示. 因此, 在处理被遮挡和被损坏图像时, 我们应该始终使用尽可能高的分辨率, 只有在原始图像的分辨率太高而无法处理时才进行降采样或者特征提取.

当然, 如果没有有效的计算工具来利用编码在冗余数据中的信息, 那么冗余将毫无用处. 直接利用被损坏的原始图像中的冗余往往很困难, 因此研究人员转向关注*空间局部性* (spatial locality) 作为鲁棒识别的指导原则. 从图像中的一小部分像素计算出的局部特征显然比整体特征更不容易被遮挡或者被损坏. 在人脸识别中, 独立成分分析 (Independent Component Analysis, ICA) [Kim et al., 2005] 和局部非负矩阵分解 (Local Nonnegaive Matrix Factorization, LNMF) [Li et al., 2001] 等方法通过自适应地选择局部滤波器来利用这一观察结果. 局部二值模式 (Local Binary Pattern, LBP) [Ahonen et al., 2006] 和 Gabor 小波 [Lades et al., 1993] 也表现出相似的性质, 因为它们都是从局部图像区域中计算出来的特征. 与此相关的一种方法是把图像分割成固定区域, 然后计算每个区域的特征 [Martinez, 2002; Pentland et al., 1994]. 但是, 值得注意的是, 投影到局部化的基这种方式是把遮挡问题变换到一个新的域中, 而它并未消除遮挡. 如此一来, 原始像素上的误差就变成了变换域上的误差, 甚至可能会变得不再具有很好的局部性. 因此, 特征提取的作用在实现空间局部性的过程中是有问题的, 因为*没有哪个基或者特征会比原始图像中的像素本身更具有空间局部性*. 事实上, 针对基于特征的方法进行鲁棒化的最流行方式就是基于对图像像素的随机采样 [Leonardis et al., 2000].

现在让我们来展示如何扩展稀疏表示分类框架用于处理遮挡问题. 假设被损坏的像素是整个图像像素中相对较小的一个比例, 记作 ρ. 类似于系数向量 $\boldsymbol{x}_o$, 误差向量 $\boldsymbol{e}_o$ 的非零项也应该是稀疏的. 因为 $\boldsymbol{y}_o = \boldsymbol{A}\boldsymbol{x}_o$, 所以我们可以把方程(13.3.1)重写为

$$\boldsymbol{y} = \left[\,\boldsymbol{A},\ \boldsymbol{I}\,\right]\begin{bmatrix}\boldsymbol{x}_o\\ \boldsymbol{e}_o\end{bmatrix} \doteq \boldsymbol{B}\,\boldsymbol{w}_o. \tag{13.3.2}$$

令 $\boldsymbol{B} = [\boldsymbol{A},\ \boldsymbol{I}] \in \mathbb{R}^{m\times(n+m)}$, 此时方程 $\boldsymbol{y} = \boldsymbol{B}\boldsymbol{w}$ 总是欠定的, 并且 $\boldsymbol{w}$ 没有唯一解. 然而, 在理论上, 正确解 $\boldsymbol{w}_o = [\boldsymbol{x}_o,\ \boldsymbol{e}_o]$ 最多具有 $n_i + \rho m$ 个非零分量. 因此, 我们可以希望以方程

$\boldsymbol{y} = \boldsymbol{B}\boldsymbol{w}$ 的最稀疏解来恢复 $\boldsymbol{w}_o$. 与之前一样, 我们试图通过稀疏优化来恢复最稀疏解 $\boldsymbol{w}_o$, 比如通过求解下述 ℓ^1 最小化问题:

$$\hat{\boldsymbol{w}} = \arg\min \|\boldsymbol{w}\|_1 \quad \text{s.t.} \quad \boldsymbol{B}\boldsymbol{w} = \boldsymbol{y}. \tag{13.3.3}$$

算法 13.2 总结了图像可能存在遮挡情况下的完整识别过程.

算法 13.2 基于鲁棒稀疏表示的分类算法

1: **输入**. 包含所有 k 个类的训练样本构成的矩阵 $\boldsymbol{A} = [\boldsymbol{A}_1, \boldsymbol{A}_2, \cdots, \boldsymbol{A}_k] \in \mathbb{R}^{m\times n}$, 测试样本 $\boldsymbol{y} \in \mathbb{R}^m$, 误差容忍度 $\varepsilon > 0$.

2: 将 $\boldsymbol{A}$ 的列向量按 ℓ^2 范数归一化.

3: 求解 ℓ^1 最小化问题:

$$\begin{bmatrix} \hat{\boldsymbol{x}} \\ \hat{\boldsymbol{e}} \end{bmatrix} = \arg\min_{\boldsymbol{x}} \|\boldsymbol{x}\|_1 + \|\boldsymbol{e}\|_1 \quad \text{s.t.} \quad [\boldsymbol{A}, \boldsymbol{I}] \begin{bmatrix} \boldsymbol{x} \\ \boldsymbol{e} \end{bmatrix} = \boldsymbol{y}. \tag{13.3.4}$$

4: 对于 $i = 1, \cdots, k$, 计算残差 $r_i(\boldsymbol{y}) = \|\boldsymbol{y} - \hat{\boldsymbol{e}} - \boldsymbol{A}\,\delta_i(\hat{\boldsymbol{x}})\|_2$.

5: **输出**. $\arg\min_i r_i(\boldsymbol{y})$ 作为 $\boldsymbol{y}$ 的类别标签.

更一般地, 我们可以假设误差 $\boldsymbol{e}_o$ 相对于某一组基 $\boldsymbol{A}_e \in \mathbb{R}^{m\times n_e}$ 存在稀疏表示. 也就是说, 对于稀疏向量 $\boldsymbol{u}_o \in \mathbb{R}^m$, 我们有 $\boldsymbol{e}_o = \boldsymbol{A}_e\boldsymbol{u}_o$. 在上面的模型中, 我们实际上选择了一种特殊情况, 即 $\boldsymbol{A}_e = \boldsymbol{I} \in \mathbb{R}^{m\times m}$——因为我们假设 $\boldsymbol{e}_o$ 在自然的像素坐标中是稀疏的. 如果误差 $\boldsymbol{e}_o$ 相对于另一组基 (比如傅里叶基或 Haar 小波基) 更稀疏, 那么我们可以通过把 $\boldsymbol{A}_e$ 简单地增补到 $\boldsymbol{A}$ 的后面从而重新定义矩阵 $\boldsymbol{B}$, 然后寻找方程

$$\boldsymbol{y} = \boldsymbol{B}\boldsymbol{w} \tag{13.3.5}$$

的最稀疏解 $\boldsymbol{w}_o$, 其中 $\boldsymbol{B} = [\boldsymbol{A},\ \boldsymbol{A}_e] \in \mathbb{R}^{m\times(n+n_e)}$. 基于这种方式, 我们能够利用相同的建模方式处理更一般类型的稀疏损坏.

算法的实验验证

我们使用扩展的耶鲁人脸数据库 B [Georghiades et al., 2001] 测试将 SRC 的鲁棒版本用于人脸识别. 我们选择子集 1 和子集 2 (717 张图片, 包含正常到中等光照条件) 作为训练样本, 利用子集 3 (453 张图片, 包含更极端的光照条件) 的图像进行测试. 因为这个数据库中的图像没有遮挡, 这是一个相对容易的识别问题. 这样选择是为了单独考虑遮挡的影响. 图像大小被调整为 96×84 像素, 因此在这种情况下 $\boldsymbol{B} = [\boldsymbol{A},\ \boldsymbol{I}]$ 是一个 8064×8761 的矩阵, 这对于大多数计算机来说是可处理的.

然后, 我们从每个测试图像中独立地随机选择一定百分比的像素进行损坏—— 使用均匀分布误差替换它们原来的像素值. 每幅测试图像随机选取被损坏的像素点, 其位置不为算法所知. 我们将损坏像素的百分比从 0%变化到 90%. 图 13.4 展示了几个测试图像示例. 对于人眼来说, 当存在超过 50%的像素被破坏时 (图 13.4a 第 2 行和第 3 行), 几乎不能把

被损坏的图像识别为人脸图像; 而确定图像中人脸的身份似乎是不可能的. 然而, 即使在这种极端的情况下, SRC 也能够正确地识别被损坏图像所对应的测试者身份.

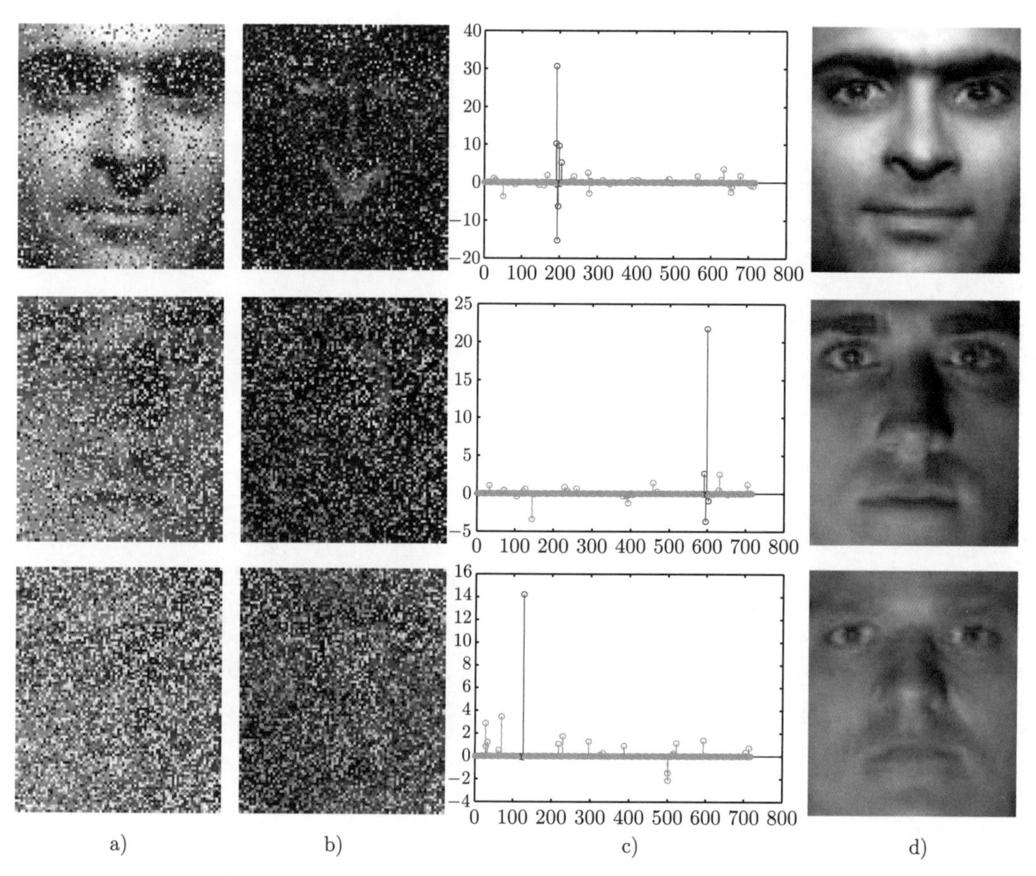

图 13.4 在随机损坏下所恢复的稀疏表示和稀疏误差. a) 被随机损坏的来自扩展的耶鲁人脸数据库 B [Georghiades et al., 2001] 的测试图像 $\boldsymbol{y}$. 第 1 行 30%像素被损坏, 第 2 行 50%的像素被损坏, 第 3 行 70%的像素被损坏. b) 所估计的误差 $\hat{\boldsymbol{e}}$. c) 所估计的稀疏系数 $\hat{\boldsymbol{x}}$. d) 被重构的图像 $\hat{\boldsymbol{y}}$. SRC 正确识别出所有这 3 个被损坏的人脸图像的测试对象

我们将稀疏方法与文献中四种常用的人脸识别技术进行定量比较. *主成分分析* (PCA) 方法 [Turk et al., 1991] 对于遮挡是不鲁棒的. 尽管有许多变体使 PCA 对损坏或者不完整数据具有鲁棒性, 其中一些方法已经被应用于鲁棒人脸识别, 例如 [Sanja et al., 2006]. 在这里, 我们使用标准 PCA 来提供用于性能比较的一个基线. 剩下三种技术的设计对于遮挡更加鲁棒. *独立成分分析* (ICA) 架构 I [Kim et al., 2005] 试图将训练集表达为统计独立的基图像的线性组合. *局部非负矩阵分解* (LNMF) 将训练集近似为基图像的加性组合, 在计算时倾向于获得稀疏基. 对于 PCA、ICA 和 LNMF, 我们从 $\{100, 200, 300, 400, 500, 600\}$ 的范围内选择基的数量以提供最佳性能. 最后, 为了证明鲁棒性的提升确实是源于使用 ℓ^1 范数, 我们与一种最小二乘技术进行比较——这种技术先把测试图像投影到所有人脸图像所张成的子空间上, 然后再寻找最邻近的子空间.

在图 13.5 中, 我们绘制出 SRC 和四个对比方法的识别性能, 其中把识别率作为损坏程度的一个函数. 我们可以看到, SRC 算法的识别性能大大超过了其他算法. 0%~50%的遮挡时, SRC 能够正确地分类所有目标. 在 50%的损坏情况下, 其他算法都没有达到高于 73%的识别率, 而 SRC 算法达到 100%. 即使对于 70%的遮挡, 识别率仍然是 90.7%. 这个结果大大超越算法所能容忍的最坏情况损坏的理论界 (13.3%). 显然, 最坏情况分析对于随机损坏来说太过于保守.

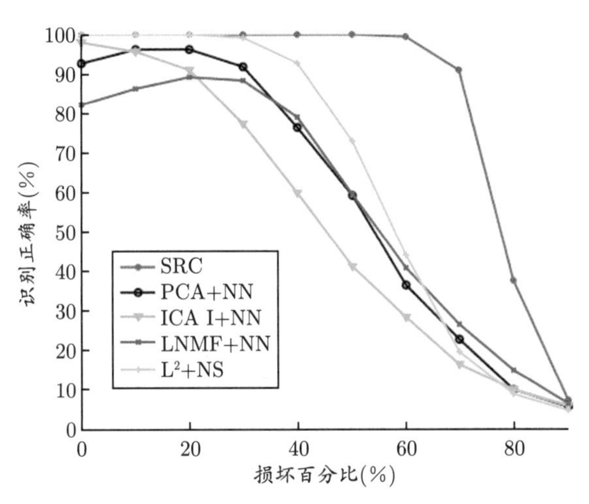

图 13.5 随机损坏情况下的识别率. 各种算法在不同损坏程度下的识别率. SRC 的识别性能 (红色曲线) 明显优于其他算法, 甚至在多达 60%的随机损坏情况下表现得仍然几近完美

13.4 十字与花束模型下的稠密误差纠正

在本节中, 我们将深入探究稀疏模型(13.3.2). 在经典的稀疏表示理论中, 成功恢复一个稀疏信号的条件之一就是用于得到稀疏表示的字典必须足够不相干. 然而, 这里所使用的字典 $\boldsymbol{B} = [\boldsymbol{A}, \boldsymbol{I}] \in \mathbb{R}^{m\times(n+m)}$ 是相当特殊的.

在字典 $\boldsymbol{B}$ 的第一部分中, 矩阵 $\boldsymbol{A}$ 由所有人脸图像像素值的列向量组成. 随着 m 的增大, 所有人脸图像向量所支撑起的凸包变成 $\mathbb{R}^m$ 中单位球面 $\mathbb{S}^{m-1}$ 上的极其微小的一部分, 这意味着它们是高度相干的㊀. 举例来说, 图 13.4 中的所有人脸图像都位于 $\mathbb{R}^m$ 中, 其中 $m = 8064$, 而计算表明所有图像仅仅被包含在一个体积不超过 1.5×10^{-229} 的球冠内, 如图 13.6 所示. 这些向量被紧密地捆绑在一起构成一个 “*花束* (bouquet)”. 因此, 毫不夸张地说, 在一大群候选者中识别一个人脸图像就好像 “*在谷草堆里找一根针, 而这个谷草堆本身却在另一根针的针尖上*”.

在字典 $\boldsymbol{B}$ 的第二部分中, $\boldsymbol{I}$ 是一个标准的 $m \times m$ 单位矩阵, 也称为*标准像素基*. 那么, 如图 13.6 所示, $\boldsymbol{I}$ 与 $-\boldsymbol{I}$ 在 $\mathbb{R}^m$ 中形成一个 “*十字*”. 我们把这种类型的字典 $\boldsymbol{B} = [\boldsymbol{A}, \boldsymbol{I}]$

㊀ 请注意, 在介绍科学成像的第 12 章中, 我们遇到了现实世界问题中关于相干性的一个类似问题: 移位的模体是高度相干的. 在这种情况下, 可以用例如 12.4.2 节所讨论的某些启发式方法来提高性能.

称为十字与花束 (Cross-And-Bouquet, CAB) 模型. 因此, 非常重要的一个问题就是, 理解这种特殊的 (相干的和不相干的) 字典结构如何影响 ℓ^1 最小化问题在寻找正确的 (稀疏) 解时的性能.

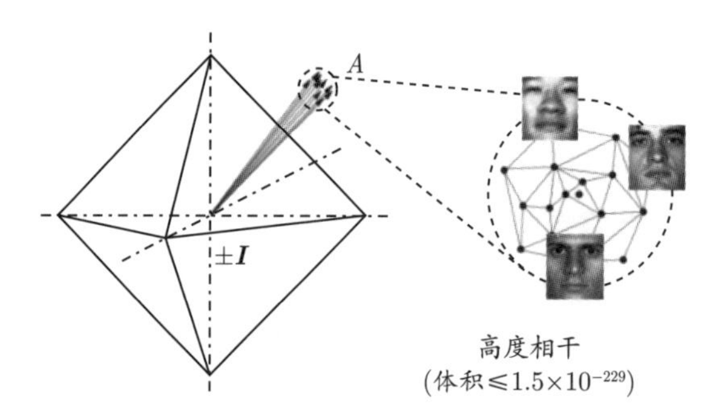

图 13.6 基于十字与花束模型的鲁棒人脸识别. 被表达为矩阵 $\boldsymbol{A}$ 的列向量的人脸原始图像能够用非常小的方差聚类

CAB 模型属于一类特殊的稀疏表示问题, 其中字典是由两个或者多个子字典级联 (concatenation) 而成. 例如, 小波基和重边 (heavy-side) 字典的级联 [Chen et al., 2001], 以及在形态成分分析 [Elad et al., 2005] 中纹理与卡通字典的组合. 然而, 与大多数其他例子相比, CAB 字典不仅仅如我们上面所讨论的, 它在整体上是非同质的. 事实上真实信号 $(\boldsymbol{x}_o, \boldsymbol{e}_o)$ 也是非同质的, 也就是说, $\boldsymbol{x}_o$ 的稀疏性受限于每个人被用于识别的训练图像数量, 而我们想要处理尽可能密集的损坏误差 $\boldsymbol{e}_o$ 以保证良好的错误纠正性能. 虽然上面的实验只是一个具体的演示, 但它表明稀疏优化 (比如 ℓ^1 最小化) 似乎能够恢复非常稠密的误差 $\boldsymbol{e}_o$. 这更与我们在经典稀疏表示理论中的理解存在矛盾: 在经典的稀疏表示理论中, 通常假设要恢复的损坏误差是稀疏的.

稀疏优化也能够恢复稠密误差的原因主要是由于信号 $\boldsymbol{x}_o$ 中稀疏性的一种特殊性质, 它被称为弱比例增长 (Weak Proportional Growth, WPG). 同样, 假设信号

$$\boldsymbol{w}_o = \boldsymbol{A}\boldsymbol{x}_o + \boldsymbol{e}_o,$$

其中 $\boldsymbol{e}_o \in \mathbb{R}^m$ 是任意大小的误差向量. 假设 $\boldsymbol{A} = [\boldsymbol{v}_1, \cdots, \boldsymbol{v}_n] \in \mathbb{R}^{m\times n}$ 的列向量是独立同高斯分布的样本, 即

$$\boldsymbol{v}_i \underset{\text{i.i.d.}}{\sim} \mathcal{N}(\boldsymbol{\mu}, \frac{\nu^2}{m}\boldsymbol{I}_m), \ \ \|\boldsymbol{\mu}\|_2 = 1, \ \ \|\boldsymbol{\mu}\|_\infty \leqslant C_\mu m^{-1/2}, \tag{13.4.1}$$

其中 C_μ 是一个数值常数.

定义 13.1 (弱比例增长) 考虑一个信号–误差向量对 $(\boldsymbol{x}_o, \boldsymbol{e}_o)$, 其中 $\boldsymbol{x}_o \in \mathbb{R}^n$, $\boldsymbol{e}_o \in \mathbb{R}^m$. 如果当 $m \to \infty$ 时, 有

$$\frac{n}{m} \to \delta, \quad \frac{\|\boldsymbol{e}_o\|_0}{m} \to \rho, \quad \|\boldsymbol{x}_o\|_0 \leqslant C_0 m^{1-\eta_0}, \tag{13.4.2}$$

其中 $\delta > 0$, $\rho \in (0,1)$, $C_0 > 0$, $\eta_0 > 0$. 那么, 我们称 $(\boldsymbol{x}_o, \boldsymbol{e}_o)$ 是以 δ, ρ, C_0 和 η_0 为参数的弱比例增长, 记作 $\mathrm{WPG}_{\delta,\rho,C_0,\eta_0}$.

换句话说, 在弱比例增长的设定下, $\|\boldsymbol{e}_o\|_0$ 相对于 m 为线性增长, 而 $\|\boldsymbol{x}_o\|_0$ 相对于 m 为次线性增长.

定理 13.1 (**基于十字与花束模型的稠密误差纠正**) 对于任意 $\delta > 0$, 存在 $\nu_0(\delta) > 0$, 使得当 $\nu < \nu_0$, $\rho < 1$ 时, 在使用服从式(13.4.1)中所指定分布的矩阵 $\boldsymbol{A}$ 的 $\mathrm{WPG}_{\delta,\rho,C_0,\eta_0}$ 模型下, 如果误差的支撑和非零元素的符号是均匀随机选择的, 那么当 $m \to \infty$ 时, 算法 13.2 成功恢复 $(\boldsymbol{x}_o, \boldsymbol{e}_o)$ 的概率趋于 1㊀.

也就是说, 只要信号束足够紧密, 在弱比例增长的假设下, ℓ^1 最小化可以从支撑范围小于 100%的几乎任何误差中恢复任何非负稀疏信号. 这个定理的详细证明可以在 [Wright et al., 2010a] 中找到. 尽管在一般情况下稀疏表示问题可能不满足这个弱比例增长假设, 但是这个假设在人脸识别示例中是有效的, 即每个人的训练样本数量 n_i 通常不随图像维数而成比例增长.

13.5 注记

本章中的结果主要基于 [Wright et al., 2009a] 的工作, 它提供了最早的证据来验证稀疏表示对于物体识别是极具判别性和鲁棒性的. 正如我们将在第 16 章中所揭示的, 稀疏表示的类似性质已经被现代深度神经网络隐含地用于一般分类任务.

非均匀不相干性

鲁棒人脸识别的例子为本书中所介绍原理的实践提供了一个很好的实例. 根据应用的不同, "不相干性" 并不是一个绝对的概念: 相对于损坏和误差, 人脸图像之间是更相干的. 这就是为什么对于多张人脸图像一起进行误差纠正能够如此有效的原因. 然而, 看起来相干的人脸图像同样具有足够的不相干性, 使得能够正确辨识所输入的图像类别. 类似于第 11 章所研究的频谱识别问题, 我们在这里只对所恢复的稀疏信号的支撑感兴趣. 此外, 与需要恢复具有尽可能多的非零元素的应用不同, 这里的正确解越稀疏越好. 这些特殊条件显著地放松了对感知矩阵 (这里是人脸图像或者其特征) 的不相干性要求. 在这些实验观察的驱动下, 后续工作 [Wright et al., 2010a] 给出了对这种类型不相干性的更严格分析.

连续遮挡

在本章中, 关于像素的损坏或者遮挡, 我们只考虑把它们作为单个像素的稀疏结构. 然而, 在实际应用中, 如果损坏是由于实际的遮挡造成的, 那么被遮挡的像素在其位置上将不是完全随机的, 通常具有空间上的连续性. 这样的结构可以通过 6.1.1 节中所研究的分组稀疏性 (group sparsity) 的概念更好地建模. 在经验上, 人们已经验证了如果可以显式地建模和利用遮挡像素中的这种空间连续性 (比如通过马尔可夫随机场建模), 能够对人脸识别的连续遮挡问题实现更强的鲁棒性. 但是, 据我们所知, 在这个问题上目前仍然缺乏严格的理论分析和论证.

㊀ 英文版中的定理条件表述有误, 这里已修正.——译者注

对齐的重要性

在本章中, 我们假设测试图像和图库中的图像都是已经很好地 (空间) 对齐的. 然而, 真实世界的人脸图像并不一定是这种情况. 从算法测试中可以看出, 尽管这种方案对于像素的损坏非常鲁棒, 但是它对于输入人脸图像中的任何 (微小的) 不对齐却相当敏感. 即使是高度工程优化和训练充分的现代深度神经网络也是如此, 我们将在第 16 章进行深入讨论. 在这种情况下, 我们需要考虑式(13.3.1)的一个扩展模型

$$\boldsymbol{y} \circ \tau = \boldsymbol{A}\boldsymbol{x}_o + \boldsymbol{e}_o,$$

用来处理图像域中存在的某些未知形变 τ (比如由于像素平移). 正如 [Wagner et al., 2009, 2012] 中所介绍的, 这种情况下人们仍然可以利用稀疏性来同时实现正确的人脸图像对齐和识别. 假如训练样本图库 (即矩阵 $\boldsymbol{A}$ 的列向量 $\{\boldsymbol{v}_i\}$) 本身没有被很好地对齐, 那么我们可能需要在应用本章所介绍算法之前先对它们进行对齐. 为了将多个图库的人脸图像一起对齐, 人们可能会利用这样一个事实: 当它们被正确对齐时, 图像会变得高度相干 (因此形成一个低秩矩阵). 也就是说, 当为图库中的每个图像 $\boldsymbol{v}_i$ 找到正确的变换 $\{\tau_i\}$ 时, 矩阵

$$\boldsymbol{M}(\tau) = [\boldsymbol{v}_1 \circ \tau_1, \boldsymbol{v}_2 \circ \tau_2, \cdots, \boldsymbol{v}_n \circ \tau_n]$$

将会具有最低的秩. 因此, 正如在 [Peng et al., 2012] 中所展示的, 本书中所介绍的鲁棒低秩矩阵恢复技术可以用于自动对齐多个人脸图像. 我们将在第 15 章看到类似的鲁棒低秩技术如何被用来纠正图像中的其他常见形变.

13.6　习题

习题 13.1 (鲁棒人脸识别)　下载扩展的耶鲁人脸数据库 B. 使用裁剪后的人脸图像集在数据库中形成图库集 (训练集) 和查询集 (测试集). 编写一个鲁棒的人脸识别系统, 并在与本章实验中讨论的相同设置下测试其性能.

习题 13.2 (随机人脸)　在文献中, 一些人脸特征提取方法通过某种线性变换对人脸图像进行降维. 在这个练习中, 我们将实现两种成熟的方法, 并在识别精度方面与压缩感知中使用随机投影的结果进行比较.

(1) 编写一个提取特征脸 (Eigenface) 的人脸特征函数. 在特征脸空间中, 针对不同维度的特征, 给出习题 13.1 中鲁棒人脸识别的识别精度.

(2) 编写一个提取 Fisherface 人脸特征的函数. 并给出基于不同维数特征进行识别的精度.

(3) 编写一个使用随机投影提取低维特征的函数, 这被称为随机脸 (Randomface) 特征. 验证这一方法在不同特征维数下的识别精度, 并与特征脸和 Fisherface 特征进行比较.

习题 13.3 (ROC 曲线)　当存在潜在的无关测试样本时, 评估分类器的性能不仅要基于*真阳率*, 而且往往更重要的是要基于*假阳率*. 在各种假阳率下测量真阳率的曲线被称为*受试者工作特征* (Receiver Operating Characteristic, ROC) 曲线[⊖].

请编写一个程序, 绘制鲁棒人脸识别算法的代表性 ROC 曲线. 将一半的受试者类别从扩展的耶鲁人脸数据库 B 的图库中排除, 将它们指定为外部测试集. 实现基于稀疏表达系数的异常点拒绝规则, 绘制相对于集中度指数 (concentration index) 不同阈值下的 ROC 曲线.

⊖ ROC 曲线有不同的定义方式. 这里存在 4 种基本的性能比率: 真阳率、假阳率、真阴率和假阴率.

光度立体成像

"多彩且令人陶醉的生命之美均出自光影之手."
—— Leo Tolstoy, *Anna Karenina*

14.1 引言

计算机视觉领域最关键的问题之一是捕捉物体或者场景的三维形状. 我们可以把最流行的三维形状捕捉技术分为以下两类.

- *从运动推断结构* (structure from motion). 这类方法通过使用一个物体或者场景在多个视角下的图像来重建对应的三维几何结构 [Hartley et al., 2000; Ma et al., 2004], 如图 14.1a 所示. 这些图像通常在相同或者相似的光照条件下拍摄, 因为这类方法依赖于所有图像上的公共特征点来构建对应关系.
- *主动光照* (active light) *方法*. 这类方法通常固定观测视角, 通过使用一个物体或者场景在不同光照条件下的图像来重建对应的三维几何结构. 结构光 (structured light) 算法、光度立体成像 (photometric stereo) 算法和从阴影推断结构 (shape from shading) 算法都属于主动光照算法, 如图 14.1b 和图 14.1c 所示.

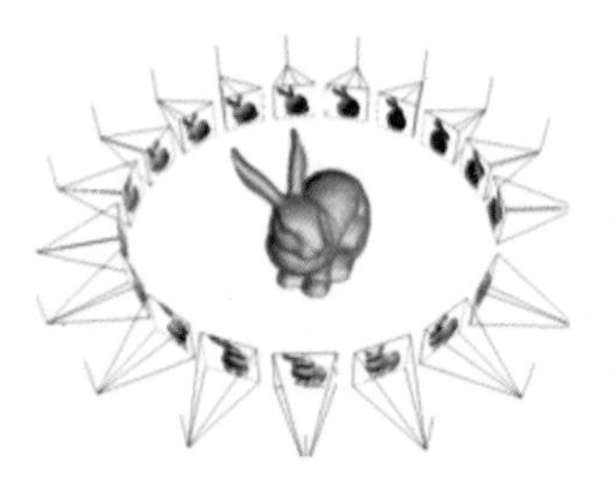
a) 从运动推断结构

b) 结构光

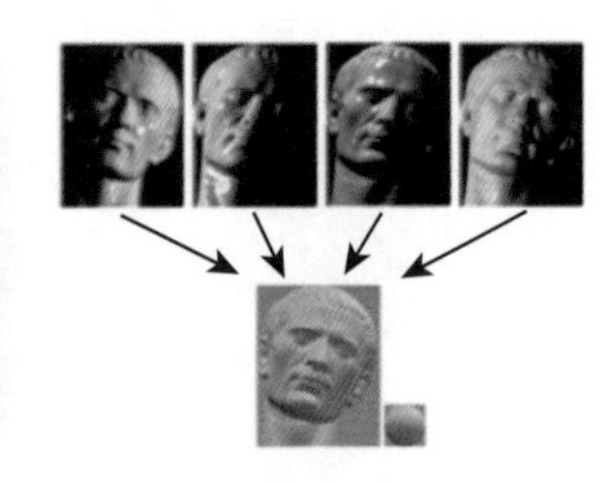
c) 光度立体成像

图 14.1 捕捉三维形状的代表性技术. a) 从运动推断结构方法, 通过同一物体在不同视角下的多个图像来重建其形状; b) 结构光方法, 通过对物体表面投射不同的光照方式来显示它的三维几何结构; c) 光度立体法, 通过对物体使用多个平行光来重建它的表面法向量

从上述设置中我们可以看出这两类方法是互补的: 一个是改变相机观测视角, 但固定光照条件; 另一个是改变光照条件, 但固定相机观测视角. 它们的结果也是互补的, 从运动推断结构技术通常可以重建关于场景的一组稀疏三维点, 这些点具有丰富的局部纹理, 便于在不

同视角下进行匹配; 主动光照技术通常重建场景的一个稠密的逐像素几何结构 (深度或者表面法向量), 即便对于那些没有纹理的区域也是如此.

这两种方法均是在计算机视觉及其相关领域中发展起来的, 具有悠久而丰富的历史以及大量的相关文献. 不过, 现在进行回顾的话, 从高维数据分析的角度去理解场景的三维信息是如何被编码到这两种方法所测量的海量数据以及为什么人们能够从数据中高效准确地恢复这些信息, 将是非常具有启发性的[㊀].

依照这两种方法的设置, 所有的图像都在捕捉同一个物体或者场景. 那么, 在一些合理的假设下 (比如场景几乎是静态的, 并且许多表面都具有良好的光度性质), 这些图像数据应该是高度相关的. 大量研究已经证明, 在从运动推断结构的方法设置中, 无论在多少任意的视角下获取多少特征点, 如果把它们构成一个大的测量矩阵, 即*多视图* (multiple-view) *矩阵*, 这个矩阵的秩总是被界定在 1 *或者* 2 以下. 这样的一个低秩矩阵精确地编码了所有的相机姿态和所有特征点的深度. 从根本上看, 几乎所有的从运动推断结构算法都利用相同的低秩性质来恢复相机姿态和特征点的深度. 我们推荐感兴趣的读者参考 [Ma et al., 2004] 来获得一个完整的解释.

在主动光照算法方面也是类似的. 在本章中, 我们将以光度立体成像 (photometric stereo) 为例, 说明低维结构是如何自然地产生于数据生成过程以及如何 (借助本书中的工具) 利用这样的低维结构来处理测量过程中的缺陷, 从而准确地恢复物体的三维几何结构.

14.2　基于低秩矩阵恢复的光度立体成像

光度立体成像 [Silver, 1980; Woodham, 1980] 是一种非常流行的三维形状捕捉算法. 它根据在多个定向光下从固定视角拍摄的图像来估计场景的表面方向. 正如下文将要看到的, 光度立体法可以在细节层面生成稠密的表面法向量场, 这是其他基于特征点的方法 (比如从运动推断结构) 所无法实现的.

14.2.1　定向光下的 Lambertian 表面

在光度立体成像的设定中, 相机和物体的相对位置通常是固定的. 相机的内参通常是预先校准且已知的. 我们不需要知道相机姿态 (即相机的外参), 因为所有的几何量都能够根据相机框架 (camera frame) 来表示.

为简单起见, 我们假设一个静态物体由一个无限远的点光源照亮[㊁]. 光源的方向可以表示为一个向量 $\boldsymbol{l} \in \mathbb{R}^3$ (相对于相机框架). 我们使用在 n 个不同光源方向的 n 张图像, 并把这些方向记为向量 $\boldsymbol{l}_1, \cdots, \boldsymbol{l}_n \in \mathbb{R}^3$. 向量 $\boldsymbol{l}$ 的幅度与光源的功率成正比.

接下来, 我们需要知道在这种光照条件下, 有多少光被表面反射然后被相机的传感器所接收. 这是一个非常复杂的过程. 对于表面上的每一个点, 我们需要描述入射光的能量, 即辐射测量中的*辐照度* (irradiance) 和在任意出射方向被吸收与被射出的能量, 也称为*辐射*

㊀ 通常, 从运动推断结构方法使用成百上千个特征点, 而主动光照法使用上百万个像素.

㊁ 实际上, 我们只需要光源距离物体相对远.

度 (radiance). 这两个量之间的关系充分刻画了表面的光度性质, 被称为双向反射分布函数 (Bidirectional Reflectance Distribution Function, BRDF). 通常来说, 不同的表面材料具有不同的 BRDF. 比如金属、塑料和布料在相同的光照下看起来是非常不同的.

然而, 对于我们在现实世界中所遇到的大多数物体和场景, 它们的表面光度性质可以通过一个被称为 Lambertian 模型的简单反射函数来近似. 对于一个理想 Lambertian 表面, 当它被一个光源所照亮时, 可以在各个方向上产生均匀漫反射 (diffuse) 和反射 (reflect). 反射光的比例只取决于入射光方向与表面法向量的夹角. 更准确地说, 当 Lambertian 表面上的一点 p 被来自方向 $\boldsymbol{l}$ 的入射光所照射时, 如果点 p 处的法向量为 $\boldsymbol{n} \in \mathbb{R}^3$, 那么从点 p 向所有方向辐射的光的能量为

$$R \doteq \rho \langle \boldsymbol{n}, \boldsymbol{l} \rangle = \rho \boldsymbol{n}^* \boldsymbol{l} = \rho \cos(\theta) \|\boldsymbol{l}\|_2, \tag{14.2.1}$$

其中 ρ 表示漫反射率, 它模拟点 p 处被反射光线的百分比, $\langle \cdot, \cdot \rangle$ 为内积, θ 是入射光方向 $\boldsymbol{l}$ 与表面法向量 $\boldsymbol{n}$ 的夹角角度, 如图 14.2a 所示. 从这个反射模型中我们可以看出, 点 p 的亮度并不依赖于观测方向 $\boldsymbol{v}$.

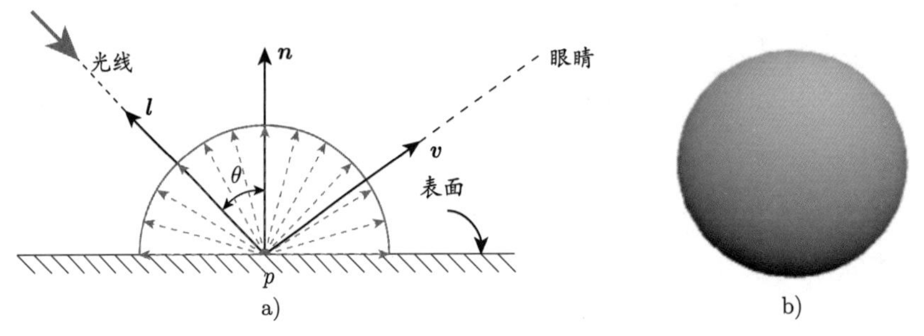

图 14.2 理想 Lambertian 表面的反射模型示意图. a) 入射光线被均匀地向各个方向漫反射, 漫反射光线的能量正比于光的方向 $\boldsymbol{l}$ 与表面法向量 $\boldsymbol{n}$ 之间的夹角 θ. b) Lambertian 球面的图像

一个纯黑表面的反射率 ρ 为零, 因此光度立体法并不适用于黑色或者反射率非常小的表面. 需要注意的是, 由于辐射度 R 是非负的, 因此上述表达式仅在 $\boldsymbol{n}$ 和 $\boldsymbol{l}$ 的夹角为锐角 ($\theta < 90°$) 时有效. 也就是说, 表面需要面向光源. 如果表面背向光源 (即 $\theta > 90°$), 那么将不会接收到辐照度, 因此 $R = 0$. 我们称这样的区域处于阴影中, 如图 14.2b 中球面图像的底部所示.

进一步, 如果物体是凸的或者近似凸的, 我们假设不存在相互反射 (inter-reflection)[㊀]. 因此, 在成像传感器中的对应像素只接收来自点 p 的辐射度 R. 如果成像传感器对辐射度的响应是线性的, 那么在 (x, y) 处的像素值 (即点 p 处图像) 可以被简化为

$$\mathrm{I}(x, y) = R = \rho \boldsymbol{n}^* \boldsymbol{l}. \tag{14.2.2}$$

设感兴趣区域由每个图像中的 m 个像素组成[㊁]. 我们使用单个索引 $i \in \{1, \cdots, m\}$ 对

㊀ 相互反射指的是光线在到达相机传感器前经历了多次表面之间的反射的一种现象.

㊁ 通常, m 远大于图像的数目 n.

像素进行排序, 并且令 $\mathbf{I}_j(i)$ 表示在图像 $\mathbf{I}_j$ 中像素 i 处观测到的强度. 那么, 我们可以得到观测值之间的下述关系:

$$\mathbf{I}_j(i) = \rho_i \boldsymbol{n}_i^* \boldsymbol{l}_j, \tag{14.2.3}$$

其中, ρ_i 表示像素 i 处场景的反射率, $\boldsymbol{n}_i \in \mathbb{R}^3$ 是像素 i 处场景的 (单位) 表面法向量, 而 $\boldsymbol{l}_j \in \mathbb{R}^3$ 表示对应于图像 $\mathbf{I}_j$ 的光线方向向量[⊖].

考虑矩阵 $\boldsymbol{D} \in \mathbb{R}^{m \times n}$, 其中 $\boldsymbol{D}$ 是通过堆叠全部 n 个向量化图像 $\mathrm{vec}(\mathbf{I})$ 而构成的, 即

$$\boldsymbol{D} \doteq [\mathrm{vec}(\mathbf{I}_1) \mid \cdots \mid \mathrm{vec}(\mathbf{I}_n)], \tag{14.2.4}$$

对于 $j = 1, \cdots, n$, $\mathrm{vec}(\mathbf{I}_j) = [\mathbf{I}_j(1), \cdots, \mathbf{I}_j(m)]^*$. 根据式(14.2.3), 我们可以把 $\boldsymbol{D}$ 分解为:

$$\boldsymbol{D} = \boldsymbol{N} \cdot \boldsymbol{L}, \tag{14.2.5}$$

其中 $\boldsymbol{N} \doteq [\rho_1 \boldsymbol{n}_1 \mid \cdots \mid \rho_m \boldsymbol{n}_m]^* \in \mathbb{R}^{m \times 3}$, $\boldsymbol{L} \doteq [\boldsymbol{l}_1 \mid \cdots \mid \boldsymbol{l}_n] \in \mathbb{R}^{3 \times n}$. 假设图像数量 $n \geqslant 3$. 这里 $\boldsymbol{N} \cdot \boldsymbol{L}$ 是一个 $\boldsymbol{N}$ 和 $\boldsymbol{L}$ 的普通矩阵乘法, 我们使用 "$\cdot$" 来强调它的第 (i, j) 个元素是表面法向量 $\boldsymbol{n}_i$ 和光线方向 $\boldsymbol{l}_j$ 的内积. 那么, 无论像素数量 m 和图像数量 n 如何, 矩阵 $\boldsymbol{D}$ 的秩最多为 3, 即

$$\mathrm{rank}\,(\boldsymbol{D}) \leqslant 3. \tag{14.2.6}$$

14.2.2 建模阴影与高光

式(14.2.5)中的观测矩阵 $\boldsymbol{D}$ 的低秩结构很少在真实图像中被观察到. 这是因为真实图像中会出现*阴影*和*高光*.

阴影

实际图像中的阴影有两种可能的产生方式. 正如我们前面在 Lambertian 模型中所讨论的, 当物体上的某些区域背对光源, 它们在图像中将是完全黑暗的. 图像中的这种黑暗像素被称为*附着阴影* (attached shadow) [Knill et al., 1997]. 以图 14.2b 中的球面图像为例, 球面的底部是黑暗的, 因为所对应的球面区域背对着光源. 在根据式(14.2.3)推导低秩模型(14.2.5)的过程中, 我们隐含地假设了在每个图像中, 物体上所有的像素都被光源照亮. 然而, 在现实中这是不可能实现的: 对于一般物体 (除了平面), 几乎在每个图像中都存在一些像素背朝光源, 因此这些像素处于阴影中. 从数学上讲, 这意味着式(14.2.3)应该被修改为:

$$\mathbf{I}_j(i) = \max\{\rho_i \boldsymbol{n}_i^* \boldsymbol{l}_j, 0\}. \tag{14.2.7}$$

当物体表面的轮廓不是完全凸的时, 也会导致图像中出现阴影, 即物体表面的一部分被另一部分遮挡住光源. 即使此处的法向量与光照方向形成锐角, 这些像素也是完全黑暗的. 我们把这种方式所形成的黑暗像素称为*投射阴影* (cast shadow). 如图 14.5 中的恺撒头像

⊖ 通常, 人们习惯于把光线方向向量表达成从物体表面指向光源.

所示, 与球面不同, 由于人脸并不是完全凸的, 因此恺撒头像左侧面部出现了零星阴影, 这是由于遮挡而产生的投射阴影.

我们能够通过测试是否满足

$$\mathbf{I}_j(i) \approx 0$$

来预先检测所有黑暗的阴影像素. 这些像素对应于数据矩阵 $\boldsymbol{D}$ 中一组元素 $\{(i,j)\}$, 其中 $\boldsymbol{D}(i,j) \approx 0$. 我们把这些存在阴影的元素的支撑记为 Ω^c, 而把其他的有效元素所对应的互补部分记为 Ω. 那么, (低秩) 数据矩阵 $\boldsymbol{D}$ 的有效测量可以表达为

$$\mathcal{P}_\Omega[\boldsymbol{D}] = \mathcal{P}_\Omega[\boldsymbol{N} \cdot \boldsymbol{L}]. \tag{14.2.8}$$

对于不在阴影中的像素, 我们假设每个像素直接从表面的每个点测量辐射度. 对于像人脸这样的非凸物体, 它并不完全符合我们所假设的情况. 光线可以在表面上的一些区域之间来回反射, 并产生*相互反射*. 因此, 一些像素的辐射度可能会被相互反射所叠加. 不过, 研究表明, 如果物体表面近似是凸的, 那么表面上受到相互反射影响的像素一般相对较少. 因此, 我们可以将这种影响建模为数据矩阵中的一项稀疏误差 $\boldsymbol{E}_1$, 即

$$\mathcal{P}_\Omega[\boldsymbol{D}] = \mathcal{P}_\Omega[\boldsymbol{N} \cdot \boldsymbol{L} + \boldsymbol{E}_1]. \tag{14.2.9}$$

高光

当所感兴趣的物体并不是完全漫反射的, 即当表面的亮度并不是完全各向同性时, 将会产生*镜面反射* (specular reflection). 平面镜是一种极端情况, 它在表面法线的另一侧以与入射光相同的角度沿着方向

$$\boldsymbol{r} = 2(\boldsymbol{n}^*\boldsymbol{l})\boldsymbol{n} - \boldsymbol{l}$$

来反射光线. 许多真实物体的表面同时具有漫反射和 (镜面) 反射特性, 其反射模型由 Lambertian 分量和反射分量组合而成. 所谓的 Phong *模型* [Phong, 1975] 是使用一个反射分量对标准 Lambertian 模型进行修正的模型, 即

$$R = \rho \boldsymbol{n}^*\boldsymbol{l} + \kappa(\boldsymbol{r}^*\boldsymbol{v})^\alpha, \tag{14.2.10}$$

其中 $\boldsymbol{v}$ 是 (指向传感器的) 观测方向, $\kappa \geqslant 0$ 是一个权重参数, 而 $\alpha > 0$ 是一个幂指数上的参数. 图 14.3 展示了这种反射模型. 在计算机视觉和图形学文献中, 人们还曾使用其他函数对反射模型进行建模, 例如 Cook-Torrance 反射模型 [Cook et al., 1981].

通常, 对于 Phong 模型 (或 Cook-Torrance 模型) 的表面, 辐射的强度取决于观测方向: 当观测方向 $\boldsymbol{v}$ 接近反射方向 $\boldsymbol{r}$ 时, 部分光线会以类似于镜面的方式反射, 从而产生*镜面波瓣* (specular lobe). 这会在物体表面产生一些亮点或者亮斑, 这被称之为*高光*. 图 14.3 展示了*高光*概念, 而图 14.4 基于球面图像比较了 Phong 模型与 Lambertian 模型.

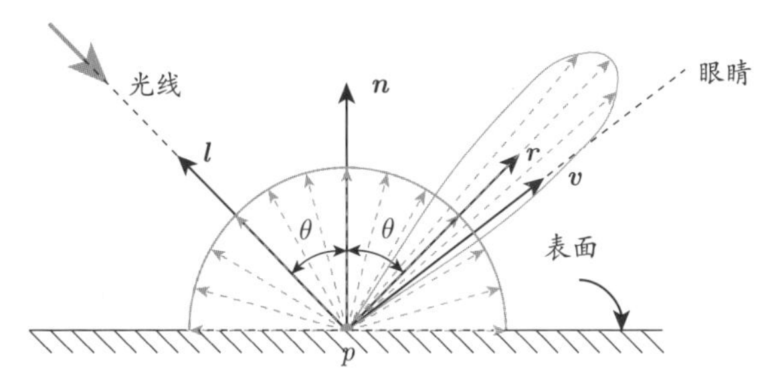

图 14.3　Phong 反射模型. 入射光线向所有方向均匀漫反射, 额外的光线在反射方向 $\boldsymbol{r}$ 附近反射, 称为镜面波瓣

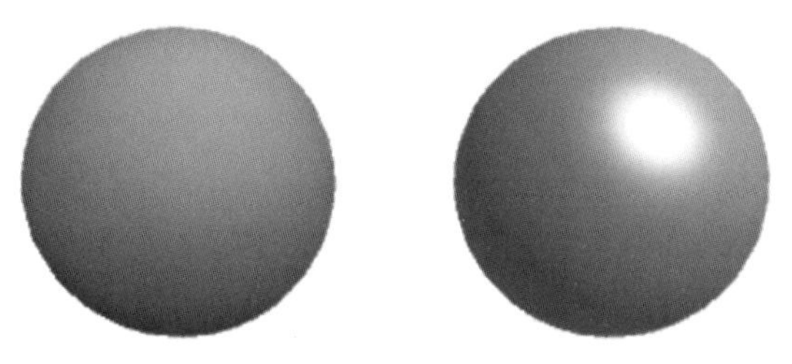

图 14.4　Lambertian 球面 (漫反射) 与 Phong 球面 (镜面反射) 在相同光照条件下的对比

对于大多真实的表面, (镜面) 反射分量通常占比较少, 也就是说, 只有当观测方向与反射方向非常接近时, 反射项的值才是显著的[㊀]. 镜面波瓣通常很小, 从任何给定的视角来看, 只有一小部分的表面区域具有镜面反射效果. 图 14.5 展示了一些带有镜面反射效果的物体表面.

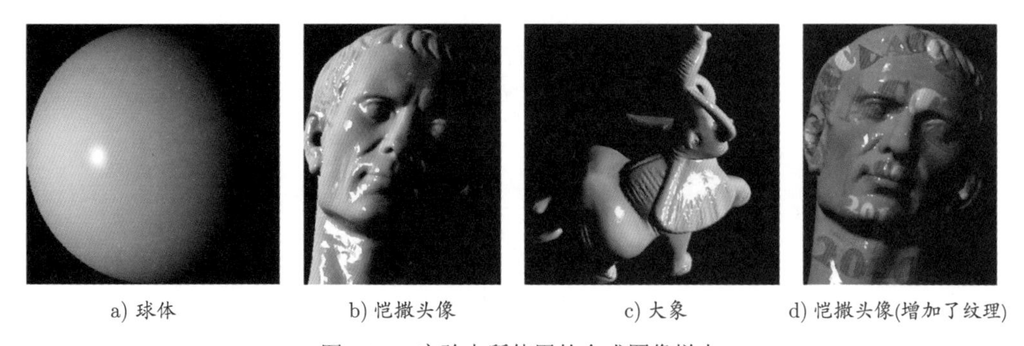

a) 球体　b) 恺撒头像　c) 大象　d) 恺撒头像(增加了纹理)

图 14.5　实验中所使用的合成图像样本

由于表面法向量和观测视角并不是一个已知的先验, 因此我们不能确定表面的哪个部分会产生镜面反射. 但是, 我们知道, 由于镜面反射旁瓣所产生的高光是较少的, 因此可以将其建模为观测数据矩阵 $\boldsymbol{D}$ 的一个额外稀疏误差 $\boldsymbol{E}_2$, 即

$$\boldsymbol{D} = \boldsymbol{N} \cdot \boldsymbol{L} + \boldsymbol{E}_2. \tag{14.2.11}$$

现在, 我们把由相互反射所造成的稀疏误差 $\boldsymbol{E}_1$ 和由镜面反射所造成的稀疏误差 $\boldsymbol{E}_2$ 合并一下, 并且令 $\boldsymbol{E} = \boldsymbol{E}_1 + \boldsymbol{E}_2$, 那么相对于理想的低秩模型(14.2.5), 我们得到一个更实

㊀ 在 Phong 模型中, 对应于选择一个较大的幂指数参数 α.

际的图像测量模型:

$$\mathcal{P}_\Omega[\boldsymbol{D}] = \mathcal{P}_\Omega[\boldsymbol{N}\cdot\boldsymbol{L}+\boldsymbol{E}], \tag{14.2.12}$$

其中 Ω 表示位于阴影区域之外的像素支撑, 稀疏矩阵 $\boldsymbol{E}$ 用于表示由于相互反射或者高光所造成的误差.

为了得到光线方向 $\boldsymbol{L}$ 和表面法向量 $\boldsymbol{N}$, 我们需要恢复完整的矩阵 $\boldsymbol{A}=\boldsymbol{N}\cdot\boldsymbol{L}$. 因为 $\boldsymbol{A}$ 的秩最大为 3, 因此这个问题就成为一个带有稀疏误差项 $\boldsymbol{E}$ 的低秩矩阵补全问题, 即我们需要解决下述优化问题:

$$\min_{\boldsymbol{A},\boldsymbol{E}} \operatorname{rank}(\boldsymbol{A})+\gamma\|\boldsymbol{E}\|_0 \quad \text{s.t.} \quad \mathcal{P}_\Omega[\boldsymbol{D}]=\mathcal{P}_\Omega[\boldsymbol{A}+\boldsymbol{E}], \tag{14.2.13}$$

其中 $\|\cdot\|_0$ 表示 ℓ^0 范数 (即矩阵中的非零元素个数), 而 $\gamma>0$ 是一个折中参数, 用于对 $\boldsymbol{A}$ 的秩与误差 $\boldsymbol{E}$ 的稀疏性进行折中.

令 $(\boldsymbol{A}_\star,\boldsymbol{E}_\star)$ 为问题(14.2.13)的最优解. 如果光线方向 $\boldsymbol{L}$ 已知, 那么我们可以很容易地从 $\boldsymbol{A}_\star$ 中恢复 (表面法向) 矩阵 $\boldsymbol{N}$, 即

$$\boldsymbol{N}=\boldsymbol{A}_\star\boldsymbol{L}^\dagger, \tag{14.2.14}$$

其中, $\boldsymbol{L}^\dagger$ 表示 $\boldsymbol{L}$ 的 Moore-Penrose 伪逆. 然后, 表面法向量 $\boldsymbol{n}_1,\cdots,\boldsymbol{n}_m$ 可以通过归一化 $\boldsymbol{N}$ 的每一行来给出.

14.3　鲁棒矩阵补全算法

尽管式(14.2.13)中的优化问题也遵循我们的建模原则, 但是目标函数中的 rank 和 ℓ^0 范数是非凸且不连续的, 因此无法有效求解. 正如前几章所述, 我们可以尝试求解其凸松弛形式, 即

$$\min_{\boldsymbol{A},\boldsymbol{E}} \|\boldsymbol{A}\|_*+\lambda\|\boldsymbol{E}\|_1 \quad \text{s.t.} \quad \mathcal{P}_\Omega[\boldsymbol{D}]=\mathcal{P}_\Omega[\boldsymbol{A}+\boldsymbol{E}]. \tag{14.3.1}$$

除了线性等式约束在这里仅应用于非阴影区域像素的下标子集 Ω 之外, 这个问题与第 5 章中所讨论的 PCP 问题几乎完全相同. 在本节的剩余部分, 我们将会介绍之前在第 4 章用于矩阵补全或者在第 5 章用于矩阵恢复的增广拉格朗日乘子法 (ALM), 用于有效地求解需要同时进行低秩矩阵补全和误差纠正的问题.

先回顾一下 8.4 节所介绍的 ALM 算法. 其基本思想是, 代替原来的约束优化问题, 我们去优化增广拉格朗日函数. 对于问题(14.3.1), 其增广拉格朗日函数为:

$$\boldsymbol{L}_\mu(\boldsymbol{A},\boldsymbol{E},\boldsymbol{Y})=\|\boldsymbol{A}\|_*+\lambda\|\boldsymbol{E}\|_1+\langle\boldsymbol{Y},\mathcal{P}_\Omega[\boldsymbol{D}-\boldsymbol{A}-\boldsymbol{E}]\rangle+\frac{\mu}{2}\|\mathcal{P}_\Omega[\boldsymbol{D}-\boldsymbol{A}-\boldsymbol{E}]\|_F^2, \tag{14.3.2}$$

其中, $\boldsymbol{Y}\in\mathbb{R}^{m\times n}$ 是拉格朗日乘子矩阵, $\mu>0$ 是一个正的常数, $\langle\cdot,\cdot\rangle$ 表示矩阵的内积[⊖], 而 $\|\cdot\|_F$ 表示 Frobenius 范数. 对于恰当选择的拉格朗日乘子矩阵 $\boldsymbol{Y}$ 和足够大的 μ, 增广拉格

⊖ $\langle\boldsymbol{X},\boldsymbol{Y}\rangle\doteq\operatorname{trace}(\boldsymbol{X}^*\boldsymbol{Y})$.

朗日函数与原来的约束优化问题具有相同的最优值点. ALM 算法交替地更新优化变量和拉格朗日乘子, 其基本的 ALM 迭代为:

$$\begin{cases} (\boldsymbol{A}_{k+1}, \boldsymbol{E}_{k+1}) = \operatorname{argmin}_{\boldsymbol{A},\boldsymbol{E}} \boldsymbol{L}_{\mu_k}(\boldsymbol{A}, \boldsymbol{E}, \boldsymbol{Y}_k), \\ \boldsymbol{Y}_{k+1} = \boldsymbol{Y}_k + \mu_k \mathcal{P}_\Omega[\boldsymbol{D} - \boldsymbol{A}_{k+1} - \boldsymbol{E}_{k+1}], \\ \mu_{k+1} = \rho \cdot \mu_k, \end{cases} \tag{14.3.3}$$

其中 $\{\mu_k\}$ 是一个单调递增的正数序列, $\rho > 1$.

现在我们来讨论如何求解式(14.3.3)中的第一步迭代. 由于很难同时针对 $\boldsymbol{A}$ 和 $\boldsymbol{E}$ 来最小化 $\boldsymbol{L}_{\mu_k}(\cdot)$, 因此我们采取下述交替最小化策略:

$$\begin{cases} \boldsymbol{E}_{j+1} = \operatorname{argmin}_{\boldsymbol{E}} \lambda\|\boldsymbol{E}\|_1 - \langle \boldsymbol{Y}_k, \mathcal{P}_\Omega[\boldsymbol{E}]\rangle + \dfrac{\mu_k}{2}\|\mathcal{P}_\Omega[\boldsymbol{D} - \boldsymbol{A}_j - \boldsymbol{E}]\|_F^2, \\ \boldsymbol{A}_{j+1} = \operatorname{argmin}_{\boldsymbol{A}} \|\boldsymbol{A}\|_* - \langle \boldsymbol{Y}_k, \mathcal{P}_\Omega[\boldsymbol{A}]\rangle + \dfrac{\mu_k}{2}\|\mathcal{P}_\Omega[\boldsymbol{D} - \boldsymbol{A} - \boldsymbol{E}_{j+1}]\|_F^2. \end{cases} \tag{14.3.4}$$

不失一般性, 我们假设 $\boldsymbol{Y}_k$ 和 $\boldsymbol{E}_k$(即 $\boldsymbol{Y}$ 和 $\boldsymbol{E}$) 的支撑为 Ω. 那么, 式(14.3.4)中的两个最小化问题可以求解如下.

回顾一下第 8 章介绍的邻近梯度法, 针对标量的软阈值化算子为:

$$\operatorname{soft}(x, \alpha) = \operatorname{sign}(x) \cdot \max\{|x| - \alpha, 0\}, \tag{14.3.5}$$

其中 $\alpha > 0$[㊀]. 当应用于向量或者矩阵时, 收缩算子按元素进行操作. 那么, 子问题(14.3.4)中关于 $\boldsymbol{E}$ 的更新有闭式解:

$$\boldsymbol{E}_{j+1} = \operatorname{soft}\left(\mathcal{P}_\Omega[\boldsymbol{D}] + \frac{1}{\mu_k}\boldsymbol{Y}_k - \mathcal{P}_\Omega[\boldsymbol{A}_j], \frac{\lambda}{\mu_k}\right). \tag{14.3.6}$$

由于式(14.3.4)中关于 $\boldsymbol{A}$ 的子问题无法给出闭式解, 因此我们采用 8.3 节所讨论的基于加速邻近梯度 (APG) 算法的迭代策略来求解. 其 APG 迭代步骤为:

$$\begin{cases} (\boldsymbol{U}_i, \boldsymbol{\Sigma}_i, \boldsymbol{V}_i) = \operatorname{SVD}\left(\dfrac{1}{\mu_k}\boldsymbol{Y}_k + \mathcal{P}_\Omega[\boldsymbol{D}] - \boldsymbol{E}_{j+1} + \mathcal{P}_\Omega[\boldsymbol{Z}_i]\right), \\ \boldsymbol{A}_{i+1} = \boldsymbol{U}_i \operatorname{soft}\left(\boldsymbol{\Sigma}_i, \dfrac{1}{\mu_k}\right) \boldsymbol{V}_i^*, \\ \boldsymbol{Z}_{i+1} = \boldsymbol{A}_{i+1} + \dfrac{t_i - 1}{t_{i+1}}(\boldsymbol{A}_{i+1} - \boldsymbol{A}_i), \end{cases} \tag{14.3.7}$$

其中 SVD$(\cdot)$ 表示奇异值分解, $\{t_i\}$ 是一个满足 $t_1 = 1$ 和 $t_{i+1} = \frac{1}{2}\left(1 + \sqrt{1 + 4t_i^2}\right)$ 的正数序列. 我们把求解优化问题(14.3.1)的完整过程总结在算法 14.1 中[㊁].

㊀ 如果 $\alpha = 0$, 那么收缩算子将退化成一个恒等操作.

㊁ 基于线性化 ALM 策略可以把上述迭代最小化过程中用于求解 $\boldsymbol{A}$ 的内循环去掉. ——译者注

算法 14.1 基于 ALM 的鲁棒矩阵补全算法.

输入. $\boldsymbol{D} \in \mathbb{R}^{m\times n}$, $\Omega \subset \{1,\cdots,m\}\times\{1,\cdots,n\}$, $\lambda > 0$.
初始化. $\boldsymbol{A}_1 \leftarrow \boldsymbol{0}$, $\boldsymbol{E}_1 \leftarrow \boldsymbol{0}$, $\boldsymbol{Y}_1 \leftarrow \boldsymbol{0}$.
while 未收敛 $(k = 1,2,\cdots)$ **do**
  $\boldsymbol{A}_{k,1} = \boldsymbol{A}_k$, $\boldsymbol{E}_{k,1} = \boldsymbol{E}_k$.
  while 未收敛 $(j = 1,2,\cdots)$ **do**
    $\boldsymbol{E}_{k,j+1} = \operatorname{soft}\left(\mathcal{P}_\Omega[\boldsymbol{D}] + \frac{1}{\mu_k}\boldsymbol{Y}_k - \mathcal{P}_\Omega[\boldsymbol{A}_{k,j}], \frac{\lambda}{\mu_k}\right)$,
    $t_1 = 1$, $\boldsymbol{Z}_1 = \boldsymbol{A}_{k,j}$, $\boldsymbol{A}_{k,j,1} = \boldsymbol{A}_{k,j}$.
    while 未收敛 $(i = 1,2,\cdots)$ **do**
      $(\boldsymbol{U}_i, \boldsymbol{\Sigma}_i, \boldsymbol{V}_i) = \operatorname{SVD}\left(\frac{1}{\mu_k}\boldsymbol{Y}_k + \mathcal{P}_\Omega[\boldsymbol{D}] - \boldsymbol{E}_{k,j+1} + \mathcal{P}_\Omega[\boldsymbol{Z}_i]\right)$.
      $\boldsymbol{A}_{k,j,i+1} = \boldsymbol{U}_i \operatorname{soft}\left(\boldsymbol{\Sigma}_i, \frac{1}{\mu_k}\right)\boldsymbol{V}_i^*$, $t_{i+1} = \frac{1}{2}\left(1+\sqrt{1+4t_i^2}\right)$.
      $\boldsymbol{Z}_{i+1} = \boldsymbol{A}_{k,j,i+1} + \frac{t_i - 1}{t_{i+1}}(\boldsymbol{A}_{k,j,i+1} - \boldsymbol{A}_{k,j,i})$, $\boldsymbol{A}_{k,j+1} = \boldsymbol{A}_{k,j,i+1}$.
    end while
    $\boldsymbol{A}_{k+1} = \boldsymbol{A}_{k,j+1}$, $\boldsymbol{E}_{k+1} = \boldsymbol{E}_{k,j+1}$.
  end while
  $\boldsymbol{Y}_{k+1} = \boldsymbol{Y}_k + \mu_k \mathcal{P}_\Omega[\boldsymbol{D} - \boldsymbol{A}_{k+1} - \boldsymbol{E}_{k+1}]$, $\mu_{k+1} = \rho\cdot\mu_k$.
end while
输出: $(\boldsymbol{A}_\star, \boldsymbol{E}_\star) = (\boldsymbol{A}_k, \boldsymbol{E}_k)$.

14.4 实验评估

在这一节中, 我们将使用合成图像和真实图像来验证所提出方法的有效性. 我们把上述的鲁棒矩阵补全 (Robust Matrix Completion, RMC) 算法的结果与基于一个理想漫反射模型(14.2.5)给出的最小二乘 (Least Square, LS) 方法的结果进行比较. 但是, 我们并不使用那些被分类为阴影区域 (即落入支撑 Ω^c) 的像素. 因此, LS 方法可以总结为下述优化问题:

$$\min_{\boldsymbol{N}} \|\mathcal{P}_\Omega[\boldsymbol{D} - \boldsymbol{N}\cdot\boldsymbol{L}]\|_F. \tag{14.4.1}$$

首先, 我们使用已知法向图真实值的合成图像来测试算法性能. 在这些实验中, 我们通过计算所估计的法向图与真实值之间的角度误差来定量地验证算法正确性. 然后, 我们在更具有挑战性的真实图像上测试算法. 在这一节中, 我们用 m 来表示感兴趣区域中的像素数量, 用 n 来表示输入图像的数量 (通常 $m \gg n$).

14.4.1 在合成图像上的定量评估

在本节中, 我们使用三个不同物体 (见图 14.5a ~ 图 14.5c) 在不同的场景中的合成图像来评价算法性能. 由于图像中没有任何噪声, 我们使用 0 作为像素的阈值来检测图像中的阴影. 除非特别说明, 我们设置式(14.3.1)中的参数 $\lambda = 1/\sqrt{m}$.

高光物体

在这个实验中, 我们在 40 种不同的光照条件下生成一个物体的图像, 其中光照方向是从一个以物体为球心的半球中随机选择的. 这些图像通过镜面反射面生成. 在所有实验中, 我们使用 Cook-Torrance 反射模型来生成带有高光的图像 [Cook et al., 1981]. 因此, 图像中存在两个损坏因素——阴影和高光. 图 14.5a~c 中展示了一些示例图像.

我们的方法和最小二乘方法所得到结果的定量评估在表 14.1中给出.

表 14.1　高光场景的结果. 表中给出的是不同物体的法向角度误差 (以 ° 为单位) 统计. 每种情况使用 40 张图像计算平均值. 在最右侧一列中, 我们列出每个图像中受到阴影和高光所影响的像素平均百分比

物体	平均误差 (°)		最大误差 (°)		被损坏像素的百分比 (%)	
	LS	RMC	LS	RMC	附着阴影	高光
球体	0.99	$\mathbf{5.1 \times 10^{-3}}$	8.1	**0.20**	18.4	16.1
恺撒	0.96	$\mathbf{1.4 \times 10^{-2}}$	8.0	**0.22**	20.7	13.6
大象	0.96	$\mathbf{8.7 \times 10^{-3}}$	8.0	**0.29**	18.1	16.5

所估计的法向图在图 14.6b 和图 14.6c 中给出. 为了便于展示, 我们使用 RGB 通道对法向图的三个空间分量 (XYZ) 进行编码. 误差根据每个像素的法向量真实值和所估计的法向量之间的角度差异测定. 逐像素的误差图被显示在图 14.6d 和图 14.6e 中. 根据表 14.1中的平均角度误差和最大角度误差 (以 ° 为单位), 我们可以看出 RMC 算法比 LS 算法更加精确. 这是因为高光会引入较大幅度的误差到各个图像中位置未知的一小部分像素上. LS 算法对于这类损坏并不鲁棒, 而 RMC 算法可以纠正这些误差并且恢复这个矩阵的潜在秩 3 结构. 表 14.1中最右侧一列给出每个图像中被阴影和高光所损坏像素的平均百分比 (针对所有 40 张图像的平均值). 我们注意到, 即使超过 30%的像素被阴影和高光所损坏, RMC 仍然能够有效地恢复其表面法向量.

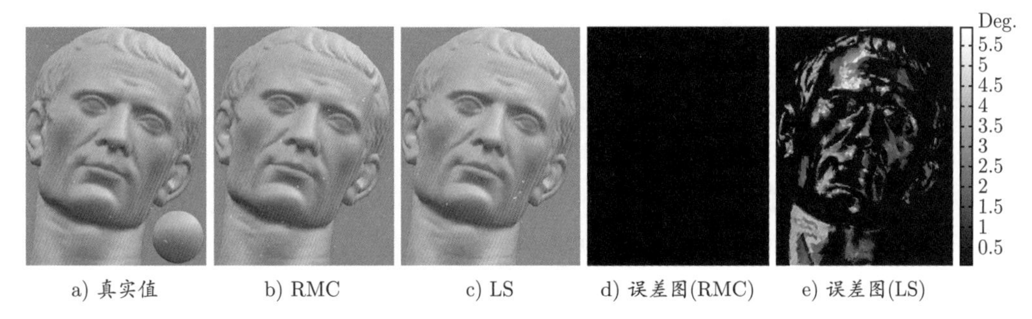

图 14.6　高光场景的结果. 使用针对高光的 Cook-Torrance 模型生成 40 张不同的恺撒图像. 图 a 是带有参考球的法向图真实值. 图 b 和图 c 分别展示使用鲁棒矩阵补全 (RMC) 算法和最小二乘 (LS) 算法所恢复的表面法向量. 图 d 和图 e 展示相对于真实值的逐像素的角度误差

有纹理的物体

我们还使用了带有纹理的场景来测试 RMC 算法. 与传统的光度立体成像算法类似, RMC 算法并不依赖于反射率的空间分布, 并且可以很好地处理这类场景.

在这个实验中, 我们使用了 40 张恺撒图像, 每张图像在不同光照条件下生成 (如图 14.5d 所示的输入图像示例). 所估计的法向图以及逐像素误差图显示在图 14.7中. 我们在表 14.2中提供了一个相对于法向图真实值的定量比较. 从平均和最大角度误差可以看出, RMC 的性能明显优于 LS 算法.

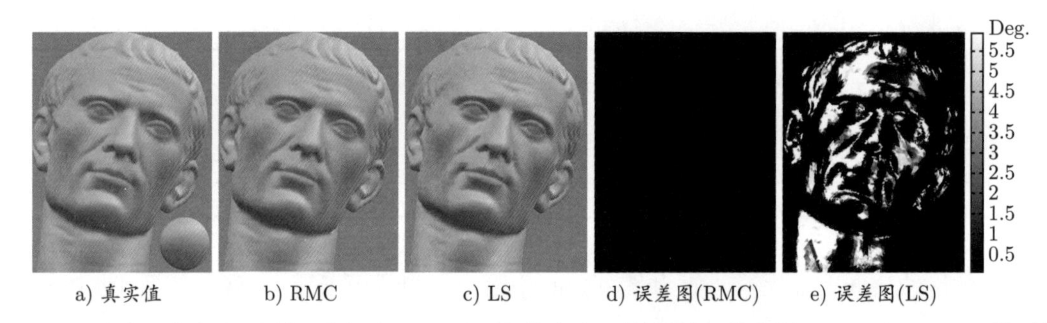

图 14.7　带高光的有纹理图像. 我们生成 40 张不同的有纹理的恺撒图, 其中利用 Cook-Torrance 模型产生了高光. 图 a 是带有参考球的法向图真实值. 图 b 和图 c 分别展示 RMC 算法和 LS 算法所恢复的法向图. 图 d 和图 e 分别展示它们与真实值之间的逐像素误差

表 14.2　带高光的有纹理场景的角度误差统计. 我们使用了 40 张在不同光照条件下所生成的图像

物体	平均误差 (°)		最大误差 (°)	
	LS	RMC	LS	RMC
恺撒	2.4	**0.016**	32.2	**0.24**

图像数量的影响

在上面的实验中, 我们使用了物体在 40 个不同光照方向下的图像. 在这个实验中, 我们研究光照方向数量 (即输入图像数量) 的影响. 特别地, 我们希望通过实验来找出使 RMC 算法有效工作所需要的最少图像数量. 我们使用 Cook-Torrance 反射模型来生成恺撒图像, 其中照明方向是随机生成的. 输入图像中高光像素的平均百分比保持在大约 10%. 我们使用所估计的法向图与法向图真实值之间的角度差作为算法估计精度的测量指标.

实验结果在表 14.3中给出. 我们观察到: 当设置的光照方向的个数少于 10 个时, 两种算法的估计都非常不准确, 但 RMC 算法的结果比 LS 算法更差. 然而, 当光照方向的个数大于 10 个时, 我们观察到 LS 算法所估计结果的平均误差要高于 RMC 算法. 当光照方向个数进一步增加时, RMC 算法的性能始终优于 LS 算法. 当光照方向的个数小于 20 个时, LS 算法的估计误差小于 RMC 算法. 然而, 当使用超过 30 个不同的光照方向时, RMC 算法的性能要好得多. 因此, 随着光照方向数目的增加 (即输入图像数量的增加), RMC 算法的性能显著提高.

表 14.3 图像数量的影响. 我们使用在不同光照下合成的恺撒的图像, 光照方向的数量从 10 到 40 不等, 角度误差是测量值相对于真实值的误差. 光照方向是随机选择的, 误差是在 20 组结果上的平均值

图像数量		10	20	30	40
平均误差 (°)	LS	0.52	0.53	0.59	0.57
	RMC	**0.23**	**0.026**	**0.019**	**0.013**
最大误差 (°)	LS	**34.5**	9.0	7.6	7.0
	RMC	56.6	**5.8**	**0.48**	**0.37**

改变高光量

从上面的实验可以看出, 与 LS 算法相比, RMC 算法对于处理输入图像中的高光具有很强的鲁棒性. 在这一组实验中, 我们经验性地确定 RMC 算法能够处理的最大高光量. 我们在 40 个随机选择的光照条件下对恺撒图像的场景进行实验. 平均来看, 每张图像有约 20%的像素被阴影损坏. 我们改变输入图像中的镜面反射波瓣的大小 (如图 14.8a 所示), 从而改变被高光所损坏的像素数量. 我们使用估计值与真实值之间的角度误差来比较 RMC 算法与 LS 算法的准确率.

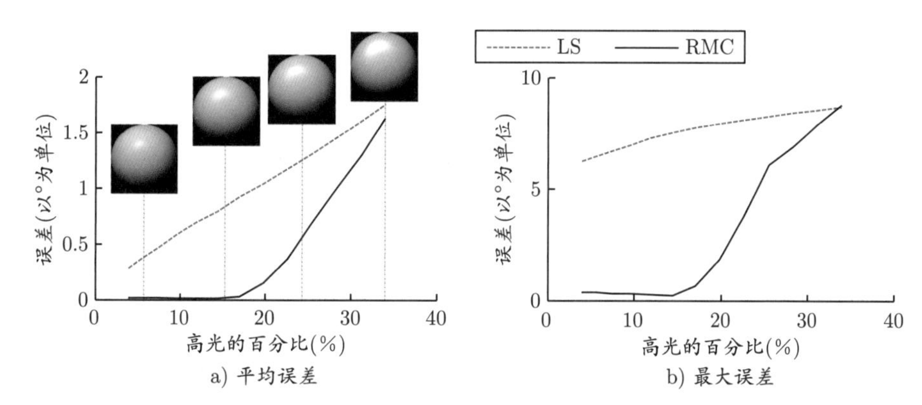

图 14.8 增大镜面反射波瓣大小的影响. 我们使用在 40 个随机选择的光照条件下所合成的恺撒图像进行实验. 图 a 是相对于真实值的平均角度误差. 图 b 是相对于真实值的最大角度误差. 其中, 光照条件随机选择, 误差在 10 组不同光照条件上计算平均值, 图 a 中包含增大镜面反射波瓣尺寸 (即高光区域的尺寸) 的展示

实验结果展示在图 14.8中. 我们观察到, 即使有高达 16%的像素被高光所破坏, RMC 算法仍然能够保持鲁棒性. 另一方面, LS 算法对于图像中的高光极其敏感, 即使只是少量的高光. 两种算法的角度误差都随着镜面反射波瓣 (即高光区域的) 尺寸的增大而增加.

通过调整 λ 来提高性能

在优化问题(14.3.1)中, λ 是一个加权参数. 正如第 5 章的定理 5.3 所建议的, 在上述所有实验中, 我们固定了参数 $\lambda = 1/\sqrt{m}$. 虽然这种选择保证了一定程度的误差纠错, 但是正如 [Ganesh et al., 2010] 所展示的, 选择合适的 λ 可能会纠正更多的像素损坏. 不幸的是, λ 的最佳选择取决于输入图像, 无法通过分析预先确定.

我们在之前的实验中所使用的 40 张恺撒图像上展示加权参数 λ 对性能的影响. 在这组图像中, 大约 20%的像素被阴影所损坏, 大约 28%的像素被高光所损坏. 在这组实验中, 我们选择 $\lambda = C/\sqrt{m}$, 但是改变 C 的取值. 我们使用估计值相对于法向量真实值的角度误差来评估结果. 从表 14.4中可以看出, C 的选择会影响所估计的法向图的准确性. 对于实际应用, 其中数据通常是含噪声的, 因此 λ 的选择可能会对 RMC 算法的效果产生重要影响.

表 14.4　调整 λ 对于处理更多高光区域的影响. 我们使用 40 张不同光照下产生的恺撒图像, 其中含有大约 28%的高光和大约 20%的阴影. 我们设置 $\lambda = C/\sqrt{m}$, 然后测试 C 取不同值时 RMC 的性能

C	1.0	0.8	0.6	0.4
平均误差 (°)	1.42	0.78	0.19	0.029
最大误差 (°)	8.78	8.15	1.86	0.91

计算时间开销

RMC 的核心计算是求解一个凸优化问题(14.3.1). 对于 40 张分辨率为 450×350 的带高光恺撒图像数据 (如图 14.5b 所示), RMC 算法的 MATLAB 实现需要在一台搭载 2.8GHz 双核 (Core 2 Duo) 处理器 4GB 内存的 Macbook Pro 上花费大约 7min 完成计算, 但是 LS 算法只需要 42s. 虽然 RMC 算法要比 LS 算法慢一些, 但是在各种场景中它更精确, 而且也比其他算法 (比如 [Miyazaki et al., 2010]) 更有效.

14.4.2　真实图像上的定性评估

现在, 我们在真实图像上测试算法性能. 如图 14.9a 和图 14.9d 所示, 我们使用一组在不同光照条件下拍摄的 40 张哆啦 A 梦和两张脸的图像进行实验. 在采集数据时, 我们在场景中放置了一个有光泽的球体用于光源校准, 使用了一个佳能 5D 照相机拍摄并保存为原始图像 (RAW) 格式[1].

这些图像对于 RMC 算法是具有挑战性的. 除了阴影和高光之外, 在图像采集过程中还存在一些潜在的其他噪声, 以及可能由于被远处光源照亮而导致与理想 Lambertian 模型存在可能偏差. 在这个实验中, 我们设置图像中检测阴影的阈值为 0.01[2]. 通过实验, 我们还发现了设置 $\lambda = 0.3/\sqrt{m}$ 可以使 RMC 算法在这些数据集上工作得更好.

因为这些场景并没有法向图的真实值, 所以我们只能通过视觉效果对比来检查图 14.9b、c、e、f 中所展示的 RMC 算法和 LS 算法输出的法向图. 我们观察到, RMC 算法所估计的法向图更加平滑也更加真实. 尤其是在哆啦 A 梦图像的脖子和两张脸图像的鼻子区域 (见图 14.9), 而 LS 算法的结果看起来并不连续.

---

[1] 我们没有使用伽马校正.

[2] 所有像素的值都被归一化到 0 和 1 之间.

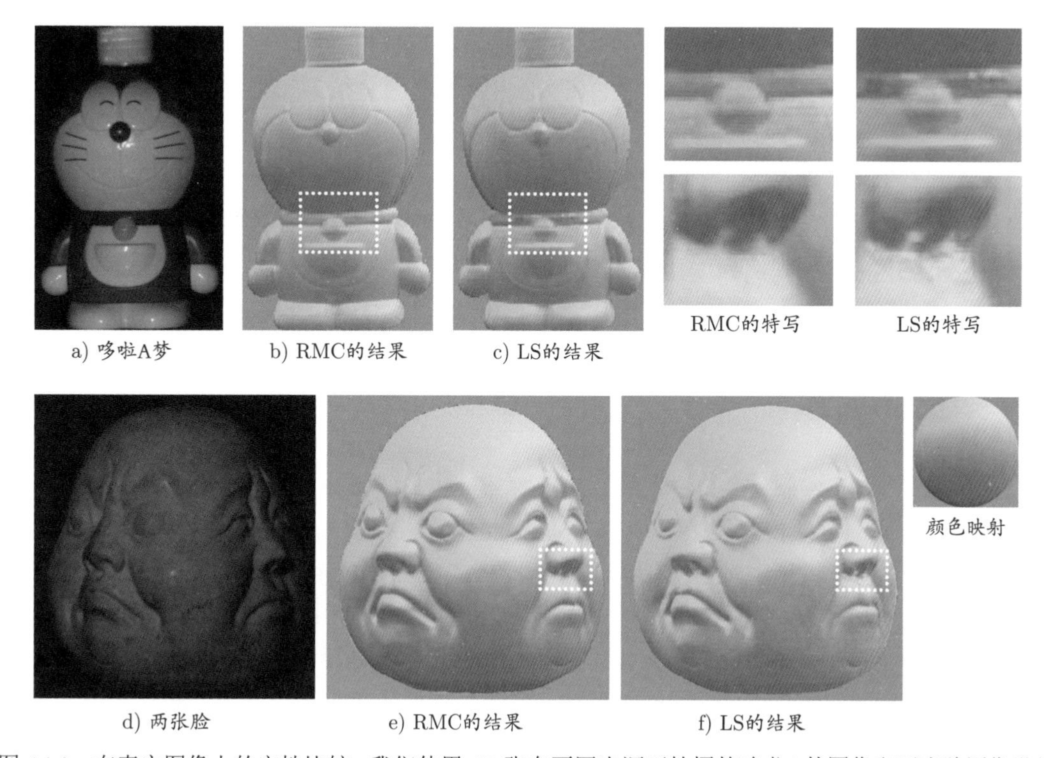

图 14.9 在真实图像上的定性比较. 我们使用 40 张在不同光源下拍摄的哆啦A梦图像和两张脸图像进行实验, 以定性评估 RMC 算法和 LS 算法的性能. 图 a 和图 d 是采集的输入图像. 图 b 和图 e 是 RMC 算法所估计的法向图. 图 c 和图 f 是最小二乘算法所估计的法向图. 右上角的虚线框展示了局部细节

14.5 注记

光照的低维性

众所周知, 当使用来自三个已知 (不同) 方向的光线照射 Lambertian 表面时, 在各个可见点的表面朝向可以根据 (反射) 光的强度来唯一确定. 长期以来, 大量研究工作已经表明, 如果没有阴影, 从不同光照方向照亮一个凸的 Lambertian 表面会张成一个三维子空间 [Shashua, 1992] 或者是一个光锥 [Belhumeur et al., 1996]. [Basri et al., 2003] 和 [Georghiades et al., 2001] 进一步证明, 带有投射阴影的凸轮廓物体的图像也可以使用低维线性子空间来很好地近似. 最近的研究 [Zhang et al., 2013] 表明, 即使是对于非凸的 Lambertian 物体, 所得到的图像仍然可以使用低秩矩阵加上一些稀疏误差来建模. 上述研究工作表明, Lambertian 表面的外观在光照变化的情况下存在一个退化结构. 这是所有的光度立体成像方法用来确定表面法向量的关键性质.

光度立体成像的经典方法

此前, 用于 Lambertian 表面的光度立体算法通常将表面法向量作为一组与观测值和已知光照方向相关联的线性方程的*最小二乘解*, 或者等价地使用常规的主成分分析 (PCA)

方法来确认低维子空间 [Jolliffe, 1986]. 如果测量值只是被小幅度的独立同分布高斯噪声所污染, 那么这种解是最优的. 不幸的是, 在实际中, 光度测量很少遵循这种简单的高斯噪声线性模型: 某些像素位置的强度值可能会受到高光 (偏离基本 Lambertian 假设)、传感器过曝或者阴影效应的严重影响. 因此, 在实际应用中, 最小二乘解通常会产生表面法向量的错误估计. 为了解决这个问题, 研究人员探索了各种启发式方法, 通过将损坏的测量值视为离群点来消除这种偏差, 例如使用 RANSAC 算法 [C. Hernández et al., 2008; Fischler et al., 1981] 或是基于中位数的算法 [Miyazaki et al., 2010]. 为了更好地识别图像中不同类型的损坏, [Mukaigawa et al., 2001, 2007] 提出了一种基于 RANSAC 和离群点消除的方法, 用于把像素分类为漫反射、镜面反射、附着阴影和投射阴影等.

低秩矩阵方法

本章所介绍的方法最早发表于 [Wu et al., 2010]. 与以前的鲁棒方法相比, 这种方法的计算效率更高, 并且提供了针对大误差的鲁棒性理论保证. 更重要的是, 这种算法可以同时使用所有可用信息来得到最佳结果, 避免了通过选取最好的光照方向集合 [C. Hernández et al., 2008] 或者使用中位数估计 [Miyazaki et al., 2010] 等可能丢失有用信息的预处理. 本章所介绍的方法也可以用于改进几乎任何现有的光度立体法, 包括未标定光源的光度立体法 [Hayakawa, 1994]. 在传统方法中, 数据中 (比如由高光而导致) 的损坏信息要么被忽略, 要么无法被传统的启发式鲁棒估计方法所处理.

第 15 章 结构化纹理恢复

“人类使用数学语言来描述模式 ··· 为了在数学上逐渐成熟起来, 孩子们必须在生活中接触到丰富多样的模式, 通过这些模式, 他们可以看到事物的多样性、规律性和相互联系.”

—— Lynn Arthur Steen, *The Future of Mathematics Education*

15.1 引言

在人造场景中, 大多数人们所感兴趣的物体都富含有规律的、重复的和/或对称的结构. 图 15.1 展示了一些有代表性的结构化物体. 这类物体的图像显然也继承了有规律的结构并且编码了物体丰富的三维形状、姿态或者身份属性信息. 如果我们将这种物体的图像视为矩阵, 那么矩阵的列向量显然是相关的, 因此矩阵的秩将会很低或者近似地很低. 例如, 对于反射对称的物体 (比如人脸或者汽车), 它的图像的秩最多是矩阵长度或者宽度的一半. 除了对称之外, 这些物体的图像通常具有一些其他附加结构 (比如分段平滑等), 这会使图像的秩更低[⊖]. 通常, 我们把与结构化物体相对应的图像 (或者图像区域) 称为**结构化纹理** (structured texture), 从而把它们与其他随机纹理区分开.

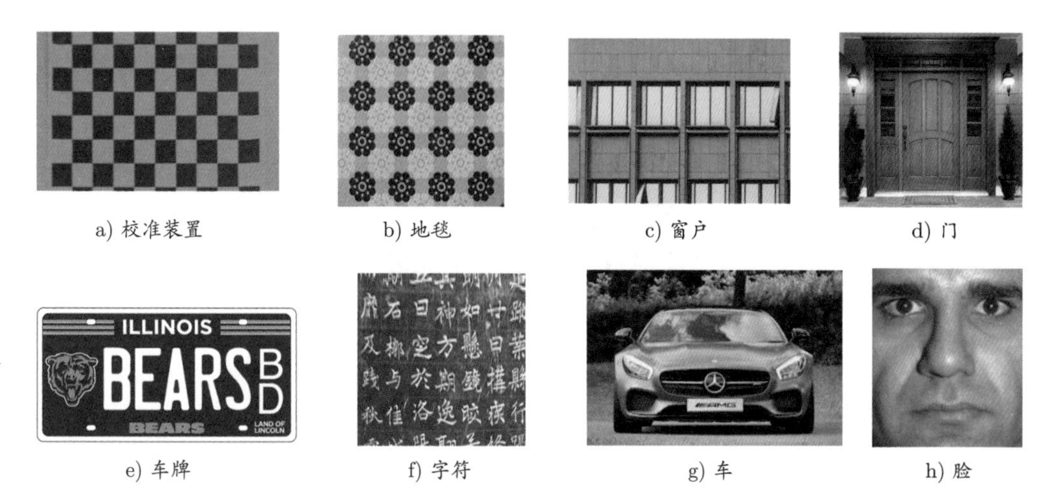

a) 校准装置　b) 地毯　c) 窗户　d) 门

e) 车牌　f) 字符　g) 车　h) 脸

图 15.1　结构化物体的典型示例. 这些被视为矩阵的图像均为 (近似) 低秩矩阵. 人脸图像取自扩展的耶鲁人脸数据库 B [Georghiades et al., 2001]

⊖ 读者可以通过计算与图 15.1 中类似的真实图像的实际的秩来测试这个假设的有效性. 我们把它留作习题.

本章中, 我们将研究这种结构化纹理的低维结构如何帮助我们在二维或者三维场景中鲁棒而准确地恢复相关物体的外观、姿态和形状. 这使结构化纹理对于许多计算机视觉任务 (比如人造场景中的物体识别、定位及重建) 极为重要. 我们在本章中将会看到如何从压缩感知的角度恢复一个 (用来建模结构化纹理的) 低秩矩阵, 即使这个矩阵 (由于遮挡等因素导致) 严重损坏或者 (由于姿态、形状或者相机镜头畸变等因素导致) 形变[㊀]. 为了更准确地描述, 我们需要先介绍一些概念.

15.2 低秩纹理

严格地说, 一张图像 (通常我们把它视为一个矩阵[㊁]) 是定义在二维域上的连续纹理 (函数) 的离散采样. 考虑一个二维纹理作为定义在 $\mathbb{R}^2$ 上的一个函数 $\boldsymbol{I}_o(x, y)$. 如果一维函数族 $\{\boldsymbol{I}_o(x, y) \mid y \in \mathbb{R}\}$ 张成了一个低维线性子空间, 那么 $\boldsymbol{I}_o$ 是一个低秩纹理 (low-rank texture), 其中

$$r \doteq \dim(\operatorname{span}\{\boldsymbol{I}_o(x, y) \mid y \in \mathbb{R}\}) \leqslant k, \tag{15.2.1}$$

而 k 是一个较小的正整数. 如果 r 是有限的, 那么我们将 $\boldsymbol{I}_o$ 称为秩 r 纹理 (rank-r texture). 不难理解, 一个秩 1 函数 $\boldsymbol{I}_o(x, y)$ 一定能够表达为 $u(x) \cdot v(y)$ 的形式, 其中 $u(x)$ 和 $v(y)$ 是某些函数. 通常, 一个秩 r 函数 $\boldsymbol{I}_o(x, y)$ 可以被显式分解为 r 个秩 1 函数的组合, 即

$$\boldsymbol{I}_o(x, y) \doteq \sum_{i=1}^{r} u_i(x) \cdot v_i(y). \tag{15.2.2}$$

图 15.2 展示了一些理想的低秩纹理. 传统上, 边缘与角点在计算机视觉中被用来表征物体的局部特征, 它们被视为最简单的低秩纹理. 一个理想垂直边缘 (或斜坡) 如图 15.2a 所示, 它可以被认为是 $u(x) = -\operatorname{sign}(x)$ 且 $v(y) = 1$ 的秩 1 纹理. 一个理想的角点如图 15.2b 所示, 这也是一个秩 1 纹理, 其中 $u(x) = \operatorname{sign}(x)$ 且 $v(y) = \operatorname{sign}(y)$.

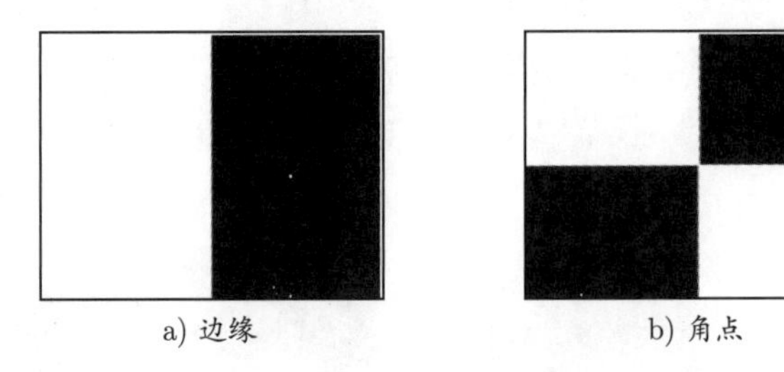

图 15.2　一些理想的低秩纹理的例子: 边缘和角点

因此, 从某种意义上来说, 低秩纹理的概念统一了许多传统的局部特征, 但又不限于此. 根据定义, 我们很容易看出, 有规律的、重复的、对称模式的图像通常会产生低秩纹理. 秩

㊀ 是指在矩阵的二维域中的变换.

㊁ 因此, 在本章中, 我们使用粗体符号 $\boldsymbol{I}$ 来表示图像, 因为大多时候我们都把图像等同于一个矩阵.

高于 1 的低秩纹理可以表示比局部边缘或者角点更加丰富多样的结构化物体, 并且它们可以捕获一个结构化物体的全局特征.

给定一个低秩纹理, 显然它的秩对于函数的缩放是不变的, 对于在坐标 x 和 y 上的缩放或者平移也是不变的. 也就是说, 对于常数 $\alpha, a, b \in \mathbb{R}_+$ 且 $t_1, t_2 \in \mathbb{R}$, 如果

$$\boldsymbol{I}(x,y) \doteq \alpha \cdot \boldsymbol{I}_o(ax+t_1, by+t_2),$$

那么根据式(15.2.1)的定义, $\boldsymbol{I}(x,y)$ 和 $\boldsymbol{I}_o(x,y)$ 具有相同的秩. 对于大部分实际应用来说, 恢复低秩纹理 $\boldsymbol{I}_o(x,y)$ 的一个任意的缩放或者平移形式即可, 因为在缩放中导致的不确定性通常可以通过施加额外的约束而解决. 因此, 在本章中, 除非特别说明, 如果两个低秩纹理相互是彼此的缩放与平移, 我们把它们视为等价的, 即

$$\boldsymbol{I}_o(x,y) \sim \boldsymbol{I}_o(ax+t_1, by+t_2),$$

其中 $a, b, c \in \mathbb{R}_+$ 且 $t_1, t_2 \in \mathbb{R}$. 在齐次表示中, 这个等价变换群由以下形式的所有元素组成:

$$g \in \left\{ \begin{bmatrix} a & 0 & t_1 \\ 0 & b & t_2 \\ 0 & 0 & 1 \end{bmatrix} \in \mathbb{R}^{3\times 3} \,\middle|\, a, b \in \mathbb{R}_+, t_1, t_2 \in \mathbb{R} \right\}. \tag{15.2.3}$$

然而, 不难看出, 低秩形式(15.2.2)在二维域内的一般线性变换下将不被保持. 也就是说,

$$\boldsymbol{I}(x,y) \doteq \boldsymbol{I}_o(ax+by+t_1, cx+dy+t_2) \tag{15.2.4}$$

将会有与 $\boldsymbol{I}_o(x,y)$ 不同 (通常更高) 的秩. 例如, 如果我们把图 15.2 中的边缘或者角点旋转 45°, 那么所生成的图像 (作为矩阵而言) 将变为满秩. 类似地, 在二维域内的更一般非线性失真或者变换下, 秩通常都会增加. 正如我们在本章中看到的那样, 这实际上是相当有益的: 它提示我们能够消除失真的正确变换将是使纹理的秩最低的变换.

实际上, 二维纹理的图像并不是定义在 $\mathbb{R}^2$ 上的连续函数. 我们只在 $\mathbb{Z}^2$ 中的有限离散网格上对它的值进行采样, 采样结果为 $m \times n$ 大小的矩阵. 在这种情况下, 二维纹理 $\boldsymbol{I}_o(x,y)$ 被表达为一个 $m \times n$ 的实数矩阵. 对于低秩纹理, 我们假设采样网格的大小明显大于纹理内在的秩[㊀], 即

$$r \ll \min\{m, n\}.$$

很容易证明, 只要采样率不是式(15.2.2)所定义的连续函数 $\boldsymbol{I}_o(x,y)$ 中的 $u_i(x)$ 或者 $v_i(x)$ 的混叠 (aliasing) 频率, 那么所得到的矩阵就与连续函数的秩相同.[㊁] 因此, 当把二维纹理 $\boldsymbol{I}_o(x,y)$ 离散化为矩阵时, 为了方便起见我们使用 $\boldsymbol{I}_o(i,j)$ 来表示, 与矩阵的大小 (即 $\min\{m,n\}$) 相比, 它的秩是非常低的.

㊀ 满足这个假设需要窗口尺寸足够大.

㊁ 换句话说, 图像的分辨率不能太低.

为了方便起见, 本章的剩余部分, 我们把连续二维函数和它的采样矩阵形式上视为相同的. 但是, 请注意, 当我们讨论纹理或图像的失真或者变换时, 我们指的是在它的连续函数的二维域中的变换. 当只给出一个图像 (即一个采样值的矩阵) 时, 可以通过任何合理的插值方案来获得采样网格之外的函数值[⊖].

15.3 结构化纹理补全

在本节中, 我们将看到如何在结构化纹理被严重损坏或者被遮挡时进行自动修复. 在第 4 章中, 我们知道, 如果纹理 $\boldsymbol{I}_o$ 是一个低秩矩阵, 那么即使只有一小部分元素 (即像素) 被观测到, 我们仍然能够恢复它. 令 Ω 表示所观测到的像素的支撑, 那么恢复完整纹理图像 $\boldsymbol{I}_o$ 的问题就是一个低秩矩阵补全问题:

$$\min_{\boldsymbol{L}} \ \operatorname{rank}(\boldsymbol{L}) \quad \text{s.t.} \quad \boldsymbol{L}(i,j) = \boldsymbol{I}_o(i,j)\ , \ \ \forall (i,j) \in \Omega. \tag{15.3.1}$$

尽管对于大多数规则的结构化纹理来说, 低秩是一个必要条件, 但它肯定不是充分条件. 图 15.3 显示了秩完全相同的三幅图像. 显然, 前两幅图像比第三幅更平滑而且更有规律. 正如上一节所述, 秩 r 纹理是一个定义在 $\mathbb{R}^2$ 上的二维函数 $\boldsymbol{I}_o(x,y)$. 那么, $\boldsymbol{I}_o(x,y)$ 可以被分解为

$$\boldsymbol{I}_o(x,y) = \sum_{i=1}^{r} u_i(x) v_i(y).$$

如果 $\boldsymbol{I}_o$ 表示真实的规则或者接近规则的模式, 那么它通常是分段平滑的. 因此, 函数 u_i 和 v_i 并不是任意的, 它们可以有额外的结构. 正如我们在本书前几章中所讨论的, 分段平滑函数在某些变换 (例如小波变换) 域中通常是稀疏的.

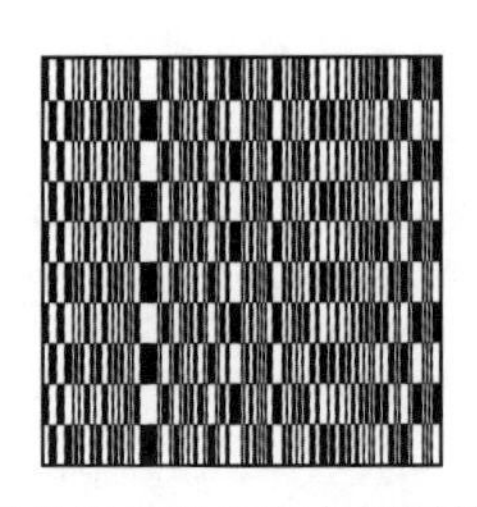

图 15.3　不同的纹理模式: 所有三种纹理具有完全相同的秩, 但它们分别呈现出完全规则的、相对规则的和几乎不规则的纹理

因此, 在离散的情况下, 低秩矩阵 $\boldsymbol{I}_o$ 可以被分解为

$$\boldsymbol{I}_o = \boldsymbol{U}\boldsymbol{V}^*,$$

其中 $\boldsymbol{U}$ 和 $\boldsymbol{V}$ 可以基于相应的基 $\boldsymbol{B}_1$ 和 $\boldsymbol{B}_2$ 被分别表示为

$$\boldsymbol{U} = \boldsymbol{B}_1\boldsymbol{X}_1, \quad \boldsymbol{V} = \boldsymbol{B}_2\boldsymbol{X}_2.$$

⊖ 根据我们的经验, 双立方插值 (bicubic interpolation) 对于大多数应用来说是足够好的.

如果所选择的基 $\boldsymbol{B}_1$ 和 $\boldsymbol{B}_2$ 恰当, 那么 $\boldsymbol{X}_1$ 和 $\boldsymbol{X}_2$ 将足够稀疏. 或者等价地, 如果我们将上述分解重写为

$$\boldsymbol{I}_o = \boldsymbol{B}_1\boldsymbol{X}_1\boldsymbol{X}_2^*\boldsymbol{B}_2^* \doteq \boldsymbol{B}_1\boldsymbol{W}_o\boldsymbol{B}_2^*,$$

那么, 矩阵 $\boldsymbol{W}_o \doteq \boldsymbol{X}_1\boldsymbol{X}_2^*$ 将是一个稀疏矩阵, 它具有与 $\boldsymbol{I}_o$ 相同的 (低) 秩.

因此, 如果我们希望从 (真值 $\boldsymbol{I}_o$) 被部分观察到的 $\boldsymbol{I}$ 所恢复的图像 (在某个变换域中) 既低秩又稀疏, 那么可以施加额外的空间结构约束. 也就是说, 我们需要把低秩矩阵补全问题(15.3.1)修改为:

$$\min_{\boldsymbol{L},\boldsymbol{W}} \operatorname{rank}(\boldsymbol{L}) + \lambda\|\boldsymbol{W}\|_0 \quad \text{s.t.} \quad \mathcal{P}_\Omega[\boldsymbol{L}] = \mathcal{P}_\Omega[\boldsymbol{I}],\ \boldsymbol{L} = \boldsymbol{B}_1\boldsymbol{W}\boldsymbol{B}_2^*, \tag{15.3.2}$$

其中 $\|\boldsymbol{W}\|_0$ 表示 $\boldsymbol{W}$ 中非零元素的数量. 我们的目标是找到与部分观测 $\mathcal{P}_\Omega[\boldsymbol{I}]$ 一致的秩最小矩阵 $\boldsymbol{L}_\star$ 作为真值纹理图像 $\boldsymbol{I}_o$, 且矩阵 $\boldsymbol{W}_\star = \boldsymbol{B}_1^*\boldsymbol{L}_\star\boldsymbol{B}_2$ 具有最少的非零元素数目. 这里, λ 是一个用于权衡被恢复图像的秩和稀疏度的加权参数.

正如我们在前面的章节中所介绍的, 在上述问题(15.3.2)中, 秩函数和 ℓ^0 范数都很难直接优化. 因此, 我们把它们替换为相应的凸包络: 用核范数 $\|\boldsymbol{L}\|_*$ 替代 $\operatorname{rank}(\boldsymbol{L})$, 用 ℓ_1 范数 $\|\boldsymbol{W}\|_1$ 替代 $\|\boldsymbol{W}\|_0$. 因此, 我们得到下述优化问题:

$$\min\nolimits_{\boldsymbol{L},\boldsymbol{W}} \|\boldsymbol{L}\|_* + \lambda\|\boldsymbol{W}\|_1 \quad \text{s.t.} \quad \mathcal{P}_\Omega[\boldsymbol{L}] = \mathcal{P}_\Omega[\boldsymbol{I}],\ \boldsymbol{L} = \boldsymbol{B}_1\boldsymbol{W}\boldsymbol{B}_2^*. \tag{15.3.3}$$

进一步, 我们假设所使用的基 $\boldsymbol{B}_1$ 和 $\boldsymbol{B}_2$ 是正交规范的, 那么 $\|\boldsymbol{I}_o\|_* = \|\boldsymbol{B}_1\boldsymbol{W}\boldsymbol{B}_2^*\|_* = \|\boldsymbol{W}\|_*$. 因此, 凸优化问题(15.3.3)等价于:

$$\min_{\boldsymbol{W}} \|\boldsymbol{W}\|_* + \lambda\|\boldsymbol{W}\|_1 \quad \text{s.t.} \quad \mathcal{P}_\Omega[\boldsymbol{B}_1\boldsymbol{W}\boldsymbol{B}_2^*] = \mathcal{P}_\Omega[\boldsymbol{I}]. \tag{15.3.4}$$

这个优化问题约束所恢复的纹理图像要在某个变换域中同时低秩且稀疏. 正如我们在 6.3 节中所讨论的, 上述凸松弛对于约束 $\boldsymbol{W}_o$ 同时满足稀疏和低秩结构是次优的. 然而, 正如我们将看到的, 在实际应用中, 这个优化问题表述足以满足恢复低秩图像的目的.

注意, 逐元素观测算子 $\mathcal{P}_\Omega[\cdot]$ 与稀疏矩阵并非不相干. 然而, 在这里, 我们并不直接采样 $\boldsymbol{W}_o$, 而是通过基 $\boldsymbol{B}_1$ 和 $\boldsymbol{B}_2$ 对 $\boldsymbol{W}_o$ 变换后再进行采样. 正如在实验部分将会看到的, 这样的变换使得算子 $\mathcal{P}_\Omega[\cdot]$ 与稀疏低秩结构 $\boldsymbol{W}_o$"不相干"[㊀].

此外, 我们注意到上面的凸优化问题(15.3.4)不同于之前在 PCP 等问题中所遇到的凸优化问题, PCP 问题中核范数和 ℓ^1 范数针对的是两个不同的矩阵. 为了使用相同的优化技术, 我们引入一个辅助变量 $\boldsymbol{L}$ 来替换低秩项中的 $\boldsymbol{W}$, 以使优化变量可分离, 从而求解下述优化问题:

$$\min\nolimits_{\boldsymbol{L},\boldsymbol{W}} \|\boldsymbol{L}\|_* + \lambda\|\boldsymbol{W}\|_1 \quad \text{s.t.} \quad \boldsymbol{L} = \boldsymbol{W},\ \mathcal{P}_\Omega[\boldsymbol{B}_1\boldsymbol{W}\boldsymbol{B}_2^*] = \mathcal{P}_\Omega[\boldsymbol{I}]. \tag{15.3.5}$$

㊀ 据我们所知, 尽管具有令人信服的成功实践, 但几乎没有理论结果可以严格描述保证正确恢复 $\boldsymbol{W}_o$ 变换的条件.

读者可能会发现, 这个优化问题与我们在第 5 章中所处理的 PCP 问题属于同一类优化问题, 它们可以通过第 8 章所介绍的 ALM 和 ADMM 等方法有效求解[㊀].

例 15.1 (纹理修复)　为了证明同时约束稀疏和低秩 (先验) 的重要性, 我们在这里对真实图像进行一组纹理修复实验, 并将上述问题的解与第 4 章中的低秩矩阵补全算法的解进行比较. 这里我们选择 $\lambda = 0.001$, 并且使用离散余弦变换 (DCT)[㊁]的基来定义 $\boldsymbol{B}_1$ 和 $\boldsymbol{B}_2$. 我们利用 3 种有代表性的纹理图像——一种棋盘格图像 (通常用于相机校准) 和两种真实的纹理图像——来测试均匀随机 (uniform random) 损坏、圆盘 (disk) 损坏, 以及随机块 (random block) 损坏等三种不同类型的损坏情况下的恢复结果. 棋盘图像的准确秩是 2, 而另外两个纹理图像满秩但近似低秩. 从图 15.4 的纹理恢复的实验结果中我们可以看出, 同时施加低秩和稀疏约束比单独使用低秩约束所恢复的结果要好得多.

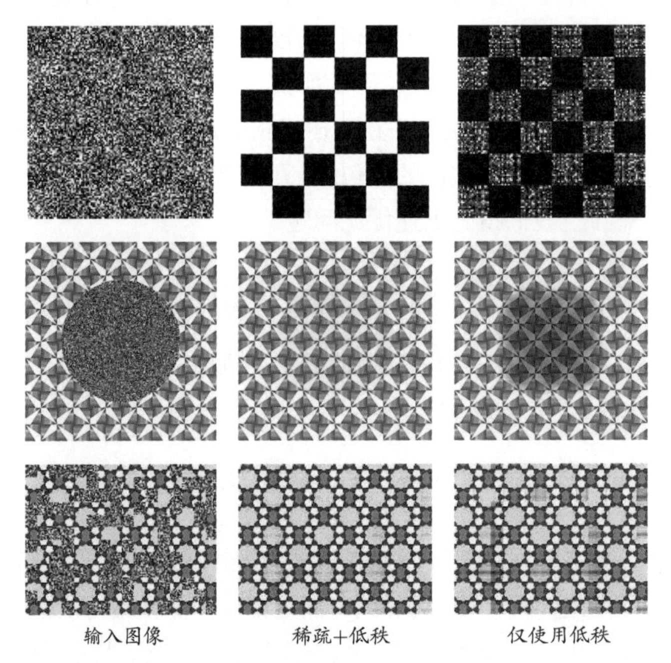

图 15.4　稀疏低秩约束的纹理恢复与仅使用低秩约束的纹理恢复进行定性比较. 第一行是棋盘纹理, 其中 91%随机选择的像素已被损坏 (回顾第 5 章的定理 5.4). 第二行是一种实际纹理, 大约有 30%的像素被一个圆盘遮挡. 第三行是一种实际纹理, 大约有 40%的像素被随机小块破坏

几乎所有用于图像修复或者图像补全的方法都需要有关损坏区域的支撑 (即 Ω) 的信息 (例如, [Bertalmio et al., 2000]、[Mairal et al., 2008]、[Fadili et al., 2009] 等). 这些信息通常是通过用户手动标记或者通过其他独立方法检测到的. 这严重限制了所有图像补全或者修复方法的适用性.

在许多实际场景中, 被损坏区域的有效信息可能是未知的或者仅部分可知的. 因此, 给

㊀ 有关这个特定问题的更详细实现, 读者可以在 [Liang et al., 2012] 中找到.

㊁ DCT 是 JPEG 图像压缩标准中使用的基. 这里选择 DCT 是为了简便. 我们也可以使用小波基 (在 JPEG2000 中使用), 从而获得更好的性能.

定区域 Ω 中的像素也可能包含一些破坏低秩和稀疏结构的损坏. 类似于第 5 章中的 RPCA 问题, 我们可以把这类具有未知支撑信息的损坏部分建模为稀疏误差项 $\boldsymbol{E}_o$, 即

$$\boldsymbol{I} = \boldsymbol{I}_o + \boldsymbol{E}_o = \boldsymbol{B}_1 \boldsymbol{W}_o \boldsymbol{B}_2^* + \boldsymbol{E}_o.$$

那么, 要恢复图像 $\boldsymbol{I}_o = \boldsymbol{B}_1 \boldsymbol{W}_o \boldsymbol{B}_2^*$, 我们需要求解下述类似 PCP 的优化问题:

$$\min_{\boldsymbol{W}} \|\boldsymbol{W}\|_* + \lambda \|\boldsymbol{W}\|_1 + \alpha \|\boldsymbol{E}\|_1 \quad \text{s.t.} \quad \mathcal{P}_\Omega[\boldsymbol{B}_1 \boldsymbol{W} \boldsymbol{B}_2^* + \boldsymbol{E}] = \mathcal{P}_\Omega[\boldsymbol{I}]. \tag{15.3.6}$$

如果关于被损坏区域 (即支撑 Ω) 的信息一无所知, 我们只需要把 Ω 设置为整个图像. 和 PCP 问题一样, 上述凸优化问题也把图像分解为一个低秩分量和一个稀疏分量.

当然, 所估计的 $\boldsymbol{E}$ 中的非零元素可以帮助我们进一步细化 Ω. 例如, 我们可以简单地设置

$$\operatorname{supp}(\boldsymbol{E}) \doteq \{(i,j) \in \Omega,\ |\boldsymbol{E}_{ij}| > \varepsilon\}, \tag{15.3.7}$$

其中 $\varepsilon > 0$ 是一个阈值. 或者, 我们可以使用更复杂的模型来估计 $\boldsymbol{E}$, 以鼓励额外的结构, 比如空间连续性 [Zhou et al., 2009]. 一旦 $\boldsymbol{E}$ 的支撑, 即 $\operatorname{supp}(\boldsymbol{E})$ 已知, 我们就可以从 (可能是好的元素的支撑) Ω 中排除那些被损坏的元素.

因此, 进一步我们可以在图像补全和支撑估计之间进行迭代:

$$\begin{aligned} (\boldsymbol{W}_k, \boldsymbol{E}_k) &= \operatorname{argmin}_{\boldsymbol{W},\boldsymbol{E}} \|\boldsymbol{W}\|_* + \lambda \|\boldsymbol{W}\|_1 + \alpha \|\boldsymbol{E}\|_1 \\ &\qquad \text{s.t.} \quad \mathcal{P}_{\Omega_k}[\boldsymbol{B}_1 \boldsymbol{W} \boldsymbol{B}_2^* + \boldsymbol{E}] = \mathcal{P}_{\Omega_k}[\boldsymbol{I}], \\ \Omega_{k+1} &= \Omega_k \setminus \operatorname{supp}(\boldsymbol{E}_{k+1}), \end{aligned} \tag{15.3.8}$$

其中 α 是稀疏性和低秩性之间的加权参数, $\setminus$ 表示从 Ω_k 中剔除 $\operatorname{supp}(\boldsymbol{E}_{k+1})$. 我们可以继续上述过程直到收敛, 得到修复后的图像 $\boldsymbol{I}_\star = \boldsymbol{B}_1 \boldsymbol{W}_\star \boldsymbol{B}_2^*$. 在实际应用中, 我们还注意到额外添加一个 $\boldsymbol{E}$ 项所带来的辅助效应: 它不仅有助于估计被损坏区域的支撑, 还有助于减少被修复的纹理图像 $\boldsymbol{I}_\star$ 上的噪声.

例 15.2 (纹理恢复)　在这个实验中, 我们把上述方法与一些高度工程化的商业系统中所使用的典型图像补全方法——包括 Adobe Photoshop 所使用的区域匹配 (Patch Match, PM) 方法 [Barnes et al., 2009, 2010] 和由 Microsoft 所开发的使用结构传播 (Structure Propagation, SP) 的补全算法进行比较 [Sun et al., 2005]. 图 15.5 展示了三个不同图像的恢复结果: 第一个是模拟的非均匀低秩纹理, 第二个是均匀的建筑立面, 第三个是不太统一的建筑立面, 它们分别对应于图 15.5 所显示的三行.

所对比的两种方法都具有基于样本的纹理合成思想: 它们将采样的局部区域拼接在一起, 以确保具有一定的全局一致性. 由于这些方法主要依赖于局部统计和结构, 因此它们更倾向于处理自然图像或者随机纹理, 而我们的方法没有这样的局限. 然而, 正如我们从结果中看到的, 当应用于补全或者修复规则的或接近规则的低秩模式时, 它们往往不能准确地保持全局规则性. 部分原因是这些方法通常不利用或者不能利用纹理的全局结构信息.

与这里所介绍的结构化纹理恢复方法不同, 这两种进行对比的图像补全方法通常需要用户相当精确地标记出一个或者多个待校正区域 (正如图 15.5 中 Photoshop 的区域轮廓),

甚至需要提供待恢复结构的附加信息 (比如 SP 方法所需的红色区域中标出的指示). 然而, 本节所介绍的结构化纹理恢复算法不需要任何关于被损坏区域的知识, 也不需要任何关于结构的信息.

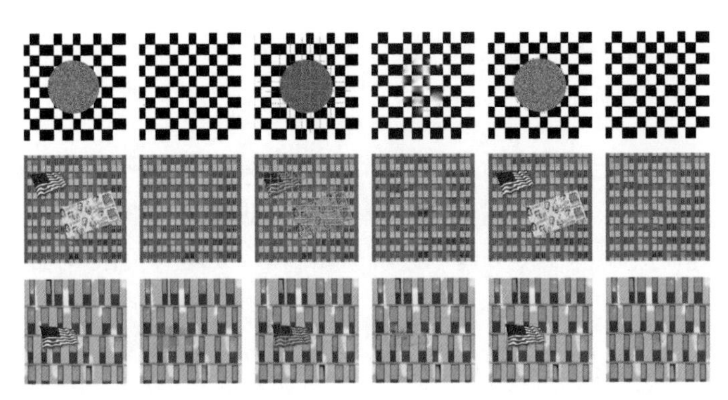

图 15.5 与 Microsoft SP[Sun et al., 2005] 和 Adobe Photoshop[Barnes et al., 2009] 的结果比较. 第 1~2 列是结构化纹理恢复算法的输入和结果, 第 3~4 列是 SP 的输入和结果, 第 5~6 列是 Adobe Photoshop 的输入和结果

15.4 变换不变的低秩纹理

在本节中, 我们将看到如何在低秩纹理存在形变和损坏时进行自修复. 具体地, 我们首先给出对于形变和损坏的建模, 然后介绍一个基于增广拉格朗日乘子法 (ALM) 和交替方向乘子法 (ADMM) 的高效求解算法.

15.4.1 形变和被损坏的低秩纹理

尽管在空间中具有规则或者重复的二维或三维纹理模式的结构化物体通常是低秩的, 但它在任意相机视角下的图像 $\boldsymbol{I}$ 的秩可能会高于其正面视图 $\boldsymbol{I}_o(x,y)$ 的秩. 在图 15.6 中我们展示了一个例子. 为了从这些形变图像中提取内在的低秩纹理, 我们需要对形变所产生的影响进行建模, 然后正确地将其消除.

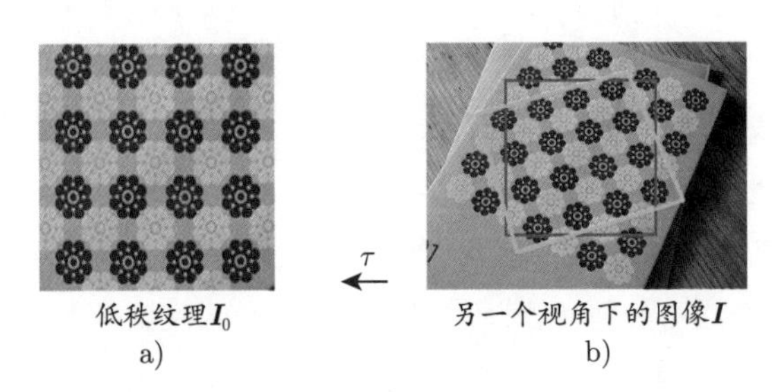

图 15.6 转换后的低秩纹理示例. 图 a 所展示的是规范的低秩纹理 $\boldsymbol{I}_o$, 它与图 b 中的绿色窗口区域相关联. 而与红色窗口区域相关联的矩阵 $\boldsymbol{I}$ 显然不是低秩的

形变的低秩纹理

假设低秩纹理 $\boldsymbol{I}_o(x,y)$ 位于场景中的某个表面上. 图像 $\boldsymbol{I}$ 是从某个相机视角下拍摄的 $\boldsymbol{I}_o$. 我们用 τ 来表示变换, 其中 $\tau:\mathbb{R}^2\to\mathbb{R}^2$ 属于 $\mathbb{R}^2$ 上某个李群 $\mathbb{G}$ (这里只考虑 τ 可逆的情况). 因此, $\boldsymbol{I}\circ\tau=\boldsymbol{I}_o$ 或者图像 $\boldsymbol{I}$ 可以看作原始函数 $\boldsymbol{I}_o(x,y)$ 的变换版本, 即

$$\boldsymbol{I}(x,y)=\boldsymbol{I}_o\circ\tau^{-1}(x,y)=\boldsymbol{I}_o\left(\tau^{-1}(x,y)\right),$$

其中 $\tau\in\mathbb{G}$.

如果纹理 $\boldsymbol{I}_o(x,y)$ 位于三维空间的平面上, 那么在典型的透视相机模型下, 我们可以假设 $\mathbb{G}$ 是线性作用于图像域的二维仿射群 $\mathsf{Aff}(2,\mathbb{R})$ 或者单应群 $\mathsf{GL}(3,\mathbb{R})$. 尽管如此, 原则上, 这个问题表述也适用于更一般类型的域形变或者相机投影模型, 只要它们可以很好地通过有限维的参数组进行建模 [Zhang et al., 2011a,b]. 我们很快就会在 15.5 节中看到一些具体的例子.

被损坏的低秩纹理

除了域变换, 所观察到的纹理图像可能会被像素噪声和遮挡所损坏. 与以前一样, 我们可以通过一个误差矩阵 $\boldsymbol{E}_o$ 来建模这种损坏, 即

$$\boldsymbol{I}=\boldsymbol{I}_o+\boldsymbol{E}_o.$$

在这种情况下, 图像 $\boldsymbol{I}$ 可能不再具有低秩纹理. 由于在低秩纹理框架中, 我们假设只有一小部分像素被过失误差所损坏, 所以 $\boldsymbol{E}_o$ 通常是一个稀疏矩阵.

如此看来, 我们这里所面临的问题是: *给定一个可能被损坏和发生形变的低秩纹理图像 $\boldsymbol{I}=(\boldsymbol{I}_o+\boldsymbol{E}_o)\circ\tau^{-1}$, 我们能否同时恢复其内在低秩纹理 $\boldsymbol{I}_o$ 和域变换 $\tau\in\mathbb{G}$ 呢?*

这个问题的答案在于我们是否能够找到下述约束优化问题的解:

$$\min_{\boldsymbol{L},\boldsymbol{E},\tau}\ \operatorname{rank}(\boldsymbol{L})+\gamma\|\boldsymbol{E}\|_0\quad \text{s.t.}\quad \boldsymbol{I}\circ\tau=\boldsymbol{L}+\boldsymbol{E}. \tag{15.4.1}$$

也就是说, 我们的目标是寻找具有最小可能秩的矩阵 $\boldsymbol{L}_\star$, 作为正面视图的真值纹理 $\boldsymbol{I}_o$ 和具有最少非零元素的误差项 $\boldsymbol{E}_\star$, 且与观测图像 $\boldsymbol{I}$ 只差一个域变换 τ. 这里, $\gamma>0$ 是一个加权参数, 它权衡了纹理的秩与误差的稀疏性. 为了方便起见, 我们把观察到的存在形变的模式 $\boldsymbol{I}$ 的校正解 $\boldsymbol{I}_o$ 称为*变换不变低秩纹理* (Transform Invariant Low-rank Texture, TILT), 这一方法由 [Zhang et al., 2010, 2012] 提出[㊀].

15.4.2 TILT 算法

正如我们在前几章中所研究的, 原始问题(15.4.1)中的秩函数和 ℓ^0 范数已经极难优化, 何况还存在未知的形变 τ. 然而, 在相当广泛的条件下, 前两者可以被替换为相应的凸包络,

㊀ 这里的术语稍有滥用, 我们也将求解优化问题(15.4.2)的过程称为 TILT.

即用核范数 $\|\boldsymbol{I}_o\|_*$ 替代 $\operatorname{rank}(\boldsymbol{I}_o)$, 用 ℓ^1 范数 $\|\boldsymbol{E}\|_1$ 替代 $\|\boldsymbol{E}\|_0$. 由此, 我们得到下述优化问题:

$$\min_{\boldsymbol{L},\boldsymbol{E},\tau} \|\boldsymbol{L}\|_* + \lambda\|\boldsymbol{E}\|_1 \quad \text{s.t.} \quad \boldsymbol{I}\circ\tau = \boldsymbol{L}+\boldsymbol{E}. \tag{15.4.2}$$

通过线性化策略处理域形变

注意到, 虽然式(15.4.2)中的目标函数是凸的, 但是其中的约束 $\boldsymbol{I}\circ\tau = \boldsymbol{L}+\boldsymbol{E}$ 在 $\tau\in\mathbb{G}$ 中是非线性的, 因此整个问题不是凸的. 我们在 5.5 节中已经看到过一个类似的问题. 正如之前所讨论的, 我们可以通过在当前估计附近对约束进行线性化, 然后再进行迭代来克服这个困难, 这是 [Baker et al., 2004; Lucas et al., 1981] 中处理非线性问题的典型技术. 如果我们将非线性约束替换为其 (关于形变参数 τ 的) 一阶近似, 那么上述优化问题中约束的线性化版本变为

$$\boldsymbol{I}\circ\tau + \nabla\boldsymbol{I}\cdot \mathrm{d}\tau \approx \boldsymbol{L}+\boldsymbol{E}, \tag{15.4.3}$$

其中, $\nabla\boldsymbol{I}$ 是雅可比矩阵 (即图像相对于 τ 中的变换参数的导数)[⊖]. 因此, 优化问题(15.4.2)可以简化为

$$\min_{\boldsymbol{L},\boldsymbol{E},\mathrm{d}\tau} \|\boldsymbol{L}\|_* + \lambda\|\boldsymbol{E}\|_1 \quad \text{s.t.} \quad \boldsymbol{I}\circ\tau + \nabla\boldsymbol{I}\cdot\mathrm{d}\tau = \boldsymbol{L}+\boldsymbol{E}. \tag{15.4.4}$$

这个线性化后的问题是一个凸优化问题, 因为所有优化变量 $\boldsymbol{L},\boldsymbol{E},\mathrm{d}\tau$ 的约束都是线性的, 因此可以进行有效求解. 我们使用第 8 章中介绍的算法来求解上述凸优化问题.

由于线性化只是对原始非线性问题的局部近似, 因此我们迭代地求解线性化版本的问题以期待收敛到原始非凸问题(15.4.2)的一个 (局部) 极小值点. 为清晰起见, 我们把所得到的求解方案总结在算法 15.1 中.

算法 15.1 TILT

输入. $\boldsymbol{I}\in\mathbb{R}^{w\times h}$, $\tau\in\mathbb{G}$, $\lambda>0$.

while 未收敛 **do**

步骤 1. 归一化和计算雅可比:

$$\boldsymbol{I}\circ\tau \leftarrow \frac{\boldsymbol{I}\circ\tau}{\|\boldsymbol{I}\circ\tau\|_F}, \quad \nabla\boldsymbol{I} \leftarrow \frac{\partial}{\partial\zeta}\left(\frac{\operatorname{vec}(\boldsymbol{I}\circ\zeta)}{\|\operatorname{vec}(\boldsymbol{I}\circ\zeta)\|_2}\right)\Big|_{\zeta=\tau}.$$

步骤 2 (内循环). 求解线性化后的问题:

$$(\boldsymbol{L}_\star,\boldsymbol{E}_\star,\mathrm{d}\tau_\star) \leftarrow \arg\min_{\boldsymbol{L},\boldsymbol{E},\mathrm{d}\tau} \|\boldsymbol{L}\|_* + \lambda\|\boldsymbol{E}\|_1 \ \text{s.t.} \ \boldsymbol{I}\circ\tau + \nabla\boldsymbol{I}\cdot\mathrm{d}\tau = \boldsymbol{L}+\boldsymbol{E}.$$

步骤 3. 更新变换 $\tau\leftarrow\tau+\mathrm{d}\tau_\star$.

end while

输出. 问题(15.4.2)的收敛解 $\boldsymbol{L}_\star$, $\boldsymbol{E}_\star$, $\tau_\star$.

⊖ 严格来说, $\nabla\boldsymbol{I}$ 是一个三维张量: 它在每个像素给出一个梯度向量, 其长度是变换 τ 中的参数数量. 当我们将 $\nabla\boldsymbol{I}$ 与另一个矩阵或者向量 "相乘" 时, 它以显然的方式收缩为矩阵. 借助上下文我们就可以明确这一点.

上述迭代线性化方案是优化理论中解决非线性问题的一种常用技术. 可以证明, 这种迭代线性化方案仍然可以二次收敛到原始非线性问题的局部极小值点. 完整的证明超出了本书的范围, 我们推荐感兴趣的读者阅读 [Cromme, 1978; Jittorntrum et al., 1980] 及其参考文献.

线性化后内循环问题的求解

以数值方式实现算法 15.1 时, 计算成本最高的部分是步骤 2 求解内循环的凸优化问题. 这可以转换为半正定规划并使用传统算法 (例如内点法) 来求解. 然而, 正如我们在第 8 章中所讨论的, 虽然内点法具有出色的收敛性, 但是它缺乏可扩展性, 不能很好地适应问题的规模增长. 由于 TILT 是一种非常有用的计算机视觉工具, 所以我们在这里详细地推导一个基于第 8 章所介绍的增广拉格朗日乘子法 (ALM) 和*交替方向乘子法* (ADMM) 的快速实现.

首先, 对于式(15.4.4)中给出的问题, 其增广拉格朗日函数定义为:

$$\begin{aligned}\mathcal{L}_{\mu}(\boldsymbol{L}, \boldsymbol{E}, \mathrm{d}\tau, \boldsymbol{Y}) \doteq \|\boldsymbol{L}\|_* + \lambda\|\boldsymbol{E}\|_1 + \langle \boldsymbol{Y}, \boldsymbol{I} \circ \tau + \nabla \boldsymbol{I} \cdot \mathrm{d}\tau - \boldsymbol{L} - \boldsymbol{E}\rangle + \\ \frac{\mu}{2}\left\|\boldsymbol{I} \circ \tau + \nabla \boldsymbol{I} \cdot \mathrm{d}\tau - \boldsymbol{L} - \boldsymbol{E}\right\|_F^2,\end{aligned} \tag{15.4.5}$$

其中 $\mu > 0$, $\boldsymbol{Y}$ 是拉格朗日乘子矩阵, $\langle\cdot,\cdot\rangle$ 表示矩阵内积. 为了优化上述增广拉格朗日函数, 我们需要迭代地完成下述两个步骤:

$$\begin{aligned}(\boldsymbol{L}_{k+1}, \boldsymbol{E}_{k+1}, \mathrm{d}\tau_{k+1}) &= \arg\min\nolimits_{\boldsymbol{L},\boldsymbol{E},\mathrm{d}\tau} \mathcal{L}_{\mu_k}(\boldsymbol{L}, \boldsymbol{E}, \mathrm{d}\tau, \boldsymbol{Y}_k), \\ \boldsymbol{Y}_{k+1} &= \boldsymbol{Y}_k + \mu_k(\boldsymbol{I} \circ \tau + \nabla \boldsymbol{I} \cdot \mathrm{d}\tau_{k+1} - \boldsymbol{L}_{k+1} - \boldsymbol{E}_{k+1}).\end{aligned}$$

除非特别说明, 在本章其余部分, 我们将始终假设: 对于某些 $\mu_0 > 0$ 和 $\rho > 1$, $\mu_k = \rho^k \mu_0$.

实际上, 我们只需要考虑如何求解上述迭代方案的第一步. 通常, 针对所有变量 $\boldsymbol{L}$、$\boldsymbol{E}$ 和 $\mathrm{d}\tau$ 同时最小化的计算成本非常高. 因此, 我们采用一种通用策略来近似地解决这个问题, 也就是采用*交替最小化*方式, 即每次仅针对 $\boldsymbol{L}$、$\boldsymbol{E}$ 和 $\mathrm{d}\tau$ 中的一个优化变量进行最小化:

$$\begin{aligned}\boldsymbol{L}_{k+1} &= \arg\min\nolimits_{\boldsymbol{L}} \mathcal{L}_{\mu_k}(\boldsymbol{L}, \boldsymbol{E}_k, \mathrm{d}\tau_k, \boldsymbol{Y}_k), \\ \boldsymbol{E}_{k+1} &= \arg\min\nolimits_{\boldsymbol{E}} \mathcal{L}_{\mu_k}(\boldsymbol{L}_{k+1}, \boldsymbol{E}, \mathrm{d}\tau_k, \boldsymbol{Y}_k), \\ \mathrm{d}\tau_{k+1} &= \arg\min\nolimits_{\mathrm{d}\tau} \mathcal{L}_{\mu_k}(\boldsymbol{L}_{k+1}, \boldsymbol{E}_{k+1}, \mathrm{d}\tau, \boldsymbol{Y}_k).\end{aligned} \tag{15.4.6}$$

由于上述问题具有特殊结构, 每个子问题都有一个简单的闭式解, 因此可以一步求解. 更准确地, 回顾一下第 8 章命题 8.1 中 ℓ^1 范数和核范数的邻近算子, 能够发现式(15.4.6)中前两个子问题的解可以使用*软阈值化算子*给出, 即

$$\begin{aligned}\boldsymbol{L}_{k+1} &\leftarrow \boldsymbol{U}_k \mathrm{soft}(\boldsymbol{\Sigma}_k, \mu_k^{-1}) \boldsymbol{V}_k^*, \\ \boldsymbol{E}_{k+1} &\leftarrow \mathrm{soft}(\boldsymbol{I} \circ \tau + \nabla \boldsymbol{I} \cdot \mathrm{d}\tau_k - \boldsymbol{L}_{k+1} + \mu_k^{-1}\boldsymbol{Y}_k, \lambda\mu_k^{-1}), \\ \mathrm{d}\tau_{k+1} &\leftarrow (\nabla \boldsymbol{I})^{\dagger}(-\boldsymbol{I} \circ \tau + \boldsymbol{L}_{k+1} + \boldsymbol{E}_{k+1} - \mu_k^{-1}\boldsymbol{Y}_k),\end{aligned} \tag{15.4.7}$$

其中 $\boldsymbol{U}_k\boldsymbol{\Sigma}_k\boldsymbol{V}_k^*$ 是矩阵 $\big(\boldsymbol{I}\circ\tau+\nabla\boldsymbol{I}\cdot\mathrm{d}\tau_k-\boldsymbol{E}_k+\mu_k^{-1}\boldsymbol{Y}_k\big)$ 的奇异值分解 (SVD), 而 $(\nabla\boldsymbol{I})^\dagger$ 表示 $\nabla\boldsymbol{I}$ 对 τ 的 Moore-Penrose 伪逆.

我们把求解问题(15.4.4)的 ADMM 方案总结为算法 15.2. 我们注意到算法的每个步骤中的操作都非常简单, SVD 分解是计算成本最高的环节⊖.

算法 15.2 TILT 的内循环

输入. 对应于 (来自外循环的) 当前形变 τ 的被形变和被归一化的图像 $\boldsymbol{I}\circ\tau\in\mathbb{R}^{m\times n}$ 及其雅可比矩阵 $\nabla\boldsymbol{I}$, $\lambda>0$.

初始化. $k=0,\boldsymbol{Y}_0=\boldsymbol{0},\boldsymbol{E}_0=\boldsymbol{0},\mathrm{d}\tau_0=\boldsymbol{0},\mu_0>0,\rho>1$.

while 未收敛 **do**

$(\boldsymbol{U}_k,\boldsymbol{\Sigma}_k,\boldsymbol{V}_k)=\mathrm{SVD}\big(\boldsymbol{I}\circ\tau+\nabla\boldsymbol{I}\cdot\mathrm{d}\tau_k-\boldsymbol{E}_k+\mu_k^{-1}\boldsymbol{Y}_k\big)$.

$\boldsymbol{L}_{k+1}=\boldsymbol{U}_k\mathrm{soft}(\boldsymbol{\Sigma}_k,\mu_k^{-1})\boldsymbol{V}_k^*$.

$\boldsymbol{E}_{k+1}=\mathrm{soft}(\boldsymbol{I}\circ\tau+\nabla\boldsymbol{I}\cdot\mathrm{d}\tau_k-\boldsymbol{L}_{k+1}+\mu_k^{-1}\boldsymbol{Y}_k,\lambda\mu_k^{-1})$.

$\mathrm{d}\tau_{k+1}=(\nabla\boldsymbol{I})^\dagger(-\boldsymbol{I}\circ\tau+\boldsymbol{L}_{k+1}+\boldsymbol{E}_{k+1}-\mu_k^{-1}\boldsymbol{Y}_k)$.

$\boldsymbol{Y}_{k+1}=\boldsymbol{Y}_k+\mu_k(\boldsymbol{I}\circ\tau+\nabla\boldsymbol{I}\cdot\mathrm{d}\tau_{k+1}-\boldsymbol{L}_{k+1}-\boldsymbol{E}_{k+1})$.

$\mu_{k+1}=\rho\mu_k$.

end while

输出. 问题(15.4.4)的收敛解 $(\boldsymbol{L}_\star,\boldsymbol{E}_\star,\mathrm{d}\tau_\star)$.

与压缩主成分追踪的联系

我们还有另一种理解线性化约束(15.4.3)的方式:

$$\boldsymbol{I}\circ\tau+\nabla\boldsymbol{I}\cdot\mathrm{d}\tau=\boldsymbol{L}+\boldsymbol{E}. \tag{15.4.8}$$

令 Q 为雅可比矩阵 $\nabla\boldsymbol{I}$ 的左核, 即 $\mathcal{P}_{\mathsf{Q}}[\nabla\boldsymbol{I}]=0$. 将 $\mathcal{P}_{\mathsf{Q}}[\cdot]$ 应用于等式的两边, 可以得到:

$$\mathcal{P}_{\mathsf{Q}}[\boldsymbol{I}\circ\tau]=\mathcal{P}_{\mathsf{Q}}[\boldsymbol{L}+\boldsymbol{E}]. \tag{15.4.9}$$

那么, 问题(15.4.4)等价于:

$$\min_{\boldsymbol{L},\boldsymbol{E},\mathrm{d}\tau}\|\boldsymbol{L}\|_*+\lambda\|\boldsymbol{E}\|_1\quad\text{s.t.}\quad\mathcal{P}_{\mathsf{Q}}[\boldsymbol{I}\circ\tau]=\mathcal{P}_{\mathsf{Q}}[\boldsymbol{L}+\boldsymbol{E}]. \tag{15.4.10}$$

请注意, 这正是在第 5 章中所讨论的压缩主成分追踪 (CPCP) 问题 (5.5.2). 然而, 相应的定理 5.3 仅提供针对随机投影算子的恢复保证, 但这里所涉及的核投影 $\mathcal{P}_{\mathsf{Q}}[\cdot]$ 并不是随机的. 据我们所知, 目前几乎没有理论结果能够描述这种投影与低秩稀疏分量在多大程度上不相干才能够保证正确恢复. 下面的图像恢复实验结果表明, 典型的变换类型 (例如二维线性或仿射变换群或者三维曲面) 显然就是这种情况. 对群变换和低维结构之间相互作用的严格理论分析仍有待建立. 我们将在 15.6 节注记中讨论更多内容, 并在下一章中解释两者之间的更多相互作用.

⊖ 在经验上, 我们注意到对于较大的窗口 (超过 100 像素 ×100 像素), 如果已知纹理的秩非常低, 那么运行部分 SVD 比完整 SVD 会快得多.

现在，把所有的问题放到一起之后，我们可以看到原始问题(15.4.2)本质上是一个非线性优化问题，它试图恢复低秩纹理和所对应的形变. TILT 算法 15.1 依赖于对非线性约束进行局部线性化，然后使用算法 15.2 来迭代地求解局部线性化版本的子问题. 因此，一般来说，我们不能保证算法是否会收敛到全局最优 (通常也是正确的) 解. 正如 [Zhang et al., 2010, 2012] 中的研究显示，如果上述算法被正确实现，那么对于在实际中所遇到的典型形变的收敛范围可能会大得惊人. 例如，对于在相机前倾斜的棋盘图案，即使在倾斜角度约为 $50°$ 的情况下，TILT 算法也能够正确收敛. 对于 TILT 算法的实现细节和对于 TILT 算法收敛范围的定量评估，读者可以参考 [Zhang et al., 2010, 2012]. 同样，对于这个非线性优化问题的全局优化曲面的严格刻画和对于算法大范围收敛行为的原因的解释仍然是开放问题.

15.5 TILT 的应用

上述算法是针对 τ 为一个指定群 $\mathbb{G}$ 中的任意 (参数化) 变换而推导的. 在本节中，我们将展示如何把上述算法应用于计算机视觉应用中经常遇到的几种典型变换类型:

(1) *低秩纹理在 (近似) 平面上且相机是理想的透视投影* (perspective projection). 在这种情况下，变换 τ 属于平面上的一般线性变换群 (在计算机视觉文献中也称为单应性). TILT 算法使我们能够恢复平面相对于相机的三维精确位置和方向.

(2) *低秩纹理位于广义圆柱面上*. TILT 算法使我们能够恢复表面的三维形状以及它相对于相机的位置和方向.

(3) *相机不是投影的，镜头存在某种非线性畸变*. 利用标准校准装置 (即一个平面棋盘模式) 的图像 TILT 算法使我们能够恢复相机镜头失真.

15.5.1 平面低秩纹理校正

如果低秩纹理 $\boldsymbol{I}_o$ 位于平面上，那么在任意视角下它的图像 $\boldsymbol{I}$ (在理想透视投影下) 与原始 (校正后的) 纹理 $\boldsymbol{I}_o$ 通过一个*单应* (homography) *变换* τ [Ma et al., 2004]，或者正式地说，一个*投影* (projective) *变换*相关联. 图 15.6 展示了一个这样的例子. 更准确地说，令 (u, v) 为图像 $\boldsymbol{I}$ 的坐标，(x, y) 为原始纹理 $\boldsymbol{I}_o$ 的坐标. 如果分别用齐次坐标 $[u, v, 1]^* \in \mathbb{R}^3$ 和 $[x, y, 1]^* \in \mathbb{R}^3$ 表示两个图像平面. 那么在 $\boldsymbol{I}_o$ 上一个点的坐标和它在 $\boldsymbol{I}$ 上的 (投影) 图像的坐标具有下述关系:

$$\tau(x, y) = \begin{bmatrix} u \\ v \\ 1 \end{bmatrix} \sim \begin{bmatrix} h_{11} & h_{12} & h_{13} \\ h_{21} & h_{22} & h_{23} \\ h_{31} & h_{32} & h_{33} \end{bmatrix} \begin{bmatrix} x \\ y \\ 1 \end{bmatrix}, \tag{15.5.1}$$

其中 “$\sim$” 表示仅相差一个缩放尺度，$\boldsymbol{H} = [h_{ij}] \in \mathbb{R}^{3\times 3}$ 是一个可逆矩阵，属于一般线性群 $\mathsf{GL}(3)$，即

$$\mathsf{GL}(3) \doteq \left\{ \boldsymbol{H} \in \mathbb{R}^{3\times 3} \,\middle|\, \det(\boldsymbol{H}) \neq 0 \right\}. \tag{15.5.2}$$

这个表述有一些地方需要注意. 如果允许 TILT 算法中的变换 τ 在整个 $\mathsf{GL}(3)$ 中是自由的, 那么它可能会导致算法产生一个平凡解. 也就是说, 算法可能会选择一个黑色区域和一个 τ 以将其放大到 $\boldsymbol{I}_o$ 的大小, 从而使目标函数的值逼近零. 为了避免产生这种退化解, 一种方法是固定我们希望校正的图像区域的尺度. 我们可以把变换限制在尺度归一化的 $\mathsf{GL}(3)$ 子群, 称为*特殊线性群*, 记作

$$\mathsf{SL}(3) \doteq \left\{\boldsymbol{H} \in \mathbb{R}^{3\times 3} \,\middle|\, \det(\boldsymbol{H}) = 1\right\}. \tag{15.5.3}$$

这将在变换参数之间施加额外的 (非线性) 约束[⊖]. 在投影情况下实际实现 TILT 算法的过程中, 为了固定尺度, 我们可以简单地指定并固定想要校正的区域的两个对角. 感兴趣的读者可以在 [Zhang et al., 2012] 中找到更多实现细节. 图 15.7 展示了 TILT 算法应用于一个平面上的低秩纹理的一组代表性结果. 请注意, 所得到的校正通常精确到像素级别.

图 15.7　在几类结构化物体上 TILT 的代表性结果. 具有重复模式的纹理、建筑立面、条形码、字符和文本、双边对称物体等. 在每种情况, 红色窗口表示 TILT 算法的初始输入, 绿色窗口表示最终收敛后的输出. 对应于绿色窗口的矩阵被展示在下一行以凸显所恢复的低秩纹理

⊖ 一种用于处理变换参数 τ 上的任何额外约束的系统性方法是首先将其线性化, 然后把额外的线性约束添加到 TILT 算法的内循环.

15.5.2 广义圆柱面校正

在人造场景中, 结构化的物体并不总是平面的. 在许多情况中, 其表面可以是弯曲的, 不能使用平面来近似, 如图 15.8a 的例子所示. 如果用一个红色窗口所对应的平面 (适应建筑立面的朝向) 来近似这个表面, 那么纹理将不是规则的. 相反, 被包围在绿色窗口中的纹理接近于一个理想低秩纹理. 然而, 为了恢复这种低秩纹理, 除了需要恢复 (与平面情况一样的) 未知相机投影之外, 我们还需要恢复表面的形状.

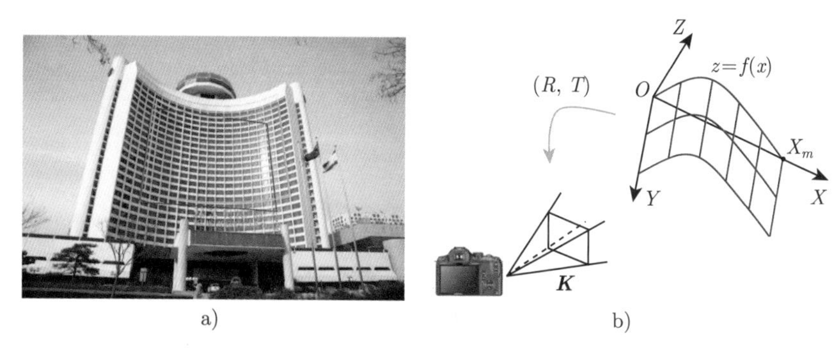

图 15.8 a) 一个弯曲建筑立面的例子. 红色窗口是其表面的平面近似. 绿色窗口给出建筑立面的真实低秩纹理. b) 由透视相机 $\boldsymbol{K}$ 所观察到的广义圆柱面 C

在本节中, 我们将看到如何扩展 TILT 用来校正和恢复三维空间中这种曲面上的低秩纹理. 假设图像 $\boldsymbol{I}(u,v)$ 是变换版本的低秩纹理 $\boldsymbol{I}_o(x,y)$, 被嵌在一个曲面 C 上, 如图 15.8b 所示.

假设存在一个从内在纹理坐标 (x,y) 到图像坐标 (u,v) 的复合映射

$$g(x,y):\quad (x,y)\mapsto(u,v), \tag{15.5.4}$$

使得在无噪声情况下 $\boldsymbol{I}\circ g=\boldsymbol{I}_o$. 在本节我们将解释如何基于一个广义圆柱表面 (generalized cylindrical surface) 模型来参数化这样一个变换 g [Zhang et al., 2011a]. 这个模型代表一个非常重要的三维形状族, 它们能够描述大多数弯曲的建筑立面或者曲面上的变形文本. 在数学上, 广义圆柱面可以被表达为

$$\boldsymbol{c}(s,t)=t\boldsymbol{p}+\boldsymbol{h}(s)\in\mathbb{R}^3, \tag{15.5.5}$$

其中 $(s,t)\in\mathbb{R}$, $(\boldsymbol{p},\boldsymbol{h}(s))\in\mathbb{R}^3$ 且 $\boldsymbol{p}\perp\partial\boldsymbol{h}(s)$.

不失一般性, 我们可以为表面选择一个三维坐标系 (X,Y,Z), 使其中心 O 落在表面上并且 Y 轴与 $\boldsymbol{p}$ 的方向对齐. 如果把计算限制在表面的 “矩形” 部分, 其中 X 坐标位于区间 $[0,X_m]$ 内, 那么函数 $\boldsymbol{h}(\cdot)$ 的表达式可以简化且由标量函数 $Z=f(X)$ 唯一地确定, 如图 15.8b 所示.

同样, 不失一般性, 我们可以选择把函数 $Z=f(X)$ 参数化为不超过 $d+2$ 次的多项式, 而对于大多数自然图像来说, 通常 $d\leqslant 4$. 因此, 曲面的显式表达式可以写为

$$Z=f_c(X)\doteq X(X-X_m)\sum_{i=0}^{d}a_iX^i, \tag{15.5.6}$$

这里用 $\boldsymbol{c} \doteq \{a_0, a_1, \cdots, a_d\}$ 表示表面参数的集合. 进一步, 我们注意到, 当所有 a_i 都为 0 时, 正如上一节所考虑的, 曲面将变成在三维中的平面 $Z=0$.

对于经过校正和展平的纹理坐标中的任意一个点 (x,y), 我们需要在圆柱表面 C 上寻找它的三维坐标 (X_c, Y_c, Z_c). 我们可以在表面上计算从原点 O 到 $(X_m, 0, 0)$ 的测地线距离, 即

$$L_c \doteq \int_0^{X_m} \sqrt{1+f_c'(X)^2}\mathrm{d}X. \tag{15.5.7}$$

下述方程组唯一地确定 (x,y) 和 (X_c, Y_c, Z_c) 之间的嵌入 (wrapping) 映射:

$$\begin{cases} x = \dfrac{X_m}{L_c}\displaystyle\int_0^{X_c} \sqrt{1+f_c'(X)^2}\mathrm{d}X, \\ y = Y_c, \\ Z_c = f_c(X_c). \end{cases} \tag{15.5.8}$$

最后, 假设给定一个带有内在参数

$$\boldsymbol{K} = \begin{bmatrix} f_x & \alpha & o_x \\ 0 & f_y & o_y \\ 0 & 0 & 1 \end{bmatrix} \in \mathbb{R}^{3\times 3}$$

的透视相机模型,[㊀] 而相机相对于表面坐标系的相对位置由未知的欧几里得变换 $(\boldsymbol{R}, \boldsymbol{T}) \in \mathsf{SE}(3, \mathbb{R})$ 描述, 其中 $\boldsymbol{R} \in \mathbb{R}^{3\times 3}$ 是一个旋转矩阵, $\boldsymbol{T} \in \mathbb{R}^3$ 是一个平移向量. 那么, 具有三维坐标 (X_c, Y_c, Z_c) 的一个点可以按照下述关系映射到图像像素坐标 (u,v), 即

$$\begin{bmatrix} x_n \\ y_n \end{bmatrix} = \begin{bmatrix} \dfrac{R_{11}X_c + R_{12}Y_c + R_{13}Z_c + T_1}{R_{31}X_c + R_{32}Y_c + R_{33}Z_c + T_3} \\ \dfrac{R_{21}X_c + R_{22}Y_c + R_{23}Z_c + T_2}{R_{31}X_c + R_{32}Y_c + R_{33}Z_c + T_3} \end{bmatrix},$$

$$\begin{bmatrix} u \\ v \\ 1 \end{bmatrix} = \boldsymbol{K} \begin{bmatrix} x_n \\ y_n \\ 1 \end{bmatrix} = \begin{bmatrix} f_x x_n + \alpha y_n + o_x \\ f_y y_n + o_y \\ 1 \end{bmatrix}. \tag{15.5.9}$$

因此, 从纹理坐标 (x,y) 到图像坐标 (u,v) 的变换 g 是上面所定义的下述映射的复合:

$$g: (x,y) \mapsto (X_c, Y_c, Z_c) \mapsto (x_n, y_n) \mapsto (u,v). \tag{15.5.10}$$

指定 g 所需要的参数包括表面参数 $\boldsymbol{c}$、相机姿态 $(\boldsymbol{R}, \boldsymbol{T})$ (以及相机内参 $\boldsymbol{K}$, 如果未知). 虽然在这里没有显式地定义形变群 $\mathbb{G}$, 但是这样定义的映射 g 都是一一对应且可逆的. 就我们的目的而言, 在恒等映射周围定义这样的变换就足够了[㊁].

㊀ 注意, 这里的 f_x, f_y 代表焦距, 不要与上面的曲线函数 f_c 混淆. 在实际应用中, 可以从现代数码相机记录的图像文件的 EXIF 信息中很好地近似内在参数. 详情请参考 [Zhang et al., 2011a].

㊁ 严格来说, 这种变换的集合形成一个群胚 (groupoid).

为了恢复受稀疏误差分量 $\boldsymbol{E}_o$ 干扰的低秩分量 $\boldsymbol{I}_o$, 我们可以求解下述优化问题:

$$\min_{\boldsymbol{L},\boldsymbol{E},\boldsymbol{c},\boldsymbol{R},\boldsymbol{T}} \|\boldsymbol{L}\|_* + \lambda\|\boldsymbol{E}\|_1 \quad \text{s.t.} \quad \boldsymbol{I} \circ g = \boldsymbol{L} + \boldsymbol{E}, \tag{15.5.11}$$

其中 $\boldsymbol{c}, \boldsymbol{R}, \boldsymbol{T}$ 是指定变换 g 所需要的参数. 正如我们在 TILT 算法中所做的, 这个非线性问题可以通过求解它的线性化版本而迭代地估计, 即

$$\min_{\boldsymbol{L},\boldsymbol{E},\mathrm{d}g} \|\boldsymbol{L}\|_* + \lambda\|\boldsymbol{E}\|_1 \quad \text{s.t.} \quad \boldsymbol{I} \circ g + \nabla \boldsymbol{I}_g \cdot \mathrm{d}g = \boldsymbol{L} + \boldsymbol{E}, \tag{15.5.12}$$

其中 $\nabla \boldsymbol{I}_g$ 是图像关于未知的一般柱面参数 $\boldsymbol{c}$ 和未知的欧几里得变换 $(\boldsymbol{R}, \boldsymbol{T})$ (若相机校准 $\boldsymbol{K}$ 未知, 那么也包含 $\boldsymbol{K}$) 的雅可比矩阵, $\mathrm{d}g$ 是这些未知变量的微分. 请注意, 这个优化问题与上一节中所求解的 TILT 问题完全相同. 唯一的区别在于形变 τ (或者 $\mathrm{d}\tau$) 在这里被 g(或者 $\mathrm{d}g$) 所代替. 我们同样可以使用算法 15.1 来解决上述问题. 更详细的实现, 请读者参考 [Zhang et al., 2011a]. 图 15.9 展示了通过 TILT 算法 15.1 使用上述变换 g 进行反形变后所恢复的弯曲低秩纹理的一些真实示例和结果.

图 15.9 基于广义圆柱面模型的曲面上低秩纹理恢复. a) 输入图像. 红色边框表示手动标记的纹理区域初始位置. 绿色边界框表示所恢复的纹理表面. b) 去形变后所恢复的低秩纹理

15.5.3　相机镜头畸变校准

在上述平面和曲面的情况下, 我们一直假设低秩纹理的图像是由 (校准的) 相机所拍摄的, 可以用理想的透视投影来表示. 然而, 随着低成本相机的普及, 在实际中遇到的许多相机 (及用其拍摄的图像) 都没有经过制造商的仔细校准, 并且有些摄像头从视角的角度考虑而采用不同的投影模型, 用以最大限度地利用成像传感器并增加视场, 例如鱼眼摄像头或者全向摄像头. 图 15.10a 展示一个由鱼眼摄像头所拍摄的图像示例. 图 15.10b 展示使用理想透视摄像头所拍摄的同一建筑物的图像. 请注意, 对于后一种情况, 没有镜头所造成的失真, 并且场景中的所有直线在图像中都是笔直的.

a)

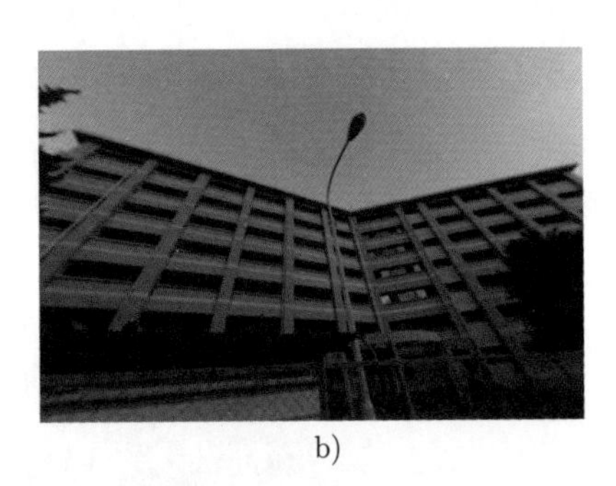
b)

图 15.10　a) 使用鱼眼摄像头所拍摄的图像. b) 使用透视摄像头所拍摄的图像

*相机校准*对于需要计算机或者机器通过相机感知三维世界并与之交互的任何应用 (例如三维重建、地图构建、导航和操作等) 来说无疑是关键任务. 当 (相对于某个世界坐标系) 校准相机时, 除了前面所提到的*镜头畸变*, 我们还需要校准其透视投影的*内参* $\boldsymbol{K}$ 和用于描述相机视点的*外参* $(\boldsymbol{R}, \boldsymbol{T})$. 对于传统的校准方法 (例如流行的工具 [Bouguet]), 人们需要拍摄几张校准装置的图像 (通常是具有已知几何的平面棋盘模式 [Zhang, 2000]). 然后, 棋盘的角点需要仔细标记出来以进行校准. 图 15.11 展示了一个示例.

a)

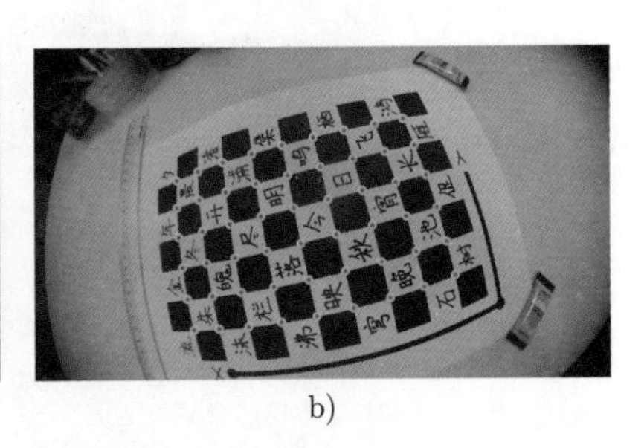
b)

图 15.11　a) 典型校准装置的图像. b) 对于传统的校准方法, 需要标记 (或者检测) 出来角点

正如我们所看到的, 校准装置通常是一个规则的模式, 因此是低秩的. 未校准相机的成像过程是一系列把低秩纹理转换为图像平面的映射. 与其乏味耗时地手工标记角点[⊖], 原则上, 我们可以利用校准模式的低秩性, 使用 TILT 算法自动估计与成像过程相关的所有未知参数.

⊖ 自动检测角点特征看似简单, 但仍然是一个难题, 在一般条件下尚未完全解决.

与上一节类似, 我们在这里首先简要描述未校准相机成像过程中所涉及的映射序列, 然后将其用于定制 TILT 算法以进行相机校准. 对于相机模型的更详细和更完整的描述, 读者可以参考 [Hartley et al., 2000; Ma et al., 2004].

我们首先简单描述用于相机标定常用的数学模型, 并介绍这里所使用的符号. 我们用向量 $\boldsymbol{P} = [X_0, Y_0, Z_0]^* \in \mathbb{R}^3$ 表示世界坐标系中一点的三维坐标, 用 $\boldsymbol{p}_n = [x_n, y_n]^* \in \mathbb{R}^2$ 表示它在相机坐标系中规范图像平面上的投影. 为了方便起见, 点 $\boldsymbol{p}$ 的齐次坐标表示为 $\tilde{\boldsymbol{p}} = \left[\begin{smallmatrix}\boldsymbol{p}\\1\end{smallmatrix}\right] \in \mathbb{R}^3$.

与上文一样, 我们用 $\boldsymbol{R} \in \mathsf{SO}(3)$ 和 $\boldsymbol{T} \in \mathbb{R}^3$ 来表示旋转矩阵和从世界坐标系到相机坐标系的偏移量——即外参[⊖]. 所以我们有

$$\tilde{\boldsymbol{p}} \sim \boldsymbol{RP} + \boldsymbol{T} \in \mathbb{R}^3.$$

如果相机的镜头发生畸变, 那么在图像平面上, 点 $\boldsymbol{p}_n$ 的坐标可能会变换为不同的坐标, 记为 $\boldsymbol{p}_d = [x_d, y_d]^* \in \mathbb{R}^2$. 用于这种失真的一个非常通用的数学模型 $D(\cdot) : \boldsymbol{p}_n \mapsto \boldsymbol{p}_d$ 是由多项式失真模型通过忽略任何高阶项而给出的 [Brown, 1971], 即

$$\left\{\begin{aligned} r &\doteq \sqrt{x_n^2 + y_n^2}, \\ f(r) &\doteq 1 + k_c(1)r^2 + k_c(2)r^4 + k_c(5)r^6, \\ \boldsymbol{p}_d &= \begin{bmatrix} f(r)x_n + 2k_c(3)x_n y_n + k_c(4)(r^2 + 2x_n^2) \\ f(r)x_n + 2k_c(4)x_n y_n + k_c(3)(r^2 + 2y_n^2) \end{bmatrix}. \end{aligned}\right. \tag{15.5.13}$$

请注意, 这个模型共有五个未知数 $k_c(1), \cdots, k_c(5) \in \mathbb{R}$. 如果没有失真, 我们只需将所有 $k_c(i)$ 设置为零, 那么它就变为 $\boldsymbol{p}_d = \boldsymbol{p}_n$.

内参矩阵 $\boldsymbol{K} \in \mathbb{R}^{3\times3}$ 表示图像平面上的点到其像素坐标的线性变换, 其变换形式为 $\boldsymbol{p} = [u, v]^* \in \mathbb{R}^2$. 矩阵 $\boldsymbol{K}$ 包含五个未知参数: 沿 x 和 y 轴的焦距 f_x 和 f_y、偏斜参数 (skew parameter) θ, 以及主点坐标 (o_x, o_y). 如果使用矩阵形式, 那么它被表达为:

$$\boldsymbol{K} \doteq \begin{bmatrix} f_x & \theta & o_x \\ 0 & f_y & o_y \\ 0 & 0 & 1 \end{bmatrix} \in \mathbb{R}^{3\times3}. \tag{15.5.14}$$

基于上面所介绍的符号, 世界坐标系中一个点 $\boldsymbol{P}$ 经过针孔相机成像, 映射到相机像素坐标 $\boldsymbol{p}$ 的整体过程可以被描述为:

$$\tilde{\boldsymbol{p}} = \boldsymbol{K}\tilde{\boldsymbol{p}}_d = \boldsymbol{K} \circ D(\tilde{\boldsymbol{p}}_n), \quad \lambda\tilde{\boldsymbol{p}}_n = \boldsymbol{RP} + \boldsymbol{T}, \tag{15.5.15}$$

⊖ 正如 [Ma et al., 2004] 中所示, 旋转矩阵 $\boldsymbol{R}$ 可以通过一个向量 $\boldsymbol{\omega} = [\omega_1, \omega_2, \omega_3]^* \in \mathbb{R}^3$ 来参数化, 使用 Rodrigues 公式 $\boldsymbol{R}(\boldsymbol{\omega}) = \boldsymbol{I} + \sin\|\boldsymbol{\omega}\|_2 \frac{\hat{\boldsymbol{\omega}}}{\|\boldsymbol{\omega}\|_2} + (1 - \cos\|\boldsymbol{\omega}\|_2)\frac{\hat{\boldsymbol{\omega}}^2}{\|\boldsymbol{\omega}\|_2^2}$, 其中 $\hat{\boldsymbol{\omega}}$ 表示 3×3 矩阵形式的旋转向量 $\boldsymbol{\omega}$, 定义为 $\hat{\boldsymbol{\omega}} = [0, -\omega_3, \omega_2; \omega_3, 0, -\omega_1; -\omega_2, \omega_1, 0] \in \mathbb{R}^{3\times3}$.

其中 λ 是点的深度. 如果没有镜头畸变 (即 $\tilde{\boldsymbol{p}}_d = \tilde{\boldsymbol{p}}_n$), 那么上述模型把一个典型的透视投影简化为一个未校准的相机模型, 即 $\lambda\tilde{\boldsymbol{p}} = \boldsymbol{K}(\boldsymbol{R}\boldsymbol{P} + \boldsymbol{T})$.

为了简洁起见, 用 τ_0 表示相机内参和镜头畸变参数. 当拍摄多张图像 (例如 N 张) 来校准内参和镜头畸变时, 我们可以用 τ_i $(i = 1, 2, \cdots, N)$ 来表示第 i 张图像的外参 $\boldsymbol{R}_i$ 和 $\boldsymbol{T}_i$. 下文中, 我们偶尔会使用 τ_0 来表示 $\boldsymbol{K}$ 和 $D(\cdot)$ 作用于图像域的组合变换, 即 $\tau_0(\cdot) = \boldsymbol{K} \circ D(\cdot)$, 使用 τ_i $(i = 1, 2, \cdots, N)$ 来表示从世界坐标系到每个单独图像平面的变换. 使用这种符号之后, 每个图像 $\boldsymbol{I}_i$ 和校准装置 (即低秩纹理)$\boldsymbol{I}_o$ 将通过方程

$$\boldsymbol{I}_i \circ (\tau_0 \circ \tau_i) = \boldsymbol{I}_o + \boldsymbol{E}_i, \quad i = 1, 2, \cdots, N, \tag{15.5.16}$$

关联起来, 其中我们使用稀疏误差项 $\boldsymbol{E}_i$ 来建模成像过程中所引入的可能遮挡或者损坏.

现在我们使用 TILT 来估计 τ_0 和 τ_i 中的所有变换参数, 而无须使用任何标记的特征点. 然而, 需要注意的一点是: 正如在 15.2 节所讨论的, 低秩纹理的概念存在一些歧义, 相同纹理经过尺度缩放或者平移后具有相同的秩. 因此, 如果对每个单独的图像 $\boldsymbol{I}_i$ 使用 TILT, 那么所恢复的 $\hat{\boldsymbol{I}}_o$ 可能会被缩放或者平移成它的另一个版本. 更准确地说, 如果单独求解下述鲁棒的秩最小化问题

$$\min_{\boldsymbol{L}_i, \boldsymbol{E}_i, \tau_i, \tau_0} \|\boldsymbol{L}_i\|_* + \lambda\|\boldsymbol{E}_i\|_1, \quad \text{s.t.} \quad \boldsymbol{I}_i \circ (\tau_0 \circ \tau_i) = \boldsymbol{L}_i + \boldsymbol{E}_i, \tag{15.5.17}$$

其中 $\boldsymbol{L}_i, \boldsymbol{E}_i, \tau_i$ 和 τ_0 是未知量, 那么我们只能期望在相差一个平移和缩放的意义下 $\boldsymbol{L}_\star$ 恢复低秩模式 $\boldsymbol{I}_o$, 即

$$\boldsymbol{L}_\star = \boldsymbol{I}_o \circ \tau, \quad \text{s.t.} \quad \tau = \begin{bmatrix} a & 0 & t_1 \\ 0 & b & t_2 \\ 0 & 0 & 1 \end{bmatrix}. \tag{15.5.18}$$

注意到, 对于 $i = 1, \cdots, N$, 我们有 N 个优化问题(15.5.17), 其中的每个问题都提供它自己对 τ_0 的一个估计.

我们有许多方法能够实现利用所有 N 张图像来估计 τ_0 和 $\boldsymbol{I}_o$ 的一个公共解. 最直接的方法是把所有目标函数放在一起, 并约束所恢复的 $\boldsymbol{L}_i$ 都相同. 因此, 我们得到下述优化问题:

$$\begin{aligned} \min_{\{\boldsymbol{L}_i, \boldsymbol{E}_i, \tau_0, \tau_i\}} & \sum_{i=1}^{N} \|\boldsymbol{L}_i\|_* + \|\boldsymbol{E}_i\|_1, \\ \text{s.t.} \quad & \boldsymbol{I}_i \circ (\tau_0 \circ \tau_i) = \boldsymbol{L}_i + \boldsymbol{E}_i, \quad i = 1, \cdots, N, \\ & \boldsymbol{L}_1 = \boldsymbol{L}_2 = \cdots = \boldsymbol{L}_N. \end{aligned} \tag{15.5.19}$$

不难看出, 我们可以使用类似于 TILT 的优化方法来解决上述优化问题[⊖], 例如 ALM 和 ADMM. 但是, 过多的约束项会影响这类算法的收敛性.

为了松弛等式约束 $\boldsymbol{L}_1 = \boldsymbol{L}_2 = \cdots = \boldsymbol{L}_N$, 我们可以只要求它们是相关的. 因此, 一种替代方法是把所恢复的所有低秩纹理作为子矩阵级联成一个联合低秩矩阵, 即

$$\boldsymbol{L}_c \doteq [\boldsymbol{L}_1, \boldsymbol{L}_2, \cdots, \boldsymbol{L}_N], \quad \boldsymbol{L}_r \doteq [\boldsymbol{L}_1^*, \boldsymbol{L}_2^*, \cdots, \boldsymbol{L}_N^*], \quad \boldsymbol{E} \doteq [\boldsymbol{E}_1, \boldsymbol{E}_2, \cdots, \boldsymbol{E}_N].$$

⊖ 请注意, 为了与文字部分精确匹配, 这个优化问题的表述方式已做修改, 不影响下文内容.——译者注

然后, 通过最小化 $\boldsymbol{L}_c$ 和 $\boldsymbol{L}_r$ 的秩来同时对齐 $\boldsymbol{L}_i$ 的列和行, 即

$$\begin{aligned} &\min \ \|\boldsymbol{L}_c\|_* + \|\boldsymbol{L}_r\|_* + \lambda\|\boldsymbol{E}\|_1, \\ &\text{s.t.} \quad \boldsymbol{I}_i \circ (\tau_0 \circ \tau_i) = \boldsymbol{L}_i + \boldsymbol{E}_i, \quad i = 1, \cdots, N, \end{aligned} \tag{15.5.20}$$

其中 $\boldsymbol{L}_i, \boldsymbol{E}_i, \tau_0, \tau_i$ 为优化变量. 通过与问题(15.5.19)进行比较, 我们注意到新的优化问题只有一半的约束项, 因此更容易求解. 此外, 它对不同图像之间的光照和对比度变化并不敏感, 因为它不需要所恢复的图像 $\boldsymbol{L}_i$ 的值相等.

评注 15.1 (高阶低秩张量)　实际上, 我们可以把所有的图像 $\mathbf{L}_c = [\boldsymbol{L}_1, \boldsymbol{L}_2, \cdots, \boldsymbol{L}_N]$ 视为三维张量. 当校准正确时, 这个张量应该是高度结构化的: 不仅每个切片 $\boldsymbol{L}_i$ 是一个低秩矩阵, 而且所有切片都是高度相关的. 正如在 6.3 节中所讨论的, $\mathbf{L}_c$ 的上述凸松弛仅适用于这个张量的一个 Tucker 秩. 根据我们的研究, 从压缩感知的角度来看, 这种松弛并不是最优的. 不过, 为了获得更高的校准精度, 我们实际上需要更高的图像分辨率. 这里所需要的计算成本通常不是主要问题, 因为校准过程一般是离线完成的.

可以证明 (见 [Zhang et al., 2011b]), 在一般情况下, 当图像数量为 $N \geqslant 5$ 时, 上述方案的最优解将是唯一的, 并且

$$\tau_{0\star} = \tau_0, \quad \boldsymbol{K}_\star = \boldsymbol{K}, \quad \boldsymbol{R}_{i\star} = \boldsymbol{R}_i, \quad i = 1, \cdots, N.$$

实际上, 这种方法对于哪怕只有单张 (即 $N = 1$) 低秩纹理图像也可以工作. 为了从单张图像校准相机, 必须使用相当强的假设, 假设主点 (o_x, o_y) 是已知的 (并且简单地把它设置为图像中心), 并且图像是正方形 $f_x = f_y$. 然后, 我们可以依据图像校准焦距以及消除镜头畸变 k_c. 图 15.12 展示了一个示例, 其中包含标准工具箱中给出的一个校准图像. 如图 15.12b 所示, 径向失真被 TILT 算法完全消除.

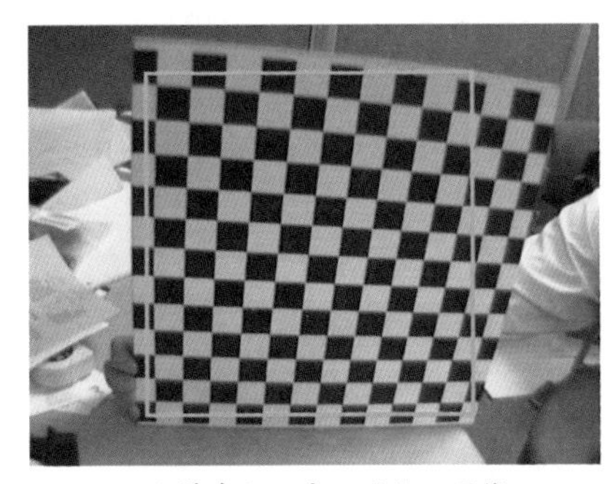

a) 带有初始窗口的输入图像

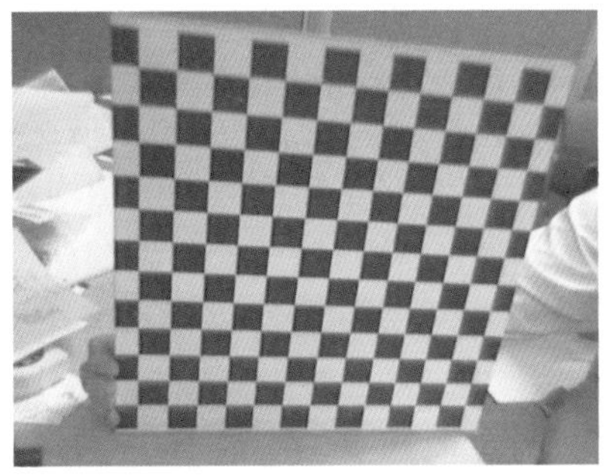

b) 镜头畸变消除

图 15.12　利用工具箱 [Bouguet] 对单个图像进行校准

值得注意的是, 基于低秩纹理的校准方法不需要校准装置的精确几何. 因此, 我们不必使用棋盘模式, 原则上可以使用任何低秩结构 (例如建筑立面) 进行校准. 图 15.13 展示了使用 TILT 算法估计和校正鱼眼相机的径向镜头失真的两个示例 (依靠单张图像) .

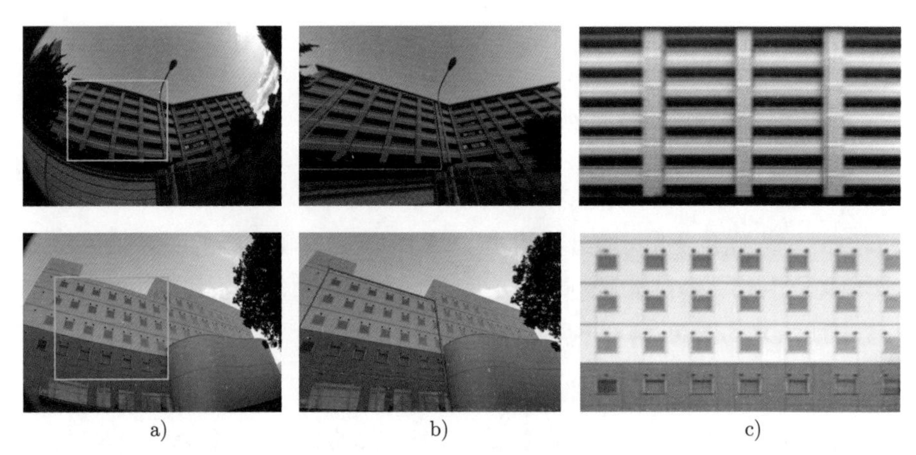

图 15.13　校正具有明显镜头畸变的鱼眼图像. a) 带有选定初始化窗口的输入图像 (绿色). b) 去除镜头畸变的最终收敛窗口 (红色) 的图像. c) 校正后的低秩纹理

15.6　注记

本章所介绍的内容来自 [Zhang et al., 2010, 2012], 包含了 TILT 方法及其对曲面 [Zhang et al., 2011a] 的扩展、相机校准 [Zhang et al., 2011b] 和纹理修复 [Liang et al., 2012]. 下面简要介绍 TILT 的其他扩展.

结构场景中的三维视觉

人造场景中充满了具有结构化形状和纹理的物体. TILT 提供了一个有用的工具, 利用场景中一种重要类型的整体结构来进行三维重建. 它使我们能够处理和提取在图像的大区域中精确编码的几何信息, 而不是传统三维重建方法中所使用的局部特征, 例如角点或者边缘特征. 成功地利用整体结构似乎是未来更准确、更强大的三维重建方法的关键. 感兴趣的读者可以参考 [Mobahi et al., 2011] 以获得一些更具有启发性的结果.

基于学习的方法检测物体的结构

目前, TILT 方法需要知道图像中结构化区域的大致位置. 利用感兴趣的区域自动初始化 TILT, 本质上是一个检测或者识别问题. 为此, 可以使用基于深度学习的方法开发有效的低秩纹理检测器, 使用类似于基于学习的方法进行检测, 比如线框 [Zhou et al., 2019b,c]、消失点 [Zhou et al., 2019a]、二维平面 [Liu et al., 2019a] 和三维对称性 [Zhou et al., 2020a] 等结构, 也可以通过基于学习的方法来检测低秩结构.

多个相关图像的对齐

与 TILT 的想法相同, 在基于稀疏的鲁棒人脸对齐与识别 [Wagner et al., 2009, 2012] 和基于低秩的鲁棒多图像对齐 RASL [Peng et al., 2012] 中, 我们也探索和使用了变换的稀疏或低秩模型. 正如在 6.3 节所讨论的, 当一个矩阵同时低秩和稀疏或者是对于多张对齐的图像形成三维张量时, 凸松弛方法可能不是最佳选择. 因此, 研究某些非凸目标函数是否能够为这些任务带来更好的解将是非常有趣的研究问题.

对多个非线性低维结构的扩展

在本章中, 我们了解到如何在某些非线性变换下恢复一个低维结构, 同时可以看到核范数和 ℓ^1 范数在提升解的低维性质方面相当有效. 在最后一章中, 我们将看到如何在某些非线性变换下恢复多个低维结构的混合. 在更具有挑战性的情况下, 我们将采用更准确但非凸的紧凑性度量, 即基于 $\log\det(\cdot)$ 函数所定义的有损 (lossy) 编码长度. (参见第 7 章的习题 7.4.)

低维结构、群等价和不变性

从变换的低维结构的工作中, 我们可以观察到一个普遍现象: 只要形变 (或者它们的微小作用) 与低维结构 "不相干", 那么形变 $\mathbb{G}$ 就可以从变换的低维结构中被正确恢复. 也就是说, 关于形变 $\tau \in \mathbb{G}$ 的雅可比矩阵 $\nabla_\tau \boldsymbol{I}$ 需要与 $\boldsymbol{I}$ 的低维结构 "不相干". 保证 (至少是局部地) 恢复形变的正确性和成功的精确条件值得在未来进行更深入的研究. TILT [Zhang et al., 2010, 2012]、RASL [Peng et al., 2012] 和人脸对齐 [Wagner et al., 2012] 等方法所提供的令人信服的实验证据表明: 数据中的低维结构是确保对任意一组感兴趣的变换具有真正等变性 (equivariance) 的关键.

在下一章中, 我们将再次遇到群不变性 (group invariance) 和低维结构之间的另一种相互作用. 特别是, 我们将看到为什么稀疏性对于确保分类任务 (例如人脸识别) 对某个群变换 (例如平移) 真正 "不变" 是必要的. 本章和下一章的工作都表明, 理解低维结构和群变换之间的关系 (或者两者之间的权衡) 非常重要. 然而, 我们目前的理解 (和结果) 仍然相当有限, 这绝对是一个非常有前景的研究方向.

第 16 章

分类神经网络

"凡是我不能自己创造出来的, 我就不能真正理解."

——Richard Feynman

16.1 引言

在过去十年左右的时间里, (深度) 神经网络在学习分类真实世界高维数据 (比如图像、语音和文本) 问题上的成功实践广泛地唤起了人们的想象力 [LeCun et al., 2015]. 然而, 对于深度网络如何取得如此惊人的表现, 目前仍然存在相当多的未解之谜. 现代深度网络通常是通过试错而设计的, 然后被作为实现所需输入–输出关系的"黑盒"来训练和部署, 但是其内部运作机制尚不清楚. 因此, 很难严格保证一个训练好的深度网络的 (泛化) 性能, 比如网络严格满足变换不变性 [Azulay et al., 2018; Engstrom et al., 2017], 或者不会过拟合到含噪声的甚至任意指派的类别标签 [Zhang et al., 2017a].

作为本书的最后一章, 我们要建立深度神经网络实践与本书中所发展的低维结构理论之间的本质联系. 因此, 我们将展示本书所发展出来的数学概念、原理和方法如何帮助理解、解释甚至改进深度学习或者更广泛意义上的从高维数据中学习的实践. 由于两者之间的联系仍然是一个活跃的研究领域, 我们仅概述一个前瞻性框架——该框架旨在从数据压缩和判别特征的角度解决*数据分类*问题[1].

正如我们在前一章中所看到的, 现实世界中数据的低维结构通常既不是线性的 (低秩的), 也不是分段线性的 (稀疏的). 数据中的低维结构可能会由于某种非线性变换而导致变形. 那么, 对于一个分类任务, 来自所有类别的 (混合) 数据通常位于*多个*非线性低维结构 (或分布) 上, 每个类别对应一个低维结构. 在本章中, 我们将看到本书中所介绍和研究的一些关键要素, 包括促进低维结构的测度、用于优化的梯度策略、稀疏化字典和用于平移不变性的卷积, 可以被自然地整合起来用于学习一种针对这种具有混合低维数据结构的判别线性特征. 深度网络可以极其自然地在这个过程中作为一种实现上述目标的优化机制而出现. 我们将惊讶地看到的, 深度网络可以从*第一性原理* (first principle) 以"白盒"方式被推导和构造出来.

[1] 深度学习在图像分类任务上的小试牛刀, 已经激发起人们对这些模型和技术的巨大兴趣 [Krizhevsky et al., 2012]. 虽然本章只关注分类问题, 但其中的基本思想和原理可以自然地推广到回归问题.

在本节的其余部分，我们将对深度网络进行简要介绍. 在 16.2节中，我们将介绍一种低维结构的测度——*编码率约简*——并将其作为学习针对分类任务的具有判别性和信息量的特征的一个原则性目标函数. 在 16.3节中，我们将展示用于优化目标函数的基本梯度迭代策略能够完全以一种“*白盒*”形式自然地导出一个典型的深度网络. 所有的 (用于分类的) 现代深度网络都具有这一架构的共同特征. 如果我们进一步约束分类任务，使其具有移位/平移不变性，那么这个网络自然就成为一个深度卷积网络. 在 16.4节中，我们利用一个基本问题——分类位于一维 (非线性) 子流形上的数据——来说明为什么一个规模可驾驭的深度网络能够在适当的条件下为正确分类提供严格保证. 网络的宽度和深度可以被自然地分别解释为*统计资源*和*计算资源*，这与用于低维模型的压缩感知方案中的需求是类似的.

因此，在更高层次上理解，16.3节将从优化一个原则性目标函数的角度论证深度网络架构的*必要性*. 而 16.4节将描述，如果通过反向传播进行额外的微调，那么这种深度网络可以为给定的分类任务提供易于处理的性能保证的*充分条件*. 最后，在 16.5节，我们将从*通过迭代优化学习低维模型*的角度列出在解释深度网络时出现的令人兴奋的若干*开放问题*.

16.1.1 深度学习简介

通过一个分类任务来阐明深度学习无疑是最容易的. 典型的任务设定是：给定一组带标签样本 $\{(\boldsymbol{x}^1,\boldsymbol{y}^1),\cdots,(\boldsymbol{x}^m,\boldsymbol{y}^m)\}$，其中 $\boldsymbol{x}^i$ 是从 k 个混合分布 $\mathcal{D}=\{\mathcal{D}_j\}_{j=1}^k$ 中采样的观测样本，$\boldsymbol{y}^i$ 指明观测样本 $\boldsymbol{x}^i$ 来自哪个混合分量. 在这里，我们假设类别标签 $\boldsymbol{y}^i\in\mathbb{R}^k$ 以*独热* (one-hot) 格式编码[㊀]：

$$\boldsymbol{y}^i=[0,\cdots,0,\underset{\text{第 } j \text{ 个元素}}{1},0,\cdots,0]^*\quad\in\mathbb{R}^k.$$

尽管类别数 k 可能很大，但向量 $\boldsymbol{y}^i$ 始终是 1-*稀疏的*[㊁]. 对于分类任务，(深度) 学习的目标是求解把输入 $\boldsymbol{x}\in\mathbb{R}^n$ 映射到它的 (稀疏) 标签向量 $\boldsymbol{y}\in\mathbb{R}^k$ 这样一个*逆问题*[㊂]. 我们把这个映射 $f:\mathbb{R}^n\to\mathbb{R}^k$ 表示为

$$f(\cdot):\boldsymbol{x}\mapsto\boldsymbol{y}.$$

正如我们将要看到的，当观测样本 $\boldsymbol{x}^i$ 为高维向量时，数据分布$\mathcal{D}_1,\cdots,\mathcal{D}_k$ 中的低维结构对于完成分类任务大有助益. 也就是说，每个分布 $\mathcal{D}_j$ 的支撑都在某个低维子流形 $\mathcal{M}_j$ 上，如图 16.1所示.

近年来，大量实验研究表明，对于许多实际问题的数据 (比如图像、音频和自然语言等)，输入和输出之间可能非常复杂的非线性映射 $\boldsymbol{y}=f(\boldsymbol{x})$ 能够通过一个深度网络有效地进行建模 [Goodfellow et al., 2016][㊃]. 深度网络是一系列 (被称作“*层*”) 的简单映射的复合. 深

㊀ 在标签信息的更一般解释中，可以使用 k 维向量 $\boldsymbol{y}^i$ 来指示样本 $\boldsymbol{x}^i$ 属于 k 个类别中各个类别的概率. 因此，$\boldsymbol{y}$ 的每个元素可以是 $[0,1]$ 中的一个连续实数，并且所有元素的和为 1. 在回归任务中，当尝试逼近一个连续函数 (定义在各个类别上) 时，我们也可以允许对应元素的值是一个连续实数.

㊁ 之前见过类似的情况，在第 13 章所研究的鲁棒人脸识别问题中，我们把类别标签解释为稀疏向量.

㊂ 请注意，在深度学习的文献中，习惯上使用 $\boldsymbol{x}$ 作为输入，$\boldsymbol{y}$ 作为输出. 在压缩感知中 (例如在第 13 章的人脸识别应用中)，我们把 $\boldsymbol{x}$ 作为要根据输入图像 $\boldsymbol{y}$ 进行恢复的稀疏信号.

㊃ 请注意，在人脸识别的任务中，这样一个逆问题是通过迭代算法来解决的，比如第 8 章介绍的 ISTA 或者 FISTA.

度网络的每一层, 记作 $f^{\ell}(\cdot)$, 由一个以矩阵 $\boldsymbol{W}_{\ell}$ 表示的线性变换加上一个简单的 (逐元素) 非线性激活函数 $\phi(\cdot)$ 组成[一]. 更准确地说, 一个 L 层的网络可以递归地定义为:

$$\boldsymbol{z}_{\ell+1}=f^{\ell}(\boldsymbol{z}_{\ell})\doteq\phi(\boldsymbol{W}_{\ell}\boldsymbol{z}_{\ell}),\quad \ell=0,1,\cdots,L-1,\quad \boldsymbol{z}_0=\boldsymbol{x}, \tag{16.1.1}$$

其中 $\{\boldsymbol{W}_{\ell}\}_{\ell=0}^{L-1}$ 是网络的可调参数[二], $\phi(\cdot)$ 是非线性激活函数[三]. 为简单起见, 我们把整个映射表示为 $f(\boldsymbol{x},\boldsymbol{\theta}):\boldsymbol{x}\mapsto\boldsymbol{y}$, 并使用 $\boldsymbol{\theta}\in\Theta$ 表示所有的网络参数 $\{\boldsymbol{W}_{\ell}\}_{\ell=0}^{L-1}$ 和可能出现在激活函数 ϕ 中的一些参数, 因此:

$$f(\boldsymbol{x},\boldsymbol{\theta})\doteq\phi(\boldsymbol{W}_{L-1}\phi(\cdots\phi(\boldsymbol{W}_1\phi(\boldsymbol{W}_0\boldsymbol{x}))\cdots)) \tag{16.1.2}$$

$$=f^{L-1}\circ\cdots\circ f^1\circ f^0(\boldsymbol{x}). \tag{16.1.3}$$

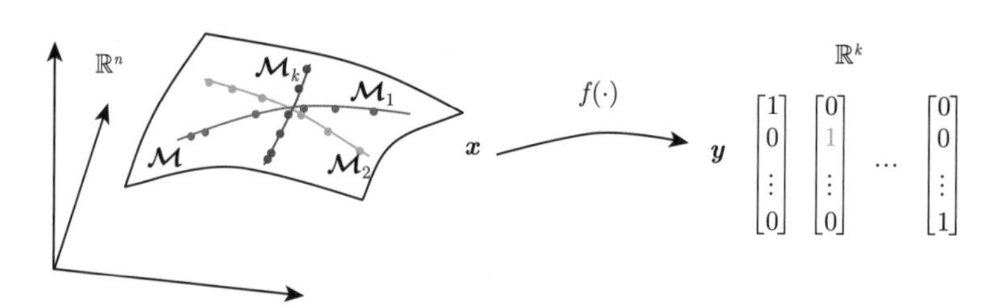

图 16.1　将分类任务视为稀疏表示. 高维数据 $\boldsymbol{x}\in\mathbb{R}^n$ 位于流形 $\mathcal{M}$ 的 k 个低维子流形 $\{\mathcal{M}_j\}_{j=1}^{k}$ 的混合分布中. $\boldsymbol{y}\in\mathbb{R}^k$ 是 $\boldsymbol{x}$ 的类别标签, 以独热向量形式编码. 分类问题的目标是学习非线性映射 $f(\cdot):\boldsymbol{x}\mapsto\boldsymbol{y}$

我们调整网络参数 $\boldsymbol{\theta}$ 的目标是, 使网络所对应映射的输出与来自分布 $\mathcal{D}$ 的样本 $\boldsymbol{x}$ 的类别标签 $\boldsymbol{y}$ 实现最佳匹配. 在机器学习中, 这通常是通过最小化交叉熵 (cross-entropy) 损失来实现的, 即[四]

$$\min_{\boldsymbol{\theta}\in\Theta}\ \mathcal{L}_{CE}(\boldsymbol{\theta},\boldsymbol{x},\boldsymbol{y})\doteq-\mathbb{E}\big[\langle\boldsymbol{y},\log[f(\boldsymbol{x},\boldsymbol{\theta})]\rangle\big]. \tag{16.1.4}$$

因此, 给定一个大规模的带有 (假定为正确的) 标签的数据集 $\{(\boldsymbol{x}^i,\boldsymbol{y}^i)\}_{i=1}^{m}$, 我们求解下述 (非凸) 优化问题:

$$\min_{\boldsymbol{\theta}\in\Theta}\ \mathcal{L}_{CE}(\boldsymbol{\theta},\boldsymbol{X},\boldsymbol{Y})\doteq-\frac{1}{m}\sum_{i=1}^{m}\langle\boldsymbol{y}^i,\log[f(\boldsymbol{x}^i,\boldsymbol{\theta})]\rangle, \tag{16.1.5}$$

其中 $\log[\cdot]$ 作用在向量值函数 $f(\boldsymbol{x},\boldsymbol{\theta})\in\mathbb{R}^k$ 的每个元素上. 由于这一损失函数是有限项求和的形式, 并且样本数量 m 非常大 (比如数百万), 因此人们通常使用 8.6.4 节介绍的随机

[一] 为简单起见, 在这里我们暂时忽略层之间的一些其他操作, 比如批归一化 (batch normalization) 和丢弃法 (dropout) 等, 稍后将讨论它们的作用.

[二] 这里可能还有额外的结构, 比如线性变换 $\boldsymbol{W}_{\ell}$ 中的卷积操作.

[三] $\phi(\cdot)$ 常见的选择包括 sigmoid 函数和最近被广泛使用的修正线性单元 (ReLU) 函数. $\phi(\cdot)$ 有时也可能包含一些可调节的参数.

[四] 交叉熵损失常见于多类分类任务. 在实际应用中, 对于函数回归等任务, 典型的 ℓ^2 损失 $\|\boldsymbol{y}-f(\boldsymbol{x},\boldsymbol{\theta})\|_2^2$ 也经常被使用.

梯度下降 (SGD) 方法的变体进行优化, 即

$$\boldsymbol{\theta}_{t+1}=\boldsymbol{\theta}_t-\gamma_t\cdot\frac{\partial\mathcal{L}_{CE}(\boldsymbol{\theta},\boldsymbol{X}^t,\boldsymbol{Y}^t)}{\partial\boldsymbol{\theta}}\Big|_{\boldsymbol{\theta}_t},\tag{16.1.6}$$

其中梯度 $\frac{\partial\mathcal{L}_{CE}}{\partial\boldsymbol{\theta}}\big|_{\boldsymbol{\theta}_t}$ 是使用每次迭代中随机选择的一批样本 $(\boldsymbol{X}^t,\boldsymbol{Y}^t)$ 来近似计算的. 这类优化策略已经被有效地实现在许多软件平台 (比如 Caffe、PyTorch 和 TensorFlow) 上. 这些数值计算工具已经显著提升了深度学习的实用性和普及性.

16.1.2　深度学习实践

上文中, 我们已经简要描述了基本的深度网络结构和训练方法. 为了提高网络训练的简易性以及所学习到的网络的性能, 研究人员提出了大量对神经网络基本方法的改进. 这里仅列出深度网络改进示例的一个不完整清单.

- 损失函数的选择或者对 $\boldsymbol{W}_\ell$ 的正则化 [Krogh et al., 1992; Simonyan et al., 2014].
- 式(16.1.1)中激活函数 ϕ 的不同选择 [Nwankpa et al., 2018; Xu et al., 2015].
- 网络宽度和深度的选择 [Allen-Zhu et al., 2019; Ba et al., 2014; Du et al., 2019; Lu et al., 2017; Szegedy et al., 2015].
- 跨层连接或者每层 $f^\ell(\cdot)$ 的残差结构 [He et al., 2016; Ronneberger et al., 2015; Srivastava et al., 2015].
- 对每一层特征 $\boldsymbol{z}_\ell$ 的适当归一化 [Ba et al., 2016; Ioffe et al., 2015; Miyato et al., 2018; Ulyanov et al., 2016; Wu et al., 2018].
- 线性变换 $\boldsymbol{W}_\ell$ 中的附加结构 (卷积) [Chollet, 2017; Krizhevsky et al., 2012; LeCun et al., 1998].
- 层间的下采样 (池化) 和上采样操作 [Scherer et al., 2010].
- 参数 $\boldsymbol{\theta}$ 的初始化 [Glorot et al., 2010; He et al., 2015; Hu et al., 2020; LeCun et al., 2012; Xiao et al., 2018].
- 式(16.1.6)中随机选择样本 $|\boldsymbol{X}^t|$ 的批尺寸 (batch size) 选择 [Hoffer et al., 2017; Lin et al., 2018; Masters et al., 2018].
- 式(16.1.6)中 SGD 算法的学习率 γ_t 调度 [Gotmare et al., 2018; LeCun et al., 2012; Loshchilov et al., 2016].
- 训练中网络连接的随机丢弃 (dropout) 法 [Cavazza et al., 2018; Srivastava et al., 2014].
- 训练过程的提前停止 (early stopping) 准则 [Girosi et al., 1995; Prechelt, 1998; Yao et al., 2007].
- 不同的优化算法 [Berahas et al., 2019; Bottou et al., 2018; Kingma et al., 2014; Le et al., 2011; Martens, 2014; Martens et al., 2015].

对于实践者来说, 驾驭深度学习基本主题中这些令人眼花缭乱的变种可能是非常有挑战的. 工业实践中的一个最近趋势是利用随机搜索来识别能够提供更好性能的架构或者训

练策略, 比如神经架构搜索 (Neural Architecture Search, NAS) [Baker et al., 2017; Zoph et al., 2017]、自动化机器学习 (AutoML) [Hutter et al., 2019] 和元学习 [Andrychowicz et al., 2016].

在接下来的章节中, 我们将描述如何利用来自低维数据建模中的想法引出深度神经网络的原理性架构, 并阐明各种架构和算法选择的作用. 事实上, 低维数据建模的很多主题在整个深度学习实践中反复出现.

- *基于优化算法展开的网络架构*. 广泛使用的 ReLU 非线性激活函数与 (非负的) ℓ^1 范数的邻近算子非常相似. 事实上, 我们在第 8~9 章所介绍的邻近梯度算法可以被解释为特定的神经网络, 因为它们把线性运算与非线性操作交织在一起 [Gregor et al., 2010; Liu et al., 2019b; Monga et al., 2019; Papyan et al., 2018; Sulam et al., 2018]. 这种联系启发人们利用展开的稀疏编码算法来设计深度网络, 以解决来自具有内在*低维结构*的数据的逆问题. 这些更紧凑、更简洁的网络设计性能上甚至超越常见的通用网络 (比如 ResNet 以及 U-Net).
- *等距性设计原则*. 因为深度网络训练过程中需要传播信息通过大量层, 所以使这些操作实现近乎等距性非常重要. 这可以通过正确初始化权值 [Glorot et al., 2010; He et al., 2015]、归一化特征 [Ioffe et al., 2015] 或者正则化网络结构 [He et al., 2016; Srivastava et al., 2015] 来实现, 同时也可以指导对网络组件的修改, 例如 [Qi et al., 2020]. 这个 (经验) 原则类似于出现在稀疏和低秩恢复中的*受限等距性质* (参见第 3~4 章相关内容).
- *显式或隐式正则化*. 某些正则化策略可以解释为促使网络去学习低维结构. 一个重要的例子是*丢弃法* [Srivastava et al., 2014], 它已被证明会诱导出一种低秩 (核范数) 正则化形式 [Cavazza et al., 2018; Mianjy et al., 2018; Pal et al., 2020] (参见第 7 章的习题). *稀疏路由* (sparse routing) 也被证明是超大规模模型训练和性能提升的关键 [Fedus et al., 2021]. 当前关于网络泛化的许多谜团, 可以从特定优化方法所诱导的隐式正则化或者数据的低维结构的角度来解决 [Gunasekar et al., 2018; Li et al., 2018c; Soudry et al., 2018; You et al., 2020].

在本章的剩余部分, 我们将简述一种新方法, 用于根据*第一性原理*推导出神经网络, 并且可以保证它们在具有低维结构的数据上的性能. 这种方法将为上述联系提供某种具有合理性的解释. 具体地, 它利用与有损数据压缩之间的联系, 有效地促使网络把混合非线性数据结构嵌入到*不相干线性子空间的并集*中.

16.1.3 非线性和判别性的挑战

与本书第一部分所研究的从线性测量中恢复稀疏、低秩或者原子结构相比, 本章扩展了所涉及的范围. 从某种意义上说, 前面讨论的这些模型是*分段线性的*. 例如, $\mathbb{R}^n$ 空间中的 k-稀疏向量建模分布在与标准基对齐的 k 维线性子空间的特定并集上的数据. 我们在第 6 章和第 7 章中对字典学习的讨论揭示了如何将这些模型扩展到 (提前并不知道的) 与标准基末对齐的子空间的并集上. 然而, 现实世界中的高维数据 (例如图像), 由于诸如形变之类的非线性干扰因素, 经常表现出非线性结构. 我们在第 15 章的结构化纹理恢复的应用中已经看到了很多这样的例子.

通常, 在分类或者聚类的典型任务设定中, 现实 (混合) 数据集的数据分布 $\mathcal{D}=\{\mathcal{D}_j\}_{j=1}^k$, 其支撑更有可能位于一组低维非线性子流形 $\{\mathcal{M}_j\}_{j=1}^k$ 的混合之中, 如图 16.2a 所示. 因此, 为了使本书的模型和方法能够适用于现实世界的分类任务, 我们至少要克服以下两个主要挑战.

- 从非线性到线性. 如何从数据中学习非线性 (特征) 映射 (比如 $f(\cdot,\boldsymbol{\theta}):\boldsymbol{x}\mapsto\boldsymbol{z}$), 使我们可以首先将位于非线性子流形上的 $\boldsymbol{x}$ 转换为具有线性结构 (比如低维子空间的并集) 的 $\boldsymbol{z}$[㊀].
- 从可分离性到判别性. 如何把所产生的 (可分离的) 线性子空间转化为具有高度判别性的子空间, 即子空间之间彼此高度不相干 (最好是正交的), 如图 16.2b 所示.

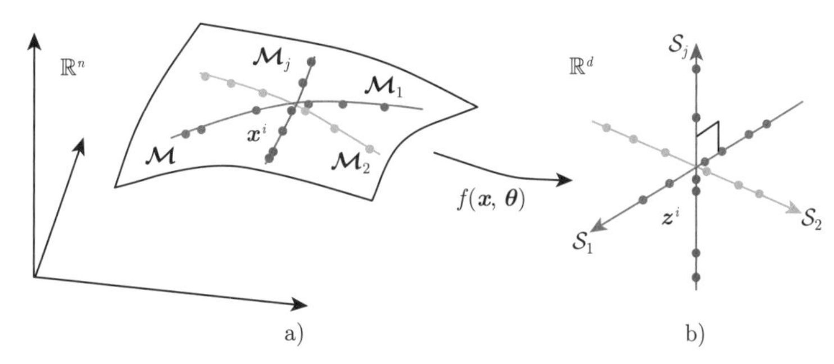

图 16.2 高维数据 $\boldsymbol{x}\in\mathbb{R}^n$ 的一个混合分布 $\{\mathcal{D}_j\}$ 支撑在由多个低维子流形 $\{\mathcal{M}_j\}$ 的混合而构成的流形 $\mathcal{M}$ 上. 我们希望学习一个映射 $f(\boldsymbol{x},\boldsymbol{\theta})$, 使得 $\boldsymbol{z}^i=f(\boldsymbol{x}^i,\boldsymbol{\theta})$ 位于低维子空间的并集 $\{\mathcal{S}_j\}$ 上

这种判别性的线性特征 $\boldsymbol{z}$ 有助于后续任务. 它的线性本质使得特征 $\boldsymbol{z}$ (在每个子空间) 的线性内插 (interpolation) 或者外推 (extrapolation) 都有意义; 它的判别性本质使得预测类别标签 $\boldsymbol{y}$ 变得容易, 例如通过训练一个 (线性) 分类器 $h(\boldsymbol{z})$ 即可实现[㊁]:

$$\boldsymbol{x}\xrightarrow{f(\boldsymbol{x},\boldsymbol{\theta})}\boldsymbol{z}(\boldsymbol{\theta})\xrightarrow{h(\boldsymbol{z})}\boldsymbol{y}. \tag{16.1.7}$$

请注意, 这两个挑战都需要我们对数据或者特征进行非线性转换. 敏锐的读者可能已经猜到: 一个深度网络的作用正是在对这样的非线性变换进行建模和实现. 现在剩下的难题是, 为什么这样一个非线性映射应该由许多简单层的复合来表示? 这些层和算子需要具有什么样的结构和属性才能够有效地实现这样的映射? 网络的哪些部分需要学习和训练? 哪些部分可以提前确定? 最后, 如何评价所产生网络的最优性? 为了回答这些基本问题, 我们需要一种从原理出发的方法.

㊀ 这种线性特征对于许多实际需求来说是非常可取的. 例如, 同一子空间中特征的线性叠加可以解释为在相同类别中的一个新实例. 有证据表明: 线性子空间也是自然界所偏好的表示形式, 比如对于物体识别 [Chang et al., 2017].

㊁ 直观地讲, 子空间越不相干, 间隔就越大, 那么分类器的泛化性能就越强.

16.2 学习判别性特征的需求

位于混合分布 $\mathcal{D}$ 上的给定数据 $\boldsymbol{X}$ 是否能够被有效分类, 取决于其成分分布 $\mathcal{D}_j$ 本身具有的 (或者能够使之具有的) 可分离性 (或判别性). 一个行之有效的基本假设是, 每个类别的分布都具有相对低维的内在结构㊀. 因此, 我们可以假设每个类别的分布 $\mathcal{D}_j$ 支撑在一个低维子流形上, 比如维度为 $d_j \ll n$ 的子流形 $\mathcal{M}_j$. 而整个数据集 $\boldsymbol{X}$ 的分布 $\mathcal{D}$ 则支撑在这些子流形的混合 (即 $\mathcal{M} = \bigcup_{j=1}^{k} \mathcal{M}_j$) 上, 如图 16.2a 所示.

考虑到流形假设, 我们期望学习一个光滑映射 $\boldsymbol{z} = f(\boldsymbol{x}, \boldsymbol{\theta})$, 将每个子流形 $\mathcal{M}_j \subset \mathbb{R}^n$ 映射到一个线性子空间 $\mathcal{S}_j \subset \mathbb{R}^d$ 中 (见图 16.2b). 为了使得到的特征易于分类或者聚类, 我们需要所学到的特征具有以下性质.

- *类别之间的判别性*. 来自不同类别或者簇的样本的特征应该属于不同的线性子空间, 它们是高度*不相干*或者不相关的.
- *类别内的可压缩性*. 来自同一类/簇的样本的特征应该是*可压缩的*, 因为它们属于相对低维的线性子空间.
- *最大信息量的表示*. 在保持与其他类别的特征不相干的条件下, 每个类别/簇的特征维度 (或者方差) 应该*尽可能大*.

注意到, 尽管每个类别/簇的内在结构可能是低维的, 但它们的原始形式并非线性的 (正如我们将在 16.4节中详细说明的). 数据 $\boldsymbol{X}$ 位于多个线性子空间中这一理想情况已被作为*广义主成分分析* (Generalized Principal Component Analysis, GPCA) [Vidal et al., 2016] 而得到系统地研究. 而这里经过非线性映射 $f(\cdot)$ 之后所得到的子空间 $\{\mathcal{S}_j\}$ 可以被视为原始 (混合) 数据 $\boldsymbol{X}$ 的*非线性广义主成分*. 如果所得到的最优子空间是正交的 (或者统计独立的), 那么它们也可以被视为数据的*非线性独立成分*.

16.2.1 特征的紧凑性测度

尽管上述性质对于所学习到的特征 $\boldsymbol{z}$ 来说非常理想, 但它们并不容易实现. 最近的工作 [Papyan et al., 2020] 表明, 基于现在流行的交叉熵损失(16.1.5)所学习到的特征存在一种*神经塌缩* (neural collapse) 现象, 正如我们在实验部分所展示的, 其中类别内的变异性和结构信息完全被抑制和忽略. 那么, 上面所列出的性质是否通用, 以便我们可以期待一次性实现它们呢? 更具体地说, 是否有可能找到一个*简单但具有原则性*的目标函数, 它可以满足所有这些特征所需的性质呢㊁?

这些问题的关键是为随机变量 $\boldsymbol{z}$ 的分布或者其有限样本 $\boldsymbol{Z}$ 寻找一个原则性的"*紧凑性测度*". 这种测度应该根据其内蕴维数或者体积直接而准确地刻画其分布的内蕴几何或者统计特性. 与交叉熵(16.1.4)不同, 这种测度不应该显式地依赖于类别标签, 以便它可以在

㊀ 我们有很多理由来解释为何这个假设是合理的: (1) 高维数据是高度冗余的; (2) 属于同一类别的数据应该是相似的, 并且是相关的; (3) 正如我们将在下一节所看到的, 我们通常只关心对某些类型的变换具有不变性的 $\boldsymbol{x}$ 的等价结构.

㊁ ℓ^1 范数促进稀疏性与核范数 $\|\cdot\|_*$ 促进低秩性的思想相同.

所有的有监督、半监督、自监督和无监督任务中通用.

低维的退化分布

在信息论 [Cover et al., 1991] 中, 熵 $H(\boldsymbol{z})$ 被设计为一种测度㊀. 然而, 对于分布退化的连续随机变量来说, 熵并没有明确定义㊁. 不幸的是, 这里正是这种分布退化的情况. 为了缓解这个困难, 在信息论中——更具体地说, 是在有损数据压缩中——用于度量一个随机分布的"紧凑性"的概念是所谓的率失真 (rate distortion) [Cover et al., 1991]: 给定一个随机变量 $\boldsymbol{z}$ 和预先定义的精度 $\varepsilon > 0$, 率失真 $R(\boldsymbol{z}, \varepsilon)$ 被定义为编码 $\boldsymbol{z}$ 所需要的最小二进制比特数, 使得预期解码误差小于 ε. 也就是说, 根据 ℓ^2 范数, 对解码输出的 $\hat{\boldsymbol{z}}$, 我们有

$$\mathbb{E}[\|\boldsymbol{z} - \hat{\boldsymbol{z}}\|_2] \leqslant \varepsilon.$$

有限样本的非渐近率失真

在计算有损编码率 R 时, 一个实际困难是我们通常不知道 $\boldsymbol{z}$ 的分布. 相反, 我们给定了所学习到的有限数量的样本特征, 其中对于所给定的数据样本 $\boldsymbol{X} = [\boldsymbol{x}^1, \cdots, \boldsymbol{x}^m]$, 我们有 $\boldsymbol{z}^i = f(\boldsymbol{x}^i, \boldsymbol{\theta}) \in \mathbb{R}^d$, 其中 $i = 1, \cdots, m$. 幸运的是, 从有损数据压缩的角度来看, 编码来自子空间类型 (subspace-like) 分布的有限样本所需要的二进制比特数的精确估计已经由 [Ma et al., 2007; Vidal et al., 2016] 给出. 在满足精度 ε 的条件下, 编码所学习到的特征 $\boldsymbol{Z} = [\boldsymbol{z}^1, \cdots, \boldsymbol{z}^m]$ 所需要的总比特数由以下表达式给出㊂:

$$\mathcal{L}(\boldsymbol{Z}, \varepsilon) \doteq \left(\frac{m+d}{2}\right) \log\det\left(\boldsymbol{I} + \frac{d}{m\varepsilon^2}\boldsymbol{Z}\boldsymbol{Z}^*\right). \tag{16.2.1}$$

图 16.3给出了一个示意图. 因此, 当样本数 m 很大时, 度量所学习到特征的整体紧凑性可以利用每个样本的平均编码长度, 即满足解码误差不超过 ε 的编码率:

$$R(\boldsymbol{Z}, \varepsilon) \doteq \frac{1}{2} \log\det\left(\boldsymbol{I} + \frac{d}{m\varepsilon^2}\boldsymbol{Z}\boldsymbol{Z}^*\right). \tag{16.2.2}$$

正如我们在第 7 章习题 7.4 中所看到的, 函数 $\log\det(\cdot)$ 是一个用于促进特征 $\boldsymbol{Z}$ 的低维性的光滑非凸替代. 我们很快就会讨论, 为什么在这里为了实现低维性需要一个更准确的非凸替代, 而不是凸的核范数 $\|\cdot\|_*$. 此外, 特定选择的 $\log\det(\cdot)$ 显得尤为重要, 我们将很快揭示它的许多神奇特性.

㊀ 给定随机变量的概率密度函数 $p(\boldsymbol{z})$, 那么其微分熵被定义为 $H(\boldsymbol{z}) \doteq -\int p(\boldsymbol{z}) \log p(\boldsymbol{z})\,\mathrm{d}\boldsymbol{z}$.

㊁ 计算退化分布的互信息 $I(\boldsymbol{x}, \boldsymbol{z})$ 也存在同样的困难.

㊂ 这个公式可以通过将 ε 球装到 $\boldsymbol{Z}$ 所线性张成的子空间中, 或者在满足给定精度的条件下, 计算量化 $\boldsymbol{Z}$ 的 SVD 所需要的比特数来推导, 具体证明见 [Ma et al., 2007].

混合分布数据的率失真

通常, 多类别数据的特征 $\boldsymbol{Z}$ 可能属于多个低维子空间. 为了更准确地计算这种混合数据的率失真, 我们可以把数据 $\boldsymbol{Z}$ 划分为多个子集, 即 $\boldsymbol{Z} = \boldsymbol{Z}^1 \cup \cdots \cup \boldsymbol{Z}^k$, 一个子集对应一个低维子空间. 因此, 式(16.2.2)中的编码率对于每个子集都是准确的. 为了方便起见, 令 $\boldsymbol{\Pi} = \{\boldsymbol{\Pi}^j \in \mathbb{R}^{m\times m}\}_{j=1}^k$ 为一组对角矩阵, 其对角元素编码 m 个样本在 k 个类别中的隶属关系[⊖]. 那么, 根据 [Ma et al., 2007], 基于这样的划分来编码每个样本的平均比特数 (即编码率) 为:

$$R^c(\boldsymbol{Z},\varepsilon \mid \boldsymbol{\Pi}) \doteq \sum_{j=1}^{k} \frac{\operatorname{trace}\left(\boldsymbol{\Pi}^j\right)}{2m} \log\det\left(\boldsymbol{I} + \frac{d}{\operatorname{trace}\left(\boldsymbol{\Pi}^j\right)\varepsilon^2}\boldsymbol{Z}\boldsymbol{\Pi}^j\boldsymbol{Z}^*\right). \tag{16.2.3}$$

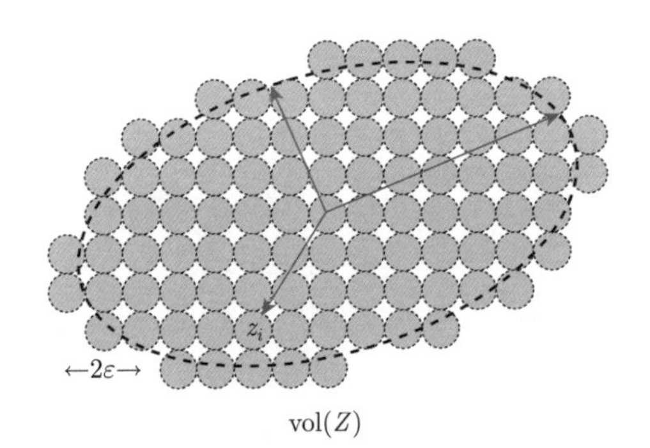

图 16.3　有损编码策略. 给定精度 ε 下, 我们把数据 $\boldsymbol{Z}$ 所张成的空间/体积利用直径为 2ε 的小球进行填充. 对于给定的精度下, 填充空间所需要的小球数目给出记录每个数据点 $\boldsymbol{z}^i$ 位置所需要的比特位数

注意到, 当 $\boldsymbol{Z}$ 给定时, $R^c(\boldsymbol{Z},\varepsilon \mid \boldsymbol{\Pi})$ 是 $\boldsymbol{\Pi}$ 的凹函数. 正如我们在第 7 章习题中所探究的, 上述表达式中的函数 $\log\det(\cdot)$ 长期以来一直被认为是秩最小化问题的有效启发形式 [Fazel et al., 2003]. 因为它对高斯或者子空间类型分布的率失真给出了细致刻画, 因此寻找划分 $\boldsymbol{\Pi}$ 以最小化 $R^c(\boldsymbol{Z},\varepsilon \mid \boldsymbol{\Pi})$, 即

$$\min_{\boldsymbol{\Pi}} R^c(\boldsymbol{Z},\varepsilon \mid \boldsymbol{\Pi}), \tag{16.2.4}$$

对于解决具有混合低维 (线性) 结构的数据聚类或者分类问题是非常有效的 [Kang et al., 2015; Ma et al., 2007; Wright et al., 2008a]. 我们将在下文给出这个函数的一些令人称奇的性质.

16.2.2　最大编码率约简原理

在有监督学习的设定中, $\boldsymbol{\Pi}$ 是预先给出的, 我们想要学习一个好的特征 $\boldsymbol{Z}$. 类似于我们在第 3 章所研究的 "不相干性" 概念, 为了使学习到的特征具有判别性, 不同类别/簇的

⊖ 更确切地说, $\boldsymbol{\Pi}^j$ 的对角线元素 $\boldsymbol{\Pi}^j(i,i)$ 表示第 i 个样本属于第 j 个类别的概率. 因此, $\boldsymbol{\Pi}$ 位于单纯形 $\boldsymbol{\Omega}$ 上, 其中 $\boldsymbol{\Omega} \doteq \{\boldsymbol{\Pi} \mid \boldsymbol{\Pi}^j \geqslant \boldsymbol{0},\ \boldsymbol{\Pi}^1 + \cdots + \boldsymbol{\Pi}^k = \boldsymbol{I}_{m\times m}\}$.

特征最好彼此最大程度不相干. 因此, 它们放在一起应该张成一个体积 (或者维度) 最大的空间, 并且整个集合 $\boldsymbol{Z}$ 的编码率应该尽可能大. 另一方面, 同一类别/簇所学到的特征应该是高度相关和相干的. 因此, 每个类别/簇应该只张成一个非常小的空间 (或者子空间), 并且编码率应该尽可能小. 因此, 对于 $\boldsymbol{X}$ 来说, 一种好的特征 $\boldsymbol{Z}$ 应该满足: 在给定 $\boldsymbol{Z}$ 的划分 $\boldsymbol{\Pi}$ 时, 使得整体编码率与所有子集的平均编码率之间产生一个较大的差值, 即

$$\Delta R(\boldsymbol{Z}, \boldsymbol{\Pi}, \varepsilon) \doteq R(\boldsymbol{Z}, \varepsilon) - R^c(\boldsymbol{Z}, \varepsilon \mid \boldsymbol{\Pi}) \tag{16.2.5}$$

需要尽可能大. 如果我们选择深度神经网络来构造特征映射 $\boldsymbol{z} = f(\boldsymbol{x}, \boldsymbol{\theta})$, 那么其特征表达的整体过程和相对于特定划分 $\boldsymbol{\Pi}$ 所实现的编码率约简可以通过下式来说明:

$$\boldsymbol{X} \xrightarrow{f(\boldsymbol{x},\boldsymbol{\theta})} \boldsymbol{Z}(\boldsymbol{\theta}) \xrightarrow{\boldsymbol{\Pi},\varepsilon} \Delta R(\boldsymbol{Z}(\boldsymbol{\theta}), \boldsymbol{\Pi}, \varepsilon). \tag{16.2.6}$$

值得注意的是, ΔR 对于特征 $\boldsymbol{Z}$ 的尺度是单调的. 因此, 为了使编码率约简量在不同特征之间具有可比性[㊀], 我们需要对所学习到的特征进行尺度归一化. 一种方式是约束每个类别的特征 $\boldsymbol{Z}^j \in \mathbb{R}^{d \times m_j}$ 的 Frobenius 范数与其特征样本数量成比例, 即 $\|\boldsymbol{Z}^j\|_F^2 = m_j$; 另外一种方式是把每个特征归一化到单位球面上, 即 $\boldsymbol{z}^i \in \mathbb{S}^{d-1}$. 这为训练深度神经网络的实践中所需要的"批归一化"提供一个自然的解释 [Ioffe et al., 2015]. 正如我们在前面章节中所讨论的, 另一种可能更简单的对所学习到的特征进行尺度归一化的方式是确保网络每一层的映射近似等距 [Qi et al., 2020].

一旦所学习到的特征具有可比性, 我们的目标就变成学习一组特征 $\boldsymbol{Z}(\boldsymbol{\theta}) = f(\boldsymbol{X}, \boldsymbol{\theta})$ 及其划分 $\boldsymbol{\Pi}$ (如果没有提前给出), 以最大化所有类别数据特征的编码率与每个类别数据特征的编码率的和之间的差值, 即

$$\begin{aligned} &\max_{\boldsymbol{\theta},\boldsymbol{\Pi}} \ \Delta R\big(\boldsymbol{Z}(\boldsymbol{\theta}), \boldsymbol{\Pi}, \varepsilon\big) \doteq R(\boldsymbol{Z}(\boldsymbol{\theta}), \varepsilon) - R^c(\boldsymbol{Z}(\boldsymbol{\theta}), \varepsilon \mid \boldsymbol{\Pi}), \\ &\text{s.t. } \boldsymbol{Z} \subset \mathbb{S}^{d-1},\ \boldsymbol{\Pi} \in \boldsymbol{\Omega}, \end{aligned} \tag{16.2.7}$$

其中 $\boldsymbol{\Omega}$ 是表达 n 个样本在 k 个类别中隶属关系的对角矩阵的集合. 我们将此称为最大编码率约简 (Maximal Coding Rate Reduction, MCR^2) 原理.

有一句名言说道:

"整体大于部分之和." ——亚里士多德

如果仅仅出于聚类的目的, 我们可能只关心 ΔR 的符号, 并用其决定是否对数据进行划分, 这衍生出了 [Ma et al., 2007] 中的贪婪聚类算法[㊁]. 在这里, 为了寻找或者学习最具有判别性的特征, 我们进一步期望:

整体最大限度地大于部分之和!

㊀ 这里的不同表达特征可以是对应于不同网络参数的特征, 也可以是在同一深度网络的不同层所学习到的特征.

㊁ 严格来说, 在对有限样本进行聚类的情况下, 需要使用前面所提到的更精确的编码长度度量, 更多细节请参考 [Ma et al., 2007].

评注 16.1 (与信息增益的关系) 最大编码率约简可以看作信息增益 (Information Gain, IG) 的一种拓展. 信息增益是相对于一个被观察到的属性 $\boldsymbol{\pi}$ 来最大化随机变量 $\boldsymbol{z}$ 的熵的减少, 即

$$\max_{\boldsymbol{\pi}} \mathrm{IG}(\boldsymbol{z}, \boldsymbol{\pi}) \doteq H(\boldsymbol{z}) - H(\boldsymbol{z} \mid \boldsymbol{\pi}),$$

也就是最大化 $\boldsymbol{z}$ 和 $\boldsymbol{\pi}$ 之间的互信息 [Cover et al., 1991]. 最大信息增益已被广泛用于决策树等领域 [Quinlan, 1986]. 然而, MCR^2 在许多地方与其有所不同: 1) MCR^2 的一个典型设定是当数据的类别标签给定 (即 $\boldsymbol{\Pi}$ 已知) 时, 因此它侧重于学习特征 $\boldsymbol{z}(\boldsymbol{\theta})$ 而不是拟合标签; 2) 在传统的信息增益设定中, $\boldsymbol{z}$ 中的属性数量不可能这么多, 而且它们的值是离散的 (通常是二值的), 而这里的"属性" $\boldsymbol{\Pi}$ 代表所有样本的多类划分的概率, 它们的值可以是连续的; 3) 如前所述, 对于退化的连续分布来说, 熵 $H(\boldsymbol{z})$ 或者互信息 $I(\boldsymbol{z}, \boldsymbol{\pi})$ [Hjelm et al., 2018] 并不是良定的, 而率失真 $R(\boldsymbol{z}, \varepsilon)$ 至少对于 (混合) 子空间来说是良定的, 而且可以被准确而有效地计算.

16.2.3 编码率约简函数的特性

理论上, MCR^2 原则(16.2.7)受益于其很好的可推广性, 只要分布的编码率 R 和 R^c 能够被准确而有效地计算, 我们就可以把它用于学习带有任意属性 $\boldsymbol{\Pi}$ 的任意分布的特征 $\boldsymbol{Z}$. 而所学习到的最优的特征 $\boldsymbol{Z}_\star$ 和划分 $\boldsymbol{\Pi}_\star$ 具有一些有趣的几何和统计特性. 在这里, 我们利用在机器学习中具有很多重要应用的子空间这一特殊情况来揭示最优特征的良好特性. 当 $\boldsymbol{Z}$ 的期望表达特征是多个子空间时, 式(16.2.7)中的编码率 R 和 R^c 分别由式(16.2.2)和式(16.2.3)给出. 假设最大编码率约简在最优表达特征下实现, 记作 $\boldsymbol{Z}_\star = \boldsymbol{Z}_\star^1 \cup \cdots \cup \boldsymbol{Z}_\star^k \subset \mathbb{R}^d$, 每个子空间的维数满足 $\operatorname{rank}\left(\boldsymbol{Z}_\star^j\right) \leqslant d_j$. 那么, 我们可以证明 $\boldsymbol{Z}_\star$ 具有下述所期望的性质 (关于更正式的描述和更详细的证明, 请参阅 [Yu et al., 2020]).

定理 16.1 (最优表达特征 (非正式描述)) 假设 $\boldsymbol{Z}_\star = \boldsymbol{Z}_\star^1 \cup \cdots \cup \boldsymbol{Z}_\star^k$ 是编码率约简最大化问题(16.2.7)的最优解. 我们有:

- 类别间的判别性. 只要外围空间足够大 (即 $d \geqslant \sum_{j=1}^k d_j$), 那么所学习到的子空间是相互正交的, 即对于 $i \neq j$, 我们有 $(\boldsymbol{Z}_\star^i)^* \boldsymbol{Z}_\star^j = \mathbf{0}$.
- 极大多样性表示. 只要编码精度足够高, 即 $\varepsilon^4 < \min_j \left\{\dfrac{m_j d^2}{m d_j^2}\right\}$, 那么每个子空间都能够达到其最大维数 (即 $\operatorname{rank}\left(\boldsymbol{Z}_\star^j\right) = d_j$), 而且 $\boldsymbol{Z}_\star^j$ 的最大 $d_j - 1$ 个奇异值相等.

换句话说, 对于子空间的情况, MCR^2 原则促使把数据嵌入多个独立子空间中, 每个子空间中的特征分布几乎是各向同性的 (可能除了一维). 此外, 在所有这些判别性特征中, 它更倾向于外围空间中具有最高维数的特征.

评注 16.2 (率失真 $\log\det(\cdot)$ 与核范数) 为了鼓励所学习到的特征在不同类别之间是不相干的, [Lezama et al., 2018] 中的研究工作提出最大化整个 $\boldsymbol{Z}$ 的核范数与各个子集 $\boldsymbol{Z}^j$ 的核范数的和之间的差值, 也就是被称为正交低秩嵌入 (Orthogonal Low-rank Embedding,

OLE) 的损失函数:

$$\max_{\boldsymbol{\theta}} \mathrm{OLE}(\boldsymbol{Z}(\boldsymbol{\theta}), \boldsymbol{\Pi}) \doteq \|\boldsymbol{Z}(\boldsymbol{\theta})\|_* - \sum_{j=1}^{k} \|\boldsymbol{Z}^j(\boldsymbol{\theta})\|_*, \tag{16.2.8}$$

并将其作为正则化项添加到交叉熵损失函数(16.1.4)中. 正如我们从第 4 章中所了解到的, 核范数 $\|\cdot\|_*$ 是秩的非光滑凸替代, 而 $\log\det(\cdot)$ 是秩的光滑凹替代. 可以证明, 与编码率约简 ΔR 不同, OLE 总是负的, 并且当子空间相互正交时达到最大值 0, 而不管它们的维数如何. 因此, 与 ΔR 相比, OLE 损失函数对于判别性而言是一种几何启发式 (geometric heuristic), 但是它不会促进特征的多样性. 事实上, OLE 通常促使学习每个类别的一维特征 [Lezama et al., 2018], 而 MCR^2 鼓励学习到具有最大维数的子空间.

评注 16.3 (与对比学习的关系) 如果样本是从 k 个类别中均匀采样的, 若 k 很大, 那么随机选择的数据对 $(\boldsymbol{x}^i, \boldsymbol{x}^j)$ 以高概率属于不同的类别㊀. 我们可以把所学习到的两个样本的对应特征以及它们各自的增广样本 $\boldsymbol{Z}^i$ 和 $\boldsymbol{Z}^j$ 视为两个类别. 那么, 编码率约简

$$\Delta R^{ij} = R\left(\boldsymbol{Z}^i \cup \boldsymbol{Z}^j, \varepsilon\right) - \frac{1}{2}\left(R(\boldsymbol{Z}^i, \varepsilon) + R(\boldsymbol{Z}^j, \varepsilon)\right) \tag{16.2.9}$$

给出两个样本集之间有多远的“距离”度量. 我们可以尝试进一步“扩展”可能属于不同类别的样本对. 根据定理 16.1, 当来自不同样本的特征之间不相关 (即 $(\boldsymbol{Z}^i)^* \boldsymbol{Z}^j = \mathbf{0}$), 来自同一样本的特征 $\boldsymbol{Z}^i$ 高度相关时, (平均) 编码率约简 ΔR^{ij} 是被最大化的 (见图 16.4). 因此, 当应用于样本对时, MCR^2 自然会进行所谓的对比学习 (contrastive learning) [Hadsell et al., 2006; He et al., 2019; Oord et al., 2018]. 但是, MCR^2 不限于扩展 (或者压缩) 样本对, 只要知道它们可能属于不同 (或者相同) 的类别, 例如通过从大量类别中或者基于良好性能的聚类方法所得到的簇中随机采样的子集, 我们就可以对具有任意样本数的子集统一进行“对比学习”.

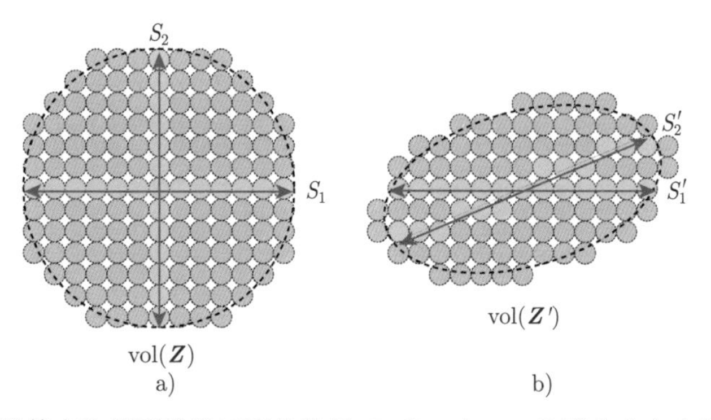

图 16.4 通过编码率约简来比较两种学习到的特征 $\boldsymbol{Z}$ 和 $\boldsymbol{Z}'$. R 是联合分布中所填充的 ε-球的数量, R^c 是所有子空间 (绿球) 中所填充的 ε-球的数量之和. ΔR 是它们 (即蓝色球的数量) 的差值. MCR^2 原则更倾向于 (图 a 中的) $\boldsymbol{Z}$, 而不是 (图 b 中的) $\boldsymbol{Z}'$

㊀ 例如, 当 $k \geqslant 100$ 时, 随机选择的样本对以 99%的概率属于不同的类别.

16.2.4 在真实数据上的实验

当在训练阶段提供样本类别标签时, 我们通过以下方式设计隶属关系 (对角) 矩阵 $\boldsymbol{\Pi} = \{\boldsymbol{\Pi}^j\}_{j=1}^k$: 对于每个带标签 j 的样本 $\boldsymbol{x}^i$, 设 $\boldsymbol{\Pi}^j(i,i) = 1$ 和 $\boldsymbol{\Pi}^l(i,i) = 0$, 对于 $\forall l \neq j$. 那么, 映射 $f(\cdot,\boldsymbol{\theta})$ 可以通过优化(16.2.7)来学习, 其中 $\boldsymbol{\Pi}$ 保持不变. 我们应用随机梯度下降来优化 MCR^2, 并且对于每次迭代, 我们使用小批量 (mini-batch) 数据 $\{(\boldsymbol{x}^i, \boldsymbol{y}^i)\}_{i=1}^m$ 来近似 MCR^2 的损失.

正如我们将看到的, 在有监督学习中, 这种方式所学习到的特征具有非常清晰的子空间结构. 因此, 为了评估所学习到的特征, 我们考虑一个很自然的最近邻子空间 (nearest subspace) 分类器. 对于每个类别所学习到的特征 $\boldsymbol{Z}^j$, 记 $\boldsymbol{\mu}_j \in \mathbb{R}^d$ 为其均值, $\boldsymbol{U}_j \in \mathbb{R}^{d\times r_j}$ 为 $\boldsymbol{Z}^j$ 的前 r_j 个主方向, 其中 r_j 是对第 j 类数据所估计的维数, 那么测试数据 $\boldsymbol{x}'$ 的预测标签由下式给出:㊀

$$j' = \underset{j\in\{1,\cdots,k\}}{\operatorname{argmin}} \|(\boldsymbol{I} - \boldsymbol{U}_j\boldsymbol{U}_j^*)(f(\boldsymbol{x}',\boldsymbol{\theta}) - \boldsymbol{\mu}_j)\|_2^2.$$

在 CIFAR10 数据集 [Krizhevsky, 2009] 上我们选用 ResNet-18 [He et al., 2016] 作为 $f(\cdot,\boldsymbol{\theta})$ 对图像进行分类. 我们将 ResNet-18 的最后一个线性层替换为具有 ReLU 激活函数的两层全连接网络, 使得输出维度为 128. 我们将批大小 m 设置为 1000, 精度参数 $\varepsilon^2 = 0.5$.

具有判别性和多样性的线性特征

我们计算分别使用 MCR^2 和交叉熵(16.1.5)训练所学习到的特征的主成分. 对于交叉熵训练, 我们把倒数第二层的输出作为所学习到的特征. 实验结果展示在图 16.5中. 如图 16.5a 和图 16.5d 所示, 我们观察到 MCR^2 学习到的特征更具多样性, 所学习到的 (每个类别的) 特征维数约为 12, 而整体特征维数接近 120, 输出维度为 128. 相比之下, 使用交叉熵所学习到的整体特征的维数略大于 10㊁, 这比 MCR^2 所学到的特征维数要小得多. 出于可视化目的, 我们还比较了 MCR^2 训练和交叉熵训练所学习到的特征之间的余弦相似度, 结果如图 16.5c 和图 16.5f 所示. 我们发现, 对于 MCR^2, 不同类别的特征几乎是正交的, 而同一类别的特征在其子空间内分布比较均匀.

对受损标签的鲁棒性

因为 MCR^2 的设计鼓励学习更丰富的特征来保留数据 $\boldsymbol{X}$ 中的内在结构, 因此与传统损失 (比如交叉熵) 相比, 训练过程对类别标签的依赖更少. 为了验证这一点, 我们基于交叉熵和 MCR^2 训练与上文相同的网络, 但训练数据的标签带有一定比例的随机损坏㊂.

㊀ 这肯定不是把所学习到的子空间用于分类的最佳方法. 选择这个特定的分类器只是因为它十分简单.

㊁ 这一观察结果与最近工作 [Papyan et al., 2020] 中所报告的关联于传统损失函数 (比如交叉熵) 的神经塌缩 (neural collapse) 现象一致.

㊂ 交叉熵和 MCR^2 都可以通过为映射选择更大的模型来获得更好的性能.

图 16.6展示了 MCR^2 的学习曲线：对于不同级别的损坏，虽然对数据集整体的编码率 $R(\boldsymbol{Z},\varepsilon)$ 总是收敛到相同的值，但是按类的编码率 $R^c(\boldsymbol{Z},\varepsilon \mid \boldsymbol{\Pi})$ 与污染率成反比 (即损坏级别越高，$R^c(\boldsymbol{Z},\varepsilon \mid \boldsymbol{\Pi})$ 的值越大)，表明这种方法仅压缩具有有效标签的样本. 我们把分类结果汇总在表 16.1中. 通过使用完全相同的训练参数，MCR^2 明显比交叉熵更加鲁棒，尤其是在被损坏标签的比例更高的情况下. 当分组信息非常嘈杂时，比如在自监督学习或者对比学习的任务中，MCR^2 可能是一个优势.

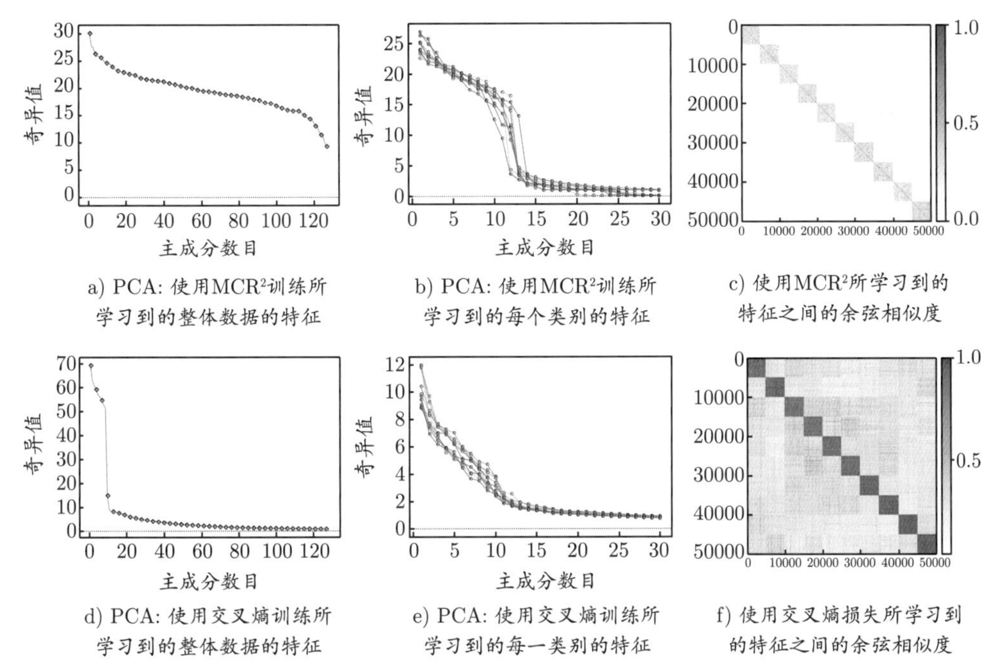

图 16.5 两种方法所学习到的特征之间的比较. 图 a 和图 d 是使用 MCR^2 目标函数或者交叉熵损失所学习到的全部样本的特征的主成分分析 (PCA). 图 b 和图 e 是各个类别的特征的主成分分析. 图 c 和图 f 是所有样本所学习到的特征之间的余弦相似度

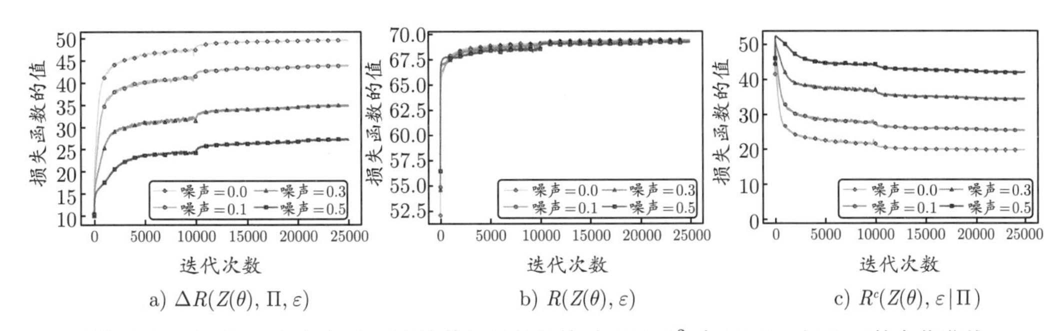

图 16.6 在使用被损坏标签的训练数据进行训练时，MCR^2 中 R, R^c 和 ΔR 的变化曲线

表 16.1 使用不同程度被损坏标签所学习到的特征的分类结果

污染比例	10%	20%	30%	40%	50%
基于 CE 训练	90.91%	86.12%	79.15%	72.45%	60.37%
基于 MCR^2 训练	**91.16%**	**89.70%**	**88.18%**	**86.66%**	**84.30%**

16.3 基于第一性原理的深度网络

在上一节中, 我们已经展示了基于最大编码率约简的最优特征 $\boldsymbol{Z}_\star$ 兼具最大的判别性和信息量. 不过, 我们并不知道最优特征映射 $\boldsymbol{z} = f(\boldsymbol{x}, \boldsymbol{\theta})$ 是什么以及如何获得它. 在上述实验中, 我们采用了传统的深度网络 (例如 ResNet) 作为一个黑盒对映射进行建模, 并通过反向传播算法学习其中的参数. 经验表明, 通过这样的方式, 我们可以有效地优化 MCR^2 目标函数, 并获得具有判别性和多样性的特征用于分类真实图像数据集.

然而, MCR^2 中仍然存在几个未解决的问题. 尽管 MCR^2 目标函数更为本质, 并且所学习到的特征可能更具有可解释性, 但是网络本身仍然不可解释. 我们不清楚为什么任意选择的网络都能够优化所需的 MCR^2 目标函数: 这会存在任何潜在的局限性吗? 良好的实践结果 (比如基于 ResNet) 并不一定证明特定选择的网络架构和网络算子是合理的: 为什么一开始就需要一个分层的深度模型呢? 究竟网络多宽多深才是足够的呢? 对于所使用的特定卷积和非线性算子是否有严格的证明呢?

16.3.1 由优化编码率约简导出的深度网络

为了简化描述, 我们现在假设特征 $\boldsymbol{z}$ 和输入 $\boldsymbol{x}$ 具有相同的维数, 即 $d = n$. 但是, 正如我们即将看到的, 通常它们可能会有所不同, 比如 $\boldsymbol{z}$ 是从 $\boldsymbol{x}$ 中提取的多通道特征.

让我们考虑最大化式(16.2.5)所定义的编码率约简目标函数:

$$\max_{\boldsymbol{Z}} \Delta R(\boldsymbol{Z}, \boldsymbol{\Pi}, \varepsilon) \doteq \underbrace{\frac{1}{2}\log\det\left(\boldsymbol{I} + \alpha \boldsymbol{Z}\boldsymbol{Z}^*\right)}_{R(\boldsymbol{Z},\varepsilon)} - \underbrace{\sum_{j=1}^{k} \frac{\gamma_j}{2}\log\det\left(\boldsymbol{I} + \alpha_j \boldsymbol{Z}\boldsymbol{\Pi}^j\boldsymbol{Z}^*\right)}_{R^c(\boldsymbol{Z},\varepsilon|\boldsymbol{\Pi})}, \tag{16.3.1}$$

这里, 为了简化符号, 我们定义 $\alpha = n/(m\varepsilon^2)$, $\alpha_j = n/(\operatorname{tr}(\boldsymbol{\Pi}^j)\varepsilon^2)$, $\gamma_j = \operatorname{tr}(\boldsymbol{\Pi}^j)/m$, 其中 $j = 1, \cdots, k$.

基于训练样本的梯度上升用于编码率约简

首先, 让我们直接尝试将目标函数 $\Delta R(\boldsymbol{Z})$ 作为训练样本 $\boldsymbol{Z} \subset \mathbb{S}^{n-1}$ 的函数来优化. 为此, 我们可以采用 (在第 2 章所介绍的) 最简单的*投影梯度上升* (projected gradient ascent) 方案. 对于步长 $\eta > 0$, 我们有:

$$\boldsymbol{Z}_{\ell+1} \propto \boldsymbol{Z}_\ell + \eta \cdot \left.\frac{\partial \Delta R}{\partial \boldsymbol{Z}}\right|_{\boldsymbol{Z}_\ell} \quad \text{s.t.} \quad \boldsymbol{Z}_{\ell+1} \subset \mathbb{S}^{n-1}. \tag{16.3.2}$$

这个方案可以解释为逐步调整当前特征 $\boldsymbol{Z}_\ell$ 的位置, 以使所生成的 $\boldsymbol{Z}_{\ell+1}$ 提高编码率约简 $\Delta R(\boldsymbol{Z})$, 如图 16.7所示.

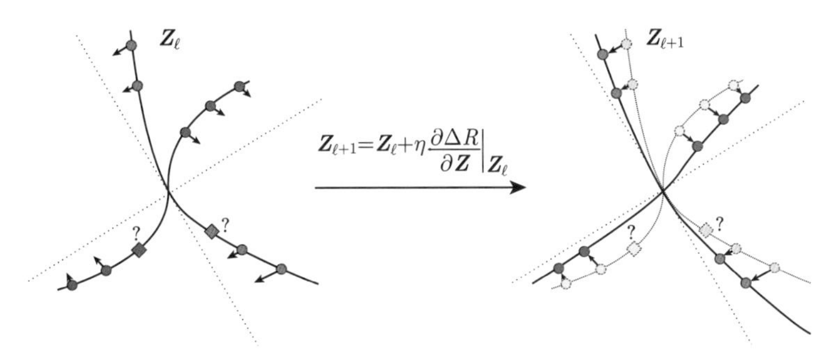

图 16.7 训练数据基于梯度流的增量式形变 (标记为 “∘”). 请注意, 样本类别隶属关系未知的数据点被标记为 “⋄”, 它们的梯度不能直接计算

通过简单的计算, 我们可以知道, 计算梯度 $\dfrac{\partial\Delta R}{\partial \boldsymbol{Z}}$ 涉及式(16.3.1)中每项的导数[⊖], 即

$$\frac{1}{2}\frac{\partial\log\det(\boldsymbol{I}+\alpha\boldsymbol{Z}\boldsymbol{Z}^*)}{\partial\boldsymbol{Z}}\bigg|_{\boldsymbol{Z}_\ell} = \underbrace{\alpha(\boldsymbol{I}+\alpha\boldsymbol{Z}_\ell\boldsymbol{Z}_\ell^*)^{-1}}_{\boldsymbol{E}_\ell\ \in\mathbb{R}^{n\times n}}\boldsymbol{Z}_\ell, \tag{16.3.3}$$

$$\frac{1}{2}\frac{\partial\left(\gamma_j\log\det(\boldsymbol{I}+\alpha_j\boldsymbol{Z}\boldsymbol{\Pi}^j\boldsymbol{Z}^*)\right)}{\partial\boldsymbol{Z}}\bigg|_{\boldsymbol{Z}_\ell} = \gamma_j\underbrace{\alpha_j(\boldsymbol{I}+\alpha_j\boldsymbol{Z}_\ell\boldsymbol{\Pi}^j\boldsymbol{Z}_\ell^*)^{-1}}_{\boldsymbol{C}_\ell^j\ \in\mathbb{R}^{n\times n}}\boldsymbol{Z}_\ell\boldsymbol{\Pi}^j. \tag{16.3.4}$$

那么, 完整梯度 $\dfrac{\partial\Delta R}{\partial\boldsymbol{Z}}\Big|_{\boldsymbol{Z}_\ell}$ 的形式为:

$$\frac{\partial\Delta R}{\partial\boldsymbol{Z}}\bigg|_{\boldsymbol{Z}_\ell} = \underbrace{\boldsymbol{E}_\ell}_{\text{扩张}}\boldsymbol{Z}_\ell-\sum_{j=1}^{k}\gamma_j\underbrace{\boldsymbol{C}_\ell^j}_{\text{压缩}}\boldsymbol{Z}_\ell\boldsymbol{\Pi}^j \quad \in\mathbb{R}^{n\times m}. \tag{16.3.5}$$

注意到, 在上式中, 矩阵 $\boldsymbol{E}_\ell$ 仅依赖于 $\boldsymbol{Z}_\ell$, 它旨在扩张 (expand) 所有特征以提高整体编码率; 矩阵 $\boldsymbol{C}_\ell^j$ 依赖于每个类别的特征, 它旨在通过压缩 (compress) 每个类别的特征以降低每个类别的编码率.

两个线性算子的解释

对于任意的 $\boldsymbol{z}_\ell$, 我们有

$$(\boldsymbol{I}+\alpha\boldsymbol{Z}_\ell\boldsymbol{Z}_\ell^*)^{-1}\boldsymbol{z}_\ell=\boldsymbol{z}_\ell-\boldsymbol{Z}_\ell\widehat{\boldsymbol{q}_\ell}, \tag{16.3.6}$$

其中

$$\widehat{\boldsymbol{q}_\ell}\doteq\arg\min_{\boldsymbol{q}_\ell}\alpha\|\boldsymbol{z}_\ell-\boldsymbol{Z}_\ell\boldsymbol{q}_\ell\|_2^2+\|\boldsymbol{q}_\ell\|_2^2. \tag{16.3.7}$$

注意到, $\widehat{\boldsymbol{q}_\ell}$ 是 $\boldsymbol{z}_\ell$ 的岭回归问题的解, 所有数据点 $\boldsymbol{Z}_\ell$ 作为回归量. 因此, 当 m 足够大时, $\boldsymbol{E}_\ell$ 是由 $\boldsymbol{Z}_\ell$ 的列向量所线性张成的子空间的正交补上的投影. 解释矩阵 $\boldsymbol{E}_\ell$ 的另一种方法是通

⊖ 我们把推导过程作为习题留给读者.

过协方差矩阵 $\boldsymbol{Z}_\ell\boldsymbol{Z}_\ell^*$ 的特征值分解. 假设 $\boldsymbol{Z}_\ell\boldsymbol{Z}_\ell^* \doteq \boldsymbol{U}_\ell\boldsymbol{\Lambda}_\ell\boldsymbol{U}_\ell^*$, 其中 $\boldsymbol{\Lambda}_\ell \doteq \operatorname{diag}(\sigma_1, \cdots, \sigma_d)$, 我们有

$$\boldsymbol{E}_\ell = \alpha\,\boldsymbol{U}_\ell \operatorname{diag}\left(\frac{1}{1+\alpha\sigma_1}, \cdots, \frac{1}{1+\alpha\sigma_d}\right)\boldsymbol{U}_\ell^*. \tag{16.3.8}$$

因此, 矩阵 $\boldsymbol{E}_\ell$ 作用在向量 $\boldsymbol{z}_\ell$ 上, 对向量 $\boldsymbol{z}_\ell$ 进行拉伸, 使其方差大的方向收缩而方差小的方向保持不变. 这些正是式(16.3.3)中我们想移动特征的方向, 以使整体体积扩张, 编码率增加, 因此在整体梯度(16.3.5)中所对应的那部分是正号. $\boldsymbol{C}_\ell^j$ 具有与 $\boldsymbol{E}$ 类似的解释, 但是与前者的效果相反, 与式(16.3.4)相对应的方向恰好是每个类别的特征偏离它们应该属于的子空间的“*残差*”. 这些正是需要把特征压缩回各自子空间的方向, 因此在式(16.3.5)中所对应的那部分是负号. 图 16.8对此进行了直观展示.

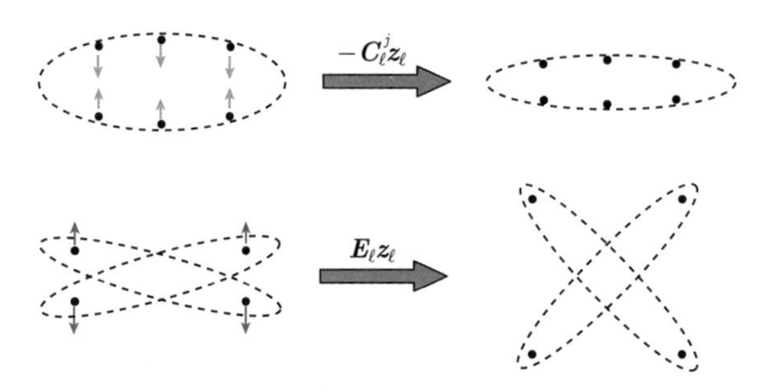

图 16.8　对 $\boldsymbol{E}_\ell$ 和 $\boldsymbol{C}_\ell^j$ 略夸张一些的直观解释. $\boldsymbol{E}_\ell$ 通过对比和排斥不同类别的特征来扩张所有特征, $\boldsymbol{C}_\ell^j$ 通过把特征收缩到低维子空间来压缩各个类别的特征

本质上, 这两个线性运算是通过数据之间进行“*自回归*”来确定的. 读者可能记得在第 1 章中, 我们提到了回归的重要性, 尤其是*岭回归*. 正如我们现在所看到的, 回归很可能也是深度 (神经) 网络中的主要操作之一. 最近关于*过参数化* (over-parameterized) 场景下岭回归的重新理解 [Wu et al., 2020; Yang et al., 2020] 表明, 使用 (来自各个子空间的) 看似冗余的采样数据作为回归量并不会导致过拟合 (overfitting).

梯度流引导的特征图增量

在上面的讨论中, 梯度上升步骤把所有特征 $\boldsymbol{Z}_\ell = [\boldsymbol{z}_\ell^1, \cdots, \boldsymbol{z}_\ell^m]$ 视为自由变量, 但增量 $\boldsymbol{Z}_{\ell+1} - \boldsymbol{Z}_\ell = \eta\frac{\partial \Delta R}{\partial \boldsymbol{Z}}\big|_{\boldsymbol{Z}_\ell}$ 未对整个 (连续的) 特征域 $\boldsymbol{z}_\ell \in \mathbb{R}^n$ 进行变换. 这是因为在训练过程中未参与训练的点的梯度无法通过计算式(16.3.5)而得到, 如图 16.7中标记为“$\diamond$”的点所示. 因此, 为了显式地找到最优特征映射 $f(\boldsymbol{x}, \boldsymbol{\theta})$, 我们可以考虑在第 ℓ 层特征 $\boldsymbol{z}_\ell$ 上构造一个小的增量变换 $g(\cdot, \boldsymbol{\theta}_\ell)$ 来模仿上述 (投影) 梯度上升方案, 即通过

$$\boldsymbol{z}_{\ell+1} \;\propto\; \boldsymbol{z}_\ell + \eta \cdot g(\boldsymbol{z}_\ell, \boldsymbol{\theta}_\ell) \quad \text{s.t.} \quad \boldsymbol{z}_{\ell+1} \in \mathbb{S}^{n-1} \tag{16.3.9}$$

使得 $\left[g(\boldsymbol{z}_\ell^1, \boldsymbol{\theta}_\ell), \cdots, g(\boldsymbol{z}_\ell^m, \boldsymbol{\theta}_\ell)\right] \approx \frac{\partial \Delta R}{\partial \boldsymbol{Z}}\big|_{\boldsymbol{Z}_\ell}$ 其中 $\boldsymbol{\theta}_\ell$ 表示第 ℓ 层的所有参数, 包括 $\boldsymbol{E}_\ell, \boldsymbol{C}_\ell^j, \gamma_j$ 和 λ. 也就是说, 我们需要通过定义在整个特征空间 $\boldsymbol{z}_\ell \in \mathbb{S}^{n-1}$ 的连续映射 $g(\boldsymbol{z})$ 来近似梯度流 $\frac{\partial \Delta R}{\partial \boldsymbol{Z}}$, 以使每个训练样本的特征 $\{\boldsymbol{z}_\ell^i\}_{i=1}^m$ 局部变形.

通过审视式(16.3.5)中梯度的结构, 我们可以想到一种很自然的增量变换 $g(\boldsymbol{z}_\ell, \boldsymbol{\theta}_\ell)$ 形式:

$$g(\boldsymbol{z}_\ell, \boldsymbol{\theta}_\ell) \doteq \boldsymbol{E}_\ell \boldsymbol{z}_\ell - \sum_{j=1}^{k} \gamma_j \boldsymbol{C}_\ell^j \boldsymbol{z}_\ell \boldsymbol{\pi}^j(\boldsymbol{z}_\ell) \quad \in \mathbb{R}^n, \tag{16.3.10}$$

其中 $\boldsymbol{\pi}^j(\boldsymbol{z}_\ell) \in [0,1]$ 指示 $\boldsymbol{z}_\ell$ 属于第 j 类的概率[㊀]. 注意到, 这个增量变换取决于: 1) 一组由 $\boldsymbol{E}_\ell$ 和 $\{\boldsymbol{C}_\ell^j\}_{j=1}^k$ 表示的线性映射, 它们仅依赖于训练过程中的所有特征 $\boldsymbol{Z}_\ell$ 的统计特性; 2) 任何样本特征 $\boldsymbol{z}_\ell$ 的类别隶属关系 $\{\boldsymbol{\pi}^j(\boldsymbol{z}_\ell)\}_{j=1}^k$.

由于只有训练样本给出了类别隶属关系 $\boldsymbol{\pi}^j$, 所以式(16.3.10)中所定义的增量函数 $g(\cdot)$ 只能在训练样本上进行计算. 为了将函数 $g(\cdot)$ 外推到整个特征空间, 我们需要估计第二项中的 $\boldsymbol{\pi}^j(\boldsymbol{z}_\ell)$. 在传统的深度学习中, 这个映射关系通常被建模为一个深度网络, 并从训练数据中学习, 例如通过*反向传播*. 然而, 我们的目标已经不是学习一个精确的分类器 $\boldsymbol{\pi}^j(\boldsymbol{z}_\ell)$. 相反, 我们只需要对类别信息进行足够好的估计, 使得 $g(\cdot)$ 很好地逼近梯度 $\dfrac{\partial \Delta R}{\partial \boldsymbol{Z}}$.

从上文对线性算子 $\boldsymbol{E}_\ell$ 和 $\boldsymbol{C}_\ell^j$ 的几何解释来看, $\boldsymbol{p}_\ell^j \doteq \boldsymbol{C}_\ell^j \boldsymbol{z}_\ell$ 这一项可以看作 $\boldsymbol{z}_\ell$ 对于每个类别 j 的正交补的投影. 因此, 如果 $\boldsymbol{z}_\ell$ 属于第 j 类, 那么 $\|\boldsymbol{p}_\ell^j\|_2$ 将会较小, 否则 $\|\boldsymbol{p}_\ell^j\|_2$ 将会较大. 这一点启发我们利用"*软最大*"(softmax) 函数

$$\widehat{\boldsymbol{\pi}}^j(\boldsymbol{z}_\ell) \doteq \frac{\exp\left(-\lambda \|\boldsymbol{C}_\ell^j \boldsymbol{z}_\ell\|_2\right)}{\sum_{j=1}^k \exp\left(-\lambda \|\boldsymbol{C}_\ell^j \boldsymbol{z}_\ell\|_2\right)} \quad \in [0,1] \tag{16.3.11}$$

来估计其类别隶属关系. 因此, 式(16.3.10)的第二项可以通过这个估计的类别隶属关系来近似, 即[㊁]

$$\sum_{j=1}^{k} \gamma_j \boldsymbol{C}_\ell^j \boldsymbol{z}_\ell \boldsymbol{\pi}^j(\boldsymbol{z}_\ell) \approx \sum_{j=1}^{k} \gamma_j \boldsymbol{C}_\ell^j \boldsymbol{z}_\ell \cdot \widehat{\boldsymbol{\pi}}^j(\boldsymbol{z}_\ell) \doteq \boldsymbol{\sigma}\Big([\boldsymbol{C}_\ell^1 \boldsymbol{z}_\ell, \cdots, \boldsymbol{C}_\ell^k \boldsymbol{z}_\ell]\Big). \tag{16.3.12}$$

这表示把 k 个滤波器 $[\boldsymbol{C}_\ell^1, \cdots, \boldsymbol{C}_\ell^k]$ 作用于特征 $\boldsymbol{z}_\ell$, 并对输出施加非线性算子 $\boldsymbol{\sigma}(\cdot)$. 这里的非线性来自根据这些滤波器的特征响应对类别隶属关系的*软指派* (soft assignment).

总体而言, 综合式(16.3.9)、式(16.3.10)和式(16.3.12), 我们可以得到从 $\boldsymbol{z}_\ell$ 到 $\boldsymbol{z}_{\ell+1}$ 的增量特征变换:

$$\boldsymbol{z}_{\ell+1} \propto \boldsymbol{z}_\ell + \eta \cdot \boldsymbol{E}_\ell \boldsymbol{z}_\ell - \eta \cdot \boldsymbol{\sigma}\Big([\boldsymbol{C}_\ell^1 \boldsymbol{z}_\ell, \cdots, \boldsymbol{C}_\ell^k \boldsymbol{z}_\ell]\Big) \quad \text{s.t.} \quad \boldsymbol{z}_{\ell+1} \in \mathbb{S}^{n-1}, \tag{16.3.13}$$

这里 $\boldsymbol{\sigma}(\cdot)$ 是上面所使用的非线性算子. 请注意, 每一层的特征总是被"*归一化*"(记为 $\mathcal{P}_{\mathbb{S}^{n-1}}$) 到球面 $\mathbb{S}^{n-1}$ 上. 式(16.3.13)中的增量形式可以用图 16.9a 来展示.

㊀ 注意到, 在训练样本 $\boldsymbol{Z}_\ell$ 中, 类别隶属关系 $\boldsymbol{\Pi}^j$ 是已知的, 因此 $g(\boldsymbol{z}_\ell, \boldsymbol{\theta})$ 准确地给出了梯度 $\frac{\partial \Delta R}{\partial \boldsymbol{Z}}\big|_{\boldsymbol{Z}_\ell}$ 的值.

㊁ 选择软最大主要是因为它的简单性, 因为它广泛用于选择目的的深度网络 (的前向分量), 例如选通 (gating) [Fedus et al., 2021; Shazeer et al., 2017] 和路由 (routing) [Sabour et al., 2017]. 原则上, 这一项也可以使用其他算子来近似, 例如使用更适合反向传播训练的 ReLU, 参见习题 16.3.

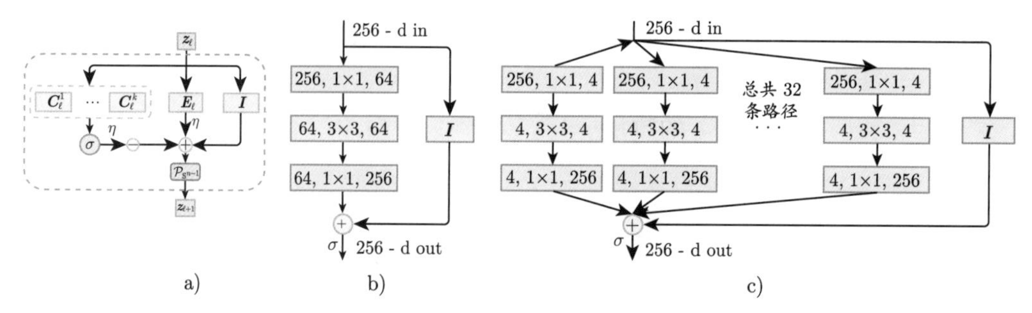

图 16.9 网络架构的比较. a) ReduNet 的层结构源自一次梯度上升迭代, 用于优化编码率约简. b) ResNet 的一层 [He et al., 2016]. c) ResNeXt 的一层 [Xie et al., 2017]. 正如我们将在下一节中看到的, 当施加平移不变性时, ReduNet 的线性算子 $\boldsymbol{E}_\ell$ 和 $\boldsymbol{C}_\ell^j$ 自然地变成了 (多通道) 卷积

基于编码率约简的深度网络

请注意, 增量的构造是为了模仿用于最大化编码率约简 ΔR 的梯度上升. 因此, 正如我们将在实验部分看到的, 通过上述过程迭代地变换特征, 我们预期编码率约简 ΔR 将会增加. 这个迭代过程如果在 L 次迭代之后收敛, 那么将对输入 $\boldsymbol{z}_0 = \boldsymbol{x}$ 给出所期望的特征映射:

$$f(\boldsymbol{x}, \boldsymbol{\theta}) = \phi^L \circ \phi^{L-1} \circ \cdots \circ \phi^0(\boldsymbol{x}), \tag{16.3.14}$$

其中

$$\phi^\ell(\boldsymbol{z}_\ell, \boldsymbol{\theta}_\ell) \doteq \mathcal{P}_{\mathbb{S}^{n-1}}[\boldsymbol{z}_\ell + \eta \cdot g(\boldsymbol{z}_\ell, \boldsymbol{\theta}_\ell)]. \tag{16.3.15}$$

这个过程精确地以深度网络的形式实现, 其中每一层的结构如图 16.9a 所示.

由于这个深度网络是由最大化编码率约简原则而推导得出的, 因此被称之为 ReduNet. 请注意, 网络中的所有参数是以*前向传播方式*逐层显式构造的. 一旦构造完成, 则不需要任何额外的监督学习, 例如反向传播. 正如我们将在实验中看到的, 用这种方式学习到的特征可以直接与比如最近子空间分类器结合起来用于分类.

与其他方法和架构的比较

正如我们之前所提到的, 深度网络和迭代优化方案之间的结构相似性早已被人们观察到, 尤其是那些求解稀疏编码的方案. 例如, 在可学习的 ISTA [Gregor et al., 2010] 中, 可以将 ISTA 算法 8.1 的固定迭代次数视为网络的层, 然后使用反向传播来优化参数 (例如每一层中的 $\boldsymbol{A}$), 从而提高所生成的稀疏编码的收敛性或者准确性. 随后, [Giryes et al., 2018; Monga et al., 2019; Sun et al., 2020] 提出了类似的解释, 把深度网络作为求解稀疏编码的优化迭代步骤的展开 (unrolling).

与所有由展开特定迭代优化方案所启发的网络一样, ReduNet 的结构天然地包含一个相邻层之间的跳跃连接 (见图 16.9b), 这与 ResNet[He et al., 2016] 是一致的. 尽管如此, ReduNet 还有 $K+1$ 个并行通道 $\boldsymbol{E}$ 和 $\{\boldsymbol{C}^j\}_{j=1}^K$, 这实际上与人们在实验上所发现的对性能有益的并行结构相似, 例如 ResNeXt [Xie et al., 2017](见图 16.9c) 或者大规模语言模型 [Fedus et al., 2021; Shazeer et al., 2017] 中所采用的混合专家 (Mixture of Experts, MoE), 其中并行滤波器组 (或者专家) 的数量 K 可以达到数千个, 参数的数量可以达到数十亿甚至数千亿个.

这里的一个主要区别是, 这些传统网络是经验地发现或者启发式地设计出来的, 而 ReduNet 体系结构中的所有组件 (包括层、算子和参数) 是通过最大化编码率约简 ΔR 这个目标函数而显式地构造出来的. 所有算子都有与目标函数相对应的精确的优化、统计和几何解释. 请注意, 即使 ReduNet 中的参数数值可以通过向前传播的方式构造, 但是在原则上, 如果需要, 人们仍然可以使用反向传播的方式微调 ReduNet (我们将在 16.5节讨论). 此外, 由于 ReduNet 架构是基于最简单的梯度上升方案式 (16.3.2), 我们期待能够利用在第 8~9 章中所介绍的更高级的优化方案设计出具有更高效率的网络新架构 (参见习题 16.6以获得可能的扩展).

16.3.2 从编码率约简不变性看卷积网络

到目前为止, 我们一直把待分类的数据和特征考虑为向量. 在许多应用中 (例如串行数据或者图像数据), 数据的语义 (标签) 及其特征对于某些变换 $\mathfrak{g} \in \mathbb{G}$ (相对于某些群 $\mathbb{G}$) 具有不变性. 例如, 音频信号的语义对于时间轴上的平移具有不变性, 图像中物体的类别对于图像平面内的平移具有不变性[㊀]. 因此, 我们希望特征映射 $f(\boldsymbol{x}, \boldsymbol{\theta})$ 对于这样的变换具有不变性, 即

$$\text{群不变性} \quad f(\boldsymbol{x} \circ \mathfrak{g}, \boldsymbol{\theta}) \sim f(\boldsymbol{x}, \boldsymbol{\theta}), \quad \forall \mathfrak{g} \in \mathbb{G}, \tag{16.3.16}$$

其中 "$\sim$" 表示两个特征属于同一个等价类 (equivalent class). 已知与这种等价类相关联的子流形具有复杂的几何和拓扑结构 [Wakin et al., 2005]. 这可以解释为什么对于利用实践经验而设计的深度网络来说, 要确保即使对简单变换 (例如平移和旋转) 的不变性也非常具有挑战性 [Azulay et al., 2018; Engstrom et al., 2017][㊁].

在本节中, 我们将展示 MCR^2 原则以一种非常自然而严格的方式与不变性兼容: 我们只需使所有变换后的版本 $\{\boldsymbol{x} \circ \mathfrak{g} \mid \mathfrak{g} \in \mathbb{G}\}$ 与 $\boldsymbol{x}$ 属于相同的类别, 并将它们全部映射到相同的子空间 $\mathcal{S}$[㊂]. 图 16.10给出了一维旋转和二维平移的示例. 可以证明, 当群 $\mathbb{G}$ 是 (离散) 循环一维移位 (shifting) 或者二维平移 (translation) 时, 那么所得到的深度网络 ReduNet, 自然就变成一个多通道卷积网络.

一维串行数据和移位不变性

对于满足移位 (shift) 对称性的一维数据 $\boldsymbol{x} \in \mathbb{R}^n$, 我们取 $\mathbb{G}$ 为循环移位 (circular shift) 群. 那么, 每个观测 $\boldsymbol{x}^i$ 生成一个移位副本族 $\{\boldsymbol{x}^i \circ \mathfrak{g} \mid \mathfrak{g} \in \mathbb{G}\}$, 它们是循环矩阵 $\operatorname{circ}(\boldsymbol{x}^i) \in \mathbb{R}^{n \times n}$ 的列 (参见附录 A.7 或者 [Kra et al., 2012] 以了解循环矩阵的特性).

㊀ 第 15 章所研究的变换不变纹理 (TILT) 是针对更一般变换群的示例, 例如二维仿射变换或者单应性变换.

㊁ 最近的研究开始揭示深度网络对某些群变换具有不变性或者等变性的必要条件 [Cohen et al., 2016, 2019].

㊂ 因此, 定义在所产生的子空间集合上的任何后续分类器将自动对这种变换具有不变性.

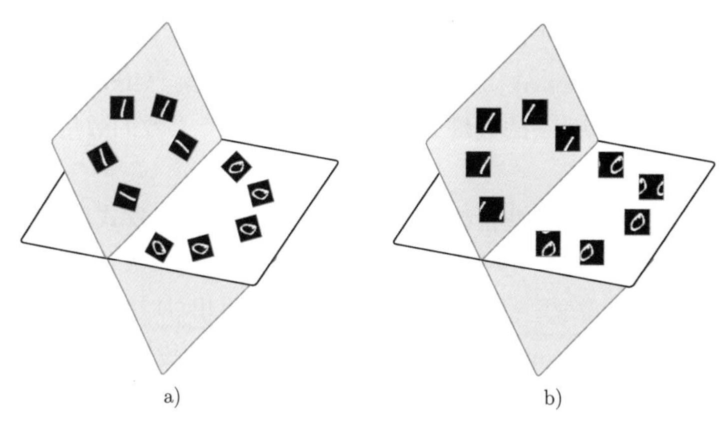

a)　　b)

图 16.10　寻求对图像旋转 (图 a) 或者平移 (图 b) 等变/不变的特征. 每个类别的所有变换图像被映射到与其他子空间不相干的相同子空间中. 每个子空间中所嵌入的特征对于变换群具有等变性, 而每个子空间对这种变换具有不变性

如果我们基于这些副本族

$$\boldsymbol{Z}_1 = \left[\operatorname{circ}(\boldsymbol{x}^1), \cdots, \operatorname{circ}(\boldsymbol{x}^m)\right]$$

构造 ReduNet 会发生什么呢? 这些移位副本族所对应的数据样本协方差矩阵为:

$$\begin{aligned}\boldsymbol{Z}_1\boldsymbol{Z}_1^* &= \left[\operatorname{circ}(\boldsymbol{x}^1), \cdots, \operatorname{circ}(\boldsymbol{x}^m)\right]\left[\operatorname{circ}(\boldsymbol{x}^1), \cdots, \operatorname{circ}(\boldsymbol{x}^m)\right]^* \\ &= \sum_{i=1}^{m} \operatorname{circ}(\boldsymbol{x}^i)\operatorname{circ}(\boldsymbol{x}^i)^* \ \in \mathbb{R}^{n\times n}.\end{aligned}$$

这个矩阵是一个 (对称) 循环矩阵. 此外, 由于循环矩阵对求和、取逆和乘积运算保持循环特性 (参见附录 A.7), 因此矩阵 $\boldsymbol{E}_1$ 和 $\boldsymbol{C}_1^j$ 也是循环矩阵, 而且这两个矩阵对特征向量 $\boldsymbol{z}$ 的操作可以使用循环卷积 “$\circledast$” 来实现. 具体来说, 我们有下述命题.

命题 16.1 ($\boldsymbol{E}_1$ 和 $\boldsymbol{C}_1^j$ 的卷积结构)　*矩阵 $\boldsymbol{E}_1 = \alpha\left(\boldsymbol{I} + \alpha\boldsymbol{Z}_1\boldsymbol{Z}_1^*\right)^{-1}$ 是一个循环矩阵, 代表一个循环卷积*

$$\boldsymbol{E}_1\boldsymbol{z} = \boldsymbol{e}_1 \circledast \boldsymbol{z},$$

其中 $\boldsymbol{e}_1 \in \mathbb{R}^n$ 是 $\boldsymbol{E}_1$ 的第一列向量, “$\circledast$” 表示循环卷积, 定义为

$$(\boldsymbol{e}_1 \circledast \boldsymbol{z})_i \doteq \sum_{j=0}^{n-1} e_1(j)x(i+n-j \bmod n). \tag{16.3.17}$$

同样地, 与 $\boldsymbol{Z}_1$ 的任何子集相关联的矩阵 $\boldsymbol{C}_1^j$ 也是循环矩阵, 代表一个循环卷积.

基于命题 16.1, 我们有

$$\begin{aligned}\boldsymbol{z}_2 &\propto \boldsymbol{z}_1 + \eta \cdot g(\boldsymbol{z}_1, \boldsymbol{\theta}_1) \\ &= \boldsymbol{z}_1 + \eta \cdot \boldsymbol{e}_1 \circledast \boldsymbol{z}_1 - \eta \cdot \boldsymbol{\sigma}\Big(\left[\boldsymbol{c}_1^1 \circledast \boldsymbol{z}_1, \cdots, \boldsymbol{c}_1^k \circledast \boldsymbol{z}_1\right]\Big).\end{aligned} \tag{16.3.18}$$

因为 $g(\cdot,\boldsymbol{\theta}_1)$ 只由与循环移位共变的运算所构成, 所以下一层的特征 $\boldsymbol{Z}_2$ 也由移位副本族构成, 即

$$\boldsymbol{Z}_2=\left[\operatorname{circ}(\boldsymbol{x}^1+\eta g(\boldsymbol{x}^1,\boldsymbol{\theta}_1)),\cdots,\operatorname{circ}(\boldsymbol{x}^m+\eta g(\boldsymbol{x}^m,\boldsymbol{\theta}_1))\right]. \tag{16.3.19}$$

继续进行归纳, 我们看到所有基于这种 $\boldsymbol{Z}_\ell$ 的矩阵 $\boldsymbol{E}_\ell$ 和 $\boldsymbol{C}_\ell^j$ 都是循环的. 根据数据的等价特性, ReduNet 已经在实质上 (隐含地) 采用了卷积网络形式, 但它并不需要显式地选择这种结构.

多通道的作用

一般来说, 一个向量 $\boldsymbol{x}$ 的所有循环排列的集合给出一个满秩矩阵. 也就是说, n 个关联于每个样本 (即每个类别) 的“增强”特征通常已经张成了整个空间 $\mathbb{R}^n$. 因此, MCR^2 的目标函数(16.3.1)无法将各个类别区分为不同的子空间.

一个很自然的弥补方法是通过把信号 $\boldsymbol{x}$ *提升* (lifting) 到一个更高维度的 (特征) 空间来改善数据的可分离性㊀, 而提升信号维度可以通过获取信号对于多个滤波器 $\boldsymbol{k}_1,\cdots,\boldsymbol{k}_C\in\mathbb{R}^n$ 的响应来实现, 即

$$\boldsymbol{z}[c]=\boldsymbol{k}_c\circledast\boldsymbol{x}=\operatorname{circ}(\boldsymbol{k}_c)\boldsymbol{x}\ \in\mathbb{R}^n,\quad c=1,\cdots,C. \tag{16.3.20}$$

这里的滤波器可以是预先设计的保持不变性的滤波器㊁, 或者自适应地从数据中学习出来的滤波器㊂, 或者像我们在实验中那样随机选择出来的滤波器. 这种操作把每个原始信号 (向量) $\boldsymbol{z}\in\mathbb{R}^n$ 提升为一个 C 通道特征向量, 记作 $\bar{\boldsymbol{z}}\doteq[\boldsymbol{z}[1],\cdots,\boldsymbol{z}[C]]^*\in\mathbb{R}^{C\times n}$. 如果我们把一个特征 $\bar{\boldsymbol{z}}$ 的多个通道堆叠成一个列向量 $\operatorname{vec}(\bar{\boldsymbol{z}})\in\mathbb{R}^{nC}$, 那么对于所有移位版本, 它所对应的循环矩阵 $\operatorname{circ}(\bar{\boldsymbol{z}})\in\mathbb{R}^{nC\times n}$ 及其数据协方差矩阵 $\bar{\boldsymbol{\Sigma}}\in\mathbb{R}^{nC\times nC}$ 可以通过下式给出:

$$\operatorname{circ}(\bar{\boldsymbol{z}})\doteq\begin{bmatrix}\operatorname{circ}(\boldsymbol{z}[1])\\ \vdots\\ \operatorname{circ}(\boldsymbol{z}[C])\end{bmatrix},\quad \bar{\boldsymbol{\Sigma}}\doteq\begin{bmatrix}\operatorname{circ}(\boldsymbol{z}[1])\\ \vdots\\ \operatorname{circ}(\boldsymbol{z}[C])\end{bmatrix}\left[\operatorname{circ}(\boldsymbol{z}[1])^*,\cdots,\operatorname{circ}(\boldsymbol{z}[C])^*\right], \tag{16.3.21}$$

其中 $\operatorname{circ}(\boldsymbol{z}[c])\in\mathbb{R}^{n\times n}$ 和 $c\in[C]$ 是特征 $\bar{\boldsymbol{z}}$ 的第 c 个通道的循环矩阵. 因此 $\operatorname{circ}(\bar{\boldsymbol{z}})$ 的列向量最多只能张成向量空间 $\mathbb{R}^{nC}$ 中的一个 n 维真子空间 (proper subspace).

不变性和稀疏性之间的权衡

然而, 这种简单的 (线性) 维度提升操作仍然不足以使不同类别之间可分离——与其他类别关联的特征可能会在提升空间中张成*相同的*n 维子空间. 这反映了线性 (子空间) 建模与不变性之间的根本冲突: 一方面, 我们希望所得到的特征是线性的, 因此同一类别的信号

㊀ 神经科学中有证据表明这种维度的扩展有助于认知 [Fusi et al., 2016].

㊁ 对于音频等一维信号, 我们可以考虑传统的短时傅里叶变换 (STFT); 对于二维图像, 我们可以考虑二维小波变换, 比如 ScatteringNet [Bruna et al., 2013].

㊂ 对于需要学习的滤波器, 可以从给定的数据中学习得到, 比如通过 PCANet [Chan et al., 2015] 学习样本的主成分, 或者通过卷积字典学习得到 [Li et al., 2019; Qu et al., 2019].

特征 (及其移位版本) 的叠加复合在提升后的特征空间中仍旧保持在相同的子空间中. 另一方面, 我们希望不同类别的信号特征可以被分离而且属于不同的 (不相干的) 子空间.

解决这种冲突的一种方法 (可能也是唯一的方法) 是, 以稀疏性的形式对每个类别中的信号施加额外的结构. 我们可以假设在各个类别 j 中的所有信号 $\boldsymbol{x}$ (包括它们的移位版本) 仅由字典 $\boldsymbol{D}_j$ 中的基元 (或者模体) 及其移位通过稀疏组合而生成, 即

$$\boldsymbol{x} = \operatorname{circ}(\boldsymbol{D}_j)\boldsymbol{z}_j, \tag{16.3.22}$$

其中 $\boldsymbol{z}_j$ 是稀疏的, 如图 16.11所示[㊀].

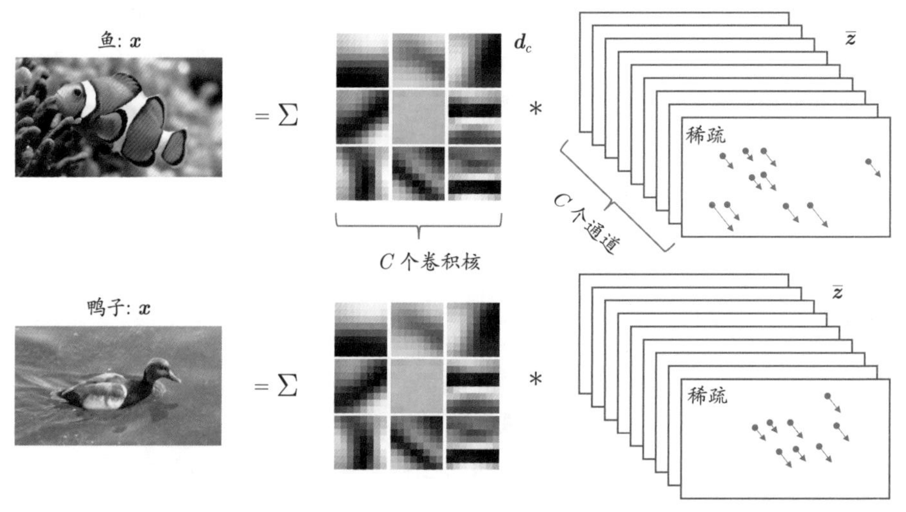

图 16.11　每个输入信号 $\boldsymbol{x}$ (这里为图像) 可以表示为与字典 $\boldsymbol{D}$ 中多个卷积核 $\boldsymbol{d}_c$ 进行稀疏卷积的一个叠加

进一步假设 k 个类别的字典 $\boldsymbol{D} = \{\boldsymbol{D}_j\}_{j=1}^k$ 之间是不相干的. 因此, 一个类别中的信号不太可能被任何其他类别中的基元所稀疏表示. 那么, k 个类别中的所有信号都可以由所有字典一起进行稀疏表示, 即

$$\boldsymbol{x} = \left[\operatorname{circ}(\boldsymbol{D}_1), \operatorname{circ}(\boldsymbol{D}_2), \cdots, \operatorname{circ}(\boldsymbol{D}_k)\right]\bar{\boldsymbol{z}}. \tag{16.3.23}$$

对于稀疏向量 $\bar{\boldsymbol{z}}$, 它编码了信号 $\boldsymbol{x}$ 相对于 k 个类别的隶属关系. 读者可能已经认识到这个模型与我们在第 13 章中看到的人脸识别任务非常相似. 正如我们之前在第 7 章、第 9 章和第 12 章所看到的, 有大量文献研究如何从样本数据中学习最紧凑和最优的稀疏化字典. 感兴趣的读者可以参考 [Li et al., 2019c; Qu et al., 2019a] 以获取关于这方面研究的更多参考资料.

不过, 在这里我们对每个信号本身的精确最优稀疏编码并不感兴趣. 我们只关心每个类别的稀疏编码的集合是否整体地与其他类别的稀疏编码是可分离的[㊁]. 在稀疏生成模型

㊀ 在实践中, 我们可以进一步假设字典中的基元是“短的”(或者具有较小的支撑), 使得生成模型类似于我们在第 12 章中研究过的“短稀疏”模型.

㊁ 请注意, 这与本书前面章节中计算稀疏编码的目标有很大不同.

的假设下, 如果卷积核 $\{\boldsymbol{k}_C\}$ 与上述稀疏化字典的"转置"或者"逆"匹配良好——这里的卷积核也被称为分析滤波器 (analysis filter)[Nam et al., 2013; Rubinstein et al., 2014]——那么, 在某一个类别中的信号只会对这些滤波器的一小部分产生高响应, 而对其他滤波器 (由于不相干性假设) 产生比较低的响应. 图 16.12展示了这个基本思想. 不过, 在实践中, 通常数量足够多的随机滤波器足以确保不同类别的信号对不同的滤波器具有不同的响应模式, 从而使不同的类别可分离 [Chan et al., 2015]. 我们将在实验中使用简单的随机滤波器设计来验证这个概念㊀.

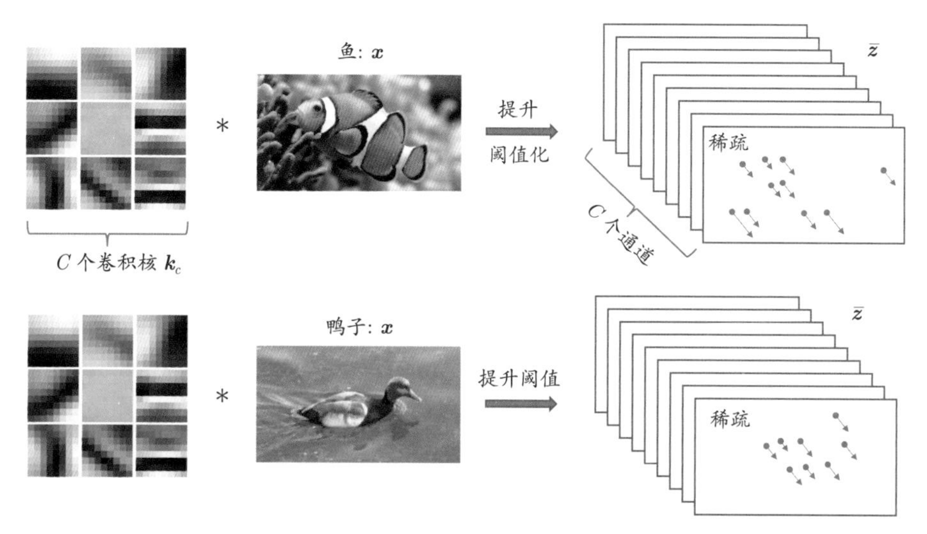

图 16.12 利用多个卷积核 $\boldsymbol{k}_C$ 进行卷积, 然后再稀疏化, 以估计输入信号 $\boldsymbol{x}$ (这里为图像) 的稀疏编码 $\bar{\boldsymbol{z}}$

基于上面的分析可知, 多通道响应 $\bar{\boldsymbol{z}}$ 应该是稀疏的. 为了逼近稀疏编码 $\bar{\boldsymbol{z}}$, 我们可以对滤波器输出使用一个逐元素促进稀疏的非线性阈值化算子, 记作 $\boldsymbol{\tau}(\cdot)$, 使比较小的 (即绝对值小于阈值 ε) 或者负的响应为零, 即㊁

$$\bar{\boldsymbol{z}} = \boldsymbol{\tau}\left[\operatorname{circ}(\boldsymbol{k}_1)\boldsymbol{x}, \cdots, \operatorname{circ}(\boldsymbol{k}_C)\boldsymbol{x}\right] \quad \in \mathbb{R}^{n\times C}. \tag{16.3.24}$$

读者可以参考 [Rubinstein et al., 2014] 以更系统地了解稀疏化阈值算子的设计. 尽管如此, 在这里我们实际上对获得最佳稀疏编码并不感兴趣, 只需要实现不同类别的稀疏编码之间足够可分离即可. 因此, 非线性算子 $\boldsymbol{\tau}(\cdot)$ 可以简单地选择为软阈值化算子或 ReLU. 我们可以假设这些可能高度稀疏的特征 $\bar{\boldsymbol{z}}$ 位于 $\mathbb{R}^{n\times C}$ 中的一个低维子流形上, 可以通过之后的 ReduNet 层线性化, 并与其他类别分离开.

基于这些多通道特征 $\bar{\boldsymbol{z}}$ 的循环版本而构建的 ReduNet 很好地保留了上述不变性: 基于维度提升和稀疏化特征 $\bar{\boldsymbol{z}}$ 而计算出来的线性算子 $\bar{\boldsymbol{E}}$ 和 $\bar{\boldsymbol{C}}^j \in \mathbb{R}^{nC\times nC}$ 保持块循环 (block

㊀ 尽管学习或者设计滤波器以及更精确地计算稀疏编码的计算成本更高, 更好的稀疏编码方案肯定会带来更好的分类性能.

㊁ 读者应该注意到, 除了特征尺度归一化和隶属度指派操作之外, 这是我们遇到的第三种也是最后一种类型的非线性操作.

circulant) 特性. 因此, 它们对应于多通道一维循环卷积 (参见 [Chan et al., 2020] 以获得严格的描述和证明):

$$\bar{\boldsymbol{E}}(\bar{\boldsymbol{z}}) = \bar{\boldsymbol{e}} \circledast \bar{\boldsymbol{z}}, \quad \bar{\boldsymbol{C}}^j(\bar{\boldsymbol{z}}) = \bar{\boldsymbol{c}}^j \circledast \bar{\boldsymbol{z}} \quad \in \mathbb{R}^{n\times C}, \quad j = 1, \cdots, k, \tag{16.3.25}$$

其中 $\bar{\boldsymbol{e}}, \bar{\boldsymbol{c}}^j \in \mathbb{R}^{C\times C\times n}$ 对应于多通道卷积核. 因此, 基于等变数据结构, 所得到的 ReduNet 很自然地构成一个适用于多通道一维信号的深度卷积网络. 请注意, 通道数在不同层中 (或者迭代中) 保持不变.

频域中的快速计算

由于所有循环矩阵都可以通过离散傅里叶变换 (DFT) 矩阵 $\boldsymbol{F}$ 而同时对角化[㊀], 即 $\operatorname{circ}(\boldsymbol{z}) = \boldsymbol{F}^*\boldsymbol{D}\boldsymbol{F}$ (参见附录 A.7 的定理 A.16), 所有形如式(16.3.21)的矩阵 $\bar{\boldsymbol{\Sigma}}$ 都可以转换为标准的"对角块"的形式:

$$\bar{\boldsymbol{\Sigma}} = \begin{bmatrix} \boldsymbol{F}^* & \boldsymbol{0} & \boldsymbol{0} \\ \boldsymbol{0} & \ddots & \boldsymbol{0} \\ \boldsymbol{0} & \boldsymbol{0} & \boldsymbol{F}^* \end{bmatrix} \begin{bmatrix} \boldsymbol{D}_{11} & \cdots & \boldsymbol{D}_{1C} \\ \vdots & & \vdots \\ \boldsymbol{D}_{C1} & \cdots & \boldsymbol{D}_{CC} \end{bmatrix} \begin{bmatrix} \boldsymbol{F} & \boldsymbol{0} & \boldsymbol{0} \\ \boldsymbol{0} & \ddots & \boldsymbol{0} \\ \boldsymbol{0} & \boldsymbol{0} & \boldsymbol{F} \end{bmatrix} \in \mathbb{R}^{nC\times nC}, \tag{16.3.26}$$

其中每个矩阵块 $\boldsymbol{D}_{kl}$ 是一个 $n\times n$ 对角矩阵. 式(16.3.26)右侧的中间一项是进行一个行列置换后的块对角矩阵, 包括 n 个大小为 $C\times C$ 的块矩阵. 因此, 要计算 $\bar{\boldsymbol{E}}$ 和 $\bar{\boldsymbol{C}}^j \in \mathbb{R}^{nC\times nC}$, 我们只需在频域中计算 n 次 $C\times C$ 矩阵块的逆, 其整体复杂度是 $O(nC^3)$, 而不是对 $nC\times nC$ 矩阵求逆的复杂度 $O((nC)^3)$. 如果算子 $\bar{\boldsymbol{E}}$ 和 $\bar{\boldsymbol{C}}^j$ 的计算不涉及矩阵求逆, 那么在频域计算的优势将不会那么显著. 我们将它作为习题留给读者 (见习题 16.5).

二维图像和平移不变性

分类对于任意二维平移具有不变性的图像时, 我们可以将图像 (特征) $\bar{\boldsymbol{z}} \in \mathbb{R}^{(W\times H)\times C}$ 视为定义在圆环面 $\mathcal{T}^2$ (离散为 $W\times H$ 的网格) 上的函数, 并考虑 $\mathbb{G}$ 为圆环面上所有二维 (循环) 平移的 (阿贝尔) 群. 图 16.18给出一个示例. 与一维情况类似, 所对应的线性算子 $\bar{\boldsymbol{E}}$ 和 $\bar{\boldsymbol{C}}^j$ 以多通道二维循环卷积的形式作用于图像特征 $\bar{\boldsymbol{z}}$ 上. 用这种方式所产生的网络将是一个深度卷积网络, 对于二维图像它具有与传统 CNN [Krizhevsky et al., 2012; LeCun et al., 1995] 相同的多通道卷积结构. 但与传统的卷积网络不同之处在于, ReduNet 网络的架构和卷积的参数全部来自最大化编码率约简目标函数, 包括 (层) 归一化与非线性激活函数 $\hat{\boldsymbol{\pi}}^j$ 和 $\boldsymbol{\tau}$. 同样, 可以证明, 这种多通道二维卷积网络能够在频域中更有效地构建 (参见 [Chan et al., 2020] 以获得严格的描述和证明). 读者可以参考 [Chan et al., 2020] 以了解在频域中实现对一维串行数据和二维图像数据具有平移不变性的 ReduNet 的实现细节.

㊀ 这里, 我们把矩阵 $\boldsymbol{F}$ 缩放为酉矩阵, 因此它与传统形式的 DFT 矩阵差一个系数因子 $1/\sqrt{n}$.

与卷积和递归稀疏编码的关联

从上述内容中我们看到，为了寻找对多类别信号/图像具有平移不变性的判别线性特征，基于维度提升的稀疏编码、具有多通道卷积的多层架构以及基于频域的计算都是有效且高效实现这个目标的必要组件. 图 16.13展示了通过输入稀疏编码的编码率约简不变性来学习这种表示的整个过程. 稀疏编码和深度网络之间的概念和算法相似性早已被人们所观察到，特别是 Learned ISTA [Gregor et al., 2010]. 这项工作后来被拓展为针对图像数据的卷积或者针对串行数据的循环网络 [Monga et al., 2019; Papyan et al., 2016; Sulam et al., 2018; Wisdom et al., 2016]. 尽管稀疏性和卷积都被广泛认为是深度网络所需的特征，但它们在分类任务中的确切作用从未被清楚地揭示或者被解释. 例如，使用卷积算子来保证等变性已经成为深度网络中的常见做法 [Cohen et al., 2016; LeCun et al., 1995]，但是所需的卷积数量尚不清楚，它们的参数需要通过反向传播从随机初始化进行优化. 当然，人们也可以预先设计每一层的卷积滤波器，以确保对各类信号的平移不变性，例如 ScatteringNet [Bruna et al., 2013] 和许多后续工作 [Wiatowski et al., 2018] 中使用的小波变换. 然而，所需的卷积数量通常随着层数呈指数增长. 这就是为什么 ScatteringNet 类型的网络不能很深 (通常只有 2~3 层) 的原因. 在这些框架中，如何设计多通道卷积目前仍不清楚. 相比之下，在编码率约简框架中，我们看到多通道卷积 ($\bar{\boldsymbol{E}}, \bar{\boldsymbol{C}}^j$) 的作用是可以明确地推导和证明的，滤波器 (通道) 的数目在所有层中保持不变，而它们的参数由数据来决定[㊀]. 从上面的推导中我们可以看到，卷积滤波器和稀疏性需求对于实现以增量方式学习平移不变的判别线性特征是必要的.

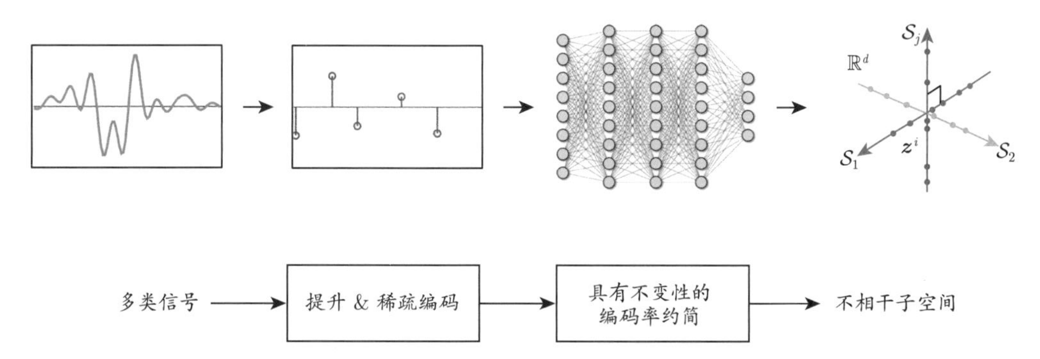

图 16.13 具有平移不变性的多类别信号的分类过程概述. 首先进行多通道提升和稀疏编码，然后利用 (卷积的) ReduNet 来实现编码率约简不变性. 这些操作对于把平移不变的多类别信号映射到不相干 (线性) 子空间是必要的. 请注意，大多数现代深度神经网络的架构都类似于这个过程

16.3.3 仿真和实验

现在我们通过在合成数据和真实图像上的一些基本实验来验证基于上面方法所构建的 ReduNet 是否实现了设计目标. 这些数据集和实验的选择是为了清楚地展示以这种方式所

㊀ 当然，如果需要，参数的值可以进一步微调.

获得的网络在学习正确的判别性和实现不变性方面的性能表现. 尽管这些基本的和早期的实验已经展现出其价值, 但是实践中进一步提高这种网络的性能和可扩展性仍然是活跃且令人兴奋的研究方向. 我们将把一些讨论放在本章的结语.

仿真: 在 $\mathbb{S}^2$ 中学习高斯混合模型

我们考虑在 $\mathbb{R}^3$ 中的 3 个高斯分量构成的混合模型, 其均值 $\boldsymbol{\mu}_1\ \boldsymbol{\mu}_2\ \boldsymbol{\mu}_3$ 均匀地分布于 $\mathbb{S}^2$, 方差 $\sigma_1 = \sigma_2 = \sigma_3 = 0.1$. 我们从分布中抽取 $m = 500$ 个点, 所有数据点都投影到 $\mathbb{S}^2$ 上 (见图 16.14). 为了构建网络 (计算每一层的 $\boldsymbol{E}, \boldsymbol{C}^j$), 我们设置了迭代次数/层数为 $L = 2000$㊀, 步长 $\eta = 0.5$, 精度 $\varepsilon = 0.1$. 如图 16.14a 的两幅图所示, 我们观察到, 在经过映射 $f(\cdot, \boldsymbol{\theta})$ 之后, 来自同一类的样本汇聚到一个簇, 而不同簇之间几乎是正交的, 这与定理 16.1所描述的 MCR^2 目标函数最优解 $\boldsymbol{Z}_\star$ 的特性相吻合. 从图 16.14c 我们可以看到不同层的特征所关联的 MCR^2 目标函数值. 从实验结果上看, 我们发现所构建的 ReduNet 能够使 MCR^2 目标函数最大化, 并且能够稳定收敛. 此外, 我们发现对于从相同的分布中采样的新数据点, 同一类别的新样本始终收敛于与训练样本相同的簇.

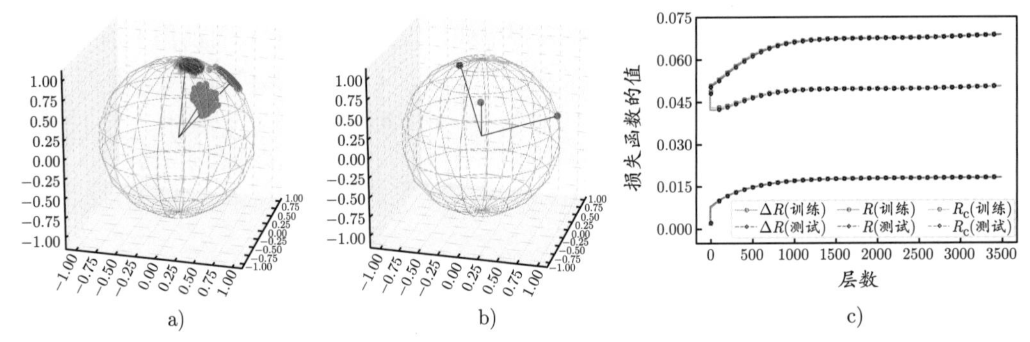

图 16.14　原始样本和学习到的 $\mathbb{R}^3$ 中三个高斯分量构成的混合模型的特征. 我们通过图 a 和图 b 中的散点图分别将数据点 $\boldsymbol{X}$ (映射前) 和特征 $\boldsymbol{Z}$ (映射后) 进行可视化. 在每个散点图中, 一种颜色代表一个类别的样本. 我们还绘制出了训练和测试数据的目标函数值变化曲线 (图 c)

实验 I: MNIST 数字的一维旋转不变性

我们研究 ReduNet 在 MNIST 数据集上学习旋转不变的特征 [LeCun, 1998]. 旋转图像的例子在图 16.15中显示. 我们在图像上施加一个极坐标网格 $\boldsymbol{x} \in \mathbb{R}^{H\times W}$, 其几何中心是二维极坐标网格的中心. 对于每个半径 r_i, $i \in [C]$, 我们可以在 $\ell \in [\Gamma]$ 范围内对每个角度 $\gamma_\ell = \ell \cdot (2\pi/\Gamma)$ 采样 Γ 个像素. 给定数据集中一个图像样本 $\boldsymbol{x}$, 我们用极坐标表示该图像, 即 $\boldsymbol{x}(p) = (\gamma_{\ell,i}, r_{\ell,i}) \in \mathbb{R}^{\Gamma\times C}$.

我们的目标是学习具有旋转不变性的特征, 也就是学习 $f(\cdot, \boldsymbol{\theta})$, 使 $f(\boldsymbol{x}(p)\circ \mathfrak{g}, \boldsymbol{\theta})_{\mathfrak{g}\in\mathbb{G}}$ 位于同一个子空间, 其中 $\mathfrak{g}$ 是极角的移位变换. 通过对训练数据集中的数字 “0” 和数字 “1”

㊀ 这个框架很容易延伸出具有数千层的有效深度网络, 这是非常了不起的. 但这也说明层的效率并不高. 考虑到深度网络的优化性质, 那么很自然就会想到, 在优化章节中所介绍的加速技术可以用来提高层 (迭代) 的效率. 我们把这个问题留给读者作为习题.

的图像进行极坐标变换, 我们可以得到数据矩阵 $\boldsymbol{X}(p) \in \mathbb{R}^{(\Gamma \cdot C) \times m}$. 我们使用 $m = 2000$ 个训练样本. 对于极坐标转换, 我们设置 $\Gamma = 200$ 和 $C = 5$, 并设置迭代次数 (或层数) $L = 3500$, 精度 $\varepsilon = 0.1$, 步长 $\eta = 0.5$. 我们用随机旋转的方式随机生成测试样本.

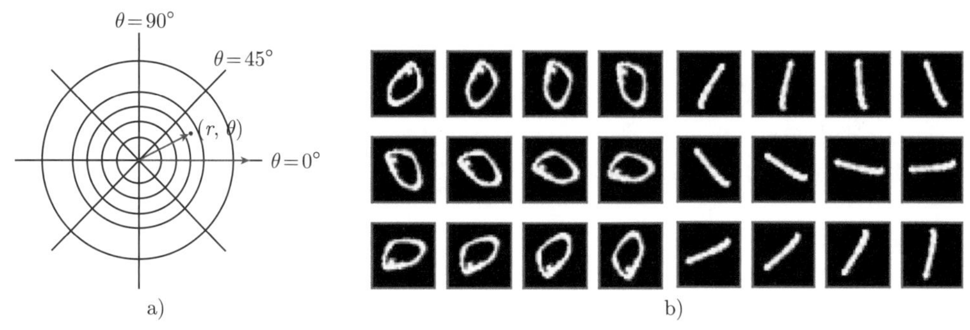

图 16.15 用于测试旋转不变性的 MNIST 中数字的旋转图像例子, 每个图像被旋转 18°. a) 极坐标图. b) 被旋转的数字 “0 ” 和数字 “1”

为了可视化特征映射的效果, 我们在图 16.16中展示了训练/测试数据的余弦相似度 (绝对值). 我们可以看到, ReduNet 几乎能够将所有来自不同类别的随机样本映射到正交的子空间中.

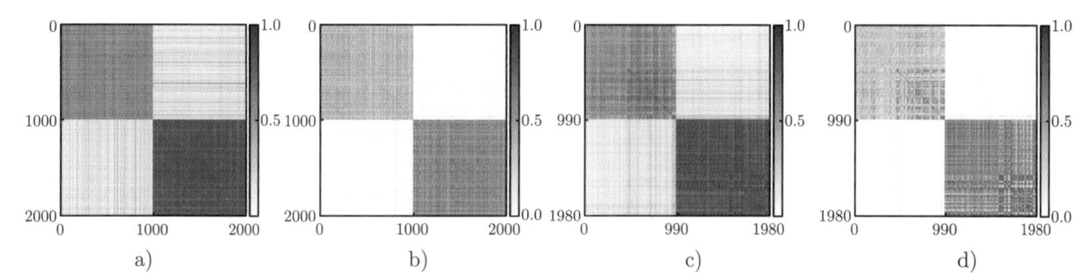

图 16.16 训练/测试数据的余弦相似度 (绝对值) 以及在 MNIST 上学习到的旋转不变的训练/测试图像表示. a)~d) 分别是基于 X_{train}, Z_{train}, X_{test}, 和 Z_{test} 所计算的余弦相似度的绝对值

为了验证所得到的特征对于*所有*的旋转确实是不变的, 我们从每个类别中选择一个样本, 并使用每个可能的移位样本来进行样本增广, 然后计算这些增广样本之间的余弦相似度, 如图 16.17a 和图 16.17b 所示. 此外, 我们利用所有可能的移位样本来扩充数据集中的各个样本, 然后我们评估类别与类别之间的余弦相似度 (绝对值): 对于每一对样本, 一个来自训练集, 一个来自测试集, 它们属于不同的类别. 余弦相似度的直方图绘制在图 16.17c. 我们可以清楚地看到, 所学习到的特征对于极角的所有平移变换 (即 $\boldsymbol{x}$ 中的任意旋转) 都是不变的.

我们比较了不考虑不变性的 ReduNet 和考虑移位不变性的 ReduNet (在原始测试数据和移位的测试数据上) 的准确性. 对于不考虑不变性的 ReduNet 的训练, 我们使用与训练考虑移位不变性的 ReduNet 相同的训练集, 我们设置迭代次数 $L = 3500$, 步长 $\eta = 0.5$, 精度 $\varepsilon = 0.1$. 实验结果列在表 16.2中. 我们可以看到, 通过不变性设计, 具有移位不变性的 ReduNet 在 MNIST 数据集的二分类任务中表现出更好的不变性.

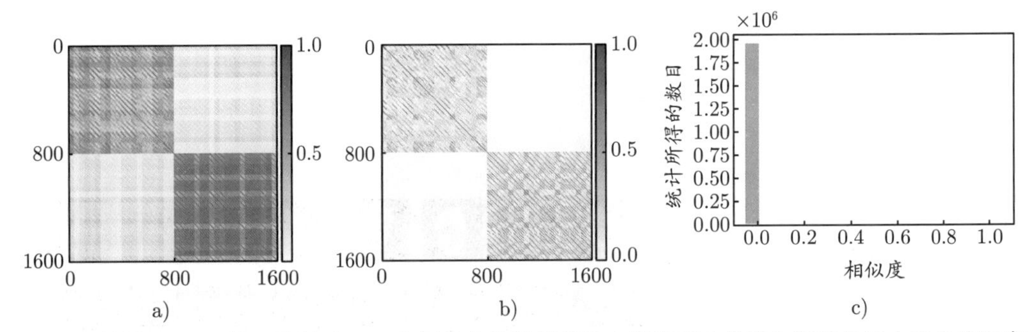

图 16.17　数据 $\boldsymbol{X}_{\text{shift}}$/学习特征 $\bar{\boldsymbol{Z}}_{\text{shift}}$ 之间的余弦相似度热力图和两个类别之间移位样本的余弦距离分布直方图

表 16.2　在 MNIST 上学习旋转不变性特征的网络分类准确率 (ACC) 比较

	ReduNet	ReduNet (不变性)
ACC (原始测试数据)	0.983	0.996
ACC (所有可能移位的测试数据)	0.707	0.993

实验 II: MNIST 上的二维循环平移不变性

在这一部分中, 我们提供了验证 ReduNet 对二维平移不变性的实验. 我们构造: 1) 一个不考虑不变性的 ReduNet 和 2) 用于对 MNIST 数据集中的数字 “0” 和数字 “1” 进行分类的具有二维平移不变性的 ReduNet. 我们使用 $m = 1000$ 个样本 (每个类别 500 个样本) 来训练模型, 并使用另外的 500 个样本 (每个类别的 250 个样本) 进行测试. 为了评估二维平移不变性, 对每个测试图像 $\boldsymbol{x}_{\text{test}} \in \mathbb{R}^{H\times W}$, 我们使用步长 7 (个像素) 对所有的测试图像进行平移扩充. 具体地, 对于 MNIST 数据集, 每个图像的尺寸为 $H = W = 28$. 因此, 对于每张图像, 所有通过循环平移增广 (设步长为 7 时) 的图像总数为 $4 \times 4 = 16$. 平移后的图像在图 16.18中显示. 请注意, 这种平移比文献中通常考虑的情况要大得多, 因为我们把 $H \times W$ 网格当作圆环面, 所以考虑的是对于整个循环平移群的不变性.

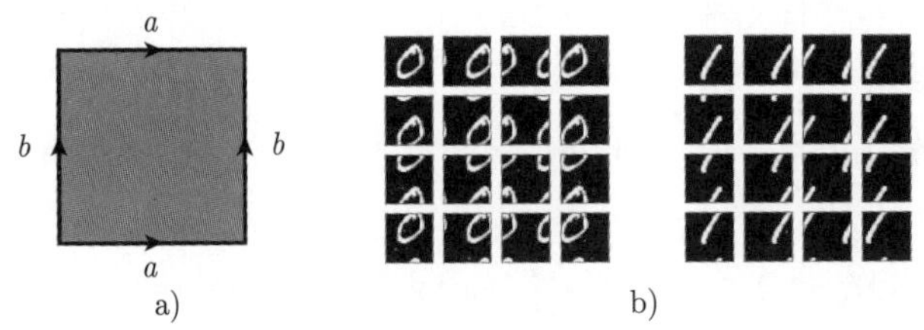

图 16.18　用于测试 ReduNet 循环平移不变性的被 (循环) 平移的 MNIST 数据图像示例, 这里使用步长为 7. a) 对于二维循环平移, 我们通过识别矩形图像的对边将它们视作在圆环上的图像. b) 循环平移的数字 “0” 和数字 “1”

对于不考虑平移不变性的 ReduNet, 我们设置迭代次数 $L = 2000$, 步长 $\eta = 0.1$, 精度 $\varepsilon = 0.1$. 对于平移不变的 ReduNet, 我们设置 $L = 2000$, 步长 $\eta = 0.5$, 精度 $\varepsilon = 0.1$, 通道数 $C = 5$, 我们设置式(16.3.24)中随机提升卷积核的大小为 3×3[㊀]. 我们把实验结果

㊀ 使用更多通道或者设计更好的滤波器肯定能够提高性能. 不过, 在这里我们选择最基本的参数只是为了概念验证.

列在表 16.3中. 与 MNIST 数据集上的一维旋转结果类似, 与不考虑不变性的 ReduNet 相比, 考虑平移不变性的 ReduNet 对平移后的图像具有更好的分类性能. 具有平移不变性的 ReduNet 的准确率下降远远小于没有考虑不变性设计的 ReduNet.

表 16.3 在 MNIST 上学习二维平移不变特征的网络分类准确率 (ACC) 比较

	ReduNet	ReduNet (不变性)
ACC (原始测试数据)	0.980	0.975
ACC (所有可能移位的测试数据)	0.540	0.909

16.4 基于深度网络的有保证的流形分类

前面几节已经展示了如何构建 (非线性) 深度网络, 它把带标签数据嵌入不相干子空间的并集中, 每个类别对应一个子空间. 与我们之前对线性和分段线性结构的研究相反, 这些模型可以通过迭代地线性化使其能够处理位于*非线性*流形上的数据. 在很大程度上, 前一节中的深度网络构建方法揭示出为什么深度网络体系结构和许多通常被采用的流程和操作对于分类任务是必要的. 然而, 由于目标函数的非凸本质和构造过程的贪心本质, 目前还不能保证所得到的网络能够成功地找到最优特征. 这自然就引出了下述问题: 什么时候位于非线性子流形上的数据可以通过深度网络进行精确分类? 哪些资源 (比如数据、网络深度和宽度、训练时间) 对于正确分类数据是充分条件? 提出这些问题的动机是由于深度网络在处理非线性数据方面所取得的成功, 以及实际数据中非线性和低维结构的普遍存在.

16.4.1 最简单情形: 两个一维子流形

在本节中, 我们在*高维球面上的两个一维子流形*这一几乎最简单的情况下研究分类问题. 图 16.15所示的对任意旋转的两个数字 “0” 和 “1” 进行分类的实验可以作为这个问题的一个例子. 这类似于我们在第 7 章对字典学习的讨论, 在那里我们使用 1-稀疏向量这一最简单的设置来阐述其基本思想, 并提炼出适用于更一般情况的结论㊀.

精确的实验设定如图 16.19所示: 对于观测到的一组有限数量的带标签样本 $\{(\boldsymbol{x}^i, y^i)\}_{i=1}^N$, 它们位于高维球面的两个一维子流形 $\mathcal{M}_+$ 和 $\mathcal{M}_-$ 上, 我们希望理解需要哪些资源才能正确标记 $\mathcal{M}_+$ 和 $\mathcal{M}_-$ 上的每一个点. 这是一种很强的*泛化性*, 因为它能保证学习 (或者构造) 的分类器 $f(\boldsymbol{x}, \boldsymbol{\theta})$ 对每个可能的输入都输出正确的标签.

显然, 所需的资源取决于流形的几何, 这里我们通过它们的曲率 κ 和分离程度 Δ 来刻画. 我们将描述这个问题如何通过有监督学习的视角来研究. 对于有监督学习, 我们需要在训练数据上最小化某个损失函数来使网络拟合数据, 即

㊀ 任何在一般情况下有效的重要想法必须可以被解释. 更明确地说, 首先应该在最基本的情况下得到更清楚的解释. 通常从 0 到 1 是推动我们知识进步的关键步骤, 而之后的从 1 到 n 只不过是一个自然的延伸.

$$\min_{\boldsymbol{\theta}} \mathcal{L}(\boldsymbol{\theta}, \boldsymbol{X}, \boldsymbol{Y}) = \frac{1}{N}\sum_{i=1}^{N} \ell\big(f(\boldsymbol{x}^i, \boldsymbol{\theta}), y^i\big), \tag{16.4.1}$$

其中网络的参数被随机初始化为 $\boldsymbol{\theta}_0$. 从广义上讲, 这种方法与前面部分所采用的方法对偶: 我们不是在前向方向上构建网络以最小化一个损失函数, 而是从一个随机网络开始通过梯度下降对其进行训练, 反向传播相对于期待输出的梯度信息, 通过训练过程来确定网络参数应该如何调整. 反向传播一直是训练深度网络的主要方法 [Rumelhart et al., 1986]. 尽管如此, 我们相信, 最终这两种方法可以并且应该结合起来. 例如, 上一节中解析地构建的网络标称权值 (nominal weight) 可以通过梯度下降进一步调整, 从而潜在地减少把数据嵌入正交子空间所需的层数.

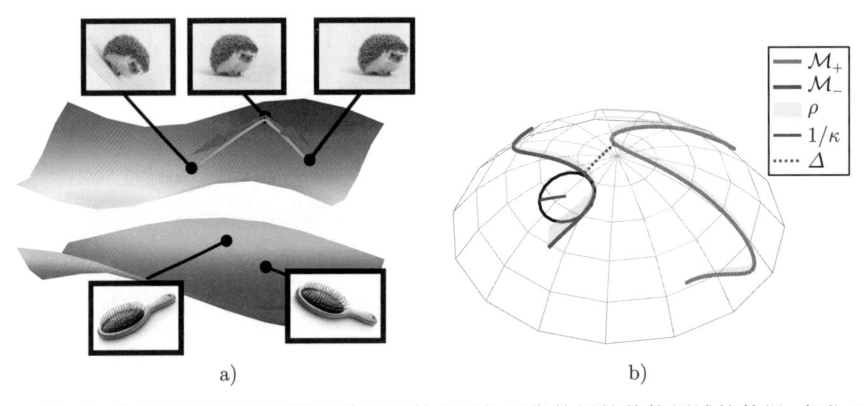

图 16.19　a) 使用标准数据增强进行图像分类以及神经网络通常使用的其他领域的数据, 都位于低维流形上——在这个例子中是对训练集的图像进行连续变换 (例如旋转) 而产生的. 流形的维数由对称群的维数决定, 通常很小. b) 多流形问题. 我们的模型问题——捕捉这种低维结构——是对球面 $\mathbb{S}^{n_0-1}$ 上的低维子流形进行分类. 这个问题的困难是由流形之间的分离程度 Δ 和流形的曲率 κ 决定的. 这些参数将确定为了有保证地降低泛化误差所需的网络深度和网络宽度

分析神经网络训练的一个主要挑战来自目标函数 $\mathcal{L}(\boldsymbol{\theta}, \boldsymbol{X}, \boldsymbol{Y})$ 的非凸性. 使用第 7 章的语言来说, 深度网络表现出复杂的复合对称性 (例如, 每一层中的排列或者移位对称性). 目前, 我们对深度网络的优化曲面缺乏全面理解. 这对分析深度网络有两个启示: 首先, 相比于分析表现出复杂对称性的权值本身, 根据输入输出关系 $\boldsymbol{x} \mapsto f(\boldsymbol{x}, \boldsymbol{\theta})$ 来分析训练过程更容易. 其次, 相比于在整个空间上详尽地刻画局部/全局极小值点, 从一个随机初始化的网络 $f(\cdot, \boldsymbol{\theta}_0)$ 开始分析训练的动态过程更容易. 这使我们能够引入高维概率的工具来处理这个问题: 随着网络参数数量的增加, 网络训练行为变得越来越有规律. 此外, 我们可以选择参数的初始分布使网络层之间实现近似等距.

16.4.2　问题建模与分析

为了使上述讨论更具体, 我们考虑一个模型网络的训练问题, 其中标签取值 $\{\pm 1\}$ 分别对应于两个子流形 $\mathcal{M}_+$ 和 $\mathcal{M}_-$. 我们的目标是将一个全连接神经网络拟合到维数为 n_0 的输入数据 $\boldsymbol{x}^i$, 网络每层的宽度为 n, 网络的权值为 $\boldsymbol{W}_0 \in \mathbb{R}^{n\times n_0}$, $\boldsymbol{W}_{L-1} \in \mathbb{R}^{1\times n}$,

$\boldsymbol{W}_\ell \in \mathbb{R}^{n\times n}$, 其中 $\ell = 1,\cdots,L-2$. 我们试图通过最小化训练数据上的平方损失来寻找这些权值, 即[㊀]

$$\min_{\boldsymbol{\theta}} \frac{1}{2N}\sum_{i=1}^{N}\left(f(\boldsymbol{x}^i,\boldsymbol{\theta})-y^i\right)^2 \doteq \int_{\boldsymbol{x}} \frac{1}{2}(f(\boldsymbol{x},\boldsymbol{\theta})-y(\boldsymbol{x}))^2 \mathrm{d}\mu_{N}(\boldsymbol{x}). \tag{16.4.2}$$

在上面的表达式中, 我们使用 $\mu_{N}(\boldsymbol{x}) = \dfrac{1}{N}\sum_i \delta(\boldsymbol{x}-\boldsymbol{x}^i)$ 表示对应训练样本的测度 (分布). 我们使用 $\zeta(\boldsymbol{x})$ 表示点 $\boldsymbol{x}$ 处的带符号误差, 即

$$\zeta(\boldsymbol{x}) = f(\boldsymbol{x},\boldsymbol{\theta}) - y(\boldsymbol{x}). \tag{16.4.3}$$

为了理解这个误差在训练过程中如何演变, 我们可以研究一种梯度下降的连续时间变体方法[㊁], 其参数演变为

$$\begin{aligned}\frac{\mathrm{d}}{\mathrm{d}t}\boldsymbol{\theta}_t &= -\nabla_{\boldsymbol{\theta}}\mathcal{L}(\boldsymbol{\theta}_t,\boldsymbol{X},\boldsymbol{Y}) = -\int_{\boldsymbol{x}}(f(\boldsymbol{x},\boldsymbol{\theta}_t)-y(\boldsymbol{x}))\frac{\partial f(\boldsymbol{x},\boldsymbol{\theta})}{\partial\boldsymbol{\theta}}\Big|_t \mathrm{d}\mu_{N}(\boldsymbol{x})\\ &= -\int_{\boldsymbol{x}}\zeta_t(\boldsymbol{x})\frac{\partial f(\boldsymbol{x},\boldsymbol{\theta})}{\partial\boldsymbol{\theta}}\Big|_{\boldsymbol{\theta}_t}\mathrm{d}\mu_{N}(\boldsymbol{x}).\end{aligned} \tag{16.4.4}$$

如上所述, 刻画网络参数 $\boldsymbol{\theta}$ 本身的演变也是非常具有挑战的. 通常考虑误差 ζ_t 更容易一些, 它的演变为

$$\begin{aligned}\frac{\mathrm{d}}{\mathrm{d}t}\zeta_t(\boldsymbol{x}) &= \frac{\partial f(\boldsymbol{x},\boldsymbol{\theta})}{\partial\boldsymbol{\theta}}\Big|_{\boldsymbol{\theta}_t}\frac{\mathrm{d}}{\mathrm{d}t}\boldsymbol{\theta}_t = -\int_{\boldsymbol{x}'}\left\langle\frac{\partial f(\boldsymbol{x},\boldsymbol{\theta})}{\partial\boldsymbol{\theta}},\frac{\partial f(\boldsymbol{x}',\boldsymbol{\theta})}{\partial\boldsymbol{\theta}}\right\rangle\Big|_{\boldsymbol{\theta}_t}\zeta_t(\boldsymbol{x}')\mathrm{d}\mu_{N}(\boldsymbol{x}')\\ &\doteq -\boldsymbol{\Theta}_t\zeta_t,\end{aligned} \tag{16.4.5}$$

其中 $\boldsymbol{\Theta}_t$ 是一个 (线性) 积分算子, $\boldsymbol{\Theta}_t h$ 将函数 $h(\cdot)$ 映射为:

$$\int_{\boldsymbol{x}'}\left\langle\frac{\partial f(\boldsymbol{x},\boldsymbol{\theta})}{\partial\boldsymbol{\theta}},\frac{\partial f(\boldsymbol{x}',\boldsymbol{\theta})}{\partial\boldsymbol{\theta}}\right\rangle h(\boldsymbol{x}')\mathrm{d}\mu_{N}(\boldsymbol{x}'). \tag{16.4.6}$$

这个算子是正定的, 即对于每个 h, 我们有 $\langle h,\boldsymbol{\Theta}_t h\rangle_{\mu_N} \geqslant 0$, 其中$\langle f,g\rangle_{\mu_N} = \int_{\boldsymbol{x}} f(\boldsymbol{x})g(\boldsymbol{x})\mathrm{d}\mu_{N}(\boldsymbol{x})$. 这意味着误差不会增加:

$$\frac{\mathrm{d}}{\mathrm{d}t}\|\zeta_t\|^2_{L^2(\mu_N)} \leqslant 0,$$

其中 $\|f\|^2_{L^2(\mu_N)} = \langle f,f\rangle_{\mu_N}$.

误差减少的速度有多快呢? 这取决于算子 $\boldsymbol{\Theta}_t$ 的性质和误差 ζ_t. $\boldsymbol{\Theta}_t$ 是一个正定线性算子, 有时也称为*神经切核* (neural tangent kernel) [Jacot et al., 2018][㊂]. $\boldsymbol{\Theta}_t(\boldsymbol{x},\boldsymbol{x}')$ 可以衡量我们在点 $\boldsymbol{x}$ 和 $\boldsymbol{x}'$ 处独立地修改输出 $f(\boldsymbol{x},\boldsymbol{\theta})$ 和 $f(\boldsymbol{x}',\boldsymbol{\theta})$ 的能力. 如果

$$|\boldsymbol{\Theta}_t(\boldsymbol{x},\boldsymbol{x}')| \ll \min\{\boldsymbol{\Theta}_t(\boldsymbol{x},\boldsymbol{x}),\boldsymbol{\Theta}_t(\boldsymbol{x}',\boldsymbol{x}')\},$$

㊀ 在二分类的情况下, 将两个类表示为 ±1 很方便. 这里为了简单, 我们选择平方损失而不是交叉熵损失.

㊁ 基于这种情况下的分析所得到的结论可以严格地迁移到离散时间 (有限步长) 的梯度方法上.

㊂ 为了给出一个直觉感受, 可以将其视为一个无限大的对称矩阵.

那么 $\mathbf{\Theta}_t$ 是近似对角的, 而且只需对参数 $\mathbf{\Theta}$ 进行微小改变, 我们就可以独立修改两个输出.

我们可以通过特征值/特征向量分解来研究算子 $\mathbf{\Theta}_t$, 即

$$\mathbf{\Theta}_t = \sum_i \lambda_i \boldsymbol{v}_i \boldsymbol{v}_i^*. \tag{16.4.7}$$

因为 $\frac{\mathrm{d}}{\mathrm{d}t}\zeta_t = -\mathbf{\Theta}_t\zeta_t$, 所以只要误差与对应于较大特征值 λ_i 的特征向量 $\boldsymbol{v}_i$ 对齐, 那么它就会迅速减小. 相反, 如果误差与对应于小特征值的特征向量对齐, 那么它将缓慢减小.

我们可以通过以下理想化设置来深入了解 $\mathbf{\Theta}_t$ 的值和特征值. 第一, 我们考虑在时间 $t=0$ 的初始时刻 $\mathbf{\Theta}$ 的行为. 在初始时刻, 网络参数是独立的随机变量, $\mathbf{\Theta}_0$ 是一个随机算子[㊀]. 我们可以使用高维概率的工具来研究它的行为[㊁]. 第二, 我们想象网络是宽的 (这里是 $n \gg n_0$). 这意味着 $\mathbf{\Theta}_0$ 是一个很多独立随机变量的函数. 毫不奇怪, 随着网络宽度的增加, 这个算子将集中于它的期望值. 而且, 这个期望以一种非常简单的方式依赖于点 $\boldsymbol{x}$ 和 $\boldsymbol{x}'$. 由于高斯分布的旋转不变性, 不难证明 $\mathbb{E}[\mathbf{\Theta}_0(\boldsymbol{x},\boldsymbol{x}')]$ 仅依赖于点 $\boldsymbol{x}$ 和 $\boldsymbol{x}'$ 之间的角度:

$$\mathbb{E}[\mathbf{\Theta}_0(\boldsymbol{x},\boldsymbol{x}')] = \xi_L\Big(\angle(\boldsymbol{x},\boldsymbol{x}')\Big), \tag{16.4.8}$$

其中 L 是网络的深度. 图 16.20绘制了对于不同的网络深度 L, 函数 ξ_L 作为角度 $\angle(\boldsymbol{x},\boldsymbol{x}')$ 的函数的变化曲线. 注意 ξ_L 总是在 $\angle(\boldsymbol{x},\boldsymbol{x}')=0$ 处最大化. 随着 L 增加, $\mathbf{\Theta}$ 变得更加尖锐, 这表明网络将能够拟合更复杂的函数. 在这里, 深度 L 是一种*近似资源* (approximation resource), 更深的网络可以拟合更复杂的函数. 在流形分类的模型问题中, 这表明曲率 κ 越大, 分离度 $\varDelta$ 越小, 所需要的网络就越深.

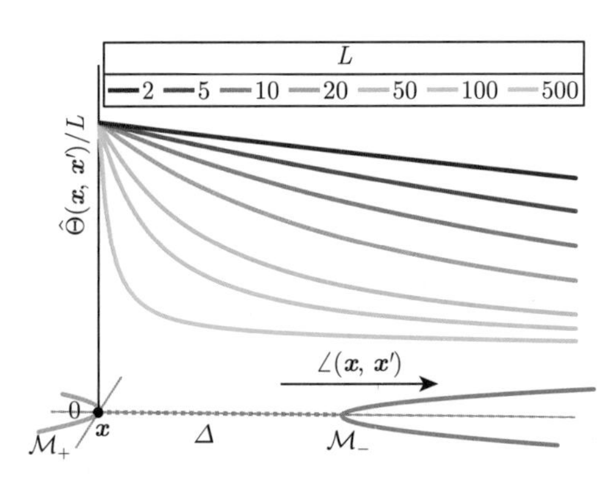

图 16.20 网络深度的作用. 随着网络深度 L 的增加, 卷积核 $\mathbf{\Theta}_0(\boldsymbol{x},\boldsymbol{x}')$ 变得更尖锐, 反映出网络将具有更大的容量以适应函数的空间变化. 在我们的任务设置中, 所需要的网络深度是由分离度 $\varDelta$ 和流形 $\mathcal{M}_\pm$ 的曲率 κ 来决定的

其次, 极限表达 $\mathbb{E}[\mathbf{\Theta}]$ 提供对 $\mathbf{\Theta}$ 的特征向量和特征值的洞悉. 因为 $\mathbb{E}[\mathbf{\Theta}]$ 只是角度的函数, 所以在数据均匀分布在单位球面的特殊情况中, $\mathbb{E}[\mathbf{\Theta}]$ 是一个 (旋转) 不变算子, 通过球

㊀ 具体地, 这里我们取初始权值为独立的高斯分布随机变量, 即服从高斯分布 $\mathcal{N}(0,2/n)$, 非线性函数 ϕ 为 ReLU. 这些特殊的选择能够确保每一层都实现近似等距.

㊁ 特别是, 由于网络操作是按顺序执行的, 所以来自*鞅理论* (Martingale theory) 的工具在这里特别适用.

面卷积 (spherical convolution) 起作用. 它可以在频域被对角化[1], 低频对应大的特征值, 高频对应小的特征值. 当然, 我们对球体上不均匀分布的数据更感兴趣, 因为自然数据往往具有低维结构. 然而, 这些基本直觉可以拓展到更结构化的情况: 对应于大特征值的特征向量往往更平滑或者"较低频", 而对应于小特征值的特征向量往往是振荡的或者"更高频". 假设误差 ζ 与这些"低频的"特征向量对齐, 那么梯度下降将迅速使误差变为零.

误差与"低频"特征向量对齐的程度可以通过"证书"的概念隐含地描述: 如果我们以 $\zeta \approx \boldsymbol{\Theta} g$ 的形式表示 ζ, 其中 g 是具有较小的 $L^2(\mu_\infty)$ 范数的某个函数, 那么 ζ 不能过于集中在对应于 $\boldsymbol{\Theta}$ 的小特征向量的方向上. 这种结构大致类似于我们在第 3~5 章中所构建的*对偶证书*. 在前面的章节中, 我们使用 (随机) 测度作为一种近似资源, 通过展示在某个随机算子 (即测量算子的行空间) 的值域范围内的一个次梯度, 利用凸优化证明了信号恢复的正确性. 类似地, 在这里我们使用网络深度和 (随机) 参数作为一种近似资源, 通过验证误差 ζ 接近于某个随机算子 $\boldsymbol{\Theta}$ 的值域来证明梯度下降非常有效.

16.4.3　主要结论

总而言之, 在这种情况下, 我们具有以下资源:

- *网络深度*是一种计算资源 (通过增量逼近). 更深的网络具有更锐利的 $\boldsymbol{\Theta}$, 它可以拟合更复杂的函数, 或者适应于更复杂的几何 (即更大的 κ, 更小的 Δ).
- *网络宽度*是一种统计资源. 随着宽度的增加, 训练的早期行为变得越来越规律, 这是由于两个方面的影响: 1) $\boldsymbol{\Theta}_0$ 集中在 $\mathbb{E}[\boldsymbol{\Theta}_0]$ 附近, 以及 2) 在 $\boldsymbol{\Theta}_t$ 偏离 $\boldsymbol{\Theta}_0$ 之前, 目标函数能够被显著地优化. 后者可以看作*过参数化*的结果, 类似于我们在第 4~7 章所讨论的过参数化低秩矩阵恢复.
- *数据样本*是一种统计资源. 随着样本数量的增加, 所学习到的网络 $f(\cdot, \boldsymbol{\theta})$ 更有可能一致地标记流形 $\mathcal{M}_\pm$. 样本数 N 由卷积核 ξ_L 的宽度设置: 直观地说, 为了获得更好的泛化性, 我们需要比卷积核的"*孔径*"(aperture) 更细密地覆盖流形.

结合所有这些考虑, 我们可以找出 (可计算的) 条件, 使得在这些条件之下的梯度下降可以对流形正确标记. 为简洁起见, 我们仅在这里概述这些条件.

定理 16.2 (流形分类的充分条件 (非正式陈述)[Buchanan et al., 2020]**)**　*假设网络宽度 $n > \mathrm{poly}(L\log(n_0))$, 网络深度 $L > \max\{\kappa^2, \mathrm{polylog}(n_0)\}$, 样本数 $N \geqslant \mathrm{poly}(L)$. 如果存在 g, 使得 $\|g\|_{L^2(\mu_\infty)} \leqslant c/n$ 和 $\|\boldsymbol{\Theta}_0 g - \zeta_0\|_{L^2(\mu_\infty)} < c/L$, 那么, 随机初始化的梯度下降以高概率正确标记流形 $\mathcal{M}_\pm$ 上的每个点.*

[Buchanan et al., 2020] 的工作示范了如何为球面上的简单几何构造这种证书 g, 使其为这些简单的分类问题提供端到端的保证. 尽管本节中所描述的结果在一般性上是有限的 (适用于一维流形, 并利用宽网络), 但它们展示了用于学习结构化数据的基本*充分条件*, 以及数据性质、网络架构和样本复杂度之间的基本联系. 无论是在证明层面还是在实验现象

[1] 更准确地, 是基于球面谐波函数.

层面, 本书第一部分所提到的直觉在这个新的场景中依然表现良好.

16.5 结语: 未知问题和未来的方向

本章概述了低维模型和深度神经网络之间的一些根本的和实质的联系. 这是一个活跃的研究领域, 存在着许多开放问题. 作为本章 (和本书) 的结语, 我们为未来的工作列出一些有前景的研究方向.

更简单更好的网络

在实践中, 基于非常短或者非常小 (且可分离) 的卷积核所实现的卷积网络通常是非常高效的 (甚至从准确性的角度来看也是可取的) [Chollet, 2017]. 从数据中找出自然地使用小卷积核 (且可分离的) 卷积的条件是未来研究中一个有趣的课题. 一种可能的猜想是, 当数据表现出 "短–稀疏" 的结构时, 神经网络应该自然地采用 "短–稀疏" 的结构 (如第 12 章所述). 更一般地, 定义简单网络对于实现效率和鲁棒性都很重要. 与本书第一部分所讨论的一样, 各种 (度量) 简单性的概念相互关联, 这取决于数据的结构和要处理的任务.

在当前简单直接的实现中, ReduNet 的宽度似乎会随着类别的数量 (即算子 $\boldsymbol{C}^j$ 的数量) 而线性增长. 然而, 请注意, $\boldsymbol{C}^j$ 并不独立于 $\boldsymbol{E}$. 事实上, 可以证明, 在最优表达特征附近, 每个 $\boldsymbol{C}^j$ 的值域都变成 $\boldsymbol{E}$ 的一个本征子空间 (eigen-subspace) [Chan et al., 2020]. 这与 16.2节所讨论的学习目标一致——为给定数据的独立成分分析 (ICA) 寻求非线性映射. 因此, 为了节省空间和计算开销, 在实践中我们可以使用 $\boldsymbol{E}$ 的部分运算来近似 $\boldsymbol{C}^j$.

在一个更理论化的层面上, 16.4节所描述的分类保证条件要求网络相当宽: n 应该大于 L 的一个高阶多项式. 虽然我们利用测度集中说明了对宽网络的需要, 但实际上可以用清晰的分析去证明, 当宽度是 (最优下界) $d \cdot \mathrm{polylog}(n_0)$ 时, 卷积核 $\boldsymbol{\Theta}$ 均匀地集中在 (低维) 数据流形上. 然而, 这些分析中的难点在于需要满足 $\boldsymbol{\Theta}_t \approx \boldsymbol{\Theta}_0$. 基于第 7 章中的想法, 放宽这一要求似乎需要更好地理解神经网络训练的 (非凸) 几何特征.

保证不变性

我们在 16.3节对网络设计的讨论揭示了稀疏性 (低维) 和不变性 (对于某些变换群) 之间的联系. 理解这两种不同的普遍存在的低维结构之间的相互作用或者两者之间的权衡, 是神经网络和一般低维数据建模的一个重要方向. 一个重要的潜在影响是帮助保证对一类结构性的变换 (例如仿射变换、单应性、一般平滑变形或者来自某些微分方程的动力学) 具有一致的 (uniform) 表现. 当前解决这一问题的标准方法是将基于随机初始化参数的卷积和池化等网络结构特征与数据增强相结合. 然而, 文献中大量存在的是替代性的 "网络设计" 方法, 比如 ScatteringNet [Bruna et al., 2013]、空间变换网络 (spatial transformer network) [Jaderberg et al., 2015]、胶囊网络 (capsule network) [Hinton et al., 2011]、基于更大的群进行卷积 [Cohen et al., 2016] 等. 所有这些方法背后的一个主要理论问题是: 需要什么资源 (比如数据、网络、测试阶段计算代价) 来实现等变性检测或者不变性分类.

目前存在的一些最优雅的方法致使数据或计算开销会随着变换的参数数量、层数以及迭代次数呈指数增长. 不过, 一些证据表明, 这个问题解决起来可能没有那么困难: 在某些任务设定中 (例如第 15 章关于低秩纹理的问题), TILT 算法 (通过借助反复地对变换进行线性化的局部优化) 实现了惊人的收敛范围; ReduNet 的推导表明, 如果我们只从特定的低维结构中学习数据集的不变性/等价性表示, 那么所需要的资源可以与任务规模 (例如类别数目或者数据集大小) 适度地成比例. 因此, TILT 和 ReduNet 的经验性成功表明: 为低维结构的给定实例 (而不是整个低维结构族) 提供不变性保证可能更实际, 这类似于在第 4 章中用于低秩矩阵补全的定理 4.18.

理解泛化性

现代深度神经网络通常是高度过参数化的模型, 其模型参数比完美拟合任意训练数据所需的参数还要多 [Zhang et al., 2017a]. 虽然统计中经典的*偏倚–方差权衡* (bias-variance tradeoff) 原则预测一个较大的模型会导致较高的源于方差的误差和过拟合 [Hastie et al., 2015], 但是深度学习的现代实践几乎总是偏爱更深、更宽和更大的网络. 越来越多的研究表明, 其中一个根本原因是优化算法 [Gidel et al., 2019; Gunasekar et al., 2018; Soudry et al., 2018]、数据的低维结构 [Ma et al., 2018], 或者两者共同作用 [You et al., 2020] 会引入隐式正则化. 我们相信, 对深度网络泛化性的清晰理解依赖于对非线性低维数据结构 (例如子流形) 的过参数化模型的全面理解, 这与本书中所研究的理解针对稀疏性的过完备字典的理念相似. 这要求我们开展比第 7 章所讨论的 (双线性) 稀疏字典学习或者低秩模型更加深入的研究.

鲁棒性保证

尽管现代深度网络基于大量工程实践, 但它仍然非常容易受到输入扰动、标签噪声或者对抗性攻击的影响 [Chakraborty et al., 2018]. 基于*试错* (trial and error) 的经验设计不能提供任何严格的鲁棒性保证. 尽管如此, 正如我们在本书中所看到的, 从 Boscovich 最初提出的 ℓ^1 最小化、到 Logan 现象、到稀疏纠错 [Candès et al., 2005]、再到稠密纠错 [Wright et al., 2010a], 如果损坏的数据误差和数据的低维结构是*不相干的*, 那么我们可以在准确性和鲁棒性之间取得良好的权衡. 第 13 章的鲁棒人脸识别和第 15 章的结构化纹理恢复就是两个引人注目的例子. 在某种意义上, 尝试一下不相干误差的概念是否能够推广到低维子流形中, 将是一件非常有趣的事情. 如果能够引入, 那么可以利用深度网络 (例如 ReduNet) 学习判别性低维结构, 从而为 (针对带错误标记的训练数据和/或输入数据的随机损坏的) 分类鲁棒性提供强有力保证, 将可能成为未来一个非常有前景的研究方向.

无监督学习的统一目标和框架

本章介绍了一种基于数据压缩和压缩感知原理使用带标签的训练数据推导神经网络用于分类的方法. 请注意, 有损编码和压缩方法 (见式(16.2.4)) 最初是为 (无监督) 聚类问题 [Ma et al., 2007; Vidal et al., 2016] 所提出的, 后来被扩展到分类问题 [Kang et al., 2015;

Wright et al., 2008a], 两者在数学上都等价于关于类别隶属关系 $\boldsymbol{\Pi}$ 最大化编码率约简, 即

$$\max_{\boldsymbol{\Pi}} \Delta R(\boldsymbol{Z}, \boldsymbol{\Pi}, \varepsilon), \tag{16.5.1}$$

其中 $\boldsymbol{Z}$ 是给定的. 因此, 编码率约简框架可以很自然地扩展到同时学习表达特征和类别隶属关系的无监督学习, 或者各种介于有监督和无监督学习设定之间的学习任务, 例如半监督学习、自监督学习和增量/在线学习. 对于这些中间设定的学习任务, 其主要技术挑战是类别标签部分未知或者完全未知. 因此, 我们需要在学习表达特征 $\boldsymbol{Z}$ 的同时, 识别样本隶属关系 $\boldsymbol{\Pi}$, 即

$$\max_{\boldsymbol{Z}, \boldsymbol{\Pi}} \Delta R(\boldsymbol{Z}, \boldsymbol{\Pi}, \varepsilon), \tag{16.5.2}$$

其中 $\boldsymbol{Z} \subset \mathbb{S}^{n-1}, \boldsymbol{\Pi} \in \boldsymbol{\Omega}$ (或者基于部分已知样本类别隶属关系的约束集).

近年来, 很多有潜力的研究尝试在无监督学习中利用传统深度网络 [Asano et al., 2020] 和对比学习目标函数 [Caron et al., 2020] 同时学习表达特征 $\boldsymbol{Z}$ 和样本类别隶属关系 $\boldsymbol{\Pi}$. 编码率约简目标函数(16.5.2)有望在这一任务设定中统一学习目标函数和网络架构: 遵循与 ReduNet 相同的思想, 我们可以构建一个网络同时交替地模拟联合 (梯度流) 动力学或优化表达特征 $\boldsymbol{Z}$ 和样本类别隶属关系 $\boldsymbol{\Pi}$, 即

$$\dot{\boldsymbol{Z}} = \eta \cdot \frac{\partial \Delta R}{\partial \boldsymbol{Z}}, \quad \dot{\boldsymbol{\Pi}} = \gamma \cdot \frac{\partial \Delta R}{\partial \boldsymbol{\Pi}}. \tag{16.5.3}$$

当然, 对基本的梯度流可以使用其他附加信息进行正则化. 例如, 类别隶属关系 $\boldsymbol{\Pi}$ 也可以根据样本之间的其他 (可能是学习到的) 相似性测度来更新[⊖]. 这种方案 (及其变体) 的成功需要理解同时带有连续和离散对称性的非凸优化曲面几何, 第 7 章的视角对此类方案的研究可能会有帮助.

从优化视角看前向深度网络

我们想强调的是, 正如 16.3节所描述的, 把深度 (前向) 网络视为优化编码率约简或者其他内在的紧凑性测度的*优化方案展开*是相当有见地和有益的. 这使我们能够利用丰富的优化技术储备来设计并验证各种深度网络. 我们在第 8~9 章所介绍的强大工具 (比如加速、交替最小化或者增广拉格朗日乘子法) 可以很容易地被用来设计有效的优化方案, 而这些方案又可以被深度网络所模仿. 关于对 ReduNet 的可能改进, 读者可以参考习题 16.6.

类似于上面关于“*理解泛化性*”的讨论, 人们也可以研究当网络是通过类似于 ReduNet 中的基于梯度的增量式方案构建而成时, 什么样的*隐式正则化*

$$\mathcal{R}(\cdot): f \mapsto \mathbb{R}_+$$

⊖ 例如最近 [Ding et al., 2023] 在这方面的探索. 另外, “*自注意力*” 或 “Transformer” 类型的组件 [Vaswani et al., 2017] 最近也被纳入深度网络中, 可以将这种机制视为主动学习样本 (或者其特征) 之间的相似性. 而最新关于 Transformer 的研究进展 (见 https://ma-lab-berkeley.github.io/CRATE/) 进一步揭示了这些新的深度网络架构与编码率约简和稀疏表示之间的本质联系.

被施加在映射族 $\mathcal{F} = \{f\}$ 上. 或者什么样的正则化 $\mathcal{R}(f)$ 可以显式地添加在映射 f 上, 以使特征学习问题能够被更好地定义——也就是使得最优映射 $f_\star$ 具有所期待的其他性质 (例如平滑性) 以及唯一性 (或者属于某一类的等效解).

作为变分微调的反向传播

16.3节所描述的前向展开过程允许我们构建深度网络 $f(\boldsymbol{x}, \boldsymbol{\theta}_0)$——它的架构、算子和参数——作为编码率约简 ΔR 的*标称* (nominal) 优化路径. 而在 16.4节所分析的用于训练深度网络的*反向传播方法* [Rumelhart et al., 1986], 可以看作在标称路径 $f(\boldsymbol{x}, \boldsymbol{\theta}_0)$ 上微调网络参数 $f(\boldsymbol{x}, \boldsymbol{\theta}_0 + \mathrm{d}\boldsymbol{\theta}) = f(\boldsymbol{x}, \boldsymbol{\theta}_0) + \delta f$ 的变分方法. 这种微调可以在标称网络的准确性和效率之间实现更好的平衡 (例如, 当只允许有限数量的迭代或者层数时) [Giryes et al., 2018] 或者为某些后续任务或新数据更好地定制网络.

然而, 对于像 ReduNet 这样的网络, 其算子和参数具有清晰的几何和统计解释, 如何开发新的反向传播方法使得微调时兼顾这些组件的结构和功能 (例如压缩或者扩张) 仍然是一个开放问题. 这也可以被视为把某些额外的正则化 $\mathcal{R}$ (或者约束) 施加在编码率约简目标函数上, 即

$$\min_{f \in \mathcal{F}} \Delta R(f) + \lambda \cdot \mathcal{R}(f).$$

至少在概念上 (比如通过设置不允许所有参数完全自由更新), 类似的这种正则化策略有望帮助避免过拟合或者帮助避免序贯学习或*增量学习*设定中的所谓“*灾难性遗忘*” [McCloskey et al., 1989; Wu et al., 2021].

这种网络微调的变分视角的另一个潜在优势是, 它打开了一扇门, 使人们可以利用*变分法*中严格而强大的工具 (例如, [Liberzon, 2012]) 来研究 (由一个深度网络所表达的) 最优映射 $f_\star$ 的性质, 即

$$\delta \Delta R(f) + \lambda \cdot \delta \mathcal{R}(f)\Big|_{f_\star} = 0. \tag{16.5.4}$$

除了传统的反向传播之外, 这可能会带来用于微调网络的全新想法和变分算法. 已有证据表明, 前向构造的 ReduNet 可以通过*前向传播* (forward propagation) 的方式进行微调.

自然界中的稀疏编码、谱计算和子空间嵌入

在本章中, 我们已经看到稀疏编码和频域计算 (或者多通道卷积) 自然地出现, 它们是实现对平移不变 (视觉) 数据进行有效且高效分类的必要过程. 回想一下我们在第 1 章中提到的, “*稀疏编码*” 被认为是灵长类动物视觉皮层的指导原则. 非常有趣的是, 已经有强有力的科学证据表明, 视觉皮层中的神经元是在频域进行计算的: 它们通过脉冲率进行编码和传输信息, 因此被称为 “*脉冲神经元*” [Belitski et al., 2008; Eliasmith et al., 2003; Softky et al., 1993]. 最近的神经科学研究已经开始揭示这些机制是如何整合到下颞叶皮层的; 在那里, 神经元编码和处理对各种变换保持不变的有关于物体身份的高级信息 (比如人脸识别). 最近在 [Chang et al., 2017] 中的研究进一步假设, 高级神经元将人脸空间编码为一个 “*线*

性子空间”, 每个细胞可能编码子空间的一个坐标轴 (而不是之前所认为的“一个示例”). 本章所提出的框架表明, 这种“高级”的紧凑 (线性) 特征表达可以通过一种可以说更简单、更自然的“前向传播”机制而有效地学习.

值得注意的是, 大自然可能已经通过数百万年的进化过程“学习到了”利用本章所描述的数学原理的好处, 特别是稀疏编码、频域计算和子空间嵌入在实现不变 (视觉) 识别过程中所带来的计算效率和简单性. 关于是否会找到具体的科学证据来证明, 感知/认知的指导原则和本章乃至本书所提出的数据压缩/表达特征的计算原则之间存在真正深刻而广泛的联系, 这在很大程度上仍然是一个非常有趣的开放问题. 无论如何, 本书作者坚信, 最近也正式地提出, 简约法则 (the law of parsimony) [Ma et al., 2022], 即奥卡姆剃刀 (Occam's razor) 原则, 过去是、将来也永远是所有科学和智能的中心支配原则, 无论是人工的还是自然的. 因此, 我们给读者留下一句总结全书的标语:

我们为了压缩而学习, 为了学习而压缩!
(We learn to compress, and we compress to learn!)

16.6 习题

习题 16.1 (OLE 的特性) 证明 OLE 目标函数(16.2.8)总是负的, 且无论维数如何, 都在子空间正交时达到最大值 0.

习题 16.2 (编码率约减的梯度) 从编码率约简函数(16.3.1)的定义中推导梯度表达式(16.3.3)和式(16.3.4).

习题 16.3 (用 ReLU 逼近回归残差) 注意式(16.3.12)中 $\boldsymbol{\sigma}$ 的几何意义是计算每个特征相对于它所属于的子空间的回归“残差”. 因此, 当我们将所有特征限制在特征空间的第一 (正) 象限时[㊀], 可以将修正线性单元 $\mathrm{ReLU}(x) = \max(0, x)$ 用于 $\boldsymbol{p}_j = \boldsymbol{C}_\ell^j \boldsymbol{z}_\ell$ 或者它的正交补

$$\boldsymbol{\sigma}(\boldsymbol{z}_\ell) \;\propto\; \boldsymbol{z}_\ell - \sum_{j=1}^{k} \mathrm{ReLU}\big(\boldsymbol{P}_\ell^j \boldsymbol{z}_\ell\big), \tag{16.6.1}$$

来近似这个残差, 其中 $\boldsymbol{P}_\ell^j = (\boldsymbol{C}_\ell^j)^\perp$ 是对第 j 类投影的正交补[㊁]. 讨论在什么条件或者假设下, 上面的近似是好的.

习题 16.4 ($\boldsymbol{E}$ 和 $\boldsymbol{C}^j$ 作为卷积) 证明命题 16.1.

习题 16.5 (频域的优势) 证明任何循环矩阵都可以通过离散傅里叶变换 $\boldsymbol{F}$ 对角化:

$$\mathrm{circ}(\boldsymbol{z}) = \boldsymbol{F}^* \mathrm{diag}(\mathrm{DFT}(\boldsymbol{z})) \boldsymbol{F}. \tag{16.6.2}$$

㊀ 大多数当前的神经网络似乎都采用这种机制.

㊁ $\boldsymbol{P}_\ell^j$ 可以看作 $\boldsymbol{C}_\ell^j$.

使用这个关系, 证明式(16.3.25)中的 $\bar{\boldsymbol{E}}$ 可以计算为

$$\bar{\boldsymbol{E}} = \begin{bmatrix} \boldsymbol{F}^* & \boldsymbol{0} & \boldsymbol{0} \\ \boldsymbol{0} & \ddots & \boldsymbol{0} \\ \boldsymbol{0} & \boldsymbol{0} & \boldsymbol{F}^* \end{bmatrix} \cdot \alpha \left(\boldsymbol{I} + \alpha \begin{bmatrix} \boldsymbol{D}_{11} & \cdots & \boldsymbol{D}_{1C} \\ \vdots & & \vdots \\ \boldsymbol{D}_{C1} & \cdots & \boldsymbol{D}_{CC} \end{bmatrix} \right)^{-1} \cdot \begin{bmatrix} \boldsymbol{F} & \boldsymbol{0} & \boldsymbol{0} \\ \boldsymbol{0} & \ddots & \boldsymbol{0} \\ \boldsymbol{0} & \boldsymbol{0} & \boldsymbol{F} \end{bmatrix}, \tag{16.6.3}$$

其中 $\boldsymbol{D}_{cc'}$ 是对角矩阵. 讨论如何利用这种结构来更有效地求逆.

习题 16.6 (基于加速梯度模型的网络架构) 根据经验, 人们发现跨多个层的额外跳层连接可能会提高网络性能, 例如 highway network [Srivastava et al., 2015] 或 DenseNet [Huang et al., 2017]. 在 ReduNet 中, 每一层的作用被精确地解释为目标函数 ΔR 的一个迭代梯度上升步骤. 在实验中, 我们观察到基本梯度方案有时收敛缓慢, 导致深度网络具有数千层 (迭代). 为了提高基本 ReduNet 的效率, 可以考虑在第 8 章和第 9 章中所介绍的加速梯度方法. 假设最小化或者最大化函数 $h(\boldsymbol{z})$, 这种加速方法通常采用以下形式:

$$\begin{cases} \boldsymbol{p}_{\ell+1} = \boldsymbol{z}_{\ell} + \beta_{\ell} \cdot (\boldsymbol{z}_{\ell} - \boldsymbol{z}_{\ell-1}), \\ \boldsymbol{z}_{\ell+1} = \boldsymbol{p}_{\ell+1} + \eta \cdot \nabla h(\boldsymbol{p}_{\ell+1}). \end{cases} \tag{16.6.4}$$

绘制基于加速梯度方案的网络架构草图, 并根据实践验证 (例如高斯混合或手写数字), 基于加速梯度的新架构是否会导致更快的收敛, 从而使网络的层数 (或迭代) 更少.

习题 16.7 (使用深度的不变 ReduNet 进行编程) 在 16.3.3节中, 我们已经看到了一个基本示例, 该示例构建了一个对两类数字 “0” 和 “1” 的旋转 (或平移) 不变的 ReduNet. 现在知道从 “0” 到 “1” 的做法, 在这个习题中你被要求从 1 到 n 去改进. 这将使你获得一些在更实际的任务下构建 ReduNet 的真实经验. 考虑包含 10 个手写数字的 MNIST 数据集 [LeCun, 1998], 在所有 10 个类中抽取 100 个随机样本, 每个类 10 个.

- 首先, 构建一个 ReduNet, 它可以将这 100 个样本映射到 10 个正交子空间, 这些子空间对于*所有的*旋转是不变的.
  (1) 首先, 按照图 16.15中所示的相同极坐标变换, 将每个图像转换为多通道循环信号, 这里选择 $\Gamma = 200$ 和 $C = 15$.
  (2) 其次, 尝试使用一些随机高斯滤波器来提升这些信号. 尝试 10~30 范围内的不同数量的滤波器, 或使用滤波器核大小变化从 3~9 等.
  (3) 构建 ReduNet 的其余部分. 再次, 尝试使用不同的关键参数来构建, 例如量化误差 $\varepsilon \in [0.01, 0.5]$, 优化的步长 $\eta \in [0.1, 1]$, 层数 $L \in [20, 100]$.
- 其次, 最终确定并评估所生成的 ReduNet:
  (1) 观察不同的编码率 R、R_c 和 ΔR 如何随着层数的变化而变化.
  (2) 计算训练集在 ReduNet 映射之前和之后的余弦相似度.
  (3) 随机选择一组独立的 100 个样本, 每类 10 个, 并评估 ReduNet 对这些新样本的影响.
- 最后, 一些额外的任务:

(1) 重新为这些数字分类构建一个对二维转换不变的 ReduNet. (也许你想尝试不同的通道数或者层数范围.)

(2) 尝试如何通过在 MNIST 的整个标准训练集训练它, 通过反向传播来改进这样获得的 ReduNet 网络. 评估通过这种改进得到了什么 (或者失去了什么).

附　录

线性代数和矩阵分析基础

“一切皆为线性代数.”
——Gene H. Golub

线性代数研究线性方程组及其求解. 这一主题对于工程应用极为重要. 线性模型是建模复杂系统的一种简单易行的首选方法. 而且, 许多物理世界的测量设备被设计成测量与待测信号最接近的线性函数, 比如在第 10 章中所研究的 MR 成像. 即使测量是非线性的, 或者所感兴趣的信号具有非线性结构, 正如我们在用于恢复变形的低秩纹理 (第 15 章) 以及在使用深度网络学习子流形 (第 16 章) 的相关内容中所看到的, 在工程中最常见的有效做法仍然是使用一系列 (局部) 线性化来近似任何非线性结构.

在本章的前面部分, 我们回顾线性代数和矩阵分析中的若干基本定义、基本结构和基本结果. 具有工程、统计或应用数学背景的读者很可能对这些材料中的大部分内容都比较熟悉. 这部分读者可以使用本章来刷新一下记忆, 同时借此熟悉一下本书中所使用的数学符号. A.9 节简要回顾矩阵上的范数和矩阵的谱函数——这是贯穿本书的两个高级主题. 我们力争使本章尽可能简单且独立. 打算了解这一领域更全面内容的读者可以查阅 [Horn et al., 1985]、[Golub et al., 1996] 或 [Bhatia, 1996][⊖].

A.1 线性空间、线性独立性、基和维数

我们使用符号 $\mathbb{R}$ 表示实数, 符号 $\mathbb{R}^n$ 用于如下形式的 n 维实向量:

$$\boldsymbol{x} \equiv \begin{bmatrix} x_1 \\ \vdots \\ x_n \end{bmatrix} \in \mathbb{R}^n, \quad \boldsymbol{x}^* = [x_1, \cdots, x_n] \in \mathbb{R}^n, \tag{A.1.1}$$

其中, 本书使用 $\boldsymbol{x}^*$ 表示列向量 $\boldsymbol{x}$ 的转置. 对于复向量, $\boldsymbol{x}^*$ 表示 $\boldsymbol{x}$ 的共轭转置. 空间 $\mathbb{R}^n$ 是线性空间的一个实例, 在 $\mathbb{R}^n$ 中我们能够使用与 $\mathbb{R}^3$ 中一样的方式进行加法和数乘运算. 更正式一点, 我们对线性空间给出如下定义.

⊖ 在 [Boyd et al., 2018] 中提供了更基础的介绍.

定义 A.1 (线性空间[㊀]) 定义在数域 $\mathbb{F}$ 上的线性空间 $\mathbb{V}$ 是一个集合 $\mathbb{V}$, 它对所定义的加法和数乘运算封闭.

- **向量加法运算封闭**. 对于两个向量 $\boldsymbol{v}, \boldsymbol{w} \in \mathbb{V}$, 有 $\boldsymbol{v} + \boldsymbol{w} \in \mathbb{V}$.
- **数乘运算封闭**. 对于一个向量 $\boldsymbol{v} \in \mathbb{V}$ 和一个标量 $\alpha \in \mathbb{F}$, 有 $\alpha\boldsymbol{v} \in \mathbb{V}$.

同时, 加法和数乘运算满足如下八条定律.

- **加法结合律**. $\boldsymbol{v} + (\boldsymbol{w} + \boldsymbol{x}) = (\boldsymbol{v} + \boldsymbol{w}) + \boldsymbol{x}$.
- **加法交换律**. $\boldsymbol{v} + \boldsymbol{w} = \boldsymbol{w} + \boldsymbol{v}$.
- **存在零 (即加法的单位元)**. $\boldsymbol{v} + \mathbf{0} = \boldsymbol{v}$.
- **每个元素存在加性逆元素**. 对于每个 $\boldsymbol{v} \in \mathbb{V}$, 存在一个元素 "$-\boldsymbol{v}$"$\in \mathbb{V}$, 使得 $\boldsymbol{v} + (-\boldsymbol{v}) = \mathbf{0}$.
- **数乘的结合律**. $\alpha(\beta\boldsymbol{v}) = (\alpha\beta)\boldsymbol{v}$.
- **存在 1 (即乘法的单位元)**. $1\boldsymbol{v} = \boldsymbol{v}$, 其中 $1 \in \mathbb{F}$ 是 $\mathbb{F}$ 中的乘法单位元.
- **数乘的分配律**. $\alpha(\boldsymbol{v} + \boldsymbol{w}) = \alpha\boldsymbol{v} + \alpha\boldsymbol{w}$.
- **数乘的分配律**. $(\alpha + \beta)\boldsymbol{v} = \alpha\boldsymbol{v} + \beta\boldsymbol{v}$.

例 A.1 线性空间的例子.

- 定义在数域 $\mathbb{F} = \mathbb{R}$ 上的 n 维实向量构成的空间 $\mathbb{R}^n$.
- 定义在数域 $\mathbb{F} = \mathbb{R}$ 上的 $m \times n$ 实矩阵构成的空间

$$\mathbb{R}^{m\times n} \doteq \left\{ \boldsymbol{X} = \begin{bmatrix} X_{11} & \dots & X_{1n} \\ \vdots & & \vdots \\ X_{m1} & \dots & X_{mn} \end{bmatrix} \middle| X_{ij} \in \mathbb{R} \right\}. \tag{A.1.2}$$

- 定义在数域 $\mathbb{F} = \mathbb{C}$ 上的复向量构成的空间 $\mathbb{C}^n$ 或者复矩阵 $\mathbb{C}^{m\times n}$ 构成的空间.
- 定义在数域 $\mathbb{F} = \mathbb{R}$ 上的连续函数构成的空间

$$\mathcal{C}^0[0,1] \doteq \{f : [0,1] \to \mathbb{R} \mid f \text{ 是连续函数}\}. \tag{A.1.3}$$

  定义在连续统上的函数所构成的线性空间很自然地在采样问题——基于数字测量获取物理世界的信息——的研究中出现.

线性空间的概念本身并没有什么丰富的内涵: 它只不过是一个使线性运算变得有意义的场所. 线性空间可以被视为一个 "运动场", 在它的基础上可以建立更有趣的模型, 可以提出更丰富的问题. 作为朝这个方向前进的一步, 我们注意到, 对线性空间中的元素进行线性组合是有意义的. 线性组合是如下形式的表达式:

$$\alpha_1\boldsymbol{v}_1 + \alpha_2\boldsymbol{v}_2 + \cdots + \alpha_k\boldsymbol{v}_k,$$

㊀ 为了与国内教材中线性空间 (linear space) 和向量空间 (vector space) 的概念保持一致, 这里译者有意把线性空间 (linear space) 和向量空间 (vector space) 加以区分, 把原书中一部分 "vector space" 也译为 "线性空间". ——译者注

其中 $\alpha_1, \cdots, \alpha_k \in \mathbb{F}$, $\boldsymbol{v}_1, \cdots, \boldsymbol{v}_k \in \mathbb{V}$.

定义 A.2 (线性无关)　一组向量 $\boldsymbol{v}_1, \cdots, \boldsymbol{v}_k$ 被称为线性无关的, 如果

$$\sum_{i=1}^{k} \alpha_i \boldsymbol{v}_i = \mathbf{0} \quad \Longrightarrow \quad \alpha_1 = 0, \cdots, \alpha_k = 0.$$

如果一组向量并不是线性无关的, 那么将存在一组并不全为零的线性组合系数 (即 α_1, $\alpha_2, \cdots, \alpha_k$) 使得 $\sum_i \alpha_i \boldsymbol{v}_i = \mathbf{0}$. 此时, 我们称这组向量 $\{\boldsymbol{v}_1, \cdots, \boldsymbol{v}_k\}$ 是线性相关的.

定义 A.3 (线性空间的基)　线性空间 $\mathbb{V}$ 的基被定义为一个极大线性无关组.

我们使用 B 表示线性空间 $\mathbb{V}$ 的基. 这里, 极大表示 B 不包含于任何更大的线性无关组中. 线性空间 $\mathbb{V}$ 的任何基 B 能够张成 $\mathbb{V}$, 即 $\mathbb{V}$ 中的每个元素都能够被表达成 B 中元素的线性组合:

$$\forall \boldsymbol{v} \in \mathbb{V}, \exists\, \boldsymbol{b}_1, \cdots, \boldsymbol{b}_k \in \mathsf{B} \text{ 和 } \alpha_1, \cdots, \alpha_k \in \mathbb{F}, \quad \text{使得} \quad \boldsymbol{v} = \sum_{i=1}^{k} \alpha_i \boldsymbol{b}_i. \tag{A.1.4}$$

此外, 如果 B 是一个基, 那么上述线性组合系数 $\alpha_1, \cdots, \alpha_k$ 是唯一的.

例 A.2　在 $\mathbb{R}^n$ 中, 我们经常使用的是坐标向量的一个标准基 $\mathsf{B} = \{\boldsymbol{e}_1, \cdots, \boldsymbol{e}_n\}$, 其中

$$\boldsymbol{e}_1 = \begin{bmatrix} 1 \\ 0 \\ 0 \\ \vdots \\ 0 \end{bmatrix}, \quad \boldsymbol{e}_2 = \begin{bmatrix} 0 \\ 1 \\ 0 \\ \vdots \\ 0 \end{bmatrix}, \quad \ldots, \quad \boldsymbol{e}_n = \begin{bmatrix} 0 \\ 0 \\ 0 \\ \vdots \\ 1 \end{bmatrix}. \tag{A.1.5}$$

同样, 在 $\mathbb{R}^{m \times n}$ 中, 我们可以使用矩阵的标准基 E_{ij}, 其中 E_{ij} 表示只有第 (i, j) 个元素为 1, 其余元素均为零.

每一个线性空间 $\mathbb{V}$ 都有一个基[⊖]. 线性代数中的一个非常基本的结果是每一个基都具有相同的大小.

定理 A.1 (维不变性)　对于任何一个线性空间 $\mathbb{V}$, 每一个基 B 都具有相同的基数, 我们将其表示为 $\dim(\mathbb{V})$, 并称之为 $\mathbb{V}$ 的维.

维的概念在讨论线性空间 $\mathbb{V}$ 的子空间时特别有用.

定义 A.4 (线性子空间)　线性空间 $\mathbb{V}$ 的一个线性子空间 S 是 $\mathbb{V}$ 的一个子集, 即 $\mathsf{S} \subseteq \mathbb{V}$, 且 S 仍构成线性空间.

⊖ 这个论述貌似显而易见, 但实际上是有些棘手的: 它与集合论中的选择公理等价, 因此最好视之为一个假设. 对于本书所考虑的线性空间 (比如 $\mathbb{R}^n$ 和 $\mathbb{C}^n$), 建立一个基是很容易的, 因此就本书中我们的目的而言, 这一问题实质上并无考虑意义.

为了使 $\mathsf{S} \subseteq \mathbb{V}$ 成为一个线性子空间, S 对线性组合封闭是一个充分且必要条件, 即对于所有 $\alpha, \beta \in \mathbb{F}$ 和 $\boldsymbol{v}_1, \boldsymbol{v}_2 \in \mathsf{S}$, 都有 $\alpha \boldsymbol{v}_1 + \beta \boldsymbol{v}_2 \in \mathsf{S}$. 线性子空间起着非常重要的双重作用, 既可以清晰地刻画线性方程组的解的性质, 也可以作为数据分布的几何模型. 在几何直观上, 我们可以把子空间视为直线或者平面的推广, 其中所说的直线或者平面必须通过原点, 即 $\mathbf{0} \in \mathsf{S}$ (见图 A.1).

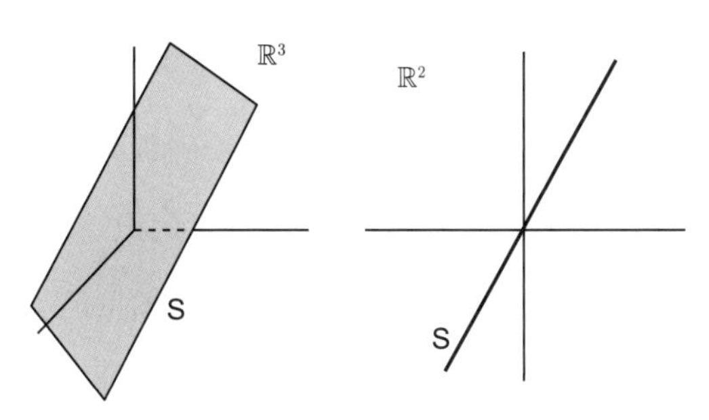

图 A.1　$\mathbb{R}^3$ 和 $\mathbb{R}^2$ 中的线性子空间

A.2　内积

子空间之间最重要的几何关系是*正交*. 为了把它描述清楚, 我们需要引入*内积*的概念. 下面, 我们假设所处理的是实数或者复数域上定义的线性空间, 因此 $\alpha \in \mathbb{F}$ 的复共轭 $\bar{\alpha}$ 是有定义的.

定义 A.5 (内积)　如果函数 $\langle \cdot, \cdot \rangle : \mathbb{V} \times \mathbb{V} \to \mathbb{F}$ 满足下列条件, 则它是内积:

- **线性**. $\langle \alpha \boldsymbol{v} + \beta \boldsymbol{w}, \boldsymbol{x} \rangle = \alpha \langle \boldsymbol{v}, \boldsymbol{x} \rangle + \beta \langle \boldsymbol{w}, \boldsymbol{x} \rangle$.
- **共轭对称性**. $\langle \boldsymbol{v}, \boldsymbol{w} \rangle = \overline{\langle \boldsymbol{w}, \boldsymbol{v} \rangle}$.
- **正定性**. $\langle \boldsymbol{v}, \boldsymbol{v} \rangle \geqslant 0$, 其中等号当且仅当 $\boldsymbol{v} = \mathbf{0}$ 时成立.

如果 $\langle \boldsymbol{v}, \boldsymbol{w} \rangle = 0$, 那么我们称 $\boldsymbol{v}$ 和 $\boldsymbol{w}$ (对应于所定义的内积 $\langle \cdot, \cdot \rangle$) 是*正交的*, 并记作 $\boldsymbol{v} \perp \boldsymbol{w}$. 对于给定的集合 $\mathsf{S} \subseteq \mathbb{V}$, 我们可以定义它的*正交补* $\mathsf{S}^{\perp}$.

定义 A.6 (正交补)　对于 $\mathsf{S} \subseteq \mathbb{V}$,

$$\mathsf{S}^{\perp} = \{\boldsymbol{v} \in \mathbb{V} \mid \langle \boldsymbol{v}, \boldsymbol{s} \rangle = 0, \ \forall\, \boldsymbol{s} \in \mathsf{S}\}.$$

值得注意的是, 对于任何一个集合 S, 均有 $\mathsf{S}^{\perp} \subseteq \mathbb{V}$, 且 S 是 $\mathbb{V}$ 的一个线性子空间. 即使 S 本身并不是一个子空间, 这也是成立的.

我们将引入两个内积的例子. 第一个是定义在 $\mathbb{R}^n$ 上的标准内积, 即

$$\langle \boldsymbol{x}, \boldsymbol{z} \rangle = \sum_{i=1}^{n} x_i z_i. \tag{A.2.1}$$

这个定义可以扩展到 $\mathbb{R}^{m \times n}$ 上两个矩阵之间的内积, 也被称为 Frobenius 内积, 即

$$\langle \boldsymbol{X}, \boldsymbol{Z} \rangle \doteq \sum_{i=1}^{m} \sum_{j=1}^{n} X_{ij} Z_{ij}. \tag{A.2.2}$$

回想一下, 方阵的迹 (trace) 是其对角元素之和.

定义 A.7 对于矩阵 $\boldsymbol{M} \in \mathbb{R}^{n\times n}$, $\operatorname{trace}(\boldsymbol{M}) = \sum_{i=1}^{n} M_{ii}$.

利用迹的定义, 我们能够给出 Frobenius 内积的一个表达式, 它看起来更复杂, 但实际上非常有用:

$$\langle \boldsymbol{X}, \boldsymbol{Z} \rangle = \operatorname{trace}(\boldsymbol{X}^* \boldsymbol{Z}) = \operatorname{trace}(\boldsymbol{X} \boldsymbol{Z}^*). \tag{A.2.3}$$

关于这个表达式的运用, 值得注意的一点是, 迹对于矩阵乘积的循环排列具有不变性.

定理 A.2 对于任意两个大小兼容的矩阵 $\boldsymbol{A}$ 和 $\boldsymbol{B}$, $\operatorname{trace}(\boldsymbol{AB}) = \operatorname{trace}(\boldsymbol{BA})$. 更一般地, 如果矩阵 $\boldsymbol{A}_1, \cdots, \boldsymbol{A}_n$ 大小兼容, π 是整数集 $\{1, \cdots, n\}$ 的循环排列, 那么

$$\operatorname{trace}(\boldsymbol{A}_1 \boldsymbol{A}_2 \cdots \boldsymbol{A}_n) \;=\; \operatorname{trace}\left(\boldsymbol{A}_{\pi(1)} \boldsymbol{A}_{\pi(2)} \cdots \boldsymbol{A}_{\pi(n)}\right). \tag{A.2.4}$$

A.3 线性变换和矩阵

考虑定义在数域 $\mathbb{F}$ 上的两个线性空间 $\mathbb{V}$ 和 $\mathbb{V}'$, 我们给出线性映射的概念.

定义 A.8 (线性映射) 考虑 $\mathbb{V} \to \mathbb{V}'$ 的映射 $\mathcal{L}$, 如果它对于所有 $\alpha, \beta \in \mathbb{F}$ 和 $\boldsymbol{v}, \boldsymbol{w} \in \mathbb{V}$, 均有 $\mathcal{L}[\alpha \boldsymbol{v} + \beta \boldsymbol{w}] = \alpha \mathcal{L}[\boldsymbol{v}] + \beta \mathcal{L}[\boldsymbol{w}]$ 成立, 那么我们称 $\mathcal{L}$ 为线性映射.

有时我们称 $\mathbb{V}$ 和 $\mathbb{V}'$ 之间的线性映射为线性变换 (linear transformation). 而如果 $\mathbb{V}' = \mathbb{V}$, 那么我们也称 $\mathcal{L}$ 为线性算子.

例 A.3 设 $\mathbb{V} = \mathbb{R}^{m\times n}$, $\Omega \subseteq \{1, \cdots, m\} \times \{1, \cdots, n\}$. 定义 $\mathcal{P}_\Omega : \mathbb{R}^{m\times n} \to \mathbb{R}^{m\times n}$ 为

$$(\mathcal{P}_\Omega[\boldsymbol{X}])_{ij} = \begin{cases} X_{ij} & \text{如果}(i,j) \in \Omega, \\ 0 & \text{其他}, \end{cases} \tag{A.3.1}$$

也就是把 $\boldsymbol{X}$ 限制在 Ω 上. 那么, $\mathcal{P}_\Omega$ 是一个线性算子.

事实上, $\mathbb{V} = \mathbb{R}^n$ 且 $\mathbb{V}' = \mathbb{R}^m$ 这种特殊情况的线性算子特别重要. 线性算子 $\mathcal{L} : \mathbb{R}^n \to \mathbb{R}^m$ 和 $m \times n$ 的矩阵之间存在一一对应关系.

定理 A.3 对于 $\boldsymbol{x} \in \mathbb{R}^n$ 和 $\boldsymbol{A} \in \mathbb{R}^{m\times n}$, 设

$$(\boldsymbol{Ax})_i = \sum_j A_{ij} x_j. \tag{A.3.2}$$

那么, 对于每一个矩阵 $\boldsymbol{A} \in \mathbb{R}^{m\times n}$, 映射 $\boldsymbol{x} \mapsto \boldsymbol{Ax}$ 是一个从 $\mathbb{R}^n$ 到 $\mathbb{R}^m$ 的线性映射. 相反, 对于每一个线性映射 $\mathcal{L} : \mathbb{R}^n \to \mathbb{R}^m$, 存在唯一的矩阵 $\boldsymbol{A} \in \mathbb{R}^{m\times n}$, 使得每个 $\boldsymbol{x}$ 都有 $\mathcal{L}[\boldsymbol{x}] = \boldsymbol{Ax}$.

这一事实证明了貌似笨拙的矩阵乘法定义的合理性. 矩阵乘法是表示两个线性映射复合的正确方法.

定理 A.4 设 $\mathcal{L}:\mathbb{R}^n\to\mathbb{R}^p$ 和 $\mathcal{L}':\mathbb{R}^p\to\mathbb{R}^m$ 是两个线性映射, 对应的矩阵表达为 $\boldsymbol{A}\in\mathbb{R}^{p\times n}$ 和 $\boldsymbol{A}'\in\mathbb{R}^{m\times p}$, $\mathcal{L}'\circ\mathcal{L}$ 表示复合 $\mathcal{L}'\circ\mathcal{L}(\boldsymbol{x})=\mathcal{L}'[\mathcal{L}[\boldsymbol{x}]]$, 那么 $\mathcal{L}'\circ\mathcal{L}$ 是一个线性映射, 其矩阵表达由矩阵乘积 $\boldsymbol{A}'\boldsymbol{A}$ 给出, $\boldsymbol{A}'\boldsymbol{A}$ 的第 (i,j) 分量为

$$\left(\boldsymbol{A}'\boldsymbol{A}\right)_{ij}=\sum_{k=1}^{p}a'_{ik}a_{kj}. \tag{A.3.3}$$

矩阵 $\boldsymbol{A}\in\mathbb{C}^{m\times n}$ 的共轭转置 (conjugate transpose) $\boldsymbol{A}^*\in\mathbb{C}^{n\times m}$ 是一个 $n\times m$ 的矩阵, 定义如下:

$$\boldsymbol{A}=\begin{bmatrix}A_{11}&\dots&A_{1n}\\ \vdots&&\vdots\\ A_{m1}&\dots&A_{mn}\end{bmatrix}\Rightarrow\boldsymbol{A}^*=\begin{bmatrix}\overline{A_{11}}&\dots&\overline{A_{m1}}\\ \vdots&&\vdots\\ \overline{A_{1n}}&\dots&\overline{A_{mn}}\end{bmatrix}. \tag{A.3.4}$$

当 $\boldsymbol{A}$ 是实矩阵时, 上式即为转置 (transpose). 转置是定义在矩阵元素上的一个非常简单的操作, 定义矩阵转置有一个很基本的原因.

定理 A.5 设线性映射 $\mathcal{L}:\mathbb{R}^n\to\mathbb{R}^m$ 所对应的矩阵表达为 $\boldsymbol{A}$. 其伴随映射 (adjoint map)㊀ 是满足

$$\forall\,\boldsymbol{x},\,\boldsymbol{y},\qquad\langle\boldsymbol{y},\mathcal{L}[\boldsymbol{x}]\rangle=\langle\mathcal{L}^*[\boldsymbol{y}],\boldsymbol{x}\rangle \tag{A.3.5}$$

的唯一线性映射 $\mathcal{L}^*:\mathbb{R}^m\to\mathbb{R}^n$. 矩阵 $\boldsymbol{A}^*$ 是其伴随映射 $\mathcal{L}^*$ 所对应的矩阵表达.

如果对于每一个 $\boldsymbol{y}\in\mathbb{V}'$, 存在唯一的 $\boldsymbol{x}\in\mathbb{V}$ 满足 $\mathcal{L}[\boldsymbol{x}]=\boldsymbol{y}$, 则我们称线性映射 $\mathcal{L}:\mathbb{V}\to\mathbb{V}'$ 是可逆的 (invertible). 特别地, 如果 $\mathbb{V}=\mathbb{V}'=\mathbb{R}^n$, 而矩阵 $\boldsymbol{A}\in\mathbb{R}^{n\times n}$ 对应于可逆线性映射, 那么我们称矩阵 $\boldsymbol{A}$ 是可逆的. 这意味着方程组

$$\boldsymbol{A}\boldsymbol{x}=\boldsymbol{y} \tag{A.3.6}$$

总是存在一个唯一解

$$\boldsymbol{x}=\boldsymbol{A}^{-1}\boldsymbol{y}. \tag{A.3.7}$$

显然, 如果 $\mathcal{L}$ 是一个线性映射, 那么它的逆映射 $\mathcal{L}^{-1}$ 也是一个线性映射. 因此, 上述符号 $\boldsymbol{A}^{-1}$ 可以被用于表示 "逆映射 $\mathcal{L}^{-1}$ 的矩阵表达". 我们有更具体的准则可以用来判断一个给定矩阵 $\boldsymbol{A}$ 是否可逆, 如果 $\boldsymbol{A}$ 可逆, 则计算 $\boldsymbol{A}^{-1}$.

定义 A.9 (行列式) 矩阵 $\boldsymbol{A}\in\mathbb{R}^{n\times n}$ 的行列式是由矩阵 $\boldsymbol{A}$ 的列向量所定义的平行六面体的带符号体积:

$$\det(\boldsymbol{A})\;=\;\sum_{\pi\in\Pi}\operatorname{sgn}(\pi)\times\prod_{i=1}^{n}A_{i,\pi(i)}, \tag{A.3.8}$$

㊀ 伴随映射也被称为共轭映射, 与定理 A.6 所提及的由代数余子数所构成的用于表达逆矩阵的 "伴随矩阵" 没有直接联系. ——译者注

其中, Π 表示下标集合 $\{1,\cdots,n\}$ 的所有排列的集合.

行列式的显式表达式(A.3.8)通常并不直接使用. 它的更重要的意义在于其几何解释: 如果 $\det(\boldsymbol{A}) = 0$, 那么矩阵 $\boldsymbol{A}$ 的列向量张成一个体积为零的平行六面体, 因此它们位于 $\mathbb{R}^n$ 的某个低维子空间上. 如果向量 $\boldsymbol{y}$ 并不落在这个子空间中, 那么它不能被矩阵 $\boldsymbol{A}$ 的列向量的线性组合所生成, 因此 $\boldsymbol{A}$ 不可逆. 相反, 如果 $\det \boldsymbol{A} \neq 0$, 那么矩阵 $\boldsymbol{A}$ 的列向量张成整个 $\mathbb{R}^n$, 因此 $\boldsymbol{A}$ 是可逆的. 把这种推理加以形式化, 我们就可以得到如下结果.

定理 A.6 (矩阵的逆) 矩阵 $\boldsymbol{A} \in \mathbb{R}^{n\times n}$ 是可逆的, 当且仅当 $\det \boldsymbol{A} \neq 0$. 如果矩阵 $\boldsymbol{A}$ 是可逆的, 我们可以把它的逆表达为 $\boldsymbol{A}^{-1} = \dfrac{1}{\det(\boldsymbol{A})}\boldsymbol{C}$, 其中矩阵 $\boldsymbol{C} \in \mathbb{R}^{n\times n}$ 是友矩阵[㊀](companion matrix):

$$\boldsymbol{C} \doteq \begin{bmatrix} (-1)^{1+1}\det(\boldsymbol{A}_{\backslash 1,\backslash 1}) & (-1)^{1+2}\det(\boldsymbol{A}_{\backslash 2,\backslash 1}) & \dots & (-1)^{1+n}\det(\boldsymbol{A}_{\backslash n,\backslash 1}) \\ (-1)^{2+1}\det(\boldsymbol{A}_{\backslash 1,\backslash 2}) & (-1)^{2+2}\det(\boldsymbol{A}_{\backslash 2,\backslash 2}) & \dots & (-1)^{2+n}\det(\boldsymbol{A}_{\backslash n,\backslash 2}) \\ \vdots & \vdots & & \vdots \\ (-1)^{n+1}\det(\boldsymbol{A}_{\backslash 1,\backslash n}) & (-1)^{n+2}\det(\boldsymbol{A}_{\backslash 2,\backslash n}) & \dots & (-1)^{n+n}\det(\boldsymbol{A}_{\backslash n,\backslash n}) \end{bmatrix},$$

其中矩阵 $\boldsymbol{A}_{\backslash i,\backslash j}$ 是通过在矩阵 $\boldsymbol{A}$ 中删除其第 i 行和第 j 列所构成的.

同样, $\boldsymbol{A}^{-1}$ 的上述表达式在计算上用处不大, 但在概念上很有帮助, 因为它表明逆矩阵中的元素是矩阵 $\boldsymbol{A}$ 中元素的有理函数.

值得注意的是, 对于任何两个矩阵 $\boldsymbol{A}$ 和 $\boldsymbol{B}$, 我们都有

$$\det(\boldsymbol{AB}) = \det(\boldsymbol{A})\det(\boldsymbol{B}). \tag{A.3.9}$$

这确认了可逆线性映射的复合也是可逆的, 可逆矩阵的乘积也是可逆的. 特别地, 我们有

$$(\boldsymbol{AB})^{-1} = \boldsymbol{B}^{-1}\boldsymbol{A}^{-1}. \tag{A.3.10}$$

还需要注意的是, 对于每个矩阵 $\boldsymbol{A}$, 我们有

$$\det(\boldsymbol{A}) = \det(\boldsymbol{A}^*). \tag{A.3.11}$$

A.4 矩阵群

因为两个 $n \times n$ 矩阵的乘积仍然是一个 $n \times n$ 矩阵, 所以矩阵乘法运算能够产生存在有趣代数结构的对象. 在这里, 我们不会强调矩阵群的代数, 甚至不会正式地定义一个群(group). 相反, 我们只是回顾几个在本书中反复出现的群的名称.

- 一般线性群 (general linear group) $\mathsf{GL}(n,\mathbb{R})$ 由 $n \times n$ 的可逆矩阵构成, 即

$$\mathsf{GL}(n,\mathbb{R}) = \left\{\boldsymbol{A} \in \mathbb{R}^{n\times n} \mid \det(\boldsymbol{A}) \neq 0\right\}. \tag{A.4.1}$$

  类似地, $\mathsf{GL}(n,\mathbb{C})$ 表示 $n \times n$ 可逆复矩阵构成的一般线性群.

㊀ 友矩阵在教科书中一般也被称为伴随矩阵, 由于容易与定理 A.5 涉及的 “伴随映射” 混淆, 因此这里译为友矩阵, 与之发音相同的概念是 “酉矩阵”.——译者注

- 正交群 (orthogonal group) $\mathsf{O}(n)$ 由满足 $\boldsymbol{A}^*\boldsymbol{A} = \boldsymbol{A}\boldsymbol{A}^* = \boldsymbol{I}$ 的 $n \times n$ 实矩阵构成, 即

$$\mathsf{O}(n) = \left\{\boldsymbol{A} \in \mathbb{R}^{n\times n} \mid \boldsymbol{A}^*\boldsymbol{A} = \boldsymbol{I}\right\}. \tag{A.4.2}$$

  表达式 $\boldsymbol{A}^*\boldsymbol{A} = \boldsymbol{I}$ 表示 $\boldsymbol{A}$ 是可逆的, 且 $\boldsymbol{A}^{-1} = \boldsymbol{A}^*$. 因此, $\mathsf{O}(n) \subset \mathsf{GL}(n, \mathbb{R})$. 这里有两个注意事项: 首先, $\boldsymbol{I} = \boldsymbol{I}^* = (\boldsymbol{A}^*\boldsymbol{A})^* = \boldsymbol{A}\boldsymbol{A}^*$, 在定义中只保留表达式 $\boldsymbol{A}^*\boldsymbol{A}$ 即可; 其次, 由于 $\det(\boldsymbol{A}) = \det(\boldsymbol{A}^*)$, 我们有 $\det(\boldsymbol{A})^2 = 1$, 所以每个矩阵 $\boldsymbol{A} \in \mathsf{O}(n)$ 的行列式只能为 ± 1.
- 特殊正交群 (special orthogonal group) $\mathsf{SO}(n)$ 由满足 $\boldsymbol{A}^*\boldsymbol{A} = \boldsymbol{A}\boldsymbol{A}^* = \boldsymbol{I}$ 且 $\det(\boldsymbol{A}) = +1$ 的 $n \times n$ 矩阵构成, 即

$$\mathsf{SO}(n) = \left\{\boldsymbol{A} \in \mathbb{R}^{n\times n} \mid \boldsymbol{A}^*\boldsymbol{A} = \boldsymbol{I},\ \det(\boldsymbol{A}) = +1\right\}. \tag{A.4.3}$$

  显然, 我们有 $\mathsf{SO}(n) \subset \mathsf{O}(n) \subset \mathsf{GL}(n, \mathbb{R})$. 在 $\mathbb{R}^3$ 中, 特殊正交群 $\mathsf{SO}(3)$ 对应旋转矩阵, 而正交群 $\mathsf{O}(3)$ 则包括旋转和反射.
- 酉群 (unitary group) 和特殊酉群 (special unitary groups) 是一般线性群 $\mathsf{GL}(n, \mathbb{C})$ 的子群. 酉群 $\mathsf{U}(n)$ 由满足 $\boldsymbol{A}^*\boldsymbol{A} = \boldsymbol{I}$ 的 $n \times n$ 复矩阵 $\boldsymbol{A}$ 构成. 特殊酉群 $\mathsf{SU}(n)$ 由满足 $\boldsymbol{A}^*\boldsymbol{A} = \boldsymbol{I}$ 且 $\det(\boldsymbol{A}) = 1$ 的 $n \times n$ 复矩阵 $\boldsymbol{A}$ 构成. 因此, $\mathsf{SU}(n) \subset \mathsf{U}(n) \subset \mathsf{GL}(n, \mathbb{C})$.

A.5 与矩阵相关联的几个子空间

对于每个线性算子 $\mathcal{L}: \mathbb{V} \to \mathbb{V}'$, 我们可以给它关联上两个重要的子空间: 值域 (range) 和零空间 (null space).

定义 A.10 (值域和零空间) 对于线性算子 $\mathcal{L}: \mathbb{V} \to \mathbb{V}'$,

$$\operatorname{range}(\mathcal{L}) = \{\mathcal{L}[\boldsymbol{x}] \mid \boldsymbol{x} \in \mathbb{V}\} \subseteq \mathbb{V}', \tag{A.5.1}$$

$$\operatorname{null}(\mathcal{L}) = \{\boldsymbol{x} \in \mathbb{V} \mid \mathcal{L}[\boldsymbol{x}] = \boldsymbol{0}\} \subseteq \mathbb{V}. \tag{A.5.2}$$

值域是 $\mathbb{V}'$ 的线性子空间, 而零空间是 $\mathbb{V}$ 的线性子空间.

如果把这两个定义具体化到由矩阵 $\boldsymbol{A}$ 所表达的线性算子 $\mathcal{L}: \mathbb{R}^n \to \mathbb{R}^m$, 我们得到:

$$\operatorname{range}(\boldsymbol{A}) = \{\boldsymbol{A}\boldsymbol{x} \mid \boldsymbol{x} \in \mathbb{R}^n\} = \operatorname{col}(\boldsymbol{A}), \tag{A.5.3}$$

$$\operatorname{null}(\boldsymbol{A}) = \{\boldsymbol{x} \mid \boldsymbol{A}\boldsymbol{x} = \boldsymbol{0}\}, \tag{A.5.4}$$

$$\operatorname{row}(\boldsymbol{A}) = \{\boldsymbol{w}^*\boldsymbol{A} \mid \boldsymbol{w} \in \mathbb{R}^m\}. \tag{A.5.5}$$

集合 $\operatorname{null}(\boldsymbol{A})$、$\operatorname{range}(\boldsymbol{A})$ 和 $\operatorname{row}(\boldsymbol{A})$ 均为线性子空间. 它们满足几个非常重要的关系.

定理 A.7 对于 $\boldsymbol{A} \in \mathbb{R}^{m\times n}$, 下列关系成立:

- $\operatorname{null}(\boldsymbol{A})^\perp = \operatorname{range}(\boldsymbol{A}^*)$.

- $\text{range}(\boldsymbol{A})^{\perp} = \text{null}(\boldsymbol{A}^*)$.
- $\text{null}(\boldsymbol{A}^*) = \text{null}(\boldsymbol{A}\boldsymbol{A}^*)$.
- $\text{range}(\boldsymbol{A}) = \text{range}(\boldsymbol{A}\boldsymbol{A}^*)$.

由此, 我们可以得出 $\dim(\text{row}(\boldsymbol{A})) + \dim(\text{null}(\boldsymbol{A})) = n$.

定理 A.8 (矩阵的秩) 对于任意矩阵 $\boldsymbol{A} \in \mathbb{R}^{m\times n}$, $\dim(\text{row}(\boldsymbol{A})) = \dim(\text{range}(\boldsymbol{A}))$. 我们把这个共同的数值称为矩阵 $\boldsymbol{A}$ 的秩 (rank). 它等于最大线性无关的行向量数, 也等于最大线性无关的列向量数.

秩具有很多有用的性质。

定理 A.9 (秩的性质) 秩满足下述性质:

- $\text{rank}(\boldsymbol{AB}) \leqslant \min\{\text{rank}(\boldsymbol{A}), \text{rank}(\boldsymbol{B})\}$.
- **Sylvester 不等式**. 对于 $\boldsymbol{A} \in \mathbb{R}^{m\times p}$, $\boldsymbol{B} \in \mathbb{R}^{p\times n}$,

$$\text{rank}(\boldsymbol{AB}) \geqslant \text{rank}(\boldsymbol{A}) + \text{rank}(\boldsymbol{B}) - p.$$

- **次可加性**. 对于 $\forall\, \boldsymbol{A}, \boldsymbol{B} \in \mathbb{R}^{m\times n}$, $\text{rank}(\boldsymbol{A}+\boldsymbol{B}) \leqslant \text{rank}(\boldsymbol{A}) + \text{rank}(\boldsymbol{B})$.
- $\text{rank}(\boldsymbol{A}) = \text{rank}(\boldsymbol{A}\boldsymbol{A}^*) = \text{rank}(\boldsymbol{A}^*\boldsymbol{A})$.

A.6 线性方程组

借助值域和零空间, 我们能够确定方程组 $\boldsymbol{y} = \boldsymbol{A}\boldsymbol{x}$ 是否有解, 或者有多少组解.

定理 A.10 考虑线性方程组 $\boldsymbol{y} = \boldsymbol{A}\boldsymbol{x}$.

- **存在性**. 线性方程组 $\boldsymbol{y} = \boldsymbol{A}\boldsymbol{x}$ 存在一个解 $\boldsymbol{x}$, 当且仅当 $\boldsymbol{y} \in \text{range}(\boldsymbol{A})$.
- **唯一性**. 假设 $\boldsymbol{x}_o$ 满足方程 $\boldsymbol{y} = \boldsymbol{A}\boldsymbol{x}_o$. 那么方程 $\boldsymbol{y} = \boldsymbol{A}\boldsymbol{x}$ 的每一个解都能够由 $\boldsymbol{x}_o + \boldsymbol{v}$ 表达, 其中 $\boldsymbol{v} \in \text{null}(\boldsymbol{A})$. 解 $\boldsymbol{x}_o$ 是唯一的, 当且仅当零空间是平凡的 (即 $\text{null}(\boldsymbol{A}) = \{\boldsymbol{0}\}$).

最后一点意味着, 只要方程组 $\boldsymbol{y} = \boldsymbol{A}\boldsymbol{x}$ 存在一个解 $\boldsymbol{x}_o$, 那么解的集合可以表示为

$$\boldsymbol{x}_o + \text{null}(\boldsymbol{A}). \tag{A.6.1}$$

这里的加号 “+” 是 Minkowski 和, 即 $\boldsymbol{x} + \mathsf{S} = \{\boldsymbol{x} + \boldsymbol{s} \mid \boldsymbol{s} \in \mathsf{S}\}$. 因为 $\text{null}(\boldsymbol{A})$ 是一个线性子空间, 所得到的集合是线性子空间的一个平移. 我们称之为仿射子空间 (affine subspace). 与线性子空间不同, 仿射子空间不需要包含原点 $\boldsymbol{0}$.

定义 A.11 (仿射组合和仿射子空间) 设 $\boldsymbol{v}_1, \cdots, \boldsymbol{v}_k \in \mathbb{V}$. 一个仿射组合是指形如 $\sum_i \alpha_i \boldsymbol{v}_i$ 且 $\sum_i \alpha_i = 1$ 的表达式. 仿射子空间是一个对仿射组合封闭的集合 $\mathsf{A} \subset \mathbb{V}$.

显而易见, A 是一个仿射子空间当且仅当 $\mathsf{A} = \boldsymbol{x} + \mathsf{S}$, 其中 S 是某个线性子空间. 因此, 从几何上看, 我们可以把方程组 $\boldsymbol{y} = \boldsymbol{A}\boldsymbol{x}$ 的解集可视化为位于某个不包含原点 $\boldsymbol{0}$ 的平面上, 如图 A.2所示.

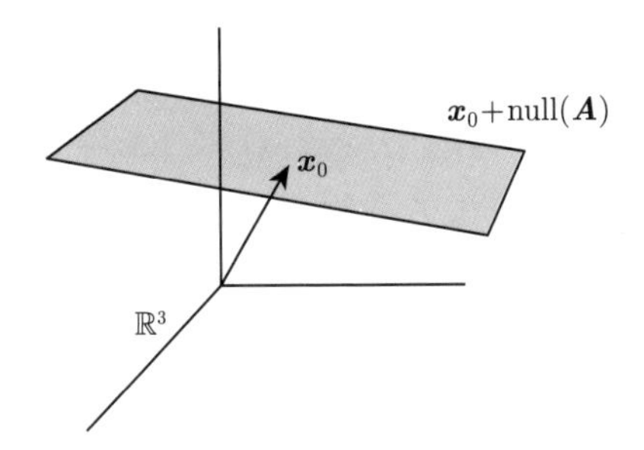

图 A.2　线性方程组的解集的几何

可逆线性方程组和共轭梯度

如果矩阵 $\boldsymbol{A} \in \mathbb{R}^{m\times m}$ 是方阵且满秩 (秩为 m), 那么对于每个 $\boldsymbol{y} \in \mathbb{R}^m$, 线性方程组 $\boldsymbol{y} = \boldsymbol{A}\boldsymbol{x}$ 都有唯一解 $\hat{\boldsymbol{x}} = \boldsymbol{A}^{-1}\boldsymbol{y}$, 其中 $\boldsymbol{A}^{-1}$ 可以利用定理 A.6计算. 然而, 当矩阵 $\boldsymbol{A}$ 较大时, 计算逆矩阵的成本非常高. 计算上述线性方程组的解的更高效数值方法是*共轭梯度法*. 为了完整起见, 我们在这里给出这一方法的简要描述, 而详细推导和分析请读者参考 [Nocedal et al., 2006; Shewchuk, 1994].

共轭梯度法本质上是一种加速优化方法, 它用于迭代地求解下述二次规划问题:

$$\min_{\boldsymbol{x}} \|\boldsymbol{y} - \boldsymbol{A}\boldsymbol{x}\|_2^2. \tag{A.6.2}$$

令 $\boldsymbol{r}_i \in \mathbb{R}^m$ 表示残差, $\boldsymbol{d}_i \in \mathbb{R}^m$ 表示下降方向. 迭代过程从任意给定的初始值 $\boldsymbol{x}_0 \in \mathbb{R}^m$ 开始, 其中残差和下降方向初始化为

$$\boldsymbol{d}_0 = \boldsymbol{r}_0 = \boldsymbol{y} - \boldsymbol{A}\boldsymbol{x}_0.$$

共轭梯度下降过程由下列迭代步骤给出: 对于 $i = 0, 1, 2, \cdots,$

$$\text{共轭梯度下降} \quad \begin{cases} \alpha_i = \dfrac{\boldsymbol{r}_i^*\boldsymbol{r}_i}{\boldsymbol{d}_i^*\boldsymbol{A}\boldsymbol{d}_i}, \\ \boldsymbol{x}_{i+1} = \boldsymbol{x}_i + \alpha_i\boldsymbol{d}_i, \\ \boldsymbol{r}_{i+1} = \boldsymbol{r}_i - \alpha_i\boldsymbol{A}\boldsymbol{d}_i, \\ \beta_{i+1} = \dfrac{\boldsymbol{r}_{i+1}^*\boldsymbol{r}_{i+1}}{\boldsymbol{r}_i^*\boldsymbol{r}_i}, \\ \boldsymbol{d}_{i+1} = \boldsymbol{r}_{i+1} + \beta_{i+1}\boldsymbol{d}_i. \end{cases} \tag{A.6.3}$$

如果误差达到预设精度, 即 $\|\boldsymbol{y} - \boldsymbol{A}\boldsymbol{x}_i\|_2 \leqslant \varepsilon$, 那么迭代过程终止. 共轭梯度下降法的准确复杂度在定理 9.6 中给出, 该定理在研究牛顿下降法的最优收敛速率方面起着至关重要的作用.

实际上, 在我们经常遇到的线性方程组 $\boldsymbol{y} = \boldsymbol{A}\boldsymbol{x}$ 中, 矩阵 $\boldsymbol{A}$ 是不可逆的. 下面我们描述两个重要的例子.

过定 (overdetermined) 线性方程组

假设 $\boldsymbol{A} \in \mathbb{R}^{m \times n}$ 且 $m > n$. 由于 $\operatorname{rank}(\boldsymbol{A}) \leqslant \min\{m, n\} < m$, 矩阵 $\boldsymbol{A}$ 的值域是 $\mathbb{R}^m$ 的一个低维子空间, 所以一般来说方程组 $\boldsymbol{y} = \boldsymbol{A}\boldsymbol{x}$ 无解. 因此, 我们转而寻求一个近似解. 通常, 这个近似解可以通过*最小二乘法*来实现. 定义向量 $\boldsymbol{z} \in \mathbb{R}^n$ 的欧几里得长度 $\|\boldsymbol{z}\|_2 = \sqrt{\sum_i z_i^2}$, 我们使用最小二乘法求解下述问题:

$$\min_{\boldsymbol{x}} \|\boldsymbol{y} - \boldsymbol{A}\boldsymbol{x}\|_2^2 . \tag{A.6.4}$$

如果 $\boldsymbol{A}$ 列满秩 (即秩为 n), 那么问题(A.6.4)的最小二乘解 $\hat{\boldsymbol{x}}_{\mathrm{LS}}$ 是唯一的, 且由下式给出

$$\hat{\boldsymbol{x}}_{\mathrm{LS}} = (\boldsymbol{A}^*\boldsymbol{A})^{-1}\boldsymbol{A}^*\boldsymbol{y}. \tag{A.6.5}$$

我们有时写作 $\boldsymbol{A}^{\dagger} = (\boldsymbol{A}^*\boldsymbol{A})^{-1}\boldsymbol{A}^*$, 并且称之为矩阵 $\boldsymbol{A}$ 的*伪逆* (pseudo-inverse). 注意到

$$\boldsymbol{A}\hat{\boldsymbol{x}}_{\mathrm{LS}} = \boldsymbol{A}(\boldsymbol{A}^*\boldsymbol{A})^{-1}\boldsymbol{A}^*\boldsymbol{y} \tag{A.6.6}$$

$$= \boldsymbol{P}_{\operatorname{range}(\boldsymbol{A})}\boldsymbol{y} \tag{A.6.7}$$

是 $\boldsymbol{y}$ 到子空间 $\operatorname{range}(\boldsymbol{A})$ 的正交投影, 而矩阵

$$\boldsymbol{P}_{\operatorname{range}(\boldsymbol{A})} = \boldsymbol{A}(\boldsymbol{A}^*\boldsymbol{A})^{-1}\boldsymbol{A}^*$$

是到子空间 $\operatorname{range}(\boldsymbol{A})$ 的投影矩阵. 借助 $\boldsymbol{P}_{\operatorname{range}(\boldsymbol{A})}$, 我们可以把最小二乘问题的最优值表达为

$$\|\boldsymbol{y} - \boldsymbol{A}\hat{\boldsymbol{x}}_{\mathrm{LS}}\|_2^2 = \|(\boldsymbol{I} - \boldsymbol{P}_{\operatorname{range}(\boldsymbol{A})})\boldsymbol{y}\|_2^2 \tag{A.6.8}$$

$$= \|\boldsymbol{P}_{\operatorname{range}(\boldsymbol{A})^{\perp}}\boldsymbol{y}\|_2^2. \tag{A.6.9}$$

显然, 这正是从观测向量 $\boldsymbol{y}$ 到子空间 $\operatorname{range}(\boldsymbol{A})$ 的欧几里得距离的平方.

欠定 (underdetermined) 线性方程组

如果 $m < n$, 正如上面所讨论的, 方程组的解并不唯一. 如果方程组存在一个解 $\boldsymbol{x}_o$, 那么将存在解的一个完整的仿射子空间 $\boldsymbol{x}_o + \operatorname{null}(\boldsymbol{A})$. 处理这类欠定线性方程组的经典方法是寻找一个满足这个方程组且长度最小的 $\boldsymbol{x}$, 也就是求解下述问题:

$$\min \quad \|\boldsymbol{x}\|_2^2 \quad \text{s.t.} \quad \boldsymbol{y} = \boldsymbol{A}\boldsymbol{x}. \tag{A.6.10}$$

如果矩阵 $\boldsymbol{A}$ 行满秩, 即 $\operatorname{rank}(\boldsymbol{A}) = m$, 那么这个问题的解也是唯一的.

定理 A.11 *设矩阵 $\boldsymbol{A} \in \mathbb{R}^{m \times n}$ 是行满秩的, 即 $\operatorname{rank}(\boldsymbol{A}) = m$. 那么, 对于任意 $\boldsymbol{y} \in \mathbb{R}^m$, 问题*

$$\min \quad \|\boldsymbol{x}\|_2^2 \quad \text{s.t.} \quad \boldsymbol{y} = \boldsymbol{A}\boldsymbol{x} \tag{A.6.11}$$

存在唯一的最优解

$$\hat{\boldsymbol{x}}_{\ell^2} = \boldsymbol{A}^*(\boldsymbol{A}\boldsymbol{A}^*)^{-1}\boldsymbol{y}. \tag{A.6.12}$$

证明. 显然

$$\forall \boldsymbol{x}, \boldsymbol{x}' \in \mathbb{R}^n,\ \|\boldsymbol{x}'\|_2^2 = \|\boldsymbol{x} + (\boldsymbol{x}' - \boldsymbol{x})\|_2^2$$
$$= \|\boldsymbol{x}\|_2^2 + \langle 2\boldsymbol{x}, \boldsymbol{x}' - \boldsymbol{x}\rangle + \|\boldsymbol{x}' - \boldsymbol{x}\|_2^2. \tag{A.6.13}$$

如果 $\boldsymbol{x}$ 和 $\boldsymbol{x}'$ 均为可行解, 那么 $\boldsymbol{A}\boldsymbol{x} = \boldsymbol{A}\boldsymbol{x}' = \boldsymbol{y}$, 且 $\boldsymbol{x}' - \boldsymbol{x} \in \mathrm{null}(\boldsymbol{A})$. 对于任何可行解 $\boldsymbol{x}' \neq \hat{\boldsymbol{x}}_{\ell^2}$, 我们有:

$$\begin{aligned}\|\boldsymbol{x}'\|_2^2 &= \|\hat{\boldsymbol{x}}_{\ell^2}\|_2^2 + 2\langle \hat{\boldsymbol{x}}_{\ell^2}, \boldsymbol{x}' - \hat{\boldsymbol{x}}_{\ell^2}\rangle + \|\boldsymbol{x}' - \hat{\boldsymbol{x}}_{\ell^2}\|_2^2 \\ &= \|\hat{\boldsymbol{x}}_{\ell^2}\|_2^2 + 2\left\langle \boldsymbol{A}^*(\boldsymbol{A}\boldsymbol{A}^*)^{-1}\boldsymbol{y}, \boldsymbol{x}' - \hat{\boldsymbol{x}}_{\ell^2}\right\rangle + \|\boldsymbol{x}' - \hat{\boldsymbol{x}}_{\ell^2}\|_2^2 \\ &= \|\hat{\boldsymbol{x}}_{\ell^2}\|_2^2 + \underbrace{2\left\langle (\boldsymbol{A}\boldsymbol{A}^*)^{-1}\boldsymbol{y}, \boldsymbol{A}(\boldsymbol{x}' - \hat{\boldsymbol{x}}_{\ell^2})\right\rangle}_{=0} + \|\boldsymbol{x}' - \hat{\boldsymbol{x}}_{\ell^2}\|_2^2 \\ &> \|\hat{\boldsymbol{x}}_{\ell^2}\|_2^2.\end{aligned} \tag{A.6.14}$$

□

矩阵 $\boldsymbol{A}^*(\boldsymbol{A}\boldsymbol{A}^*)^{-1}$ 也被称为矩阵 $\boldsymbol{A}$ 的伪逆, 并且被记为 $\boldsymbol{A}^\dagger$ ㊀.

上面我们假设了矩阵 $\boldsymbol{A}$ 是行满秩或者列满秩的. 实际上, 线性方程组 $\boldsymbol{y} = \boldsymbol{A}\boldsymbol{x}$ 可能是不适定的 (ill-posed) 或者方程被一些随机 (高斯) 噪声所污染, 即 $\boldsymbol{y} = \boldsymbol{A}\boldsymbol{x} + \boldsymbol{\varepsilon}$. 在这种情况下, 我们可以考虑求解其正则化版本, 也就是*岭回归* (ridge regression) 问题:

$$\min_{\boldsymbol{x}} \|\boldsymbol{y} - \boldsymbol{A}\boldsymbol{x}\|_2^2 + \lambda\|\boldsymbol{x}\|_2^2. \tag{A.6.15}$$

我们把寻找上述问题最优解的任务留给读者作为一个习题 (请参阅习题 1.8).

A.7 特征向量和特征值

定义 A.12 (特征值和特征向量) *设 $\boldsymbol{A} \in \mathbb{C}^{n\times n}$. 如果存在 $\lambda \in \mathbb{C}$ 和非零向量 $\boldsymbol{v} \in \mathbb{C}^n \setminus \{\boldsymbol{0}\}$ 满足*

$$\boldsymbol{A}\boldsymbol{v} = \lambda\boldsymbol{v}, \tag{A.7.1}$$

那么, 我们称 λ 是矩阵 $\boldsymbol{A}$ 的特征值, $\boldsymbol{v}$ 是矩阵 $\boldsymbol{A}$ 的特征向量.

如果我们把矩阵 $\boldsymbol{A}$ 视为对应一个线性映射 $\mathcal{L}: \mathbb{C}^n \to \mathbb{C}^n$, 那么上述定义说明线性映射 $\mathcal{L}$ 保持向量 $\boldsymbol{v}$ 的方向. 如果 λ 是矩阵 $\boldsymbol{A}$ 对应于特征向量 $\boldsymbol{v}$ 的一个特征值, 那么 $\boldsymbol{v} \in \mathrm{null}(\boldsymbol{A} - \lambda\boldsymbol{I})$, 因此 $\mathrm{rank}\,(\boldsymbol{A} - \lambda\boldsymbol{I}) < n$. 借助奇异性的行列式准则, 我们得到下述结论.

定理 A.12 *$\lambda \in \mathbb{C}$ 是矩阵 $\boldsymbol{A} \in \mathbb{C}^{n\times n}$ 的一个特征值, 当且仅当它是下述特征多项式*

$$\chi(\lambda) = \det(\boldsymbol{A} - \lambda\boldsymbol{I}) \tag{A.7.2}$$

的一个根, 即 λ 满足 $\chi(\lambda) = 0$.

㊀ 这里, 我们看起来已经使用符号 $\boldsymbol{A}^\dagger$ 表达了两种不同的伪逆形式, 如果我们使用奇异值分解 (SVD) 来书写伪逆的一般表达式, 那么这一分歧将会得到解决. 在 A.8节回顾 SVD 之后, 我们将阐明这一点.

这意味着每个矩阵 $\boldsymbol{A} \in \mathbb{C}^{n\times n}$ 都有 n 个复特征值 (考虑了根的重数). 通常, 我们对实矩阵 $\boldsymbol{A} \in \mathbb{R}^{n\times n}$ 感兴趣.

实对称矩阵

值得注意的一点是, 实矩阵的特征值不一定是实数. 但是, 存在一种重要的特殊情况——对称矩阵——其特征值一定是实数. 考虑矩阵 $\boldsymbol{A} \in \mathbb{R}^{n\times n}$, 如果有

$$\boldsymbol{A} = \boldsymbol{A}^*, \tag{A.7.3}$$

我们称矩阵 $\boldsymbol{A}$ 是对称的. 实对称矩阵的特征值一定是实数, 并且对应着实特征向量. 此外, 不难证明, 如果 $\boldsymbol{v}$ 和 $\boldsymbol{v}'$ 是实对称矩阵对应于不同特征值 $\lambda \neq \lambda'$ 的特征向量, 那么它们是相互正交的, 即 $\boldsymbol{v} \perp \boldsymbol{v}'$. 由此, 我们得到一个实对称矩阵的特征向量分解定理.

定理 A.13 (特征向量分解)　设矩阵 $\boldsymbol{A} \in \mathbb{R}^{n\times n}$ 是对称的. 那么, 存在正交规范向量 $\boldsymbol{v}_1, \cdots, \boldsymbol{v}_n \in \mathbb{R}^n$ 和相对应的一组实数 $\lambda_1 \geqslant \ldots \geqslant \lambda_n$, 若定义

$$\boldsymbol{V} = [\boldsymbol{v}_1 \mid \cdots \mid \boldsymbol{v}_n] \in \mathsf{O}(n), \qquad \boldsymbol{\Lambda} = \begin{bmatrix} \lambda_1 & & & \\ & \lambda_2 & & \\ & & \ddots & \\ & & & \lambda_n \end{bmatrix} \in \mathbb{R}^{n\times n}, \tag{A.7.4}$$

则我们有

$$\boldsymbol{A} = \boldsymbol{V}\boldsymbol{\Lambda}\boldsymbol{V}^*. \tag{A.7.5}$$

表达式 $\boldsymbol{A} = \boldsymbol{V}\boldsymbol{\Lambda}\boldsymbol{V}^*$ 有时也被写为 $\boldsymbol{A} = \sum_{i=1}^n \lambda_i \boldsymbol{v}_i \boldsymbol{v}_i^*$ 这种形式. 定理 A.13将引出特征值的下述变分描述, 这对于理论分析和确认能够直接通过特征向量分解进行求解的优化问题很有用处.

定理 A.14 (特征值的变分描述)　对称矩阵 $\boldsymbol{A} \in \mathbb{R}^{n\times n}$ 的第一个特征值 λ_1 是问题

$$\begin{aligned} \max \quad & \boldsymbol{x}^* \boldsymbol{A} \boldsymbol{x} \\ \text{s.t.} \quad & \|\boldsymbol{x}\|_2^2 = 1 \end{aligned} \tag{A.7.6}$$

的最优值. 并且, 对应于特征值 λ_1 的特征向量 $\boldsymbol{v}_1$ 是上述问题的最优解. 类似地, 问题

$$\begin{aligned} \min \quad & \boldsymbol{x}^* \boldsymbol{A} \boldsymbol{x} \\ \text{s.t.} \quad & \|\boldsymbol{x}\|_2^2 = 1 \end{aligned} \tag{A.7.7}$$

的最优值是 λ_n. 对于介于 λ_1 和 λ_n 之间的特征值 $\lambda_1, \cdots, \lambda_{k-1}$, 如果 $\boldsymbol{v}_1, \cdots, \boldsymbol{v}_{k-1}$ 是对应于特征值 $\lambda_1, \cdots, \lambda_{k-1}$ 的两两正交的特征向量, 那么 λ_k 是问题

$$\begin{aligned} \max \quad & \boldsymbol{x}^* \boldsymbol{A} \boldsymbol{x} \\ \text{s.t.} \quad & \|\boldsymbol{x}\|_2^2 = 1,\ \boldsymbol{x} \perp \boldsymbol{v}_1, \cdots, \boldsymbol{v}_{k-1} \end{aligned} \tag{A.7.8}$$

的最优值.

从上述结果可知, 特征向量分解对研究二次型 $q(\boldsymbol{x}) = \boldsymbol{x}^*\boldsymbol{A}\boldsymbol{x}$ 非常有用. 而使二次型 $q(\boldsymbol{x})$ 始终为正数的矩阵 $\boldsymbol{A}$ 尤其重要.

定义 A.13 (正定性) 对于一个实对称矩阵 $\boldsymbol{A} \in \mathbb{R}^{n\times n}$, 如果对于所有非零向量 $\boldsymbol{x} \in \mathbb{R}^n$, 我们都有 $\boldsymbol{x}^*\boldsymbol{A}\boldsymbol{x} > 0$, 那么我们称矩阵 $\boldsymbol{A}$ 是正定的 (positive definite). 如果对于所有非零向量 $\boldsymbol{x} \in \mathbb{R}^n$, 我们都有 $\boldsymbol{x}^*\boldsymbol{A}\boldsymbol{x} \geqslant 0$, 那么我们称矩阵 $\boldsymbol{A}$ 是半正定的 (positive semidefinite).

如果矩阵 $\boldsymbol{A}$ 是正定的, 我们记作

$$\boldsymbol{A} \succ \mathbf{0}. \tag{A.7.9}$$

如果矩阵 $\boldsymbol{A}$ 是半正定的, 我们记作

$$\boldsymbol{A} \succeq \mathbf{0}. \tag{A.7.10}$$

更一般地, 对于对称矩阵 $\boldsymbol{A}$ 和 $\boldsymbol{B}$, 如果 $\boldsymbol{A} - \boldsymbol{B}$ 是半正定的, 即 $\boldsymbol{A} - \boldsymbol{B} \succeq \mathbf{0}$, 那么我们记作 $\boldsymbol{A} \succeq \boldsymbol{B}$. 这就定义了对称矩阵之间的一个偏序 (partial order) 关系, 我们称之为半定序 (semi-definite order).

定理 A.15 对称矩阵 $\boldsymbol{A}$ 是正定的 (或者半正定的) 当且仅当其所有特征值是正的 (或者非负的).

循环矩阵和卷积

对于向量 $\boldsymbol{a} = [a_0, a_1, \cdots, a_{n-1}]^* \in \mathbb{R}^n$, 我们可以把它的循环移位结果排列成循环矩阵形式

$$\boldsymbol{A} \doteq \operatorname{circ}(\boldsymbol{a}) = \begin{bmatrix} a_0 & a_{n-1} & \cdots & a_2 & a_1 \\ a_1 & a_0 & a_{n-1} & \cdots & a_2 \\ \vdots & a_1 & a_0 & & \vdots \\ a_{n-2} & \vdots & \vdots & & a_{n-1} \\ a_{n-1} & a_{n-2} & \cdots & a_1 & a_0 \end{bmatrix} \in \mathbb{R}^{n\times n}. \tag{A.7.11}$$

很容易看出, 这种循环矩阵 $\boldsymbol{A}$ 与向量 $\boldsymbol{x}$ 相乘将得到一个 (循环) 卷积 $\boldsymbol{A}\boldsymbol{x} = \boldsymbol{a} \circledast \boldsymbol{x}$:

$$(\boldsymbol{a} \circledast \boldsymbol{x})_i = \sum_{j=0}^{n-1} x_j a_{i+n-j \bmod n}, \tag{A.7.12}$$

其中 $i + n - j \bmod n$ 表示 $i + n - j$ 对 n 取模.

循环矩阵的一个显著特性是它们具有能构成酉矩阵的相同的特征向量集合. 设 $\mathrm{i} = \sqrt{-1}$, $\omega_n := \exp\left(-\dfrac{2\pi\mathrm{i}}{n}\right)$ 表示 1 的 n 重复根 (即 $\omega_n^n = 1$), 我们定义矩阵:

$$
\boldsymbol{F}_n \doteq \frac{1}{\sqrt{n}} \begin{bmatrix} \omega_n^0 & \omega_n^0 & \cdots & \omega_n^0 & \omega_n^0 \\ \omega_n^0 & \omega_n^1 & \cdots & \omega_n^{n-2} & \omega_n^{n-1} \\ \vdots & \vdots & & \vdots & \vdots \\ \omega_n^0 & \omega_n^{n-2} & \cdots & \omega_n^{(n-2)^2} & \omega_n^{(n-2)(n-1)} \\ \omega_n^0 & \omega_n^{n-1} & \cdots & \omega_n^{(n-2)(n-1)} & \omega_n^{(n-1)^2} \end{bmatrix} \in \mathbb{C}^{n\times n}. \tag{A.7.13}
$$

矩阵 $\boldsymbol{F}_n$ 是一个酉矩阵: $\boldsymbol{F}_n\boldsymbol{F}_n^* = \boldsymbol{I}$, 它是众所周知的 Vandermonde 矩阵. 把一个向量与 $\boldsymbol{F}_n$ 相乘就可以得到它的离散傅里叶变换 (Discrete Fourier Transform, DFT), 更准确地, 我们有下述理论结果 [Kra et al., 2012].

定理 A.16 (循环矩阵的特征向量)　*矩阵 $\boldsymbol{A} \in \mathbb{C}^{n\times n}$ 是循环矩阵, 当且仅当它可以由酉矩阵对角化, 即*

$$
\boldsymbol{F}_n^*\boldsymbol{A}\boldsymbol{F}_n = \boldsymbol{D}_{\boldsymbol{a}} \quad \text{或者} \quad \boldsymbol{A} = \boldsymbol{F}_n\boldsymbol{D}_{\boldsymbol{a}}\boldsymbol{F}_n^*, \tag{A.7.14}
$$

其中 $\boldsymbol{D}_{\boldsymbol{a}}$ 是由特征值所构成的对角矩阵[㊀].

根据以上结果, 我们很容易推导出循环矩阵的下列几个性质:

- 循环矩阵的转置是循环矩阵.
- 两个循环矩阵相乘仍是循环矩阵.
- 对于一个非奇异循环矩阵, 它的逆矩阵也是循环矩阵 (因此也表达一个循环卷积).
- 由于所有循环矩阵都能够被相同的酉矩阵 $\boldsymbol{F}_n$ 同时对角化, 因此它们的和与它们的逆矩阵都能够被简化为在其对角化形式上的相应运算, 从而计算速度更快、可扩展性更好.

特征值的位置

根据矩阵 $\boldsymbol{A}$ 的性质描述出特征值 $\lambda \in \mathbb{C}$ 的分布位置通常会很有用处. 例如, 我们看到, 如果矩阵 $\boldsymbol{A}$ 是一个实对称矩阵, 那么它的特征值位于实数轴上. 对于一般矩阵 $\boldsymbol{A}$, 则情况会很复杂. 然而, 我们有下述 Gershgorin 圆盘定理, 它告诉我们特征值一定分布在一组以矩阵 $\boldsymbol{A}$ 的对角元素 A_{ii} 为圆心的圆盘的并集之中.

定理 A.17 (Gershgorin 圆盘定理)　*考虑矩阵 $\boldsymbol{A} \in \mathbb{C}^{n\times n}$, 其特征值 $\lambda \in \mathbb{C}$. 那么, 存在 $i \in \{1, \cdots, n\}$ 满足*

$$
|\lambda - A_{ii}| \leqslant \sum_{j\neq i} |A_{ij}|. \tag{A.7.15}
$$

这个结果被称为 Gershgorin 圆盘定理, 因为它意味着在复平面 $\mathbb{C}$ 中, 各个特征值 λ 位于以 A_{ii} 为圆心、以 $r_i = \sum_{j\neq i}|A_{ij}|$ 为半径的圆盘 D_i 上. 当矩阵 $\boldsymbol{A}$ 的非对角元素非常小时, 这个结果非常管用. 目前这一结果已有多种变体和改进.

㊀ 即使对于实的循环矩阵, 其特征值也可以是复数.

A.8　奇异值分解

由定理 A.13所定义的特征值分解 $\boldsymbol{S} = \boldsymbol{V}\boldsymbol{\Lambda}\boldsymbol{V}^*$ 为研究对称矩阵 $\boldsymbol{S}$ 提供了一个基本工具. 特别地, 它表明在适当的空间旋转下, 对称矩阵的行为类似于一个对角矩阵. 对于一般矩阵 (包括非对称方阵和非方阵), 给出一个类似的表达形式是非常有用的. 奇异值分解 (Singular Value Decomposition, SVD) 正是如此, 它使我们能够非常简单地找到一个线性映射的定义域和值域的基.

定理 A.18 (紧凑 SVD, 存在性) 设 $\boldsymbol{A} \in \mathbb{R}^{m\times n}$, $\operatorname{rank}(\boldsymbol{A}) = r$. 存在一组标量 $\sigma_1 \geqslant \sigma_2 \geqslant \cdots \geqslant \sigma_r > 0$, 矩阵 $\boldsymbol{U} \in \mathbb{R}^{m\times r}$ 和矩阵 $\boldsymbol{V} \in \mathbb{R}^{n\times r}$, 其中 $\boldsymbol{U}$ 和 $\boldsymbol{V}$ 的列为正交规范向量 (即 $\boldsymbol{U}^*\boldsymbol{U} = \boldsymbol{I}$, $\boldsymbol{V}^*\boldsymbol{V} = \boldsymbol{I}$), 如果我们令

$$\boldsymbol{\Sigma} = \begin{bmatrix} \sigma_1 & & & \\ & \sigma_2 & & \\ & & \ddots & \\ & & & \sigma_r \end{bmatrix} \in \mathbb{R}^{r\times r}, \tag{A.8.1}$$

那么, 我们有

$$\boldsymbol{A} = \boldsymbol{U}\boldsymbol{\Sigma}\boldsymbol{V}^*, \tag{A.8.2}$$

其中 σ_i 被称为矩阵 $\boldsymbol{A}$ 的奇异值, 矩阵 $\boldsymbol{U}$ 和矩阵 $\boldsymbol{V}$ 的列向量分别被称为矩阵 $\boldsymbol{A}$ 的左奇异向量和右奇异向量.

定理 A.18中的公式能够用于把矩阵 $\boldsymbol{A}$ 表达成 r 个正交的秩 1 矩阵的和, 即

$$\boldsymbol{A} = \sum_{i=1}^{r} \sigma_i \boldsymbol{u}_i \boldsymbol{v}_i^*. \tag{A.8.3}$$

紧凑 SVD 能够直接给出矩阵 $\boldsymbol{A}$ 的几个重要性质.

定理 A.19 (紧凑 SVD 的性质) 设矩阵 $\boldsymbol{A} \in \mathbb{R}^{m\times n}$, 其紧凑奇异值分解为 $\boldsymbol{A} = \boldsymbol{U}\boldsymbol{\Sigma}\boldsymbol{V}^*$. 那么, 我们有:

- $\operatorname{range}(\boldsymbol{A}) = \operatorname{range}(\boldsymbol{U})$. 矩阵 $\boldsymbol{U}$ 的列向量是矩阵 $\boldsymbol{A}$ 的值域的正交规范基.
- $\operatorname{range}(\boldsymbol{A}^*) = \operatorname{range}(\boldsymbol{V})$. 矩阵 $\boldsymbol{V}$ 的列向量是矩阵 $\boldsymbol{A}$ 的行空间的正交规范基.

在有些情况下, 我们需要把矩阵 $\boldsymbol{U}$ 和 $\boldsymbol{V}$ 扩展成正交矩阵.

定理 A.20 (完全 SVD) 设矩阵 $\boldsymbol{A} \in \mathbb{R}^{m\times n}$. 那么, 存在 $\boldsymbol{U} \in \mathsf{O}(m)$, $\boldsymbol{V} \in \mathsf{O}(n)$ 和 $\boldsymbol{\Sigma} \in \mathbb{R}^{m\times n}$, 满足

$$\boldsymbol{A} = \boldsymbol{U}\boldsymbol{\Sigma}\boldsymbol{V}^*, \tag{A.8.4}$$

其中 $\boldsymbol{\Sigma}$ 是对角矩阵 (即若 $i \neq j$, 则 $\Sigma_{ij} = 0$), 对角线元素按从大到小顺序排列

$$\Sigma_{11} \geqslant \Sigma_{22} \geqslant \cdots \geqslant \Sigma_{\min\{m,n\},\min\{m,n\}} \geqslant 0.$$

使用完全奇异值分解, 我们可以把 A.6节所引入的矩阵伪逆以一种统一方式进行表达, 即

$$\boldsymbol{A}^{\dagger}=\boldsymbol{V}\boldsymbol{\Sigma}^{\dagger}\boldsymbol{U}^{*}, \tag{A.8.5}$$

其中 $\boldsymbol{\Sigma}^{\dagger}\in\mathbb{R}^{n\times m}$ 是对角矩阵 $\boldsymbol{\Sigma}\in\mathbb{R}^{m\times n}$ 的伪逆[⊖].

完全奇异值分解和紧凑奇异值分解的符号重合, 有时会引起混淆. 在本书中, 除非另有说明, 否则我们将主要使用*紧凑* SVD.

关于矩阵近似

奇异值分解能够为多个近似问题提供一种直接的解决方案. 最基本的一点是, 它提供了一种构造矩阵 $\boldsymbol{A}$ 的最佳秩 r 近似的方法.

定理 A.21 (最佳秩 r 近似) *设矩阵 $\boldsymbol{A}\in\mathbb{R}^{m\times n}$ 具有下述奇异值分解*

$$\boldsymbol{A}=\sum_{i=1}^{\min\{m,n\}}\sigma_i\boldsymbol{u}_i\boldsymbol{v}_i^{*}. \tag{A.8.6}$$

那么, 秩 r 近似问题

$$\begin{array}{ll}\min_{\boldsymbol{X}} & \|\boldsymbol{X}-\boldsymbol{A}\|_F\\ \text{s.t.} & \operatorname{rank}(\boldsymbol{X})\leqslant r\end{array} \tag{A.8.7}$$

的最优解是截断的奇异值分解:

$$\widehat{\boldsymbol{A}}_r=\sum_{i=1}^{r}\sigma_i\boldsymbol{u}_i\boldsymbol{v}_i^{*}. \tag{A.8.8}$$

进一步, 如果 $\sigma_r(\boldsymbol{A})>\sigma_{r+1}(\boldsymbol{A})$, 那么这个最优解是唯一的.

非常有意思的是, 即使我们把 $\|\cdot\|_F$ 更换成其他酉不变矩阵范数 (例如算子范数), 上述结果依然保持不变. 奇异值分解还能够提供一种用正交矩阵最佳近似一个方阵的方法.

定理 A.22 (最佳正交近似) *考虑一个矩阵 $\boldsymbol{A}\in\mathbb{R}^{n\times n}$, $\boldsymbol{A}=\boldsymbol{U}\boldsymbol{\Sigma}\boldsymbol{V}^{*}$ 是矩阵 $\boldsymbol{A}$ 的一个完全奇异值分解. 那么, 问题*

$$\begin{array}{ll}\min_{\boldsymbol{X}} & \|\boldsymbol{X}-\boldsymbol{A}\|_F\\ \text{s.t.} & \boldsymbol{X}\in\mathsf{O}(n)\end{array} \tag{A.8.9}$$

的最优解由 $\boldsymbol{X}=\boldsymbol{U}\boldsymbol{V}^{*}$ 给出.

A.9 向量和矩阵范数

线性空间上的范数

线性空间 $\mathbb{V}$ 上的一个*范数* (norm) 给出一种测量线性空间中元素长度的方法, 在很大程度上它与我们从 $\mathbb{R}^3$ 中所得到的长度直觉相符合. 下面, 我们给出范数的正式定义.

⊖ 也就是说, 对角阵 $\boldsymbol{\Sigma}$ 的伪逆 $\boldsymbol{\Sigma}^{\dagger}$ 仍是一个对角阵, 对于所有 $\Sigma_{ii}>0$, 其对角元素为 Σ_{ii}^{-1}.

定义 A.14 (范数) 线性空间 $\mathbb{V}$ 上的范数是一个函数 $\|\cdot\| : \mathbb{V} \to \mathbb{R}$, 它满足如下性质:

- **非负齐次性**. 对于所有 $\boldsymbol{x} \in \mathbb{V}$ 和标量 $\alpha \in \mathbb{R}$, 有 $\|\alpha \boldsymbol{x}\| = |\alpha|\|\boldsymbol{x}\|$.
- **正定性**. $\|\boldsymbol{x}\| \geqslant 0$, $\|\boldsymbol{x}\| = 0$ 当且仅当 $\boldsymbol{x} = \mathbf{0}$;
- **次可加性**. 对于所有 $\boldsymbol{x}, \boldsymbol{y} \in \mathbb{V}$, 范数 $\|\cdot\|$ 满足三角不等式 $\|\boldsymbol{x} + \boldsymbol{y}\| \leqslant \|\boldsymbol{x}\| + \|\boldsymbol{y}\|$.

非常重要的一类范数是 ℓ^p 范数. 如果我们选取 $\mathbb{V} = \mathbb{R}^n$, 并且 $p \in [1, \infty)$, 那么 ℓ^p 范数写作

$$\|\boldsymbol{x}\|_p = \left(\sum_i |x_i|^p\right)^{1/p}. \tag{A.9.1}$$

最常见的例子是 ℓ^2 范数或者欧氏 (Euclidean) 范数:

$$\|\boldsymbol{x}\|_2 = \sqrt{\sum_i x_i^2} = \sqrt{\boldsymbol{x}^* \boldsymbol{x}},$$

这与我们通常测量长度的方法一致. 其他两种情况几乎同等重要: $p = 1$ 和 $p \to \infty$. 若在定义式(A.9.1)中令 $p = 1$, 则我们得到 ℓ^1 范数:

$$\|\boldsymbol{x}\|_1 = \sum_i |x_i|. \tag{A.9.2}$$

当 p 增大时, 定义式(A.9.1)中最大的分量 $|x_i|$ 将会“突出”出来. 当 $p \to \infty$ 时, $\|\boldsymbol{x}\|_p \to \max_i |x_i|$. 因此, 我们扩展 ℓ^p 范数的定义到 $p = \infty$ 如下:

$$\|\boldsymbol{x}\|_\infty = \max_i |x_i|. \tag{A.9.3}$$

然而, ℓ^p 范数远不是向量的唯一范数.

例 A.4 以下均为范数的例子.

- 对于 $p \geqslant 1$, $\|\boldsymbol{x}\|_p$ 是一个范数.
- 对于每个正定矩阵 $\boldsymbol{P} \succ \mathbf{0}$, 我们能够通过 $\|\boldsymbol{x}\|_{\boldsymbol{P}} = \sqrt{\boldsymbol{x}^* \boldsymbol{P} \boldsymbol{x}}$ 定义一个范数.
- 对于 $\boldsymbol{x} \in \mathbb{R}^n$, 令 $[\boldsymbol{x}]_{(k)}$ 表示序列 $|x_1|, |x_2|, \cdots, |x_n|$ 中的第 k 个最大分量. 那么

$$\|\boldsymbol{x}\|_{[K]} = \sum_{k=1}^{K} [\boldsymbol{x}]_{(k)} \tag{A.9.4}$$

  是一个范数.
- 对于 $\boldsymbol{X} \in \mathbb{R}^{m \times n}$, Frobenius 范数 $\|\boldsymbol{X}\|_F = \sqrt{\langle \boldsymbol{X}, \boldsymbol{X} \rangle}$ 是一个范数.

赋范空间 (normed space) 的一个基本理论结果是, 在有限维空间中, 所有的范数都是相当的. 正式地, 我们有下述范数等价性定理.

定理 A.23 (范数的等价性) 设 $\|\cdot\|_a$ 和 $\|\cdot\|_b$ 是有限维线性空间 $\mathbb{V}$ 中的任意两个范数. 那么, 存在 $\alpha, \beta > 0$ 使得每一个 $\boldsymbol{v} \in \mathbb{V}$, 我们都有

$$\alpha \|\boldsymbol{v}\|_a \leqslant \|\boldsymbol{v}\|_b \leqslant \beta \|\boldsymbol{v}\|_a. \tag{A.9.5}$$

值得注意的是, 我们不要过度解释这个结果. 正如不等式(A.9.5)所示, 这里的“等价性”表示的是不同范数的值之间最多差一个常数, 它并不表示不同的范数会表现一样——当选择不同的范数来定义约束集或者作为优化问题的目标函数时, 它们可能会得到非常不同的结果. 对于分析来说, 下列不同范数之间的比较是十分有用的.

引理 A.1 (ℓ^p 范数之间的比较)　对于所有 $\boldsymbol{x} \in \mathbb{R}^n$,

- $\|\boldsymbol{x}\|_2 \leqslant \|\boldsymbol{x}\|_1 \leqslant \sqrt{n}\,\|\boldsymbol{x}\|_2$.
- $\|\boldsymbol{x}\|_\infty \leqslant \|\boldsymbol{x}\|_2 \leqslant \sqrt{n}\,\|\boldsymbol{x}\|_\infty$.
- $\|\boldsymbol{x}\|_\infty \leqslant \|\boldsymbol{x}\|_1 \leqslant n\,\|\boldsymbol{x}\|_\infty$.

对于每个范数, 我们都可以关联一个*对偶范数* (dual norm). 要做到这一点, 我们需要定义一个赋范线性空间. 如果 $\mathbb{V}$ 是一个线性空间, $\|\cdot\|$ 是 $\mathbb{V}$ 上的一个范数, 我们称 $(\mathbb{V}, \|\cdot\|)$ 为*赋范线性空间* (normed linear space). 一个*线性泛函*是一个线性映射 $\boldsymbol{\phi}: \mathbb{V} \to \mathbb{R}$. 由于线性泛函的组合仍然是线性泛函, 定义在给定线性空间 $\mathbb{V}$ 上的全部线性泛函所构成的空间本身也是一个线性空间 (被称为 $\mathbb{V}$ 的“*拓扑对偶*”). 在这个空间上, 我们可以定义另一个函数

$$\|\boldsymbol{\phi}\|^* = \sup_{\boldsymbol{v}\in\mathbb{V},\ \|\boldsymbol{v}\|\leqslant 1} |\boldsymbol{\phi}(\boldsymbol{v})|. \tag{A.9.6}$$

假如我们限制 $\boldsymbol{\phi}$ 的上确界为有限的, 那么 $\|\boldsymbol{\phi}\|^*$ 也是一个范数.

定义 A.15 (对偶空间和对偶范数)　*赋范线性空间 $(\mathbb{V}, \|\cdot\|)$ 的赋范对偶是赋范线性空间 $(\mathbb{V}^*, \|\cdot\|^*)$, 其中线性泛函 $\boldsymbol{\phi}: \mathbb{V} \to \mathbb{R}$ 的对偶范数 $\|\cdot\|^*$ 由式(A.9.6)定义, 并且*

$$\mathbb{V}^* = \left\{\boldsymbol{\phi}: \mathbb{V} \to \mathbb{R} \text{ 是线性的, 其中 } \|\boldsymbol{\phi}\|^* < +\infty\right\}. \tag{A.9.7}$$

这一定义似乎有些抽象. 但是, 就我们的目的而言, 我们所遇到的对偶空间和对偶范数都有非常具体的描述.

定理 A.24　*令 $\langle\cdot,\cdot\rangle$ 表示向量空间 $\mathbb{R}^n$ (和扩展到向量空间 $\mathbb{R}^{m\times n}$) 上的标准内积. 每个线性泛函 $\boldsymbol{\phi}: \mathbb{R}^n \to \mathbb{R}$ 都可以表达成*

$$\boldsymbol{\phi}(\boldsymbol{x}) = \langle\boldsymbol{v}, \boldsymbol{x}\rangle, \tag{A.9.8}$$

其中向量 $\boldsymbol{v} \in \mathbb{R}^n$. 类似地, 每个线性泛函 $\boldsymbol{\phi}: \mathbb{R}^{m\times n} \to \mathbb{R}$ 都可以表达成

$$\boldsymbol{\phi}(\boldsymbol{X}) = \langle\boldsymbol{V}, \boldsymbol{X}\rangle, \tag{A.9.9}$$

其中矩阵 $\boldsymbol{V} \in \mathbb{R}^{m\times n}$.

这意味着, 如果我们考虑一个空间 $(\mathbb{R}^n, \|\cdot\|_\sharp)$, 那么其对偶空间可以使用 $(\mathbb{R}^n, \|\cdot\|_\sharp^*)$ 来标识, 其中

$$\|\boldsymbol{v}\|_\sharp^* = \sup_{\|\boldsymbol{x}\|_\sharp\leqslant 1} \langle\boldsymbol{v}, \boldsymbol{x}\rangle. \tag{A.9.10}$$

例 A.5 (常用范数的对偶) 下面我们给出几个对偶范数的例子.

- ℓ^1 的对偶范数是 ℓ^∞.
- ℓ^∞ 的对偶范数是 ℓ^1.
- ℓ^2 和 Frobenius 范数均为自对偶 (self-dual), 也就是说, $\|\cdot\|_2^* = \|\cdot\|_2$, $\|\cdot\|_F^* = \|\cdot\|_F$.
- 如果 $p, q \in [1, \infty)$, 其中 $p^{-1} + q^{-1} = 1$, 那么 $\|\cdot\|_p^* = \|\cdot\|_q$, $\|\cdot\|_q^* = \|\cdot\|_p$.

根据对偶范数的定义, 对于任意向量 $\boldsymbol{x}, \boldsymbol{x}'$ 和任意范数 $\|\cdot\|$, 我们有

$$\langle \boldsymbol{x}, \boldsymbol{x}' \rangle \leqslant \|\boldsymbol{x}\| \|\boldsymbol{x}'\|^* . \tag{A.9.11}$$

如果选取 $\|\boldsymbol{x}\| = \|\boldsymbol{x}\|_2$, 那么我们可以得到 Cauchy-Schwarz 不等式.

矩阵和算子范数

当线性空间 $\mathbb{V}$ 是矩阵构成的空间时 (例如 $\mathbb{V} = \mathbb{R}^{m\times n}$), 我们能够得到更有趣的结构, 这是由于矩阵可以被解释为线性算子. 对于方阵, 部分作者把术语 "矩阵范数"(matrix norm) 保留给满足定义 A.14 中三个准则并且是次可乘 (submultiplicative) 的函数, 其中次可乘是指

$$\|\boldsymbol{A}\boldsymbol{B}\| \leqslant \|\boldsymbol{A}\| \|\boldsymbol{B}\| . \tag{A.9.12}$$

对于线性空间 $\mathbb{V}$ 上只满足定义 A.14的函数 $\|\cdot\|$, 他们使用术语 "矩阵上的向量范数". 在这里, 我们并未强调术语上的这种区别. 不过, 次可乘性质(A.9.12)通常是十分有用的, 我们将在它出现时加以提示.

矩阵范数的最重要来源在于矩阵作为线性算子的概念.

定义 A.16 (算子范数) 考虑两个赋范线性空间 $(\mathbb{W}, \|\cdot\|_a)$ 和 $(\mathbb{W}', \|\cdot\|_b)$ 和线性算子 $\mathcal{L} : \mathbb{W} \to \mathbb{W}'$. 线性算子 $\mathcal{L}$ 的算子范数为

$$\|\mathcal{L}\|_{a\to b} = \sup_{\|\boldsymbol{w}\|_a \leqslant 1} \|\mathcal{L}[\boldsymbol{w}]\|_b . \tag{A.9.13}$$

更具体一些, 对于 $m \times n$ 的矩阵 $\boldsymbol{A}$, 如果 $\|\cdot\|_a$ 和 $\|\cdot\|_b$ 是分别定义在 $\mathbb{R}^n$ 和 $\mathbb{R}^m$ 上的两个范数, 那么我们写作

$$\|\boldsymbol{A}\|_{a\to b} = \sup_{\|\boldsymbol{x}\|_a \leqslant 1} \|\boldsymbol{A}\boldsymbol{x}\|_b . \tag{A.9.14}$$

作为矩阵的算子范数, 最重要的特殊情况是 $\|\boldsymbol{A}\|_{2\to 2}$.

定理 A.25 矩阵 $\boldsymbol{A} \in \mathbb{R}^{m\times n}$ 作为从 $(\mathbb{R}^n, \|\cdot\|_2)$ 到 $(\mathbb{R}^m, \|\cdot\|_2)$ 的一个线性算子的范数被定义为

$$\|\boldsymbol{A}\|_{2\to 2} = \sigma_1(\boldsymbol{A}), \tag{A.9.15}$$

其中 $\sigma_1(\boldsymbol{A})$ 表示矩阵 $\boldsymbol{A}$ 的最大奇异值.

矩阵的其他几个算子范数也值得关注.

定理 A.26 设 $\|\cdot\|_b$ 是 $\mathbb{R}^m$ 上的任意一个范数. 矩阵 $\boldsymbol{A} \in \mathbb{R}^{m\times n}$ 作为从 $(\mathbb{R}^n, \|\cdot\|_1)$ 到 $(\mathbb{R}^m, \|\cdot\|_b)$ 的线性算子的范数是其所有列向量的最大向量范数 $\|\cdot\|_b$, 即

$$\|\boldsymbol{A}\|_{1\to b} = \max_{j=1,\cdots,n} \|\boldsymbol{A}\boldsymbol{e}_j\|_b. \tag{A.9.16}$$

设 $\|\cdot\|_a$ 为定义在 $\mathbb{R}^n$ 上的任意一个范数. 矩阵 $\boldsymbol{A} \in \mathbb{R}^{m\times n}$ 作为从 $(\mathbb{R}^n, \|\cdot\|_a)$ 到 $(\mathbb{R}^m, \|\cdot\|_\infty)$ 的线性算子的范数是其所有行向量的最大对偶范数, 即

$$\|\boldsymbol{A}\|_{a\to\infty} = \max_{i=1,\cdots,m} \|\boldsymbol{e}_i^*\boldsymbol{A}\|_a^*, \tag{A.9.17}$$

其中 $\|\cdot\|_a^*$ 为 $\|\cdot\|_a$ 的对偶范数, 具体定义如下:

$$\|\boldsymbol{v}\|_a^* = \sup_{\|\boldsymbol{u}\|_a\leqslant 1} \langle \boldsymbol{u}, \boldsymbol{v}\rangle. \tag{A.9.18}$$

例如, $\|\boldsymbol{A}\|_{1\to 1}$ 是矩阵 $\boldsymbol{A}$ 的所有列向量的最大 ℓ^1 范数.

酉不变矩阵范数

有趣的是, 矩阵 $\boldsymbol{A} \in \mathbb{R}^{m\times n}$ 的算子范数仅仅依赖于其奇异值, 即

$$\|\boldsymbol{A}\|_{2,2} = \sigma_1(\boldsymbol{A}) = \|\boldsymbol{\sigma}(\boldsymbol{A})\|_\infty, \tag{A.9.19}$$

其中 $\boldsymbol{\sigma}(\boldsymbol{A})$ 是由矩阵 $\boldsymbol{A}$ 的奇异值构成的向量. 事实上, 矩阵 $\boldsymbol{A}$ 的 Frobenius 范数 $\|\boldsymbol{A}\|_F$ 也只依赖于其奇异值:

$$\|\boldsymbol{A}\|_F = \sqrt{\sum_{i=1}^{\min\{m,n\}} \sigma_i(\boldsymbol{A})^2} = \|\boldsymbol{\sigma}(\boldsymbol{A})\|_2. \tag{A.9.20}$$

这个结果很容易从范数 $\|\cdot\|_F$ 的正交不变性中观察到, 其中 $\forall\, \boldsymbol{A} \in \mathbb{R}^{m\times n}, \boldsymbol{P} \in \mathsf{O}(m), \boldsymbol{Q} \in \mathsf{O}(n)$, 我们有:

$$\|\boldsymbol{P}\boldsymbol{A}\boldsymbol{Q}\|_F = \|\boldsymbol{A}\|_F. \tag{A.9.21}$$

这表明了一种规律. 事实上, 正如接下来的定理所阐述的, 奇异值的任何 ℓ^p 范数均为矩阵 $\boldsymbol{A}$ 的范数.

定义 A.17 (Schatten p-范数) 考虑矩阵 $\boldsymbol{A} \in \mathbb{R}^{m\times n}$, 令 $\boldsymbol{\sigma}(\boldsymbol{A}) \in \mathbb{R}^{\min\{m,n\}}$ 表示矩阵 $\boldsymbol{A}$ 的所有奇异值所构成的向量. 那么, 对于 $p \in [1, \infty]$, 函数

$$\|\boldsymbol{A}\|_{S_p} = \|\boldsymbol{\sigma}(\boldsymbol{A})\|_p \tag{A.9.22}$$

是矩阵 $\boldsymbol{A}$ 定义在 $\mathbb{R}^{m\times n}$ 上的一个范数.

显然, 矩阵的算子范数和 Frobenius 范数均为 Schatten-p 范数的特例. 另一个非常有意思的特例是 Schatten-1 范数

$$\|\boldsymbol{A}\|_{S_1} = \sum_i \sigma_i(\boldsymbol{A}). \tag{A.9.23}$$

这一范数有时也被称为矩阵的迹范数 (trace norm) 或者核范数 (nuclear norm), 为此我们保留了一个特殊符号

$$\|\boldsymbol{A}\|_* = \sum_i \sigma_i(\boldsymbol{A}). \tag{A.9.24}$$

矩阵的算子范数 $\|\cdot\|_{2,2}$ 和核范数 $\|\cdot\|_*$ 互为对偶范数. 在本书中, 我们把矩阵的算子范数 $\|\cdot\|_{2,2}$ 简化记作 $\|\cdot\|_2$.

对矩阵的奇异值所构成的向量 $\boldsymbol{\sigma}(\boldsymbol{A})$ 应用不同的向量范数, 我们可以定义矩阵的几个有趣且非常有用的范数. 由于奇异值是正交不变的, 即对于 $\boldsymbol{P} \in \mathsf{O}(m)$, $\boldsymbol{Q} \in \mathsf{O}(n)$, $\boldsymbol{\sigma}(\boldsymbol{PAQ}) = \boldsymbol{\sigma}(\boldsymbol{A})$, 以这种方式来定义的范数也是正交不变的. 很自然的一个疑问是: 是否奇异值向量 $\boldsymbol{\sigma}(\boldsymbol{A})$ 的每个函数 $\|\boldsymbol{\sigma}(\boldsymbol{A})\|$ 都能给 $\mathbb{R}^{m\times n}$ 上的矩阵 $\boldsymbol{A}$ 产生一个有效的范数呢? 我们可以证明, 通过引入某些约束, 这个答案是肯定的.

定义 A.18 (对称规 (gauge) 函数) *考虑一个函数 $f : \mathbb{R}^n \to \mathbb{R}$. 如果它满足下列三个条件:*

- **范数**. *f 是 $\mathbb{R}^n$ 上的一个范数.*
- **置换不变性**. *对于每个 $\boldsymbol{x} \in \mathbb{R}^n$ 和置换矩阵 $\boldsymbol{\Pi}$, $f(\boldsymbol{\Pi x}) = f(\boldsymbol{x})$.*
- **对称性**. *对于每个 $\boldsymbol{x} \in \mathbb{R}^n$ 和对角符号矩阵 $\boldsymbol{\Sigma}$ (即对角元素为 ± 1 的对角矩阵), $f(\boldsymbol{\Sigma x}) = f(\boldsymbol{x})$.*

那么, 我们称函数 f 是一个对称规函数.

定理 A.27 (酉不变范数的冯 · 诺依曼描述) *考虑 $m \geqslant n$. 对于 $\boldsymbol{M} \in \mathbb{C}^{m\times n}$, 令 $\boldsymbol{\sigma}(\boldsymbol{M}) \in \mathbb{R}^n$ 表示由矩阵 $\boldsymbol{M}$ 的奇异值所构成的向量. 那么, 对于每个对称规函数 $f_\sharp$, 下述函数*

$$\|\boldsymbol{M}\|_\sharp \doteq f_\sharp(\boldsymbol{\sigma}(\boldsymbol{M})) \tag{A.9.25}$$

将定义 $\mathbb{C}^{m\times n}$ 上矩阵 $\boldsymbol{M}$ 的一个酉不变矩阵范数. 相反, 对于每个酉不变矩阵范数 $\|\boldsymbol{M}\|_\sharp$, 都存在一个对称规函数 $f_\sharp$, 使得 $\|\boldsymbol{M}\|_\sharp = f_\sharp(\boldsymbol{\sigma}(\boldsymbol{M}))$.

凸集和凸函数

当我们试图对“好的局部决策得出全局最优解”这一性质进行形式化时，凸性 (convexity) 的概念应运而生. 考虑一个一般的无约束优化问题

$$\min \quad f(\boldsymbol{x}), \tag{B.0.1}$$

其中 $\boldsymbol{x} \in \mathbb{R}^n$ 是优化变量, $f : \mathbb{R}^n \to \mathbb{R}$ 是我们尝试利用数值算法使其值尽可能小的目标函数. 图 B.1 显示了两个目标函数 f. 图 B.1b 的目标函数包含多个峰谷——寻找对应全局最优值点 $\boldsymbol{x}_\star$ 的最低谷可能会非常困难. 此外, 对于图 B.1b 的函数 f, 点 $\boldsymbol{x}$ 周围的局部信息对于确定达到全局最优值点的搜索方向并没有特别的帮助. 相反, 图 B.1a 的碗形函数更易于进行全局最优化——使用一种“梯度下降”类型的算法, 也就是简单地通过考虑函数图象的斜率来确定往哪个方向移动, 就能够很容易地“滑”到全局最小值点.

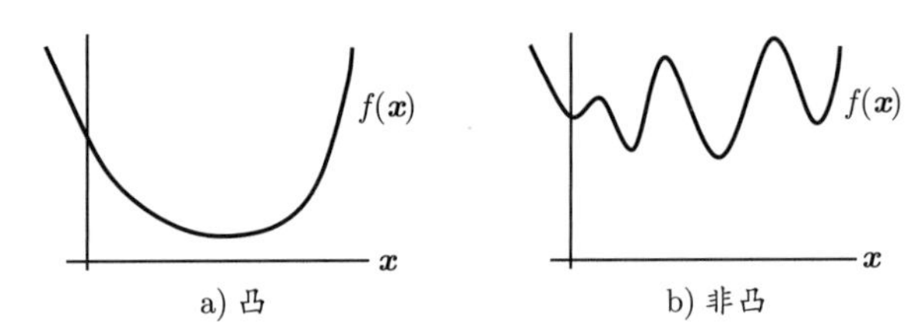

图 B.1 两个目标函数 $f(\boldsymbol{x})$. 图 a 的目标函数 f 似乎可以全局优化, 而图 b 的目标函数更具有挑战性

凸性的概念将对上面所讨论的性质进行形式化. 凸性是一种几何性质. 我们接下来将首先引入凸集的概念, 然后把凸集的定义拓展到凸函数.

B.1 凸集

集合 C 如果包含它的边界, 那么称其为闭集. 更准确地, 对于集合 C 中任何收敛的点序列 $\{\boldsymbol{x}_k\}$, 我们一定有:

$$\boldsymbol{x}_k \to \bar{\boldsymbol{x}} \quad \Rightarrow \quad \bar{\boldsymbol{x}} \in \mathsf{C}.$$

考虑集合 $\mathsf{C} \subseteq \mathbb{R}^n$, 如果对于任意的两个点 $\boldsymbol{x}, \boldsymbol{x}' \in \mathsf{C}$, 连接点 $\boldsymbol{x}$ 和 $\boldsymbol{x}'$ 所构成的线段也在集合 C 中, 那么称集合 C 为凸集. 正式地, 我们给出凸集的定义如下.

定义 B.1 (凸集) 考虑集合 $\mathsf{C} \subseteq \mathbb{R}^n$, 如果

$$\forall\, \boldsymbol{x}, \boldsymbol{x}' \in \mathsf{C}, \quad \alpha \in [0,1], \qquad \alpha\boldsymbol{x} + (1-\alpha)\boldsymbol{x}' \in \mathsf{C}, \tag{B.1.1}$$

那么称集合 C 是凸集.

图 B.2 给出了集合的两个例子, 一个是凸集, 一个不是凸集.

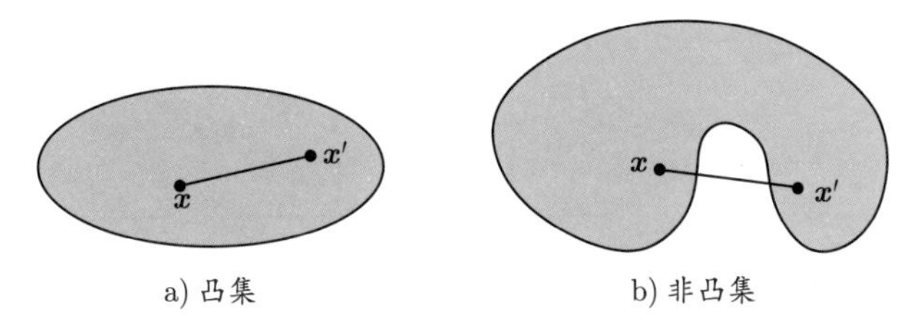

图 B.2 凸集和非凸集. 从集合中任意选择两个点 $\boldsymbol{x}$ 和 $\boldsymbol{x}'$, 如果所对应的线段也在集合里, 那么称之为凸集. 图 a 中的集合具有这个性质, 而图 b 中的集合没有这个性质

例 B.1 (凸集) 请证明下列集合是凸集.

- 仿射子空间.
- 单位范数球 $\mathsf{B}_{\|\cdot\|} = \{\boldsymbol{x} \mid \|\boldsymbol{x}\| \leqslant 1\}$.
- 空集.
- 两个凸集 C_1 和 C_2 的交, 即 $\mathsf{C} = \mathsf{C}_1 \cap \mathsf{C}_2$.

命题 B.1

- 一组凸集的交集 $\bigcap_i \mathsf{C}_i$ 仍是凸集.
- 凸集在仿射变换下的像集也是凸集.

定义 B.2 (凸包) 集合 S 的凸包 (convex hull) 是包含 S 的最小凸集, 记作 $\operatorname{conv}(\mathsf{S})$. 如果 S 包含有限数目的点, 即 $\mathsf{S} = \{\boldsymbol{x}_i\}_{i=1}^n$, 那么我们有

$$\operatorname{conv}(\mathsf{S}) \doteq \left\{ \sum_{i=1}^n \alpha_i \boldsymbol{x}_i \;\middle|\; \forall \alpha_i \geqslant 0 \text{ 且 } \sum_{i=1}^n \alpha_i = 1 \right\}. \tag{B.1.2}$$

B.2 凸函数

考虑定义在凸集 $\mathcal{D} \subseteq \mathbb{R}^n$ 上的函数 $f : \mathcal{D} \to \mathbb{R}$. 我们把在每个点 $\boldsymbol{x}$ 上计算函数 $f(\boldsymbol{x})$ 的值所生成的点对集合 $(\boldsymbol{x}, f(\boldsymbol{x}))$ 称为函数 $f(\boldsymbol{x})$ 的图象 (graph), 记作

$$\operatorname{graph}(f) \doteq \{(\boldsymbol{x}, f(\boldsymbol{x})) \mid \boldsymbol{x} \in \mathcal{D}, f(\boldsymbol{x}) < +\infty\} \subseteq \mathbb{R}^{n+1}. \tag{B.2.1}$$

我们把位于函数图象上方的部分称为上图 (epigraph), 记作

$$\operatorname{epi}(f) \doteq \{(\boldsymbol{x}, t) \mid \boldsymbol{x} \in \mathcal{D}, t \in \mathbb{R}, f(\boldsymbol{x}) \leqslant t\} \subseteq \mathbb{R}^{n+1}. \tag{B.2.2}$$

我们称函数 f 是凸函数, 如果它的上图是一个凸集. 图 B.3b 展示了这一性质. 图 B.3a 给出了一个有时更易于使用的等价定义: 如果对于任何两个点 $\boldsymbol{x}$ 和 $\boldsymbol{x}'$, 连接函数图象上对应的两个点 $(\boldsymbol{x}, f(\boldsymbol{x}))$ 和 $(\boldsymbol{x}', f(\boldsymbol{x}'))$ 的线段也位于函数 f 的图象上方, 那么我们称 f 是凸函数. 正式地, 我们给出凸函数的定义.

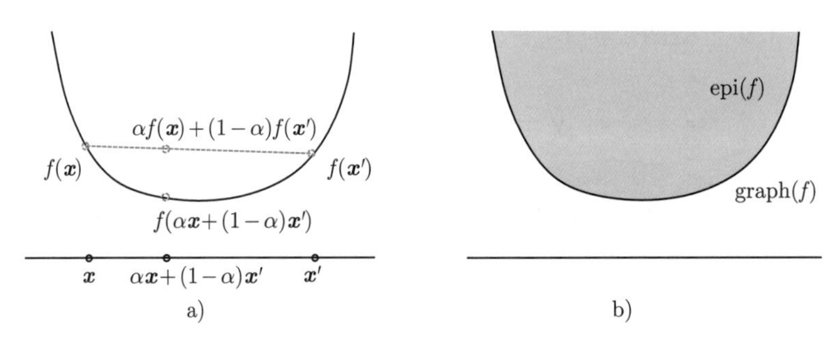

图 B.3 函数的凸性. 如图 b 所示, 如果函数 f 的上图 $\operatorname{epi}(f)=\{(\boldsymbol{x},t)\mid t\geqslant f(\boldsymbol{x})\}$ 是凸集, 则称 f 是凸函数. 这等效于当且仅当对于每一对点 $\boldsymbol{x}$、$\boldsymbol{x}'$ 以及标量 $\alpha\in[0,1]$, 有 $f(\alpha\boldsymbol{x}+(1-\alpha)\boldsymbol{x}')\leqslant\alpha f(\boldsymbol{x})+(1-\alpha)f(\boldsymbol{x}')$ 成立. 图 a 展示这一不等式: 连接两点 $(\boldsymbol{x},f(\boldsymbol{x}))$ 和 $(\boldsymbol{x}',f(\boldsymbol{x}'))$ 的线段位于函数 f 的图象之上

定义 B.3 (凸函数) 对于定义在凸集 $\mathcal{D}$ 上的一个函数 $f:\mathcal{D}\to\mathbb{R}$, 如果对于所有 $\boldsymbol{x},\boldsymbol{x}'\in\mathcal{D}$ 和 $\alpha\in[0,1]$, 总有

$$\alpha f(\boldsymbol{x})+(1-\alpha)f(\boldsymbol{x}')\geqslant f(\alpha\boldsymbol{x}+(1-\alpha)\boldsymbol{x}'),\tag{B.2.3}$$

则称 f 是凸函数.

请注意, 上述定义中并不要求函数 f 是可微的. 如果函数 f 是可微的, 那么凸性的概念可以使用其导数来描述. 由于上图是凸的, 因此在函数图象上每个点处的切平面将位于这一函数图象的下方. 正式地, 我们给出如下命题.

命题 B.2 (一阶条件) 如果定义在凸集 $\mathcal{D}$ 上的函数 $f:\mathcal{D}\to\mathbb{R}$ 是可微的. 那么, 我们称函数 f 是凸函数, 当且仅当对于所有 $\boldsymbol{x},\boldsymbol{x}'\in\mathcal{D}$, 都有

$$f(\boldsymbol{x}')\geqslant f(\boldsymbol{x})+\nabla f(\boldsymbol{x})^*(\boldsymbol{x}'-\boldsymbol{x})$$

成立.

这正是图 B.1a 所示的“优良”函数的几何. 从图中可以看出, 凸性对于全局优化是非常有利的[㊀]. 当然, 也存在容易优化的非凸函数——第 7 章提供了对这一新兴方向文献的简要介绍. 然而, 如果我们想要谈论一类函数, 而不是一个特定函数, 那么这就是研究凸函数的一个非常好的动机. 为了理解这个动机, 我们需要首先观察一个有用的事实: 如果 $f(\boldsymbol{x})$ 和 $g(\boldsymbol{x})$ 是凸函数, 那么对于任何 $\alpha,\beta\geqslant 0$, $h(\boldsymbol{x})=\alpha f(\boldsymbol{x})+\beta g(\boldsymbol{x})$ 也是凸函数. 假设 $\mathcal{F}$ 是满足下述三个要求的最大的一类连续可微函数:

- 每个线性函数 $\phi(\boldsymbol{x})=\boldsymbol{a}^*\boldsymbol{x}+b$ 都在 $\mathcal{F}$ 中;
- 函数 $f_1,f_2\in\mathcal{F}$ 的每个非负组合 $\alpha f_1(\boldsymbol{x})+\beta f_2(\boldsymbol{x})$ 都在 $\mathcal{F}$ 中;

㊀ 然而, 一旦你对这个定义有了一定程度的了解, 你可能会开始怀疑“凸性意味着易于优化”的含义在多大程度上是真实的. 在本书中我们所遇到的凸函数都具有特殊结构, 它们非常适于高效算法. 不过, 这并非所有凸函数的真实情况——存在着难以优化的 (NP 困难) 凸函数.

- 对于每个 $f \in \mathcal{F}$, $\boldsymbol{x}_\star$ 满足驻点条件 $\nabla f(\boldsymbol{x}_\star) = \mathbf{0}$ 意味着 $\boldsymbol{x}_\star$ 是 f 的全局最优解.

那么, 我们可以证明 $\mathcal{F}$ 正是连续可微凸函数类. 你可以把它理解为: 对于全局最优解, 凸函数确实是值得研究的一般函数类. 关于更多细节内容, 请读者参阅 [Nesterov, 2003].

你可能还注意到图 B.3 中, 函数 $f(\boldsymbol{x})$ 是"向上弯曲的": 在定义域内的每个点处, 它的二阶导数是非负的. 对于二阶可微函数, 这一观察将引出一个更简单的凸性条件: 当且仅当在任何一点处在任何方向上的二阶导数都是非负的, 函数 $f(\boldsymbol{x})$ 是凸函数. 更准确地, 我们给出下述命题.

命题 B.3 (二阶条件) 如果函数 $f: \mathcal{D} \to \mathbb{R}$ 二次可微, 那么 f 是凸的当且仅当其 Hessian 矩阵是半正定的, 即

$$\forall \boldsymbol{x} \in \mathcal{D}, \quad \nabla^2 f(\boldsymbol{x}) \succeq \mathbf{0}.$$

凸函数的重要例子包括线性函数和范数.

例 B.2 (凸函数) 证明下列函数是凸函数.

- 任何仿射函数 $f(\boldsymbol{x}) = \boldsymbol{a}^*\boldsymbol{x} + b$.
- 任何范数 $f(\boldsymbol{x}) = \|\boldsymbol{x}\|$.
- 任何半正定的二次型 $f(\boldsymbol{x}) = \boldsymbol{x}^*\boldsymbol{P}\boldsymbol{x}$, 其中 $\boldsymbol{P} \succeq \mathbf{0}$.

在继续介绍之前, 我们注意到凸函数具有一个很好的性质, 这对于为 ℓ^0 范数[㊀]推导出更易于优化的一个恰当替代很有帮助.

定义 B.4 (凸组合) 一组点 $\boldsymbol{x}_1, \cdots, \boldsymbol{x}_k$ 的凸组合 (convex combination) 是指形如 $\sum_i \lambda_i \boldsymbol{x}_i$ 的表达, 其中 $\lambda_i \geqslant 0$ 且 $\sum_i \lambda_i = 1$.

引理 B.1 (Jensen 不等式) 设 $f: \mathbb{R}^n \to \mathbb{R}$ 是凸函数. 对于任何正整数 k, 一组点 $\boldsymbol{x}_1, \cdots, \boldsymbol{x}_k \in \mathbb{R}^n$, $\lambda_1, \cdots, \lambda_k \in \mathbb{R}_+$ 且 $\sum_{i=1}^k \lambda_i = 1$, 总有

$$f\left(\sum_i \lambda_i \boldsymbol{x}_i\right) \leqslant \sum_i \lambda_i f(\boldsymbol{x}_i). \tag{B.2.4}$$

证明. 使用归纳法. 对于 $k=1$, 不等式显然成立. 现在假设结论对于 $1, \cdots, k-1$ 成立. 那么, 我们可以得出

$$f\left(\sum_{i=1}^k \lambda_i \boldsymbol{x}_i\right) \leqslant \left(\sum_{i=1}^{k-1} \lambda_i\right) f\left(\frac{\sum_{i=1}^{k-1} \lambda_i \boldsymbol{x}_i}{\sum_{i=1}^{k-1} \lambda_i}\right) + \lambda_k f(\boldsymbol{x}_k) \tag{B.2.5}$$

$$\leqslant \sum_{i=1}^k \lambda_i f(\boldsymbol{x}_i) \tag{B.2.6}$$

成立, 其中第一步使用函数的凸性定义, 第二步使用归纳假设. □

㊀ 严格来讲, ℓ^0 是伪范数 (pseudo norm). 读者可以根据范数定义检查 ℓ^0 的性质. ——译者注

利用这个引理, 我们很容易证明凸函数 $f:\mathcal{D}\to\mathbb{R}$ 的任何 α-水平集

$$\mathsf{C}_\alpha=\{\boldsymbol{x}\in\mathcal{D}\mid f(\boldsymbol{x})\leqslant\alpha\} \tag{B.2.7}$$

是一个凸集. 然而, 所有水平集均为凸集的函数不一定是凸函数[⊖]. 对于一个函数, 如果它的每个水平集均为闭集, 则称其为闭 (closed) 函数. 除非另有说明, 我们通常只考虑闭的凸函数.

命题 B.4 使用凸函数可以生成其他凸函数.

- 一个函数是凸的, 当且仅当它被限制在与它的定义域相交的任何直线上时均是凸函数.
- 凸函数的非负 (权值) 加权和仍是凸函数.
- 如果 f,g 是凸函数, 并且 g 在其单变量定义域中是非递减的, 那么复合函数 $h(\boldsymbol{x})=g(f(\boldsymbol{x}))$ 是凸函数.
- 给定一组凸函数 $f_\alpha:\mathcal{D}\to\mathbb{R}$, 其中 $\alpha\in\mathsf{A}$, 那么由它们的逐点上确界 (point-wise supremum) 所构成的函数

$$f(\boldsymbol{x}):=\sup_{\alpha\in\mathsf{A}}f_\alpha(\boldsymbol{x})$$

是凸函数.

例 B.3 对称矩阵的最大特征值是一个 (闭的) 凸函数.

证明. 注意到, 最大特征值函数可以被写为

$$\lambda_{\max}(\boldsymbol{X})=\sup_{\|\boldsymbol{y}\|_2=1}\{\boldsymbol{y}^*\boldsymbol{X}\boldsymbol{y}\}.$$

由于这个函数是关于 $\boldsymbol{X}$ 的一组线性函数的逐点上确界, 所以它是凸函数. □

凸包络和 Fenchel 共轭

对于任何一个定义在由凸集所构成的定义域 $\mathcal{D}$ 上的非凸 (闭) 函数 $g:\mathcal{D}\to\mathbb{R}$, 都存在着一个与它自然关联的凸函数来给出其下界.

定义 B.5 (凸包络) 闭函数 g 的凸包络 (convex envelop) 被定义为

$$\operatorname{conv} g(\boldsymbol{x})=\sup\{h(\boldsymbol{x})\mid h(\boldsymbol{x})\ \text{是凸函数, 且}\ h(\boldsymbol{x})\leqslant g(\boldsymbol{x}),\ \ \forall\boldsymbol{x}\in\mathcal{D}\}. \tag{B.2.8}$$

我们定义 (未必是凸的) 函数 $g(\boldsymbol{x})$ 的 Fenchel 共轭 (conjugate) 为:

$$g^*(\boldsymbol{\lambda})=\sup_{\boldsymbol{x}}\boldsymbol{\lambda}^*\boldsymbol{x}-g(\boldsymbol{x}). \tag{B.2.9}$$

函数 $g(\boldsymbol{x})$ 的 Fenchel 共轭本质上是我们在拉格朗日乘子法中经常见到的函数 $g(\boldsymbol{x})$ 的负的对偶函数 (参见 C.3 节).

⊖ 这一类函数被称为准凸或拟凸 (quasi-convex). 请自行寻找一个例子.

命题 B.5 假设共轭是良定的 (well-defined), 那么我们有:

- Fenchel 共轭 $g^*(\boldsymbol{\lambda})$ 始终是凸函数.
- $g^{**}(\boldsymbol{x}) = \operatorname{conv} g(\boldsymbol{x})$.

强凸

在本书中, 我们有时对凸性的更强概念感兴趣.

定义 B.6 (强凸函数) 函数 $f : \mathcal{D} \to \mathbb{R}$ 是凸的, 并且对于所有 $\boldsymbol{x}, \boldsymbol{x}' \in \mathcal{D}$ 和 $\alpha \in [0, 1]$, 存在 $\mu > 0$ 使得

$$\alpha f(\boldsymbol{x}) + (1-\alpha) f(\boldsymbol{x}') \geqslant f(\alpha \boldsymbol{x} + (1-\alpha)\boldsymbol{x}') + \mu \frac{\alpha(1-\alpha)}{2} \|\boldsymbol{x} - \boldsymbol{x}'\|_2^2, \tag{B.2.10}$$

那么称函数 f 是强凸的 (strongly convex), 有时也称 f 为 μ-强凸的.

请注意, 上述定义中并不要求函数 f 是可微的. 如果函数 f 是一次或者二次可微的, 我们有以下充分条件用于判定函数 f 是强凸的.

命题 B.6 对于定义在凸集 $\mathcal{D}$ 上的可微凸函数 f, 如果满足以下任一条件:

- $f(\boldsymbol{x}') \geqslant f(\boldsymbol{x}) + \nabla f(\boldsymbol{x})^*(\boldsymbol{x}' - \boldsymbol{x}) + \frac{\mu}{2}\|\boldsymbol{x}' - \boldsymbol{x}\|_2^2$, $\forall \boldsymbol{x}, \boldsymbol{x}' \in \mathcal{D}$, $\mu > 0$.
- $\nabla^2 f(\boldsymbol{x}) \succeq \mu \cdot \boldsymbol{I}$, $\forall \boldsymbol{x} \in \mathcal{D}$, $\mu > 0$.

那么函数 f 是强凸的 (或者 μ-强凸的).

然而, 正如我们在 3.3.2 节看到的, 我们对受限意义下的强凸性感兴趣.

Lipschitz 连续梯度

在许多优化问题中我们所遇到的函数通常具有 “平滑的” 优化曲面——也就是说, 其梯度变化并不剧烈. 要描述这种平滑性, 我们引入 Lipschitz 连续梯度的概念.

定义 B.7 (Lipschitz 连续梯度) 对于可微函数 $f : \mathcal{D} \to \mathbb{R}$, 如果它的梯度 $\nabla f(\boldsymbol{x})$ 满足

$$\|\nabla f(\boldsymbol{x}') - \nabla f(\boldsymbol{x})\|_2 \leqslant L \|\boldsymbol{x}' - \boldsymbol{x}\|_2, \quad \forall \boldsymbol{x}', \boldsymbol{x} \in \mathcal{D}, \tag{B.2.11}$$

其中 $L > 0$, 那么函数 f 具有L-Lipschitz 连续梯度. 常数 L 被称为梯度 ∇f 的 Lipschitz 常数.

当函数 f 二次可微时, 如果我们有

$$\|\nabla^2 f(\boldsymbol{x})\|_2 \leqslant L, \quad \forall \boldsymbol{x} \in \mathcal{D}, \tag{B.2.12}$$

那么, 根据微积分的基本定理 (也可以参见引理 8.1 的证明), 我们不难证明 f 在定义域 $\mathcal{D}$ 上具有 L-Lipschitz 连续梯度. 正如我们将看到的, 如果定义域 $\mathcal{D}$ 上的凸函数 f 既强凸又光滑 (即具有 Lipschitz 连续梯度), 那么通过简单的梯度下降算法, 比如

$$\boldsymbol{x}_{k+1} = \boldsymbol{x}_k - t_k \nabla f(\boldsymbol{x}_k), \tag{B.2.13}$$

其中步长 t_k 的取值介于 $\dfrac{1}{L}$ 和 $\dfrac{2}{L+\mu}$ 之间, 就可以在 $\mathcal{D}$ 上有效地对函数 f 最小化. 有些令人惊讶的是, 我们很容易证明 (参见定理 D.4) 这样一个普通算法在 (全局) 最小值点 $\boldsymbol{x}_\star$ 附近具有 ℓ^2 *误差收缩* (error contraction), 即

$$\|\boldsymbol{x}_{k+1}-\boldsymbol{x}_\star\|_2 \leqslant \rho\|\boldsymbol{x}_k-\boldsymbol{x}_\star\|_2, \tag{B.2.14}$$

其中 $\rho \leqslant 1-\dfrac{\mu}{L}<1$. 也就是说, 估计误差随着迭代次数而呈指数级下降.

B.3　非光滑凸函数的次微分

对于光滑凸函数 f, 梯度 ∇f 和 Hessian 矩阵 $\nabla^2 f$ 所编码的局部信息描述函数 f 的局部和全局行为, 使我们能够给出最优性条件并构建最小化算法. 我们所熟悉的经典算法 (比如梯度下降法、牛顿法以及它们的变体), 均是利用微分信息来构造的. 此外, 正如我们在上一节所看到的, 这些量 (即 ∇f 和 $\nabla^2 f$) 在描述光滑函数 f 的凸性方面起着关键作用.

然而, 不寻常的是, 在高维数据分析中所出现的许多最有用的凸目标函数却是不可微的: *它们的梯度和 Hessian 矩阵并不存在*. 例如, ℓ^1 范数 $\|\boldsymbol{x}\|_1=\sum_{i=1}^n|x_i|$ 在任何非零分量个数小于 n 的点 $\boldsymbol{x}\in\mathbb{R}^n$ 处是不可微的. 而这些点正是我们在稀疏估计中所关心的. 从统计学角度看, 这种非光滑行为实际上是可取的. 然而, 它迫使我们求助于能够处理不可微函数的一般分析工具. 幸运的是, 对于凸函数来说, 不可微函数的分析理论建立在这一节所描述的简单且具有几何直观的想法之上. 对于凸分析一般理论的入门介绍, 我们推荐 [Boyd et al., 2004; Nemirovski, 1995, 2007; Nesterov, 2003].

对于不可微的凸函数, 最重要的一个概念是*次梯度* (subgradient). 当函数不可微时, 它提供一个令人满意的对梯度的替代. 回想一下命题 B.2, 对于*可微的*凸函数 f, 我们有

$$f(\boldsymbol{y}) \;\geqslant\; f(\boldsymbol{x})+\langle\nabla f(\boldsymbol{x}),\boldsymbol{y}-\boldsymbol{x}\rangle\,,\quad \forall \boldsymbol{x},\boldsymbol{y}\in\mathcal{D}. \tag{B.3.1}$$

这个不等式具有一种非常简单的几何解释, 我们在图 B.4 中就可以观察到. 图 B.4 显示了函数 $f:\mathbb{R}^n\to\mathbb{R}$ 的图象, 即形如 $(\boldsymbol{x},f(\boldsymbol{x}))\in\mathbb{R}^{n+1}$ 的点集. 函数

$$h(\boldsymbol{y})=f(\boldsymbol{x})+\langle\nabla f(\boldsymbol{x}),\boldsymbol{y}-\boldsymbol{x}\rangle$$

的图象是一个超平面 (hyperplane), 且它在点 $(\boldsymbol{x},f(\boldsymbol{x}))$ 处与函数 f 相切. 而不等式(B.3.1) 所表达的是函数 f 在定义域中的所有点 $\boldsymbol{y}$ 处, 切平面 $h(\boldsymbol{y})$ 位于函数 f 的图象下方 (或者更精确地说, h 不在函数 f 的上方).

图 B.4b 显示了另一个凸函数 f 的图象, 该函数在点 $\boldsymbol{x}$ 处不可微分. 因此函数 f 在 $\boldsymbol{x}$ 处的梯度*并不存在*. 不过, 我们仍然能够定义一个非竖直的超平面 $\mathcal{H}\subseteq\mathbb{R}^{n+1}$, 它经过点 $(\boldsymbol{x},f(\boldsymbol{x}))$ 并位于函数 f 的图象下方. 这个超平面以 $(\boldsymbol{v},-1)$ 为法向量, 且可以表达为:

$$\mathcal{H}=\{(\boldsymbol{y},t)\mid t=f(\boldsymbol{x})+\langle\boldsymbol{v},\boldsymbol{y}-\boldsymbol{x}\rangle\}\,. \tag{B.3.2}$$

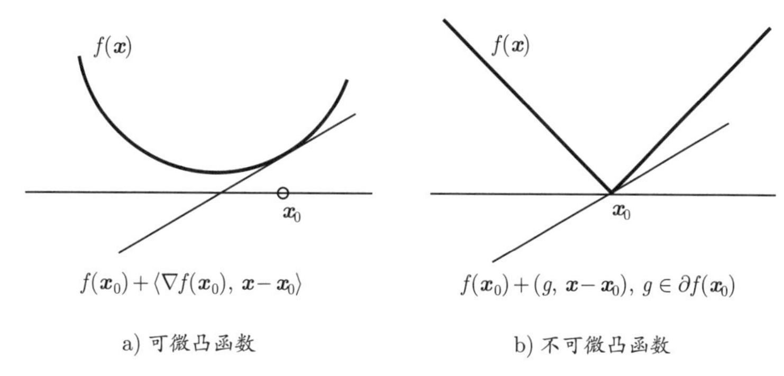

图 B.4 凸函数的微分和次微分

如果在点 $\boldsymbol{x}$ 处, 向量 $\boldsymbol{v} \in \mathbb{R}^n$ 定义一个支撑 (support) 函数 f 的图象的超平面, 且这一超平面处处位于函数 f 的图象的下方, 那么我们称 $\boldsymbol{v}$ 是函数 f 在 $\boldsymbol{x}$ 处的*次梯度*.

定义 B.8 (次梯度) 设函数 $f: \mathcal{D} \subset \mathbb{R}^n \to \mathbb{R} \cup \{+\infty\}$ 是凸函数. 如果对于所有点 $\boldsymbol{y} \in \mathcal{D}$, 我们有

$$f(\boldsymbol{y}) \geqslant f(\boldsymbol{x}) + \langle \boldsymbol{v}, \boldsymbol{y} - \boldsymbol{x} \rangle, \tag{B.3.3}$$

那么, 我们称向量 $\boldsymbol{v}$ 是函数 f 在点 $\boldsymbol{x} \in \mathcal{D}$ 处的次梯度.

当函数 f 可微时, 从命题 B.2 可以看出, $\boldsymbol{v} = \nabla f(\boldsymbol{x})$ 满足方程(B.3.3). 当函数 f 不可微时, 在给定点 $\boldsymbol{x}$ 处可以有支撑函数 f 图象的多个不同的超平面, 因此可以存在多个次梯度 $\boldsymbol{v}$ (见图 B.4). 所有次梯度所构成的集合被称为函数 f 在点 $\boldsymbol{x}$ 处的*次微分* (subdifferential), 记作 $\partial f(\boldsymbol{x})$. 正式地, 我们定义次微分如下.

定义 B.9 (次微分) 设函数 $f: \mathcal{D} \subseteq \mathbb{R}^n \to \mathbb{R} \cup \{+\infty\}$ 是凸函数. 次微分 $\partial f(\boldsymbol{x})$ 是函数 f 在点 $\boldsymbol{x}$ 处所有次梯度的集合, 即

$$\partial f(\boldsymbol{x}) = \{\boldsymbol{v} \mid f(\boldsymbol{y}) \geqslant f(\boldsymbol{x}) + \langle \boldsymbol{v}, \boldsymbol{y} - \boldsymbol{x} \rangle, \forall \boldsymbol{y} \in \mathcal{D}\}. \tag{B.3.4}$$

注意到, 如果函数 $f: \mathbb{R}^n \to \mathbb{R}$ 在点 $\boldsymbol{x}$ 处是可微的, 那么在点 $\boldsymbol{x}$ 处它的次微分就是一个单点, 即 $\partial f(\boldsymbol{x}) = \{\nabla f(\boldsymbol{x})\}$. 这与微分的经典定义一致.

我们感兴趣的许多函数都具有相对简单的次微分.

例 B.4 作为一个很好的习题, 读者可以尝试验证下列函数的次微分.

- 函数 $f(\boldsymbol{x}) = \|\boldsymbol{x}\|_1$ 对于 $\boldsymbol{x} \in \mathbb{R}^n$ 的次微分.
- 函数 $f(\boldsymbol{x}) = \|\boldsymbol{x}\|_\infty$ 对于 $\boldsymbol{x} \in \mathbb{R}^n$ 的次微分.
- 函数 $f(\boldsymbol{X}) = \sum_{j=1}^n \|\boldsymbol{X}\boldsymbol{e}_j\|_2$ 对于 $\boldsymbol{X} \in \mathbb{R}^{n \times n}$ 的次微分.
- 函数 $f(\boldsymbol{x}) = \|\boldsymbol{X}\|_*$ 对于 $\boldsymbol{X} \in \mathbb{R}^{n \times n}$ 的次微分.

下面是次微分的一些基本性质.

引理 B.2 (单调性) 给定一个凸函数 $f: \mathbb{R}^n \to \mathbb{R} \cup \{+\infty\}$ 和 $\boldsymbol{x}, \boldsymbol{x}', \boldsymbol{v}, \boldsymbol{v}' \in \mathbb{R}^n$, 其中 $\boldsymbol{v} \in \partial f(\boldsymbol{x})$, $\boldsymbol{v}' \in \partial f(\boldsymbol{x}')$, 那么我们有

$$\langle \boldsymbol{x} - \boldsymbol{x}', \boldsymbol{v} - \boldsymbol{v}' \rangle \geqslant 0. \tag{B.3.5}$$

证明. 从次梯度的定义(B.3.4), 我们有

$$f(\boldsymbol{x}') \geqslant f(\boldsymbol{x}) + \langle \boldsymbol{v}, \boldsymbol{x}' - \boldsymbol{x} \rangle, \quad f(\boldsymbol{x}) \geqslant f(\boldsymbol{x}') + \langle \boldsymbol{v}', \boldsymbol{x} - \boldsymbol{x}' \rangle. \tag{B.3.6}$$

把这两个不等式加起来, 我们可以得到:

$$f(\boldsymbol{x}) + f(\boldsymbol{x}') \geqslant f(\boldsymbol{x}) + f(\boldsymbol{x}') + \langle \boldsymbol{v} - \boldsymbol{v}', \boldsymbol{x}' - \boldsymbol{x} \rangle. \tag{B.3.7}$$

把 $f(\boldsymbol{x}) + f(\boldsymbol{x}')$ 从不等式的两侧相抵消即可得证. □

引理 B.3　如果凸函数 $f(\boldsymbol{x})$ 具有 L-Lipschitz 连续梯度, 那么对于任意 $\boldsymbol{x}_1$ 和 $\boldsymbol{x}_2$, 我们有

$$\langle \nabla f(\boldsymbol{x}_1) - \nabla f(\boldsymbol{x}_2),\ \boldsymbol{x}_1 - \boldsymbol{x}_2 \rangle \geqslant \frac{1}{L} \|\nabla f(\boldsymbol{x}_1) - \nabla f(\boldsymbol{x}_2)\|_2^2 \geqslant 0. \tag{B.3.8}$$

证明. 首先我们定义函数 $h(\boldsymbol{z}) \doteq f(\boldsymbol{z}) - \boldsymbol{z}^* \nabla f(\boldsymbol{x})$. 那么, $h(\boldsymbol{z})$ 是凸函数且在 $\boldsymbol{z} = \boldsymbol{x}$ 处取得最小值 (即 $\nabla h(\boldsymbol{x}) = \mathbf{0}$). 因此, 对于任意 $\boldsymbol{z}$, 我们有

$$h(\boldsymbol{x}) \leqslant h\Big(\boldsymbol{z} - \frac{1}{L}\nabla h(\boldsymbol{z})\Big) \leqslant h(\boldsymbol{z}) + \Big\langle \nabla h(\boldsymbol{z}), -\frac{1}{L}\nabla h(\boldsymbol{z}) \Big\rangle + \frac{L}{2}\Big\|\frac{1}{L}\nabla h(\boldsymbol{z})\Big\|_2^2,$$

其中, 第二个不等式来自函数 $f(\boldsymbol{x})$ 具有 L-Lipschitz 连续梯度, 因此函数 $h(\boldsymbol{z})$ 具有 L-Lipschitz 连续梯度. 整理之后, 我们有

$$h(\boldsymbol{x}) \leqslant h(\boldsymbol{z}) - \frac{1}{2L}\|\nabla h(\boldsymbol{z})\|_2^2. \tag{B.3.9}$$

然后, 分别令 $\boldsymbol{x} = \boldsymbol{x}_1, \boldsymbol{z} = \boldsymbol{x}_2$ 和 $\boldsymbol{x} = \boldsymbol{x}_2, \boldsymbol{z} = \boldsymbol{x}_1$, 我们得到

$$f(\boldsymbol{x}_1) - \boldsymbol{x}_1^* \nabla f(\boldsymbol{x}_1) \leqslant f(\boldsymbol{x}_2) - \boldsymbol{x}_2^* \nabla f(\boldsymbol{x}_1) - \frac{1}{2L}\|\nabla f(\boldsymbol{x}_2) - \nabla f(\boldsymbol{x}_1)\|_2^2,$$

$$f(\boldsymbol{x}_2) - \boldsymbol{x}_2^* \nabla f(\boldsymbol{x}_2) \leqslant f(\boldsymbol{x}_1) - \boldsymbol{x}_1^* \nabla f(\boldsymbol{x}_2) - \frac{1}{2L}\|\nabla f(\boldsymbol{x}_1) - \nabla f(\boldsymbol{x}_2)\|_2^2.$$

把这两个不等式加起来即可得证式(B.3.8). □

最优化问题和最优性条件

"因为宇宙的结构是最完美的，是最明智的造物主的杰作，所以在宇宙中没有任何事物不会体现出满足某种极大或极小的规律."

——Leonhard Euler

C.1 无约束优化

最优化问题的数学模型通常可以用 $\mathbb{R}^n$ 中的一个定义域或者一个约束集合 $\mathcal{D}$ 和一个目标函数 $f: \mathcal{D} \to \mathbb{R}$ 来描述. 目标函数 f 把 $\mathcal{D}$ 中的一个元素映射为一个实值. 最优化问题要寻找一个最优解 $\boldsymbol{x}_\star \in \mathcal{D}$, 使得目标函数 f 的值被最小化, 即

$$\text{对于所有 } \boldsymbol{x} \in \mathcal{D}, \quad f(\boldsymbol{x}_\star) \leqslant f(\boldsymbol{x}).$$

特别地, 如果 $\mathcal{D} = \mathbb{R}^n$, 我们称之为无约束优化问题.

定义 C.1 (局部极小值点和全局最小值点) 如果存在一个邻域 $\mathsf{B}(\varepsilon, \boldsymbol{x}_\star) \doteq \{\boldsymbol{x} \in \mathcal{D}$ 且 $\|\boldsymbol{x} - \boldsymbol{x}_\star\|_2 < \varepsilon\}$, 其中 $\varepsilon > 0$, 使得对于所有 $\boldsymbol{x} \in \mathsf{B}(\varepsilon, \boldsymbol{x}_\star)$ 都有 $f(\boldsymbol{x}_\star) \leqslant f(\boldsymbol{x})$ 成立, 那么 $\boldsymbol{x}_\star$ 是函数 f 的局部极小值点. 如果 $\mathsf{B}(\varepsilon, \boldsymbol{x}_\star) = \mathcal{D}$, 那么 $\boldsymbol{x}_\star$ 是函数 f 的全局极小值点 (即最小值点). 如果相应的不等式对于 $\boldsymbol{x} \neq \boldsymbol{x}_\star$ 来说是严格成立的, 那么上述局部极小值点和全局极小值点被称为是严格的.

如果目标函数 f 是可微的, 那么最优性条件可以用其导数来表达. 特别地, 如果 $\boldsymbol{x}_\star$ 是一个局部极小值点, 那么在一个小邻域 $\mathsf{B}(\varepsilon, \boldsymbol{x}_\star)$ 上, 对于任何给定的向量 $\boldsymbol{v} \in \mathbb{R}^n$ 和足够小的 t, 其中 $t > 0$ 且满足 $t \cdot \boldsymbol{v} \in \mathsf{B}(\varepsilon, \mathbf{0})$, 我们都有

$$f(\boldsymbol{x}_\star + t \cdot \boldsymbol{v}) \geqslant f(\boldsymbol{x}_\star)$$

成立. 因此, 我们有

$$\lim_{t \to 0} \frac{f(\boldsymbol{x}_\star + t \cdot \boldsymbol{v}) - f(\boldsymbol{x}_\star)}{t} = \nabla f(\boldsymbol{x}_\star)^* \boldsymbol{v} \geqslant 0.$$

请注意, 上式对于 $\boldsymbol{v}$ 和 $-\boldsymbol{v}$ 都必须成立. 为了使这个不等式对于所有的 $\boldsymbol{v} \in \mathbb{R}^n$ 成立, 我们必须有

$$\nabla f(\boldsymbol{x}_\star) = \mathbf{0}. \tag{C.1.1}$$

定义 C.2 (驻点) 设函数 $f:\mathcal{D}\to\mathbb{R}$ 是可微的. 如果 $\nabla f(\boldsymbol{x}_\star)=\mathbf{0}$, 那么我们把点 $\boldsymbol{x}_\star$ 称为函数 $f(\boldsymbol{x})$ 的驻点. 驻点也被称为临界点 (critical point).

如果函数 f 是二次连续可微的且 $\boldsymbol{x}_\star$ 是一个驻点, 即 $\nabla f(\boldsymbol{x}_\star)=\mathbf{0}$, 那么我们有

$$f(\boldsymbol{x}_\star+t\cdot\boldsymbol{v})\approx f(\boldsymbol{x}_\star)+\frac{1}{2}\boldsymbol{v}^*\nabla^2 f(\boldsymbol{x}_\star)\boldsymbol{v}t^2+o(t^2).$$

如果 $\boldsymbol{x}_\star$ 是一个局部极小值点, 那么我们可以得出

$$f(\boldsymbol{x}_\star+t\cdot\boldsymbol{v})-f(\boldsymbol{x}_\star)\geqslant 0 \quad\Rightarrow\quad \frac{1}{2}\boldsymbol{v}^*\nabla^2 f(\boldsymbol{x}_\star)\boldsymbol{v}t^2\geqslant 0$$

对于所有 $\boldsymbol{v}\in\mathbb{R}^n$ 成立. 这意味着 Hessian 矩阵 $\nabla^2 f(\boldsymbol{x}_\star)$ 必须是半正定的, 即

$$\nabla^2 f(\boldsymbol{x}_\star)\succeq\mathbf{0}. \tag{C.1.2}$$

满足条件(C.1.2)的驻点也被称为二阶驻点. 我们不难证明关于局部极小值点的下述充分条件.

命题 C.1 (二阶最优性充分条件) 设函数 $f:\mathcal{D}\to\mathbb{R}$ 二次连续可微. 如果 $\boldsymbol{x}_\star$ 满足

$$\nabla f(\boldsymbol{x}_\star)=\mathbf{0} \quad 且 \quad \nabla^2 f(\boldsymbol{x}_\star)\succ\mathbf{0},$$

那么 $\boldsymbol{x}_\star$ 是函数 $f(\boldsymbol{x})$ 的严格局部极小值点.

一般来说, 函数 $f(\boldsymbol{x})$ 在定义域中的局部极小值点未必是全局极小值点. 因此全局极小值点可以通过比较函数 f 的所有局部极小值点来确定. 然而, 当目标函数 f 是凸函数时, 任何局部极小值点也是全局极小值点.

命题 C.2 (凸函数的全局最优性) 设函数 $f:\mathcal{D}\to\mathbb{R}$ 是定义在凸集 $\mathcal{D}$ 上的凸函数. 那么

- 函数 f 的局部极小值点也是全局极小值点. 进一步, 如果函数 f 是严格凸函数, 那么全局极小值点 (如果存在) 也是唯一的.
- 如果 $\mathbf{0}\in\partial f(\boldsymbol{x}_\star)$, 那么 $\boldsymbol{x}_\star\in\mathcal{D}$ 是函数 f 的全局极小值点. 如果函数 f 是可微的, 那么 $\nabla f(\boldsymbol{x}_\star)=\mathbf{0}$ 意味着 $\boldsymbol{x}_\star$ 是全局极小值点.

最后, 我们注意到, 给定一个目标函数 f, 其局部极小值不一定存在. 例如, 函数 $f(x)=x$ 在其定义域 $\mathbb{R}$ 上没有极小值, 因为 $\inf_{x\in\mathbb{R}} f(x)=-\infty$. 因此, 对于函数 f 来说, 至少存在一个局部极小值的必要条件[⊖]是集合 $\{f(\boldsymbol{x})|\boldsymbol{x}\in\mathcal{D}\}$ 有下界 (bounded below). 或者, 根据 Weierstrass 定理, 如果函数 f 是连续的且其定义域 $\mathcal{D}\subseteq\mathbb{R}^n$ 是紧的 (compact) (即闭集且有界), 那么函数 f 至少有一个局部极小值.

C.2 约束优化

在上一节中, 最优化问题的约束集被假定为任意的一般集合. 然而, 在本书所考虑的大多数优化问题中, 约束被表述为等式或者不等式条件. 例如, 一个多面体的定义域 $\mathcal{D}\subset\mathbb{R}^n$

⊖ 原书这里的表述有误, 有下届不构成充分条件, 而是一个必要条件. ——译者注

可以通过一组等式和不等式条件来指定. 拉格朗日乘子是一组支撑变量, 以便于推导这一类约束优化问题的最优性条件. 可以说, 拉格朗日乘子理论是约束优化问题中最有影响力的理论. 在下一节将讨论的对偶理论中, 拉格朗日乘子也被称为对偶变量, 它们将作为对偶问题的优化变量而发挥核心作用.

首先, 我们考虑带等式约束的优化问题:

$$\min f(\boldsymbol{x}) \quad \text{s.t.} \quad h_i(\boldsymbol{x}) = 0,\ i = 1, \cdots, m, \tag{C.2.1}$$

其中 f 和 h_i 假设是连续可微函数[㊀]. 为了方便起见, 我们进一步假设等式约束条件在任何可行解 $\boldsymbol{x}'$ (即满足等式约束的 $\boldsymbol{x}'$) 处的梯度

$$\nabla h_1(\boldsymbol{x}'), \nabla h_2(\boldsymbol{x}'), \cdots, \nabla h_m(\boldsymbol{x}'),$$

是线性独立的. 这样的可行解 $\boldsymbol{x}'$ 也被称为是正则的 (regular).

约束优化问题(C.2.1)的最优性条件能够方便地从下面所定义的拉格朗日函数 $\mathcal{L}: \mathbb{R}^{n+m} \to \mathbb{R}$ 中推导出来, 其中

$$\mathcal{L}(\boldsymbol{x}, \boldsymbol{\lambda}) \doteq f(\boldsymbol{x}) + \sum_{i=1}^{m} \lambda_i h_i(\boldsymbol{x}) = f(\boldsymbol{x}) + \langle \boldsymbol{\lambda}, \boldsymbol{h}(\boldsymbol{x}) \rangle \tag{C.2.2}$$

是问题(C.2.1)所对应的拉格朗日函数, $\lambda_i \in \mathbb{R}$ 是用于等式约束的拉格朗日乘子, $\boldsymbol{\lambda} = [\lambda_1, \lambda_2, \cdots, \lambda_m]^* \in \mathbb{R}^m$ 是拉格朗日乘子向量. 为了简洁起见, 我们用 $\boldsymbol{h} = [h_1, h_2, \cdots, h_m]^*$ 表示一个从 $\mathbb{R}^n$ 到 $\mathbb{R}^m$ 的映射.

拉格朗日乘子基本定理给出了关于一个正则解的下述最优性必要条件.

命题 C.3 (最优性必要条件) 设 $\boldsymbol{x}_\star$ 为函数 $f(\boldsymbol{x})$ 在约束条件 $h_i(\boldsymbol{x}) = 0, i = 1, \cdots, m$ 下的局部极小值点. 进一步, 假设 $\boldsymbol{x}_\star$ 是正则的, 那么存在一个拉格朗日乘子向量 $\boldsymbol{\lambda}_\star = (\lambda_{\star,1}, \lambda_{\star,2}, \cdots, \lambda_{\star,m}) \in \mathbb{R}^m$, 使得

$$\begin{aligned} \nabla_{\boldsymbol{x}} \mathcal{L}(\boldsymbol{x}_\star, \boldsymbol{\lambda}_\star) &= \nabla f(\boldsymbol{x}_\star) + \textstyle\sum_{i=1}^m \lambda_{\star,i} \nabla h_i(\boldsymbol{x}_\star) = \mathbf{0}, \\ \nabla_{\boldsymbol{\lambda}} \mathcal{L}(\boldsymbol{x}_\star, \boldsymbol{\lambda}_\star) &= \boldsymbol{h}(\boldsymbol{x}_\star) = \mathbf{0}. \end{aligned} \tag{C.2.3}$$

此外, 如果 f 和 $\boldsymbol{h}$ 是二次连续可微的, 那么我们有

$$\begin{aligned} \boldsymbol{v}^* \nabla^2_{\boldsymbol{x}\boldsymbol{x}} \mathcal{L}(\boldsymbol{x}_\star, \boldsymbol{\lambda}_\star) \boldsymbol{v} &= \boldsymbol{v}^* \Big(\nabla^2 f(\boldsymbol{x}_\star) + \textstyle\sum_{i=1}^m \lambda_{\star,i} \nabla^2 h_i(\boldsymbol{x}_\star) \Big) \boldsymbol{v} \\ &\geqslant 0, \quad \forall \boldsymbol{v} : \boldsymbol{v}^* \nabla h_i(\boldsymbol{x}_\star) = 0,\ i = 1, \cdots, m. \end{aligned} \tag{C.2.4}$$

对于在式(C.2.4)中满足 $\boldsymbol{v}^* \nabla h_i(\boldsymbol{x}_\star) = 0$ 的向量 $\boldsymbol{v} \in \mathbb{R}^n$, 我们可以给出下述理解. 如果我们考虑一个新的点 $\boldsymbol{x}' = \boldsymbol{x}_\star + t \cdot \boldsymbol{v}$, 那么对于某个较小的 $t \in \mathbb{R}$, 沿着 $\boldsymbol{v}$ 的较小变化不会改变 $\boldsymbol{h}(\boldsymbol{x}') \approx \mathbf{0}$ 的值, 因为 $\boldsymbol{v}^* \nabla h_i(\boldsymbol{x}_\star) = 0$. 为此, 我们可以定义

$$\mathsf{V}(\boldsymbol{x}_\star) := \{ \boldsymbol{v} \mid \boldsymbol{v}^* \nabla h_i(\boldsymbol{x}_\star) = 0,\ i = 1, \cdots, m \} \tag{C.2.5}$$

㊀ 在正文中, 我们需要推广到函数 f 不可微的情况.

为一阶可行变分子空间.

归纳起来, 一阶条件(C.2.3)意味着梯度向量 $\nabla f(\boldsymbol{x}_\star)$ 与子空间 $\mathsf{V}(\boldsymbol{x}_\star)$ 正交, 这与无约束优化问题中的一阶条件 $\nabla f(\boldsymbol{x}_\star)=\mathbf{0}$ 相似. 二阶条件(C.2.4)意味着拉格朗日函数 $\mathcal{L}(\boldsymbol{x}_\star,\boldsymbol{\lambda}_\star)$ 的 Hessian 矩阵对于 $\boldsymbol{v}\in\mathsf{V}(\boldsymbol{x}_\star)$ 是半正定的.

命题 C.4 (充分条件) 假设 f 和 $\boldsymbol{h}$ 是二次连续可微函数. 设 $(\boldsymbol{x}_\star,\boldsymbol{\lambda}_\star)\in\mathbb{R}^{n+m}$ 满足

$$
\begin{aligned}
\nabla_{\boldsymbol{x}}\mathcal{L}(\boldsymbol{x}_\star,\boldsymbol{\lambda}_\star)&=\mathbf{0},\\
\nabla_{\boldsymbol{\lambda}}\mathcal{L}(\boldsymbol{x}_\star,\boldsymbol{\lambda}_\star)&=\mathbf{0},\\
\boldsymbol{v}^*\nabla^2_{\boldsymbol{x}\boldsymbol{x}}\mathcal{L}(\boldsymbol{x}_\star,\boldsymbol{\lambda}_\star)\boldsymbol{v}&>0,\quad \forall\boldsymbol{v}\in\mathsf{V}(\boldsymbol{x}_\star)\ \text{且}\ \boldsymbol{v}\neq\mathbf{0}.
\end{aligned}
\tag{C.2.6}
$$

那么, $\boldsymbol{x}_\star$ 是函数 $f(\boldsymbol{x})$ 在约束条件 $\boldsymbol{h}(\boldsymbol{x})=\mathbf{0}$ 下的严格局部极小值点.

C.3 基本对偶理论

回顾上述等式约束优化问题(C.2.1)的拉格朗日函数:

$$
\mathcal{L}(\boldsymbol{x},\boldsymbol{\lambda})\doteq f(\boldsymbol{x})+\sum_{i=1}^{m}\lambda_i h_i(\boldsymbol{x})=f(\boldsymbol{x})+\langle\boldsymbol{\lambda},\boldsymbol{h}(\boldsymbol{x})\rangle,
\tag{C.3.1}
$$

其中 $\boldsymbol{\lambda}=[\lambda_1,\lambda_2,\cdots,\lambda_m]^*\in\mathbb{R}^m$ 是拉格朗日乘子向量.

在对偶理论中, 向量 $\boldsymbol{\lambda}$ 也被称为对偶函数

$$
q(\boldsymbol{\lambda})\doteq\inf_{\boldsymbol{x}\in\mathcal{D}}\mathcal{L}(\boldsymbol{x},\boldsymbol{\lambda})
\tag{C.3.2}
$$

的对偶变量. 相应地, $f(\boldsymbol{x})$ 被称为原函数 (primal function), $\boldsymbol{x}$ 被称为原变量 (primal variable).

对偶函数 $q(\boldsymbol{\lambda})$ 的一个简单性质是, 无论原函数是否为凸函数, 对偶函数 $q(\boldsymbol{\lambda})$ 一定是凹函数, 因为它是关于 $\boldsymbol{\lambda}$ 的仿射函数的逐点下确界 (point-wise infimum).

对偶函数 $q(\boldsymbol{\lambda})$ 的另一个重要性质是, 对于任何一个可行解 $\boldsymbol{x}'$, $q(\boldsymbol{\lambda})$ 是函数 $f(\boldsymbol{x}')$ 的下界. 特别地, $q(\boldsymbol{\lambda})$ 是最优值 $f(\boldsymbol{x}_\star)$ 的下界. 这一点很容易验证, 因为对于一个满足 $\boldsymbol{h}(\boldsymbol{x}')=\mathbf{0}$ 的可行解 $\boldsymbol{x}'$, 我们有

$$
q(\boldsymbol{\lambda})=\inf_{\boldsymbol{x}\in\mathcal{D}}f(\boldsymbol{x})+\langle\boldsymbol{\lambda},\boldsymbol{h}(\boldsymbol{x})\rangle\leqslant\inf_{\boldsymbol{x}\in\mathcal{D},\boldsymbol{h}(\boldsymbol{x})=\mathbf{0}}f(\boldsymbol{x})\leqslant f(\boldsymbol{x}').
$$

为了使对偶函数 $q(\boldsymbol{\lambda})$ 为原函数 $f(\boldsymbol{x})$ 提供一个有意义的下界, 我们自然要避免 $q(\boldsymbol{\lambda})=-\infty$ 这种平凡情况. 因此, 我们通常把对偶函数 $q(\boldsymbol{\lambda})$ 的定义域约束为:

$$
\mathcal{C}\doteq\{\boldsymbol{\lambda}\mid q(\boldsymbol{\lambda})>-\infty\}.
\tag{C.3.3}
$$

更具体地, 满足以上条件的对偶变量 $\boldsymbol{\lambda}$ 被称为对偶可行解 (dual feasible solution).

对偶理论中一个非常有用的概念是原函数与对偶函数之间的*对偶间隙* (duality gap):

$$f(\boldsymbol{x}) - q(\boldsymbol{\lambda}). \tag{C.3.4}$$

由于对偶函数 $q(\boldsymbol{\lambda})$ 是原函数 $f(\boldsymbol{x})$ 的下界, 特别是对于最小值 $f(\boldsymbol{x}_\star)$. 对偶间隙 (在可行解的集合上) 总是非负的. 更重要的是, 当对偶间隙为零, 即存在一对可行解 $\boldsymbol{x}_\star$ 和 $\boldsymbol{\lambda}_\star$ 使得 $f(\boldsymbol{x}_\star) = q(\boldsymbol{\lambda}_\star)$, 那么 $\boldsymbol{x}_\star$ 是原问题的最优解, $\boldsymbol{\lambda}_\star$ 是对偶问题的最优解.

当然, 当想要达到最小值的最佳下界估计, 我们可以在对偶空间中考虑下述优化问题

$$\max_{\boldsymbol{\lambda}} \quad q(\boldsymbol{\lambda}). \tag{C.3.5}$$

优化问题(C.3.5)被称为与原问题(C.2.1)相对应的*拉格朗日对偶问题*.

由于最优解 $q(\boldsymbol{\lambda}_\star)$ 是全局最小值 $f(\boldsymbol{x}_\star)$ 的最佳下界近似, 所以下述不等式自然成立:

$$q(\boldsymbol{\lambda}_\star) \leqslant f(\boldsymbol{x}_\star). \tag{C.3.6}$$

这个结果被称为*弱对偶性质* (weak duality). 进一步, 当不等式(C.3.6)中的等号成立时, f 和 q 之间的对偶间隙变为零, 我们称原函数和对偶函数之间满足*强对偶性质* (strong duality).

线性约束下的凸目标函数具有强对偶性质.

定理 C.1 (强对偶定理)　*设问题(C.2.1)的目标函数 $f(\boldsymbol{x})$ 是凸函数且约束条件 $\boldsymbol{h}(\boldsymbol{x})$ 是线性的. 那么, 若问题的最优值 $f_\star$ 是有限值, 则它的对偶问题的最优解存在, 且对偶间隙为零.*

在强对偶条件下, 原问题中目标函数 $f(\boldsymbol{x})$ 的最小值可以通过优化对偶问题 $q(\boldsymbol{\lambda})$ 来实现, 原问题的最优解也可以通过在拉格朗日函数 $\mathcal{L}(\boldsymbol{x}, \boldsymbol{\lambda}_\star)$ 中最小化 $\boldsymbol{x}$ 来实现. 换句话说, 最优值点 $(\boldsymbol{x}_\star, \boldsymbol{\lambda}_\star)$ 是拉格朗日函数 $\mathcal{L}(\boldsymbol{x}, \boldsymbol{\lambda})$ 的鞍点 (saddle point), 它求解下述问题:

$$\max_{\boldsymbol{\lambda}} \min_{\boldsymbol{x}} \mathcal{L}(\boldsymbol{x}, \boldsymbol{\lambda}). \tag{C.3.7}$$

在上述内容中, 我们假设所有函数都是可微的. 在本书中, 我们经常需要优化不可微的凸函数, 且约束条件形如 $\boldsymbol{A}\boldsymbol{x} = \boldsymbol{y}$.

引理 C.1 (对偶证书)　*设 $f : \mathbb{R}^n \to \mathbb{R}$ 是凸函数, $\boldsymbol{y} \in \mathbb{R}^m$, $\boldsymbol{A} \in \mathbb{R}^{m \times n}$, $\boldsymbol{x}_\star \in \mathbb{R}^n$ 满足约束条件 $\boldsymbol{A}\boldsymbol{x}_\star = \boldsymbol{y}$. 如果存在 $\boldsymbol{\nu} \in \mathbb{R}^m$, 使得*

$$\boldsymbol{A}^* \boldsymbol{\nu} \in \partial f(\boldsymbol{x}_\star). \tag{C.3.8}$$

那么, $\boldsymbol{x}_\star$ 是优化问题

$$\begin{aligned} \min\nolimits_{\boldsymbol{x}} \quad & f(\boldsymbol{x}) \\ \text{s.t.} \quad & \boldsymbol{A}\boldsymbol{x} = \boldsymbol{y} \end{aligned} \tag{C.3.9}$$

的最优解.

证明. 考虑满足约束条件 $\boldsymbol{A}\boldsymbol{x}=\boldsymbol{y}$ 的一个任意可行解 $\boldsymbol{x}'\in\mathbb{R}^n$, 即 $\boldsymbol{x}'$ 满足 $\boldsymbol{A}\boldsymbol{x}'=\boldsymbol{y}$. 根据次梯度不等式(B.3.3), 我们有

$$\begin{aligned} f(\boldsymbol{x}') &\geqslant f(\boldsymbol{x}_\star)+\langle \boldsymbol{A}^*\boldsymbol{\nu},\boldsymbol{x}'-\boldsymbol{x}_\star\rangle \\ &= f(\boldsymbol{x}_\star)+\langle \boldsymbol{\nu},\boldsymbol{A}(\boldsymbol{x}'-\boldsymbol{x}_\star)\rangle \\ &= f(\boldsymbol{x}_\star). \end{aligned} \tag{C.3.10}$$

最后一个等号是由于 $\boldsymbol{A}\boldsymbol{x}'=\boldsymbol{y}=\boldsymbol{A}\boldsymbol{x}_\star$. 因此, $\boldsymbol{x}_\star$ 是最优的. □

最优化方法

在本章中, 我们将回顾一些用于求解形如

$$\min_{\boldsymbol{x}\in\mathcal{D}} f(\boldsymbol{x}) \tag{D.0.1}$$

的优化问题的经典方法. 也就是说, 我们在定义域 $\mathcal{D}$ 上寻求最小化目标函数 $f(\boldsymbol{x})$. 我们即将介绍的所有算法均为*迭代优化方法*, 它们将产生一个从某些初始点 $\boldsymbol{x}_0$ 开始的点序列

$$\boldsymbol{x}_0, \boldsymbol{x}_1, \cdots, \boldsymbol{x}_k, \cdots \tag{D.0.2}$$

其目标是产生 $f(\boldsymbol{x})$ 在定义域 $\mathcal{D}$ 上快速收敛于极小值点 $\boldsymbol{x}_\star$ 的点序列 $\{\boldsymbol{x}_k\}$. 迭代优化方法产生一个可接受的结果所需要的总时间主要依赖于下述两个方面。

- *每次迭代的成本*: 即在给定 $\boldsymbol{x}_0, \cdots, \boldsymbol{x}_k$ 时, 每次生成下一个点 $\boldsymbol{x}_{k+1}$ 需要多大计算量.
- *收敛速率*: 即迭代 $\boldsymbol{x}_k$ 在质量上改善得有多快. 它决定了要产生足够精确的解需要多少次迭代, 我们可以用迭代点 $\boldsymbol{x}_k$ 到极小值点 $\boldsymbol{x}_\star$ 的距离

$$\|\boldsymbol{x}_k - \boldsymbol{x}_\star\|_2 \tag{D.0.3}$$

来衡量, 或者用目标函数值的次最优性

$$|f(\boldsymbol{x}_k) - f(\boldsymbol{x}_\star)| \tag{D.0.4}$$

来衡量, 或者用它的梯度[㊀]

$$\|\nabla f(\boldsymbol{x}_k) - \nabla f(\boldsymbol{x}_\star)\|_2 = \|\nabla f(\boldsymbol{x}_k)\|_2 \tag{D.0.5}$$

来衡量.

每次迭代的成本和收敛速率通常处于矛盾状态: 要么以非常昂贵的每次迭代成本为代价获得快速的收敛速率, 要么以相对缓慢的收敛速率为代价获得非常廉价的每次迭代成本. 因此, 优化算法的整体复杂度通常通过下面的方式来衡量:

$$\text{复杂度} = \text{每次迭代的成本} \times \text{迭代次数}, \tag{D.0.6}$$

㊀ 倘若我们所关心的只是收敛于目标函数 $f(\boldsymbol{x})$ 的驻点 $\boldsymbol{x}_\star$, 即 $\nabla f(\boldsymbol{x}_\star) = \mathbf{0}$.

前提是 $\boldsymbol{x}$ 或目标函数值 $f(\boldsymbol{x})$ 满足预设精度.

在大数据或者大模型时代, 许多实际问题涉及对大量模型参数或者大规模数据集进行训练. 由于计算上的限制, 我们一般只能在每次迭代中执行简单的计算. 因此, 我们主要感兴趣的是, 在只使用一阶信息 (即 $f(\boldsymbol{x})$ 的函数值和梯度向量 $\nabla f(\boldsymbol{x})$) 的方法中, 能够实现最快收敛速率的方法. 有时, 由于内存限制和时间需求, 我们需要在许多并行进程或者在许多机器的分布式网络中存储数据并执行计算. 为了减少通信成本和延迟, 我们通常倾向于选择那些适合于并行或者分布式实现且需要不同进程或者机器之间最少的数据交换和信息交换的算法. 在本章中, 我们简要介绍一些用于提高一阶方法性能的最流行且最有效的技术, 尤其是那些适合解决大规模问题的技术. 读者可以在我们所提供的参考资料中找到相关技术的更完整阐述和分析.

D.1 梯度下降

梯度下降 (gradient descent) 可能是最简单的迭代优化方法, 也被称为梯度方法, 它适用于可微分的目标函数 $f: \mathbb{R}^n \to \mathbb{R}$. 这种方法由 Cauchy 在 1847 年首次引入用于求解方程组 [Cauchy, 1847]. 它来自这样一种简单的想法: 从当前点 $\boldsymbol{x}_k$ 出发, 朝着方向 $\boldsymbol{v} \in \mathbb{R}^n$ 走一小步到达 $\boldsymbol{x}_{k+1} = \boldsymbol{x}_k + t \cdot \boldsymbol{v}$, 其中 $t \geqslant 0$, 使得目标函数 f 的值有所减小, 即

$$f(\boldsymbol{x}_{k+1}) < f(\boldsymbol{x}_k).$$

因为 f 是可微的, 在一阶近似的情况下, 我们有

$$f(\boldsymbol{x}_{k+1}) - f(\boldsymbol{x}_k) = f(\boldsymbol{x}_k + t \cdot \boldsymbol{v}) - f(\boldsymbol{x}_k) \approx t \cdot \nabla f(\boldsymbol{x}_k)^* \boldsymbol{v}.$$

梯度 $\nabla f(\boldsymbol{x}_k)$ 指向目标函数 f 增长最快的方向, 负的梯度是目标函数 f 下降最快的方向. 因此, 为了使 $f(\boldsymbol{x}_{k+1})$ 小于 $f(\boldsymbol{x}_k)$, 很自然我们要选择使目标函数 f 的值下降最快的方向 $\boldsymbol{v} \propto -\nabla f(\boldsymbol{x}_k)$. 正因为这一点, 梯度下降也被称为最速下降 (steepest descent).

梯度下降通过沿着负梯度的方向产生下一个迭代, 即

$$\boldsymbol{x}_{k+1} = \boldsymbol{x}_k - t_k \nabla f(\boldsymbol{x}_k), \tag{D.1.1}$$

其中 $t_k \geqslant 0$ 是一个标量, 通常被称为步长[1]. 步长 t_k 可以根据目标函数 f 的性质解析地确定, 或者通过线搜索 (line search) 数值地确定. 这里的线搜索方法求解下述一维优化问题的近似解[2]:

$$\min_{t \geqslant 0} \ f\left(\boldsymbol{x}_k - t \nabla f(\boldsymbol{x}_k)\right). \tag{D.1.2}$$

---

[1] 在机器学习算法中, t_k 被称为学习速率 (learning rate).

[2] 通常, 这可以通过回溯法 (backtracking) 来完成: 首先从 t 的某个值开始, 我们逐渐减小 t 直到目标函数值得到充分减少, 也就是满足 Armijo 规则.

梯度下降的收敛性

对于很多问题来说, 梯度下降的一个主要优点是梯度 ∇f 很容易计算出来. 为了理解这种方法的整体性能, 我们要知道它需要多少次迭代才能获得符合预设精度的解. 这又取决于目标函数 f 的性质.

我们首先假设 f 是一个可微凸函数, 并且其梯度 $\nabla f(\boldsymbol{x})$ 是 L-Lipschitz 连续的, 即

$$\|\nabla f(\boldsymbol{x}) - \nabla f(\boldsymbol{x}')\|_2 \leqslant L\,\|\boldsymbol{x} - \boldsymbol{x}'\|_2, \quad \forall\, \boldsymbol{x}, \boldsymbol{x}'. \tag{D.1.3}$$

这个条件说明, 当我们从一个点移动到另一个点时, 梯度不会变化得太快. 直观地讲, 这意味着在点 $\boldsymbol{x}$ 处进行的目标函数的一阶泰勒级数展开将在相对较大的范围内有效. 事实上, 在这些假设条件下, 我们可以将 t_k 统一为

$$t_k = \frac{1}{L}.$$

可以看出, 如果 L 较小, 那么允许使用较大的步长. 并且, 可以证明, 在这种选择下, 我们有

$$\begin{aligned} f(\boldsymbol{x}_{k+1}) &\leqslant f(\boldsymbol{x}_k) - \frac{1}{2L}\,\|\nabla f(\boldsymbol{x}_k)\|_2^2 \\ &\leqslant f(\boldsymbol{x}_k). \end{aligned} \tag{D.1.4}$$

因此, 在这种步长选择下, 梯度方法确实是一种*下降方法*: 它在每次迭代中使目标函数值严格减小, 直到 $\boldsymbol{x}_k$ 达到最小值点. 下面的定理给出对收敛速率以函数值来衡量的整体控制.

定理 D.1 *设目标函数 $f:\mathbb{R}^n \to \mathbb{R}$ 是可微凸函数, 且其梯度 $\nabla f(\boldsymbol{x})$ 是 L-Lipschitz 连续的. 令 $X_\star \neq \varnothing$ 为目标函数 f 的最小值点集合, $f_\star$ 为 f 在 $\mathbb{R}^n$ 中的最小值. 考虑使用步长参数 $t_k = \dfrac{1}{L}$ 的梯度下降方法. 那么, 我们有*

$$f(\boldsymbol{x}_k) - f_\star \leqslant \frac{L}{2}\frac{\|\boldsymbol{x}_0 - \boldsymbol{x}_\star\|_2^2}{k}. \tag{D.1.5}$$

此外, 当 $k \to \infty$ 时, $\boldsymbol{x}_k \to X_\star$.

这一定理的证明 (实际上是更一般的版本) 可以在 8.2 节中找到.

对于这一结果需要注意如下几个方面. 首先, 函数值的次优性按 $1/k$ 递减. 特别地, 当 $k \to \infty$ 时, $f(\boldsymbol{x}_k) \to f_\star$. 其次, 收敛速率依赖于 Lipschitz 常数——L 越小, f 趋近于 $f_\star$ 的速度越快. 最后, 收敛速率依赖于初始值点 $\boldsymbol{x}_0$ 到 $\boldsymbol{x}_\star$ 的距离. 这个结果的优势是, 它是非渐近的[㊀], 并且它不依赖于维数 n. 对于具体应用来说, 我们不但关心函数值, 还关心迭代结果 $\{\boldsymbol{x}_k\}$ 的质量. 在这里, 我们能够保证 $\boldsymbol{x}_k$ 趋于 $X_\star$. 然而, 目前还没有一般的与维数无关的收敛速度的界.

㊀ 也就是说, 这个界对所有的 k 成立, 而不仅仅是对于较大的 k (即 $k \to \infty$) 才成立.

D.2 收敛速率与加速

梯度方法能有多好呢? 更一般地, 如果我们限定只使用梯度和目标函数值的简单方法, 那么能够得到何种收敛速率呢? 这个基本问题促使我们研究所用方法的计算效率下界. 这首先需要一个计算模型. 针对一阶方法的一个简单模型考虑下述假设: 在每次迭代中, 下一个点 $\boldsymbol{x}_{k+1}$ 的生成仅仅利用之前的点 $\{\boldsymbol{x}_0,\cdots,\boldsymbol{x}_k\}$、它们的函数值 $\{f(\boldsymbol{x}_0),\cdots,f(\boldsymbol{x}_k)\}$, 以及它们的梯度 $\{\nabla f(\boldsymbol{x}_0),\cdots,\nabla f(\boldsymbol{x}_k)\}$, 即

$$\boldsymbol{x}_{k+1}=\mathcal{F}_{k+1}\big(\boldsymbol{x}_0,\cdots,\boldsymbol{x}_k,f(\boldsymbol{x}_0),\cdots,f(\boldsymbol{x}_k),\nabla f(\boldsymbol{x}_0),\cdots,\nabla f(\boldsymbol{x}_k)\big). \tag{D.2.1}$$

这个模型有时被称为*黑箱模型*, 因为这一方法只通过在有限的离散点集上的函数值和梯度来访问函数 f ㊀.

目前关于梯度下降法的收敛速率已经证明下述结果 (见 [Nesterov, 2003]).

定理 D.2 (梯度下降的收敛速率)　*对于每个 L 和 R, 存在一个具有 L-Lipschitz 连续梯度的可微凸函数 f 和满足 $\|\boldsymbol{x}_0-\boldsymbol{x}_\star\|_2\leqslant R$ 的初始点 $\boldsymbol{x}_0$, 使得*

$$f\left(\boldsymbol{x}_k\right)-f_\star\geqslant c\frac{LR^2}{k^2}, \tag{D.2.2}$$

其中 $c>0$ 是一个数值常数.

这一结果可以被理解为, 对于 Lipschitz 连续梯度的一类函数, 所有梯度下降类型方法所能达到的最好通用收敛速率是 $O(1/k^2)$. 作为对比, 注意到定理 D.1 意味着梯度方法按 $O(1/k)$ 的速率收敛, 对于较大的 k, 收敛速率会*非常糟糕*.

梯度方法会不会是次优的呢? 图 D.1 显示了梯度下降在两个不同问题上的表现行为, 我们绘制了目标函数 f 的水平集 $\mathsf{S}_\beta=\{\boldsymbol{x}\mid f(\boldsymbol{x})=\beta\}$ 以及迭代结果 $\{\boldsymbol{x}_k\}$. 由于梯度 $\nabla f(\boldsymbol{x})$ 正交于包含点 $\boldsymbol{x}$ 的水平集, 因此梯度方法的移动方向与水平集正交. 在图 D.1a 显示的函数 $f(\boldsymbol{x})$ 上, 其水平集几乎是圆形的, 因此梯度方法进展迅速. 而在图 D.1b 显示的函数 $f(\boldsymbol{x})$ 上, 其水平集是较狭长的椭圆形, 因此其迭代结果 "*迭迭不休地*" 反复改变方向以至于朝向 $\boldsymbol{x}_\star$ 的进展非常缓慢.

重球法

图 D.1 所示的不好表现可以通过避免相邻两次迭代 (即 $\boldsymbol{x}_{k+1}$ 和 $\boldsymbol{x}_k$) 之间改变方向太快来解决. 一个比较直观的方式是把迭代点 $\boldsymbol{x}_k$ 视为具有一定动量的粒子轨迹, 使其尽量继续朝着同一方向运动. 这意味着更新方式变成:

$$\boldsymbol{x}_{k+1}=\boldsymbol{x}_k-t_k\nabla f(\boldsymbol{x}_k)+\beta_k\left(\boldsymbol{x}_k-\boldsymbol{x}_{k-1}\right). \tag{D.2.3}$$

㊀ 这与在连续集上访问这些值有着根本不同, 因为任何依赖于在连续集上进行访问的算法, 严格来讲, 是不可计算的. 有时我们可以使用连续时间动力学, 比如负的梯度流 $\dot{\boldsymbol{x}}=-\nabla f(\boldsymbol{x})$ 来研究某些算法的定性行为, 比如它们收敛于何种类型的驻点. 然而, 这种连续时间动力学并不能通过在时间上进行简单离散化而被直接转化为可实现的算法, 因为动力学的许多定量性质不一定能够被离散化所保持.

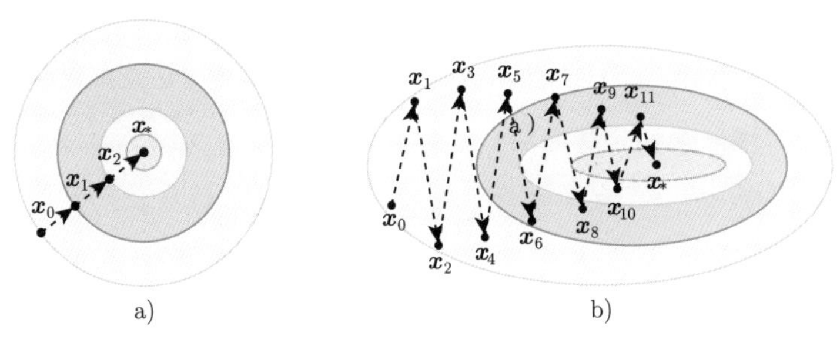

图 D.1 梯度下降的迭代行为示意图. a) 一个具有球形水平集的二次函数. b) 一个具有较狭长椭圆水平集的二次函数

这个更新方式模拟了一个质量非零的粒子的轨迹, 因此这个方法被形象地称作*重球法*, 这是由 Polyak 在 1964 年首先提出的 [Polyak, 1964]. 另外, 因为第二项可以被看作携带一部分来自上一次迭代的动量, 因此这个方法有时也被称为*动量法*. 引入动量这种思想是目前非常流行的神经网络训练算法 ADAM [Kingma et al., 2014] 的基础. 图 D.2 给出了重球法在一个条件非常不好的二次目标函数上的迭代过程对比. 请注意, 重球法到达点 $\boldsymbol{x}_\star$ 附近所需要的迭代次数要少得多.

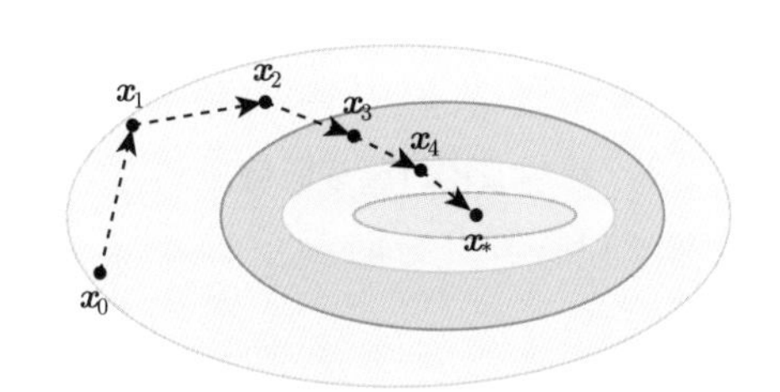

图 D.2 使用重球法的梯度下降过程示意图

Nesterov 加速法

尽管重球法比梯度下降法有所改进, 但其最坏情况下的收敛速率仍是 $O(1/k)$. 然而, 通过巧妙地使用动量, 实现 $O(1/k^2)$ 的更好收敛速率是*有可能的*, 这与定理 D.2中的下界相符合. 这意味着, 或许存在一种令人惊讶的类似于梯度下降的方法, 它会实质地优于梯度下降法.

这种实现最优收敛速率的方法被称为 Nesterov *加速梯度法*. 严格地说, 它不是一种动量法. 相反, 它使用两个迭代序列 $\{\boldsymbol{x}_k\}$ 和 $\{\boldsymbol{p}_k\}$. 其中, 辅助点 $\boldsymbol{p}_k$ 是从迭代点 $\boldsymbol{x}_k$ 以一种类似于重球法的形式外推 (extrapolated) 而得到的, 即

$$\boldsymbol{p}_{k+1} \doteq \boldsymbol{x}_k + \beta_k\big(\boldsymbol{x}_k - \boldsymbol{x}_{k-1}\big).$$

在每次迭代中, 我们移动到新的一个辅助点 $\boldsymbol{p}_{k+1}$, 在新的辅助点 $\boldsymbol{p}_{k+1}$ 处计算梯度, 并从这个新的点 $\boldsymbol{p}_{k+1}$(而不是从 $\boldsymbol{x}_k$) 处开始下降, 即

$$\boldsymbol{x}_{k+1} = \boldsymbol{p}_{k+1} - \alpha\nabla f(\boldsymbol{p}_{k+1}). \tag{D.2.4}$$

正如我们在 8.3 节所展示的, 在恰当选择权值 β_k 和 α 的情况下, 对于一类具有 Lipschitz 连续梯度的目标函数, 这种加速策略将使梯度方法得到实质性加速, 达到最优收敛速率 $O(1/k^2)$.

定理 D.3 (加速梯度法的收敛速率)　*设 $f:\mathbb{R}^n\to\mathbb{R}$ 是可微凸函数, 且其梯度 $\nabla f(\boldsymbol{x})$ 是 L-Lipschitz 连续的. 令 $X_\star\neq\varnothing$ 表示函数 f 的最小值点的集合, $f_\star$ 是 f 在 $\mathbb{R}^n$ 上的最小值. 那么, 加速梯度法所产生的迭代序列 $\{\boldsymbol{x}_k\}$ 满足*

$$f(\boldsymbol{x}_k)-f_\star\leqslant\frac{L}{2}\frac{\|\boldsymbol{x}_0-\boldsymbol{x}_\star\|_2^2}{(k+1)^2}.\tag{D.2.5}$$

此外, 当 $k\to\infty$ 时, $\boldsymbol{x}_k\to\boldsymbol{x}_\star$.

最近已有多项工作 [Su et al., 2014] (以及许多后续工作 [Krichene et al., 2015, 2016; Wibisono et al., 2016]) 尝试通过描述与这种迭代相关联的连续常微分方程的稳定性来理解这种加速策略. 更详细的综述和讨论可以在 8.3 节找到.

强凸函数

注意到定理 D.2 描述了梯度类型方法对于一类具有 Lipschitz 连续梯度的目标函数的可能最佳收敛速率. 定理 D.3 则指出这一收敛速率可以通过加速梯度方法实现. 然而, 这并不意味着上述结果就是对于具有更好性质的一类更受限的函数所能做到的最好结果. 如果除了具有 Lipschitz 连续梯度之外, 目标函数还满足额外性质, 比如附录 B 中所定义的强凸性, 那么梯度下降类型的方法能够以线性速率收敛 [Boyd et al., 2004], 这是在最优化文献中早已明确的.

定理 D.4　*设 $f:\mathbb{R}^n\to\mathbb{R}$ 是 μ-强凸可微函数, 且具有 L-Lipschitz 连续梯度 (即梯度 $\nabla f(\boldsymbol{x})$ 是 L-Lipschitz 连续的). 令 $f_\star$ 为目标函数 f 在 $\mathbb{R}^n$ 上的最小值. 那么, 按步长 $t=\dfrac{1}{L}$ 的梯度下降 $\boldsymbol{x}_{k+1}=\boldsymbol{x}_k-t\nabla f(\boldsymbol{x}_k)$ 所产生的迭代序列 $\{\boldsymbol{x}_k\}$ 满足*

$$f(\boldsymbol{x}_k)-f_\star\leqslant\frac{L}{2}\mathrm{e}^{-\alpha k}\|\boldsymbol{x}_0-\boldsymbol{x}_\star\|_2^2,\tag{D.2.6}$$

其中 $\alpha>0$ 是一个数值常数.

证明. 我们对这一简单结果给出证明, 因为它有助于解释为什么梯度下降法在许多统计机器学习问题上实际收敛非常快——当随机样本的数目增加时, 目标 (损失) 函数往往趋于既强凸又光滑.

首先, 注意到在最优解 $\boldsymbol{x}_\star$ 处, $\nabla f(\boldsymbol{x}_\star)=\mathbf{0}$. 根据引理 8.1, 我们有

$$f(\boldsymbol{x}_k)-f(\boldsymbol{x}_\star)\leqslant\frac{L}{2}\|\boldsymbol{x}_k-\boldsymbol{x}_\star\|_2^2.$$

另外, 由于强凸性和光滑性的假设, 我们又有

$$\mu\cdot\boldsymbol{I}\preceq\nabla^2 f(\boldsymbol{x})\preceq L\cdot\boldsymbol{I},\quad\forall\boldsymbol{x}.\tag{D.2.7}$$

根据梯度下降规则, 并结合微积分基本定理, 我们有

$$\begin{aligned}\boldsymbol{x}_{k+1}-\boldsymbol{x}_\star &= \boldsymbol{x}_k - t\nabla f(\boldsymbol{x}_k) - \boldsymbol{x}_\star \\ &= \boldsymbol{x}_k - \boldsymbol{x}_\star - t\Big(\int_0^1 \nabla^2 f(\boldsymbol{x}_\star + \tau(\boldsymbol{x}_k - \boldsymbol{x}_\star))\mathrm{d}\tau\Big)(\boldsymbol{x}_k - \boldsymbol{x}_\star).\end{aligned}$$

进一步, 我们有

$$\begin{aligned}\|\boldsymbol{x}_{k+1}-\boldsymbol{x}_\star\|_2 &\leqslant \left\|\boldsymbol{I} - t\int_0^1 \nabla^2 f(\boldsymbol{x}_\star + \tau(\boldsymbol{x}_k - \boldsymbol{x}_\star))\mathrm{d}\tau\right\|_2 \|\boldsymbol{x}_k - \boldsymbol{x}_\star\|_2 \\ &\leqslant (1 - t\mu)\|\boldsymbol{x}_k - \boldsymbol{x}_\star\|_2.\end{aligned}$$

如果我们选择 $t = 1/L$, 那么 $(1-\mu/L) < 1$, 上式意味着 $\boldsymbol{x}_k - \boldsymbol{x}_\star$ 在 ℓ^2 范数意义下收缩. 因此, 我们有

$$\|\boldsymbol{x}_k - \boldsymbol{x}_\star\|_2 \leqslant \left(1-\frac{\mu}{L}\right)^k \|\boldsymbol{x}_0 - \boldsymbol{x}_\star\|_2, \quad \forall k.$$

或者等价地

$$\|\boldsymbol{x}_k - \boldsymbol{x}_\star\|_2^2 \leqslant \left(1-\frac{\mu}{L}\right)^{2k} \|\boldsymbol{x}_0 - \boldsymbol{x}_\star\|_2^2, \quad \forall k.$$

令 $\alpha = -\log\left(1-\frac{\mu}{L}\right)^2 > 0$, 即可得出我们要证明的结果. □

从上面的证明中看出, 我们也可以设置步长 $t = \dfrac{2}{L+\mu}$, 从而得到略好一些的收缩因子.

根据上述定理, $f(\boldsymbol{x}_k) - f_\star$ 以指数形式 $O(\mathrm{e}^{-\alpha k})$ 收敛到零, 远快于 $O(1/k^2)$. 在本书中, 我们经常遇到的一类函数不一定是全局强凸的. 然而, 它们可能满足某种弱一些的强凸性定义, 比如*受限强凸性*或者*局部强凸性*. 我们将看到, 在这种条件下, 也可以期望这种梯度类型的方法在全局最小值附近达到线性收敛速率.

不可微函数

梯度下降法的主要假设是目标函数 $f(\boldsymbol{x})$ 在 $\boldsymbol{x}$ 处可微. 在本书中, 我们经常需要最小化那些并非处处可微的函数, 例如涉及 ℓ^1 范数 $\|\boldsymbol{x}\|_1$ 的函数. 在这种情况下, 我们需要把梯度的概念推广到 "*次梯度*" (参见第 2 章中的定义 2.4). 本质上, 在点 $\boldsymbol{x}$ 处的次梯度是向量 $\boldsymbol{u} \in \mathbb{R}^n$ 的集合, 使得

$$f(\boldsymbol{y}) \geqslant f(\boldsymbol{x}) + \langle \boldsymbol{u}, \boldsymbol{y} - \boldsymbol{x}\rangle, \quad \forall \boldsymbol{y} \in \mathbb{R}^n.$$

通常我们把次梯度的集合记作 $\partial f(\boldsymbol{x})$. 为了最小化不可微函数 $f(\boldsymbol{x})$, 我们可以把梯度 $\nabla f(\boldsymbol{x})$ 替换成任意一个次梯度, 从而推广梯度下降法为*次梯度下降法*, 即

$$\boldsymbol{x}_{k+1} = \boldsymbol{x}_k - t_k \boldsymbol{g}_k, \quad \text{其中} \quad \boldsymbol{g}_k \in \partial f(\boldsymbol{x}).$$

这种次梯度下降法的一个主要缺点是收敛速率相对较差. 一般来说, 对于非光滑目标函数, 次梯度下降的收敛速率是

$$f(\boldsymbol{x}_k) - f_\star = O\big(1/\sqrt{k}\big).$$

对于次梯度下降法的更详细分析, 读者可以参考 [Nemirovski, 1995, 2007; Nesterov, 2003].

值得注意的是, 对于同样的梯度下降法被应用于凸函数的两个极端子类 (强凸函数和不可微凸函数) 时, 其收敛速率存在显著差异. 对于前者, 梯度下降以 $O(\mathrm{e}^{-\alpha k})$ 形式线性收敛, 而对于后者则以慢得多的速率 $O(1/\sqrt{k})$ 缓慢收敛.

然而, 正如我们在第 8 章所看到的, 在许多问题中, 目标函数 $f(\boldsymbol{x})$ 的形式是 $f_1(\boldsymbol{x}) + f_2(\boldsymbol{x})$, 其中 f_1 是光滑函数, f_2 是非光滑函数. 如果对于非光滑部分 f_2, 其所谓的*邻近算子*

$$\min_{\boldsymbol{x}} f_2(\boldsymbol{x}) + \frac{1}{2}\|\boldsymbol{x} - \boldsymbol{w}\|_2^2 \tag{D.2.8}$$

具有闭式解或者可以被有效求解, 那么次梯度下降法可以被巧妙地改进成与光滑凸函数情况相同的收敛速率. 请参阅 8.2 节的*邻近梯度法*.

D.3 约束最优化

实际上特别常见的优化问题是, 我们想要最小化一个目标函数 $f(\boldsymbol{x})$, 而期望的最优解 $\boldsymbol{x}_\star$ 被约束在某个子集 $\mathsf{C} \subset \mathbb{R}^n$ 中, 即

$$\begin{array}{ll} \min & f(\boldsymbol{x}) \\ \text{s.t.} & \boldsymbol{x} \in \mathsf{C}. \end{array} \tag{D.3.1}$$

在约束集 C 中的解被称为*可行解*. 需要注意的是, 如果我们仍然应用梯度下降法来最小化 $f(\boldsymbol{x})$, 那么每次执行下降迭代

$$\boldsymbol{p}_{k+1} = \boldsymbol{x}_k - t_k \nabla f(\boldsymbol{x}_k)$$

之后, 即使 $\boldsymbol{x}_k$ 是可行的, 但更新后的 $\boldsymbol{p}_{k+1}$ 也可能会跳出约束集, 即 $\boldsymbol{p}_{k+1} \not\in \mathsf{C}$. 解决这个问题的一个自然而简单的方法是把 $\boldsymbol{p}_{k+1}$ 重新"*投影*"到约束集 C, 即

$$\boldsymbol{x}_{k+1} = \mathcal{P}_{\mathsf{C}}[\boldsymbol{p}_{k+1}] = \arg\min_{\boldsymbol{x} \in \mathsf{C}} \frac{1}{2}\left\|\boldsymbol{x} - \boldsymbol{p}_{k+1}\right\|_2^2, \tag{D.3.2}$$

其中 $\boldsymbol{x}_{k+1}$ 是约束集 C 中最接近 $\boldsymbol{p}_{k+1}$ 的点. 这样即可确保新的迭代点 $\boldsymbol{x}_{k+1}$ 总是可行的. 这种方法被称为*投影梯度下降法*, 在第 2 章我们用它作为最小化 ℓ^1 范数的一个最简单的算法. 这个简单方法也是其他一阶约束优化方法的灵感来源, 比如我们在 8.6 节中所介绍的经典 Frank-Wolfe *方法* [Frank et al., 1956].

投影梯度下降法的缺点是, 它们的收敛速率或者每次迭代的计算效率相对较差[㊀]. 当约束形式是等式时, 即 $\mathsf{C} = \{\boldsymbol{x} \mid \boldsymbol{h}(\boldsymbol{x}) = \boldsymbol{0}\}$, 通过惩罚 $\boldsymbol{h}(\boldsymbol{x})$ 与 $\boldsymbol{0}$ 之间的偏差, 我们可以把约

㊀ 除非约束集 C 的形式很好, 使得投影到约束集或者在其上进行优化非常容易. 这正是 Frank-Wolfe 方法的假设.

束优化问题

$$\begin{aligned} \min \quad & f(\boldsymbol{x}) \\ \text{s.t.} \quad & \boldsymbol{h}(\boldsymbol{x}) = \boldsymbol{0} \end{aligned} \tag{D.3.3}$$

转化为无约束优化问题

$$\min f(\boldsymbol{x}) + \frac{\mu}{2}\|\boldsymbol{h}(\boldsymbol{x})\|_2^2. \tag{D.3.4}$$

这种方法被称为*罚函数法* (penalty method). 可以证明, 当 $\mu \to +\infty$ 时, 无约束优化问题的解趋于约束优化问题的解. 然而, 当 μ 变得很大时, 上述无约束优化问题会变得越来越难以求解, 因为其梯度的 Lipschitz 常数变得越来越大. 请参阅 8.4 节的例子.

正如我们在附录 C 中所讨论的, 另一种转换约束优化问题的方法是通过拉格朗日乘子 (Lagrange multiplier) 法. 令 $\boldsymbol{\lambda} \in \mathbb{R}^m$ 为拉格朗日乘子构成的向量, 拉格朗日函数$\mathcal{L}(\boldsymbol{x}, \boldsymbol{\lambda})$ 定义为

$$\mathcal{L}(\boldsymbol{x}, \boldsymbol{\lambda}) \doteq f(\boldsymbol{x}) + \langle \boldsymbol{\lambda}, \boldsymbol{h}(\boldsymbol{x}) \rangle.$$

那么, 约束优化问题(D.3.3)的最优 (可行) 解 $\boldsymbol{x}_\star$ 也是无约束优化问题

$$\max_{\boldsymbol{\lambda}} \min_{\boldsymbol{x}} \ \mathcal{L}(\boldsymbol{x}, \boldsymbol{\lambda}) \tag{D.3.5}$$

对 $\boldsymbol{x}$ 的最优解. 很自然, 我们可以考虑通过交替优化方式来求解上述最小最大 (min-max) 问题:

$$\boldsymbol{x}_{k+1} = \arg\min_{\boldsymbol{x}} \ \mathcal{L}(\boldsymbol{x}, \boldsymbol{\lambda}_k), \tag{D.3.6}$$

$$\boldsymbol{\lambda}_{k+1} = \arg\max_{\boldsymbol{\lambda}} \ \mathcal{L}(\boldsymbol{x}_{k+1}, \boldsymbol{\lambda}). \tag{D.3.7}$$

尽管拉格朗日函数的鞍点 (saddle point) 是所期望的最优解, 但不能保证上述迭代的每个步骤都能够产生可行的迭代结果, 也不能保证迭代过程收敛. 正如我们在 8.4 节所看到的, 即使对于某些简单问题, 上述子问题也可能无解 (目标函数值可能是无界的).

为了解决这个问题, 我们可以在拉格朗日函数 $\mathcal{L}(\boldsymbol{x}, \boldsymbol{\lambda})$ 中针对约束增加一个额外的二次惩罚项, 从而得到

$$\mathcal{L}_\mu(\boldsymbol{x}, \boldsymbol{\lambda}) \doteq f(\boldsymbol{x}) + \langle \boldsymbol{\lambda}, \boldsymbol{h}(\boldsymbol{x}) \rangle + \frac{\mu}{2}\|\boldsymbol{h}(\boldsymbol{x})\|_2^2,$$

这被称为*增广拉格朗日函数* [Hestenes, 1969; Powell, 1969; Rockafellar, 1973]. 正如我们在 8.4 节所看到的, 增广拉格朗日函数得出条件数更好的迭代子问题:

$$\boldsymbol{x}_{k+1} = \arg\min_{\boldsymbol{x}} \ \mathcal{L}_\mu(\boldsymbol{x}, \boldsymbol{\lambda}_k), \tag{D.3.8}$$

$$\boldsymbol{\lambda}_{k+1} = \arg\max_{\boldsymbol{\lambda}} \ \mathcal{L}_\mu(\boldsymbol{x}_{k+1}, \boldsymbol{\lambda}). \tag{D.3.9}$$

并且, 对于恰当选择的 μ 或者序列 $\{\mu_k\}$, 其迭代序列 $\{(\boldsymbol{x}_k, \boldsymbol{\lambda}_k)\}$ 通常会收敛到所期望的最优解 $(\boldsymbol{x}_\star, \boldsymbol{\lambda}_\star)$.

D.4 分块坐标下降和 ADMM

在我们实际遇到的许多优化问题中, $\boldsymbol{x}$ 的维数可能非常高, 以至于我们负担不起对所有变量同时使用梯度下降来最小化目标函数 $f(\boldsymbol{x})$. 然而, 在很多时候目标函数 $f(\boldsymbol{x})$ 具有可分解结构, 比如有限项求和

$$f(\boldsymbol{x})=\sum_{i=1}^{m} f_i(\boldsymbol{x}^i). \tag{D.4.1}$$

例如, $\boldsymbol{x}$ 的 ℓ^1 范数 $\|\boldsymbol{x}\|_1=\sum_{i=1}^{n}|x_i|$ 就属于这种可分解函数. 在这种情况下, 我们可以利用这种可分解结构来进行所谓的*分块坐标下降* (block coordinate descent), 也就是迭代地最小化目标函数, 每次迭代只处理一组变量.

更具体地, 假设定义域 $\mathcal{D}$ 可以被写成笛卡儿积 (Cartesian product) 的形式, 即

$$\mathcal{D}=\mathcal{D}_1\times\mathcal{D}_2\times\cdots\times\mathcal{D}_m,$$

其中 $\mathcal{D}_i\subseteq\mathbb{R}^{n_i}$, $n_1+n_2+\cdots+n_m=n$. n 个优化变量可以被划分为 m 块 (或者组), 即 $\boldsymbol{x}=(\boldsymbol{x}^1,\boldsymbol{x}^2,\cdots,\boldsymbol{x}^m)\in\mathbb{R}^n$, 其中 $\boldsymbol{x}^i\in\mathcal{D}_i$. 分块坐标下降法按下述方式进行:

(1) *初始化* $\boldsymbol{x}_0=(\boldsymbol{x}_0^1,\boldsymbol{x}_0^2,\cdots,\boldsymbol{x}_0^m)$.

(2) *在第 k 次迭代时, 对于* $i=1,\cdots,m$,

$$\boldsymbol{x}_k^i=\arg\min_{\bar{\boldsymbol{x}}\in\mathcal{D}_i} f\left(\boldsymbol{x}_k^1,\cdots,\boldsymbol{x}_k^{i-1},\bar{\boldsymbol{x}},\boldsymbol{x}_{k-1}^{i+1},\cdots,\boldsymbol{x}_{k-1}^m\right).$$

(3) *重复步骤 2, 直到收敛.*

在文献中, 分块坐标下降法在不同条件下的收敛性均能够得到证明. 一个最自然的条件是目标函数 $f(\boldsymbol{x}^1,\cdots,\boldsymbol{x}^{i-1},\boldsymbol{x}^i,\boldsymbol{x}^{i+1},\cdots,\boldsymbol{x}^m)$ 关于优化变量的各个分块 $\boldsymbol{x}^i$ 是*严格凸的* (strictly convex). 这保证了极小值解 $\boldsymbol{x}_\star^i$ 也是唯一的. 对于这种方法的收敛条件的更详细讨论, 请读者参阅 [Bertsekas, 2003].

在压缩感知或者统计学习中[⊖], 很多时候我们需要处理的目标函数 $f(\boldsymbol{x})$ 是有限项求和的形式, 比如

$$f(\boldsymbol{x})=f_1(\boldsymbol{x})+f_2(\boldsymbol{x})+\cdots+f_m(\boldsymbol{x}). \tag{D.4.2}$$

为了获得具有更好可扩展性的算法, 使得每一项可以被并行或者被分布式地优化, 我们可以用一组局部变量 $\boldsymbol{x}^i\in\mathbb{R}^n$ 和一个全局变量 $\boldsymbol{z}\in\mathbb{R}^n$ 来重写这个优化问题:

$$\min\quad\sum_{i=1}^{m} f_i(\boldsymbol{x}^i)\quad \text{s.t.}\quad \boldsymbol{x}^i=\boldsymbol{z},\quad i=1,\cdots,m. \tag{D.4.3}$$

在文献中, 这个问题也被称为*一致性优化*. 为了求解这样一个约束优化问题, 我们可以将上述分块坐标下降法应用到下述增广拉格朗日函数:

$$\mathcal{L}(\boldsymbol{x}^1,\cdots,\boldsymbol{x}^m,\boldsymbol{z},\boldsymbol{\lambda})=\sum_{i=1}^{m} f_i(\boldsymbol{x}^i)+\langle\boldsymbol{\lambda}^i,\boldsymbol{x}^i-\boldsymbol{z}\rangle+\frac{\mu}{2}\|\boldsymbol{x}^i-\boldsymbol{z}\|_2^2. \tag{D.4.4}$$

⊖ 比如说, 在一个非常大的训练样本集上训练一个深度神经网络, 其中 $\boldsymbol{x}$ 是神经网络的参数.

进一步, 我们可以得到其迭代过程:

$$
\begin{aligned}
\boldsymbol{x}_{k+1}^{i} &= \arg\min_{\boldsymbol{x}^{i}} f_i(\boldsymbol{x}^{i}) + \langle \boldsymbol{\lambda}^{i}, \boldsymbol{x}^{i} - \boldsymbol{z} \rangle + \frac{\mu}{2}\|\boldsymbol{x}^{i} - \boldsymbol{z}\|_2^2, \\
\boldsymbol{z}_{k+1} &= \frac{1}{m}\sum_{i=1}^{m}\left(\boldsymbol{x}_{k+1}^{i} + \frac{1}{\mu}\boldsymbol{\lambda}_{k}^{i}\right), \\
\boldsymbol{\lambda}_{k+1}^{i} &= \boldsymbol{\lambda}_{k}^{i} + \mu\left(\boldsymbol{x}_{k+1}^{i} - \boldsymbol{z}_{k+1}\right).
\end{aligned}
$$

这就是所谓的*交替方向乘子法* (Alternating Direction Method of Multiplier, ADMM). 请注意, 上述迭代过程更适合于分布式实现, 因为关于 $\boldsymbol{x}^i$ 的子问题所对应的各个局部过程可以并行求解, 然后通过公共的全局变量 $\boldsymbol{z}$ 来共享信息.

尽管 ADMM 已经作为非常流行的方法被广泛使用, 但它的收敛性和收敛速率分析却并不容易. 在第 8 章, 我们非常详细地介绍 ADMM 方法在 $m = 2$ 的情况, 因为它非常适用于我们的问题 (例如在第 5 章所考虑的 RPCA 问题). 而更一般情况下的收敛性分析大体上仍是开放研究课题. 关于更详细的 ADMM 及其更一般的变体, 读者可以参阅 [Boyd et al., 2011].

高维统计中的基本理论结果

"上帝不知疲倦地根据他自己所制定的定律掷骰子玩."

——Albert Einstein

在本章中, 我们介绍几个关于高维统计和测度集中的理论结果, 它们在本书中被广泛使用. 我们所介绍的理论结果是一种普遍现象——关于许多独立随机变量的一些函数通常高度集中于其数学期望——的典型实例. 在本章中, 我们仅简要介绍几个在本书中被贯穿使用的集中不等式: 首先在 E.1 节介绍经典的标量不等式, 然后在 E.2 节介绍相应的矩阵不等式. 对于高维概率及其应用的更深入、更详细的解释, 我们请读者参考最新的教科书 [Boucheron et al., 2013; Vershynin, 2008, 2018; Wainwright, 2019a].

E.1 基本的集中不等式

我们的第一个集中不等式适用于独立的有界随机变量 $X_1, \cdots, X_m$ 的和. 为了简单起见, 我们假设 X_i 的均值为零.

定理 E.1 (Hoeffding 不等式) 假设 $X_1, \cdots, X_m$ 为独立随机变量, 其中 $\mathbb{E}[X_i] = 0$, 且 $|X_i| \leqslant R$ 几乎必然 (almost surely) 成立[㊀], 那么

$$\mathbb{P}\left[\left|\sum_{i=1}^{m} X_i\right| > t\right] \leqslant 2\exp\left(-\frac{t^2}{2mR^2}\right). \tag{E.1.1}$$

这一定理意味着随机变量的和 $\sum_{i=1}^{m} X_i$ 呈现为一种亚高斯 (subgaussian) 形式的尾部, 即其尾部概率按 e^{-ct^2} 衰减. 上述定理的证明是指数矩 (exponential moment) 方法 (有时也被称为 Cramer-Chernoff 方法) 的一个应用, 其中马尔可夫不等式[㊁]被应用于非负随机变量 $\exp(\lambda \sum_{i=1}^{m} X_i)$. 这种通用方法不仅可以得到 Hoeffding 不等式, 还可以得到许多其他的经典集中不等式. 下面, 我们通过给出定理 E.1的证明过程来展示这种方法.

定理 E.1 的证明. 首先我们计算

$$\mathbb{P}\left[\sum_{i=1}^{m} X_i > t\right] = \mathbb{P}\left[\exp\left(\lambda \sum_{i=1}^{m} X_i\right) > \exp(\lambda t)\right]$$

㊀ 这里随机变量 $|X_i| \leqslant R$ 几乎必然成立是指 $|X_i| \leqslant R$ 仅在概率为零的情况上不满足条件. ——译者注

㊁ 马尔可夫 (Markov) 不等式指出: 对于一个非负随机变量 Y, 给定 $t > 0$, 那么 $\mathbb{P}[Y > t] < \mathbb{E}[Y]/t$.

$$
\begin{aligned}
&\leqslant \mathrm{e}^{-\lambda t}\mathbb{E}\left[\exp\left(\lambda\sum_{i=1}^{m}X_i\right)\right] \\
&=\mathrm{e}^{-\lambda t}\mathbb{E}\left[\prod_{i=1}^{m}\mathrm{e}^{\lambda X_i}\right] \\
&=\mathrm{e}^{-\lambda t}\prod_{i=1}^{m}\mathbb{E}\left[\mathrm{e}^{\lambda X_i}\right],
\end{aligned}
\tag{E.1.2}
$$

其中 $\lambda > 0$ 是一个任意的正实数. 应用 Hoeffding 引理[⊖], 我们可以得到 $\mathbb{E}\left[\mathrm{e}^{\lambda X_i}\right]$ 的一个上界:

$$
\mathbb{E}\left[\mathrm{e}^{\lambda X_i}\right] \leqslant \exp\left(\frac{1}{2}\lambda^2 R^2\right). \tag{E.1.3}
$$

进一步, 代入式(E.1.2), 我们得到

$$
\mathbb{P}\left[\sum_{i=1}^{m}X_i > t\right] \leqslant \exp\left(-\lambda t + \frac{m}{2}\lambda^2 R^2\right). \tag{E.1.4}
$$

由于不等式(E.1.4)对于任意 $\lambda > 0$ 都成立, 当取 $\lambda = t/mR^2$ 时即可最小化右侧这个指数项, 同时得到式(E.1.1)的结果. □

Hoeffding 不等式提供了一种便利的工具用于控制一组有界随机变量的和, 我们在本书中会多次使用. 如上所述, 它表明这个和将会呈现一种*亚高斯*形式的尾部. 在许多情况下 (比如 $\mathbb{E}[X_i^2] = \sigma^2$, 其中 $\sigma \ll R$, 由这个尾部所给出的 "*方差*" mR^2 大于真实方差. 经典的 Bernstein 不等式也考虑到了方差信息.

定理 E.2 (Bernstein 不等式)　*假设 $X_1, \cdots, X_m$ 为独立随机变量, 其中 $\mathbb{E}[X_i] = 0$, $\mathbb{E}[X_i^2] \leqslant \sigma^2$, 且 $|X_i| \leqslant R$ 几乎必然 (almost surely) 成立. 那么*

$$
\mathbb{P}\left[\left|\sum_{i=1}^{m}X_i\right| > t\right] \leqslant 2\exp\left(-\frac{t^2/2}{m\sigma^2 + 3Rt}\right). \tag{E.1.5}
$$

事实上, 这一定理表明: 对于较小的 t, 其尾部趋于表现为 $\mathrm{e}^{-t^2/2m\sigma^2}$, 即以 $m\sigma^2$ 为方差的高斯分布; 而对于较大的 t, 其尾部趋于呈现*亚指数* (subexponential) 分布, 即 $\mathrm{e}^{-ct/R}$. Bernstein 不等式的证明与 Hoeffding 不等式的证明完全相同, 只是在式(E.1.2)中需要使用稍微不同的计算方式来控制*矩母函数* $\mathbb{E}[\mathrm{e}^{\lambda X_i}]$.

⊖ Hoeffding 引理指出, 若 X 为随机变量, 其中 $\mathbb{E}[X] = 0$, 且 $|X| \leqslant R$ 几乎必然 (almost surely) 成立, 那么对于任意 $t > 0$, 我们有 $\mathbb{E}\left[\mathrm{e}^{tX}\right] \leqslant \exp\left(\frac{1}{2}t^2 R^2\right)$. 原书中推导 $\mathbb{E}\left[\mathrm{e}^{\lambda X_i}\right]$ 上界的过程有误, 为了不引起较大篇幅变动, 这里直接引用 Hoeffding 引理给出上界. 关于详细推导过程读者可以参考 [Vershynin, 2018] 第 2 章或者 [Mohri et al., 2012] 附录 D. ——译者注

高斯向量的范数的集中不等式

使用类似的推理, 我们可以得到高斯向量 ℓ^2 范数的一个很有用的界, 它在第 3 章中被用于建立关于嵌入的理论结果, 例如 Johnson-Lindenstrauss 引理和受限等距性质 (RIP).

引理 E.1　令 $\boldsymbol{g}=(g_1,\cdots,g_m)$ 为 m 维随机向量, 其中各个分量相互独立, 且 g_i 为零均值、以 $1/m$ 为方差的高斯分布, 即 $g_i\sim\mathcal{N}(0,1/m)$. 那么, 对于任意 $t\in[0,1]$,

$$\mathbb{P}\left[\left|\|\boldsymbol{g}\|_2^2-1\right|>t\right]\leqslant 2\exp\left(-\frac{t^2m}{8}\right). \tag{E.1.6}$$

这个引理也来自定理 E.1 的证明过程, 注意到 $\|\boldsymbol{g}\|_2^2=\sum_{i=1}^m g_i^2$ 是独立随机变量的和, 对于随机变量 $h_i=g_i^2$ 的矩母函数 $\mathbb{E}\left[\mathrm{e}^{\lambda h_i}\right]$, 使用以下形式表达:

$$\mathbb{E}\left[\mathrm{e}^{\lambda h_i}\right]=\left(1-\frac{2\lambda}{m}\right)^{-1/2}, \tag{E.1.7}$$

其中 $0<\lambda<\dfrac{m}{2}$. 通过选取一个适当的 λ 即可得证.

关于 Lipschitz 函数的一般集中不等式

上面所给出的基本集中不等式表明, 独立随机变量的和 $f(X_1,\cdots,X_m)=\sum_{i=1}^m X_i$ 高度集中于其数学期望 $\mathbb{E}[f(X_1,\cdots,X_m)]=\sum_{i=1}^m\mathbb{E}[f(X_i)]$. 通过对随机变量 X_i 使用不同的假设, 随机变量 $f(X_1,\cdots,X_m)-\mathbb{E}[f(X_1,\cdots,X_m)]$ 的尾部概率密度是亚高斯分布或者亚指数分布, 也就是说它的分布被 e^{-ct^2} 或者 e^{-ct} 所主导. 事实上, 这种表现行为不仅可以在随机变量的和上观测到, 也可以在更一般的函数 $f(X_1,\cdots,X_m)$ 上观测到. 泛泛地讲, 关于许多随机变量的足够"好"的函数都会高度集中于其数学期望.

例如, 假设函数 f 满足 Lipschitz 条件, 即对于所有的 $\boldsymbol{x},\boldsymbol{x}'\in\mathbb{R}^m$,

$$|f(\boldsymbol{x})-f(\boldsymbol{x}')|\leqslant L\|\boldsymbol{x}-\boldsymbol{x}'\|_2, \tag{E.1.8}$$

其中 L 控制着当向量 $\boldsymbol{x}$ 改变时函数 $f(\boldsymbol{x})$ 以多大速度改变. 那么, 如果 $g_1,\cdots,g_m$ 是高斯随机变量, 那么 $f(g_1,\cdots,g_m)$ 将高度集中于其数学期望.

定理 E.3 (Gauss-Lipschitz 集中不等式)　设 $f:\mathbb{R}^m\to\mathbb{R}$ 是以 L 为常数的 Lipschitz 函数, $g_1,\cdots,g_m\sim_{\text{i.i.d.}}\mathcal{N}(0,1)$. 那么

$$\mathbb{P}\left[|f(g_1,\cdots,g_m)-\mathbb{E}\left[f(g_1,\cdots,g_m)\right]|>t\right]<2\exp\left(-\frac{t^2}{2L}\right). \tag{E.1.9}$$

这个定理指出, 随机变量 $f(g_1,\cdots,g_m)$ 具有一个亚高斯分布的尾部, 其表现类似于以 L 为方差的高斯分布. Lipschitz 常数 L 越小 (即函数 f 的变化越平缓), $f(g_1,\cdots,g_m)$ 就越突出地集中于其数学期望. 注意到, 随机向量 $\boldsymbol{g}=(g_1,\cdots,g_m)$ 的方向是均匀分布的, 因此随机向量 $\boldsymbol{u}=\boldsymbol{g}/\|\boldsymbol{g}\|_2$ 是球面 $\mathbb{S}^{m-1}$ 上的均匀分布. 那么, 在球面上均匀分布的随机向量的 Lipschitz 函数也会高度集中, 这一点并不奇怪.

定理 E.4 (球面上的集中不等式)　设 $f: \mathbb{S}^{m-1} \to \mathbb{R}$ 是一个 Lipschitz 常数为 L 的函数, 随机向量 $\boldsymbol{u} \sim \mathrm{uni}(\mathbb{S}^{m-1})$ 均匀分布在球面上. 那么

$$\mathbb{P}\left[\,|f(\boldsymbol{u}) - \mathrm{med} f(\boldsymbol{u})| > t\,\right] < 2\exp\left(-\frac{mt^2}{8L}\right). \tag{E.1.10}$$

这一结果再次显示了一种亚高斯分布形式的集中, 其方差正比于 Lipschitz 常数 L. 这个结果是以中位数而不是以均值形式表述的. 然而, 利用不等式(E.1.10)的简单计算表明, 中位数与均值接近 (即 $|\mathrm{med}(f) - \mathbb{E}[f]| \leqslant C/\sqrt{L}$), 因此 $f(\boldsymbol{u})$ 通常位于其数学期望的 $O(1/\sqrt{L})$ 倍范围之内. 在本书中, 这一结果在第 3 章被用于构造不相干矩阵.

关于 Lipschitz 函数的这些集中不等式可以推广到其他空间 [Ledoux, 2001], 也可以推广到其他分布. 一个非常有影响的相关结果是针对定义在立方体上的 Lipschitz 凸函数的 Talagrand 不等式 [Talagrand, 1995]. 最后, 关于函数 f 的其他假设也可以得出相应的集中不等式, 请参考 [Boucheron et al., 2013].

E.2　矩阵集中不等式

上一节所介绍的基本集中不等式可以很自然地从独立随机标量的和推广到独立随机矩阵的和. 正如定理 E.1 的证明所展示的, 这些基本集中不等式可以利用指数矩方法得出. 这种优雅的方法可以被用于得出许多经典的概率不等式, 使用不同的假设可以得到矩母函数的不同的界. 然而, 我们的兴趣并不仅仅在于标量形式随机变量, 还在于矩阵, 甚至是算子. 是否有一种自然的方式推广这种方法呢? 很显然, 答案是肯定的. 因为上述证明过程的关键步骤是指数化, 然后应用马尔可夫不等式. 我们可能希望简单地用矩阵的指数去替换标量指数. 令人惊讶的是, 它几乎就是这么容易.

关于矩阵指数运算的基本结果

在把上述讨论推广到矩阵的情况之前, 让我们回顾关于矩阵和矩阵指数运算的几个基本结果. 回顾一下, 对称矩阵 $\boldsymbol{M}$ 是半正定的 (即 $\boldsymbol{M} \succeq \mathbf{0}$) 当且仅当对于所有 $\boldsymbol{x}$, $\boldsymbol{x}^*\boldsymbol{M}\boldsymbol{x} \geqslant 0$. 如果

$$\boldsymbol{A} - \boldsymbol{B} \succeq \mathbf{0},$$

那么, 我们记作

$$\boldsymbol{A} \succeq \boldsymbol{B}.$$

矩阵的指数是函数

$$\exp(\boldsymbol{M}) = \sum_{n=0}^{\infty} \frac{\boldsymbol{M}^n}{n!} = \boldsymbol{I} + \boldsymbol{M} + \boldsymbol{M}^2/2 + \cdots. \tag{E.2.1}$$

由于对称矩阵 $\boldsymbol{M}$ 具有由完备正交规范基构成的特征向量组, 可以写成 $\boldsymbol{M} = \boldsymbol{V}\boldsymbol{\Lambda}\boldsymbol{V}^*$, 其中 $\boldsymbol{\Lambda} = \mathrm{diag}(\lambda_1, \cdots, \lambda_n)$ 是由特征值构成的对角阵. 因此, 对称矩阵的指数具有一个特别简单

的形式:

$$\exp(\boldsymbol{M}) = \boldsymbol{V}\exp(\boldsymbol{\Lambda})\boldsymbol{V}^* = \boldsymbol{V}\begin{bmatrix} \mathrm{e}^{\lambda_1} & & \\ & \ddots & \\ & & \mathrm{e}^{\lambda_n} \end{bmatrix}\boldsymbol{V}^* \succ \mathbf{0}. \tag{E.2.2}$$

对称矩阵的指数总是正定的[⊖].

矩阵的指数函数满足标量指数函数也满足的许多自然性质. 然而, 它在一些重要方面却有所不同, 因为矩阵乘法与标量乘法并不完全一致. 特别地, 在一般情况下, 矩阵乘法并不是可交换的, 即 $\boldsymbol{AB} \neq \boldsymbol{BA}$. 这导致 $\exp(s+t) = \exp(s)\exp(t)$ 这种性质在矩阵的指数运算中并不成立, 即

$$\text{一般地,}\quad \exp(\boldsymbol{A}+\boldsymbol{B}) \neq \exp(\boldsymbol{A})\exp(\boldsymbol{B}). \tag{E.2.3}$$

唯一的例外情况是, 当矩阵 $\boldsymbol{A}$ 和矩阵 $\boldsymbol{B}$ 的相乘是可交换的时, 即 $\boldsymbol{AB} = \boldsymbol{BA}$.

假如按我们所设想的方式在 Bernstein 不等式的证明中使用矩阵的指数去替换标量指数, 那么所得到的将是不好的结果. 因为在证明过程中 $\exp(s+t) = \exp(s)\exp(t)$ 起到非常关键的作用. 幸运的是, 对于矩阵指数运算, 存在一个弱一些的类似性质, 它由 [Golden, 1965] 和 [Thompson, 2004] 给出.

定理 E.5 (Golden-Thompson 不等式)　*设 $\boldsymbol{A}$ 和 $\boldsymbol{B}$ 是自伴随 (self-adjoint) 矩阵, 那么*

$$\operatorname{trace}[\exp(\boldsymbol{A}+\boldsymbol{B})] \leqslant \operatorname{trace}[\exp(\boldsymbol{A})\exp(\boldsymbol{B})]. \tag{E.2.4}$$

这里, 在继续介绍之前, 我们补充关于对称矩阵 $\boldsymbol{A}$ 和 $\boldsymbol{B}$ 的一个重要结果:

$$\operatorname{trace}[\boldsymbol{AB}] \leqslant \|\boldsymbol{A}\|_2 \operatorname{trace}[\boldsymbol{B}]. \tag{E.2.5}$$

矩阵 Bernstein 不等式

下面让我们利用以上结果来证明矩阵的一个概率不等式.

定理 E.6 (矩阵 Bernstein 不等式)　*设 $\boldsymbol{X}_1, \cdots, \boldsymbol{X}_n$ 为 n 个 $d \times d$ 的自伴随独立同分布随机矩阵, 其中 $\mathbb{E}[\boldsymbol{X}_i] = \mathbf{0}$, 且 $\|\boldsymbol{X}_i\|_2 \leqslant 1$ 几乎必然成立. 那么*

$$\mathbb{P}\left[\lambda_{\max}\left(\sum_{i=1}^n \boldsymbol{X}_i\right) > t\right] \leqslant d\exp\left(-\min\left\{\frac{t^2}{4n}, \frac{t}{2}\right\}\right). \tag{E.2.6}$$

证明. 首先注意到

$$\begin{aligned}\lambda_{\max}\left(\sum_{i=1}^n \boldsymbol{X}_i\right) > t &\Longleftrightarrow \lambda_{\max}\left(\exp\left(\lambda\sum_{i=1}^n \boldsymbol{X}_i\right)\right) > \mathrm{e}^{\lambda t} \\ &\Longrightarrow \operatorname{trace}\left(\exp\left(\lambda\sum_{i=1}^n \boldsymbol{X}_i\right)\right) > \mathrm{e}^{\lambda t},\end{aligned}$$

⊖ 原书表述有误, 对称矩阵的指数不是半正定的, 而是正定的. ——译者注

其中 $\lambda > 0$.

进一步, 我们有

$$\begin{aligned}
\mathbb{P}\left[\lambda_{\max}\left(\sum_{i=1}^{n} \boldsymbol{X}_i\right) > t\right] &\leqslant \mathbb{P}\left[\operatorname{trace}\left(\exp\left(\lambda\sum_{i=1}^{n} \boldsymbol{X}_i\right)\right) > \mathrm{e}^{\lambda t}\right] \\
&\leqslant \mathrm{e}^{-\lambda t}\,\mathbb{E}\left[\operatorname{trace}\left(\exp\left(\lambda\sum_{i=1}^{n} \boldsymbol{X}_i\right)\right)\right] \\
&\leqslant \mathrm{e}^{-\lambda t}\,\mathbb{E}\left[\operatorname{trace}\left(\exp\left(\lambda \boldsymbol{X}_n\right)\exp\left(\lambda\sum_{i=1}^{n-1} \boldsymbol{X}_i\right)\right)\right] \\
&\leqslant \mathrm{e}^{-\lambda t}\operatorname{trace}\left(\mathbb{E}\left[\exp(\lambda \boldsymbol{X}_n)\right]\mathbb{E}\left[\exp\left(\lambda\sum_{i=1}^{n-1} \boldsymbol{X}_i\right)\right]\right) \\
&\leqslant \mathrm{e}^{-\lambda t}\left\|\mathbb{E}\left[\exp(\lambda \boldsymbol{X}_n)\right]\right\|_2 \operatorname{trace}\left(\mathbb{E}\left[\exp\left(\lambda\sum_{i=1}^{n-1} \boldsymbol{X}_i\right)\right]\right) \\
&= \mathrm{e}^{-\lambda t}\left\|\mathbb{E}\left[\exp(\lambda \boldsymbol{X}_n)\right]\right\|_2 \mathbb{E}\left[\operatorname{trace}\left(\exp\left(\lambda\sum_{i=1}^{n-1} \boldsymbol{X}_i\right)\right)\right] \\
&\leqslant \mathrm{e}^{-\lambda t}\prod_{i=2}^{n}\left\|\mathbb{E}\left[\exp(\lambda \boldsymbol{X}_i)\right]\right\|_2 \mathbb{E}\left[\operatorname{trace}\left(\exp(\lambda \boldsymbol{X}_1)\right)\right] \\
&\leqslant d\mathrm{e}^{-\lambda t}\left\|\mathbb{E}\left[\exp(\lambda \boldsymbol{X})\right]\right\|_2^n .
\end{aligned} \tag{E.2.7}$$

为了界定矩阵的矩母函数

$$M_{\boldsymbol{X}}(\lambda) = \mathbb{E}\left[\exp(\lambda \boldsymbol{X})\right], \tag{E.2.8}$$

我们使用标量不等式 $1 + s \leqslant \exp(s) \leqslant 1 + s + s^2$ 的一个矩阵变种, 也就是, 对于任何满足 $-\boldsymbol{I} \preceq \boldsymbol{S} \preceq \boldsymbol{I}$ 的自伴随矩阵 $\boldsymbol{S}$, 我们有

$$\boldsymbol{I} + \boldsymbol{S} \preceq \exp(\boldsymbol{S}) \preceq \boldsymbol{I} + \boldsymbol{S} + \boldsymbol{S}^2. \tag{E.2.9}$$

从而有

$$\mathbb{E}\left[\exp(\lambda \boldsymbol{X})\right] \preceq \mathbb{E}\left[\boldsymbol{I} + \lambda \boldsymbol{X} + \lambda^2 \boldsymbol{X}^2\right] \tag{E.2.10}$$

$$\preceq \boldsymbol{I} + \lambda^2 \mathbb{E}[\boldsymbol{X}^2] \tag{E.2.11}$$

$$\preceq \boldsymbol{I} + \lambda^2 \boldsymbol{I}. \tag{E.2.12}$$

因此, 我们有 $\left\|\mathbb{E}[\exp(\lambda \boldsymbol{X})]\right\|_2 \leqslant \left\|\boldsymbol{I} + \lambda^2 \boldsymbol{I}\right\|_2 = 1 + \lambda^2 \leqslant \exp(\lambda^2)$. 由此, 我们得到

$$\mathbb{P}\left[\lambda_{\max}\left(\sum_{i=1}^{n} \boldsymbol{X}_i\right) > t\right] \leqslant d\mathrm{e}^{-\lambda t}\mathrm{e}^{\lambda^2 n}. \tag{E.2.13}$$

使用与标量情况 Bernstein 不等式一样的方式, 我们即可完成证明[⊖]. □

矩阵的 Bernstein 不等式也可以用以下形式来表述, 我们将在本书中使用.

定理 E.7 (矩阵 Bernstein 不等式 [Tropp, 2012]) 假设 $\boldsymbol{W}_1, \boldsymbol{W}_2, \cdots$ 是 $n_1 \times n_2$ 的独立随机矩阵, 其中 $\mathbb{E}[\boldsymbol{W}_j] = \mathbf{0}$, 且 $\|\boldsymbol{W}_j\|_2 \leqslant R$ 几乎必然成立. 我们定义

$$\sigma^2 = \max\left\{\left\|\sum_j \mathbb{E}[\boldsymbol{W}_j \boldsymbol{W}_j^*]\right\|_2, \left\|\sum_j \mathbb{E}[\boldsymbol{W}_j^* \boldsymbol{W}_j]\right\|_2\right\}, \tag{E.2.14}$$

那么

$$\mathbb{P}\left[\left\|\sum_j \boldsymbol{W}_j\right\|_2 \geqslant t\right] \leqslant (n_1 + n_2)\exp\left(\frac{-t^2/2}{\sigma^2 + Rt/3}\right). \tag{E.2.15}$$

⊖ 注意到式(E.2.9)中第二个矩阵不等式的成立条件, 可知 $\|\lambda \boldsymbol{X}\|_2 \leqslant 1$. 也就是说, $\lambda \leqslant \frac{1}{\|\boldsymbol{X}\|_2}$. 因此, 当 $\frac{t}{2n} \leqslant \frac{1}{\|\boldsymbol{X}\|_2}$ 时 (即 $t \leqslant \frac{2n}{\|\boldsymbol{X}\|_2}$), 我们可以得到亚高斯分布的尾部; 而如果 t 比较大 (即 $t \geqslant \frac{2n}{\|\boldsymbol{X}\|_2}$), 我们可以得到亚指数分布的尾部. ——译者注

缩略语表

ADGT (Approximate Duality Gap Technique) 近似对偶间隙技术
ADMM (Alternating Direction Method of Multiplier) 交替方向乘子法
AGD (Accelerated Gradient Descent) 加速梯度下降
ALM (Augmented Lagrange Method of Multiplier) 增广拉格朗日乘子法
APG (Accelerated Proximal Gradient) 加速邻近梯度
ATV (Anisotropic Total Variation) 各向异性全变分
BCD (Block Coordinate Descent) 分块坐标下降
BP (Basis Pursuit) 基追踪
BRDF (Bidirectional Reflectance Distribution Function) 双向反射分布函数
BPDN (Basis Pursuit Denoising) 去噪基追踪
CAB (Cross-And-Bouquet) 十字与花束
COSAMP (Compressed Sampling Matching Pursuit) 压缩采样匹配追踪
CPCP (Compressive Principal Component Pursuit) 压缩主成分追踪
CT (Computed Tomography) 计算机断层成像
DNN (Deep Neural Network) 深度神经网络
DCT (Discrete Cosine Transform) 离散余弦变换
DFT (Discrete Fourier Transform) 离散傅里叶变换
E3C (Exact 3-sets Covering) 精确 3-集覆盖
ICA (Independent Component Analysis) 独立成分分析
i.i.d. (independent and identically distributed) 独立同分布
iADM (inertial Alternating Descent Method) 惯性交替下降法
IG (Information Gain) 信息增益
ISTA (Iterative Soft-Thresholding Algorithm) 迭代软阈值化算法
fMRI (functional Magnetic Resonance Imaging) 功能磁共振成像
FISTA (Fast Iterative Shrinkage-Thresholding Algorithm) 快速迭代收缩阈值化算法
GPCA (Generalized Principal Component Analysis) 广义主成分分析
MCR^2 (Maximal Coding Rate Reduction) 最大编码率约简
MCS-BD (Multi-Channel Sparse Blind Deconvolution) 多通道稀疏盲解卷积
MP (Matching Pursuit) 匹配追踪
MVI (Mixed Variational Inequality) 混合变分不等式
MRI (Magnetic Resonance Imaging) 磁共振成像

MSP (Matching, Stretching and Projection) 匹配拉伸投影
LASSO (Least Absolute Shrinkage and Selection Operator) 最小绝对收缩和选择算子
LS (Least Square) 最小二乘
LSI (Latent Semantic Indexing) 潜语义索引
ODE (Ordinary Differential Equation) 常微分方程
OLE (Orthogonal Low-rank Embedding) 正交低秩嵌入
OMP (Orthogonal Matching Pursuit) 正交匹配追踪
PAGD (Perturbed Accelerated Gradient Descent) 扰动的加速梯度下降
PCA (Principal Component Analysis) 主成分分析
PCP (Principal Component Pursuit) 主成分追踪
PPA (Proximal Point Algorithm) 邻近点算法
PG (Proximal Gradient) 邻近梯度
QAIC (Quadrature Analog to Information Converter) 正交模拟信息转换器
RF (Radio Frequency) 射频
RIP (Restricted Isometry Property) 受限等距性质
RMC (Robust Matrix Completion) 鲁棒矩阵补全
RNN (Recurrent Neural Network) 递归神经网络
ROC (Receiver Operating Characteristic) 受试者工作特征
RPCA (Robust Principal Component Analysis) 鲁棒主成分分析
RSC (Restricted Strong Convexity) 受限强凸性
SaSD (Short and Sparse Deconvolution) 短稀疏解卷积
SaS-BD (Short and Sparse Blind Deconvolution) 短稀疏盲解卷积
SDP (Semidefinite Programming) 半定规划
SGD (Stochastic Gradient Descent) 随机梯度下降
SRC (Sparse Representation based Classification) 基于稀疏表示的分类
STM (Scanning Tunneling Microscopy) 扫描隧道显微镜
TILT (Transform Invariant Low-rank Texture) 变换不变低秩纹理
SVD (Singular Value Decomposition) 奇异值分解
SVT (Singular Value Thresholding) 奇异值阈值化
WPG (Weak Proportional Growth) 弱比例增长

参考文献

Absil P A, Mahoney R, Sepulchre R, 2009. Optimization algorithms on matrix manifolds[M]. Princeton University Press.

Agarwal A, Negahban S, Wainwright M J, 2010. Fast global convergence rates of gradient methods for highdimensional statistical recovery[C]//Advances in Neural Information Processing Systems. 37-45.

Agarwal A, Negahban S, Wainwright M J, 2012. Noisy matrix decomposition via convex relaxation: Optimal rates in high dimensions[J]. The Annals of Statistics, 40(2):1171-197.

Agarwal N, Allen-Zhu Z, Bullins B, et al., 2016. Finding approximate local minima for nonconvex optimization in linear time[J]. arXiv:1611.01146v2.

Ahmed A, Recht B, Romberg J, 2014. Blind deconvolution using convex programming[J]. IEEE Transactions on Information Theory, 60(3):1711-1732.

Ahmed N, Natarajan T, Rao K, 1974. Discrete cosine transform[J]. IEEE Transactions on Computers, 23(1): 90-93.

Ahonen T, Hadid A, Pietikainen M, 2006. Face description with local binary patterns: Application to face recognition[J]. IEEE Transactions on Pattern Analysis and Machine Intelligence, 28(12):2037-2041.

Allen-Zhu Z, 2017. Katyusha: The first direct acceleration of stochastic gradient methods[J]. The Journal of Machine Learning Research, 18(1):8194-8244.

Allen-Zhu Z, Li Y, Song Z, 2019. A convergence theory for deep learning via over-parameterization[C]// International Conference on Machine Learning. 242-252.

Alon N, Krivelevich M, Sudakov B, 1998. Finding a large hidden clique in a random graph[C]// Proceedings of the Ninth Annual ACM-SIAM Symposium on Discrete Algorithms. USA: Society for Industrial and Applied Mathematics: 594-598.

Amaldi E, Kann V, 1995. The complexity and approximability of finding maximum feasible subsystems of linear relations[J]. Theoretical Computer Science, 147:181-210.

Amaldi E, Kann V, 1998. On the approximability of minimizing nonzero variables or unsatisfied relations in linear systems[J]. Theoretical Computer Science, 209:237-260.

Amelunxen D, 2011. Geometric analysis of the condition of the convex feasibility problem[M]. PhD Thesis, Univ. Paderborn.

Amelunxen D, Lotz M, McCoy M B, et al., 2013. Living on the edge: A geometric theory of phase transitions in convex optimization[J/OL]. CoRR, abs/1303.6672. http://arxiv.org/abs/1303.6672.

Amelunxen D, Lotz M, McCoy M B, et al., 2014. Living on the edge: Phase transitions in convex programs with random data[J]. Information and Inference: A Journal of the IMA, 3(3):224-294.

Anandkumar A, Ge R, Hsu D, et al., 2014. Tensor decompositions for learning latent variable models[J]. Journal of Machine Learning Research, 15:2773-2832.

Andrychowicz M, Denil M, Gomez S, et al., 2016. Learning to learn by gradient descent by gradient descent[C]// Advances in Neural Information Processing Systems. 3981-3989.

Anthony M, Bartlett P L, 1999. Neural network learning: Theoretical foundations[M]. Cambridge University Press.

Arora S, Barak B, 2009. Computational complexity: A modern approach[M]. 1st edition. USA: Cambridge University Press.

Arora S, Babai L, Stern J, et al., 1993. The hardness of approximate optima in lattices, codes, and systems of linear equations[C]//Proceedings of the 34th Annual Symposium on Foundations of Computer Science. IEEE: 724-733.

Asano Y M, Rupprecht C, Vedaldi A, 2020. Self-labelling via simultaneous clustering and representation learning [C]//International Conference on Learning Representations (ICLR).

Azulay A, Weiss Y, 2018. Why do deep convolutional networks generalize so poorly to small image transformations? [J]. arXiv preprint arXiv:1805.12177.

Ba J, Caruana R, 2014. Do deep nets really need to be deep?[C]//Advances in neural information processing systems. 2654-2662.

Ba J L, Kiros J R, Hinton G E, 2016. Layer normalization[J]. arXiv preprint arXiv:1607.06450.

Bach F, Jenatton R, Mairal J, et al., 2012. Optimization with sparsity-inducing penalties[J/OL]. Found. Trends Mach. Learn., 4(1):1-106. https://doi.org/10.1561/2200000015.

Bagheri R, Mirzaei A, Chehrazi S, et al., 2006. An 800-MHz-6-GHz software-defined wireless receiver in 90-nm CMOS[J]. IEEE J. Solid-State Circuits, 41(12):2860-2876.

Bai Y, Jiang Q, Sun J, 2019. Subgradient descent learns orthogonal dictionaries[C]//7th International Conference on Learning Representations, ICLR 2019.

Baker B, Gupta O, Naik N, et al., 2017. Designing neural network architectures using reinforcement learning[J]. ArXiv, abs/1611.02167.

Baker S, Matthews I, 2004. Lucas-Kanade 20 years on: A unifying framework[J]. International Journal on Computer Vision, 56(3):221-255.

Balakrishnan S, Wainwright M J, Yu B, 2017. Statistical guarantees for the EM algorithm: From population to sample-based analysis[J]. The Annals of Statistics, 45(1):77-120.

Balan R V, 2010. On signal reconstruction from its spectrogram[C]//Information Sciences and Systems (CISS), 44th Annual Conference on. IEEE: 1-4.

Balana R, Casazzab P, Edidin D, 2006. On signal reconstruction without phase[J]. Applied and Computational Harmonic Analysis, 20(3):345-356.

Bandeira A S, Boumal N, Voroninski V, 2016. On the low-rank approach for semidefinite programs arising in synchronization and community detection[C]//Conference on learning theory. 361-382.

Barak B, Kelner J A, Steurer D, 2015. Dictionary learning and tensor decomposition via the sum-of-squares method[C]//Proceedings of the forty-seventh annual ACM symposium on Theory of computing. 143-151.

Baraniuk R, Davenport M, DeVore R, et al., 2008. A simple proof of the restricted isometry property for random matrices[J]. Constructive Approximation, 28(3):253-263.

Barlow H B, 1972. Single unites and sensation: A neuron doctrine for perceptual psychology?[J]. Perception, 1: 371-394.

Barnes C, Shechtman E, Finkelstein A, et al., 2009. PatchMatch: A randomized correspondence algorithm for structural image editing[J]. ACM Transactions on Graphics (SIGGRAPH), 28(3).

Barnes C, Shechtman E, Goldman D B, et al., 2010. The generalized PatchMatch correspondence algorithm[J]. European Conference on Computer Vision (ECCV).

Basri R, Jacobs D, 2003. Lambertian reflectance and linear subspaces[J]. IEEE Transactions on Pattern Analysis and Machine Intelligence, 25(3):218-233.

Beale E M L, Kendall M G, Mann D W, 1967. The discarding of variables in multivariate analysis[J/OL]. Biometrika, 54(3/4):357-366. http://www.jstor.org/stable/2335028.

Beck A, Teboulle M, 2009. A fast iterative shrinkage-thresholding algorithm for linear inverse problems[J]. SIAM Journal on Imaging Science, 2(1):183-202.

Becker S, Bobin J, Candès E, 2009. NESTA: a fast and accurate first-order method for sparse recovery[J]. preprint.

Belhumeur P, Hespanda J, Kriegman D, 1997. Eigenfaces vs. Fisherfaces: recognition using class specific linear projection[J]. IEEE Transactions on Pattern Analysis and Machine Intelligence, 19(7):711-720.

Belhumeur P, Kriegman D, 1996. What is the set of images of an object under all possible lighting conditions? [C]//Proceedings of the IEEE International Conference on Computer Vision and Pattern Recognition. 270-277.

Belitski A, Gretton A, Magri C, et al., 2008. Low-frequency local field potentials and spikes in primary visual cortex convey independent visual information[J/OL]. Journal of Neuroscience, 28(22):5696-5709. https://www. jneurosci.org/content/28/22/5696.

Beltrami E, 1873. Sulle funzioni bilineari[J]. Giornale di Mathematiche di Battaglini, 11:98-106.

Bendory T, Beinert R, Eldar Y C, 2017. Fourier phase retrieval: Uniqueness and algorithms[M]// Compressed Sensing and its Applications. Springer: 55-91.

Berahas A S, Jahani M, Takáč M, 2019. Quasi-Newton methods for deep learning: Forget the past, just sample [J]. arXiv preprint arXiv:1901.09997.

Bertalmio M, Sapiro G, Ballester C, et al., 2000. Image inpainting[C]//Proceedings of ACM SIGGRAPH Conference.

Bertsekas D, 1982. Constrained optimization and Lagrange multiplier methods[M]. Athena Scientific.

Bertsekas D, 2003. Nonlinear programming[M]. Athena Scientific.

Bertsekas D, Nedic A, Ozdaglar A, 2003. Convex analysis and optimization[M]. Nashua, NH: Athena Scientific.

Bertsimas D, King A, Mazumder R, 2016. Best subset selection via a modern optimization lens[J/OL]. Ann. Statist., 44(2):813-852. https://doi.org/10.1214/15-AOS1388.

Bhaskar B N, Tang G, Recht B, 2012. Atomic norm denoising with applications to line spectral estimation[J/OL]. CoRR, abs/1204.0562. http://arxiv.org/abs/1204.0562.

Bhatia R, 1996. Matrix analysis[M]. Springer.

Bhojanapalli S, Neyshabur B, Srebro N, 2016. Global optimality of local search for low rank matrix recovery[J]. arXiv preprint arXiv:1605.07221.

Bickel P J, Ritov Y, Tsybakov A B, 2009. Simultaneous analysis of Lasso and Dantzig selector[J]. The Annals of Statistics, 37(4):1705-1732.

Binnig G, Rohrer H, 1983. Surface imaging by scanning tunneling microscopy[J]. Ultrami- croscopy: 157-160.

Birkholz H, 2011. A unifying approach to isotropic and anisotropic total variation denoising models[J]. Journal of Computational and Applied Mathematics:2502-2514.

Bishop R L, O' Neill B, 1969. Manifolds of negative curvature[J]. Transactions of the American Mathematical Society, 145:1-49.

Biswas P, Lian T C, Wang T C, et al., 2006. Semidefinite programming based algorithms for sensor network localization[J]. ACM Transactions on Sensor Networks (TOSN), 2(2):188-220.

Blaakmeer S C, Klumperink E A M, Leenaerts D M W, et al., 2008. Wideband balun-LNA with simultaneous output balancing, noise-canceling and distortion-canceling[J]. IEEE J. Solid-State Circuits, 43(6):1341-1350.

Block K, Uecker M, Frahm J, 2007. Undersampled radial MRI with multiple coils. iterative image reconstruction using a total variation constraint[J]. Magnetic Resonance in Medicine, 57:1086-1098.

Boscovich R, 1750. De calculo probabilitatum que respondent diversis valoribus summe errorum post plures observationes, quarum singule possient esse erronee certa quadam quantitate[M].

Bott R, 1982. Lectures on Morse theory, old and new[J]. Bulletin of the American mathematical society, 7(2): 331-358.

Bottou L, 2010. Large-scale machine learning with stochastic gradient descent[M]//Proceedings of COMPSTAT' 2010. Springer: 177-186.

Bottou L, Curtis F E, Nocedal J, 2018. Optimization methods for large-scale machine learning[J]. Siam Review, 60(2):223-311.

Boucheron S, Lugosi G, Massart P, 2013. Concentration inequalities: A nonasymptotic theory of independence [M]. OUP Oxford.

Bouguet J. Camera calibration toolbox for Matlab[EB/OL]. http://www.vision.caltech.edu/ bouguetj/-calib_doc/.

Boumal N, 2016. Nonconvex phase synchronization[J]. arXiv preprint arXiv:1601.06114.

Boumal N, 2020. An introduction to optimization on smooth manifolds[M/OL]. http://www. nicolas-boumal.net/ book.

Bovier A, Eckhoff M, Gayrard V, et al., 2011. Metastability in reversible diffusion processes I: Sharp asymptotics for capacities and exit times[J]. Journal of the European Mathematical Society, 6(4):399-424.

Boyd S, Vandenberghe L, 2004. Convex optimization[M]. Cambridge University Press.

Boyd S, Parikh N, Chu E, et al., 2011. Distributed optimization and statistical learning via the alternating direction method of multipliers[J]. Foundations and Trends in Machine Learning, 3(1):1-122.

Boyd S, Vandenberghe L, 2018. Introduction to applied linear algebra: Vectors, matrices, and least squares[M]. Cambridge University Press.

Brennan M, Bresler G, 2020. Reducibility and statistical-computational gaps from secret leakage[J]. arXiv preprint arXiv:2005.08099.

Brown D C, 1971. Close-range camera calibration[J]. Photogrammetric Engineering, 37(8):855-866.

Brown T, et al., 2020. Language models are few-shot learners[J]. arXiv:2005.14165v4.

Bruccoleri F, Klumperink E A M, Nauta B, 2004. Wide-band CMOS low-noise amplifier exploiting thermal noise canceling[J]. IEEE Journal of Solid-State Circuits, 39(2):275-282.

Bruna J, Mallat S, 2013. Invariant scattering convolution networks[J]. IEEE Transactions on Pattern Analysis and Machine Intelligence, 35(8):1872-1886.

Bubeck S, et al., 2015. Convex optimization: Algorithms and complexity[J]. Foundations and Trends in Machine Learning, 8(3-4):231-357.

Buchanan S, Gilboa D, Wright J, 2020. Deep networks and the multiple manifold problem[J]. arXiv preprint arXiv:2008.11245.

Bunk O, Diaz A, Pfeiffer F, et al., 2007. Diffractive imaging for periodic samples: retrieving one-dimensional concentration profiles across microfluidic channels[J]. Acta Crystallographica Section A, 63(4):306-314.

Burer S, Monteiro R D, 2003. A nonlinear programming algorithm for solving semidefinite programs via low-rank factorization[J]. Mathematical Programming, 95(2):329-357.

Burke J V, Lewis A S, Overton M L, 2005. A robust gradient sampling algorithm for nonsmooth, nonconvex optimization[J]. SIAM Journal on Optimization, 15(3):751-779.

C. Hernández G V, Cipolla R, 2008. Multi-view photometric stereo[J]. IEEE Transactions on Pattern Analysis and Machine Intelligence, 30(3):548-554.

Cai J, Candes E, Shen Z, 2008. A singular value thresholding algorithm for matrix completion[Z].

Callier M F, Desoer A C, 1991. Linear system theory[M]. Springer-Verlag.

Candès E, 2006. Compressive sampling[C]//Proceedings of the International Congress of Mathematicians.

Candès E, 2008. The restricted isometry property and its implications for compressed sensing[J]. Comte Rendus de l' Academie des Sciences, Paris, Serie I, 346:589-592.

Candès E, Davenport M, 2013. How well can we estimate a sparse vector?[J]. Applied and Computational Harmonic Analysis, 34(2):317-323.

Candès E, Plan Y, 2010. Matrix completion with noise[J]. Proceedings of the IEEE, 98(6):925-936.

Candès E, Plan Y, 2011. Tight oracle bounds for low-rank matrix recovery from a minimal number of random measurements[J]. Annals of Statistics.

Candès E, Tao T, 2005. Decoding by linear programming[J]. IEEE Transactions on Information Theory, 51(12): 4203-4215.

Candes E, Tao T, 2009. The power of convex relaxation: Near-optimal matrix completion[J]. IEEE Transactions on Information Theory, 56(5):2053-2080.

Candès E, Romberg J, Tao T, 2006. Stable signal recovery from incomplete and inaccurate measurements[J]. Communications on Pure and Applied Math, 59(8):1207-1223.

Candès E, Romberg J, Tao T, 2006. Robust uncertainty principles: Exact signal reconstruction from highly incomplete frequency information[J]. IEEE Transactions on Information Theory, 52(2):489-509.

Candès E, Tao T, 2007. The Dantzig selector: statistical estimation when p is much larger than n [J]. The Annals of Statistics:2313-2351.

Candès E J, Recht B, 2009. Exact matrix completion via convex optimization[J]. Foundations of Computational mathematics, 9(6):717.

Candès E J, Li X, Ma Y, et al., 2011. Robust principal component analysis?[J]. Journal of the ACM (JACM), 58 (3):11.

Candès E J, Eldar Y C, Strohmer T, et al., 2013. Phase retrieval via matrix completion[J]. SIAM Journal on Imaging Sciences, 6(1).

Candès E J, Strohmer T, Voroninski V, 2013. Phaselift: Exact and stable signal recovery from magnitude measurements via convex programming[J]. Communications on Pure and Applied Mathematics, 66(8):1241- 1274.

Candès E J, Li X, Soltanolkotabi M, 2015. Phase retrieval from coded diffraction patterns[J]. Applied and Computational Harmonic Analysis, 39(2):277-299.

Candès E J, Li X, Soltanolkotabi M, 2015. Phase retrieval via Wirtinger flow: Theory and algorithms[J]. IEEE Transactions on Information Theory, 61(4):1985-2007.

Cannon T M, Fenimore E E, 1980. Coded Aperture Imaging: Many Holes Make Light Work [J/OL]. Optical Engineering, 19(3):283 - 289. https://doi.org/10.1117/12.7972511.

Carmon Y, Duchi J, 2019. Gradient descent finds the cubic-regularized nonconvex Newton step[J]. SIAM Journal on Optimization, 29(3):2146-2178.

Carmon Y, Duchi J C, 2016. Gradient descent efficiently finds the cubic-regularized non-convex Newton step[J]. arXiv:1612.00547.

Carmon Y, Duchi J C, Hinder O, et al., 2017. Lower bounds for finding stationary points i[J]. arXiv preprint arXiv:1710.11606.

Carmon Y, Duchi J C, Hinder O, et al., 2018. Accelerated methods for nonconvex optimization[J]. SIAM Journal on Optimization, and arXiv:1611.00756v1, 28:1751-1772.

Caron M, Misra I, Mairal J, et al., 2020. Unsupervised learning of visual features by contrasting cluster assignments [C]//Advances in Neural Information Processing Systems: volume 33. Curran Associates, Inc.: 9912-9924.

Cauchy A, 1847. Méthode générale pour la résolution des systèmes d' équations simultanées.[J]. Comp. Rend. Sci. Paris, 25:536-538.

Cavazza J, Morerio P, Haeffele B D, et al., 2017. Dropout as a low-rank regularizer for matrix factorization[J/OL]. CoRR, abs/1710.05092. http://arxiv.org/abs/1710.05092.

Cavazza J, Morerio P, Haeffele B, et al., 2018. Dropout as a low-rank regularizer for matrix factorization[C]// International Conference on Artificial Intelligence and Statistics. 435-444.

Cevher V, Sankaranarayanan A, Duarte M, et al., 2009. Compressive sensing for background subtraction[C]// Proceedings of European Conference on Computer Vision (ECCV).

Chai A, Moscoso M, Papanicolaou G, 2010. Array imaging using intensity-only measurements[J]. Inverse Problems, 27(1):015005.

Chakraborty A, Alam M, Dey V, et al., 2018. Adversarial attacks and defences: A survey[J]. arXiv preprint arXiv:1810.00069.

Chan K H R, Yu Y, You C, et al., 2020. Deep networks from the principle of rate reduction[J]. arXiv preprint arXiv:2010.14765.

Chan T F, Wong C K, 1998. Total variation blind deconvolution[J]. IEEE transactions on Image Processing, 7 (3):370-375.

Chan T H, Jia K, Gao S, et al., 2015. PCANet: A simple deep learning baseline for image classification?[J]. IEEE transactions on image processing, 24(12):5017-5032.

Chandrasekaran V, Sanghavi S, Parrilo P, et al., 2009. Sparse and low-rank matrix decompositions[C]//IFAC Symposium on System Identification.

Chandrasekaran V, Parrilo P, Willsky A, 2012. Latent variable graphical model selection via convex optimization [J]. The Annals of Statistics, 40(4):1935-1967.

Chandrasekaran V, Recht B, Parrilo P, et al., 2012. The convex geometry of linear inverse problems[J]. Foundation of Computational Mathematics, 12(6):805-849.

Chang L, Tsao D, 2017. The code for facial identity in the primate brain[J]. Cell, 169:1013-1028.e14.

Charisopoulos V, Chen Y, Davis D, et al., 2019. Low-rank matrix recovery with composite optimization: good conditioning and rapid convergence[J]. arXiv preprint arXiv:1904.10020.

Charisopoulos V, Davis D, Díaz M, et al., 2019. Composite optimization for robust blind deconvolution[J]. arXiv preprint arXiv:1901.01624.

Chen S, 1995. Basis pursuit[D]. Stanford, CA: Stanford University.

Chen S, Donoho D, Saunders M, 1998. Atomic decomposition for basis pursuit[J]. SIAM Journal on Scientific Computing, 20(1):33-61.

Chen S, Donoho D, Saunders M, 2001. Atomic decomposition by basis pursuit[J]. SIAM Review, 43(1):129-159.

Chen Y, 2013. Incoherence-optimal matrix completion[J]. Information Theory, IEEE Transactions on, 61.

Chen Y, Jalali A, Sanghavi S, et al., 2013. Low-rank matrix recovery from errors and erasures[J]. IEEE Transactions on Information Theory, 59(7):4324-4337.

Chen Y, Candès E J, 2017. Solving random quadratic systems of equations is nearly as easy as solving linear systems[J]. Communications on pure and applied mathematics, 70(5):822-883.

Chen Y, Chi Y, Fan J, et al., 2018. Gradient descent with random initialization: Fast global convergence for nonconvex phase retrieval[J]. Mathematical Programming, 176:1-33.

Cheung S, Shin J, Lau Y, et al., 2020. Dictionary learning in Fourier-transform scanning tunneling spectroscopy [J]. Nature Communications, 11:1081.

Chi Y, Lu Y M, Chen Y, 2019. Nonconvex optimization meets low-rank matrix factorization: An overview[J]. IEEE Transactions on Signal Processing, 67(20):5239-5269.

Chiang T, Hwang C, Sheu S, 1987. Diffusions for global optimization in $\mathbb{R}^n$ [J]. SIAM Journal Control and Optimization, 25:737-752.

Chollet F, 2017. Xception: Deep learning with depthwise separable convolutions[J]. preprint arXiv:1610.02357.

Choromanska A, Henaff M, Mathieu M, et al., 2014. The loss surface of multilayer networks[J]. arXiv preprint arXiv:1412.0233.

Claerbout J F, Muir F, 1973. Robust modeling of erratic data[J]. Geophysics, 38(5):826-844.

Cohen T, Welling M, 2016. Group equivariant convolutional networks[C]//International Conference on Machine Learning. 2990-2999.

Cohen T S, Geiger M, Weiler M, 2019. A general theory of equivariant CNNs on homogeneous spaces[C]//Advances in Neural Information Processing Systems. 9142-9153.

Coleman T F, Pothen A, 1986. The null space problem I. complexity[J]. SIAM Journal on Algebraic Discrete Methods, 7(4):527-537.

Combettes P, Wajs V, 2005. Signal recovery by proximal forward-backward splitting[J]. SIAM Multiscale Modeling and Simulation, 4:1168-1200.

Conn A R, Gould N I, Toint P L, 2000. Trust region methods: volume 1[M]. SIAM.

Cook R L, Torrance K E, 1981. A reflectance model for computer graphics[J]. SIGGRAPH Comput. Graph., 15 (3):307-316.

Corbett J V, 2006. The pauli problem, state reconstruction and quantum-real numbers[J]. Reports on Mathematical Physics, 57(1):53-68.

Cover T, Thomas J, 1991. Elements of information theory[M]. Wiley Series in Telecommunications.

Criscitiello C, Boumal N, 2019. Efficiently escaping saddle points on manifolds[C]//Advances in Neural Information Processing Systems. 5987-5997.

Cromme L, 1978. Strong uniqueness: A far-reaching criterion for the convergence analysis of iterative procedures [J]. Numerishe Mathematik, 29:179-193.

Cruz G, Atkinson D, Buerger C, et al., 2016. Accelerated motion corrected three-dimensional abdominal MRI using total variation regularized SENSE reconstruction[J]. Magnetic Resonance in Medicine, 75:1484-1498.

Dainty C, Fienup J R, 1987. Phase retrieval and image reconstruction for astronomy[J]. Image Recovery: Theory and Application:231-275.

Dasgupta S, Schulman L, 2007. A probabilistic analysis of EM for mixtures of separated, spherical Gaussians[J]. Journal of Machine Learning Research, 8(Feb):203-226.

Daskalakis C, Tzamos C, Zampetakis M, 2016. Ten steps of EM suffice for mixtures of two Gaussians[J]. arXiv preprint arXiv:1609.00368.

Datar M, Immorlica N, Indyk P, et al., 2004. Locality-sensitive hashing scheme based on p-stable distributions [C/OL]//SCG ' 04: Proceedings of the Twentieth Annual Symposium on Computational Geometry. New York, NY, USA: ACM: 253-262. http://doi.acm.org/10.1145/997817. 997857.

Daubechies I, Defrise M, Mol C, 2004. An iterative thresholding algorithm for linear inverse problems with a sparsity constraint[J]. Communications on Pure and Applied Math, 57:1413-1457.

Davenport M A, Romberg J, 2016. An overview of low-rank matrix recovery from incomplete observations[J]. IEEE Journal of Selected Topics in Signal Processing, 10(4):608-622.

Davis D, Drusvyatskiy D, 2018. Graphical convergence of subgradients in nonconvex optimization and learning [J]. arXiv preprint arXiv:1810.07590.

Davis D, Drusvyatskiy D, Paquette C, 2017. The nonsmooth landscape of phase retrieval[J]. arXiv preprint arXiv:1711.03247.

Davis D, Drusvyatskiy D, MacPhee K J, et al., 2018. Subgradient methods for sharp weakly convex functions[J]. Journal of Optimization Theory and Applications, 179(3):962-982.

Davis G, Mallat S, Avellaneda M, 1997. Adaptive greedy approximations[J]. Journal of Constructive Approximation, 13:57-98.

Deerwester S, Dumais S, Furnas G, et al., 1990. Indexing by latent semantic analysis[J]. Journal of the American Society for Information Science, 41(6):391-407.

Defazio A, Bach F, Lacoste-Julien S, 2014. Saga: A fast incremental gradient method with support for non-strongly convex composite objectives[C]//Advances in neural information processing systems. 1646-1654.

Deng W, Yin W, 2016. On the global and linear convergence of the generalized alternating direction method of multipliers[J]. Journal of Scientific Computing, 66:889-916.

Diakonikolas J, Orecchia L, 2019. The approximate duality gap technique: A unified theory of first-order methods [J]. SIAM Journal on Optimization, 29(1):660-689.

Ding T, Tong S, Chan K H R, et al., 2023. Unsupervised manifold linearizing and clustering[C]//IEEE International Conference on Computer Vision.

Donoho D, 2000. High-dimensional data analysis: The curses and blessings of dimensionality[Z].

Donoho D, 2006. For most large underdetermined systems of linear equations the minimal ℓ_1-norm solution is also the sparsest solution[J]. Communications on Pure and Applied Math, 59(6):797-829.

Donoho D, 2006. Compressed sensing[J]. IEEE Transactions on Information Theory, 52(4):1289-1306.

Donoho D, Elad M, 2003. Optimally sparse representation in general (nonorthogonal) dictionaries via ℓ^1 minimization[J]. Proceedings of the National Academy of Sciences of the United States of America, 100(5):2197-2202.

Donoho D, Tanner J, 2009. Counting faces of randomly projected polytopes when the projection radically lowers dimension[J]. Journal of the American Mathematical Society, 22(1):1-53.

Donoho D L, 2005. Neighborly polytopes and sparse solutions of underdetermined linear equations[J]. Stanford Technical Report 2005-04.

Donoho D L, Tanner J, 2010. Exponential bounds implying construction of compressed sensing matrices, errorcorrecting codes, and neighborly polytopes by random sampling[J]. IEEE Transactions on Information Theory, 56(4):2002-2016.

Du S, Jin C, Lee J, et al., 2017. Gradient descent can take exponential time to escape saddle points[C]//31st Conference on Neural Information Processing Systems (NIPS 2017).

Du S, Lee J, Li H, et al., 2019. Gradient descent finds global minima of deep neural networks[C]//International Conference on Machine Learning. 1675-1685.

Duarte M F, Davenport M A, Takhar D, et al., 2008. Single-pixel imaging via compressive sampling[J]. IEEE Signal Processing Magazine, 25(2):83-91.

Duchi J C, Ruan F, 2019. Solving (most) of a set of quadratic equalities: Composite optimization for robust phase retrieval[J]. Information and Inference: A Journal of the IMA, 8(3):471-529.

Dumais S T, Furnas G W, Landauer T K, et al., 1988. Using latent semantic analysis to improve access to textual information[C]//Proceedings of the Conference on Human Factors in Computing Systems, CHI. 281-286.

Eckart C, Young G, 1936. The approximation of one matrix by another of lower rank[J]. Psychometrika, 1(3): 211-218.

Eckstein J, 2012. Augmented Lagrangian and alternating direction methods for convex optimization: A tutorial and some illustrative computational results[J]. RUTCOR Technical Report.

Eckstein J, Bertsekas D P, 1992. On the Douglas-Rachford splitting method and the proximal point algorithm for maximal monotone operators[J]. Mathematical Programming, 55(1-3):293-318.

Efroymson M, 1966. Stepwise regression a backward and forward look[C]//Eastern Regional Meetings of the Institute of Mathematical Statistics.

Elad M, 2010. Sparse and redundant representations[M]. Springer.

Elad M, Starck J, Querre P, et al., 2005. Simultaneous cartoon and texture image inpainting using morphological component analysis (MCA)[J]. Applied and Computational Harmonic Analysis,

19:340-358.

Elad M, 2010. Sparse and redundant representations: from theory to applications in signal and image processing [M]. Springer Science & Business Media.

Elad M, Aharon M, 2006. Image denoising via sparse and redundant representations over learned dictionaries[J]. IEEE Transactions on Image processing, 15(12):3736-3745.

Eliasmith C, Anderson C, 2003. Neural engineering: Computation, representation and dynamics in neurobiological systems[M]. Cambridge, MA.

Engstrom L, Tran B, Tsipras D, et al., 2017. A rotation and a translation suffice: Fooling CNNs with simple transformations[J]. arXiv preprint arXiv:1712.02779.

Erdogdu M A, Mackey L, Shamir O, 2018. Global non-convex optimization with discretized diffusions[C]// Advances in Neural Information Processing Systems. 9671-9680.

Fadili M J, l. Starck J, Murtagh F, 2009. Inpainting and zooming using sparse representations[J]. The Computer Journal:64-79.

Fan J, Li R, Zhang C H, et al., 2020. Statistical foundations of data science[M]. CRC Press.

Fannjiang A, Strohmer T, 2020. The numerics of phase retrieval[J]. arXiv preprint arXiv: 2004.05788.

Fazel M, Hindi H, Boyd S, 2001. A rank minimization heuristic with application to minimum order system approximation[C]//American Control Conference (ACC).

Fazel M, Hindi H, Boyd S, 2004. Rank minimization and applications in system theory[C]// American Control Conference.

Fazel M, Hindi H, Boyd S P, 2003. Log-det heuristic for matrix rank minimization with applications to Hankel and Euclidean distance matrices[C]//Proceedings of the 2003 American Control Conference, 2003.: volume 3. IEEE: 2156-2162.

Fedus W, Zoph B, Shazeer N, 2021. Switch transformers: Scaling to trillion parameter models with simple and efficient sparsity[J]. arXiv:2101.03961.

Feizi S, Javadi H, Zhang J, et al., 2017. Porcupine neural networks: (almost) all local optima are global[J]. arXiv preprint arXiv:1710.02196.

Field D J, 1987. Relations between the statistics of natural images and the response properties of cortical cells[J]. Journal of Optical Society of America A, 4(12).

Fienup J R, 2013. Phase retrieval algorithms: a personal tour[J]. Applied optics, 52(1):45-56.

Fischler M, Bolles R, 1981. Random sample consensus: A paradigm for model fitting with applications to image analysis and automated cartography[J]. Communications of the ACM, 24(6):381-385.

Foster D, Karloff H, Thaler J, 2015. Variable selection is hard[C]//Conference on Learning Theory. 696-709.

Foucart S, Rauhut H, 2013. A mathematical introduction to compressive sensing[M]. Birkhauser, Springer.

Frank M, Wolfe P, 1956. An algorithm for quadratic programming[J]. Naval Research Logistics Quarterly, 3: 95-110.

Fuchs J, 2004. On sparse representation in arbitrary redundant bases[J]. IEEE Transactions on Information Theory, 50(6):1341-1344.

Fusi S, Miller E, Rigotti M, 2016. Why neurons mix: high dimensionality for higher cognition[J]. Current Opinion in Neurobiology, 37:66-74.

Gabriel K R, 1978. Least squares approximation of matrices by additive and multiplicative models[J]. J. R. Statist. Soc. B, 40:186-196.

Gamarnik D, Zadik I, 2019. The landscape of the planted clique problem: Dense subgraphs and the overlap gap property[J]. ArXiv, abs/1904.07174.

Ganesh A, Wright J, Li X, et al., 2010. Dense error correction for low-rank matrices via principal component pursuit[C]//International Symposium on Information Theory (ISIT).

Ganguli S, Sompolinsky H, 2012. Compressed sensing, sparsity, and dimensionality in neuronal information processing and data analysis[J]. Annual review of neuroscience, 35:485-508.

Gao W, Makkuva A V, Oh S, et al., 2018. Learning one-hidden-layer neural networks under general input distributions[J]. arXiv preprint arXiv:1810.04133.

Garcia-Cardona C, Wohlberg B, 2018. Convolutional dictionary learning: A comparative review and new algorithms[J]. IEEE Transactions on Computational Imaging, 4(3):366-381.

Garey M R, Johnson D S, 1979. Computers and intractability[M]. W. H. Freeman.

Garey M R, Johnson D S, 1990. Computers and intractability; a guide to the theory of np-completeness[M]. New York, NY, USA: W. H. Freeman & Co.

Gauss C, 1809. Theoria motus corporum coelestium in sectionibus conicis solem ambientium[M/OL]. sumtibus F. Perthes et I. H. Besser. https://books.google.com/books?id=ORUOAA AAQAAJ.

Ge R, Ma T, 2017. On the optimization landscape of tensor decompositions[J]. Advances in Neural Information Processing Systems.

Ge R, Huang F, Jin C, et al., 2015. Escaping from saddle points—online stochastic gradient for tensor decomposition[C]//Proceedings of The 28th Conference on Learning Theory. 797-842.

Ge R, Lee J D, Ma T, 2016. Matrix completion has no spurious local minimum[J]. arXiv preprint arXiv:1605.07272.

Ge R, Jin C, Zheng Y, 2017. No spurious local minima in nonconvex low rank problems: A unified geometric analysis[C]//Proceedings of the 34th International Conference on Machine Learning. 1233-1242.

Ge R, Lee J D, Ma T, 2017. Learning one-hidden-layer neural networks with landscape design[J]. arXiv preprint arXiv:1711.00501.

Gelfand S B, Mitter S K, 1990. Recursive stochastic algorithms for global optimization in $\mathbb{R}^d$: LIDS-P-1937[R]. Massachusetts Institute of Technology.

Geman S, Hwang C, 1986. Diffusions for global optimization[J]. SIAM Journal Control and Optimization, 24: 1031-1043.

Georghiades A, Belhumeur P, Kriegman D, 2001. From few to many: Illumination cone models for face recognition under variable lighting and pose[J]. IEEE Transactions on Pattern Analysis and Machine Intelligence, 23(6): 643-660.

Ghaoui L, Viallon V, Rabbani T, 2012. Safe feature elimination for the lasso and sparse supervised learning problems[J]. Pacific Journal of Optimization, 8:667-698.

Gidel G, Bach F, Lacoste-Julien S, 2019. Implicit regularization of discrete gradient dynamics in linear neural networks[C]//Advances in Neural Information Processing Systems. 3196-3206.

Gilboa D, Buchanan S, Wright J, 2019. Efficient dictionary learning with gradient descent[J]. ICML.

Girosi F, Jones M, Poggio T, 1995. Regularization theory and neural networks architectures[J]. Neural computation, 7(2):219-269.

Giryes R, Eldar Y C, Bronstein A M, et al., 2018. Tradeoffs between convergence speed and reconstruction accuracy in inverse problems[J]. IEEE Transactions on Signal Processing, 66(7):1676-1690.

Glorot X, Bengio Y, 2010. Understanding the difficulty of training deep feedforward neural networks[C]// Proceedings of the thirteenth international conference on artificial intelligence and statistics. 249-256.

Gold R, 1967. Optimal binary sequences for spread spectrum multiplexing (corresp.)[J]. IEEE Trans. Inf. Theory, 13(4):619-621.

Golden S, 1965. Lower bounds for the Helmholtz function[J]. Physical Review, 137(4B):B1127.

Goldfarb D, Ma S, 2009. Convergence of fixed point continuation algorithms for matrix rank minimization[J]. preprint.

Goldfarb D, 1980. Curvilinear path steplength algorithms for minimization which use directions of negative curvature[J]. Mathematical programming, 18(1):31-40.

Golub G, Van Loan C, 1996. Matrix computations[M]. 3rd edition. The Johns Hopkins University Press.

Goodfellow I, Pouget-Abadie J, Mirza M, et al., 2014. Generative adversarial nets[C]//Advances in neural information processing systems. 2672-2680.

Goodfellow I, Bengio Y, Courville A, 2016. Deep learning[M/OL]. MIT Press. http://www.deeplearningbook.org.

Gotmare A, Keskar N S, Xiong C, et al., 2018. A closer look at deep learning heuristics: Learning rate restarts, warmup and distillation[C]//International Conference on Learning Representations.

Gottlieb L A, Neylon T, 2016. Matrix sparsification and the sparse null space problem[J]. Algorithmica, 76(2): 426-444.

Grant M, Boyd S, 2014. CVX: MATLAB software for disciplined convex programming (web page and software) [Z].

Gregor K, LeCun Y, 2010. Learning fast approximations of sparse coding[C]//Proceedings of the 27th International Conference on International Conference on Machine Learning. 399-406.

Gribonval R, Nielsen M, 2003. Sparse representations in unions of bases[J]. IEEE Transactions on Information Theory, 49(13).

Grienberger C, Konnerth A, 2012. Imaging calcium in neurons[J]. Neuron, 73(5):862-885.

Gross D, 2010. Recovering low-rank matrices from few coefficients in any basis[J]. IEEE Transactions on Information Theory.

Gu G, He B, Yuan X, 2014. Customized proximal point algorithms for linearly constrained convex minimization and saddle-point problems: a unified approach[J]. Computational Optimization and Applications, 59(1-2): 135-161.

Gunasekar S, Lee J D, Soudry D, et al., 2018. Implicit bias of gradient descent on linear convolutional networks [C]//Advances in Neural Information Processing Systems. 9461-9471.

Hadsell R, Chopra S, LeCun Y, 2006. Dimensionality reduction by learning an invariant mapping[C]//2006 IEEE Computer Society Conference on Computer Vision and Pattern Recognition, CVPR 2006. 1735-1742.

Haeffele B D, Vidal R, 2017. Global optimality in neural network training[C]//Proceedings of the

IEEE Conference on Computer Vision and Pattern Recognition. 7331-7339.

Hajela P, 1990. Genetic search-an approach to the nonconvex optimization problem[J]. AIAA journal, 28(7): 1205-1210.

Hale E, Yin W, Zhang Y, 2008. Fixed-point continuation for ℓ^1-minimization: Methodology and convergence[J]. SIAM Journal on Optimization, 19(3):1107-1130.

Hampel F, Ronchetti E, Rousseeuw P, et al., 1986. Robust statistics - The approach based on influence functions [M]. New York, NY: Wiley.

Hansen M, Yu B, 2001. Model selection and the principle of minimum description length[J]. Journal of American Statistical Association, 96:746-774.

Haque T, Yazicigil R T, Pan K J L, et al., 2015. Theory and design of a quadrature analog-to-information converter for energy-efficient wideband spectrum sensing[J]. IEEE Trans. Circuits Syst. I, 62(2):527-535.

Haque T, Bajor M, Zhang Y, et al., 2017. A direct RF-to-information converter for reception and wide-band interferer detection employing pseudo-random LO modulation[C]//IEEE Radio Frequency Integrated Circuits Symposium (RFIC).

Hartley R, Zisserman A, 2000. Multiple View Geometry in Computer Vision[M]. Cambridge: Cambridge University Press.

Hastie T, Tibshirani R, Wainwright M, 2015. Statistical learning with sparsity: The lasso and generalizations[M]. Chapman & Hall, CRC.

Hastie T, Tibshirani R, Friedman J, 2009. The elements of statistical learning[M]. Second edition. Springer.

Hayakawa H, 1994. Photometric stereo under a light source with arbitrary motion[J]. Journal of Optical Society of America A, 11(11):3079-3089.

Haykin S S, 1994. Blind deconvolution[M]. Prentice Hall.

Hazan E, Luo H, 2016. Variance-reduced and projection-free stochastic optimization[C]// ICML?16: Proceedings of the 33rd International Conference on International Conference on Machine Learning-Volume 48. JMLR.org: 1263?1271.

He B, Yuan X, 2012. On the $O\ (1/n\ )$ convergence rate of the Douglas-Rachford alternating direction method[J]. SIAM Journal on Numerical Analysis, 50(2):700-709.

He K, Zhang X, Ren S, et al., 2015. Delving deep into rectifiers: Surpassing human-level performance on imagenet classification[C]//Proceedings of the IEEE international conference on computer vision. 1026-1034.

He K, Zhang X, Ren S, et al., 2016. Deep residual learning for image recognition[C]//Proceedings of the IEEE conference on computer vision and pattern recognition. 770-778.

He K, Fan H, Wu Y, et al., 2019. Momentum contrast for unsupervised visual representation learning[J]. arXiv preprint arXiv:1911.05722.

Heinosaari T, Mazzarella L, Wolf M M, 2013. Quantum tomography under prior information[J]. Communications in Mathematical Physics, 318(2):355-374.

Herrmann F, Hennenfent G, 2008. Non-parametric seismic data recovery with curvelet frames[J]. Geophysical Journal International, 173(1):233-248.

Herzfeld D J, Kojima Y, Soetedjo R, et al., 2015. Encoding of action by the purkinje cells of the cerebellum[J]. Nature, 526(7573):439.

Herzfeld D J, Kojima Y, Soetedjo R, et al., 2018. Encoding of error and learning to correct that error by the purkinje cells of the cerebellum[J]. Nature neuroscience, 21(5):736.

Hestenes M R, 1969. Multiplier and gradient methods[J]. Journal of optimization theory and applications, 4(5): 303-320.

Hillar C J, Lim L H, 2013. Most tensor problems are NP-hard[J]. Journal of the ACM (JACM), 60(6):45.

Hinton G E, Krizhevsky A, Wang S, 2011. Transforming auto-encoders[C]//ICANN.

Hjelm R D, Fedorov A, Lavoie-Marchildon S, et al., 2018. Learning deep representations by mutual information estimation and maximization[J]. arXiv preprint arXiv:1808.06670.

Hocking R R, Leslie R N, 1967. Selection of the best subset in regression analysis[J/OL]. Technometrics, 9(4): 531-540. http://www.jstor.org/stable/1266192.

Hoffer E, Hubara I, Soudry D, 2017. Train longer, generalize better: closing the generalization gap in large batch training of neural networks[C]//Advances in Neural Information Processing Systems. 1731-1741.

Hofmann T, 2004. Latent semantic models for collaborative filtering[J]. ACM Transactions on Information Systems, 22(1):89-115.

Hofmann T, 1999. Probabilistic latent semantic indexing[C]//Proceedings of the 22nd annual international ACM SIGIR conference on Research and development in information retrieval. 50-57.

Holmes J, 2007. Spread spectrum systems for GNSS and wireless communications[M]. Artech House.

Horn R, Johnson C, 1985. Matrix analysis[M]. Cambridge Press.

Hotelling H, 1933. Analysis of a complex of statistical variables into principal components[J]. Journal of Educational Psychology.

Householder A S, Young G, 1938. Matrix approximation and latent roots[J]. America Math. Mon., 45:165-171.

Hu J, Liu X, Wen Z, et al., 2019. A brief introduction to manifold optimization[J]. arXiv preprint arXiv:1906.05450.

Hu W, Xiao L, Pennington J, 2020. Provable benefit of orthogonal initialization in optimizing deep linear networks[C/OL]//International Conference on Learning Representations. https:// openreview.net/forum?id= rkgqN1SYvr.

Huang G, Liu Z, Van Der Maaten L, et al., 2017. Densely connected convolutional networks[C]//2017 IEEE Conference on Computer Vision and Pattern Recognition (CVPR). 2261-2269.

Huber P, 1981. Robust statistics[M]. John Wiley & Sons.

Huber P J, 1992. Robust estimation of a location parameter[M]//Breakthroughs in statistics. Springer: 492-518.

Hubert L, Meulman J, Heiser W, 2000. Two purposes for matrix factorization: a historical appraisal[J]. SIAM Review, 42(1):68-82.

Hutter F, Kotthoff L, Vanschoren J, 2019. Automatic machine learning: Methods, systems, challenges[M]. Springer.

Ioffe S, Szegedy C, 2015. Batch normalization: Accelerating deep network training by reducing internal covariate shift[J]. arXiv preprint arXiv:1502.03167.

Jacot A, Gabriel F, Hongler C, 2018. Neural tangent kernel: Convergence and generalization in neural networks [J/OL]. arXiv:1806.07572. http://arxiv.org/abs/1806.07572.

Jaderberg M, Simonyan K, Zisserman A, et al., 2015. Spatial transformer networks[J/OL]. CoRR, abs/1506.02025. http://arxiv.org/abs/1506.02025.

Jaganathan K, Eldar Y C, Hassibi B, 2015. Phase retrieval: An overview of recent developments[J]. arXiv preprint arXiv:1510.07713.

Jaganathan K, Eldar Y C, Hassibi B, 2016. STFT phase retrieval: Uniqueness guarantees and recovery algorithms [J]. IEEE Journal of selected topics in signal processing, 10(4):770-781.

Jaganathan K, Eldar Y C, Hassibi B, 2017. Phase retrieval: An overview of recent developments[J]. Optical Compressive Imaging:263-296.

Jain P, Kar P, et al., 2017. Non-convex optimization for machine learning[J]. Foundations and Trends® in Machine Learning, 10(3-4):142-336.

Janzamin M, Sedghi H, Anandkumar A, 2015. Beating the perils of non-convexity: Guaranteed training of neural networks using tensor methods[J]. arXiv preprint arXiv:1506.08473.

Janzamin M, Ge R, Kossaifi J, et al., 2019. Spectral learning on matrices and tensors[J/OL]. Foundations and Trends® in Machine Learning, 12(5-6):393-536. http://dx.doi.org/10.1561/ 2200000057.

Jia K, Chan T H, Ma Y, 2012. Robust and practical face recognition via structured sparsity[C]//Proceedings of the European Conference on Computer Vision.

Jin C, Zhang Y, Balakrishnan S, et al., 2016. Local maxima in the likelihood of Gaussian mixture models: Structural results and algorithmic consequences[C]//Advances in neural information processing systems. 4116- 4124.

Jin C, Ge R, Netrapalli P, et al., 2017. How to escape saddle points efficiently[C]//34th International Conference on Machine Learning, ICML 2017. International Machine Learning Society (IMLS): 2727-2752.

Jin C, Netrapalli P, Jordan M I, 2018. Accelerated gradient descent escapes saddle points faster than gradient descent[C]//Conference On Learning Theory. 1042-1085.

Jittorntrum K, Osborne M, 1980. Strong uniqueness and second order convergence in nonlinear discrete approximation[J]. Numerische Mathematik, 34:439-455.

Johnson R, Zhang T, 2013. Accelerating stochastic gradient descent using predictive variance reduction[C]// Advances in neural information processing systems. 315-323.

Johnson T B, Guestrin C, 2015. Blitz: A principled meta-algorithm for scaling sparse optimization[C]//ICML.

Jollife I, 2002. Principal Component Analysis[M]. 2nd edition. Springer-Verlag.

Jolliffe I, 1986. Principal component analysis[M]. New York, NY: Springer-Verlag.

Jordan M, 2003. An introduction to probabilistic graphical models[M]. unpublished.

Jordan M, 1874. Mémoire sur les formes bilinéaires[J]. Journal de Mathématiques Pures et Appliqués, 19:35-54.

Jordan M I, 1997. Serial order: A parallel distributed processing approach[C]//Advances in Psychology: volume 121. 471-495.

Journée M, Nesterov Y, Richtárik P, et al., 2010. Generalized power method for sparse principal component analysis[J]. Journal of Machine Learning Research, 11:517-553.

Kang Z, Peng C, Cheng J, et al., 2015. Logdet rank minimization with application to subspace clustering[J]. Computational Intelligence and Neuroscience, 2015.

Karp R M, 1972. Reducibility among combinatorial problems[M]. Springer.

Kawaguchi K, 2016. Deep learning without poor local minima[C]//Advances in neural information processing systems. 586-594.

Kellman M R, Bostan E, Repina N A, et al., 2019. Physics-based learned design: optimized coded-illumination for quantitative phase imaging[J]. IEEE Transactions on Computational Imaging, 5(3):344-353.

Kim J, Choi J, Yi J, et al., 2005. Effective representation using ICA for face recognition robust to local distortion and partial occlusion[J]. IEEE Transactions on Pattern Analysis and Machine Intelligence, 27(12):1977-1981.

Kingma D P, Ba J, 2014. ADAM: A method for stochastic optimization[J]. CoRR, abs/1412.6980.

Kirkpatrick S, Gelett C, Vecchi M, 1983. Optimization by simulated annealing[J]. Science, 220:621-630.

Knill D C, Mamassian P, Kersten D, 1997. The geometry of shadows[J]. Journal of Optical Society of America A, 14(12):3216-3232.

Kolda T G, Bader B W, 2009. Tensor decompositions and applications[J]. SIAM review, 51(3):455-500.

Kontogiorgis S, Meyer R, 1989. A variable-penalty alternating direction method for convex optimization[J]. Mathematical Programming, 83:29-53.

Koopman B O, 1931. Hamiltonian systems and transformation in hilbert space[J]. Proc. National Academy of Science, USA, 17:315-318.

Koren Y, 2009. The Bellkor solution to the Netflix grand prize[J].

Kra I, Simanca S R, 2012. On circulant matrices[J]. Notices of the American Mathematical Society, 59:368-377.

Krahmer F, Mendelson S, Rauhut H, 2014. Suprema of chaos processes and the Restricted Isometry Property[J]. Communications on Pure and Applied Mathematics, 67(11).

Krichene W, Bayen A, Bartlett P L, 2015. Accelerated mirror descent in continuous and discrete time[C]// Advances in neural information processing systems. 2845-2853.

Krichene W, Bayen A, Bartlett P L, 2016. Adaptive averaging in accelerated descent dynamics[C]// Advances in Neural Information Processing Systems. 2991-2999.

Krizhevsky A, 2009. Learning multiple layers of features from tiny images[J]. online: http:// citeseerx.ist.psu.edu/ viewdoc/download?doi=10.1.1.222.9220&rep=rep1&type=pdf.

Krizhevsky A, Sutskever I, Hinton G E, 2012. Imagenet classification with deep convolutional neural networks [C]//Advances in neural information processing systems. 1097-1105.

Krogh A, Hertz J A, 1992. A simple weight decay can improve generalization[C]//Advances in neural information processing systems. 950-957.

Kruskal J B, 1977. Three-way arrays: rank and uniqueness of trilinear decompositions, with application to arithmetic complexity and statistics[J]. Linear algebra and its applications, 18(2):95-138.

Kučera L, 1995. Expected complexity of graph partitioning problems[J/OL]. Discrete Appl. Math., 57(2?3): 193?212. https://doi.org/10.1016/0166-218X(94)00103-K.

Kuczynski J, Wozniakowski H, 1992. Estimating the largest eigenvalue by the power and Lanczos algorithms with a random start[J]. SIAM Journal on Matrix Analysis and Applications, 13(4):1094-

1122.

Kumar R, Da Silva C, Akalin O, et al., 2015. Efficient matrix completion for seismic data reconstruction[J]. Geophysics, 80(5):V97-V114.

Kundur D, Hatzinakos D, 1996. Blind image deconvolution[J]. Signal Processing Magazine, IEEE, 13(3):43-64.

Kuo H W, Zhang Y, Lau Y, et al., 2019. Geometry and symmetry in short-and-sparse deconvolution[C]// International Conference on Machine Learning (ICML).

Kushner H, 1987. Asymptotic global behavior for stochastic approximation and diffusions with slowly decreasing noise effects: Global minimization via Monte Carlo[J]. SIAM Journal Applied Mathematics, 47:165-189.

Kwon J, Qian W, Caramanis C, et al., 2019. Global convergence of the EM algorithm for mixtures of two component linear regression[C]//Conference on Learning Theory. 2055-2110.

Kyrillidis A, Kalev A, Park D, et al., 2018. Provable compressed sensing quantum state tomography via non-convex methods[J]. npj Quantum Information, 4(1):1-7.

Lacoste-Julien S, 2016. Convergence rate of Frank-Wolfe for non-convex objectives[J]. eprint arXiv:1607.00345.

Lades M, Vorbruggen J, Buhmann J, et al., 1993. Distortion invariant object recognition in the dynamic link architecture[J]. IEEE Transactions on Computers, 42(3):300-311.

Lake B M, Lawrence N, Tenenbaum J, 2018. The emergence of organizing structure in conceptual representation [J]. Cognitive science, 42 Suppl 3:809-832.

Landau H J, 1967. Necessary density conditions for sampling and interpolation of certain entire functions[J]. Acta Math., 117:37-52.

Lang S, 2001. Fundamentals of differential geometry[M]. Springer-Verlag.

Laplace P, 1774. Memoire sur la probabilite des causes par les evenemens[J]. Memoires de Mthematique et de Physique, Presentes a l' Academie Royale des Sciences par divers Savans & lus dans ses Assemblees, Tome Sixieme:621-656.

Lau Y, Qu Q, Kuo H W, et al., 2019. Short-and-sparse deconvolution –a geometric approach[J]. arXiv preprint arXiv:1908.10959.

Le Q V, Ngiam J, Coates A, et al., 2011. On optimization methods for deep learning[C]//ICML.

LeCun Y, 1998. The MNIST database of handwritten digits[J]. http://yann.lecun.com/exdb/ mnist/.

LeCun Y, Bengio Y, 1995. Convolutional networks for images, speech, and time series[M]//The handbook of brain theory and neural networks. MIT Press.

LeCun Y, Jackel L, Bottou L, et al., 1995. Learning algorithms for classification: A comparison on handwritten digit recognition[M]//Oh J, Kwon C, Cho S. Neural networks. World Scientific: 261-276.

LeCun Y, Bottou L, Bengio Y, et al., 1998. Gradient-based learning applied to document recognition[J]. Proceedings of the IEEE, 86(11):2278-2324.

LeCun Y, Bengio Y, Hinton G, 2015. Deep learning[J]. nature, 521(7553):436-444.

LeCun Y A, Bottou L, Orr G B, et al., 2012. Efficient backprop[M]//Neural networks: Tricks of the trade. Springer: 9-48.

Ledoux M, 2001. The concentration of measure phenomenon, mathematical surveys and monographs

89[M]. Providence, RI: American Mathematical Society.

Lee J D, Simchowitz M, Jordan M I, et al., 2016. Gradient descent only converges to minimizers[C]//Conference on Learning Theory. 1246-1257.

Lee J D, Panageas I, Piliouras G, et al., 2017. First-order methods almost always avoid saddle points[J]. arXiv preprint arXiv:1710.07406.

Lee J D, Panageas I, Piliouras G, et al., 2019. First-order methods almost always avoid strict saddle points[J]. Mathematical programming, 176(1-2):311-337.

Legendre A, 1805. Nouvelles méthodes pour la détermination des orbites des comètes[M/OL]. F. Didot. https: //books.google.com/books?id=FRcOAAAAQAAJ.

Leonardis A, Bischof H, 2000. Robust recognition using eigenimages[J]. Computer Vision and Image Understanding, 78(1):99-118.

Lerman G, Maunu T, 2018. An overview of robust subspace recovery[J]. Proceedings of the IEEE, 106(8): 1380-1410.

Levenberg K, 1944. A method for the solution of certain problems in least squares[J]. Quart. Appl. Math., 2: 164-168.

Levin A, Weiss Y, Durand F, et al., 2011. Understanding blind deconvolution algorithms[J]. IEEE Transactions on Pattern Analysis and Machine Intelligence, 33(12):2354-2367.

Lezama J, Qiu Q, Musé P, et al., 2018. OLE: Orthogonal low-rank embedding-a plug and play geometric loss for deep learning[C]//Proceedings of the IEEE Conference on Computer Vision and Pattern Recognition. 8109-8118.

Li K, Malik J, 2016. Fast k-nearest neighbour search via dynamic continuous indexing[C]// Proceedings of International Conference on Machine Learning.

Li L, Huang W, Gu I, et al., 2004. Statistical modeling of complex backgrounds for foreground object detection [J]. IEEE Transactions on Image Processing, 13(11):1459-1472.

Li Q, Zhu Z, Tang G, 2018. The non-convex geometry of low-rank matrix optimization[J]. Information and Inference: A Journal of the IMA, 8(1):51-96.

Li S, Hou X, Zhang H, et al., 2001. Learning spatially localized, parts-based representation[C]//Proceedings of the IEEE International Conference on Computer Vision and Pattern Recognition. 1-6.

Li X, Chen S, Deng Z, et al., 2019. Nonsmooth optimization over Stiefel manifold: Riemannian subgradient methods[J]. arXiv preprint arXiv:1911.05047.

Li X, Zhu Z, Man-Cho So A, et al., 2020. Nonconvex robust low-rank matrix recovery[J]. SIAM Journal on Optimization, 30(1):660-686.

Li X, 2013. Compressed sensing and matrix completion with constant proportion of corruptions[J]. Constructive Approximation, 37(1):73-99.

Li X, Lu J, Arora R, et al., 2019. Symmetry, saddle points, and global optimization landscape of nonconvex matrix factorization[J]. IEEE Transactions on Information Theory, 65(6):3489-3514.

Li Y, Bresler Y, 2018. Global geometry of multichannel sparse blind deconvolution on the sphere[J]. arXiv preprint arXiv:1805.10437.

Li Y, Bresler Y, 2019. Multichannel sparse blind deconvolution on the sphere[J]. IEEE Transactions on Information Theory, 65(11):7415-7436.

Li Y, Lee K, Bresler Y, 2016. Identifiability in blind deconvolution with subspace or sparsity constraints[J]. IEEE Transactions on Information Theory, 62(7):4266-4275.

Li Y, Ma T, Zhang H, 2018. Algorithmic regularization in over-parameterized matrix sensing and neural networks with quadratic activations[C]//Conference On Learning Theory. PMLR: 2-47.

Liang X, Ren X, Zhang Z, et al., 2012. Repairing sparse low-rank texture[C]//Proceedings of the European Conference on Computer Vision.

Liberzon D, 2012. Calculus of variations and optimal control theory: A concise introduction[M/OL]. Princeton University Press. http://www.jstor.org/stable/j.ctvcm4g0s.

Lin H, Mairal J, Harchaoui Z, 2015. A universal catalyst for first-order optimization[C]// Advances in neural information processing systems. 3384-3392.

Lin T, Stich S U, Patel K K, et al., 2018. Don' t use large mini-batches, use local SGD[J]. arXiv preprint arXiv:1808.07217.

Lin Z, Chen M, Wu L, et al., 2009. The augmented Lagrange multiplier method for exact recovery of corrupted low-rank matrices[R]. arXiv:1009.5055.

Lin Z, Ganesh A, Wright J, et al., 2009. Fast convex optimization algorithms for exact recovery of a corrupted low-rank matrix[C]//International Workshop on Computational Advances in Multi-Sensor Adaptive Processing.

Ling S, Strohmer T, 2017. Blind deconvolution meets blind demixing: Algorithms and performance bounds[J]. IEEE Transactions on Information Theory, 63(7):4497-4520.

Ling S, Xu R, Bandeira A S, 2018. On the landscape of synchronization networks: A perspective from nonconvex optimization[J]. arXiv preprint arXiv:1809.11083.

Lions P, Mercier B, 1979. Splitting algorithms for the sum of two nonlinear operators[J]. SIAM Journal on Numerical Analysis, 16:964-979.

Liu C, Kim K, Gu J, et al., 2019. PlaneRCNN: 3D plane detection and reconstruction from a single image[J]. 2019 IEEE/CVF Conference on Computer Vision and Pattern Recognition (CVPR):4445-4454.

Liu G, Lin Z, Yan S, et al., 2013. Robust recovery of subspace structures by low-rank representation[J]. IEEE Trans. Pattern Analysis and Machine Intelligence, 35(1):171-184.

Liu J, Chen X, Wang Z, et al., 2019. ALISTA: Analytic weights are as good as learned weights in LISTA[C/OL]// International Conference on Learning Representations. https://openreview.net/forum?id=B1lnzn0ctQ.

Liu Y K, 2011. Universal low-rank matrix recovery from Pauli measurements[J]. Proceedings of NIPS.

Liu Z, Vandenberghe L, 2009. Semidefinite programming methods for system realization and identification[C]// Proceedings of the 48h IEEE Conference on Decision and Control (CDC) held jointly with 2009 28th Chinese Control Conference. 4676-4681.

Liu Z, Vandenberghe L, 2010. Interior-point method for nuclear norm approximation with application to system identification[J/OL]. SIAM Journal on Matrix Analysis and Applications, 31(3):1235-1256. https://doi.org/10. 1137/090755436.

Logan B, 1965. Properties of high-pass signals[D]. Columbia University.

Loke M, Barker R, 1995. Least-squares deconvolution of apparent resistivity pseudosections[J]. Geophysics, 60 (6):1682-1690.

Loshchilov I, Hutter F, 2016. SGDR: Stochastic gradient descent with warm restarts[J]. arXiv preprint arXiv:1608.03983.

Lu Z, Pu H, Wang F, et al., 2017. The expressive power of neural networks: A view from the width[C]//Advances in neural information processing systems. 6231-6239.

Lucas B, Kanade T, 1981. An iterative image registration technique with an application to stereo vision[C]// Proceedings of Imaging Understanding Workshop.

Lusch B, Kutz J N, Brunton S L, 2018. Deep learning for universal linear embeddings of nonlinear dynamics[J]. Nature Communications, 9:4950.

Lustig M, 2013. Compressed sensing MRI resources[EB/OL]. http://www.eecs.berkeley.edu/~mlustig/CS.html.

Lustig M, Donoho D, Pauly J, 2007. Sparse MRI: The application of compressed sensing for rapid MR imaging [J]. Magnetic Resonance in Medicine, 58(6):1182-1195.

Lustig M, Donoho D L, Santos J M, et al., 2008. Compressed sensing MRI[J]. Signal Processing Magazine, IEEE, 25(2):72-82.

Ma C, Wang K, Chi Y, et al., 2018. Implicit regularization in nonconvex statistical estimation: Gradient descent converges linearly for phase retrieval and matrix completion[C]//Proceedings of the 35th International Conference on Machine Learning: volume 80. PMLR: 3345-3354.

Ma S, Yin W, Zhang Y, et al., 2008. An efficient algorithm for compressed MR imaging using total variation and wavelets[C]//Proceedings of the IEEE International Conference on Computer Vision and Pattern Recognition.

Ma Y, Soatto S, Košecká J, et al., 2004. An Invitation to 3-D Vision: From Images to Models[M]. New York: Springer-Verlag.

Ma Y, Derksen H, Hong W, et al., 2007. Segmentation of multivariate mixed data via lossy coding and compression [J]. IEEE Transactions on Pattern Analysis and Machine Intelligence, 29(9).

Ma Y, Tsao D, Shum H, 2022. On the Principles of Parsimony and Self-consistency for the Emergence of Intelligence [J/OL]. CoRR, abs/2207.04630. https://doi.org/10.48550/arXiv.2207.04630.

MacWilliams F, Sloane N, 1981. The theory of error-correcting codes[M]. Amsterdam, Netherlands: North- Holland.

Mahajan M, Sarma M.N. J, 2007. On the complexity of matrix rank and rigidity[C]//Diekert V, Volkov M V, Voronkov A. Computer Science -Theory and Applications. Berlin, Heidelberg: Springer: 269-280.

Mairal J, Elad M, Sapiro G, 2008. Sparse representation for color image restoration[J]. Image Processing, IEEE Transactions on, 17(1):53-69.

Mallat S, Zhang Z, 1993. Matching pursuits with time-frequency dictionaries[J]. IEEE Transactions on Signal Processing, 41(12):3397-3415.

Marquardt D, 1963. An algorithm for least-squares estimation of nonlinear parameters[J]. SIAM Journal on Applied Mathematics, 11:431-441.

Martens J, 2014. New insights and perspectives on the natural gradient method[J]. arXiv preprint arXiv:1412.1193.

Martens J, Grosse R, 2015. Optimizing neural networks with Kronecker-factored approximate curvature[C]// International conference on machine learning. 2408-2417.

Martinez A, 2002. Recognizing imprecisely localized, partially occluded, and expression variant faces from a single sample per class[J]. IEEE Transactions on Pattern Analysis and Machine Intelligence, 24(6):748-763.

Martinez A, Benavente R, 1998. The AR face database: 24[R]. Computer Vision Center, Universitat Autonoma de Barcelona, Barcelona, Spain.

Massias M, Salmon J, Gramfort A, 2018. Celer: a fast solver for the lasso with dual extrapolation[C]//ICML.

Masters D, Luschi C, 2018. Revisiting small batch training for deep neural networks[J]. arXiv preprint arXiv:1804.07612.

Matousek J, 2002. Lectures on discrete geometry[M]. Springer.

McCloskey M, Cohen N J, 1989. Catastrophic interference in connectionist networks: The sequential learning problem[M]//Psychology of learning and motivation: volume 24. Elsevier: 109-165.

McCormick S, 1983. A combinatorial approach to some sparse matrix problems[D]. Stanford University.

McCulloch W, Pitts W, 1943. A logical calculus of the ideas immanent in nervous activity[J]. the Bulletin of Mathematical Biology, 5:115-133.

Megiddo N, 1989. Pathways to the optimal set in linear programming[C]//Progress in Mathematical Programming: Interior-Point and Related Methods. 131-158.

Mei S, Misiakiewicz T, Montanari A, et al., 2017. Solving SDPs for synchronization and MaxCut problems via the Grothendieck inequality[J]. arXiv preprint arXiv:1703.08729.

Mesbahi M, Papavassilopoulos G P, 1997. On the rank minimization problem over a positive semidefinite linear matrix inequality[J]. IEEE Transactions on Automatic Control, 42(2):239-243.

Mianjy P, Arora R, Vidal R, 2018. On the implicit bias of dropout[J]. arXiv preprint arXiv:1806.09777.

Miao J, Ishikawa T, Johnson B, et al., 2002. High resolution 3D X-ray diffraction microscopy[J]. Physical Review Letters, 89(8):088303.

Millane R P, 1990. Phase retrieval in crystallography and optics[J]. Journal of the Optical Society of America A, 7(3):394-411.

Milnor J W, 1963. Morse theory: volume 1[M]. Princeton University Press.

Min K, Yang L, Wright J, et al., 2010. Compact projection: Simple and efficient near neighbor search with practical memory requirements[C]//2010 IEEE Computer Society Conference on Computer Vision and Pattern Recognition. 3477-3484.

Min K, Zhang Z, Wright J, et al., 2010. Decomposing background topics from keywords by principal component pursuit[C]//CIKM.

Mirzaei A, Darabi H, Leete J, et al., 2009. Analysis and optimization of current-driven passive mixers in narrowband direct-conversion receivers[J]. IEEE J. Solid-State Circuits, 44(10):2678-2688.

Mishali M, Eldar Y C, 2010. From Theory to Practice: Sub-Nyquist Sampling of Sparse Wideband Analog Signals [J]. IEEE J. Sel. Topics Signal Process., 4(2):375-391.

Mishali M, Eldar Y C, 2011. Wideband Spectrum Sensing at Sub-Nyquist Rates[J]. IEEE Signal Processing Magazine, 28(4):102-135.

Miyato T, Kataoka T, Koyama M, et al., 2018. Spectral normalization for generative adversarial networks[J]. arXiv preprint arXiv:1802.05957.

Miyazaki D, Hara K, Ikeuchi K, 2010. Median photometric stereo as applied to the Segonko tumulus and museum objects[J]. International Journal on Computer Vision, 86(2):229-242.

Mobahi H, Zhou Z, Yang A, et al., 2011. Holistic 3D reconstruction of urban structures from low-rank textures [C]//ICCV Workshop on 3D Representation and Recognition.

Mohri M, Rostamizadeh A, Talwalkar A, 2012. Foundations of machine learning[M]. MIT Press.

Mondelli M, Montanari A, 2018. On the connection between learning two-layers neural networks and tensor decomposition[J]. arXiv preprint arXiv:1802.07301.

Monga V, Li Y, Eldar Y C, 2019. Algorithm unrolling: Interpretable, efficient deep learning for signal and image processing[J]. arXiv preprint arXiv:1912.10557.

Monteiro R, Adler I, 1989. Interior path following primal-dual algorithms. Part I: Linear programming[J]. Mathematical Programming, 44:27-41.

Monteiro R, Adler I, 1989. Interior path following primal-dual algorithms. Part II: Convex quadratic programming [J]. Mathematical Programming, 44:43-66.

Moré J J, 1978. The Levenberg-Marquardt algorithm: Implementation and theory[C]//Watson G A. Numerical Analysis. Berlin, Heidelberg: Springer Berlin Heidelberg: 105-116.

Moreau J, 1962. Fonctions convexes duales et points proximaux dans un espace hilbertien[J]. C. R. Acad. Sci. Paris Sér. A Math., 255:2897-2899.

Mu C, Huang B, Wright J, et al., 2013. Square deal: Lower bounds and improved relaxations for tensor recovery [J]. arXiv preprint arXiv:1307.5870.

Mukaigawa Y, Miyaki H, Mihashi S, et al., 2001. Photometric image-based rendering for image generation in arbitrary illumination[C]//Proceedings of the IEEE International Conference on Computer Vision. 652-659.

Mukaigawa Y, Ishii Y, Shakunaga T, 2007. Analysis of photometric factors based on photometric linearization[J]. Journal of Optical Society of America A, 24(10):3326-3334.

Murray J F, Kreutz-Delgado K, 2006. Learning sparse overcomplete codes for images[J]. Journal of VLSI signal processing systems for signal, image and video technology, 45(1-2):97-110.

Murty K G, Kabadi S N, 1987. Some NP-complete problems in quadratic and nonlinear programming[J]. Mathematical programming, 39(2):117-129.

Nam S, Davies M, Elad M, et al., 2013. The cosparse analysis model and algorithms[J/OL]. Applied and Computational Harmonic Analysis, 34(1):30 - 56. http://www.sciencedirect.com/science/article/pii/S1063520312000450.

Natarajan B, 1995. Sparse approximate solutions to linear systems[J]. SIAM Journal of Computing, 24(2):227-243.

Ndiaye E, Fercoq O, Gramfort A, et al., 2015. Gap safe screening rules for sparse multi-task and multi-class models [C]//Proceedings of the 28th International Conference on Neural Information Processing Systems - Volume 1. Cambridge, MA, USA: MIT Press: 811-819.

Needell D, Tropp J, 2009. CoSaMP: Iterative signal recovery from incomplete and inaccurate samples[J]. Applied and Computational Harmonic Analysis, 26(3):301-321.

Nemirovski A, 1995. Information-based complexity for convex programming[M]. Lecture Notes. Nemirovski A, 2007. Efficient methods for convex optimization[M]. Lecture Notes.

Nemirovski A, 2004. Prox-method with rate of convergence O(1/t) for variational inequalities with Lipschitz continuous monotone operators and smooth convex-concave saddle point problems[J].

SIAM Journal on Optimization, 15(1):229-251.

Nesterov Y, 1983. A method of solving a convex programming problem with convergence rate $O(1/k^2)$[J]. Soviet Mathematics Doklady, 27(2):372-376.

Nesterov Y, 2003. Introductory lectures on convex optimization: A basic course[M]. Springer.

Nesterov Y, 2005. Smooth minimization of non-smooth functions[J]. Mathematical Programming, 103(1):127-152.

Nesterov Y, 2007. Gradient methods for minimizing composite objective function[J]. ECORE Discussion Paper.

Nesterov Y, 2000. Squared functional systems and optimization problems[M]//High performance optimization. Springer: 405-440.

Nesterov Y, Polyak B, 2006. Cubic regularization of Newton method and its global performance[J]. Mathematical Programming, 108(1):177-205.

Nesterov Y, et al., 2018. Lectures on convex optimization: volume 137[M]. Springer.

Nocedal J, Wright S, 2006. Numerical optimization[M]. 2rd edition. New York: Springer.

Nwankpa C, Ijomah W, Gachagan A, et al., 2018. Activation functions: Comparison of trends in practice and research for deep learning[J]. arXiv preprint arXiv:1811.03378.

Olshausen B, Field D, 1996. Natural image statistics and efficient coding[J]. Network: Computation in Neural Systems, 7:333-339.

Olshausen B, Field D, 1997. Sparse coding with an overcomplete basis set: A strategy employed by V1?[J]. Vision Research, 37(23):3311-3325.

Olshausen B, Field D, 2004. Sparse coding of sensory inputs[J]. Current Opinion in Neurobiology, 14:481-487.

Olshausen B A, Field D J, 1996. Emergence of simple-cell receptive field properties by learning a sparse code for natural images[J]. Nature, 381(6583):607.

Oord A v d, Li Y, Vinyals O, 2018. Representation learning with contrastive predictive coding[J]. arXiv preprint arXiv:1807.03748.

Oppenheim A V, Schafer R W, Buck J R, 1999. Discrete-time signal processing[M]. Prentice Hall.

Ouyang Y, Xu Y, 2018. Lower complexity bounds of first-order methods for convex-concave bilinear saddle-point problems[J]. arXiv preprint arXiv:1808.02901.

Oymak S, Jalali A, Fazel M, et al., 2015. Simultaneously structured models with application to sparse and low-rank matrices[J]. IEEE Transactions on Information Theory, 61(5):2886-2908.

Oymak S, Hassibi B, 2010. New null space results and recovery thresholds for matrix rank minimization[J]. arXiv preprint arXiv:1011.6326.

Oymak S, Jalali A, Fazel M, et al., 2013. Noisy estimation of simultaneously structured models: Limitations of convex relaxation[C]//IEEE Conference on Decision and Control. 6019-6024.

Pal A, Lane C, Vidal R, et al., 2020. On the regularization properties of structured dropout[C]// Proceedings of the IEEE/CVF Conference on Computer Vision and Pattern Recognition. 7671-7679.

Papadimitriou C H, Tamaki H, Raghavan P, et al., 1998. Latent semantic indexing: a probabilistic analysis[C]// Proceedings of the seventeenth ACM symposium on Principles of database systems. 159-168.

Papanicolaou G C, Stroock D, Varadhan S R S, 1977. Martingale approach to some limit theorems[C]//Proceedings of Duke Turbulence Conference in Statistical Mechanics, Dynamical Systems, (ed. D. Ruelle), Duke Univ. Math. Series: volume 3.

Papyan V, Romano Y, Elad M, 2016. Convolutional neural networks analyzed via convolutional sparse coding[J]. Journal of Machine Learning Research, 18.

Papyan V, Romano Y, Sulam J, et al., 2018. Theoretical foundations of deep learning via sparse representations: A multilayer sparse model and its connection to convolutional neural networks[J]. IEEE Signal Processing Magazine, 35(4):72-89.

Papyan V, Han X, Donoho D L, 2020. Prevalence of neural collapse during the terminal phase of deep learning training[J]. arXiv preprint arXiv:2008.08186.

Park D, Kyrillidis A, Caramanis C, et al., 2016. Non-square matrix sensing without spurious local minima via the burer-monteiro approach[J]. arXiv preprint arXiv:1609.03240.

Pati Y, Rezaiifar R, Krishnaprasad P, 1993. Orthogonal matching pursuit: recursive function approximation with application to wavelet decomposition[C]//Asilomar Conference on Signals, Systems and Computer.

Patterson A L, 1944. Ambiguities in the X-ray analysis of crystal structures[J]. Physical Review, 65(5-6):195.

Patterson A L, 1934. A Fourier series method for the determination of the components of interatomic distances in crystals[J]. Physical Review, 46(5):372.

Pearl J, 2000. Causality: Models, reasoning and inference[M]. 1st edition. USA: Cambridge University Press.

Pearson K, 1901. On lines and planes of closest fit to systems of points in space[J]. Philosophical Magazine, 2(6): 559-572.

Peng Y, Ganesh A, Wright J, et al., 2012. RASL: Robust alignment by sparse and low-rank decomposition for linearly correlated images[J]. IEEE Transactions on Pattern Analysis and Machine Intelligence, 34(11): 2233-2246.

Pentland A, Moghaddam B, Starner T, 1994. View-based and modular eigenspaces for face recognition[C]// Proceedings of IEEE Conference on Computer Vision and Pattern Recognition. 84-91.

Pfeiffer F, 2018. X-ray ptychography[J]. Nature Photonics, 12(1):9-17.

Phong B T, 1975. Illumination for computer generated pictures[J]. Communications of ACM, 18(6):311-317.

Pickholtz R, Schilling D, Milstein L, 1982. Theory of spread-spectrum communications–A tutorial[J]. IEEE Trans. Commun., 30(5):855-884.

Plackett R L, 1972. Studies in the history of probability and statistics. XXIX the discovery of the method of least squares[J]. Biometrika, 59(2):239-251.

Pnevmatikakis E A, Soudry D, Gao Y, et al., 2016. Simultaneous denoising, deconvolution, and demixing of calcium imaging data[J]. Neuron, 89(2):285-299.

Pock T, Sabach S, 2016. Inertial proximal alternating linearized minimization (ipalm) for nonconvex and nonsmooth problems[J]. SIAM Journal on Imaging Sciences, 9(4):1756-1787.

Polyak B T, 1964. Some methods of speeding up the convergence of iteration methods[J]. USSR Comput. Math. & Math. Phys., 4(5):1-17.

Powell M, 1969. A method for nonlinear constraints in minimization problems[J]. Optimization: 283-298.

Prandoni P, Vetterli M, 2008. Signal processing for communications[M]. EPFL Press.

Prechelt L, 1998. Early stopping-but when?[M]//Neural Networks: Tricks of the trade. Springer: 55-69.

Qi H, You C, Wang X, et al., 2020. Deep isometric learning for visual recognition[C]//Proceedings of the International Conference on International Conference on Machine Learning.

Qian W, Zhang Y, Chen Y, 2019. Global convergence of least squares EM for demixing two log-concave densities [C]//Advances in Neural Information Processing Systems. 4795-4803.

Qian W, Zhang Y, Chen Y, 2020. Structures of spurious local minima in k -means[J]. arXiv prepring arXiv:2002.06694.

Qu Q, Sun J, Wright J, 2014. Finding a sparse vector in a subspace: Linear sparsity using alternating directions [C]//Advances in Neural Information Processing Systems. 3401-3409.

Qu Q, Zhang Y, Eldar Y, et al., 2017. Convolutional phase retrieval[C]//Advances in Neural Information Processing Systems. 6086-6096.

Qu Q, Li X, Zhu Z, 2019. A nonconvex approach for exact and efficient multichannel sparse blind deconvolution [C]//Advances in Neural Information Processing Systems. 4017-4028.

Qu Q, Zhai Y, Li X, et al., 2019. Analysis of the optimization landscapes for overcomplete representation learning [J]. arXiv preprint arXiv:1912.02427.

Qu Q, Zhai Y, Li X, et al., 2020. Analysis of the optimization landscapes for overcomplete representation learning [C]//International Conference on Learning Representations.

Qu Q, Zhu Z, Li X, et al., 2020. Finding the sparsest vectors in a subspace: Theory, algorithms, and applications [J]. arXiv preprint arXiv:2001.06970.

Quinlan J R, 1986. Induction of decision trees[J/OL]. Mach. Learn., 1(1):81-106. https://doi.org /10.1023/A: 1022643204877.

Rapcsák T, Csendes T, 1993. Nonlinear coordinate transformations for unconstrained optimization II. theoretical background[J]. Journal of Global Optimization, 3(3):359-375.

Rauhut H, 2009. Circulant and Toeplitz matrices in compressed sensing[J]. arXiv preprint arXiv:0902. 4394.

Razavi B, 2001. Design of analog CMOS integrated circuits[M]. Mc-Graw Hill.

Razavi B, 1998. RF microelectronics[M]. Prentice Hall.

Recht B, 2010. A simpler approach to matrix completion[J]. Journal of Machine Learning Research.

Recht B, Fazel M, Parillo P, 2010. Guaranteed minimum rank solution of matrix equations via nuclear norm minimization[J]. SIAM Review, 52(3):471-501.

Reichenbach H, 1965. Philosophic foundations of quantum mechanics[M]. University of California Press.

Rennie J D, Srebro N, 2005. Fast maximum margin matrix factorization for collaborative prediction[C]// Proceedings of the 22nd international conference on Machine learning. 713-719.

Rissanen J, 1978. Modeling by shortest data description[J]. Automatica, 14:465-471.

Robbins H, Monro S, 1951. A stochastic approximation method[J]. The Annals of Mathematical Statistics, 22(3): 400-407.

Robert W H, 1993. Phase problem in crystallography[J]. Journal of the Optical Society of America A, 10(5): 1046-1055.

Roberts G O, Tweedie R L, 1996. Exponential convergence of Langevin distributions and their discrete approximations[J]. Bernoulli:341-363.

Rockafellar R T, 1973. The multiplier method of Hestenes and Powell applied to convex programming[J]. Journal of Optimization Theory and Applications, 12(6):555-562.

Rockafellar R T, Wets R J B, 2009. Variational analysis: volume 317[M]. Springer Science & Business Media.

Ronneberger O, Fischer P, Brox T, 2015. U-net: Convolutional networks for biomedical image segmentation[C]// International Conference on Medical image computing and computer-assisted intervention. Springer: 234-241.

Rosenblatt F, 1958. The perceptron: a probabilistic model for information storage and organization in the brain. [J]. Psychological review, 65 6:386-408.

Royer C W, Wright S J, 2018. Complexity analysis of second-order line-search algorithms for smooth nonconvex optimization[J/OL]. SIAM Journal on Optimization, 28(2):1448-1477. https://doi.org/10.1137/17M1134329.

Rubinstein R, Elad M, 2014. Dictionary learning for analysis-synthesis thresholding[J]. IEEE Transactions on Signal Processing, 62(22):5962-5972.

Rudelson M, Vershynin R, 2008. On sparse reconstruction from Fourier and Gaussian measurements[J]. Communications on Pure and Applied Mathematics, 61(8):1025-1045.

Rumelhart D E, Hinton G E, Williams R J, 1986. Learning representations by back-propagating errors[J]. Nature, 323(6088):533-536.

Rust M J, Bates M, Zhuang X, 2006. Sub-diffraction-limit imaging by stochastic optical reconstruction microscopy (STORM)[J]. Nature methods, 3(10):793.

Ryu E K, Boyd S, 2016. A primer on monotone operator methods: Survey[J]. Appl. Comput. Math., 15(1):3-43.

Sabour S, Frosst N, Hinton G E, 2017. Dynamic routing between capsules[J/OL]. CoRR, abs/1710.09829. http: //arxiv.org/abs/1710.09829.

Safran I, Shamir O, 2017. Spurious local minima are common in two-layer relu neural networks[J]. arXiv preprint arXiv:1712.08968.

Sanja F, Skocaj D, Leonardis A, 2006. Combining reconstructive and discriminative subspace methods for robust classification and regression by subsampling[J]. IEEE Transactions on Pattern Analysis and Machine Intelligence, 28(3):337-350.

Sanjabi M, Baharlouei S, Razaviyayn M, et al., 2019. When does non-orthogonal tensor decomposition have no spurious local minima?[J]. arXiv preprint arXiv:1911.09815.

Santosa F, Symes W W, 1986. Linear inversion of band-limited reflection seismograms[J]. SIAM J. Sci. Statist. Comput., 7(4):1307-1330.

Sastry S, 1983. The effects of small noise on implicitly defined nonlinear dynamical systems[J]. IEEE Transactions on Circuits and Systems, 30(9):651-663.

Sastry S, 1999. Nonlinear systems: Analysis, stability, and control[M]. Springer.

Scherer D, Müller A, Behnke S, 2010. Evaluation of pooling operations in convolutional architectures for object recognition[C]//International conference on artificial neural networks. Springer: 92-101.

Schneider R, Weil W, 2008. Stochastic and integral geometry[M]. Springer.

Serre T, 2006. Learning a dictionary of shape-components in visual cortex: Comparison with neurons, humans and machines[D]. Massachusetts Institute of Technology, Cambridge, MA.

Shashua A, 1992. Geometry and photometry in 3D visual recognition[J]. Ph.D dissertation, Department of Brain and Cognitive Science, MIT.

Shazeer N, Mirhoseini A, Maziarz K, et al., 2017. Outrageously large neural networks: The sparsely-gated mixture-of-experts layer[C/OL]//ICLR. https://openreview.net/pdf?id=B1ck-MDqlg.

Shechtman Y, Eldar Y C, Cohen O, et al., 2015. Phase retrieval with application to optical imaging: a contemporary overview[J]. IEEE Signal Processing Magazine, 32(3):87-109.

Sheldon F, Traversa F L, Di Ventra M, 2018. Taming a non-convex landscape with dynamical long-range order: memcomputing the Ising spin-glass[J]. arXiv preprint arXiv:1810.03712.

Shen Y, Xue Y, Zhang J, et al., 2020. Complete dictionary learning via ℓ^p -norm maximization[J]. arXiv preprint arXiv:2002.10043.

Shewchuk J R, 1994. An introduction to the conjugate gradient method without the agonizing pain[R]. USA: Carnegie Mellon University.

Shi L, Chi Y, 2019. Manifold gradient descent solves multi-channel sparse blind deconvolution provably and efficiently[J]. arXiv preprint arXiv:1911.11167.

Shor N, 1985. Minimization methods for non-differentiable functions[M]. Springer-Verlag.

Sidiropoulos N D, De Lathauwer L, Fu X, et al., 2017. Tensor decomposition for signal processing and machine learning[J]. IEEE Transactions on Signal Processing, 65(13):3551-3582.

Silver W M, 1980. Determining shape and reflectance using multiple images[J]. Master' s thesis, MIT.

Simonyan K, Zisserman A, 2014. Very deep convolutional networks for large-scale image recognition[J]. arXiv preprint arXiv:1409.1556.

Simpson T, 1750. Doctrine and application of fluxions[M]. J. Nourse, London.

Sinha P, Balas B, Ostrovsky Y, et al., 2006. Face recognition by humans: Nineteen results all computer vision researchers should know about[J]. Proceedings of the IEEE, 94(11):1948-1962.

So A M C, Ye Y, 2007. Theory of semidefinite programming for sensor network localization[J]. Mathematical Programming, 109(2-3):367-384.

Softky W R, Koch C, 1993. The highly irregular firing of cortical cells is inconsistent with temporal integration of random EPSPs[J]. Journal of Neuroscience, 13(1):334-350.

Soltanolkotabi M, Javanmard A, Lee J D, 2018. Theoretical insights into the optimization landscape of overparameterized shallow neural networks[J]. IEEE Transactions on Information Theory, 65(2):742-769.

Song C, Jiang Y, Ma Y, 2019. Towards unified acceleration of high-order algorithms under Hölder continuity and uniform convexity[R]. (preprint) arXiv:1906.00582.

Song C, Jiang Y, Ma Y, 2020. Breaking the $O(1/\varepsilon)$ optimal rate for a class of minimax problems[J]. arXiv preprint arXiv:2003.11758.

Song C, Jiang Y, Ma Y, 2020. Stochastic variance reduction via accelerated dual averaging for finite-sum optimization[J]. arXiv preprint arXiv:2006.10281.

Soudry D, Hoffer E, Nacson M S, et al., 2018. The implicit bias of gradient descent on separable data[J]. The Journal of Machine Learning Research, 19(1):2822-2878.

Spielman D A, Wang H, Wright J, 2012. Exact recovery of sparsely-used dictionaries[C]//Conference on Learning Theory.

Srivastava N, Hinton G, Krizhevsky A, et al., 2014. Dropout: A simple way to prevent neural networks from overfitting[J]. Journal of Machine Learning Research, 15(1):1929-1958.

Srivastava R K, Greff K, Schmidhuber J, 2015. Highway networks[J]. arXiv preprint arXiv:1505. 00387.

Starck J L, Donoho D L, Candès E J, 2003. Astronomical image representation by the curvelet transform[J]. Astronom. Astrophys., 398(2):785-800.

Starck J L, Elad M, Donoho D L, 2005. Image decomposition via the combination of sparse representations and a variational approach[J]. IEEE Trans. Image Processing, 14(10):1570-1582.

Starck J L, Pantin E, Murtagh F, 2002. Deconvolution in astronomy: A review[J]. Publications of the Astronomical Society of the Pacific, 114(800):1051.

Stojnic M, 2009. Various thresholds for ℓ_1-optimization in compressed sensing[J]. arxiv.org/abs/ 0907.3666.

Stosiek C, Garaschuk O, Holthoff K, et al., 2003. In vivo two-photon calcium imaging of neuronal networks[J]. Proceedings of the National Academy of Sciences, 100(12):7319-7324.

Su W, Boyd S, Candès E, 2014. A differential equation for modeling Nesterov's accelerated gradient method: Theory and insights[C]//Advances in Neural Information Processing Systems. 2510-2518.

Sulam J, Papyan V, Romano Y, et al., 2018. Multilayer convolutional sparse modeling: Pursuit and dictionary learning[J]. IEEE Transactions on Signal Processing, 66(15):4090-4104.

Sun J, Yuan L, Jia J, et al., 2005. Image completion with structure propagation[J]. ACM Trans. Graph., 24(3): 861-868.

Sun J, 2019a. Provable nonconvex methods/algorithms[EB/OL]. https://sunju.org/research/ nonconvex/.

Sun J, Qu Q, Wright J, 2015. When are nonconvex problems not scary?[J]. arXiv preprint arXiv:1510. 06096.

Sun J, Qu Q, Wright J, 2017. Complete dictionary recovery over the sphere I: Overview and geometric picture[J]. IEEE Transactions on Information Theory, 63(2).

Sun J, Qu Q, Wright J, 2017. Complete dictionary recovery over the sphere II: Recovery by Riemannian trustregion method[J]. IEEE Transactions on Information Theory, 63(2):885-914.

Sun J, Qu Q, Wright J, 2018. A geometric analysis of phase retrieval[J]. Foundations of Computational Mathematics, 18(5):1131-1198.

Sun R, 2019. Optimization for deep learning: theory and algorithms[J]. arXiv preprint arXiv: 1912. 08957.

Sun X, Nasrabadi N M, Tran T D, 2020. Supervised deep sparse coding networks for image classification[J]. IEEE Transactions on Image Processing, 29:405-418.

Sun Y, Flammarion N, Fazel M, 2019. Escaping from saddle points on Riemannian manifolds[C]// Advances in Neural Information Processing Systems. 7276-7286.

Szegedy C, Liu W, Jia Y, et al., 2015. Going deeper with convolutions[C]//Proceedings of the IEEE conference on computer vision and pattern recognition. 1-9.

Talagrand M, 1995. Concentration of measure and isoperimetric inequalities in product spaces[J].

Publications Mathematiques de l' I.H.E.S., 81:73-205.

Taubman D, Marcellin M, 2001. JPEG 2000: Image compression fundamentals, standards and practice[M]. Norwell, MA: Kluwer Academic Publishers.

Thompson C J, 2004. Inequality with applications in statistical mechanics[J]. Journal of Mathematical Physics, 6(11):1812-1813.

Tian L, Waller L, 2015. 3D intensity and phase imaging from light field measurements in an LED array microscope [J]. optica, 2(2):104-111.

Tibshirani R, 1996. Regression shrinkage and selection via the LASSO[J]. Journal of the Royal Statistical Society B, 58(1):267-288.

Tibshirani R, Bien J, Friedman J, et al., 2012. Strong rules for discarding predictors in lasso-type problems [J/OL]. Journal of the Royal Statistical Society. Series B (Statistical Methodology), 74(2):245-266. http: //www.jstor.org/stable/41430939.

Toh K C, Yun S, 2009. An accelerated proximal gradient algorithm for nuclear norm regularized least squares problems[Z].

Tropp J, 2010. Beyond Nyquist: efficient sampling of sparse bandlimited signals[J]. IEEE Transactions on Information Theory, 56(1):520-544.

Tropp J, Gilbert A, 2007. Signal recovery from random measurements via orthogonal matching pursuit[J]. IEEE Transactions on Information Theory, 53(12):4655-4666.

Tropp J A, 2012. User-friendly tail bounds for sums of random matrices[J]. Foundations of Computational Mathematics, 12(4):389-434.

Tsakiris M C, Vidal R, 2018. Dual principal component pursuit[J]. The Journal of Machine Learning Research, 19(1):684-732.

Tucker L, 1966. Some mathematical notes on three-mode factor analysis[J]. Psychometrika, 31(3):279-311.

Turk M, Pentland A, 1991. Eigenfaces for recognition[C]//Proceedings of the IEEE International Conference on Computer Vision and Pattern Recognition.

Ulyanov D, Vedaldi A, Lempitsky V, 2016. Instance normalization: The missing ingredient for fast stylization[J]. arXiv preprint arXiv:1607.08022.

Valiant L G, 1977. Graph-theoretic arguments in low-level complexity[J]. Lecture Notes in Computer Science, 53: 162-176.

Van De Geer S, 2016. Estimation and testing under sparsity[M]. Springer.

Van Overschee P, de Moor B, 1996. Subspace Identification for Linear Systems[M]. Kluwer Academic.

Vaswani A, Shazeer N, Parmar N, et al., 2017. Attention is all you need[C]//NIPS' 17: Proceedings of the 31st International Conference on Neural Information Processing Systems. Red Hook, NY, USA: Curran Associates Inc.: 6000-6010.

Vershynin R, 2008. Spectral norms of products of random and deterministic matrices[Z].

Vershynin R, 2018. High-dimensional probability[M]. Cambridge University Press.

Vetterli M, Kovačević J, 1995. Wavelets and subband coding[M]. Prentice Hall.

Vidal R, Ma Y, Sastry S S, 2016. Generalized principal component analysis[M]. 1st edition. Springer Publishing Company, Incorporated.

Vidal R, Bruna J, Giryes R, et al., 2017. Mathematics of deep learning[J]. arXiv preprint arXiv:1712.04741.

Wagner A, Wright J, Ganesh A, et al., 2009. Toward a practical face recognition: Robust pose and illumination via sparse representation[C]//Proceedings of the IEEE International Conference on Computer Vision and Pattern Recognition.

Wagner A, Wright J, Ganesh A, et al., 2012. Towards a practical face recognition system: Robust alignment and illumination via sparse representation[J]. IEEE Transactions on Pattern Analysis and Machine Intelligence (PAMI), 34(2):372-386.

Wainwright M, 2009. Information-theoretic limits on sparsity recovery in the high-dimensional and noisy setting [J]. IEEE Transactions on Information Theory, 55(12):5728-5741.

Wainwright M, Jordan M, 2008. Graphical models, exponential families, and variational inference[J]. Foundations and Trends in Machine Learning, 1:1-305.

Wainwright M J, 2009. Sharp thresholds for high-dimensional and noisy sparsity recovery using ℓ_1-constrained quadratic programming[J]. Information Theory, IEEE Transactions on, 55(5):2183-2202.

Wainwright M J, 2019. High-dimensional statistics: A non-asymptotic viewpoint: volume 48[M]. Cambridge University Press.

Wainwright M, 2019. High-dimensional statistics: A non-asymptotic viewpoint[M]. Cambridge University Press.

Wakin M B, Donoho D L, Choi H, et al., 2005. The multiscale structure of non-differentiable image manifolds [C]//Proceedings of SPIE, the International Society for Optical Engineering. 59141B-1.

Waldspurger I, d`Aspremont A, Mallat S, 2015. Phase recovery, MaxCut and complex semidefinite programming [J]. Mathematical Programming, 149(1-2):47-81.

Wallace G, 1991. The JPEG still picture compression standard[J]. Communications of the ACM, 34(4):30-44.

Walther A, 1963. The question of phase retrieval in optics[J]. Journal of Modern Optics, 10(1):41-49.

Wang G, Giannakis G B, Eldar Y C, 2017. Solving systems of random quadratic equations via truncated amplitude flow[J]. IEEE Transactions on Information Theory, 64(2):773-794.

Wang J, Zhou J, Liu J, et al., 2014. A safe screening rule for sparse logistic regression[C]//Proceedings of the 27th International Conference on Neural Information Processing Systems - Volume 1. Cambridge, MA, USA: MIT Press: 1053-1061.

Wang K, Yan Y, Diaz M, 2020. Efficient clustering for stretched mixtures: Landscape and optimality[J]. arXiv preprint arXiv:2003.09960.

Wang Y, Yang J, Yin W, et al., 2008. A new alternating minimization algorithm for total variation image reconstruction[J]. SIAM Journal on Imaging Sciences, 1(3):248-272.

Wiatowski T, Bölcskei H, 2018. A mathematical theory of deep convolutional neural networks for feature extraction [J]. IEEE Transactions on Information Theory, 64(3):1845-1866.

Wibisono A, Wilson A C, Jordan M I, 2016. A variational perspective on accelerated methods in optimization[J]. proceedings of the National Academy of Sciences, 113(47):E7351-E7358.

Wisdom S, Powers T, Pitton J, et al., 2016. Interpretable recurrent neural networks using sequential sparse recovery[J]. ArXiv, abs/1611.07252.

Woodham R, 1980. Photometric method for determining surface orientation from multiple images[J]. Optical Engineering, 19(1):139-144.

Wright G, 1997. Magnetic resonance imaging[J]. IEEE Signal Processing Magazine, 14(1):56-66.

Wright J, Ma Y, 2010. Dense error correction via ℓ^1-minimization[J]. IEEE Transactions on Information Theory, 56(7):3540-3560.

Wright J, Yang A, Ganesh A, et al., 2009. Robust face recognition via sparse representation[J]. IEEE Transactions on Pattern Analysis and Machine Intelligence, 31(2):210 - 227.

Wright J, Garnesh A, Min K, et al., 2013. Compressive principal component pursuit[J]. IMA Journal on Information and Inference, 2(1):32-68.

Wright J, Tao Y, Lin Z, et al., 2008. Classification via minimum incremental coding length (MICL)[C]// Advances in Neural Information Processing Systems. 1633-1640.

Wright J, Ma Y, Mairal J, et al., 2010. Sparse representation for computer vision and pattern recognition[J]. Proceedings of the IEEE, 98(6):1031-1044.

Wright S, 1987. Primal-dual interior point methods[M]. SIAM.

Wright S, Nowak R, Figueiredo M, 2008. Sparse reconstruction by separable approximation[C]//IEEE International Conference on Acoustics, Speech and Signal Processing.

Wright S J, Nowak R D, Figueiredo M A, 2009. Sparse reconstruction by separable approximation[J]. IEEE Transactions on Signal Processing, 57(7):2479-2493.

Wu D, Xu J, 2020. On the optimal weighted ℓ_2 regularization in overparameterized linear regression[J]. ArXiv, abs/2006.05800.

Wu L, Ganesh A, Shi B, et al., 2010. Robust photometric stereo via low-rank matrix completion and recovery [C]//Asian Conference on Computer Vision.

Wu Y, He K, 2018. Group normalization[C]//Proceedings of the European conference on computer vision (ECCV). 3-19.

Wu Z, Baek C, You C, et al., 2021. Incremental learning via rate reduction[C]//IEEE Computer Society Conference on Computer Vision and Pattern Recognition.

Wunderlich H, 2012. On a theorem of Razborov[J]. Computational Complexity, 21(3): 431-477.

Xiao L, Bahri Y, Sohl-Dickstein J, et al., 2018. Dynamical isometry and a mean field theory of CNNs: How to train 10,000-layer vanilla convolutional neural networks[C]//International Conference on Machine Learning. 5393-5402.

Xiao L, Zhang T, 2013. A proximal-gradient homotopy method for the sparse least-squares problem[J]. SIAM Journal on Optimization, 23(2):1062-1091.

Xiao L, Zhang T, 2014. A proximal stochastic gradient method with progressive variance reduction[J]. SIAM Journal on Optimization, 24(4):2057-2075.

Xie S, Girshick R, Dollár P, et al., 2017. Aggregated residual transformations for deep neural networks[C]//2017 IEEE Conference on Computer Vision and Pattern Recognition (CVPR). 5987-5995.

Xu B, Wang N, Chen T, et al., 2015. Empirical evaluation of rectified activations in convolutional network[J]. arXiv preprint arXiv:1505.00853.

Xu H, Caramanis C, Sanghavi S, 2012. Robust pca via outlier pursuit[J]. IEEE Transactions on Information Theory, 58(5):3047-3064.

Xu H, Caramanis C, Sanghavi S, 2010. Robust pca via outlier pursuit[C]//Advances in Neural Information Processing Systems. 2496-2504.

Xu J, Hsu D, Maleki A, 2016. Global analysis of expectation maximization for mixtures of two Gaussians[C]// Advances in Neural Information Processing Systems 29.

Xu Y, 2017. Accelerated first-order primal-dual proximal methods for linearly constrained composite convex programming[J]. SIAM Journal on Optimization, 27(3):1459-1484.

Yang J, Wright J, Huang T, et al., 2008. Image super-resolution as sparse representation of raw image patches [C]//Proceedings of the IEEE International Conference on Computer Vision and Pattern Recognition.

Yang J, Wright J, Huang T, et al., 2010. Image super-resolution via sparse representation[J]. IEEE Transactions on Image Processing, 19(11):2861-2873.

Yang J, Zhang Y, Yin W, 2010. A fast alternating direction method for TVL1-L2 signal reconstruction from partial Fourier data[J]. IEEE Journal of Selected Topics in Signal Processing, 4(2):288.

Yang Y, Ma J, Osher S, 2013. Seismic data reconstruction via matrix completion[J]. Inverse Problems & Imaging, 7(4):1379.

Yang Z, Yu Y, You C, et al., 2020. Rethinking bias-variance trade-off for generalization of neural networks[C]// International Conference on Machine Learning (ICML).

Yao Y, Rosasco L, Caponnetto A, 2007. On early stopping in gradient descent learning[J]. Constructive Approximation, 26(2):289-315.

Yau S T, 1974. Non-existence of continuous convex functions on certain Riemannian manifolds[J]. Mathematische Annalen, 207(4):269-270.

Yazicigil R T, Haque T, Whalen M R, et al., 2015. Wideband rapid interferer detector exploiting compressed sampling with a quadrature analog-to-information converter[C]//IEEE Intern. Solid-State Circuits Conference. 3047-3064.

Yazicigil R T, Haque T, Kumar M, et al., 2016. A compressed sampling time-segmented quadrature analog-toinformation converter that exploits adaptive thresholding and virtual extension of physical hardware for rapid interferer detection[C]//IEEE Intern. Solid-State Circuits Conference.

Yeh L H, Dong J, Zhong J, et al., 2015. Experimental robustness of Fourier ptychography phase retrieval algorithms [J]. Optics express, 23(26):33214-33240.

Yin W, Osher S, Goldfarb D, et al., 2008. Bregman iterative algorithms for ℓ_1-minimization with applications to compressed sensing[J]. SIAM Journal on Imaging Science, 1(1):143-168.

You C, Zhu Z, Qu Q, et al., 2020. Robust recovery via implicit bias of discrepant learning rates for double over-parameterization[J]. arXiv preprint arXiv:2006.08857.

Yu Y, Chan K H R, You C, et al., 2020. Learning diverse and discriminative representations via the principle of maximal coding rate reduction[C]//NeurIPS.

Yuan X, Yang J, 2009. Sparse and low-rank matrix decomposition via alternating direction methods[J]. Pacific Journal of Optimization.

Zhai Y, Mehta H, Zhou Z, et al., 2020. Understanding ℓ^4-based dictionary learning: Interpretation, stability, and robustness[C]//ICLR.

Zhai Y, Yang Z, Liao Z, et al., 2020. Complete dictionary learning via ℓ^4-norm maximization over the orthogonal group[J]. Journal of Machine Learning Research.

Zhang C, Bengio S, Hardt M, et al., 2017. Understanding deep learning requires rethinking generalization[C]// ICLR.

Zhang X, Zhou Z, Wang D, et al., 2014. Hybrid singular value thresholding for tensor completion[C]//Proceedings of the AAAI Conference on Artificial Intelligence (AAAI-14).

Zhang Y, Mu C, Kuo H, et al., 2013. Toward guaranteed illumination models for non-convex objects[C]//2013 IEEE International Conference on Computer Vision. 937-944.

Zhang Y, Wainwright M J, Jordan M I, 2014. Lower bounds on the performance of polynomial-time algorithms for sparse linear regression[C]//Conference on Learning Theory. 921-948.

Zhang Y, Liang P, Charikar M, 2017. A hitting time analysis of stochastic gradient Langevin dynamics[C/OL]// Kale S, Shamir O. Proceedings of Machine Learning Research: volume 65 Proceedings of the 2017 Conference on Learning Theory. Amsterdam, Netherlands: PMLR: 1980-2022. http://proceedings.mlr.press/v65/zhang17b. html.

Zhang Y, Lau Y, Kuo H W, et al., 2017. On the global geometry of sphere-constrained sparse blind deconvolution [C]//Computer Vision and Pattern Recognition (CVPR), 2017 IEEE Conference on. IEEE: 4381-4389.

Zhang Y, Kuo H W, Wright J, 2018. Structured local minima in sparse blind deconvolution[C]//Advances in Neural Information Processing Systems 31. 2328-2337.

Zhang Z, 2000. A flexible new technique for camera calibration[J]. IEEE Transactions on Pattern Analysis and Machine Intelligence, 22(11):1330-1334.

Zhang Z, Liang X, Ganesh A, et al., 2010. TILT: Transform invariant low-rank textures[C]// Proceedings of Asian Conference on Computer Vision.

Zhang Z, Liang X, Ma Y, 2011. Unwrapping low-rank textures on generalized cylindrical surfaces[C]// Proceedings of the IEEE International Conference on Computer Vision.

Zhang Z, Matsushita Y, Ma Y, 2011. Camera calibration with lens distortion from low-rank textures[C]// Proceedings of the IEEE International Conference on Computer Vision and Pattern Recognition.

Zhang Z, Ganesh A, Liang X, et al., 2012. TILT: Transform-invariant low-rank textures[J]. International Journal of Computer Vision (IJCV), 99(1):1-24.

Zhao W, Chellappa R, Phillips J, et al., 2003. Face recognition: A literature survey[J]. ACM Computing Surveys: 399-458.

Zhong Y, Boumal N, 2018. Near-optimal bounds for phase synchronization[J]. SIAM Journal on Optimization, 28(2):989-1016.

Zhou X, Yang C, Zhao H, et al., 2014. Low-rank modeling and its applications in image analysis[J]. ACM Computing Surveys (CSUR), 47(2):1-33.

Zhou Y, Qi H, Huang J, et al., 2019. NeurVPS: Neural vanishing point scanning via conic convolution[C]// NeurIPS.

Zhou Y, Qi H, Ma Y, 2019. End-to-end wireframe parsing[C]//2019 IEEE/CVF International Conference on Computer Vision (ICCV). 962-971.

Zhou Y, Qi H, Zhai Y, et al., 2019. Learning to reconstruct 3D Manhattan wireframes from a single image[C]// 2019 IEEE/CVF International Conference on Computer Vision (ICCV). 7697-7706.

Zhou Y, Liu S, Ma Y, 2020. Learning to detect 3D reflection symmetry for single-view reconstruction[J]. arXiv preprint arXiv:2006.10042.

Zhou Z, Wagner A, Mobahi H, et al., 2009. Face recognition with contiguous occlusion using Markov random fields[C]//Proceedings of International Conference on Computer Vision.

Zhou Z, Ma Y, 2020. Comments on efficient singular value thresholding computation[J]. arXiv preprint arXiv:2011.06710.

Zhu Z, Li Q, Tang G, et al., 2018. Global optimality in low-rank matrix optimization[J]. IEEE Transactions on Signal Processing, 66(13):3614-3628.

Zhu Z, Wang Y, Robinson D, et al., 2018. Dual principal component pursuit: Improved analysis and efficient algorithms[C]//Advances in Neural Information Processing Systems. 2171-2181.

Zoph B, Le Q V, 2017. Neural architecture search with reinforcement learning[J]. online https://arxiv.org/abs/ 1611.01578.

索　引

A

B

C

D

E

F

G

K

L

R

S

T

Z